Agrarwirtschaft

Grundstufe Landwirt

Lehr- und Arbeitsbuch für berufsbildende Schulen in zwei Bänden:

Agrarwirtschaft – Grundstufe Landwirt	Fachtherorie für Boden | Pflanze | Tier | Technik Chemie | Physik | Biologie | Züchtung Ökologie | Landschaftspflege | Artenschutz Betriegswirtschaft | Buchführung Datenverarbeitung | Kommunikation
Agrarwirtschaft – Fachstufe Landwirt	Fachtherorie für **Pflanzliche Produktion:** Planung, Führung, Verwertung und Vermarktung von Kulturen **Tierische Produktion:** Haltung, Fütterung, Zucht und Vermarktung von Nutztieren

Agrarwirtschaft Grundstufe Landwirt

Fachtheorie für

Boden | Pflanze | Tier | Technik

Chemie | Physik | Biologie| Züchtung

Ökologie | Landschaftspflege | Artenschutz

Betriebswirtschaft | Buchführung

Datenverarbeitung | Kommunikation

Schriftleitung:
Ltd. RSchD Walter Fruhstorfer,
Regierung von Niederbayern, Landshut
StR Johannes Breker, Wilhelm-Normann-Berufskolleg, Herford

Mitarbeiter:
LOR Stephan Auer †,
Agrarbildungszentrum Landshut-Schönbrunn
Ltd. RSchD Walter Fruhstorfer,
Regierung von Niederbayern, Landshut
Akad. Rat Dr. Heinrich Gamringer,
Technische Universität Weihenstephan
OStD Dieter Karg, Staatliches Berufsbildungszentrum
Landshut-Schönbrunn
StD Walter Karlstetter, Staatliche Berufsschule Pfarrkirchen
Dr. med. vet. Ulrike Lange, Lippstadt

2., völlig neu bearbeitete Auflage, Neuausgabe

BLV Verlagsgesellschaft mbH
München

Landwirtschaftsverlag GmbH
Münster-Hiltrup

Bibliografische Information Der Deutschen Bibliothek
Die Deutsche Bibliothek verzeichnet diese Publikation in der Deutschen Nationalbibliografie; detaillierte bibliografische Daten sind im Internet über http://dnb.ddb.de abrufbar.

Bildnachweis

agrarpress/Dr. Schiffer: 1212; Alsing, Dr. W.: 376, 395, 458, 466, 469, 470, 497, 524, 580, 581, 622, 640, 811, 943, 954, 1000, 1214, 1292; Fa. Amazone: 779, 781, 783, 787, 793, 795; Angermayer, T.:1003–1006, 1092; Fa. Argus: 240; Auer, St.: 66, 86, 114, 124, 125, 129, 140, 146, 147, 155, 160, 161, 164, 168, 176–178, 181, 182, 202, 208–211, 218 (3x), 222, 223, 225, 227, 232, 241, 242, 247, 253, 258, 260, 265, 269, 270 (2x), 272–274, 279, 285, 287–289, 291, 299, 301, 302, 306, 307–314, 318, 324, 328–330, 339, 351, 353, 354, 359–361, 363–366, 482 (2x), 488, 489, 501–505, 623, 624, 626–630, 777, 778, 785, 786, 789, 792, 794, 796, 798, 805, 806, 808, 809, 812–817, 959, 960, 964–966, 968, 969, 978, 979, 982–984, 986–990; Auernhammer, Prof. Dr. H.: 268, 971; Fa. BASF Agrarzentrum: 525–527, 529–535, 552, 737, 837, 856, 871, 875, 876, 878, 881–883, 885–890, 893–895, 898–900, 902–918, 921–926, 929–932, 935–938, 940–942, 944; Bauer, K.: 1002; Bayerisches Landwirtschaftsministerium: 857; Fa. Bayer: 834, 840, 847–849, 855, 860, 861 (2 Teile), 862, 873, 877, 879, 880, 884, 891, 892, 896, 897, 901, 919, 920, 927, 928, 933, 934, 939; Fa. Bayer. Düngekalk: 734 (3x), 736; BBA: 1379; BBV: 1288, 1290; Landwirtschaftsministerium Baden-Württemberg: 1290; Landwirtschaftsministerium Saarland: 1290; Landwirtschaftsministerium Rheinland-Pfalz: 1290; Landwirtschaftsministerium Schleswig-Holstein: 1290; Landwirtschaftsministerium Thüringen/Sachsen: 1290; Beck, Dr. G.: 457; Berchtold, J.: 635, 636, 638, 1074, 1077, 1079–1081; Fa. Bergmann: 800, 802; Berling, R.: 850–854; Berufsgen. Hannover: 1424; 1426, 1428, 1429, 1431–1433; Biggeleben, R.: 1293; BMVEL: 568, 1289, 1299; Fa. Bogballe: 782, 784; BÖLW: 562, 563; Fa. Bondioli und Pavesi: 213; Fa. Bosch: 131, 149, 239, 261–263; Breker, J.: 478; Buchwald, K.: 519; Bundesverband der Berufsgen. Kassel: 980, 981, 1422, 1423, 1427; Fa. Case, IHC, Steyr: 139, 186, 189; Caspari, C.: 471–475, 577, 586, 588, 602; Fa. Claas:175, 271, 303; CMA: 1291 (1); DLG-Gesellschaft: 1291 (2, 4); QS-GmbH: 1291 (3); Gütegemeinschaft Eier: 1291 (5); KAT: 1291 (6); PEFC: 1291 (7); Deutscher Imkerbund: 1291 (8); Dainet:1378; Damnitz, B. v.: 371, 374, 375, 380–384, 390, 391; Fa. Deere: 157, 170, 172, 200, 204; Fa. Deutsche Vilomix: 1072; Fa. Deutz-Fahr: 111, 132, 179, 180, 183, 197, 243–246, 248; DG-Verlag: 1344; dlz-Archiv: 452; dlz/Zaufall: 975; Drews, A.: 439, 462, 477, 652, 719, 721, 724, 727, 763, 826, 838, 1047, 1120; Dt. Bundesbank:1332, 1333; dtp: 567, 950, 1266, 1267, 1268, 1269; DWD: 386, 387; Eisenbeiss, H.: 397–402; Eisenreich, W.: 584, 606–609; Farnhammer, D.: 18, 19, 24, 70–73, 82, 118, 151, 341, 362, 385, 392, 393, 500, 512, 521, 522, 558, 575, 633, 641, 647, 654, 656, 686, 689, 690, 708, 712, 723, 746, 766, 790, 791, 865, 998, 1009, 1045, 1046, 1054, 1071, 1121, 1134, 1152, 1158, 1160, 1195, 1225, 1241, 1242, 1270, 1275, 1281, 1283, 1300, 1302, 1367, 1375, 1401; Fa. Fendt: 135, 143, 173, 174, 193, 194, 196, 198, 199, 203, 234, 236, 254, 256, 1219, 1220, 1221; Fa. Fichtel und Sachs: 188; Fa. Filterwerk Mann und Hummel: 144, 159; Flurbereinigungsdirektion Landau/Isar: 583; Fries, A.: 1286; Fruhstorfer, W.:102; Funke, J.: 1143; Fa. GAF/BayStmLF/JRC: 1313; Geier, B.: 992; Geipel, B.: 32–36, 38–42, 48, 54, 55, 574, 576, 594–600, 999; Gemke, M.: 235, 237, 238, 290, 294, 342, 394, 405, 428, 429, 451, 454, 455, 464, 481, 506, 508–511, 514, 523, 538, 545, 546, 548–550, 555–557, 592, 642–644, 661–685, 858, 866, 1011, 1012, 1017, 1018, 1024, 1028–1030, 1035, 1038, 1040, 1041, 1051–1053, 1055, 1057, 1061, 1065, 1066, 1109, 1111, 1113, 1128–1130, 1154; Geo, Zeitschrift: 1001; Fa. Girling-Bremsen: 283; Fa. GKN Walterscheid: 212, 214–217, 219–221, 249–251; Fa. Grammer: 185; Hager, H.: 2–8, 13, 15, 20–22, 25, 49, 51, 52, 56–65, 85, 87—99, 320, 322, 323, 331–333, 335–337, 379, 396, 397, 407, 421, 423, 426, 427, 433, 434, 436, 437, 442, 444, 446–450, 479, 515, 520, 645, 651, 695, 696, 703, 718, 729, 750, 752, 768, 769; Fa. Hallbauer: 230, 231; Fa. Hatzenbichler: 991; Herrmann, H.: 424, 425, 430–432, 445, 453, 459, 461, 476, 513, 539, 540, 604, 637, 694, 720, 733, 735, 748, 753, 754, 756–758, 772, 788, 819, 839, 841, 859, 863, 867, 868 (2 Teil), 951–953, 1014, 1031–1034, 1036, 1070, 1082, 1085, 1093, 1105, 1108, 1110, 1118 (2x), 1147, 1148, 1155 (2x), 1197, 1198, 1387–1393; Herold, K.: 587; Hochrein, R.: 869; Fa. Holder: 833, 976; Hollwich, Dr. W.: 1094, 1167; Huber, J.: 1095, 1097–1099; Hutschenreiter, M.: 148, 494; InfoFarm: 1380; Deutscher Sparkassen Verlag, Stuttgart, Infomappe „Das Girokonto“, 1338–1341, 1343, 1345, 1346; Institut für Bodenkunde TUM: 443; Institut für Landtechnik TUM: 110, 136, 233, 343; Fa. Intel: 1370; Fa. Jost Metalldünger: 747; Fa. Kali und Salz: 726, Karg, D.: 564, 566, 570, 585, 619, 620, 707; Karlstetter, W.: 1394, 1395; Fa. Karthografie Huber: 1048; Fa. KHD: 165; Fa. Kleber: 295; 297, Krahl, H.-D.: 1162, 1303, 1310; Kreß, W.: 985; Fa. Lemken: 484, 487, 490–493, 495; LfL/Institut für Fischerei, Starnberg: 1116; LfL/Institut für Landbau: 844–846; LfL/Institut für Pflanzenbau: 467, 468, 618; LfL/Institut für Pflanzenschutz, 827–831, 872, 874; Liebig-Museum: 543; Fa. Lieder/BLV: 551, 589–591, 593, 649, 658, 659, 688, 693, 820, 994–997, 1106, 1119, 1124, 1131–1133; Limbrunner, A.: 578, 612, 614–616, 621, Fa. Lugmeier: 1103, 1104; Markmann, H.-J.: 611; Maschinenring: 1253; Mendel, Dr. Ch.: 634; Moser, F.: 1285, 1287, 1294, Mückenhausen, Prof. Dr. Dr.: 409–417; Norweg, A.: 133, 137, 142, 153, 163; Obst, Dr. A.: 553, 579, 582; Pfänder, H.G.: 993; Fa. Polytext München: 728, 1102; Preiß, W.: 83, 84, 112, 113, 115, 116, 121, 128, 130, 138, 150, 152, 154, 166, 167, 187, 201, 206, 207, 224, 226, 228, 229, 257, 259, 292, 317, 319, 321, 325–327, 334, 340, 344, 345, 369, 372, 378, 404, 419, 435, 438, 440, 441, 463, 465, 486, 541, 542, 603, 655, 657, 687, 697, 700, 773, 774, 780, 799, 807 (3x), 822, 842, 956, 957, 973, 974, 1016, 1043, 1044, 1126, 1127, 1139, 1141(2x), 1142, 1151; Pretscher, P.: 507; Preuschen, Prof.: 843, 949; Pro_Plant: 1399, 1400; Fa. Rabe-Agrartechnik: 485; Fa. Rau: 958, 962, 963, 967, 970, 977; Fa. Reform: 625; Reichenbach, Dr. H.-D., LfL/Institut für Tierzucht/Grub:1161; Fa. Renault: 184; Rintelen, H.: 156; Rittler, G.: 1215, 1222, 1223; Rottmann, Prof. Dr. O.: 1166; Rüppold, Dr./BayWa: 821; Sambraus, Prof. Dr. H.-H.: 631, 632, 1008, 1083; Schaper, Dr. F.: 835; Fa. Schering: 749; Schmahl, Prof.:1112, Fa. Schmotzer: 961, 972, Schönberger, M.: 66–69, 75, 76, 78–81, 86, 145, 158, 190, 191, 264, 275, 276, 278, 280–282, 284, 601, 730, 797, 803, 804, 945, 864, 955, 1025–1027, 1135, 1136, 1138, 1140, 1144, 1146; Meyers St.: 610, Steinert D.: 639, 1123; Fa. Steyr-Case: 195; Fa. Stiehl: 119, 120, 122, 123, 126, 127; Fa. Strautmann: 801; Thielscher, E.: 613, Fa. Thies, A.: 377, Verlag Leopold Stocker: 406; Fa. Vierthaler und Braun: 9, 11, 12, 16, 17, 23, 50, 53, 293, 304, 305, 338, 347, 348, 370, 456, 518, 560, 561, 569, 617, 648, 660, 704, 705, 709–711, 713–717, 722, 725, 731, 738, 741–745, 755, 759–762, 764, 765, 767, 770, 771, 775, 776, 818, 823, 825, 1049, 1050, 1056, 1059, 1060, 1064, 1069, 1096, 1100, 1101, 1115, 1169, 1171, 1177, 1179–1187, 1189–1191, 1193, 1199, 1202–1206, 1213, 1216–1218, 1226, 1227, 1230, 1232–1234, 1236, 1237, 1243–1245, 1247–1252, 1257–1260, 1271–1274, 1276–1278, 1284, 1305, 1308, 1316, 1317, 1319–1321, 1323–1329, 1331, 1336, 1337, 1342, 1349–1351, 1353–1355, 1362, 1365, 1366, 1368, 1371, 1373, 1374, 1377, 1381–1385, 1396–1398, 1402–1419, 1425, 1430; Fa. Vogelsang: 810; Fa. Agentur Walter: 1, 10, 19, 26–31, 37, 43–47, 74, 77, 100, 101, 103–109, 117, 134, 141, 162, 169, 179, 216, 239, 252, 255, 267, 269, 304, 305, 315, 316, 346, 349, 350, 352, 355–358, 367, 368, 373, 388, 389, 403, 408, 418, 420, 460, 480, 516, 517, 536, 537, 544, 547, 554, 559, 565, 571–573, 605, 698, 699, 701, 702, 706, 732, 739, 740, 751, 824, 870, 946–948, 1007, 1015, 1019, 1020, 1037, 1039, 1042, 1058, 1062, 1063, 1073, 1075, 1076, 1078, 1084, 1086–1091, 1107, 1114, 1122, 1125, 1145, 1149, 1153, 1156, 1157, 1159, 1163–1165, 1168, 1170, 1172–1176, 1178, 1188, 1192, 1194, 1200, 1201, 1207–1211, 1224, 1228, 1229, 1231, 1235, 1238–1240, 1261–1265, 1279, 1280, 1282, 1295–1298, 1301, 1304, 1306, 1307, 1309, 1311, 1312, 1314, 1315, 1318, 1330, 1335, 1347, 1348, 1369, 1372, 1376, 1386, 1420, 1421; Westphal, A.v., 646, 1010, 1021–1023, Fa. ZF Passau, 205, 277.

BLV Verlagsgesellschaft mbH
München Wien Zürich
80797 München

4 5 6 7 8 9 0 1 2 3

Umschlaggestaltung: Anja Masuch, Puchheim b. München
Lektorat: Dr. Wolfgert Alsing
Layout: Anton Walter, Gundelfingen
Satz: DTP-Design Walter, Gundelfingen
Herstellung: Hermann Maxant
Gedruckt auf chlorfrei gebleichtem Papier
Printed in Italy · ISBN 3-405-16402-8

Vorwort

Ergebnisse aus Wissenschaft und Forschung, die agrarpolitischen Rahmenbedingungen besonders in Deutschland und der EU sowie die zunehmende Globalisierung mit ihren gesellschaftlichen Veränderungen eröffnen den Menschen ständig neue Lebensperspektiven und schärfen das Bewusstsein für eine nachhaltige Lebensqualität. So entstehen immer neue Gegebenheiten und Herausforderungen, die insbesondere auch in der Landwirtschaft eine ständige Lernbereitschaft zur Aktualisierung des Wissens und Könnens erfordern.

Die beste Zukunftsvorsorge besteht deshalb in einer gründlichen Aus- und Weiterbildung. Selbstständige Bauern, landwirtschaftliche Betriebsleiter und mitarbeitende Fachkräfte werden ohne Fach-, Methoden- und Sozialkompetenz ihre Aufgaben in Zukunft kaum noch bewältigen können.

Das vorliegende zweibändige Lehrwerk »Agrarwirtschaft – Grundstufe Landwirt« und »Agrarwirtschaft – Fachstufe Landwirt« will deshalb vorrangig die fachlichen Grundlagen auf dem Standard der Berufsabschlussprüfung im Ausbildungsberuf Landwirt/Landwirtin vermitteln, zugleich aber auch die persönlichen und sozialen Kräfte der angehenden Landwirte sensibilisieren und mobilisieren. Beide Lehrbücher begleiten bundesweit die Berufsausbildung zum Landwirt. Sie behandeln die in der Bundesausbildungs- und in der Prüfungsverordnung zu Grunde gelegten Ausbildungsinhalte in der dem Berufsbild entsprechenden Breite und Tiefe.

Die »Grundstufe Landwirt« enthält die Fachtheorie des 1. Ausbildungsjahres für die landwirtschaftlichen Produktionsgrundlagen in der gebotenen wissenschaftlichen Ausführlichkeit. Darauf aufbauend vermittelt die »Fachstufe Landwirt« für das 2. und 3. Ausbildungsjahr die Fachtheorie für die einzelnen Produktions- und Arbeitsvorgänge in den Betriebszweigen des pflanzlichen und tierischen Bereichs.

Den Autoren und Mitarbeitern, der Schriftleitung und dem Verlag war es ein Anliegen, bei der Neustrukturierung des Lehrwerks fachwissenschaftliche Erkenntnisse mit beruflicher Praxiserfahrung zu verknüpfen. Die Bücher sind so konzipiert, dass sie sowohl für die Auszubildenden der Regelausbildung als auch für externe Teilnehmer an der Berufsabschlussprüfung alle Möglichkeiten der eigenständigen oder unterrichtlichen Prüfungsvorbereitung in der Berufsschule oder in Lehrgängen ermöglichen.

Das Lehrwerk erweitert und ergänzt die methodisch-didaktischen Planungen für eine zeitgemäße, multimediale Gestaltung eines fächerübergreifenden, handlungsorientierten und EDV-gestützten Unterrichts. Die Kapitel sind lernfeldmäßig strukturiert. Informative Abbildungen, Tabellen und Merksätze veranschaulichen die Sachverhalte; sie verbessern sowohl die Transparenz als auch die Merkfähigkeit der Lerninhalte und helfen, Vorgänge zu analysieren und fachsprachlich auszuwerten.

Das verwendete Zahlenmaterial hilft, die pädagogisch-fachlichen Absichten zu erfüllen: Es fördert das Verständnis der fachlichen Inhalte, zeigt Zusammenhänge und Tendenzen auf und ermöglicht es, Bewertungen vorzunehmen sowie mit vergleichenden Beurteilungen ergiebig zu diskussieren. Dabei leistet der umfangreiche Anhang mit Literaturhinweisen und Internet-Adressen, Erklärungen von Fachbegriffen sowie zahlreichen Tabellen, Zahlen- und Formelsammlungen sowie den Ergebnissen von Rechenaufgaben aus dem Text wertvolle Hilfe und erleichtert das eigenständige Arbeiten.

Allen Autorinnen und Autoren, Mitarbeiterinnen und Mitarbeitern sowie Beraterinnen und Beratern gebührt Dank und Anerkennung für ihre hilfreiche Unterstützung, für die Anregungen und Anmerkungen sowie den Firmen und Institutionen für die Überlassung von Bild-, Text- und Zahlenmaterial.

Möge auch diese Auflage der »Agrarwirtschaft – Grundstufe Landwirt« und »Agrarwirtschaft – Fachstufe Landwirt« die anspruchsvolle und vielseitige Berufsausbildung der künftigen Landwirte wirkungsvoll unterstützen und mit dem Zugewinn an Wissen und Können ihre Freude an der Ausbildung und am Beruf fördern sowie zu einer erfolgreichen beruflichen Zukunft beitragen. Allen an der Landwirtschaft Interessierten sei es ein nützliches Nachschlagewerk, um Wissen aufzufrischen oder Zusammenhänge unter heutigem Wissen zu sehen.

Schriftleitung und Verlag

Inhalt

1 Naturwissenschaftliche Grundlagen

2 Grundlagen der Agrartechnik und des Unfallschutzes

3 Grundlagen der Agrarproduktion

4 Grundlagen der Pflanzenproduktion

5 Grundlagen der Tierproduktion

6 Grundlagen der Pflanzen- und Tierzüchtung

7 Grundlagen der Wirtschaftslehre und des Managements

8 Anhang

Naturwissenschaftliche Grundlagen

1

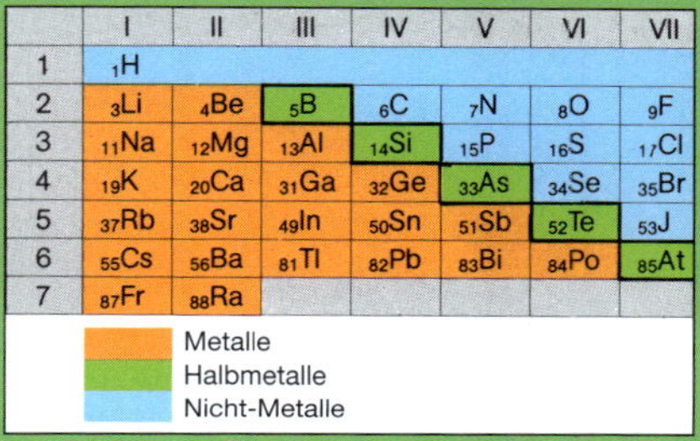

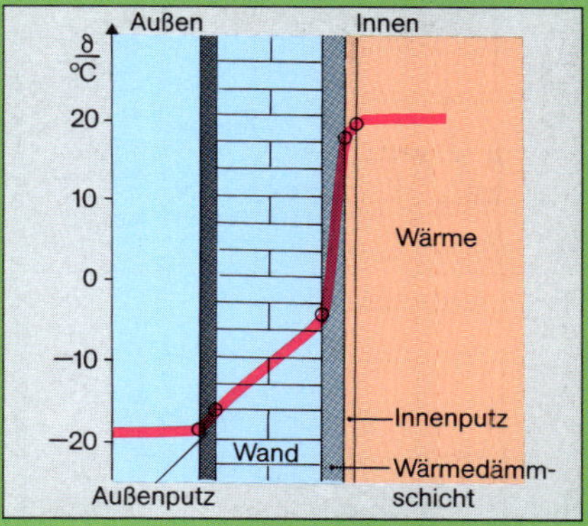

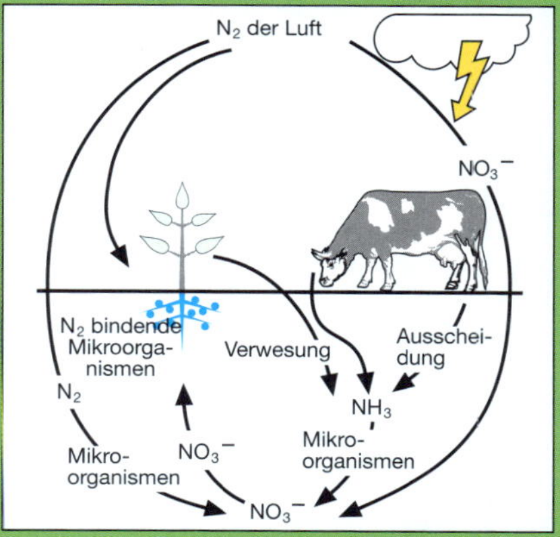

Mehr als in jedem anderen Wirtschaftsbereich ist in der Agrarproduktion die Natur selbst – direkt oder indirekt – die Produktionsstätte für die Erzeugung von Nahrungsmitteln sowie für Rohstoffe und Veredelungsprodukte; daher wird sie auch »Urproduktion« genannt.

Mit der Natur in Einklang stehende Bewirtschaftungsweisen bilden somit die Voraussetzung für eine auf Nachhaltigkeit ausgelegte, in volkswirtschaftlicher und betriebswirtschaftlicher Hinsicht erfolgreiche Agrarproduktion.

Die einheimische Landwirtschaft muss im Zeitalter der Globalisierung weltweit konkurrenzfähig sein und weiterhin die Versorgung der Bevölkerung mit qualitativ hochwertigen Nahrungsmitteln in der gewohnten Vielfalt und in der notwendigen Quantität zur Sicherstellung eines Mindestumfangs der Selbstversorgung gewährleisten.

Sie steht deshalb verstärkt im Spannungsfeld zwischen Ökologie und Ökonomie. Die höchst unterschiedlichen regionalen und europäischen landwirtschaftlichen Produktionsbedingungen haben nicht nur zur Spezialisierung in der Produktion, sondern auch zu einer Ergänzung und Unterstützung der gegebenen Produktionsvoraussetzungen mit den von Wissenschaft und Forschung hervorgebrachten sowie mit den von Industrie und Technik angebotenen Hilfen geführt.

Die Kenntnis naturwissenschaftlicher Grundlagen der Chemie, der Physik und der Biologie ist deshalb eine wesentliche Arbeits- und Verständnisgrundlage sowie eine wichtige Entscheidungs- und Argumentationshilfe für alle, die sich mit der Agrarproduktion befassen.

1 Naturwissenschaftliche Grundlagen

1 Chemische Grundbegriffe

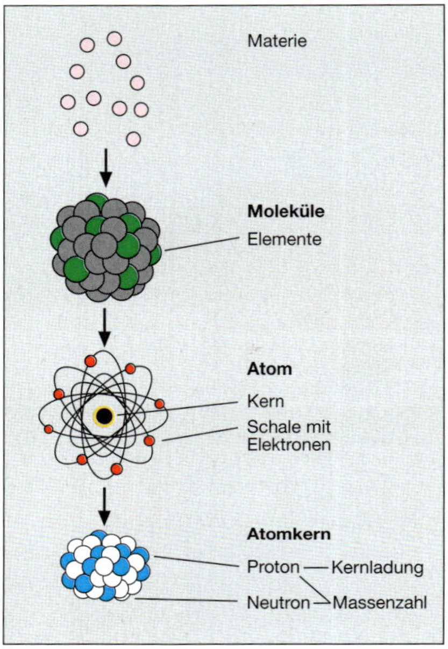

Abb. 1 Aufbau der Materie.

1.1 Materie

Stoffe bilden die Grundlage für die belebte und unbelebte Natur. Sie sind unendlich vielfältig, vielgestaltig und komplex. Seit jeher interessiert sich die Wissenschaft dafür und haben sie veranlasst, die Stoffe zu analysieren, ihre Grundbestandteile zu ermitteln, ihre Eigenschaften festzustellen und die Gesetzmäßigkeiten zu erforschen, die ihrem Verhalten und ihren Reaktionen zugrunde liegen.
Die Kenntnisse über die Stoffe (**Materie** von lat. materia = Stoff) sind deshalb auch der Ausgangspunkt für alle weiteren fachtheoretischen und fachpraktischen Lerninhalte in der Agrarwirtschaft.

1.2 Atom

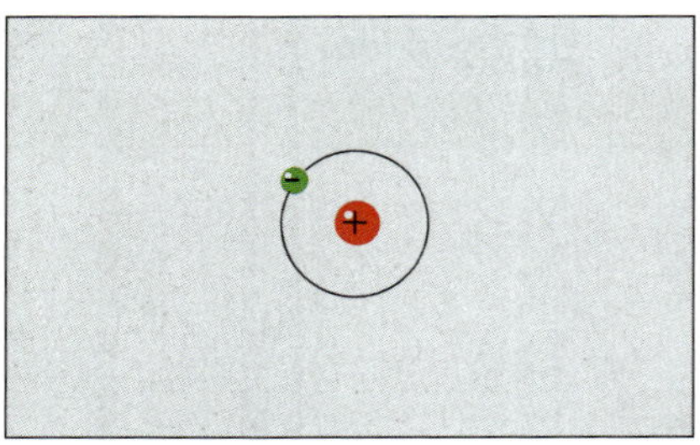
Abb. 2 Wasserstoff ist der leichteste aller Stoffe: Ein Elektron umkreist ein Proton.

Abb. 3 Aufbau eines Sauerstoffatoms: 8 Elektronen umkreisen den Kern auf 2 Schalen.
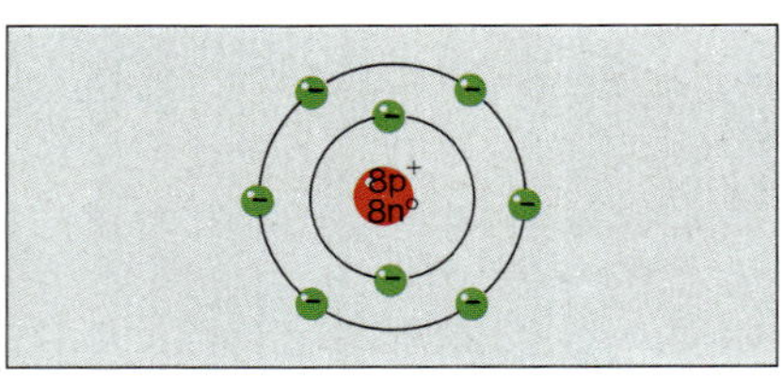

Aufbau – Ein **Atom** (von griech. atomos = unteilbar) ist zwar das kleinste Teilchen eines chemischen Grundstoffes oder Elements; es kann aber – wie die Wissenschaft längst bewiesen hat – sehr wohl geteilt werden.
Es besteht aus einem **Atomkern** mit Massenteilchen und aus einer Hülle. Die Massenteilchen bestimmen mit einem Anteil von mehr als 99 % das Atomgewicht. Einige davon, die *Protonen* sind elektrisch positiv (+) geladen, andere sind elektrisch neutral *(Neutronen)*.
Protonen und Neutronen bilden zusammen die *Nukleonen,* die die Massenzahl im Atomkern bestimmen. Die Anzahl der Protonen im Atomkern ergibt die *Kernladungszahl* oder *Ordnungszahl*. Sie ist für die Unterschiedlichkeit der einzelnen Grundstoffe (Elemente) maßgeblich.
Die Atomkerne eines Elements besitzen zwar alle die gleiche Zahl von Protonen, haben aber häufig unterschiedlich viele Neutronen, so dass auch ihre Masse verschieden ist. Atome mit gleicher Kernladungszahl, aber verschiedener Massenzahl werden als *Isotope* bezeichnet. Chemische Elemente sind meist Isotopengemische.
Die **Atomhülle** wird aus den sehr kleinen, elektrisch negativ (–) geladenen *Elektronen* gebildet. Sie bewegen sich auf festgelegten Bahnen um den Atomkern. Weil sich die Bahnen nicht in einer Ebene befinden, werden sie auch als *Schalen* bezeichnet. In elementaren Atomen stimmt die Zahl der Elektronen mit der Zahl

der Protonen überein. Daher ist ein Atom nach außen hin elektrisch neutral.
Die Schalen werden vom Kern nach außen hin nummeriert. Die maximale Zahl der Elektronen auf einer Schale ist grundsätzlich das Doppelte vom Quadrat ihrer Schalennummer. Die Höchstzahl von Elektronen auf einer Schale beträgt 32, die jeweils äußerste Schale kann nur 8 Elektronen aufnehmen.
Je größer der Schalendurchmesser ist, desto größer ist auch die Energie der darauf befindlichen Elektronen. Für das chemische Verhalten der Elemente sind vor allem die in der äußeren Schale vorhandenen Elektronen entscheidend.
Beispiel: Die maximale Zahl n der Elektronen auf der Schale k beträgt:

$$n = 2 \times k^2$$

1.3 Elemente

Stoffe, die sich chemisch nicht weiter in andere Stoffe zerlegen lassen, also aus Atomen mit gleicher Protonenzahl *(Kernladungs- oder Ordnungszahl)* bestehen, heißen *Grundstoffe* oder **Elemente**. Mehr als 100 Elemente sind bekannt, drei Viertel davon sind Metalle (z. B. Eisen, Kupfer, Aluminium), der Rest sind Nichtmetalle (z. B. Sauerstoff, Kohlenstoff, Stickstoff).
Zustandsformen – Unter Normalbedingungen (1 bar, 0 °C) kommen die meisten Elemente in festem Zustand vor, einige sind gasförmig (z. B. Stickstoff, Sauerstoff) und nur 2 Elemente (Quecksilber, Brom) sind flüssig.
Symbole – In der chemischen Fachsprache werden die Elemente mit Symbolen gekennzeichnet, meist mit den Anfangsbuchstaben ihrer lateinischen oder griechischen Namen.

Tabelle 1: Auswahl einiger bedeutsamer Elemente für die Agrarwirtschaft (aus dem Periodensystem der Elemente, PSE)

Umgangssprache	Fachsprache	Symbol	Atommasse
Aluminium	Aluminium	Al	27
Bor	Borum	B	11
Chlor	Chlorum	Cl	35,5
Kalium	Kalium	K	39
Kalzium	Calcium	Ca	40
Kohlenstoff	Carbonium	C	12
Magnesium	Magnesium	Mg	24
Mangan	Manganium	Mn	55
Natrium	Natrium	Na	23
Phosphor	Phosphorium	P	31
Sauerstoff	Oxygenium	O	16
Schwefel	Sulfur	S	32
Silizium	Silicium	Si	28
Stickstoff	Nitrogenium	N	14
Wasserstoff	Hydrogenium	H	1

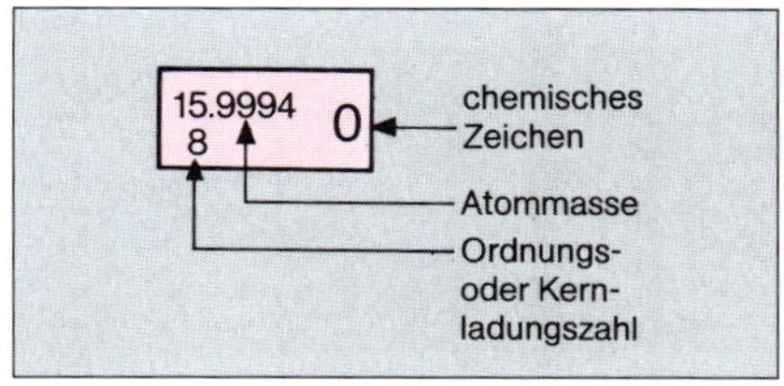

Abb. 4 Darstellung des Sauerstoffatoms im Periodensystem der Elemente (PSE).

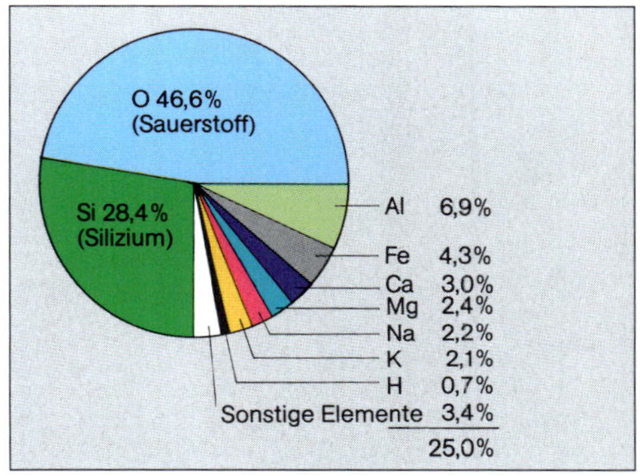

Abb. 5 Zusammensetzung der Erdrinde.

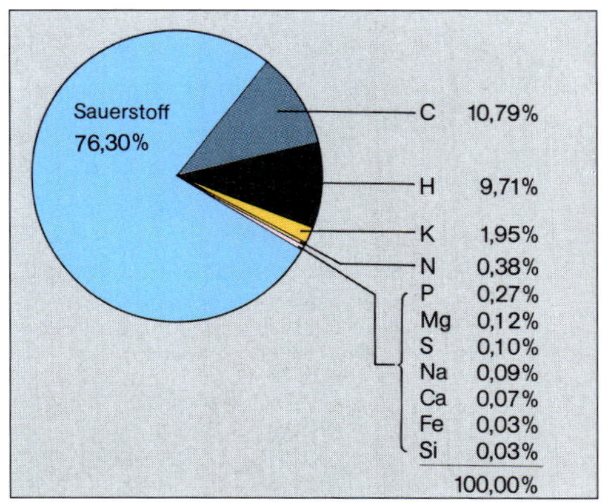

Abb. 6 Zusammensetzung einer Pflanze – **Beispiel** Kartoffel.

Abb. 7 Verteilung der Metalle, Nicht-Metalle, Halbmetalle im PSE (Auszug).

	I	II	III	IV	V	VI	VII	VIII
1	$_{1}$H							$_{2}$He
2	$_{3}$Li	$_{4}$Be	$_{5}$B	$_{6}$C	$_{7}$N	$_{8}$O	$_{9}$F	$_{10}$Ne
3	$_{11}$Na	$_{12}$Mg	$_{13}$Al	$_{14}$Si	$_{15}$P	$_{16}$S	$_{17}$Cl	$_{18}$Ar
4	$_{19}$K	$_{20}$Ca	$_{31}$Ga	$_{32}$Ge	$_{33}$As	$_{34}$Se	$_{35}$Br	$_{36}$Kr
5	$_{37}$Rb	$_{38}$Sr	$_{49}$In	$_{50}$Sn	$_{51}$Sb	$_{52}$Te	$_{53}$J	$_{54}$Xe
6	$_{55}$Cs	$_{56}$Ba	$_{81}$Tl	$_{82}$Pb	$_{83}$Bi	$_{84}$Po	$_{85}$At	$_{86}$Rn
7	$_{87}$Fr	$_{88}$Ra						

Metalle
Halbmetalle
Nicht-Metalle

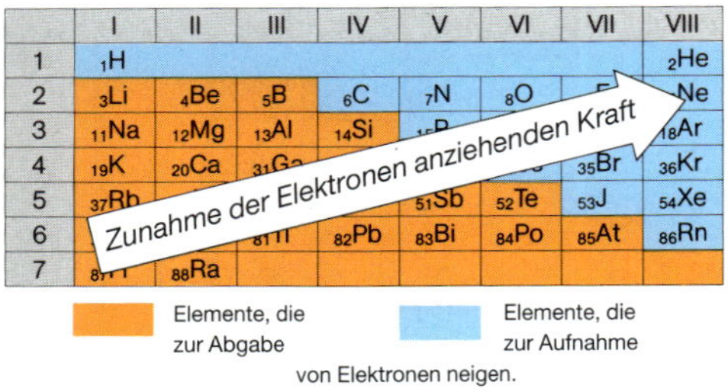

Abb. 8 Neigung der Elemente, ihre Außenelektronen zu verändern.

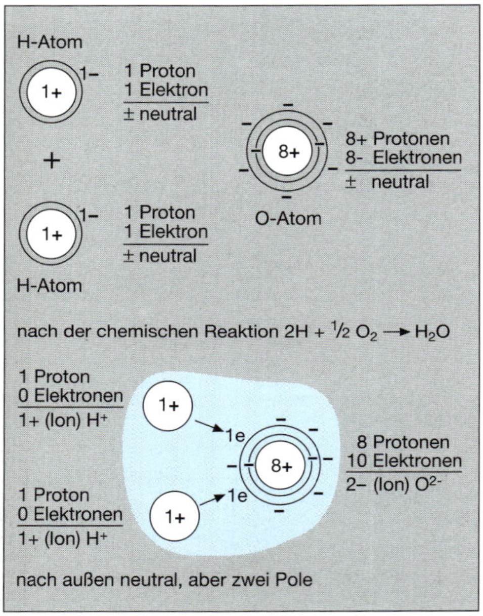

Abb. 9 Wasser hat seiner chemischen Reaktion nach einen Dipol-Charakter, bei dem das Molekül nach außen neutral ist, aber 2 Pole aufweist.

Abb. 10 Bei der Bildung 1 Wasserstoff-Moleküls aus 2 Wasserstoff-Atomen durchdringen sich die beiden Elektronenschalen; dadurch entsteht eine gemeinsame Elektronenhülle mit 2 Elektronen.

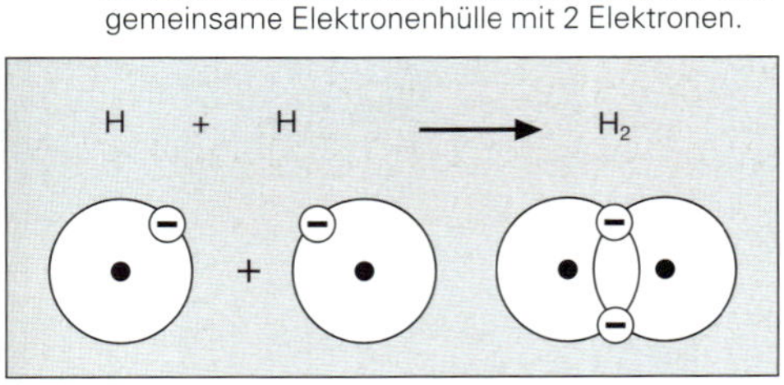

Periodensystem – Die Ordnung der chemischen Grundstoffe erfolgt nach dem Bau ihrer Atome und den damit festgelegten chemischen Eigenschaften im **P**erioden-**S**ystem der chemischen **E**lemente **(PSE)**:

- Waagerecht in *7 Perioden* (Zeilen) und
- senkrecht in *8 Gruppen* (Spalten).

Perioden – Alle Elemente derselben **Periode** besitzen die gleiche Anzahl von Elektronenschalen. Sie weisen damit ähnliche *chemische Eigenschaften* auf.

Gruppen – Die im PSE senkrecht untereinander angeordneten Elemente bilden eine **Gruppe**, weil sie auf ihrer äußeren Schale jeweils die gleiche Anzahl von Elektronen besitzen und damit ein annährend gleiches *chemisches Reaktionsverhalten* zeigen. Die Gruppennummer entspricht der Zahl der Außenelektronen. Nur das Edelgas Helium macht eine Ausnahme.

Der metallische Charakter der Elemente nimmt im PSE von links unten nach rechts oben ab.

1.4 Chemische Verbindungen, Moleküle, Gleichungen

Stoffe, die aus zwei oder mehreren Elementen aufgebaut sind, nennt man **chemische Verbindungen**. Der kleinste Teil einer solchen Verbindung besteht demnach aus mindestens 2 Atomen und wird **Molekül** genannt. Die Summe der in einem Molekül enthaltenen Atome ist das Molekulargewicht.

Beispiel: Die beiden gasförmigen Elemente Wasserstoff (H) und Sauerstoff (O) verbinden sich so innig miteinander, dass ein völlig neuer Stoff mit ganz neuen Eigenschaften entsteht, nämlich Wasser (flüssig).

1 Molekül Wasser besteht aus 2 Atomen Wasserstoff und 1 Atom Sauerstoff. In der chemischen Fachsprache wird die Molekülbildung so dargestellt:

$2\,H + O \rightarrow H_2O$ (Symbol für 1 Molekül Wasser)
$10\,H + 5\,O \rightarrow 5\,H_2O$ (Symbol für 5 Moleküle Wasser)

Die vor dem Elementsymbol angegebene Zahl gibt immer die Anzahl der Atome bzw. Moleküle an, die tiefgestellte, nachstehende Zahl nennt die Anzahl der Atome in der Verbindung.

In einer **chemischen Gleichung** ist die Atommasse auf der linken Seite der Gleichung stets so groß wie auf der rechten Seite.

Beispiel: $\mathbf{C + O_2 \rightarrow CO_2}$

Der Pfeil anstelle des Gleichheitszeichens deutet an, dass es sich um die Darstellung eines *chemischen Prozesses* handelt.

Die unter Normalbedingungen gasförmigen Elemente Chlor (Cl), Fluor (F), Sauerstoff (O), Stickstoff (N) und Wasserstoff (H) treten in der Natur nicht als einzelne Atome sondern als Moleküle aus 2 gleichen Atomen auf (Cl_2, F_2, O_2, N_2, H_2).

Chemische Verbindungen entstehen, weil jedes Atom versucht, seine Außenschalen mit 8 Elektronen voll zu besetzen (Oktettregel). Das kann entweder durch Aufnahme oder durch Abgabe von Elektronen gegenüber einem Bindungspartner geschehen.

So neigt z. B. Wasserstoff dazu, sein einziges Elektron abzugeben, um damit die Außenschale eines Partners auf 8 Elektronen aufzufüllen. Dagegen neigt Sauerstoff dazu, die 2 auf der Außenschale fehlenden Elektronen aufzunehmen. Bei der Verbindung mit Wasserstoff, der nur 1 Elektron je Atom besitzt, sind deshalb 2 Wasserstoffatome zur Bildung von 1 Molekül Wasser notwendig. Die austauschbaren Elektronen werden als *Valenzelektronen* bezeichnet.

Metalle (im PSE links unten) geben lieber Außenelektronen ab, Nicht-Metalle (im PSE rechts oben) nehmen lieber Außenelektronen auf. Für die Erklärung der Fähigkeit eines Atoms, sich mit einer bestimmten Anzahl anderer Atome zu verbinden, benützt man den Begriff **Wertigkeit** oder **Valenz**.

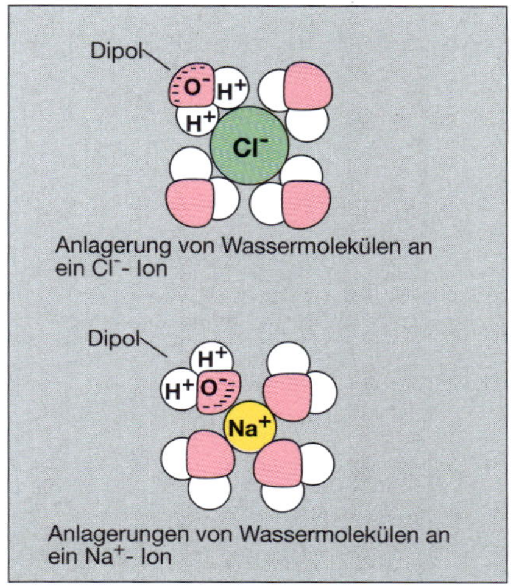

Abb. 11 Aufgrund der Dipol-Eigenschaft des Wassers lagern sich Wassermoleküle an Ionen anderer polarer Stoffe, z. B. Salzkristalle an und »lösen« sie, d. h. sie verteilen sie im Wasser.

> ! Die Wertigkeit eines Elements gibt an, wie viele Wasserstoffatome ein Atom eines Elementes binden oder ersetzen kann.

Die Wertigkeit der Elemente liegt zwischen 1 und 4, einige können jedoch auch höhere und mehrfache Wertigkeit besitzen, z. B. Stickstoff kann 3-wertig oder 5-wertig sein. Edelgase besitzen volle Außenschalen und neigen daher zu keiner Verbindung.

Bei Bindungen zwischen Atomen verschiedener Art kommt das Bestreben der Atompartner zur Geltung, in einem Molekül die Elektronen an sich zu ziehen. Dadurch wird die Elektronenverteilung ungleich. Man spricht von einer polaren Bindung.

Beim Wassermolekül stehen die H-Atome in einem bestimmten Winkel zueinander. Es hat deshalb sog. Dipol-Eigenschaften. Diese Dipol-Anziehung führt zur Bildung von Wasserstoffbrücken zwischen benachbarten Molekülen und erklärt die Besonderheiten der physikalischen Eigenschaften und des physikalischen Verhaltens des Wassers, z. B. größte Dichte bei 4°C, Bildung von Eiskristallen, relativ hoher Siedepunkt u. a. und die Fähigkeit, Ionen aus Kristallgittern zu lösen durch die Vorgänge der sog. *Assoziation* und *Dissoziation*.

Abb. 12 Durch Abgabe eines Elektron's des Na-Atoms an das Cl-Atom entstehen zwei Ionen mit unterschiedlicher Ladung, die sich gegenseitig anziehen und dadurch ein neues Kochsalz-Molekül bilden.

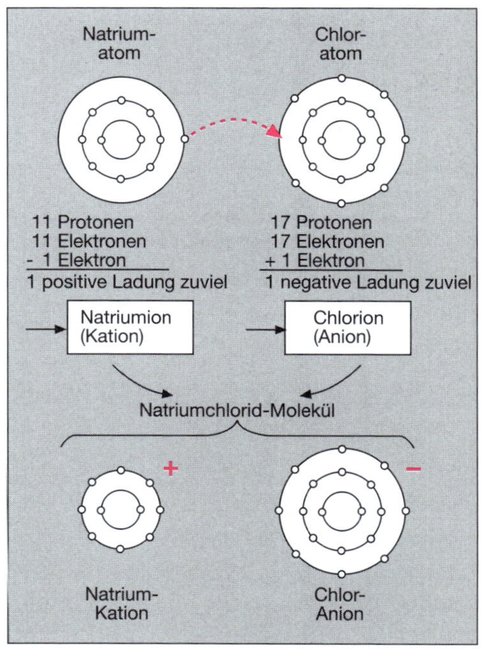

Aufgaben:

1. Was versteht man unter Wertigkeit eines Elements?
2. Lesen Sie die Gleichungen und erklären Sie die Vorgänge:
   $Ca + {}^1\!/_2 O_2 \rightarrow CaO$
   $Mg + {}^1\!/_2 O_2 \rightarrow MgO_2$
3. Berechnen Sie das Molekulargewicht von H_2O.
4. Wie unterscheiden sich Protonen, Neutronen und Elektronen voneinander?
5. Was versteht man unter »Molekül«?

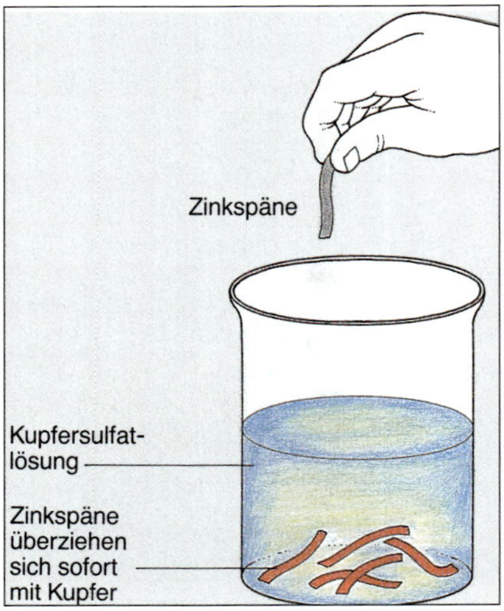

Zn → Zink	Zn^{2+} Zinkionen	+ 2 e^- Elektronen	(Oxidation)
2 e^- Elektronen	+ Cu^{2+} → Kupferion	Cu Kupfer	(Reduktion)

Abb. 13 **Beispiel** für eine Oxidation und Reduktion.

Mg + $^1/_2$ O_2 →	MgO
Magnesium Sauerstoff	Magnesiumoxid

Abb. 14 **Beispiel** für eine Oxidation (hier von Magnesium), dargestellt als Formelgleichung (Mitte, rechts).

Abb. 15 (Mitte) Darstellung der Oxidation von Magnesium.

Abb. 16 Metalloxide bilden mit Wasser Basen.

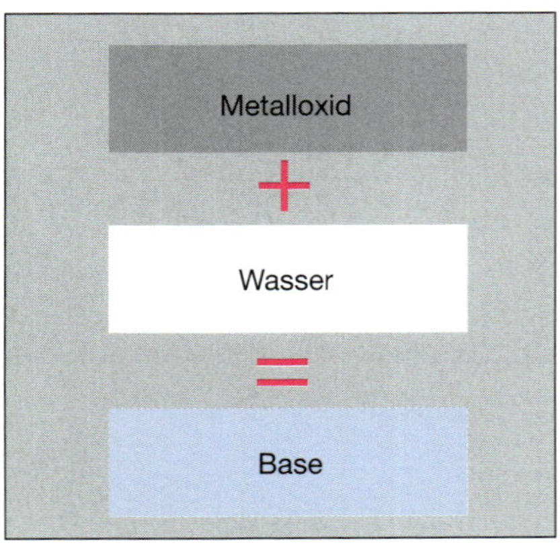

1.5 Chemische Prozesse

Chemische Reaktionen, die zu verschiedenen chemischen Verbindungen führen, beruhen auf wenigen Grundtypen. Die beiden wichtigsten sind die *Synthese* (Stoffvereinigung) und die *Analyse* (Stoffzerlegung).

1.5.1 Ionisierung

In elementaren Atomen stimmt die Zahl der Elektronen mit der unveränderbaren Anzahl der Protonen im Atomkern überein. Diese Atome sind nach außen hin elektrisch neutral.
Durch Elektronenabgabe entsteht ein zahlenmäßiger Überhang von Protonen; das Atom ist daher nach außen positiv geladen und wird als *Kation* bezeichnet. Durch Elektronenaufnahme allerdings entsteht ein nach außen hin negativ geladenes Atom, ein *Anion*. Zur Kennzeichnung gibt man die Ladung und ihre Zahl nach dem Symbol an.

Beispiel: K^+ bedeutet: Kalium-Ion, einfach positiv geladen.
Mg^{2+} bedeutet: Magnesium-Ion, zweifach positiv geladen.
Cl^- bedeutet: Chlor-Ion, einfach negativ geladen.
SO_4^{2-} bedeutet: Sulfat-Ion, zweifach negativ geladen.

1.5.2 Dissoziation

Auch bei der Spaltung von chemischen Verbindungen entstehen Ionen. Dieser Vorgang heißt **Dissoziation**. Sie geschieht beim Verdünnen von Säuren oder Laugen mit Wasser. Daneben kann sie auch durch Licht-, Wärme-, Strom- und Strahlungseinwirkung erfolgen.
Die Dissoziation hat für die Pflanzenernährung herausragende Bedeutung. Die Pflanzen nehmen die Nährstoffe nur als Ionen auf, die in der Bodenlösung enthalten sind. Die Kationen werden austauschbar an den Bodenteilchen (Kolloide) festgehalten.

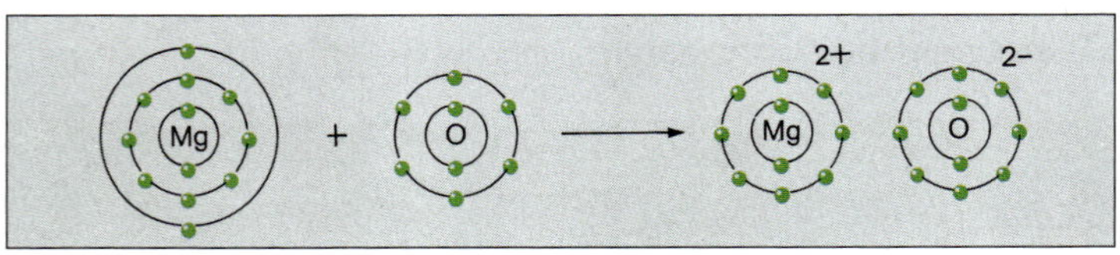

1.5.3 Oxidation und Reduktion

Viele Lebensvorgänge in der Natur beruhen auf den chemischen Vorgängen der Oxidation oder der Reduktion. Ursprünglich bezeichnete man nur eine Verbindung mit Sauerstoff als **Oxidation**. Tatsächlich nennt man jeden chemischen Vorgang, bei dem ein Atom Elektronen abgibt, **Oxidation**; jeder Vorgang, bei dem ein Atom Elektronen aufnimmt, heißt **Reduktion**. Beide Reaktionen laufen immer gleichzeitig ab (**Redox-Vorgänge**).
Beispiel: Bei der Atmung verbindet sich Kohlenstoff-Atom mit einem Sauerstoff-Atom zu Kohlendioxid. Dagegen wird beim Vorgang der Fotosynthese Sauerstoff frei.

1.5.4 Basen, Säuren und Salze

Sie haben eine herausragende Bedeutung in vielen Lebensvorgängen in der Natur sowie in der Pflanzen- und Tierernährung. Sauere oder neutrale oder alkalische Reaktionen bestimmen z. B. maßgeblich die Nährstoffaufnahme, die Verfügbarkeit der Nährstoffe im Boden oder auch den Verdauungsprozess im Tierkörper. Mit *Indikatoren* (Stoffe, die durch Verfärbung eine saure, neutrale oder alkalische Reaktion anzeigen) kann ein entsprechender Nachweis geführt werden.

Bringt man *Metalloxide* mit Wasser zusammen, entstehen **Basen** (Laugen). Sie färben rotes Lackmuspapier blau. Basen dissoziieren in wässriger Lösung in positiv geladene Metall-Ionen und negativ geladene Hydroxid-Ionen (OH^-).

Bringt man *Nicht-Metalloxide* mit Wasser zusammen, entstehen **Säuren**. Sie färben blaues Lackmuspapier rot. Säuren dissoziieren in wässriger Lösung in positiv geladene Wasserstoff-Ionen (H^+) und negativ geladene Säurerest-Ionen.

Salze entstehen durch die Verbindung von Säuren und Laugen. Dabei werden die Wasserstoff-Ionen der Säuren ganz oder teilweise durch die Metall-Ionen der Basen ersetzt. Salze färben Lackmuspapier nicht mehr; sie sind chemisch neutral.

Alle Salze bilden Kristalle mit unterschiedlicher Löslichkeit in Wasser. Der Grund hierfür ist das räumliche Kristallgitter, in dem die Salz-Ionen fest verankert sind.

Beim Lösungsvorgang muss das Wasser zuerst die zusammenhaltende Kraft (Kohäsion des Gitters) überwinden, um die Salz-Ionen herauslösen zu können. Anschließend umgeben sich die Ionen mit einer Hülle aus Wassermolekülen (Hydratmantel). Dabei wird Wärme frei (Wirkung von Auftausalz).

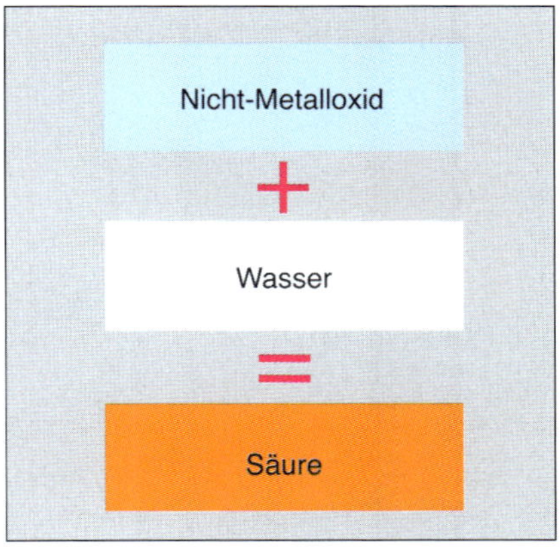

Abb 17 Nicht-Metalloxide bilden mit Wasser Säuren.

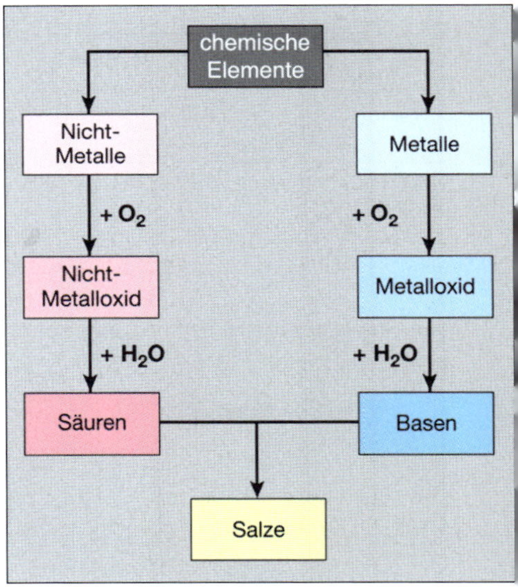

Abb. 18 Schema der Basen-, Säuren- und Salzbildung.

1.5.5 Der pH-Wert

pH ist eine Abkürzung für lat. **pondus Hydrogenium** = Gewicht der Wasserstoff-Ionen in 1 l Lösung. Ein Liter chemisch reines Wasser (destilliertes Wasser) reagiert neutral; es enthält bei 25 °C 0,000 000 1 g freie Wasserstoff-Ionen (H^+-Ionen).

Diese Zahl lässt sich auch so darstellen:

$$0{,}000\,000\,1 = \frac{1}{10\,000\,000} = \frac{1}{10^7} = 10^{-7}$$

Zur Vereinfachung schreibt man zur Angabe der Wasserstoff-Ionen-Konzentration in 1 l Lösung nur noch die Hochzahl. Chemisch reines Wasser hat also den **pH-Wert** 7, also neutrale Reaktion.

! Je größer die Wasserstoff-Ionen-Menge in einer Lösung ist, desto größer ist ihr Gewicht und desto kleiner ist ihr pH-Wert; sie hat also sauere Reaktion.
Je kleiner die Wasserstoff-Ionen-Menge in einer Lösung ist, desto kleiner ist ihr Gewicht und desto größer ist ihr pH-Wert; sie hat also alkalische Reaktion.

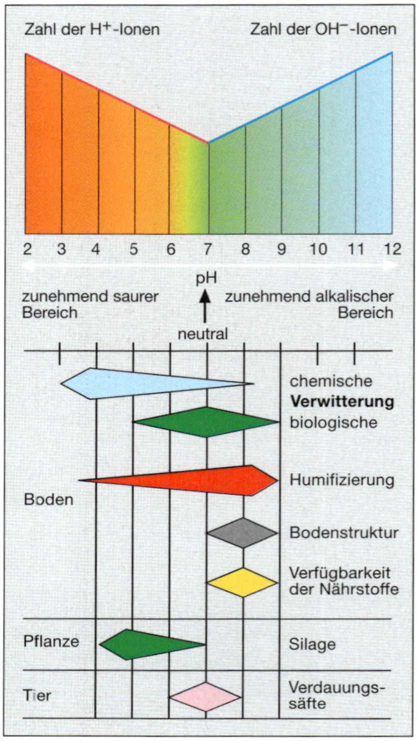

Abb. 19 Bedeutung des pH-Wertes in der Agrarproduktion.

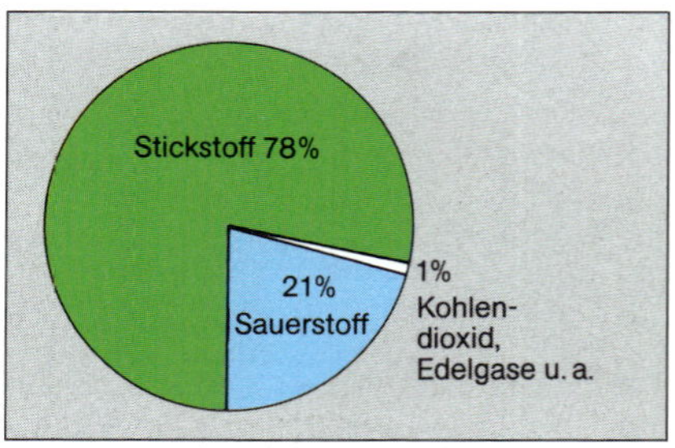

Abb. 20 Zusammensetzung der Luft in Volumen-% (gerundet).

Abb. 21 Kohlenmonoxid (CO) wirkt tödlich für den Menschen.

$$\text{pH } 4 = \frac{1}{10\,000} \text{ g H}^+\text{-Ionen/l Lösung} = \frac{1}{10^4} = 10^{-4}$$

$$\text{pH } 8 = \frac{1}{100\,000\,000} \text{ g H}^+\text{-Ionen/l Lösung} = \frac{1}{10^8} = 10^{-8}$$

Die **Messung des pH-Wertes** erfolgt mit Hilfe von Indikatoren in Form von Papierstreifen oder Lösungen. Sie zeigen nach dem Benetzen mit der zu prüfenden Flüssigkeit einen Farbumschlag. Dieser wird mit einer geeichten Farbskala verglichen und der pH-Wert kann abgelesen werden. Genauere Messungen sind mit elektrischen pH-Metern möglich.

1.6 Wichtige Elemente der anorganischen Chemie

Viele Elemente der anorganischen Chemie sind in der Agrarwirtschaft von besonderer Bedeutung. Sie sind am Aufbau der Körpersubstanz bei Pflanzen und Tieren beteiligt und beeinflussen direkt oder indirekt die Stoffwechselfunktionen. Sie sind im weitesten Sinn auch entscheidend für die Gesundheit der tierischen und pflanzlichen Organismen und bestimmen somit maßgeblich für die Qualität und Quantität der Agrarproduktion. Daher dürfen sie in der Pflanzen- und Tierernährung nicht fehlen.

1.6.1 Landwirtschaftlich bedeutsame Metalle

Die Tabelle 2 gibt einen Überblick über Vorkommen, Eigenschaften und Bedeutung einiger Metalle.

Tabelle 2: Landwirtschaftlich wichtige Metalle (Auswahl)

Metall	Vorkommen	Eigenschaften	Bedeutung
K Kalium	nur in chemischen Verbindungen in Erdrinde, Mineralien Gesteinen	gute Strom- und Wärmeleitfähigkeit; weich, weiß und sehr reaktionsbereit (explosionsartig)	Hauptnährstoff für Pflanzen und Mineralstoff für Mensch und Tier
Ca Calcium	nur in chemischen Verbindungen in Mineralien, Gesteinen, im Boden, im Wasser	weißes Metall, leicht oxidierbar	Hauptnährstoff für Pflanzen und Mineralstoff für Mensch und Tier; Baumaterial (Knochen)
Mg Magnesium	nur in gebundener Form als Carbonat, Sulfat oder Chlorid anzutreffen;	weißes Metall, leicht, zäh, leicht brennbar; starke Lichtwirkung	Bestandteil im Blattgrün; Hauptnährstoff für Pflanzen und Mineralstoff für Mensch und Tier
Na Natrium	nur in chemischen Verbindungen (z. B. im Kochsalz)	weiches, weißes Metall; sehr reaktionsfreudig	Kochsalz, Nährstoff für Pflanzen und Mineralstoff für Mensch und Tier

1.6.2 Landwirtschaftlich bedeutsame Nicht-Metalle

Die Tabelle 3 gibt einen Überblick über Vorkommen, Eigenschaften und Bedeutung von ausgewählten Nicht-Metallen.

Tabelle 3: Landwirtschaftlich wichtige Nicht-Metalle (Auswahl)

Nicht-Metall	Vorkommen	Eigenschaften	Bedeutung
N Stickstoff	Hauptbestandteil der Luft; im Eiweiß; kaum in mineralischer Form	farbloses, geruchsloses und geschmackfreies Gas; reaktionsträge	als Element in den Eiweißbausteinen unersetzlich; Hauptnährstoff für Pflanzen; in verschiedenen Formen (Ammoniak, Ammonium, Nitrat, Nitrit, Amid) als Düngemittel
P Phosphor	im Eiweiß; in Knochen; in Rohphosphaten (aus Ablagerungen von Meerestieren)	gelblich-weiß mit Leuchtkraft im Dunkeln; leicht entflammbar in Gegenwart von Sauerstoff; weißer Phosphor ist giftig und ätzend im Gegensatz zu rotem Phosphor	Hauptnährstoff für Pflanzen; Mineralstoff für Mensch und Tier
S Schwefel	Schwefelerze in Vulkannähe	fest, gelb, brennbar; in einzelnen Verbindungen (H_2S) und H_2SO_4 für Mensch und Natur gefährlich	Nährstoff für Pflanzen; als Element in Eiweißbausteinen; in der Gülle bildet sich Schwefelwasserstoff (H_2S), ein Atemgift; Schwefelsäure verursacht sauren Regen
C Kohlenstoff	in Kohle und in festen Brennstoffen	geruchslos und geschmacklos	als CO_2 für die Fotosynthese wichtig; als CO ein lebensgefährliches Gas; als Kohlensäure in Erfrischungsgetränken
O Sauerstoff	wichtiger Bestandteil der Luft	farb- und geruchsloses Gas	Oxidationsmittel; lebensnotwendig für Atmung, Verbrennung; Bildung der Kohlenhydrate

Elemente der anorganischen Chemie sind auch Bestandteile in den organischen Verbindungen Kohlenhydrate (Zucker), Eiweiß und Fette. Außerdem sind sie in Enzymen vorhanden, die den Stoffwechsel steuern und beschleunigen. Ihre (ausgewogene) Verfügbarkeit ist somit lebensnotwendig.

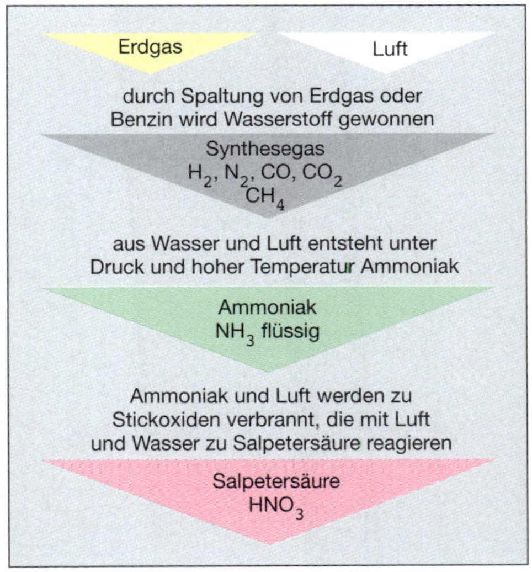

Abb. 22 Schema der heutigen großtechnischen Ammoniak-Herstellung nach dem Haber-Bosch-Verfahren.

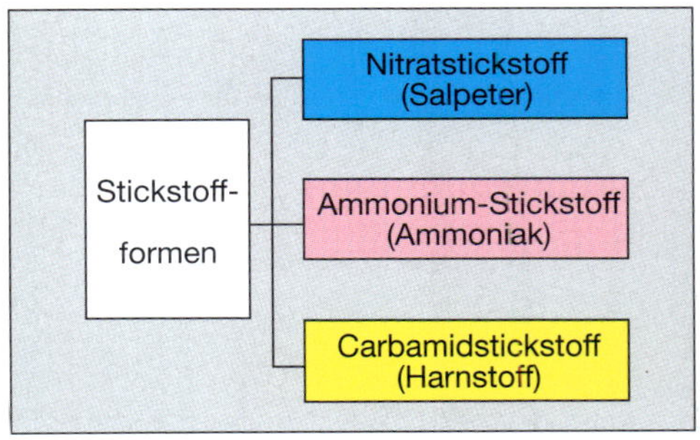

Abb. 23 Wichtige Stickstoffformen für die Düngung.

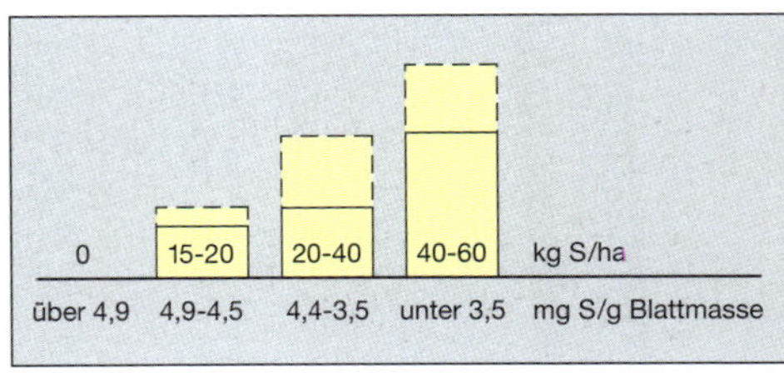

Abb. 24 Empfohlene Schwefeldüngung zu Raps in Abhängigkeit vom S-Gehalt des Rapsblattes.

Abb. 25 Kohlendioxid (CO_2) ist schwerer als Luft.

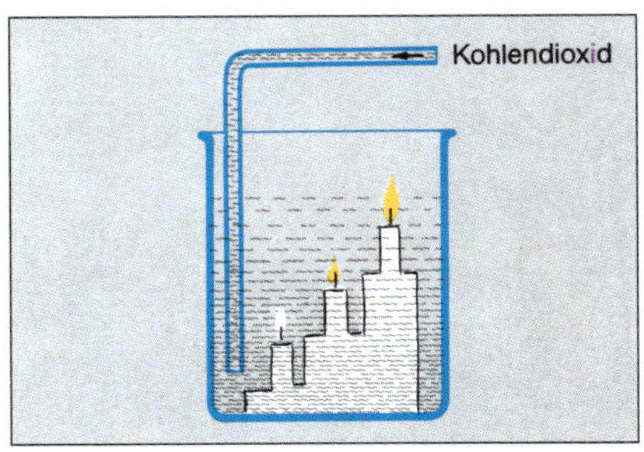

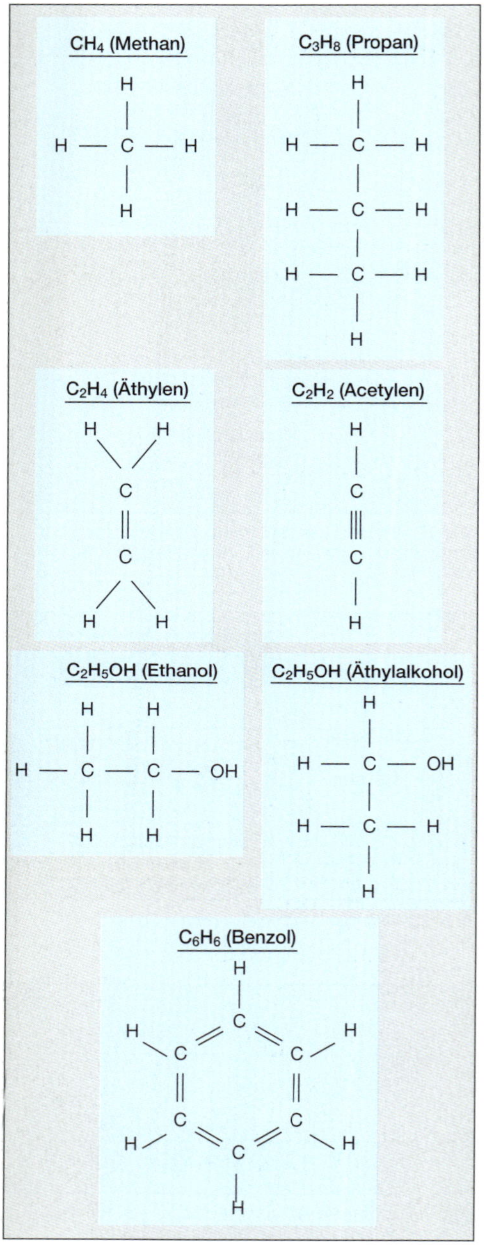

Abb. 26 **Beispiele** organischer Verbindungen. Die Kohlenstoff- und Wasserstoffatome sind entweder kettenförmig oder ringförmig (cyclisch) miteinander verknüpft.

Aufgaben:

1. Erklären Sie, weshalb der Einstieg in Silos und Güllegruben gefährlich ist. Welche Vorsichtsmaßnahmen sind zu treffen?
2. Erklären Sie den Begriff »Ionen«.
3. Wie unterscheiden sich Kationen von Anionen?
4. Erklären Sie pH 7.
5. Welche Bedeutung hat der pH-Wert für den Boden?

1.7 Wichtige Verbindungen der organischen Chemie

In **organischen Verbindungen** bilden *Kohlenstoffatome* stets das Grundgerüst. Sie können in einfacher, zweifacher oder mehrfacher Bindungsform mit sich selbst verbunden sein. Darüber hinaus können O-, OH-, N-, P- und S-Atome bzw. Ionen oder/und andere Elemente angelagert sein.
In der Tierernährung sind sowohl N-haltige als auch N-freie organische Verbindungen von besonderer Wichtigkeit.

1.7.1 Kohlenwasserstoffe

Eine große Gruppe von chemischen Verbindungen wird auf Grund der am Molekülaufbau beteiligten Elemente Kohlenstoff und Wasserstoff als **Kohlenwasserstoffe** bezeichnet.
Man teilt sie ein in Alkane, Alkene und Alkine.
Alkane besitzen nur einfach gebundene C- und H-Atome. Sie sind daher gesättigt. Es handelt sich um die leicht brennbaren Bestandteile in Kohle, Benzin, Erdöl und Erdgas.
Beispiele: CH_4 = Methan; C_3H_8 = Propan.
Alkene und **Alkine** weisen dagegen auch C-Doppel- bzw. Dreifachverbindungen auf, d. h. sie sind nicht mit H-Atomen gesättigt und deshalb explosiv.
Beispiele: C_2H_4 = Äthylen; C_2H_2 = Acethylen.

1.7.2 Alkohole

Alkohole entstehen, wenn die H-Atome eines Kohlenwasserstoffes durch eine OH-Gruppe ersetzt werden.
Beispiel: $C_2H{=}H$ = Äthylalkohol (Weingeist, Spiritus), der bei der alkoholischen Gärung entsteht aus Fruchtzucker und Traubenzucker unter Mitwirkung von Hefepilzen.

1.7.3 Organische Säuren

Organische Säuren entstehen, wenn in einem Kohlenwasserstoff ein H-Atom oder mehrere H-Atome durch die Karboxylgruppe $-COOH$ ersetzt werden. Organische Säuren spalten in wässeriger Lösung ebenfalls H^+-Ionen ab. Sie reagieren daher ebenfalls sauer und können Salze bilden.

Tabelle 4: Beispiele organischer Säuren

Säure	Beispiel
Buttersäure C_3H_7COOH	Butter
Ölsäure $C_{17}H_{33}COOH$	Olivenöl, Margarine
Linolsäure $C_{17}H_{31}COOH$	Maiskeimöl
Linolensäure $C_{17}H_{29}COOH$	Leinöl
Palmitionsäure $C_{15}H_{31}COOH$ Stearinsäure $C_{17}H_{35}COOH$	in allen Nahrungsfetten

Beispiele: *Essigsäure* (CH_3COOH) ist eine stechend riechende Säure und entsteht durch Oxidation des Äthylalkohols unter Einwirkung von Essigsäure-Bakterien (im Silierungsprozess unerwünscht).
Propionsäure (CH_3CH_2COOH) dient zur Konservierung von Nahrungs- und Futtermitteln; Propionsäure-Bakterien sind im Pansen und Darm der Wiederkäuer vorhanden und beeinflussen die Fettbildung.
Milchsäure ($CH_3CHOHCOOH$) entsteht beim Gär- und Silierungsprozess durch anaerobe Milchsäure-Bakterien. Milchsäure konserviert Nahrungs- und Futtermittel und macht sie schmackhaft.
Buttersäure (C_3H_7COOH) entsteht beim Gärvorgang unter Mitwirkung der Buttersäure-Bakterien; sehr unangenehmer Geruch (im Silierungsprozess unerwünscht).
Fettsäuren sind langkettige Säuren, die die Fetteigenschaften bestimmen.
Fettsäuren sind aneinandergereihte C-Atome, die mit H-Atomen verbunden sind. Sie werden nach Kettenlänge und Bindungsformen unterschieden und beeinflussen die Eigenschaften der Fette. Neben der Buttersäure gehören die Palmitinsäure, Stearinsäure, Ölsäure und Linolsäure zu den bekanntesten Arten.
Aminosäuren sind die Bausteine für das Eiweiß. Sie enthalten neben der COOH-Gruppe auch die stickstoffhaltige Aminogruppe (NH_2) und unterscheiden sich im Säurerest voneinander. Einige Aminosäuren kann der Körper selbst aufbauen, andere sind essenziell, d. h. sie sind lebensnotwendig, können aber vom Körper nicht gebildet werden und müssen mit der Nahrung aufgenommen werden.
Beispiele für wichtige Aminosäuren: Valin, Leucin, Lysin, Cystein, Methionin, Arginin.

1.7.4 Kohlenhydrate

Kohlenhydrate sind Verbindungen, die neben Kohlenstoff noch Wasserstoff und Sauerstoff enthalten. Dabei handelt es sich um die *Einfachzucker* ($C_6H_{12}O_6$) Traubenzucker, Fruchtzucker und Schleimzucker, um die *Doppelzucker* ($C_{12}H_{22}O_{11}$) Rohr- oder Rübenzucker, Milchzucker, Malzzucker und um die *Vielfachzucker* ($(C_6H_{10}O_5)_n$) Stärke, Cellulose (Rohfaser), Pektin und Glykogen, die sehr verzweigt aufgebaut sind.
Kohlenhydrate sind wichtige Nährstoffe in der menschlichen und tierischen Ernährung.

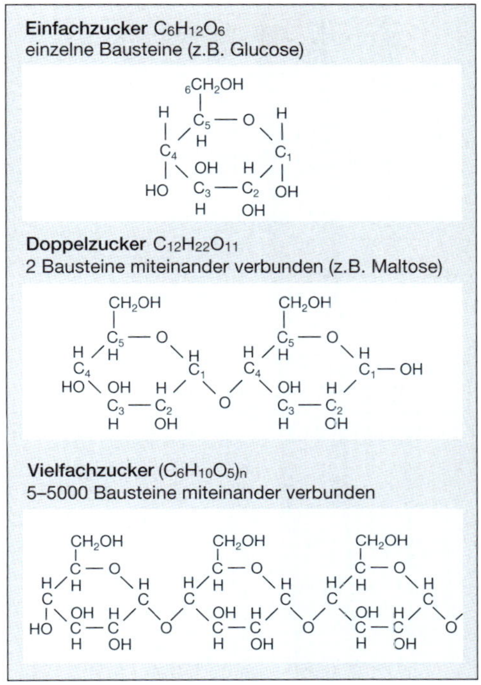

Abb. 27 Übersicht über die Zucker.

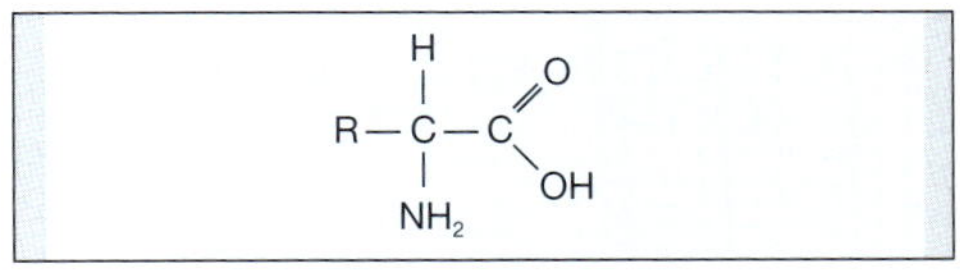
Abb. 28 Bau einer Aminosäure. H-Atome sind durch die Aminogruppe NH_2 ersetzt.

Abb. 29 **Beispiele** für Vielfachzucker.
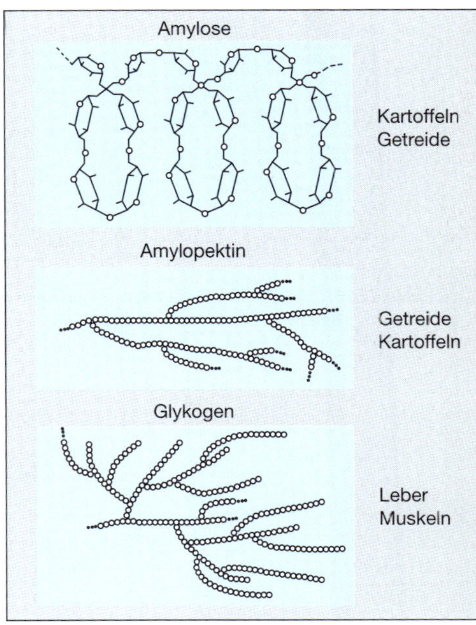

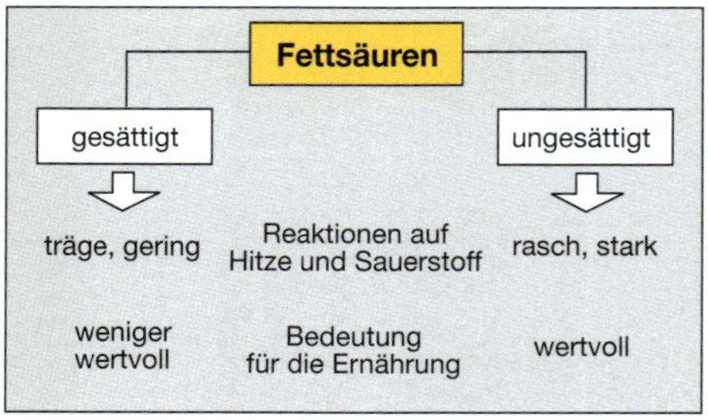

Abb. 30 Fettsäuren beeinflussen die Fettqualität.

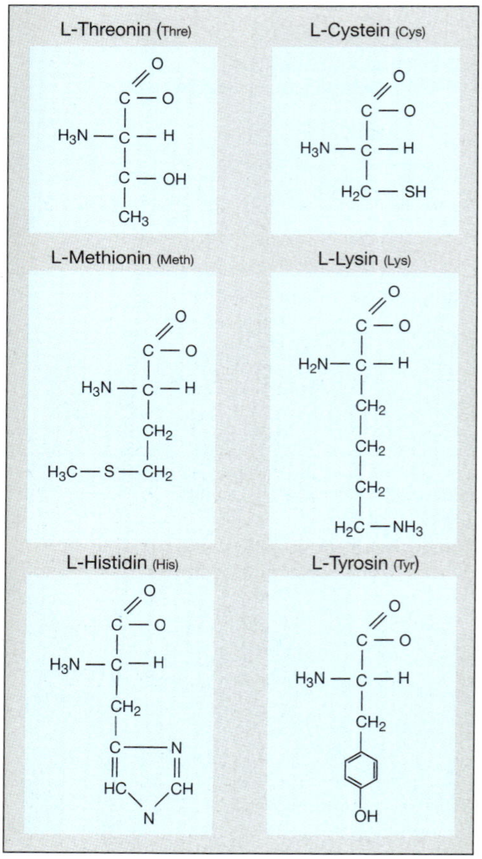

Abb. 31 **Beispiele** für einige wichtige Aminosäuren.

1.7.5 Fette

Fette sind Verbindungen (Ester) von Fettsäuren und Alkoholen. Der für die Fettbildung wichtigste Alkohol ist das Glyzerin. Man unterscheidet feste Fette (Rindertalg) von flüssigen Fetten (Öle). Fette sind wichtige Nährstoffe für die menschliche und tierische Ernährung und beeinflussen die Qualität und den Geschmack von Fleisch.

1.7.6 Eiweiß

Eiweiß ist eine organische stickstoffhaltige Verbindung aus C, O, H, N (P, S), die einen wesentlichen Bestandteil aller pflanzlichen und tierischen Zellen sowie deren Inhaltsstoffe bildet.
Protein besteht nur aus eiweißartigen Stoffen (Aminosäuren),
Proteide enthalten auch andere, nicht-eiweißartige Stoffe, z. B. Mineralstoffe oder Spurenelemente. Zu den Proteiden gehören beispielsweise die Enzyme.
Amide sind die Eiweißvorstufen oder Zwischenprodukte und spielen in der Tier- und Pflanzenernährung als sog. stickstoffhaltige Verbindungen oder als Stickstoffverbindung eine große Rolle.

Tabelle 5: Übersicht über Eiweißarten und deren Vorkommen

Eiweißart	Vorkommen, Beispiele
Albumine	Fleisch, Blut, Eier, Fisch, Hülsenfrüchte, Kartoffeln
Globuline	Fleisch, Blut, Fisch
Klebereiweiß	Getreide/Mehl, Backwaren,
Kollagen	»Knochenleim« Gelatine, Aleuronschicht, Fleisch (Bindegewebsanteil)
Keratine	Haare und Nägel
Elastine	Sehnen und Bänder

Aufgaben:

1. Zeigen Sie anhand von Beispielen den Unterschied zwischen organischer und anorganischer Chemie auf.
2. Erklären Sie, weshalb Äthylen explosiv ist.
3. Welche Bedeutung haben Aminosäuren?
4. Welche zwei Stoffgruppen sind für Aminosäuren charakteristisch?
5. Erklären Sie den chemischen Aufbau der Fette.
6. Zeigen Sie den Unterschied zwischen Protein und Proteid auf.
7. Erklären und begründen Sie die Bedeutung der Kohlenhydrate.

2 Physikalische Grundbegriffe

2.1 Mechanik der festen Körper

2.1.1 Eigenschaften

Neben den chemischen Grundbegriffen können auch viele physikalische Vorgänge und die Eigenschaften der Körper mit dem Teilchenmodell der Materie erklärt werden. Darunter versteht man die Vorstellung, dass jeder Stoff aus unendlich vielen kleinsten Bausteinen (Teilchen), zusammengesetzt ist, z. B. Atome, Atomgruppen, Elemente oder Moleküle.

Kohäsion – In festen Körpern halten starke Bindungskräfte – die sog. Kohäsionskräfte – die Teilchen zusammen. Die Reichweite dieser Bindungskräfte beträgt nur etwa 1 Tausendstel Millimeter (= 1 µm). In festen Körpern können die Teilchen um ihre Ruhelage schwingen. Diese Schwingbewegungen nehmen zu, je wärmer der Stoff ist und werden mit abnehmender Temperatur schwächer.

Somit bestimmen die Kohäsionskräfte wichtige Eigenschaften eines festen Körpers, nämlich seine Festigkeit, seine Härte und seine Elastizität. Dies gilt für anorganische Materialien im technischen Bereich ebenso wie für organische Materialien z. B. Knochen, Holzgewebe.

Festigkeit – Je nach Krafteinwirkung unterscheidet man die Zugfestigkeit (Dehnung), Druckfestigkeit, Drehungsfestigkeit und Scherfestigkeit (z. B. wenn Kräfte, wie sie von einer Schere erzeugt werden, auf einen Körper einwirken).

Härte – Die Härte eines Materials ist z. B. für das Eindringen fremder Körper in die Oberfläche von Bedeutung.

Elastizität – Sie bestimmt z. B. die Bruchfestigkeit der Körper. Die Teilchen sitzen auch in festen Körpern nicht unverrückbar fest. Vielmehr kann eine von außen auf den Körper einwirkende Kraft die betroffenen Teilchen aus ihrer Ruhelage drängen. Dadurch können die Nachbarteilchen verschoben werden mit der Folge einer Formveränderung des Körpers.

Bei *plastischen* Stoffen bleibt die Formänderung bestehen. Bei *elastischen* Körpern kehren die Teilchen wieder in ihre Gleichgewichtslage zurück, sobald die Krafteinwirkung beendet ist. **Beispiele** für elastische Körper sind Federn.

Freilich besteht das Rückformvermögen nicht unbegrenzt. Bei *Überdehnung* werden die Teilchen so weit von ihrer ursprünglichen Position verdrängt, dass sie nicht mehr in die Gleichgewichtslage zurückkehren können. Dabei kann es natürlich auch zum Bruch von Materialien kommen. Aufgrund der geringen Reichweite der Kohäsionskräfte können Bruchstücke meist nicht einfach durch Zusammenpressen (dauerhaft haltbar) zusammengefügt werden.

Von *Materialermüdung* ist die Rede, wenn die Kohäsionskräfte nachlassen. Deshalb müssen z.B. die Tragseile von Seilbahnen oder Kränen regelmäßig gewechselt werden.

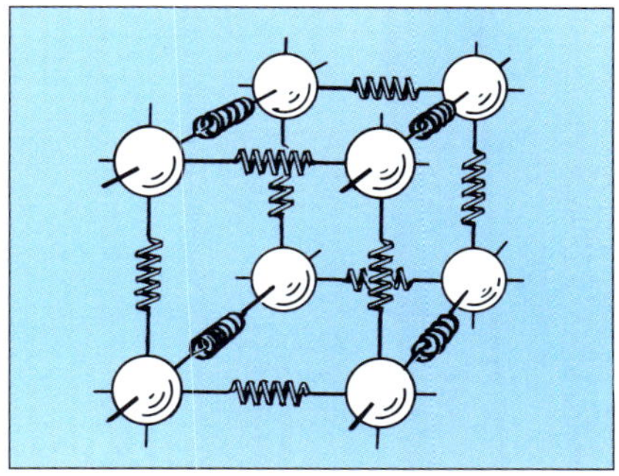

Abb. 32 Modell eines festen Körpers: Die Bindekräfte sind als Spiralfedern dargestellt.

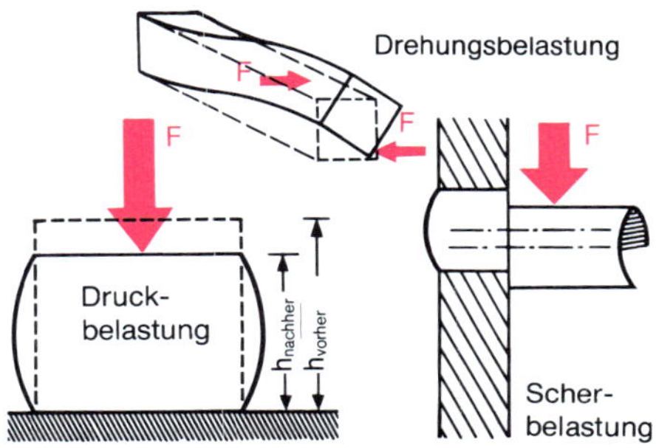

Abb. 33 Belastungsarten fester Körper und ihre Wirkung.

Abb. 34 Das Gesetz von HOOKE zeigt, dass die Dehnung einer Feder im Elastizitätsbereich proportional der wirkenden Kraft ist.

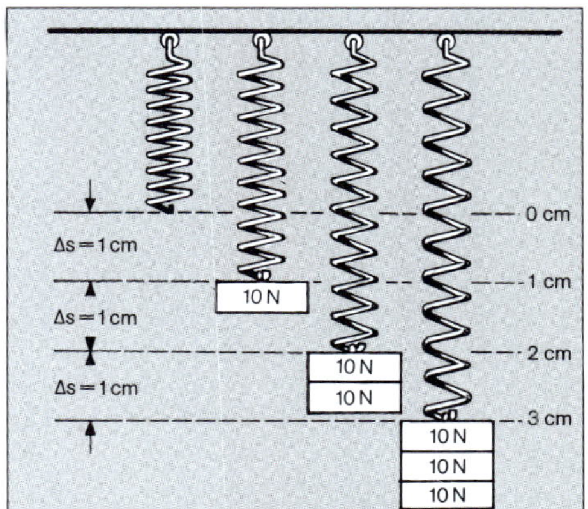

Kraft F in N	Dehnung s in cm	Federkonstante $D = \frac{F}{s}$ in $\frac{N}{cm}$
10	1	10
20	2	10
30	3	10

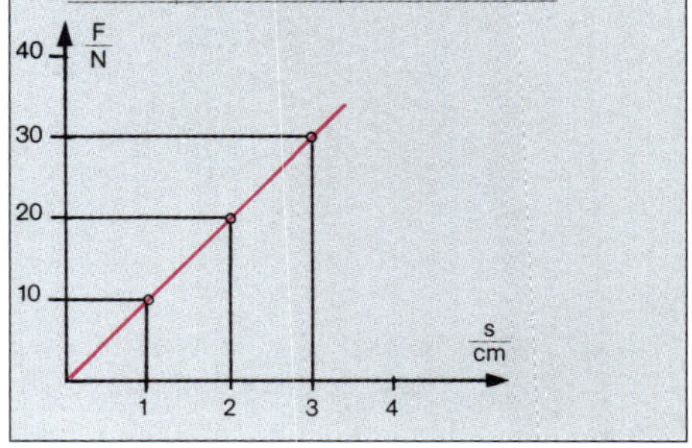

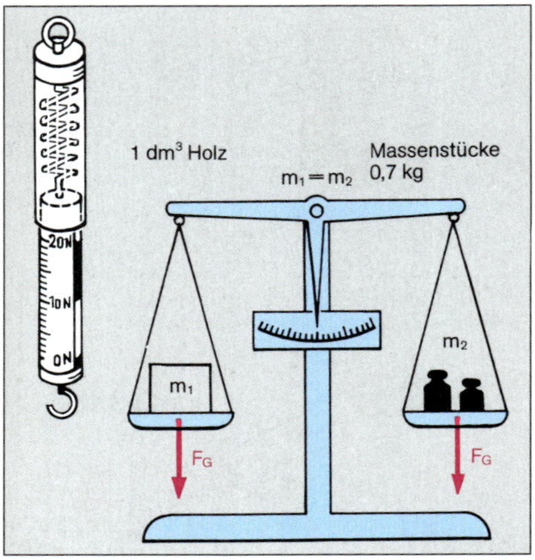

Abb. 35 Federwaage: Ein Messgerät für Kräfte (links); Massenvergleich mit der Balkenwaage (rechts).

Abb. 36 Die Masse 1 kg besitzt ein Gewicht von ≈ 10 N, d. h. sie wird von der Erde mit der Beschleunigung 9,81 $\frac{m}{s^2}$ zum Erdmittelpunkt hin beschleunigt.

Abb. 37 Kräfte an der schiefen Ebene.

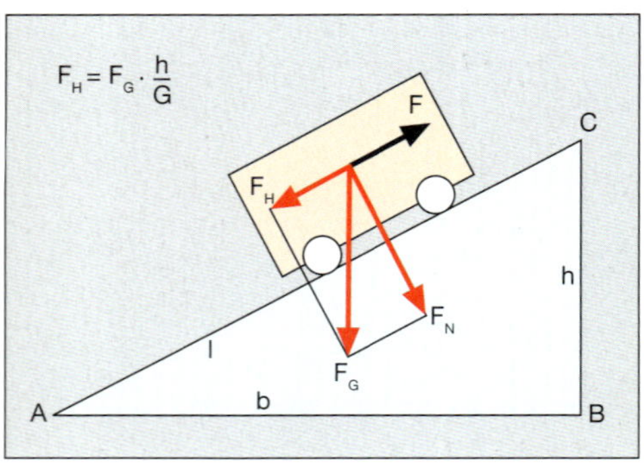

ROBERT HOOKE (englischer Physiker, 1635–1703) hat die Gesetzmäßigkeiten bei der Elastizität von Federn erforscht und in folgender Formel ausgedrückt:

Federkonstante = Kraft : Dehnung

$$D = F : \varepsilon$$

Die Kraft F wird gemessen in Newton (N), die Dehnungsstrecke ε (griechischer Buchstabe Epsilon) in Metern (m). Mithilfe von Federdehnungen können gemäß dem HOOKE'schen Gesetz Kräfte gemessen werden. Als Messgeräte verwendet man Federwaagen.

2.1.2 Masse

Die Menge von Teilchen, aus der ein Stoff besteht, nennt man **Masse**, die in Kilogramm (kg) gemessen wird. Im Internationalen Einheitensystem (SI-Einheiten) wurde als *Basiseinheit* für 1 kg die Masse des Ur-Kilogramms (eines in der Nähe von Paris aufbewahrten Platin-Iridium-Körpers) festgelegt. Zur Massenbestimmung der Körper werden Massenvergleiche mit Waagen und geeichten Massenstücken durchgeführt.
Die Masse eines Körpers ist nicht gleichbedeutend mit seinem **Gewicht**. Während die Masse stets gleich bleibt, kann sich unter bestimmten Bedingungen das Gewicht verändern (z. B. Zustand der Schwerelosigkeit). Am Normort Paris wird die Masse 1 kg zur Erde hin mit der Kraft 9,81 N angezogen.

2.1.3 Dichte

Massenvergleiche zeigen, dass die Stoffmenge in Körpern unterschiedlich dicht zusammengefügt sein kann. So besitzt z. B. ein 1 m³ Heu – lose oder gepresst – eine andere Masse als 1 m³ Getreidekörner. Diese Eigenschaft wird als **Dichte** (ρ, griechischer Buchstabe Rho) bezeichnet. Sie stellt das Verhältnis (Quotient) von der Masse zum Volumen eines Körpers dar und errechnet sich aus

Dichte = Masse : Volumen

$$\rho = m : V$$

gemessen in kg/dm^3 oder t/m^3 oder g/cm^3, häufig auch in kg/m^3.

Durch Umstellen der Formel erhält man: $m = V \times \rho$.
Die Dichte ist eine kennzeichnende Größe eines Stoffes (Materialkonstante). Bei landwirtschaftlichen Gütern ist stets zu beachten, ob die Dichte von lose aufgeschütteten oder gepressten Materialien angegeben ist.

Aufgabe:
Berechnen Sie den Vorrat an Grassilage, wenn der voll gefüllte, runde Gärfutterbehälter 3,00 m Durchmesser und 6,8 m Höhe misst? Die Dichte von Grassilage wird im Allgemeinen mit etwa 600 kg/m³ angegeben.

2.1.4 Kräfte

Im physikalischen Sinn bewirken **Kräfte** Formänderungen starrer Körper oder verursachen die Beschleunigung frei beweglicher Körper. Nur Körper, auf die keine Kräfte einwirken, beharren im Zustand der Ruhe oder der gleichförmig, geradlinigen Bewegung. Die Einheit der Kraft (F von engl. force) wird ermittelt durch die Wirkung der Schwerkraft (Anziehungskraft der Erde), durch die die Masse 1 kg die Gewichtskraft 9,81 kgm/s^2 = 9,81 Newton (N), annähernd 10 N erhält. Die Maßeinheit Newton wurde nach dem englischen Naturforscher ISAAC NEWTON (1643 – 1727) benannt.

Kraft = Masse × Beschleunigung
$F = m \times a$
gemessen in $kgm/s^2 = 9{,}81\,N \approx 10\,N$.

Die Geschwindigkeit eines frei fallenden Körpers vergrößert sich aufgrund der Schwerkraft in jeder Sekunde, in der er fällt, um 9,81 m/s. Demnach beträgt seine Geschwindigkeitsänderung ca. 10 m/s in jeder Sekunde, in der er fällt.
Obwohl es sich – physikalisch gesehen – um zwei völlig unterschiedliche Begriffe handelt, wird in der Praxis umgangssprachlich in der Regel nicht zwischen Gewichtskraft (N) und Masse (kg) unterschieden.
Wenn sich ein **Körper im Ruhezustand** befindet, wirken auf ihn stets paarweise auftretende Kräfte ein, weil zu jeder Kraft eine gleich große, aber entgegengesetzt gerichtete Kraft existiert. Da ihn die an ihm angreifenden Kräfte nicht bewegen, müssen sämtliche Kräfte in seinem Schwerpunkt angreifen, der sich infolge dessen von sich aus nicht verlagern kann.
Eine Kugel befindet sich deshalb im **stabilen Gleichgewichtszustand,** wenn ihr Schwerpunkt die tiefste mögliche Lage auf der Unterstützungsfläche erreicht hat. Wenn die Entfernung des Schwerpunktes von der Unterstützungsfläche (Auflagefläche) gleich bleibt, herrscht ein **indifferenter Gleichgewichtszustand,** der z. B. beim Auswuchten von Rädern und Achsen angestrebt wird. Eine Verlagerung des Schwerpunktes bringt die Kugel in eine **labile Gleichgewichtslage.**
Liegt der Schwerpunkt eines Körpers außerhalb seiner Unterstützungsfläche, verliert der Körper seine **Standfestigkeit;** er gerät in Bewegung, er fällt.
Die auf einen Körper einwirkenden Kräfte kann man zeichnerisch mit *Kraftpfeilen* darstellen. Dabei bedeutet

- ▶ die Lage des Pfeils → die Richtung der Kraftwirkung,
- ▶ der Anfangspunkt des Pfeils → den Angriffspunkt der Kraft am Körper, also am Schwerpunkt eines Körpers, in dem man sich die Masse des Körpers vereinigt denken kann.
- ▶ die Länge des Pfeils → die Größe der Kraft, entsprechend eines für die Darstellung gewählten Maßstabs, z. B. 100 N = 1 cm.

In der organischen (z. B. Getreidehalm, Knochen) und anorganischen (Steine, Werkzeuge, Technik) Natur hat man es ständig mit Kräften und deren Übertragung zu tun. Greifen z. B. zwei oder mehrere Kräfte in der *gleichen Wirkungslinie* an, so ist die Sum-

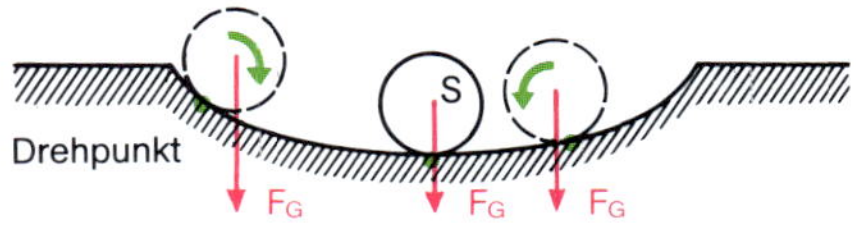

a **stabiles Gleichgewicht:** Der Schwerpunkt S nimmt stets die tiefste Lage ein.

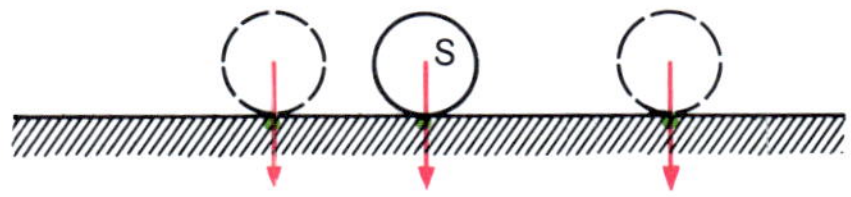

b **indifferentes Gleichgewicht:** In jeder Lage ist der Schwerpunkt S gleich weit von der Unterstützungsfläche entfernt.

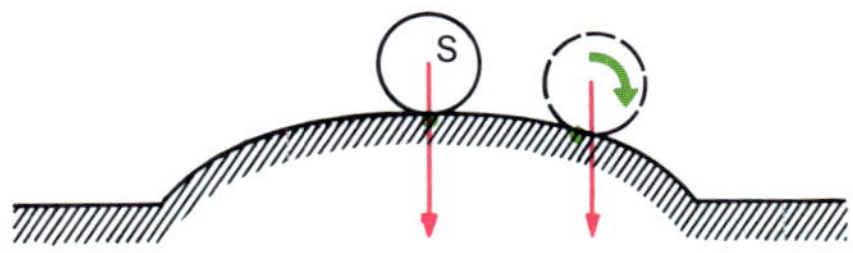

c **labiles Gleichgewicht:** Der Schwerpunkt S befindet sich in der höchsten Lage.

Abb. 38 Die verschiedenen Arten des Gleichgewichts.

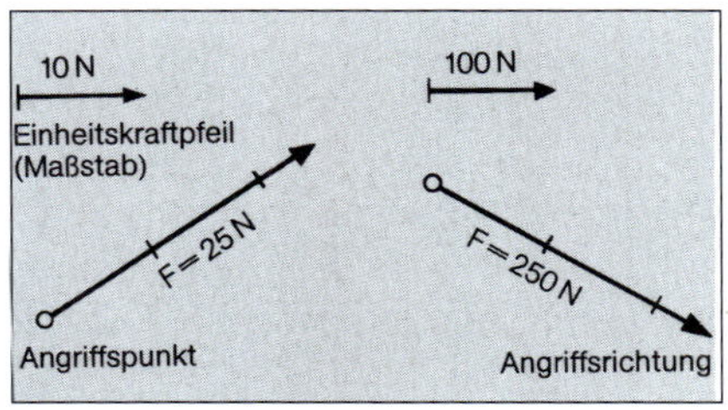

Abb. 39 Darstellung von Kräften.

Abb. 40 Zeichnerisches Zerlegen einer Kraft F mithilfe des Kräfte-Parallelogramms.

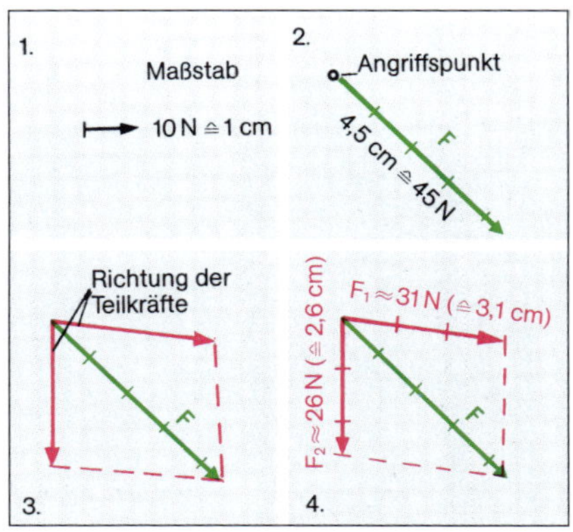

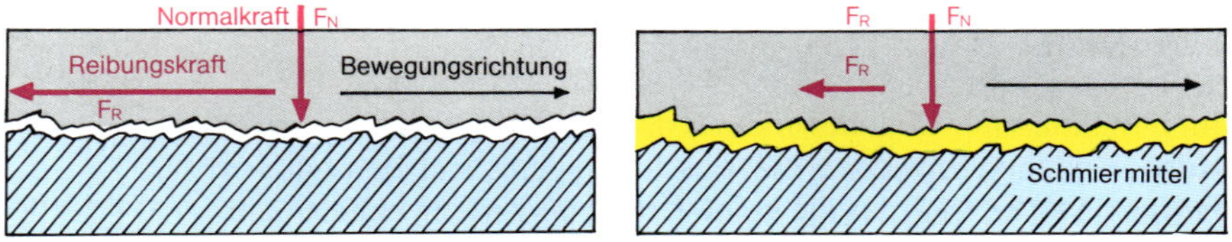

Abb. 41 Links: Die Reibungskraft ist stets der Bewegungsrichtung entgegengesetzt. Sie hängt von der Normalkraft und der Oberflächenbeschaffenheit ab. Rechts: Schmiermittel füllen die Unebenheiten der reibenden Oberflächen und vermindern so die Reibungskraft.

menkraft der beiden Kräfte wirksam, in entgegengesetzter Richtung ist es ihre Differenz.

Falls Kräfte *nicht in der gleichen Wirkungslinie*, sondern in einem bestimmten Winkel zueinander angreifen, wirkt als Summenkraft die Diagonale eines entsprechenden Kräfte-Parallelogramms. Ebenso, wie sich parallele Kräfte zu einer Summenkraft vereinigen lassen, kann man eine Summenkraft in verschiedene Teilkräfte zerlegen.

Exemplarisch werden im Folgenden die Reibungskräfte und die Kraftwirkungen am Hebel kurz dargestellt:

Reibungskräfte – Sie treten zwischen einem Körper und seiner Unterlage auf. Je rauer die Oberflächen sind und je stärker diese aufeinandergepresst werden, desto größer sind die Reibungskräfte.

Die Beschaffenheit der sich reibenden Oberflächen wird als Reibungszahl μ bezeichnet und ist für ein bestimmtes Stoffpaar eine konstante Größe. Sie beträgt z. B. für das Stoffpaar Reifengummi auf trockenem Asphalt = 0,85. Die auf die sich reibenden Oberflächen einwirkende Kraft nennt man Normalkraft F_N. Rechnerisch ist die Reibungskraft das Produkt aus Normalkraft und Reibungszahl:

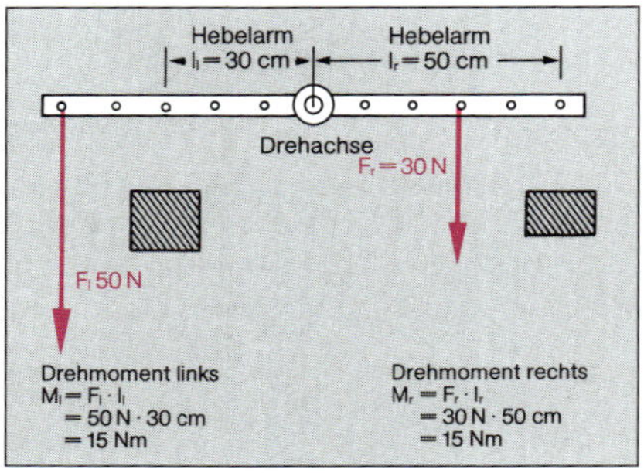

Abb. 42 Am Hebel herrscht Gleichgewicht, wenn das Produkt aus Kraft × Hebelarm auf jeder Seite der Drehachse gleich groß ist.

Reibungskraft = Normalkraft × Reibungszahl

$$F_R = F_N \times \mu$$

gemessen in N oder kgm/s².

Kräfte am Hebel – Feste Körper, die sich um eine Achse drehen, werden als **Hebel** bezeichnet. Senkrecht zur Drehachse einwirkende Kräfte bewirken eine Drehung des Hebels, die umso größer ist, je stärker die angreifenden Kräfte sind und je größer der Abstand des Angriffpunktes (Hebelarm) zum Drehpunkt ist. Das Produkt aus der Kraft F senkrecht zur Verbindungslinie Angriffspunkt – Drehpunkt und dem Hebelarm l wird als *Drehmoment* bezeichnet.

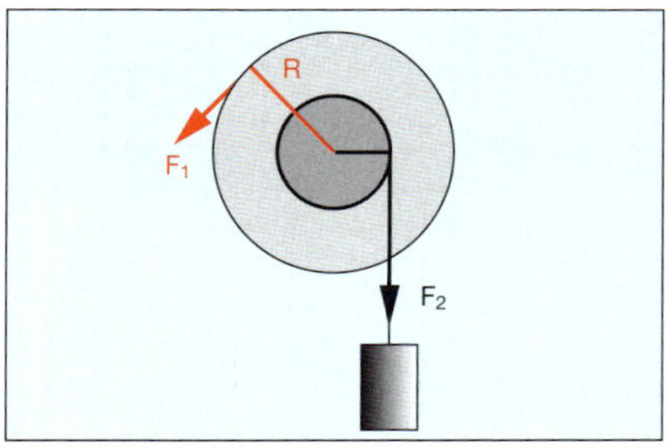

Abb. 43 Die Hebel am Wellrad.

Drehmoment = Kraft × Hebelarm

$$M = F \times l$$

gemessen in Nm (Newtonmeter).

Abb. 44 Zahnradübersetzung.

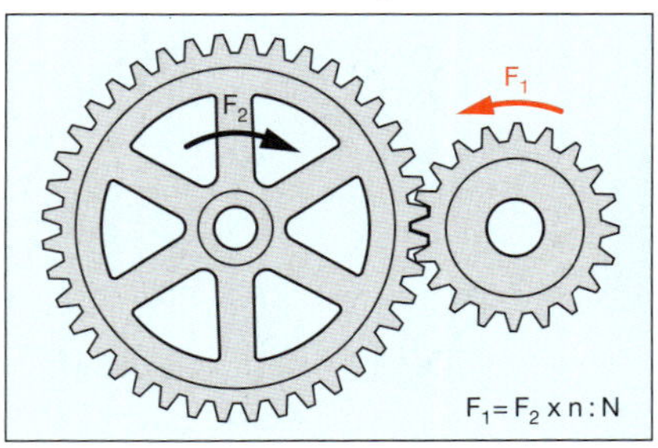

Hebel haben in der Natur und in der Technik eine wichtige Bedeutung. Dabei nutzt man die Gesetzmäßigkeiten am Hebel:

! **Mit einem geringen Kraftaufwand am langen Hebelarm können große Kraftwirkungen am kurzen Hebelarm erzeugt werden (zweiseitiger Hebel).**

Liegt der Drehpunkt am Rande eines Körpers, spricht man von einem einseitigen Hebel.

Beispiele für Hebelwirkungen sind Werkzeuge (z. B. Zangen, Schraubendreher, -schlüssel) und Arbeitshilfsmittel (z. B. Schubkarren) sowie einfache Maschinen.

Auch bei **Übersetzungen** gilt das Hebelgesetz. Drehpunkt ist der Mittelpunkt der Welle, ihr Radius ist der Hebelarm.

Das *Wellrad* (z. B. Seilwinde) ist eine um eine Achse drehbare Welle mit dem Radius r (=Hebelarm), mit der ein Rad oder eine Kurbel mit großem Radius R (=Hebelarm) verbunden ist. Gleichgewicht herrscht, wenn $F_1 \times R = F_2 \times r$. Durch Umstellen der Formel erhält man $F_1 = F_2 \times r : R$.

Bei *Zahnradübersetzungen* muss ein kleines, treibendes Zahnrad in ein größeres getriebenes Zahnrad eingreifen. Ist n die Zahl der Zähne auf dem kleinen Rad und N die Zahl der Zähne auf dem großen Rad, so gilt:

$$F_1 = F_2 \times n : N.$$

Auch die Verwendung von *losen Rollen* (Flaschenzug) dient zur Krafteinsparung. Die Gewichtskraft, die an einer losen Rolle hängt und über eine feste Rolle bewegt wird, verteilt sich auf die beiden Seilstücke, wodurch als Zugkraft nur noch die halbe Gewichtskraft aufzuwenden ist unter Vernachlässigung von Reibungskräften. An einer festen Rolle erfolgt jedoch nur eine Kraftumlenkung, keine Kraftersparnis.

Als *Winkelhebel* wirken z. B. auch Traktoren mit sehr schweren Anbaugeräten. Dabei bildet die Traktorhinterachse den Drehpunkt. Je größer die Gewichtskraft des Anbaugerätes ist und je weiter sein Schwerpunkt von der Hinterachse entfernt ist, desto größer ist das entgegenwirkende Drehmoment.

Dadurch kann es zur Entlastung der Vorderachse kommen. Zur Sicherstellung der Lenkfähigkeit werden deshalb Zusatzmassenstücke oder weitere Arbeitsgeräte (Gerätekombinationen) im Frontanbau angebracht.

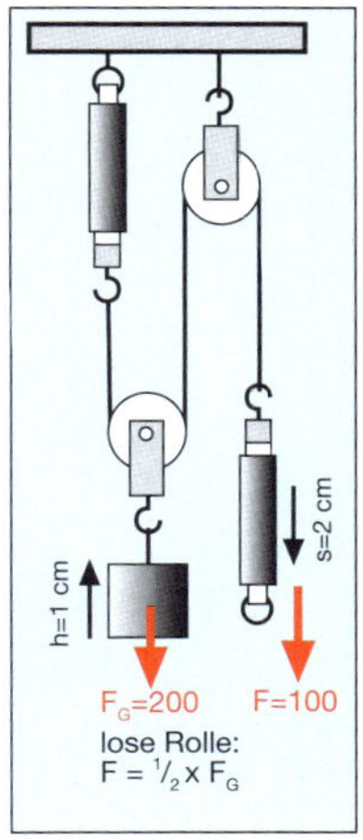

Abb. 45 Lose Rolle.

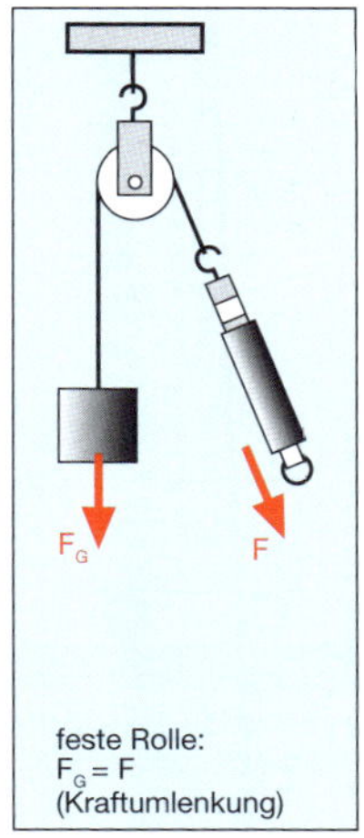

Abb. 46 Feste Rolle.

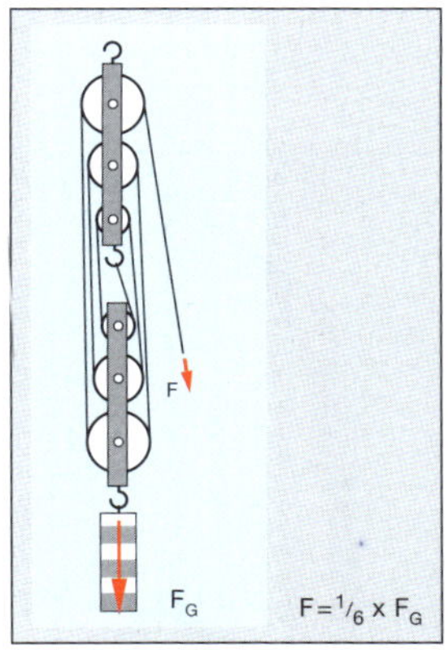

Abb. 47 Flaschenzug.

Abb. 48 Hebel sind weit verbreitete Hilfsmittel der Technik.

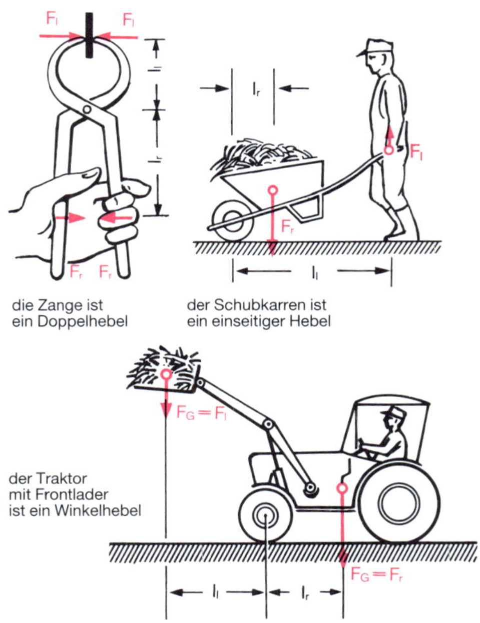

Aufgaben:

1. Finden Sie Beispiele für die Wirkung von Reibungskräften und geben Sie an, wie sich diese Kräfte verringern lassen.
2. Berechnen Sie die Masse m eines rechteckigen Stahlbleches mit folgenden Maßen: l = 2,40 m; b = 4,50 m; d = 1,75 mm; $\rho = 7{,}8\ kg/dm^3$.
3. Zerlegen Sie zeichnerisch die Gewichtskraft von 800 N in die Teilkräfte F_1 und F_2, die miteinander einen Winkel von 120° einschließen und gleich groß sind.
4. Bestimmen Sie zeichnerisch den Kippwinkel eines Traktors mit der Spurweite 1250 mm und der Schwerpunkthöhe 750 mm.
5. Umlaufende Maschinenteile und Fahrzeugräder müssen im Gleichgewicht sein. Begründen Sie.
6. Weshalb ist die Kraftwirkung am Hammer größer, wenn man ihn am Stielende fasst?
7. Zum Lösen von festsitzenden Schrauben benützt man nach Möglichkeit einen Schraubendreher mit dickem Griff. Warum?

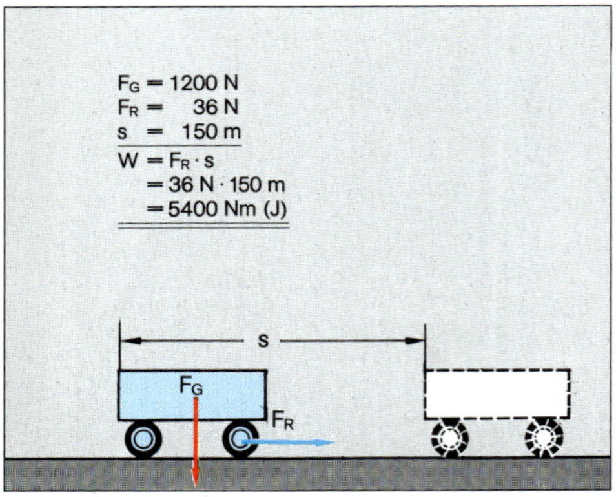

Abb. 49 Reibungsarbeit ist das Produkt aus Reibungskraft x zurückgelegtem Weg.

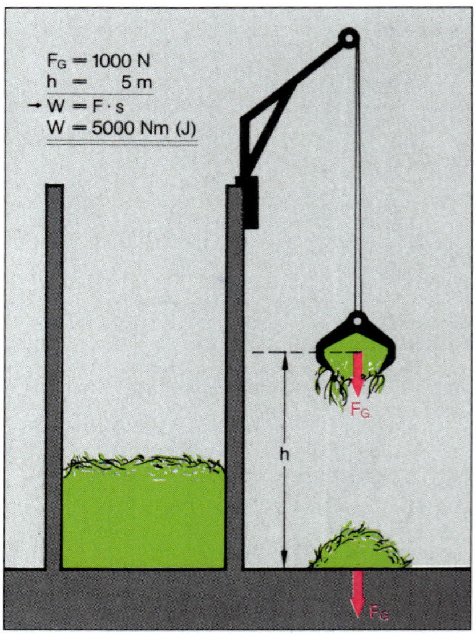

Abb. 50 Hubarbeit ist das Produkt aus Gewichtskraft × Hubhöhe.

2.1.5 Arbeit

Während man im täglichen Leben beispielsweise die körperliche Arbeit von der geistigen Arbeit unterscheidet, hat **Arbeit** im physikalischen Sinn eine völlig andere Bedeutung: Man versteht darunter die Wirkung einer Kraft längs eines Weges. Deswegen berechnet sich die physikalische Arbeit als Produkt aus Kraft und zurückgelegtem Weg:

Arbeit = Kraft × Weg
$W = F \times s$
gemessen in Newtonmeter (Nm)

Aus dieser Formel lässt sich auch die Maßeinheit für die Arbeit ableiten. Wird ein Körper mit der Kraft 1 Newton um 1 m hoch gehoben, so wird an ihm die Arbeit 1 N × 1 m = 1 Nm (Newtonmeter) verrichtet. Nach dem englischen Physiker JAMES JOULE (1818–1889) wird die Einheit 1 Newtonmeter (Nm) auch 1 Joule (J) genannt:

1 Nm = 1 J

Bei der Berechnung der Arbeit darf man natürlich nur diejenige Kraft einsetzen, die in der Wegrichtung wirkt. Verschiebt man beispielsweise einen Körper mit der Gewichtskraft 1 N waagerecht um die Strecke 1 m, so wird an ihm nicht die Arbeit 1 J verrichtet, weil längs des Weges nicht die Gewichtskraft, sondern nur die Reibungskraft wirkt, die sicher kleiner ist als die Gewichtskraft.
Je nach der aufgewandten Kraft und der Art des zurückgelegten Weges unterscheidet man z. B.:

Verschiebearbeit auf horizontaler Unterlage:
Arbeit = Reibungskraft × Wegstrecke
$W = F_R \times s$

Beschleunigungsarbeit = 1/2 Masse × Endgeschwindigkeit zum Quadrat
$W_B = \frac{1}{2}\, m \times v^2$

Hubarbeit = Gewichtskraft × Höhe
$W_H = F_G \times h$

Spannarbeit beim Spannen einer Feder:
Arbeit = 1/2 × Federkonstante × Dehnung zum Quadrat
$W_s = \frac{1}{2} \times D \times s^2$

Beachten Sie: Nm ist die Maßeinheit für das Drehmoment (M = F × l) und für die Arbeit (W = F × s).

2.1.6 Leistung

Aus ökonomischen Gründen ist es bedeutsam, in welcher Zeit eine Arbeit verrichtet wird. Deswegen setzt man die Arbeit und

die dazu benötigte Zeit in Beziehung zueinander und spricht von **Leistung**.
Die Berechnung erfolgt nach folgender Gleichung:

$$\text{Leistung} = \frac{\text{Arbeit}}{\text{benötigte Zeit}}$$

$$P = \frac{W}{t}$$

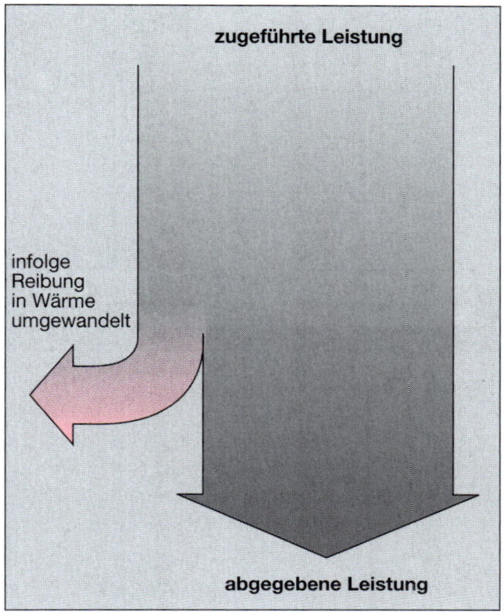

Abb. 51 Die einem System zugeführte Leistung ist stets größer als die abgegebene.

Verwendet man in dieser Formel für die Arbeit die Gleichung $W = F \times s$, so ergibt sich für die Leistung

$$\text{Leistung} = \frac{\text{Kraft} \times \text{Weg}}{\text{Zeit}}$$

$$P = \frac{F \times s}{t}$$

Die Maßeinheit für die Leistung ergibt sich ebenfalls aus der Formel:

$$1\ \text{Nm dividiert durch } 1\ \text{s} = 1\,\frac{\text{Nm}}{\text{s}} = 1\,\frac{\text{J}}{\text{s}} = 1\ \text{Watt (W)}.$$

Das Formelzeichen W für die Arbeit darf nicht mit der Abkürzung W als Einheit für die Leistung 1 Watt (nach dem engl. Erfinder der Dampfmaschine, JAMES WATT, 1736–1819) verwechselt werden. Die Einheit 1 Watt ist jedoch so klein, dass ohnehin meist die größere Einheit 1 Kilowatt (kW) verwendet wird.
Beispiel: Welche Leistung muss ein Pumpenmotor haben, wenn er in 1 Minute 1 Kubikmeter Wasser 2,4 m hoch heben soll?

Abb. 52 Leistung am **Beispiel** einer Pumpe (siehe Text).

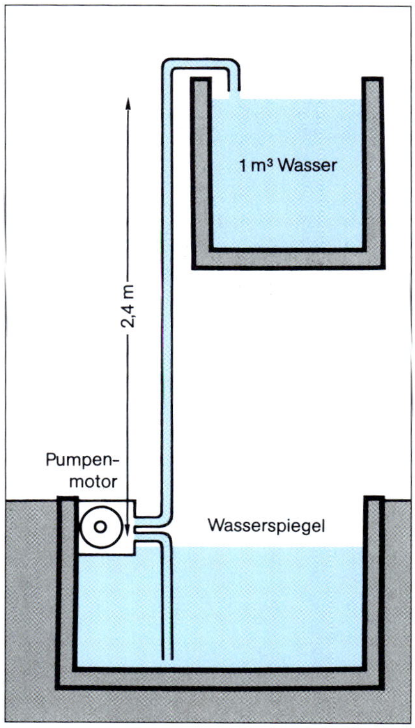

$$m = V \times p = 1000\ \text{dm}^3 \times 1\,\frac{\text{kg}}{\text{dm}^3} = 1000\ \text{kg}$$

$$FG = m \times 9{,}81 = 1000\ \text{kg} \times 9{,}81\,\frac{\text{m}}{\text{s}} = 9810\ \text{N}$$

$$P = \frac{F \times s}{t} = \frac{9810\ \text{N} \times 2{,}4\ \text{m}}{60\text{s}} = 392{,}4\ \text{W}$$

Diese Motorenleistung würde aber nur dann ausreichend sein, wenn alle Reibungskräfte wirkungslos wären. Da dies jedoch unmöglich ist, muss berücksichtigt werden, dass die tatsächlich erforderliche Leistung größer ist. Man drückt diesen Zusammenhang mit dem Begriff Wirkungsgrad η (eta, griechischer Buchstabe) aus.

2.1.7 Wirkungsgrad

Unter **Wirkungsgrad** versteht man das Verhältnis der abgegebenen Leistung zur aufgenommenen Leistung. Nimmt man an, dass im oben genannten Beispiel (Abb. 52) nur 30 % der Motorleis-

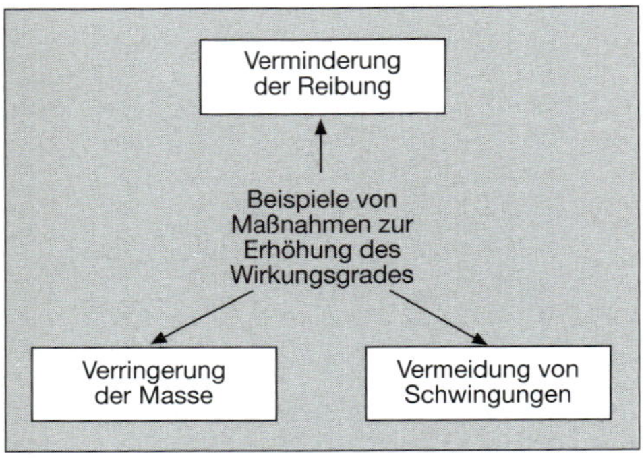

Abb. 53 Maßnahmen, die den Wirkungsgrad einer Maschine erhöhen **(Beispiele)**.

tung von der Pumpe abgegeben werden, so wäre ihr Wirkungsgrad also $\eta = 0{,}3$ und es müsste die Motorleistung nach der Umstellung der Formel so berechnet werden:

$$\text{Wirkungsgrad} = \frac{\text{abgegebene Leistung}}{\text{aufgenommene Leistung}}$$

$$\eta = \frac{P_{ab}}{P_{auf}}$$

Der Wirkungsgrad ist wegen der immer auftretenden Reibungsarbeit stets kleiner als 1 ($\eta < 1$) bzw. kleiner als 100 % ($\eta = < 100\,\%$).

Aufgaben:

1. Der Behälter eines Schleuderdüngerstreuers hat die Form eines umgedrehten Kegelstumpfes. Der obere Durchmesser beträgt 1,20 m, der untere 0,25 m und die Höhe 0,80 m. Wie viele dt Kalidünger (1100 kg/m^3) können eingefüllt werden?
2. Am Traktor wirken wie an jeder anderen Maschine Reibungskräfte. Wo möchten wir sie verringern bzw. verstärken? Begründen Sie. Zeigen Sie Möglichkeiten dafür auf.
3. Ein Landwirt hebt einen Sack m = 45 kg in 1,5 Sekunden auf seine Schulter (s = 1,65 m). Wie viele Watt beträgt seine Leistung?
4. Mit einem Ladekran wird ein Baumstamm von 1,80 m^3 und der Dichte 0,55 kg/dm^3 in 2,5 Sekunden 1,60 m hoch gehoben.
   a) Wie viele kW beträgt die Leistung?
   b) Wie groß ist der Wirkungsgrad, wenn der Antriebsmotor 9 kW dazu abgibt?

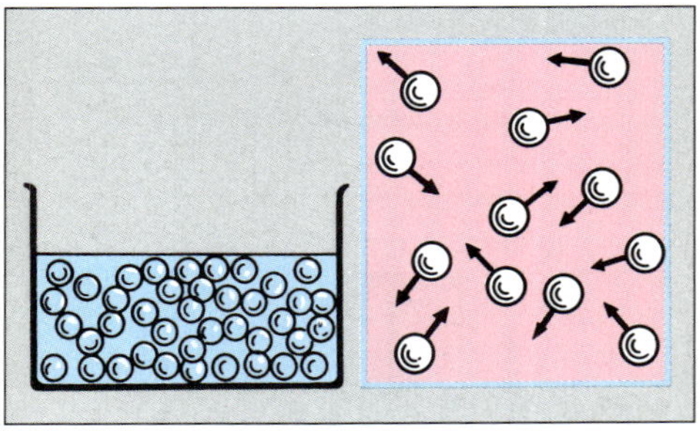

Abb. 54 Modell eines flüssigen Körpers: Die Teilchen besitzen größere Bewegungsfreiheit (links). Modell eines gasförmigen Körpers: Die Teilchen fliegen mit hohen Geschwindigkeiten durch den Raum (rechts).

Abb. 55 So bewegt sich ein Teilchen in einer Flüssigkeit. Der Weg von Punkt zu Punkt wird in etwa 30s zurückgelegt.

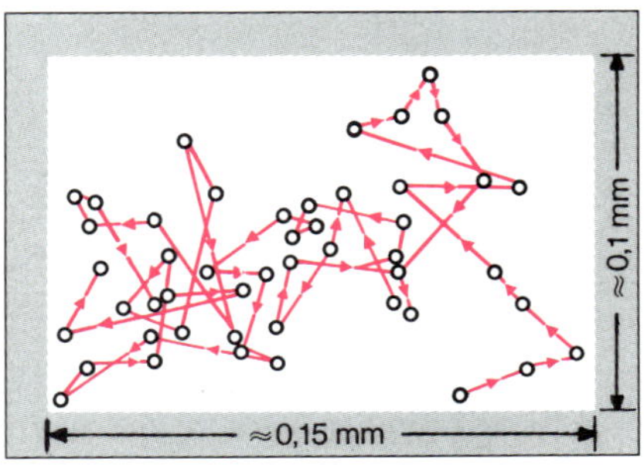

2.2 Mechanik der Flüssigkeiten und Gase

2.2.1 Eigenschaften

Kohäsion – Die Kohäsionskräfte zwischen den Molekülen einer **Flüssigkeit** haben eine wesentlich geringere Wirkung als bei festen Stoffen. Deshalb haben die Moleküle eine größere Eigenbewegung als in festen Körpern. Sie sind infolgedessen von der Erdanziehungskraft (Gewichtskraft) leicht zu beeinflussen, so dass sie jedes Gefäß zuerst von unten füllen.
Dabei können sie *jede Gestalt annehmen*. Da sie aber ein *festes Volumen* haben, können sie auch bei sehr hohem Druck kaum zusammengepresst werden.

Gase nehmen stets den gesamten zur Verfügung stehenden Raum ein. Kohäsionskräfte sind nicht wirksam. Gase dehnen sich also aus und lassen sich durch äußeren Druck zusammenpressen (komprimieren).
Damit besitzt eine Gasmenge zwar eine bestimmte Masse, aber kein bestimmtes Volumen. Zwischen der Änderung des Volumens und dem Gasdruck besteht ein gesetzmäßiger Zusammenhang.
Adhäsion – Darunter versteht man die Wirkung der Anziehungskräfte zwischen den Teilchen *verschiedener Stoffe*. Alle Klebe- und die Schweißvorgänge sowie die Schmierwirkung zur Verringerung der Reibungskräfte sind auf Adhäsionsvorgänge zurückzuführen.
Besonders stark wirken die Adhäsionskräfte zwischen Flüssigkeiten und festen Körpern (z. B. der Feuchtigkeitsfilm zwischen zwei Glasplatten oder an Gefäßen, wodurch Verdunstungskälte die Kühlung der Getränke im Gefäßinneren bewirkt).
In **Flüssigkeiten** sind die Adhäsionskräfte oft größer als die Kohäsionskräfte. Die Adhäsion verursacht am Gefäßrand den nach *oben gezogenen Rand* an der Flüssigkeitsoberfläche, denn die Summenkraft aus Kohäsions- und Adhäsionskräften ist gegen die Gefäßwand gerichtet und zieht das Wasserteilchen nach oben.
Bei **Gasen** kann man keine Adhäsionskräfte feststellen.
Oberflächenspannung – Eine auf einer Wasseroberfläche vorsichtig abgelegte Rasierklinge schwimmt aufgrund der wirksamen Oberflächenspannung. Sie ist eine Folge der schwach wirksamen Kohäsionskräfte.
Chemische Mittel (z. B. Spülmittel) können die Oberflächenspannung aufheben. Das Wasser perlt dann von fettigen, staubigen oder gewachsten Oberflächen nicht mehr ab, sondern benetzt sie. Diese Eigenschaft nutzt man bei Reinigungsvorgängen und z. B. beim Ausbringen von Pflanzenschutzmitteln.
Lösungsvermögen – Es beruht auf der größeren Bewegungsfähigkeit der Flüssigkeitsmoleküle, die z. B. an die Oberfläche von festen Körpern stoßen. Dabei geben sie einen Teil ihrer Energie an die Materie des festen Körpers ab.
Die äußern Teilchen überwinden dadurch ihre Kohäsionskräfte und können sich aus dem Gitterverband lösen. Gleichzeitig kühlt sich die Lösung wegen des Energieverlustes ab. Im Wasser gelöster Sauerstoff ermöglicht z. B. den Fischen die Atmung.

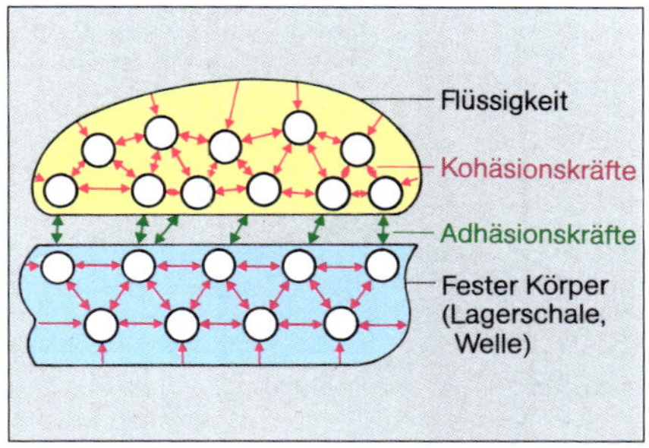

Abb. 56 Modell zur Darstellung von Kohäsions- und Adhäsionskräften.

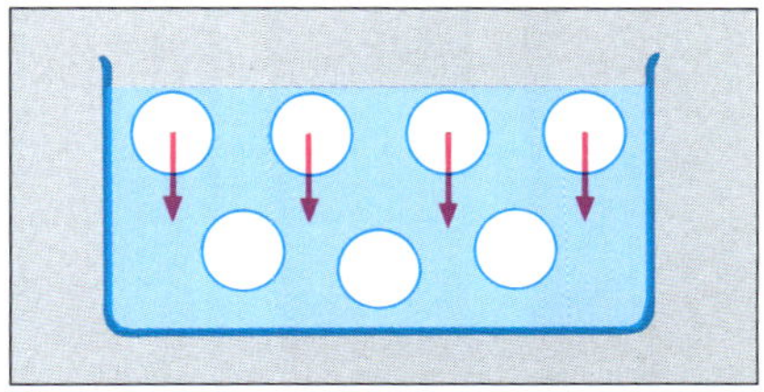

Abb. 57 Entstehung der Oberflächenspannung: Nur auf die Flüssigkeitsteilchen an der Oberfläche wirken Summen-Kohäsionskräfte nach unten.

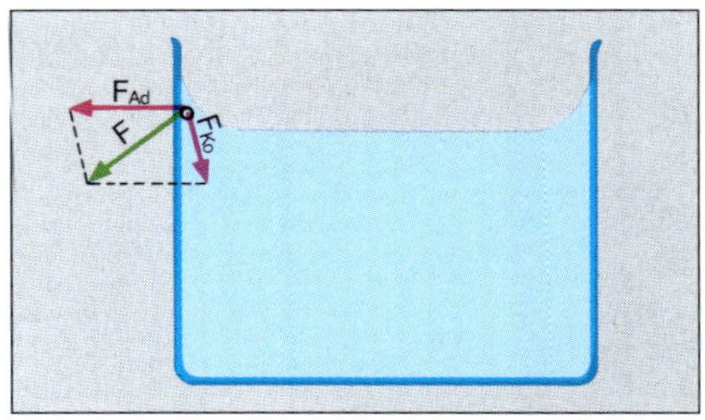

Abb. 58 Wasser ist eine benetzende Flüssigkeit. Am Gefäßrand treibt die Summenkraft F aus Adhäsions- und Kohäsionskraft das Wasser in die Höhe.

2.2.2 Kapillarität

In engen Röhren (Haarröhrchen = Kapillaren) verursachen die Adhäsionskräfte zwischen der Gefäßwand und einer Flüssigkeit eine *Sogwirkung*, wodurch die Flüssigkeit in der Röhre steigt. Je enger die Röhre, desto größer die Steighöhe.
Diese **Kapillarwirkung** ist die Ursache für die Versorgung der Pflanzenwurzeln mit Wasser aus dem Grundwasser, wenn sich im Boden Haarröhrchen als feine Zwischenräume zwischen den Bodenteilchen bilden, in denen Wasser nach oben steigt. In Gebäuden ist diese Kapillarwirkung z. B. bei Mauern jedoch unerwünscht. Deswegen isoliert man die Keller mit entsprechenden Materialien.

Abb. 59 Kapillarität und Adhäsion von Flüssigkeiten im Modell.

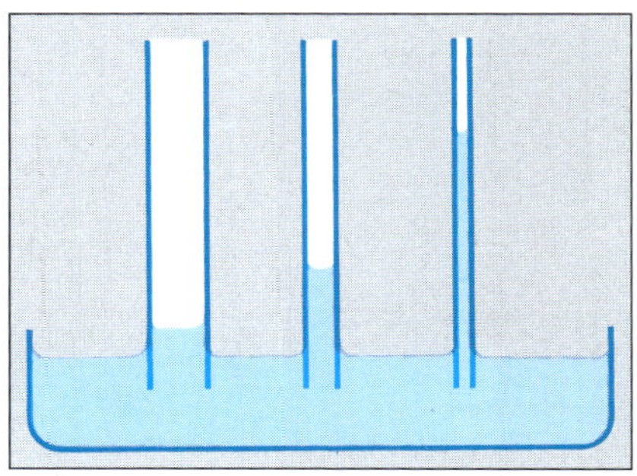

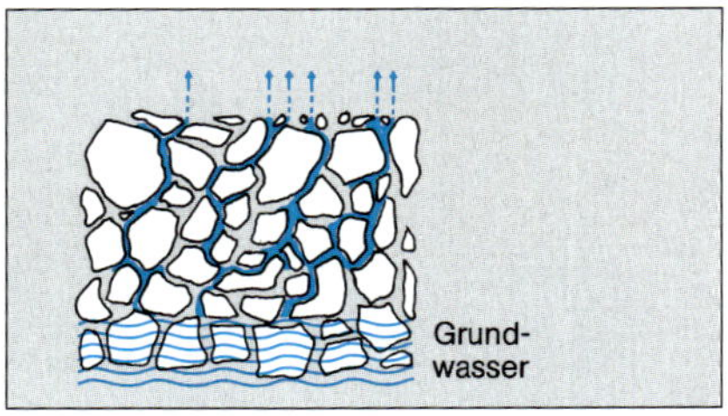

Abb. 60 Kapillarität im Boden.

2.2.3 Viskosität

Beim Verschütten von Wasser und Öl erkennt man eine weitere Eigenschaft der Flüssigkeiten, ihre **Viskosität**. Man versteht darunter die Zähflüssigkeit, die mit steigender Temperatur rasch abnimmt, bei sinkenden Temperaturen aber deutlich zunimmt.
Mit entsprechenden synthetischen Beimengungen wird die Schmierfähigkeit und Zähflüssigkeit der Öle in einem weiten Temperaturbereich ziemlich konstant gehalten.

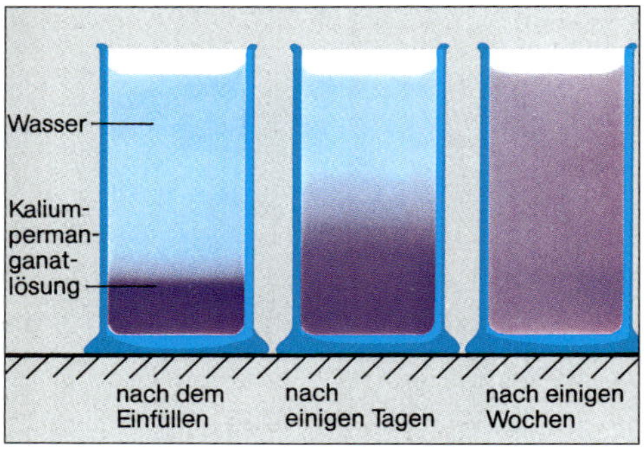

Abb. 61 Diffusion am **Beispiel** von Kaliumpermanganat.

2.2.4 Diffusion

Wird eine Lösung Kaliumpermanganat in einen Standzylinder gebracht und darüber sehr vorsichtig klares Wasser eingefüllt, so entsteht zunächst eine deutliche Grenzschicht zwischen beiden Flüssigkeiten.
Nach einiger Zeit wird die Grenze undeutlich, verläuft nach Tagen und ist schließlich nach einigen Wochen ganz verschwunden. Die beiden Flüssigkeiten haben sich gegenseitig *völlig durchdrungen*.
Dieser Vorgang heißt **Diffusion**. Er beruht auf der *Eigenbewegung der Flüssigkeitsteilchen* gegen die Gewichtskraft. Bei Gasen läuft die Diffusion wegen der sehr viel größeren Eigengeschwindigkeit der *Gasmoleküle* wesentlich schneller ab.
Deshalb breitet sich z. B. Güllegeruch unmittelbar in der ganzen Umgebung aus. Der rasche Ablauf der Diffusionsvorgänge gewährleistet aber auch die gleichbleibende Zusammensetzung der Luft an der Erdoberfläche trotz starker Kohlendioxiderzeugung infolge der Verbrennung von Heizstoffen, besonders in den Ballungsgebieten.
Bei der *Assimilation* und *Atmung* diffundieren Gase durch die Spaltöffnungen der Pflanze. Auch der Gasaustausch im Blut (Sauerstoff, Kohlendioxid) in den Alveolen der Lungenbläschen beruht auf den Diffusionsvorgängen.

Abb.62 Osmoseversuch mit einer Schweinsblase.

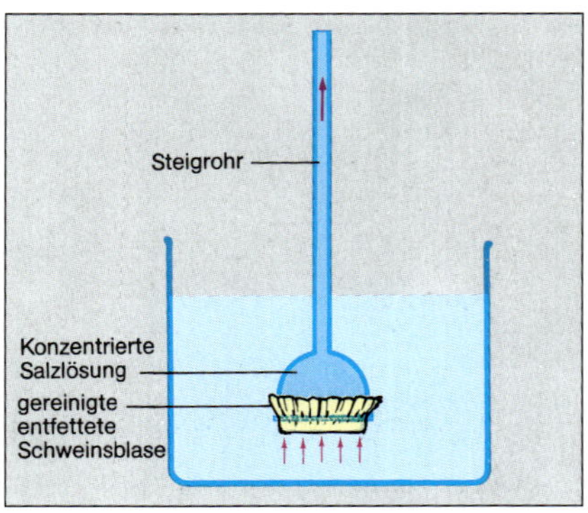

2.2.5 Osmose

Ein Glasgefäß, das am unteren Ende dicht mit einer gereinigten und entfetteten Schweinsblasenhaut verschlossen ist, wird mit einer konzentrierten Salzlösung gefüllt und in ein Gefäß mit Wasser eingetaucht. Nach kurzer Zeit steigt die Flüssigkeit im Steigrohr. Wasser muss durch die Schweinsblase in das Glasgefäß eingedrungen sein.
Offenbar ist die Schweinsblase zwar für Wasserteilchen, die kleiner als Salzteilchen sind, durchlässig (permeabel), nicht aber für die Salzlösung. Diese einseitige Diffusion durch eine halbdurchlässige Membrane nennt man **Osmose**.
Dabei werden so lange Wasserteilchen durch die Schweinsblase in die Salzlösung eindringen, bis die Zahl der Wasserteilchen in der Salzlösung so groß ist, dass auf beiden Seiten der halbdurchlässigen Membran die gleiche Konzentration herrscht. Immer dringt dabei die schwächer konzentrierte Flüssigkeit, im obigen Fall das Wasser, in die stärker konzentrierte Flüssigkeit ein.

Auf dem Vorgang der Osmose beruht die *Wasseraufnahme* der Pflanze. Die Wasserverdunstung an den Blättern bewirkt eine Konzentration des Pflanzensaftes. Die starke Nährstoffkonzentration in den Wurzeln bewirkt das »Aufsaugen« des Bodenwassers durch die halbdurchlässige Zellwand hindurch.

2.2.6 Druck

Druck – Im physikalischen Sinn versteht man unter **Druck** (p) die senkrecht wirkende Kraft F_N auf eine Fläche A gemessen in $\frac{N}{m^2}$; $1\,\frac{N}{m^2} = 1\,Pa$ *(Pascal)* (BLAISE PASCAL, französischer Physiker, 1623–1682). Rechnerisch ist der Druck also der Quotient aus der Normalkraft und der Fläche, auf der sie wirkt:

$$\text{Druck} = \frac{\text{Normalkraft}}{\text{Fläche}}$$

$$p = \frac{F_N}{A}$$

$$1\,\frac{N}{m^2} = 1\,\text{Pascal (Pa)}$$

Zur Messung des Luftdruckes in der Meteorologie mithilfe von Barometern verwendet man die kleinere Einheit *Hektopascal* (hPa). $1\,hPa = \frac{1}{100}\,Pa$. In der Technik wählt man dagegen die größere Einheit *Bar* (bar):

$$1\,\text{bar} = 10^5\,\frac{N}{m^2} = 10\,\frac{N}{cm^2}$$

Druckausbreitung – Jede Kraftwirkung auf Flüssigkeiten und Gase hat unmittelbar Einfluss auf die Teilchen, die den Druck auf ihre Nachbarteilchen weitergeben und versuchen, nach allen Seiten auszuweichen.

Übt man also mit einem Kolben eine Kraft auf eine in einem Gefäß eingeschlossene Flüssigkeits- oder Gasmenge aus, so pflanzt sich der Druck nach allen Richtungen gleichmäßig fort. Verhindert man die Volumenvergrößerung, können Gase komprimiert werden (z. B. Gasflaschen für Sauerstoff).

Dabei gilt: Das Produkt aus Druck und Volumen einer abgeschlossenen Gasmenge ist bei gleichbleibender Temperatur konstant (Gesetz von BOYLE-MARIOTTE).

$$\text{Volumen} \times \text{Druck}_1 = \text{Volumen}_2 \times \text{Druck}_2$$
$$V_1 \times p_1 = V_1 \times p_2$$

Drückt man z. B. in einer Luftpumpe $1\,dm^3$ Luft auf $\frac{1}{4}$ des ursprünglichen Volumens zusammen, steigt der Druck um das Vierfache.

Druckmessgeräte – Zur Messung des Druckes in abgeschlossenen Flüssigkeits- oder Gasmengen werden *Manometer* benützt. Die

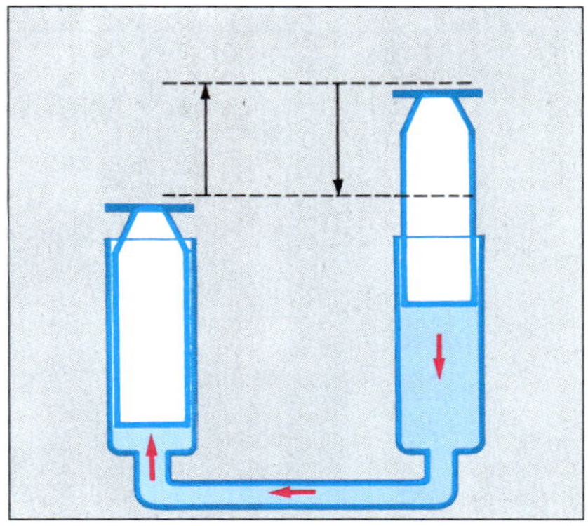

Abb. 63 Druck pflanzt sich fort: Drückt man den rechten von diesen zwei gleichen Kolben auf die Flüssigkeit, so schiebt sie den linken Kolben um den gleichen Betrag in die Höhe.

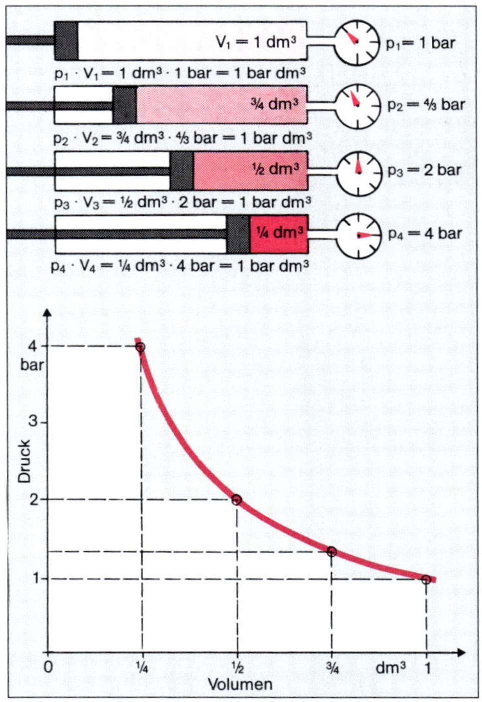

Abb. 64 Abhängigkeit von Druck und Volumen eines abgeschlossenen Gases bei konstanter Temperatur.

Abb. 65 Manometerformen **(Beispiele)**.

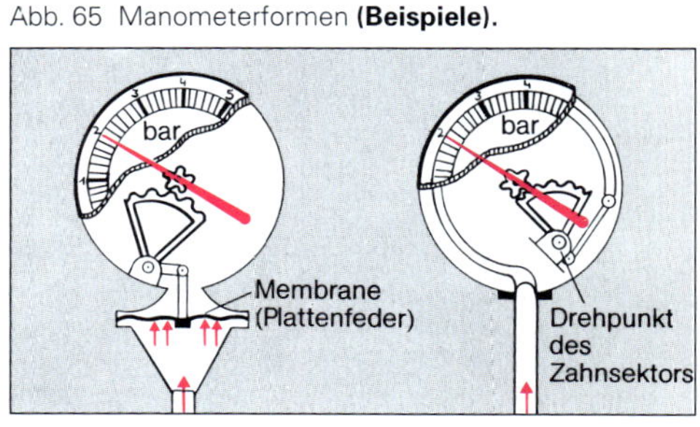

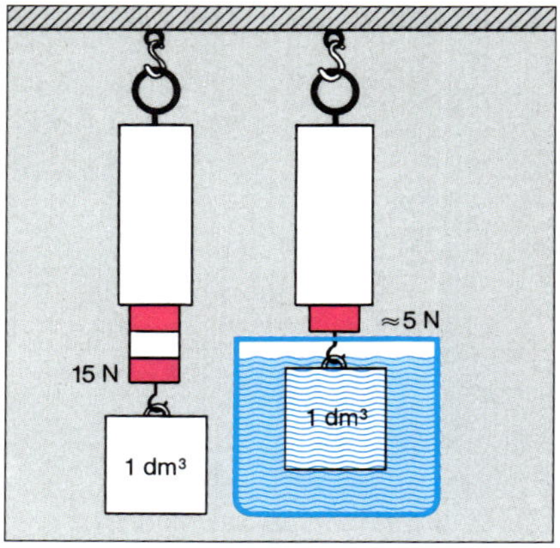

Abb. 66 Ein Körper, der in eine Flüssigkeit eintaucht, erleidet einen scheinbaren Gewichtsverlust.

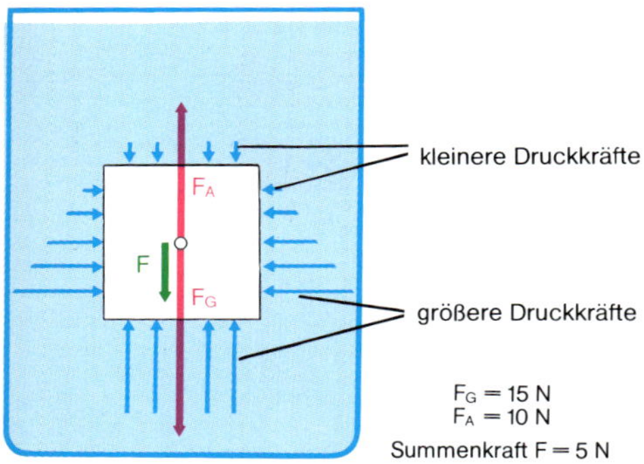

Abb. 67 Erklärung des Auftriebs.

Abb. 68 Senkwaage (Aräometer).

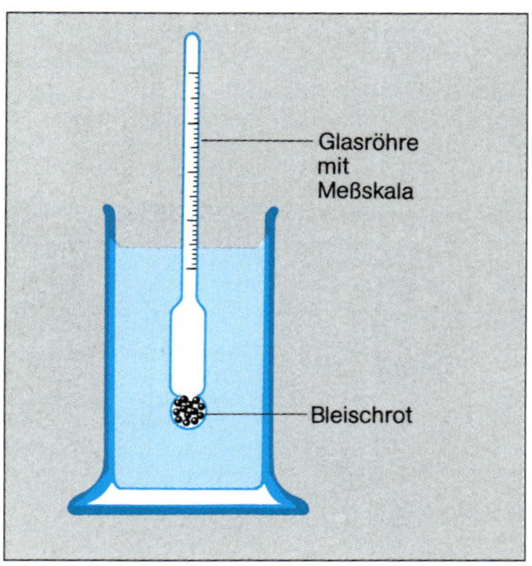

Verformung von Membranen oder Röhren infolge von Druckänderungen wird auf einen Zeiger übertragen. Eine Skala gibt den Druck an.

2.2.7 Auftriebskraft

Beim Herausheben eines gefüllten Eimers aus einem Becken spürt man den unterschiedlichen Kraftaufwand, den man dabei aufzuwenden hat. Der scheinbare Gewichtsverlust des Eimers unter der Wasseroberfläche ist auf die herrschende **Auftriebskraft** zurückzuführen, die dem eintauchenden Körper entgegenwirkt. Sie entspricht der Gewichtskraft des vom Körper verdrängten Wassers und ist grundsätzlich auch von der Dichte der Flüssigkeit abhängig.

Ein **Versuch** zeigt, wie dieser scheinbare Gewichtsverlust zu erklären ist: Taucht man einen Körper mit dem Volumen 1 dm^3 ganz in Wasser ein, so vermindert sich seine Gewichtskraft um 9,81 N (< 10 N), wie man mit einer Federwaage feststellen kann. Dies entspricht genau der Gewichtskraft der verdrängten Wassermenge, denn 1 dm^3 Wasser wiegt 9,81 N (< 10 N).

> ! Der scheinbare Gewichtsverlust eines Körpers in einer Flüssigkeit ist gleich der Gewichtskraft der verdrängten Flüssigkeitsmenge.

Die Reduzierung der Gewichtskraft ist auf die herrschenden Kraftwirkungen in einer ruhenden Flüssigkeit zurückzuführen.

Der Druck im Innern einer Flüssigkeit nimmt mit der Tiefe zu (beim Tauchen spürt man diesen Druck). Die sich ergebenden Kräfte auf die Seitenflächen des eingetauchten Körpers heben sich gegenseitig auf, von unten wirkt infolge der größeren Flüssigkeitstiefe eine größere Druckkraft als von oben. Die Summenkraft ergibt sich aus der Differenz ihrer Beträge. Es handelt sich um die nach oben gerichtete Auftriebskraft (F_A) oder kurz den *Auftrieb*, der den scheinbaren Gewichtsverlust bewirkt.

Das Gewicht der verdrängten Flüssigkeitsmenge lässt sich berechnen aus Eintauchvolumen, Dichte und Erdbeschleunigung nach folgender Formel:

$$\text{Auftriebskraft} = \text{Eintauchvolumen} \times \text{Dichte der Flüssigkeit} \times \text{Erdbeschleunigung}$$

$$F_A = V_T \times \rho_{Fl} \times 9{,}81 \, \frac{m}{s^2}$$

Senkwaage – Mit der Senkwaage (Aräometer) nutzt man diese Auftriebskraft in der Praxis, z. B. zur Bestimmung der *Dichte einer Flüssigkeit*. Man taucht die aus einem Glaskörper bestehende Spindel, die im oberen Teil eine geeichte Messskala und am unteren Ende eine mit Bleischrot beschwerte Kugel besitzt, in die Testflüssigkeit ein. Je kleiner die Dichte der zu messenden Flüssigkeit ist, desto tiefer kann die Senkwaage in die Flüssigkeit eindringen.

Beispiele: Senkwaagen werden überall dort angewandt, wo die Dichte einer Flüssigkeit eine Rolle spielt: Mit ihnen kann in der Molkerei angelieferte *Milch* schnell auf Wasserbeimengungen untersucht werden; Wasser verringert die Dichte der Milch.
Die Dichte der *Säure* in einem Akkumulator steigt mit zunehmender Ladung, wodurch der Ladungszustand einer Batterie schnell überprüft werden.
Die Dichte des *Kühlwassers* in Verbrennungsmotoren steigt mit der Zugabe eines Frostschutzmittels.
Auch der *Alkoholgehalt* von Getränken kann mit Senkwaagen zuverlässig bestimmt werden.
Sinken – Schweben – Schwimmen – Die Gesetzmäßigkeiten beim Auftrieb beruhen auf den Dichten der eingetauchten Körper ($r_{Kö}$) und der Flüssigkeiten (r_{Fl}). Sie allein entscheiden über die Größe von Gewichtskraft und Auftrieb.
Ein Körper, dessen Gewichtskraft größer als seine Auftriebskraft ist, muss in der Flüssigkeit **sinken**. Also muss auch seine Dichte größer sein als die der Flüssigkeit. Sind Auftriebskraft und Gewichtskraft des Körpers gleich groß, so befindet sich der Körper im indifferenten Gleichgewicht. Er **schwebt** in jeder beliebigen Höhe. **Schwimmt** ein Körper an der Flüssigkeitsoberfläche, so ist die Gewichtskraft kleiner als der Auftrieb.

Aufgaben:
1. Weshalb sind Körper, die in eine Flüssigkeit eintauchen, leichter als in Luft?
2. Welche physikalischen Gesetzmäßigkeiten nutzt die Senkwaage?

2.3 Grundlagen der Energielehre

2.3.1 Energie

Wird an einem Körper Arbeit verrichtet, so muss er sich äußerlich nicht zwangsläufig verändern. Er besitzt aber dadurch die Fähigkeit, selbst Arbeit zu verrichten. So kann beispielsweise ein hochgezogenes Uhrgewicht die Uhr antreiben.
Die Fähigkeit eines Körpers, Arbeit zu verrichten, wird als **Energie** bezeichnet. Der Körper selbst ist also ein *Energieträger*.
Wegen des unmittelbaren Zusammenhangs zwischen Arbeit und Energie verwendet man das Formelzeichen W für beide physikalischen Größen, also für die Energie und für die Arbeit.
Entsprechend ist auch die Maßeinheit für die Energie und die Arbeit gleich, nämlich 1 Joule (J).

1 Joule	=	1 Newtonmeter	=	1 Wattsekunde
1 J	=	1 N	=	1 Ws
1 Kilowattstunde	=	3 600 000 Wattsekunden		
1 kWh	=	$3{,}6 \times 10^6$ Ws		

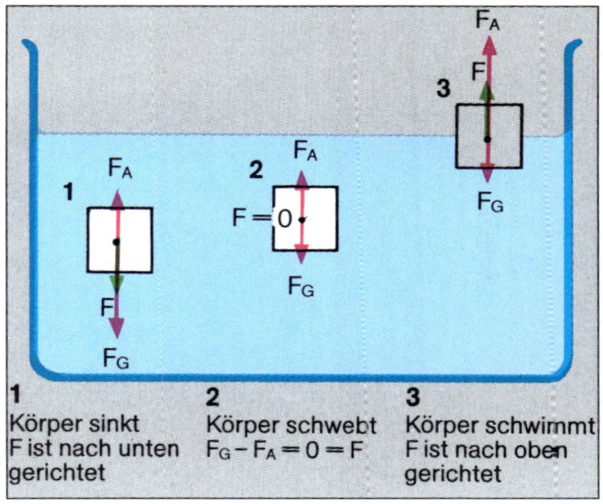

Abb. 69 Sinken – Schweben – Schwimmen eines Körpers (Modell).

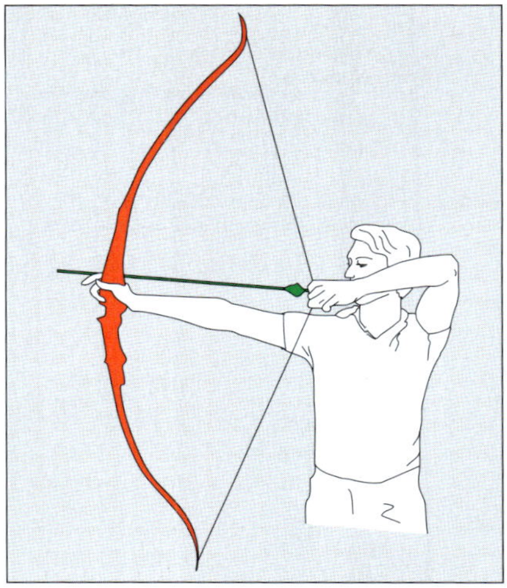
Abb. 70 Ein gespannter Bogen kann Arbeit verrichten.

Abb. 71 Von der Primärenergie zur Nutzenergie.
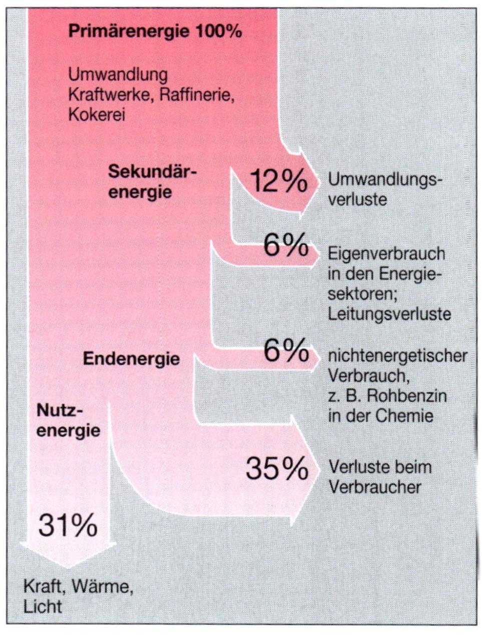

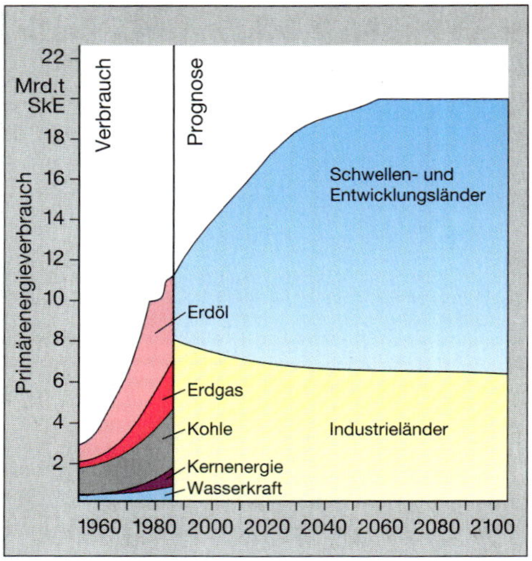

Abb. 72 Prognose der Entwicklung des Weltenergiebedarfs (Maßeinheit: SkE = Steinkohle-Einheit).

Abb. 73 Aufgliederung des Energieeinsatzes am **Beispiel** eines Schweinezucht- (linke Seite) und Schweinemastbetriebes (rechte Seite).

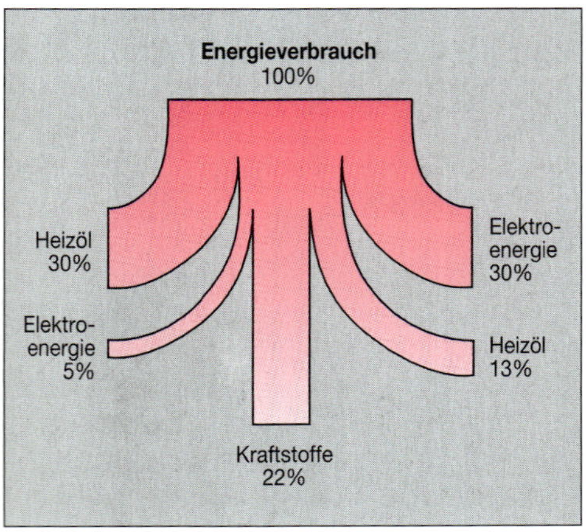

Kein Vorgang auf der Erde kann ohne Energie stattfinden; entweder wird Energie eingesetzt oder umgewandelt. In diesem Bewusstsein und im Hinblick auf den stets zunehmenden Energieeinsatz zur Steigerung der Erträge und der Arbeitsproduktivität sowie des stark ansteigenden Energieverbrauches im privaten Bereich, hat besonders in unserem Jahrhundert die Suche nach Energieträgern und deren Nutzung weltweit enorm zugenommen.

Der bedeutendste **Energieträger** ist nach wie vor die *Sonne*. In jeder Sekunde liefert sie durch Einstrahlung auf jeden Quadratmeter Erdoberfläche bei senkrechtem Auftreffen 1,3 kJ Energie. Wolken und Atmosphäre verschlucken allerdings einen großen Teil davon. Im Durchschnitt kommt nur etwa die Hälfte auf der Erdoberfläche an.

Diese riesige Energiemenge wird von den Menschen noch viel zu wenig genutzt. Lediglich grüne Pflanzen sind in der Lage, anorganische Stoffe mithilfe von Sonnenenergie in organische Substanz umzuwandeln.

Alle anderen Energieträger, z. B. Kohle, Erdgas, Erdöl, Holz, pflanzliche Nahrungsmittel und andere Biomasse, sind *Sonnenenergiespeicher*. Man bezeichnet die Sonnenenergie und ihre Speicher deshalb auch als **primäre Energieträger**.

Sekundäre Energieträger sind dagegen alle Stoffe und Materialien, die ihre Energie aus der Umwandlung von Primärenergie beziehen (z. B. tierische Nahrungsmittel, Kraftstoffe, elektrischer Strom).

Bei der Unterscheidung nach der Verfügbarkeit teilt man ein in *begrenzt* verfügbare Energieträger *(fossile* – seit Jahrmillionen im Boden eingeschlossene – *Stoffe)* wie Erdöl, Kohle, Uran und sog. *erneuerbare Energieträger* wie Wasserenergie, Windenergie und Biomasse sowie die Sonnenenergie.

Energieumwandlung – Grundsätzlich lässt sich eine Energieform in eine andere umwandeln. Beispielsweise wird Bewegungsenergie in Wärmeenergie umgewandelt beim Abbremsen eines Fahrzeuges. Dagegen entsteht bei der Verbrennung von Kraftstoff aus Wärmeenergie antreibende Bewegungsenergie. Physikalisch gesehen geht dabei weder Energie verloren, noch wird Energie gewonnen (Gesetz von der Erhaltung der Energie). Allerdings entstehen in allen Energie-Umwandlungssystemen *Verluste*, meist ist es Wärmeenergie, die ungenutzt bleibt.

Deshalb ist bei der Energieumwandlung von einer Energieform in eine andere der **Wirkungsgrad** von Bedeutung. Er ist Ausdruck des Verhältnisses von zugeführter Energie und abgegebener Energie (zugeführte Leistung – abgegebene Leistung). Bei der Fotosynthese beträgt der Wirkungsgrad ca. 40 %.

Energiebilanz – Sie vergleicht die *Energiezufuhr* (Input) für einen Prozess mit der dabei *verbrauchten Energiemenge* (Verlust) und der *nutzbaren Energie* (Output). Sie gibt somit Auskunft über energetisch besonders aufwändige, die Energiereserven belastende Vorgänge.

Energiebilanzen bilden in der Politik, in der Technik, im Bauwesen und vielen anderen Lebensbereichen (z. B. Ernährung von Mensch, Tier und Pflanze) die Grundlage für umweltbewusstes und nachhaltiges Handeln.

In der Landwirtschaft wird der Energiebedarf für die Nahrungsmittelerzeugung sowohl über die kostenlose, stets vorhandene Sonnenenergie (Fotosynthese) als auch über zugekaufte direkte (Kraftstoffe, Heizöl) und indirekte Energieträger (z. B. Dünger) gedeckt.
Der Vergleich zwischen der Menge an zugeführter Energie (ohne die Sonnenenergie) und der in den erzeugten Lebensmitteln enthaltenen Energie zeigt, dass letztere in unseren Breiten ca. 2,5 mal *größer* ist als die eingesetzte. Damit ist die Agrarproduktion einer der wenigen Produktionsbereiche mit einer *positiven* Energiebilanz, sieht man vom Energieaufwand für die Aufbereitung der Produkte, für die Verpackung und den Transport sowie für die Verteilung und Entsorgung der Reste ab.
Genauere Untersuchungen zeigen aber, dass dies nur für die pflanzliche Produktion zutrifft. Bei der tierischen Erzeugung ist die Energiebilanz ebenfalls *negativ*.

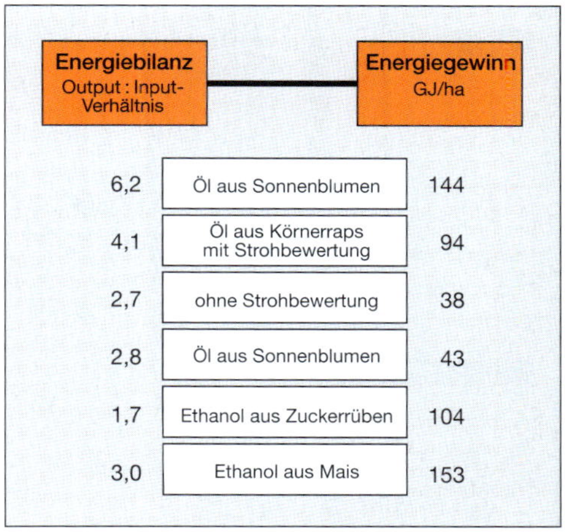

Abb. 74 Energiebilanz bei der Produktion von Biomasse.

> ! Im Sinne der Nachhaltigkeit muss deshalb äußerst sparsam mit den verfügbaren Energiequellen umgegangen werden. Wir dürfen auch und vor allem in dieser Hinsicht nicht auf Kosten zukünftiger Generationen leben.

2.3.2 Energiequellen

Die wichtigste Energiequelle für Wärme und Licht ist die Sonne. Derzeit werden im wissenschaftlichen und technischen Bereich erhebliche Anstrengungen zur Vermehrung der Nutzungsmöglichkeiten und zur Verbesserung des Wirkungsgrades bei bereits bestehenden Nutzungsanlagen für Solarenergie unternommen (Biomasse, nachwachsende Rohstoffe, Solartechnik, Wasserstoff). Insgesamt sind wir aber auf absehbare Zeit noch auf die herkömmlichen Energieträger angewiesen, z. T. auch mit Inkaufnahme von nicht ganz unerheblichen Risiken (Atomkraft).
Wärmeenergie – Sie ergibt sich aus der Bewegungsenergie der Teilchen. Diese führen ständig Schwingbewegungen aus und »zittern« bzw. kreisen um ihren Schwerpunkt. Bei steigender Temperatur nimmt diese Bewegung zu, der Körper wird energiereicher, bei sinkender Temperatur nimmt die Bewegung ab.
Deshalb können Körper durch Wärmezufuhr oder -entzug auch ihre Zustandsform verändern. Zugleich lassen sich die Ausdehnung und das Zusammenziehen von Stoffen erklären, ebenso z. B. das Schmieden von Eisen oder das Formen von Glas. Die Eigenbewegung der Teilchen ist auch die Ursache für die Volumenveränderung der Körper, die mit der Erwärmung bzw. Abkühlung einhergeht.
Temperatur – Temperatur ist der Maßstab für den Wärmezustand eines Körpers. Sie wird gemessen in Grad Celsius (°C). 1 °C entspricht dem hundertsten Teil des Temperaturunterschiedes zwischen dem Gefrierpunkt und dem Siedepunkt des Wassers, gemessen in Meereshöhe.

Abb. 75 Die Teilchen der Heizplatte geben Bewegungsenergie an die Teilchen der Flüssigkeit ab. Dadurch erhöht sich die Temperatur der Flüssigkeit.

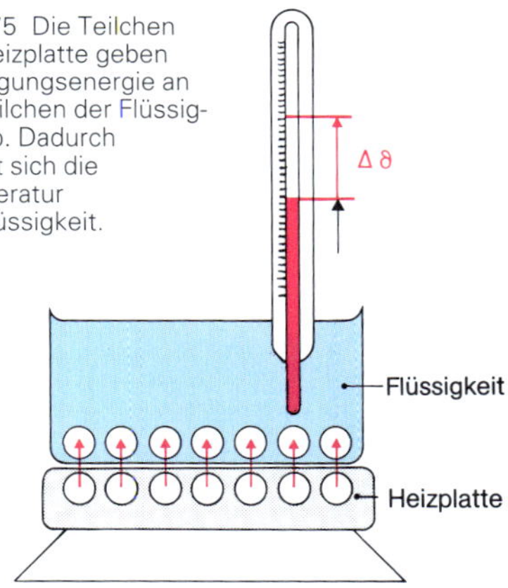

Abb. 76 **Beispiel** eines Bimetallthermometers.

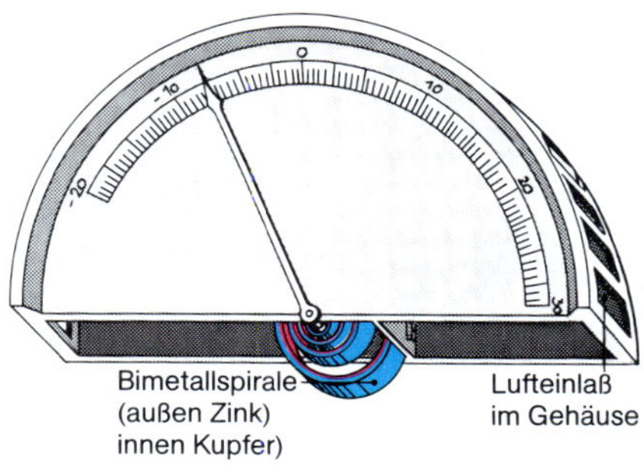

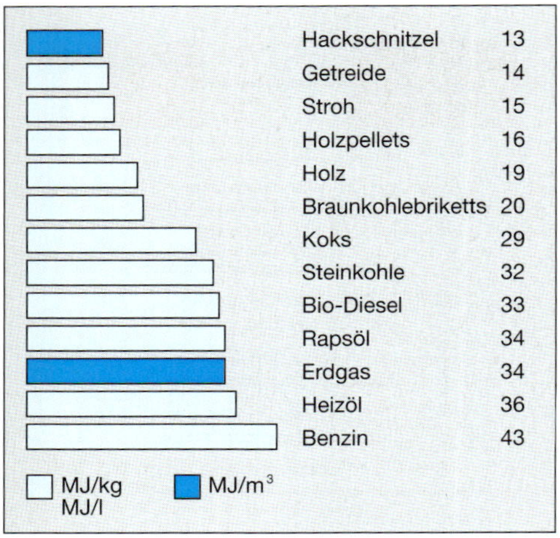

Abb. 77 Vergleich der Brennwerte von Brennstoffen (mittlere Brennwerte, MJ/Einheit).

Die Temperatur wird in Formeln mit dem Zeichen ϑ (theta, griechischer Buchstabe) abgekürzt. Daneben hat man den absoluten Nullpunkt auf –273,15 Kelvin (engl. Physiker Sir WILLIAM KELVIN, 1827–1907) festgelegt.

Als **Messverfahren** für Temperaturen werden Thermometer verwendet. Am verbreitetsten sind *Flüssigkeitsthermometer*. Bei ihnen wird das Ausdehnungsverhalten der Flüssigkeiten zur Temperaturanzeige genützt.

In technischen Regelkreisen werden *Bimetallthermometer* verwendet. Dabei nutzt man die unterschiedliche Wärmeausdehnung zweier verschiedener Metalle aus. Zwei aufeinandergewalzte Blechstreifen dehnen sich bei Erwärmung unterschiedlich aus. Der Blechstreifen krümmt sich und betätigt einen Schaltkontakt.

Wärmeenergie – Die Heizmaterialien liefern auf Grund ihrer spezifischen *Brennwerte* bei der Verbrennung eine unterschiedliche Menge an **Wärmeenergie**. Die bei der Verbrennung *frei werdende Wärmeenergie* berechnet man dann nach der Formel:

Wärmeenergie = Masse × Brennwert

$$W = m \times H$$

gemessen in Joule (J) oder Kilojoule (kJ)

Wärmemenge – Zur Erwärmung von Wasser im Kessel einer Heizungsanlage ist eine bestimmte Wärmemenge (Energie) nötig. Sie hängt ab von der Masse des Wassers (m), der Temperaturdifferenz ($\Delta\vartheta$) und der spezifischen Wärmemenge (c) des Wassers.

Die **spezifische Wärmemenge** gibt an, welche Wärmemenge zur Erwärmung um 1 Grad je kg Stoff aufgebracht werden muss. Die spezifische Wärmemenge c ist materialabhängig und kann entsprechenden Tabellen entnommen werden.

Der Wert c für Wasser beträgt 4,19. Die gesamte Wärmemenge lässt sich wie folgt berechnen (bei 250 kg Wasser, die von 7 auf 70 Grad Celsius erwärmt werden sollen):

$$W = 250\,\text{kg} \times 4{,}19\,\frac{\text{kJ}}{\text{kgK}} \times 63\text{K}$$

$$W = 65992{,}5\,\text{kJ}$$

Heizkessel für Wohn- und Gewächshausbeheizungen haben meist meist einen *Wirkungsgrad* zwischen 65 und knapp 90 %.

Wärmeübertragung – Sie kann je nach Möglichkeit durch

- Strömung,
- Leitung oder
- Strahlung erfolgen.

Wärmeströmung tritt nur in *Flüssigkeiten* oder *Gasen* auf, da eine Bewegung von Stoffteilchen nur in Flüssigkeiten und Gasen möglich ist (z. B. Golfstrom).

Während die Wärmeströmung bewegte Stoffteilchen voraussetzt, bleiben bei der **Wärmeleitung** die Teilchen an ihrer Stelle. Sie geben ihre höhere Bewegungsenergie nur an ihre Nachbarteilchen weiter. Dies ist die typische Form der Wärmeausbreitung in *festen Körpern*. Je größer die Dichte eines Stoffes, je enger die Stoffteil-

Abb. 78 Versuch zur Wärmeströmung.

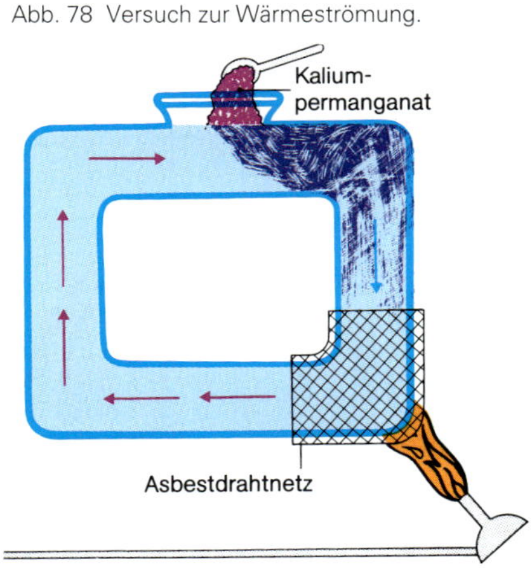

chen im Gitterverband des festen Körpers sitzen, desto größer ist seine Wärmeleitfähigkeit.
Man unterscheidet daher gute und schlechte *Wärmeleiter*. Zu den guten Wärmeleitern zählen alle Metalle. Überall dort, wo es auf *gute Wärmeleitfähigkeit* ankommt, wird deshalb in der Technik Metall als Werkstoff verwendet. So vergrößert man z. B. die Oberfläche der Zylinder von Verbrennungsmotoren und die Gehäuse der Elektromotoren zusätzlich durch Kühlrippen, um die Ableitung der entstehenden Wärme zu verbessern.
Schlechte Wärmeleiter sind z. B. Holz und Kunststoffe. Sie werden als Wärmeisolatoren verwendet. Außentürklinken stellt man daher aus Kunststoff her, um zu verhindern, dass bei der Berührung mit der Hand deren Wärme rasch abgeleitet wird. Solche Türklinken empfinden wir im Winter angenehm »warm«.
Die *schlechtesten Wärmeleiter* sind Gase. Deswegen benützt man ruhende Luftschichten als Wärmedämmung z. B. in Hohlziegeln oder Luftvorhängen zur Trennung von Räumen mit unterschiedlichen Temperaturen. Diese ruhenden Luftschichten kann man in isolierenden Baustoffen einschließen (Hohlziegel, Thermopanscheiben) oder der Baustoff selbst enthält viele Lufteinschlüsse (Styropor, Mineralfaserwolle).
Bei der **Wärmestrahlung** wird die Energie von elektromagnetischen Feldern wellenförmig ohne Überträgerstoff weitergeleitet. Diese Wärmeausbreitung durch Strahlung ist z. B. verantwortlich für die Erwärmung der Erdoberfläche. Dabei durchdringen die Wärmewellen (elektromagnetische Felder) die Luft, ohne ihre Energie an sie abzugeben. Erst wenn sie von einem Körper (z. B. der Erdoberfläche) »verschluckt« *(absorbiert)* werden, rufen sie an ihm eine starke Erwärmung hervor.
Entscheidend für die Absorption ist die Farbe des bestrahlten Körpers. Dunkle Oberflächen nehmen mehr Energie auf und erwärmen sich stärker und schneller als helle. Daher erwärmen sich dunkel gefärbte, humose, leichte Böden im Frühjahr rascher als schwere, feuchte Lehmböden. Im Feldgemüsebau verwendet man z. B. schwarze Pflanzfolien, um die Erwärmung zu verstärken.
Wärmedämmung – Zur Aufrechterhaltung der Innentemperaturen der Gebäude zur Sicherstellung der optimalen, spezifischen Körpertemperatur bei Mensch und Tier und zum Teil auch bei Pflanzen müssen die Gebäude in unserer Klimazone in der Regel isoliert werden. Da sowohl das Heizen wie auch das Kühlen von Gebäuden teuer ist, muss für einen geringen Wärme- und Kältedurchgang durch die Wände, Decken und Fußböden *(Wärmeleitung)* sowie durch die Fenster und Türen *(Wärmeströmung)* gesorgt werden.
Die **Wärmedurchlässigkeit** einer Wand wird mit der *Wärmedurchgangszahl* (k) ausgedrückt. Sie berücksichtigt die *Wärmeleitzahl* (λ lambda, griechischer Buchstabe), den Wärmeübergang innen und außen sowie die Stärke der verschiedenen Bauteile. Diese Wärmeleitzahl gibt deshalb an, welche Wärmemenge in 1 Stunde durch 1 m^2 einer 1 m dicken Wand abgeleitet wird, wenn auf beiden Seiten ein Temperaturunterschied von 1 Kelvin herrscht.
Je niedriger die Wärmeleitzahl, desto höher die Wärmedämmung des Baustoffes (z. B. Ziegel 0,8; Beton 1, 2; Steinwolle 0,035).

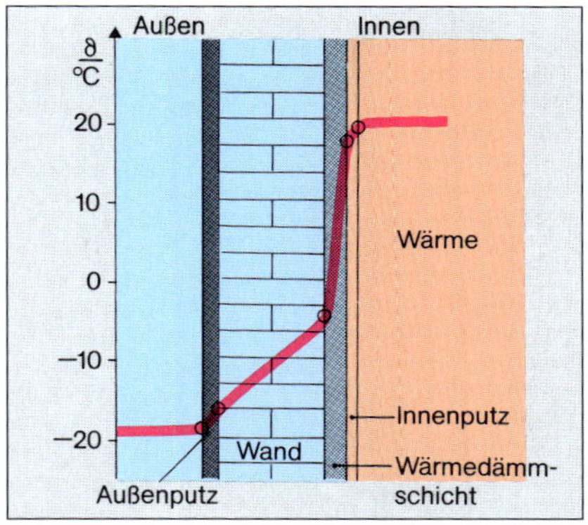

Abb. 79 Wärmedurchgang durch eine Wand (innen +20°C, außen −18°C).

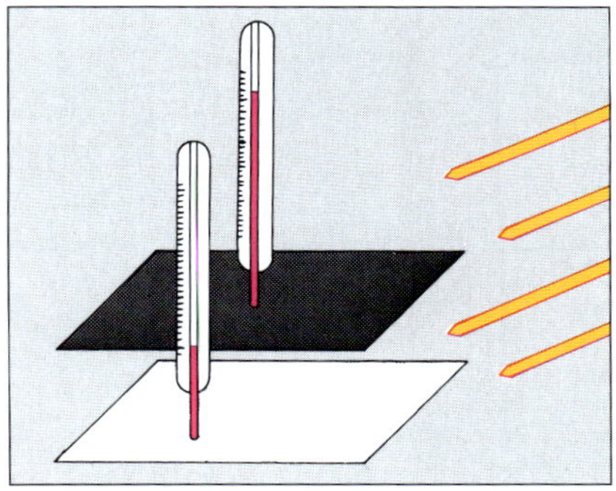
Abb. 80 Dunkle Körper absorbieren mehr Wärme als helle.

Abb. 81 Im Winter ist bei uns die eingestrahlte Sonnenenergie wegen des ungünstigen Neigungswinkels der Sonnenstrahlen geringer als im Sommer.

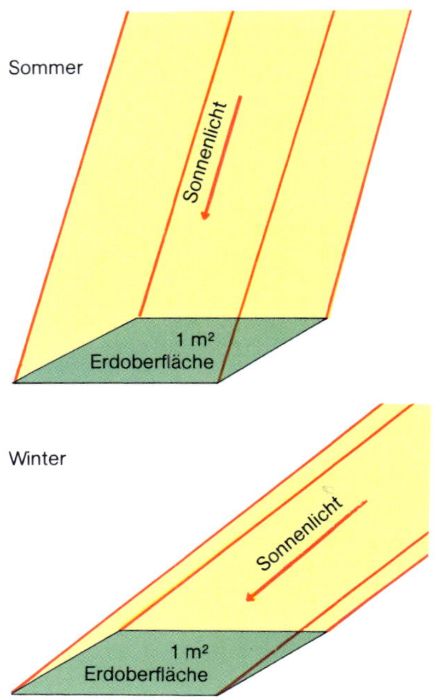

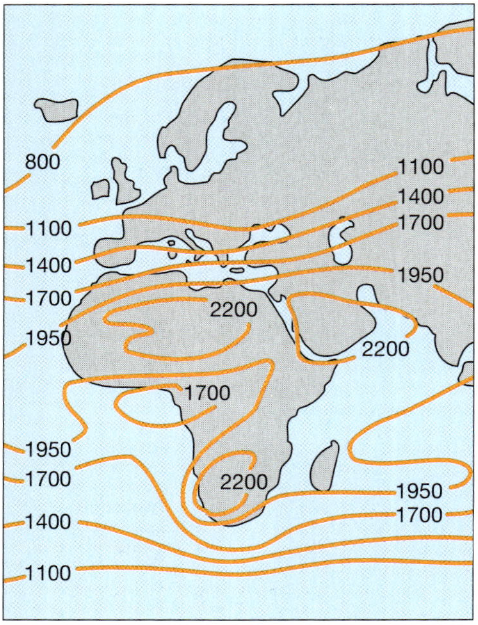

Abb. 82 Jährliche Einstrahlung an Sonnenenergie (in kWh/m^2).

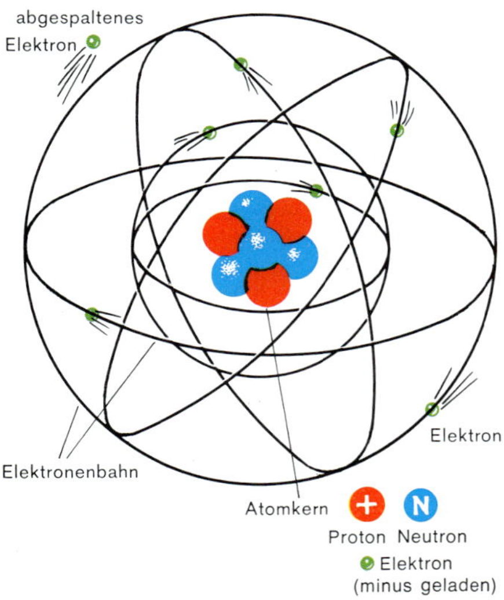

Abb. 83 Schema eines Atomkerns mit den Elektronen auf ihren verschiedenen Bahnen.

Abb. 84 Die freien Elektronen bewegen sich zwischen den Atomen eines Leiters, sie sind der elektrische Strom.

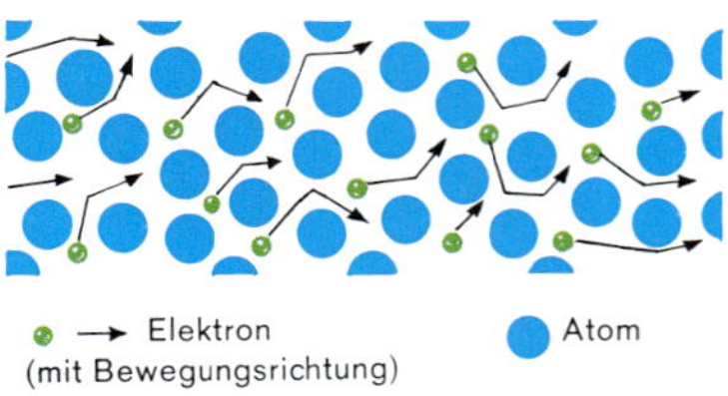

Der k-Wert für *Rinderställe* beträgt etwa 3,77 kJ/m^2 × h × k; für *Schweineställe* 3,14 kJ/m^2.
Die Leistungsfähigkeit einer Heizungsanlage, z. B. für Gewächshäuser aus Glas, lässt sich wie folgt ermitteln:

Wärmeenergie je Stunde	=	Außenfläche	×	Wärmedurchgangszahl	×	Temperaturdifferenz
W (je Stunde)	=	A	×	k	×	$\Delta\vartheta$

Lichtenergie – Licht breitet sich von einer Lichtquelle nach allen Seiten geradlinig aus. Dabei bewirkt eine Lichtquelle mit einer bestimmten Lichtstärke am beleuchteten Körper eine entsprechende, von der Entfernung abhängige Beleuchtungsstärke. Die größte Beleuchtungsstärke herrscht deshalb dort, wo das Licht senkrecht einfällt.
Die **Beleuchtungsstärke**, die eine Lichtquelle von der Lichtstärke 1 cd (candela, Licht einer Wachskerze) auf einer Fläche senkrecht zu den Lichtstrahlen in 1 m Abstand hervorruft, nennt man Lux. Die Maßeinheit Lux leitet sich ab von der Normlichtquelle, einer 1 cm^2 großen Öffnung eines Ofens, in dem Platin geschmolzen wird (zum Vergleich: eine 60-W-Glühlampe erzeugt ca. 60 cd).
Wegen des sich im Jahresverlauf verändernden **Einstrahlungswinkels** der Sonne ändert sich folglich auch ihre eingestrahlte Energiemenge. Von rauen Oberflächen wird das Licht unregelmäßig nach allen Richtungen – diffus – zurückgeworfen, von glatten Oberflächen vorwiegend nur in eine bestimmte Richtung. Dunkle Körper reflektieren weniger als helle; sie absorbieren Licht und Wärme.
Die Zeit, die das Licht braucht, bis es in unsere Augen gelangt, nennt man **Lichtgeschwindigkeit**; sie beträgt im Vakuum ca. 300 000 km/s. Das Licht braucht von der Sonne bis zur Erde 8 $^1/_3$ Minuten.
Weißes Licht besteht aus den **Spektralfarben** rot, orange, gelb, grün, blau und violett, die beim Durchgang durch ein Prisma sichtbar werden. Daneben liefert weißes Licht auch eine unsichtbare Strahlung, z. B. infrarote oder ultraviolette Strahlung.
Für das Leben auf der Erde, für Keimungs-, Wachstums- und Stoffwechselvorgänge bei Pflanzen, Tier und Mensch ist das Licht unersetzlich. Einige Eigenschaften des Lichtes wirken sich dabei vorteilhaft, andere eher nachteilig aus. Während bestimmte Spektralfarben für die Fotosynthese von besonderer Bedeutung sind, kann Lichtstrahlung heilen oder auch gesundheitsschädlich sein.
Mithilfe von Zusatzbeleuchtungen (Fotosyntheselampen) und Steuerung der Beleuchtungszeiten kann der Tag-Nacht-Rhythmus bei Pflanzen und Tieren verändert und eine Leistungssteigerung bewirkt werden.
Beispiele: Vorkeimen von Kartoffeln, Produktionssteuerung und -führung in Gewächshäusern z. B. bei Chrysanthemen für Allerheiligen oder bei Weihnachtssternen, Tulpen, Frühgemüse, Tomaten und Salaten; Steigerung der Eierproduktion bei Hühnern durch Verkürzung der Tag- und Nachtlänge.

2.3.3 Elektrische Energie (Strom)

Mensch und Tier können in der Regel die Elektrizität nicht unmittelbar wahrnehmen, sondern nur in ihrer Wirkung empfinden. Im Gegensatz dazu können z. B. Wärme und Licht unmittelbar mit den Sinnesorganen registriert werden.

In der Natur finden sich positive und negative elektrische Ladungen, zwischen denen Kräfte wirken. Ladungsträger sind z. B. die positiv geladenen Protonen und die negativ geladenen Elektronen sowie Kationen und Anionen.

Stromstärke (I) – Elektrischer Strom entsteht durch *bewegte Ladungsträger*. Die Menge der Ladungsträger, die in einer bestimmten Zeiteinheit durch den Stromleiter bewegt werden, nennt man **Stromstärke (I)**. Die Einheit der Stromstärke I ist 1 *Ampere* (A), benannt nach dem frz. Physiker ANDRÉ AMPÉRE (1775 – 1836). Strommessgeräte werden daher auch Amperemeter genannt.

Spannung (U) – In der Umgebung eines elektrischen Ladungsträgers entsteht ein elektrisches Feld. Es bewirkt, dass sich gleichnamige Ladungen abstoßen und ungleichnamige anziehen. Werden Ladungsträger gegen die Kräfte des elektrischen Feldes bewegt, beispielsweise durch Zusammendrängen vieler gleichnamiger Ladungsträger, so ist dafür Arbeit nötig. Dieser Arbeitsaufwand wird **Spannung** genannt und in *Volt* (V) gemessen.

Elektrischer Widerstand (R) – Jeder Stromleiter setzt den bewegten Ladungsträgern, also dem elektrischen Strom einen dagegen wirkenden Widerstand entgegen. Er resultiert daraus, dass die Ladungsträger mit den Atomen des Stromleiters zusammenstoßen. Je nach Material, Länge und Querschnittfläche ist der Widerstand unterschiedlich groß.

Jedoch geben die Ladungsträger einen Teil ihrer Energie an die Leiteratome ab (Erwärmung). Je kleiner die Querschnittfläche und je länger der Leiter, desto höher ist daher der Widerstand. Die Einheit des elektrischen Widerstandes ist 1 *Ohm* (Ω, omega, griechischer Buchstabe), benannt nach dem deutschen Physiker GEORG SIMON OHM (1789 – 1854).

Ohm'sches Gesetz – OHM hat nachgewiesen, dass die drei Größen Stromstärke, Spannung und Widerstand miteinander in Beziehung stehen:

$$\text{elektrischer Widerstand} = \frac{\text{Spannung}}{\text{Stromstärke}}$$

$$R = \frac{U}{I}$$

Aufgaben:

1. Eine Batterie erzeugt eine Spannung von 12 Volt, die Leitungen des Anlassers besitzen einen Widerstand von 0,11 Ohm. Wie groß ist die Stromstärke?
2. Der Glühfaden einer elektrischen Glühlampe setzt dem Strom einen Widerstand von 1275 Ohm entgegen. Die Stromstärke beträgt 0,18 A. Wie groß ist die Spannung?

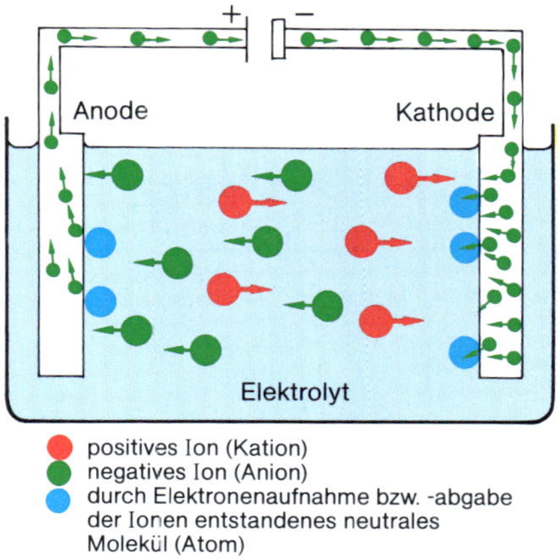

Abb. 85 Modell eines flüssigen Leiters.

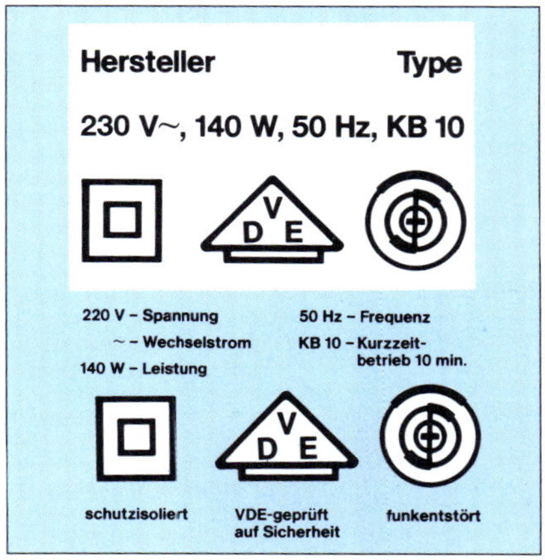

Abb. 86 **Beispiel** für ein Leistungsschild.

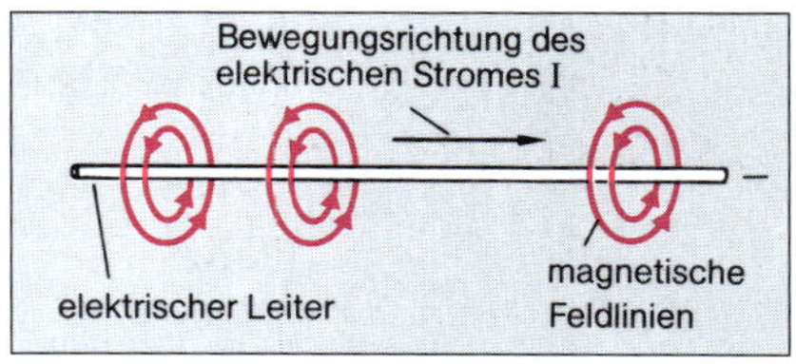

Abb. 87 Jeder stromdurchflossene Leiter besitzt ein kreisförmiges Magnetfeld.

Abb. 88 Eine stromdurchflossene Spule und ein Stabmagnet erzeugen gleiche Magnetfelder.

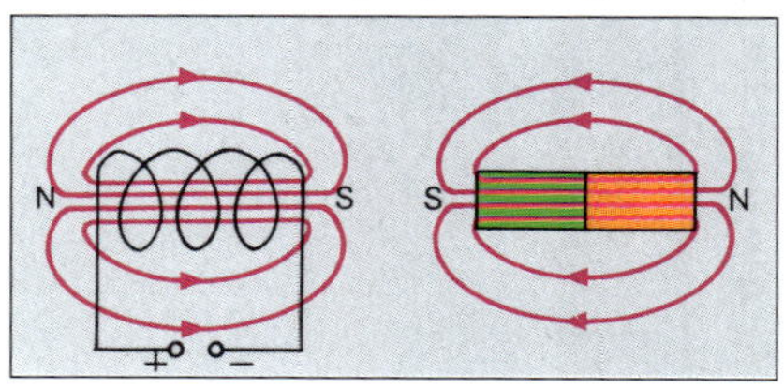

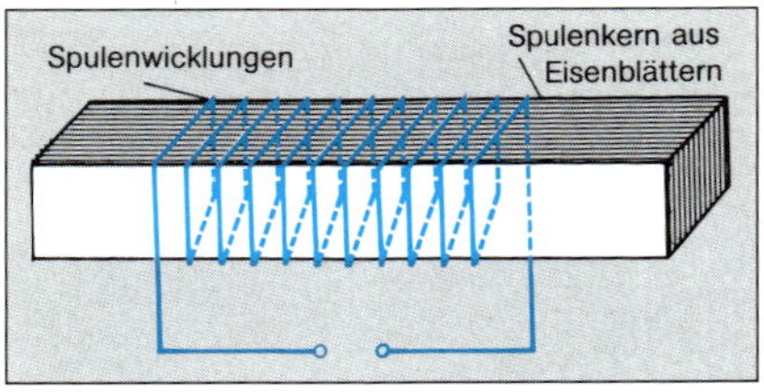

Abb. 89 Schema eines Elektromagneten.

Elektrische Leistung (P_{el}) – Die elektrische Leistung ist das Produkt der Multiplikation Spannung mal Stromstärke:

$$P_{el} = U \times I$$

Die Maßeinheit der elektrischen Leistung ist 1 *Watt* (W).
Jedes elektrische Gerät trägt ein Leistungsschild. Die Angaben ermöglichen, die Leistung des Geräts zu errechnen.
Beispiel: Bei einer Spannung von 230 Volt nimmt ein Elektrogerät einen Strom von 8 Ampere auf. Wie groß ist die Leistung?
Leistung $P_{el} = U \times I$
$P_{el} = 230\,V \times 8\,A$
$P_{el} = 1840\,W$
Elektrische Arbeit (Energie) W_{el} ergibt sich aus:

$$\text{elektrische Arbeit (Energie) } W_{el} = \text{Leistung} \times \text{Zeit}$$

$$W_{el} = P_{el} \times t$$

Maßeinheit für die elektrische Arbeit ist die *Wattsekunde* (Ws) ≙ 1 *Joule* (J).

$$1\,Ws = 1\,J$$

In der Regel benützt man aber die größere Einheit 1 *Kilowattstunde* (kWh) = 3 600 000 Ws. Die Kilowattstunde (kWh) ist die Grundlage für die Berechnung des Strompreises der ins Haus gelieferten elektrischen Energie.

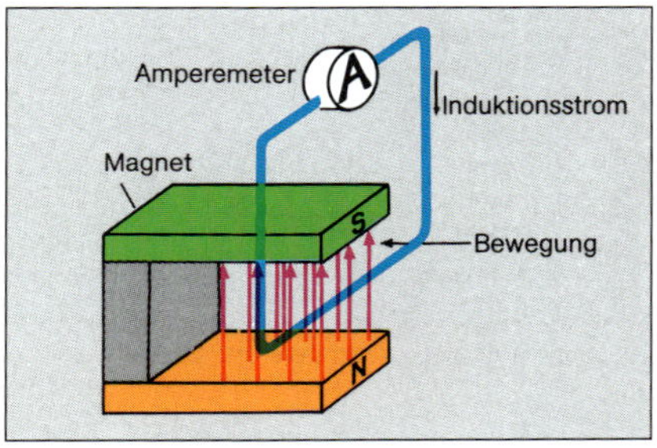

Abb. 90 Prinzip der elektromagnetischen Induktion.

Stromarten – Zum Verständnis der Stromarten *Wechselstrom*, *Gleichstrom* und *Drehstrom* muss zuerst kurz der Magnetismus erklärt werden.
Elektromagnetismus: Jeder stromdurchflossene Leiter ist von einem kreisförmigen *Magnetfeld* umgeben, das mit zunehmender Entfernung vom Leiter schwächer wird und ganz verschwindet, wenn der Stromdurchfluss abgeschaltet wird. Eine stromdurchflossene Spule erzeugt das gleiche Magnetfeld wie ein Stabmagnet.
Eisenfeilspäne machen die *Feldlinien* das Magnetfeld sichtbar und zeigen dabei die *Pole* an. Das Magnetfeld der Spule kann von einem Eisenkern wesentlich verstärkt werden. Dadurch erhält man einen kräftigen Elektromagneten.
Die *Kraftwirkung* des Elektromagneten kann über die Stromstärke reguliert werden. Beim Abschalten des Stroms verschwindet sie fast ganz. Diese Eigenschaften eines Elektromagneten machen ihn zu einem wichtigen Bauteil in der Technik, wo er vielfältige Verwendung findet.
Beispiele: Regelgeräte, Messinstrumente, Motoren, Generatoren, Kräne usw.

Abb. 91 Fremderregter Generator.

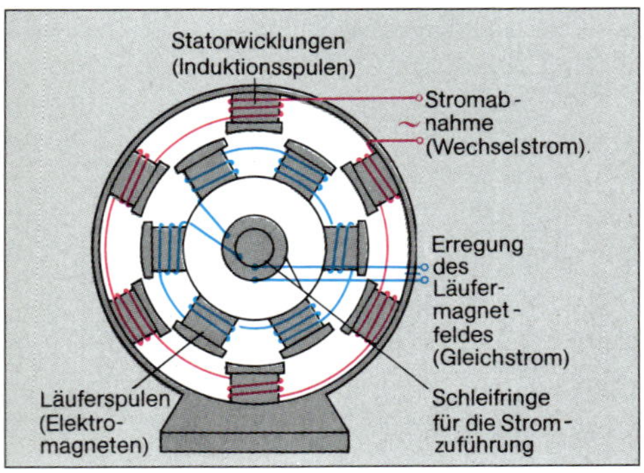

Elektromagnetische Induktion – Schneiden die Feldlinien eines Magneten einen elektrischen Leiter (Metalle), so werden in diesem die freien Elektronen bewegt. Es entstehen eine elektrische Spannung und ein elektrischer Strom. Dabei ist es unerheblich, ob sich die magnetischen Feldlinien oder der Leiter bewegt. Es handelt sich um eine *elektromagnetische Induktion*. Sie ist die Grundlage der technischen Stromerzeugung.

Generatoren sind Maschinen, die nach dem Prinzip der elektromagnetischen Induktion Strom erzeugen. Sie besitzen auf ihrer Drehachse starke Elektromagneten.

Den für sie nötigen Erregerstrom muss man entweder von außen zuführen *(Fremderregung)* oder er wird durch einen auf der gleichen Achse sitzenden Dynamo *(Selbsterregung)* erzeugt. Die Feldlinien des umlaufenden Elektromagneten induzieren in den fest im Generatorgehäuse angebrachten Spulen aus Kupferdraht einen starken Strom.

Wechselstrom – In Wechselstrom-Generatoren werden die freien Elektronen in den Induktionsspulen bei 1 Umdrehung der Generatorachse zu 1 vollen Schwingung um ihre Ruhelage veranlasst. In Deutschland beträgt die Schwingdauer (T) *(Periode)* der Elektronen T = 20 ms (Millisekunden).

$$T = \frac{1}{f} = \frac{N}{50\frac{1}{s}}$$

Dabei steigen Strom und Spannung von Null bis zu einem Höchstwert (Scheitelwert) an, nehmen bis auf Null ab, ändern dann die Richtung und steigern sich bis zu einem weiteren Höchstwert in der Gegenrichtung, um abermals auf Null zurückzugehen.

Die Zahl solcher Perioden in 1 Sekunde wird mit *Frequenz* (f) bezeichnet und in *Hertz* (Hz), nach dem deutschen Physiker GUSTAV HERTZ (1857–1894) benannt, gemessen. Somit hat in Deutschland der Wechselstrom die Frequenz 50 Hz. Bei der Übertragung der jeweiligen Werte von Strom und Spannung während einer Periode in ein Achsenkreuz ergibt sich eine Sinuskurve.

Wechselstrom-Messgeräte zeigen nur die Effektivwerte von Strom und Spannung, nicht aber ihre Höchstwerte an. Das sind jene Werte, die ein Gleichstrom haben müsste, um die gleiche Wirkung zu erzielen. Der Effektivwert der technischen Wechselspannung beträgt in Deutschland 230 Volt.

In Geräten mit großen Spulen verursacht der Wechselstrom infolge des periodisch aufflammenden und wieder zusammenbrechenden Magnetfeldes eine zeitliche Verschiebung zwischen Strom- und Spannungskurve. Sie wird als *Leistungsfaktor* bezeichnet und mit cos φ (sprich: Kosinus phi) abgekürzt. Je näher sein Wert bei 1 liegt, desto günstiger ist es, denn dann strebt die Phasenverschiebung zwischen Strom- und Spannungskurve gegen Null.

Zur Berechnung der Leistung kann aber nur die tatsächlich in einem Augenblick herrschende Spannung und Stromstärke verwendet werden. Deswegen muss bei Wechselstrommotoren die Leistung auf folgende Weise berechnet werden:

$$\text{Leistung} = \text{Spannung} \times \text{Stromstärke} \times \cos\varphi$$

Mit Transformatoren lässt sich die Spannung des Wechselstroms erhöhen oder verringern (im Stromstecker von Hausgeräten eingebaute Transformatoren).

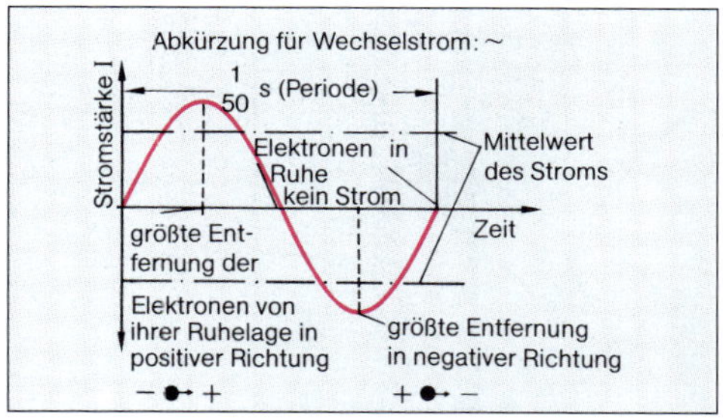

Abb. 92 Verlauf der Stromkurve bei technischem Wechselstrom.

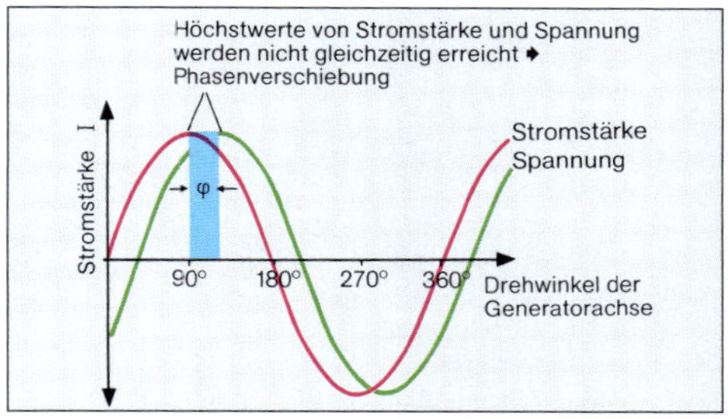

Abb. 93 Phasenverschiebung zwischen Strom- und Spannungskurve infolge Selbstinduktion.

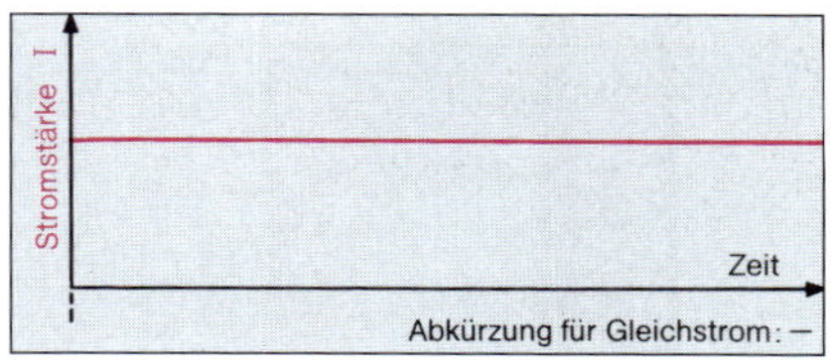

Abb. 94 Stromkurve bei Gleichstrom.

Abb. 95 Stromverlauf von pulsierendem Gleichstrom.

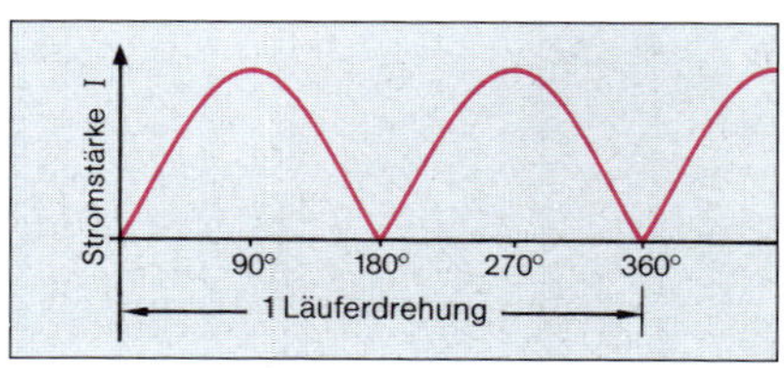

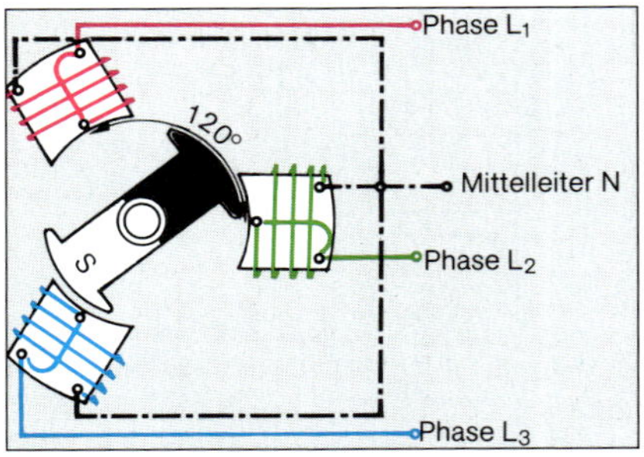

Abb. 96 Schema eines Drehstrom-Generators.

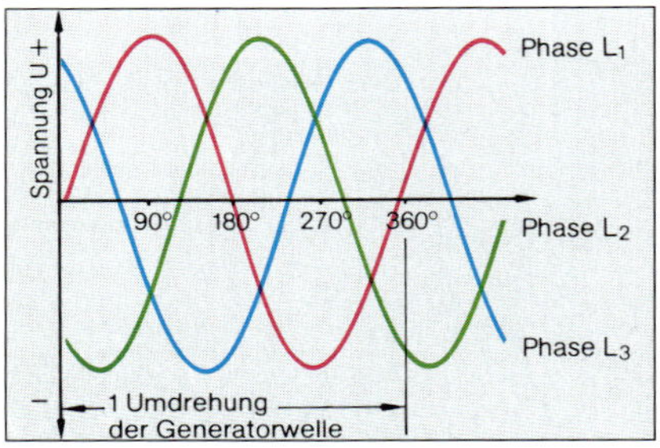

Abb. 97 Spannungsverlauf der drei Wechselströme des oben gezeigten Drehstrom-Generators: Die Phasenverschiebung beträgt jeweils 120°.

Abb. 98 Verkettung der drei Phasen in Stern-Schaltung (Y, oben) und in Dreieck-Schaltung (Δ, unten).

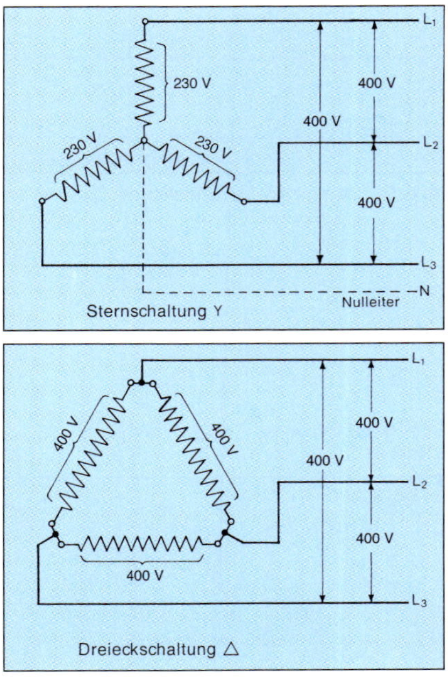

Die Überland-Transformatoren sowie so genannte Umspannwerke ermöglichen damit die Stromleitung über weite Strecken, ein wichtiger Vorteil des Wechselstromes gegenüber dem Gleichstrom.

Gleichstrom – Wie der Name sagt, bewegen sich hier die Ladungsträger nur in *einer Richtung*. Spannung und Stromstärke bleiben in Größe und Richtung gleich.

Gleichstrom lässt sich *nicht transformieren* und deshalb kann die elektrische Energie wirtschaftlich nur über kurze Strecken übertragen werden. Der Vorteil des Gleichstroms liegt aber in der *Speicherung* dieser elektrischen Energieform in Akkumulatoren (Batterien für Traktoren und Kraftfahrzeuge).

Drehstrom – In den Drehstrom-Generatoren sind die Induktionsspulen um 120° gegeneinander versetzt. In ihnen wird gleichzeitig jeweils *Wechselstrom* erzeugt. Sie erreichen nacheinander, im Drehsinn des auf der Achse sitzenden Elektromagneten, ihren höchsten Wert (Drehstrom). Die drei Wechselströme werden auch Phasen genannt und mit L_1, L_2 und L_3 gekennzeichnet.

Ursprünglich waren für die Zu- und Ableitung 6 Leitungen notwendig. Aufgrund mathematischer Überlegungen und der Betrachtung der Strom- bzw. Spannungskurve kommt man zur Erkenntnis, dass in jedem Augenblick die Summe der positiven Spannungen so groß ist, wie die der negativen. Diese Tatsache ermöglicht eine Verkettung *(Stern- und Dreieckschaltung)*, bei der nur 3 Leiter und ein Schutzleitervom Generator zum Verbraucher erforderlich sind.

Da aber die Verbraucher in den 3 Strängen nicht immer gleich sind, verbindet man den Sternpunkt durch einen 4. Leiter, den *Neutralleiter* (N) mit der Erde. Ist die Summe der positiven Ströme und der negativen nicht gleich, so wird der Differenzstrom über den Neutralleiter abgeleitet. So ist es möglich, in einem Drehstromnetz mit 3 Leitungen elektrische Energie zu übertragen, zu der sonst 6 Leitungen nötig wären.

Vorteilhaft ist außerdem, dass zwei verschiedene Spannungen zur Verfügung stehen: Zwischen einem Außenleiter und dem Neutralleiter liegt eine Spannung von 230 Volt (Einphasen-Wechselstrom) an. Zwischen 2 Außenleitern müsste eine Spannung von zweimal 230 Volt herrschen. Wegen der Phasenverschiebung von 120 Grad erreichen jedoch die Spannungswerte nicht gleichzeitig die Höchstwerte. Es ergibt sich eine Spannung von 400 Volt zwischen zwei Leiter.

Diesem Vorteil entsprechend, gleichzeitig 2 Spannungen zur Verfügung zu stellen, sowie aufgrund der Tatsache, dass Drehstrommotoren viel einfacher und billiger als Gleich- oder Wechselstrommotoren sind, verdankt der Drehstrom seine häufige Verwendung.

Bei der *Berechnung der elektrischen Leistung* ist neben dem Leistungsfaktor noch der Verkettungsfaktor $\sqrt{3} \approx 1{,}73$ zu berücksichtigen. Die zugeführte elektrische Leistung bei Drehstrommotoren wird demnach berechnet mit der Formel

$$P = U \times I \times \cos\varphi \times \sqrt{3}$$

Stromkreise und Schaltungen – Elektrische Geräte und Lampen, »Verbraucher«, lassen sich in zwei verschiedenen Anordnungen in den Stromkreis schalten:

Hintereinander- oder Reihenschaltung: Durch jeden Verbraucher fließt der gesamte Strom, die Gesamtspannung U_g teilt sich jedoch entsprechend den Widerständen auf die Verbraucher auf. Am größten Widerstand liegt daher die größte Spannung.

Anwendungsbeispiel ist die Christbaumbeleuchtung. Nachteil: Fällt ein Verbraucher aus, erhalten auch alle anderen keine elektrische Energie mehr; der Stromkreis ist unterbrochen.

Parallelschaltung: Bei der Hausinstallation schaltet man alle Verbraucher parallel zueinander in den Stromkreis. An jedem Verbraucher liegt so die Gesamtspannung U_g. Jedoch fließt durch ihn nur ein dem jeweiligen Widerstand entsprechender Teilstrom: Im kleinsten Widerstand der größte Strom und umgekehrt. Vorteil: Fällt ein Verbraucher aus, bleiben die weiteren Verbraucher im Stromkreis.

Stern-Dreieck-Schaltung: Sie gestattet das Einschalten von Elektromotoren in zwei Stufen. Die Anzugskraft des Motors verringert sich dabei auf ein Drittel. Erst wenn der Motor seine volle Drehzahl erreicht hat, wird auf Dreieck geschaltet; der Motor kann mit seiner vollen Nennleistung belastet werden.

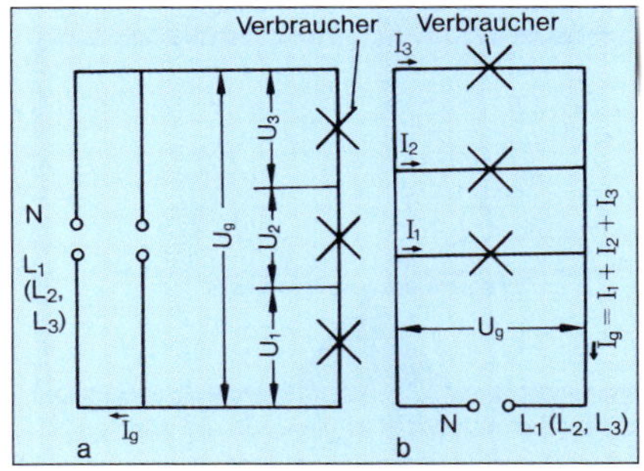

Abb. 99 Reihen- (a) und Parallelschaltung (b) von Verbrauchern im elektrischen Stromkreis der Hausinstallation.

Aufgaben:
1. Erklären Sie den Begriff »Energie«.
2. Teilen Sie die Energieträger ein.
3. Was versteht man unter Energiebilanz?
4. Wie unterscheiden sich Wärmeströmung, Wärmeleitung und Wärmestrahlung voneinander?
5. Was wird mit der Wärmedurchgangszahl ausgedrückt?
6. Was versteht man unter Lichtgeschwindigkeit?
7. Unterscheiden Sie zwischen Stromstärke und Spannung.
8. Was versteht man unter Frequenz?

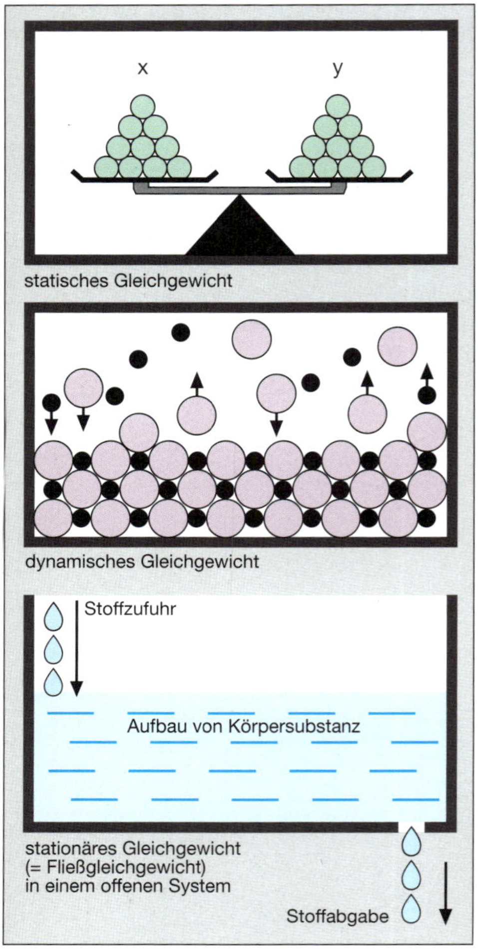

Abb. 100 Arten der in der Natur vorkommenden Gleichgewichte (Schema).

3 Biologische Grundbegriffe

3.1 Fließgleichgewicht

Die Materie der belebten und unbelebten Natur befindet sich naturgemäß oder von Menschen hergestellt immer in einer bestimmten Ordnung. Dabei handelt es sich um einen Aufbau, um eine Anordnung, ein Gefüge, also um eine Zusammenstellung der Teilchen zu ganzheitlichen Vorgängen (Systemen), die in einem bestimmten Gleichgewicht stehen.

Statisches Gleichgewicht herrscht in einem geschlossenen System, z. B. auf einer Waage, deren Schalen gleich schwer mit Materie belastet werden. Wenn die zur Ruhe gekommenen Waagschalen gegen weitere Einwirkungen von außen (z. B. durch einen Glassturz, wie in der Abbildung gezeigt) geschützt sind, bleibt dieses geschlossene System unverändert.

Dynamisches Gleichgewicht herrscht z. B. in einem abgeschlossenen Bereich zwischen einer Flüssigkeit und einem Luftraum, wenn sich die Moleküle der Flüssigkeit und des Gases miteinander vermischen. Es treten ständig ebenso viele Moleküle in den Luftraum ein, wie in die Flüssigkeit.

Stationäres Gleichgewicht (Fließgleichgewicht) herrscht dagegen in einem offenen System, wenn z. B. in einem Wasserbehälter die Zuflussmenge ständig der Abflussmenge entspricht.

> ! Alle **Lebewesen** entsprechen einem **offenen System.** Die *Stoffzufuhr* (Stoffaufnahme) entspricht dem *Aufbau von körpereigenen Stoffen* (Wachstum, Zunahme, Wärme, Lebensfunktionen) *und* der *Stoffabgabe* (Ausscheidung).

Diese biologische Grundregel bildet den Ausgangspunkt für alle Überlegungen in der Pflanzen- und Tierernährung und ist ein charakteristisches Kennzeichen für Lebensvorgänge.

Sämtliche Organismen haben das Bestreben, ihr Fließgleichgewicht zu erhalten. Mit mehreren körperinternen Regulationsmechanismen können sie auf unterschiedliche Stoffzufuhr (Art, Menge, Qualität) und auf sich verändernde Umweltbedingungen in einem bestimmten Maß reagieren.

Abb. 101 Regelkreis-Schema.

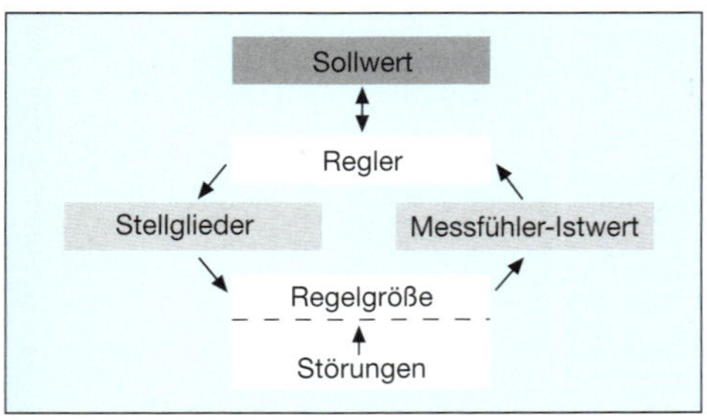

3.2 Regelkreise

Die **Körperfunktionen** der Pflanzen, Tiere und Menschen stellen jeweils ein bestimmtes Fließgleichgewicht dar und werden in Regelkreisen automatisch (unwillkürlich) gesteuert. Dabei hat jede Funktion und jeder Stoffwechselvorgang ein spezifisches *Steuerungsprogramm*, z. B. der Pulsschlag, die Körperwärme, der Blut-Zuckerwert, der Blut-Calciumwert oder auch die Wuchshöhe beim Getreide, der Ertrag bei den Kulturpflanzen, die Ausbildung von Schutz- und Abwehrstoffen.

In diesen genetisch festgelegten Fließgleichgewichts-Programmen ist der jeweilige *Sollwert* gespeichert. Die im jeweiligen Körper vorhandenen sensiblen Mess- und Empfindungsorgane stellen den momentan vorliegenden *Istwert* im Regelkreis fest und bewirken durch Änderungen in den Funktionsorganen eine entsprechende Veränderung des Stoffwechsels oder der Funktion zur Anpassung des Istwertes an den Sollwert.
Bei einer erneuten oder weiteren Änderung der Umweltbedingungen z. B. durch Fütterung oder Zufuhr bestimmter Nährstoffe, durch Beregnung von Feldfrüchten, durch das Einwirken von Krankheitserregern, durch Verletzungen des Körpers, durch das Wetter, erfolgt eine Änderung des Fließgleichgewichts in positiver oder negativer Hinsicht und löst einen neuen Anpassungsvorgang aus.

Abb. 102 Waldsterben im Nationalpark Bayerischer Wald am Rachelsee (2001).

3.3 Stoffkreisläufe in der Natur

Versorgen und Entsorgen, Aufbau- und Abbauvorgänge, Werden und Sterben sind Selbststeuerungsprozesse in der Natur. In dieser Erkenntnis sind auch die Hoffnung und Überzeugung begründet, dass sich z. B. der sterbende und bereits tote Wald im Nationalpark Bayerischer Wald selbst wieder regeneriert.
Tatsächlich sorgt die Natur für sich selbst, wie die Stoffkreisläufe und andere Zusammenhänge, wie z. B. die verschiedenen *Lebensbeziehungen* in einem Ökosystem (Produzenten, Konsumenten, Destruenten) oder die Räuber-Beute-Beziehungen, Schädlinge-Nützlinge-Populationen, zeigen. Diese Zusammenhänge lehren aber auch, dass diese Selbstregulationsmechanismen von vielen Einflüssen gesteuert werden und die Wirksamkeit oft erst nach einem längeren Zeitraum erkennbar wird.
Dabei steht fest: Die Natur reagiert immer auf jegliche Beeinflussung. Sie verfügt über ein perfektes Recycling-System in den Stoffkreisläufen und ermöglicht dadurch permanent neues Leben.

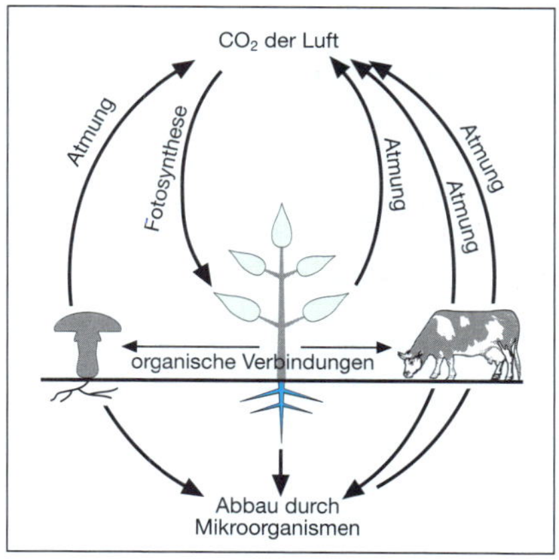

Abb. 103 Kreislauf des Kohlenstoffes (Schema).

Kreislauf des Kohlenstoffes – Alle organischen Verbindungen enthalten Kohlenstoff. Quelle ist das Kohlenstoffdioxid der Atmosphäre und der Gewässer. In der Fotosynthese erfolgt die Bindung des Kohlenstoffs, in der Atmung der Organismen die Freisetzung. Eine Vermehrung des Kohlenstoffdioxids durch die menschliche Lebens- und Wirtschaftsweise einerseits, die regionale und weltweite Reduzierung von grünen Pflanzen andererseits, stört dieses Gleichgewicht nachhaltig.

Abb. 104 Kreislauf des Sauerstoffes (Schema).

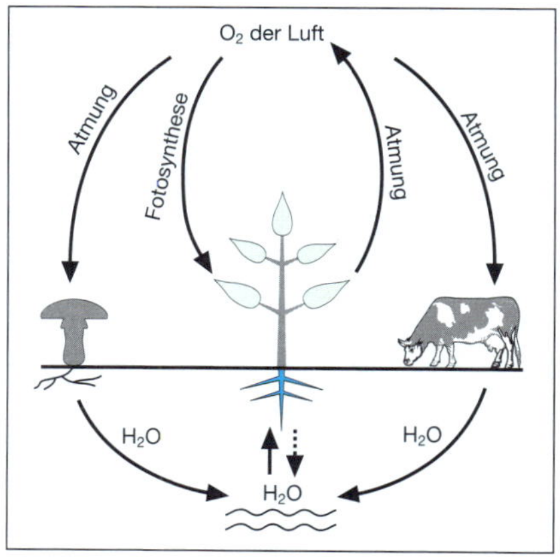

Kreislauf des Sauerstoffes – Eng verknüpft mit dem Kohlenstoffkreislauf ist der Sauerstoff-Kreislauf. Auch dafür sind die Fotosynthese und die Atmung die grundlegenden Prozesse in der Natur. Während aufgrund des Sauerstoffanteils mit mehr als 20 % in der Atmosphäre ein großes Reservoir für die Lebewesen auf der Erde vorhanden ist, tritt in belasteten Gewässern häufig Sauerstoffmangel auf, mit der Folge, dass Lebewesen absterben.
Kreislauf des Stickstoffes – Pflanzen nehmen anorganische Stickstoffverbindungen (Nitrat) auf und wandeln diese in organische Stickstoffverbindungen um. Für die Tiere sind deshalb die Pflan-

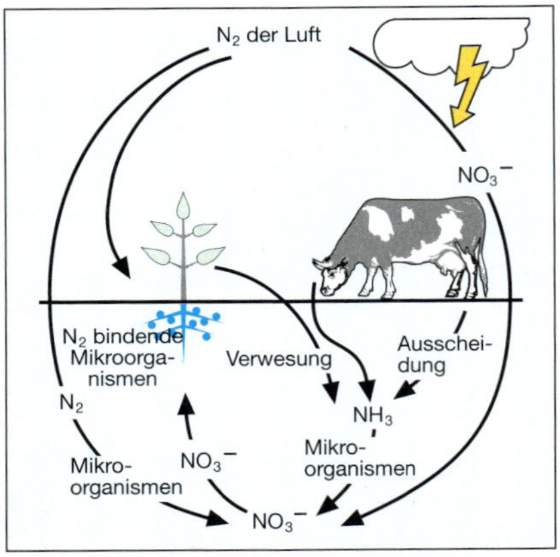

Abb. 105 Kreislauf des Stickstoffes (Schema).

zen die ursprüngliche Stickstoffquelle für die Bildung körpereigener Substanzen. In den Stoffwechselprozessen im Tierkörper werden mithilfe von Stickstoff Eiweißverbindungen aufgebaut.
Bei der Zersetzung toter organischer Substanz (z. B. Mist, Stroh, Ernterückstände) im Boden entsteht vor allem Ammoniak.
Nitrifizierende Bakterien führen es in großem Umfang wieder zurück in Nitrat.
Denitrifizierende Bakterien dagegen setzen auch Luftstickstoff frei. Daneben können einige Bakterien (Knöllchenbakterien) auch molekulare Stickstoffverbindungen für bestimmte Pflanzen unmittelbar nutzbar machen.
Auf- und Abbau der Ozonschicht – Ozon ist ein Gas, das in 15–30 km Höhe ein wirksames Sperrschild für ultraviolette Strahlen (UV-Strahlen) bildet. Es entsteht aus Sauerstoff und wird durch Stickstoffoxide aus abgestorbenen Pflanzen wieder abgebaut. Damit bleibt die Ozonkonzentration im Prinzip konstant.
Ozon absorbiert die kurzweilige UV-Strahlung und setzt sie in Wärme um. Die dadurch verursachte stärkere Erwärmung der Atmosphäre gilt als eine Ursache für die Häufung von Umwetterkatastrophen und für den Klimawandel. Zugleich schützt Ozon unseren Lebensraum gegen die energiereiche kurzweilige UV-Strahlung, die Mensch, Tier und Pflanze erheblich schädigen kann.
Während Ozon somit einen wichtigen Gesundheitsschutz darstellt, beeinträchtigt es z. B. durch Reizung der Schleimhäute in Nase, Augen, Atmungsorganen usw. unsere Gesundheit. Zugleich wirkt es aber auch desinfizierend. In chemischen Prozessen reagiert es mit zahlreichen organischen Verbindungen, z. T. unter Zerstörung von Farbstoffen (Bleichen) und von Mikroorganismen. Viele Folgen für die Natur sind noch nicht erforscht.

3.4 Lebensweisen in der Natur

Die vielfältigen Lebensarten der Organismen dokumentieren die Stoffkreisläufe und beweisen das perfekte Recycling-Prinzip in der Natur.
Autotrophe Lebensweise – Dies ist die Fähigkeit von Lebewesen, aus anorganischen Nährstoffen aus dem Boden, dem Wasser und der Luft, körpereigene organische Substanz aufzubauen. Sämtliche Lebewesen, die Fotosynthese oder Chemosynthese (Bakterien, die durch Oxidation Energie gewinnen, z. B. nitrifzierende Bakterien) betreiben, leben autotroph.
Heterotrophe Lebensweise – So wird die Fähigkeit von Lebewesen bezeichnet, die sich von organischem Material ernähren. Einzelne Pflanzenarten, Tiere und Menschen leben heterotroph. Sie gewinnen durch den Verzehr und den Abbau des organischen Materials ihre Körperenergie und gewinnen dabei Nährstoffe für den Aufbau ihres eigenen Körpers.
Saprophyten sind Moderpflanzen, die sich von *toter* organischer Substanz ernähren, z. B. die meisten Pilze. Die Humusbildung, die Gärungsprozesse, die Lebensmittelherstellung und -konservierung, die Selbstreinigung der Gewässer, Fäulnisprozesse usw. beruhen z. B. auf der Tätigkeit von Saprophyten.

Abb. 106 Entstehung und Wirkung von bodennahem Ozon.

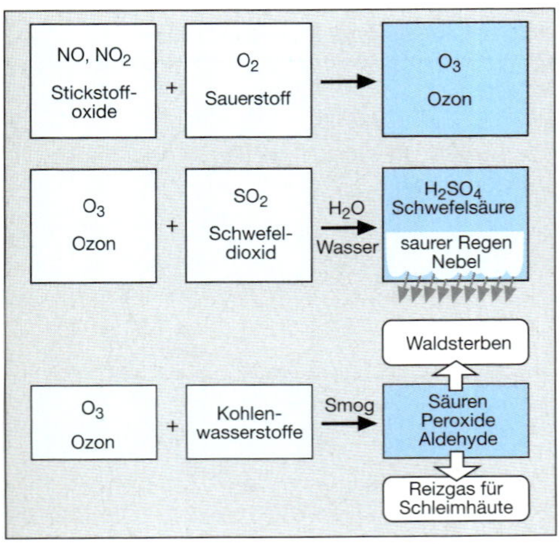

Parasiten sind dagegen pflanzliche oder tierische Schmarotzerlebewesen, die sich von *lebender* organischer Substanz ernähren und dabei ihren »Wirt« schädigen, z. B. Mistel, Schadpilze, Krankheitserreger, Schädlinge. Jedes Lebewesen kann als Nährboden für Parasiten dienen.
Symbiosen sind Lebensweisen, bei denen Lebewesen verschiedener Art zum gegenseitigen Nutzen miteinander leben (z. B. Knöllchenbakterien an den Wurzeln der Leguminosen; Pilze an den Wurzeln vieler Bäume verbessern die Luft- und Nährstoffaufnahme für die Bäume und leben von den Assimilaten der Bäume.
Aerobe Lebensweise – Dies ist eine Lebensweise mit Sauerstoff. Neben Mensch und Tier brauchen auch Kleinlebewesen, die z. B. die Verwesung, also den Abbau der organischen Substanz bewirken, Sauerstoff zum Atmen.
Anaerobe Lebensweise – Sie bedeutet, dass entweder ein Leben nur unter völligem Sauerstoffabschluss geschieht (z. B. Fäulniserreger; Starrkrampferreger) oder noch mit geringer Sauerstoffmenge möglich ist (z. B. einige Bakterienarten bei der Silagebereitung).

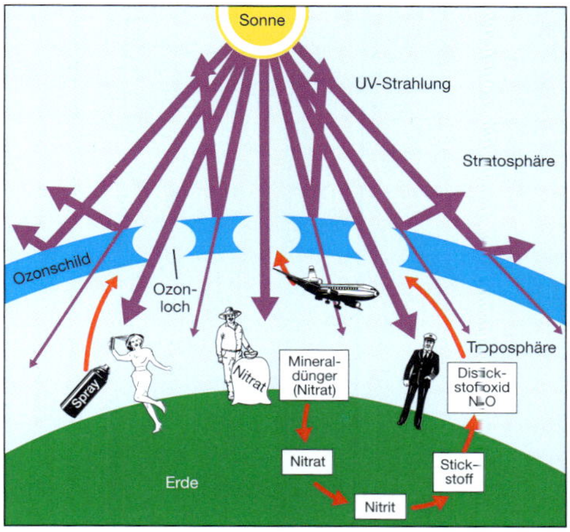

Abb. 107 Das Ozonschild in der Stratosphäre wirkt als Sperre gegen ultraviolette Strahlung.

Aufgaben:
1. Stellen Sie in einem Regelkreis die Pulsregulation bei Schweinen dar.
2. Warum fördert die Stoppelbearbeitung den Abbau der Erntereste?

3.5 Stofftransporte

Die *Stoffwechselvorgänge* in den Organismen werden vor allem auch durch den Stoff- und Informationstransport in und zwischen den einzelnen Zellen und Organen gesteuert.
Dabei bestimmen sowohl die Zellwände bzw. die Zellmembranen als auch die Transportmechanismen den Stoffeintritt und Stoffaustritt sowie die Weiterleitung von Informationen. Die Bauweise und die Baumaterialien der Membranen bewirken eine Auswahl der Stoffe und Informationen, welche Substanzen passieren dürfen und welche nicht. Sie steuern auch die Transportgeschwindigkeiten.
Als *Transportsysteme* wirken die Diffusions- und Osmosevorgänge aufgrund von Konzentrationsunterschieden sowie die sog. Trägerstofftransporte. Einerseits sind es die Stoffaustauschprozesse zwischen den Anionen und Kationen durch eine Membrane hindurch, andererseits binden geeignete Trägerstoffsubstanzen das Transportmaterial und schleusen es durch die Membranen hindurch, wie z. B. eine Fliege, die sich an der Kleidung eines Überträgers in das Innere des Hauses befördern lässt.
Darüber hinaus können Zellen unter Energieaufwand durch Einstülpung der Zellmembrane und Abschnürung feste Teilchen aufnehmen. So »fressen« z. B. weiße Blutkörperchen Krankheitserreger auf und machen sie unschädlich. Dieser Vorgang heißt *Phagozytose*.

Abb. 108 Zellen können aktiv feste Teile (Phagozytose, oben) oder Flüssigkeiten (Pinozytose, unten) aufnehmen.

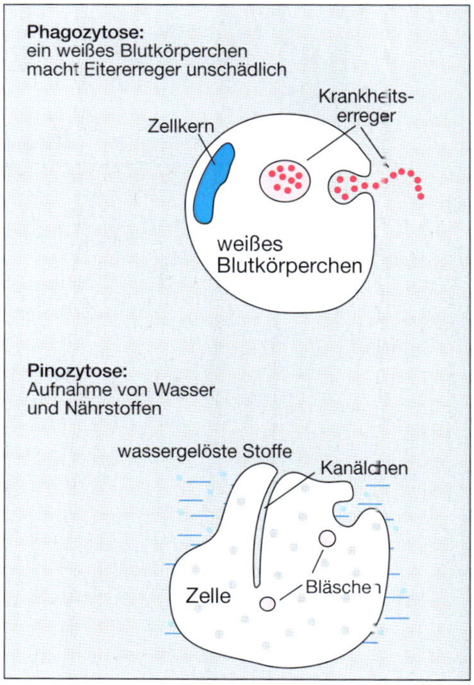

Beim Vorgang der *Pinozytose* nimmt eine Zelle Flüssigkeiten und gelöste Stoffe ebenfalls durch Einstülpung der Zellmembrane, Kanälchenbildung und Abschnürung auf.

Wärme, Kälte, Strahlung, Helligkeit, Dunkelheit, Ruhe, Erschütterungen, Chemikalien, Düngemittel, Pestizide, Trockenheit und Feuchtigkeit, Enzyme usw. können den Stoff- und Informationstransport behindern, beschleunigen, begünstigen oder auch völlig zum Erliegen bringen.

Dieser Sachverhalt ist die Grundlage z. B. für das Abwehrsystem gegenüber Krankheitserregern und Schädlingen und begründet die Wirksamkeit der Agrarchemikalien. Er erklärt auch, dass »Viel nicht immer viel hilft« und dass beispielsweise ein und dasselbe Mittel in verschiedenen Organismen unterschiedliche Wirkungen haben kann.

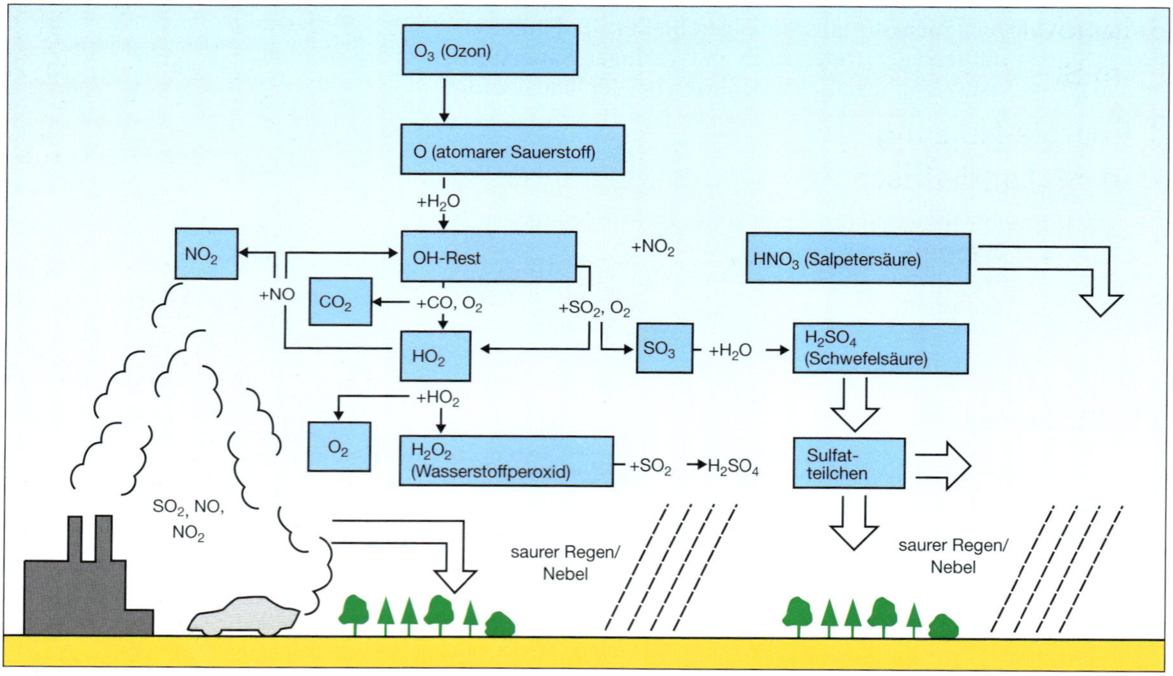

Abb. 109 Chemische Prozesse in der Natur, die für die Entstehung von saurem Regen, von Nebel und Smog verantwortlich sind.

Aufgaben:

1. Erklären und beschreiben Sie die Bildung von Nebel und saurem Regen anhand der Darstellung.
2. Erklären Sie den Begriff »Fließgleichgewicht«.
3. Zeigen Sie mithilfe eines Regelkreises die Wirkung eines Halmverkürzungsmittels auf.
4. Ökosysteme stehen in einem Fließgleichgewicht. Erklären Sie!
5. Welche Erkenntnisse können Sie aus den verschiedenen Lebensweisen in der Natur und den Transportmechanismen bezüglich des Einsatzes von Agrarchemikalien ziehen?
6. Zeigen Sie die Wirkung des Ozons für das Leben auf der Erde auf!

Grundlagen der Agrartechnik und des Unfallschutzes

2

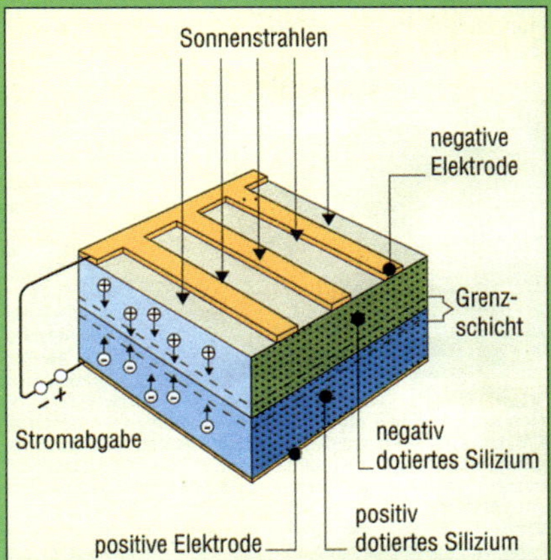

Die Agrartechnik ist einer der investitionsträchtigsten Bereiche eines landwirtschaftlichen Betriebes. Das Beherrschen und die richtige Instandhaltung dieser Technik sind deshalb aus wirtschaftlichen und ökologischen Gründen wesentliche Produktionsvoraussetzungen.
Darüber hinaus minimiert der fachlich und sachlich korrekte, verantwortungsbewusste Umgang mit der Technik in Haus und Hof, auf dem Feld und auf der Straße das Unfallrisiko.
Landtechnische Investitionen und ihre Nutzung sind daneben auch immer Ausdruck für das Management im Betrieb.

2 Grundlagen der Agrartechnik und des Unfallschutzes

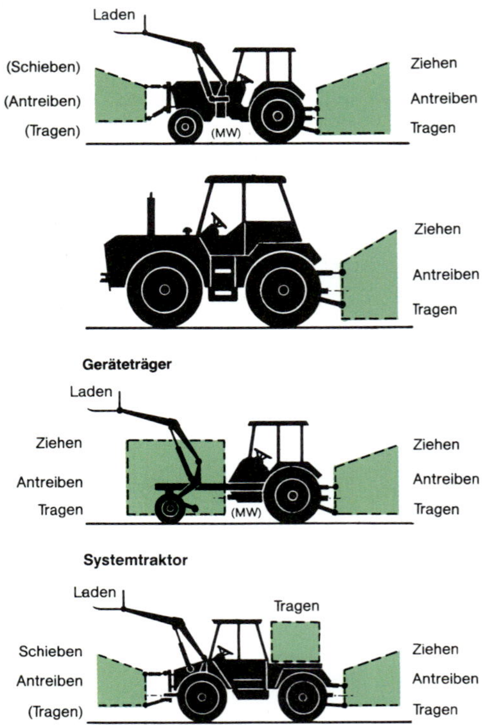

Abb. 110 Bauarten von Traktoren (Schema).

Traktoren sind die Basismaschinen für den Innen- und Außenbetrieb in der Landwirtschaft. Nahezu sämtliche Lade- und Transportarbeiten sowie alle Bodenbearbeitungs-, Saat-, Pflege- und Erntemaßnahmen werden mithilfe von Traktoren durchgeführt. Dabei bestimmen die **Motorleistung**, die **Bauart** und die **Ausstattung** eines Traktors seinen Einsatzbereich und seine Verwendung. Der **Betriebs- und Verkehrssicherheit** aller landwirtschaftlichen Maschinen und Geräte ist aus Gründen der Wirtschaftlichkeit und des **Unfall- und Gesundheitsschutzes** höchste Aufmerksamkeit zu widmen.

Daneben sind sämtliche innerbetriebliche Arbeitsvorgänge mehr oder weniger stark energieabhängig. Die verantwortungsvolle **Nutzung der vorhandenen Energiereserven** und **alternativer Energieformen** ist deshalb aus ökologischen und ökonomischen Überlegungen sowie auch aus Gründen des Unfallschutzes unabdingbar.

In diesem Kapitel werden die Grundlagen der Agrartechnik vorrangig auch in diesem Bewusstsein dargestellt.

1 Motorenkunde

1.1 Funktion der Verbrennungsmotoren

Verbrennungsmotoren wandeln die chemische Energie des Kraftstoffes über Wärmeenergie in mechanische Energie um. Diese Motoren eignen sich deshalb als Kraftquelle in mobilen Fahrzeugen mit großen Reichweiten und in Fällen, wo der Antrieb mit Elektromotoren schwer zu verwirklichen ist.

Das ist besonders bei Straßenfahrzeugen und mobilen Arbeitsmaschinen der Fall. Allerdings ist der Wirkungsgrad der Verbrennungsmotoren geringer als bei Elektromotoren.

1.1.1 Wirkungsweise von Verbrennungsmotoren

In allen Verbrennungsmotoren verbrennt ein Gemisch aus Kraftstoff und Luft in einem vorgegebenen Brennraum. Dabei dehnt sich das Gasgemisch aus und bewegt, je nach Bauart des Motors, ein Turbinenrad oder einen Dreh- oder Hubkolben.

Abb. 111 Hubkolbenmotor mit 6 Zylindern und Abgasturbolader: 1 = Turbolader, 2 = Drehzahlregelung, 3 = Einzeleinspritzpumpe, 4 = Sitz für Hydraulikpumpe, 5 = Motorölfilter, 6 = Ladeluftkrümmer, 7 = Lüfterrad Kühlung, 8 = Verbrennungskammer, 9 = Motorölkühler, 10 = Drehschwingungsdämpfer.

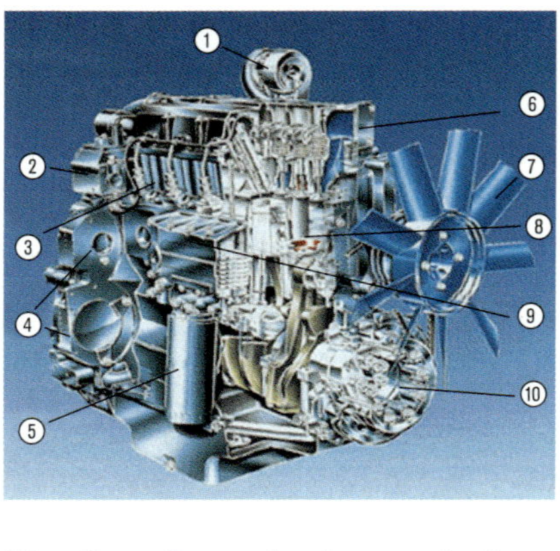

Beim **Hubkolbenmotor** muss die Hubbewegung des Kolbens mittels der Kurbelwelle in eine Drehbewegung umgewandelt werden. In Traktoren und Arbeitsmaschinen der Agrarwirtschaft werden fast ausnahmslos Hubkolbenmotoren eingesetzt.
Der **Drehkolbenmotor**, nach seinem Erfinder *Wankel-Motor* genannt, hat keine Bedeutung erlangt.
Gasturbinen haben einen hohen Bauaufwand, hohe Leistungen und Eigenschaften, die sich nicht für den Gebrauch in der Landwirtschaft eignen.

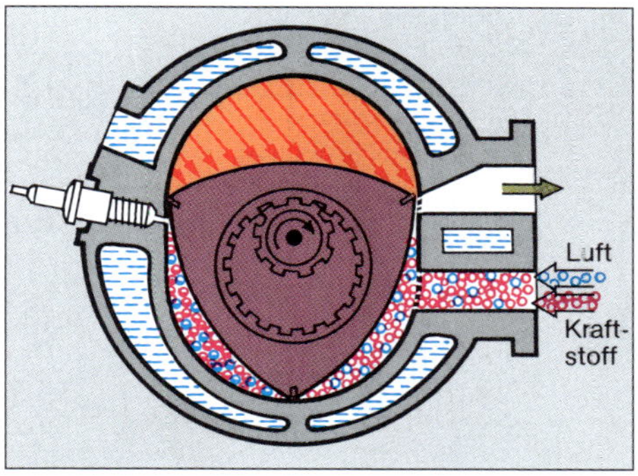

Abb. 112 Drehkolbenmotor (Wankelmotor).

1.1.2 Bauformen bei Hubkolbenmotoren

Je nach Bauart der Traktoren und der selbstfahrenden Arbeitsmaschinen werden unterschiedliche Bauformen von Motoren verwendet. Für deren Auswahl ist das mögliche Platzangebot beim Einbau und die Zugänglichkeit bei Wartungs- und Reparaturarbeiten von Bedeutung.
Der **Reihenmotor** mit stehender Zylinderanordnung wird bei den meisten Traktoren eingesetzt. Für Traktoren in Freisichtausführung werden Reihenmotoren in liegender oder schräger Einbaulage verwendet. Je nach Leistungsklasse sind sie mit 3–6 Zylindern ausgestattet.
V-Motoren mit 6, 8, oder 10 Zylindern kommen wegen der kompakten Bauweise hauptsächlich bei selbstfahrenden Arbeitsmaschinen oder bei stationär angeordneten Maschinen mit hohem Leistungsbedarf zum Einsatz.

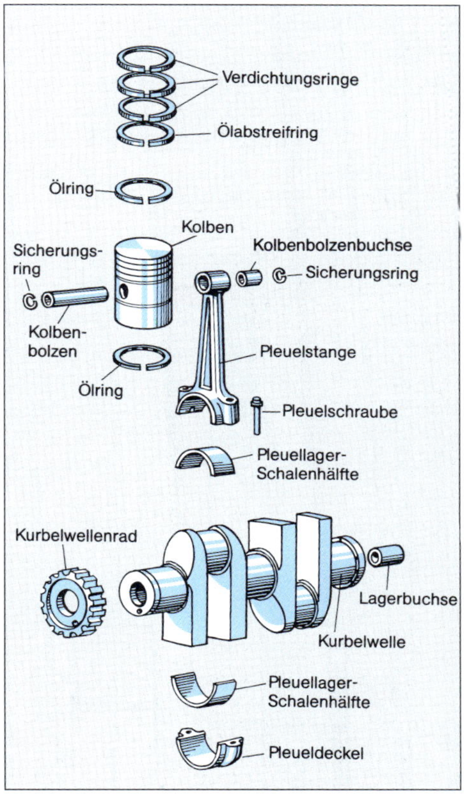

Abb. 113 Einzelteile des Kurbeltriebes.

1.1.3 Bauteile eines Hubkolbenmotors

Wie jeder Motor, so hat auch ein Hubkolbenmotor feste und bewegliche Bauteile.
Zu den **festen Bauteilen** gehören:
- Zylinderblock mit den Laufbuchsen,
- Kurbelgehäuse mit den Kurbelwellenlagern,
- die am Kurbelgehäuse befestigte Ölwanne,
- der Zylinderkopf, der den Zylinder nach oben abschließt und die Ventile aufnimmt.

Die **beweglichen Bauteile** sind:
- Der Kolben, der sich in der Laufbuchse des Zylinders bewegt; die in Ringnuten des Kolbens eingesetzten Kolbenringe dichten zur Zylinderwand ab; der untere Ring ist als Ölabstreifring ausgebildet.
- Die Pleuelstange ist am Kolbenbolzen einerseits und an der Kurbelwelle andererseits gelagert und überträgt die Kolbenkräfte auf die Kurbelwelle.
- Die Kurbelwelle wandelt die Auf- und Abwärtsbewegung des Kolbens in eine Drehbewegung um und überträgt das Drehmoment bei entsprechenden Drehzahlen an die Schwungscheibe.
- Die Schwungscheibe ist als Masseausgleich zur Überwindung der Totpunkte bei der Kolbenbewegung notwendig.
- Die Ventile und die Ventilsteuerung sind bei Viertaktmotoren vorhanden und bestehen aus dem Einlassventil, Auslassventil, Kipphebel sowie aus der Ventilfeder, Stößelstange und Nocken-

Abb. 114 Detailschnitt eines Hubkolbenmotors.

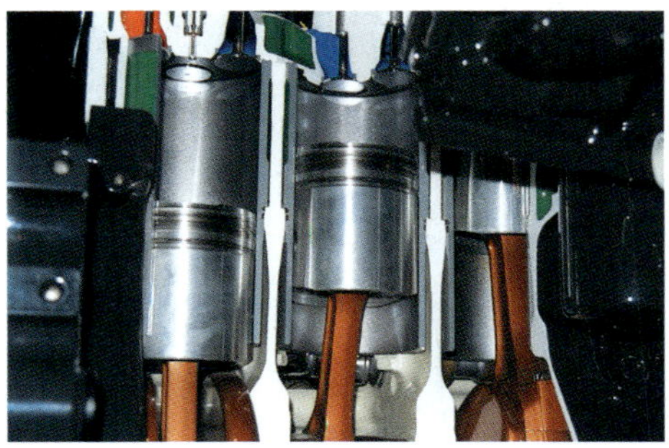

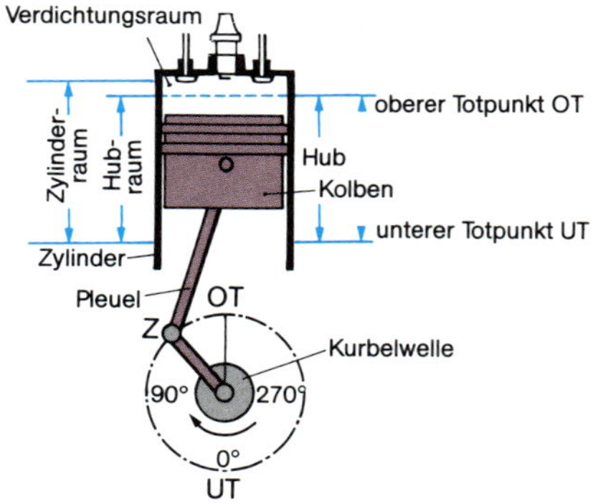

Abb. 115 Detailschnitt und Begriffe eines Hubkolbenmotors.

Abb. 116 Technische Kenndaten bei Hubkolbenmotoren:
a Hubraum,
b Verdichtungsverhältnis,
c Motorkraft,
d Drehmoment.

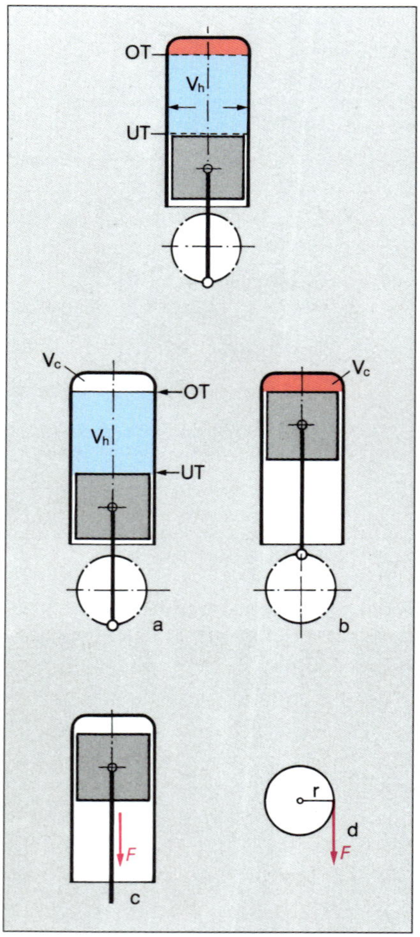

welle. Die Ventile werden über die Ventilfeder geschlossen und durch die Nockenwelle geöffnet. Der Antrieb der Nockenwelle erfolgt durch Zahnräder, Ketten oder Zahnriemen durch die Kurbelwelle. Besonders bei schnelllaufenden Motoren wird zum Antrieb der Nockenwelle der Zahnriemen verwendet. Er hat eine hohe Laufruhe, muss aber in entsprechend vorgegebenen Zeitabständen erneuert werden.

Aufgaben

1. Weshalb werden bei Traktoren hauptsächlich Reihenmotoren eingebaut?
2. Welche Bauteile gehören zum Kurbeltrieb eines Motors?
3. Aus welchen Bauteilen besteht die Ventilsteuerung?

1.1.4 Kenngrößen eines Hubkolbenmotors

Wird die Kurbelwelle des Motors gedreht, bewegen sich die Kolben in den Zylindern(Laufbuchsen), die unterschiedliche Durchmesser (D) haben, auf und ab. Der Weg des Kolbens wird jeweils oben und unten gestoppt, er wechselt die Richtung. Dadurch ergeben sich der obere Totpunkt (OT) und der untere Totpunkt (UT) und somit der Hub (s) des Kolbens.

Hubraum – Das Volumen, das der Kolben zwischen der Stellung am oberen und der Stellung am unteren Totpunkt freigibt, heißt Hubraum (V_h). Er wird in dm^3, Liter oder cm^3 angegeben. Aus dem Zylinderhubraum multipliziert mit der Zylinderzahl (z) wird der Motorhubraum (V_H) ermittelt. Er wird berechnet nach der Formel:

$$V_H = \frac{D^2 \times \pi \times s}{4} \times z$$

Beispiel: Welchen Hubraum hat ein 6-Zylinder-Motor mit einem Zylinderdurchmesser von 105 mm und einem Hub von 120 mm?

$$V_H = \frac{1{,}05 \times 1{,}05 \times 3{,}14 \times 1{,}2}{4} \times 6$$

$$V_H = 6{,}23 \text{ Liter}$$

Beim oberen Totpunkt stößt der Kolben nicht an den Zylinderkopfboden, es bleibt noch ein kleiner Raum frei, der als Verdichtungsraum (V_c) bezeichnet wird.

Verdichtungsverhältnis (ε = Epsilon; griechischer Buchstabe) – Es gibt das Verhältnis an, mit dem das Gemisch und die Luft im Zylinder zusammengepresst werden. Es berechnet sich:

$$\varepsilon = \frac{V_h + V_c}{V_c}$$

Beispiel: Der Hubraum eines Zylinders beträgt $1050\,cm^3$, der Verdichtungsraum hat ein Volumen von $55\,cm^3$. Wie groß ist das Verdichtungsverhältnis?

$$\varepsilon = \frac{1050 + 55}{55}$$

$$\varepsilon = 20:1$$

Je größer das Verdichtungsverhältnis ist, desto stärker werden die Gase beim Verdichtungstakt komprimiert. Dadurch steigen der Druck und die Temperatur im Zylinder.

Ebenso erhöht sich die Motorleistung, der spezifische Kraftstoffverbrauch sinkt. Die Ansprüche an die Kraftstoffqualität nehmen zu.

Dieselmotoren haben Verdichtungsverhältnisse zwischen 16 : 1 und 23 : 1; dadurch entstehen hohe Verdichtungstemperaturen, die die Selbstzündung des eingespritzten Dieselkraftstoffes einleiten.

Dagegen kommen *Ottomotoren* mit einem Verdichtungsverhältnis zwischen 6 : 1 und 11 : 1 aus. Für die Entzündung des Gemisches ist hier ein Zündfunke notwendig.

Motor-Nenndrehzahl – Damit wird die Drehzahl (n) der Kurbelwelle in Umdrehungen je Minute (1/min) angeben, bei der der Motor die Nennleistung erreicht. Die Nenndrehzahl der Traktor-Dieselmotoren liegt zwischen 2000 und 2600 /min.

Mittlere Kolbengeschwindigkeit – Die Angabe der mittleren Kolbengeschwindigkeit (v_m) wird bei der Nenndrehzahl gemacht und ist ein Mittelwert der verschiedensten Geschwindigkeiten des Kolbens vom Stillstand bis zur maximalen Geschwindigkeit. Die Angabe erfolgt in Meter je Sekunde (m/s).

$$v_m = 2 \times s(m) \times n(1/s)$$

Beispiel: Bei einem Motor wird eine Nenndrehzahl von 2400/min (= 40/s) und ein Hub von 125 mm (= 0,125 m) angegeben. Welche mittlere Kolbengeschwindigkeit hat dieser Motor?

$$v_m = 2 \times 0{,}125 \times 40$$

$$v_m = 10\,m/s$$

Motor-Drehmoment – Das Drehmoment (M) eines Motors wird an der Kurbelwelle in Newtonmeter (Nm) gemessen und ist ein Produkt aus den Kräften auf die Kolben und dem als Hebelarm wirkenden Radius der Kurbelwelle. Es kann aus der Motorleistung (P) und der Motordrehzahl (n) errechnet werden.

$$M = \frac{9549 \times P}{n}$$

Beispiel: Ein Motor erreicht bei einer Nenndrehzahl von 2300/min eine Leistung an der Kurbelwelle von 85 kW. Welches Drehmoment hat dieser Motor an der Kurbelwelle?

$$M = \frac{9549 \times 85}{2300}$$

$$M = 353\,Nm$$

Motor	105/110 PS	115/120 PS	125/130 PS	145/150 PS
Type	420.85	620.94	620.92	620.93
Zylinderanzahl	4	6	6	6
Einspritzung	Verteilereinspritzpumpe			
Bohrung / Hub	108 / 120	108 / 120	108 / 120	108/120
Hubraum	$4400\,cm^3$	$6596\,cm^3$	$6596\,cm^3$	$6596\,cm^3$
Kühlung	Wasserkühlung / Motorölkühlung			+ Kolben-boden-kühlung
Luftfilter	Kombinationsluftfilter mit Staubentleerventil und Sicherheitsfilter Wartungsanzeige			

Leistung	ECE R 24 / DIN			
Motor-Nenndrehzahl	2300 1/min			
Motor-Maximalleistung (PS)	110/113	120/122	130/133	150/153
max. Motor-Drehmoment (Nm)	427	461	502	585
Konstantleistungsbereich	1850 – 2300			
Anfahr-Drehmoment	115 %	120 %		
Drehmomentanstieg	27 %			
Drehmomentanstieg nach OECD	37 %			

Abb. 117 Technische Daten verschiedener Motoren (**Beispiel** aus einem Firmen-Prospekt).

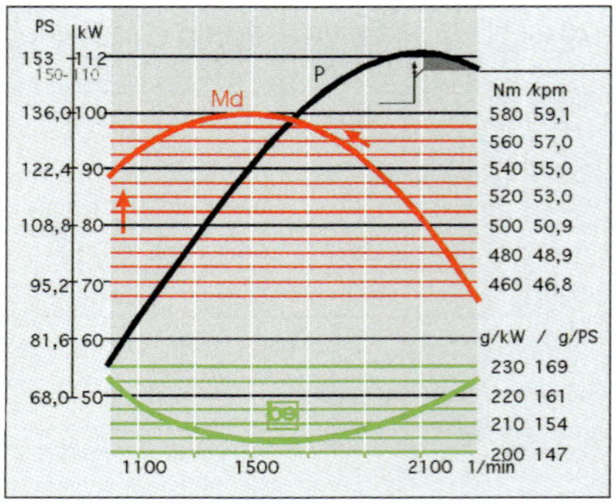

Abb. 118 Schematische Darstellung der Motorkennlinie:
P = Leistung PS/kW,
Md = Drehmoment Nm/kpm,
be = spezifischer Verbrauch g/kWh-g/PS.

Motorleistung – Die Leistung ($P_{eff.}$) eines Motors ist abhängig vom Drehmoment und der Drehzahl unter den jeweiligen Bedingungen. Sie kann nicht gemessen werden, sondern ist zu berechnen:

$$P_{eff.} = \frac{M \times n}{9549}$$

Beispiel: An einem Motor wird an der Kurbelwelle ein Drehmoment von 425 Nm bei einer Drehzahl von 2450/min gemessen. Welche Motorleistung gibt er bei dieser Drehzahl ab?

$$P_{eff.} = \frac{425 \times 2450}{9549}$$

$$P_{eff.} = 109 \text{ kW}$$

Die **Hubraumleistung** (P_H) ist die Leistung eines Motors bezogen auf ein Hubraumvolumen von 1 Liter. Motoren mit hoher Hubraumleistung zeichnen sich durch ein vergleichsweise kleineres Bauvolumen aus. Damit kann ein Fahrzeug mit Motoren hoher Leistung ausgestattet werden. Sie errechnet sich aus:

$$P_H = \frac{P_{eff.}}{V_H} \text{ kW/Liter}$$

Das **Leistungsgewicht** (m_p) eines Fahrzeuges errechnet sich aus dem Fahrzeug-Leergewicht (m) und der Motorleistung wie folgt:

$$m_p = \frac{m}{P_{eff.}} \text{ kp/kW}$$

Kolbendruck – Der mittlere Kolbendruck oder Arbeitsdruck (p) im Zylinder ergibt sich aus der auf die Kolbenfläche wirkenden Kraft der Verbrennungsgase. Er errechnet sich aus der Leistung, dem Hubraum und der Drehzahl für einen Viertakt-Motor nach der Formel:

$$p = \frac{1200 \times P_{eff.}}{V_H \times n} \text{ bar}$$

Beispiel: Welcher mittlere Arbeitsdruck herrscht im Zylinder eines Motors, wenn dieser eine Leistung von 75 kW bei einer Nenndrehzahl von 2100/min entwickelt? Der Hubraum beträgt 3,3 Liter.

$$p = \frac{1200 \times 75}{3{,}3 \times 2100}$$

$$p = 13 \text{ bar}$$

Abb. 119 Schnitt durch eine Motorsäge **(Beispiel)**.

Aufgaben

1. Wie groß ist das Nenndrehmoment eines Motors, wenn die Leistung 74 kW und die Nenndrehzahl 2300/min beträgt?
2. Welche Faktoren beeinflussen die Motorleistung?

1.1.5 Arbeitsverfahren eines Hubkolbenmotors

Hubkolbenmotoren können im Viertakt- oder Zweitaktverfahren arbeiten. Äußerlich sind Viertaktmotore an der Luftzuführung und Abgasführung zu erkennen, die sich im Bereich des Zylinderkopfes befinden. Dagegen liegt die Zuführung der Verbrennungsluft und das Abgasrohr bei Zweitaktmotoren im Bereich des Zylinders.

Viertaktverfahren – Motoren mit größeren Leistungen arbeiten überwiegend nach dem Viertaktprinzip. Der vollständige Arbeitsablauf mit den Takten – *Ansaugen – Verdichten – Arbeiten – Ausstoßen* – benötigt 4 Kolbenhübe und somit 2 Kurbelwellen-Umdrehungen. Im Einzelnen sind dies:

1. **Ansaugtakt:** Er beginnt am OT, der Kolben gleitet im Zylinder nach unten in Richtung UT. Das Einlassventil öffnet bereits kurz vor OT und schließt nach UT. Somit wird die Öffnungszeit des Einlassventils möglichst verlängert, um den Grad der Luftfüllung im Zylinder zu erhöhen. Ebenso erhöhen die Anzahl der Ventile und Turbolader den Luftfüllungsgrad.
   Damit wird eine optimale Verbrennung erreicht, beim Otto-Vergasermotor erfolgt ebenso eine ausreichende Füllung des Zylinders mit dem Luft-Kraftstoff-Gemisch.
2. **Verdichtungstakt:** Nachdem das Einlassventil nach dem UT geschlossen wurde, beginnt der nach oben gehende Kolben die Luft bzw. das Luft-Kraftstoff-Gemisch zu verdichten. Je nach Verdichtungsverhältnis steigt dabei der Druck und die Temperatur an und schaffen die Voraussetzung für eine optimale Verbrennung. In dieses heiße Gas wird der Kraftstoff beim Dieselmotor eingespritzt **(Selbstzündung)**. Beim Ottomotor erfolgt die Zündung des Luft-Kraftstoff-Gemisches über den zeitlich gesteuerten Zündfunken **(Fremdzündung)**. Für diese schnell ablaufenden Vorgänge ist die Zündwilligkeit bzw. Klopffestigkeit des Kraftstoffes und die Intensität der Gemischbildung für die nachfolgende Verbrennung von großer Bedeutung.
3. **Arbeitstakt:** Nach dem Einleiten des Verbrennungsvorganges kurz vor OT läuft die Verbrennung des gesamten Gemisches schnell ab, Drücke und Temperaturen steigen schlagartig an. Der Kolben wird in Richtung UT bewegt, die auf den Kolben wirkenden Kräfte treiben über die Pleuelstange die Kurbelwelle an. Der Arbeitsdruck baut sich im Zylinder durch die Kolbenbewegung bis auf einen Restwert ab.
4. **Ausstoßtakt:** Bereits bevor der Kolben am Ende des 3. Taktes den UT erreicht, öffnet das Auslassventil. Der Kolben ändert beim UT seine Richtung und schiebt nach oben gleitend die heißen Verbrennungsgase über das Auslassventil in den Auspuffkrümmer.

Damit der Gaswechsel beim Viertakt-Motor exakt abläuft, müssen die **Ventile** in Abhängigkeit von der Kolbenstellung und -bewegung zum richtigen Zeitpunkt geöffnet und geschlossen werden. Eine von der Kurbelwelle angetriebene Nockenwelle übernimmt die Steuerung der Ventile. Sie werden über den Stößel, die Stößelstange und den Kipphebel geöffnet. Das Schließen der Ventile übernimmt die Ventilfeder.

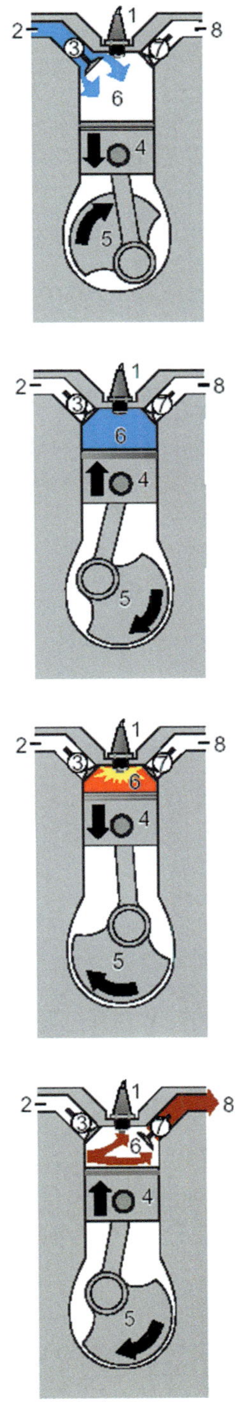

1. Takt – Ansaugen

1 Zündkerze
2 Einlass
3 Einlassventil
4 Kolben
5 Kurbelwelle
6 Brennraum
7 Auslassventil
8 Auslass

2. Takt – Verdichten

3. Takt – Arbeiten

4. Takt – Ausstoßen

Abb. 120 Das 4-Takt-Verfahren (Schema).

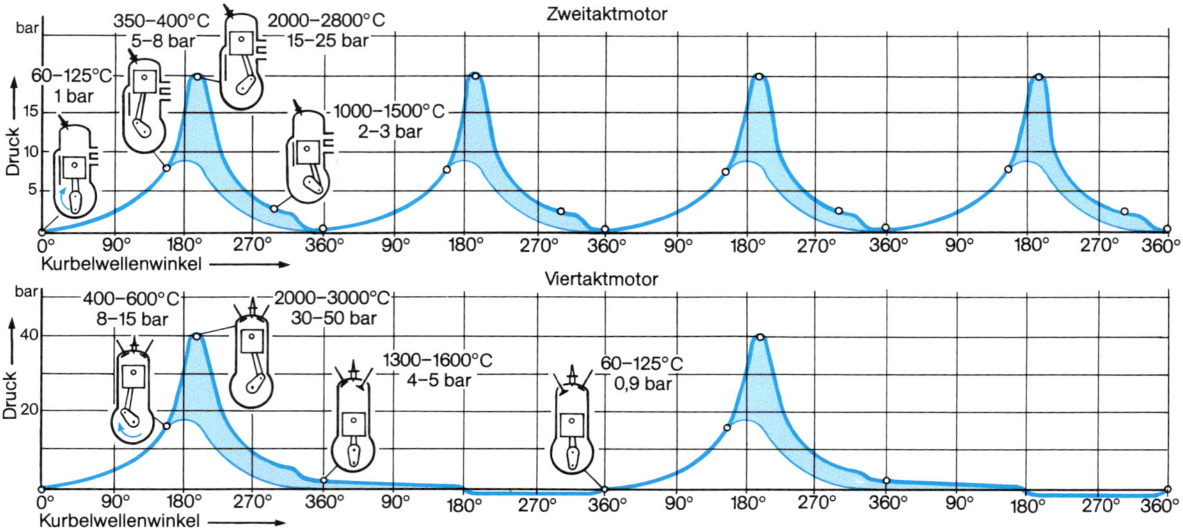

Abb. 121 Kompressions- und Verbrennungsdruck sowie Temperaturverlauf bei Zweitakt- (oben) und Viertaktmotor (unten).

Abb. 122 Das 2-Takt-Verfahren (Schema).

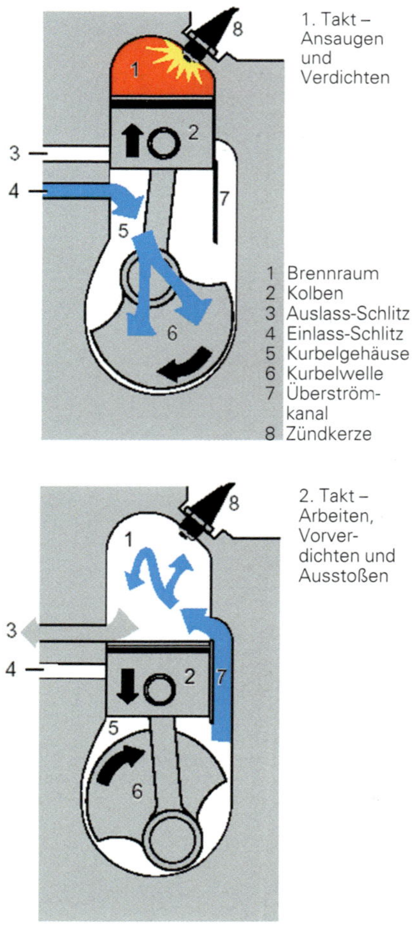

Wegen der unterschiedlichen Temperaturverhältnisse des Motors beim Einsatz sind die geforderten Ventilspiele für Ein- und Auslassventile einzuhalten. Die Schmierung der 4-Takt-Motoren erfolgt über die Druckumlaufschmierung.

Zweitaktverfahren – Es wird hauptsächlich bei Kleinmotoren angewandt. Dadurch, dass ein Arbeitsablauf innerhalb 2 Kolbenhüben und somit 1 Kurbelwellen-Umdrehung abläuft, muss neben dem Verbrennungsraum auch der Raum des Kurbelgehäuses für den Prozessablauf verwendet werden. Damit sind bei einem Hub 2 Arbeitsabläufe gleichzeitig möglich.

Die Schmierung von 2-Takt-Motoren erfolgt vielfach durch Zumischung von Öl zu Benzin in einem Mischungsverhältnis von 1:40 bis 1:100, je nach Motorbauart und Ölsorte.

1. **Takt: Verdichten – Ansaugen:** Der Kolben bewegt sich vom UT zum OT und verdichtet dabei das im Zylinder befindliche Luft-Kraftstoff-Gemisch bis kurz vor OT der Zündfunke das Gemisch zündet. Gleichzeitig taucht der Kolben aus dem geschlossen Kurbelgehäuse heraus auf und erzeugt darin einen Unterdruck. Gibt dann die Unterkante des Kolbens die Einlassöffnung frei, wird das Kurbelgehäuse mit dem Luft-Kraftstoff-Gemisch befüllt.
2. **Takt: Arbeiten – Ausstoßen:** Nachdem bei OT-Stellung des Kolbens die Verbrennung beginnt, die Drücke und Temperaturen oberhalb des Kolbenbodens ansteigen, wird beim Arbeitstakt der Kolben in Richtung UT bewegt. Die Kolbenkraft wird über die Pleuelstange auf die Kurbelwelle gebracht. Bevor der Kolben den UT erreicht, öffnet er mit der oberen Kante den Auspuffkanal, die Abgase können entweichen.

   Zwischenzeitlich ist das Luft-Kraftstoff-Gemisch durch den nach unten gehenden Kolben im Kurbelgehäuse vorverdichtet worden. Dieses unter leichtem Vordruck stehende Gemisch wird durch Überströmkanäle, die das Kurbelgehäuse mit dem Zylinderraum verbinden, nach oben geleitet. Damit wird der

Zylinderraum für den nächsten Arbeitsablauf mit Luft-Kraftstoff-Gemisch neu befüllt und gleichzeitig die Reste von Abgasen aus dem Zylinder geschoben (Spülung).
Die Steuerung des Gemisches und der Abgase erfolgt beim 2-Takt-Motor über die Kolbenkanten und die Öffnungen und Kanäle im Zylinder. Vereinzelt sind dafür auch Ventile im Einsatz.

Aufgaben
1. Woran lässt sich äußerlich ein 4-Takt-Motor von einem 2-Takt-Motor unterscheiden?
2. Welche Vor- und Nachteile hat ein 2-Takt-Motor gegenüber einem 4-Takt-Motor?
3. Wie wirkt sich zu großes Ventilspiel aus?

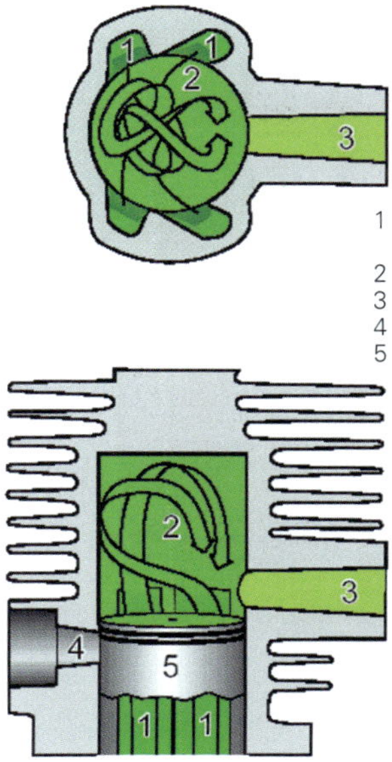

1 Überströmkanal
2 Brennraum
3 Auslasskanal
4 Einlasskanal
5 Kolben

Abb. 123 Das Spülverfahren bei einem 2-Takt-Motor mit 4 Überströmkanälen zur intensiven Spülung des Zylinders.

1.2 Ottomotor

1.2.1 Gemischbildung

Das Luft-Kraftstoff-Gemisch für die Verbrennung wird beim Ottomotor außerhalb des Brennraumes gebildet. Dieser Vorgang erfolgt im Vergaser oder bei Einspritzmotoren im Bereich des Einlassventils beim Ansaugtakt. Im Zylinder ist immer zum Zeitpunkt des Verdichtens ein Luft-Kraftstoff-Gemisch. Damit dieses Gemisch sich nicht selbst entzündet, haben diese Motoren niedrigere Verdichtungsverhältnisse als Dieselmotoren.
Ottomotoren arbeiten als 4-Takt–Motore oder als 2-Takt-Motore, benötigen eine Zündeinrichtung und verwenden Leichtkraftstoffe (Benzin).
Vergaser – Die intensive und mengengenaue Vermischung von Luft und Kraftstoff übernimmt der Vergaser. Er muss für den Motor in allen Betriebszuständen ein verbrennungstechnisch optimales Gemisch bilden. Ideal wäre ein Mischungsverhältnis von 1 kg Benzin und 14,5 kg Luft.
Wird mehr Benzin zugemischt, entsteht ein **fettes Gemisch**, ist der Anteil von Benzin unter 1, so wird es als **mageres Gemisch** bezeichnet.
Der **Drosselklappen-Vergaser** arbeitet ohne Kraftstoff-Förderpumpe. Der Kraftstoffzulauf wird vom Schwimmer und dem Schwimmernadelventil gesteuert. Beim Starten des kalten Motors ist ein fettes Gemisch (1:4) notwendig. Dazu wird die Starterklappe (Choke-Hebel) geschlossen und die Drosselklappe (Gashebel) etwa zur Hälfte geöffnet. Dadurch bildet sich im Lufttrichter des Vergasers ein erhöhter Unterdruck, der über die Hauptdüse im Verhältnis mehr Kraftstoff ansaugt und der Luft zumischt und somit den Startvorgang ermöglicht.
Damit nun der Motor im Leerlauf weiterläuft und nicht absäuft, ist die Starterklappe zu öffnen und die Drosselklappe fast gänzlich zu schließen. Die Leerlauf-Drehzahl wird an der Leerlaufdüse eingestellt. Für den Teil- und den Volllastbereich saugt der im Lufttrichter herrschende Unterdruck den Kraftstoff aus der Hauptdüse.

Abb. 124 Doppelklappenvergaser (Schnitt): ① Regelklappe zur Drehzahlverstellung, ② Drosselklappe für Kaltstart.

Abb. 125 Schiebervergaser an kleineren Benzinmotoren: ① Tupfer für den Kaltstart, ② Schwimmergehäuse.

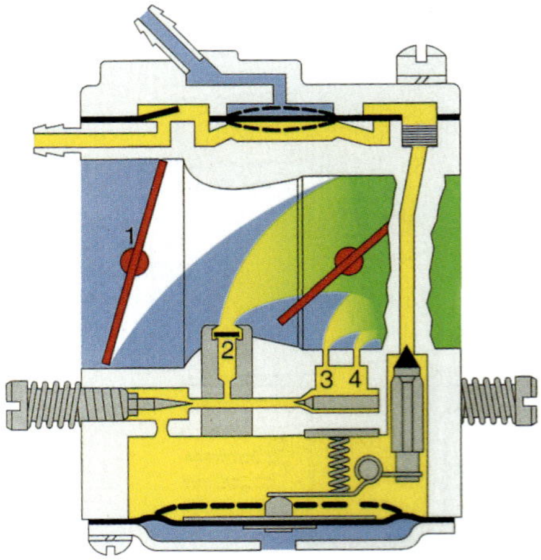

Abb. 126 Membranvergaser in Startposition (Kaltstart):
1 Startklappe, 2 Hauptdüsensystem,
3, 4 Leerlaufdüsensystem.

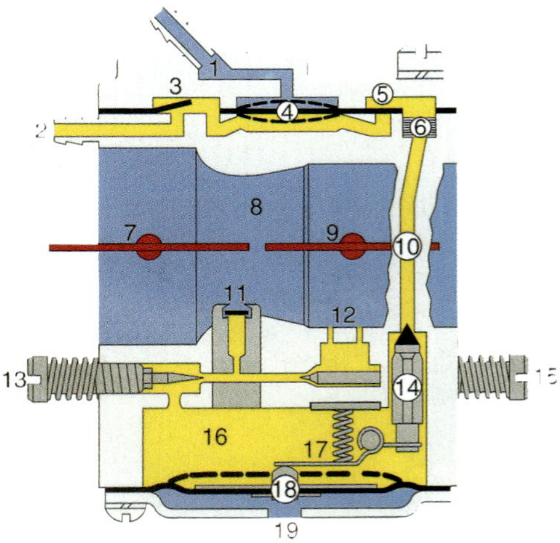

Abb. 127 Membranvergaser in Vollgasposition (Volllast):
1 Impulskanal,
2 Kraftstoff-Ansaugstutzen,
3 Einlassventil,
4 Pumpenmenbrane,
5 Auslassventil,
6 Kraftstoffsieb,
7 Startklappe (Choke),
8 Lufttrichter,
9 Drosselklappe,
10 Kraftstoffkanal,
11 Hauptdüse (Ventildüse),
12 Leerlaufdüsen,
13 Hauptstellschraube,
14 Einlassregelventil,
15 Leerlaufstellschraube,
16 Regelmembrankammer,
17 Einlassregelhebel,
18 Regelmembrane,
19 Bohrung (Verbindung zur Atmosphäre).

Beim **Schiebervergaser** wird der Luftdurchlass über die Gasschieberstellung verändert. Wird der Lufttrichter im Querschnitt durch den Schieber verkleinert, sinken die Luftmenge und die Motordrehzahl. Eine Düsennadel, die sich mit dem Schieber verändert, bestimmt die Kraftstoffmenge, die über eine Düse aus dem Schwimmerraum gesaugt wird.

Zur Starthilfe wird ein sog. Tupfer betätigt. Bei diesem Vorgang flutet mehr Kraftstoff in den Schwimmerraum, die Kraftstoffmenge erhöht sich und das Gemisch wird fetter. Leerlauf und Teillast können bei diesem einfachen Vergaser nicht eingestellt werden.

Der **Membranvergaser** arbeitet mit einer Kraftstoff-Förderpumpe. Mittels einer Membrane, die durch die unterschiedlichen Druckverhältnisse im Kurbelgehäuse eines 2-Takt-Motors betätigt wird, erfolgt die Kraftstoffförderung in eine Ausgleichskammer. Sie sorgt für gleichmäßige Druckverhältnisse. Aus dieser Kammer erfolgt mit Unterdruck über die Leerlauf- und Hauptdüse die Zudosierung des Kraftstoffes in den Luftstrom.

Die Starterklappe und die Drosselklappe im Lufttrichter des Vergasers arbeiten wie beim Drosselklappen-Vergaser. Der Membranvergaser kann in allen Positionen arbeiten und ist somit für die Motorsäge, Freischneider und andere Geräte geeignet.

Aufgaben

1. Was bewirkt eine geschlossene Starterklappe beim Vergaser?
2. Was versteht man unter einem mageren Gemisch?

1.2.2 Zündeinrichtung

Das Luft-Kraftstoff-Gemisch im Zylinder des Ottomotors wird von einem **elektrischen Zündfunken** entzündet. Dieses geschieht durch eine kurzzeitige *Lichtbogenentladung* zwischen den Elektroden der Zündkerze. Über eine genaue Zeitsteuerung *(Zünd-*

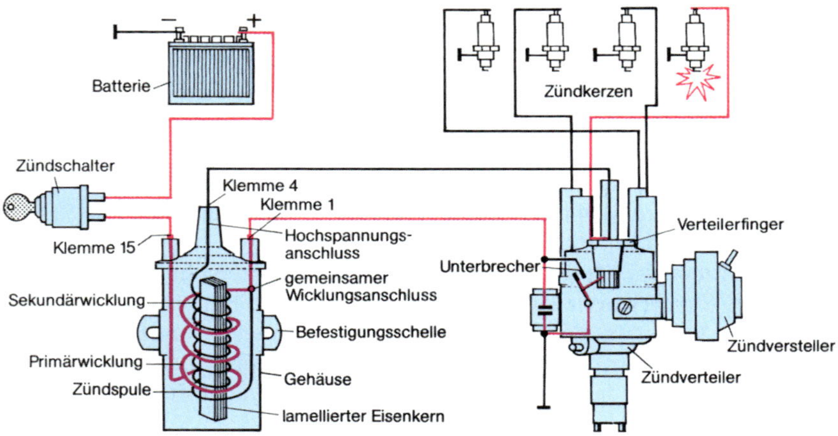

Abb. 128 Mitte: Schema einer konventionellen Spulen-Zündanlage.

zeitpunkt) und durch hohe *Zündspannung* (5000–20 000 Volt) wird die Verbrennung des Gemisches eingeleitet. Deswegen ist für eine zuverlässige Motorfunktion eine sicher arbeitende Zündanlage Voraussetzung.

Magnetzündung – In **Kleinmotoren** finden hauptsächlich Magnetzündanlagen Anwendung. Somit ist für die Stromversorgung keine Batterie notwendig. Eine Magnetzündung besteht aus dem Polrad, Zündanker, Unterbrecher, Zündkabel und der Zündkerze. Durch Drehen des Polrades erzeugen Dauermagnete Wechselstrom, der in der Primärwicklung des Zündankers ein Magnetfeld aufbaut.

Werden die Kontakte des Unterbrechers geöffnet, entsteht in der Sekundärwicklung durch Abbau des Magnetfeldes eine Hochspannung bis zu 20 000 Volt. Diese bewirkt ein Überspringen des Zündfunkens an der Zündkerze.

Zum *Abstellen* des Motors wird der Primärstromkreis geschlossen, so dass sich keine Zündspannung mehr aufbauen kann. Die Kontakte des Unterbrechers unterliegen einem Verschleiß und müssen deswegen in ihrem Abstand neu eingestellt werden. Bei großem Verschleiß sind sie zu erneuern

Batteriezündung – Motoren mit **mehreren Zylindern** arbeiten mit der Batteriezündung. Der Strom aus der Batterie fließt über den Zündschalter zur Zündspule durch die Primärwicklung. Sind die Unterbrecherkontakte geschlossen, wird in der Zündspule ein Magnetfeld aufgebaut. Zum Zündzeitpunkt unterbricht der Unterbrecher den Primärstrom; es wird die Sekundärspannung induziert und es baut sich die notwendige Hochspannung für den Zündfunken an der Zündkerze auf.

Ein nach der Zündspule im Hochspannungskreis angeordneter Zündverteiler verteilt die Zündspannungsimpulse auf die verschiedenen Zündkerzen in festgesetzter Reihenfolge. Das Zündverteilergehäuse beinhaltet weiter den Unterbrecher, Fliehkraftversteller und den Unterdruckversteller.

Bei der kontaktlos gesteuerten **Transistor-Zündung** tritt an die Stelle des nockenbetätigten Unterbrechers ein Zündimpulsgeber, der die Hochspannungsimpulse für die Zündspannung auslöst. Der Impulsgeber erzeugt über eine Halbleiterschicht ein Magnetfeld und dadurch Spannungsimpulse, die das Ein- und Ausschalten des Primärstromes bewirken. Da dieses System keine Unterbrecherkontakte hat, arbeitet es ohne Verschleiß.

Aufgaben:

1. Welche Aufgabe hat bei der Zündanlage der Unterbrecherkontakt ?
2. Wodurch wird bei der Zündanlage eine Zündstrom mit hoher Spannung erreicht ?
3. Erklären Sie die Unterschiede zwischen Magnet-, Batterie- und Transistorzündung.
4. Welche Funktion haben Zündkerzen?
5. Was geschieht beim Abstellen des Motors?

Abb. 129 Mechanische Zündanlage (Magnetzündung) mit Unterbrecherkontakten ①, die bei Bedarf nachzustellen oder zu erneuern sind.

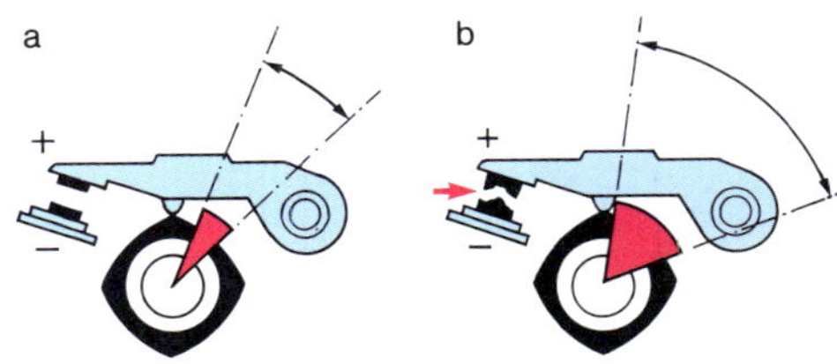

Abb. 130 Unterbrecherkontakt (schematische Darstellung):
a großer Kontaktabstand – kleiner Schließwinkel,
b kleiner Kontaktabstand – großer Schließwinkel.
(Deutlich sichtbar: abgenutzte Unterbrecherkontakte; durch Stoffwanderung entsteht am Hebelkontakt ein Krater.)

Abb. 131 Elektronische (kontaktlose) Magnetzündung beim Zündvorgang:

1 Schwungrad	8 Diode
2 Dauermagnet	9 Zündanker
3 Ladeanker	10 Primärwicklung
4 Ladediode	11 Sekundärwicklung
5 Speicherkondensator	12 Zündkerze
6 Thyristor	13 Kurzschlussschalter
7 Geberanker	

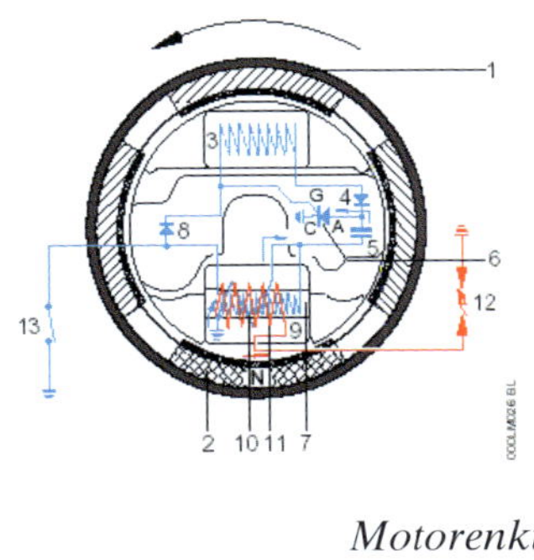

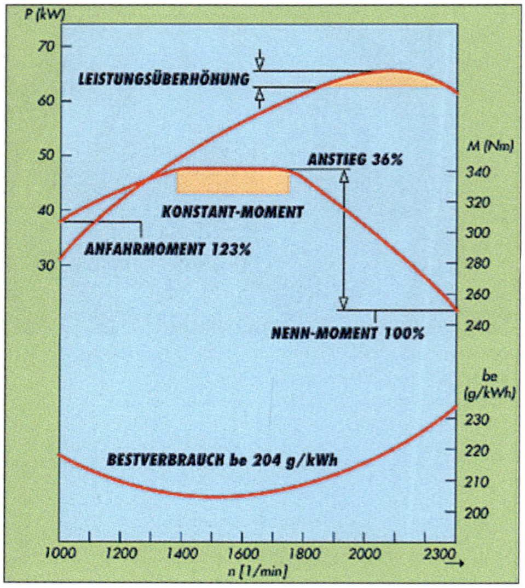

Abb. 132 Motordiagramm eines Dieselmotors mit einer Nennleistung von 62 kW **(Beispiel)**.

Abb. 133 Drehmomentverlauf von zwei Traktormotoren im Vergleich.

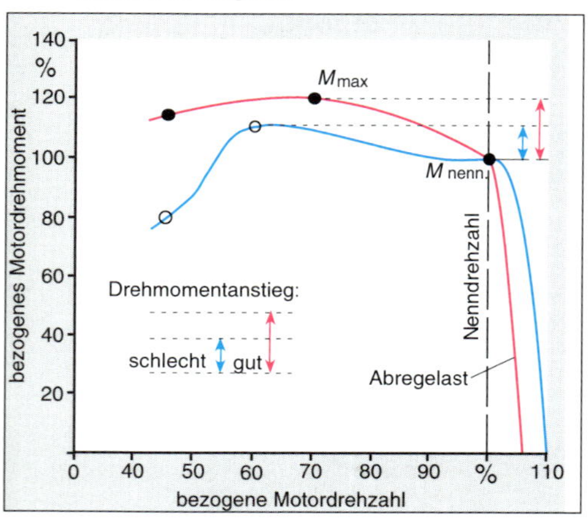

1.3 Dieselmotor

Dieselmotoren, wie sie in Traktoren und Landmaschinen eingesetzt werden, zeichnen sich durch kompakte Bauweise aus. Meist sind es Motoren mit 4 oder 6 Zylindern, die mit Nenndrehzahlen von 2000/min bis 2600/min arbeiten und vor allem in den oberen Leistungsklassen mit Turbolader aufgeladen werden. Sie haben hauptsächlich Direkteinspritzung wegen des niedrigeren Kraftstoffverbrauches und der günstigen Abgaswerte.
Alle Dieselmotoren arbeiten nach dem Viertakt-Prinzip. Bedingt durch die hohen Verdichtungsdrücke (30–60 bar) wird die Verbrennungsluft auf Temperaturen bis zu 900 °C erhitzt. Der Kraftstoff wird in die verdichtete, heiße Luft am Ende des Verdichtungstaktes mit hohen Drücken bis zu 1200 bar eingespritzt. Das Gemischbildungs- und Verbrennungsverfahren eines Motors bestimmt wesentlich die Motor-Charakteristik und den Kraftstoffverbrauch.

1.3.1 Arbeitsverhalten des Dieselmotors (Motor-Charakteristik)

Das Arbeitsverhalten eines Motors lässt sich am besten über das **Motor-Kennlinien-Diagramm** bestimmen. Daraus lassen sich die Größe und der Verlauf der Leistung, das Drehmoment und der tatsächliche und spezifische Kraftstoffverbrauch feststellen.
Drehmoment (M) – Es ist das Produkt der Kolbenkräfte, die über die Pleuelstange auf die Kurbelwelle (Radius) entsprechend der Kräfteaufteilung wirken. Es kann direkt an der Kurbelwelle in Newtonmeter (Nm) gemessen werden.
Für die *Durchzugskraft* eines Motors kommt es nicht so sehr auf die Größe des Drehmomentes an, sondern auf den **Drehmomentverlauf** bei Volllastregelung innerhalb des gesamten Drehzahlbereiches. Von der Nenndrehzahl ausgehend soll das Drehmoment bis etwa 2/3 der Nenndrehzahl auf einen Maximalwert ansteigen und bei weiterem Drehzahlabfall möglichst lange dieses Niveau halten.
Ist der Drehmomentanstieg z. B. mit 30 % feststellbar (steiler Anstieg), so bedeutet dies, dass bei *Motorüberlastung* und abfallender Drehzahl sowie sinkender Leistung die Zug- und Durchzugskräfte um 30 % zunehmen. Der Motor hält dadurch der zusätzlichen Belastung besser stand und wird anschließend bei verminderter Belastung wieder auf die eingestellte Drehzahl hochfahren, er wirkt *elastisch*.
Von Bedeutung ist ebenso, dass das *Anfahrdrehmoment* aus der Leerlauf-Drehzahl heraus größer ist als der Wert des Nenndrehmomentes und nach oben zum maximalen Drehmoment hin wenig ansteigt (flacher Anstieg). Dadurch ist bei Rangierarbeiten, Ladearbeiten mit dem Frontlader u. a. ein verschleißarmes, zügiges Arbeiten möglich.
Der **Drehmomentanstieg** errechnet sich:

$$\text{Anstieg in \%} = \frac{100 \times M_{max}}{M_{nenn}} - 100$$

Beispiel: Das Drehmoment eines Motors hat bei Nenndrehzahl einen Wert von 420 Nm und steigt bei Belastung auf maximal 565 Nm an. Wie groß ist der Anstieg in %?

$$\text{Anstieg in \%} = \frac{100 \times 565}{420}$$

$$\text{Anstieg} = 34{,}5\ \%$$

Effektive Leistung (P_{eff}) – Sie ist abhängig vom Drehmoment bei der jeweiligen Drehzahl und wird nach DIN 1940 bei betriebswarmem Motor an der Schwungscheibe gemessen. Dabei sind alle für den Motorbetrieb notwendigen Aggregate angebaut. Die Leistung wird in kW oder auch noch in PS angegeben und errechnet sich aus dem Drehmoment wie folgt:

$$P_{eff}\ \text{in kW} = \frac{\text{M in Nm} \times \text{n in 1/min}}{9550}$$

Beispiel: Ein Dieselmotor hat eine Nenndrehzahl von 2300/min und dabei wird an der Kurbelwelle ein Drehmoment von 485 Nm gemessen. Wie groß ist die effektive Leistung des Motors bei Nenndrehzahl?

$$P_{eff} = \frac{485 \times 2300}{9550}$$

$$P_{eff} = 116{,}8\ \text{kW} = 159\ \text{PS}$$

An Traktoren kann die Motorleistung nicht direkt, sondern muss an der Zapfwelle gemessen werden. Zu diesem gemessen Wert sind etwa 10–15 % hinzuzurechnen, um auf die effektive Motorleistung schließen zu können. Dieser Zuschlag ergibt sich daraus, weil das Getriebe, die Hydraulikpumpe und andere Nebentriebe bei der Messung mit angetrieben werden müssen. Je nach Größe und Ausführung der Aggragate sind entsprechende Zuschläge anzusetzen.

Spezifischer Kraftstoffverbrauch (b_e) – Er ist der Verbrauch in Gramm bezogen auf die Leistung von 1 kW in 1 Stunde. Je höher die Motordrehzahlen und geringer die Motorauslastung z. B. bei leichten Arbeiten, desto höher ist der spezifische Kraftstoffverbrauch. Beim Pflügen in einen höheren Gang schalten und die Motordrehzahl etwas reduzieren senkt den Kraftstoffverbrauch.

Der spezifische Kraftstoffverbrauch multipliziert mit der Nennleistung eines Motors ergibt den **absoluten Kraftstoffverbrauch (B)** in kg/h bei Nenndrehzahl.

$$B\ (\text{kg/h}) = \frac{b_e(\text{g/kWh}) \times P_{eff}\ (\text{kW})}{1000}$$

Beispiel: Die Leistung eines Motors wird mit 92 kW und der spezifische Kraftstoffverbrauch mit 207 g/kWh bei Nenndrehzahl angegeben. Wie hoch ist der absolute Verbrauch in Liter je Stunde, wenn die Dichte von Dieselkraftstoff bei 0,86 liegt?

$$B = \frac{207 \times 92}{1000}$$

$$B = 19{,}04\ \text{kg/h} = 22{,}14\ \text{l/h}$$

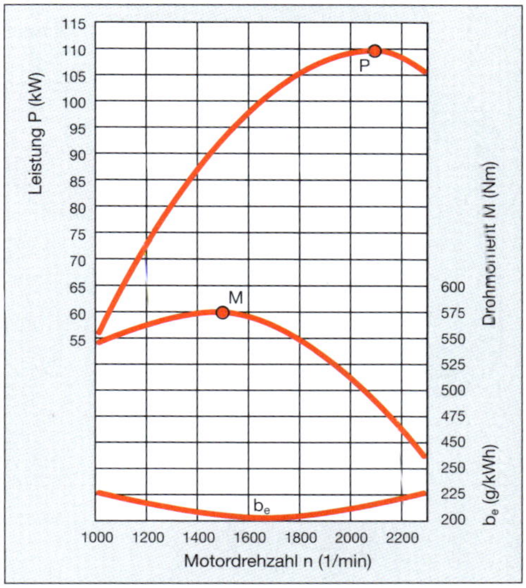

Abb. 134 Motordiagramm eines modernen Traktormotors mit Abgas-Turbolader und 107 kW Leistung.

Abb. 135 Traktormotor (Schnitt) mit Abgas-Turbolader, Vierventi.itechnik und Hochdruckeinspritzung (Pumpe–Leitung–zentrale 6-Loch-Düse) sowie zahnradgetriebenem Kompressor.

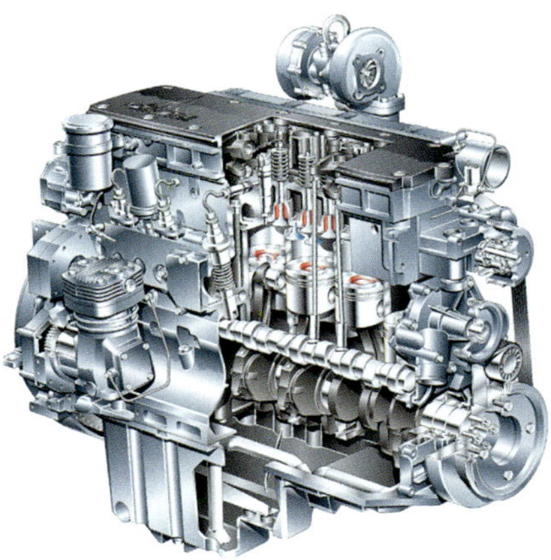

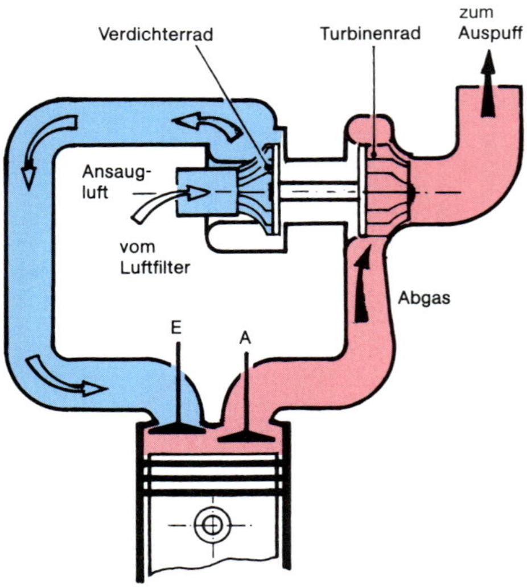

Abb. 136 Funktion des Abgas-Turboladers: Das Turbinenrad treibt das Verdichtungsrad.

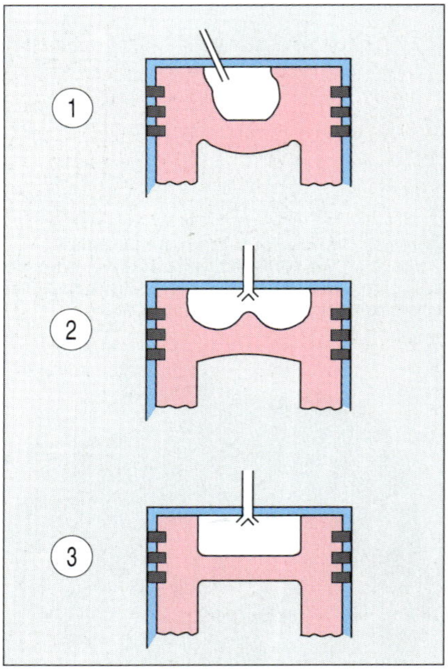

Abb. 137 Ungeteilte Brennräume bei Direkteinspritzung bei Dieselmotoren:
1 kugelähnlich,
2 omegaförmige Brennmulde,
3 einfacher Muldenbrennraum

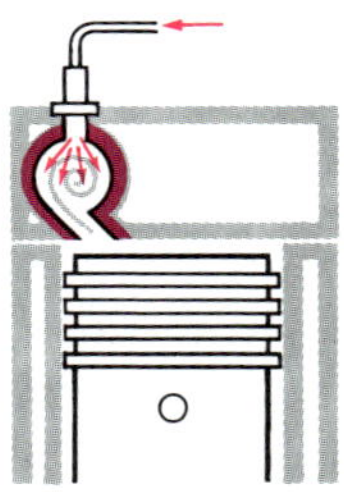

Abb. 138 Geteilte Verbrennungsräume von Dieselmotoren: Wirbelkammer-Verfahren (kugelförmige Kammer seitlich im Zylinderkopf).

Der *tatsächliche* oder *durchschnittliche Verbrauch* eines Motor ist in der Praxis niedriger. Der Motor bewegt sich bei den meisten Arbeiten im Teillastbereich zwischen 40 und 60 % der Nennleistung, was sich auch im Kraftstoffverbrauch auswirkt.

1.3.2 Motoraufladung

Die vollständige und saubere Verbrennung des Kraftstoffes im Brennraum und damit seine Ausnützung, hängt von der Versorgung des Motors mit Verbrennungsluft ab. Deswegen wird die Füllung der Zylinder mit Verbrennungsluft durch einen geringen Überdruck von 1,1 – 2 bar im Ansaugkrümmer erhöht.
Diese **Aufladung** erfolgt bei Traktormotoren mit einem **Abgas-Turbolader** (ATL). Ein im Ladergehäuse eingebautes Turbinenrad wird mit den Abgasen beaufschlagt und auf Grund der Abgasgeschwindigkeiten in Rotation versetzt. Dabei können Drehzahlen bis zu 150 000/min entstehen. Über eine Turbinenwelle erfolgt der Antrieb des Verdichterrades, es saugt die Luft vom Luftfilter her und leitet sie mit einem geringen Überdruck über die Einlassventile in die Zylinder.
Dadurch arbeitet der Motor in fast allen Betriebspunkten mit Luftüberschuss und erzielt somit höhere Leistungen, einen optimaleren Drehmomentverlauf, ein niedrigeren Kraftstoffverbrauch und bessere Abgaswerte.
Weitere Verbesserungen der Motoreigenschaften sind zusätzlich mit der Rückkühlung der Ladeluft mittels eines **Ladeluftkühlers** (LLK) zu erzielen. An aufgeladene Motore werden hohe Anforderungen in der Motorenwartung und hinsichtlich der Qualität des Motorenöles gestellt.

1.3.3 Verbrennungsverfahren

Direkteinspritzung – Die **Direkteinspitzung** des Kraftstoffes in den Brennraum wird bei den meisten Traktor-Dieselmotoren verwendet. Der Brennraum wird durch den Zylinderraum oberhalb des OT und einer Vertiefung im Kolben, die unterschiedliche Formen haben kann, gebildet. In den Kolbenbrennraum wird der Kraftstoff mit Drücken über 250 bar eingespritzt.
Damit sich der eingespritzte Kraftstoff möglichst intensiv mit der Verbrennungsluft vermischen kann, wird diese durch die Form des Ansaugkanals oder des Einlassventils in eine Drallbewegung versetzt. Die *Einspritzdüse*, eine sog. Mehrlochdüse, ist senkrecht über dem Kolbenbrennraum angeordnet.
Um das **Kaltstartverhalten** des Motors zu verbessern, ist im Saugkanal nach dem Luftfilter ein Vorrichtung zur *Anwärmung der Verbrennungsluft* eingebaut. Sie erzeugt die Wärme beim Vorglühen durch einen elektrischen Heizdraht oder durch die Vorverbrennung kleiner Mengen von Dieselkraftstoff. Diese Flammstartanlage zeichnet sich durch kurze Vorglühzeiten aus und belastet zudem die Batterie beim Starten nur gering. Erlischt die Anzeigeleuchte beim Vorglühen, kann gestartet werden. Bei manchen Ausführungen ist die Anzeigeleuchte umgekehrt geschaltet: wenn sie aufleuchtet ist zu starten.

Indirekte Einspritzung – Bei einigen Dieselmotoren wird die **indirekte Einspritzung** angewandt. In die Brennkammer im Zylinderkopf (Vorkammer, Wirbelkammer) wird der Kraftstoff mittels einer Zapfendüse eingespritzt. Dort erfolgt eine Teilverbrennung, deren Wirbelwirkung die Verbrennung im Hauptbrennraum des Zylinders einleitet.
Durch die geteilte Verbrennung ergeben sich niedrigere Verbrennungsgeräusche und es kann mit Einspritzdrücken unter 250 bar gearbeitet werden.
Zur Verbesserung des **Kaltstarts** ist eine Starthilfe in Form einer *Glühkerze* oder *Glühspirale* in den Vorbrennraum eingebaut.
Abgase – Bei jeder Verbrennung von Kraftstoff im Dieselmotor bilden sich Rückstände unterschiedlichster Art. Diese Rückstände in den **Abgasen** sind von der Motorauslegung, Motorleistung, den Betriebszuständen und der Kraftstoffqualität abhängig. Bei exakter Einspritzung und sorgfältiger Abstimmung des Luft-Kraftstoff-Gemisches entstehen bei der Verbrennung hauptsächlich Wasser (H_2O) und Kohlendioxid (CO_2).
In geringen Mengen sind im Abgas weiter noch enthalten:
- ▶ Kohlenmonoxid (CO),
- ▶ unverbrannte Kohlenwasserstoffe (HC),
- ▶ Stickstoffoxide (NO_x),
- ▶ Schwefeldioxid (SO_2) und
- ▶ Rußpartikel.

Die *Grenzwerte* für die zulässigen Mengen an Schadstoffen in den Abgasen sind je nach Fahrzeug- und Motorbauart in der EU geregelt. Bei Verwendung von Rußfiltern und Oxidations-Katalysatoren können die Grenzwerte bei Bedarf noch erheblich gesenkt werden.

Aufgaben:
1. Was bedeutet ein Drehmomentanstieg von 25 %?
2. Welche Vorteile hat ein aufgeladener Dieselmotor?
3. Durch welche technischen Merkmale unterscheidet sich die direkte von der indirekten Einspritzung.

1.3.4 Filterung der Verbrennungsluft

Die Staubmengen in der Verbrennungsluft können je nach Einsatzverhältnisse zwischen 1 mg/m³ und 2000 mg/m³ liegen. Um den Motorverschleiß möglichst zu reduzieren, ist die Verbrennungsluft von den Partikeln (Boden- und Pflanzenstaub) zu reinigen.
Ölbad-Luftfilter sind in älteren, kleineren Motoren eingebaut. Die durch den Filter strömende Luft benetzt die Filtereinsätze mit Öl, an das sich die Schmutzpartikel binden. Bei abgestelltem Motor reinigt das abtropfende Öl die Einsätze, der Schmutz sammelt sich im Ölbehälter. Bei Bedarf ist das Öl zu wechseln, der Schmutz zu entfernen und die Einsätze sind zu reinigen.
Vorwiegend kommen heute **Trocken-Luftfilter** (Papier-Luftfilter) zur Anwendung. Sie haben hohe Abscheideleistungen. Mit zuneh-

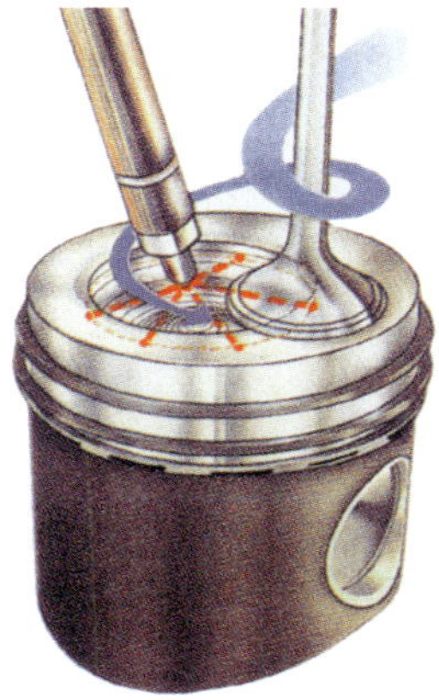

Abb. 139 Direkteinspritzung: Die Einspritzung erfolgt mit einer Mehrlochdüse in den Kolbenbrennraum.

Abb. 140 Flammstartanlage zur Lufterwärmung im Saugrohr als Kaltstarthilfe (Schnitt).

Abb. 141 Gesetzlich in Europa vorgeschriebene Abgaswerte für Nutzfahrzeuge (Übersicht, Euro I, II, III; Werte in g/kWh).

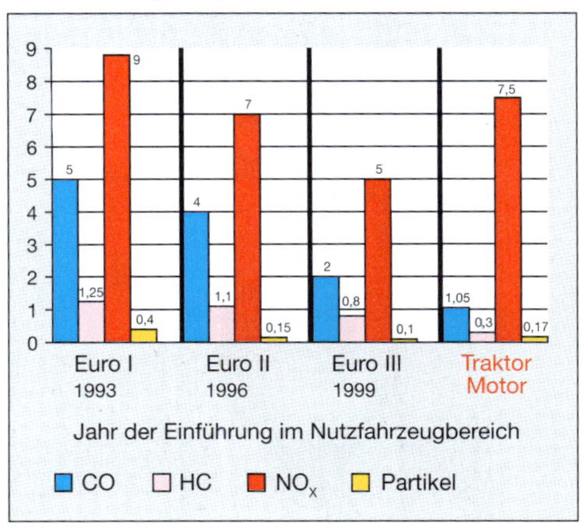

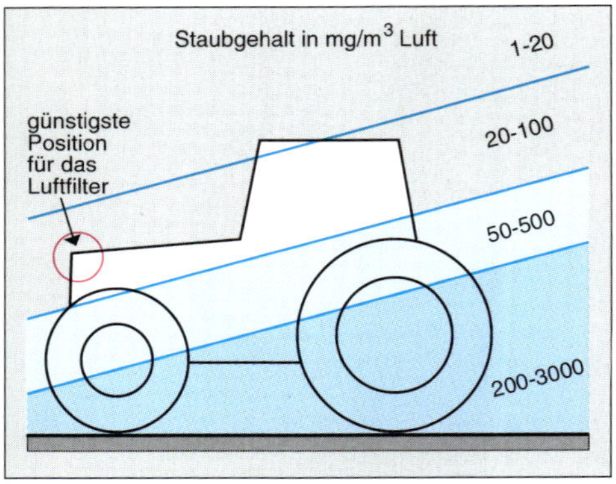

Abb. 142 Staubzonen bei der Bearbeitung trockener, staubiger Böden ohne Windeinfluss und ihr Einfluss auf die Platzierung des Luftfilters.

Abb. 143 Platzierung eines Trockenluftfilters **(Beispiel)**.

Abb. 144 Aufbau eines Kraftstofffilters **(Beispiel)**.

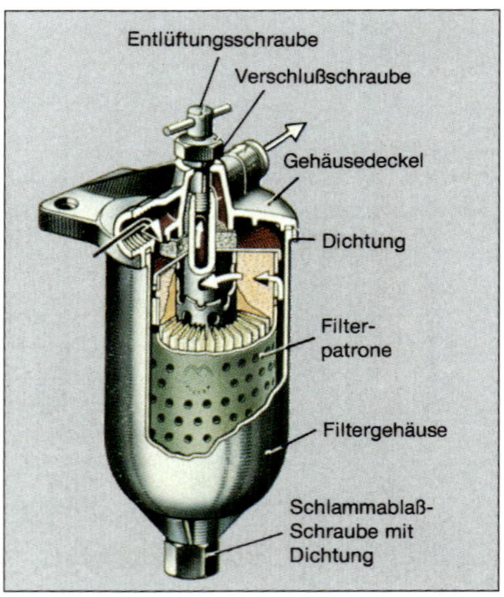

mender Verschmutzung verbessert sich die Filterwirkung, es erhöht sich aber der Luftwiderstand. Er wird dem Fahrer mittels Filterwächter akustisch oder optisch gemeldet. Die Papierpatrone (Hauptfilter) kann durch Ausklopfen oder Ausblasen mit Luft gereinigt werden und ist nach vorgegebenen Zeitabständen zu erneuern.

Aus Sicherheitsgründen, wenn das Hauptfilter Risse bekommt, wird vielfach ein zusätzliches Filter eingebaut. Dieses kann nicht gereinigt werden, sondern ist auszutauschen. Um diese Filter mit möglichst wenig Staub zu belasten und die Reinigungsintervalle zu vergrößern, sind den Filtern Vorabscheider vorgelagert.

Sie arbeiten nach dem Zyklon-Prinzip **(Zyklon-Vorabscheider)** und holen aus der Verbrennungsluft einen großen Teil der schwereren Partikel heraus. Die Schmutzteile werden über ein Austragsventil direkt ins Freie befördert, oder in einem Staubtopf gesammelt.

Die **Wartungsarbeiten** bei Trockenluftfilter in Kombination mit einem Vorabscheider beschränken sich auf das Entleeren des Staubtopfes und Reinigen der Papierpatrone bei Bedarf. Nach Vorschrift des Herstellers oder wenn eine Beschädigung vorliegt, sind das Hauptfilter und das Sicherheitsfilter zu erneuern.

Aufgaben:

1. Welche Aufgabe übernimmt ein Sicherheitsfilter bei einem Trocken-Luftfilter?
2. Aus welchem Grund werden den Filtern Vorabscheider vorgeschaltet?

1.4 Betrieb der Verbrennungsmotoren

1.4.1 Die Kraftstoff- und Einspritzanlage

Niederdruckbereich – Zur **Niederdruckseite** einer Kraftstoffanlage gehören

- der Kraftstofftank,
- die Förderpumpe,
- die Kraftstofffilter und
- die entsprechenden Kraftstoffleitungen.

Die Förderpumpe saugt den Kraftstoff aus dem Tank an, fördert ihn über die Filteranlage weiter der Einspritzpumpe zu. Bei Anlagen, in denen der Tank höher als die Einspritzpumpe und die Filter liegen, kann auf die Förderpumpe verzichtet werden.

Der **Kraftstofftank** ist aus Stahlblech oder wegen der besseren Platzausnutzung vielfach aus Kunststoff. Je nach Ausführungen sind in den Tank der Einfüllstutzen, Zu-, Rücklauf- und Entlüftungsleitungen, Ablassstutzen und der Tankfüllstandsgeber eingebaut.

Die **Förderpumpe** kann als Kolben- oder Membranförderpumpe ausgelegt sein und wird über eine Nockenwelle angetrieben. Sie

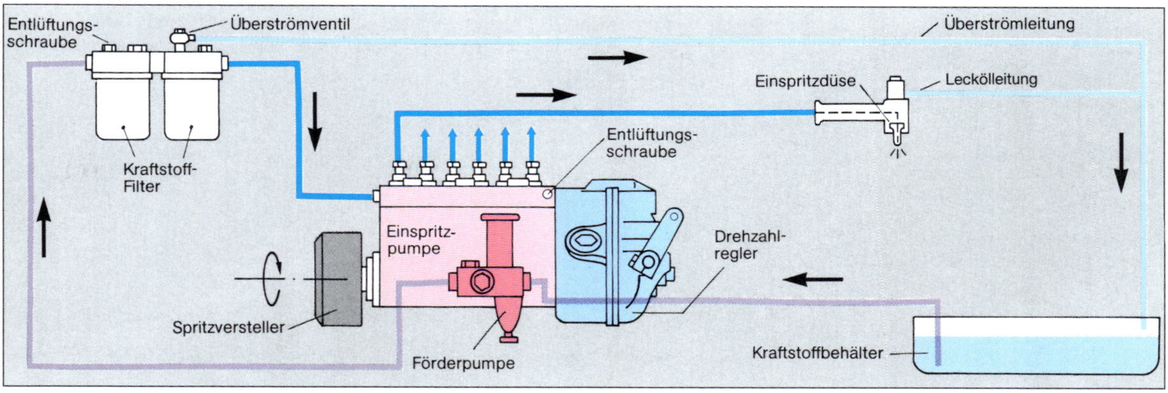

Abb. 145 Leitungsanordnung für Dauerentlüftung am Filter.
Gereinigter Kraftstoff ohne Gas- und Luftblasen
Überlauf
Ungereinigter Kraftstoff mit Gas- und Luftblasen.

leitet den Kraftstoff über die Filter der Einspritzpumpe zu. An der Förderpumpe ist eine Handpumpe angebaut, sie dient zum Füllen und Entlüften der Filter und der Einspritzpumpe bei Stillstand des Motors.

Jeder Einspritzpumpe ist ein **Kraftstofffilter** vorgeschaltet. Er filtert Partikel und Wasser aus dem Kraftstoff, um möglichst Störungen und Verschleiß der Bauteile zu reduzieren. Je nach Ausführung und Verwendung kommen Einfachfilter, Stufenfilter oder Parallelfilter mit oder ohne Wasserabscheider zur Anwendung. Die Filter sind bei Bedarf und nach den vom Hersteller vorgeschriebenen periodischen Wartungsintervallen zu wechseln. Beim Betanken des Fahrzeuges ist auf schmutzfreies Arbeiten zu achten.

Hochdruckbereich – Der **Hochdruckbereich** der Einspritzanlage besteht aus den Bauteilen Einspritzpumpe mit Regler, Einspritzleitungen und Einspritzdüsen.

Die **Einspritzpumpe** ist als Reihenpumpe oder als Verteilerpumpe ausgeführt. Bei der **Reihen-Einspritzpumpe** wird das einzelne Pumpenelement von einer Nockenwelle angetrieben. Über den Rollenstößel, der auf der Nockenbahn abläuft, wird der Pumpenkolben in Hubbewegung versetzt. Da der Hub des Pumpenkolbens aufgrund der Nockenhöhe immer gleich groß ist, würde immer die Kraftstoffmenge eingespritzt, die bei UT-Stellung des Kolbens im Pumpenzylinder vorhanden ist, d. h. maximale Einspritzmenge.

Um mit der Einspritzmenge die Motordrehzahl und die Motorleistung verändern zu können, erfolgt die Mengenanpassung durch Verdrehen des Pumpenkolbens im Pumpenzylinder. Mittels einer schrägen Steuerkante und über einen Längs- und Ringnut im Kolben geschieht die exakte Bemessung der einzuspritzenden Kraftstoffmenge.

Die Verstellung des Pumpenkolbens erfolgt mittels einer Regelstange, die ein **Drehzahlregler** entsprechend den Erfordernissen und Stellung des Fahrpedals durchführt. Damit kann die Motordrehzahl bei unterschiedlichen Belastungen immer gleich gehalten und die Höchstdrehzahl begrenzt werden.

Die **Verteiler-Einspritzpumpe** arbeitet mit einem Axialkolben, der über eine Hubscheibe gedreht, die Druckerzeugung und die Verteilung auf die einzelnen Einspritzdüsen übernimmt. Wäh-

Abb. 146 Reihen-Einspritzpumpe mit vorgeschaltetem Stufenfilter (oben rechts).

Abb. 147 Die Kraftstofffilter sind bei Bedarf zu entwässern.

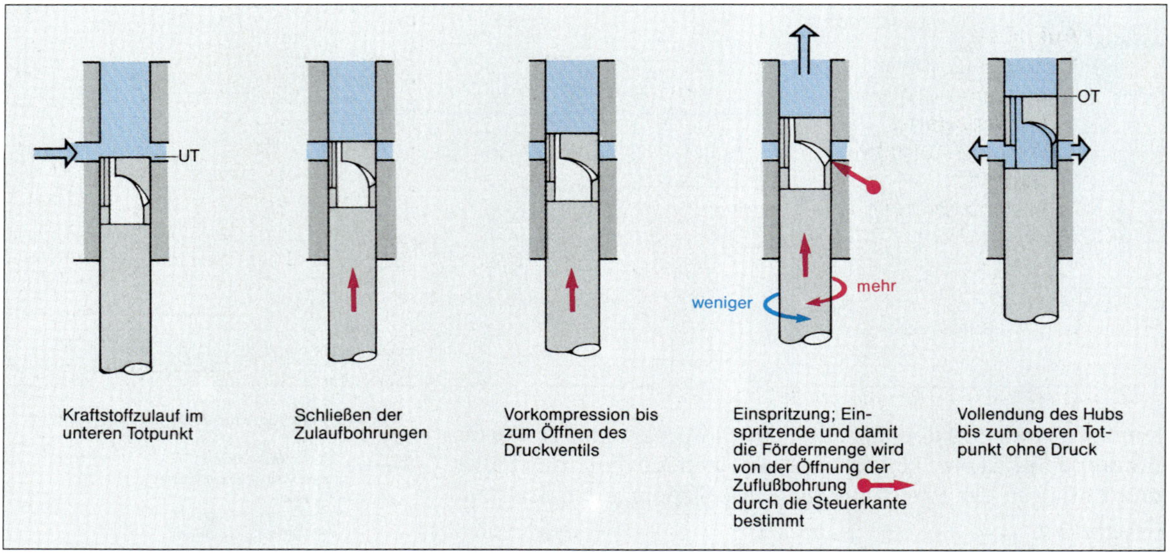

Abb. 148 Arbeitsweise der Einspritzpumpe. Dargestellt sind die Vorgänge während eines Kolbenhubs.

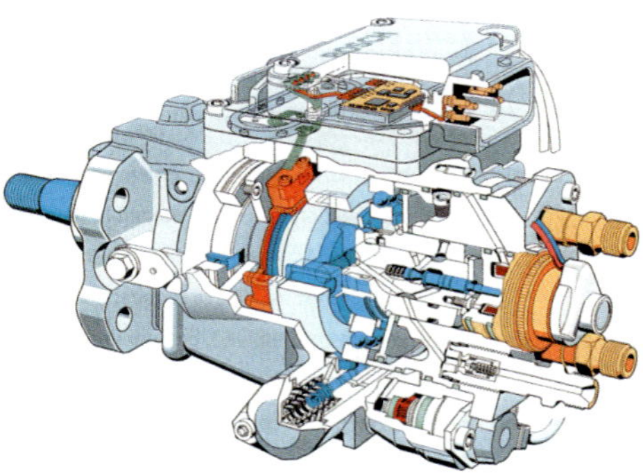

Abb. 149 Verteiler-Einspritzpumpe im Schnitt.

Abb. 150 Einspritzventil (Schema).

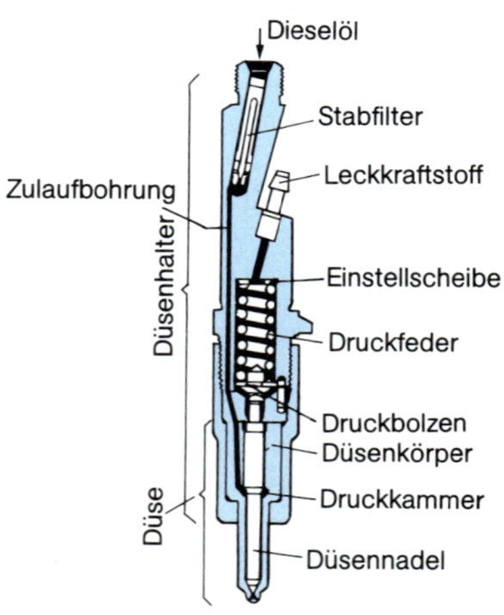

rend einer Umdrehung der Antriebswelle macht der Kolben soviele Hübe, wie er Einspritzdüsen versorgen muss. Über einen Drehzahlregler und einen Regelschieber wird durch die Veränderung des Nutzhubes die Einspritzmenge den Anforderungen angepasst.

Die durch die Pumpe geförderte Kraftstoffmenge gelangt mit hohem Druck über die Einspritzleitung zu der **Einspritzdüse**. Durch den Druck hebt die Düsennadel gegen die Federkraft vom Sitz ab. Damit öffnet die Düse und der Kraftstoff zerstäubt im Brennraum. Sobald sich der Einspritzdruck verringert, überwiegt wieder die Kraft der Druckfeder und die Düsennadel schließt die Düsenöffnungen.

Bei älteren Motoren mit indirekter Einspritzung sind *Zapfendüsen* in Anwendung. Diese benötigen Einspritzdrücke zwischen 150 und 200 bar. *Lochdüsen* mit 3–5 Einspritzöffnungen sind bei Motoren mit Direkteinspritzung im Einsatz. Die Einspritzdrücke erreichen hier bis zu 1200 bar.

Einspritzdüsen können verschmutzen und nachtropfen. Dann kann der Kraftstoff nicht mehr einwandfrei zerstäuben. Durch die dadurch bedingte unvollkommene Verbrennung entsteht Schwarzrauch und der Motor fällt von der Leistung ab. Bedingt durch die hohen Einspritzdrücke entsteht an den Düsen Lecköl. Es wird durch die Leckölleitung in den Tank zurück geführt.

Bei neueren Traktor-Dieselmotoren wird zum Teil das Einspritzsystem **Pumpe-Leitung-Düse** angewandt. Für jeden Motorzylinder ist eine eigene Einspritzeinheit vorhanden und diese mit einer kurzen Einspritzleitung mit der Düse verbunden. Dadurch kann mit hohen Einspritzdrücken gearbeitet werden. Die Regelung der Einspritzmenge ist auch elektronisch möglich.

Ebenso hält das Einspritzsystem **Common-Rail** im Motorenbau Einzug. Bei diesem System handelt es sich um eine Speichereinspritzung, bei der die Druckerzeugung und die Einspritzung voneinander getrennt arbeiten.

Aufgaben:

1. Welche Einrichtungen hat eine Kraftstoffanlage, um Schmutz und Wasser aus dem Dieselkraftstoff abzusondern?
2. Welche Aufgabe hat der Regler einer Einspritzpumpe?
3. Welche Bauteile der Einspritzanlage gehören zum Hochdruckbereich?
4. Wodurch kann es zu Schwarzrauch bei Dieselmotoren kommen?

1.4.2 Kraftstoffe für Otto- und Dieselmotoren

Kraftstoffe sind Verbindungen aus Kohlenwasserstoff und werden überwiegend aus Erdöl durch Destillation oder Spaltung (cracken) hergestellt. Daneben wird auch Kraftstoff aus Pflanzenprodukten gewonnen.

Benzin (Ottokraftstoffe) – *Normal-Benzin* ist ein Destillat-Benzin, hat in Deutschland eine Klopffestigkeit von 90–92 ROZ (**R**esearch-**O**ktan**z**ahl) und wird für Motoren mit geringem Verdichtungsverhältnis verwendet. Motoren mit höherer Verdichtung und höheren Drehzahlen verlangen dagegen klopffestere Benzine. Dafür kommt *Super-Benzin* mit einer ROZ von 94–96 oder sogar *Super-Plus-Benzin* mit einer ROZ von 97–98 zur Anwendung.

Die **Klopffestigkeit** eines Benzins kann durch das Produktionsverfahren und/oder durch Zumischung von metallfreien Zusätzen erhöht werden. Die heute zum Einsatz kommenden Benzine sind wegen der Verwendung des Katalysators bleifrei, haben aber Benzole bis zu 5 Vol.-% zugemischt. Bleifreies Benzin nimmt aus der Luft Wasser auf, das bei 2-Takt-Motoren zu Schäden führen kann.

Für handgeführte Geräte ist aus gesundheitlichen Gründen die Verwendung von besonders schadstoffarmen Benzinen, sog. **Alkylatbenzine**, von Vorteil. Sie haben geringe Anteilswerte an Benzol, Aromaten und Schwefel in den Abgasen. Die bei der Verbrennung entstehenden Schadstoffe werden durch dieses Benzin reduziert, so dass es besonders für Motorsägen, Freischneider, Motorfräsen u.a. in Frage kommt. Es eignet sich sowohl für 4-Takt, wie auch für 2-Takt-Motoren.

Dieselkraftstoffe – Sie bestehen aus einer großen Anzahl unterschiedlicher Kohlenwasserstoffverbindungen, die bei Temperaturen zwischen 200 und 380 °C zu sieden beginnen. Der Kraftstoff ist genormt (EN 590), so dass er festgelegten Anforderungen entsprechen muss.

Da der Dieselkraftstoff in die heiße, komprimierte Luft in den Brennraum eingespritzt wird, kommt es auf die **Zündwilligkeit** des Kraftstoffes an. Sie ist die Eigenschaft des Kraftstoffes, die nach einem kurzen Zündverzug die Selbstzündung des Luft-Kraftstoff-Gemisches einleitet. Die **Cetanzahl (CZ)** gibt den Grad der Zündwilligkeit an. Je höher sie liegt, desto leichter ent-

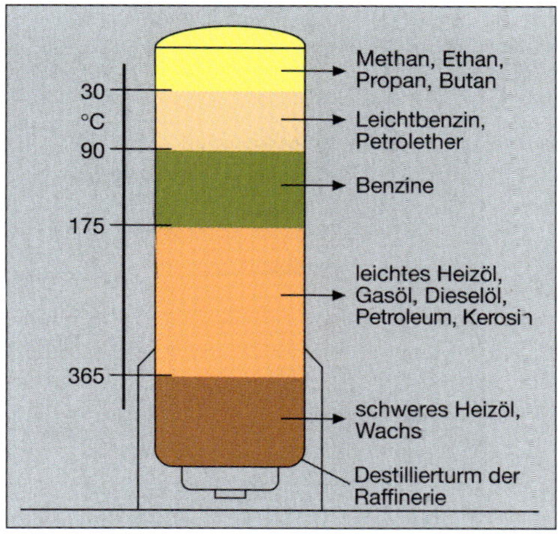

Abb. 151 Destillieranlage zur Gewinnung von Kraftstoffen (Modell).

Abb. 152 Flammpunkt und Löslichkeit in Wasser sind die Merkmale für die Einteilung brennbarer Flüssigkeiten in Gefahrenklassen.

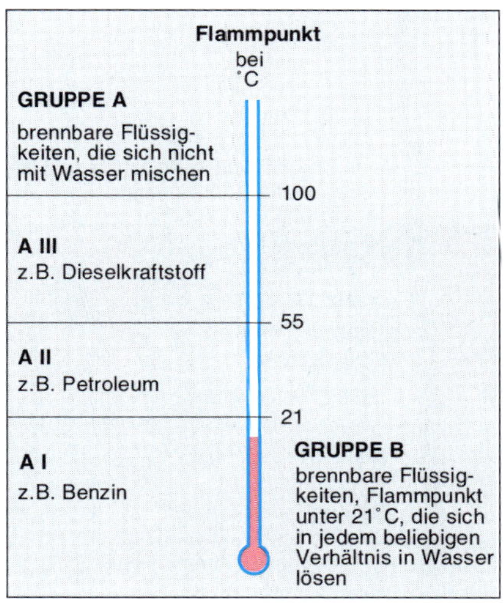

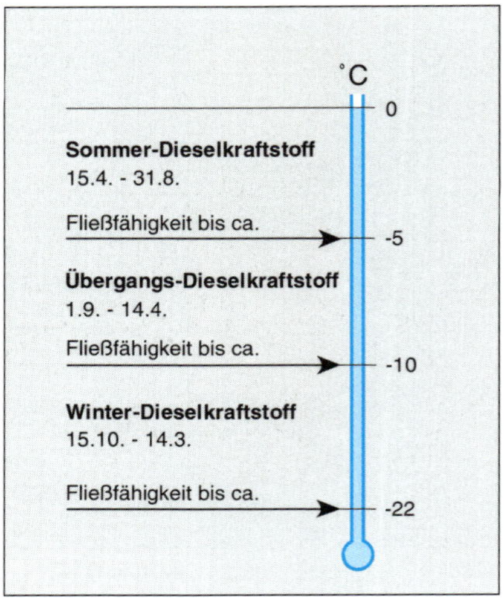

Abb. 153 Von den Raffinerien zugesicherte Fließfähigkeit des Dieselkraftstoffs in Abhängigkeit vom Liefertermin.

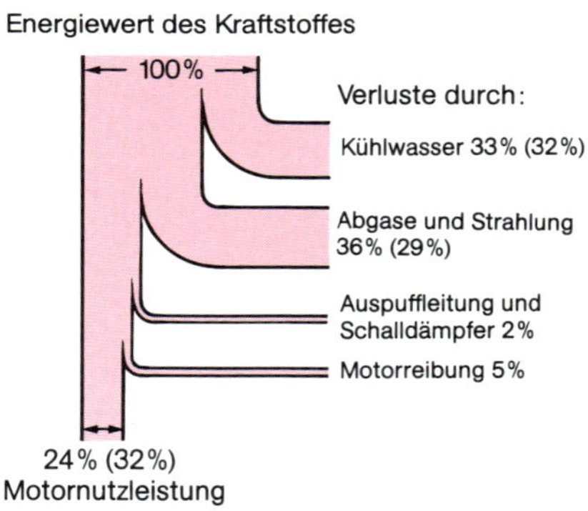

Abb. 154 Nur ein geringer Teil des eigentlichen Energiewertes des Kraftstoffes wird als Motorleistung genutzt (Zahlen in Klammern: Dieseltreibstoff).

Abb. 155 Beim Umgang mit Kraftstoffen sind die Sicherheitsbestimmungen einzuhalten.

zündet der Kraftstoff nach der Einspritzung, was sich auf die Laufruhe, das Leistungsverhalten, den Schadstoffausstoß und den Kraftstoffverbrauch eines Motors auswirken kann.

Der CZ-Wert eines Dieselkraftstoffes für moderne Motoren soll über 50 liegen. Dann hat er jedoch höhere Anteile an **Paraffinen**. Diese verschlechtern besonders bei niedrigen Temperaturen die Filtrierbarkeit des Kraftstoffes. Es kommt dann zu *Paraffinausscheidungen*, die bereits bei Temperaturen von 0 °C zum Zulegen der Kraftstofffilter führen können. Durch besondere Aufbereitung und Zugabe von Fließverbesserern bei der Herstellung kann die Paraffinausscheidung stark eingeschränkt werden. Je nach Jahreszeit und Klimaverhältnissen werden Dieselkraftstoffe unterschiedlich geliefert.

Sind noch geringe Mengen von Sommer- bzw. Übergangsdiesel in der kalten Jahrezeit in den Tanks der Fahrzeuge, kann die Kältefestigkeit verbessert werden durch:

- ▶ Zusatz von im Handel käuflichen Fließverbesserern in der angegeben Menge für den entsprechenden Kältegrad.
- ▶ Zugabe von Petroleum im Verhältnis Diesel : Petroleum von 2 : 1; diese Mischung verbessert die Kältebeständigkeit um etwa 5 °C. Die Kältebeständigkeit erhöht sich bei einem Mischungsverhältnis von 1 : 1 auf etwa 10 °C. Mit der Zumischung von Petroleum zu Diesel im Tank sind keine Nachteile hinsichtlich Gefahrenklasse, Schmierfähigkeit und Motorleistung verbunden.
- ▶ Zumischen von Normal-Benzin mit einem Mischungsverhältnis Diesel : Benzin von 2 : 1. Die Kältebeständigkeit wird um etwa 5 °C verbessert. Eine Zumischung von größeren Benzinmengen vermindert die Motorleistung und die Schmierung verschiedener Bauteile der Einspritzanlage; eine problemlose Funktion wird nicht mehr gewährleistet.

! Das Zumischen von Petroleum oder Benzin soll nur im Fahrzeugtank erfolgen. Immer zuerst den leichteren Bestandteil einfüllen und auf eine gute Vermischung achten.

Pflanzenöl für Dieselmotoren – Naturbelassene Pflanzenöle, meist Rapsöl, sind als Kraftstoff in Dieselmotoren nur verwendbar, wenn der Motor dem Kraftstoff angepasst ist. Änderungen an der Einspritzdüse, Brennkammer, Vorglüheinrichtung, Filter und der Einbau einer Kraftstoffanwärmung sind Voraussetzungen für den Betrieb.

Tabelle 6: Kenngrößen für Kraftstoffe

Kraftstoff	Dichte kg/l	Siede-Temperatur °C	spezifischer Heizwert MJ/kg
Benzin-Normal	0,72 – 0,77	25 – 215	42,7
Benzin-Super	0,73 – 0,78	25 – 215	43,5
Dieselkraftstoff	0,82 – 0,86	180 – 360	42,5
Rapsöl	0,90 – 0,92	310 – 370	37,0
Raps-Methylester	0,87 – 0,90	295 – 345	37,5

Dagegen kann ein zu **Pflanzenöl-Methylester (PME)** bzw. zu **Rapsöl-Methylester (RME)** umgeestertes Pflanzenöl in den meisten Dieselmotoren zum Einsatz kommen. Voraussetzung ist, dass alle Teile der Kraftstoff- und Einspritzanlage PME/RME-beständig sind und dieser Kraftstoff den qualitativen Anforderungen entspricht. Der Motorhersteller kann über die Verwendbarkeit dieser Kraftstoffe Auskünfte geben.

Lagerung von Kraftstoffen – Kraftstoffe sind brennbare Flüssigkeiten, deren Lagerung deswegen in Verordnungen geregelt ist. Je nach Flammpunkt und Lösungsverhalten mit Wasser sind sie in die *Gefahrenklasse* A oder B eingruppiert und somit unterschiedlichen **Lagerbedingungen** unterworfen.

Benzin (A I) darf in feuerbeständigen Räumen und nicht zerbrechlichen Gefäßen nur bis zu einer Menge von 3 Liter gelagert werden. In Kleingaragen ist die Lagerung bis zu 20 Liter zulässig.

Dieselkraftstoff (A III) kann oberirdisch in feuerbeständigen Räumen gelagert werden:

- bei Gesamtvolumen unter 1000 Liter in einwandigen Behältern ohne Auffangwanne;
- bei Lagervolumen zwischen 1000 und 10 000 Liter in einwandigen Behältern in einer Auffangwanne bzw. Auffangraum oder in doppelwandigen Behältern mit Lecköl-Anzeigegerät.

Im landwirtschaftlichen. Betrieb handelt es sich um **Eigenverbrauchs-Tankstellen**. Hier ist besonders auf die Gestaltung des Abfüll- oder Tankplatzes zu achten:

- Anlagen mit weniger Lagervolumen als 2000 Liter und weniger als 4000 Liter Jahresverbrauch benötigen einen waagerecht befestigten Abfüllplatz, ohne Überdachung;
- für Anlagen mit maximal 10 000 Liter Lagervolumen und weniger als 40 000 Liter Jahresverbrauch ist ein überdachter, befestigter Tankplatz erforderlich. Ist eine Überdachung nicht möglich, ist das Niederschlagswasser des befestigten Tankplatzes in einen Leichtflüssigkeitsabscheider zu leiten.

Die befestigten Abfüllflächen müssen nach den 3 Seiten von der Tanksäule aus mindestens 1 m größer sein als die Reichweite der Zapfpistole. Sie ist mit einem automatischen Schließventil auszustatten.

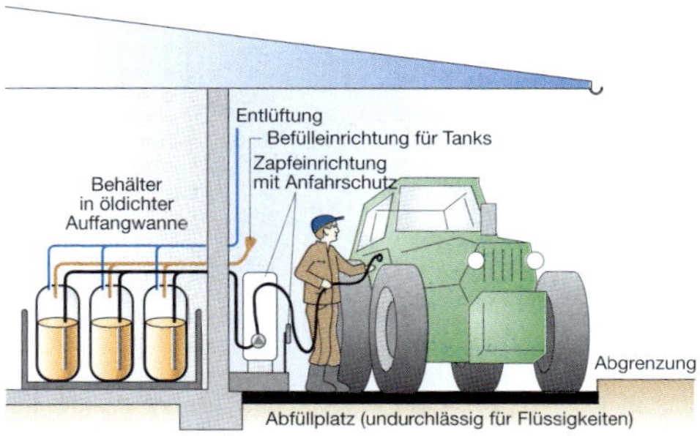

Abb. 156 Das Prinzip einer Eigenverbrauch-Tankstelle für Dieselkraftstoff in einem landwirtschaftlichen Betrieb: Sie besteht aus dem Abfüllplatz mit Zapfeinrichtungen und der Lageranlage.

Aufgaben:

1. Welche Unterschiede bestehen zwischen Sommer- und Winterdiesel?
2. Was ist beim Lagern und Tanken von Dieselkraftstoff zu beachten?
3. Was ist bei Verwendung von Pflanzenöl zu beachten?
4. Wie kann die Fließfähigkeit von Diesel verbessert werden?

1.4.3 Motorschmierung

Neben der Schmierung der Lagerstellen im Motor übernimmt das Öl weiter die Aufgaben:

Abb. 157 Schematischer Aufbau einer Schmierung (Druckumlaufschmierung):
1 Ölpumpe mit Druckregelventil,
2 Kurbelwellenlager,
3 Hauptöl-Verteilerkanal,
4 Nockenwellenlager,
5 Ölmanometer (2–5 bar nach der Pumpe),
6 Kipphebelwelle,
7 Kolbenbolzenbüchse und Kolbenbodenkühlung,
8 Ölfilter.

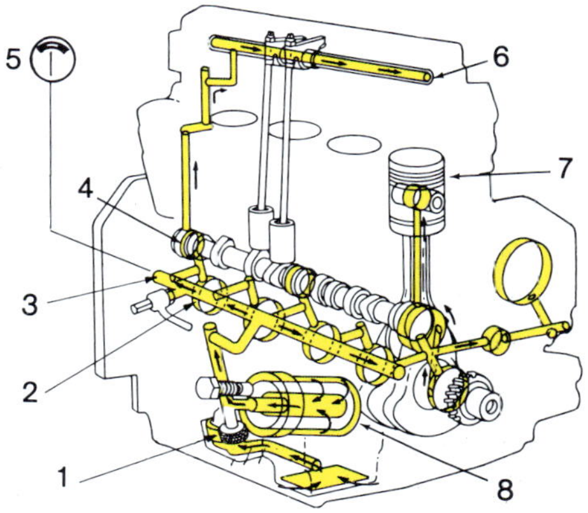

Abb. 158 Funktionsschema einer Ölpumpe.

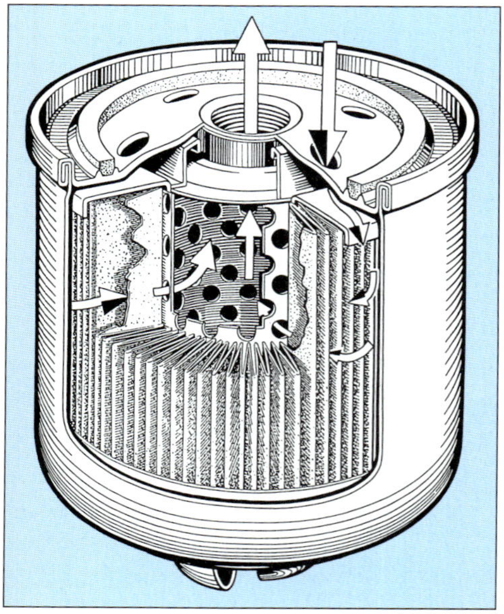

Abb. 159 Wechselfilter für die Hauptölstromfilterung **(Beispiel)**.

Abb. 160 Motorölkühler sind sauber zu halten, da sonst die Öltemperatur ansteigt.

- Die durch Reibung entstehende Wärme aus den Lagern abzuführen und somit die Reibflächen zu kühlen;
- die bei der Verbrennung entstehenden chemischen Verbindungen zu neutralisieren;
- die bei der Verbrennung entstehenden Partikel aufzunehmen, in Schwebe zu halten und zu den Filtern zu transportieren;
- die Feinabdichtung gleitender Teile zu verbessern;
- die Korrosion der verschiedenen Bauteile zu verhindern.

Bei **2-Takt-Motoren** versorgt das dem Benzin beigemischte Öl die verschiedenen Lagerstellen und Gleitflächen mit ausreichender Schmierung.

Je nach Motorbauart und Ölsorte wird bei Motoren mit **Mischungsschmierung** mit einem Mischungsverhältnis Benzin : Öl von 25 : 1 bis zu 100 : 1 gearbeitet. Bei den verschiedenen, hauptsächlich saisonal eingesetzten Geräten wie Rasenmäher, Motosense, Motorsäge empfiehlt es sich, zur Wiederinbetriebnahme nach einer längeren Pause eine frisch hergestellte Mischung zu verwenden. Bei der Gemischvorbereitung ist zuerst die benötigte Ölmenge in den Kanister einzufüllen und diese mit der entsprechenden Menge bleifreien Normalkraftstoffes aufzufüllen. Vor Verwendung den Kanister schütteln.

Größere Motoren arbeiten mit einer **Druckumlaufschmierung**. Die Versorgung der Lagerstellen erfolgt durch Drucköl mit Arbeitsdrücken zwischen 2 und 5 bar. Manche Gleitflächen wie die Zylinderfläche werden mit Spritzöl versorgt.

Das Öl wird mit einer Zahnradpumpe aus der Ölwanne gesaugt und, bevor es den Schmierstellen zugeleitet wird, gereinigt und gekühlt. Damit bleibt innerhalb der Ölwechselintervalle die positive Eigenschaft des Öles möglichst lange erhalten. Die Filterung des Öles erfolgt mit einem **Hauptstromfilter**, der den gesamten Ölstrom bei jedem Ölumlauf aufnimmt und filtert. Die Abriebteile von den Lagern, Stäube und Verbrennungsrückstände werden so ausgeschieden. Hauptsächlich kommen **Wechselfilter** zur Anwendung, die nur einmal verwendet werden können. Ein im Filter eingebautes Umgehungsventil sorgt beim Zulegen des Filters für einen weiteren Öldurchfluss.

Kommen **Nebenstromfilter** zum Einsatz, so sind diese zusätzlich zum Hauptstromfilter eingebaut, entnehmen etwa 5 – 10 % Öl aus dem Ölumlauf, filtern dieses noch intensiver als Hauptstromfilter und leiten es wieder in die Ölwanne ab.

Motoren mit hoher Hubraumleistung sind mit **Ölkühlern** ausgestattet. Er verhindert den Anstieg der Öltemperatur, wodurch die Viskosität des Öles einen bestimmten Grenzwert nicht unterschreitet und somit die Schmierung sichergestellt ist. Manche Motoren haben Ölkühler, die direkt mit die Außenluft versorgt werden. Motoren mit Flüssigkeitskühlung haben Wärmetauscher innerhalb des Kühlungssystems, die die Wärme aus dem Öl ableiten.

Eine **Öldruck-Kontrolllampe** oder ein Manometer zeigt an, ob der notwendige Systemdruck vorhanden ist. Liegt er zwischen 2 und 5 bar, ist eine ausreichende Schmierung des Motors sichergestellt.

Die **Wartungsarbeiten** bei der Druckumlaufschmierung sind:

- Ölstandskontrolle vor jedem größeren Einsatz;
- Ölwechsel bei den vorgegebenen Wartungsintervallen;
- Filterwechsel bei den vorgegeben Wartungsintervallen.

Zu beachten ist:

- Beim Nachfüllen von Öl bis auf Max. am Peilstab auffüllen,
- Ölwechsel nur bei betriebswarmem Motor vornehmen,
- nur den vorgeschrieben Typ des Wechselfilters verwenden,
- Altöl über die vorgegebenen, gesetzlich festgelegten Entsorgungswege beseitigen,
- nur Öle verwenden, die die Freigabe durch den Motorhersteller haben.

Abb. 161 Ausbau eines Wechselfilters

1.4.4 Motorenöle

Motoren sind den unterschiedlichsten Belastungs- und Umwelteinflüssen ausgesetzt. Deswegen werden den Motorenölen Zusätze (Additive) unterschiedlicher Art und Menge zugemischt, damit sie den Anforderungen gerecht werden. Demzufolge können zur Motorschmierung nur noch **HD-Öle** (**H**eavy-**D**uty-Öle für besonders hohe Beanspruchung) zum Einsatz kommen.
Die **Viskosität** der Öle wird nach **SAE** (**S**ociety of **A**utomotive **E**ngineers) eingeteilt, dies ist ein Maßstab für die innere Reibung oder Zähigkeit eines Öles bei einer bestimmten Temperatur.
Es gibt **Einbereichsöle**, z. B. SAE 30, die nur einen Viskositätsbereich abdecken. Diese Öle sind bei großen Temperaturschwankungen, wie sie im Motor vorkommen, bei niedrigen Temperaturen zu dickflüssig und bei hohen Öltemperaturen zu dünnflüssig.
Mehrbereichsöle, z. B. SAE 10W-40 decken mehrere Viskositätsbereiche ab. Damit lässt sich der Motor bei niedrigen Temperaturen leicht starten und bei hohen Temperaturen ist eine ausreichende Motorschmierung sichergestellt.

Abb. 162 Die Viskosität des Motorenöles ist je nach Außentemperatur anzuwählen.

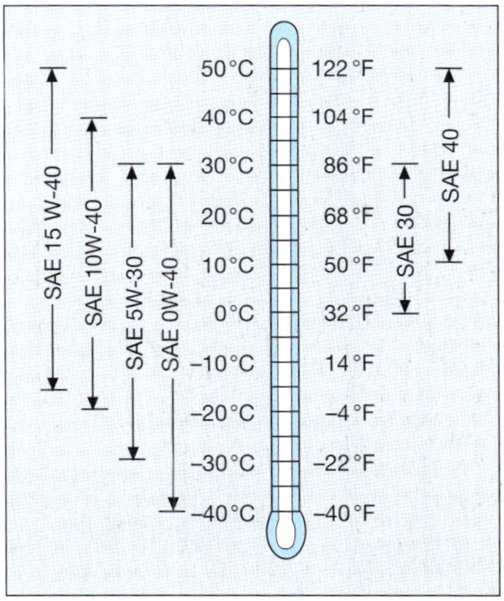

Tabelle 7: Qualitäts-Kenngrößen für Motorenöle

Bezeichnung	Bedeutung	Beispiel
MIL-Spezifikation	Angabe des Leistungsvermögens eines Öles nach Maßstäben des amerikanischen **Mil**itärs	MIL-L-2104 C
API-Klassifikation	Einteilung des Leistungsverhaltens der Öle der **A**merican-**P**etroleum-**I**nstitute	Ottomotorenöl – API SE – Dieselmotorenöle – API CE –
CCMC-Klassifikation	Qualitätsangaben durch das **C**omite des **C**onstructeurs d`Automobiles du **M**arche` **C**ommun	Ottomotoren CCMC G4 Dieselmotoren CCMC D4
ACEA –Klassifikation	**A**ssociation des **C**onstructeurs **E**uropeens de l`**A**utomobiles	Ottomotoren ACEA A2-96 kleine Dieselmotoren ACEA B2-96 Dieselmotore-Nutzfahrzeuge ACEA E2-96

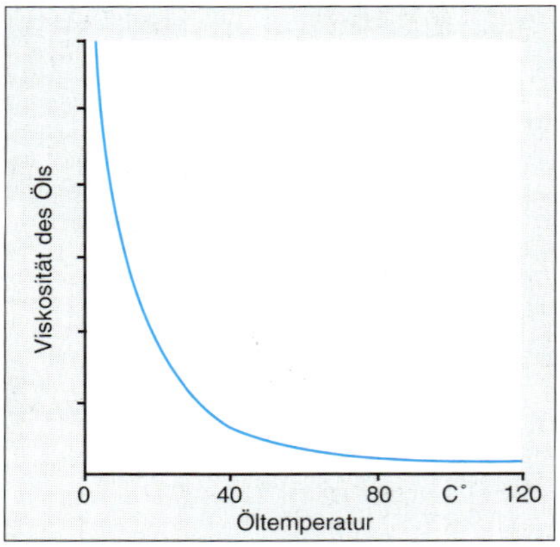

Abb. 163 Abhängigkeit der Viskosität von Mineralöl von seiner Temperatur.

Abb. 164 Behältnisse zur Sammlung fester, ölhaltiger Stoffe.

Leichtlauföle (LL-Öle) verbessern den Kaltstart und sind besonders vorteilhaft, wenn Arbeiten verrichtet werden, bei denen der Motor nur unzulänglich die Betriebstemperatur erreicht.

Die geforderte **Qualität** eines Öles wird vom Motor bestimmt. Die Qualitätsmerkmale und das Leistungsvermögen eines Öles sind in verschiedene Spezifikationen oder Klassifikation eingeteilt.

Bei der Auswahl der Motorenöle sind die geforderten Viskositäten und Qualitäten aus der Betriebsanleitung zu entnehmen. Hier sind zusätzlich die Betriebsbedingungen eines Motors, die Kraftstoffqualität und die Ölwechselintervalle zu beachten.

Beispiel aus einer Betriebsanleitung:

Bei einem Ölwechselintervall von 400 h (Stunden) ist ein Ganzjahres-Öl zu verwenden:

Motorenöl HD SAE 15 W-40 API CF-4 / SG oder CCMC D5 / G5 *, **, ***,

* bei Verwendung von Kraftstoffen unter 0,5 % Schwefelgehalt

** bei »go and stopp-Betrieb« ist der Ölwechsel von 400 h auf 200 h zu reduzieren.

*** Ölwechsel mindestens einmal jährlich

Entsorgung – Altöle und **ölhaltige Stoffe** müssen einer *fachgerechten Entsorgung* zugeführt werden. Nach dem Abfallbeseitigungs-Gesetz gilt das Verursacherprinzip, d. h. dass jeder, der den Abfall erzeugt, diesen nach den gesetzlichen Vorschriften zu ersorgen hat. Je nach Abfallart ist in der Werkstatt eine getrennte Sammlung der zu entsorgenden Stoffe notwendig.

Im Einzelnen sind getrennt zu sammeln und zu entsorgen:

- **Altöle** aus Motoren, Getriebe und Hydraulik. Eine Vermischung mit anderen Stoffen ist nicht zulässig. Bei Abholung der Altöle durch den Entsorger werden Rückstellproben gezogen. Die Entsorgungskosten sind im Preis des Neuöles bereits enthalten. Der Öllieferant ist verpflichtet, die Altöle kostenlos zurückzunehmen.
- **Nicht aufbereitbare Flüssigkeiten,** wie z. B. Bremsflüssigkeit, Frostschutzmittel, Nitroverdünnung sind getrennt in einem dafür vorgesehenen Behälter zu sammeln. Diese Flüssigkeiten dürfen keinesfalls mit den Altölen vermischt werden.
- **Feste, brennbare Stoffe,** wie z. B. Putzlappen, Ölbindemittel und Filter aus Papier.
- **Feste, nicht brennbare Stoffe,** wie z. B. Filter, die Bestandteile aus Stahl haben.

Es ist vorteilhaft, wenn mit den Lieferanten der neuen Produkte die Rücknahme der gebrauchten Produkte vereinbart wird.

Aufgaben:

1. Welche Aufgaben muss das Motorenöl erfüllen?
2. Mit welchen Bezeichnungen wird die Qualität eines Motorenöles angegeben?
3. Was ist bei der Entsorgung des Altöles zu beachten?

1.4.5 Motorkühlung

Bei der Verbrennung des Kraftstoffes im Motor werden hohe Energiemengen frei. Etwa ein Drittel der Energie kann als Leistung an der Kurbelwelle erzielt, ein weiteres Drittel muss als Wärmeenergie über die Kühlung abgeführt werden.
Ist dazu das Kühlsystem wegen ungenügender Funktion nicht in der Lage, so treten Überhitzungen und Schäden an verschiedenen Bauteilen des Motors auf. Besonders die brennraumumgebenden Teile wie Kolben, Zylinder, Zylinderkopf und Ventile erfordern eine besonders intensive Kühlung.
Luftkühlung – Die sog. **direkte Motorkühlung** führt die Wärme ohne Zwischenmedium direkt durch die Luft ab. Mit einem starken Luftstrom werden die Bauteile umspült. Deren Oberfläche ist stark verrippt, um möglichst viel Fläche zur Wärmeübergabe zu erhalten.
Ein *Kühlgebläse* erzeugt den Luftstrom. Es ist auf eine maximale Förderleistung ausgelegt, um die Kühlwirkung sicherzustellen. Wird mit dem Motor nur im Teillastbereich gearbeitet und es herrschen niedrige Außentemperaturen, so wird die Motorbetriebstemperatur nicht erreicht. Dieser Betriebszustand führt zu schlechter Verbrennung und zu hohem Verschleiß.
Aus diesem Grund wird die Drehzahl des Gebläses unabhängig von der Eingangsdrehzahl über eine Regeleinrichtung durch die Abgastemperatur geregelt. Damit erreicht der kalte Motor sehr schnell die Betriebstemperatur und diese bleibt bei unterschiedlicher Motorbelastung annähernd konstant. Über ein Thermometer ist die Betriebstemperatur zu überwachen.
Bei den **Wartungsarbeiten** sind die Luftansaugsiebe, die Luftleitbleche und die Kühlrippen stets sauber zu halten. Wegen der hohen Leistungen beim Gebläseantrieb muss der Keilriemen immer gut gespannt sein.
Flüssigkeits- oder Wasserkühlung – Bei der **indirekten Motorkühlung** ist zur Wärmabfuhr ein Kühlmedium vorhanden. Es wird mit einer Pumpe im geschlossenen Kreislauf zwischen Motor und Kühler in Umlauf gebracht.
Die im Motorbereich, besonders in den Zylindern und Zylinderköpfen erwärmte Flüssigkeit strömt über ein Thermostatventil zum Kühler. Ist die Betriebstemperatur von ca. 85 °C noch nicht erreicht oder wird sie während des Betriebes unterschritten, schaltet des Ventil den Kreislauf zum Kühler ab. Dadurch wird die im Motor kreisende Flüssigkeit schneller erwärmt.
Der Wärmeabtransport erfolgt, wenn der Kühlerkreis eingeschaltet ist über den Kühler, der durch einen Zusatzlüfter unterstützt wird. Dessen Drehzahl wird z.T. durch eine Visco-Kupplung am Lüfter temperaturgesteuert. Das Zu- und Abschalten erfolgt ebenfalls temperaturabhängig. Damit kann die Betriebstemperatur schnell erreicht, gleichmäßiger gehalten und der Leistungsbedarf des Lüfters reduziert werden.
Zu den **Wartungsarbeiten** zählen das Reinigen der Luftansaugsiebe und des Kühlers. Er ist gegen die Luftführung mit Pressluft durchzublasen. Schlauchverbindungen und Dichtungen im Kühlerdeckel sind auf Dichtheit zu prüfen.

Abb. 165 Luftkühlung ist betriebssicher, wartungsarm, jedoch lauter als eine Wasserkühlung.

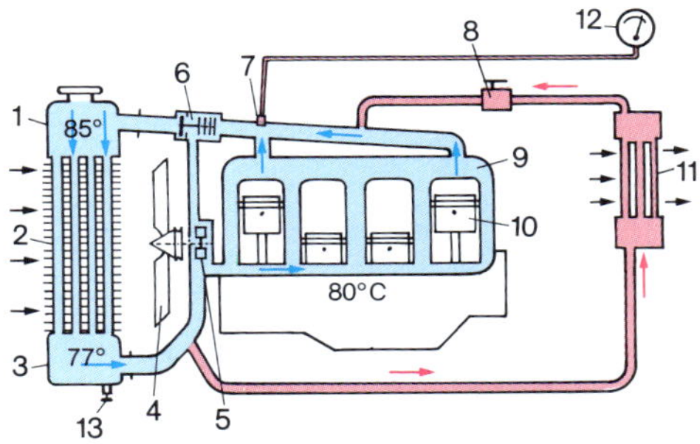

Abb. 166 Schema einer Wasserkühlung:
1 Oberer Kühlerkasten,
2 Kühlerkern,
3 unterer Kühlerkasten,
4 Lüfter,
5 Kühlwasserpumpe,
6 Thermostat,
7 Temperaturfühler,
8 Regelventil für die Heizung,
9 Kühlwassermantel,
10 Zylinder mit Kolben,
11 Wärmetauscher für Heizung,
12 Thermometer,
13 Ablasshahn.

Abb. 167 Die Funktionen des Kühler-Thermostaten:
a Geschlossener Thermostat, das Kühlwasser läuft nicht durch den Kühler.
b Geöffneter Thermostat nach Erreichen der notwendigen Kühlwassertemperatur. Das Kühlwasser läuft durch den Kühler.

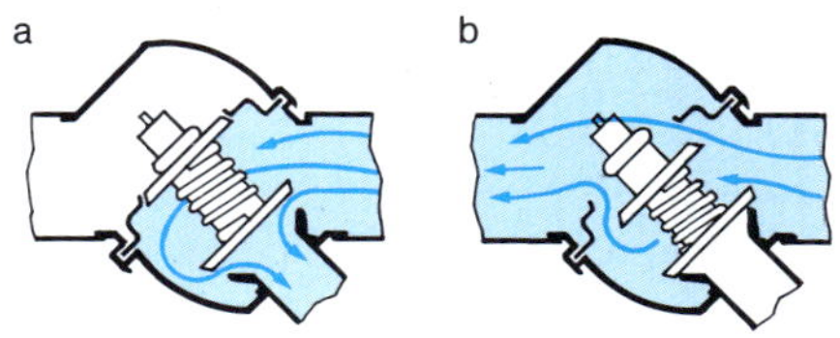

Abb. 168 Ausgleichsbehälter für die Kühlflüssigkeit.

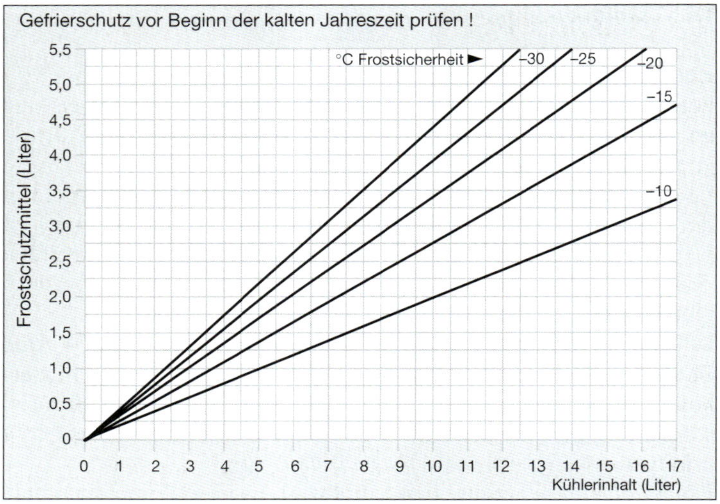

Abb. 169 Mitte: Mischungstabelle für das Mischen des Kühler-Frost- und Korrisionsschutzes mit Wasser.

Vorsicht! Bei betriebswarmem Motor steht das Kühlsystem unter Druck. Beim Abnehmen des Kühlerdeckels kann der Druck entweichen und es kann zu Verbrühungen kommen.

Abb. 170 Mit dem temperaturgesteuerten Lüfter wird die Motortemperatur schnell erreicht.

A Antriebswelle,
B Lüfterträger,
C Gewindebolzen,
D getriebene Kupplungshälfte.

Das Kühlsystem ist zum Ganzjahresbetrieb mit **Kühlflüssigkeit** zu füllen. Es verhindert das Einfrieren des Kühlers und des Motors und schützt gleichzeitig vor Korrosion der Motorinnenflächen. Der vom Motorhersteller geforderte Frostschutzgrad muss eingehalten werden.

Beim Nachfüllen ist deswegen nicht Wasser zu verwenden, sondern bereits eine vorbereitete Kühlflüssigkeit mit entsprechendem Frostschutzgrad von z. B. minus 25 °C. Mittels einer *Frostschutzspindel* (Aräometer) kann die *Kältebeständigkeit* über die Dichte der Flüssigkeit bestimmt werden. Die Kühlflüssigkeit ist mindestens alle 2–3 Jahre auszuwechseln, da sie bei längerem Gebrauch ihre Eigenschaften verliert.

Aufgaben:

1. Welche Einrichtungen hat ein Flüssigkeits-Kühlsystem, um beim kalten Motor möglichst schnell die Betriebstemperatur zu erreichen?
2. Warum ist ein verschmutzter Kühler sofort zu reinigen?

2 Traktoren

Die Landwirtschaft und Forstwirtschaft, der Gartenbau und Betriebe mit Sonderkulturen stellen unterschiedliche Anforderungen an die Traktoren. Sie werden eingesetzt als Zug- und Antriebsmaschinen und sind zum Teil als Trägerfahrzeug verwendbar.

2.1 Bauarten

Für den jeweiligen Einsatzbereich gibt es verschiedene **Traktorbauarten**.

- **Hackfräse:** Es handelt sich um einen Kleintraktor mit Ein-Radantrieb und angebautem Fräsrotor mit Hackmessern. Er findet Verwendung in Gartenbaubetrieben zur Pflege von Reihenkulturen. Als Antrieb sind Ottomotoren bis ca. 5/7 kW/PS eingebaut.
- Der **Einachstraktor** ist ein handgeführter Kleintraktor. Als Spezialmaschine ist er mit nur einem Arbeitsgerät wie z. B. einem Mähwerk ausgestattet. Bei Universalmaschinen können unterschiedliche Geräte angebaut werden. Der Einsatzschwerpunkt für Einachstraktoren ist in Gartenbaubetrieben, bei Landschaftspflege- und Kommunalarbeiten. In diesen Geräten kommen Otto- oder Dieselmotoren bis ca. 13/18 kW/PS zur Anwendung.
- Beim **Kompakttraktor** handelt es sich um einen Klein-, Schmalspur- oder Plantagentraktor, meist mit Allradantrieb. Der Geräteanbau erfolgt im Heck- und Frontbereich. Der Einsatz findet vorwiegend in Sonderkulturen wie Wein-, Obst- und Hopfenbau sowie zu Arbeiten in der Landschaftspflege statt. Bei diesen Traktoren kommen Dieselmotoren mit Leistungen bis zu 60/80 kW/PS zur Anwendung.
- **Standardtraktor:** Er ist ein universell einsetzbarer Traktor mit Heck-Geräteanbau. Der frontseitige Geräteanbau und der Aufbau eines Frontladers ist als Zusatzausstattung möglich. Der Antrieb erfolgt über die Hinterachse oder über Hinter- und Vorderachse (Allrad). Diese Traktoren haben Dieselmotoren mit Leistungen bis 250/340 kW/PS.
- **Systemtraktor:** Er ist ein Traktor (Trac) mit Heck- und Frontanbauräumen sowie zusätzlichen Aufbauräumen für Frontlader und Behälter bzw. Arbeitsgeräte. Der Allradantrieb ist hier Standard. Der Fahrerplatz befindet sich in der Mitte des Fahrzeuges. Diese Traktoren haben Dieselmotoren mit Leistungen bis 150/200 kW/PS.
- **Geräteträger:** Er ist ein Traktor mit Anbauräumen für Arbeitsgeräte im Heck-, Zwischenachs- und Frontbereich und eignet sich vorwiegend für Pflegearbeiten. Der Aufbauraum kann wechselweise für Frontlader und Behälter genutzt werden. Der Antrieb erfolgt meist über die Hinterachse. Die Verwendung von Dieselmotoren mit Motorleistungen bis zu 70/95 kW/PS unter der Fahrerkabine ermöglicht die freie Sicht auf die Front- und Zwischenachsgeräte.

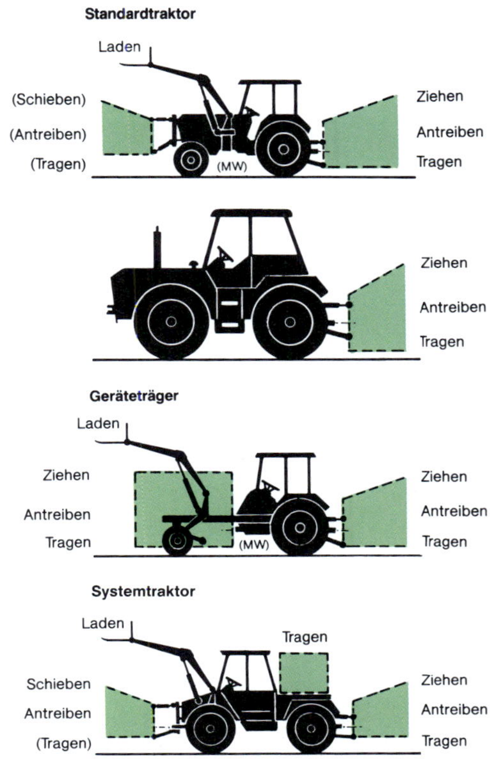

Abb. 171 Bauarten von Traktoren (Schema).

Abb. 172 Schnitt durch einen Standardtraktor mit Allradantrieb **(Beispiel).**

Abb. 173 Systemtraktor mit Front-, Heck- und Aufbaugerät im Einsatz.

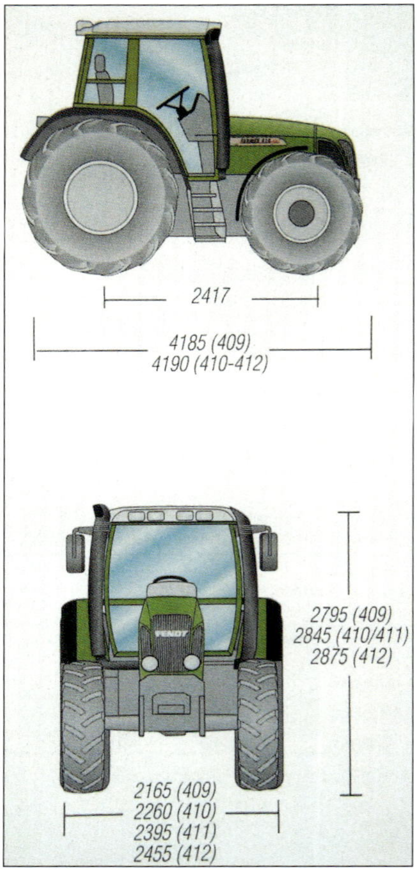

Abb. 174 Maß- und Gewichtsangaben eines Traktors **(Beispiel)**.

Tabelle 8: Übersicht über Maße und Gewichte bei Traktoren (Beispiele)

Leergewicht nach DIN 70020	kg	5070	5210
Leistungsgewicht pro PS	kg	59	52
zul. Gesamtgewicht	kg	7500	7500
max. zul. Gesamtgewicht mit Anbaugeräten	kg	8500	9000
Zuladung max. Zuladung	kg	2430 / 3430	2290 / 3790
Gesamtlänge	mm	4185	4190
Bodenfreiheit	mm	470	510
Radstand	mm	2417	2417
Gesamtbreite	mm	2165	2260
Gesamthöhe	mm	2795	2845
Radspuren hinten bei Serienbereifung	mm	1660	1800
Radspuren vorne bei Serienbereifung	mm	1720	1820
kleinster Spurkreisradius / mit Lenkbremse	m	4,9/4,4	4,9/4,4

Traktoren mit **Ketten-** oder **Gummiband-Laufwerken** sind in der oberen Leistungsklasse angesiedelt. Bei schweren Zugarbeiten, besonders bei der Bodenbearbeitung können hohe Motorleistungen schonend für den Boden übertragen werden. Der Einsatz erfolgt meist in Verbindung mit angehängten, gezogenen Geräten.

Baumerkmale – Wegen der unterschiedlichen Einsatzbereiche weisen die verschiedenen Traktorbauarten in folgenden Merkmalen Datenunterschiede auf:

- ▶ Motorleistung 3 – 250 kW
- ▶ Anzahl und Lage der Anbauräume 1 – 3
- ▶ Fahrzeugleergewicht 150 – 8500 kg
- ▶ Gewichtsverteilung Vorder- : Hinterachse
  Vorderachse 20 – 60 %
  Hinterachse 40 – 80 %
- ▶ zulässiges Gesamtgewicht (zGG) 200 – 14 000 kg
- ▶ maximale Fahrzeughöhe 130 – 340 cm
- ▶ Leistungsgewicht 25 – 85 kg/kW
- ▶ Radstand 140 – 340 cm
- ▶ Spurweite 60 – 240 cm
- ▶ Wendekreis-Durchmesser 4 – 15 m
- ▶ maximale Fahrgeschwindigkeit 6 – 80 km/h

Berechnung des Leistungsgewichtes eines Traktors:

$$\text{Leistungsgewicht} = \frac{\text{Leergewicht (kg)}}{\text{Motorleistung (kW)}} = \text{kg/kW}$$

Abb. 175 Laufwerk mit Gummiband.

Aufgaben:

1. Die aufgeführten Daten eines Standardtraktors und eines Systemtraktors sind aus Prospekten zu ermitteln und zu vergleichen.
2. Die Nutzlast von 3 verschiedenen Traktoren ist aus Prospektunterlagen festzustellen.
3. Ermitteln Sie die Gewichtsverteilung zwischen Vorder- und Hinterachse bei einem Standardtraktor, Systemtraktor und Geräteträger.

2.2 Ladegeräte für landwirtschaftliche Güter

Große Massen von landwirtschaftlichen Gütern müssen bewegt, geladen, entladen und gestapelt werden. Je nach Güterart, baulichen Voraussetzungen und Bodenbeschaffenheit eignen sich dazu verschiedene Ladegeräte mit unterschiedlichen Ladeleistungen.

Frontlader – Er ist ein am Traktor universell einzusetzendes Ladegerät und hat gute Hubkräfte und ausreichende Hubhöhen für die häufigsten Ladearbeiten. Schnellwechselrahmen erlauben ein einfaches Wechseln unterschiedlicher Werkzeuge. Eine umfangreiche Ausstattung wie Schnellwechselvorrichtung für die Ladeschwinge, Parallelführung, Einhebelbedienung, Schwingungsdämpfung, erleichtern die Bedienung und den Einsatz.

Kleinlader, Hoftrac – Sie sind wegen der geringen Außenbreite, der niedrigen Bauhöhe und der guten Wendigkeit geeignet, in fast allen Gebäuden und auf Hofflächen Transport- und Ladearbeiten zu erledigen. Eine Ausstattung mit verschiedenen Werkzeugen für unterschiedliche Güter ist möglich.

Der Antrieb erfolgt über die Vorderräder oder über Allrad. Hubhöhen bis zu 3 m, gemessen am Werkzeug-Drehpunkt, werden erreicht.

Radlader – Sie haben hohe Eigengewichte und erreichen große Hubkräfte. Die Hubhöhen und die Ausladung sind begrenzt. Sie kommen hauptsächlich zum Verteilen und Walzen des Futters im Fahrsilo, zum Laden und Bewegen von Schüttgütern und für Erdarbeiten zum Einsatz.

Teleskoplader – Diese Maschinen sind mit Allradantrieb und mit Knick- oder Allradlenkung ausgestattet. Durch einen teleskopischen Hubmast ist dieser Lader besonders für Arbeiten, die große Hubhöhen und Überladeweiten erfordern, geeignet.

Front-Gabelstapler – Sie haben meist Vorderradantrieb und sind sehr wendig. Sie eignen sich weniger für den Einsatz in nicht befestigtem Gelände. Der Teleskopmast ermöglicht relativ hohe Hubhöhen, aber nur geringe Überladeweiten. Er eignet sich hauptsächlich zum Be- und Entladen sowie Stapeln von Paletten, Kisten und Behältern unter beengten Platzverhältnissen.

Abb. 176 Ein Hoftrac kann selbst unter beengten Verhältnissen z. B. im Stall arbeiten.

Abb. 177 Teleskoplader mit Ballenzange.

Tabelle 9: Merkmale verschiedener Ladegeräte

Ladegerät	Frontlader	Kompaktlader	Radlader	Teleskoplader	Front-Gabelstapler
Hubkräfte	mittel	gering	sehr groß	groß	groß
Hubhöhen	mittel	gering	mittel	sehr groß	sehr groß
Überladeweite	groß	mittel	gering	sehr groß	sehr gering
Wendigkeit	mittel	sehr gut	mittel	mittel	sehr gut
Werkzeugauswahl	groß	groß	gering	mittel	gering
Anforderungen an die Bodenverhältnisse	gering	mittel	sehr gering	gering	hoch
Anforderungen an die Gebäudeverhältnisse	mittel	gering	hoch	mittel	gering
Bedienung und Fahreigenschaften	mittel	gut	gut	mittel	sehr gut

Abb. 178 Radlader beim Verteilen und Walzen von Gras im Flachsilo.

Aufgaben

1. Nennen Sie die besonderen Voraussetzungen und Einsatzschwerpunkte für einen Teleskoplader in einem landwirtschaftlichen Betrieb.
2. Wie verhalten sich die Hubkräfte eines Frontladers beim Hochheben einer Last?
3. Was bedeutet die Angabe der Überladeweite bei einem Ladegerät und wie verhält sie sich bei zunehmender Hubhöhe?
4. Welche Bedeutung hat ein Hoftrac für einen landwirtschaftlichen Betrieb?
5. Ermitteln Sie die Maße der Traktoren auf dem Betrieb und vergleichen Sie diese mit den Angaben im Buch.

2.3 Fahrerplatz und Fahrkomfort

Für das Wohlbefinden des Fahrers beim Arbeiten mit dem Traktor ist der Fahrerplatz von entscheidender Bedeutung. Fühlt sich der Fahrer auf dem Fahrzeug wohl und sicher, so wirkt sich das in der Leistungsfähigkeit und in der Arbeitssicherheit aus und zudem werden die gesundheitlichen Belastungen vermindert.
Die Anordnung der Bedienhebel, das Innenklima und der Fahrersitz sollen optimal an den Fahrer angepasst werden können. Immerhin verbringt ein Landwirt 20–30 % seiner Arbeitszeit auf dem Traktor.

Abb. 179 Der Sicherheitsbügel ist heute als Sicherheitsraum in die Kabine integriert.

2.3.1 Fahrerkabine

Für den Fahrer stellt die Kabine den *Sicherheitsraum* dar. Darüber hinaus hindern die Kabine oder der Sicherheitsbügel den Traktor beim Umsturz am Weiterrollen.
Die **Kabine** soll für den Fahrer großräumig sein und eine gute Sicht auf die Fahrzeugaußenkanten, die Außenspiegel sowie auf die Arbeitsgeräte zulassen. Ohne die Bewegungsfreiheit des Fahrers einzuschränken muss noch genügend Platz für den Beifahrer vorhanden sein.
Die **Einstiegsöffnungen** auf beiden Seiten sollen ausreichend groß sein und die Türen mit einem weiten Öffnungswinkel ausgestattet sein. Für einen sicheren Ein- und Ausstieg sind breite, rutschsichere *Trittstufen* notwendig. Die unterste Stufe soll maximal 40 cm vom Boden entfernt sein, damit das die Wirbelsäule belastende Abspringen von der untersten Stufe möglichst vermieden werden kann. Eine ausreichende Anzahl gut platzierter *Handgriffe* erleichtert den Aus- und Einstieg.
Bei einem gut gestalteten, ergonomischen Fahrerplatz sind die **Bedienelemente** in **Funktionsgruppen** zusammengefasst sowie in Form und Farbe aufeinander abgestimmt. Dies erleichtert ein übersichtliches, sichereres und schnelles Bedienen und mindert die Gefahr der Verwechslung.
Um den Betriebszustand des Traktors überwachen und kontrollieren zu können, ist das **Armaturendisplay** im Blickfeld des Fahrers angeordnet.

Abb. 180 Der Ein- und Ausstieg wird durch breite Türen, Haltegriffe und große Trittstufen verbessert.

Es zeigt digital oder analog an:
- ▶ Motordrehzahl,
- ▶ Zapfwellen-Drehzahl,
- ▶ Fahrgeschwindigkeit und Getriebeschaltstellungen,
- ▶ Betriebsstunden,
- ▶ Tankvorrat,
- ▶ Motortemperatur,
- ▶ Öldruck der Motor- und Getriebeschmierung mit optischer und/oder akustischer Fehleranzeige,
- ▶ Stellung der Handbremse,
- ▶ Stellung der Zapfwellenschaltungen,
- ▶ Stellung der Allrad- und Sperrenschaltung,
- ▶ Zustand der verschiedenen Filter,
- ▶ Stellung und Funktion der elektrischen Bauteile.

Deutlich erkennbare und übersichtlich angeordnete Informationssymbole lassen den Betriebszustand des Traktors auf einen Blick wahrnehmen. Das rechtzeitige Melden von Störungen durch die Signale hilft Maschinenausfälle und Schäden zu vermeiden.
Zur **Reduzierung der Schwingungen** ist die Kabine durch elastische, Körper schonende und Schall isolierende Gummilager am Traktor befestigt. Damit und gleichzeitig durch Schall absorbierende Auskleidung des Fahrerraumes wird der Schallpegel und somit die Belastung durch Lärm für den Fahrer reduziert.
Ein Schallpegel von weniger als 80 Dezibel (A), bei geschlossener Kabine gemessen, ist aus gesundheitlichen Gründen anzustreben. Deswegen sind bei Arbeiten mit hohem Leistungsbedarf die Fenster und Türen geschlossen zu halten, weil dadurch der Lärmpegel für den Fahrer stark gesenkt werden kann.
Wird z. B. der Schallpegel (am Ohr des Fahrers gemessen) von 93 dB (A) auf 90 dB (A) reduziert, so ist der Schalldruck und somit die Belastung durch Lärm um 50 % geringer.
Da unser Hörvermögen sehr begrenzt und sensibel ist, muss auf die Reduzierung des Schalldruckpegels sehr geachtet werden.

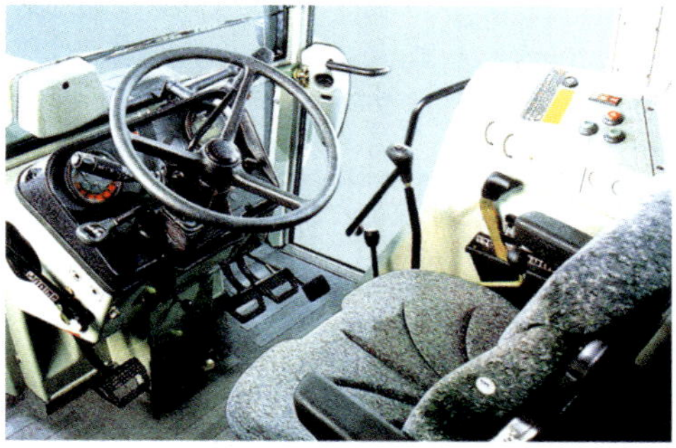

Abb. 181 Die Bedienhebel sollen gut erreichbar sein und beim Aus- und Einstieg nicht behindern.

Abb. 182 Gummi-Silentblöcke isolieren den Körperschall in der Kabine.

Tabelle 10: Einleitung von Lärm:
Was ist laut und gesundheitsschädlich ?

Lärmstufe	dB (A)	**Beispiele** für Geräusche
Schädigungsbereich	120	Walkman (laut), Flugzeugstart
Schmerzschwelle	110	Presslufthammer, Musik (laut)
	100	Trennschleifer, Disko
Hörschäden	90	Bagger, Motorräder
Belästigungsbereich	85	Rasenmäher, Walkman (leise)
vegetative Reaktionen	75	Staubsauger, Traktor (leise)
z. B. Magenbeschwerden	65	Radio, Fernseher (mittel)
	60	Radio, Fernseher (leise)
psychische Reaktionen	50	Büro
z. B. Gereiztheit	40	Vogelgezwitscher
	30	Flüstern
Behaglichkeitsbereich	20	Ticken einer Uhr
	10	Fliegen einer Mücke
ungefährlich für das Gehör	0	Hörschwelle

Abb. 183 Die gefederte Vorderachse verbessert besonders bei höheren Fahrgeschwindigkeiten den Fahrkomfort:

1 Neue Federschwinge
2 Pendelweg
3 Vorderachse
4 Federweg
5 Stickstoff-Dämpfer
6 Steuerungsbox
7 Ein-/Aus-Schalter
8 Hydraulikzylinder

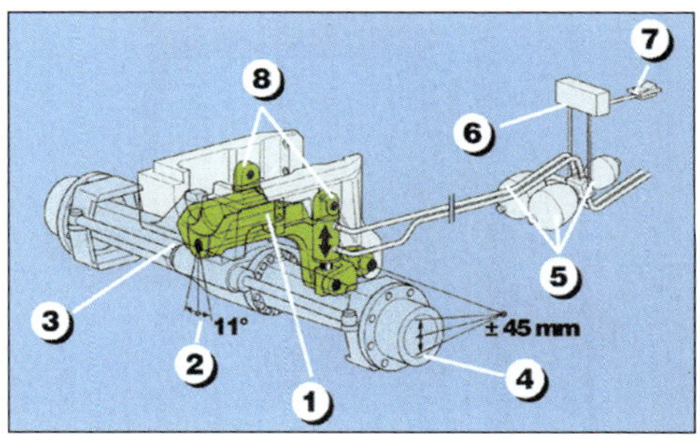

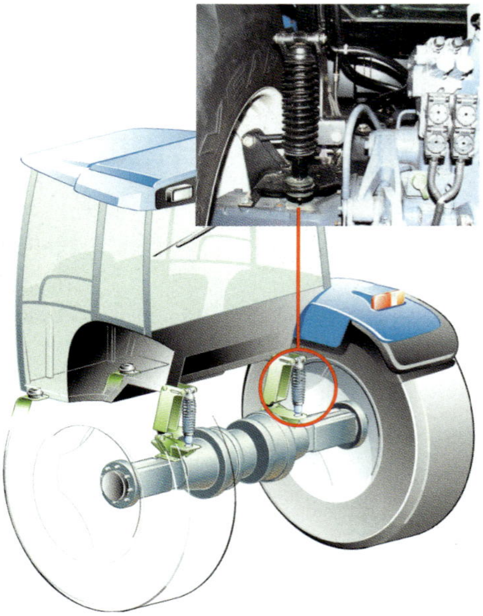

Abb. 184 Kabinenfederung (Schema).

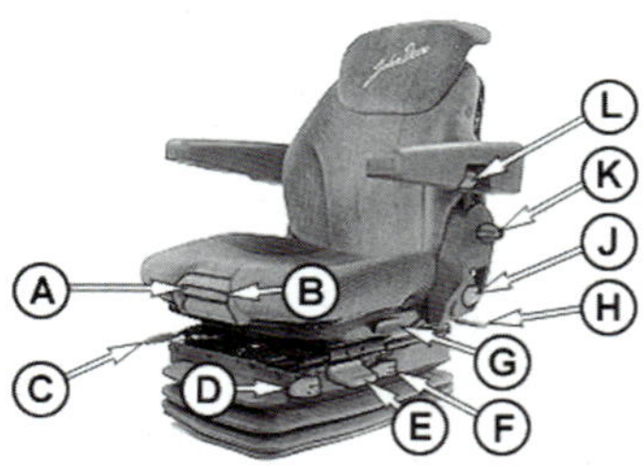

Abb. 185 Luftgefederte Fahrersitze mit individuellen Einstellmöglichkeiten:
A: Hebel Sitztiefeneinstellung,
B: Hebel Sitzneigungseinstellung,
C: Längsverstellung,
D: Hebel Längsfederung,
E: Höheneinstellung,
F: Einstellung Federungshärte,
G: Hebel Dreheinrichtung,
H: Hebel Querfederung,
J: Neigung Rückenlehne,
K: Höhenverstellung Armlehne,
L: Neigungsverstellung Armlehne.

Abb. 186 Lüftungsmöglichkeiten einer Kabine.

2.3.2 Fahrersitz

Die schwingungsdämpfende Lagerung der Kabine auf dem Traktor, die Vorderachsfederung und eine großvolumige Bereifung beeinflussen das Schwingungsverhalten des Fahrerplatzes.
Der **Fahrersitz** muss die Voraussetzung zur individuellen Einstellung auf den Bedarf des Fahrers ermöglichen. Sowohl die Schwingungsstärke wie die -häufigkeit sind auf ein möglichst niedriges Niveau zu bringen.
Auf das Fahrzeug abgestimmte Fahrersitze
- sind mit einer großvolumigen Luftfederung ausgestattet, die sich automatisch auf das Fahrergewicht einstellt,
- haben atmungsaktive, auswechselbare Polsterungen,
- ermöglichen ein körpergerechtes Einstellen von Rückenlehne, Bandscheibenstütze und Sitzfläche,
- sind mit Längsfederung und Dreheinrichtung ausgestattet,
- haben höhenverstellbare Armstützen.

Vor der Arbeit mit dem Traktor ist der Fahrersitz auf die Person des Fahrers einzustellen. Nur dann ist ein ermüdungsarmes und sicheres Arbeiten mit geringer gesundheitlicher Belastung dauerhaft möglich.

2.3.3 Klimatisierung des Fahrerraums

Für die Klimatisierung der Kabine gilt die Devise – warme Füße – kühler Kopf. Die Zuführung der Warm- oder Frischluft erfolgt von unten, von vorne und von der Seite. Zusätzlich an der Seite und im Heck angeordnete, verstellbare **Luftdüsen** sorgen für das Nichtbeschlagen der Scheiben.
Die Schaltung der Luftströme ist auf Außenluft, Umluft und Mischluft einstellbar. Eine eingebaute Klimaanlage sorgt für eine angenehme Innentemperatur und zur Lufttrocknung bei ungünstigem Außenklima.
Das bei geschlossener, damit geräuscharmer und staubfreier Kabine aufkommende *Treibhausklima* ist nur mit Hilfe der **Klimaanlage** abzustellen. Sie arbeitet bei geschlossen Türen und Fenstern am besten und hat einen Leistungsbedarf von 2 – 5 kW.
Die zur **Reinigung der Kabinenluft** eingebauten *Filter* bedürfen einer laufenden Wartung. Sie können gereinigt werden, beschädigte oder total verschmutzte Filter sind zu erneuern. Bei verschmutzten Filtern ist eine ausreichende Luftversorgung nicht mehr sichergestellt. Es kann sich deswegen in der Kabine kein Überdruck aufbauen, der den feinen Staub nach außen drückt.

Aufgaben:
1. Welche Motordaten können am Armaturendisplay abgelesen werden?
2. Welche Einstellungen sind an einem Fahrersitz möglich?
3. In welcher Maßeinheit wird der Schallpegel gemessen?

2.4 Kraftübertragung

Das vom Motor erzeugte Drehmoment leiten die Kupplungen zum Triebwerk. Es wandelt je nach Übersetzungsverhältnis das Drehmoment durch Drehzahlveränderung um, so dass an den Triebrädern mehr oder weniger hohe Zugkräfte zur Verfügung stehen.
Über die Zapfwelle können selbst hohe Motorleistungen auf die Arbeitsmaschinen mit gutem Wirkungsgrad und somit wirtschaftlich übertragen werden.

2.4.1 Kupplungen

Kupplungen stellen die kraftschlüssige Verbindung zwischen dem Motor und den nachfolgenden Getrieben her. Sie müssen in Ausführung, Größe und Belastbarkeit den Anforderungen entsprechen und leicht bedienbar sein.
Einscheibenkupplungen – Sie sind mit ihren Bauteilen meist in die Schwungscheibe des Motors eingebaut. Die Mitnehmerscheibe (Kupplungsscheibe) mit den Reibbelägen ist bei geschlossener Kupplung kraftschlüssig mit der Schwungscheibe und der Kupplungsdruckplatte verbunden. Das Zusammenpressen der Kupplung erfolgt über Druckfedern.
Wird das Kupplungspedal beim **Auskuppeln** betätigt, drückt das Ausrückgestänge auf ein Ausrücklager, das die Ausrückhebel in der Kupplung bewegt. Die Druckplatte hebt ab, der Kraftfluss wird unterbrochen.
Beim **Einkuppeln** schleift der Kupplungsbelag solange, bis die Mitnehmerscheibe wieder voll angepresst wird. Zu langes Schleifen der Kupplung erhöht der Verschleiß der Beläge auf der Mitnehmerscheibe.
Am Kupplungspedal muss ein Spiel von 2–4 cm gegeben sein. Ist kein **Kupplungsspiel** vorhanden, können die Druckfedern die Kupplung nicht mehr vollständig schließen, die Kupplung schleift bei Belastung durch. Aus diesem Grund ist das Kupplungsspiel laufend zu prüfen und, wenn erforderlich, neu einzustellen.
Manche Traktoren haben *hydraulisch betätigte Kupplungen.* Sie sind selbstnachstellend und weisen kein Kupplungsspiel auf. Auf ausreichenden Flüssigkeitsstand im Ausgleichsbehälter der hydraulischen Betätigung ist zu achten.
Zweifachkupplung – Um den Fahrantrieb und die Zapfwelle getrennt kuppeln zu können, ist bei den Traktoren vielfach eine Zweifachkupplung eingebaut. Es sind 2 Einscheibenkupplungen, in einem Kupplungspaket mit getrennter Bedienung untergebracht. Die motorseitig angeordnete Kupplung ist die Fahrkupplung, die getriebeseitige Kupplung überträgt das Drehmoment für die Zapfwelle und wird über einen Handelhebel betätigt.
Um Schäden an der Kupplung, dem Ausrücksystem und der Kurbelwellenlagerung zu vermeiden, darf die Kupplung keinesfalls über längere Zeit ausgekuppelt bleiben.
Lamellenkupplungen – Sie übertragen das Drehmoment mit mehreren Kupplungsscheiben und haben dadurch eine kompakte Bauweise. Bei *trocken laufenden Lamellenkupplungen* wird beim

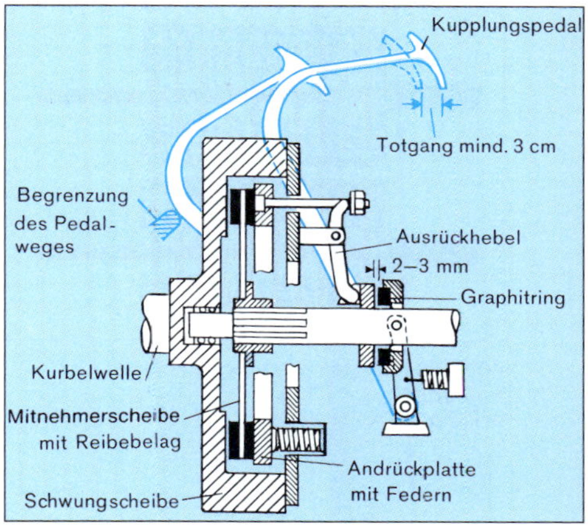

Abb. 187 Aufbau einer Scheibenkupplung.

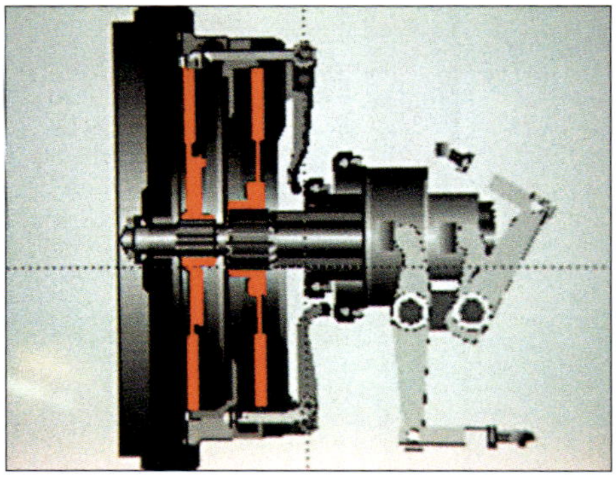
Abb. 188 Eine Zweifachkupplung im Schnitt.

Abb. 189 Hydraulisch geschaltete Lamellenkupplung (Schnitt).
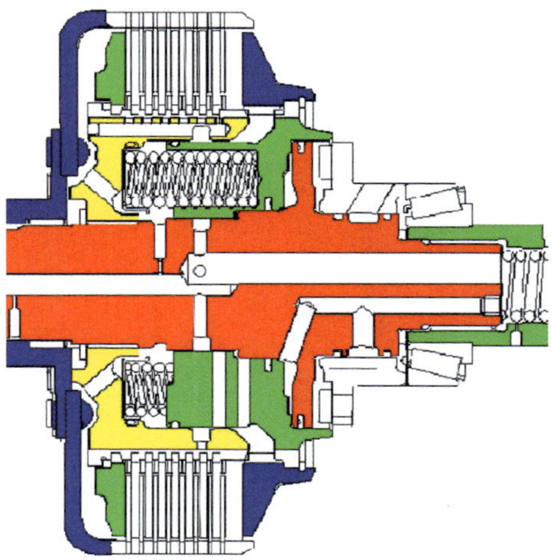

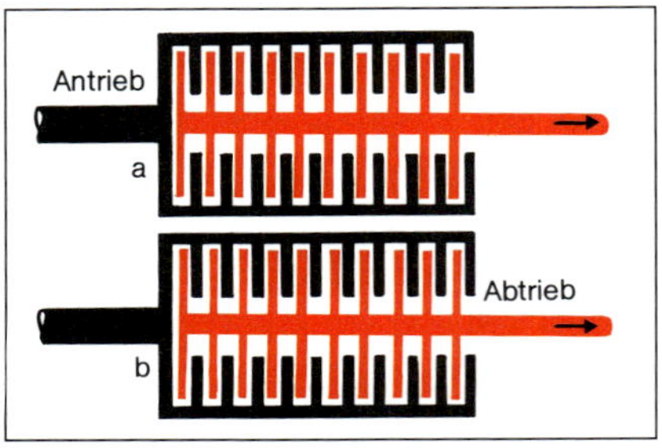

Abb. 190 Schema einer Lamellenkupplung:
a geöffnet
b kraftschlüssig.

Rutschen der Lamellen Erwärmung und Verschleiß auftreten, so dass schnell eine Überhitzung eintritt und das Kupplungsspiel häufiger einer Überprüfung und gegebenenfalls einer Nachstellung bedarf. *Nasse Lamellenkupplungen* laufen im Ölbad, werden dadurch gekühlt und sind verschleißarm.
Das Schließen der Kupplung erfolgt vielfach durch Öldruck und mit elektrischer Betätigung. Diese Kupplungen finden Verwendung z. B. zum Schalten der Zapfwelle, Allradantrieb, Getriebe.
Flüssigkeitskupplungen – Sie übertragen das Drehmoment durch Öl. In einem geschlossenen Gehäuse mit Öl befindet sich ein Pumpen- und ein Turbinenrad. Das *Pumpenrad* wird vom Motor angetrieben. Bei laufendem Motor fördert es das Öl in das *Turbinenrad*, wodurch die Verbindung hergestellt wird. Bei steigender Eingangsdrehzahl greift die Verbindung immer stärker, bis ein vollkommener Kraftschluss hergestellt ist.
Durch die Verbindung mittels Ölströmung übernimmt diese Kupplung die Dämpfung von Schwingungen und den Abbau von Spitzenbelastungen.

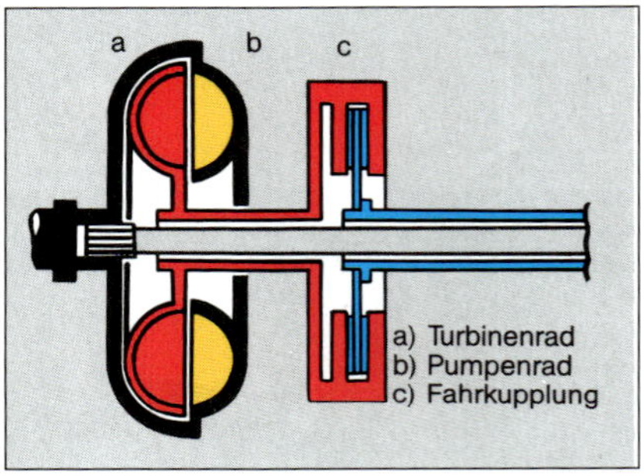

Abb. 191 Turbo- und Fahrkupplung (Schema).

Aufgaben:
1. Welche Ursache liegt vor, wenn das Kupplungsspiel kleiner wird?
2. Aus welchem Grund werden häufig Lamellenkupplungen zur Kraftübertragung eingesetzt?

2.4.2 Triebwerk (Getriebe)

Triebwerke übertragen Bewegungen und Energien. Dabei erhöht oder erniedrigt die gewählte Gangstufe die Fahrgeschwindigkeit und die Zugkraft. Grundsätzlich gilt: Je höher die Geschwindigkeit, desto geringer die Zugkraft. Die feinen Gangabstufungen der Getriebe erlauben bequemes Schalten und eine angemessene Zugkraft- und Geschwindigkeitsregulierung.
Das Triebwerk setzt sich aus den **Baugruppen**
- ▸ Schaltgetriebe,
- ▸ Ausgleichsgetriebe,
- ▸ Achsgetriebe und
- ▸ weitere Nebenabtriebe zusammen.

Schaltgetriebe oder Stufengetriebe – Über die Getriebeschaltung wird in Stufen das Übersetzungsverhältnis zu den Triebrädern verändert. Niedrige Drehzahlen erzielen hohe Drehmomente und somit hohe Zugkräfte. Daraus resultiert, dass bei steigender Fahrgeschwindigkeit die Zugkräfte abnehmen.
Moderne Schaltgetriebe haben im Hauptarbeitsbereich zwischen 2 und 15 km/h eine größere Anzahl von Gängen und erreichen somit eine enge Gangabstufung zwischen 1 bis 1,5 km/h. Für Transportarbeiten stehen Fahrgeschwindigkeiten bis zu 50 km/h zur Verfügung. Auch zwischen dem Arbeitsbereich und der Höchstgeschwindigkeit ist eine gute Gangabstufung notwendig.
Je nach Einsatz des Traktors, besonders für Arbeiten mit dem

Abb. 192 Traktorentriebwerk im Schnitt.

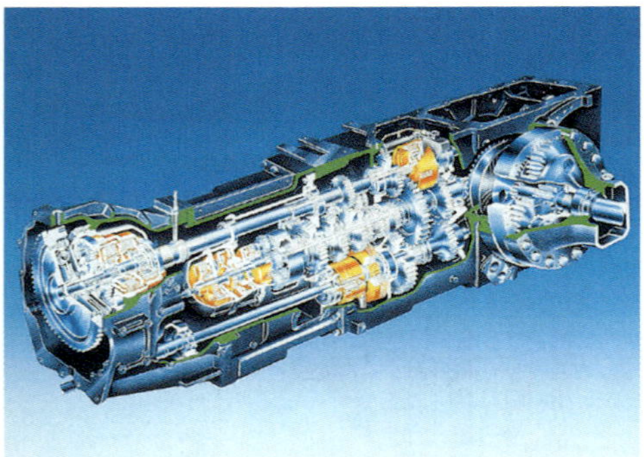

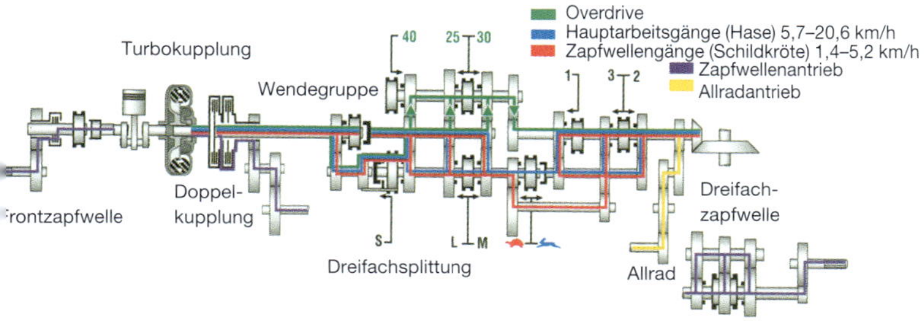

Abb. 193 Aufbau eines Synchrongetriebes mit Gruppen-, Gang- und Feinstufenschaltung **(Beispiel)**.

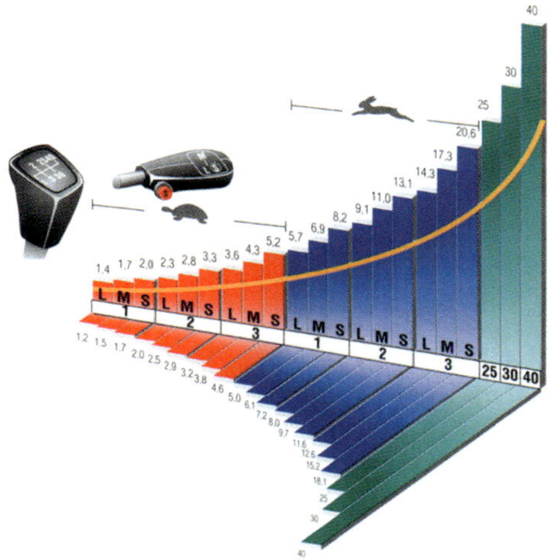

Abb. 194 Gangabstufungen eines Traktorgetriebes **(Beispiel)**.

Frontlader, sollte die Abstufung der Rückwärtsgänge etwa denen der Vorwärtsgänge im Hauptarbeitsbereich entsprechen.
Für den Fahrbetrieb und wegen der Bedienung sollen die Gänge leicht und übersichtlich zu schalten sein.

Schubradgetriebe: Sie haben Zahnräder mit gerader Verzahnung. Die Zahnräder auf der Getriebehauptwelle werden beim Schaltvorgang axial verschoben und greifen in die auf der Vorgelegewelle fest angeordneten Zahnräder ein. Wird ein Gang eingelegt, so wird das entsprechende Zahnrad mit dem Schalthebel auf der Hauptwelle in das Zahnrad der Vorgelegewelle eingeschoben.
Der *Schaltpunkt* liegt bei dieser Bauart an den äußersten Punkten der Zahnräder, so dass bei ungleichen Umfangsgeschwindigkeiten es zu merklichen Schaltgeräuschen und Verschleiß kommen kann. Dadurch ist beim Schalten in einen kleineren Gang zweimal zu kuppeln und Zwischengas zu geben. Damit bringt man die Umfangsgeschwindigkeit der beiden Zahnräder annähernd auf einen gleichen Wert und verhindert Schaltgeräusche.
Bei Schubradgetrieben ist die Gangzahl begrenzt und sie verursachen bei höheren Fahrgeschwindigkeiten erhebliche Getriebegeräusche.

Klauen- oder Muffenschaltgetriebe: Hier sind die Zähnräder immer in Eingriff, sie werden beim Schalten nicht verschoben. Deswegen können die Zahnräder auch schrägverzahnt sein, was die Getriebegeräusche reduziert und höhere Übertragungsmomente zulässt.
Beim Schalten eines Ganges wird durch den Schalthebel die Schaltmuffe axial verschoben, sie verzahnt sich mit den Schaltklauen am entsprechenden Zahnrad und stellt somit die Verbindung zur Abtriebswelle her. Der Schaltvorgang ist leichter durchzuführen, da sich eine Vielzahl von kleinen Schaltklauen beim Schaltvorgang verzahnen und die Geschwindigkeiten an den Schaltpunkten verringert sind.
Meist haben diese Getriebe eine größere Anzahl von Gängen.

Synchrongetriebe: Dies sind Klauenschaltgetriebe mit Synchroneinrichtungen, die den Schaltvorgang erst dann zulassen, wenn die zu verbindenden Teile in Gleichlauf sind. Der Synchronring arbeitet wie eine Bremse, er gleicht die Drehzahlen des angetriebenen und des abgetriebenen Teiles gegeneinander an und ermöglicht dann den problemlosen Schaltvorgang. Synchrongetriebe mit

Abb. 195 Zweifach-Lastschaltung:
grüne Linie = schnelle Stufe,
rote Linie = langsame Stufe.

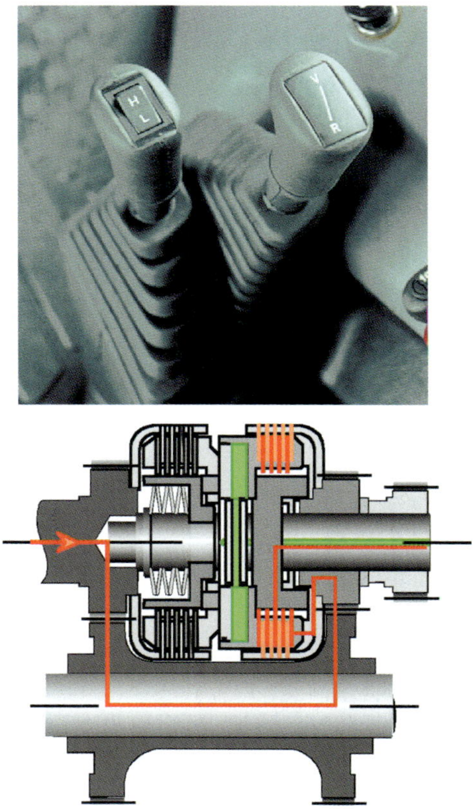

Abb. 196 Stufengetriebe mit 4facher Lastschaltgruppe.

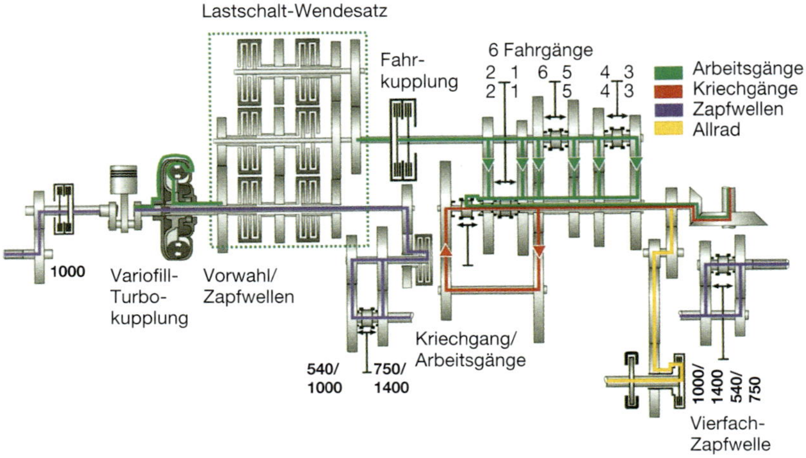

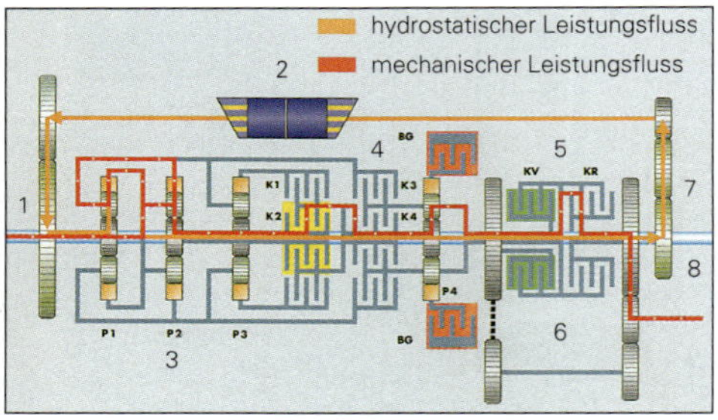

Abb. 197 Schema einer stufenlosen Regelung der Fahrgeschwindigkeit innerhalb von 4 Lastschaltstufen für die Vorwärts- und Rückwärtsfahrt:
1 Antrieb Motor,
2 Hydrostat (Verstellpumpe und Konstantmotor),
3 Planetensätze P1 bis P4,
4 Bereichskupplungen K1 bis K4, BG,
5 Kupplungen vorwärts (KV), rückwärts (KR),
6 Wendegetriebe,
7 Zapfwelle,
8 Hinterachse.

Sperrstellung (Sperrsynchron), wie meist beim Traktor verwendet, ermöglichen erst dann den Schaltvorgang, wenn alle Drehzahlunterschiede ausgeglichen sind.

Lastschaltgetriebe: Zusätzlich können die Getriebe mit einer **Lastschaltung** ausgestattet sein. Sie sind meist der üblichen Gang- und Gruppenschaltung vorgelagert und lassen sich in 2, 3, 4 oder 6 Stufen schalten. Für die Drehmomentübertragung und Veränderung des Übersetzungsverhältnisses sind bei diesem Getriebe meist mehrere Planetengetriebe hintereinander geschaltet. Sie werden je nach Schaltstellung durch hydraulisch betätigte Lamellenkupplungen oder -bremsen geschaltet oder abgebremst.

Da die Schaltdauer sehr kurz ist und damit der Kraftfluss nicht unterbrochen wird, spricht man von einer »Schaltung unter Last«, einer Lastschaltung. Häufig wird der Schaltvorgang elektrohydraulisch vorgenommen und damit der Bedienungskomfort verbessert.

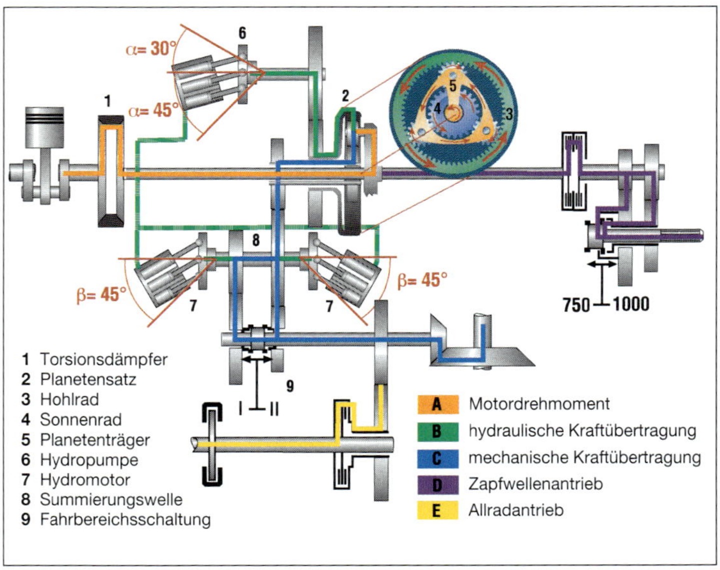

Abb. 198 Stufenloser Fahrantrieb:
- Leistungsverzweigung durch einen Planetensatz
- und Zusammenführen des hydraulischen und mechanischen Antriebs durch die Summierungswelle.

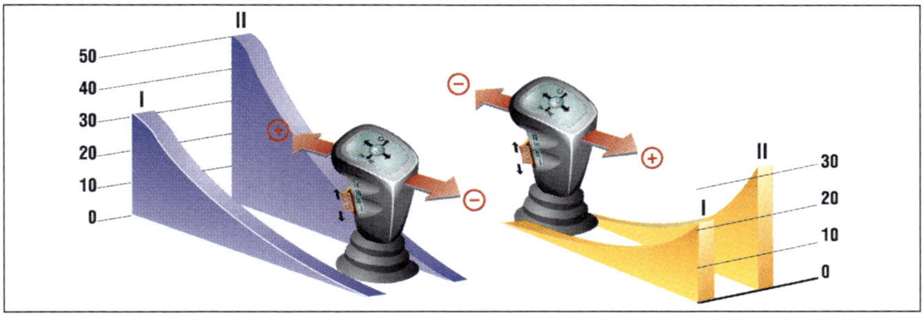

Abb. 199 Die Geschwindigkeit kann bei einem stufenlosen Getriebe im Fahrbereich I (Feld) und im Fahrbereich II (Straße) durch Antippen des Joysticks stufenlos verändert werden. Dazu genügt es, den Joystick (engl. Steuerknuppel, Schalthebel) in der entsprechenden Richtung anzutippen.

Auf Grund des Funktionsprinzips des Planetengetriebes ist auch eine Umkehrung der Drehrichtung möglich und somit sind die Rückwärtsgänge ebenso unter Last schaltbar.
Manche Traktoren haben ein **Volllastschaltgetriebe,** hier sind sämtliche Vor- und Rückwärtsgänge unter Last zu schalten. Ermöglicht wird das durch mehrere Planetensätze, eine größere Anzahl von Lamellenkupplungen und -bremsen und eine entsprechende Schaltungstechnik.

Abb. 200 Modernes Traktorengetriebe in Kombination mit der Hydraulikanlage (Schnitt).

Hydrogetriebe: Selbstfahrende Arbeitsmaschinen können die Fahrgeschwindigkeit stufenlos mit **hydrostatischen Fahrantrieben** verändern. Sie arbeiten mit hohen Öldrücken und geringen Strömungsgeschwindigkeiten. Die vom Verbrennungsmotor angetriebene Axialkolbenpumpe ist im Fördervolumen stufenlos verstellbar und für den Rückwärtsbetrieb reversierbar. Der durch die Pumpe erzeugte Ölstrom speist einen oder mehrere Axialkolbenmotoren, die die Abtriebswellen in Drehbewegung versetzen. Die Veränderung der Fahrgeschwindigkeit erfolgt durch Schwenken der Axialkolbenpumpe.

- Die Ölmenge in l/min bestimmt die Fahrgeschwindigkeit,
- die Richtung des Ölstroms bestimmt die Fahrtrichtung,
- der Öldruck in bar bestimmt die Übertragungsleistung.

Das System arbeitet mit einem geschlossenen Ölkreislauf. Mittels nachgelagerter Schaltgetriebe ist der Betrieb des Hydrotriebes in einem optimalen Arbeitsbereich möglich.
Stufenlose Getriebe: In Traktoren arbeiten stufenlose Getriebe in einem Mischbetrieb von mechanischer und hydrostatischer Kraftübertragung (Leistungsverzweigung). In der langsamsten Stellung des Getriebes wird hydrostatisch, in der schnellsten Stellung überwiegend mechanisch gearbeitet. Zwischen diesen beiden Stellungen ist jede Einstellung stufenlos möglich.
Das in einen Planetentrieb eingeleitete Drehmoment wird darin verzweigt und einerseits (mechanisch) über das Sonnenrad der Abtriebswelle zugeführt. Über den Außenkranz des Planetentriebes wird andererseits eine verstellbare Axialkolbenpumpe angetrieben, die je nach Einstellung die Axialmotoren speist. Diese hydrostatisch übertragene Leistung wird ebenso der Abtriebswelle zugeführt. Über die Verstellung des hydrostatischen Teiles wird die Fahrgeschwindigkeit und somit der Grad der Leistungsverzweigung geregelt.
Über den Bedienhebel sind die Fahrgeschwindigkeit, die Reversierung und auch Geschwindigkeits- und Grenzlastregelungen elektronisch einzustellen.

Abb. 201 Ausgleichsgetriebe mit Klauenkupplung.

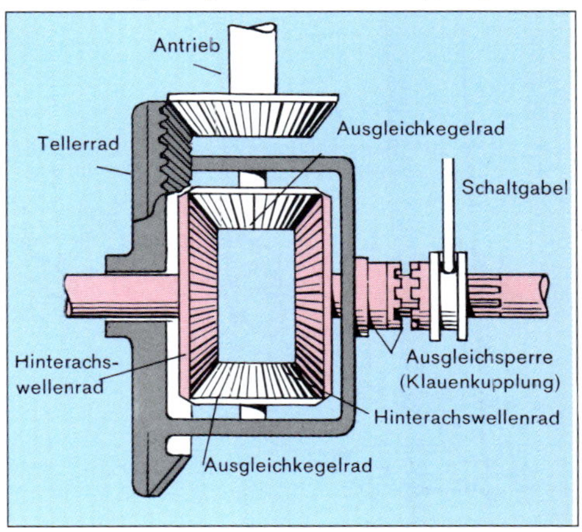

Abb. 202 Beim Selbstsperr-Differenzialgetriebe wird die Sperrwirkung durch Lamellenkupplungen hergestellt.

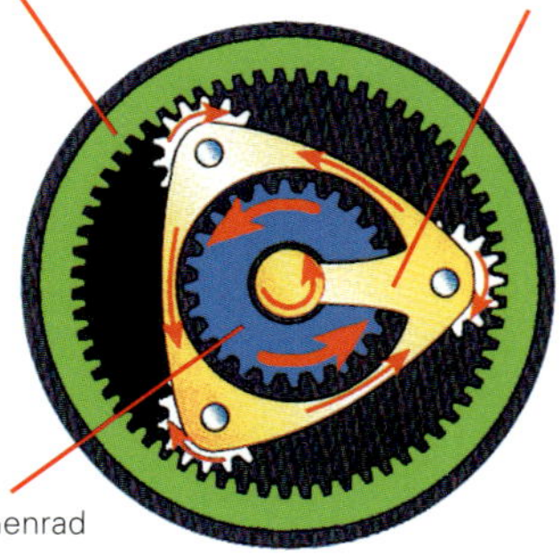

Abb. 203 Bauteile eines Planetengetriebes (Schema).

Abb. 204 Beim Getriebeölwechsel sind auch die Ölfilter (Pfeile) zu erneuern.

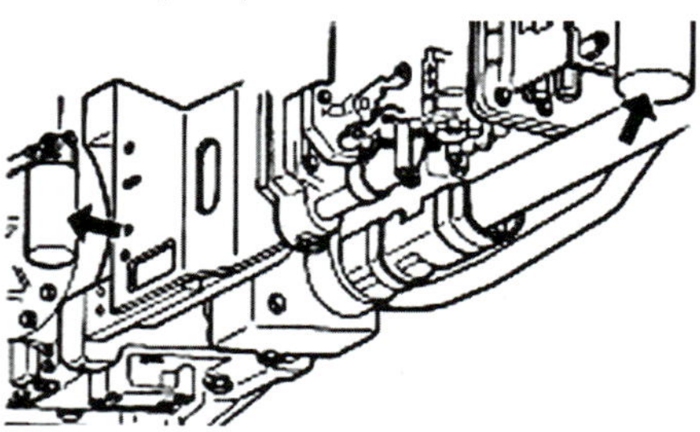

Differenzialgetriebe – Es handelt sich um Winkelgetriebe, mit der wichtigen Aufgabe, die unterschiedlichen Drehzahlen der Antriebsräder bei Kurvenfahrt auszugleichen (Ausgleichsgetriebe). Die Getriebewelle treibt das Tellerrad auf dem Differenzialgehäuse an. Die darin angeordneten drehbaren Ausgleichskegelräder verzahnen sich mit den Abtriebskegelrädern, die jeweils die beiden Steckachsen aufnehmen.

Bei *Geradeausfahrt* des Fahrzeuges kreisen die Ausgleichskegelräder im Gehäuse und nehmen die Abtriebskegelräder mit. Beide Achsantriebe erreichen die gleichen Drehzahl. Wird bei der *Kurvenfahrt* ein Abtriebskegelrad durch den Rollwiderstand vom Reifen in der Drehzahl reduziert, so fangen die Ausgleichskegelräder zu drehen an und übergeben dem zweiten Antriebskegelrad die Drehzahl in dem Verhältnis, um die es reduziert wurde. Daraus ergibt sich im Extremfall, dass ein Reifen auf festem Boden und somit der Traktor steht und der zweite Reifen in doppelter Drehzahl rotiert.

Um bei schwierigen Boden- und Einsatzverhältnissen den Antrieb beider Räder sicher zu stellen, ist das Einschalten der **Differenzialsperre** notwendig. Sie kann mechanisch, hydraulisch oder elektrohydraulisch zu- und abgeschaltet werden. Bei Differenzialgetrieben in Vorderachsen ist vielfach ein automatisches Sperrsystem eingebaut. Das **Selbstsperr-Differenzialgetriebe** wird dann wirksam, wenn in den beiden Abtrieben ungleiche Drehmomente auftreten. Die Sperrung erfolgt über Lamellenkupplungen. Der Sperrwert kann maximal 70 % erreichen.

> ! Differenzialsperren nicht einschalten, wenn beide Räder mit sehr ungleichen Drehzahlen drehen, Sperre vor einer Kurvenfahrt ausschalten.

Achsgetriebe – Von Traktoren werden hohe Zugkräfte gefordert. Um das Schalt- und Ausgleichsgetriebe möglichst gering zu belasten, erfolgt die Hauptuntersetzung auf die entsprechende Enddrehzahl unmittelbar vor den Rädern in den Achsen. Für diesen Zweck kommen **Portalgetriebe** (Stirnradgetriebe) zur Anwendung. Sie haben einen Versatz im Kraftfluss.

Planetengetriebe (Umlaufgetriebe) zeichnen sich durch einen axialen Kraftfluss und somit hohe Belastbarkeit aus. Sie bestehen aus dem Sonnenrad, Hohlrad, den Planetenrädern und dem Planetenträger. Das notwendige Übersetzungsverhältnis ist durch die Größen der Zahnräder und den unterschiedlichen Möglichkeiten der Krafteinleitung zu erreichen.

Getriebeöle – Für die hochbelasteten Getriebe ist eine kontinuierliche **Wartung** notwendig. In den vorgegebenen Zeiten und wenn Ölverluste ersichtlich sind, ist der Ölstand in allen Getrieben zu prüfen und gegebenenfalls zu ergänzen. Die Ölwechselintervalle sind einzuhalten, dabei sind Siebe oder Filter zu reinigen bzw. auszutauschen. Das in der Betriebsanleitung vorgeschriebenen Öle ist zu verwenden.

Die **Beanspruchung des Öles** in einem Getriebe ist bei den verschiedenen Betriebsbedingungen sehr hoch, nicht aber mit denen

für Motorenöl vergleichbar. Hohe Druck- und Scherkräfte belasten das Öl.
Die Viskosität der Getriebeöle wird in **SAE** angegeben und reicht von SAE 70–140 bei Einbereichsölen. Mehrbereichsöle gibt es z. B. in den Viskositäten SAE 70 W-80, SAE 75 W-90.
Die Qualitätseinstufung der Getriebeöle erfolgt nach den in Tabelle 11 genannten Klassen.

Tabelle 11: Qualitäts-Kenngrößen für Getriebeöle

Bezeichnung	Bedeutung	**Beispiel**
MIL-Spezifikation	Angabe des Leistungsvermögen eines Öles nach Maßstäben des amerikanischen **Mil**itärs	MIL-L-2105 B
API-Klassifikation	Einteilung des Leistungsverhalten der Öle der **A**merican-**P**etroleum-**I**nstitut	API GI-5

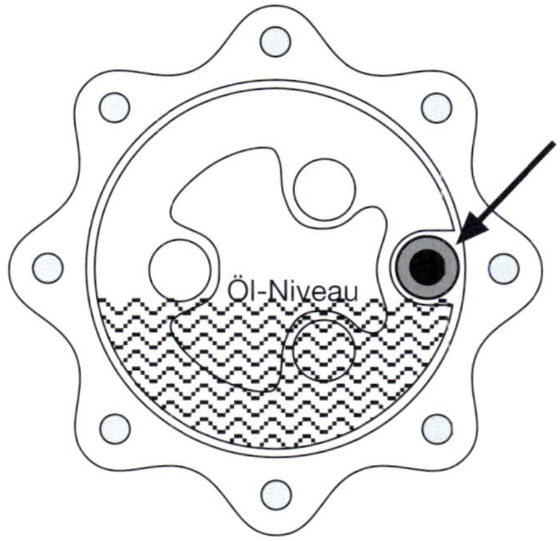

Abb. 205 Planetengetriebe in der Vorderachse (Pfeil: Ablass-, Einfüll- und Kontrollöffnung).

Beispiel aus einer Betriebsanleitung:
Bei einem Ölwechselintervall von 800 Stunden ist ein Getriebeöl zu verwenden: SAE 80 oder 75 W-90 mit der Qualität Mil-L-2105 C bzw. API GL-6
ATF-Öle sind Flüssigkeiten für automatische Getriebe; sie werden auch für hydraulische Lenkungen verwendet.
Besonderer Beachtung bei der Auswahl von Getriebeölen bedarf es, bei Getrieben, die

- ▶ einen gemeinsamen Ölhaushalt mit der Hydraulik,
- ▶ nass laufende Scheibenbremsen,
- ▶ nasse Lamellenkupplungen haben.

Dafür werden z. T. **Universalöle** wie das

- ▶ **TOU-Oil** (Traktor-Oil-Universal) oder
- ▶ **STOU-Oil** (Super-Traktor-Oil-Universal) vorgeschrieben.

! Vor Verwendung von Ölen und bei Unklarheiten hinsichtlich des Einsatzes eines Öles sind die Angaben aus der Betriebsanleitung mit denen des Öl-Herstellers zu vergleichen. Zu vermeiden sind in jedem Fall größere Ölvermischungen, denn die Eigenschaften der Öle ändern sich dadurch stark.

Aufgaben:

1. Welche Vorteile bringt die Synchronisierung der Gänge eines Getriebes?
2. Welche Untersetzungsgetriebe werden in den Achsen angewendet?
3. Was versteht man unter Leistungsverzweigung bei einem stufenlosen Traktorgetriebe?

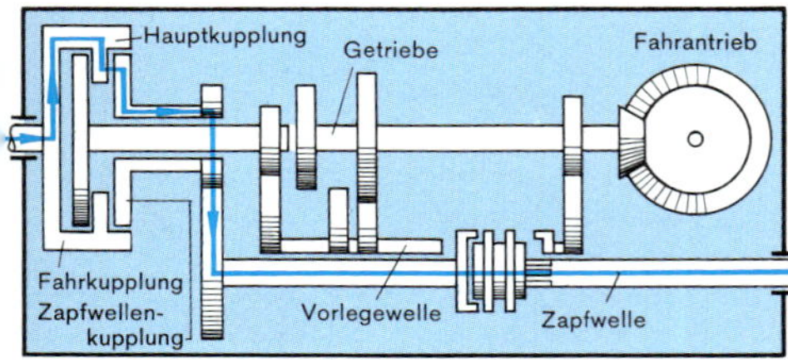

Abb. 206 Motorzapfwelle (Schema).

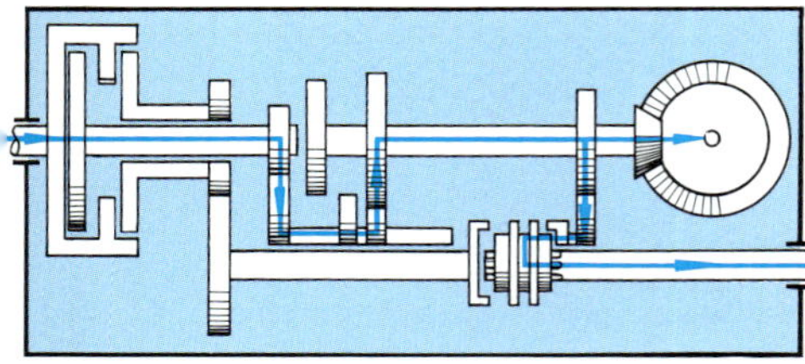

Abb. 207 Wegzapfwelle (Schema).

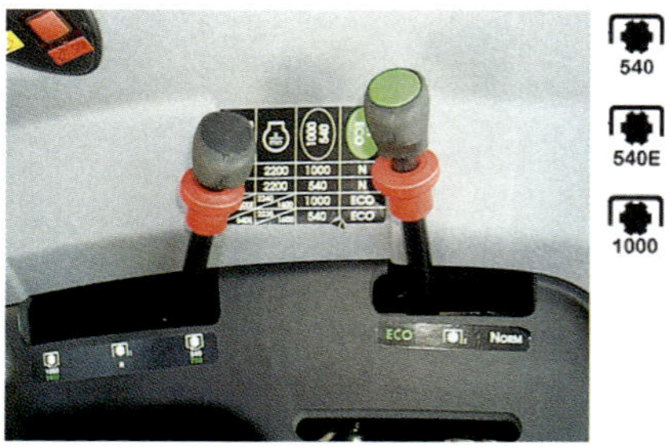

Abb. 208 Das Schalten der Zapfwellendrehzahl ist in verschiedenen Stufen möglich.

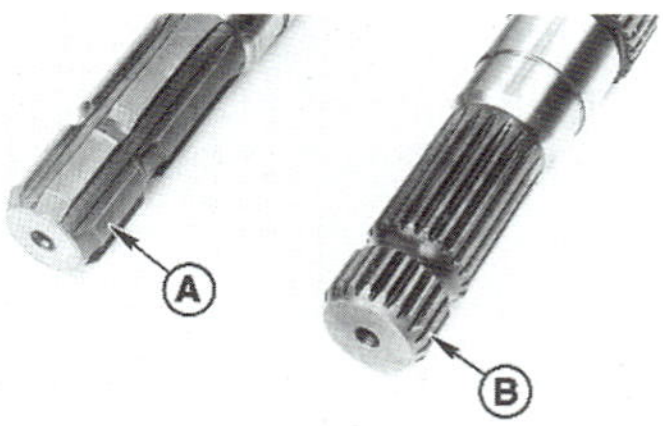

Abb. 209 Zapfwellenprofile:
A = Sternkeil-Profil, B = Evolventen-Profil.

Abb. 210 Über eine Flanschverschraubung lassen sich verschiedene Zapfwellenprofile austauschen.

2.4.3 Zapfwellen

Die benötigte Leistung eines Gerätes kann über die **Zapfwelle** mit gutem Wirkungsgrad übertragen werden. Deswegen haben die Traktoren die Möglichkeit, über verschiedene Bauarten von Zapfwellen alle in der Praxis vorhandenen Maschinen anzutreiben.

Bauarten – Am häufigsten wird die **Motorzapfwelle** eingesetzt. Sie ist von der Fahrkupplung unabhängig, so dass während des Maschinenbetriebes das Schalten der Gänge und somit eine Anpassung der Fahrgeschwindigkeit an die Arbeitsverhältnisse möglich ist. Muss zum Ausheben eines Gerätes oder bei Kurvenfahrt die Zapfwelle außer Betrieb gesetzt werden, ist dies über eine separate Zapfwellenkupplung ebenso möglich, der Traktor kann unabhängig davon weiterfahren.

Beide Kraftstränge sind also unabhängig voneinander zu bedienen. Die Schaltung der Zapfwellenkupplung kann mechanisch, pneumatisch, hydraulisch oder elektrohydraulisch erfolgen. Bei Nenndrehzahl des Motors liegt die **Zapfwellendrehzahl** bei 540/min. Für Geräte, die mit der höheren Drehzahl arbeiten können, ist die Zapfwelle mit 1000/min notwendig.

Vielfach kann die Drehzahl 750/min oder 1300/min vorgewählt werden. Sie werden als **Sparzapfwellen** bezeichnet, weil der Geräteantrieb mit verminderter Motordrehzahl möglich ist und dadurch Kraftstoff gespart werden kann.

Die **Wegzapfwelle** ist von der Fahrgeschwindigkeit und von der Fahrkupplung abhängig. Somit verändert sich deren Drehzahl durch die Motordrehzahl und durch die Gangschaltung. Die Wegzapfwelle dreht sie sich nur, wenn der Traktor fährt. Bei den Rückwärtsgängen erfolgt eine Änderung der Drehrichtung.

Zapfwellen-Profile – Zur sicheren Verbindung der Zapfwelle mit der Gelenkwelle ist das Profil der Zapfwelle genormt. Das **Sternkeil-Profil** wird in Größen 1 3/8 Zoll und 1 3/4 Zoll am Traktor und an den Arbeitsmaschinen verwendet. Das **Feinzahn-Profil** (Evolventen-Profil) hat ebenso die Größen 1 3/8 Zoll und 1 3/4 Zoll. Dieses Profil wird nur mit der Drehzahl 1000/min angeboten. Je nach Größe, Form und Drehzahl können unterschiedlich hohe Leistungen zu den Arbeitsmaschinen übertragen werden.

Frontzapfwelle – Der Antrieb der Fontzapfwelle erfolgt über ein separates Getriebe, meist direkt von der Motorkurbelwelle aus nach vorne. Durch eine Kupplung ist die Zapfwelle zu- und abschaltbar. Die Drehzahl ist fast immer 1000/min. Zusätzlich können weitere Drehzahlen oder ein Linkslauf der Zapfwelle eingebaut werden.

Aufgaben:

1. Welchen Vorteil bringt der vom Fahrantrieb unabhängige Antrieb der Zapfwelle bei einer Motorzapfwelle?
2. Was ist beim Einsatz einer Sparzapfwelle zu beachten, um Schäden an der Arbeitsmaschine zu vermeiden?

2.4.4 Gelenkwellen

Die Verbindung zwischen der Zapfwelle des Traktors und der Arbeitsmaschine erfolgt über die **Gelenkwelle**, die in Größe und Ausführung den unterschiedlichen Anforderungen und dem Leistungsbedarf des Gerätes gerecht werden soll.

Sie muss

- ▶ Veränderungen ausgleichen, hervorgerufen durch die verschiedenen Positionen des Gerätes zum Traktor und durch die Geländeform,
- ▶ die Beweglichkeit von Traktor und Gerät bei Kurvenfahrten zulassen,
- ▶ Überlastungen des Gerätes absichern,
- ▶ den Anforderungen des Unfallschutzes entsprechen.

Die einzelnen **Bauteile** einer Gelenkwelle sind

- ▶ die Profilrohre,
- ▶ Gelenke,
- ▶ Überlastsicherungen,
- ▶ Schnellverschlüsse und
- ▶ Einrichtungen zum Unfallschutz.

Profilrohre – Diese nahtlos gezogenen Stahlprofile übernehmen die Drehmomentübertragung und Abstandsanpassung zwischen Traktor und Gerät. Beim Einsatz ist, um Verschleiß und Bruch der Rohre zu vermeiden, auf eine ausreichende Überlappung der beiden Stahlprofile zu achten. Vorsicht ist andererseits bei zu langen Profilrohren geboten, da dann die Zapfwelle am Traktor oder an der Maschine Schaden leiden kann.

Die Profilrohre sind unterschiedlich in Form und Größe. *Zweirippen-Profilrohre* gibt es in 15 verschiedenen Größen. Das *Sechsrippen-* oder *Stern-Profil* für hohe Übertragungsleistungen wird in 3 verschiedenen Ausführungen eingesetzt. Beim *Dreikant-Profil* können aus 13 verschiedenen Größen die entsprechenden Gelenkwellenpaarungen zusammengestellt werden.

Gelenke – Entsprechend den geforderten Drehmomentgrößen und dem Grad der notwendigen Abwinklung kommen verschiedene **Gelenke** zum Einsatz.

Das **Kreuzgelenk** besteht aus 2 Gelenkgabeln und aus dem Kreuzstück mit den Lagern. Es lässt bei laufender Gelenkwelle eine Abwicklung von maximal 30 Grad zu. Größere Abwinklungen erhöhen den Verschleiß der Gelenke und verursachen einen unruhigen Lauf der Maschine.

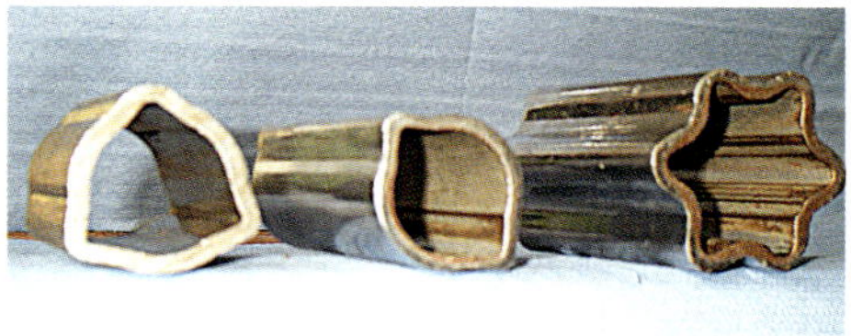

Abb. 211 Geläufige Profilrohre an Gelenkwellen.

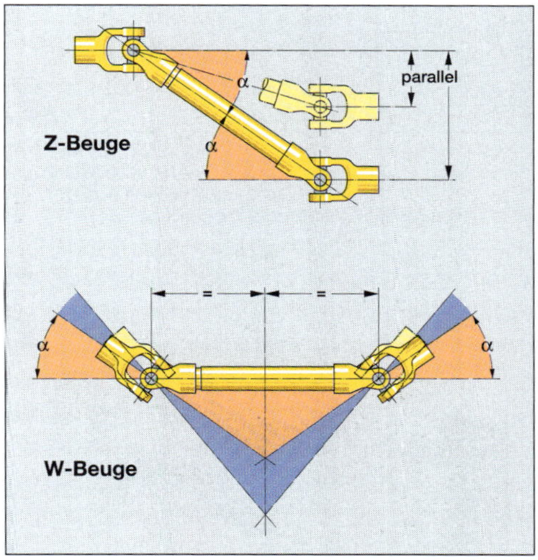

Abb. 212 Bei der Z-Beuge einer Gelenkwelle müssen An- und Abtriebswelle parallel zueinander liegen. Bei der W-Beuge müssen sie sich in der Mitte zwischen beiden Gelenken schneiden.

Abb. 213 Bauteile einer Gelenkwelle ohne Schutzeinrichtungen **(Beispiel):**
1 Gabel mit Schnellverschluss,
2 Kreuzgarnitur,
3 Innengabel,
5 Spannstift,
6 Außenprofilrohr,
7 Innenprofilrohr,
9 komplettes Gelenk.

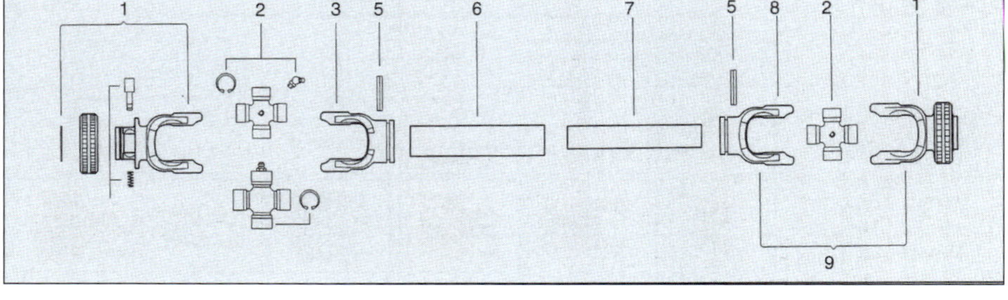

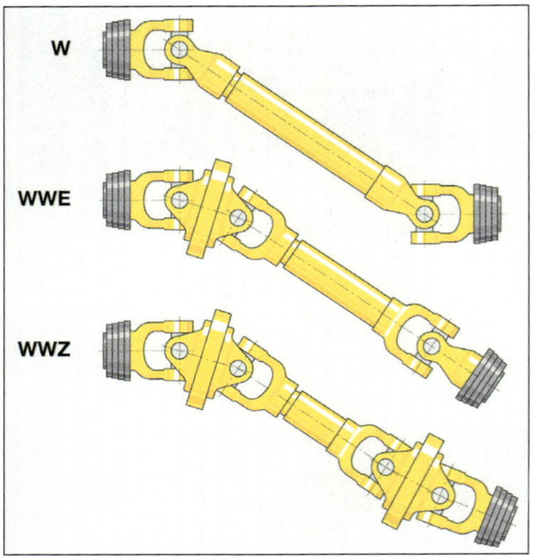

Abb. 214 Bauweisen von Gelenkwellen (oben). Weitwinkel-Gleichlauf-Gelenkwellen besitzen zusätzliche Sondergelenke (unten).

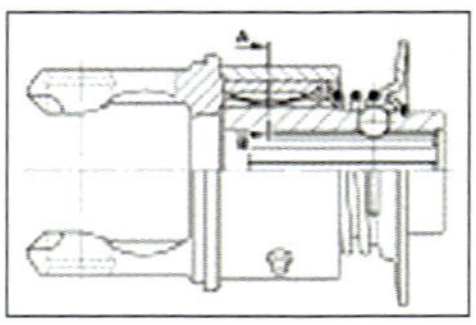

Abb. 215 Freilaufkupplung.

Es ist wichtig, dass die Abwinklungen beider Gelenke immer gleich groß sind, damit die Gleichförmigkeit der Kraftübertragung gewährleistet wird. Hinsichtlich der Abwinklung der Gelenke einer Gelenkwelle wird zwischen der *W-Abwinkelung* und der *Z-Abwinkelung* unterschieden.

Das **Weitwinkelgelenk** besteht aus 2 Kreuzgelenken, die über eine Scheibe zentriert sind und erlaubt eine maximale Abwinklung von 50, 70 bzw. 80 Grad, je nach Ausführung. Diese Abwinklungen dürfen bei stillstehender Gelenkwelle keinesfalls überschritten werden, da die zentrale Kugelführung eine stärkere Abwinkelung nicht zulässt und das Gelenk beschädigt werden kann.

> ! Gelenkreparaturen müssen fachmännisch vorgenommen werden. Die Lager dürfen keinen Druck durch verspannte Gelenkgabeln bekommen.

Überlastsicherungen – In der Gelenkwelle integrierte **Überlastsicherungen** sichern die Gelenkwelle und die Arbeitsmaschine vor unzulässig hohen Belastungen ab.

Bei der **Scherstift-Kupplung** wird der Kraftfluss durch Abscheren eines Sicherungsstiftes bei Überlastung gänzlich unterbrochen. Diese Kupplung eignet sich besonders zur Absicherung gegen Fremdkörper.

Bei Wiederherstellung der Verbindung dürfen nur Scherstifte oder Scherschrauben mit gleicher Materialgüte und gleichem Materialquerschnitt wie das Originalteil benutzt werden.

Sperrkörper-Kupplungen geben beim Ansprechen und während des Durchrutschens ein laut hörbares Geräusch ab. Um den Verschleiß der Kupplung möglichst gering zu halten, ist sie mit Fett zu schmieren und beim Ansprechen der Kupplung ist der Kraftfluss sofort zu unterbrechen.

Dagegen ist eine **Reibscheiben-Kupplung** bei Überlastung kaum hörbar, bei längerem Durchrutschen tritt hohe Erwärmung und Verschleiß auf. Das übertragbare Drehmoment dieser Kupplung ist bei manchen Ausführungen einstellbar.

Sie sind bei längerer Stillstandzeit durch Lockern der Scheiben zu lüften. Damit wird ein Festrosten der einzelnen Kupplungsscheiben verhindert. Wenn notwendig ist die Reibscheiben-Kupplung vor dem Einsatz wieder auf den vorgeschriebenen Drehmomentwert einzustellen.

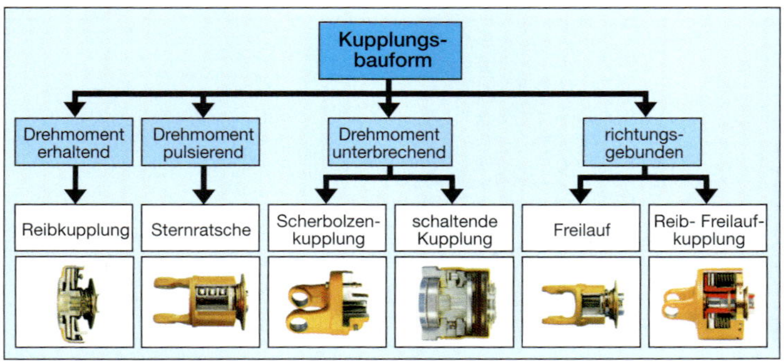

Abb. 216 Mitte: Verschiedene Bauformen von Überlastkupplungen.

Abschalt-Kupplungen haben zur Kraftübertragung Sperr- oder Schaltnocken eingebaut. Wird bei Überlastung das eingestellte Drehmoment erreicht und die Kupplung spricht an, so wird der Kraftfluss gänzlich unterbrochen. Im ausgelösten Zustand hat die Kupplung nur eine geringe Reibung und geringen Verschleiß.
Zum Wiedereinschalten muss der Antrieb ausgeschaltet werden, die Kupplung schließt dann selbsttätig und ist wieder funktionsbereit.
Für manche Maschinen muss die Gelenkwelle mit einer **Freilauf-Kupplung** ausgestattet sein. Sie überträgt das Drehmoment nur in eine Richtung und erlaubt das freie Auslaufen einer Maschine bei abgeschalteter Zapfwelle. Um den Freilauf zu schonen, ist auf langsames Einschalten der Zapfwelle zu achten.
Schnellverschluss – Die Sicherung der Gelenkwelle auf der Zapfwelle erfolgt mittels **Schnellverschlusses** mit Sicherungsbolzen, Sicherungskugeln oder Klemmkeilen. Nach dem Aufstecken der Gelenkwelle auf die Zapfwelle ist auf ein sicheres Einrasten der Verbindung zu achten. Dann wird ein selbsttätiges Lösen der Gelenkwelle von der Zapfwelle während des Betriebes ausgeschlossen.
Nicht mehr einwandfrei sichernde Verschlüsse sind wieder funktionsfähig zu machen oder zu erneuern.

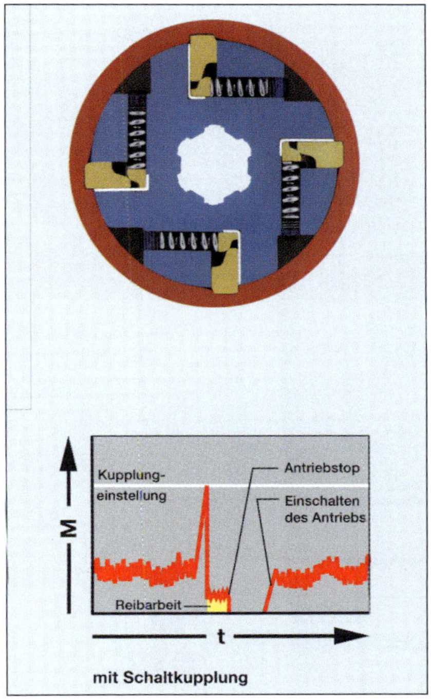

Abb. 217 Schnitt und Arbeitsverhalten einer Keilschaltkupplung, die sich automatisch wieder einschaltet.

> ! Der Betrieb einer Gelenkwelle ohne ausreichenden Gelenkwellenschutz ist unfallträchtig, ungeschützte Gelenkwellen sind Todesfallen.
> Es müssen geschützt sein:
> ▶ Die Profilrohre durch nicht mitdrehende Schutzrohre,
> ▶ die Gelenke durch gelenkwellenseitig fixierte, ausreichend große Schutztrichter,
> ▶ die Anschlussnabe mit Schnellverschluss und die Zapfwelle mittels geeigneter Schutzhauben oder Schutztöpfe.

Abb. 218 Schnellverschlüsse an der Gelenkgabel:
A = Stiftsicherung,
B = Schiebeverschluss,
C = Drehverschluss.

Unfallschutz – Beschädigte Teile des **Gelenkwellenschutzes** sind sofort zu erneuern. Die Lagerungen der Schutzeinrichtung auf der Gelenkgabel sind stets auf Leichtgängigkeit und sichere Verbindung zu überprüfen.
Die Lager einer Gelenkwelle sind regelmäßig abzuschmieren, besonders aber die Gleitflächen der Profilrohre.

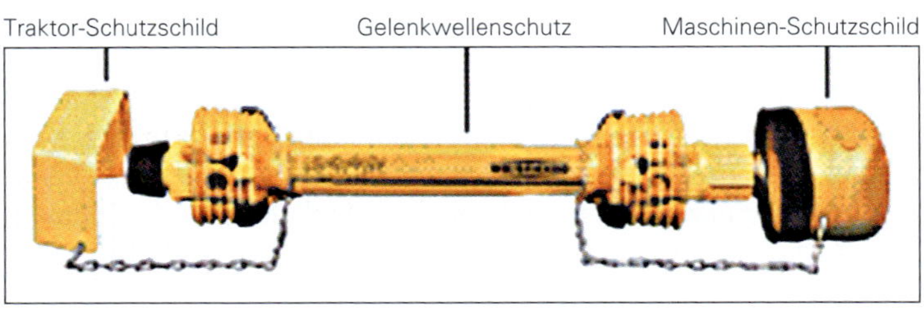

Abb. 219 Die drehenden Teile einer Gelenkwelle müssen durch einen voll funktionsfähigen Gelenkwellenschutz komplett geschützt sein.

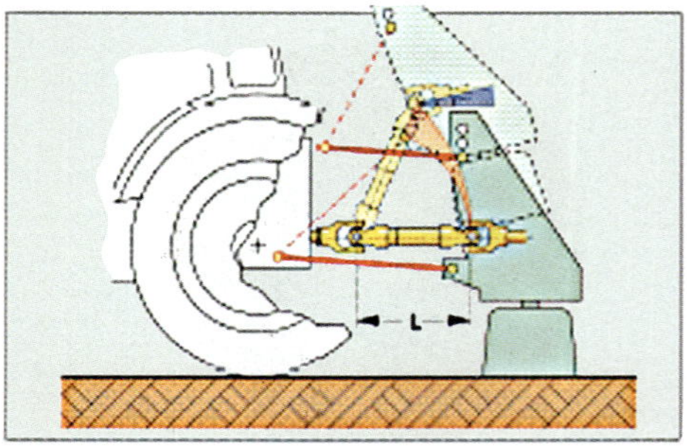

Abb. 220 Die Gelenkwelle zwischen Traktor und Gerät muss in der Länge (L) angepasst werden.

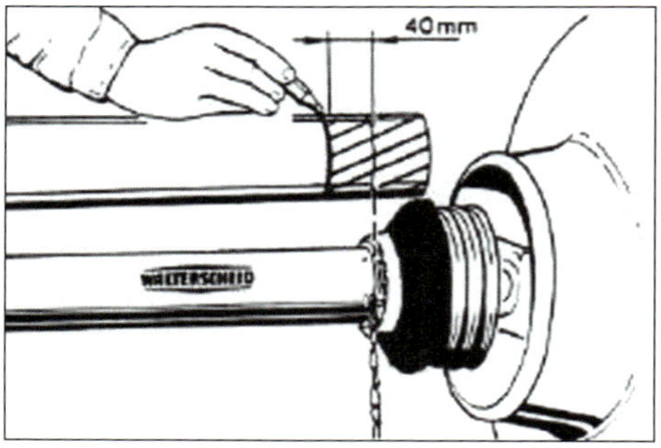

Abb. 221 Vor dem Kürzen der Gelenkwelle ist ein genaues Abmessen erforderlich.

Abb. 222 Die Riemenspannung ist an der Einstelllehre (Pfeil) zu prüfen.

Abb. 223 Zahnriemen sind rechtzeitig zu erneuern, da bei einem Schaden meist über die Nockenwelle und die Ventile die Kolben mit betroffen sind.

Vor jedem Einsatz einer Maschine mit einer Gelenkwelle ist zu prüfen:

- Hat die Gelenkwelle auch bei Kurvenfahrt und Gerätebetätigung die passende Länge?
- Ist eine ausreichende Mindest-Überlappung gegeben?
- Werden die maximal zulässigen Gelenkabwinkelungen bei der Kurvenfahrt oder beim Ausheben eines Gerätes nicht überschritten?
- Sind alle Schutzeinrichtungen vorhanden und gegen Mitdrehen gesichert?
- Sind Überlastsicherungen eingebaut, die der angetriebenen Maschine entsprechen?

Aufgaben:

1. Aus welchem Grund darf ein Kreuzgelenk einer Gelenkwelle bei Betrieb nur mit 30° abgewinkelt werden?
2. Welcher Unterschied besteht zwischen einer Scherstift-Kupplung und einer Reibscheiben-Kupplung?

2.4.5 Riemen-, Ketten- und Zahnradtriebe

An Landmaschinen kommen **Riemen-, Ketten-** und **Zahnradtriebe** häufig zur Kraftübertragung und zur Änderung des Übersetzungsverhältnisses zur Anwendung.

Riementriebe – Bei ihnen sind hauptsächlich **Keilriemen** im Einsatz. Der *Kraftschluss* zwischen dem Riemen und der Riemenscheibe beruht auf der Keilwirkung der Seitenwände des Riemens und der Keilrille. Durch die reibschlüssige Übertragung kann jedoch ein geringer Schlupf auftreten. Deshalb ist mit Keilriemen kein völliger Synchronlauf zwischen Antriebs- und Abtriebsseite möglich und somit sind sie für Antriebe zu Steuerungszwecken ungeeignet.

Für die Größe der **Kraftübertragung** sind entscheidend

- Ausführung und Form,
- Größe,
- Umfangsgeschwindigkeit,
- Spannung und Führung sowie,
- der Umschlingungswinkel des Riemens auf der Scheibe.

Mit einem Keilriementrieb sind **Übersetzungen** bis maximal 8:1 möglich.

Zur Übertragung höherer Leistungen und wenn Keilriemen das Zu- und Abschalten von Aggregaten übernehmen sollen, kommen meist **Verbundkeilriemen** oder **Kraftbänder** zum Einsatz. Die Riemenbelastung wird hier gleichmäßig auf 3, 4 oder 5 Keilriemen verteilt.

Doppelkeilriemen kommen dann zur Anwendung, wenn Riemenscheiben auf einer Ebene liegen und deren Drehrichtung ohne Riemenkreuzung verändert werden soll.

Sollen Riemen anstelle einer Kette zu Steuerungszwecken eingesetzt werden, so kommt der **Zahnriemen** zum Einsatz. Im Vergleich zum Kettentrieb kann er mit höheren Geschwindigkeiten arbeiten und hat geringe Laufgeräusche.

Kettentriebe – Sie sind in der Lage, große Kräfte formschlüssig zu übertragen. Dabei soll die Kettengeschwindigkeit von 20 m/s nicht überschritten werden.

Für einfachere und langsamlaufende Kettentriebe wird die **Buchsenkette** verwendet. Sie erfordert wegen der Gleitreibung auf dem Kettenrad eine gute Schmierung und hat höhere Laufgeräusche. Dagegen laufen die **Rollenketten** leiser und haben trotz geringerem Schmieraufwand einen geringeren Verschleiß.

Beim *Austausch* einer Kette ist zu achten auf die

- Kettenteilung (wird in mm oder in Zoll gemessen),
- innere Breite (wird in mm oder in Zoll gemessen),
- Buchsen- oder Rollendurchmesser (wird in mm oder in Zoll gemessen).

Die *Schmierung* der Ketten erfolgt am besten mit speziellen Kettenschmiermitteln mit Haftzusätzen. Vorbeugend mit Kettenschmierfett geschmierte Ketten bieten ausreichende Schmierfähigkeit und gewährleisten eine lange Einsatzbereitschaft.

Wichtig für Kettentriebe ist:

- Kette rechtzeitig nachspannen, peitschende Ketten haben hohen Verschleiß,
- die Kettenräder und die Spannvorrichtungen müssen genau fluchten,
- zur Kettenverbindung nur exakt passende Kettenglieder verwenden,
- nicht neue Ketten auf alten, verschlissenen Kettenrädern verwenden.

Zahnradtriebe – Zur formschlüssigen Kraftübertragung kommen in Landmaschinen **Zahnradtriebe** zur Anwendung. Mit ihnen sind relativ große Übersetzungsverhältnisse bei geringem Platzbedarf möglich.

Das **Stirnradgetriebe** kommt in offener und geschlossener Bauweise, als Durchgangsgetriebe oder Verteilergetriebe mit mehreren Ausgangswellen vor. Um Drehzahlveränderungen vornehmen zu können, sind bei manchen Getrieben die Zahnräder gegeneinander zu tauschen oder gegen einen anderen Satz auszuwechseln. Die Zahnräder sind meist gerade verzahnt und werden mit Getriebefließfett oder Öl geschmiert.

Dagegen haben **Winkelgetriebe** meist schräg, kreisbogen- oder spiralförmig ausgebildete Zähne. Die Eingangswelle hat zur Ausgangswelle einen Winkelversatz von 90°, der je nach Einbaulage kleiner oder größer sein kann. Haben beide Wellen zueinander eine Höhenversatz, so handelt es sich um ein *Hypoidgetriebe*.

Aufgaben:

1. Von welchen Faktoren hängt die Leistungsübertragung eines Keilriementriebes ab?
2. Warum soll auf ein altes, verschlissenes Kettenrad keine neue Kette aufgelegt werden?

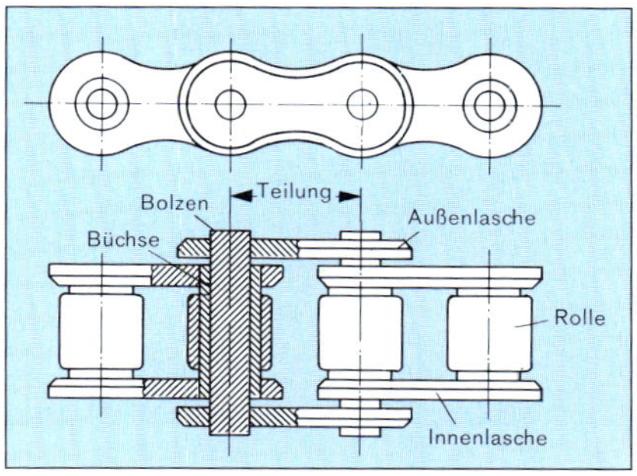

Abb. 224 Stahlrollenkette.

Abb. 225 Kettentriebe lassen große Übersetzungen zu

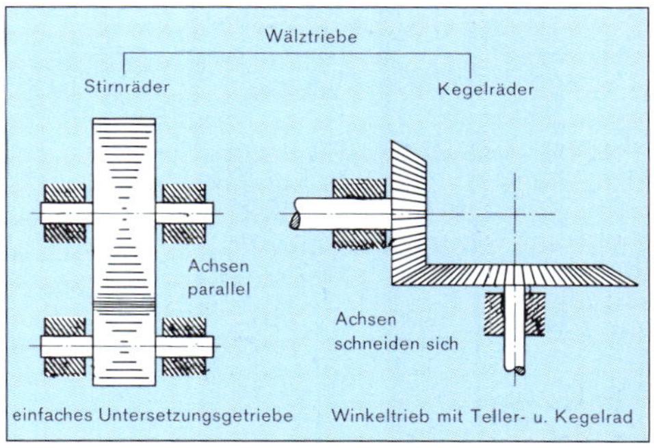

Abb. 226 Zahnradtriebe **(Beispiele)**.

Abb. 227 Stirnradgetriebe mit 2 Schaltstufen.

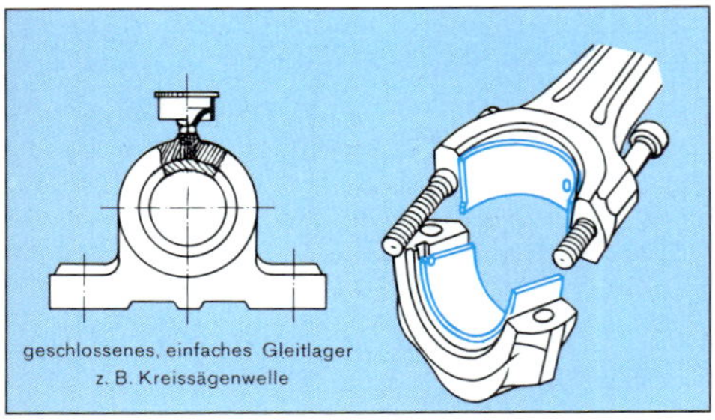

Abb. 228 Geschlossenes einfaches Gleitlager (links) und Gleitlager mit Lagerschalen (rechts).

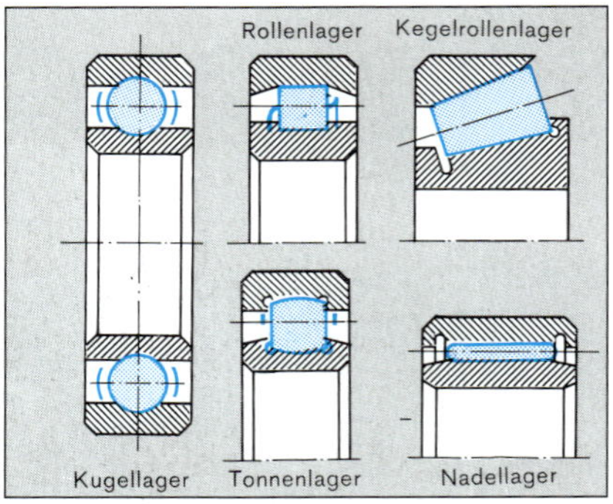

Abb. 229 **Beispiele** für Wälzlager.

Abb. 230 Schraub-Schmiernippel mit dazugehörigen Mundstücken für die Fettpressen (Auswahl, von links nach rechts): Kegelnippel, Kegel- und Kugelnippel mit Universalmundstück, Kugelnippel, Trichternippel, Flachkopfnippel.

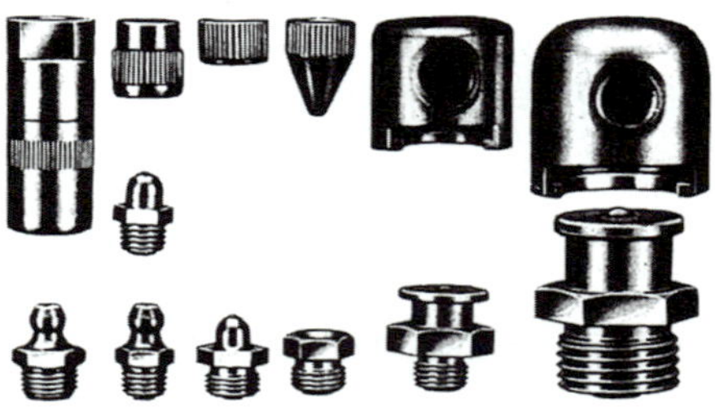

2.4.6 Lager

Bei der Kraftübertragung haben die Lager die Aufgabe, rotierende Achsen und Wellen oder gleitende Teile zum Gehäuse oder Rahmen hin abzustützen. Dabei sollen sie die Reibung auf ein Minimum reduzieren und hohe Laufleistungen haben.

Bauarten – Gleitlager kommen zum Einsatz, wenn hohe radiale Belastungen auftreten und niedrige Drehzahlen gegeben sind. Als Lagerwerkstoff kann Holz, Kunststoff, Gusseisen und Messing eingesetzt werden.

Gleitlager benötigen eine ausreichende Schmierung mit Fett. Kunststofflager aus Polyamid und Mehrschichtlager sind in der Regel wartungsfrei.

Wälzlager bestehen aus einem Innen- und Außenring mit dazwischen angeordneten Wälzkörpern. Als Wälzkörper kommen Rollen, Nadeln oder Kugeln zur Anwendung. Durch die Drehbewegung der Wälzkörper zwischen den beiden Ringen entsteht eine geringe Reibung und Wärmeentwicklung.

Offene Wälzlager und durch Staubringe geschützte Lager müssen nachgeschmiert werden, wobei darauf zu achten ist, dass die Lager nicht mit zuviel Fett versorgt werden. Dagegen sind wartungsfreie Lager mit Abdichtungen versehen, die ein Eindringen von Staub, Schmutz und Wasser unter normalen Umständen verhindern.

Zu beachten ist:

- ▶ Bei der Maschinenwäsche den Wasserstrahl nicht direkt auf die Lager richten.
- ▶ Bei Lagern, die geschmiert werden können, diese vor der Maschinenwäsche abschmieren. Damit kann nur wenig Wasser in das Lager eindringen. Nach dem Waschen die Maschine laufen lassen und eventuell leicht nachschmieren, um eingedrungenes Wasser aus dem Lager zu drücken.
- ▶ Ist Lagerspiel festzustellen oder sind Lagergeräusche hörbar, so lässt dies auf ein defektes Lager schließen. Diese sind rechtzeitig zu erneuern, um Schäden an angrenzenden Maschinenteilen zu vermeiden. Besonders Überhitzung kann zu erheblichen Schäden, unter Umständen zum Brand der Maschine führen.

Wird ein Lager gewechselt, ist auf die Lagerbezeichnung zu achten. Die Lager unterscheiden sich nicht nur in der Größe, sondern z. B. auch hinsichtlich Belastungsrichtung, Einbaulage, Lagerbefestigung.

Schmierfette – Die Verwendung und der Einsatz der Fette ist begrenzt. Sie werden vorwiegend dort benutzt, wo eine Ölschmierung aus technischen Gründen nur schwer zu verwirklichen ist. Fette bestehen aus Seifen, in denen die entsprechenden Öle, z. T. mit Zusätzen gebunden sind.

Mehrzweckfette sind lithiumverseifte Fette und damit wasserbeständig, haben einen hohen Tropfpunkt und werden in verschieden Konsistenzstufen eingesetzt. Diese Fette werden hauptsächlich in der Fettpresse zum Abschmieren der Gleit- und Wälzlager an Landmaschinen verwendet. Fette mit Zusätzen von Graphit oder Molybdändisulfid (MoS_2) sichern die Schmierung eines Lagers auch in Fällen der Grenzreibung.

Zum Abschmieren der Lager werden **Kolbenstoßpressen,** für einfachere Schmierarbeiten meist aber **Handhebel-Fettpressen** oder **Fettpistolen** benutzt. Sie arbeiten mit Drücken bis zu 500 bar. Zum Abschmieren von Großmaschinen ist ein elektrisch oder pneumatisch arbeitendes **Abschmiergerät** zweckmäßig.
Um das Abschmieren mit geringen Fettverlusten durchzuführen, ist auf den einwandfreien Zustand der Schmiernippel und des Mundstückes an der Fettpresse zu achten. Beschädigte Nippel oder Mundstücke erneuern! Das Befüllen der Fettpresse mit Fett ist per Hand möglich, aber einfacher mit Füllgeräten durchzuführen. Ebenso können Fettkartuschen verwendet werden.
An Großmaschinen befinden sich z. T. **Schmierautomaten**, die regelmäßig während des Betriebes alle Lager mit entsprechend großen oder kleinen Fettmengen versorgen.
Getriebefließfette kommen in geschlossenen Getrieben in Form einer Dauerfüllung vor. Da Fettverluste auftreten, ist in gewissen Zeitanständen die Füllhöhe zu prüfen und ein Nachfüllen des Fettes notwendig.

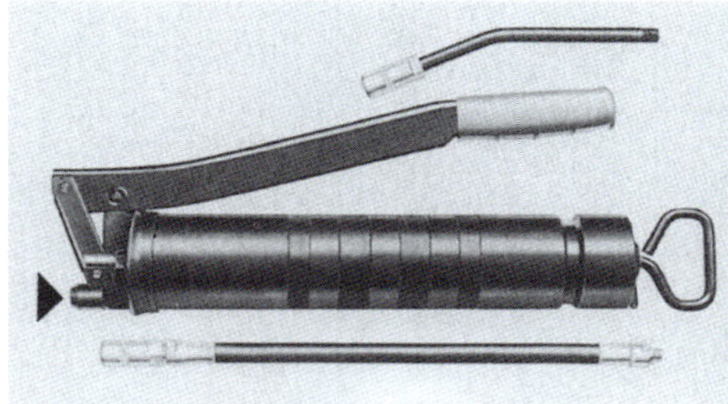

Abb. 231 Handhebel-Fettpresse mit notwendigem Zubehör.

Abb. 232 Automat zur Versorgung einer größeren Anzahl von Schmierstellen einer Maschine oder eines Gerätes mit Fett.

Aufgaben:
1. Welche Bauarten von Wälzlager sind bei Landmaschinen eingebaut?
2. Welches Fett wird hauptsächlich zum Abschmieren der Lager bei Landmaschinen eingesetzt und warum?

2.5 Hydraulikanlage

Zur Bedienung verschiedener Traktorbauteile, zum Ausheben und Verstellen der Arbeitsgeräte ist der moderne Traktor mit einer umfangreichen **Hydraulikanlage** ausgestattet.
Eine *Ölpumpe* wandelt die mechanische Leistung des Verbrennungsmotors in hydraulische Leistung um. *Arbeitszylinder* oder *Ölmotore* führen die hydraulische Leistung wieder in mechanische Bewegung zurück. Dabei können über *Ventile* die Ölströme in verschiedene Richtungen geleitet und es kann mit unterschiedlichen Fördermengen und Drücken gearbeitet werden.

Abb. 233 Schema einer Zugkraftregelung (rechts) und einer Lagerregelung (links).

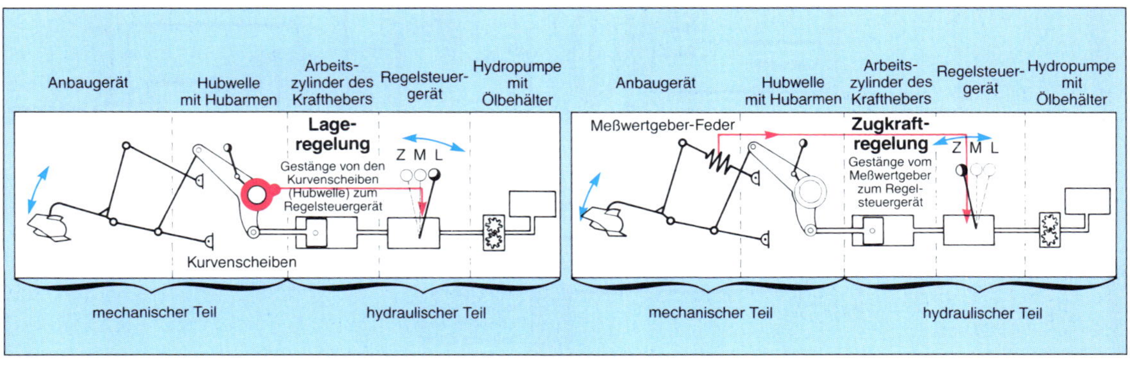

Abb. 234 Anordnung der hydraulischen Bauteile im Traktor **(Beispiel)**:
1 Pumpe für Lenkung
2 Mengenteiler
3 Lenkungshydraulik
4 Lenkungszylinder
5 Pumpe für die Arbeitshydraulik
6 Ventile Block 1
7 Ventile Block 2
8 Regelsteuergerät
9 Zuschaltventil 1
10 Zuschaltventil 2

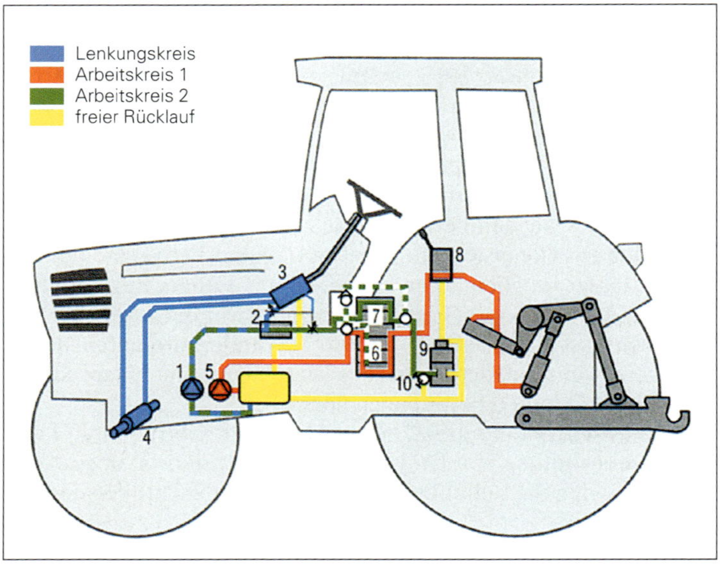

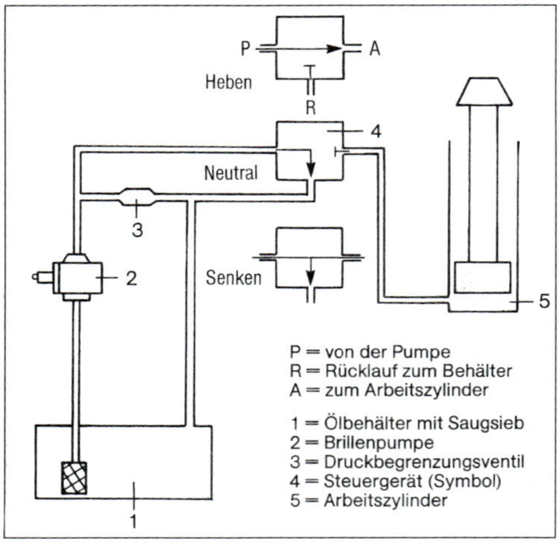

Abb. 235 Schema und Schaltstellungen bei einem offenen Hydrauliksystem (Gleichstromsystem).

2.5.1 Hydraulikbauteile

Hydraulikölbehälter haben unterschiedliches Fassungsvermögen. Bei Anlagen mit *getrenntem Ölhaushalt* wird das Öl aus dem Hydraulikblock oder aus einem separaten Ölbehälter entnommen. Sind separate Ölbehälter vorhanden, stehen z.T. bis zu 40 Liter Öl für die Verbraucher zur Verfügung. Hydraulikanlagen, die einen *gemeinsamen Ölhaushalt* mit dem Getriebe haben, sind in der Entnahmemenge begrenzt, um die Schmierung des Getriebes noch sicherzustellen.
Die **Hydraulikpumpe** arbeitet nach dem Verdrängerprinzip. Für die Leistung der Pumpe ist die Größe des Förderstromes (l/min) und der Arbeitsdruck (bar) entscheidend. Es kommen häufig *Brillen-* oder *Buchsenpumpen* zum Einsatz, deren Förderelemente Zahnräder sind. Sie sind kompakt gebaut und erreichen Arbeitsdrücke bis zu 250 bar.

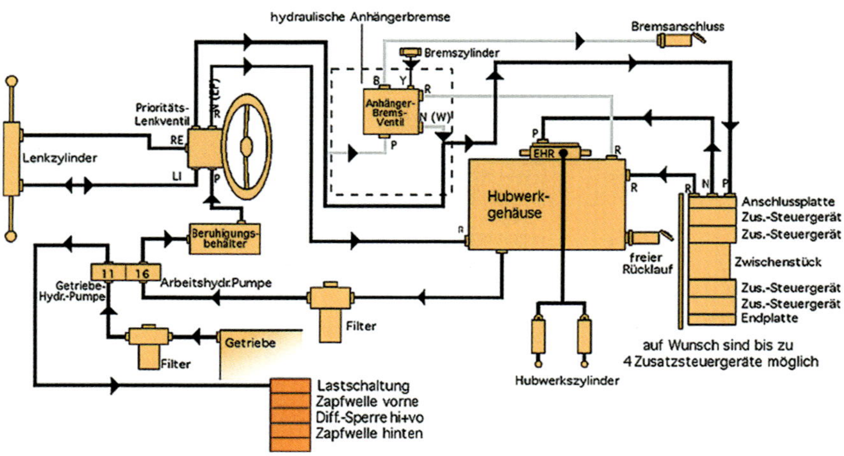

Abb. 236 Funktionsschema einer Hydraulikanlage.

Bei der Forderung nach hohen Förderleistungen und Arbeitsdrücken werden *Kolbenpumpen* verwendet, sie sind regelbar bzw. regeln sich nach Ölbedarf automatisch.

Je nach Bauart der Pumpe und Ventilschaltung unterscheidet man 3 verschiedene **Hydrauliksysteme**:

- **Offenes Hydrauliksystem** (bei Neutralstellung der Ventile fließt das Öl fast ohne Druck im System),
- **geschlossenes Hydrauliksystem** (bei Neutralstellung der Ventile wird der Ölfluss gestoppt, der Öldruck bleibt in voller Höhe im System),
- **geschlossenes Hydrauliksystem mit Ölmengenregelung** (bei Neutralstellung der Ventile wird der Ölfluss gestoppt, der Öldruck regelt sich auf den Steuerdruck zurück; die Fördermenge der Pumpe passt sich selbsttätig an die Verbraucher an).

Das **Steuerventil** übernimmt die Steuerung des Ölstromes zu den Verbrauchern.

In der Position – *Neutral* – wird der Ölfluss zum Verbraucher unterbrochen. Das von der Pumpe geförderte Öl fließt dann zum Ölbehälter zurück bzw. die Pumpe schaltet ab.

In der Position – *Heben* – fließt das Öl solange zum Verbraucher, bis der Vorgang wieder beendet wird.

Wird das Ventil in die Position – *Senken* – gebracht, so wird der Durchfluss des Öles vom Verbraucher zum Behälter freigegeben.

Verbleibt das Ventil in dieser Position, so ist die *Schwimmstellung* geschaltet. Dadurch können sich angebaute Arbeitsgeräte in dieser Stellung den Bodengegebenheiten anpassen und unabhängig von den Neigungsbewegungen des Traktors »frei« bewegen, wodurch eine optimale Arbeitsqualität erzielt werden kann.

Folgende **Steuergeräte** gibt es:

- einfach wirkend mit den Schaltpositionen: Heben – Neutral – Senken (Schwimmstellung)
- doppelt wirkend mit den Schaltpositionen: Heben – Neutral – Drücken
- doppelt wirkend mit den Schaltpositionen: Heben – Neutral – Drücken – Senken (Schwimmstellung).

Ein nach der Pumpe eingebautes **Druckbegrenzungsventil** sichert die Anlage gegen unzulässig hohe Drücke ab.

Einfach wirkende **Hydraulikzylinder** sind in eine Richtung wirksam. Doppelt wirkende Hydraulikzylinder sind dagegen in der Lage, Kräfte in zwei Richtungen zu bewegen.

Die **Kolbenkraft** (F) berechnet sich aus dem Arbeitsdruck (p) und der Kolbenfläche (A):

$$F = p \times A$$

Beispiel: 2 Hydraulikzylinder mit einer Kolbenfläche von je $50\,cm^2$, mit einem Arbeitsdruck von 180 bar beaufschlagt, heben die Frontladerschwinge an. Wie hoch ist die Hubkraft beider Zylinder an den Anlenkpunkten der Schwinge?

$$F = 180\,kg/cm^2 \times 100\,cm^2$$
$$F = 18\,000\,kg$$

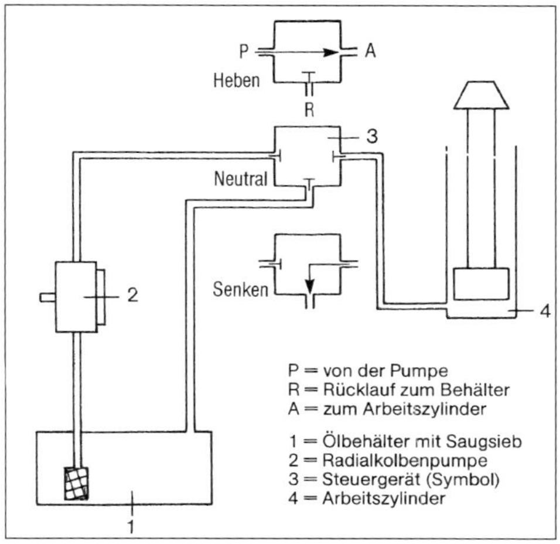

Abb. 237 Schema und Schaltstellungen bei einem geschlossenem Hydrauliksystem.

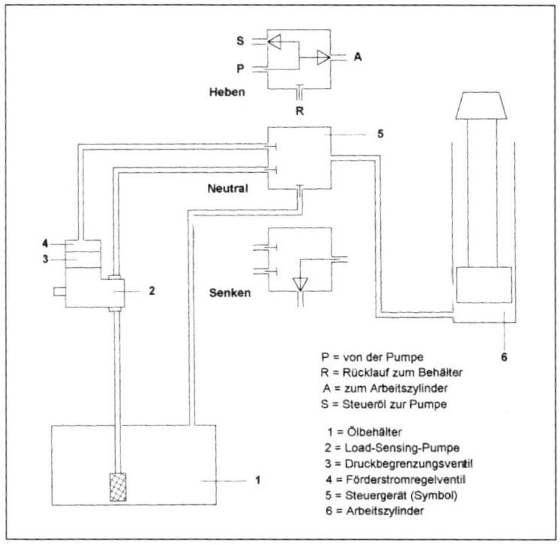

Abb. 238 Schema und Schaltstellung beim Load-Sensing-System.

Abb. 239 Axialkolbenpumpe mit verstellbarer Schrägscheibe (A) zur Ölmengenregelung.

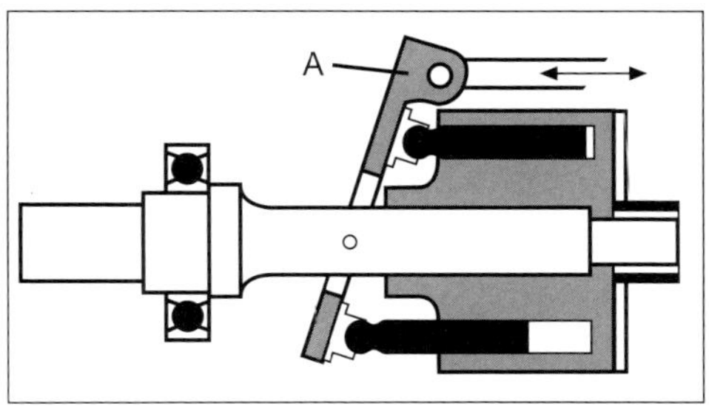

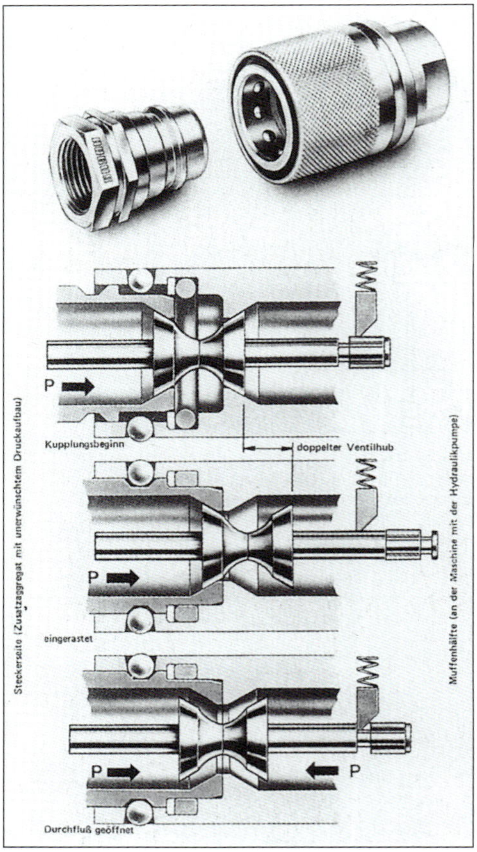

Abb. 240 Funktion einer unter Druck kuppelbaren Steckkupplung (Ausführung B).

Abb. 241 Hydraulikanschlüsse; das Lecköl beim Ankuppeln wird in einem Behälter gesammelt (im Bild unten links).

Die Bewegungsgeschwindigkeit (v) eines Kolbens berechnet sich aus dem Förderstrom (Q) und der Kolbenfläche (A).

$$v = \frac{Q}{A}$$

Beispiel: 2 Hydraulikzylinder mit einer Kolbenfläche von je 50 cm² werden von einer Pumpe mit einem Förderstrom von 45 l/min gespeist. Mit welcher Geschwindigkeit fahren die beiden Zylinder aus?

$$v = \frac{45\,\text{l/min} \times 1000\,\text{cm}^3}{100\,\text{cm}^2}$$

$$v = 450\,\text{cm/min}$$

Für den Antrieb rotierender Bauteile einer Maschine kommen **Ölmotoren** zum Einsatz. Sie ersetzen häufig Ketten- und Riementriebe und können über Ventile in der Drehzahl geregelt werden. Zur Versorgung der Verbraucher sind Rohr- und Schlauchleitungen notwendig. Sie verbinden die einzelnen Bauteile der Hydraulikanlage und sind großen Spitzendrücken ausgesetzt.
Rohrleitungen sind nahtlos gezogene Präzisionsrohre, die mit unterschiedlichen Nennweiten (Innendurchmesser) verarbeitet sind. Eine Rohrleitung in schwerer Ausführung, in der Größe 14 x 2 mm, lässt einen maximalen Arbeitsdruck von 250 bar zu.
Schlauchleitungen ermöglichen eine bewegliche Verbindung einzelner Bauteile. Verschiedene Schlauchtypen mit unterschiedlicher Anzahl von Flechteinlagen aus Stahldrähten erlauben die Beaufschlagung mit unterschiedlichen Arbeitsdrücken. Eine Schlauchleitung mit 2 Stahlgeflechteinlagen und einem Innendurchmesser von 12 mm ist z. B. für Arbeitsdrücke von maximal 250 bar geeignet.
Rohr- und Schlauchleitungen müssen so verlegt sein, dass sie nicht an anderen Bauteilen scheuern, nicht gespannt und verspannt sind, keine zu enge Biegeradien aufweisen und nicht geknickt oder gequetscht werden.
Um die Schlauchleitungen mit den festen Bauteilen einer Hydraulikanlage zu verbinden, werden **Hydraulik-Kupplungen** verwendet. Vielfach sind sie als Steckkupplungen ausgeführt. Je nach Bauausführung können sie meist nur bei druckloser Anlage gekuppelt werden. Dabei sind geringe Ölverluste gegeben. Um diese völlig zu eliminieren, sind Ölsammelbehälter an den Kupplungsdosen angebracht. Das Lecköl wird wieder zum Öltank zurückgebracht. Um Unfälle zu vermeiden, ist vor dem Lösen einer Hydraulikkupplung die Anlage zuerst drucklos zu machen.

2.5.2 Regelhydraulik

Die **Regelhydraulik** am Heck des Traktors hat neben den üblichen Hydraulikbauteilen ein Steuerventil, das von Hand und zusätzlich über **Gebereinrichtungen** gesteuert wird. Dadurch regelt sich das angebaute Gerät entsprechend der eingestellte Werte selbsttätig und passt sich genau den Verhältnissen an.

Die verschiedenartigen Arbeitsmaschinen erfordern eine unterschiedliche Einstellung und Steuerung. Deswegen sind für den Geräteeinsatz verschiedene Regelsysteme notwendig.

Lageregelung – Sie hält das Gerät auf einer bestimmten Höhe oder Lage, die der Stellung der Hubwelle oder Hubarme entspricht. Die Stellung der Hubwelle wird abgetastet, mit dem eingestellten Wert verglichen und bei Abweichung ein Hub- oder Senkvorgang eingeleitet. Damit wird z. B. die Ackerschiene mit dem angehängten Gerät immer auf gleichem Niveau gehalten.

Für Geräte, die an der Ackerschiene arbeiten und alle Geräte, die durch die Hydraulik getragen werden, ist die Lageregelung notwendig. Wird der Bedienungshebel bei eingestellter Lageregelung ganz nach vorne gestellt, ist die Regelung ausgeschaltet, es wird in **Schwimmstellung** gearbeitet. Diese Einstellung ist für angebaute Arbeitsgeräte mit eigenen Stützelementen, wie sie z. B. an einer Sämaschine sind, für eine einwandfreie Bodenanpassung Voraussetzung.

Zugkraftregelung – Beim Arbeiten mit der **Zugkraftregelung** werden die am Oberlenker oder den Unterlenkern auftretenden Kräfte auf eine oder mehrere Zug- oder Druckfedern geleitet. Die Federwege werden mit den Regelgestängen zum Steuergerät übertragen, woraufhin die Hydraulik die Hebe- oder Senkvorgänge vornimmt und den geforderten Zugkraftwert annähernd auf gleicher Höhe hält. Die Einstellung des gewünschten Zugkraftwertes erfolgt mittels des Bedienungshebels.

Bei der Zugkraftregelung wird der angebaute Pflug von der Hydraulik getragen und so durch zusätzliche Belastung der Hinterachse die Zugkraft verbessert. Die Übertragung der vom Gerät erzeugten Zugkräfte kann mit dem Oberlenker *(»Oberlenker-Regelung«)* oder durch die Unterlenker *(»Unterlenker-Regelung«)* erfolgen.

Mischregelung – Sie ist eine Verknüpfung der Lage- und der Zugkraftregelung. Beim Pflügen werden die Impulse der Zugkraftregelung durch die der Lageregelung überlagert, was bei wechselnden Bodenstrukturen zu gleichmäßigerer Pflugtiefe führt.

Elektrohydraulische Regelkraftheber (EHR) – Sie werden in modernen Traktoren eingebaut. Die dazu verwendeten Sensoren erzeugen für die Lage- oder Zugkraftregelung elektrische Signale. Diese Signale, die sog. Ist-Werte, werden in der Elektronik-Box mit den über das Bedienungspult eingestellten Soll-Werten verglichen. Bei Differenzen wird ein Heben- oder Senkvorgang der Hydraulik eingeleitet.

Wartung und Pflege – Der Ölstand in der Hydraulikanlage ist täglich zu prüfen und gegebenenfalls ist Öl der gleichen Viskosität und Qualität nachzufüllen. Zu vermeiden sind Ölvermischungen. Bei Arbeiten an der Hydraulikanlage ist großer Wert auf Sauberkeit zu legen, verschmutztes Öl erhöht den Verschleiß und führt zum Ausfall von Ventilen.

Hydrauliköle – Diese Öle werden wegen der hohen Anlagedrücke und -temperaturen und wegen der häufigen Ölumwälzungen stark beansprucht. Um den Verschleiß der Bauteile einer Hydraulikanlage gering zu halten, ist das geforderte Hydrauliköl zu verwenden.

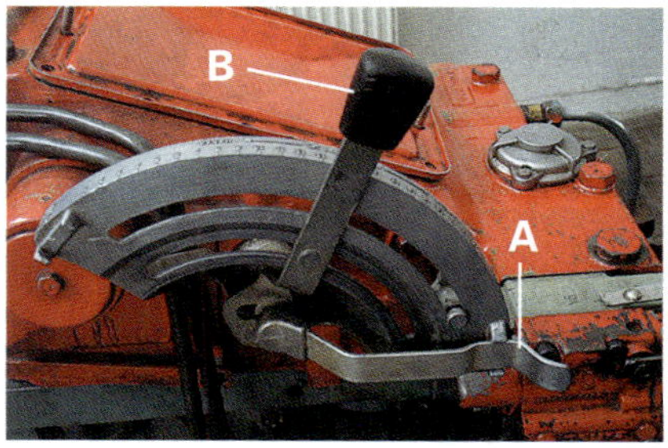

Abb. 242 Die Lageregelung ist am Systemhebel (A) vorzuwählen, die gewünschte Gerätehöhe am Bedienungshebel (B) einzustellen (mechanische Hubwerksregelung).

Abb. 243 Die Lageregelung führt das Gerät auf konstanter Höhe.

Abb. 244 Unterschiedliche Bodenverhältnisse beeinflussen bei der Zugkraftregelung die Pflugtiefe.

Abb. 245 Mit der Mischregelung kann die Pflugtiefe gleichmäßiger gehalten werden.

Abb. 246 Für Geräte mit eigenen Stützrädern ist die Schwimmstellung der Hydraulik notwendig.

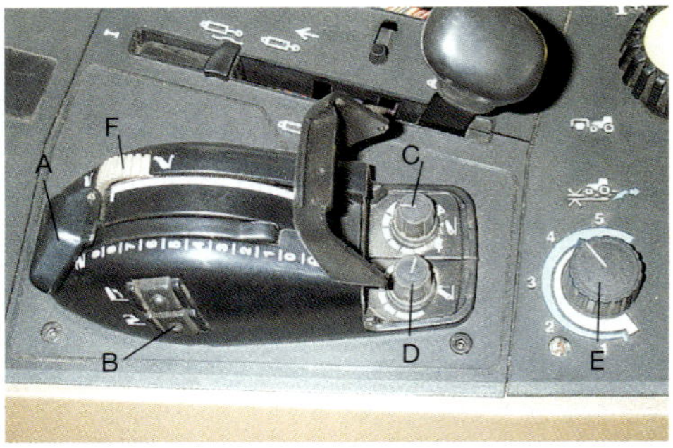

Abb. 247 Bedienteile einer elektronischen Hubwerksregelung:
A Einstellen des Lage- bzw. Zugkraftwertes,
B Bedienschalter: Schnellaushub – Regeln – Senken,
C Einstellen der Senkgeschwindigkeit,
D Einstellen der Hubbegrenzung,
E Systemeinstellung: Lage – Zugkraft – Mischen,
F Einstellung für Anschlagbegrenzung.

Die **Viskosität** der Hydrauliköle wird angegeben nach **ISO-VG** (ISO-**V**iskositäts-**G**rad) z. B. ISO-VG 22, 32 oder 46. Diese Angaben sind mit den SAE-Angaben nicht vergleichbar.
Die Qualitätsangabe erfolgt durch die Bezeichnung **HLP** (Hydrauliköl für hohe Wärmebelastung und Standzeiten, sowie mit Zusätzen zur Verschleißminderung). Öle mit der Bezeichnung **HV** entsprechen den HLP-Ölen und haben Mehrbereichseigenschaften (Mehrbereichs-Hydrauliköle).
Beispiel aus einer Betriebsanleitung: Für die Hydraulik ist ein Hydrauliköl mit der Bezeichnung HLP 68 ISO-VG zu verwenden.

! Beim Betätigen der Hydraulik ist auf ein gefühlvolles Heben und Senken zu achten. Die Hydraulik nicht betätigen, wenn sich Personen im Gefahrenbereich aufhalten.

Aufgaben
1. Was versteht man unter einem offenem Hydrauliksystem bei einer Hydraulikanlage?
2. Von welchen Faktoren hängt bei einem Hydraulikzylinder die
   a) Hubkraft
   b) Hubgeschwindigkeit ab?
3. Welche Möglichkeiten der Regelungen gibt es bei der Zugkraftregelung?

2.6 Geräteanbau

Für die Aufnahme der unterschiedlichsten Geräte und Maschinen ist der Traktor mit verschiedenen An- und Aufbauräumen ausgestattet. Die Anbauräume ermöglichen eine leichte und schnelle Koppelung der Geräte. Dagegen sind aufgebaute Geräte, wie z. B. Behälter über Zwischenrahmen am Traktor befestigt.

2.6.1 Dreipunktanbau

Zur sicheren Verbindung zwischen der Hydraulikanlage des Traktors und dem Gerät wird das **Dreipunktgestänge** verwendet.
Die **Hubarme** sind über die beiden **Hubstreben** mit den **Unterlenkern** verbunden. Um die Geräte den entsprechenden Arbeitspositionen anpassen zu können sind die Hubstreben in der Länge über Gewinde einstellbar. Bei Bedarf können die Hubstreben über ein Langloch mit den Unterlenkern verbunden werden, wodurch die Geräteanpassung bei Unebenheiten verbessert wird. Zur Veränderung der Hubkräfte bzw. der Hubhöhen sind die Hubstreben an den Unterlenkern an verschiedenen Positionen anzulenken.

Abb. 248 Bauteile und Funktion einer elektronischen Hubwerksregelung:
A Bedienteil,
B elektronisches Steuergerät,
C Lagesensor,
D Messwertaufnehmer (Zugkraft),
E Hubarm,
F Hubstrebe,
G Unterlenker,
H Regelventil.

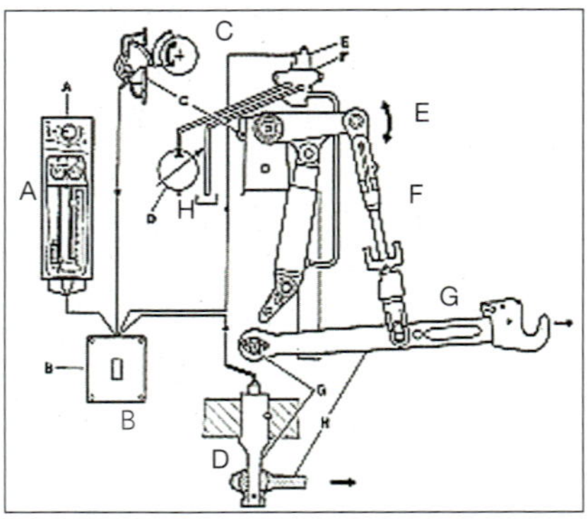

Tabelle 12: Dreipunktanbau: Maße der Aufnahmekugeln

Kategorie	max. Traktorleistung kW/PS	Maß der lichten Weite der Unterlenker mm	Unterlenker-Kugel		Oberlenker-Kugel	
			Außen-durchmesser mm	Innen-durchmesser mm	Außen-durchmesser mm	Innen-durchmesser mm
1	< 40/55	694	44	22,4	–	–
2	< 74/100	836	56	28,7	50	25,7
3L	< 90/120	972	64	28,7	60	25,7
3	< 160/220	972	64	37,3	60	32,3
4L	< 210/290	1174	85	37,3	–	–
4	< 300/400	1174	85	51,0	–	–

Je nach Gerätebauart und Einsatzbereich müssen die Unterlenker zur Seite stabil oder beweglich sein. Dazu sind die **Stabilisierungstreben** entsprechend einzustellen.
Der dritte Punkt der Geräteverbindung wird mit dem **Oberlenker** erreicht. Er kann am Traktor an verschiedenen Koppelpunkten befestigt werden und ist in der Länge verstellbar. Große Traktoren arbeiten z. T. mit hydraulisch verstellbaren Oberlenkern. Die Maße der Koppelpunkte am Dreipunktgestänge sind genormt.
Beim **Zweiphasenkuppler** sind die Aufnahmekugeln ohne oder mit Fangtasche für die Unterlenkeraufnahme ausgestattet. Sie haben unterschiedliche Größen, je nach Leistungsklasse des Traktors. Die Maße der Aufnahmebolzen am Gerät für die Unterlenker und den Oberlenker entsprechen den Innendurchmesser aus der Tabelle.
Einphasenkuppler mit dem Dreieckrahmen können das Gerät in einem Arbeitsgang aufnehmen. Sie kommen hauptsächlich dann zur Anwendung, wenn der Kupplungsvorgang vom Fahrer nur schlecht einzusehen ist.

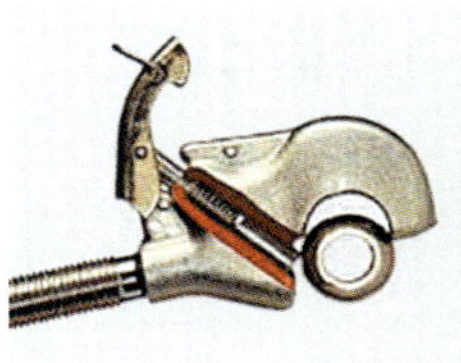

Abb. 249 Fanghaken für den Oberlenker.

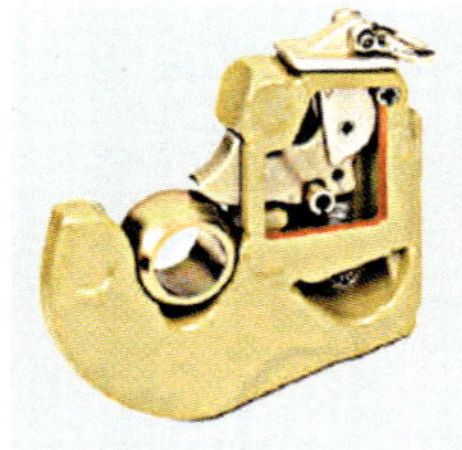

Abb. 250 Fanghaken für den Unterlenker.

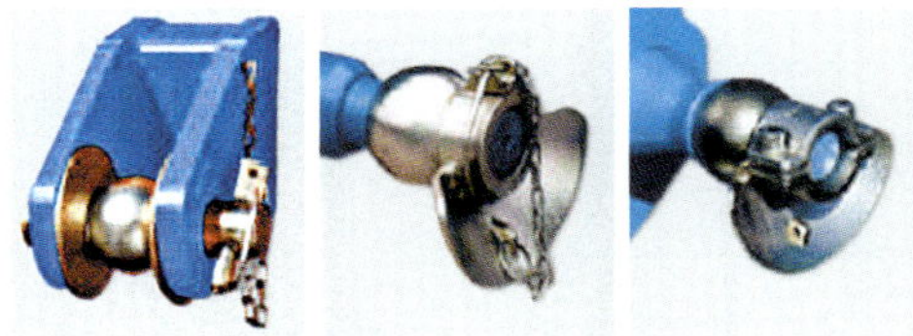

Abb. 251 Verschiedene Befestigungsmöglichkeiten der Fangkugeln.

Abb. 252 Der Dreipunktanbau ist in verschiedenen Kategorien genormt.

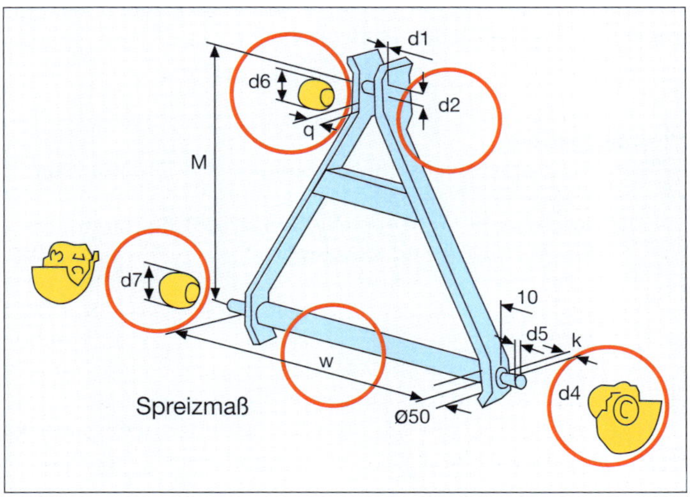

Abb. 253 Wichtige Punkte beim Dreipunktanbau:
- Unterlenker,
- Hubstreben,
- Seitenstabilisierung,
- Oberlenker.

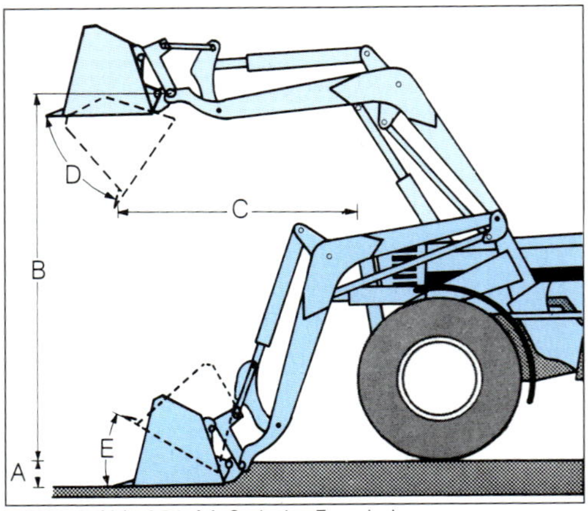

Abb. 254 Maße beim Frontlader.
A Tiefste Stellung unter Boden (mm),
B Hubhöhe (mm),
C Abwurfweite (mm),
D Ausschüttwinkel,
E Rückkippwinkel.

2.6.2 Frontlader

Fast alle Traktoren sind heute mit einem **Frontlader** ausrüstbar. Die Frontladerschwinge und die dazugehörigen, meist einfach wirkenden Arbeitszylinder, bestimmen die möglichen Hubkräfte, die Förderleistung der Hydraulikpumpe beeinflusst die Hubgeschwindigkeit. Hinsichtlich der **Baugröße** wird für die unterschiedlichen Traktorklassen die Frontladergröße I, II, III oder IV gewählt.

Die **Schwinge** wird über eine Schnellkupplung an die am Traktor befestigen Aufnahmevorrichtung gekoppelt. Damit kann die Schwinge einfach abgebaut werden, wenn der Frontlader für längere Zeit nicht benutzt wird. Ein Geräte-Schnellwechselrahmen ermöglicht die Aufnahme unterschiedlicher **Arbeitsgeräte** an der Schwinge. Die Arbeitsgeräte können meist hydraulisch betätigt werden. Durch eine Mechanik an der Schwinge oder durch eine hydraulische Steuerung ist eine Parallelführung der Arbeitswerkzeuge möglich, wie es z. B. beim Stapeln von Paletten vorteilhaft ist.

Um die **Ladeleistung** bei den Frontladerarbeiten zu erhöhen und den Bedienungskomfort zu verbessern, ist eine Einhebelbedienung für die beiden Bedienungsfunktionen zweckmäßig. Ein ausreichend schweres Gegengewicht am Heck des Traktors verbessert die Schub- und Zugkräfte und schont die Bereifung.

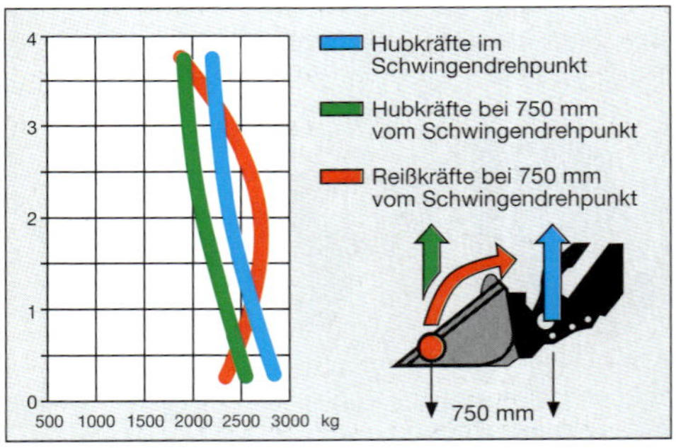

Abb. 255 Hubkräfte des Frontladers an verschiedenen Punkten über die gesamte Hubhöhe.

! Bei Ladearbeiten keinesfalls unter schwebende Lasten treten und sicherstellen, dass sich keine Personen im Arbeitsbereich aufhalten.

2.6.3 Aufbauraum für Behälter

Systemtraktoren und Geräteträger haben die Möglichkeit, Behälter für Flüssigkeiten und Schüttgüter aufzubauen. Dafür sind traktorseitig Koppelpunkte vorgesehen, die die Aufnahme der entsprechenden Behälter ermöglichen. Meist stehen die Behälter auf Stützen, um sie zum Aufbau unterfahren zu können, oder sie werden mit dem Frontlader hochgehoben.

Abb. 256 Der Frontlader lässt sich mit dem Schnellkuppelsystem (rote Teile) einfach an- und abbauen. Mit einem Hebel werden gleichzeitig mehrere Funktionen geschaltet.

Aufgaben:

1. Aus welchen Bauteilen besteht ein Dreipunktgestänge am Traktor?
2. Aus welchen Gründen werden zum Geräteanbau Einphasenkuppler verwendet?

2.7 Die elektrische Anlage des Traktors

Viele Vorgänge im Traktor und an den Arbeitsmaschinen werden elektrisch betätigt und z. T. elektronisch geregelt. Dazu ist eine leistungsfähige **Stromversorgung** notwendig. Über ein Stromnetz, aus dem Schaltplan ersichtlich, werden alle Verbraucher mit Strom versorgt oder über Relais angesteuert. Genormte Kupplungen mit ausreichender elektrische Belastbarkeit stellen die Verbindung zwischen den Stromversorgern und Stromverbrauchern her.

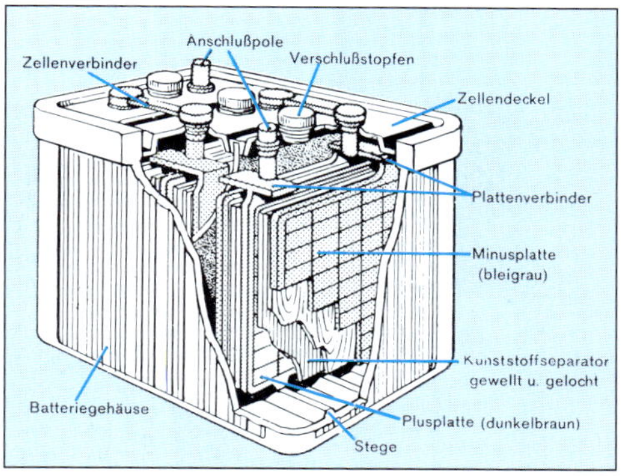

Abb. 257 Bestandteile und Aufbau einer Akkumulatorenbatterie.

2.7.1 Stromquellen

Bei Stillstand des Motors versorgt die Batterie die Verbraucher mit ausreichend Strom und ist somit die einzige elektrische Energiequelle. Die Lichtmaschine übernimmt die Stromversorgung der einzelnen Verbraucher während des Fahrzeugbetriebes und lädt die Batterie wieder nach.

Batterie – Die in der **Starterbatterie** (Bleiakkumulator) gespeicherte elektrische Energie steht je nach Anzahl der *Batteriezellen* mit einer Spannung von 6 Volt (3 Zellen) oder 12 Volt (6 Zellen) zur Verfügung. Die einzelnen Zellen einer Batterie sind *hintereinander geschaltet*. Dadurch multipliziert sich die Spannung einer Zelle (ca. 2 Volt) mit der Anzahl der Zellen.

Werden 2 *Batterien hintereinander geschaltet*, als der Plus-Pol mit dem Minus-Pol verbunden, verdoppelt sich die Gesamtspannung. Bei der *Parallelschaltung*, bei der die beiden Plus-Pole und die beiden Minus-Pole zweier Batterien verbunden werden, bleibt die Spannung gleich. Die Nennkapazität verdoppelt sich dann.

Der Grundbaustein einer jeden Batterie ist die **Zelle**. Sie hat eine positive Elektrode (Plus-Elektrode) und eine negative Elektrode (Minus-Elektrode) in Form von Bleiplatten, die sich gegenüberliegen und gegeneinander isoliert sind. Sie sind in einen Elektrolyt (verdünnte Schwefelsäure H_2SO_4) eingetaucht.

Durch den elektrochemischen Vorgang in der Zelle werden beim *Laden der Batterie* durch den Ladestrom von der Plus-Elektrode Elektronen abgenommen und der Minus-Elektrode zugeführt. Dabei entsteht aus dem zweiwertigen, positiven Blei-Atom ein nullwertiges Blei (Pb). Gleichzeitig wird die Plus-Elektrode zu Bleisulfat ($PbSO_4$) und die frei gewordenen SO_4^{2-}-Ionen binden sich mit den H-Atomen zu Schwefelsäure (H_2SO_4).

Wird *Strom aus der Batterie* entnommen, so erfolgt der elektrochemische Vorgang in umgekehrter Reihenfolge. Somit hat der Elektrolyt bei vollgeladener Batterie ein hohe Dichte (ca. 1,28 kg/l). Bei entladener Batterie fällt die Dichte auf etwa 1,12 kg/l ab.

Diese **Säuredichte** steht somit in einem direkten Zusammenhang zum Ladezustand der Batterie. Er kann mit dem Säureprüfer (Aräometer) festgestellt werden. Geladene Batterien entladen sich auch ohne Stromabgabe selbsttätig und müssen deswegen bei Bedarf nachgeladen werden.

Beim Aufladen einer Batterie mit einem **Ladegerät** ist als erstes die *Ladespannung* der Spannung der Batterie anzupassen. Bei

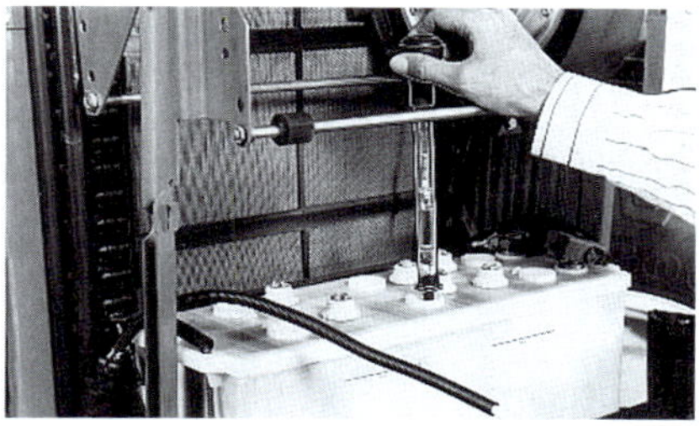

Abb. 258 Überprüfen der Säurendichte der Batterie.

Abb. 259 Chemische Vorgänge in einer Batterie (Schema).

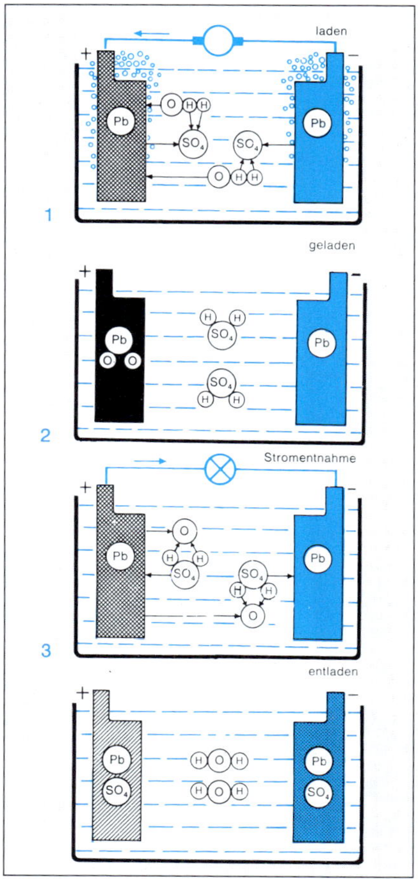

Abb. 260 Zur Schonung der Batterie ist langsam aufzuladen.

Abb. 261 Gleichstrom-Generator:
1 Polgehäuse,
2 Anker,
3 Anschlussklemme,
4 Kommutator,
5 Kommutatorlagerschild,
6 Antriebslagerschild,
7 Polschuh,
8 Erregerwicklung,
9 Bürstenhalter und Kohlenbürste.

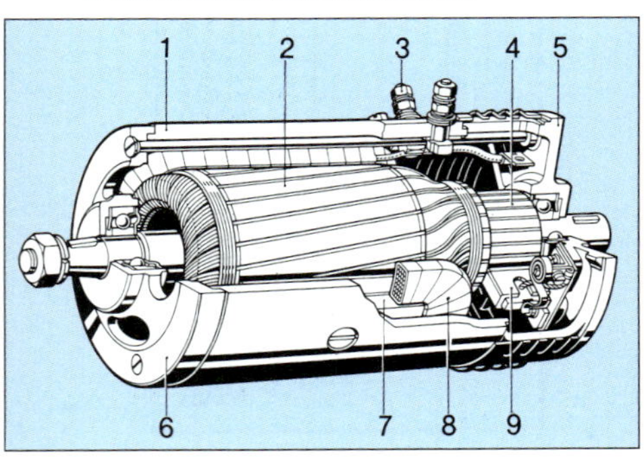

Normalladung soll der Ladestrom maximal 10 % der Nennkapazität der Batterie sein. Die *Ladezeit* bis zur Vollladung dauert dadurch mehrere Stunden. Bei der *Schnellladung* können entladene Batterien bis zu 80 % der Kapazität schnell geladen werden.
Tritt eine zu starke Gasentwicklung auf, ist der Ladevorgang abzubrechen. Geregelte Ladegeräte sind von Vorteil. Die Verschlussstopfen der Zellen sind beim Ladevorgang abzuschrauben.
Neue Batterien sind ungefüllt, aber geladen, so dass sie nach Einfüllen der Batterie-Säure sofort aktiv werden.
Die Angaben auf dem **Typen-Schild** einer Batterie bedeuten:
Beispiel:

12 V	– Nennspannung in Volt
84 Ah	– Nennkapazität in Amperestunden bei einer 20-stündigen Entladung
280 A	– Kälteprüfstrom von 280 Ampere bei – 18 °C
S	– Batterie für höhere Beanspruchung, längere Lebensdauer

Ein kontinuierliche **Pflege der Batterie** erhöht die Lebensdauer. Wichtig ist:

- Kurzschlüsse und hohe, länger dauernde Stromabnahmen vermeiden;
- die Batterie nicht überladen, bis sie kocht;
- ausgebaute Batterien trocken und frostfrei lagern, periodisch mit dem Ladegerät nachladen;
- den Flüssigkeitstand prüfen und bei Bedarf destilliertes Wasser nachfüllen, zu niedriger Flüssigkeitsstand reduziert die Batterieleistung;
- Batterie und Anschlusspole sauber halten, Pole mit Polfett einfetten.

! Die Batterie muss im Fahrzeug auf ihrer Bodenplatte sauber aufliegen und sie ist zu befestigen. Beim Ausbau einer Batterie ist zuerst der Minus-Pol (Masse) abzubauen und anschließend der Plus-Pol (Strom). Beim Einbau gilt die umgekehrte Reihenfolge.

Lichtmaschine – Sie versorgt alle Stromverbraucher bei Betrieb des Fahrzeuges mit Strom, sie ist das E-Werk im Fahrzeug. Die Versorgung der Aggregate mit ausreichend Strom und gleichbleibender Spannung muss die Lichtmaschine sicherstellen. Dabei ist zu berücksichtigen, dass Verbraucher versorgt werden müssen, die ständig eingeschaltet sind, wie z. B. die Zündanlage.
Dagegen gibt es viele Verbraucher, die längere Zeit eingeschaltet sind, wie z. B. das Scheinwerferlicht. Kurzzeitig in Betrieb sind z. B. die Blinker.
Die Lichtmaschine ist grundsätzlich wartungsfrei. Lediglich ist dafür zu sorgen, dass der Antriebskeilriemen richtig gespannt ist.
Gleichstrom-Generatoren: Sie haben wegen der geringen Leistung nur noch bei niedrigen Leistungsansprüchen eine Bedeutung. Sie erzeugen im Leerlaufbereich nur wenig Strom. Bei längerem Gebrauch verschleißen die Kohlebürsten, was zu reduzierter Stromversorgung führt.

Drehstrom-Generatoren: Diese liefern bereits bei Leerlauf-Drehzahl einen hohen Ladestrom. Er erzeugt einen Dreiphasen-Wechselstrom. Dieser sog. Drehstrom wird elektronisch durch eine Diodenschaltung gleichgerichtet und somit steht für die elektrische Anlage Gleichstrom zur Verfügung.
Die vom Generator erzeugte Spannung muss über den gesamten Drehzahlbereich konstant bleiben, unabhängig von der Belastung. Diese Aufgabe übernimmt der **Regler**, der je nach Bauart auch die Strombegrenzung vornimmt und als Rückstromschalter wirken kann.
Wegen der hohen Leistungsaufnahmen der Drehstrom-Lichtmaschinen ist auf intakte Keilriemen und ausreichende Riemenspannung zu achten. An Fahrzeugen, die mit Drehstrom-Lichtmaschinen ausgestattet sind, muss vor Elektroschweißarbeiten aus Sicherheitsgründen (Diodenschaltung) der Masse-Pol der Batterie abgeklemmt werden.
Die Angaben auf dem **Typen-Schild** der Lichtmaschine sagen aus:
Beispiel:
14 V – Nennspannung in Volt
55 A – Nennstrom in Ampere
20 – Drehzahl in 1/min × Hundert bei 2/3 Nennstrom

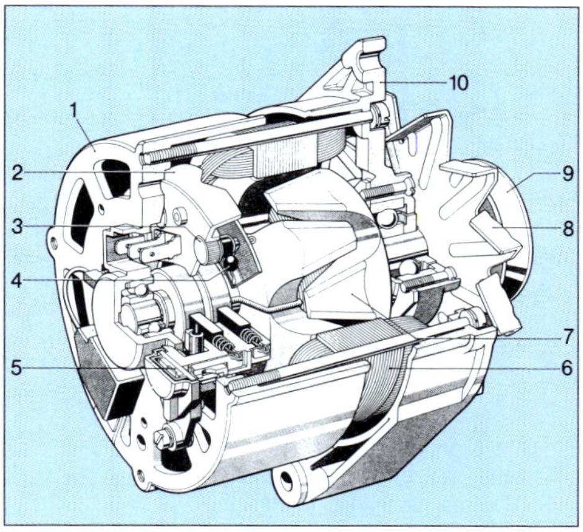

Abb. 262 Drehstrom-Generator (Schema):
1 Schleifringlagerschild,
2 Gleichrichter,
3 Leistungsdiode,
4 Erregerdiode,
5 Regler, Bürstenhalter und Kohlebürsten,
6 Ständer,
7 Läufer,
8 Lüfter,
9 Riemenscheibe,
10 Antriebslagerschild.

2.7.2 Stromverbraucher

Die verschiedenen Stromverbraucher haben einen unterschiedlichen *Strombedarf* (Ampere) und belasten somit die Batterie oder die Lichtmaschine ungleichmäßig.
Anlasser – Er belastet die Batterie von allen Stromverbrauchern am stärksten. Beim Starten wird der Strom direkt dem Anlassermotor zugeführt, ohne jegliche Absicherung der Versorgungsleitung. Für die Schaltvorgänge im Anlasser sorgt das Einrückrelais. Bekommt die Magnetwicklung beim Startvorgang Strom, so wird der Relaisanker zum Magnetkern gezogen.
Mit dieser Bewegung erfolgt das Einschieben des Antriebritzels in den Zahnkranz der Schwungscheibe. Gleichzeitig verbindet

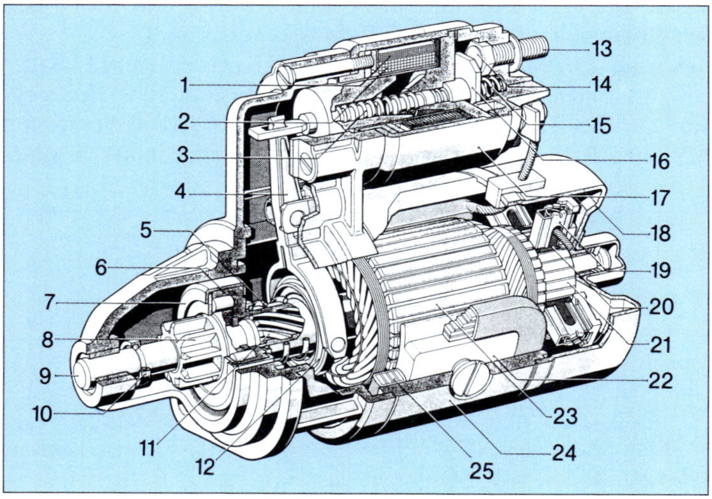

Abb. 263 Schub-Schraubtrieb-Starter (Schema):
1 Haltewicklung,
2 Einzugswicklung,
3 Rückstellfeder,
4 Einrückhebel,
5 Einspurfeder,
6 Mitnehmer,
7 Rollenfreilauf,
8 Ritzel,
9 Ankerwelle,
10 Anschlagring
11 Steilgewinde,
12 Führungsring,
13 elektrischer Anschluss,
14 Kontakt,
15 Kontaktabschaltfeder,
16 Kontaktbrücke,
17 Einrückrelais,
18 Kommutatorlager,
19 Bürstenhalter,
20 Kohlebürste,
21 Kommutator,
22 Polschuh,
23 Anker,
24 Polgehäuse,
25 Erregerwicklung.

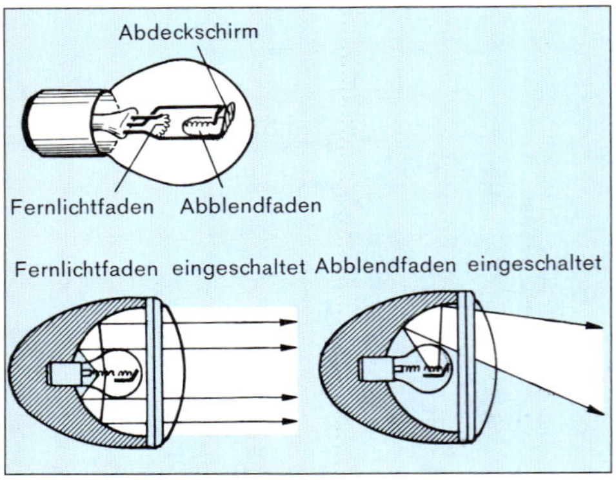

Abb. 264 Fern- und Abblendlicht einer Bilux-Lampe (Schema).

Abb. 265 Steckverbindungen sind vor Feuchtigkeit zu schützen.

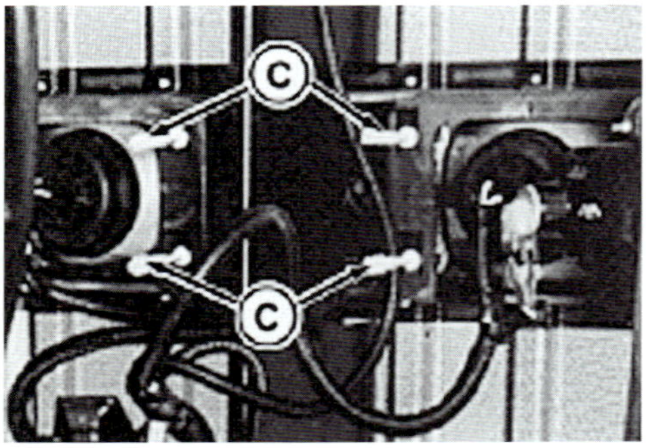

Abb. 266 Die Korrektur der Scheinwerfer ist an Stellschrauben (C) möglich.

eine Kontaktbrücke im Einrückrelais die Batterie mit dem Anlassermotor, der Verbrennungsmotor beginnt dann zu drehen und startet. Hauptsächlich bei Traktoren wird der Schub-Schraubtrieb-Anlasser verwendet.

Mit dem Anlassschalter wird in der ersten Stufe der Strom zu der **Kaltstarteinrichtung** frei gegeben. Bei Vorkammermotoren erwärmt der elektrische Strom die Glühkerzen oder Glühspiralen. Bei Motoren mit Direkteinspritzung wird eine Flammstartanlage oder ein Glühflansch, der die Luftanwärmung vornimmt, angesteuert.

Scheibenwischermotoren und **Gebläsemotoren** für die Lüftung und Heizung haben einen hohen Stromverbrauch. Sie sind bei abgestelltem Motor auszuschalten, da sie die Batterie schnell entleeren können.

Beleuchtung – Die **Beleuchtungsanlage** mit Scheinwerfern, Rückleuchten, Bremsleuchten, Blinklichtanlage und Arbeitsscheinwerfern ist stets in Funktion zu halten.

Die in den Schweinwerfern eingebauten **Bilux-Lampen** für das Abblend- und Fernlicht sind in die Lampenfassung exakt einzubauen. Den Glaskolben der Lampen nicht mit den bloßen Fingern anfassen, da die Schmutz- und Fettteilchen verbrennen und an der Reflektorbeschichtung anhaften.

Neben den Bilux-Lampen (R2) sind für das Abblendlicht und z.T. auch für das Fernlicht **Halogen-Lampen** (H4) eingebaut. Sie haben eine höhere Lichtausbeute und leuchten die Fahrbahn heller aus. Auch in den Arbeitsscheinwerfern werden diese Lampen verwendet. Im Übrigen: **Arbeitsscheinwerfer** sind bei Straßenfahrt auszuschalten.

Die Einstellung der Scheinwerfer, auch die der Zusatzscheinwerfer am oberen Kabinenrand, sind regelmäßig zu überprüfen und nachzustellen. Die Scheinwerfereinstellung soll mit angebautem Heckgerät erfolgen, um die Blendgefahr auch beim Gerätetransport auszuschließen.

Steckverbindungen – Zur Versorgung der Arbeitsmaschinen mit Strom und für die Beleuchtungseinrichtung der Transportfahrzeuge befinden sich am Traktor unterschiedliche **Elektro-Steckdosen**. Die einzelnen Anschlüsse sind genormt und wie in den Schaltplänen dargestellt mit Ziffern gekennzeichnet.

Bauarten: Entsprechend der Stromaufnahme des nachgeschalteten Verbrauchers ist die Steckdose zu dimensionieren. Die Steckdose für die Beleuchtung der Anhänger und Arbeitsgeräte hat 7 Pin und kann nur für geringe Stromstärken genutzt werden.

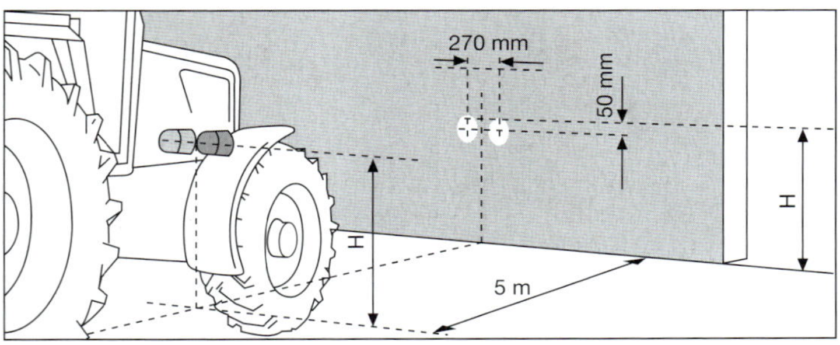

Abb. 267 Ausrichten der Scheinwerfer z. B. an einer Garagenwand (Schema).

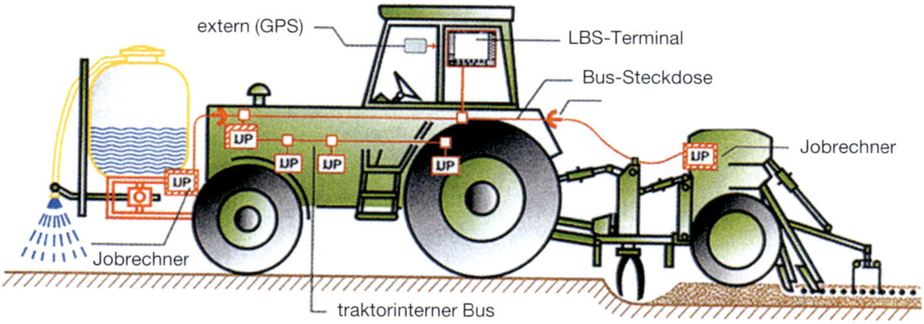

Abb. 268 Aktuelle Traktor-Elektronik.

Eine zusätzliche Steckdose mit Dauerstrom von maximal 10 Ampere ist für die Versorgung von Kleinverbrauchern des Arbeitsgerätes eingebaut. Für Verbraucher mit hohem Leistungsbedarf wie z. B. Elektromotore, ist die Kraftdose mit maximal 25 Ampere Belastung zu verwenden.

Zur Steuerung und Übertragung elektronischer Signale sind spezielle Steckverbindungen vorhanden, so z. B. die **LBS-Steckverbindung** (LBS ist **L**andtechnik-**B**us-**S**ystem).

Relais sind elektromagnetisch betätigte Schalter, die häufig über Taster bedient werden. Sie übernehmen das Zu- und Abschalten größerer Stromverbraucher und können oft die Ursache einer Störung sein. Über eine Steckverbindung auf der Steckplatte sind defekte Relais einfach auszutauschen. Auch hier muss der Stromkreis zuerst spannungsfrei gemacht werden.

Sicherungen: Die einzelnen Stromkreise sind mit **Schmelzsicherungen** von 5–30 Ampere (A) abgesichert. Vor dem Einsetzen einer neuen Sicherung ist zuerst der Fehler in dem dazugehörigen Stromkreis zu beseitigen, bzw. die Ursache festzustellen, die zum Durchbrennen der Sicherung führte.

Vor dem Einsetzen einer neuen Sicherung ist der Stromkreis spannungsfrei zu machen, Zündschloss auf Null stellen und Verbraucher ausschalten.

Elektronische Bauteile – Viele Funktionen am Traktor, die bisher mechanisch oder elektrisch gesteuert waren, arbeiten heute elektronisch. Das geschieht auf der Basis von

- ▶ Magnetfeldern mit einem Induktivgeber,
- ▶ Induktion mit z. B. einem Kapazitivsensor,
- ▶ Widerstandsänderungen mit z. B. einem Piezo-Kristall,
- ▶ Lichtwellen mit z. B. einem Radarsensor.

Diese **Sensoren** oder Messwertgeber erfassen verschiedene Zustände wie Impulse, Temperaturen, Bewegungen. Bei analog arbeitenden Sensoren müssen die Signale zu digitalen Signalen gewandelt werden. Sensoren arbeiten mit geringen Spannungen und unterschiedlichen Signalformen.

Diese Signale werden an den Rechner geleitet, der auf Grund der Veränderungen der Eingangssignale die **Aktoren** mit Steuerströmen ansteuert. Die Aktoren können z. B. Kontrolllampen, akustische Warneinrichtungen, Schaltrelais, Spulen, Schrittmotore sein. Alle elektronischen Systeme erfordern eine Anpassung an die gegebenen Voraussetzungen, damit sie exakt arbeiten können.

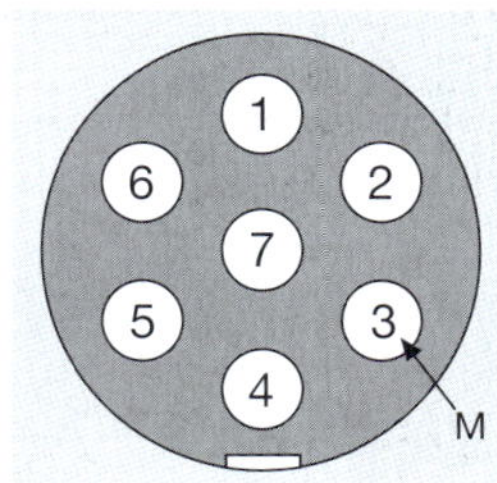

Abb. 269 Auf dieser Platte sind drei verschiedene elektrische Anschlüsse montiert:
A 7-polige Steckdose (siehe Detail, M ist der Massekontakt), die Anschlüsse 1–7 sind wie folgt belegt:
1 Blinkleuchte links,
2 –
3 Masse,
4 Blinkleuchte rechts,
5 Schlussleuchte rechts,
6 Bremsleuchten,
7 Schlussleuchte links.
B LBS-Gerätesteckdose,
C Zusatz-Steckdose.

Abb. 270
A = 7-polige Signalsteckdose.
B die 3-polige Kraftdose ist mit 25 A abgesichert.

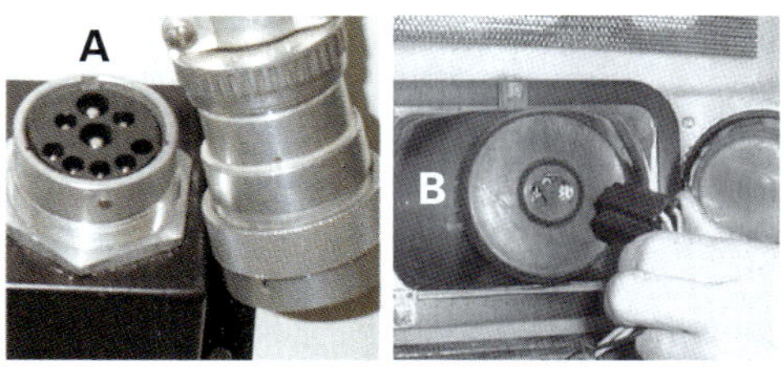

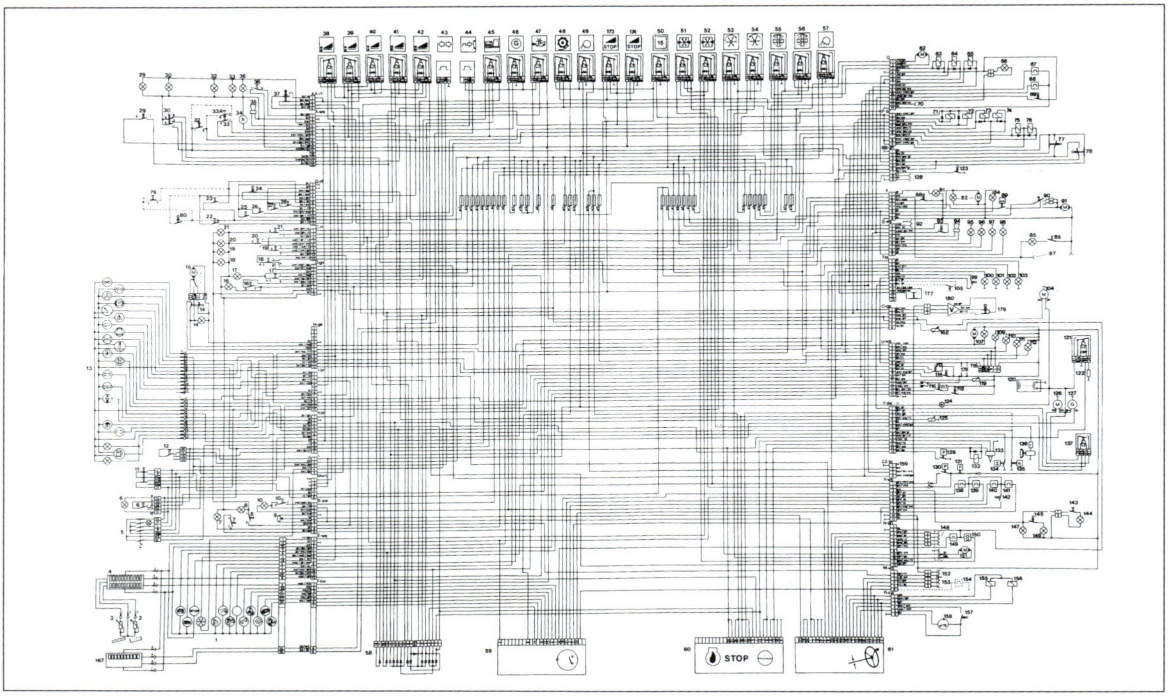

Abb. 271 Der elektrische Schaltplan eines Mähdreschers **(Beispiel)** zeigt: heutige Schaltpläne sind nur noch von Spezialisten zu durchschauen, um Fehler festzustellen und zu beheben.

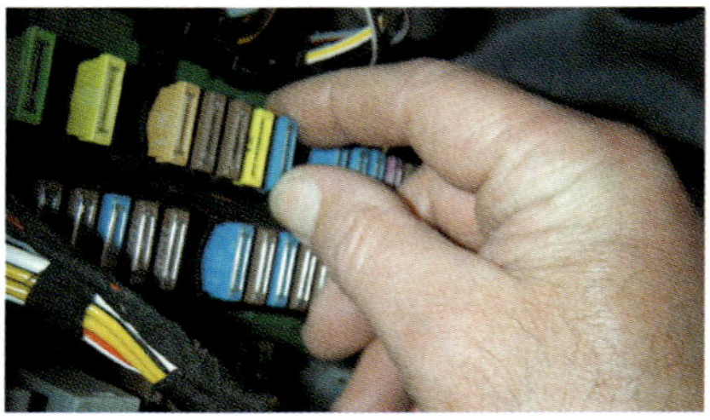

Abb. 272 Einsetzen einer Sicherung. Die verschiedenen Sicherungsgrößen sind farblich gekennzeichnet.

Abb. 273 Wegesensor zur Lagebestimmung (links).
Abb. 274 Induktivgeber zur Drehzahlmessung (rechts).

Diese *Kalibrierung* kann erfolgen über die Hardware durch Vorwahl mehrerer Schalter über eine Kalibrierungstabelle. Oft wird die Kalibrierung über die Software vorgenommen, die über eine Anzeige im Dialog durch Eingabe der geforderten Werte erfolgt.

Elektrischer Schaltplan – Der **Schaltplan** ist eine zeichnerische Darstellung elektrischer Bauteile durch Schaltzeichen und des Stromverlaufes der elektrischen Anlage des Traktors. Er zeigt in übersichtlicher Weise die einzelnen Stromwege und Schaltkreise auf. Die Bauteile sind mit Großbuchstaben und einer Ziffer z. B. E01 für den Scheinwerfer – rechts oder K08/1 das Relais für Abblendlicht/Fernlicht gekennzeichnet. Die Anschlüsse haben Ziffern und Kleinbuchstaben wie z. B. 56 b für das Abblendlicht.

Dadurch kann der Stromverlauf verfolgt werden und ein fehlerfreies Anschließen der einzelnen Kabel an die Klemmen ist gewährleistet. Die Bezeichnungen für die Bauteile und Anschlussklemmen sind aus dem elektrischen Schaltplan der Traktor-Betriebsanleitung zu entnehmen.

Aufgaben:

1. Zwei 12 Volt Batterien sind parallel geschaltet. Welche Spannung und welche Nennkapazität ergeben sich daraus?
2. Warum ist beim Schweißen am Traktor der Stromkreis der Batterie zu unterbrechen?
3. Was ist vor dem Einsetzen einer neuen Sicherung zu beachten?
4. Auf der Anhängersteckdose ist die Ziffer 3 zu finden, was wird mit dieser Ziffer bezeichnet?

2.8 Fahrwerk und Verkehrssicherheit

Das Fahrwerk eines Traktors unterliegt besonders bei schnelllaufenden Ausführungen hohen Beanspruchungen. Es soll
- ▶ hohe Lasten aufnehmen,
- ▶ Fahrbahnunebenheiten ausgleichen,
- ▶ den Fahrkomfort verbessern,
- ▶ hohe Fahrsicherheit erreichen.

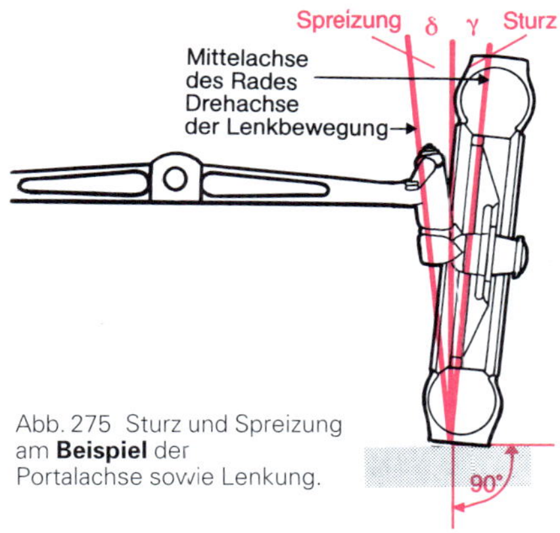

Abb. 275 Sturz und Spreizung am **Beispiel** der Portalachse sowie Lenkung.

2.8.1 Vorderachse

Die **Vorderachse** ist als Lenkachse ausgebildet und meist ungefedert. Um Unebenheiten im Gelände auszugleichen, ist sie am Vorderachsbock pendelnd aufgehängt.
Angetriebene Vorderachsen bei den Allrad-Traktoren sind mit einem Differenzialgetriebe und für jedes Rad mit einem Achsgetriebe versehen. Dadurch können die Achsen mit hohen Drehmomenten belastet werden. Mit eingebauten, automatisch arbeitenden Differenzialsperren sind auch bei schwierigen Einsatzverhältnissen hohe *Zugkräfte* zu erzielen.
Mit der Forderung zu *höheren Fahrgeschwindigkeiten* und *mehr Komfort* wird zunehmend die Vorderachse in **gefederter Ausführung** notwendig. Als pendelnd aufgehängte Starrachse oder Pendelachse mit Einzelradaufhängung erfolgt die Federung hydraulisch. Die Federung ist bei einigen Ausführungen sperrbar und manche Systeme arbeiten mit einem Niveauausgleich.
Um die **Lenkfähigkeit** sicherzustellen, muss die Last auf der Vorderachse mindestens 20 % des Leergewichtes des Traktors betragen. Bei Bedarf sind entsprechend Vorderachsgewichte zu verwenden. Die Stellung der gelenkten Räder zur Achse und zum Boden muss, um die *Lenksicherheit* sicherzustellen und die Reifenabnutzung zu minimieren, exakt eingestellt sein.
Maßgeblich für die Lenkfähigkeit des Traktors sind neben der Achsbelastung auch die Spreizung und der Radsturz. Die Spreizung ergibt sich aus dem Winkel zwischen den nach innen geneigten Achsschenkelbolzen und einer Senkrechten. Der Winkel zwischen der Senkrechten und dem Rad wird als Sturz bezeichnet. Fehleinstellungen verursachen Reifenschäden.
Für die **Lenkgeometrie** gilt im Einzelnen:
- ▶ Ein positiver Radsturz vermindert die Lenkkräfte,
- ▶ die Spreizung verbessert die Rückstellung und verhindert das Flattern des Rades,

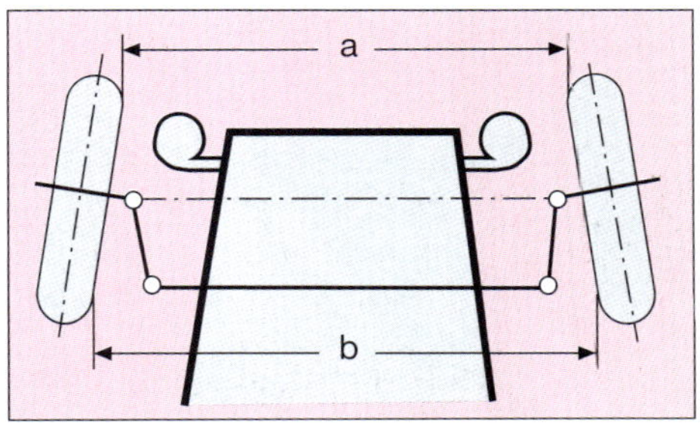

Abb. 276 Überprüfen der Vorspur; das Maß a muss kleiner als das Maß b sein.

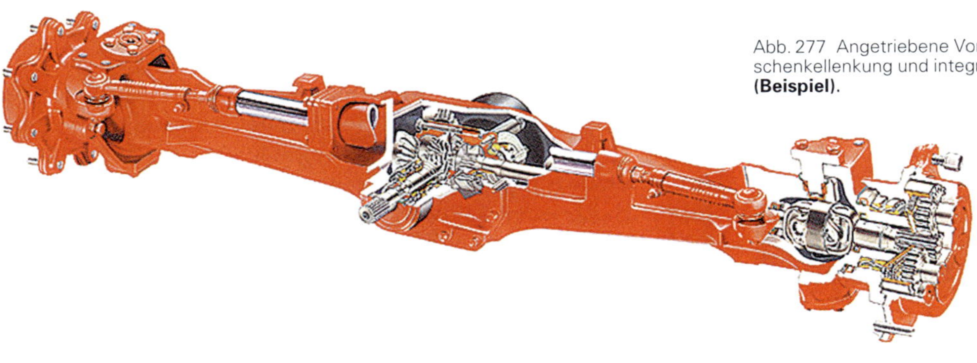
Abb. 277 Angetriebene Vorderachse mit Achsschenkellenkung und integriertem Lenkzylinder **(Beispiel)**.

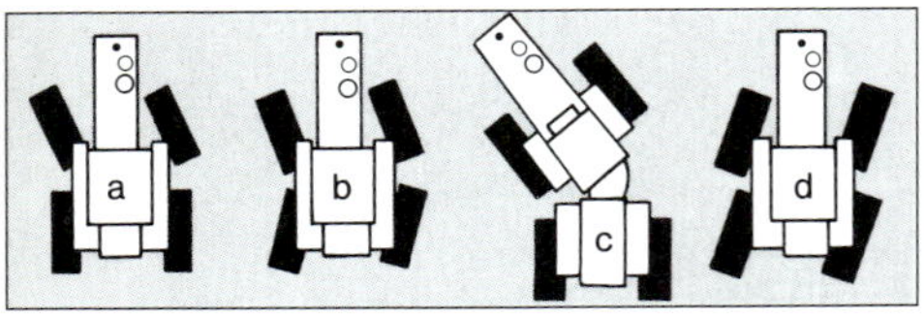

Abb. 278 Lenkungsarten bei Allrad-Traktoren:
a Vorderradlenkung,
b Allradlenkung,
c Knicklenkung,
d Allradlenkung + Hundegang.

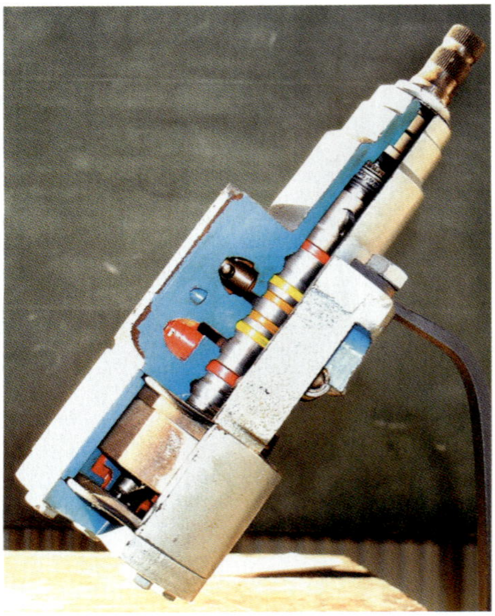

Abb. 279 Schnittmodell einer hydrostatischen Lenkung.

Abb. 280 Darstellung des Bremsweges.

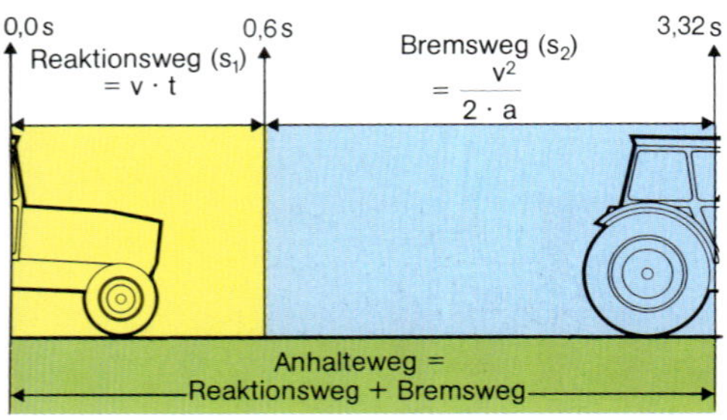

- der Nachlauf eines Rades stabilisiert und fördert den Geradeauslauf,
- die Vorspur verhindert das Flattern des Rades und reduziert den Reifenverschleiß.

Treten überhöhter Reifenverschleiß an der Lenkachse auf und ist die Lenksicherheit nicht mehr gegeben, so ist die Lenkgeometrie zu überprüfen.

! Arbeiten an der Lenkung sind aus Sicherheitsgründen dem Fachmann zu übertragen.

2.8.2 Lenkung

Die Lenksicherheit wird entscheidend von der Lenkgeometrie der Achse und von der Bodenhaftung der Räder beeinflusst.

Lenkungsarten – Viele Traktoren werden an der Vorachse durch eine **Achsschenkellenkung** gelenkt. Selbst bei großen und breiten Triebrädern an der Lenkachse kann durch eine besondere Anordnung der Räder ein ausreichend großer Lenkeinschlag (bis zu 50 °) zur Verkleinerung des Wendekreises erreicht werden.

Mit einer **Allradlenkung** sind selbst bei großen Triebrädern noch kleine Wendkreis-Durchmesser möglich, so dass diese Fahrzeuge wendig bleiben. Bei Kurvenfahrt beschreiben die jeweiligen Vorder- und Hinterräder die gleiche Spur. Durch verschiedene Schaltungen sind nur die Vorder- oder Hinterräder zu lenken oder es ist eine Hundeganglenkung möglich.

Traktoren mit **Knicklenkung** haben starre Achsen. Über ein Gelenk in der Fahrzeugmitte erfolgt der Einschlag der beiden Fahrzeugteile. Die Räder laufen hier ebenfalls Spur in Spur.

Betätigung der Lenkung – Dies kann durch ein mechanisches **Lenkgetriebe** erfolgen. Es überträgt die Bewegung und die eingeleiteten Kräfte am Lenkrad entsprechend dem Übersetzungsverhältnis auf die Lenkräder. Bei den **hydrostatischen Lenkungen** werden die Lenkkräfte durch eine Hydraulikpumpe erzeugt. Bei Lenkbewegungen am Lenkrad öffnen oder schließen sich Steuerventile, die den Lenkvorgang einleiten und das Öl entsprechend einem doppelt wirkenden Gleichlaufzylinder zuführen.

Auffälligkeiten beim Lenkvorgang lassen auf eine defekte Lenkung schließen. Es muss das Lenkspiel, das Spiel in den Kugelköpfen der Lenkhebel und Lenkstangen überprüft werden. An hydrostatischen Lenkungen ist der Flüssigkeitsstand im Ölbehälter (falls vorhanden) und die Anlage auf Dichtheit zu prüfen.

2.8.3 Bremsen

Traktoren benötigen eine **Betriebsbremse** (Fußbremse) und eine **Feststellbremse** (Handbremse). Beide müssen voneinander unabhängig zu bedienen sein und die vom Gesetz vorgeschriebenen Bremsverzögerungen oder Abbremsungen aufweisen. Diese sind gesetzlich für jeden Fahrzeugtyp festgelegt. Je nach Fahrzeuggewicht und Fahrgeschwindigkeit kann die Bremse auf eine Achse oder muss auf beide Achsen wirken.

Bremswerte – Die **Bremsverzögerung** ist der Wert, mit dem ein Fahrzeug die Fahrgeschwindigkeit in einer bestimmten Zeit verringert. Für ein Fahrzeug wird die *mittlere Bremsverzögerung* (a_m) in m/s^2 angegeben. Sie errechnet sich aus der *Fahrgeschwindigkeit* (v) in m/s und dem *Bremsweg* (s) in m.

$$a_m = \frac{v^2}{2 \times s} \, m/s^2$$

Beispiel: Ein Traktor fährt mit 40 km/h (11,11 m/s) und benötigt bei einer Vollbremsung einen Bremsweg von 24 m. Wie groß ist die mittlere Bremsverzögerung?

$$a_m = \frac{11{,}11 \times 11{,}11}{2 \times 24}$$

$$a_m = 2{,}57 \, m/s^2$$

Das bedeutet, dass im Mittel des gesamten Bremsweges die Fahrgeschwindigkeit um 2,57 m/s (9 km/h) je s abnimmt.
Der **Bremsweg** errechnet sich:

$$s = \frac{v^2}{2 \times a_m} \, m$$

Beispiel: Der oben genannte Traktor hat folgenden Bremsweg:

$$s = \frac{11{,}11 \times 11{,}11}{2 \times 2{,}57}$$

$$s = 24 \, m$$

Die **Bremszeit** (t_2) vom Beginn der Bremswirkung bis zum Stillstand des Fahrzeuges beträgt:

$$t_2 = \frac{v}{a_m} \, s$$

Beispiel: Für den oben genannten Traktor beträgt die Bremszeit:

$$t_2 = \frac{11{,}11}{2{,}57}$$

$$t_2 = 4{,}32 \, s$$

Um die Wirkung einer Bremse bezogen auf das Fahrzeuggewicht festzustellen, wird als technische Angabe die **Abbremsung** (z) angegeben. Sie ist das Verhältnis der Summe der Bremskräfte (F_t) auf allen Rädern im Verhältnis zum Fahrzeuggewicht (G_s) in %.

$$z = F_t / G_s \, \%$$

Beispiel: Das Gewicht (G_s) eines Fahrzeuges wird mit 4800 kg angegeben. Die Summe der Bremskräfte (F_t) an den Rädern liegt bei 2200 kg. Welche Abremsung in % hat das Fahrzeug?

$$z = 2200 / 4800$$

$$z = 45 \, \%$$

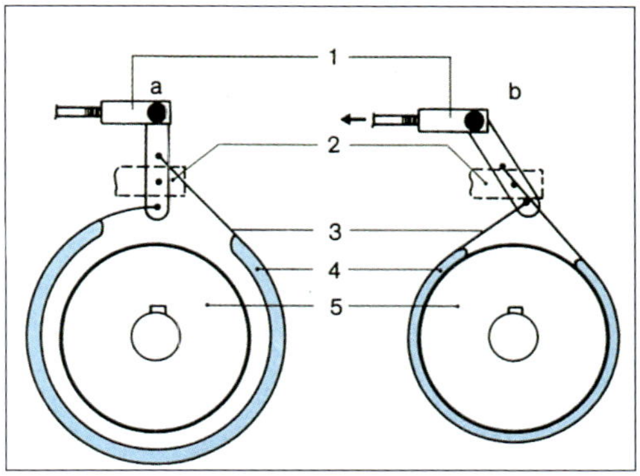

Abb. 281 Bandbremse (Feststellbremse):
a geöffnet, b geschlossen,
1 Gestänge,
2 Festpunkt,
3 Stahlband,
4 Bremsbelag,
5 Trommel.

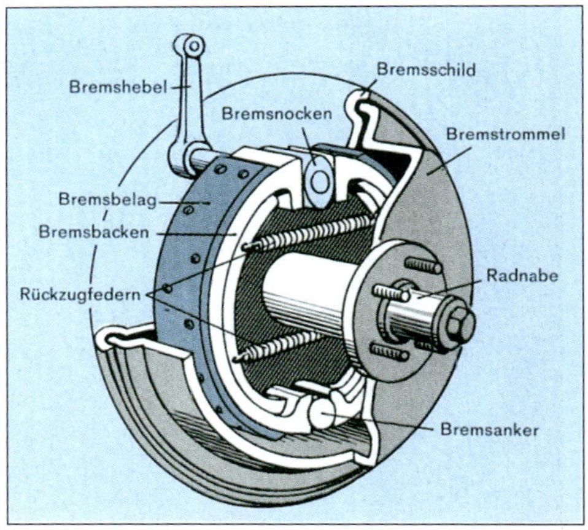

Abb. 282 Bremstrommel (Schema).

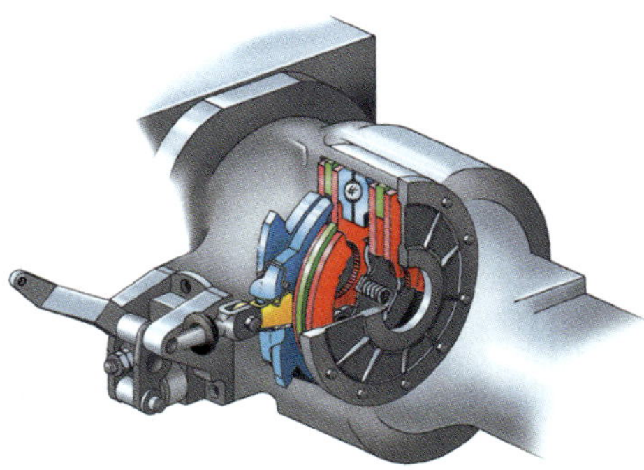

Abb. 283 Trockene Scheibenbremse mit hydraulischer und mechanischer Betätigung.

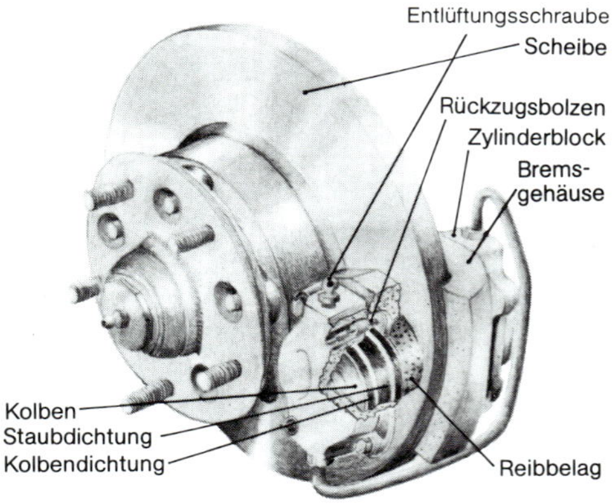

Abb. 284 Einzelteile einer hydraulischen Teilscheibenbremse.

Abb. 285 Trommelbremse mit Nockenbetätigung (rot) und Rückfahrautomatik (gelb).

Der **Anhalteweg** ist das Produkt aus Reaktionsweg und Bremsweg. Die **Anhaltezeit** setzt sich aus der Reaktionszeit und der Bremszeit zusammen.

Traktorbremsen – Beim Bremsen werden die Bremsbeläge an Bremsflächen gepresst, wodurch Reibung und Wärmeenergie erzeugt wird. In Traktoren und selbstfahrenden Arbeitsmaschinen sind unterschiedliche Bremsen eingebaut.

Bremsarten: Die **Bandbremse** kommt hauptsächlich als *Feststellbremse* zur Anwendung. Beim Anziehen der Bremse wird über das Betätigungsgestänge ein Bremsband um eine Trommel geschlungen und festgezogen. Die Bremswirkung ist gut, sie lässt sich jedoch nicht sehr exakt dosieren.

Eine **Trommelbremse** als *Innenbackenbremse* ausgelegt, wird meist als *Betriebsbremse* benutzt. Sie befindet sich meist in oder außerhalb der beiden Achstrichter. Die Bremsbeläge sind auf den Bremsbacken aufgenietet oder aufgeklebt. Wird vom Bremspedal aus die Trommelbremse mechanisch betätigt, so wird ein zwischen den Bremsbacken angeordneter Bremsnocken verdreht. Entsprechend den Bremskräften am Pedal werden die Bremsbacken in die Trommel gepresst und der Bremsvorgang wird eingeleitet.

Bei *hydraulisch betätigten Trommelbremsen* ist ein Radbremszylinder an Stelle des Bremsnockens eingebaut. Der eingeleitete Bremsdruck beaufschlagt Kolben, die die Bremsbacken betätigen. Eingebaute Zugfedern lösen am Ende des Bremsvorgangs die Bremsbacken.

Vollscheibenbremsen sind in den Achstrichtern trocken laufend angeordnet. Nasse Scheibenbremsen sind im Getriebe und laufen im Getriebeöl. Bei Betätigung der Bremsen (mechanisch über ein Gestänge oder hydraulisch) werden über Druckscheiben die Bremsscheiben in das Bremsgehäuse gepresst und dadurch wird der Bremsvorgang eingeleitet. Hydraulisch betätigte Bremsen sind meist selbst nachstellend.

Segmentscheibenbremsen haben einen festen Bremssattel, der die beiden Bremsklötze aufnimmt. Sie werden beim Bremsvorgang durch den Druck der Bremsflüssigkeit auf die Bremsscheibe aus Stahl gepresst. Diese Bremse ist selbstnachstellend, die Bremsklötze sind aber rechtzeitig bei größerem Verschleiß zu erneuern.

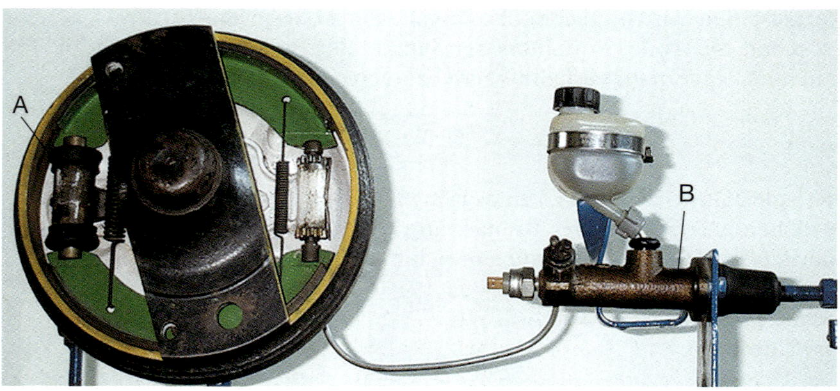

Abb. 286 Hydraulische Bremsbetätigung (Modell):
A Radbremszylinder,
B Hauptbremszylinder.

Bremsbetätigung: Bei **mechanisch betätigten Bremsen** erfolgt die Übertragung der Bremskräfte vom Bremspedal aus über Gestänge, Hebel und Wellen. Es ist laufend das Bremsspiel zu prüfen und darauf zu achten, dass die Bremsen beider Seiten ausreichendes und gleiches Spiel haben und somit gleichmäßig bremsen. Ein Nachstellen der Bremsen ist im Gestänge möglich, wird aber auch manchmal in der Bremse vorgenommen.
Hat der Traktor eine **hydraulisch betätigte Bremse**, ist auf einen ausreichenden Stand der *Bremsflüssigkeit* zu achten. Hat das Bremspedal bereits einen sehr weiten Weg, ohne den Bremsvorgang einzuleiten, weist dies auf stark verschlissene Bremsbeläge hin. Dann sind die Bremsen nachzustellen oder neue Bremsbacken oder Bremsscheiben einzubauen.
Um die **Bremssicherheit** des Fahrzeuges in allen Situationen zu gewährleisten, hat der Fahrer zu beachten:
- ▶ Bremsspiel und gleichmäßiges Bremsen aller Räder der Betriebs- und Feststellbremse prüfen,
- ▶ bei Straßenfahrt sind beide Pedale der Lenkbremse zu verbinden,
- ▶ Bolzen und Gestängegabeln sind zu ölen, mit Splinten zu sichern und sollen möglichst spielfrei sein,
- ▶ Bremsen nicht überhitzen,
- ▶ den Stand der Bremsflüssigkeit prüfen und bei Bedarf die vorgeschriebene Flüssigkeit nachfüllen, auf Undichtigkeiten achten,
- ▶ rechtzeitig verschlissene oder verölte Bremsbeläge auswechseln.
- ▶ Beachte: Bremsflüssigkeit ist ätzend und giftig.

Anhängerbremsen – Landwirtschaftliche Anhänger und angehängte Arbeitsmaschinen von über 3 t zG (zulässigem Gesamtgewicht) sind mit einer Betriebsbremse, Feststellbremse und Abreißbremse ausgestattet. Sie wirken gemeinsam auf eine oder mehrere Bremsachsen, die überwiegend **Trommelbremsen** haben.
Trommelbremsen mit Nockenbetätigung können bei Bedarf am Betätigungsgestänge nachgestellt werden. Druckluftbetätigte Bremsen sind über Gestängeversteller nachzustellen. Manche Fahrzeuge sind mit Trommelbremsen ausgestattet, die über eine Öffnung in der Ankerplatte nachzustellen sind.
Die Bremsbetätigung wird bei der **Auflaufbremse** mechanisch vorgenommen, beim Auflaufen des Anhängers erfolgt die Betätigung der *Betriebsbremse*. Der Bremshebel auf der Deichsel wird als Feststellbremse und durch Verwendung eines Abreißseiles, das mit dem Traktor verbunden ist, als **Abreißbremse** benutzt. Zur Rückwärtsfahrt ist die Auflaufvorrichtung der Deichsel zu sperren.
Besitzt die Bremsanlage eine **Rückfahrautomatik**, ist die Bremswirkung nur bei Vorwärtsfahrt gegeben, bei Rückwärtsfahrt löst sie sich bis auf einen kleinen Restbremswert.
Anhänger mit höheren Nutzlasten und Fahrgeschwindigkeiten benötigen **druckluftbetätigte Bremsen**. Die Luftbeschaffung und die Steuerung der Bremsdrücke erfolgt durch die *Druckluftanlage des Traktors*. Das einwandfreie Zusammenwirken der Steueran-

Abb. 287 Kupplungsverbindungen für eine Zweileitungsbremse.

Abb. 288 Anhänger-Bremsventil mit Bremskraftregler.

Abb. 289 Auflaufbremse mit Feststellbremse und Abreißseil. Diese gezeigte Bremse ist richtig eingestellt: die Anhängeöse fällt nicht auf den Boden.

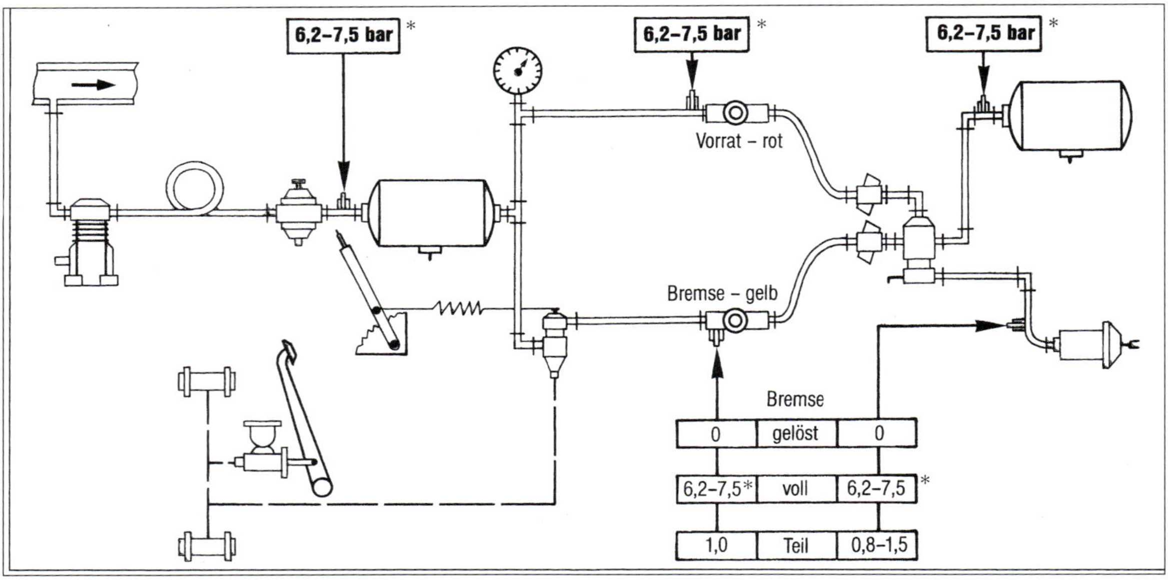

Abb. 290 Betriebs- und Bremsdrücke einer Zweileitungs-Druckluftanlage (* nach EU-Richtlinie 6,9–8,5 bar).

lage des Traktors und der Bremsanlage am Anhänger ist Voraussetzung für die Funktionssicherheit der Druckluftanlage und für ein sicheres Abbremsen des Zuges. Druckluftanlagen benötigen eine gute Wartung. Der Betriebsdruck der Anlage ist laufend zu überwachen, der Bremsdruck ist mit dem Bremskraftregler am Anhänger auf die Ladeverhältnisse einzustellen.
Aus **Sicherheitsgründen** ist zum Ankuppeln der Anhängerbremsschläuche die Feststellbremse des Traktors anzuziehen. Bei *Zweileitungsbremsen* ist
- ▶ zuerst die Kupplung (rot) der Vorratsleitung,
- ▶ anschließend die Kupplung (gelb) der Bremsleitung

zu trennen. Dabei wird die Abreißbremse wirksam und der Anhänger bleibt eingebremst. Beim Anschließen der Kupplungen verfährt man in umgekehrter Reihenfolge.

Abb. 291 Bremshebel zum Nachstellen einer druckluftbetätigten Anhängerbremse (A = Nachstellschraube).

Aufgaben:
1. Weshalb wird an der Traktorvorderachse eine Vorspur benötigt?
2. Was bedeutet beim Bremsvorgang die Bremsverzögerung und in welcher Maßeinheit wird sie angegeben?
3. Was bewirkt das Bremsspiel in einer Bremse?
4. In welcher Reihenfolge müssen die beiden Leitungen einer Druckluft-Zweileitungsbremse richtig abgeschlossen werden?
5. Nennen Sie die verschiedenen Bremsarten beim Traktor und beschreiben Sie deren Funktionsweise.
6. Was versteht man unter Auflaufbremse?

2.8.4 Bereifung

Die Reifen eines Fahrzeuges sollen möglichst hohe Lasten tragen können, geringen Bodendruck verursachen und Stossbelastungen abfedern. Ein Triebradreifen muss zusätzlich hohe Zugkräfte bei geringem Schlupf übertragen können. Deswegen sind Reifen je nach Verwendungszweck in Aufbau, Profil und Größe sehr unterschiedlich.

Bauarten – Diagonalreifen haben stabile Seitenflanken, da die Fäden, die die Karkasse bilden, in den einzelnen Lagen diagonal zueinander verlaufen und den vollen Reifenquerschnit umschließen. Bei der Bezeichnung dieses Reifens ist die Maßangabe (in Zoll) für die Breite und den Felgendurchmesser mit einem Bindestrich versehen, z. B. 16,9 – 34. Die Stabilität des Reifens, ein Maßstab für die Tragfähigkeit, wird mit der PR-Zahl (**p**ly **r**ating-Zahl entspricht etwa der Zahl der Leinwandlagen) angegeben.

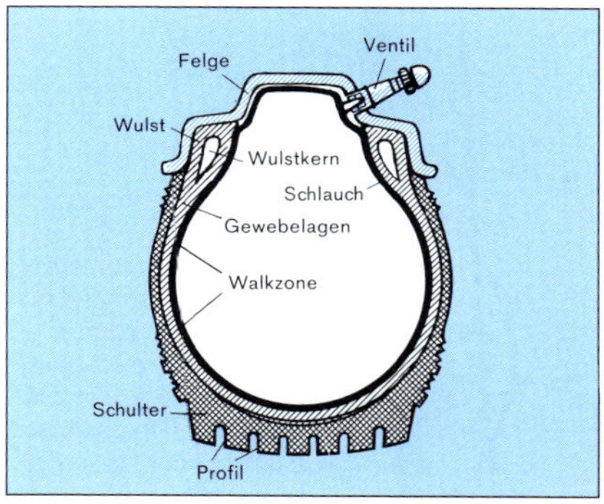

Abb. 292 Reifenquerschnitt (Radialreifen).

Tabelle 13: Tragfähigkeits-Index (LI, Load Index)[1])

LI	kg	LI	kg	LI	kg	LI	kg	LI	kg	LI	kg
0	45	35	121	70	335	105	925	140	2500	175	6900
1	46,2	36	125	71	345	106	950	141	2575	176	7100
2	47,5	37	128	72	355	107	975	142	2650	177	7300
3	48,7	38	132	73	365	108	1000	143	2725	178	7500
4	50	39	136	74	375	109	1030	144	2800	179	7750
5	51,5	40	140	75	387	110	1060	145	2900	180	8000
6	53	41	145	76	400	111	1090	146	3000	181	8250
7	54,5	42	150	77	412	112	1120	147	3075	182	8500
8	56	43	155	78	425	113	1150	148	3150	183	8750
9	58	44	160	79	437	114	1180	149	3250	184	9000
10	60	45	165	80	450	115	1215	150	3350	185	9250
11	61,5	46	170	81	462	116	1250	151	3450	186	9500
12	63	47	175	82	475	117	1285	152	3550	187	9750
13	65	48	180	83	487	118	1320	153	3650	188	10000
14	67	49	185	84	500	119	1360	154	3750	189	10300
15	69	50	190	85	515	120	1400	155	3875	190	10600
16	71	51	195	86	530	121	1450	156	4000	191	10900
17	73	52	200	87	545	122	1500	157	4125	192	11200
18	75	53	206	88	560	123	1550	158	4250	193	11500
19	77,5	54	212	89	580	124	1600	159	4375	194	11800
20	80	55	218	90	600	125	1650	160	4500	195	12150
21	82,5	56	224	91	615	126	1700	161	4625	196	12500
22	85	57	230	92	630	127	1750	162	4750	197	12850
23	87,5	58	236	93	650	128	1800	163	4875	198	13200
24	90	59	243	94	670	129	1850	164	5000	199	13600
25	92,5	60	250	95	690	130	1900	165	5150	200	14000
26	95	61	257	96	710	131	1950	166	5300	201	14500
27	97,5	62	265	97	730	132	2000	167	5450	202	15000
28	100	63	272	98	750	133	2060	168	5600	203	15500
29	103	64	280	99	775	134	2120	169	5800	204	16000
30	106	65	290	100	800	135	2180	170	6000	205	16500
31	109	66	300	101	825	136	2240	171	6150	206	17000
32	112	67	307	102	850	137	2300	172	6300	207	17500
33	115	68	315	103	875	138	2360	173	6500	208	18000
34	118	69	325	104	900	139	2430	174	6700	209	18500

[1]) Höhere Tragfähigkeit bedeutet kein Erlöschen der Betriebserlaubnis, kein Nachtrag bei Umrüstungen.

Abb. 293 Aufbau eines Traktorreifens:
a Radialkarkasse,
b Diagonalkarkasse.

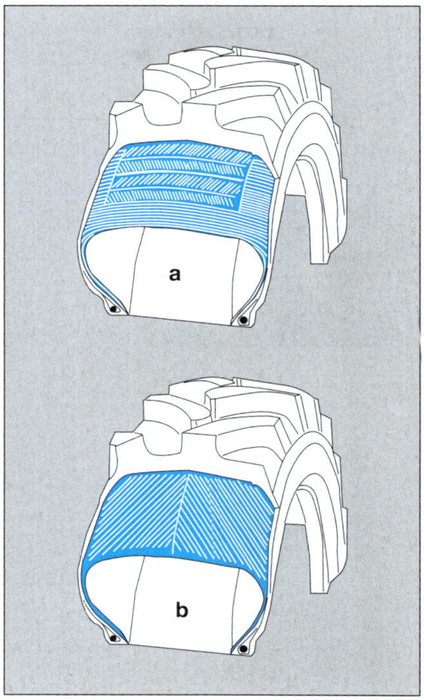

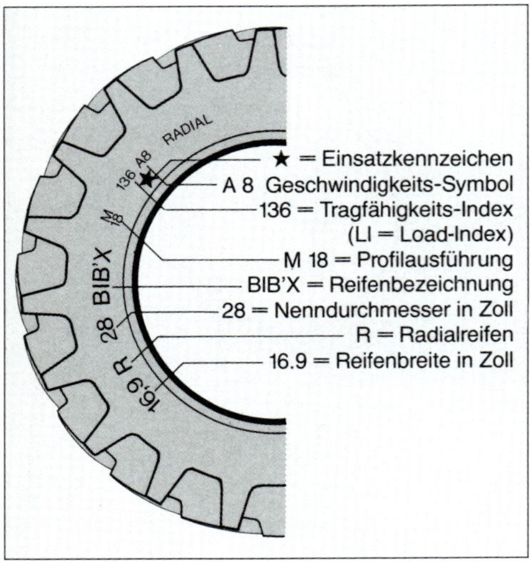

Abb. 294 Bezeichnungen am Reifen.

Beim **Radial-** oder **Gürtelreifen** verlaufen die Fäden der einzelnen Lagen der Karkasse quer zum Reifenquerschnitt. Ein Gürtel, der radial mit dem Reifenumfang verläuft, stabilisiert die Lauffläche.

Die Bezeichnung des Radialreifens enthält ein »R«, z. B. 16,9 R 34.

Breitreifen haben gegenüber den herkömmlichen Reifen eine niedrige Flanke. Die Höhe der Reifenflanke wird in Prozent von der Reifenbreite angegeben, z. B. 600/65 R 34. Sie haben ein größeres Luftvolumen als ein herkömmlicher Reifen mit gleichem Außendurchmesser. Dadurch hat er bei gleichem Luftdruck höhere Tragfähigkeit.

Eine Aussage über die **Tragfähigkeit** eines Reifens gibt der Tragfähigkeits-Index (Load-Index, LI).

Die Nenntragfähigkeit eines Reifens bezieht sich auf den Luftdruck. Der auf den Reifen bezogene Basisluftdruck ist mit Sternchen (*) deklariert:

*	= 1,6 bar
**	= 2,4 bar
***	= 3,2 bar
****	= 3,8 bar

Reifen-Kennbuchstaben – Reifen haben je nach Bauart ein Zulassung für eine bestimmte *Höchstgeschwindigkeit*. Sie ist am Reifen durch die **Geschwindigkeits-Kennbuchstaben** (Speed-Index, SI) vermerkt.

Tabelle 14: Geschwindigkeits-Symbol (Speed Symbol)

Symbol	Geschwindigkeit max. km/h	Symbol	Geschwindigkeit max. km/h	Symbol	Geschwindigkeit max. km/h
A1	5	C	60	N	140
A2	10	D	65	P	150
A3	15	E	70	Q	160
A4	20	F	80	R	170
A5	25	G	90	S	180
A6	30	J	100	T	190
A7	35	K	110	U	200
A8	40	L	120	H	210
B	50	M	130	V	240

Um Überlastungen und Reifenschäden auszuschließen, sind bei einem entsprechenden Reifen die Tragfähigkeit, der Luftdruck und die zulässige Fahrgeschwindigkeit zu beachten.

Weiterhin sind Beschädigungen zu vermeiden, die z. B. beim Überfahren von Hindernissen wie Stufen oder Bordsteinen und bei Waldarbeiten entstehen können. Darüber hinaus schädigen Schmier- und Kraftstoffe den Reifengummi.

Abb. 295 Reifenbauarten:
Oben Pflegereifen.
Mitte Grünlandreifen.
Unten Ackerreifen.

Beispiel an einem Reifen der Größe 540/65 R 34

Reifenlast 2900 kg

540/65 R 34

Luftdruck **1,6 bar** — **zulässige Fahrgeschwindigkeit** **40 km/h**

oder

Reifenlast 3200 kg

540/65 R 34

Luftdruck **1,6 bar** — **zulässige Fahrgeschwindigkeit** **30 km/h**

oder

Reifenlast 2800 kg

540/65 R 34

Luftdruck **0,9 bar** — **zulässige Fahrgeschwindigkeit** **10 km/h**

Luftdruck – Der Luftdruck im Reifen ist den Einsatzverhältnissen anzupassen um
- ▶ geringe Bodenverdichtungen,
- ▶ größtmögliche Ausnutzung des Reifens und des Traktors,
- ▶ optimale Zugkraft bei niedrigem Schlupf,
- ▶ geringen Verschleiß und hohe Lebensdauer des Reifens

zu erzielen.

Bodendruck – Ein geringer Reifeninnendruck reduziert Bodenverdichtungen und Spurtiefen. Um trotzdem eine ausreichende Tragfähigkeit zu erreichen werden **Breitreifen** oder die **Zwillingsbereifung** gewählt.

Zum Ankoppeln des zweiten Reifen an den Basisreifen bei der Zwillingsbereifung kommen verschiedenartige Kupplungssysteme zur Anwendung. Damit nicht mit Überbreiten auf der Straße gefahren werden muss, sollen Zwillingsreifen mit wenigen Handgriffen und geringer Kraftanstrengung abzubauen sein. Die Kupplungen sind auch für **Gitterräder** geeignet.

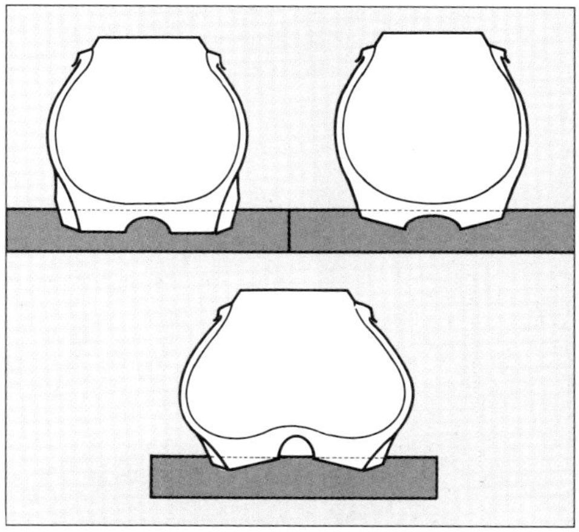

Abb. 296 Bodengriff von Traktorreifen bei normalem, zu hohem und zu niedrigem Luftdruck.

Abb. 297
Links: Kleine Aufstandsfläche auf der Straße, Luftdruck 1,6 bar, Aufstandsfläche 2100 cm², Bodendruck 1,65 bar, Zugkraft 100 %.
Rechts: Große Aufstandsfläche im Acker, Luftdruck 0,7 bar, Aufstandsfläche 4000 cm², Bodendruck 0,72 bar, Zugkraft 135 %.

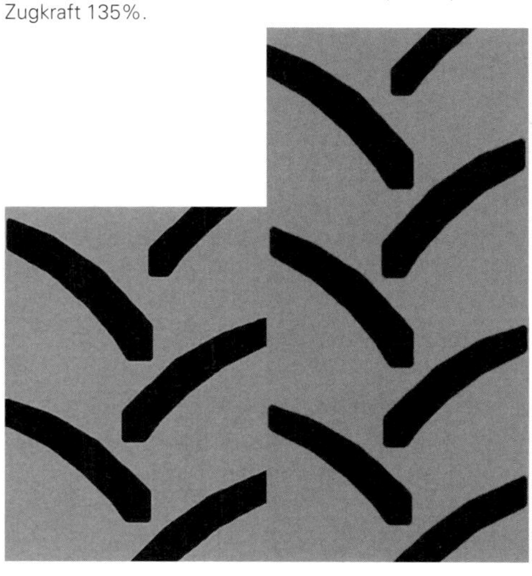

Abb. 298 Unterschiedliche Befestigungspositionen der Felgenscheibe an der Felge ergeben verschiedene Spurweiten.

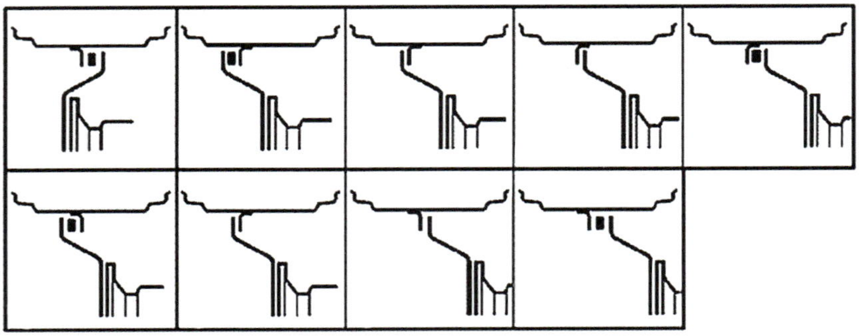

Abb. 299 Kupplung für Zwillingsreifen **(Beispiel)**.

Zur **Ballastierung** des Traktors können die Reifen mit Wasser gefüllt werden. Dies ist nur möglich, wenn der Reifen mit einem Schlauch versehen ist und das Luftventil das Einschrauben des **Spezial-Wasserfüllventiles** zulässt.

Beim Befüllen des Reifens mit Wasser mit dem Füllventil (Ventilöffnung steht am obersten Punkt) entweicht gleichzeitig die Luft. Die **Wasserfüllung** wird bis etwa 75 % des Reifenvolumens vorgenommen, so dass noch ein Luftpolster vorhanden ist.

Das Entleeren des Reifens erfolgt ebenso mit dem Füllventil (Ventilöffnung steht am untersten Punkt), damit alles Wasser aus dem Reifen entfernt werden kann.

Die Wasserfüllung bringt erhebliche Zusatz-Ballastierung, z. B. für einen Reifen der Größe:

13,6 R 24 bis zu 120 kg
14,9 R 28 bis zu 180 kg
16,9 R 34 bis zu 280 kg
18,4 R 38 bis zu 370 kg
520/70 R 34 bis zu 350 kg

Ist eine *Ganzjahresfüllung* vorgesehen, ist das Wasser mit einem *Frostschutzmittel* zu versehen. Dazu wird Calzium-Chlorid ($CaCl_2$) dem Wasser zugemischt. Für einen Frostschutzgrad bis – 30 °C ist eine Mischung von 0,307 kg Calcium-Chlorid und 0,921 Liter Wasser nötig.

Das Calcium-Chlorid muss in das Wasser eingerührt werden und erhöht bei der genannten Konzentration das Gewicht etwa um zusätzlich 20 % gegenüber der reinen Wasserfüllung.

Felgen – Jeder Reifen benötigt eine passende **Felge**. Sie muss in der Form und Größe dem Reifen entsprechen und die geforderte Tragfähigkeit aufweisen. Mit der Einpresstiefe der Felge oder durch verschiedenes Befestigen der Felgenscheibe an der Felge lassen sich unterschiedliche Spurweiten einstellen.

Abb. 300 Ballastierung des Traktors durch Wasserfüllung über ein Spezial-Ventil: Links: Füllen des Reifens mit Wasser. Rechts: Wasser aus dem Reifen drücken.

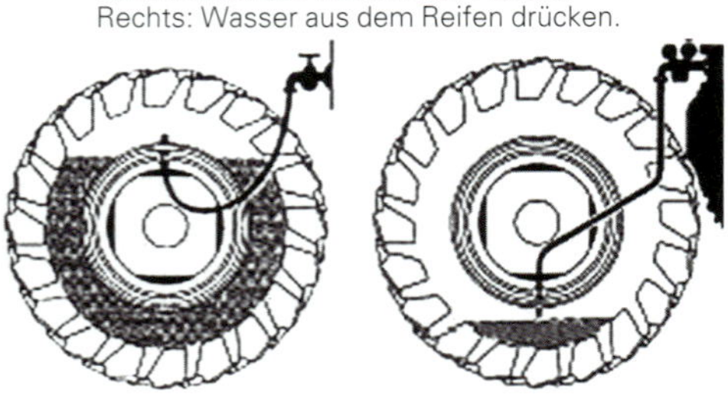

Aufgaben:

1. Wie erkennt man an der Reifenbezeichnung, dass es sich um einen Gürtelreifen handelt?
2. Durch welche Faktoren wird die Tragfähigkeit eines Reifen bestimmt?
3. Wie kann man die Tragfähigkeit eines Reifens feststellen?

3 Landwirtschaftliche Fahrzeuge im Straßenverkehr

Die **Straßenverkehrsordnung** (StVO) regelt den öffentlichen Verkehr. Sie gilt nicht nur auf Straßen, sondern auch auf Wegen und Plätzen und wendet sich an alle Verkehrsteilnehmer. Sie ist gegliedert in »Allgemeine Verkehrsregeln, Zeichen und Verkehrseinrichtungen, Durchführungs-, Bußgeld und Schlussvorschriften.«
Für *land- oder forstwirtschaftliche Fahrzeuge* **(lof-Fahrzeuge)** gelten neben den allgemeinen Verordnungen zusätzliche Regeln und Ausnahmen.

Abb. 301 Überbreite und gefährlich in die Fahrbahn ragende Teile angehängter Arbeitsgeräte müssen durch Warn- und Begrenzungstafeln gesichert sein.

3.1 Vorgaben der Straßenverkehrsordnung

3.1.1 Fahrerlaubnis für lof-Kraftfahrzeuge seit dem 1. 1. 1999

Zum Führen von Fahrzeugen mit einer bauartbedingten Höchstgeschwindigkeit (bbH) bis 6 km/h ist *keine* **Fahrerlaubnis** notwendig. Für Traktoren und selbstfahrende Arbeitsmaschinen bis zu einer bbH von 32 km/h wird die Fahrerlaubnis der Klasse L benötigt. Bei Fahrzeugen mit einer bbH von über 32 km/h ist Klasse T erforderlich.
Für den Erwerb der Fahrerlaubnis der Klasse T ist neben der theoretischen Prüfung auch eine praktische Fahrprüfung erforderlich.

Abb. 302 In solchen besonders unfallträchtigen Situationen verlangt die Straßenverkehrsordnung eine 2. Person als Einweiser.

3.1.2 Untersuchung von lof-Fahrzeugen nach § 29 Abs. 1 StVZO

Fahrzeuge mit eigenem amtlichen Kennzeichen unterliegen in regelmäßigen Abständen der **Untersuchungspflicht**. Keine Untersuchung benötigen Traktoren unter 6 km/h, selbstfahrende Arbeitsmaschinen mit einer bbH unter 20 km/h und zulassungsfreie lof-Anhänger.
Für die *Hauptuntersuchung* (HU) und *Sicherheitsprüfung* (SP) gelten seit 1.12.1999 die in Tabelle 15 genannten Begrenzungen.

Tabelle 15: Von der Straßenverkehrsordnung vorgegebene Höchstwerte für lof-Fahrzeuge

bauartbedingte Höchst-Geschwindigkeit (bbH) km/h	unter 40	über 40			
zulässiges Gesamtgewicht (zGG) t	–	unter 3,5	3,5 – 7,5	7,5 – 12	über 12
HU Monate	24	24	12	12	12
SP Monate	–	–	–	6 [1])	6 [2])

[1]) Bei Erstzulassung erstmals nach 3 Jahren.
[2]) Bei Erstzulassung erstmals nach 2 Jahren.

Abb. 303 Angehängte Arbeitsgeräte fallen nicht unter die Zulassungsverfahren. Das gilt auch bei höheren Geschwindigkeiten (Merkblatt für angehängte Arbeitsgeräte).

neue und alte Führerscheinklassen	mögliche Kombinationen	zulässige Höchstgeschwindigkeit	zulässiges Gesamtgewicht der Zugmaschine	zulässiges Gesamtgewicht des Zuges	Zulassungspflicht des Anhängers	außerdem wichtig
Mindestalter: 16 Jahre						
L wird eingeschlossen durch: 4 alt, zurzeit 5 (DDR: T, M)		32 km/h	auch über 7,5 t			theoretische Ausbildung und Prüfung
		25 km/h	auch über 7,5 t	40 t	nein	
		25 km/h	auch über 7,5 t			
		25 km/h	auch über 7,5 t	40 t	nein	
T keine Klasse für 16-Jährige, die T bisher einschließt		40 km/h	auch über 7,5 t			theoretische Ausbildung und Prüfung; schließt nur L ein
		40 km/h	auch über 7,5 t	40 t	ja (nein, wenn 25 km/h Betriebsgeschw.)	
		40 km/h	auch über 7,5 t			
		40 km/h	auch über 7,5 t	40 t	ja (nein, wenn 25 km/h Betriebsgeschw.)	

Abb. 304 Neue Führerscheine für landwirtschaftliche und forstwirtschaftliche Fahrzeuge ab 01.01.1999 (ab 16 Jahre).

Abb. 305 Führerscheinregelung ab 01.01.1999 (ab 18 Jahre).

Mindestalter: 18 Jahre						
T wird eingeschlossen durch: 3 (DDR: B/BE), auf Antrag		60 km/h	auch über 7,5 t			theoretische und praktische Ausbildung und Prüfung; schließt nur L ein; auf Antrag nur für Personen, die im landw. oder forstw. Bereich tätig sind
		60 km/h	auch über 7,5 t	40 t	ja (nein, wenn 25 km/h Betriebsgeschw.)	
		40 km/h	auch über 7,5 t			
		40 km/h	auch über 7,5 t	40 t	ja (nein, wenn 25 km/h Betriebsgeschw.)	
C1E wird eingeschlossen durch: 3 (DDR: B/BE)		über 60 km/h	bis 7,5 t			theoretische und praktische Ausbildung und Prüfung; gewerblicher Güterverkehr ab dem 21. Lebensjahr, Voraussetzung Klasse 3 (alt) oder B (neu)
		80 km/h	bis 7,5 t	12 t	ja (nein, wenn 25 km/h Betriebsgeschw.)	
		über 40 km/h	bis 7,5 t			
		80 km/h	bis 7,5 t	12 t	ja (nein, wenn 25 km/h Betriebsgeschw.)	
CE wird eingeschlossen durch: 2 (DDR: CE)		über 60 km/h	auch über 7,5 t			theoretische und praktische Ausbildung und Prüfung; gewerblicher Güterverkehr ab dem 21. Lebensjahr, Voraussetzung Klasse 3 (alt) oder B (neu), alle 5 Jahre ärztliche Untersuchung
		80 km/h	auch über 7,5 t	40 t	ja (nein, wenn 25 km/h Betriebsgeschw.)	
		über 40 km/h	auch über 7,5 t			
		80 km/h	auch über 7,5 t	40 t	ja (nein, wenn 25 km/h Betriebsgeschw.)	

3.1.3 Zulässige Maße und Gewichte von lof-Fahrzeugen nach § 32 und § 34 StVZO

Traktoren und Anhänger – Sie dürfen eine höchstzulässige **Breite** von 2,55 m (ohne Ladung) nicht überschreiten. Selbstfahrende Arbeitsmaschinen, am Traktor angebaute oder angehängte Arbeitsgeräte dürfen bei Straßenfahrt 3 m Breite nicht überschreiten. Ausnahmen für den Einzelfall können erteilt werden von der Verwaltungsbehörde und zusätzlich von der Straßenverkehrsbehörde im jeweiligen Bezirk oder Kreis des Antragstellers.
Eine besondere Kenntlichmachung und Absicherung durch Park-Warntafeln, Begrenzungs- und Schlussleuchten ist dann notwendig.
Die **Länge** eines Einzelfahrzeuges darf 12 m, die des gesamten Zuges 18 m (ohne Ladung) nicht überschreiten.
Die **Fahrzeughöhe** ist auf 4 m begrenzt.
Fahrzeuge mit Ladung – Sie dürfen nicht breiter als 3 m, können aber höher als 4 m sein. Die Länge des Gesamtzuges mit überstehender, abgesicherter Ladung ist auf 20 m begrenzt.
Beim Transport von Frontanbaugeräten am Traktor darf das vorderste Ende des Gerätes maximal 3,5 m von der Lenkradmitte entfernt sein. Ausnahmen sind möglich, wenn zur Einweisung an Kreuzungen eine Begleitperson bereitsteht.
Gewichte – Das **zulässige Gesamtgewicht** (zGG) und die zulässigen **Achslasten** unterliegen ebenfalls einer Begrenzung:

- ▶ Für Anhänger mit Gelenkdeichsel gilt:
  - Anhänger mit 2 Achsen — maximal 18 t zGG
  - Anhänger mit 3 und mehr Achsen — maximal 24 t zGG.
- ▶ Dagegen gilt für Anhänger mit Starrdeichsel eine zulässige Achslast:
  - Einachsanhänger — maximal 10 t
  - Doppelachsanhänger
    - Achsabstand unter 1,0 m — maximal 11 t
    - Achsabstand 1,0–1,3 m — maximal 16 t
    - Achsabstand 1,3–1,8 m — maximal 18 t
    - Achsabstand über 1,8 m — maximal 20 t

Das zGG des Anhängers ergibt sich aus der zulässigen Achslast und der Deichselstützlast. Als **Deichselstützlasten** sind je nach Traktorgröße bei den Anhängekupplungen zwischen 500 und 2500 kg, bei Untenanhängung bis 3000 kg zugelassen.

3.2 Beleuchtungseinrichtungen landwirtschaftlicher Fahrzeuge

Traktoren und **selbstfahrende Arbeitsmaschinen** sind mit Scheinwerfern und zusätzlich mit Arbeitsscheinwerfern ausgestattet. An ihnen sind wie an den Anhängern Begrenzungsleuchten, Schlussleuchten, Bremsleuchten, Fahrtrichtungsanzeiger, Warnblinkanlagen, Kennzeichenbeleuchtungen und Rückstrahler vorgeschrieben. Vor Antritt jeder Fahrt ist die Beleuchtung zu überprüfen.
Kraftfahrzeuge mit einer Länge von über 6 m sind auf beiden Fahrzeuglängsseiten mit runden, gelben Strahlern zu versehen.

Abb. 306 Ordnungsgemäße Vorbereitung der Maschine zur Straßenfahrt.

Abb. 307 Vorschriftsmäßge Absicherung der Maschine auf öffentlichen Straßen.

Abb. 308 Gelbe Seitenstrahler (Pfeile) tragen besonders bei Dunkelheit zur Verkehrssicherheit bei.

Abb. 309 Die Warntafeln mit der Beleuchtungseinrichtungen sind fest am Gerät angebracht, können aber mittels Schnellverschlüssen umgesteckt werden.

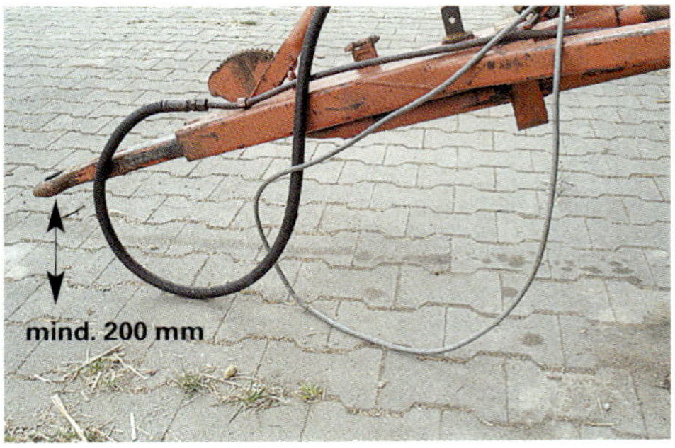

Abb. 310 Diese Auflaufbremse wirkt. Der Abstand der Deichsel zum Boden beträgt mind. 200 mm.

Abb. 311 So mitgeführte Unterlegkeile kann man beim Abstellen des Anhängers schnell zur Sicherung einsetzen.

Dies gilt ebenso für lange Anhänge- und Anbaugeräte, wenn das Maß von 3 m zum nächst liegenden Strahler überschritten wird.
Für **angehängte Arbeitsgeräte** sind Schlusslichter mit Rückstrahler notwendig, auch dann, wenn die Beleuchtung des Traktors nicht verdeckt wird.
Angebaute Arbeitsgeräte, die seitlich mehr als 400 mm über die Außenkante der Schluss- oder Begrenzungsleuchten hinausragen, müssen nach vorne und nach hinten mit Warntafeln und der vorgeschriebenen Beleuchtung ausgestattet sein. Ragt ein Gerät mehr als 1 m nach hinten hinaus, so ist an der Gerätemitte nach hinten ebenso eine Warntafel mit Schlussleuchte, Bremsleuchte und Rückstrahler zu befestigen.
Diese *zusätzlichen Warn- und Beleuchtungseinheiten* können abnehmbar sein, müssen aber immer am Fahrzeug mitgeführt werden und funktionsfähig sein. Die Befestigung am Gerät muss so gestaltet sein, dass ein unsachgemäßes Anbringen nicht möglich ist. Es gelten auch hier die Maße für die Anbringung der Teile, wie bei fester Anbringung.

! Es gilt: Wird durch ein angehängtes oder angebautes Gerät die Beleuchtung des Traktors verdeckt, muss diese in vollem Umfang am Gerät wiederholt werden.

3.3 Bremsen an lof-Anhängern

Um auch bei den Transportanhängern und angehängten Arbeitsmaschinen die notwendige Bremsverzögerung bzw. Abbremsung zu erreichen, sind je nach Fahrzeuggewicht und Fahrzeuggeschwindigkeit entsprechend groß dimensionierte Bremsen eingebaut.
Anhänger sind ausgestattet mit einer

- **Betriebsbremse:** Sie tritt in Funktion durch Auflaufen oder Nachschieben des Anhängers oder sie wird über Druckluft angesteuert.
- **Feststellbremse:** Sie muss von Hand durch den Bremshebel auf der Deichsel betätigt werden oder sie wird über Druckluft angesteuert.
- **Abreißbremse:** Sie wird durch den Feststellbremshebel ausgelöst, der mit einem Seil mit dem Traktor verbunden ist oder sie wird über Druckluft ausgelöst

Auflaufbremse – Sie erfüllt alle Anforderungen und kann bei Anhängern zum Einsatz kommen bis zu einem zGG von 8 t und einer

- bbH von max. 25 km/h bei 1 Bremsachse,
- bbH von max. 40 km/h bei 2 Bremsachsen.

Bremsen an Anhängern mit Auflaufbremsen sind so einzustellen, dass die Bremswirkung erreicht wird, die Bremse nicht einseitig zieht und das vorgegebene Bremsspiel vorhanden ist. Auflaufdeichseln am Zweiachsanhänger (Falldeichsel) dürfen im abgehängten Zustand nicht auf dem Boden aufliegen.
Druckluftbremse – Anhänger über 8 t zGG und/oder einer bbH von mehr als 25 km/h benötigen eine **Druckluftbremse**. Bei neueren

Fahrzeugen wird die **Einleitungs-Bremsanlage** von der **Zweileitungs-Bremsanlage** abgelöst.
Bei der Druckluftbremse sind neben der lufttechnischen Anlage auch die Bremswirkung, Gleichmäßigkeit und das Bremsspiel am Anhänger zu überprüfen. Je nach Beladungszustand muss vor der Fahrt der **Bremskraftregler** am Anhänger eingestellt werden. Dieser stellt sich bei manchen Fahrzeugen automatisch (ALB-Regler) ein.
Aus Sicherheitsgründen ist beim Ankuppeln der Druckluftleitungen (Zweileitungsbremse) zuerst die Bremsleitung (gelb und links) und dann die Vorratsleitung (rot und rechts) anzuschließen. Beim Trennen der Anschlüsse gilt die umgekehrte Reihenfolge.
Die Druckluftanlage ist laufend auf Dichtheit zu prüfen. Anlagen mit hohen Druckverlusten haben eine ungenügende Bremswirkung. Luftvorratsbehälter sind zu entwässern.
Angehängte Arbeitsmaschinen brauchen keine eigene Bremsanlage, wenn sie das zGG von 3 t nicht überschreiten und es nicht größer ist als das Leergewicht des ziehenden Fahrzeuges.

Abb. 312 Betriebs-, Feststell- und Abreißbremse bei einer Auflaufbremse.

Merke: Auf öffentlichen Straßen ist immer mitzuführen:
- Führerschein,
- Fahrzeugschein der zugelassenen Fahrzeuge,
- Betriebserlaubnis der nicht zulassungspflichtigen Fahrzeuge,
- Warndreieck,
- Unterlegkeile.

An die Fahrer von lof-Fahrzeugen im öffentlichen Straßenverkehr werden besondere Anforderungen gestellt, weil
- mit großen, schweren und unförmigen Maschinen und Geräten gefahren wird,
- im Verhältnis zu anderen Fahrzeugen langsam gefahren wird,
- die übrigen Verkehrsteilnehmer die lof-Fahrzeuge schlecht einschätzen können.

Abb. 313 Der ALB-Regler übernimmt die Achseinfederung zur lastabhängigen Einstellung des Bremsdruckes.

Es gilt immer Sicherheit vor Schnelligkeit.

Abb. 314 Druckluftgebremste Anhänger müssen mit der Feststellbremse gesichert werden.

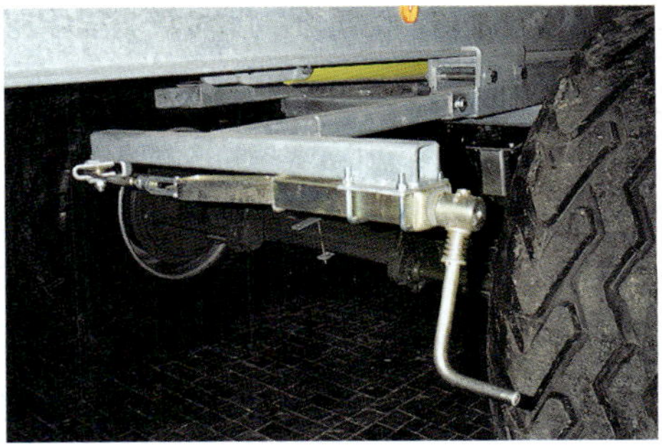

Aufgaben:
1. Welche Führerscheinklasse ist für einen Traktor mit einer Höchstgeschwindigkeit von 32 km/h und 50 km/h erforderlich?
2. Welche Beleuchtung ist bei einem Gerät erforderlich, wenn es weiter als 1 Meter über die Rückleuchten des Traktors nach hinten hinausragt?
3. Welche Bremsfunktionen muss ein Anhänger haben?

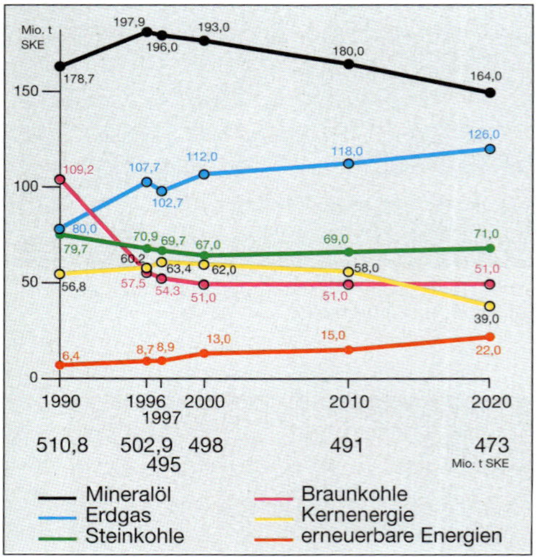

Abb. 315 Primärenergie-Verbrauch in Deutschland (nach Energieträgern; Gesamtverbrauch in Mio. t SKE).

Abb. 316 Verteilung der weltweiten Erdöl- und Gasreserven (in %, geschätzt).

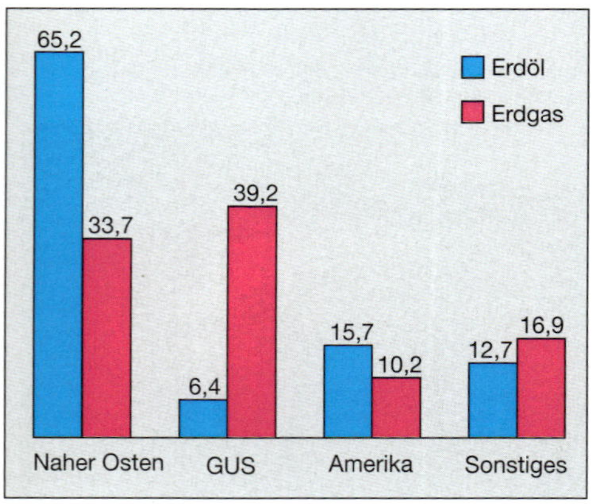

4 Energie-Nutzung in der Landwirtschaft

Der *Energiebedarf* in der Landwirtschaft hat sich in den letzten 40 Jahren fast verdoppelt und ist weiter steigend. Dazu trägt der verstärkte Einsatz von Wärme und Strom in der Stallhaltung und der Einsatz von Kraftstoffen durch die stärkere Mechanisierung und intensivere Landbewirtschaftung bei. Auch das Konservieren von Futter und Markfrüchten ist energieaufwändig.
Größtenteils wird die Energie aus fossilen Stoffen gewonnen, sie ist endlich und wird zur Neige gehen. Zugleich ist die Landwirtschaft ein Energie*produzent* in vielfältigster Art und Weise. Aus vielen Produkten kann Energie gewonnen werden. Auch das Verbrennen von Getreide zur Energiegewinnung wird erprobt und diskutiert. Im Besonderen bringt die Nutzung der Biomasse durch Reduzierung der Schadgasse positive Effekte.
Einer der größten Effekte für die Umwelt und die Betriebskosten liegt jedoch in der *Energieeinsparung*.

4.1 Elektrische Energie

Die **elektrische Energie** ist ein unentbehrliches Betriebsmittel in Haus, Hof und Stallungen. Elektrischer Strom lässt sich in verschiedene Energieformen wie Wärme, Licht und Bewegung umwandeln.
Ein störungsfreier Betrieb der elektrischen Einrichtungen und Maschinen ist nur gewährleistet, wenn sie den Bestimmungen des VDE (Verein Deutscher Elektrotechniker) und denen des zuständigen EVU (Elektrischen Versorgungsunternehmen) entsprechen.

4.1.1 Das Versorgungsnetz

Im **Elektrizitätswerk** wandeln Generatoren verschiedene Energieträger zu elektrischem Strom um. Es gibt zentrale Großkraftwerke, aber auch dezentrale Kleinkraftwerke, die den elektrischen Strom in ein Versorgungsnetz einspeisen. Da Strom über weite Strecken transportiert werden muss, wird er bei Großkraftwerken vor der Einspeisung mit Transformatoren auf hohe Spannungen, wie z. B. 110 kV – 380 kV (Kilovolt) transformiert und somit mit geringen Verlusten in den Hochspannungsleitungen auf die Reise geschickt.
Die einzelnen Großkraftwerke sind über ein **Verbundnetz** miteinander verbunden, um in den verschiedenen Regionen auftretende Spitzenbelastungen abdecken zu können. Für die kleinere Region erfolgt in den Umspannanlagen die Reduzierung der Spannung auf kleinere Größen von etwa 15 – 60 kV. Erst unmittelbar vor dem Endverbraucher wird über den Ortsnetztransformator der elektrische Strom auf die Niederspannung von 230 Volt und 400 Volt gebracht.

Über Freileitungen oder Erdkabel gelangt er zum **Hausanschluss** des Endverbrauchers. Der Anschlusswert wird vom EVU durch die Panzersicherungen im Hausanschlusskasten festgelegt. Er wird einerseits bestimmt von der gleichzeitig in Anspruch genommenen Leistung (kW) und andererseits von der möglichen Belastung der Zuleitung.

Die **Kosten** für die Nutzung des elektrischen Stromes setzen sich aus dem *Leistungspreis* (Grundpreis) und dem *Arbeitspreis* (Preis je kWh) zusammen. Um den Leistungspreis möglichst niedrig zu halten, sind Spitzenausgliederungen vorzunehmen, d.h. Geräte mit hohem Anschlusswert dürfen nicht gleichzeitig eingeschaltet werden können.

Neben dem Zähler kann je nach Tarif bei höherem Jahrestromverbrauch zusätzlich eine Leistungsmessung nach dem *96-Stunden-Tarif* vorgenommen werden. Die Zeitspanne mit der höchsten Anzahl von Leistungswerten wird zur Berechnung des Leistungsentgeltes für das Jahr herangezogen. Das kann die Bezugskosten für Strom erhöhen, wenn gleichzeitig mehrere leistungsstarke E-Motore eingeschalten werden.

Der Anschlusskasten und der Zähler sind verplombt, sie sind Eigentum des EVU und dürfen nur von berechtigten Personen geöffnet werden.

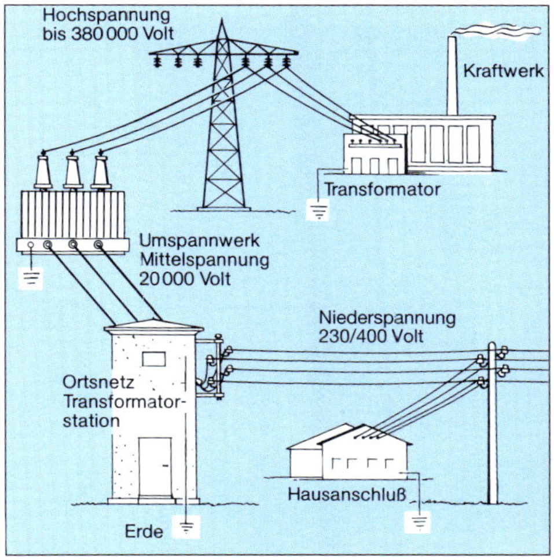

Abb. 317 Der Weg des elektrischen Stroms.

Abb. 318 Stromverteilerschrank mit Zähler, FI-Schaltern, Sicherungen und Schaltrelais.

4.1.2 Stromkreise und Schaltungen

Meist stehen am Anschlusskasten 4-Leiter-Anschlüsse und damit die beiden Spannungen mit 230 V und 400 V zur Verfügung. Die Bauweise der einzelnen Stromverbraucher wird von der Anordnung und Schaltung der Stromkreise bestimmt.

Die **Hintereinander-** oder **Reihenschaltung** ist in den betrieblichen Anlagen selten. Hier bleibt die Stromstärke (A) für alle im Stromkreis befindlichen Geräte gleich. Die Spannung (V) wird durch die Anzahl der Geräte dividiert und somit die notwendige Betriebsspannung für das einzelne Gerät reduziert.

Die meisten Geräte sind im Stromkreis in **Parallel-** oder **Nebeneinanderschaltung** eingesetzt. Jeder Verbraucher wird mit der gleichen Spannung, also mit 230 Volt oder 400 Volt versorgt. Wird einem Stromkreis ein weiterer Verbraucher zugeschaltet, bleibt die Spannung gleich, die Stromstärke steigt entsprechend an, so dass mehr Gesamtstrom fließt und die Leitungen höher belastet und erwärmt werden.

Abb. 319 Der Weg des Stroms im Haus.

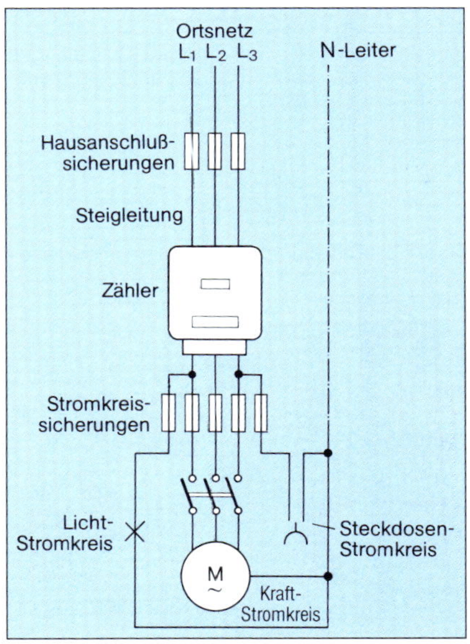

4.1.3 Leitungsschutz (Sicherung)

Jeder Stromkreis muss abgesichert sein. Dadurch wird verhindert, dass die angeschlossen Geräte durch ihre Stromaufnahme (I_g) die Zuleitung überlasten. Kabel und Leitungen sind in ihrem Querschnitt so bemessen, dass bei Betrieb keine nennenswerte Erwärmung auftritt. Wird die Stromstärke (A) zu hoch oder es treten am Gerät oder in der Zuleitung Kurzschlüsse auf, steigt die Wärmeentwicklung an und es kommt zu Schäden.

Schmelzsicherungen haben als *Überlastungselement* einen dünnen Draht aus einem leicht schmelzbaren Metall, der bei zu ho-

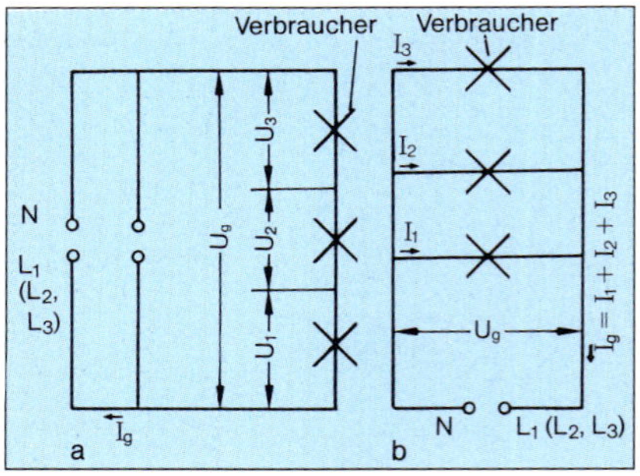

Abb. 320 Reihen- (a) und Parallelschaltung (b) von Verbrauchern im elektrischen Stromkreis der Hausinstallation.

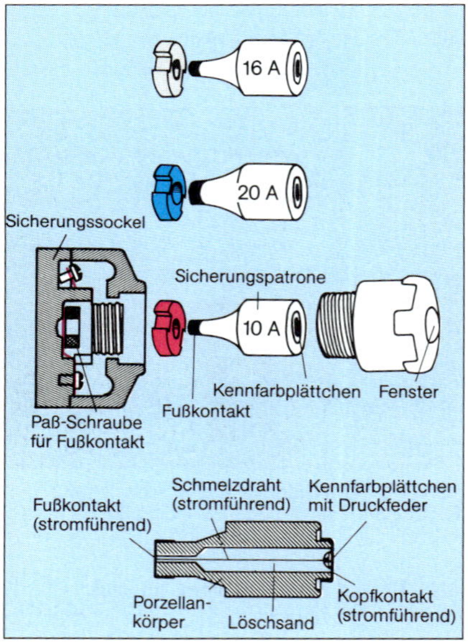

Abb. 321 Schmelzsicherung (oben): Nur bei Wahl der geeigneten Sicherung passt der Fußkontakt in die Passschraube.

Abb. 322 Aufbau (Schema) und Wirkungsweise eines Leitungsschutzschalters (eingeschaltet (a) und ausgeschaltet (b)) (Erklärung siehe Text).

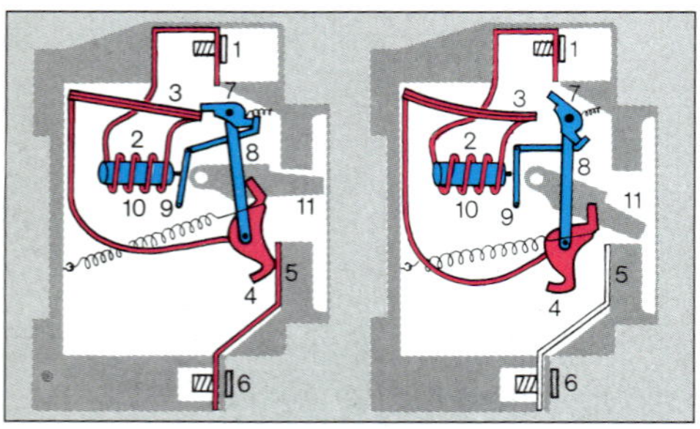

hem Stromfluss schmilzt und dadurch den Stromkreis unterbricht. Die Schmelzsicherungen sind zu unterscheiden durch

► die **Farbe der Anzeigeplättchen:**

6 A	------- grün
10 A	------- rot
16 A	------- grau
20 A	------- blau
25 A	------- gelb
35 A	------- schwarz

► den **Durchmesser des Fußkontaktes:** Je größer der Fußkontakt, desto höher ist die Absicherung.

Damit keine stärkere Sicherung eingesetzt werden kann, befindet sich im Sicherungssockel ein Passstück, das dem Durchmesser des Fußkontaktes entspricht. Bei den Schmelzsicherungen wird zwischen »flinken« und »trägen« Sicherungen unterschieden. Die trägen Sicherungen haben den Aufdruck »T« oder ein »Schneckenzeichen«.

In der Landwirtschaft sind bis zu 25 A keine Schmelzsicherungen bei einer Neuinstallation zulässig. Dagegen sollten Maßnahmen zum Schutz der Hausgeräte bei Blitzschlag geplant werden.

! Jede Veränderung der Absicherung einer Leitung durch Einbau einer stärkeren Sicherung oder durch Flicken einer Sicherung macht die Schutzfunktion unwirksam und ist verboten.

Hauptsächlich werden **Leitungsschutzschalter** oder **Sicherungsautomaten** fest in der Stromverteilung eingebaut. Sie schalten den Stromkreis bei Überlastung durch ein *Bimetall* ab. Tritt ein Kurzschluss auf, wird der Stromkreis durch einen elektromagnetisch betätigten Auslöser unterbrochen. Mit einem Schalthebel kann nach Behebung der Ursache der Stromkreis wieder eingeschaltet werden.

Die Leitungsschutzschalter (LS-Schalter) sind je nach Leitungsquerschnitt als 10-A-, 16-A- oder 20-A-Automaten installiert. Die **Belastbarkeit** von Stromkreisen ist nach der Formel zu berechnen:

$$I = \frac{P}{U}$$

Beispiel: Ein Gerät mit 3500 Watt Leistung arbeitet mit einer Spannung von 230 Volt. Mit welcher Sicherung ist der Stromkreis abzusichern?

$$I = \frac{3500\,W}{230\,V}$$

$$I = 15{,}2\,A = 16\,A\ \text{Sicherung}$$

Die Absicherung für einen Drehstrommotor ist nach der Formel zu berechnen:

$$I = \frac{P}{U \times \sqrt{3} \times \cos\varphi}$$

Beispiel: Ein Drehstrommotor arbeitet mit 400 Volt Spannung und leistet 11,5 kW. Der cos φ beträgt 0,88. Mit welchen Sicherungen ist der Stromkreis abzusichern?

$$I = \frac{11500}{400 \times 1{,}73 \times 0{,}88}$$

$$I = 18{,}9\,A = 20\,A \text{ Sicherung}$$

Die **Abschalt-Charakteristik** der Sicherungsautomaten wird dargestellt mit den Buchstaben:
H bedeutet 2- bis 3facher Nennstrom
L bedeutet 4- bis 6facher Nennstrom
B bedeutet 5- bis 7facher Nennstrom
C bedeutet 8- bis 10facher Nennstrom
G bedeutet 8- bis 12facher Nennstrom
K bedeutet 16facher Nennstrom
Beispiel: Ein Leitungsschutzschalter mit der Bezeichnung *L 16 A* ist mit 16 A Dauerstrom zu belasten. Bei Überlastung oder Kurzschlüssen ist eine Belastungen um das 4- bis 6fache des Nennstromes möglich.
Hat eine Sicherung durch Überlastung des Stromkreises gelöst, so ist die Summe der Nennleistungen der gleichzeitig arbeitenden Geräte dieses Stromkreises zu reduzieren. Wurde die Sicherung durch einen Kurzschluss ausgelöst, ist das defekte Gerät festzustellen und zu reparieren. Die Reparatur darf nur von einem zugelassenen Elektrofachgeschäft vorgenommen werden.
Ein dem Gerät vorgeschalteter **Motorschutzschalter** hat die Aufgabe die Stromzufuhr dann abzuschalten, wenn Bauteile des Motors wegen Überlastung oder Kurzschluss zu hohe Stromstärken aufnehmen. Eine zusätzliche Absicherung ist über ein Thermoschutzelement in der Motorwicklung möglich. Arbeiten Geräte ohne Beaufsichtigung, ist die Motorabsicherung besonders wichtig. Die Motorschutzschalter sind z.T. auch als Ein-Aus-Schalter zu benutzen.

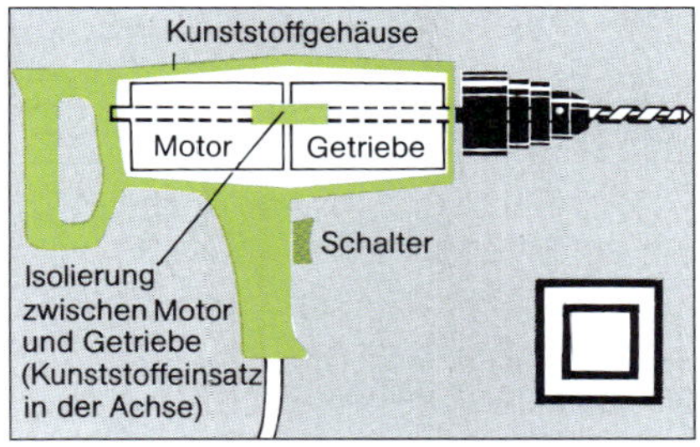

Abb. 323 Schutzisolierung eines Gerätes und das Zeichnen für schutzisolierte Geräte auf dem Leistungsschild.

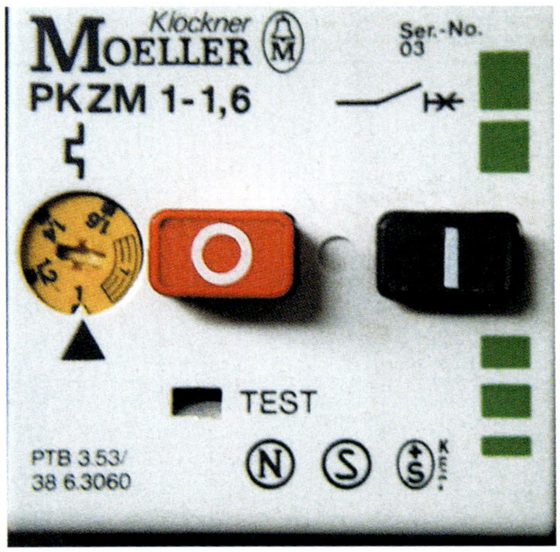

Abb. 324 Motorschutzschalter für kleinere Motoren mit Ein- und Ausschalter.

4.1.4 Schutzmaßnahmen gegen gefährliche Körperströme

Die stromführenden Teile elektrischer Geräte und Einrichtungen sind so isoliert, dass bei Berührung durch Mensch und Tier kein Stromschlag auftreten kann. Mit zunehmenden Gebrauch oder durch unsachgemäße Behandlung können Isolationsschäden auftreten. Dann stehen die Metallteile eines Gerätes unter Spannung. Bei Berührung des Gehäuseteiles fließt Fehlerstrom. Besonders im feuchten oder nassen Umgebungsbereich erhöht sich die Gefährdung.
Berührungsspannungen über 50 Volt sind für den Menschen, über 25 Volt für Tiere gefährlich. Um einen Stromunfall zu verhindern, werden in den VDE-Bestimmungen **Schutzmaßnahmen** vorgeschrieben. Vor allem Kinder sind von Strom führenden Einrichtungen fernzuhalten.

Abb. 325 Schukoverbindungen.

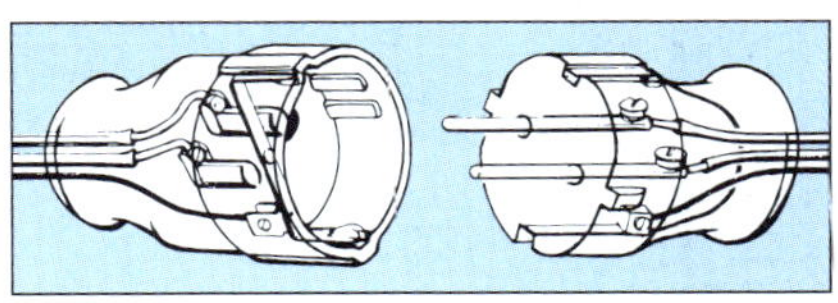

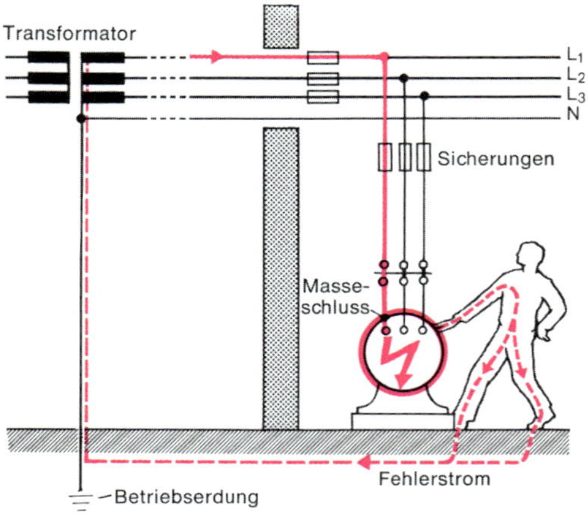

Abb. 326 und Abb. 327 Unfallverhütung bei Elektrogeräten. Oben: ungesichert, Gerätegehäuse kann unter Spannung stehen (Körperschluss), ab 50 V Gefahr für den Menschen. Unten: Geräte mit Schutzerdung, Fehlerstrom wird abgeleitet.

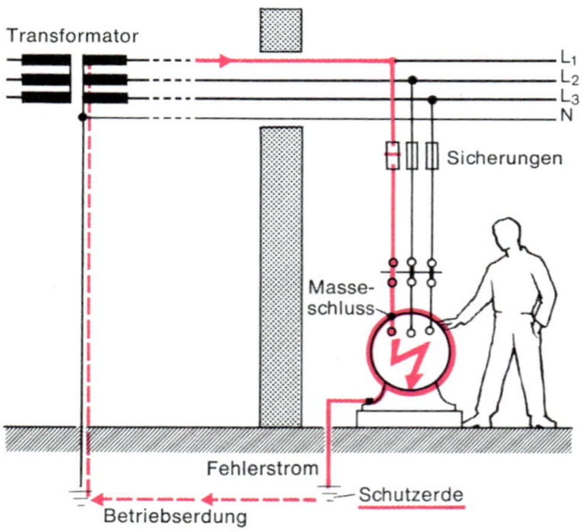

Abb. 328 Links: CEE-Steckverbindung mit Schutzleiter.
Abb. 329 Rechts: Stecker mit Phasenwender.

Möglichkeiten – Bei Geräten mit **Schutzisolierung** erübrigt sich eine Abschalteinrichtung und der Schutzleiter. Hier kann eine Berührungsspannung gegen die Erde nicht auftreten, da alle stromführenden Teile gegen Berührung zusätzlich zur Basisisolierung eine weitere Isolierung haben und somit abgeschirmt sind. Alle mit einer Schutzisolierung versehenen Geräte sind mit ⧈ gekennzeichnet.
Die Schutzmaßnahmen mit Abschalteinrichtung und Schutzleiter benötigen in der Leitung oder im Kabel immer den **Schutzleiter** (gelbgrüne Farbe), der den auftretenden Fehlerstrom ableitet. Der Schutzleiter ist mit der **Schutzerdung** verbunden, so dass auftretender Fehlerstrom ohne größeren Widerstand abfließen kann. Stecker und Steckdose haben Schutzkontakte. Bei direkt angeschlossenen Geräten ist der Schutzleiter mitzuführen. Vom Gerätegehäuse bis zur Schutzerdung muss stets eine sichere Verbindung durch den Schutzleiter gegeben sein. Eine Unterbrechung dieses Leitersystems kann beim Auftreten eines Fehlerstroms gefährlich werden. Deswegen sind vom Elektrofachmann zu prüfen:

- ▶ Alle Kabel und Steckverbindungen auf Funktionssicherheit des Schutzleiters;
- ▶ **Schu**tz**ko**ntakte (Schuko) in den Steckdosen und die Erdung des Schutzleiters.

Geräte, die mit einer Spannung von 230 V (Wechselstrom) betrieben werden, sind an das Netz mit 3-poligen Schuko-Steckverbindungen angeschlossen.
Bei Drehstrommotoren sind **CEE-Steckverbindungen** (Kraftsteckdosen) erforderlich. Sie sind 5-polig und führen auch den Schutzleiter mit. Je nach Leistung des Verbrauchers sind diese Steckverbindungen mit 16 A, 32 A oder 63 A nötig. Manche CEE-Stecker haben einen **Phasenwender** eingebaut, wodurch eine Änderung der Drehrichtung des Drehstrommotors möglich ist.
Zusätzlich sind in einem Betriebsgebäude alle Einrichtungen aus Metall, mit denen Mensch und Tier in Berührung kommen können, zu erden **(Potenzialausgleich)**. Metallrohre, Stalleinrichtungen, Baustahlmatten u. a. sind zusammenzuschließen und gemeinsam mit den Schutzleitern an der **Fundamenterdung** zu befestigen. Dieses erfolgt über die Potenzial-Ausgleichsschiene und muss aus Sicherheitsgründen sorgfältig vorgenommen werden und bedarf einer laufenden Überwachung.
Der **Fehlerstrom-Schutzschalter** dient als weitere Einrichtung, um gefährliche Stromschläge zu verhindern. Er stellt Veränderungen zwischen dem zufließenden und dem abfließenden Strom fest. Fließt mehr Strom zu als abfließt, so wird der Differenzstrom über ein defektes Gerät für Mensch und Tier gefährlich. Er fließt über den Schutzleiter ab, gleichzeitig schaltet der Fehlerstrom-Schutzschalter (FI-Schalter) bei einem Differenzstrom von 0,3 oder 0,03 A innerhalb $^1/_{100}$ Sekunde alle angeschlossenen Stromkreise ab.
Die mechanische Funktionsfähigkeit des **FI-Schalters** ist durch Betätigen der Prüftaste zu überwachen. Wichtig ist diese Kontrolle nach jedem Gewitter.
Schutzart-Geräte und elektrische Bauteile müssen einen Berührungs-, Fremdkörper- und Wasserschutz aufweisen. Je nach Ein-

satzart und Einsatzort, so z. B. bei feuchten und nassen Räumen und im Freien, sowie in feuergefährdeten Betriebsstätten muss die Schutzart den VDE- Bestimmungen entsprechen. Der Schutz gegen das Eindringen von Wasser ist festgelegt.

Die Zeichen bedeuten : Tropfwassergeschützt
Spritzwassergeschützt
Strahlwassergeschützt
Für den Staub- und Fremdkörperschutz bedeuten:
Staubgeschützt
Staubdicht

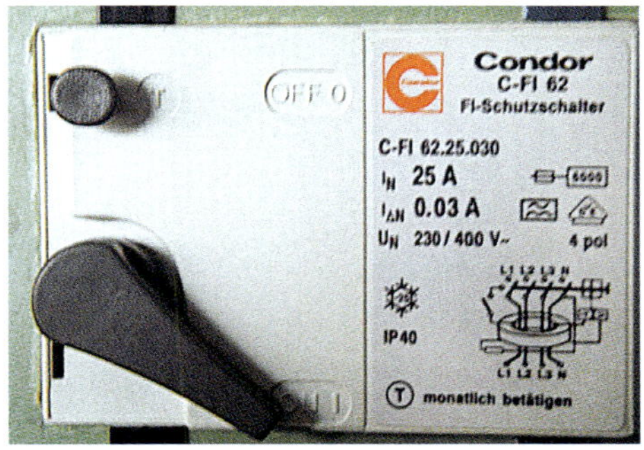

Abb. 330 Fehlerstromschalter mit Prüftaste und Wiedereinschalthebel **(Beispiel)**.

! Beim Umgang mit dem elektrischen Strom und bei der Bedienung von elektrischen Geräten ist stets größte Vorsicht geboten. Auf das Einhalten der VDE-Bestimmungen ist zu achten. Das Installieren von elektrischen Anlagen und die Reparatur von Geräten ist von einer Elektrofachkraft vorzunehmen.

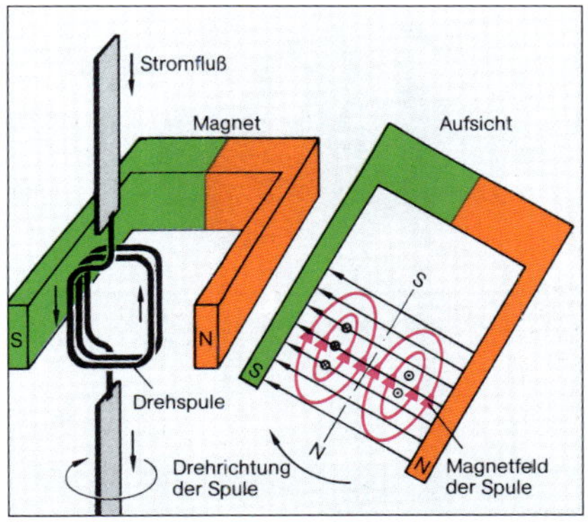

Abb. 331 Eine stromdurchflossene Spule erfährt in einem Magneten ein Drehmoment.

4.1.5 Motoren für Gleich- und Wechselstrom

Gleichnamige Pole stoßen sich ab. Dadurch erhält eine stromdurchflossene **Spule** in einem Magnetfeld eine Drehbewegung. Sie wird wieder unterbrochen, wenn sich ungleichnamige Pole gegenüber liegen. Ändert sich dann die Stromrichtung, dreht sich die Spule weiter, weil sich nun wieder die gleichnamigen Pole abstoßen.

Die Spule eines Elektromotors ist auf einen Eisenkern aufgewickelt und wird als **Anker** oder **Läufer** bezeichnet. Auf einem Anker befinden sich mehrere Spulen, die gegeneinander versetzt sind. Der **Stator** ist der feststehende Magnet und wird auch als **Ständer** bezeichnet. Im Ständergehäuse schleifen Kohlebürsten auf dem Schleifring des Ankers und übertragen einen Gleichstrom (Gleichstrommotor) in den Anker. Durch die Drehbewegung des Schleifringes wechselt die Stromrichtung in den Spulen. Die im Ständer und Läufer fließenden magnetischen Felder erzeugen Kräfte und damit ein Drehmoment an der Läuferwelle.

Die Anordnung der Spulen und die Stromart führen zu den verschiedenen Bauarten von Motoren. Die Wahl der Schaltung und Ausführung des Ankers bestimmt die Drehzahl und das Anlaufverhalten eines Motors. Es wird zwischen Reihen- und Parallelschaltung unterschieden.

Motoren für Drehstrom – Bei Drehstrommotoren besteht der Läufer aus parallel angeordneten Kupferstäben, deren Enden verbunden sind und einen Käfig darstellen. Der Käfig kann auch aus Aluminium gegossen sein. Diesen sog. Käfigläufermotoren wird der Drehstrom, jede Phase für sich, in eine oder mehrere Wicklungen des Ständers zugeführt. Im Ständer eines Drehstrommotors sind die Wicklungen um 120° versetzt. Die drei Phasen des Drehstroms erzeugen ein drehendes Magnetfeld im Stator. Dessen Feldlinien schneiden dabei die Stäbe des Läufers und erzeu-

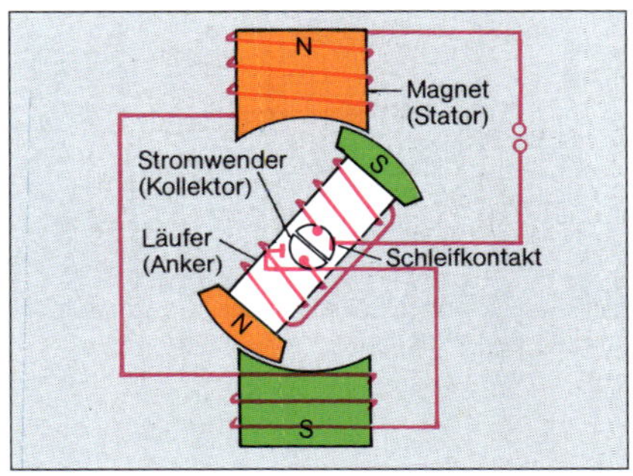

Abb. 332 Elektromotor (Schema) für Gleich- und Wechselstrom (Hauptschlussmotor).

Abb. 333 **Beispiel** eines Trommelankers mit Lüfterrad.

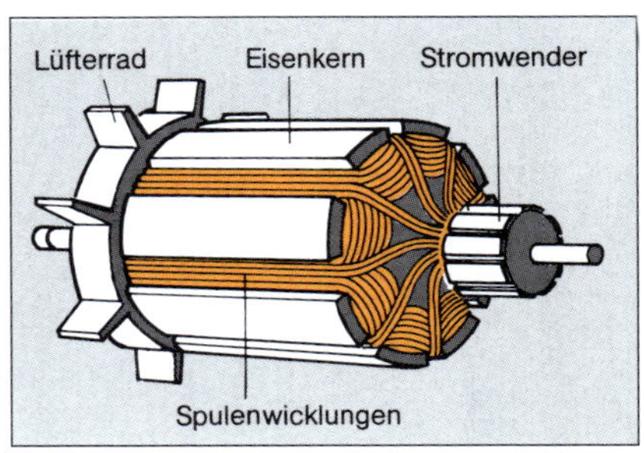

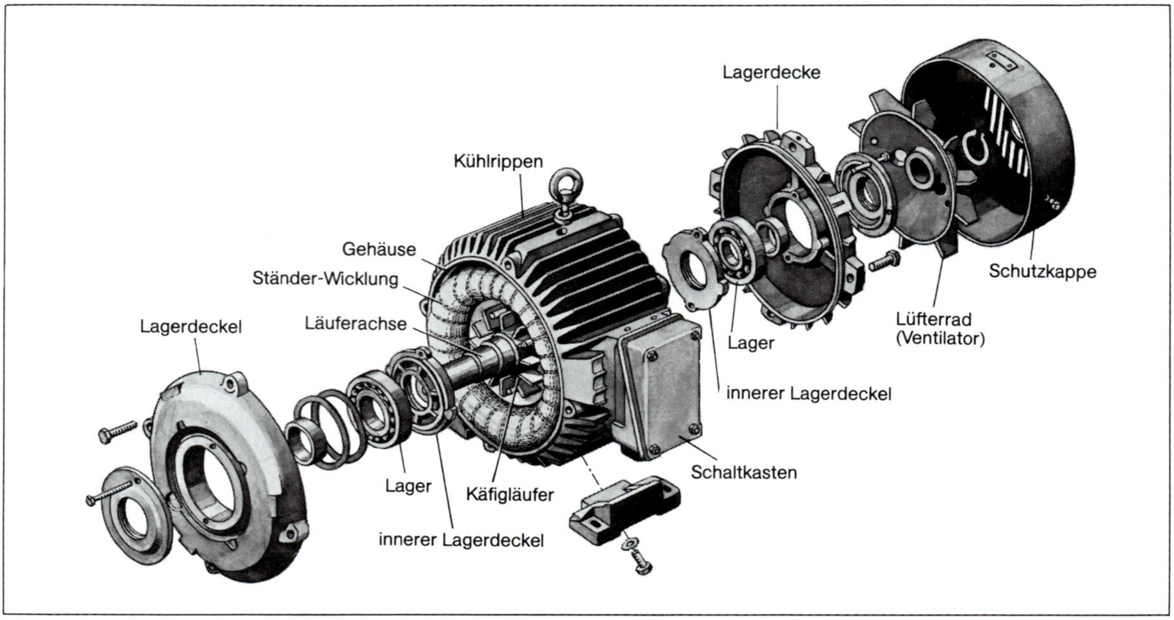

Abb. 334 Aufbau eines Drehstrom-Elektromotors: Die Stator-(Ständer-)Wicklung sitzt fest im Gehäuse.

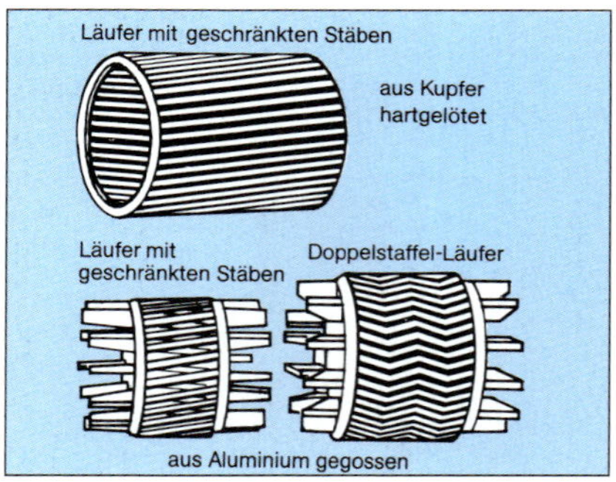

Abb. 335 Verschiedene Kurzschlussläufer.

Abb. 336 Prinzip des Drehstrommotors.

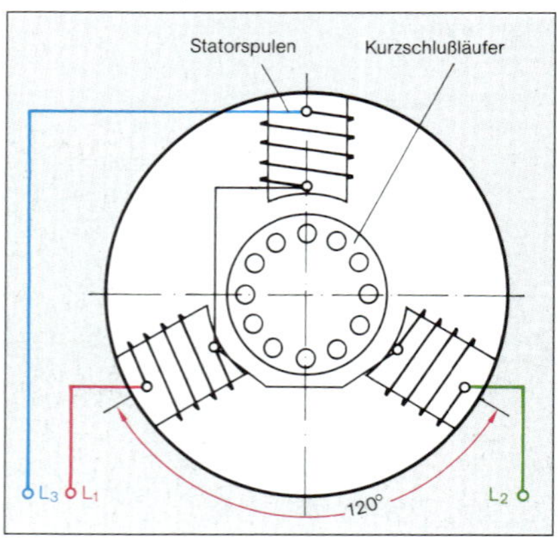

gen durch Kurzschluss starke Wechselströme. Sie erzeugen wiederum starke Magnetfelder im Läufer. Damit wird durch gegenseitiges Anziehen und Abstoßen zwischen den Drehfeldern des Ständers und denen des Läufers dessen Drehbewegung erzeugt.
Da bei diesen Motoren die Drehzahl des Läufers hinter der des Ständerdrehfeldes liegt, ist die Bezeichnung dieser Motorbauart **»Asynchronmotor«**. Sie haben den Vorteil, dass die Stromzuführung direkt von außen erfolgt und sie damit keinen Schleifring und keine Kohlebürsten benötigen. Durch diese Bauweise ist der Motor staub- und wasserdicht herzustellen. Nachteilig ist der hohe Anlaufstrom, der das Versorgungsnetz 6- bis 8-mal höher belastet als die Nennstromgröße ist.
Deswegen sind größere Drehstrommotore mit einem **Stern-Dreieck-Schalter** ausgestattet. Damit ist der Motor in zwei Stufen zu schalten. In der ersten Stufe, der sog. *Sternschaltung* (⅄) wird an jede Ständerwicklung eine Phase (L_1, L_2 oder L_3) und der Mittelleiter (N) gelegt. Die damit entstehende Spannung von 230 Volt erreicht eine Motorleistung von etwa $^2/_3$ der Motornennleistung. Die Nennstromaufnahme wird zum Anlaufen des Motors reduziert und somit das Netz nicht überlastet.
Nachdem der Motor den Anlaufwiderstand überwunden hat, kann auf *Dreieckschaltung* (△) umgeschaltet werden. Die Ständerwicklungen liegen nun jeweils zwischen 2 Phasen, der Mittelleiter wird nicht mehr benötigt und die Spannung erhöht sich auf 400 Volt. Somit kann der Motor mit voller Nennleistung arbeiten. Wird das Umschalten von »Stern« auf »Dreieck« vergessen und der Motor mit voller Leistung beansprucht, wird die Stromversorgung überlastet. Es sprechen dann der Motorschutzschalter oder die Sicherungen an.

Der **Leistungsfaktor cos φ** (cosinus phi) gibt die Wirkleistung eines Elektromotors an, die effektiv verwertbar ist. Ein Teil des Stroms pendelt zwischen Verbraucher und Stromquelle hin und her, ohne Arbeit zu leisten, belastet aber dennoch das Netz. Damit ergibt sich für den Motor eine Wirkleistung von

$$P = U \times I \times \cos\varphi.$$

Beispiel: Ein Elektromotor arbeitet mit einer Spannung von 230 Volt und einer Stromstärke von 9 A. Der cos φ beträgt 0,82. Wie hoch ist die

Scheinleistung:	$P = U \times I$	$= 230 \times 9$	= 2070 Watt
Wirkleistung:	$P = U \times I \times \cos\varphi$	$= 230 \times 9 \times 0{,}82$	= 1697 Watt
Blindleistung:	$P = U \times I \times \sin\varphi$	$= 230 \times 9 \times 0{,}18$	= 373 Watt

4.1.6 Schweißgeräte

Zum Elektroschweißen kann sowohl Gleichstrom wie auch Wechselstrom benutzt werden. Das Schweißen mit Gleichstrom ist vorteilhafter, da der einmal gezündete Lichtbogen gleichmäßig weiterbrennt. Um Gleichstrom zu erhalten, wird ein **Schweißumformer** eingesetzt. Ein Drehstrommotor treibt einen Generator an, der den Gleichstrom zum Schweißen erzeugt. Diese Geräte sind in der Bauweise aufwändig und teuer.

Schweißgleichrichter bestehen aus einem Transformator mit nachgeschalteten Gleichrichter. Im Transformator wird Netzstrom mit hoher Spannung zu Schweißstrom mit hoher Stromstärke umgewandelt. Danach übernimmt ein Gleichrichter die Umwandlung von Wechselstrom in Gleichstrom. Der Netzstrom wird zum Schweißen direkt genutzt, allerdings in transformierter und gleichgerichteter Form.

Der **Schweißtransformator** ist ein Regeltransformator, der entweder mit Wechselstrom oder mit Drehstrom betrieben wird. Diese Geräte transformieren den Netzstrom. Es steht zum Schweißen Wechselstrom mit geringer Spannung und hoher Stromstärke zur Verfügung. Bedingt durch die Änderung der Polarität des Wechselstroms wird der Lichtbogen ständig unterbrochen, so dass das Zünden des Lichtbogens und dessen Aufrechterhaltung beim Schweißen etwas schwieriger ist, als beim Schweißen mit Gleichstrom. Bei Verwendung entsprechender Elektroden kann die nachteilige Eigenschaft des Wechselstrom ausgeglichen werden.

Entscheidend für die Schweißleistung mit einem Schweißtransformator ist dessen **Einschaltdauer** (ED). Sie gibt die reine Schweißzeit in Prozent gegenüber der notwendigen Leerlaufzeit des Gerätes an und ist in einen 5-Minuten-Takt eingeteilt. Die Angabe *ED 30 %* bedeutet: Die Zeit zum Zünden, Schweißen und Abziehen der Elektrode beträgt 30 % von 5 Minuten, also 1,5 Minuten. Die restlichen 3,5 Minuten verbleiben zum Abkühlen des Gerätes.

Der **Leistungsfaktor** eines Schweißtransformators wird mit *cos φ* (cosinus phi) angegeben. Je näher cos φ an die Zahl 1 herankommt, desto besser ist der Wirkungsgrad, desto kleiner sind die Stromverluste des Gerätes.

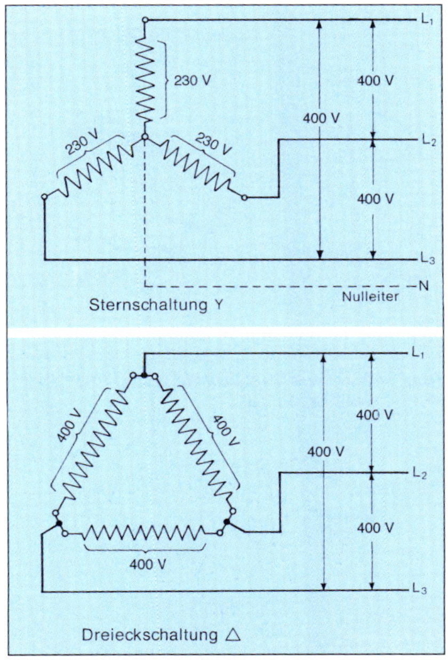

Abb. 337 Die Stern-Dreieck-Schaltung.

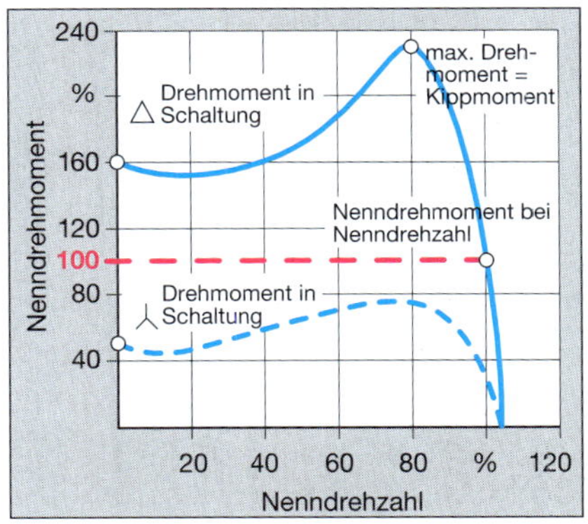

Abb. 338 Drehmoment bei Asynchronmotoren.

Abb. 339 Typenschild eines Elektromotors **(Beispiel)**.

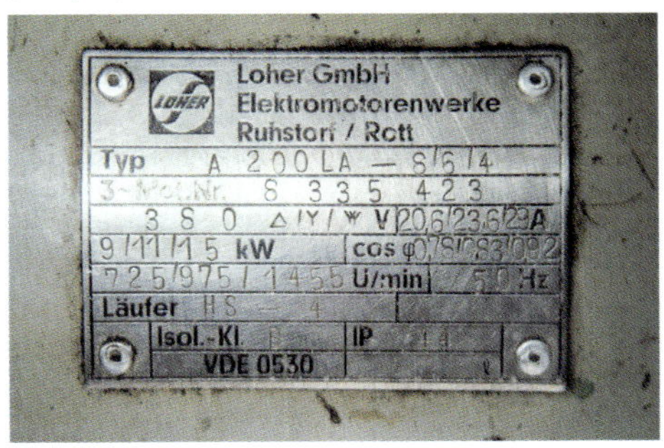

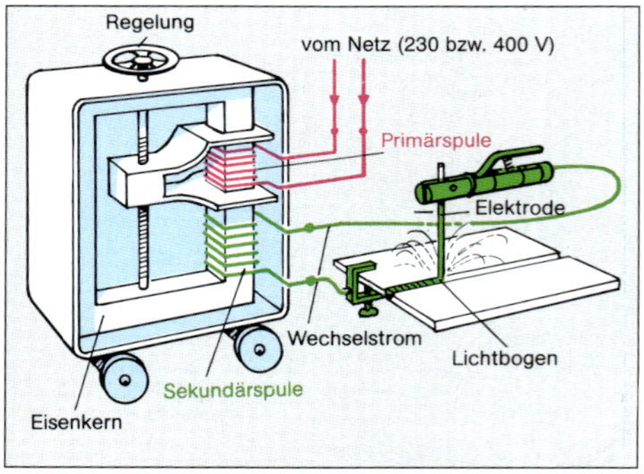

Abb. 340 Schweißtransformator und Anschluss der Schweißkabel.

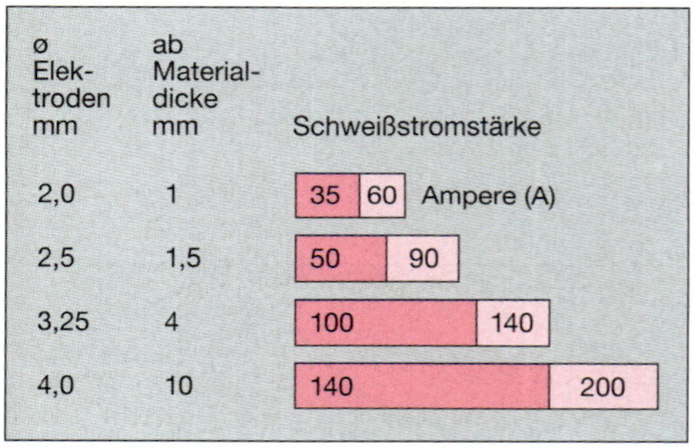

Abb. 341 Anhaltswerte für Elektrodendurchmesser und Stromstärke beim Schweißen.

Abb. 342 Schutzgasschweißen (Schema).

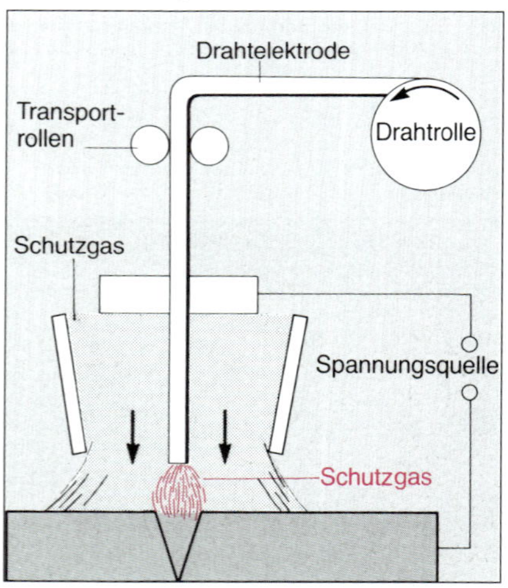

Die **Leerlaufspannung** des Gerätes darf aus unfallschutztechnischen Gründen 70 Volt nicht überschreiten.

Schutzgas-Schweißgeräte arbeiten mit einem Regeltransformator und einem nachgeschalteten Gleichrichter. Mittels eines mehrstufigen Vorwahlschalters lässt sich die gewünschte Schweißstromspannung einstellen. Die Leistungsfähigkeit eines Gerätes hängt von der maximal zulässigen Schweißstromstärke und der entsprechenden Einschaltdauer ab. So lassen sich mit Geräten bis 160 Ampere Stromstärke Schweißdrähte bis 0,8 mm verarbeiten und Materialstärken bis 4 mm schweißen.

Eine Vorschubeinheit im Gerät regelt den **Drahtvorschub**. Der Draht und das Schutzgas wird über das Schlauchpaket dem Brenner zugeführt. Eine Gasregeleinrichtung dosiert aus der Gasflasche das Schutzgas. Dies verhindert beim Schweißen den Zutritt von Luftsauerstoff zum Schmelzbad.

Zum Schutzgasschweißen von Stahl werden hauptsächlich aktive Schutzgase (Mischgas oder Kohlendioxid) eingesetzt, dann spricht man vom **MAG-Schweißen** (= **M**etall-**A**ktiv-**G**as). Zum Schweißen von Aluminium kommen inerte (neutrale) Gase zum Einsatz. Sie gehen keine Reaktion mit dem Schmelzbad ein. Dieses Schweißverfahren wird als **MIG-Schweißen** (= **M**etall-**I**nert-**G**as) bezeichnet.

! Zum fachgerechten Schweißen sind Kenntnisse über die zu verarbeitenden Materialien, Elektroden, Schweißdrähte, Schweißgase und Geräte notwendig. Nur durch exaktes Erlernen und durch Übung kann die nötige Schweißfertigkeit erworben werden. Schweißarbeiten an typgeprüften Bauteilen sind nicht zulässig.

Gefahren – Beim Schweißen sind die beteiligten Personen den unterschiedlichsten Gefahren ausgesetzt.

Schutz vor elektrischen Strom:

- Nur VDE-geprüfte Geräte verwenden, Leerlaufspannung muss unter 70 Volt liegen.
- Beschädigte Elektrodenzangen und Schweißkabel nicht mehr verwenden.
- Elektrodenhalter nicht zwischen Arm und Körper klemmen, Schweißkabel nicht um den Körper legen.
- Schweißarbeiten nicht in Wasserpfützen und in Kontakt mit z. B. Wasserleitungen ausführen.

Schutz vor Strahlen:

- Schutzschilder mit Schutzgläsern der Stufe 9 oder 10 für den Augenschutz verwenden.
- Für den Hautschutz nur mit Schutzschild und Schweißhandschuhen arbeiten.
- Personen ohne Schutzeinrichtungen und Tiere dürfen sich nicht im Schweißbereich aufhalten, notfalls mit Trennwänden arbeiten.

Es treten Temperaturen von über 3500 °C auf, darüber hinaus kann Funkenflug (Brandgefahr) entstehen.

Schutz vor Schweißfunken und Schlackespritzern:

- Schweißhandschuhe, Lederschurz, festes Schuhwerk und geschlossene Kleidung tragen.
- Zum Abschlagen der Schlacke: Schutzbrille oder Schutzschild mit Klarsichtfenster verwenden.

Schutz vor Schweißgasen:

- Entstehende Gase und Rauch müssen über eine ausreichende Raumbelüftung abgeführt werden.

4.1.7 Der Elektrozaun

Elektrozaungeräte werden mit Strom aus Trockenbatterien, wiederaufladbaren Akkumulatoren oder aus dem 230 Volt-Wechselstromnetz gespeist. An Orten, an denen ein Stromnetz nicht zur Verfügung steht, ist das Aufladen der Batterien mit einem Solarpaneel möglich.
Eine elektronische Impulserzeugung über eine Kondensator-Transistor–Schaltung oder eine Kondensator-Relais-Schaltung und einen Transformator erzeugt die **Hütespannung** und den Stromimpuls. Je nach Geräteleistung können bei ausreichender Hütewirkung Zaunlängen bis zu 10 km betrieben werden. Voraussetzung für eine ausreichende Hütewirkung ist ein ordnungsgemäß aufgebauter Zaun und eine gute Isolationswirkung der Isolatoren an den Weidezaunpfählen.
Bei Berührung des Drahtes durch das Tier fließt Strom durch den Körper. Der pulsierende Strom erreicht Spannungen von 2000–10 000 Volt, allerdings mit geringen Stromstärken von 200–700 Milliampere (mA) und einer gering kurzen Dauer von $^1/_{10}$–$^1/_{100}$ Sekunde. Dadurch wird eine sichere Hütewirkung erreicht, ohne Schäden an Mensch und Tier zu verursachen.
Fällt die **Isolationswirkung** des Zaunes unter etwa 10 kΩ ab, ist ein sicheres Hüten nicht mehr gewährleistet. Die Isolatoren sind dann zu überprüfen und auszuwechseln. Die Zaunisolation fällt

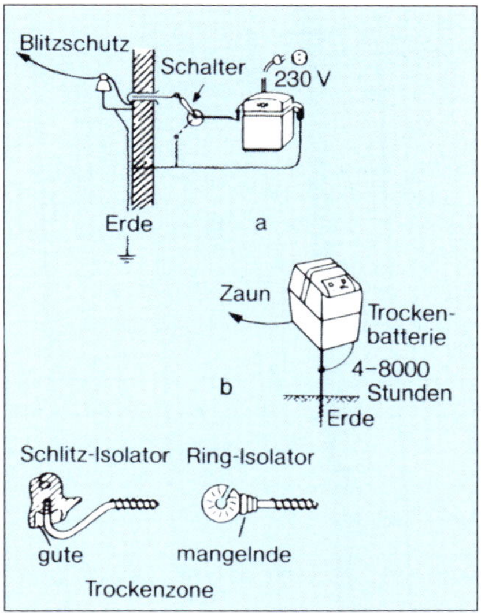

Abb. 343 E-Zaun: Netzgeräte mit Stromanschluss und Batteriegeräte (a) sowie zweckmäßige Ausführung von Weidezaun-Isolatoren (b).

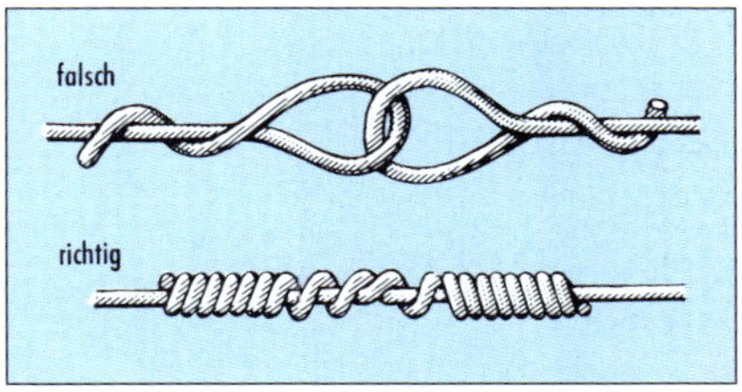

Abb. 344 Anschlüsse und Drahtverbindungen gut haltbar ausführen! Wackelkontakte stören den Betrieb des Gerätes sowie Funk und Fernsehen.

Abb. 345 Elektrozaunanlage mit Batteriebetrieb

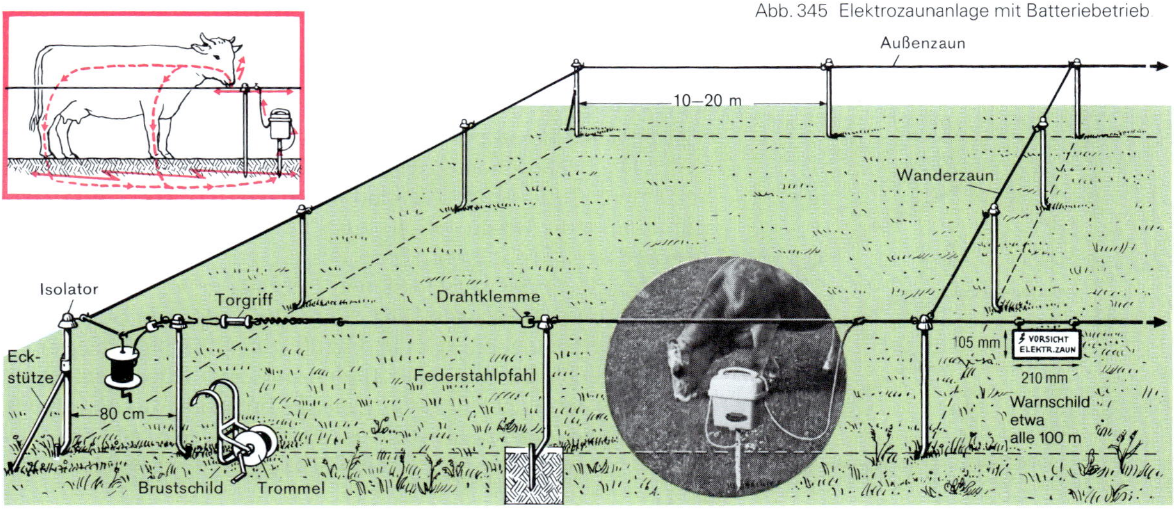

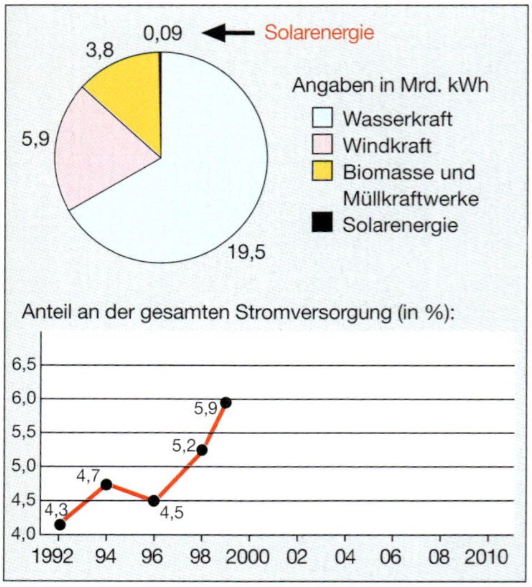

Abb. 346 Erneuerbare Energien aus Wasser- und Windkraft, Biomasse und Solarenergie nehmen einen ständig steigenden Anteil an der gesamten Stromversorgung ein.

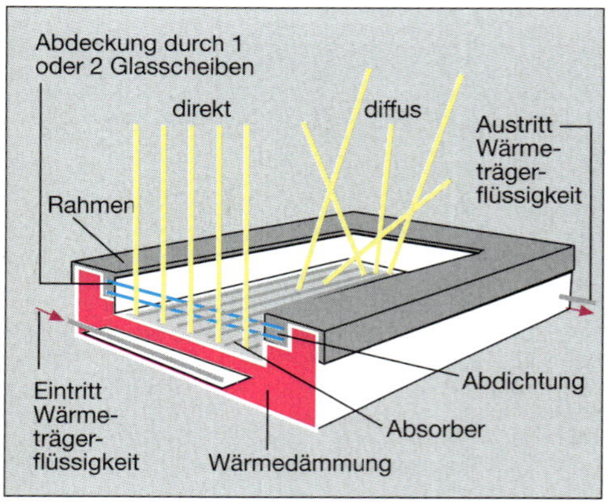

Abb. 347 Konstruktions- und Wirkungsprinzip von Sonnenkollektoren.

Abb. 348 Prinzip einer Solaranlage zur Warmwasserbereitung.

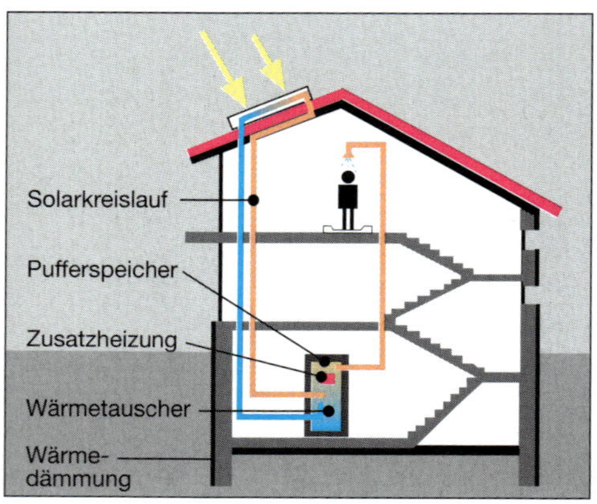

auch dann ab, wenn Pflanzen den Draht berühren. Am Elektrozaungerät lässt sich die Betriebsbereitschaft, die Batteriespannung und die Hütespannung durch Kontrolleinrichtungen überprüfen.

Beim Betrieb eines Elektrozaunes ist zu beachten:

- Geräte mit VDE-Zeichen verwenden,
- Geräte müssen den Unfallverhütungs-Vorschriften (UVV) der landwirtschaftlichen Berufsgenossenschaften entsprechen,
- auf eine sichere Erdung des Elektrozaungerätes achten,
- die Isolationswirkung des Zaunes möglichst hoch halten,
- die Hütespannung auf die Zaunlänge einstellen,
- Anlage mittels Kontrolleinrichtungen am Gerät öfter überprüfen.

! Fremde Personen sind durch Warnschilder auf den Betrieb eines Elektrozaunes hinzuweisen.

Aufgaben:

1. Weshalb sind der Anschlusskasten der Strominstallation im Haus mit den Panzersicherungen und der Stromzähler mit einer Plombe versehen?
2. Unter welchen Bedingungen löst ein Sicherungsautomat aus?
3. Unter welchen Bedingungen löst ein Fehlerstrom-Schutzschalter aus?
4. Was ist ein Käfigläufermotor?
5. Was sagt an einem Schweißgerät die Angabe ED 40 % aus?

4.2 Sonnenenergie

Fossile und nukleare Energieträger sind Bestandteile der Erdkruste, während kontinuierliche Energieströme, wie die Sonnenenergie, regenerative Energiequellen darstellen. Die *fossilen Energiequellen* können nur einmal verbraucht werden, sie gehen zur Neige. Dagegen stehen *regenerative Energiequellen* unendlich zur Verfügung. Eine volle Ausschöpfung dieser Energien ist beschränkt, da die Bereitstellung zur Zeit noch höhere Kosten verursacht als fossile Energieträger.

Beim Vergleich der verschiedenen Energiequellen ist langfristig die Belastung von Wasser, Luft, Boden und Klima in Betracht zu ziehen. Die Sonnenenergie als Quelle zur direkten Energienutzung hat noch eine geringe Bedeutung. Die Ursachen liegen darin, dass sie nicht immer in gleicher Intensität zur Verfügung steht. Außerdem können größere Energiemengen nicht ohne Verlust für Zeiten mit geringem Energieaufkommen gespeichert werden.

Solarthermie – Sie produziert aus Sonnenenergie Warmwasser. Die einfachste Form der Sonnenenergienutzung ist die **Absorbertechnik**. Die auf die dunklen Absorberflächen auftreffenden Sonnenstrahlen nehmen die Energie auf (absorbieren sie) und geben sie an ein flüssigkeitsführendes Rohrsystem ab, das auf der Absorberfläche angeordnet ist. Die Anwärmung des flüssigen Mediums ist hier begrenzt.
Bei der **Kollektortechnik** ist der Absorber unter Glas in einem isolierten Gehäuse eingefügt. Bei dieser Technik wird die einströmende Energie nicht wieder abgestrahlt und erwärmt die Absorberflächen ohne größere Verluste. Der Absorber wird von einem flüssigen Medium durchströmt und transportiert die Energiemenge bei einer bestimmten Temperatur zu einem Wärmetauscher. Dieser übergibt die Wärmeenergie an die Flüssigkeit im Warmwasserspeicher.
Der Umlauf im Kollektorkreis wird durch eine Wasserpumpe aufrechterhalten, die über die Differenz der Temperatur im Kollektor und Warmwasserspeicher geregelt wird. Die gespeicherte Wärmeenergie im Warmwasserspeicher wird mittels eines zweiten Wärmetauschers entnommen und den Brauchwasserstellen bzw. der Heizungsanlage zugeführt. Damit auch Zeiten einer verminderten Sonneneinstrahlung überbrückt werden können, ist das Volumen des Warmwasserspeichers entsprechend der Größe der Kollektorfläche zu bemessen.
In der Bauweise werden **Plattenkollektoren** von **Röhrenkollektoren** unterschieden. Röhrenkollektoren haben einen höheren Wirkungsgrad und ein höheres Temperaturniveau.
Fotovoltaik – Bei der Erzeugung von elektrischem Strom durch die **Fotovoltaik** wird der fotoelektrische Effekt genutzt. Bei der Bestrahlung einer Metalloberfläche mit Licht werden Elektronen bewegt, die je nach Ladung elektrischen Strom fließen lassen.
Eine Solarzelle besteht aus einer dünnen Siliziumscheibe die auf einer Seite negativ auf der anderen Seite positiv geladen ist. Die beiden Seiten sind jeweils mit dem Stromkreis verbunden. Fällt Licht auf die Siliziumfläche, wandern die Elektronen von der negativ geladenen Seite zur positiv geladenen Seite, der Strom fließt. Da eine Siliziumscheibe nur geringe elektrische Leistung hat, werden viele Scheiben zu einer Einheit, dem **Solargenerator** zusammengefügt. Er erzeugt Gleichstrom, der zum Laden von Batterien und zum Betrieb von kleinen Gleichspannungsgeräten, wie z. B. Beleuchtung, Weidezaungerät, Akkumulatoren ausreichend Energie liefern kann.
Größere Anlagen speisen die elektrische Energie in das Netz der Stromversorger ein. Mittels eines Wechselrichters muss der Gleichstrom aus dem Solargenerator in Wechselstrom und auf eine Netzspannung von 230 Volt bei einer Frequenz von 50 Hz umgewandelt werden. In Solargeneratoren können unterschiedliche Solarzellen eingesetzt sein:

- Monokristalline Solarzellen mit einem Wirkungsgrad von 12 – 14 %;
- polykristalline Solarzellen mit einem Wirkungsgrad von 10 – 12 %;
- amorphe Solarzellen mit einem Wirkungsgrad von 4 – 6 %.

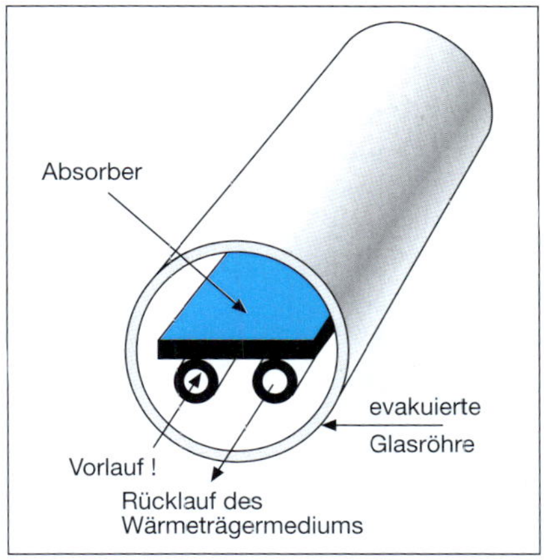

Abb. 349 Vakuum-Röhrenkollektor; durch die Lage des Absorbers in einer evakuierten Glasröhre werden die Wärmeverluste reduziert und der Wirkungsgrad verbessert.

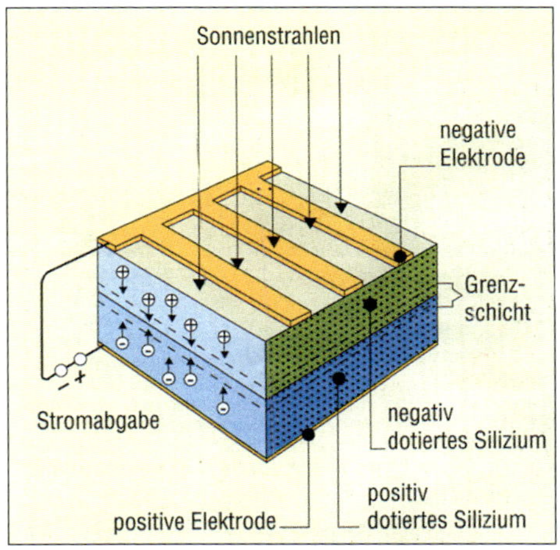

Abb. 350 Aufbau und Wirkungsweise einer Solarzelle.

Abb. 351 Aufgeständerte Fotovolatik-Anlage.

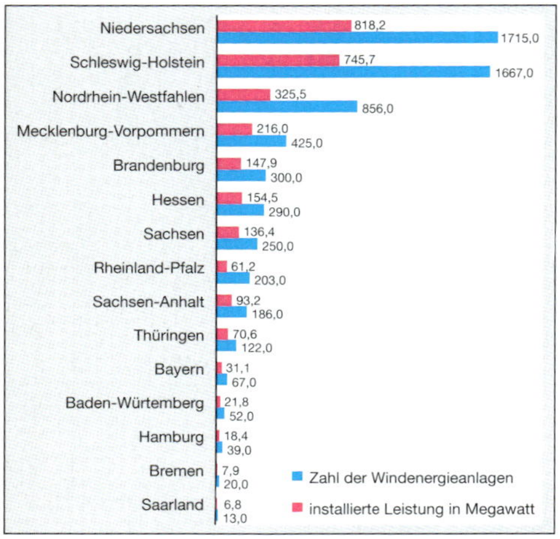

Abb. 352 Verteilung der Energieproduktion aus Windanlagen in Deutschland.

Abb. 353 2 Windkraftanlagen in vollem Betrieb.

Abb. 354 A: Diese Menge Hackschnitzel aus Pappelholz ersetzt 1 Liter Heizöl.
B: Diese Menge Hackschnitzel aus Fichtenholz ersetzt 1 Liter Heizöl.
C: Dieses Pappelscheid ersetzt 0,5 Liter Heizöl.

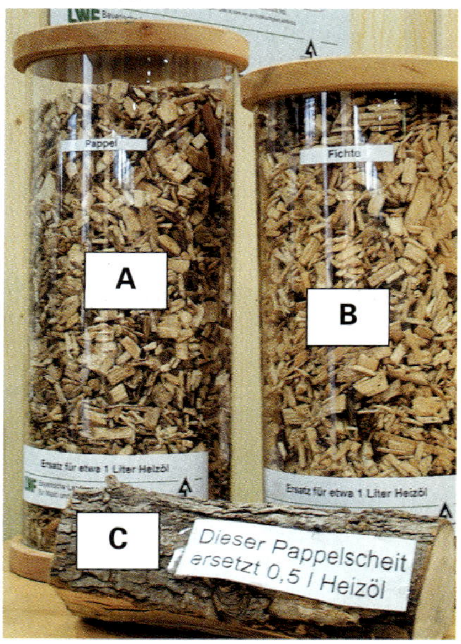

Beispiel: Eine Anlage aus monokristallinen Zellen und einer Fläche von 10 m² erzeugt bei durchschnittlicher Sonneneinstrahlung jährlich eine elektrische Energie von 700 – 1000 kWh. Fotovoltaikanlagen werden z. Z. nach den Richtlinien des Energieeinspeisungs-Gesetzes gefördert.

Aufgaben:
1. Was versteht man unter Solarthermie?
2. Wie arbeitet eine Fotovoltaikanlage?

4.3 Windenergie

Neben Sonne und Wasser zählt Wind ebenso zu den regenerativen Energiequellen, die unerschöpflich sind. Die Nutzung der **Windenergie** ist durchaus wirtschaftlich und langfristig gesehen interessant, da keine Folgekosten durch Schadstoffe und Abfälle entstehen.

Entscheidend für den Betrieb einer **Windkraftanlage** ist eine ausreichende Verfügbarkeit der Windenergie. Sie ist durch ein Windgutachten festzustellen. Es ermittelt einen langjährigen Mittelwert der Windgeschwindigkeit (mindestens 3,5 m/s) und des zu erwartenden Windpotenzials.

Kleine Windkraftanlagen haben Nennleistungen von weniger als 100 kW und arbeiten mit Rotordurchmessern bis zu 20 m. Großanlagen können Nennleistungen bis zu 2000 kW und Rotordurchmesser von 80 m erreichen. Meist kommen Anlagen mit 500 kW Nennleistung, 40 m Rotordurchmesser und 50 – 60 m Nabenhöhe zum Einsatz. Hier kann mit einem Jahres-Energieertrag von 1,2 bis 2 Mio. kWh je nach Windpotenzial gerechnet werden.

Die Windkraftanlage wandelt den Wind durch die verstellbaren Rotorblätter in elektrische Energie um. Die Rotation der Rotorblätter wird direkt ohne Getriebe in einen langsamlaufenden Generator (15 – 40 /min) eingeleitet. Der im Generator erzeugte *Wechselstrom* wird anschließend zu einem netztauglichen Wechselstrom gerichtet. Mit den elektrisch verstellbaren Rotorblättern erfolgt die Anpassung an die unterschiedlichen Windgeschwindigkeiten von 2 – 35 m/s; bei orkanartigem Wind wird die Anlage aus Sicherheitsgründen vom Wind genommen.

4.4 Energie aus Biomasse

Die begrenzte Verfügbarkeit und die bei der energetischen Nutzung entstehenden Umweltbelastungen fossiler Energieträger sind Anlass, **Energie aus Biomasse** zu erzeugen. Die Möglichkeit der Produktion von Energieträger, aber auch die Reststoffnutzung wie Holz, Stroh, Futterpflanzen, Bioabfall können zur Deckung des steigenden Energiebedarfs beitragen.

Tabelle 16: Heizwert verschiedener Energieträger

Energieträger	Heizwert
Heizöl – leicht (0,87 kg/l)	42000 kJ/kg
Rapsöl (0,88 kg/l)	37000 kJ/kg
Flüssiggas	46000 kJ/kg
Erdgas	36000 kJ/kg
Scheitholz – Fichte	17000 kJ/kg
Hackschnitzel – Plantagenholz	16500 kJ/kg
Stroh	15500 kJ/kg
elektrischer Strom	3600 kJ

4.4.1 Holz und Stroh zur Wärmegewinnung

Der Einsatz von **Holz** und **Stroh** zur Wärmegewinnung ist lohnend, wenn der Brennstoff im Betrieb anfällt. Die Aufbereitung zur ofenfertigen Ware ist meist mit Zeit- und/oder Energieeinsatz verbunden. Die Form und Struktur des Brennstoffes bestimmt die Art der Feuerungsanlage und hat einen Einfluss auf die Feuerungsqualität und Energieausbeute.

Bauarten der Öfen – Holz kann als Scheitholz, Hackschnitzel oder Pellets verfeuert werden. Stroh wird lose oder in Brikettform der Feuerungsstelle zugeführt. Je nach Feuerungsart wird die Feuerungsstelle unterschiedlich beschickt.

Bei **Öfen mit Durchbrand** findet die gesamte Verbrennung in der Ofenkammer statt. Über die Luftzufuhr wird die Verbrennung geregelt. **Öfen mit oberen Abbrand** können die Luftzufuhr für die Vergasung und Verbrennung des Brennstoffes getrennt regeln, er brennt von oben nach unten ab. Genauso nehmen **Öfen mit unterem Abbrand** die Vergasung und Verbrennung getrennt vor, nur erfolgt der Abbrand von unten nach oben. Der nachgelegte Brennstoff rutscht in das Glutbett nach, die Schwelgase und Flammen ziehen nach unten in eine Brennkammer ab und verbrennen dort.

Scheitholz wird ofenfertig auf 30 – 50 cm, für größere Anlagen bis zu 1 m Länge vorbereitet und getrocknet. Die Befüllung der **Scheitholzöfen** erfolgt von oben. Es ist möglich, größere Brennstoffmengen auf Vorrat für mehrere Stunden Brenndauer einzufüllen. Die meisten Anlagen haben Leistungen von 25 – 50 kW. Die Steuerung des Brennprozesses kann auch automatisch erfolgen.

Werden als Brennstoff **Schüttgüter** wie Holzhackgut oder Pellets verwendet, wird das Material abhängig entsprechend dem Bedarf der Feuerungsanlage direkt oder dem Vorofen zugeführt. Darin vergast und verbrennt der Brennstoff, die Flammen gelangen über ein Verbindungsrohr zum Kessel und erwärmen das Wasser. Diese Anlagen erreichen Leistungen bis zu 300 kW.

Um beim Heizen von Holz oder Stroh möglichst gute **Abgaswerte** zu erreichen, darf die Verbrennung nicht zu stark reduziert werden. Der Ofen muss einen hohen *feuerungstechnischen Wirkungsgrad* haben. Die dabei anfallende Energie muss nutzbringend zum Einsatz kommen. Deswegen sind der Leistung des Ofens ange-

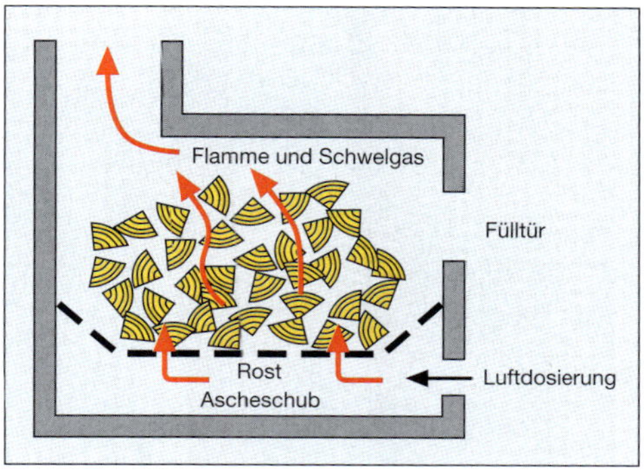

Abb. 355 Ofen mit Durchbrand.

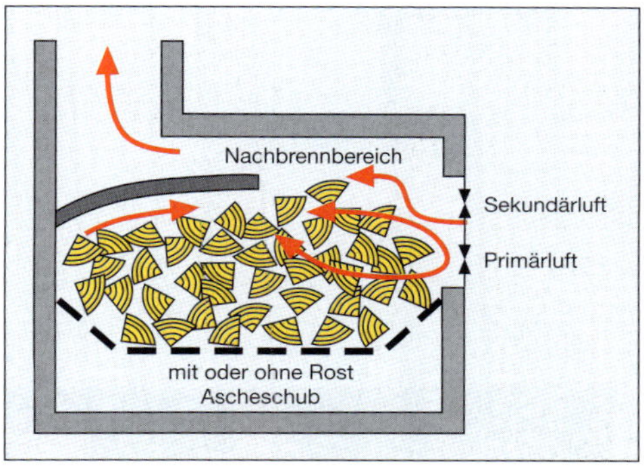

Abb. 356 Ofen mit oberem Abbrand.

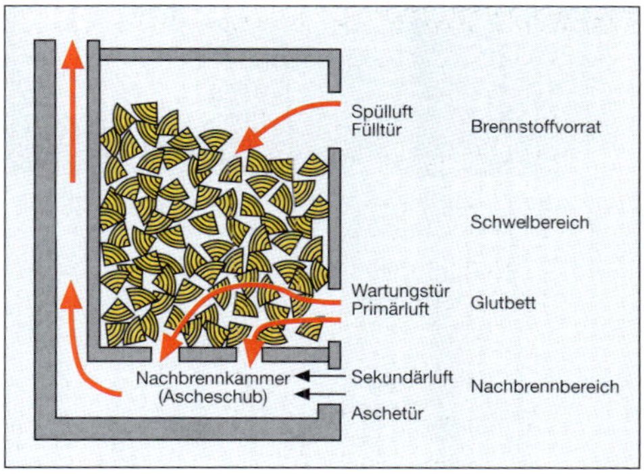

Abb. 357 Ofen mit unterem Abbrand.

Abb. 358 Scheitholzofen mit 200 Liter Füllraum und unterem Abbrand.

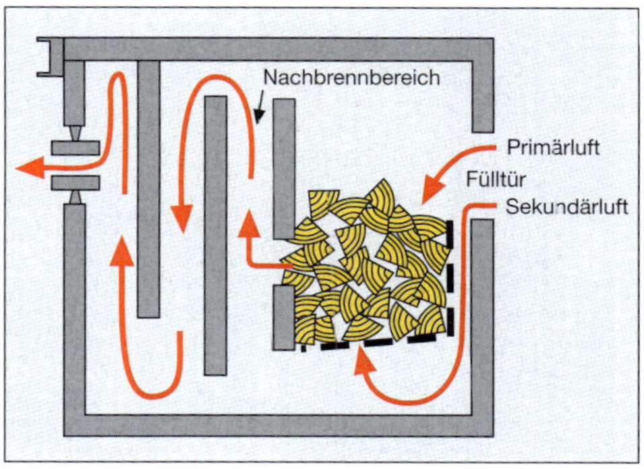

Abb. 359 Kreissäge zur Brennholz-Aufbereitung.

Abb. 360 Hydraulischer Waagrechtspalter mit Hebevorrichtung für schwere Stücke.

passte Pufferspeicher mit entsprechendem Volumen und Steuerungen nachzuschalten. Die überschüssige Energie des Ofens wird hier gespeichert und bei Bedarf den Abnehmern zugeführt. Somit ist je nach Bedarf über längere Zeit ohne Heizungsbetrieb genügend Energie bereit.

Brennholz-Aufbereitung – Sie kann gut mechanisiert werden. Zur Scheitholz-Aufbereitung in 2 Arbeitsgängen kommen die **Kreissäge** und der **Brennholzspalter** zur Anwendung. Der Antrieb der Geräte erfolgt über Elektromotore oder aber auch über die Traktorzapfwelle. Zum Spalten von Kurzholz wird meist der Spalter mit senkrechter Spaltkeilführung verwendet. Dieser kommt in größerer Ausführung auch zur Bereitung von langem Scheitholz zum Einsatz. Waagrechtspalter eigenen sich für große Hölzer, weil eine hydraulische Hubeinrichtung die Scheite ohne Kraftanstrengung auf den Spalttisch heben.

Einphasig arbeitende *Schneidspalter* haben eine halbautomatische Bedienung. Die gewünschte Scheitlänge ist einstellbar und der Spaltvorgang ist durch Einsatz verschiedener Spaltkeile zu verändern.

Die Herstellung von **Holzhackgut** erfolgt mit **Holzhackmaschinen**. Bei *Trommelhackern* wird das Gut radial der Messertrommel zugeführt. Die Zuführung des Hackgutes erfolgt bei *Scheibenradhackern* axial. Die gewünschte Häckselgutlänge von 10–40 mm lässt sich über die Anzahl der Messer und durch Ändern der Einzugsgeschwindigkeit einstellen. Die Zerkleinerung des Gutes bei den *Keilschneckenhackern* erfolgt durch Schneiden mit den Messern auf der Schnecke, für den Auswurf der Hackschnitzel ist ein Gebläse eingebaut. Es wird Hackgut mit Längen von 30–80 mm produziert.

Die erforderliche Antriebsleistung richtet sich nach der Durchsatzleistung und der Größe des Hackgutes. Die Beschickung des Holzhacker erfolgt mit Hand, kann auch über Seilzüge oder Krananlagen mechanisiert werden.

! Für eine schadstoffarme und energiereiche Verbrennung muss Holz eine Feuchte von 10 % – 20 % aufweisen. Frisches Holz hat bis zu 50 % Feuchtgehalt.

Abb. 361 Schneidspalter übernehmen das Ablängen und Spalten des Brennholzes.

Aufgaben:

1. Welche Feuerungsarten gibt es bei den Holzöfen?
2. Welche Arbeitsgänge bei der Holzaufbereitung kann ein Schneidspalter durchführen?
3. Welche Bauarten von Holzhackmaschinen gibt es?

4.4.2 Energie aus Biogas

Nach dem in Kraft treten des Stromeinspeisungs-Gesetzes und dem Erneuerbaren-Energie-Gesetz (EEG) ist die Erzeugung von elektrischen Strom aus Biomasse interessant geworden. Es wird hier das Ziel verfolgt, im Interesse des Klima- und Umweltschutzes den Anteil an erneuerbaren Energien für die Stromversorgung zu erhöhen.

Die Erzeugung von **Biogas** erfolgt in speziellen Fermentierungsanlagen mit einem Volumen von 3–4 m^3 je GV. Je nach Zusammensetzung der Biomasse erfolgt dabei unter Luft- und Lichtabschluss eine mehr oder weniger große Gasproduktion. Die meisten Anlagen arbeiten im Durchflussverfahren.

Bei der Vergärung von Gülle ist mit einem **Gasertrag** von etwa 1,5 m^3 je GV und Tag zu rechnen. Durch Zugabe von pflanzlichen Reststoffen und Fetten kann der Gasertrag auf bis zu 4 m^3 je GV und Tag ansteigen. Dieses produzierte Gas besteht aus verschiedenen Bestandteilen (Tabelle 17).

Tabelle 17: Bestandteile von Biogas

Gas-Bestandteil	(Kürzel)	Volumen-Anteil
Methan	(CH_4)	50–75 Vol.-%
Kohlendioxid	(CO_2)	25–45 Vol.-%
Stickstoff	(N_2)	unter 1 Vol.-%
Wasserstoff	(H_2)	unter 1 Vol.-%
Sauerstoff	(O_2)	unter 1 Vol.-%
Schwefelwasserstoff	(H_2S)	0–1 Vol.-%
Ammoniak	(NH_3)	in Spuren

Der Methananteil und die Gasausbeute werden beeinflusst durch die Vergärungssubstrate, die Verweildauer und Temperaturverhältnisse in der Fermentierungsanlage. Je höher der Methananteil im Biogas, desto höher ist der Energiegehalt.

Das kontinuierlich produzierte Gas wird dem *Gasspeicher* zugeführt und darin zwischengelagert. Anschließend erfolgt die Verwertung des Gases durch eine **Kraft-Wärme-Koppelung** (KWK). Der hier eingesetzte Verbrennungsmotor treibt im Dauerbetrieb einen Stromgenerator an. Die gewonnene elektrische Energie wird in das Stromnetz des Energie-Versorgungs-Unternehmen (EVU) eingespeist.

Die durch den Motorbetrieb anfallende Wärme aus der Kühlung, Strahlung und die Abgaswärme wird als Prozesswärme für den Fermenter genutzt. Die noch verbleibende Restwärme wird für die Heizung und Warmwassererzeugung eingesetzt. Die Wirtschaftlichkeit einer Biogasanlage bestimmen die Anlagekosten, die Gasausbeute und die Verwertung der Restwärme.

Aufgaben:
1. Aus welchem Gas besteht überwiegend das Biogas?
2. Was versteht man unter einer Kraft-Wärme-Koppelung?

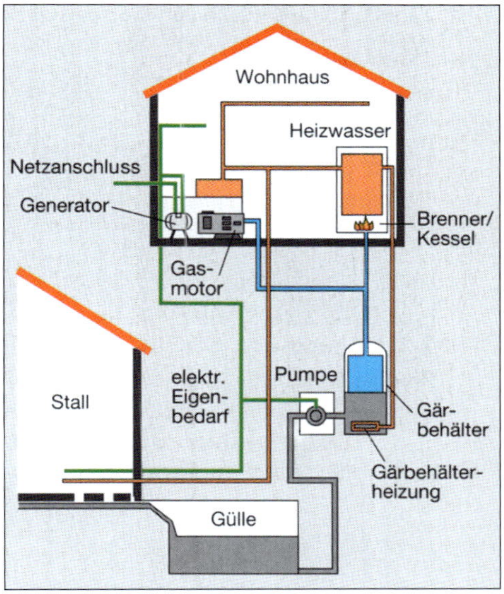

Abb. 362 Biogasanlage (Schema).

Abb. 363 Biogasanlage mit zwei Fermentern und Block-Heizkraftwerk (BHKW) im Vordergrund (Container).

Abb. 364 Fermenter mit Heizungsrohren und Rührwerken.

Tabelle 18: Vergleich von Biogas und anderen Brennstoffen

Bezeichnung		Biogas[1])	Erdgas	Propan	Methan	Heizöl$_{el}$
Heizwert	kWh/m³	6	10	26	10	10 000
Dichte	kg/m³	1,2	0,7	2,01	0,72	840
Dichteverhältnis zur Luft	Luft = 1	0,9	0,65	1,56	0,55	0,67
Zündtemperatur	°C	700	655	470	595	~230
Zündgeschwindigkeit	cm/s	25	42	42	47	
Zündgrenze	Vol.-%	6–12	5–14	2–10	5–15	0,6–06,5
theoretischer Luftbedarf	m³/m³	5,7	9,1	23,9	9,5	9400

[1]) Zusammensetzung: 60 Vol.-% Methan, 38 Vol.-% Kohlendioxid, 2 Vol.-%Spurengase.

Biogas
- ist leichter als Luft (nur der Methan-Anteil),
- hat eine relativ hohe Zündtemperatur,
- hat ein träges Brennverhalten wegen der hohen CO_2-Anteils,
- brennt nur bei einem Gasanteil im Luft-Gas-Gemisch von 6–12 %.

Abb. 365 Block-Heizkraftwerk. Verbrennungsmotor mit Generator zur Stromerzeugung.

4.5 Öle und Schmierstoffe aus Pflanzen

Der Einsatz von Schmier- und Kraftstoffen auf der Basis von Pflanzenölen ist wegen der geringeren Umweltbelastung sehr positiv zu bewerten. Die bologische Abbaubarkeit bis zu 99 % nach CEC unter festgelegten Bedingungen dieser Schmiermittel und Kraftstoffe ist, wenn sie in den Boden oder in die Gewässer gelangen, sehr hoch. Damit werden sie in die **Wassergefährdungsklasse 1** (WGK 1), also als schwach wassergefährdend, eingestuft.

Diese Produkte sind aus **Rapsöl** gewonnen und werden durch Umwandlungsprozesse und Beimischen von Zusätzen den verschiedenen Anforderungen angepasst. Sie sind überall dort einzusetzen, wo eine Verbrauchsschmierung vorliegt, mit Ölverlusten zu rechnen ist und in umweltsensiblen Bereichen mit Maschinen gearbeitet wird.

Hier kommen besonders zur Anwendung *Schmierfette, Sprühfette, Sprühöle, Vakuumpumpenöle* und *Hydrauliköle*. Diese Produkte zeichnen sich besonders durch die geringere Belastung des Grundwassers aus. Dagegen sorgt die Verwendung von **Rapsöl** und **Rapsmethylester** (RME) oder **Biodiesel** als Kraftstoff für die Reduzierung schädlicher Klimagase. Bei der Verbrennung im Motor ist das dabei entstehende Kohlendioxid (CO_2) hinsichtlich der Belastung der Atmosphäre als neutral anzusehen. Es wird von der Pflanze beim Wachstum wieder benötigt. Gleichzeitig werden bei Verwendung von Pflanzenöl als Betriebsmittel die fossilen Rohstoffquellen geschont.

Aus 1 ha Rapsfrucht können 900–1200 Liter Öl gewonnen werden, gleichzeitig fallen noch 20–25 dt Rapskuchen an, der als Eiweißfutter genutzt werden kann. Naturbelassenes Rapsöl ist in Dieselmotoren nur dann ohne Komplikationen zu verwenden, wenn der Motor technisch an den Kraftstoff angepasst wird. Umgeestertes Rapsöl (Biodiesel) ist in allen Dieselmotoren zu verwenden, wenn die Bauteile, mit denen der Kraftstoff in Berührung kommt, Beständigkeit gegenüber dieser Esterverbin-

Abb. 366 Verschiedene Öle und Fette aus Pflanzenölen.

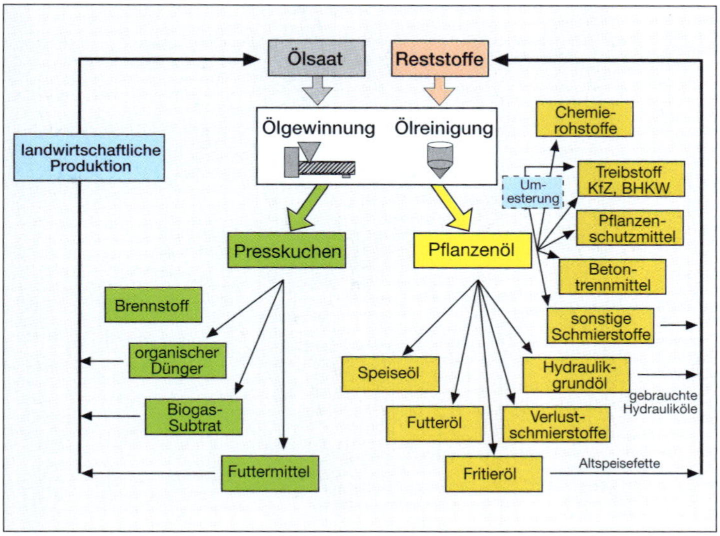

Abb. 367 Mitte: Verwendungsmöglichkeiten für Ölsaaten-Produkte im Rahmen einer Kreislaufwirtschaft.

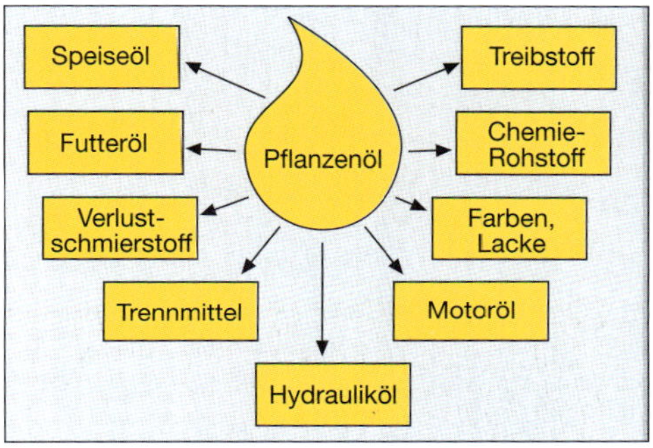

Abb. 368 Verwendungsmöglichkeiten von Pflanzenölen.

dung aufweisen. Auf die Freigabe durch den Motorhersteller ist zu achten.

Aufgaben:

1. Was bedeutet eine gute biologische Abbaubarkeit eines Schmiermittels?
2. Worin besteht der Unterschied zwischen Rapsöl und Biodiesel?

Grundlagen der Agrarproduktion

3

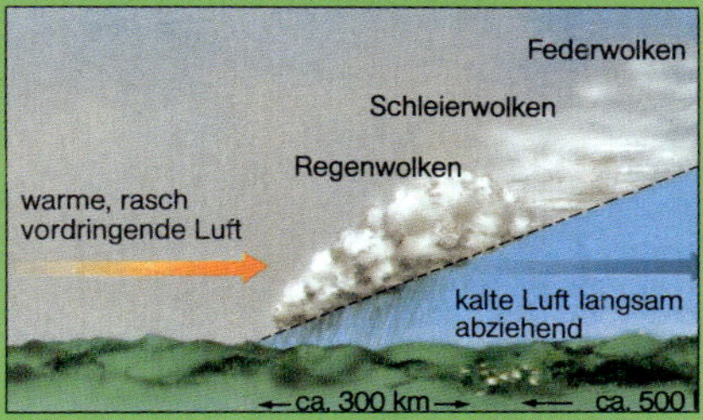

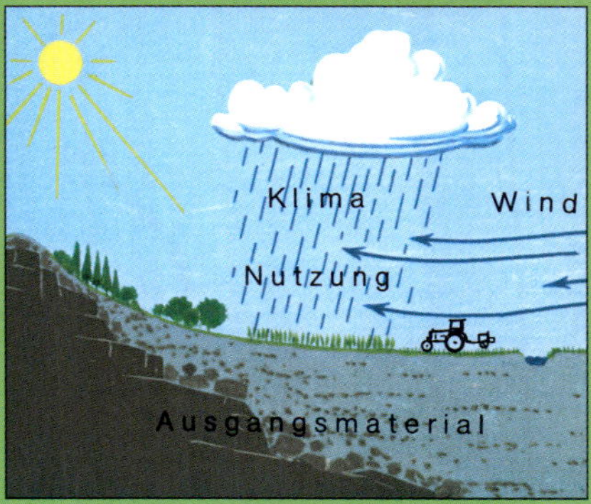

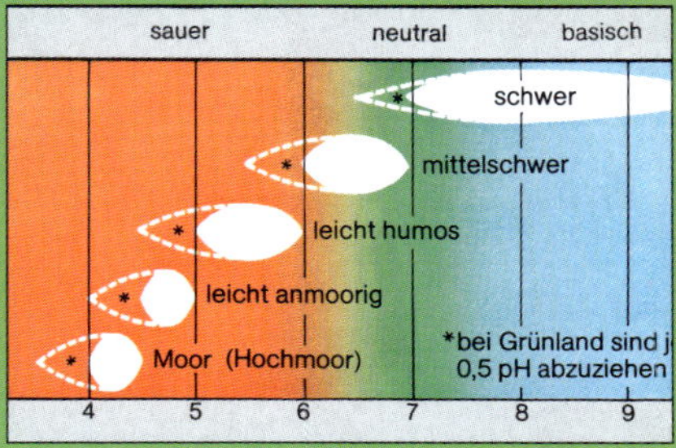

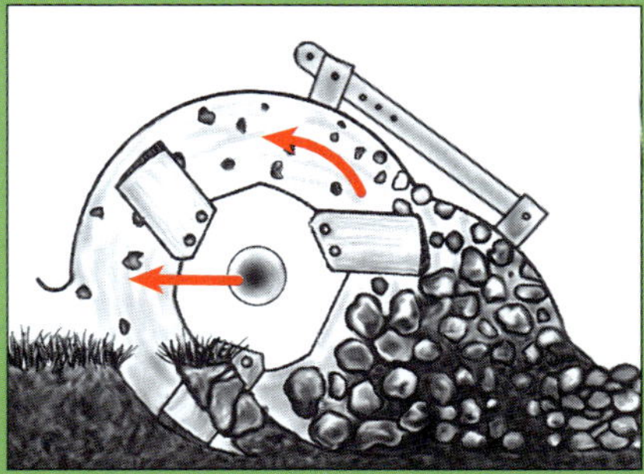

Eine ökologisch und ökonomisch ausgerichtete Agrarproduktion bedarf weitreichender Kenntnisse der natürlichen Produktionsvoraussetzungen und ihrer Beeinflussung durch betriebswirtschaftliche Maßnahmen »nach guter fachlicher Praxis«. Die in den einzelnen Abschnitten dargelegten Grundlagen bilden zusammen ein Netzwerk von Produktionsvoraussetzungen für eine »nachhaltige« Landwirtschaft.

3 Grundlagen der Agrarproduktion

1 Wetter und Klima

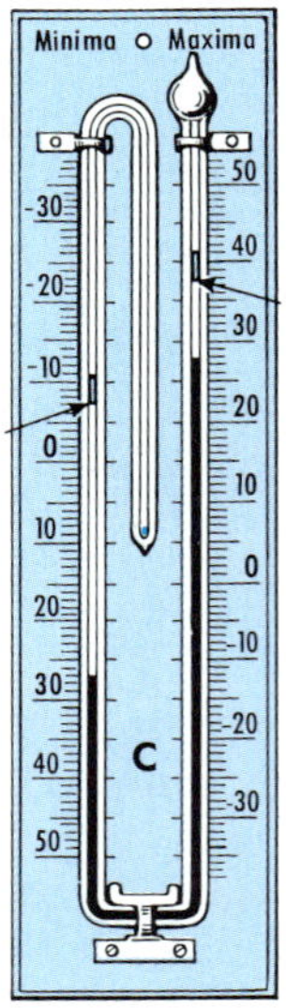

Abb. 369 Maximum-Minimum-Thermometer. Die Pfeile zeigen auf die Markierungen für Maximum und Minimum.

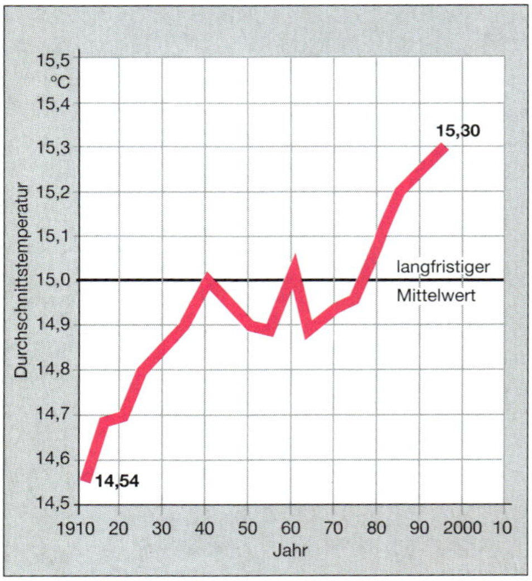

Abb. 370 Auf der Erde wird es wärmer.

Abb. 371 Abhängigkeit der Lufttemperatur von der Höhenlage.

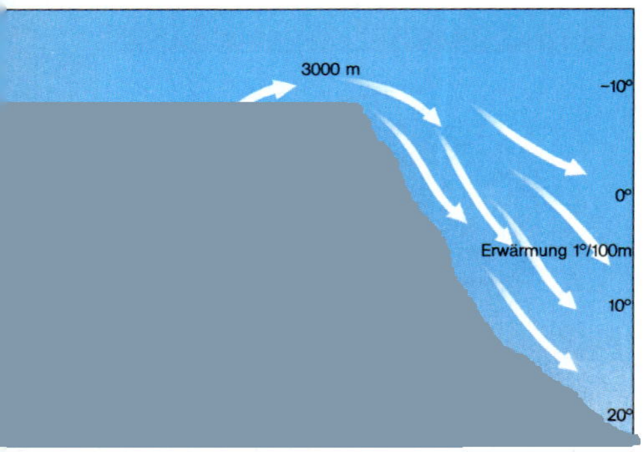

1.1 Allgemeines

Wie in keinem anderen Wirtschaftsbereich bestimmen Wetter und Klima die Produktion in der Agrarwirtschaft, sowohl im pflanzlichen als auch im tierischen Bereich. Daran haben auch die Ergebnisse der einschlägigen naturwissenschaftlichen Forschung, der technische Fortschritt und die Möglichkeit des Einsatzes der Agrarchemie grundsätzlich nichts geändert.
Die klimatischen Standortvoraussetzungen bestimmen nach wie vor wesentlich die Produktionsrichtung eines Betriebes und das aktuelle Wettergeschehen beeinflusst die betrieblichen Arbeitsvorgänge im Tages- und Jahresverlauf. Die *unternehmerische Führungskompetenz* eines landwirtschaftlichen Betriebsleiters schließt deshalb auch grundlegende Kenntnisse über Wetter und Klima für eine erfolgreiche Betriebsführung ein.

1.2 Wetter

1.2.1 Definition

Wetter ist der aktuelle Zustand der Atmosphäre an einem bestimmten Ort, während unter *Witterung* der vorherrschende Wetterablauf in einem überschaubaren Zeitraum zu verstehen ist.
Die für den Zustand der Atmosphäre bestimmenden **Wetterfaktoren** (Temperatur, Luftdruck, Wind, Luftfeuchtigkeit, Niederschläge, Bewölkung) werden gemessen. Die Auswertung der Messergebnisse und der Wetterbeobachtung ergeben den *Wetterbericht* zur Wetterlage und für die Wettervorhersage.

1.2.2 Wetterfaktoren

Temperatur – Sie ist Ausdruck für den Wärmezustand eines Körpers und leitet sich ursprünglich aus dem Wärme- und Kälteempfinden unseres Tastsinns ab. Bei dem Gasgemisch Luft stellt die Temperatur ein Maß für die mittlere Bewegungsenergie der einzelnen Moleküle dar. Für die Messung der Lufttemperatur (also der Bewegungsenergie der Moleküle) verwendet man ein *Thermometer.*
Maßeinheit ist das Grad Celsius (°C). Auf Grund der Forschungsarbeit des schwedischen Astronomen ANDERS CELSIUS (1701–1744) bestimmte man (bei einem Luftdruck von 760 mm

Quecksilbersäule) für den Siedepunkt des Wassers 100 °C und für den Schmelzpunkt von Eis 0 °C.
Grundlage der **Temperaturmessung** mithilfe von Thermometern sind Stoffe mit gleichmäßigem Ausdehnungsverhalten bei ihrer Erwärmung und Abkühlung, z. B. Quecksilber und Alkohol. Auf einer entsprechenden Skala kann die Temperatur, die die Ausdehnung bewirkt hat, abgelesen werden. Neben den *Flüssigkeitsthermometern* werden für bestimmte Arbeitsgebiete auch *Bimetallthermometer* und *elektronische Thermometer* verwendet.
In der Landwirtschaft haben sich die Minimum-Maximum-Thermometer bewährt. Sie zeigen die höchste und niedrigste Temperatur innerhalb eines Zeitraumes an.
Einfluss auf die Lufttemperatur hat die *Sonneneinstrahlung*, der Einstrahlwinkel und die -dauer. Sie werden von der geografischen Lage eines Ortes sowie von der Tages- und Jahreszeit bestimmt.
Die *Lufthülle* der Erde bewirkt, dass von der Strahlung der Sonne, die auf die erdnahe Luftschicht auftrifft, nur 47 % die Erde erreichen. 34 % der Strahlung werden von der Lufthülle zerstreut und reflektiert, 19 % vom Wasserdampf und vom Kohlendioxid aufgenommen. Durch Ab- bzw. Rückstrahlung (Reflexion), die ca. 14 % beträgt, werden die umgebenden Luftschichten von unten her erwärmt. Nur etwa 33 % der Strahlung bleiben für die Erwärmung der Erde. Mit zunehmender *Höhe* nimmt die Lufttemperatur ab.
Während der Nachtstunden strahlt die Erde Wärme ab.
Bodenbeschaffenheit, Oberflächengestalt, Bewuchs u. a. beeinflussen die *Wärmeabgabe*. Da eine Wolkendecke die Strahlung zurückhält, sind bewölkte Nächte nie so kalt wie klare, wolkenlose Nächte. Spät- und Frühfröste im Jahresverlauf sind u. a. auf diese Gegebenheit zurückzuführen.
Die *Erwärmung der Erdoberfläche* erfolgt bei Sonneneinstrahlung relativ rasch. Wasser, schwere Tonböden und bewachsene Flächen (Wald) erwärmen sich langsamer als leichte Sandböden und kahle Flächen. Diese geben aber die gespeicherte Wärme wieder verhältnismäßig rasch ab.
Luftdruck – Luft unterliegt wie alle anderen Körper auch der Erdanziehungskraft. Sie ist schwer und drückt mit ihrem Gewicht auf die Erdoberfläche. Die Größe des Luftdruckes, die mit einer Luftsäule, die auf eine bestimmte Fläche einwirkt, festgestellt wird, misst man mit einem *Barometer*. In Meereshöhe (0 m) bei 0 °C trägt der Luftdruck eine Quecksilbersäule von 76 cm Höhe und 1 cm^2 Grundfläche. Man sagt, der Luftruck beträgt 760 mm Quecksilbersäule.
Durch Umrechnung ergeben sich 1 Bar oder 1000 Millibar oder 1012,47 Hektopascal (hPa), benannt nach dem französischen Physiker Blais Pascal (1623 – 1682). Je 10,5 m Höhenzunahme sinkt der Luftdruck um 1 mm Quecksilbersäule). *Isobaren* (Linien) auf der Wetterkarte verbinden Orte gleichen Luftdrucks miteinander.
Veränderungen, steigender oder sinkender Luftdruck, kündigen eine Änderung der herrschenden Wetterlage an.
Bei Sonneneinstrahlung erwärmt sich die Luft über dem Festland schneller und stärker als über dem Wasser. Die erwärmten Luftmassen dehnen sich dabei aus und steigen auf. Das Gewicht der

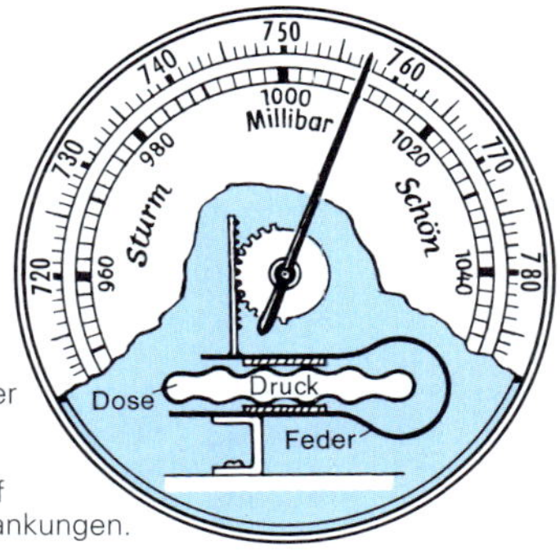

Abb. 372 Dosenbarometer (Schema): Die luftleere Dose regiert auf Luftdruckschwankungen.

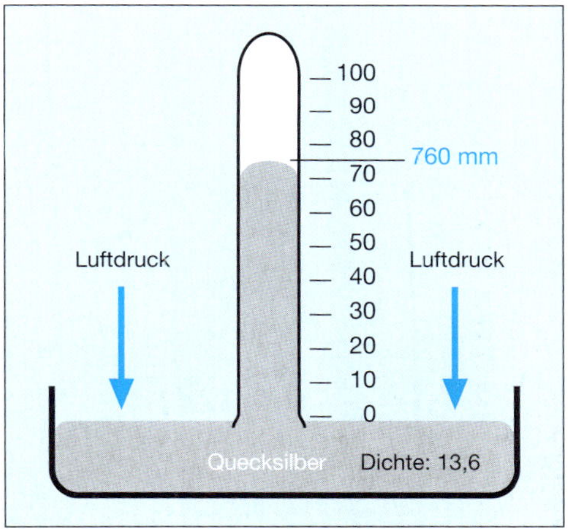

Abb. 373 Der Luftdruck beträgt in diesem Falle 760 mm Hg-Säule.

Abb. 374 Windrichtung zwischen Hoch und Tief: Luft aus dem Hoch strömt in das Tief, Ablenkung durch die Erdrotation.

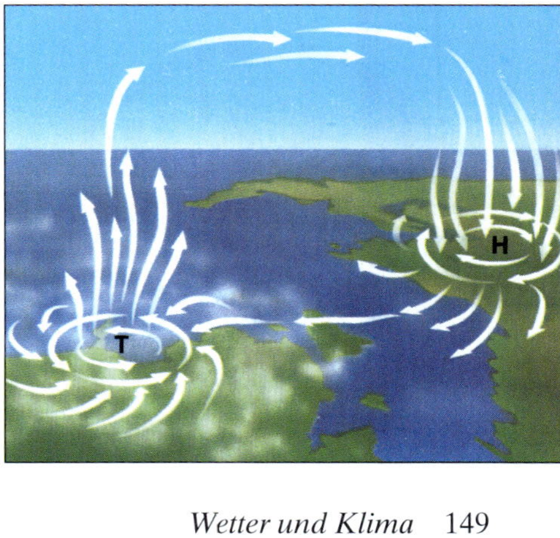

Abb. 375 Seewind (Meeresküste). Zahlreiche Windsysteme beruhen auf labilen Luftschichtungen, oft verursacht durch Sonneneinstrahlung oder Zufuhr kalter Luftmassen.

Abb. 376 Windmesser.

Abb. 377 Das Hygrometer (Luftfeuchtigkeitsmesser) überträgt die Ausdehnung einer Faser (eines Haares) auf einen Zeiger.

Luft verringert sich, der Luftdruck sinkt; es entsteht ein **Tiefdruckgebiet**. In dieses Tief fließt Luft von allen Seiten ein, vorwiegend aber vom Meer. Je größer der Druckunterschied ist, desto heftiger erfolgt der Luftnachschub (Druckausgleich).
Bei nachlassender Sonneneinstrahlung kehrt sich der Wetterkreislauf um. Die Luft auf dem Festland kühlt sich ab und wird schwerer. Auf dem Festland entsteht ein **Hochdruckgebiet** mit meist trockenem Wetter, geringer Bewölkung und schwacher Luftbewegung. Im Sommer wird es dabei meist sehr warm, im Winter bildet sich auf Grund der Abkühlung – insbesondere bei sehr hoher Luftfeuchtigkeit – bevorzugt in den Flusstälern und Niederungen oft zäher Nebel. Dabei kann es auch sehr kalt werden.
Wind – Darunter versteht man die *Luftbewegung*, die beim Druckausgleich zwischen einem Hoch- und Tiefdruckgebiet entsteht. In Bodennähe weht der Wind immer vom Hoch ins Tief. Dabei wird er durch die Erddrehung (geringfügig) abgelenkt. Alle Winde auf der nördlichen Halbkugel der Erde erfahren eine Ablenkung nach rechts, alle auf der südlichen Breite dagegen nach links.
Infolge unterschiedlicher Erwärmung der Erdoberfläche entstehen über dem am stärksten erwärmten Gebiet die sog. thermischen Aufwinde. Im Grenzbereich von riesigen Land- und Wassermassen wechseln sich lang anhaltende Land- und Seewinde (Monsune und Passate) periodisch ab. Orkanartige Stürme richten nicht selten verheerende Schäden an. Der Föhn tritt als heißer, trockener Wind am bayerischen Alpenrand und im Voralpengebiet auf und drängt oft eine heranrückende Schlechtwetterfront ab.
Zur **Windmessung** verwendet man einen *Schalenkreuz-Windmesser.*
Die *Windstärken* werden nach der international gültigen Beaufort-Einteilung (nach dem britischen Admiral Sir FRANCIS BEAUFORT, 1774–1857) beschrieben.

Tabelle 19: Beaufort-Grade und Windgeschwindigkeit (Auswahl)

Windstärke	Windgeschwindigkeit		Symbol
Bezeichnung	in m/s	in km/h	
4 mäßige Brise	5,5 – 7,9	20 – 28	o—ı
6 starker Wind	10,8 – 13,9	39 – 49	o—ıı
9 Sturm	20,8 – 24,4	75 – 88	o—ıııı
12 Orkan	32,7 und mehr	118 und mehr	o—▼

Luftfeuchtigkeit – Wasser gelangt durch Verdunstung und bei der Ausatmung als Wasserdampf in die Luft. Je wärmer die Luft ist, desto mehr Feuchtigkeit kann sie aufnehmen. Für die pflanzliche und tierische Produktion sind bestimmte Feuchtigkeitsgehalte der Luft von großer Bedeutung, ebenso für das Wettergeschehen. In der Landwirtschaft verwendet man zur **Messung der Luftfeuchtigkeit** sog. *Haarhygrometer*. Ein entfettetes Menschenhaar dehnt sich bei zunehmender Feuchtigkeit aus, bei abnehmender Feuchtigkeit zieht es sich zusammen. Die Ausdehnungen werden auf einen Zeiger übertragen und auf einer Skala kann der Feuchtigkeitsgehalt der Luft abgelesen werden.

In der Landwirtschaft ist aber noch mehr als der absolute Gehalt die *relative Luftfeuchtigkeit* von großer Bedeutung. Darunter versteht man die temperaturabhängige Aufnahmekapazität der Luft für Wasserdampf, angegeben in % relativer Luftfeuchtigkeit. Die Luft ist mit Wasserdampf gesättigt, wenn sie die Höchstmenge (Sättigungsmenge) bei einer bestimmten Temperatur enthält.

absolute Feuchtigkeit = Wassermenge in g/m³ Luft

$$\text{relative Feuchtigkeit in \%} = \frac{\text{absolute Feuchtigkeit} \times 100}{\text{Sättigungsmenge}}$$

Tabelle 20: Zusammenhang von Lufttemperatur und Wassersättigung der Luft

Temperatur °C	−10	−5	±0	10	15	20	25	30
Wassermenge der Luft g/m³	2,1	3,3	4,9	9,4	12,8	17,3	23,1	30,2

Will man z. B. Ernteerzeugnisse trocknen, so muss die Luft ein *Sättigungsdefizit* aufweisen. Hat die normale Außenluft mit 15 °C eine relative Luftfeuchtigkeit von 90–100 %, so ist der Trocknungseffekt gering. Wenn sich diese Luft auf 25 °C erwärmt, beträgt die Sättigungsmenge 23,1 g/m³. Beim Trocknen können dem Erntegut mit jedem 1 m³ Luft noch 10,3 g Wasser entzogen werden.

Für das Beregnen von Kulturen sind ebenfalls die Verdunstungsmengen maßgebend. Sie bestimmen die *Beregnungsmengen* und den Beregnungszeitpunkt auf der Grundlage des Wasserbedarfs der jeweiligen Kultur.

Wolken und Niederschläge – Wolken entstehen, wenn die Luft den aufgenommenen Wasserdampf z. B. durch Abkühlung in großer Höhe nicht mehr halten kann und dieser ausgeschieden werden muss. Das überschüssige Wasser verwandelt sich vom gasförmigen in den flüssigen Zustand (Kondensation). Damit verbunden sind elektrische Aufladungen, die bei wachsenden Spannungsunterschieden zu Blitzen führen können. Diesen Punkt der Sättigungstemperatur bezeichnet man als **Taupunkt**. Je nach Temperatur können sich aus dem Wasserdampf unterschiedliche Niederschlagsarten bilden: Regen, Nebel, Tau oder Reif, Schneeflocken, Graupel, Hagel.

Die **Messung der Niederschlagsmengen** erfolgt mit einem *Regenmesser*. Durch einen Trichter gelangen die Niederschlagsmengen in einen Messzylinder mit Skala. Das Messergebnis wird in l/m² angegeben.

Vor den Niederschlägen kündigen Wolken und Luftdruck-Abfall an, dass sich in großer Höhe gesättigte Luft abkühlt. Die Wasserteilchen werden zunächst in Schwebe gehalten durch die Aufwärtsströmung der Luft. Die entstandenen *Schichtwolken* (Stratuswolken) in Höhen von 2000–6000 m deuten auf eine beginnende Schlechtwetterlage mit Niederschlägen (Regen oder Schneefall bei entsprechenden Temperaturen) hin.

Als Vorboten für Schlechtwetter gelten die *Federwolken* (Cirruswolken oder »Schäfchenwolken«) in ca. 6000 m Höhe.

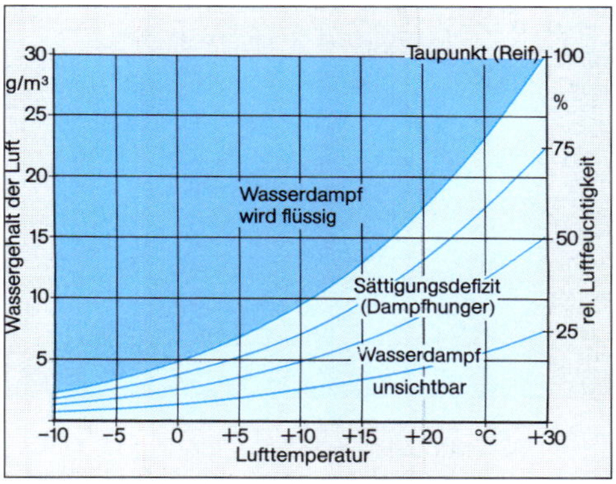

Abb. 378 **Die Wasseraufnahmefähigkeit der Luft bei verschiedenen Temperaturen.**

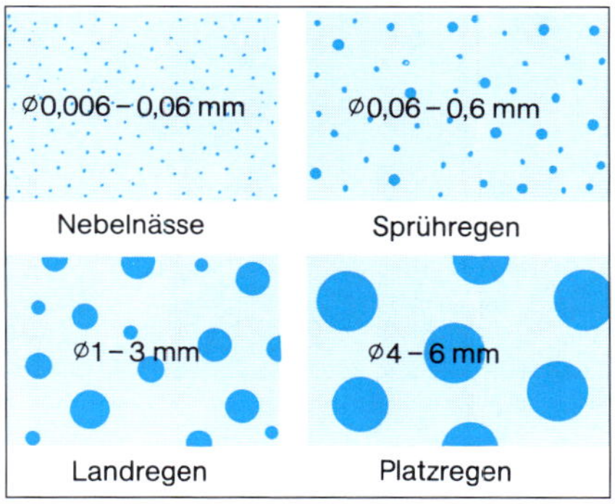

Abb. 379 Vergleich der Tröpfchengröße.

Abb. 380 Windrichtung bei Hoch (H) und Tief (T): Die Luft strömt am Boden aus dem H ins T.

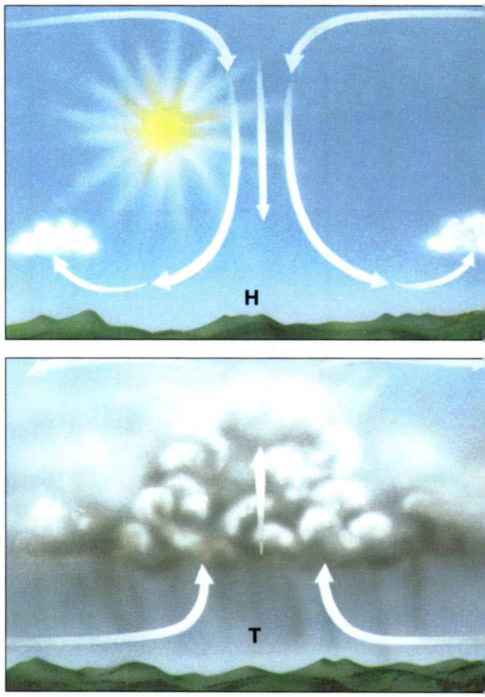

Abb. 381 Typische Windbewegungen und Wolkenbildung bei Föhn.

Abb. 382 Berg- und Talwind.

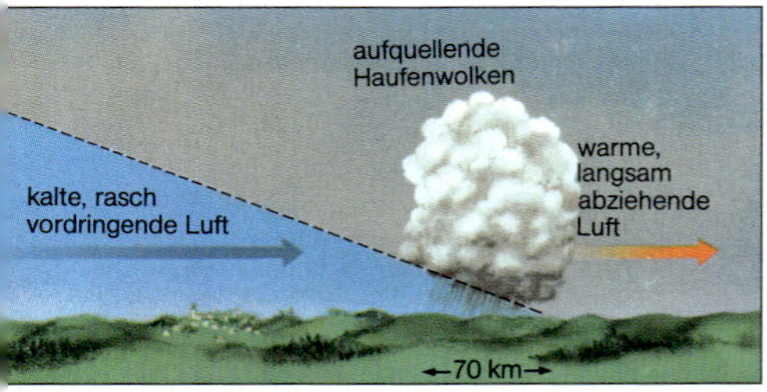

Abb. 383 Kaltfront: Kalte, schwere Luft schiebt sich unter warme Luft.

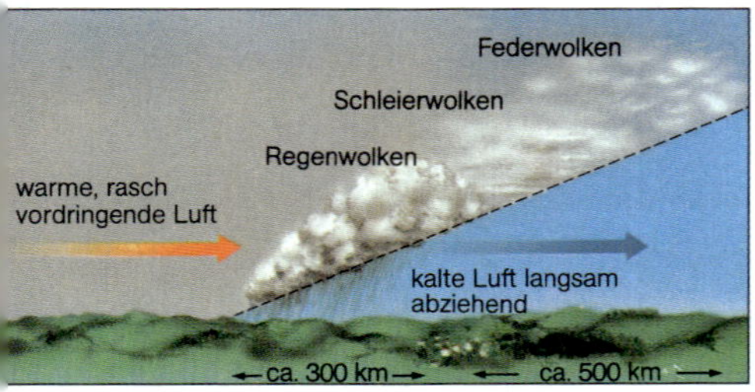

Abb. 384 Warmfront: Warme Luft gleitet auf kalte Luft.

Abb. 385 Mitte: Satelliten sorgen für ein globales Wetterbeobachtungs-System.

Tabelle 21: Wetterfaktoren in Wetterfronten

Wetterfront	Temperatur	Luftdruck	Feuchtigkeit	Wind	Niederschlag
Kaltfront	sinkt	steigt	sinkt	böig	Schauer
Warmfront	steigt	sinkt	steigt	W/SW	hoch

Dagegen verkünden mittlere *Haufenwolken* (Cumuluswolken) in Höhen von ca. 200 – 6000 m eher schönes Wetter. Der untere Wolkenrand markiert das Kondensationsniveau. Nach oben hin leuchten die Wolkentürme im Sonnenlicht blendend weiß.

Wetterfronten ergeben sich, wenn sich kalte, schwere Luft unter die warme Luft schiebt. Bei Abkühlung bilden sich an der Grenze zwischen Warm- und *Kaltfront* durch Kondensation dunkle Haufenwolken, aus denen besonders in den Sommermonaten Schauer und Gewitter entstehen können. Stürmischer, böiger Wind begleitet den Gewitterausbruch, den wolkenbruchartige Regenfälle, z. T. auch Graupel-, Hagel- oder Schneeschauer kennzeichnen.

Bei einer *Warmfront* gleitet warme Luft auf kalte Luft auf und bildet in großen Höhen Federwolken, denen Schleier- und Schichtregenwolken folgen. Dabei kommt es häufig zu länger anhaltenden Niederschlägen.

Im Herbst und Winter kann man bei klarem und trockenem Wetter häufig eine schmutzige Dunstschicht beobachten, die nach oben hin begrenzt erscheint. Es handelt sich um eine *Inversionswetterlage*. Die bodennahe Luftschicht kühlt sich stark ab, darüber lagert leichtere Warmluft. In der Kaltluft bildet sich Nebel. Die üblicherweise vorhandene Temperaturverteilung hat sich umgekehrt.

Die Inversionsschicht hat die Wirkung einer Sperrschicht, die das Aufsteigen von Rauch und Abgasen verhindert. Es kommt besonders in Ballungsgebieten zur Luftverschmutzung (Smog = Smoke and Fog). Die herbstlich-winterliche Sonneneinstrahlung ist in der Regel zu gering, um die Inversionsschicht aufzulösen.

Wetterkarte und Wettervorhersage – Die extrem starke Abhängigkeit der Agrarwirtschaft vom Wetter bedingt neben der eigenen Wetterbeobachtung die Nutzung der vom Wetterdienst erstellten Wetterberichte und der Wettervorhersagen. Sie stützen sich auf eine immer genauere Erfassung der Wetterlage mit Messgeräten an zahlreichen Orten auf der Erde und in Satelliten.

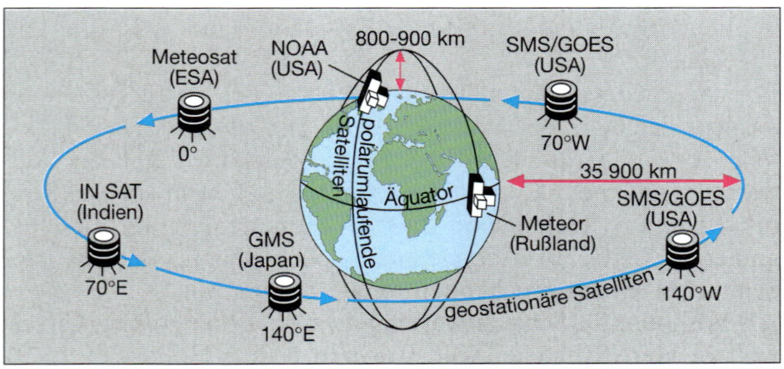

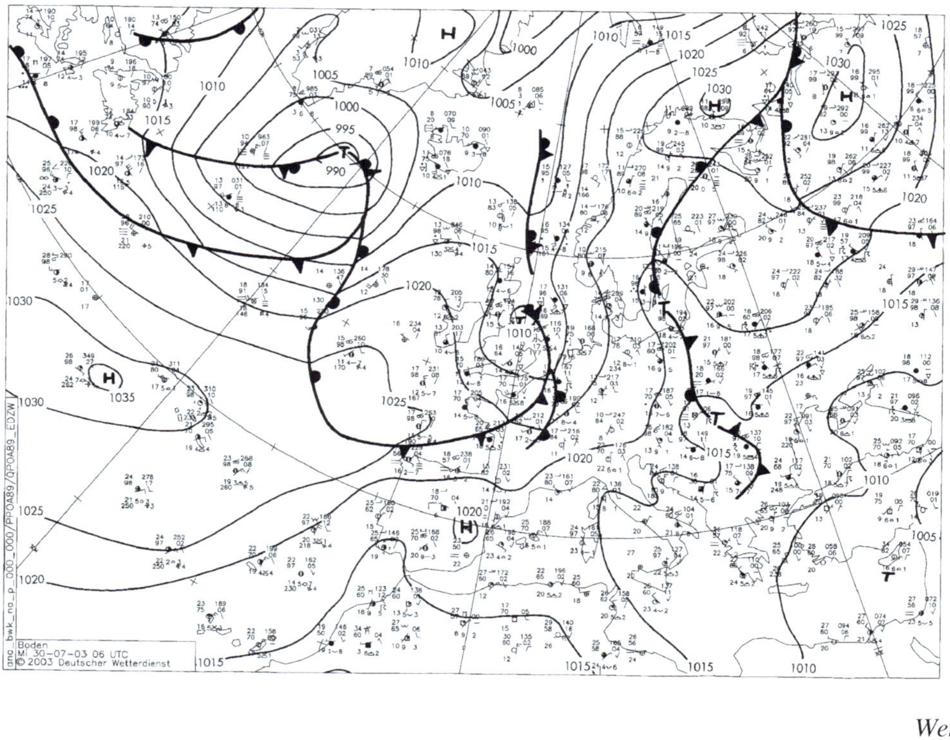

Abb. 386 Solche Satellitenbilder stellt z. B. der Deutsche Wetterdienst (DWD) ins Internet. Dort sind sie z. B. als Geschenkidee online abrufbar *(www.dwd.de)*.

Abb. 387 Die zum Satellitenbild der Abb. 386 gehörende Wetterkarte des DWD.

Symbol	Nr.	Bedeutung	Regenwahrscheinlichkeit	Symbol	Nr.	Bedeutung	Regenwahrscheinlichkeit
	1	**sonnig** (mehr als 70 % Sonnenschein)	20 %		8	**wolkenreich mit Schauern** (weniger als 30 % Sonnenschein)	50 %
	2	**teils sonnig, teils wolkig** (30 – 70 % Sonnenschein)	30 %		9	**wolkenreich mit Schauern oder Gewittern** (weniger als 30 % Sonnenschein)	50 %
	3	**teils sonnig, teils wolkig** (30 – 70 % Sonnenschein) örtlich Schauer	30 – 50 %		10	**zeitweise sonnig, Schauer möglich** (30 – 70 % Sonnenschein)	50 %
	4	**wolkenreich** (weniger als 30 % Sonnenschein)	50 %		11	**zeitweise sonnig, Schauer oder Gewitter möglich** (30 – 70 % Sonnenschein)	50 %
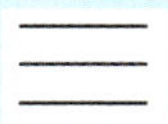	5	**anhaltender Nebel und kaum Sonne** (weniger als 30 % Sonnenschein)			12	**wolkenreich mit Regen- o. Schneefällen** (weniger als 30 % Sonnenschein)	
	6	**nach Nebelauflösung sonnig** (mehr als 30 % Sonnenschein)			13	**wolkenreich mit Schneefällen**	
	7	**meist bedeckt und regnerisch**	80 %		14	**zeitweise sonnig, Schneeschauer möglich** (30 – 70 % Sonnenschein)	

Abb. 388 Wettersymbole, wie sie der Deutsche Wetterdienst verwendet, z. B. für die Wochenwetter-Vorhersage für Landwirte.

Abb. 389 Wetterkartensymbole (Auswahl).

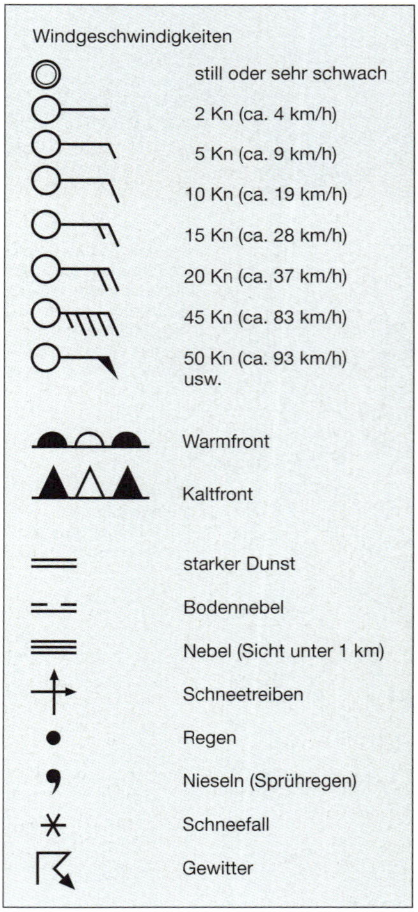

Daraus wird eine **Wetterkarte** angefertigt, die eine *Momentaufnahme* des Wetters zu einem bestimmten Zeitpunkt an einem bestimmten Ort darstellt.
Mithilfe von Berechnungen und aufgrund von Erfahrungswerten sowie mit Computerprogrammen und Simulatoren kann die voraussichtliche *Wetterentwicklung* daraus abgeleitet werden.
Der Deutsche Wetterdienst (DWD) stellt für die verschiedensten Nutzergruppen individuelle Wetterberichte zusammen, z. B. für die Landwirtschaft, für Segelflieger, für die Seefahrt, für die Luftfahrt und darüber hinaus für viele Freizeitaktivitäten, z. B. Bergsteiger. Diese Informationen sind auch über Internet abzurufen und werden über die Medien verbreitet.
Daneben beruht die eigene Wettervorhersage auf der Messung der örtlichen Wetterfaktoren und auf der Beachtung entsprechender Wetterzeichen: z. B. Luftdruckänderungen, steigende Luftfeuchtigkeit, ungewöhnlich deutlich sichtbare und nahe erscheinende Berge, Dunst, tief oder hoch fliegende Vögel, absinkender oder aufsteigender Kaminrauch, hörbare Bahngeräusche, Schwitzen eines Pflasters, Wolkenformen u. a.

Aufgaben:
1. Beschreiben Sie die Entstehung von Hoch- und Tiefdruckgebieten.
2. Erklären Sie den Begriff »Relative Luftfeuchtigkeit« anhand eines Beispiels.
3. Führen Sie eigene Wetterbeobachtungen durch.
4. Erklären Sie den Begriff »Landregen« und erklären Sie, wie er entsteht.
5. Erkundigen Sie sich über die Niederschlagsmenge und über die Verteilung der Niederschläge in ihrer Region.

1.3 Klima

1.3.1 Definition

Unter **Klima** versteht man das langjährige Wettergeschehen an einem Ort oder in einem bestimmten, begrenzten Gebiet.

1.3.2 Klimafaktoren

Alle auf den Energiehaushalt an einem Ort einwirkenden physikalischen Größen fasst man unter dem Begriff »**Klimafaktoren**« zusammen, z. B. die geografische Breite, die Höhenlage, die Geländegestalt (Neigung, Tallage, Höhenrücken, Pflanzendecke, Gewässernähe).

1.3.3 Klimaelemente

Die festgestellten Werte der Wetterfaktoren bilden durch Berechnung die **Klimaelemente** als Grundlage für die Beschreibung des Klimas.
Die *mittlere Tagestemperatur* wird aus der Temperatur um 7 Uhr (T_7), 14 Uhr (T_{14}) und 21 Uhr (T_{21}) mittlerer Ortszeit nach der Gleichung ermittelt:

$$T_m = \frac{T_7 + T_{14} + 2\,T_{21}}{4}$$

Die *mittlere Monatstemperatur* erhält man aus der Summe der Tagesmitteltemperaturen geteilt durch die Zahl der Tage des Monats. Entsprechend ergibt sich aus den 12 Monatsmitteltemperaturen die *Jahresmitteltemperatur*. Die Schwankungsbreite der Jahrestemperaturen wird aus den Mitteltemperaturen des wärmsten und kältesten Monats ermittelt. Die Tagesschwankung wird festgestellt aus dem Temperaturmaximum und -minimum zwischen 21 Uhr des einen und 21 Uhr des folgenden Tages.
Klimabestimmend sind auch bestimmte **Schwellenwerte**:

- ▶ Anzahl der Frosttage = Tage, mit einem Temperaturminimum unter 0 °C.
- ▶ Anzahl der Eistage = Tage mit einem Temperaturmaximum unter 0 °C.
- ▶ Anzahl der Sommertage = Tage mit einem Temperaturmaximum über 25 °C.

Ferner sind von Bedeutung die Daten des ersten und letzten *Frostes* und *Schneefalls*. Die *Vegetationszeit* ist festgelegt zwischen den Daten im Frühjahr und Herbst, an denen die mittleren Tagestemperaturen 5 °C über- bzw. 10 °C unterschreiten.
In gleicher Weise werden auch die Klimaelemente für die weiteren Wetterfaktoren ermittelt, z. B. für die relative Luftfeuchtigkeit, die Bewölkung, die Windstärke, die Sonnenscheindauer, die Niederschlagsverhältnisse, die Tage mit Nebel, Gewitter, Sturm, Hagel, Reif, Tau und mit einer Schneedecke.
Das so ermittelte langfristige Wettergeschehen gibt Hinweise für die klimatische Eignung der Kulturpflanzen in einer Region.

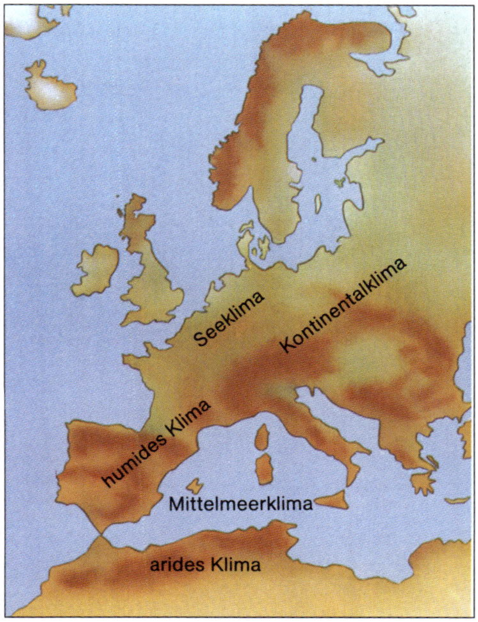

Abb. 390 Verschiedene Klimagebiete Europas.

Abb. 391 Anbauzonen Europas (vereinfacht).

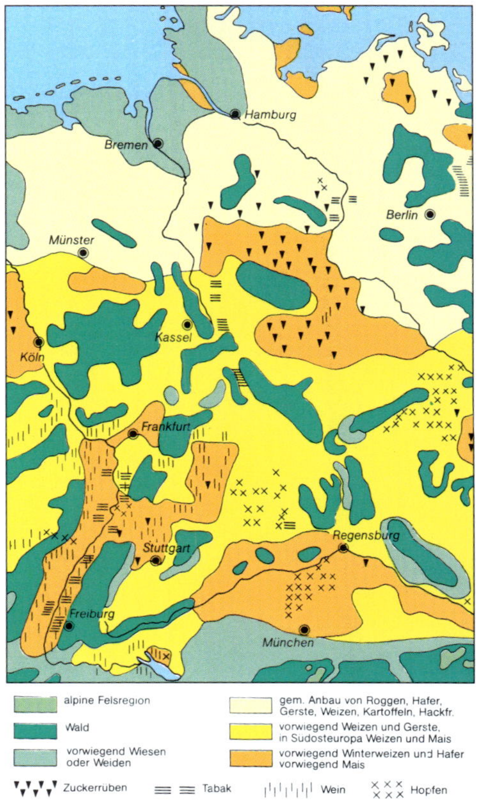

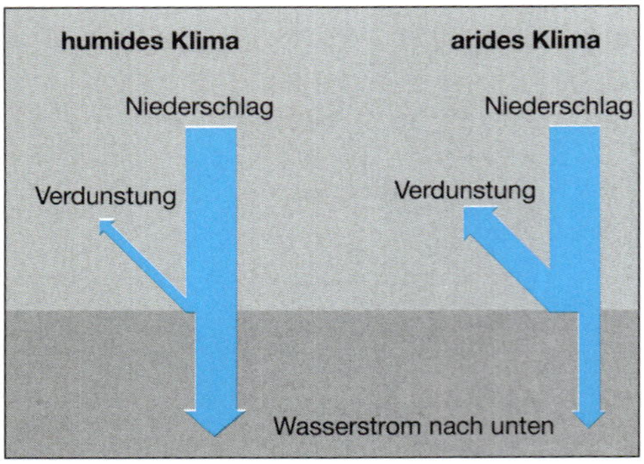

Abb. 392 Die Verdunstungsrate ist im ariden Klima höher als im humiden.

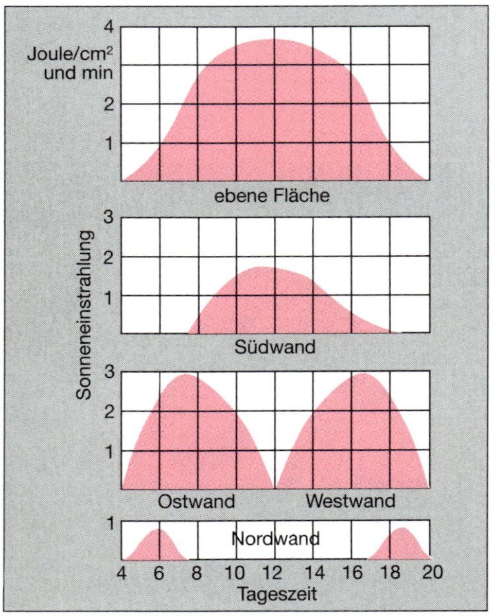

Abb. 393 Die Ausrichtung von Gebäudewänden nach Himmelsrichtungen wirkt sich auf das Gebäudeklima aus.

1.3.4 Klimazonen

Aufgrund der herrschenden klimatischen Verhältnisse unterscheidet man Zonen mit tropischem, gemäßigtem und polarem Klima (**Großklima** oder Makroklima), die vor allem durch die geografische Breite sowie durch die Höhe über dem Meeresspiegel und die Nähe zum Meer geprägt sind.

Tabelle 22: Klimaarten

Klima	Lage	Kennzeichen Sommer	Winter
Seeklima	Küstennähe	kühl, feucht	mild
Kontinentalklima	große Landflächen	heiß	kalt
Mittelmeerklima	Mittelmeerländer	warm, trocken	mild, regnerisch

Daneben benennt man regionale Klimazonen nach dem dort vorherrschenden Pflanzenbau, z. B. Weinbauklima, Obstbauklima, Hopfenklima und nach der Höhenlage, z. B. Flachland-, Voralpen-, Mittelgebirgs- und Gebirgsklima. Damit werden die für das Pflanzenwachstum spezifischen Klimabedingungen beschrieben.
Vom *humiden Klima* ist die Rede, wenn es mehr als 600 l Niederschlag/m^2 und Jahr gibt. Die hohe Regenmenge bewirkt die Auswaschung der Nährstoffe im Boden. Bei *aridem Klima* hingegen gelangen die Nährsalze durch die hohe Verdunstung an die Bodenoberfläche.
Innerhalb der Großklimazonen können aber die landschaftlichen Gegebenheiten ein lokal begrenztes **Geländeklima** (Mesoklima) bilden. In Nischen können durch bestimmte Gegebenheiten sogar besondere klimatische Verhältnisse entstehen. In diesen Zonen des **Kleinklimas** (Mikroklima) und des Geländeklimas ist das Erfassen der Klimaelemente besonders schwierig, jedoch z. B. für den ökologisch und ökonomisch sinnvollen Einsatz von Agrarchemikalien und Düngern im Hinblick auf »Precision Farming«-Verfahren von besonderer Bedeutung. Dabei kommen z. B. auch sog. Klimacomputer in Steuerungssystemen zum Einsatz.
Das Klima hat tief greifende **Auswirkungen** für das Leben auf der Erde. Davon betroffen sind nicht nur die Menschen, sondern auch Pflanzen und Tiere. Eine Vielzahl physiologischer Prozesse, z. B. Fruchtbarkeit, Wachstum, Keimung, Reife, Haltbarkeit, Gesundheit und Krankheit, Ausbreitung von Krankheiten und Schädlingen sind mehr oder weniger auch klima- und witterungsabhängig.
Die Umgestaltung der Erdoberfläche durch menschliche Einflüsse und bestimmte Nutzungsformen sowie Emissionen gelten als Mitverursacher für die seit einigen Jahren feststellbare **globale Erwärmung**. Während im Feldbau die Beeinflussung der klimatischen Bedingungen durch pflanzenbauliche Maßnahmen und durch Verwendung von Folien eher nur begrenzt möglich ist, können in Gewächshäusern, Ställen und Lagerräumen die Klimaelemente weitgehend gesteuert werden.

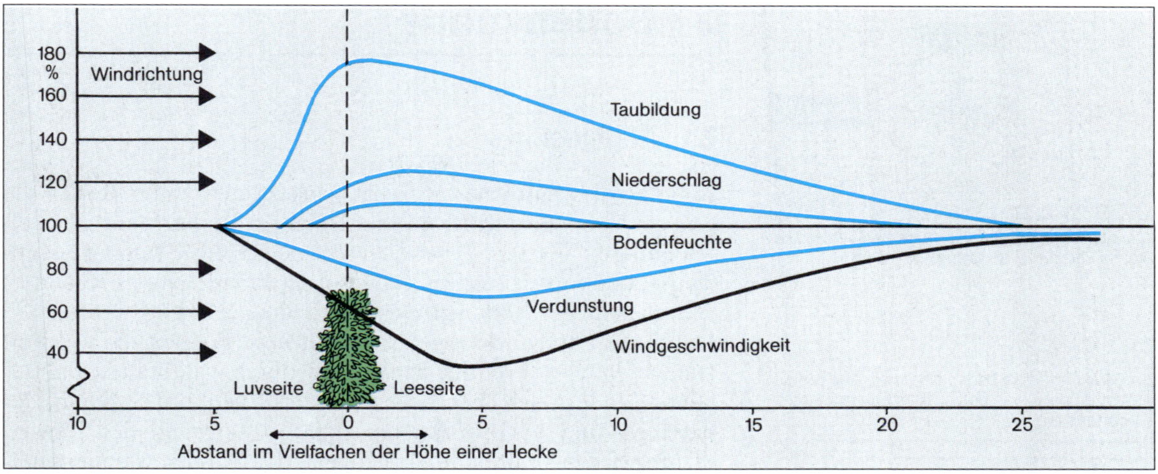

Abb. 394 Streifenförmige Gehölze verändern das Klima ihrer Umgebung besonders auf der windabgewandten Seite (Lee).

Tabelle 23: Beispiele für die Beeinflussung des Meso- und Mikroklimas

Maßnahme	Wirkung
Bestandesdichte ändern, Hecken pflanzen oder auslichten	Änderung der Luftbewegung und damit der Temperatur-, Licht- und Feuchtigkeitsverhältnisse
Beregnung, Entwässerung	Änderung der Verdunstungsrate und damit der Temperatur
Abdeckung mit Folien	Verringern der Verdunstung, stärkere Temperaturschwankungen bei Verwendung schwarzer Folien

Abb. 395 Regional begrenzte Nebelfelder deuten oft auf Kaltluft hin, die nicht abfließen kann.

Aufgaben:

1. Mit welchen Geräten werden gemessen: Luftdruck, relative Luftfeuchtigkeit, Niederschlagsmenge, Windgeschwindigkeit?
2. Was versteht man unter Klimafaktoren und Klimaelementen?
3. Was sind Eistage, Frosttage, Sonnentage?
4. Welche Auswirkungen hat eine Hecke auf das Mikroklima der angrenzenden Fläche?
5. Welche Möglichkeiten hat der Pflanzenbauer, sich über die Wettervorhersage zu informieren?
6. Unterscheiden Sie die Begriffe Wetter und Klima.
7. In welchen Gebieten der Erde herrscht arides Klima?
8. Welche Bedeutung haben die Klimaelemente im Pflanzenbau und bei der Stallhaltung landwirtschaftlicher Nutztiere?

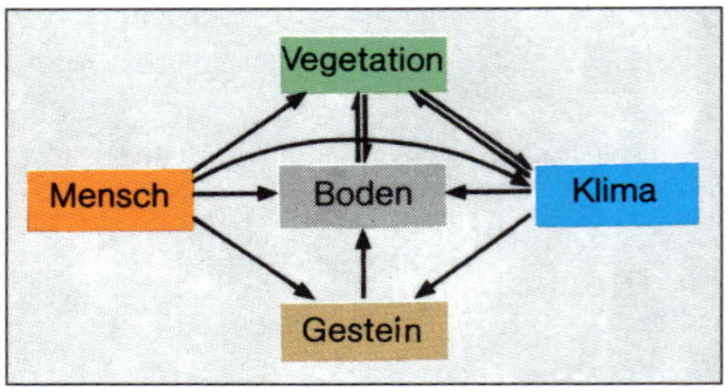

Abb. 396 Verschiedene Einflüsse wirken auf die Bodenbildung ein (Schema).

Abb. 397 Elemente bilden Minerale, aus denen Gestein besteht, das selber Ausgangsmaterial des Bodens ist.

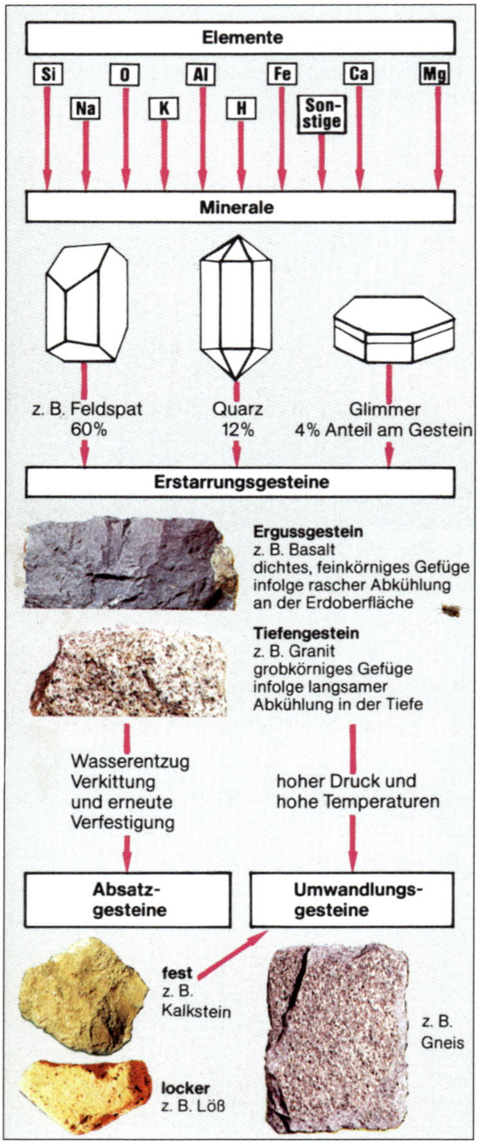

2 Bodenkunde

2.1 Allgemeines

In agrarwirtschaftlicher Hinsicht versteht man unter **Boden** die oberste Verwitterungsschicht der festen Erdrinde. Mehr als in allen anderen Wirtschaftsbereichen bildet er die Grundlage jeglicher Produktion. Da die Größe der Erdoberfläche unveränderlich ist, kann der Boden grundsätzlich nicht vermehrt werden.
Durch die Landgewinnung an den Küsten (Polder), die weltweit zunehmende Ausbreitung der Wüsten, durch Waldbrände und Bebauung ändern sich aber die Anteile der Produktions-, Grün-, Bebauungs- und Verkehrsflächen ständig. Aufgrund der Bewirtschaftung, der Kräfte und Vorgänge in der Natur sowie menschlicher Einflüsse unterliegt der Boden einem ständigen Entwicklungsprozess.
Deshalb kommt dem Erhalt der *Bodenqualität* und der Verbesserung der *Bodenfruchtbarkeit* aus volks- und betriebswirtschaftlichen Gründen größte Bedeutung zu.
Vertiefte Kenntnisse über den Boden und seine spezifischen Eigenschaften sowie über die physikalischen, chemischen und biologischen Zusammenhänge bei der Bewirtschaftung sind deshalb unumgängliche und unverzichtbare Voraussetzungen für jede berufliche Tätigkeit in der Agrarproduktion.
Daran ändern auch die derzeitigen Versuche nichts, pflanzliche Nahrungsmittel ohne Boden ausschließlich auf mit Nährlösung getränkten Vliesmatten als Bodenersatz zu produzieren. Vorläufig hat diese Art der Produktion allerdings nur Bedeutung für gärtnerische Produkte.

2.2 Entstehung der Böden

2.2.1 Ausgangsmaterialien für die Bodenbildung

Ausgangsmaterial – *Mineralien* und *Gesteine* bilden das **anorganische Ausgangsmaterial** für die Bodenbildung und sind auch die Grundlagen für die anorganischen Nährstoffe.
Mineralien – Die wichtigsten **Mineralien** der Erdrinde für die Bodenbildung sind der auf den Feldern als weißer Sandanteil leicht erkennbare *Quarz*, die *Silikate* (Salze der Kieselsäure), *Feldspat*, *Hornblende* und *Glimmer*, die vor allem die Hauptlieferanten von Ton sind, die *Karbonate* (Salze der Kohlensäure) als Kalklieferanten und *Apatit* als Phosphorlieferant.
Gesteine – Sie bestehen aus zwei oder mehreren Mineralien.
Erstarrungsgesteine *(Magmatite)* stammen aus der zähflüssigen Masse des Erdinneren. Sie sind entweder in der Tiefe langsam (Tiefengestein) oder an der Erdoberfläche rasch (Ergussgestein) erstarrt.
Granit *(Tiefengestein)* besitzt infolge seiner langsamen Abkühlung ein grobkörniges Gefüge, **Basalt** *(Ergussgestein)* hingegen

weist aufgrund seiner rascheren Abkühlung an der Erdoberfläche ein dichtes und feinkörniges Gefüge auf. Entsprechend liefert Granit unter günstigen Entstehungsvoraussetzungen meist tiefgründige, sandig-lehmige, kalkarme Böden, während aus Basalt eher bindige, steindurchsetzte und basenreiche Böden entstehen.

Absatz- oder **Schichtgesteine** *(Sedimente)* bildeten sich durch Entzug von Wasser, durch Verdichtungen, Verkittungen mit Kalk (aus Muschelschalen und Kieselpanzern von Tieren), aus Tonmineralien und anderen Stoffen. Es entstanden neue Gesteine, z. B. *Sandstein, Kalkstein, Mergelgestein* sowie die losen oder lockeren Sedimente, z. B. *Sand, Löss, Geschiebemergel, Ton, Lehm* und *Schlick*.

Umwandlungsgesteine *(Metamorphite)* entstanden aus Tiefen- und Ergussgesteinen sowie aus Absatzgesteinen durch die Wirkung hoher Drücke und hoher Temperaturen. Ein typisches Umwandlungsgestein ist der im Gegensatz zum Granit wesentlich feinkörnigere *Gneis*.

Humus- und Mineralstoffe – *Pflanzen-* und *Tierreste* bilden das **organische Ausgangsmaterial** für die Bodenbildung und sind ebenfalls Grundlagen für die Pflanzenernährung. Wurzeln, Laub, Stroh, Gründünger, Mist, Güllebestandteile, Bodenlebewesen und ihre Ausscheidungen werden von einer Vielzahl von Bodenorganismen zersetzt und abgebaut. Dabei bilden sich Humus- und Mineralstoffe.

2.2.2 Bodenbildung

Unsere Böden befinden sich stets in einem Übergangsstadium und entwickeln sich kontinuierlich weiter. Dabei bestimmen das Ausgangsmaterial und die darauf einwirkenden Kräfte der Natur das Erscheinungsbild.

Auf Grund ihrer **Entstehung** unterscheidet man:

- ▶ Verwitterungs- oder Ortsböden,
- ▶ Schwemmlandböden,
- ▶ Lössböden,
- ▶ Moorböden.

Verwitterungs- oder Ortsböden – Diese Böden sind am Entstehungsort durch Verwitterung entstanden und liegen geblieben. Der natürliche Entstehungsprozess beruht auf einem Zerkleinerungs- und Zersetzungsvorgang aufgrund physikalischer, chemischer und biologischer Verwitterungsvorgänge.

Die **physikalische Verwitterung** bewirkt den Zerfall des Ausgangsmaterials in kleinste Teilchen und damit eine Oberflächenvergrößerung. Sie beruht auf den einwirkenden Kräften von Wind, Wasser und Temperaturschwankungen.

Unterschiedlich starke Erwärmung und Ausdehnung der Gesteine während der Tages- und Jahreszeiten verursachen an der Oberfläche und im Inneren der Gesteine Spannungen, Risse und Spalten und haben damit den Zerfall der Materialien durch eingedrungenes, gefrierendes Wasser, das sich dabei um ca. ein Zehntel des ursprünglichen Volumens ausdehnt, zur Folge.

Die **chemische Verwitterung** wird durch Lösungsvorgänge hervorgerufen. Salze und andere chemische Verbindungen werden

Abb. 398 Schutthalden im Gebirge sind das Ergebnis der Gesteinszertrümmerung durch physikalische Verwitterung.

Abb. 399

Abb. 400

Abb. 401 (oben) Abb. 402 (unten)

Abb. 399–402 Verwitterung am Beispiel Granit (399): Chemische Umwandlungen zersetzen den »ewigen« Granit (400), bis er zerfällt (401) und zu Ackererde (402) wird.

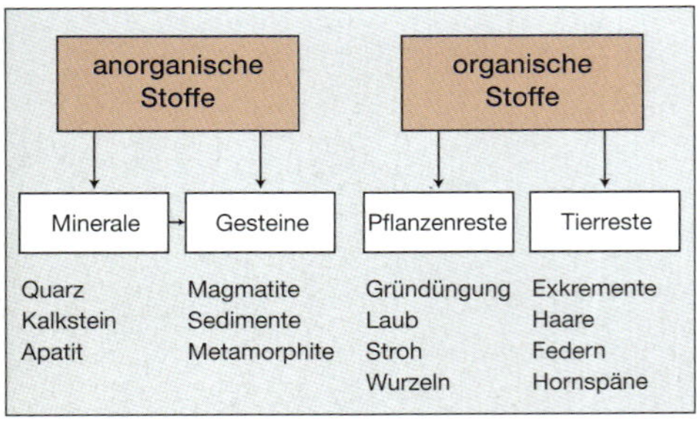

Abb. 403 Ausgangsmaterialien für die Bodenbildung.

Abb. 404 Entstehung von Niedermoor und Hochmoor.

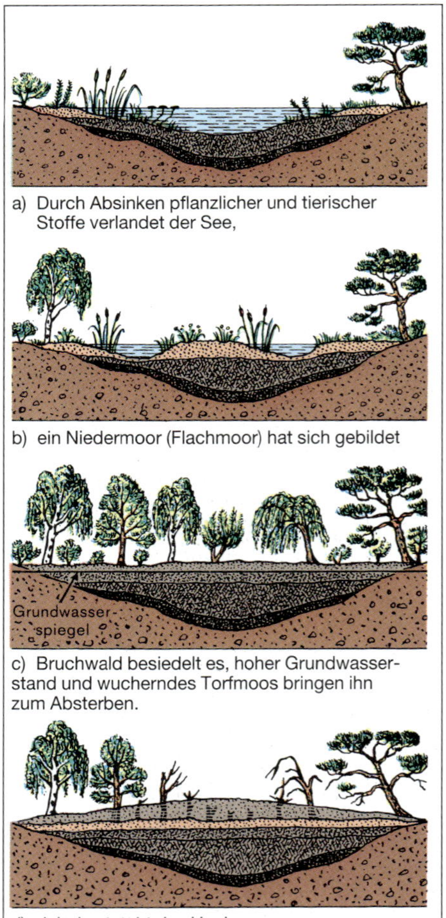

a) Durch Absinken pflanzlicher und tierischer Stoffe verlandet der See,

b) ein Niedermoor (Flachmoor) hat sich gebildet

c) Bruchwald besiedelt es, hoher Grundwasserstand und wucherndes Torfmoos bringen ihn zum Absterben.

d) dabei entsteht das Hochmoor.

durch Wasser gelöst. Bodeninterne Säuren aus den Wurzeln und Lebensvorgängen der Bodenorganismen und Pflanzen wirken auf die bodenbildenden Materialien ein und zersetzen sie.

Die Lösungskraft des Wassers wird durch Wärme- und Sauerstofffreisetzung sowie durch die Bildung von Säuren und anderen Verbindungen noch verstärkt. Die Oxidations- und Reduktionsvorgänge ändern die stoffliche Zusammensetzung der Mineralien und setzen Nährstoffe für die Pflanzen frei.

Bei der **biologischen Verwitterung** handelt es sich um eine Kombination von biochemischen und biophysikalischen Verwitterungsvorgängen. Dabei wirken Bodenorganismen und Pflanzen (Moose, Flechten, Algen, Farne) zusammen. Sie greifen mit ihren Ausscheidungen Gesteine und Mineralien an.

Daneben wirken die erheblichen Kräfte der Pflanzenwurzeln und der Vegetationskegel der Sprosse (Sprengkraft der Wurzeln oder wenn z. B. Löwenzahn durch eine dicke Teerdecke wächst).

Schwemmlandböden – Die Verwitterungsprodukte bilden auch die Grundlage für die Schwemmlandböden, die durch Ablagerungen von fließenden Gewässern entstanden sind und deswegen meist keinen einheitlichen Aufbau haben. Die unterschiedlichen Korngrößen der Bodenbestandteile sowie die runden Formen gelten als charakteristische Merkmale.

Lössböden – Sie sind staubförmige Verwitterungsprodukte von kalkreichen Moränen, die nach dem Abschmelzen der Gletscher übrig blieben und vom Wind meist in Flusstälern angelandet wurden.

Moorböden – Sie entstanden aus großen Mengen abgestorbener Sumpf- und Wasserpflanzen. Zu unterscheiden sind:

- ▶ **Niedermoor:** Es entsteht durch Verlandung eines nährstoffreichen Gewässers, das sich mit Pflanzen und ihren Überresten langsam auffüllt.
- ▶ **Hochmoor:** Es entsteht meist auf feuchtem, kalkarmem Untergrund in Verbindung mit nährstoffarmem Grundwasser oder hohen Niederschlagsmengen und hoher Luftfeuchtigkeit. Die Hauptmasse der organischen Substanz stammt im Allgemeinen vom anspruchslosen Torfmoos. Dieses Moos wächst, wie auch alle anderen Moose, im Frühjahr am oberen Ende weiter, wo die Blätter in einem Schopf zusammenstehen, während die unbewurzelten Stängel von unten her entsprechend absterben. So entsteht ein luftdichte Decke, unter der die abgestorbenen Pflanzenteile nicht verwesen, sondern vertorfen.
- ▶ **Übergangsmoor:** Es entwickelt sich aus einem Niederungsmoor, auf dem sich Moos ansiedelt und damit die Grundlage für die Bildung eines Hochmoores bildet.

Früher wurde Torf als *Brenn-* und *Einstreumaterial*, aber auch zur *Bodenverbesserung* und in *Substraten* im Gartenbau genutzt. Große Moorgebiete wurden kultiviert, um landwirtschaftliche Nutzflächen zu gewinnen. Heutzutage sind die **Moorgebiete geschützt**. Ihre wirtschaftliche Nutzung ist untersagt.

Moorgebiete sind Biotope für bedrohte Pflanzen- und Tierarten und bilden eine wichtige Grundlage für den Wasserhaushalt der Umgebung. Zunehmend werden Moore deshalb wieder aus der Agrarproduktion genommen und rekultiviert.

2.3 Bodenqualität

Hinweise über die Qualität eines Bodens sowie über den Entwicklungsstand erhält man durch die Anlage eines Bodenaufschlusses oder Bodenprofils. Wichtige Erkenntnisse liefern dabei die Beurteilung und die Beschreibung der Bodenschichten, z. B. Menge, Art und Form der Steine, der Feinerdeanteil, Färbungen, Schichten und Übergänge, Feuchtigkeit und Nässe, Durchwurzelungstiefe, Poren, Bodenlebewesen.

2.3.1 Bodenprofil

Es handelt sich um einen *Längsschnitt* durch den Boden (Bodengrube, ca. 1 m tief, mindestens bis zum Durchwurzelungsbereich). Die unterschiedliche Färbung zeigt eine Schichtung des Bodens. Um **Bodenprofile** beschreibbar und vergleichbar zu machen, hat man eine einheitliche Begriffsbestimmung festgelegt.

A-Horizont (Oberboden) – Auf den ersten Blick erkennt man im Längsschnitt deutlich die obere, meist dunkelgefärbte Schicht, die Krume. Sie ist der sog. Mutterboden, die Vegetationsschicht, in der die Pflanze im Wesentlichen wächst. Weil sie regelmäßig bearbeitet und gedüngt wird, ist sie in der Regel locker, mürbe sowie reich an Nährstoffen und Humus.

Die Mächtigkeit der Krume bestimmt das Pflanzenwachstum, die Art und den Anbau der Kulturpflanzen sowie den Wert eines Bodens. Eine Krumenstärke von < 15 cm wird als flach, von15 – 20 cm als mitteltief, von 21 – 30 cm als tief und von > 30 cm als sehr tief bezeichnet.

Die Krume muss nicht zwangsläufig gleichbedeutend sein mit dem A-Horizont. Häufig gehört zum Oberboden noch eine weniger dunkelgefärbte, geringer durchwurzelte und belebte, dichtere Schicht. Sie ist wichtig für die Nährstoff- und Wasserversorgung der Pflanzen. Kommt es in diesem Bereich durch unsachgemäße Bodenbearbeitung (Verschmieren) und durch unachtsame Bodenbehandlung (Befahren bei Nässe) zu Verdichtungen und zu Nährstoffauswaschungen (Auswaschungshorizont), können die Verbindung zwischen Ober- und Unterboden unterbrochen und der Wärme- und Lufthaushalt sowie die Durchwurzelung nachhaltig gestört werden.

B-Horizont (Unterboden) – Diese Schicht fällt durch die bräunliche bis rostbraune Färbung auf, ist jedoch nicht in allen Profilen vorhanden. Der B-Horizont ist meist mit Nährstoffen angereichert. Ton- und Humusteilchen verdichten ihn häufig; es kann zur Ortsteinbildung kommen. Dabei entsteht eine für Wasser undurchlässige Schicht, die zu Staunässe führen kann.

C-Horizont (Untergrund) – Er besteht aus dem noch unverwitterten, bodenbildenden Ausgangsbestein. Dies muss nicht immer festes Gestein sein, es kann sich auch um Sedimente (lockeren Sand, Mergel, Löss, Ton) handeln. Der Untergrund ist meist arm an löslichen Nährstoffen.

Die Anordnung der Bodenschichten kann verändert sein. In Gebirgsböden oder in Flusstälern kann der A-Horizont unmittelbar auf dem C-Horizont liegen. Durch industrielle Nutzung kann z. B. auch der A-Horizont fehlen.

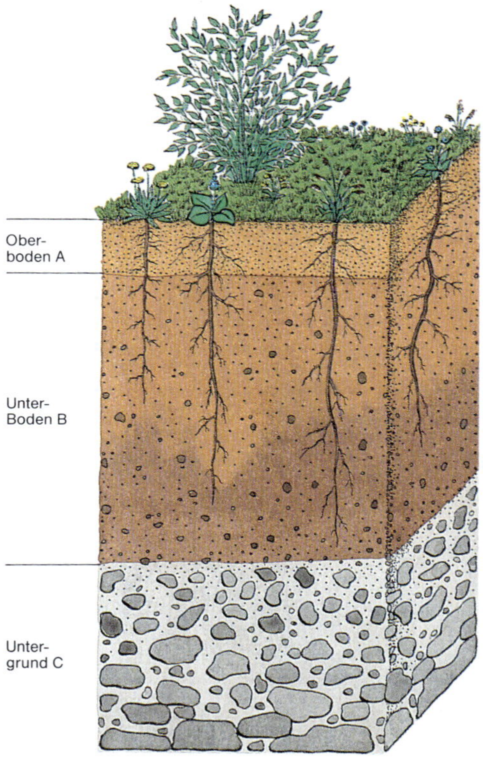

Abb. 405 Normales Bodenprofil mit A-Horizont (Krume und Oberboden); B-Horizont (Unterboden); C-Horizont (Untergrund).

Abb. 406 Die Spatendiagnose am voll abgeräumten Profil zeigt: Oben Krümelstruktur, dann Bestellhorizont und unbewurzelte Schollen.

Beschreibung der mineralischen Horizonte

Großbuchstaben = Horizontsymbole
Kleinbuchstaben = Horizontmerkmale

A = Oberbodenhorizont mit organischer Substanz
B = Unterbodenhorizont mit weniger als 75 Vol.-% Festgestein
C = Untergrundhorizont, in der Regel Ausgangsgestein der Bodenbildung
H = Torfhorizont (>30% organische Substanz); hH = Hochmoortorf
P = Unterbodenhorizont aus Tongestein
T = Unterbodenhorizont aus > 75 Gew.-% Carbonatgestein
S = Horizont mit Stauwassereinfluss; Sq = Staunässehorizont der Brackmarsch
G = Horizont mit Grundwassereinfluss
M = Horizont aus verlagertem Absatzgestein
E = Horizont aus aufgefülltem Plaggenmaterial
Y = Horizont aus Aufschüttungen (z. B. Schutt, Müll)

a = anmoorig
b = bänderförmige Sesquioxidanreicherung (Sesquioxide: Oxide verschiedener Elemente)
c = mit Carbonat angereichert
d = dicht
e = eluvial (ausgeschwemmt)
f = fossil (begraben)
h = humos
i = initial (beginnend → von geringer Mächtigkeit)
k = Konkretionen enthaltend (z. B. Lösskindel)
l = lessivé (ausgewaschen)
m = massiv (nicht grabbares Gestein)
n = novus (unverwittert)
o = oxidiert (rostfleckig)
p = durch regelmäßige Pflugarbeit geprägt
q = wasserstauend
r = reduziert (Sauerstoff entzogen, vernässt, gebleicht)
s = mit Sesquioxiden angereichert
t = tonangereichert
u = rubefiziert (gerötet)
v = verwittert
w = wasserleitend
z = mit Salz angereichert (siehe b)

Beispiele:
Ahe = A-Horizont, durch Huminstoffauswaschung (e) ungleich humos (h)
Btv = B-Horizont, verwittert (v) und mit Ton (t) angereichert

! Das Bodenprofil ist ein Längsschnitt durch einen Boden. Die Beschreibung des Profils gibt Hinweise auf die Bodenqualität.

Aufgabe:
Legen Sie einen Bodenaufschluss an.
Bestimmen Sie die Schichten.
Beurteilen Sie das Profil.

2.3.2 Bodentyp

Auch heute unterliegen Böden einem stetigen Wandel und entwickeln sich durch die Niederschlags-, Grundwasser- und Temperaturverhältnisse, durch den Pflanzenaufwuchs und die Bearbeitungs- und Düngungsmaßnahmen weiter. Neben den genannten, den Bodentyp bildenden Faktoren führen vor allem die Zirkulation des Bodenwassers und die chemischen Prozesse im Boden zu der für die Bodentypen charakteristischen Verlagerung und Verteilung der Abbauprodukte.
Aus gleichen Ausgangsgesteinen können deshalb z. B. verschiedene Böden, aus verschiedenen Ausgangsgesteinen aber ähnliche Böden entstanden sein.
Durch das Zusammenwirken der verschiedenen Einflüsse sind Böden mit übereinstimmenden oder ähnlichen Merkmalen entstanden (z. B. Horizontkombinationen, Gefüge, Nährstoffgehalt, Eignung für bestimmte Pflanzen). Solche Böden auf der gleichen Entwicklungsstufe fasst man unter dem Begriff **Bodentyp** zusammen.

! Der Bodentyp kennzeichnet den Zustand und die Entwicklungsstufe des Bodens. Er umfasst alle Merkmale und Vorgänge, die das Bodenprofil zum Ausdruck bringt und gibt Aufschlüsse über die Bodenfruchtbarkeit.

Abb. 407 Einflüsse auf die Bildung des Bodentyps.

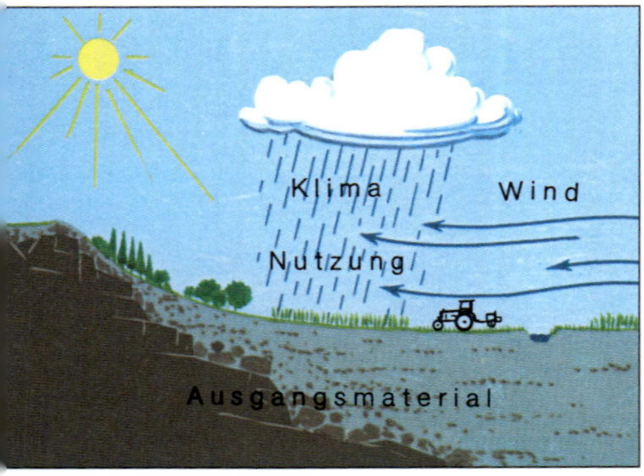

Die Namen der Bodentypen leiten sich ab von einer auffälligen Eigenschaft des jeweiligen Bodens, z. B. der Farbe (Schwarzerde, Braunerde), der Zugehörigkeit des Bodens zu einer Landschaft (Marsch, Moor), von ausländischen Bezeichnungen (z. B. Gley, Rendzina) oder es handelt sich um Wortschöpfungen.
Die prägenden **Entstehungsbedingungen** für Bodentypen sind

- das **Ausgangsgestein:** z. B. Rendzina auf Kalk, Dolomitgestein, Ranker auf kalkfreien Böden;
- das **Klima:** z. B. Schwarzerde durch üppige Vegetation, trockene Sommer und kalte Winter (starke Humusbildung bei geringem Humusabbau); z. B. Podsol bei feuchtem Klima;
- das **Wasser:** z. B. Pseudogley durch zeitweilige Staunässe; Gley durch hohen Grundwasserstand;
- **menschliche Eingriffe:** z. B. Umbruch.

Aufgaben:

1. Graben Sie ein Bodenprofil nach nebenstehender Skizze auf.
2. Bestimmen Sie die Horizonte und ihre Übergänge.
3. Bestimmen Sie den Bodentyp. Benutzen Sie dazu die folgenden Farbtafeln.
4. Stellen Sie die Durchwurzelungstiefe fest.
5. Beurteilen Sie den Humusgehalt.
6. Stellen Sie mithilfe der Fingerprobe die Bodenart fest.
7. Sind auffällige Strukturen vorhanden (z. B. scharfe Schichtgrenzen)?
8. Testen Sie mit Salzsäure den Kalkgehalt des Bodens in der Krume, im Unterboden und im Untergrund.

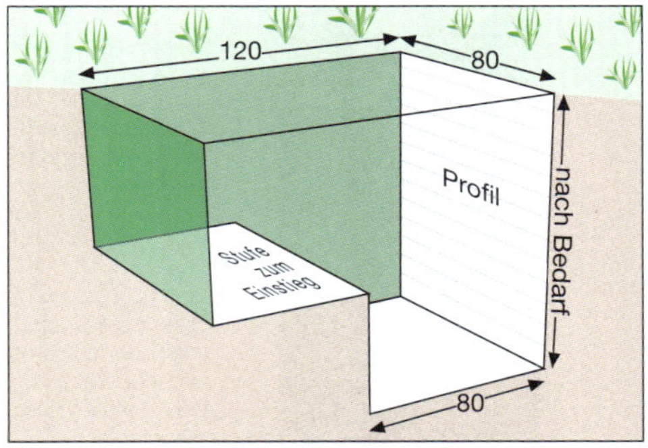

Abb. 408 **Beispiel** für das zu grabende Loch, um ein Bodenprofil betrachten zu können. Die Tiefe des Lochs richtet sich nach den örtlichen Gegebenheiten.

Profile wichtiger Bodentypen

Die Abb. 409–417 geben einen Überblick über wichtige Bodentypen. Zur Beurteilung und Beschreibung der Profile hinsichtlich der Bodenqualität und der Bodenfruchtbarkeit sowie der Nutzungsmöglichkeit und Eignung werden Klein- und Großbuchstaben gemäß der Beschreibung auf Seite 162 verwendet.
Durch die Zuordnung eines Bodenprofils zu einem der folgenden Bodentypen erhält man wichtige Hinweise auf die Bodenqualität.

Tiefe / Horizont	Merkmale der Horizonte	Entstehung, Weiterentwicklung und Verbreitung	Eigenschaften und Nutzung
-0 hHp	schwarzbrauner, gut zersetzter Moostorf; Krümelgefüge	Moorböden: Torfhorizont größer als 30 cm	Hochmoore sind Grünlandstandorte, die Ackernutzung ist auf säureverträgliche Pflanzen beschränkt: nach Austrocknung verlieren sie die Wasseraufnahmefähigkeit → Gefahr der Winderosion;
-25 hH1	hellbrauner, schwach zersetzter, faseriger Moostorf; meist mit Wasser übersättigt		starke Temperaturschwankungen zwischen Tag und Nacht; trocknen im Frühjahr nur langsam ab
-80 hH2	braunschwarzer, älterer Moos- und Wollgrastorf; mäßig bis stark zersetzt, teils faserig; relativ dicht gelagert, aber wasserdurchlässig		
-120			

Abb. 409 Moor.

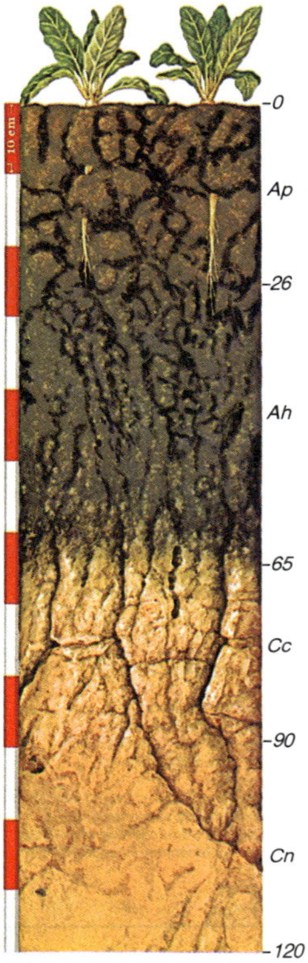

Abb. 410 Schwarzerde.

Merkmale der Horizonte	Entstehung, Weiterentwicklung und Verbreitung	Eigenschaften und Nutzung
schwarzbrauner, humoser, schluffiger Lehm; Krümelgefüge locker, stark porös	bildeten sich in Europa vorwiegend aus Löss im kontinentalen, ariden Klima bei grasreicher Vegetation und wühlender Tätigkeit von Steppentieren (z. B. Hamster) mit zunehmender Feuchtigkeit wird Ca ausgewaschen, verwittern Silikate zu Ton und Fe-Oxiden und die Schwarzerde geht allmählich in Parabraunerde über ausgedehntes Schwarzerdegebiet im Raum Erfurt – Halle – Magdeburg bis nach Hildesheim; einzelne Vorkommen auf der Insel Fehmarn und in den trockensten Gebieten des Oberrheins	ausgezeichnete Ackerstandorte, Schwarzerde gehört zu den fruchtbarsten Böden; bedeudendste Weizenböden in der Welt
braunschwarzer, humoser, schluffiger Lehm; Krümelgefüge, unten leicht prismatisch, locker, stark porös; viele Wurm und Wurzelröhren		
weißlichgelber, kalkhaltiger, schwach humoser Lehm; schwach ausgeprägtes Prismengefüge, porös; Humus von Tieren unregelmäßig eingearbeitet; Kalkanreicherungshorizont		
braungelber, kalkhaltiger, lehmiger Schluff (Löss); Gefüge ungegliedert, porös; einzelne Wurm- und Wurzelröhren		

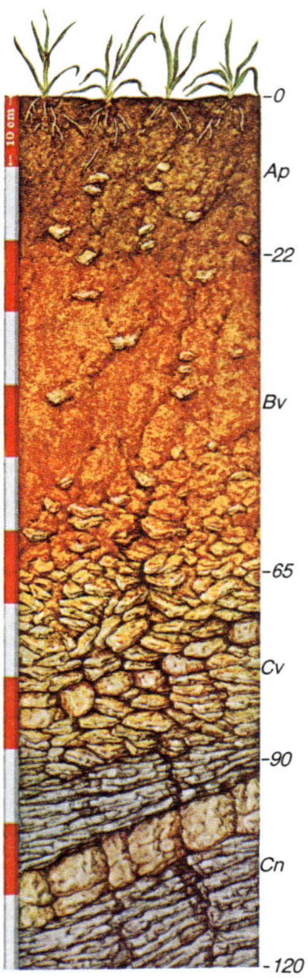

Abb. 411 Braunerde.

Merkmale der Horizonte	Entstehung, Weiterentwicklung und Verbreitung	Eigenschaften und Nutzung
dunkel- bis schwarzbrauner, mittelhumoser, feinsandiger Lehm, krümelige und bröckelige Struktur, gut durchwurzelt	Verwitterung Fe-haltiger Minerale im humiden Klima setzt Eisen frei und bildet braune Oxide → Braunfärbung des Bv-Horizontes starke Bodendurchfeuchtung verwittert auch Feldspäte und Glimmer, daraus bildet sich Ton → Tonanreicherung (Verlehmung); je nach Ausgangsgestein sauer oder basenreich Weiterentwicklung bei starker Versauerung → Podsol, bei Tonauswaschung → Parabraunerde Verbreitung hauptsächlich in den Mittelgebirgen	natürlicher Standort von Laubwald in allen Braunerden günstiges Krümelgefüge für Obstbau und alle anderen Kulturen geeignet
ockerbrauner, grusiger, feinsandiger Lehm, Bröckelstruktur, porös, in der Tiefe zunehmend steinig, grau und rostgelb gefleckte Schieferstücke unregelmäßig eingelagert, ziemlich locker		
grauer, etwas rostgelb und rostbraun gefleckter, mürber Schiefer mit Grauwackenlagen		
wie Cv, aber stärker grau gefärbt, nicht verwittert		

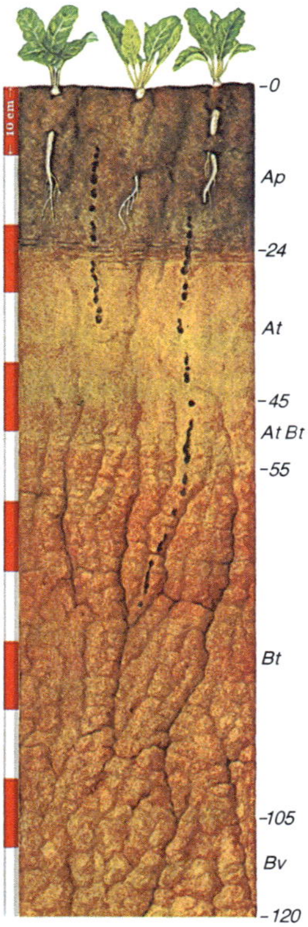

Merkmale der Horizonte	Entstehung, Weiterentwicklung und Verbreitung	Eigenschaften und Nutzung
graubrauner, schwach humoser, lehmiger Feinsand, Bröckelstruktur, teils Krümelstruktur, stark porös, stark durchwurzelt	vorwiegend aus lockeren Absatzgesteinen (Löss, Geschiebemergel, Schotter) unter Laubwald entstanden; Name deutet auf Verwandtschaft mit Braunerde (Färbung) hin; wichtigstes Kennzeichen: Bleichung des A-Horizontes durch Tonauswaschung bzw. Tonanreicherung und damit Verdichtung im Bt-Horizont Weiterentwicklung bei starker Verdichtung des B-Horizontes (Wasserstau) → Pseudogley, bei Versauerung → Podsol Verbreitung: Mitteldeutsche Lössflächen, eiszeitliche Sande im Norden und Nordwesten sowie Schotterflächen in Süddeutschland, Gäulagen Südbayerns und Frankens	Parabraunerden aus Löss zählen zu den fruchtbarsten Böden, hohe Wasserspeicherfähigkeit, zu Verschlämmung und Verdichtung neigend empfindlich gegen zu nasse Bearbeitung für alle Kulturen geeignet Bodenzahlen bis 90
ockerbrauner, stark lehmiger Feinsand, Bröckelstruktur, stark porös, einige Wurmgänge, gut durchwurzelbar		
Übergangshorizont von At zu Bt		
rötlich-brauner, feinsandiger Lehm, kantige Polyederstruktur mit Tonhäutchen, porös, einige Wurmröhren, durchwurzelbar		
feinsandiger Lehm, etwas heller und weniger tonig als Bt, porös, gut durchwurzelbar, Ausgangsmaterial liegt tiefer		

Abb. 412 Parabraunerde.

Merkmale der Horizonte	Entstehung, Weiterentwicklung und Verbreitung	Eigenschaften und Nutzung
dunkelbraune, faserige Rohhumusauflage	entsteht aus basenarmem Absatz- oder Tiefengestein im kühlen und feuchten Klima unter anspruchsloser Pflanzendecke (Nadelwald, Zwergstrauchheide) Zerstörung der Tonminerale und Auswaschung der in ihnen enthaltenen Fe- und Al-Oxide in den Unterboden → Ortsteinbildung; Abholzen des natürlichen Eichen- und Birkenwaldes und Aufforsten mit Fichte und Kiefer förderte die Podsolierung; Verbreitung: Dünensandböden Norddeutschlands, höhere Lagen der Mittelgebirge	Durchlüftung, Durchwurzelung und Wasserführung durch Ortsteinschicht gehemmt sauer nach ausreichender Nährstoffzufuhr mittlere Ertragserwartungen Bodenzahlen um 20
schwärzlich-grauer, mittel humoser Sand, Einzelkornstruktur		
hellgrauer, schwach humoser Sand, Einzelkornstruktur (Bleichhorizont)		
braunschwarzer Eisenhumusortstein in Sand, etwas plattig, relativ dicht, kaum durchwurzelbar		
rostgelber Sand mit Bändern von Orterde, überwiegend Einzelkornstruktur, nicht dicht		
gelblich-grauer, mittelkörniger Sand, Einzelkornstruktur		

Abb. 413 Podsol.

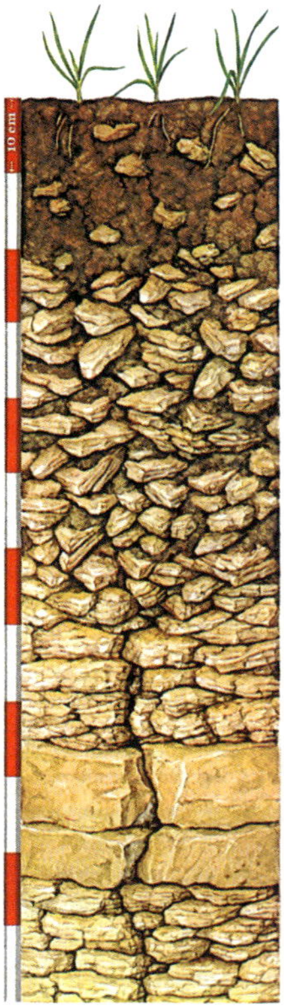

Horizont	Merkmale der Horizonte	Entstehung, Weiterentwicklung und Verbreitung	Eigenschaften und Nutzung
Ah (0–25)	dunkel- bis schwarzbrauner, mittel humoser, toniger Lehm, Krümelstruktur, locker, stark durchwurzelt	entsteht durch Lösen und Auswaschen des Ca aus Kalkstein, Dolomit, Mergel oder Gips – übrigbleibender Ton in den verwitterten Gesteinen bildet mit Humus einen flachen Oberboden Weiterentwicklung: Wenn Ausgangsgesteine wenig Ton, aber mehr Sand und Schluff enthalten → Kalkstein-Braunlehm Verbreitung: Rheinisches Schiefergebirge, Südwestdeutschland, Nordhessen, Ostwestfalen, Südniedersachsen, schwäbische und fränkische Alb	geringe Wasserspeicherfähigkeit, sehr gute Durchlüftung und Wasserdurchlässigkeit, beschränkte Durchwurzelung (flachgründiges Bearbeiten durch Steine erschwert) im Bergland Wald- und Weidenutzung, in der Ebene auch brauchbare Ackerböden in entsprechendem Klima Weinbau Bodenzahlen um 30
Cv (25–65)	graugelber, angewitterter, plattiger Kalkstein mit etwas gelbbrauner, toniger Verwitterungsmasse zwischen dem Kalkstein		
Cn (65–120)	graugelber, plattiger Kalkstein mit senkrechten Klüften, die das Wasser schnell in den Untergrund leiten		

Abb. 414 Rendzina.

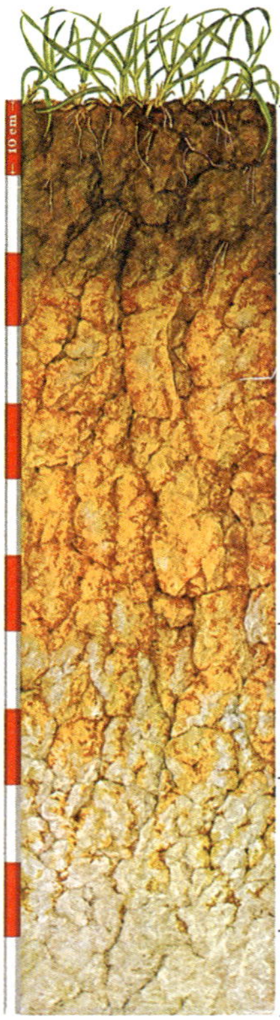

Horizont	Merkmale der Horizonte	Entstehung, Weiterentwicklung und Verbreitung	Eigenschaften und Nutzung
Ah (0–23)	dunkelgraubrauner, stark humoser, sandiger Lehm; subpolyedrisch-krümeliges Gefüge, porös	entsteht in Senken und Tälern, wenn der Grundwasserspiegel höher als 80 cm liegt (Grundwasserboden) Wasserbewegung führt zur Verlagerung von Bodenbestandteilen, der Luftabschluss hat die Reduktion von Fe zur Folge und führt zur typischen Marmorierung Verbreitung hängt von den örtlichen Grundwasserverhältnissen ab	besonders im Winter und Frühjahr nass und luftarm Grünlandnutzung, beschränkt (nach Dränage) ackerbaulich nutzbar
Go (23–70)	gelbbrauner, stark rost-, schwach graufleckiger, sandiger Lehm; prismatisch-polyedrisches Gefüge, mäßig porös		
Gro (70–90)	wie Go aber stärker graufleckig		
Gor (90–110)	grauer, schwach rostfleckiger, sandiger Lehm		
Gr (110–120)	grauer, sandiger Lehm, meist Grundwasser-erfüllt		

Abb. 415 Gley.

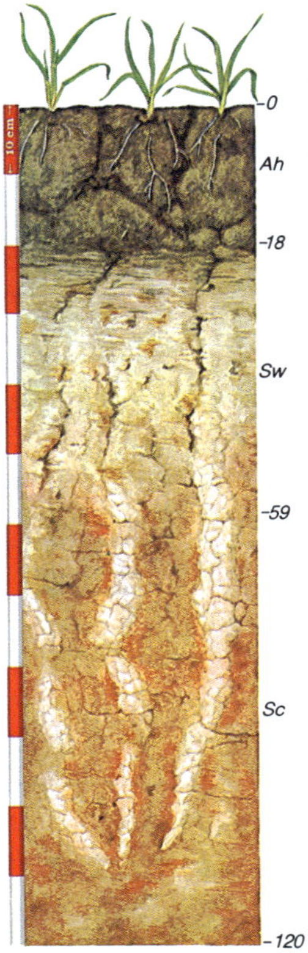

Merkmale der Horizonte	Entstehung, Weiterentwicklung und Verbreitung	Eigenschaften und Nutzung
braungrauer, mittel humoser, schluffiglehmiger Feinsand, bröckelige Struktur	Tonanreicherungen im Unterboden führen zu Verdichtungen (z. B. bei Parabraunerde) und zeitweiliger Vernässung (Stauwasserböden) mit ähnlichen Auswirkungen wie beim Gley fahlgraue Flecken und Streifen zeigen Fe- und Mn-Verarmung an, in Trockenzeiten färben Oxide Wurmröhren und Wurzelgänge rostrot bis schwarzbraun Verbreitung zumindest örtlich in ganz Deutschland (auf Löss, Geschiebemergel und tonreichen Ausgangsgesteinen)	Wechsel zwischen Übernässung und Austrocknung, meist sauer und nährstoffarm beschränkte Durchwurzelung Grünlandstandorte Bodenzahlen um 40
hellgrauer, rostbraun gefleckter, schluffiglehmiger Feinsand, plattige und bröckelige Struktur, porös, zeitweise nass und zeitweise trocken (Stauwasserzone)		
mittelbraun, rostbraun und hellgrau gefleckter und gestreifter, feinsandiger Lehm, Polyederstruktur, dicht, wasserstauend		

Abb. 416 Pseudogley.

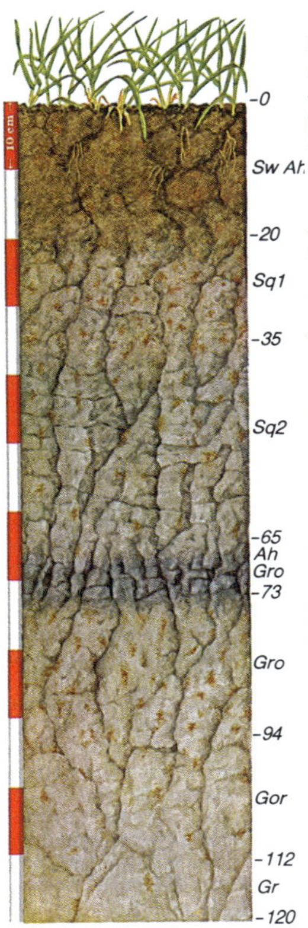

Merkmale der Horizonte	Entstehung, Weiterentwicklung und Verbreitung	Eigenschaften und Nutzung
graubrauner, humoser, schluffiger Lehm, bröckelige Struktur	entsteht durch Anschwemmung von Verwitterungsprodukten und Ablagerung in oft hoch übereinanderliegenden Schichten Seemarsch (Jungmarsch): Stabiles Gefüge mit genügend großen Poren Altmarsch: Sehr dichtes Gefüge mit geringem Porenanteil Verbreitung im ebenen Küstensaum der Nordsee	Altmarschen sind Grünlandstandorte, Jungmarschen werden auch ackerbaulich genutzt (Kopfkohlanbau in Schleswig-Holstein)
bräunlich-grauer schluffiger Lehm, kleine rostbraune Flecken, Polyederstruktur, porös		
mittelgrauer, schluffiger, toniger Lehm, kleine rostbraune Flecken, ausgeprägte Polyederstruktur, porös		
graublauer, schluffiger Ton, Prismenstruktur, dicht, wahrscheinlich ehemalige humose Oberfläche		
grauer, schluffiger, toniger Lehm, viele kleine, rostbraune Flecken, noch ziemlich porös		
grauer, schluffiger Lehm, einige kleine, rostbraune Flecken, noch ziemlich porös		
grauer, schluffiger Lehm, kohärente (zusammenhängende) Struktur, wenig porös		

Abb. 417 Marsch.

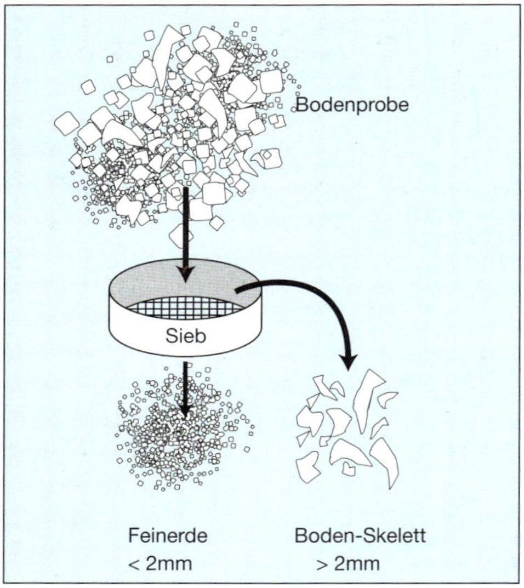

Abb. 418 Schema einer Siebprobe.

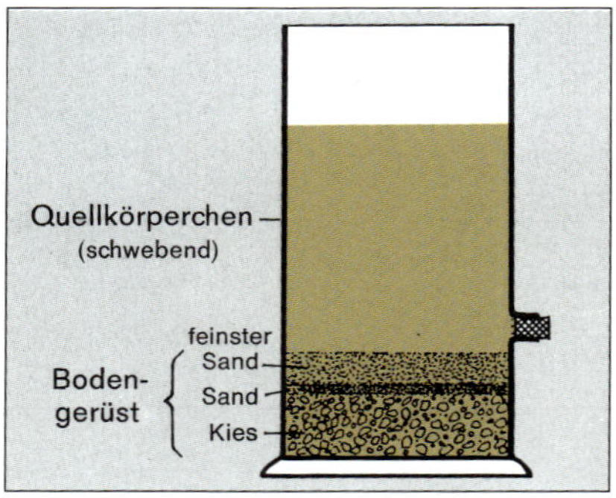

Abb. 419 Abschlämmprobe. Die Quellkörperchen (Bodenkolloide, das sind Tonteilchen, Humus u.a.) schweben noch tagelang nach einer Schlämmprobe im Wasser.

Abb. 420 Bodenarten des Feinbodens (nach DIN 4220).

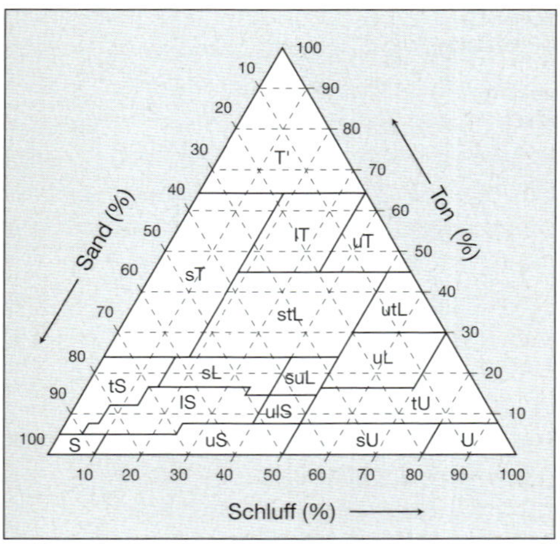

2.3.3 Bodenarten

Alle Böden bestehen aus einem Gemisch von Bodenteilchen (Bodenmasse), durch deren Lagerung auch mehr oder weniger große Hohlräume (Poren) entstehen. Bodenmasse und Poren bestimmen die Eigenschaften eines Bodens, die Auskunft über seine Nutzungsmöglichkeit, über seine Fruchtbarkeit und Ertragsfähigkeit, über seine pflanzenbauliche Eignung und seine spezifische Bearbeitung geben.

Die Beschreibung dieser Eigenschaften erfolgt durch die Untersuchung der Bodenmasse als Grundlage für die Feststellung der **Bodenarten**.

Korngrößengruppen – Um die mengenmäßigen Bodenmasse-Anteile der einzelnen Korngrößen (in %) zu bestimmen, wird eine trockene und (vorsichtig) zerkleinerte Bodenprobe zunächst in einem **Spezialsiebzylinder** gesiebt. Damit lassen sich die Korngrößengruppen von mehr als 0,1 mm Durchmesser bestimmen. Die kleineren Korngrößenanteile werden mit Hilfe ihrer Absetzgeschwindigkeit in einer **Abschlämmprobe** ermittelt. Alle anorganischen Bodenteilchen >2 mm Durchmesser bilden das *Bodengerüst*, die Bodenteilchen <2 mm Durchmesser den *Feinboden (Feinerde)*.

Tabelle 24: Korngrößengruppen und ihre Bezeichnung

Bezeichnung			Durchmesser (mm)	
Ton (T)		Feinboden	kleiner als 0,002	abschlämmbar
Schluff (U)	Feinschluff		0,002 –0,0063	
	Mittelschluff		0,0063–0,02	
	Grobschluff		0,02 –0,063	
Sand (S)	Feinstsand		0,063 –0,1	nicht abschlämmbar
	Feinsand		0,1 –0,2	
	Mittelsand		0,2 –0,63	
	Grobsand		0,63 –2,0	
Kies, Steine	Feinkies, Grus	Bodengerüst (Skelett)	2 –6	
	Geschiebe, Steine		6 –200	
Blöcke			über 200	

Fingerprobe – Reine Sand-, Schluff-, Lehm- oder Tonböden kommen in der Natur kaum vor. Mit einiger Übung lässt sich die Bodenart auch mit der **Fingerprobe** näherungsweise bestimmen. Dazu zerreibt bzw. knetet man das Material zwischen Daumen und Zeigefinger. Die typischen Eigenschaften können aufgrund der Korngrößenanteile gemäß der Tabelle 24 bestimmt werden.

Beschreibung der Bodenarten – Die Beschreibungen und Abgrenzungen der Bodenarten werden allerdings nicht einheitlich gehandhabt. Im Rahmen der Bodenschätzung hat sich die Einteilung nach DIN 4220 bewährt. Sie richtet sich nach den *Hauptgruppen Sand, Schluff, Ton* und hat zusätzlich die Bezeichnung *Lehm* für ein Gemenge aus mittleren Mengenanteilen dieser Hauptgruppen aufgenommen. Der prozentuale Anteil der einzel-

Tabelle 25: Bodenbestimmung durch die Fingerprobe

Bezeichnung	Teilchengröße	Eigenschaften
Sand	Einzelteilchen körnig, fühl- und gut sichtbar	nicht bindig oder formbar, haftet nicht an den Fingern
Schluff	Einzelteilchen mehlig, nicht oder kaum fühl- und sichtbar	nicht bindig, schlecht formbar, haftet deutlich in Fingerrillen
Ton	Einzelteilchen schmierig, nicht fühl- oder sichtbar	bindig, plastisch, klebrig, gut form- und ausrollbar

nen Korngrößengruppen lässt sich mithilfe des **Bodenarten-Dreiecks** ermitteln und bestimmt schließlich die Bodenart als ein wichtiges Beurteilungskriterium für die agrarwirtschaftliche Bewertung eines Bodens.

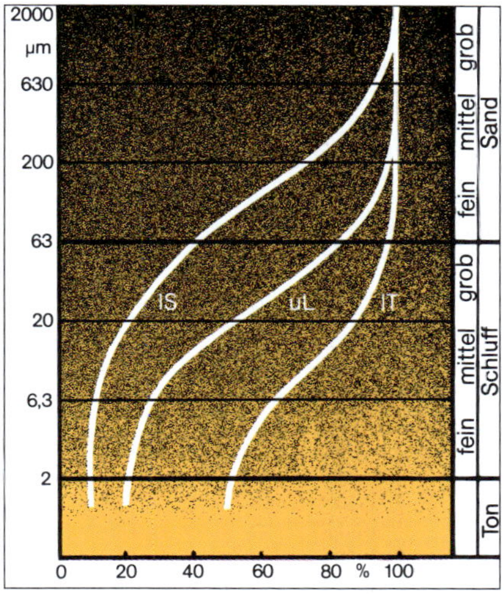

Abb. 421 Verteilung der Korngrößen in Ton (lT), Schluff (uL) und Sand (lS).

Abb. 422 Unten: Abgrenzung der Bodenarten (Bodenarten-Dreieck der Geologischen Ämter der Bundesrepublik Deutschland).

Bezeichnung der Bodenarten im Bodenarten-Dreieck

Sand	S	S[1])
schluffiger Sand	uS	Su
lehmiger Sand	lS	Sl
toniger Sand	tS	St
Schluff	U	U
sandiger Schluff	sU	Us
lehmiger Schluff	lU	Ul
sandiger Lehm	sL	Ls
schluffiger Lehm	uL	Lu
toniger Lehm	tL	Lt
sandiger Ton	sT	Ts
lehmiger Ton	lT	Tl
Ton	T	T

[1]) Vorschlag für EDV-gerechte Bezeichnungen.

Carbonatgehalt (%)	Bezeichnung des Bodens	
>50	kalkig	
20–50	mergelig	
10–20	stark	carbonathaltig
2–10	mäßig	carbonathaltig
1–2	schwach	carbonathaltig

Abb. 423 Einteilung der Böden nach ihrem Gehalt an Carbonat.

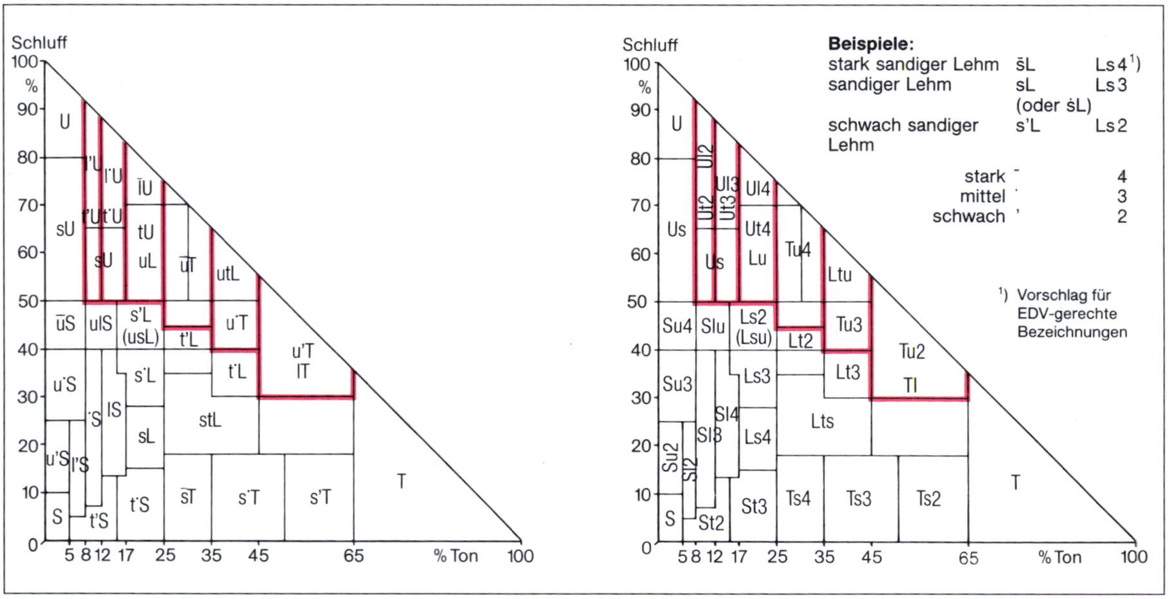

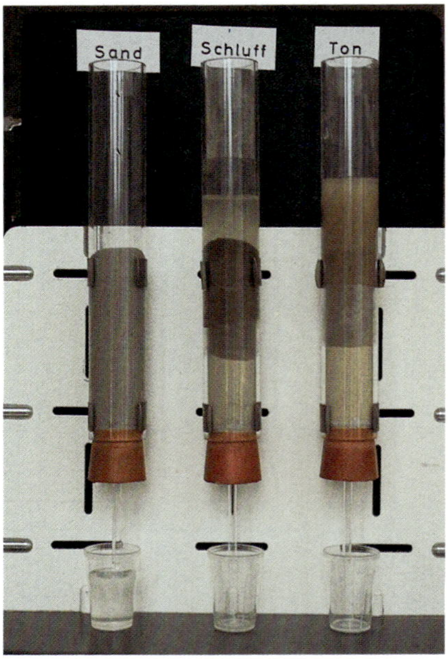

Abb. 424 Mit dieser Versuchsanordnung wird die Wasserdurchlässigkeit verschiedener Bodenarten bestimmt.

Abb. 425 Je höher der Feinerdeanteil eines Bodens ist, desto stärker quillt und schrumpft er (Schluff links, Ton rechts).

Abb. 426 Gehalt von Sand, Lehm und Ton an Festsubstanz, Wasser und Luft.

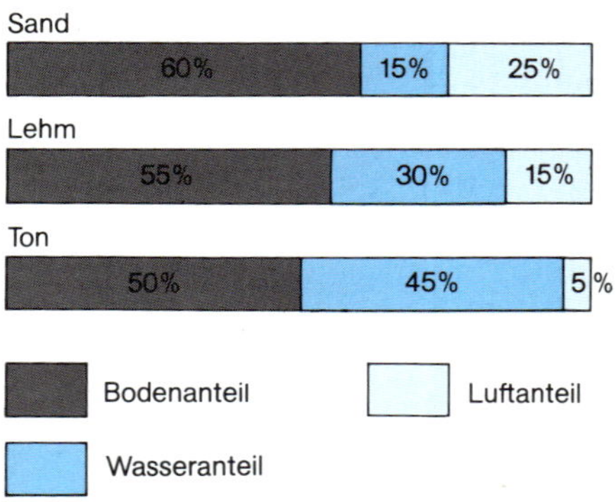

2.3.4 Eigenschaften der Bodenbestandteile

Sand – Im Gegensatz zum Feldspat und Glimmer unterliegt quarzhaltiger Sand kaum der Verwitterung. Aufgrund seiner Beschaffenheit bedingt ein hoher Sandanteil im Boden

- eine hohe Wasserdurchlässigkeit sowie ein geringes Wasserspeichervermögen,
- ein geringes Nährstoffhaltevermögen sowie geringe Nährstoffgehalte durch starke Auswaschung,
- eine intensive Durchlüftung mit schneller Erwärmung und dadurch bedingtem raschen Humusabbau,
- eine gute Durchwurzelbarkeit,
- eine leichte Bearbeitbarkeit.

Schluff – Aufgrund seiner Korngrößen sind die Bodenmasseteilchen dichter gelagert. Hoher Schluffanteil bewirkt

- eine mittlere bis geringe Wasserdurchlässigkeit bei relativ hoher Speicherfähigkeit für pflanzennutzbares Bodenwasser,
- einen mittleren Nährstoffgehalt und ein mittleres Nährstoffhaltevermögen,
- eine relativ geringe Gefügestabilität mit Neigung zu Erosion, Verschlämmung und Verdichtung, bei Austrocknung auch zu Verkrustung,
- eine mehr oder weniger gute Durchlüftung und Erwärmung und je nach Verdichtung eine brauchbare Durchwurzelbarkeit,
- eine noch gute Bearbeitbarkeit bei eingeschränktem Bearbeitungsspielraum.

Ton – Er gehört zu den abschlämmbaren Bestandteilen des Bodens. Sie sind besonders wichtig für die Oberflächenvergrößerung im Boden und bilden als *Ton-Humus-Komplex* (Kolloid) die Grundlage für das Wasser- und Nährstofffesthaltevermögen. 1 g Sand hat eine Oberfläche von ca. 200 cm^2, 1 g Ton jedoch ca. 20 000 cm^2. Hoher Anteil von Tonteilchen bewirkt

- ein hohes Wasserhaltevermögen mit meist geringem Anteil an pflanzennutzbarem Wasser und eine geringe Wasserdurchlässigkeit mit Gefahr von Staunässe,
- eine schlechte Durchlüftung und langsame Erwärmung,
- ein hohes Nährstoffhaltevermögen,
- eine eingeschränkte Durchwurzelbarkeit,
- eine schwierige Bearbeitbarkeit mit Verdichtungs- und Verschlämmungsgefahr in einem relativ geringen Bearbeitungsspielraum,
- eine meist nur geringe Erosionsgefahr.

Lehm – bildet aufgrund seiner Zusammensetzung Böden mit mittleren Eigenschaften; Lössanteile erhöhen die Ertragsfähigkeit. Lehm- und Lösslehmböden bedürfen aber einer sehr sorgsamen Behandlung bei sehr eingeschränktem Bearbeitungsspielraum (Stundenböden). Tonreiche Böden können nur bei einem Wassergehalt von ca. 50 % der Feldkapazität sinnvoll bearbeitet werden.

Humus – Alle organischen Bodenmaterialien in den jeweiligen Verwesungsstufen werden als Humus bezeichnet. Der Humusgehalt der Böden schwankt in weiten Grenzen zwischen 2–3 % auf Ackerböden und 5–8 % auf dem Grünland.

Er wird beeinflusst von der Bodennutzung, dem Klima, der Feuchtigkeit und dem Pflanzenbewuchs sowie von der Bodenart. Der Aufbau wertvoller Humusstoffe vollzieht sich am besten in einem basenreichen, belebten und feuchten Boden aus nährstoffreichem, leicht zersetzbarem Ausgangsmaterial, wie Wurzel- und Ernterückstände, Gründüngung, Zwischenfrucht, Mist, Gülle und Reste tierischer Herkunft.

Dabei entsteht vor allem **Nährhumus**, der den Bodenorganismen als Nahrungsquelle dient. Für den Umsetzungsprozess ist das Verhältnis von Kohlenstoff zu Stickstoff (C:N-Verhältnis) von großer Bedeutung. Es soll nicht weiter als 25:1 sein, sonst fehlt den Bakterien der für den Aufbau ihres Körpereiweißes notwendige Stickstoff.

Durch *Mineralisierung* von Nährhumus durch die Bodenorganismen entstehen pflanzenverfügbare mineralische Nährstoffe.

Die schwer zersetzbaren Reste des Nährhumus liefern Bausteine für die Huminstoffe, den **Dauerhumus**. Diese Humusform hat größte Bedeutung für eine stabile Bodenstruktur, für die Krümelbildung, für den Wärme- und Wasserhaushalt des Bodens sowie für die Nährstoff-Speicherkapazität. Huminstoffe mit einer Größe <0,002 mm sind Bodenkolloide mit großer Oberflächenwirkung. Sie können Wassermoleküle und Nährstoffionen speichern und bei Bedarf wieder abgeben.

In einem Ton-Humus-Komplex sind Tonmineralien bzw. Tonteilchen mit Humusstoffen erosionssicher sehr eng verbunden. Dieser *Mullhumus* beeinflusst positiv die Krümelbildung im Boden. Im Gegensatz dazu liegt *Moderhumus* meist ungebunden, lose zwischen den Sandteilchen und ist erosionsgefährdet.

Humus kann insofern alle Böden strukturell stabilisieren. In schweren Böden wirken Humusstoffe lockernd und erwärmend und erhöhen die Durchlässigkeit, leichte Böden werden bindiger und dichter, trocknen nicht so rasch aus und können die Nährstoffe besser festhalten.

In ackerbaulich genutzten Böden ist der Humus meist in die Krume eingemischt. Klarheit über die Humusversorgung der Böden schafft nur eine **Humusbilanz** über die Zeitdauer einer Fruchtfolge auf dem gleichen Feld. Dabei werden die Humuszufuhr und der Humusabbau bei *humuszehrenden* (Hackfrüchte, Gemüse), *humusmehrenden* (Zwischenfrüchte, Leguminosen) und *humusneutralen* (Getreide) Pflanzen, gegenübergestellt.

Im Waldboden liegt die saure, stickstoffarme organische Masse als *Rohhumus* an der Oberfläche und ist damit am Nährstoffkreislauf zwischen Baum und Boden kaum beteiligt.

Aufgabe:
Erarbeiten Sie je einen Vorschlag einer optimalen Humusversorgung in einem viehlos wirtschaftenden Getreidebaubetrieb, in einem Mastschweine-Hackfruchtbaubetrieb, in einem Milchvieh-Getreide-Hackfruchtbaubetrieb und diskutieren Sie mit Ihrem Lehrer, Ausbilder, Ausbildungsberater.

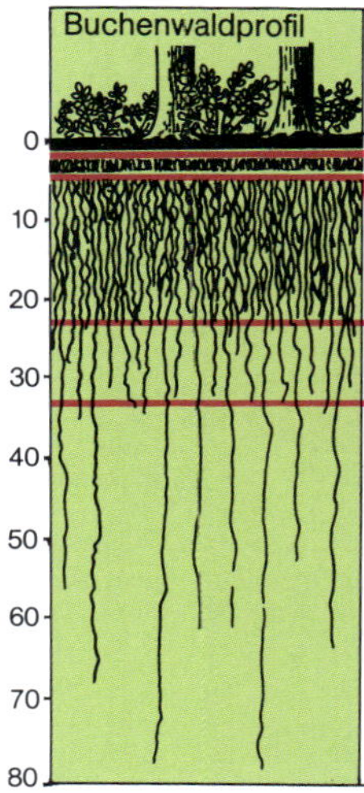

Horizont	Humus %	dt/ha	C:N
L	72,0	300	20
OAh	18,0	300	17
Ae1	2,2	600	14
Ae2	1,2	200	12
Bt	0,4	300	8
		1700	

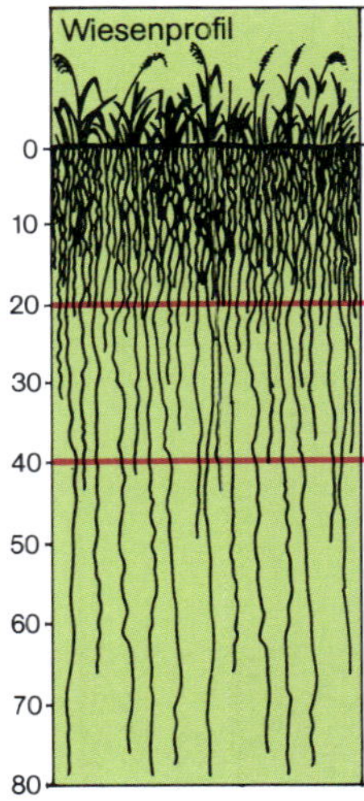

Horizont	Humus %	dt/ha	C:N
Ah	4,6	1400	12
Al	1,8	500	10
Bt	0,9	600	8
		2500	

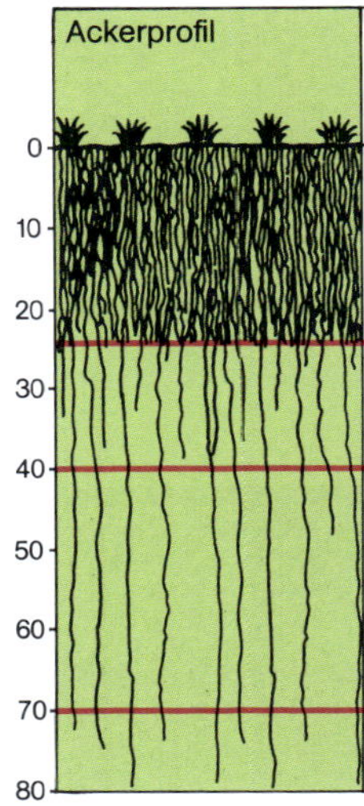

Horizont	Humus %	dt/ha	C:N
Ap	2,4	900	10
Al	1,2	300	9
Bt	0,9	400	8
Cv	0,5	100	7
		1700	

Abb. 427 Humusgehalt und -verteilung in einer Parabraunerde aus Löss bei verschiedenen Nutzungsformen.

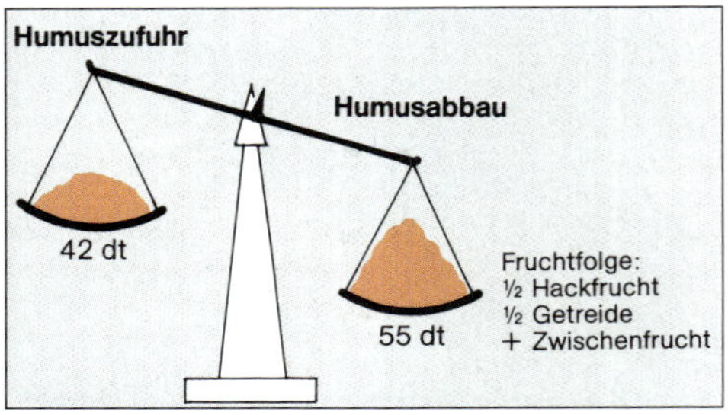

Abb. 428 **Beispiel** einer negativen Humusbilanz (Fruchtwechsel) Angaben in dt/ha.

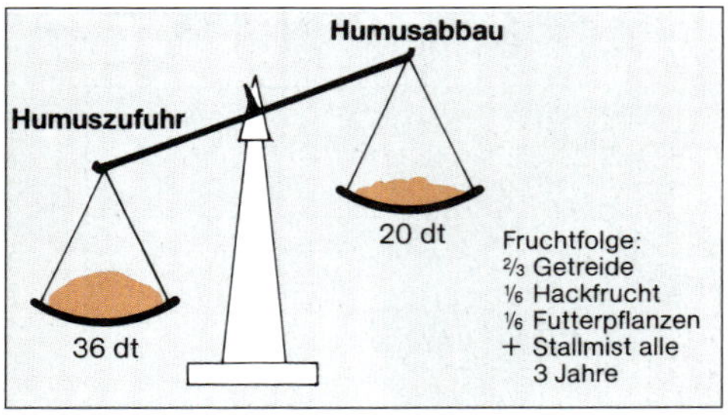

Abb. 429 **Beispiel** einer positiven Humuswirtschaft (Fruchtfolge) Angaben in dt/ha.

Abb. 430 Einzelkorngefüge.

Abb. 431 Krümelgefüge.

2.4 Eigenschaften der Böden

2.4.1 Bodengefüge (Bodenstruktur)

Der Zusammenhalt der festen Bodenbestandteile und ihre Anordnung wird als **Bodengefüge** (= Bodenstruktur) bezeichnet. Je nach Art der Anordnung ergeben sich unterschiedlich verteilte und verschieden große Hohlräume im Boden, die als **Poren** bezeichnet werden. Die mit bloßem Auge erkennbaren Hohlräume sind die *Großporen*. Zu ihnen zählen auch die Wurzelröhren und Regenwurmgänge. Die *Feinporen (Kapillaren)* sorgen für den kapillaren Wasseraufstieg.
Mit entsprechenden Bodenbearbeitungsmaßnahmen und mit Zufuhr von organischer Masse in den Boden kann die Porenbildung unterstützt und damit die Bodenstruktur in einem bestimmten Umfang nachhaltig gefördert werden. Damit beeinflusst die Bodenstruktur maßgeblich und nachhaltig den Wasser-, Luft- und Wärmehaushalt des Bodens.
Gefügestabilität – Jedes Befahren und Bearbeiten des Bodens stellt eine Krafteinwirkung auf das Bogengefüge dar. Nur ein elastisches Gefüge bleibt dabei – vor allem im trockenen Zustand – stabil. In feuchtem oder nassem Zustand ändert sich die Gefügestabilität sehr rasch. Unter dem Druck der Fahrzeug- und Maschinenreifen sowie der Bearbeitungswerkzeuge wird der Boden verdichtet. Mechanisch hergestellte Gefüge sind immer weniger elastisch als natürlich entstandene.
Die **Beurteilung eines Bodengefüges** kann mit der sog. *Spatendiagnose* vorgenommen werden. Sie zeigt die Beschaffenheit der Bodenoberfläche, den Eindringwiderstand des Bodens gegenüber Pflanzenwurzeln und die Gefügeform, wenn die Probe mit der Hand gedrückt bzw. vom Spaten abgeworfen wird. Auch die Bohrstockprobe gibt Hinweise auf die Bodenstruktur.
Gefügestabilisierend wirken

- ▶ intensive Durchwurzelung; Grünlandböden sind elastischer als Ackerböden,
- ▶ die Lebendverbauung der mineralischen Bodenteilchen durch die Bodenlebewesen (Verkleben der Bodenteilchen mit ihren Ausscheidungen und mit Schleim),
- ▶ Humus- und Tonteilchen (Kolloide),
- ▶ Kalkzufuhr als Kittmasse und zur Förderung des Bodenlebens.

Gefügearten – Nach dem Zusammenhalt der einzelnen Bodenteilchen untereinander unterscheidet man:

- ▶ *Einzelkorngefüge:* Die Bodenteilchen liegen dicht beisammen. Das führt bei tonigen Böden zu schlechter Durchlüftung und Durchwurzelbarkeit. In sandigen Böden führt die geringe Zusammenhaltekraft der Sandkörner zu schlechter Wasserspeicherung. Einzelkorngefüge sind daher für das Pflanzenwachstum ungünstig.
- ▶ *Krümelgefüge:* Die einzelnen Bodenteilchen sind durch Ausflockung (Kalkzugabe), Verkittung mit Ton- bzw. mit Huminsäuren (Ton-Humus-Komplex) oder durch Mikroorganismen und deren Ausscheidungen (Lebendverbauung) miteinander verklebt. Es bilden sich Krümel mit einem Durchmesser von

1–2 mm, die günstige Wasser-, Luft- und Wärmebedingungen für die Pflanzen schaffen,

- *Klumpengefüge:* Die Bodenteilchen sind zu festen Brocken von mehr als 1 cm Durchmesser verklebt. Es entstehen Grobporen. Das Pflanzenwachstum, die Bearbeitung und die Wasserführung sind erschwert.

Abb. 432 Klumpen-/Plattengefüge.

2.4.2 Der Wasserhaushalt des Bodens

Aufgaben – Ohne Wasser gibt es kein Leben, ohne Wasser ist auch der Boden tot (Wüste)! Die Pflanze besteht zu ca. 80 % aus Wasser. Es gibt jungen Pflanzen ohne verholzte Zellwände Halt und gewährleistet den Pflanzeninnendruck. Damit ist es eine maßgebliche Ursache für Osmose- und Diffusionsvorgänge. Es löst und transportiert Nährstoffe und lässt die Kolloide im Boden quellen (Wasseraufnahme und -abgabe).

Formen des Bodenwassers – Es stammt überwiegend von den *Niederschlägen* und nur zum geringen Teil von der *Luftfeuchtigkeit*. Niederschlagsmenge und -intensität, Neigung, Bewuchs und Gestaltung der Oberfläche, die Wasserdurchlässigkeit und -aufnahmefähigkeit des Bodens beeinflussen den Anteil des Wassers, der vom Niederschlag als *Oberflächenwasser* ungenutzt in Vorfluter (Gräben, Bäche, Flüsse) abfließt oder unproduktiv in die Atmosphäre verdunstet *(Evaporation)*.

Ein Teil des in den Boden eingedrungenen Wassers bleibt im Boden haften *(Haftwasser*, Adsorptionswasser, Kapillarwasser).

Ein weiterer Teil versickert im Untergrund *(Sickerwasser)* und sammelt sich als *Grund-* oder *Stauwasser*. Aus diesem Vorrat werden über den Aufstieg in feinsten Kapillaren *(Kapillarwasser)* die Wasserverluste ausgeglichen, die an der Oberfläche des Bodens durch Verdunstung oder durch Transpiration der Pflanzen entstehen.

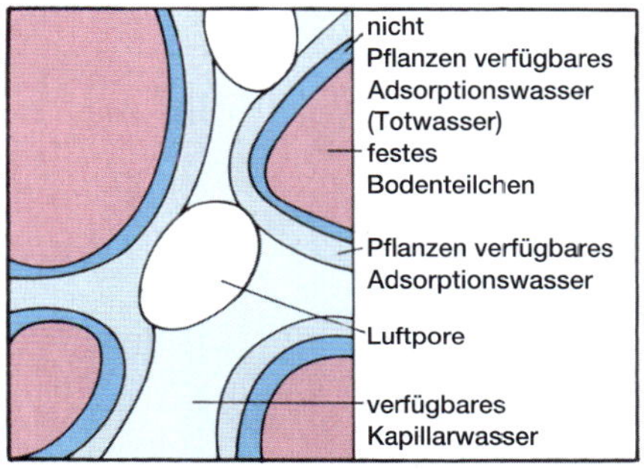

Abb. 433 Für die Pflanze verfügbares und nicht verfügbares Bodenwasser (Schema).

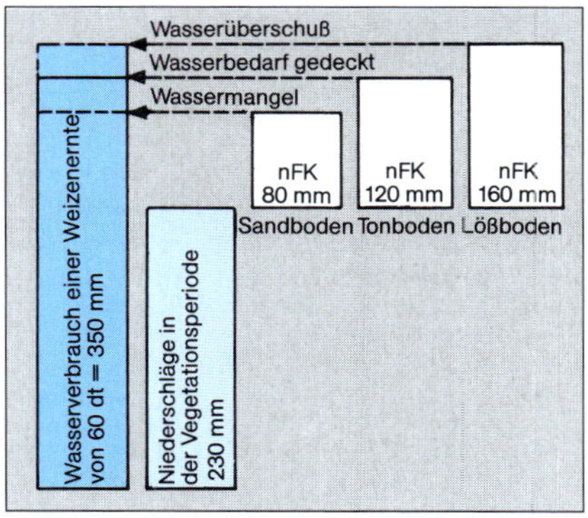

Abb. 434 Wasserverbrauch einer Weizenernte und Wasserspeicherung bei verschiedenen Bodenarten (nFK = nutzbare Feldkapazität = Pflanzen verfügbares Wasser in einer bestimmten Schicht).

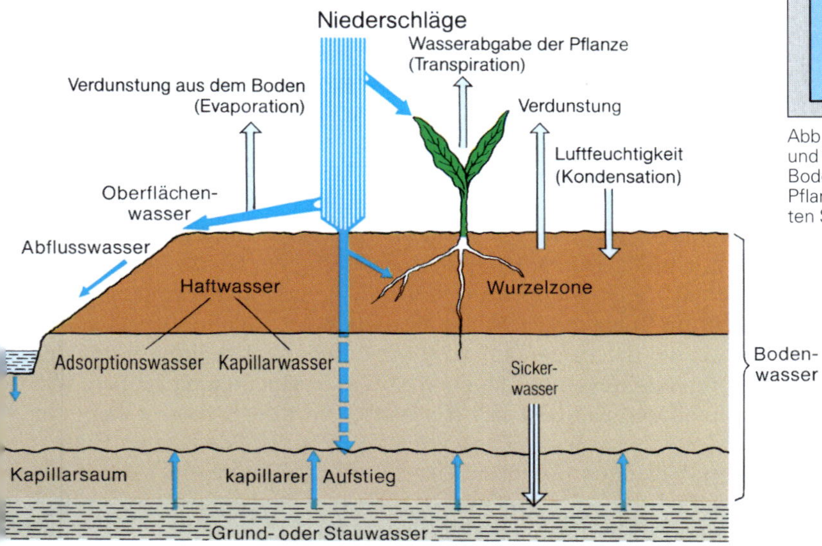

Abb. 435 Mitte: Der Wasserhaushalt des Bodens:

Evaporation:	Verdunstung an der Bodenoberfläche;
Transpiration:	Verdunstung durch die Pflanzen;
Kondensation:	Verflüssigung von Wasserdampf (z. B. Tau);
Adsorptionswasser:	Von Ton- und Humusteilchen festgehaltenes Wasser;
Kapillarwasser:	In Haargefäßen haftendes Wasser.

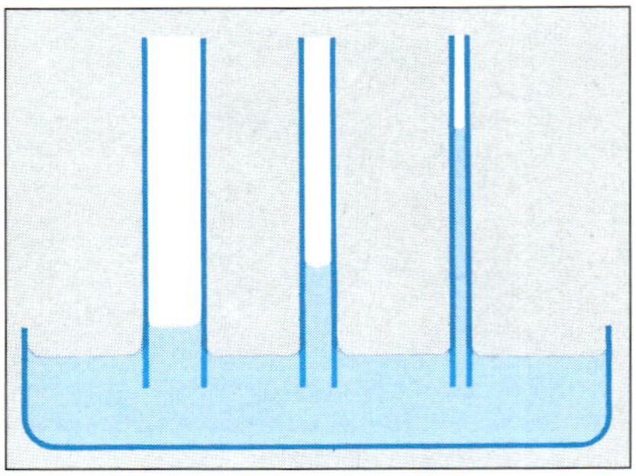

Abb. 436 Das Steigen des Wassers in engen Röhren (Kapillaren).

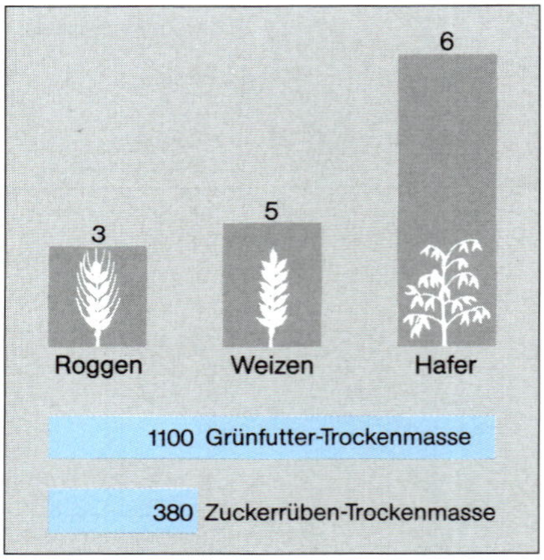

Abb. 437 Der Wasserbedarf für eine mittlere Roggen-, Weizen- und Hafererernte (Mio. l/ha) sowie für die Bildung der Trockenmasse von Grünfutter und Zuckerrüben (l/kg T).

Abb. 438 Anordnung der Drainagerohre in leichtem (oben) und schwerem Boden (unten).

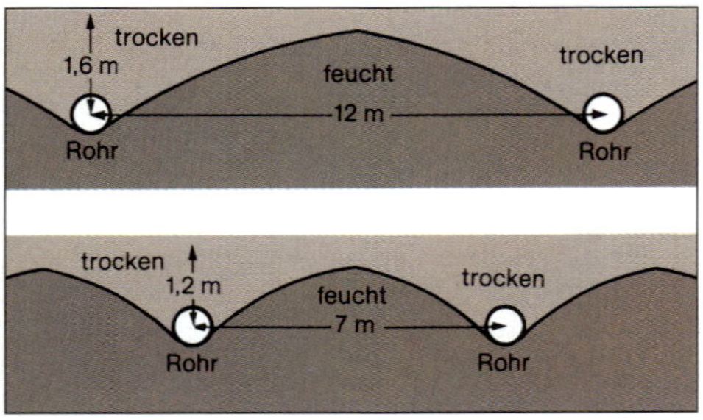

Wasserbindung – Die Erträge von Acker und Grünland hängen wesentlich von Menge und Verteilung der Niederschläge ab. Da die Niederschläge unregelmäßig fallen, häufig nicht zum idealen Zeitpunkt und in der gewünschten Menge, muss *der Boden als Vorratskammer* das Wasser speichern und bei Bedarf an die Pflanzen abgeben. Es haftet entweder an den Kolloiden (Adsorptionswasser) oder in den Kapillaren (Kapillarwasser) zwischen den Bodenkrümeln.

Feldkapazität – Darunter versteht man den obersten Grenzwert des Wasserspeichervermögens eines Bodens. Die *Wasserhaltefähigkeit des Bodens* (Wasserkapazität) wird in mm Niederschlagswasser gemessen und durch Trocknung von wassergesättigten Proben bei 105 °C ermittelt. In der Probe verbleibendes Restwasser ist *nicht* pflanzenverfügbar. Deswegen nennt man die Speicherfähigkeit des Bodens für pflanzenverfügbares Bodenwasser die *nutzbare Feldkapazität* (nFK), die in der Reihenfolge S < T < L < U < Torf steigt.

Die nFK hängt von verschiedenen Faktoren ab:

- *Körnung:* Je feinkörniger, d. h. je mehr Partikel mit wirksamer Oberfläche, desto mehr Adsorptionswasser.
- *Bodengefüge:* Je mehr Poren mit weniger als 10µm Durchmesser, desto mehr Kapillarwasser.
- *Organische Substanz:* Je mehr oberflächenaktive und poröse organische Substanz, desto mehr Haftwasser (Torf bindet demnach viel Wasser).

Das Wasser wird im Boden durch eine *Saugspannung* (Adsorptions-, Hydrations- und Kohäsionskräfte) gebunden. Diese Spannung steigt bei kleinen Bodenteilchen und niedrigem Wasserstand, bei feuchtem und grobkörnigem Boden sinkt sie.

In verhältnismäßig großen Kapillaren (unter 10 µm Durchmesser) wird das Wasser nur mit etwa 300 kPa an die Bodenteilchen gebunden. Steigt der Durchmesser und sinkt die Bindungskraft, dann sackt das Wasser der Schwerkraft folgend in das Grundwasser ab.

Wasser, das mit mehr als 1500 kPa gebunden ist, kann von unseren heimischen Kulturpflanzen nicht mehr genutzt werden, da ihre Kräfte zum »Losreißen« des Wassers nicht ausreichen. Man nennt es *»totes Wasser«*. Nur ausgesprochene Salz- und Trockenpflanzen können solches Wasser noch nutzen, alle anderen Pflanzen welken *(Welkepunkt)*.

Wasserbewegung – Bodenwasser bewegt sich normalerweise senkrecht in Richtung der Schwerkraft. Kräfte können diese Bewegung jedoch auch in eine andere Richtung lenken, z. B. in die Horizontale. In einem mit Wasser gesättigtem Boden sinkt Wasser ziemlich *gleichmäßig nach unten* ab. Wurzel- und Tiergänge oder Schrumpfungsrisse beschleunigen dies.

Trocknet der Boden aus, so steigt durch die *Kapillarwirkung* der Poren das Wasser aus feuchteren Bodenschichten nach oben. Wie schnell und wie weit sich das Wasser im Boden bewegt, hängt in erster Linie von der *Porengröße* ab. Druckrollen an den Einzelkorn-Sägeräten verengen beispielsweise die Poren und fördern damit die Kapillarität, während der nachfolgend eingesetzte Striegel die Poren oberflächlich zerstört und die Verdunstung einschränkt.

Tabelle 26: Bezeichnungen des Feuchtegehaltes von Böden

Bezeichnung	Merkmale bei der Feldansprache
trocken	Substrat fühlt sich trocken an, ist hart und fest oder lose, staubt, wird bei Befeuchten deutlich dunkler
frisch	Substrat fühlt sich kühl an, staubt nicht, wird bei Befeuchten nicht nennenswert dunkler, bei Trocknung aber wesentlich heller
feucht	Substrat fühlt sich deutlich feucht an, bei Berührung mit Papier wird dieses feucht; Substrat ist plastisch bzw. lässt sich zu Klumpen zusammendrücken, gibt aber noch kein Wasser ab
nass	Substrat benetzt beim Zusammendrücken die Hand, gibt tropfenweise Wasser ab, besonders beim Beklopfen und schmiert
sehr nass	aus dem Substrat oder der Profilwand sickert Wasser heraus, die Probe zerfließt

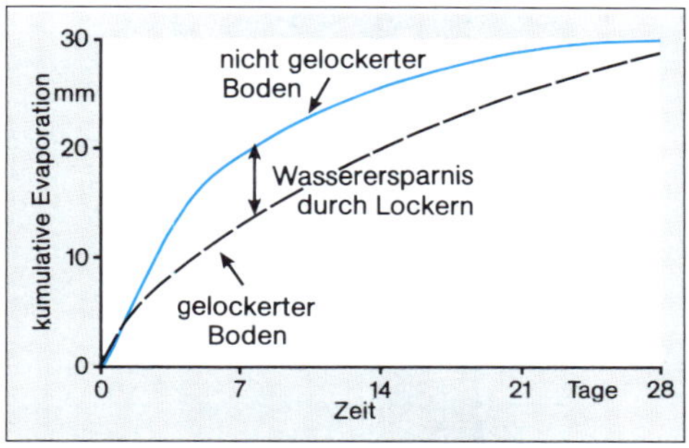

Abb. 439 Wassereinsparung durch Lockern.

Beeinflussung des Wasserhaushalts – Durch verschiedene Maßnahmen kann der Wasserhaushalt des Bodens günstig beeinflusst werden:

- ▶ *Verbessertes Versickern* durch mechanisches Lockern und Belassen von organischer Substanz auf einer rauen Oberfläche.
- ▶ Vermeiden der Bearbeitung in zu nassem Bodenzustand. Dies hätte ein Zuschmieren der Regenwurmgänge als wesentliche Sickerkanäle zur Folge.
- ▶ *Erhöhte Feldkapazität* durch reichliche Zufuhr organischer Substanz und Vermeiden von Bodenverdichtungen.
- ▶ Verbesserte Kapillarität durch Herstellen des Bodenschlusses vor der Saat.
- ▶ *Wassersparende Bodenbearbeitung* im Frühjahr (Unterbrechen der Kapillarität auf offenen Oberflächen) und Auflage von organischen Ernteresten (Mulchen).
- ▶ *Dränage* oder *Beregnung*, um Wasserüberschüsse bzw. Mangelsituationen auszugleichen.

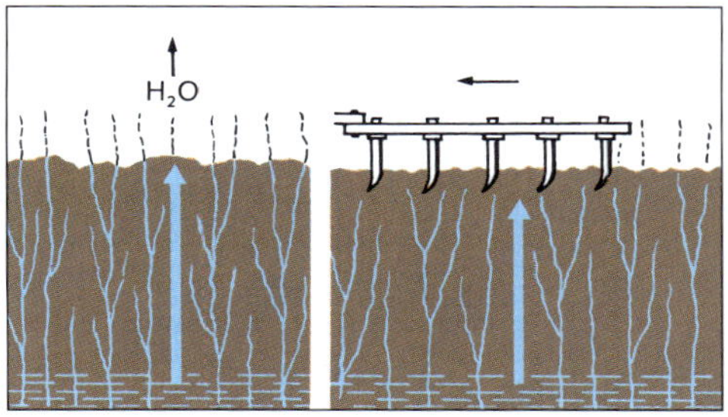

Abb. 440 Regulation des Wasserhaushaltes durch Eggen.

2.4.3 Der Luft- und Wärmehaushalt des Bodens

Bodenluft – Sie ist Voraussetzung für die *Atmung* der Pflanzenwurzeln und der Mikroorganismen im Boden sowie für den Verwesungsprozess der organischen Rückstände und den Humifizierungsvorgang. Eine optimale Luftversorgung des Bodens bewirkt somit eine günstige *Bodenentwicklung*. Der Luftanteil steuert darüber hinaus die Oxidations- und Reduktionsvorgänge. In schlecht durchlüfteten Böden sinkt der pH-Wert, weniger sauerstoffbedürftige Konkurrenzpflanzen nehmen zu, entwickeln sich stärker als die Kulturpflanzen und verdrängen sie. Außerdem kann es bei Luftmangel auch zu Stickstoffverlusten kommen.

Das gesamte Porenvolumen des Bodens ist mit Wasser oder Luft gefüllt. Mit steigendem Luftgehalt (in Vol.-%) sinkt der *Wassergehalt* und umgekehrt. Nicht wasserhaltende Poren (über etwa 10 µm Durchmesser) sind mit Luft gefüllt *(Luftkapazität)*.

Das günstigste *Raumverhältnis* von Bodenmasse : Luft : Wasser liegt bei 50 : 25 : 25. Die Bodenluft hat infolge Atmungstätigkeit

Abb. 441 Die Verteilung von fester Substanz, Luft und Wasser in einem Boden mit guter Struktur.

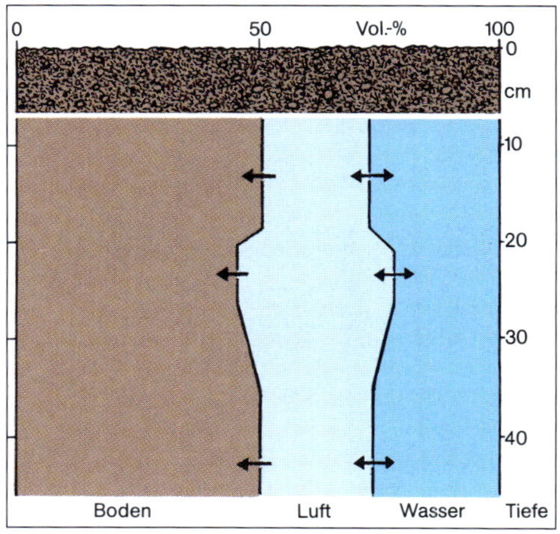

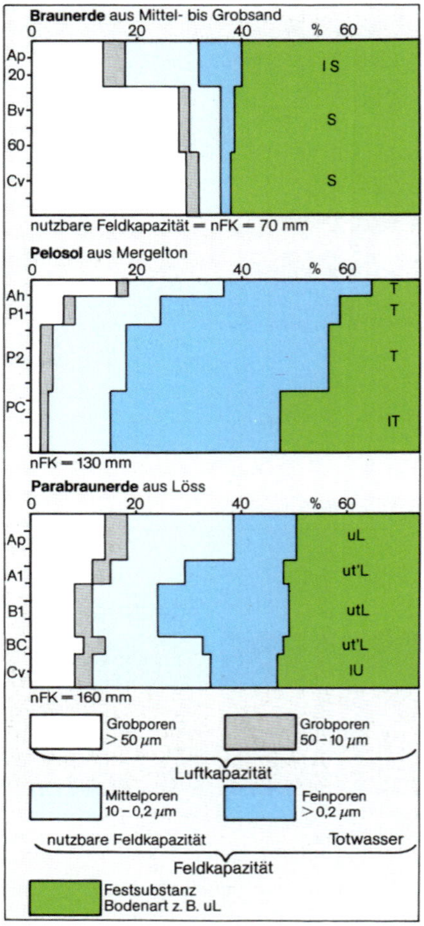

Abb. 442 Verteilung der Porengrößen, der Luft- und Feldkapazität in einem Sand-, Ton- und Lösslehmboden.

Abb. 443 Elektronenmikroskopische Aufnahme von Tonmineralien. An ihrer Oberfläche und zwischen den Schichten werden Ionen gebunden (1 nm = 1 millionstel Meter).

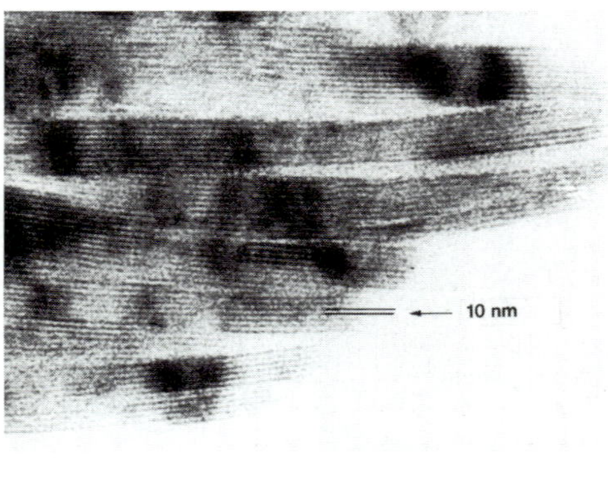

von Pflanzenwurzeln und Mikroorganismen eine andere Zusammensetzung als die atmosphärische Luft.

Tabelle 27: Zusammensetzung von Bodenluft im Vergleich zu atmosphärischer Luft in Vol.-% (ohne Wasserdampf)

Luftart	O_2	CO_2	N_2
Bodenluft	unter 20,6	über 0,2	ca. 79,0
atmosphärische Luft	20,95	0,03	ca. 79,0

Gasaustausch – Wenn der Boden verschlämmt, verschmiert, vernässt ist oder durch Bodendruck bzw. unzweckmäßige Bodenbearbeitung verdichtet wird, ist der Gasaustausch *gehemmt*. Dadurch kann der CO_2-Gehalt vor allem im Unterboden auf über 10 % ansteigen und der O_2-Gehalt unter 10 % absinken.
Der *Gasaustausch* zwischen Boden und Atmosphäre erfolgt durch Luftbewegungen (Wind), Temperaturschwankungen, Luftdruckänderungen, Konzentrationsdifferenzen und durch niederschlagsbedingte Verdrängung der Luft. Das Kohlendioxid (CO_2) aus der Bodenluft gelangt in die Luftschichten über der Oberfläche und fördert durch Umwandlung im Fotosyntehseprozess damit das Pflanzenwachstum.
Die *Luftdurchlässigkeit* hängt vom Anteil luftführender Poren (Körnung, Gefüge) und vom Wassergehalt ab. Sandböden sind luftdurchlässiger als Lehm- oder Tonböden. Die Bodendurchlüftung kann durch Krumen- oder Unterbodenbearbeitung, Kalkdüngung und ausreichende Humusversorgung sowie erforderlichenfalls durch Entwässerung verbessert werden.
Bodentemperatur – Pflanzen und Kleinlebewesen brauchen zum Keimen und Gedeihen *Wärmeenergie*. Verwitterungsvorgänge sind ebenso von ihr abhängig wie die Humifizierung oder die Lösungsgeschwindigkeit einiger Düngemittel. Je nach Jahres- und Tageszeit schwankt die Bodentemperatur. Hoher Wassergehalt lässt den Boden später warm werden als niedriger. Dunkle Böden nehmen mehr Wärme auf, helle Flächen strahlen stärker zurück. Südhänge werden eher warm als Nordhänge. Ein bodenbedeckender Pflanzenbestand verzögert die Erwärmung.
Wärmeverluste entstehen besonders nachts durch Abstrahlung bei klarem Himmel. Bei leichten Böden besteht dann eine größere Gefahr für Frühfröste als bei schweren, feuchten Böden.

2.4.4 Der Nährstoffhaushalt eines Bodens (Ionenaustausch)

Darunter versteht man die Fähigkeit eines Bodens, Pflanzennährstoffe in Ionenform festzuhalten und sie bei Bedarf wieder an das Bodenwasser abzugeben. Die Ionenaustausch-Kapazität ist eine der wichtigsten Eigenschaften des Bodens.
Sorption – Darunter versteht man grundsätzlich die Aufnahme bzw. Anlagerung von gasförmigen oder gelösten Stoffen. In diesem Zusammenhang meint man die Bindung der Ionen an der Oberfläche kleinster Bodenbestandteile, der **Kolloide**. Sie haben einen Durchmesser zwischen 1 und 100 Tausendstel Millimeter. Im Boden kommen vor allem Tonminerale und Humusteilchen (Sorptionskomplexe) als Kolloide vor.

Ionenaustausch – Der überwiegende Teil der an den Sorptionskomplexen austauschbar festgehaltenen Ionen sind Kationen. Die wichtigsten sind Calcium (Ca^{2+}), Magnesium (Mg^{2+}), Kalium (K^+), Natrium (Na^+) und Ammonium (NH_4^+). Mit zunehmender Versauerung des Bodens werden dagegen immer mehr Wasserstoff (H^+) und Aluminiumionen (Al^{3+}) absorbiert.
Anionen können nur in viel geringerer Menge im Boden gebunden werden. Die für die Pflanzen wichtigen Sulfat-, Nitrat- und Chlorionen können daher wesentlich leichter ausgewaschen werden als Kationen.
Die Gesamtmenge aller Ionen, die ein Boden binden kann, wird als seine **Austauschkapazität** bezeichnet. Da es sich dabei vor allem um Kationen handelt, meint man mit der Austauschkapazität die *Kationen-Austauschkapazität*. Sie ist um so größer, je mehr Sorptionskomplexe ein Boden enthält. Menge und Art der im Boden gebundenen und der im Bodenwasser freien Ionen befinden sich in einem Gleichgewicht. Die Zufuhr von Düngern, die Auswaschung von Ionen oder deren Aufnahme durch die Pflanzen verändert dieses Gleichgewicht. Der Ionenaustausch stellt dieses Gleichgewicht wieder her.

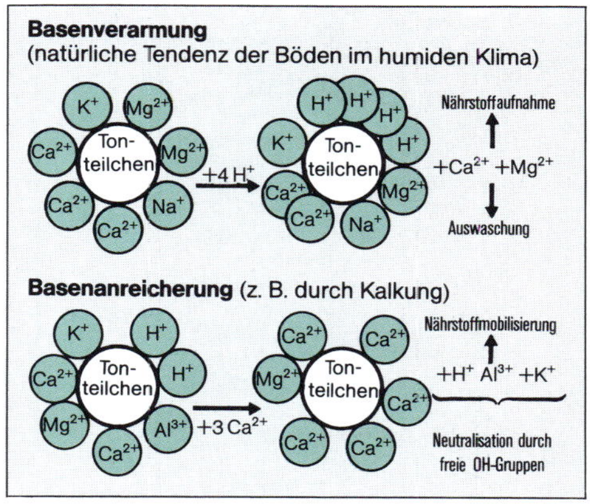

Abb. 444 **Beispiele** für den Kationenaustausch.

2.4.5 Die Bodenreaktion

Darunter versteht man den **pH-Wert eines Bodens**. Er gibt an, welchen Säuregrad die Bodenfeuchtigkeit aufweist (siehe chemische Grundbegriffe).
Der pH-Wert des Bodens wird bei jeder **Bodenuntersuchung** in den entsprechenden Untersuchungsanstalten festgestellt. Dazu werden 10 g lufttrockener und gemahlener Boden mit 25 ml $CaCl_2$-Lösung vermischt und geschüttelt. Nach 30 Minuten wird der pH-Wert mit Hilfe eines elektrischen Messgerätes ermittelt.

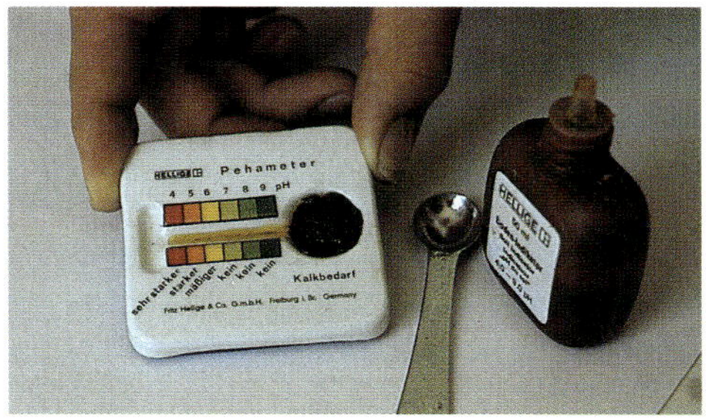

Abb. 445 Chemische Überprüfung des Boden-pH-Wertes.

Bedeutung – Die pH-Werte der Böden in Deutschland schwanken zwischen pH 3,0 und 7,5. Für mittlere bis schwere Böden sind pH-Werte zwischen 6,5 und 7,4 anzustreben.
Die Bedeutung des pH-Wertes ist vielseitig. Mit der zunehmenden *Versauerung*, also mit dem Absinken des pH-Wertes einst basenreicher Böden, beginnt der Zerfall des Krümelgefüges und die Verlagerung der Tonteilchen in den Untergrund. Die biologische Aktivität in diesen Böden lässt nach. Bei pH-Werten unter 5,0 werden Phosphate festgelegt und Al^{3+}- bzw. Schwermetallionen werden frei. Sie wirken sich nachteilig auf das Pflanzenwachstum aus. Die Bodenreaktion kann durch Kalkdüngung auf den gewünschten pH-Wert eingestellt werden.

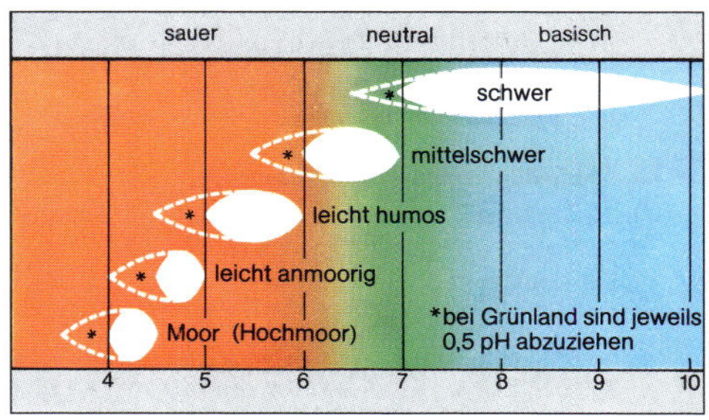

Abb. 446 Günstige pH-Werte.

Natürliche Versauerung – Der natürliche Rückgang der pH-Werte im Boden und damit die Zunahme der Wasserstoffionen-Konzentration wird als Versauerung bezeichnet. Ihre Ursachen sind
- Atmung von Wurzeln und Bodenlebewesen,
  $CO_2 + H_2O \rightarrow H_2CO_3 \rightarrow HCO^-_3 + H^+$
- Bildung organischer Säuren beim Abbau organischer Masse unter teilweisem Luftabschluss (z. B. bei zu tiefem Unterpflügen) und bei der Humifizierung,
- Bildung von Säuren bei der Nitrifikation mineralischer N-Dünger,

Abb. 447 Schema für den Kationenaustausch (Pufferung).

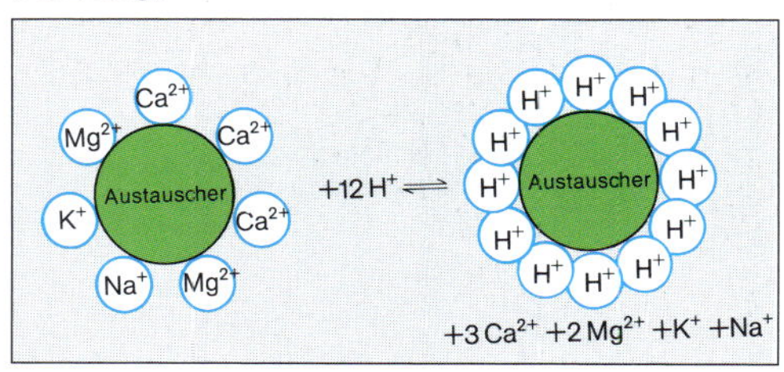

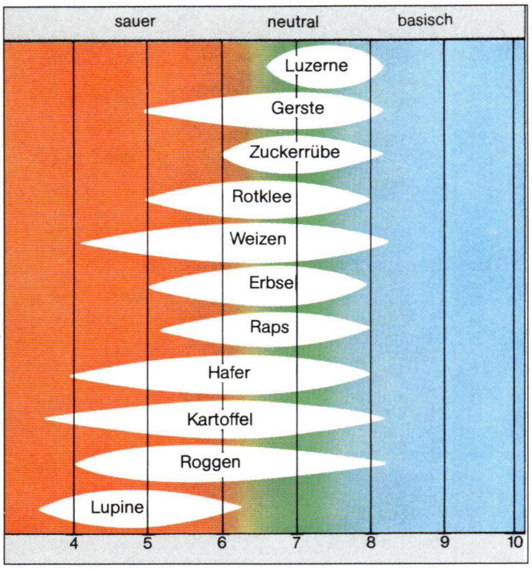

Abb. 448 Von Kulturpflanzen bevorzugte pH-Bereiche.

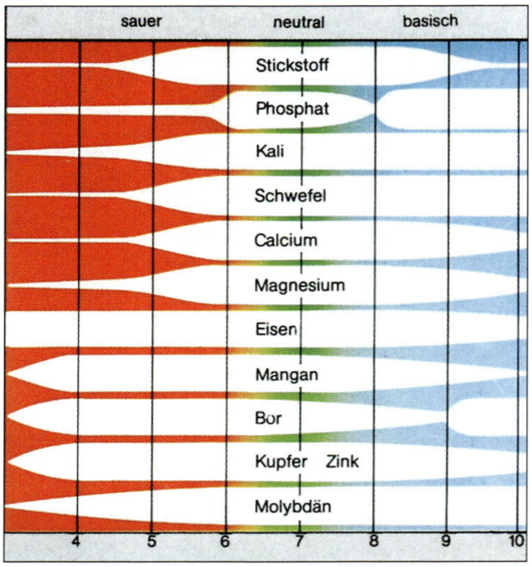

Abb. 449 Einfluss des pH-Wertes auf die Verfügbarkeit der Nährstoffe.

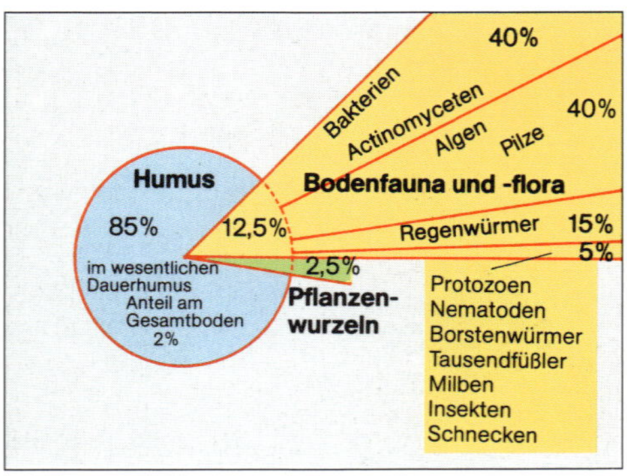

Abb. 450 Mittlere Zusammensetzung des Bodenlebens bis 20 cm Tiefe (in Gew.-%).

- ▶ Verluste basisch wirkender Kationen (Ca^{2+}, Mg^{2+}, K^+, Na^+) durch Auswaschung und Aufnahme durch die Pflanzen,
- ▶ saure Niederschläge.

Deswegen bedarf der Boden, mit Ausnahme der kalkreichen Standorte, einer geregelten Düngung mit Kalk.

Pufferung – Mit diesem Begriff wird der Widerstand des Bodens gegen eine pH-Wert-Änderung bezeichnet, wenn ihm sauer wirkende H^+-Ionen oder basisch wirkende OH^--Ionen zugeführt werden.

Pflanzen und Bodenlebewesen reagieren empfindlich auf plötzliche pH-Wertänderungen. Deswegen ist die Pufferung eine wichtige Bodeneigenschaft. Sie hängt von der Kationen-Austauschkapazität und der Basensättigung des Bodens ab.

Die plötzliche Zufuhr von H^+-Ionen im Bodenwasser wird durch deren Austausch mit anderen Kationen an den Sorptionskomplexen neutralisiert. Die plötzliche Zufuhr von OH^--Ionen wird durch Abgabe von H^+-Ionen im Austausch gegen basisch wirkende Kationen neutralisiert. Damit ändert sich der pH-Wert erst, wenn diese Austauschkapazität erschöpft ist.

Schwere Böden mit hoher Austauschkapazität brauchen daher auch größere Mengen Kalkdünger als leichte, um ihren pH-Wert zu heben.

Aufgaben:

1. Welche Merkmale führen zur Einteilung der Böden nach Bodenarten?
2. Die Bodenart einer Fläche ist mit uL bezeichnet. In welchem Verhältnis stehen hier Sand-, Schluff- und Tonanteile?
3. Welcher Unterschied besteht zwischen Sand und Ton?
4. Auf welche Eigenschaft beziehen sich die Bezeichnungen »schwere, mittlere, leichte« Böden?
5. Was sagt der pH-Wert über den Boden aus?
6. Welche Ursachen hat die natürliche Versauerung?
7. Begründen Sie, weshalb die Pufferung eine wichtige Eigenschaft des Bodens ist.
8. Welche Merkmale lassen sich mit Hilfe der Spatendiagnose bestimmen?

2.4.6 Leben im Boden

Individuenzahl und Biomasse – Boden ist nicht nur ein Gemisch aus mineralischen und organischen Bestandteilen, sondern er ist besonders in der Krume von einer riesigen Zahl von Lebewesen besiedelt. Dabei ist zwischen der Zahl der Einzelorganismen (Individuenzahl) und dem *Gewicht* der Bodenlebewesen (Biomasse) zu unterscheiden.

Die mit dem freien Auge nicht sichtbaren Bodenorganismen stellen die *größte* Zahl von Individuen und haben auch den größten Anteil an der gesamten Biomasse. Diese kann in fruchtbaren Böden ca. 10 t/ha betragen.

Aufenthaltsorte – Die *unmittelbare* Umgebung der Pflanzenwurzeln stellt für die Bodenorganismen ein *Biotop* dar, in dem sie sich besonders gut entwickeln. Unter dem *Mikroskop* wird erkennbar, dass die meisten Mikroorganismen nicht etwa in den Hohlräumen, sondern auf der *Oberfläche* der Bodenkrümel siedeln.
Pilzfäden durchziehen die Krümel und stellen ein Netz aus feinsten mineralischen und organischen Bodenteilchen her. *Algen* sind etwa gleich groß wie Pilzfäden. *Fadenwürmer, Springschwänze* (Collembolen) und *Milben* haben Größen zwischen 0,25 mm und 2 mm. Sie bewohnen die *Hohlräume*, vor allem die *Regenwurmröhren*.

! Je besser die Versorgung mit organischer Substanz ist und je günstiger die Lebensbedingungen sind, desto vielfältiger, üppiger und stabiler ist die Lebensgemeinschaft der Bodenorganismen.

Die **Leistungen des Bodenlebens** sind phänomenal und für die Pflanzenproduktion unersetzlich.
Abbau von organischer Substanz – Der Abbau von Ernterückständen, Wurzeln, organischem Dünger ist ein komplizierter Vorgang und das *Gemeinschaftswerk* vieler Organismen. Zunächst zerkleinern *Tiergruppen* die großen Pflanzen- und Tierreste. Ihre Ausscheidungen sind ein besserer Nährboden für Bakterien und Pilze. Letztere greifen mit ihren Enzymen die schwer zersetzbaren Gewebeteile an.
Die durchlaufende **Nahrungskette**, ausgehend von Pflanzenfressern über Räuber und Kotfresser, hinterlässt schließlich Stoffe, die letztlich wieder von Bakterien und Pilzen zu *pflanzenaufnehmbaren Stoffen* abgebaut (mineralisiert) werden. Die *Abbaugeschwindigkeit* der organischen Substanz hängt neben dem *Kohlenstoff:Stickstoff-Verhältnis* (C:N-Verhältnis), das mit 10:1 am günstigsten ist, vor allem von der chemischen Zusammensetzung ab. Dabei verläuft die Abbaugeschwindigkeit in folgender Reihenfolge: Lignin (Holzstoff) < Cellulose < Eiweißstoffe < Stärke < Zucker.
Einen kleinen Teil der organischen Substanz bauen die Bodenlebewesen zu dauerhaften, dunkelgefärbten *Humusstoffen* um (Humifizierung). Sie stellen eine *Nährstoffreserve* des Bodens dar.
Stickstoffbindung – Einige Bodenorganismen können *Stickstoff aus der Luft* binden. So können z. B. die *Knöllchenbakterien*, die mit den Wurzeln der Leguminosen eine Lebensgemeinschaft (Symbiose) bilden, bis zu 400 kgN/ha und Jahr binden.
Allerdings *konkurrieren* die Mikroorganismen des Bodens hinsichtlich der N-Nachlieferung mit den Nutzpflanzen, wenn das Kohlenstoff:Stickstoff-Verhältnis weiter als 25:1 ist. So können die Nutzpflanzen z. B. nach einer Strohdüngung ohne N-Ausgleichsgabe unter *Stickstoffmangel* leiden.
Verbesserung der Bodenstruktur durch Lebendverbauung – Das *Verkitten* kleinster Bodenteilchen durch Ausscheidungen der Bodenorganismen (Schleim) und durch Pilzfäden (Hyphen) sorgt für eine stabile Krümelstruktur mit ihren Vorteilen.

mit bloßem Auge nicht sichtbar:	Individuen	Biomasse
Bakterien	10 000 000 000 000	160 g
Pilze	12 000 000 000	380 g
Algen	1 000 000 000	90 g
einzellige Tiere	600 000 000	115 g
Fadenwürmer	1 800 000	4 g
mit bloßem Auge sichtbar:		
Springschwänze	28 000	11 g
Milben	18 000	10 g
kleine Borstenwürmer	10 000	2 g
Käfer und Käferlarven	800	18 g
Tausendfüßler	550	20 g
Ameisen	320	2 g
Asseln	300	4 g
Fliegenlarven	240	26 g
Spinnen	230	2 g
Regenwürmer	130	145 g
Schnecken	50	25 g

Abb. 451 Individuenzahl und Biomasse auf 1 m² Wiesenboden.

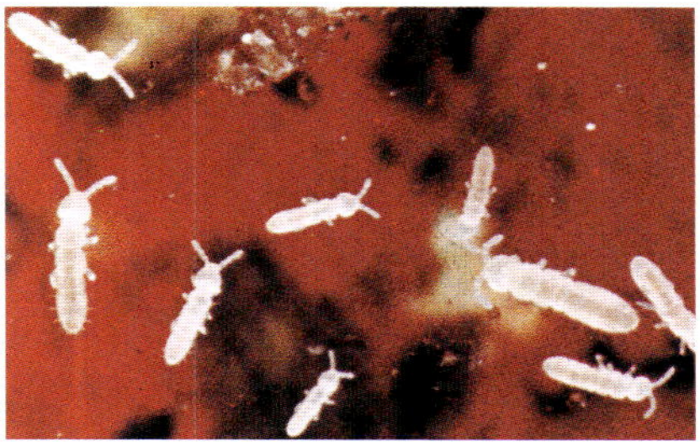

Abb. 452 Springschwänze (Collembola).

Abb. 453 Regenwurmgänge sind gute Wurzelräume. Außerdem bieten sie Leitungen für das Sickerwasser.

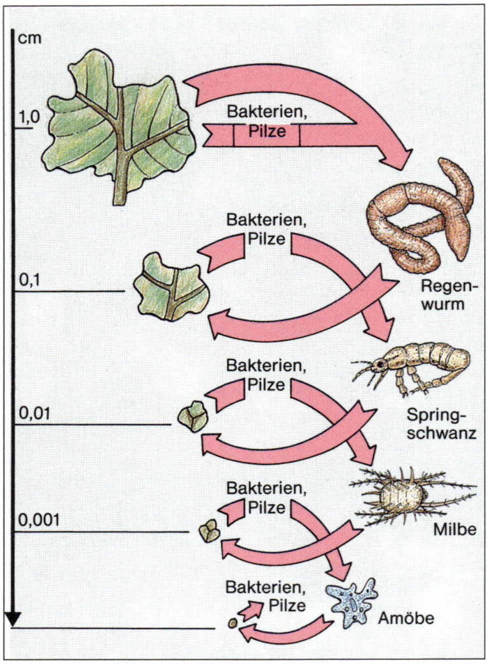

Abb. 454 Nahrungskette beim Abbau organischer Substanz.

Abb. 455 Das **Beispiel** eines Holzpfahles zeigt, wo die Umsetzung organischer Substanz im Boden am intensivsten ist: In der Bodenzone von 0–15 cm. In dieser Tiefe muss auch organische Substanz bei guter Verteilung platziert werden.

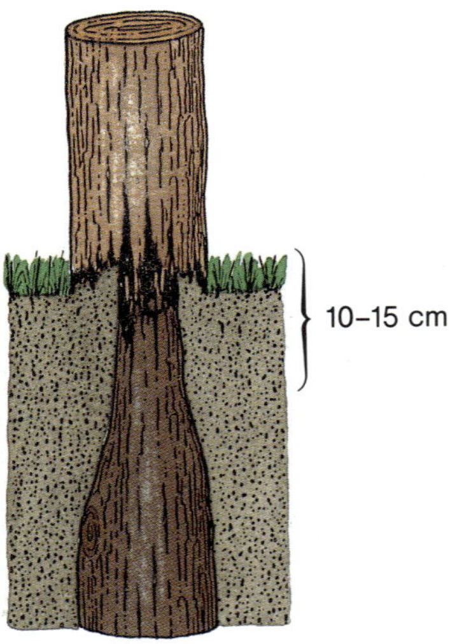

Regenwürmer und einige Insektenlarven graben ein Röhrensystem in den Boden. Diese dienen als *Lüftungskanäle, Sickerwasserrinnen* und *Wurzelgänge*. Regenwürmer bringen ihren mit Mineralboden vermischten Kot aus dem Unterboden an die Oberfläche und *durchmischen* dadurch den Boden gut.

Viele andere Bodenorganismen besiedeln die verlassenen Wurmröhren und ernähren sich von den eingebrachten Pflanzen- und Tierresten. Sie kleiden die Wurmröhren mit einer porösen Schicht ihrer Ausscheidungen aus, so dass sie ideale, mit Nährstoffen und Wasser versorgte Wurzelgänge darstellen.

Förderung des Bodenlebens – Das Erhalten der Bodenfruchtbarkeit muss Maßnahmen zur Förderung des Bodenlebens einschließen.

Grundlage für eine *große Besiedelungsdichte* und *hohe Aktivität* der Bodenlebewesen ist ein *ausreichendes Nahrungsangebot* in Form von Ernterückständen, Gründüngung, Stallmist und Gülle. Doch auch die mineralischen Dünger erhöhen das Nahrungsangebot, das zu vermehrter Pflanzenproduktion und *größerer* Wurzelmasse führt.

Deswegen ist eine *kombinierte organisch-mineralische Düngung* für das Bodenleben am günstigsten. Ein *flaches* Einarbeiten beschleunigt die Umsetzung der organischen Substanz, weil die Organismen in den obersten Bodenschichten genügend Luft vorfinden.

Standortgerechte Bodenbearbeitung – Zu *starke* und zu *häufige* Bodenbearbeitung zerstört die Lebensräume der Bodenlebewesen. Nicht zu tiefes Pflügen schont besonders die Regenwürmer (tief lockern, flach wenden).

Kalkung – Menge und Arten des Bodenlebens hängen auch vom pH-Wert ab. Die meisten Organismen (und vor allem die für die Fruchtbarkeit so wichtigen Wurmarten) lieben ein *neutrales* Milieu, während Pilze eine eher *saure* Umgebung vorziehen. Deswegen muss durch regelmäßiges Kalken die leicht saure bis neutrale Bodenreaktion erhalten werden.

Erhaltung von Ausgleichsflächen – Feldraine, Böschungen, Bachufer und Ödflächen stellen *Rückzugsgebiete* für viele Bodenlebewesen dar. Von hier aus können intensiv und einseitig genutzte oder durch Überdüngung und falsche Anwendung von Pflanzenschutzmitteln strapazierte Flächen immer wieder neu mit Bodenorganismen besiedelt werden.

Begrenzen schädlicher Einflüsse – Die heutigen Verfahren in der Pflanzenproduktion schädigen das Bodenleben grundsätzlich nicht. Jedoch beeinflussen kurze Fruchtfolgeintervalle, Mangel an organischer Masse (z. B. auch Festmist) sowie Überdüngung und unsachgemäßer Einsatz von Pestiziden die Artenvielfalt und die Quantität der Bodenlebewesen.

Sachgemäßer Einsatz von Mineraldüngern *erhöht* mit Ausnahme der N-bindenden Bakterien die Aktivität der Bodenorganismen. Auch ein begrenzter Einsatz von Flüssigmist wirkt fördernd. Die Anreicherung des Bodens mit anorganischen Schadstoffen, z. B. Schwermetallen, ist wegen der mangelnden Abbaufähigkeit für die Bodenlebewesen problematisch (gesetzliche Regelungen beachten, z. B. Klärschlamm-Verordnung, Dünge-Verordnung).

2.4.7 Bodengare

Mit dem Begriff **Bodengare** wird ein für das Pflanzenwachstum *idealer (optimaler) Zustand des Bodens* umschrieben. Boden im Garezustand ist krümelig, humos, ausreichend durchlüftet, aber auch genügend feucht, nährstoffreich, leicht durchwurzelbar und in einem den Kulturpflanzen entsprechenden pH-Bereich. Er riecht infolge der regen Tätigkeit der Kleinlebewesen typisch nach Erde.

Entstehen der Bodengare – Die Bodengare ist in erster Linie eine Folge des regen *Bodenlebens*. Lebendverbauung und Verkittung stabilisieren das Krümelgefüge.

Dies geschieht besonders unter einer Pflanzendecke, deswegen spricht man auch von *Schattengare*. Man findet diese beständige Form der Gare auf dem Grünland und in Waldböden sowie im Ackerbau beispielsweise unter dem Blätterdach von Zuckerrüben, Raps und Kartoffeln.

Frost und *Bearbeitung* lockern und krümeln zwar den Boden auch, die Krümel sind jedoch weniger stabil, so dass die so entstandene Bodengare weniger stabil ist und bald wieder verloren geht *(Scheingare)*.

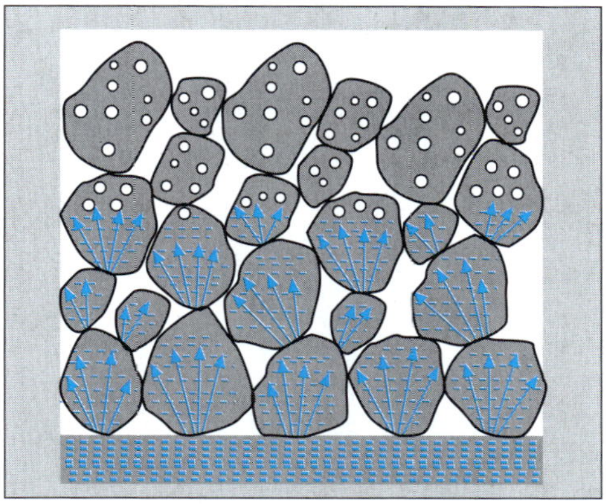

Abb. 456 Garer Boden ist krümelig. Jedes Krümel stellt einen eigenen Wasserspeicher dar.

2.5 Arten und Ziele der Bodenbearbeitung

2.5.1 Allgemeines

Der planmäßige Anbau von Kulturpflanzen zwingt zur Bodenbearbeitung. Dies ist immer mit einem erheblichen Eingriff in das Bodengefüge und damit in den Luft- und Wasserhaushalt des Bodens sowie in das Bodenleben verbunden und beeinflusst alle biologischen, chemischen und physikalischen Vorgänge im Boden.

Neben den positiven, erwünschten Wirkungen können sich auch nachteilige und negative Folgen ergeben, z. B. die Verbreitung von Krankheiten und die Vermehrung von Konkurrenzpflanzen und Schädlingen.

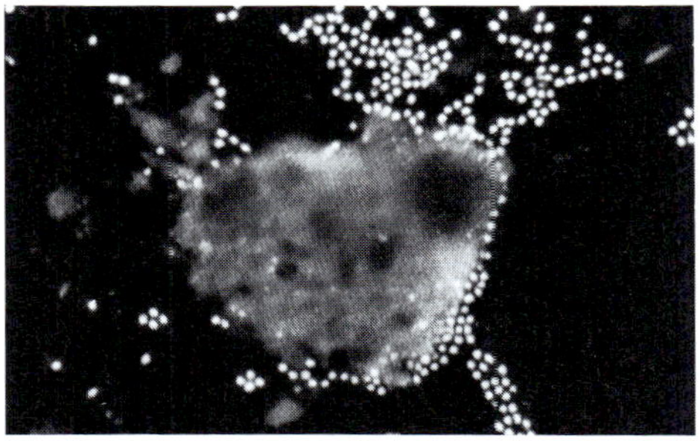

Abb. 457 Bodenkrümel mit starkem Bakterienbewuchs (ca. 1000-fach vergrößert).

2.5.2 Ziele

Ziel sämtlicher Bodenbearbeitungsmaßnahmen ist die Förderung der Entwicklung der Kulturpflanzen unter Beachtung ökologischer und ökonomischer Grundsätze.

Die wichtigsten Absichten sind:

- Erhaltung und Förderung der Bodenfruchtbarkeit,
- Schaffen optimaler Bedingungen für das Pflanzenwachstum und für die Bodenorganismen durch Regulieren des Wasser- und Lufthaushaltes,
- Einarbeiten von Pflanzenrückständen und Düngemitteln,
- Bekämpfen der Pflanzenkonkurrenz,
- Vergrößern des Wurzelraumes,
- pflanzenspezifische Saatbettbereitung,
- kulturentsprechende Pflegemaßnahmen.

Abb. 458 Frostgare einer tiefen Winterfurche.

Abb. 459 Die ungeschützte Bodenoberfläche verkrustet; sie muss gelockert werden (links).

2.5.3 Wichtige Grundsätze

Sinkende Produktpreise führen verstärkt auch zu Überlegungen, Einnahmeeinbußen durch eine Reduzierung der Bearbeitungsgänge und durch eine geringere Bearbeitungsintensität zu mindern. Aus ökologischen Gründen sind die im Bundes-Bodenschutz-Gesetz vom 17. März 1998 verankerten Bestimmungen zu beachten. Danach ist die Bodenbearbeitung nach der **»guten fachlichen Praxis«** durchzuführen.
Dazu gehören:
- Wahl des richtigen Bearbeitungszeitpunktes,
- Beachten des Feuchtigkeitszustandes des Bodens,
- Wahl der zweckentsprechenden Arbeitstiefe,
- Einhalten der angemessenen Arbeitsgeschwindigkeit,
- Vermeiden bzw. Vermindern von Bodendruck,
- Reduzieren der Bearbeitungshäufigkeit durch Einsatz passender Geräte und Maschinen.

! Auch bei der Bodenbearbeitung gilt:
So viel wie nötig, so wenig wie möglich.

Abb. 460 Effekte der Bodenbearbeitungsgeräte.

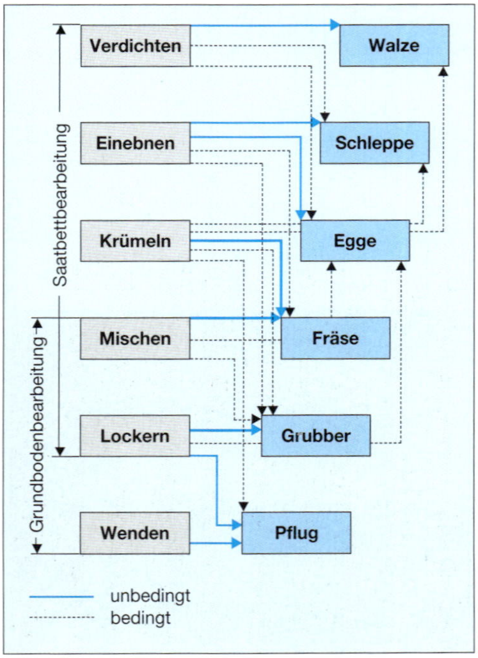

2.5.4 Wirkungen der Bodenbearbeitungsgeräte

Mehr als in vielen anderen landwirtschaftlichen Produktionsbereichen bestimmen die betriebsspezifischen Voraussetzungen den zweckmäßigen und zielgerichteten Einsatz der Maschinen und Geräte für die Bodenbearbeitung. Folgende **Wirkungen** müssen dabei erzielt werden:
- Lockern fördert die Luftführung im Boden und verhindert durch Zerstörung der Kapillaren die Verdunstung an der Oberfläche.
- Wenden bewirkt die Einarbeitung organischer Masse und vergrößert die Oberfläche.
- Zerkleinern vergrößert die Oberfläche und dient der Saatbettbereitung. Zu starke Zerkleinerung kann zur Verstaubung und Verschlämmung führen!
- Einebnen verkleinert die Bodenoberfläche, fördert die Kapillarität.
- Mischen zum Einbringen von Saatgut, Dünger und Pflanzenschutzmitteln.
- Verdichten stellt Bodenschluss her, damit die Wasserversorgung der Pflanzen durch den kapillaren Wasseraufstieg bzw. die Keimung von Saatgut gesichert wird.

2.5.5 Aufgaben der Bearbeitungsvorgänge im Jahresverlauf

Die **Stoppelbearbeitung** erfolgt unmittelbar nach der Ernte. Das flache Einarbeiten der Ernterückstände bewirkt ein rasches Verrotten der Pflanzenreste, das Keimen von Ausfallgetreide und Unkrautsamen, behindert den Wuchs und die Ausbreitung von Wurzelunkräutern und schränkt nutzlose Wasserverdunstung ein.

Mit der **Grundbodenbearbeitung** soll vor allem eine intensive Durchlüftung des Bodens, eine gute Durchmischung, eine gleichmäßige Verteilung von Nährstoffen und eine starke Oberflächenvergrößerung zur Wasseraufnahme sowie eine Förderung des Bodenlebens erreicht werden. Häufig werden die beabsichtigten Wirkungen wegen zahlreicher nachteiliger Folgen nicht in vollem Umfang erreicht, z. B. durch Unterbrechung des Bodenschlusses, Schädigung der Regenwürmer, beschleunigten Humusabbau und Verstärkung der Erosionsgefahr. Bodenspezifische Geräteauswahl und sachgerechte, sorgsame, bodenschonende Vorgehensweise sind unabdingbare Voraussetzungen für eine optimale Wirkung.

Saatbettbereitung und **Saat** müssen die unterschiedlichen Keimungs- und Auflaufansprüche der Pflanzen berücksichtigen. Ein ideales Saatbett besitzt einen ebenen Saathorizont. Dieser wird erreicht durch Herstellen des Bodenschlusses in Saattiefe, wodurch zugleich die Wasserversorgung für den keimenden Samen erreicht wird. Die Bodenschicht über dem Saatgut sollte locker sein, um die Luft- und Wärmezufuhr zu gewährleisten.

Alle Bodenbearbeitungsmaßnahmen zwischen Anbau und Ernte nennt man **Pflegemaßnahmen**. Dabei geht es vorrangig um die Beseitigung von Oberflächenverkrustungen, um eine mechanische Bekämpfung der Konkurrenzpflanzen, um das Einbringen von Kopfdüngergaben, um die Förderung des Wachstums der Kulturpflanzen (Bestockung) und um die Schaffung von Wurzelraum (z. B. Häufeln bei Kartoffeln) sowie um die Regulierung des Luft- und Wasserhaushaltes des Bodens.

Abb. 461 Gutes Einarbeiten der Strohdüngung.

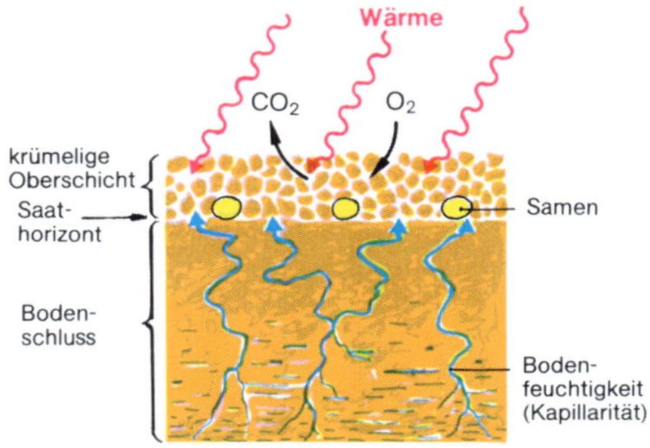

Abb. 462 Ein ideales Saatbett schafft günstige Keim- und Auflaufbedingungen.

Aufgabe:
Beurteilen Sie die Bodenbearbeitung im Jahresverlauf für die einzelnen Feldfrüchte auf Ihrem Ausbildungsbetrieb. Vergleichen Sie mit den Maßnahmen im elterlichen Betrieb und im Praxisbetrieb.
Diskutieren Sie Ihre Erkenntnisse mit Ihren Lehrkräften und mit Ihrem Ausbildungsmeister.

Abb. 463 Walzen schafft wieder Bodenschluss für aufgefrorene Pflanzen.
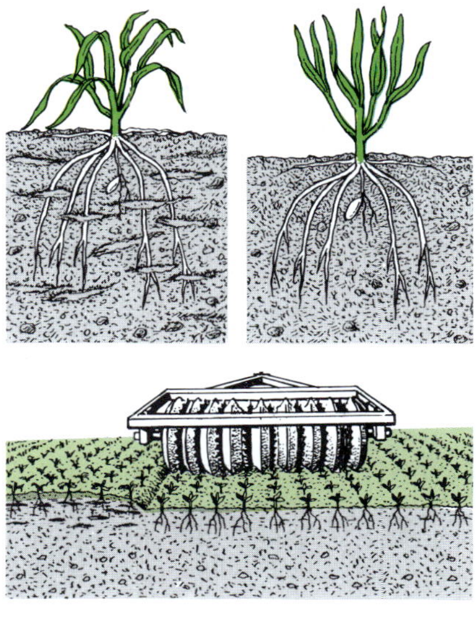

2.6 Bodenschäden

Ursachen – Der heute geringere Arbeitskräftebesatz in Verbindung mit einer hohen Schlagkraft der Betriebe durch leistungsstarke Traktoren verleitet manchen Landwirt dazu, Bestell- und Erntearbeiten auch dann vorzunehmen, wenn dies für den Boden ungünstig ist.

Die Folge sind *ertragsmindernde Verdichtungen*, deren Ausmaß von folgenden Faktoren abhängt:

- ► Bodendruck des Fahrzeugs bzw. Gerätes,
- ► Schlupf der Traktorräder,
- ► Feuchtigkeitszustand und Art des Bodens,
- ► Reifenbreite und Furchenbreite stimmen nicht überein.

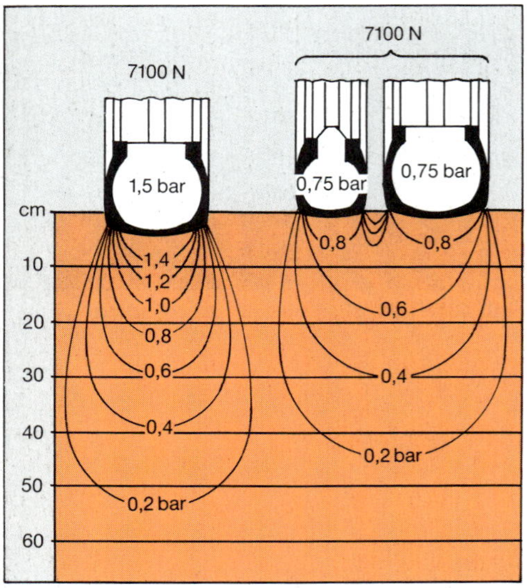

Abb. 464 Niedriger Reifeninnendruck und Zwillings- bzw. Breitreifen vermindern die bodenverdichtende Wirkung.

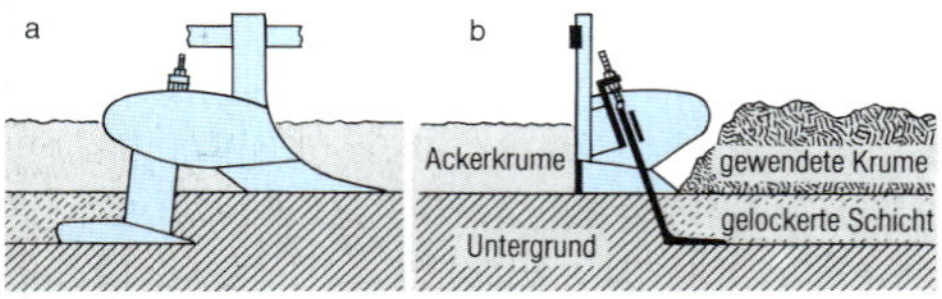

Abb. 465 Arbeitsweise des Zweischichtenpfluges (a: Seitlich, b: Von hinten).

Abb. 466 Derartig extrem breite Reifen vermindern den Bodendruck deutlich.

Folgen – Verdichtungen verringern den Luftanteil im Bodenvolumen, erschweren die Durchwurzelbarkeit und behindern das Bodenleben. In verdichteten Böden versickern die Niederschäge nur allmählich, so dass viel Wasser nutzlos (und oft sogar schädlich) oberflächlich abläuft. Die Bearbeitbarkeit wird durch größere Zugwiderstände erschwert und hinterlässt grobe Schollen.

Vorbeugende Maßnahmen – Obwohl Bodenfrost, Quellung und Schrumpfung durch wechselnden Wassergehalt die Verdichtungen allmählich wieder lösen, müssen die Bodenbearbeitung und der Anbau darauf abzielen, Verdichtungen nach Möglichkeit zu *vermeiden*.

Im Einzelnen sind dazu nötig:

- Einsatz des Zweischichtenpfluges, um Pflugsohlenverdichtungen zu beseitigen,
- Verwendung von Niederdruck-, Zwillings- oder Breitbereifung sowie Gitterrädern,
- Einsatz von Gerätekombinationen,
- Einrichten von Fahrspuren bei aufeinander abgestimmten Gerätebreiten,
- Durchführen der Arbeiten erst nach genügendem Abtrocknen des Bodens,
- oberflächennahes Einbringen organischer Substanz,
- Erhalten und Fördern der Bodengare durch ganzjährige Bodenbedeckung, Anbau tiefwurzelnder Pflanzen, regelmäßige Kalkdüngung.

2.6.1 Staunässe

Merkmale – Hochanstehendes Grundwasser oder Staunässe im wurzelnahen Bereich führen zu Luft- und damit zu Sauerstoffmangel. Die Befahrbarkeit und Bearbeitbarkeit des nassen Bodens (über 30% Wasser) ist eingeschränkt. Das Pflanzenwachstum ist vermindert, weil die Wurzelatmung beeinträchtigt ist. Die Aktivität des Bodenlebens wird stark eingeschränkt.

Der Abbau und die Umwandlung organischer Substanz durch aerobe Bodenlebewesen wird durch die weniger leistungsfähigere Zersetzung durch anaerobe Lebewesen abgelöst. Damit verringert sich die Abbaugeschwindigkeit, die organische Substanz vertorft und der Gehalt an unzersetzter organischer Substanz steigt.

Abhilfe – Das Entwässern geschieht auf Weiden meist durch *Gräben*, bei Ackerland und Wiesen durch *Drainagen*. Voraussetzung für beide Fälle ist das Vorhandensein einer ausreichenden Vorflut. Je nach abzuziehender Wassermenge und der Bodenart wird ein mehr oder weniger enges Netz von Drainröhren durch Spezialmaschinen verlegt. Eine *rohrlose Drainung* ist ebenfalls möglich.

2.6.2 Bodenabtrag (Erosion)

Ursachen – Wasser und Wind können Bodenbestandteile abtragen. 1 mm Bodenabtrag/Jahr bedeutet den Verlust von 15 t wertvoller Ackerkrume je ha. Das Problem wird unter Umständen erst nach Jahren sichtbar. *Verschärft* wird es durch enge Fruchtfolgen

mit spätdeckenden Früchten (Mais, Zuckerrüben, Hopfen, Rebkulturen), mangelnde organische Substanz, ungenügende Kalkversorgung und Beseitigen natürlicher Schutzzonen wie Gräben, Hecken oder Raine.
Besonders gefährdet sind geneigte Flächen (Geländeneigung ab 2°) mit geringer Gefügestabilität.
Wegen der geringen Versickerungsmöglichkeit fließt das *Wasser* oberirdisch ab und reißt Bodenteilchen mit.
Moor- und Sandböden sind besonders durch *Wind* gefährdet. Bei hohen Windgeschwindigkeiten kommt es zu großflächigem Bodenabtrag.
Da besonders der Feinsand- und Schluffanteil des Bodens abgetragen wird, sinkt das Wasserhalte- und Nährstoffspeichervermögen und damit die Erträge. Durch die entstandenen Rillen, Spuren und Gräben wird die Bearbeitbarkeit erschwert, der Bodenabtrag verschmutzt und eutrophiert die Gewässer.

Vorbeugende Maßnahmen – Die Erosion wird eingedämmt durch
- ▶ Förderung der Bodengare,
- ▶ Verkürzen von Hanglängen (Streifeneinsaaten und Bearbeitung quer zum Hang),
- ▶ Windschutzpflanzungen,
- ▶ Mulchsaatverfahren,
- ▶ flächendeckende Begrünung (möglichst ganzjährig),
- ▶ Gründland-Umbruch unterlassen,
- ▶ Anbau von erosionsfördernden Pflanzen, z.B. Mais nur auf erosionssicheren Standorten oder / und nur mit entsprechenden erosionshemmenden Maßnahmen,
- ▶ Ernterückstände und Zwischenfrüchte über Winter auf dem Boden belassen.

Aufgaben:
1. Welche Auswirkungen haben Wasser- und Winderosion sowie die Erdverluste bei der Hackfruchternte (Kartoffeln, Zuckerrüben) für die Pflanzenproduktion?
2. Stellen Sie in einer überschlägigen Rechnung die Erdverluste durch Erosion innerhalb von 25 Jahren fest.

Abb. 467 Durch einen Maulwurfsdränpflug sauber gezogener Erddrän (links).
Abb. 468 Mit der Spatendiagnose erkanntes Plattengefüge einer Pflugsohle (rechts).

Abb. 469 Erosion durch Wasser in einem hängigen Maisfeld. Der Bach (rechts) spült mit der Erde auch den Dünger weg.

Abb. 470 Gleiches Maisfeld wie Abbildung 469. Als Erosionsschutz wurde hier Wintergerste in Streifen angesät und – als der Mais genügend eigenen Erosionsschutz bot – totgespritzt.

2.7 Zeigerpflanzen

Pflanzen brauchen zu ihrem Wachstum Licht, Luft, Wasser, Wärme und Nährstoffe. Aus dem Zusammenwirken dieser *Faktoren* ergeben sich auf den verschiedenen Standorten jeweils spezifische *Wachstumsbedingungen*. Je besser diese den einzelnen Pflanzen entsprechen, desto besser gedeihen die Pflanzen.
Ohne menschliche Eingriffe treten auf den Böden solche standortspezifischen Pflanzen bzw. Pflanzengesellschaften auf. Sie geben als typische **Zeigerpflanzen** Hinweise auf die Standortfaktoren und die herrschenden Wachstumsbedingungen.

Abb. 471 **Beispiele** von Zeigerpflanzen für Nährstoffmangel.

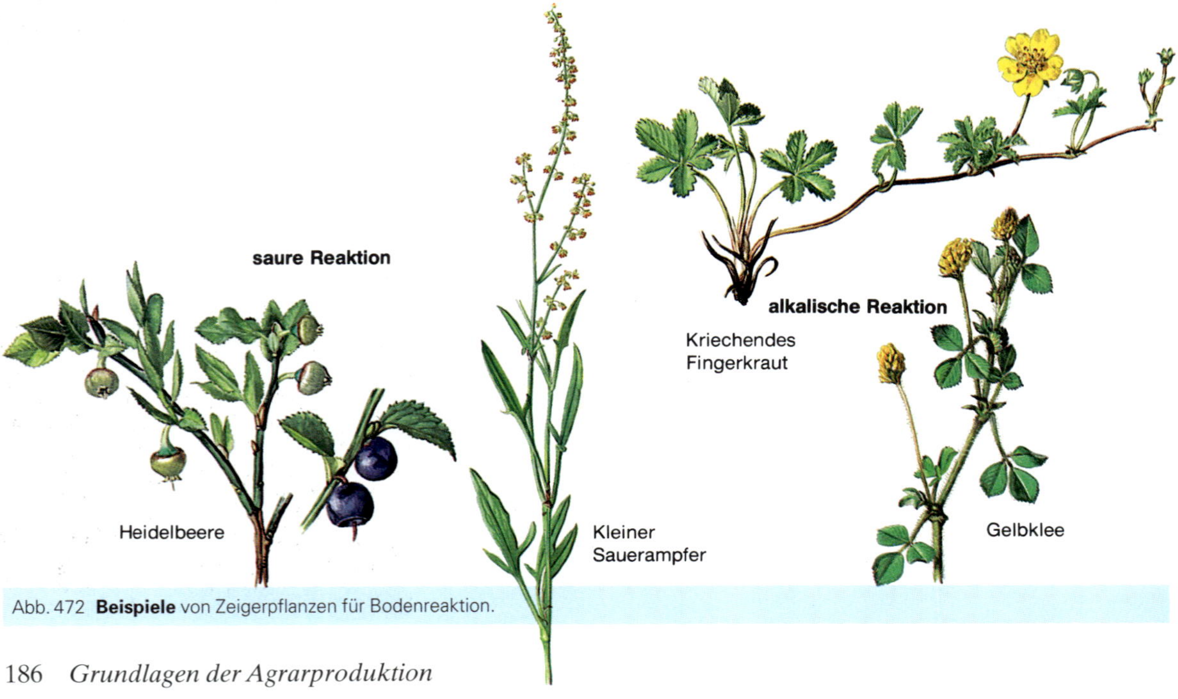

Abb. 472 **Beispiele** von Zeigerpflanzen für Bodenreaktion.

Abb. 473 **Beispiele** von Zeigerpflanzen für den Wasserhaushalt.

Abb. 474 **Beispiele** von Zeigerpflanzen für die Tiefgründigkeit.

Abb. 475 **Beispiele** von Zeigerpflanzen für die Nutzungsweise.

Abb. 476 An dem mit einer Längenmaßskala (dm-Abstände) versehenen Bohrstock lassen sich die Mächtigkeit und Beschaffenheit der Horizonte erfassen. Die jeweilige Bodenart wird mit der Fingerprobe bestimmt.

Abb. 477 Schema der Zustandsstufen (nach Görtz).
Stufe 1: Gutes Krümelgefüge in der Ackerkrume, gut durchlüfteter Unterboden, allmählicher Übergang von der Krume zu dem meist $CaCO_3$-haltigen Unterboden; keine Rostflecke und keine Anzeichen von Versauerung.
Stufe 3: Gehalt der Krume an organischer Substanz geringer als bei Stufe 1, schrofferer Übergang zum Unterboden, der vielfach schon fahle Flecke und eine graue Färbung aufweist; größere Entkalkungstiefe, beginnende Versauerung und erste Anzeichen von Verlagerungen.
Stufe 5: Scharf absetzte Krume, Auftreten einer Verarmungszone, erste Anzeichen einer Verdichtung des Unterbodens und beginnende Rostfärbung, meist stärkere Versauerung.
Stufe 7: Scharf abgesetzte Krume, mehr oder weniger stark ausgeprägte Bleichzone; in der Regel starke Verdichtung im Unterboden und Rostfärbung; bei Sandböden vielfach Orterde- oder Ortsteinbildung.

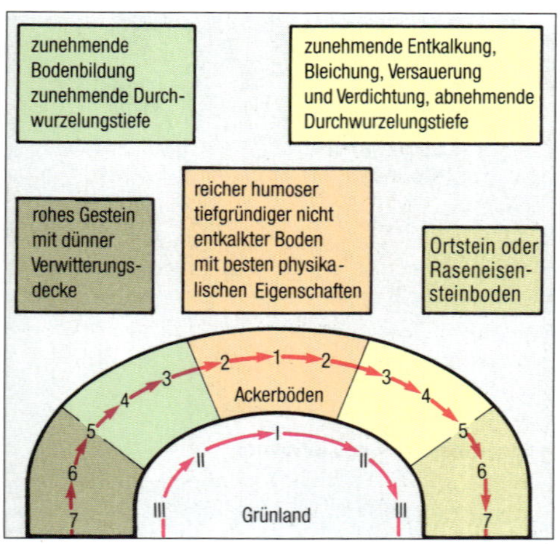

2.8 Bodenbewertung

2.8.1 Ziele

Schon in den Zeiten des Römischen Reiches hat man versucht, die landwirtschaftlich genutzten Flächen in ihrem Wert zu erfassen, um sie entsprechend ihrer natürlichen Ertragsfähigkeit zu besteuern.
Im Jahre 1935 wurde die Durchführung des »Gesetzes über die Schätzung des Kulturbodens« (Reichs-Bodenschätzung) von der damaligen Reichs-Finanzverwaltung beschlossen. Seither sind die Katasterämter der Kreise und die Landes-Vermessungsämter in Gemeinschaft mit den Geologischen Landesämtern dabei, die **Deutsche Grundkarte** zu erstellen und bei Gelegenheit zu aktualisieren.
Die im Maßstab 1:5000 hergestellte Karte, ursprünglich für den steuerlichen Nachweis gedacht, erlaubt heute auch einen Eigentumsnachweis und dient als Planungsgrundlage für Siedlungsvorhaben, Straßenbauten oder Flurbereinigungsverfahren. Neben dem topografischen Grundriss erläutert sie auch in Durchschnittsprofilen die Bodenbeschaffenheit bis in 2m Tiefe.

2.8.2 Grundzüge der Bodenschätzung

Die **Bodenschätzung** erfasst in erster Linie die natürliche Ertragsfähigkeit der Böden, die in enger Wechselbeziehung zum Klima steht und die die Produktionsrichtung und die Organisation eines Betriebes bestimmt.
Ausgedrückt wird die Ertragsfähigkeit in einer **Wertzahl**, getrennt nach Ackerland *(Ackerzahl)* und Grünland *(Grünlandzahl)*. Der beste Boden mit optimaler natürlicher Ertragsfähigkeit bekommt 100 Punkte. Ein Boden mit 45 Punkten zeigt demnach nur 45 % der natürlichen Leistung des 100-Punkte-Bodens. Die Bodenzahl ist also eine Verhältniszahl, die im Boden begründete Reinertragsunterschiede bei sonst gleicher Bearbeitung zum Ausdruck bringt.
Bewertung von Ackerland – Die Bewertung erfolgt in einem kombinierten Verfahren. Zuerst bestimmt man die Bodenart, danach stellt man die Entstehung des Bodens fest, legt die Zustandsstufe sowie die Bodenzahl und die Ackerzahl fest.

1. Ein »**Klassenbeschrieb**« erfasst zunächst folgende Merkmale:
   Bodenart: Man unterscheidet 8 Mineralbodenarten und 1 Moorgruppe. Die Einstufung erfolgt nach der physikalischen Struktur und dem Gehalt an abschlämmbaren Teilchen. Dabei muss der Bodenschätzer auch die Gesamtwirkung des Bodens im Hinblick auf die Ertragsfähigkeit sehen.
   Zustandsstufe: Wir kennen 7 Zustandsstufen. Stufe 1 kennzeichnet den besten und Stufe 7 den schlechtesten Zustand. Grundlage für diese Einstufung ist die Vorstellung, dass sich aus einem unfruchtbaren Boden im Laufe vieler Jahre und unter dem Einfluss von Klima, Pflanzenbestand, Bewirtschaftung, Wasserverhältnissen und Geländegestaltung ein voll ertragsfähiger, schließlich alternder und irgendwann wieder wertloser Boden entwickelt.

Tabelle 28: Einteilung der Bodenarten für die Bodenschätzung

Fraktion unter 0,01 mm %	Bodenart	Abkürzung
unter 10	Sand	S
10–13	anlehmiger Sand	s'L
14–18	lehmiger Sand	lS
19–23	stark sandiger Lehm	$\bar{s}$L
24–29	sandiger Lehm	sL
30–44	Lehm	L
45–60	toniger Lehm (schwerer Lehm)	tL
über 60	Ton	T
–	Moor	Mo

Entstehung: Hierbei werden die bodenbildenden Naturkräfte berücksichtigt. So sind verschiedene Böden durch die unmittelbare Verwitterung aus festem Gestein entstanden und am Ort der Entstehung geblieben (V). Andere sind durch Eis, Wasser oder Wind an andere Stellen transportiert worden (Lö = Löss, Al = Alluvium = Schwemmland der jüngsten Eiszeit) oder die Kennzeichnung beschreibt einfach die Entstehungszeit, z. B. D = Diluvium = Eiszeit.

2. Die **Bewertung** des »Klassenbeschriebes« ergibt die **Bodenzahl**, die in einem *Schätzungsrahmen* festgelegt ist. Der Schätzungsrahmen ist dadurch bestimmt, dass der Boden mit der höchsten Ertragsfähigkeit in Deutschland (L 1 Lö) in der Magdeburger Börde die Wertzahl 100 und der Boden mit der niedrigsten Ertragsfähigkeit (S D 7) die Wertzahl 7 hat.

```
AUSZUG AUS DEM LIEGENSCHAFTSKATASTER   Flurstück   052408-007-00091/000   7
         - Liegenschaftsbuch -                     ===========================
                                       Datum       17.04.2001 00
*Flurstücks- und Eigentümernachweis*                              Seite   1

Kataster-/Vermessungsamt   2160           Höxter
Gemarkung                  052408         Schmechten
Gemeinde                   05762016       Brakel
Kreis/Stadt                               HÖXTER
Finanzamt                  5326           Höxter
-----------------------------------------------------------------------------

Gmkg    Flr Flurst-Nr   P
052408   7    91        7
======================== Entstehung    1970
                         Koordinaten   0000000,0   0000000,0

Lage                     R9829 Tiefe Tal

Tatsächliche Nutzung
             109 152 m2  21-610 Ackerland
                  30 m2  21-680 Landwirtschaftliche
                                Betriebsfläche
                  72 m2  21-850 Graben
                 102 m2  21-850 Graben
------------------------
Fläche     ****109 356 m2
========================

Klassifizierung          32     Land- und Forstwirtschaft-
                                liches Vermögen
                 840 m2  32-211 Ackerland
                         Bodsch T    5V    Wz  39/28        Emz       235
               1 140 m2  32-211 Ackerland
                         Bodsch L    5LV   Wz  50/42        Emz       479
               1 850 m2  32-211 Ackerland
                         Bodsch L    5LV   Wz  50/42        Emz       777
               2 760 m2  32-211 Ackerland
                         Bodsch T    5V    Wz  39/28        Emz       773
               8 260 m2  32-211 Ackerland
                         Bodsch T    5V    Wz  39/28        Emz      2313
              10 201 m2  32-211 Ackerland
                         Bodsch L    4LV   Wz  63/40        Emz      4080
              11 370 m2  32-211 Ackerland
                         Bodsch L    4LV   Wz  64/52        Emz      5912
              11 870 m2  32-211 Ackerland
                         Bodsch LT   6VG   Wz  36/30        Emz      3561
              16 520 m2  32-211 Ackerland
                         Bodsch L    4LV   Wz  64/55        Emz      9086
              17 704 m2  32-211 Ackerland
                         Bodsch L    3L    Wz  74/64        Emz     11331
              26 637 m2  32-211 Ackerland
                         Bodsch L    3L    Wz  74/64        Emz     17048
          -------------------------------------------------------------------
Summe        109 152 m2                                     Emz     55595

Amtsgericht          2802   Brakel
Grundbuchbezirk      052408 Schmechten
Bestand              052408-30      4 Bvnr   46 (N) Eigentum
=======

Der Auszug ist maschinell erstellt, er ist ohne Unterschrift gültig.
Die Veröffentlichung des Auszuges ist - auch nach Umarbeitung oder Vervielfältigung - nur mit Zu-
stimmung des Katasteramtes zulässig. Zuwiderhandlungen werden als Ordnungswidrigkeit verfolgt.
                                                              Erläuterungen
                                                              siehe Rückseite
```

Abb. 478 **Beispiel** eines Auszugs aus dem Liegenschaftskataster.

Erläuterungen für Abb. 478

1 Dem Datum des Auszuges kann eine Aktualitätsnummer nachgesetzt sein; sie wird bei Fortführung der Liegenschaftsbuchangaben weitergezählt. Ein Auszug mit niedrigerer Aktualitätsnummer enthält nicht den neuesten Stand.

2 Unter Tatsächliche Nutzung sind die in der Örtlichkeit – im Allgemeinen bei der letzten Vermessung – vorgefundenen Nutzungen ausgewiesen. Unter Klassifizierung sind die auf Grund gesetzlicher Bestimmungen von den zuständigen Behörden getroffenen Feststellungen und Festsetzungen zur Nutzung des Bodens nachgewiesen.

3 Die Abkürzungen bedeuten:

Art	Buchungsart (siehe Nr. 3.1)
Bodsch	Bodenschätzungsergebnisse
Bvnr	laufende Nummer im Bestandsverzeichnis des Grundbuchs
Emz	Ertragsmesszahl
Flr	Flur
Flurst-Nr.	Flurstücksnummer
Gmkg	Gemarkung
Bestand	Grundbuchbezeichnung im Liegenschaftskataster
m2 oder m²	Quadratmeter
P	Prüfzeichen
Wz	Wertzahlen (siehe Nr. 3.2)

3.1 Abkürzungen für Buchungsarten:

B	Wohnungs-/Teilerbbaurecht
E	Erbbaurecht
I	Wohnungs-/Teiluntererbbaurecht
N	Eigentum oder Miteigentumsanteil nach § 3 Abs. 4 – 6 GBO
U	Untererbbaurecht
W	Wohnungs-/Teileigentum

3.2 Abkürzungen und Stufeneinteilungen für Bodenschätzungsergebnisse *im Ackerschätzungsrahmen:*

1. Bodenarten

S	Sand
S1 oder Sl	anlehmiger Sand
1S oder lS	lehmiger Sand
SL	stark lehmiger Sand
8L oder sL	sandiger Lehm
L	Lehm
LT	schwerer Lehm
T	Ton
MO oder Mo	Moor

2. Zustandsstufen 1 bis 7
(1 = günstigste Stufe)

3. Entstehungsarten

A oder Al	Alluvial-(Schwemmland-)boden
D	Diluvial-(eiszeitlicher und Teritär-)boden
L oder LÖ	Löss-(Wind-)boden
V	Verwitterungsboden
AG oder Alg	gesteinshaltiger Alluvialboden
DG oder Dg	gesteinshaltiger Diluvialboden
VG oder Vg	gesteinshaltiger Verwitterungsboden

4. Wertzahlen
Bodenzahl 7 bis 100 (100 = bester Boden)
Ackerzahlen 1 bis 120 (durch Ab- oder Zurechnungen erfasste Unterschiede zu den den Bodenzahlen unterstellten Ertragsbedingungen)

im Grünlandschätzungsrahmen:

1. Bodenarten

S	Sand
1S oder lS	lehmiger Sand
L	Lehm
T	Ton
MO oder Mo	Moor

2. Bodenstufen 1 bis 3
(1 = günstigeste Stufe)

3. Klimastufen A oder a bis D oder d
(A oder a = höchste durchschnittliche Jahreswärme)

4. Wasserstufen 1 bis 5 sowie 4- und 5-
(1 = günstigste Wasserverhältnisse, 4- u. 5- = besonders trockene Lagen)

5. Wertzahlen
Grünlandgrundzahlen 7 bis 88
88 (= bester Boden)
Gründlandszahlen 1 bis 100
(Durch Ab- oder Zurechnungen erfasste Unterschiede zu den den Grünlandgrundzahlen unterstellten Ertragsbedingungen)

Vermerke der Bodenschätzung:

L } M }	Musterstück
N80	Neukultur, hier im Jahre 1980

5. Die übrigen Abkürzungen und Daten sind Angaben für Vermessungsstellen, Behörden, Notare usw.

6. Weitere Erläuterungen erteilt das Katasteramt.

Tabelle 29: Ackerschätzungsrahmen (Auszug)

Bodenart	Entstehung	Zustandsstufe 1	2	3	4	5	6	7
S	D		41–34	33–27	26–21	20–16	15–12	11– 7
	Al		44–37	36–30	29–24	23–19	18–14	13– 9
Sl (S/lS)	D		51–43	42–35	34–28	27–22	21–17	16–11
lS	D		59–51	50–44	43–37	36–30	29–23	22–16
	Lö		62–54	53–46	45–39	38–32	31–25	24–18
	Al		62–54	53–46	45–39	38–32	31–25	24–18
SL	D		67–60	59–52	51–45	44–38	37–31	30–23
	Al		71–63	62–55	54–47	46–40	39–33	32–25
	V		67–60	59–52	51–44	43–37	36–30	29–22
sL	D	84–76	75–68	67–60	59–53	52–46	45–39	38–30
	Lö	92–83	82–74	73–65	64–56	55–48	47–41	40–32
	Al	90–81	80–72	71–64	63–56	55–48	47–41	40–32
	V		76–68	67–59	58–51	50–44	43–36	35–27
L	D	90–82	81–74	73–66	65–58	57–50	49–43	42–34
	Lö	100–92	91–83	82–74	73–65	64–56	55–46	45–36
	Al	100–90	89–80	79–71	70–62	61–54	53–45	44–35
	V		82–74	73–65	64–56	55–47	46–39	38–30
LT	D		78–70	69–62	61–54	53–46	45–38	37–28
	Al		82–74	73–65	64–57	56–49	48–40	39–29
	V		78–70	69–61	60–52	51–43	42–34	33–24
T	D			63–56	55–48	47–40	39–30	29–18
	Al		74–66	65–58	57–50	49–41	40–31	30–18
Mo				45–37	36–29	28–22	21–16	15–10

Grünland	Beispiel
Bodenart	L
Zusatandstiefe	II
Klima	b
Wasserverhältnisse	2
Grünlandgrundzahl	50

+ – Zu- oder Abschläge	+ 4
Grünlandzahl	54

Abb. 479 Ableitung einer Grünlandzahl **(Beispiel)**.

Abb. 480 Besonderheiten bei der Schätzung.

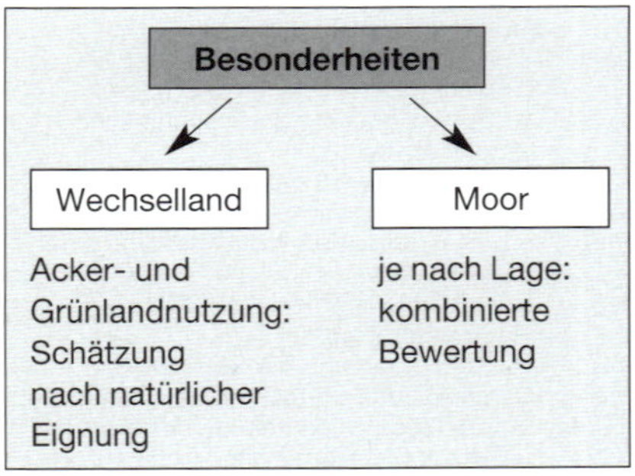

3. Bei der **Einstufung** nach der Bodenzahl wird von einem einheitlichen Klima ausgegangen (8 °C mittlere Jahrestemperatur, 600 l/m² Niederschlag). Tatsächlich beeinflussen klimatische Bedingungen, Geländeausformungen und Grundwasserverhältnisse, Überschwemmungsgefahr, Waldschatten oder Frostlagen stark die Ertragsfähigkeit. Derartige *Abweichungen am Standort* führen zu *Zu-* oder *Abschlägen*. Daraus ergibt sich die **Ackerzahl**.

Bewertung von Grünland – Das Grünland wird nach dem *gleichen Schema* wie Ackerboden bewertet. Für die Bewertung der Ertragsfähigkeit des Grünlandes haben jedoch die Bodenentstehung nahezu keine, die Bodenart und der Bodenzustand eine geringere, dagegen das Klima und die Wasserverhältnisse eine größere Bedeutung. Somit enthält der *Grünlandschätzungsrahmen*, der die **Grünlandgrundzahl** angibt, die Merkmale:

Bodenart: Sand (S), lehmiger Sand (lS), Lehm (L), Ton (T), Moor (Mo);

Bodenstufe: I (beste), III (schlechteste);

Klima: a = 8,0 °C Jahreswärme und darüber, b = 7,9 – 7,0 °C Jahreswärme, c = 6,9 – 5,7 °C Jahreswärme;

Wasserverhältnisse: 1 (beste Wasserversorgung mit besten Süßgräsern), 5 (schlechteste Wasserversorgung, Sumpfwiese oder Schafhutung).

Durch *Zu-* oder *Abschläge* für z. B. Geländeausformung erhält man die **Grünlandzahl**. Bodenart, Bodenstufe, Klima- und Wasserverhältnisse werden entsprechend der Schätzung des Ackerlandes zur Klassenbezeichnung zusammengefasst, der die ermittelten Wertzahlen hinzugefügt werden.

Beispiel: lS/Mo oder Mo/T.
Ansonsten werden die Moore je nach landwirtschaftlicher Nutzung als Acker oder Grünland geschätzt.

Tabelle 30: Grünlandschätzungsrahmen (Auszug)

Bodenart	Bodenstufe	Klima [1]	Wasserverhältnisse				
			1	2	3	4	5
S	I (45–40)	a	60–51	50–43	42–35	34–28	27–20
		b	52–44	43–36	35–29	28–23	22–16
		c	45–38	37–30	29–24	23–19	18–13
	II (30–25)	a	50–43	42–36	35–29	28–23	22–16
		b	43–37	36–30	29–24	23–19	18–13
		c	37–32	31–26	25–21	20–16	15–10
	III (20–15)	a	41–34	33–28	27–23	22–18	17–12
		b	36–30	29–24	23–19	18–15	14–10
		c	31–26	25–21	20–16	15–12	11– 7
LS	I (60–55)	a	73–64	63–54	53–45	44–37	36–28
		b	65–56	55–47	46–39	38–31	30–23
		c	57–49	48–41	40–34	33–27	26–19
	II (45–40)	a	62–54	53–45	44–37	36–30	29–22
		b	55–47	46–39	38–32	31–26	25–19
		c	48–41	40–34	33–28	27–23	22–16
	III (30–25)	a	52–45	44–37	36–30	29–24	23–17
		b	46–39	38–32	31–26	25–21	20–14
		c	40–34	33–28	27–23	22–18	17–11
L	I (75–70)	a	88–77	76–66	65–55	54–44	43–33
		b	80–70	69–59	58–49	48–40	39–30
		c	70–61	60–52	51–43	42–35	34–26
	II (60–55)	a	75–65	64–55	54–46	45–38	37–28
		b	68–59	58–50	49–41	40–33	32–24
		c	60–52	51–44	43–36	35–29	28–20
	III (45–40)	a	64–55	54–46	45–38	37–30	29–22
		b	58–50	49–42	41–34	33–27	26–18
		c	51–44	43–37	36–30	29–23	22–14
T	I (70–65)	a	88–77	76–66	65–55	54–44	43–33
		b	80–70	69–59	58–48	47–39	38–28
		c	70–61	60–52	51–43	42–34	33–23
	II (55–50)	a	74–64	63–54	53–45	44–36	35–26
		b	66–57	56–48	47–39	38–30	29–21
		c	57–49	48–41	40–33	32–25	24–17
	III (40–35)	a	61–52	51–43	42–35	34–28	27–20
		b	54–46	45–38	37–31	30–24	23–16
		c	46–39	38–32	31–25	24–19	18–12
Mo	I (45–40)	a	60–51	50–42	41–34	33–27	26–19
		b	57–49	48–40	39–32	31–25	24–17
		c	54–46	45–38	37–30	29–23	22–15
	II (30–25)	a	53–45	44–37	36–30	29–23	22–16
		b	50–43	42–35	34–28	27–21	20–14
		c	47–40	39–33	32–26	25–19	18–12
	III (20–15)	a	45–38	37–31	30–25	24–19	18–13
		b	41–35	34–28	27–22	21–16	15–10
		c	37–31	30–25	24–19	18–13	12– 7

[1] a = über 8,0 °C Jahreswärme
b = 7,9 – 7,0 °C Jahreswärme
c = 6,9 – 5,7 °C Jahreswärme

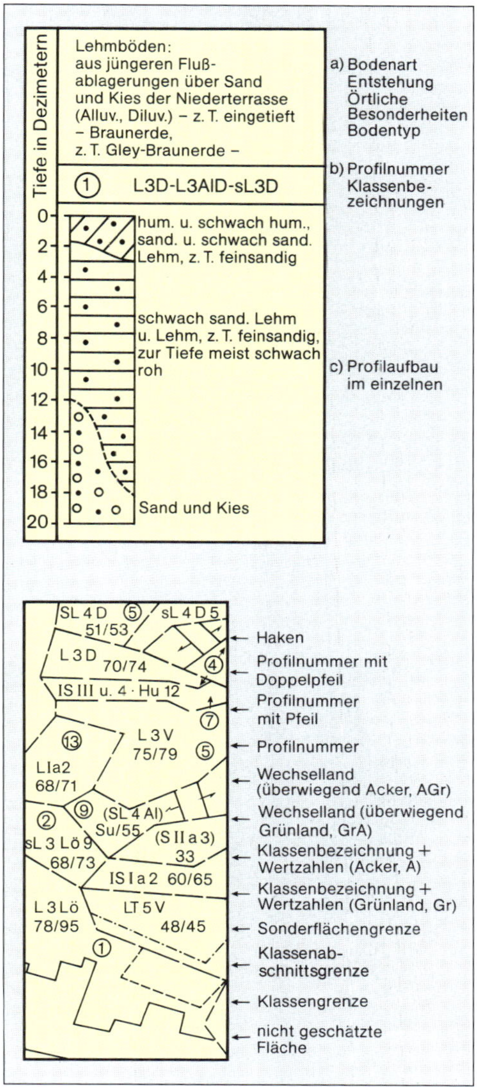

Abb. 481 **Beispiel** einer Bodenkarte auf der Grundlage der Bodenschätzung (oben).
Der unten gezeigte Kasten gibt die am Kastenrand aufgeführten Erklärungen wieder.

Abb. 482 Eine den Verhältnissen angepasste Bodenbearbeitung ist die Voraussetzung für Bodengesundheit und optimale Erträge.

3 Maschinen und Geräte zur Bodenbearbeitung

Ziel aller Bodenbearbeitungsmaßnahmen muss es sein
- die Bearbeitung des Bodens unter Berücksichtigung der Witterung standortangepasst durchzuführen,
- die Bodenstruktur zu erhalten und zu verbessern,
- Bodenverdichtungen unter Berücksichtigung der Bodenart und der Bodenfeuchtigkeit möglichst zu vermeiden,
- Bodenabträge (Erosion) durch Wind und Wasser zu verhindern.

Aus der Vielzahl der angebotenen Geräte und Maschinen für die Bodenbearbeitung sind die geeigneten auszuwählen. Entscheidend ist, mit einem möglichst geringen mechanischen Eingriff in den Boden optimale Wachstumsbedingungen zu schaffen.

Aufgabe der Bodenbearbeitung ist
- das Schaffen eines optimalen Bodengefüges im Bereich der Ackerkrume mit fließendem Übergang zum Unterboden;
- positive Beeinflussung des Luft-, Wärme- und Wasserhaushaltes des Bodens;
- das Einarbeiten der organischen Masse;
- die Unkrautbekämpfung;
- das Herstellen eines optimalen Saatbettes für das jeweilige Saatgut für beste Keimbedingungen.

Tabelle 31: Anforderungen an die Geräte zur Bodenbearbeitung

Maßnahme	geforderte Wirkung
Grundbodenbearbeitung	• grobschollige Bearbeitung in voller Krumentiefe, • Wenden, Lockern, Durchlüften, • Vermischen unterschiedlicher Bodenschichten, • Einarbeiten organischer Masse, • Einarbeiten von Unkrautbewuchs und Dünger, • Aufreissen von Verdichtungszonen, • Brechen der Pflugsohleverdichtungen
Oberflächenbearbeitung	• Einebenen der Oberfläche, • Lockern und Krümeln der Bodenschicht oberhalb des Saathorizontes, • Aufbrechen von Verkrustungen an der Oberfläche, • Oberflächliches Einmischen von Dünger und organischer Masse, • mechanische Unkrautbekämpfung, • Herstellen des erforderlichen Bodenschlusses im Bereich des Saathorizontes
Stoppelbearbeitung	• gleichmäßig tiefe Durchlockerung, • flache Bearbeitung und Einebnung, • Trennen der Stoppeln vom Boden und Freilegen der Wurzelstöcke, • Mischen von Boden, Stoppel und Stroh, • Rückverfestigung der Lockerungsschicht, • Förderung der Samenkeimung

Beim **Einsatz der Bodenbearbeitungsgeräte** sind den Bodenverhältnissen entsprechend die Geräte auf die unterschiedlichen Bedingungen einzustellen. Dabei ist es wichtig, ein physikalisch günstiges Bodengefüge in der Ackerkrume, im Saatbett und im Übergang zum Unterboden zu schaffen.
Zusätzlich sind die organischen Reststoffe und Dünger in den Boden einzumischen sowie Ausfallgetreide und Unkraut wirkungsvoll zu bekämpfen.

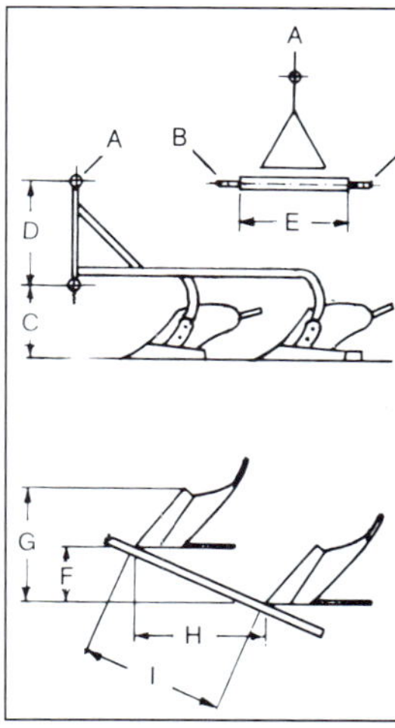

Abb. 483 Wichtige Begriffe und Maße am Pflug.

3.1 Geräte für die Grundbodenbearbeitung

Die **Geräte für die Grundbodenbearbeitung** übernehmen das Lockern, Wenden, Mischen und Einarbeiten von organischer Masse im Bereich der Ackerkrume. Je nach Gerätebauart und Einsatzbedingungen ist die Intensität der Bearbeitung unterschiedlich. Dabei gilt der Grundsatz, den Boden nicht zu überlockern und die Ernterückstände möglichst oberflächennah einzumischen. Als klassisches Gerät für die Grundbodenbearbeitung wird der **Pflug** eingesetzt.
Pflüge werden in verschieden *Größen* angeboten und mit verschiedenen *Körperformen:*

- ▶ Universalkörpern,
- ▶ steilen Körpern,
- ▶ Wendelkörpern.

Für klebrige, humusreiche und moorige Böden eignet sich wegen der besseren Reinigung der *Streifenkörper*. Pflüge mit *Rautenkörper* hinterlassen eine relativ ebene Oberfläche und eine breitere, sich nach oben öffnende Furche. Dadurch können zum Pflügen auch Traktoren mit breiteren Reifen eingesetzt werden.
Für die **Beurteilung der Pflüge** ist von Bedeutung:

- ▶ Die *Arbeitsbreite* eines Schares und die Anzahl der Scharkörper; daraus ergibt sich die Gesamt-Arbeitsbreite;
- ▶ die *Rahmenhöhe*, gemessen von der Scharspitze bis zur Unterkante des Rahmens; bei Pflügen mit großen Rahmenhöhen ist trotz eingebauter Vorwerkzeuge die Verstopfungsgefahr beim Einarbeiten organischer Masse gering;
- ▶ der *Körperlängsabstand*, gemessen von Scharspitze zu Scharspitze; bei größeren Längsabständen wird die Verstopfungsgefahr minimiert, der Pflug wird dann aber länger und schwerer;
- ▶ das *Gewicht* eines Pfluges, es wird bestimmt von der Bauweise, vom verwendeten Material, der Anzahl der Scharkörper und der Ausrüstung mit Vorwerkzeugen.

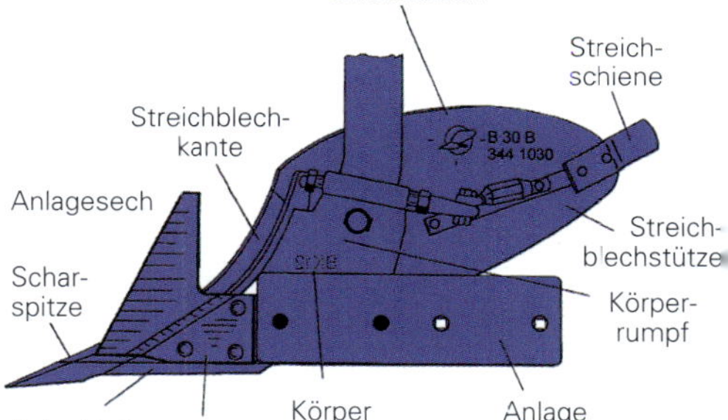

Abb. 484 Bezeichnung der Bauteile eines Pflugkörpers.

Tabelle 32: Wichtige Maße eines 4-Schar-Volldrehpflugs
(Angaben ohne Vorwerkzeuge und Sonderausstattungen)

Ausführung	Gewicht kg	Körperabstand cm	Rahmenhöhe cm	Arbeitsbreite cm
mittelschwer	700–900	80–100	70–90	120–180
schwer	1000–1300	90–105	75–100	120–200

Abb. 485 Streifenkörper-Pflug.

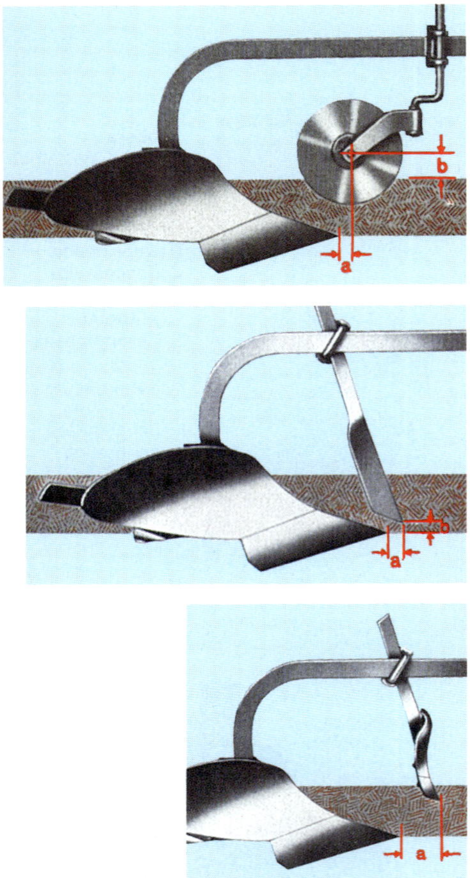

Abb. 486 Grundeinstellung des Pfluges: Scheibensech (oben): a = 0–2,5 cm vor Scharspitze, b = Sechmittelpunkt mindestens 5,5 cm über ungepflügtem Boden. Messersech (Mitte): a = 3 cm vor Scharspitze, b = 2,5 cm über Scharspitze. Düngereinleger (unten): a = Einlegerspitze bis 15 cm vor Scharspitze und 0,5–3 cm seitlich über Scharspitze in ungepflügtes Land.

Abb. 487 Der Anbau des Regelhydraulik-Pfluges an den Traktor ist genau vorzunehmen. Die Stellung der Unterlenker und des Oberlenkers ist zu beachten.

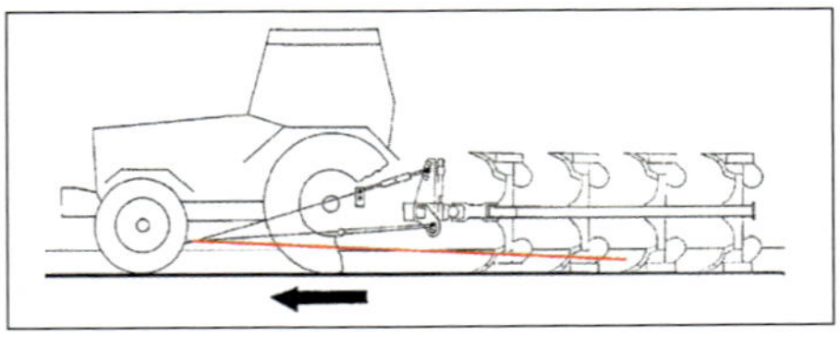

Das Pfluggewicht entlastet die Vorderachse des Traktors. Beim Transport auf der Straße ist auf die Lenksicherheit zu achten. Beim Pflügen ist wegen der gewünschten Triebkraft der Vorderräder die Vorderachse ebenso ausreichend zu belasten.

Die Pflüge können je nach Bedarf mit verschiedenen **Sonderausstattungen** ausgerüstet werden. Darunter fallen:

- ▶ Verschiedene *Schare* wie die selbstschärfende Scharklinge, Schare mit drehbarer Wendespitze, geteiltes Schar oder Schnabelschar;
- ▶ *Messerseche* oder *Anlageseche* für leichtere bis mittlere Böden, *Scheibenseche* in glatter oder gezackter Ausführung für schwere Böden und zum Einpflügen von Ernterückständen;
- ▶ *Einleger* in verschiedenen Ausführungen für organische Masse, besonders Maisstroh; *Einlegehände* auf dem Streichblech verbessern die Arbeitsqualität bei großen Massen;
- ▶ *Untergrundlockerer* in der Ausführung mit Dorn oder Schar zum Lockern der Pflugsohle;
- ▶ *Steinsicherung* für den Einzelkörper mit mechanischer oder hydraulischer Auslösung; bei hohem Steinanteil ist eine Non-Stop-Ausführung von Vorteil;
- ▶ *Schnittenbreitenverstellung* für alle Pflugkörper:
  - – mechanisch von Hand in 3–5 Stufen verstellbar;
  - – mechanisch von Hand zentral für alle Schare stufenlos verstellbar;
  - – hydraulisch stufenlos auch während des Einsatzes verstellbar;
- ▶ *Breitfurchenmesser* zum Anbringen am letzten Schar, um mit Breitreifen arbeiten zu können;
- ▶ *Tasträder* in verschiedenen Ausführungen und Größen;
- ▶ Zusatzausrüstung, um beim *Pflügen auch außerhalb der Furche* fahren zu können(On-Land-Ausführung).

Der **Anbau-Beetpflug** belastet wegen des geringeren Gewichtes den Traktor weniger und ist einfacher in der Einstellung. Nachteilig wirken sich die relativ langen Leerfahrten am Vorgewende, die nicht zu vermeidenden Furchen beim Auseinanderschlag und die Kämme beim Zusammenschlag aus.

Der **Anbau-Drehpflug** ist besonders beim Arbeiten am Hang und beim Pflügen kleinerer, unregelmäßiger Feldstücke von Vorteil.

Alle Anbaupflüge werden über die **Zugwiderstandsregelung** der Traktorhydraulik in der Tiefe geführt. Somit wird die Pflugtiefe durch Änderung des Zugwiderstandswertes an der Regelhydraulik verändert. Die Hydraulik trägt während des Pflügens das gesamte Pfluggewicht und bringt somit zusätzliche Hinterachsbelastung zur Erhöhung der Zugkraft.

Nachteilig wirkt sich die Zugkraftregelung beim Pflügen in unterschiedlichen Bodenstrukturen aus, die Arbeitstiefe wird sich hier ständig verändern. Bei Benutzung der **Mischregelung** kann die Arbeitstiefe gleichmäßiger gehalten werden.

Um eine **saubere Pflugarbeit** zu erhalten und um die Regelfunktion zu gewährleisten ist von Bedeutung, dass

- ▶ mit scharfen Scharen gearbeitet wird;
- ▶ die Schare genügenden Unter- und Seitengriff aufweisen;
- ▶ alle Pflugkörper in ihrer Position zum Pflugrahmen genau eingestellt sind;

- die Stellung der Unterlenker zum Boden und die Stellung des Oberlenkers zu den Unterlenkern passend ist.

Tabelle 33: Pflugeinstellungen bei einem Regelhydraulik-Drehpflug (Beispiel)

Was muss eingestellt werden?	Wo wird eingestellt?
Pflugtiefe	Zugkraftregelung der Hydraulik
alle Schare auf gleiche Tiefe	Oberlenkerlänge
Neigung des Pfluges	Anschläge am Pflugturm
Arbeitsbreite des 1. Schares	Seitliches Schwenken des Pfluges
Zugpunkt des Pfluges	paralleles Verschieben des Pfluges bzw. des Pflugturmes

Abb. 488 Mit dem Oberlenker sind alle Schare auf gleiche Tiefe einzustellen.

Bei der **Einstellung ist der Pflug** in der Arbeitstiefe, in der Arbeitsbreite des ersten Schares, in der Seitenneigung der Pflugkörper und in der gleichmäßigen Arbeitstiefe aller Pflugkörper auf die gewünschten Werte zu bringen. Um den Seitenzug des Traktors möglichst gering zu halten, ist über ein seitliches Verstellen des Anbauturms die Traktor/Pflug-Zuglinie so auszurichten, dass sich diese gedachte Linie mit der Hinterachsmitte kreuzt. Über das am Ende des Pfluges angebrachte Tastrad sollte sich der Pflug nur kurzfristig abstützen. Wird beim Pflügen, wie z. B. mit schweren und langen Anbaupflügen, der Oberlenker im Langloch des Pflugturmes angebracht, wird das Gewicht am Ende des Pfluges ausschließlich vom Tastrad abgestützt.

Pflüge mit mehr als 5 Scharen können wegen des hohen Gewichtes nicht mehr als **Anbaupflüge** arbeiten, sie werden aufgesattelt. Das Gewicht des **Aufsattelpfluges** liegt einerseits auf den Traktorunterlenkern, die über die Zugkraftregelung arbeiten, andererseits stützt sich das hintere Teil des Pfluges auf einem großem Rad ab, über das die Pflugtiefe der hinteren Schare eingestellt wird.

Abb. 489 Die Neigung des Pfluges ist bei Drehpflügen für jede Seite einzustellen.

Eine saubere, dem Boden und den Verhältnissen angepasste Pflugarbeit verbessert die Bodenstruktur und schafft gute Voraussetzungen für die nachfolgenden Bodenbearbeitungsgeräte.

Zum **Aufreißen der Pflugsohle** können an den Pflugkörpern *Lockerungsdorne* oder *Lockerungsschare* befestigt werden, die etwa 8–12 cm tiefer als die Pflugsohle arbeiten. Dieser Bereich wird nur gelockert und nicht mit anderen Bodenschichten vermischt. Damit kann wieder eine Verzahnung der Ackerkrume mit dem Unterboden hergestellt und die Bodenstruktur verbessert werden. Wird an allen Pflugkörpern mit Lockerungsscharen gearbeitet, kann die Arbeitstiefe des Pfluges auf etwa 15–20 cm reduziert werden, die Lockerungstiefe reicht dann um etwa 10–15 cm tiefer auf eine Gesamttiefe von 25–30 cm. Lockerungsschare sind mit Scherschrauben gegen Überlastung zu sichern.

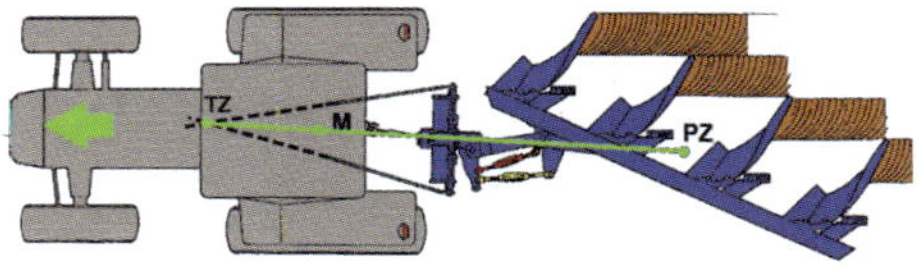

Abb. 490 Zugpunkt des Pfluges richtig eingestellt – gerader Zug des Traktors.

Abb. 491 Zugpunkt des Pfluges falsch eingestellt – Seitenzug des Traktors.

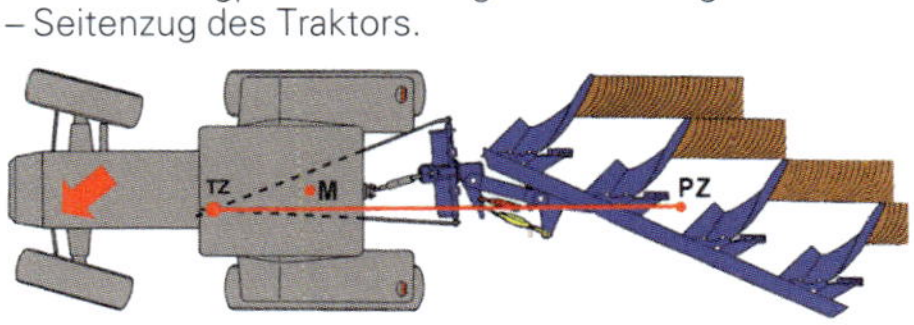

Der **Parapflug** ist ein Pflug, der den Boden bis zu einer Tiefe von max. 60 cm nur lockert. Schwertähnliche Werkzeuge, die schräg am Pflugrahmen angeordnet sind, schneiden den Boden ab und drücken ihn schräg nach oben weg. Die Lockerung hat einen guten Effekt, wenn der Boden trocken ist. Ein Einarbeiten von

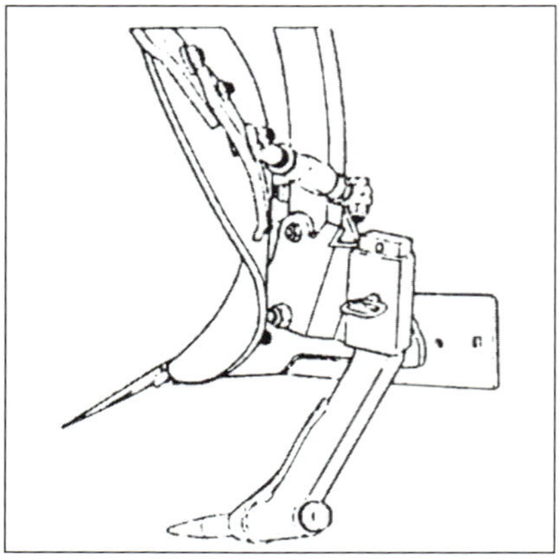

Abb. 492 Lockerungsdorn für die Pflugsohle.

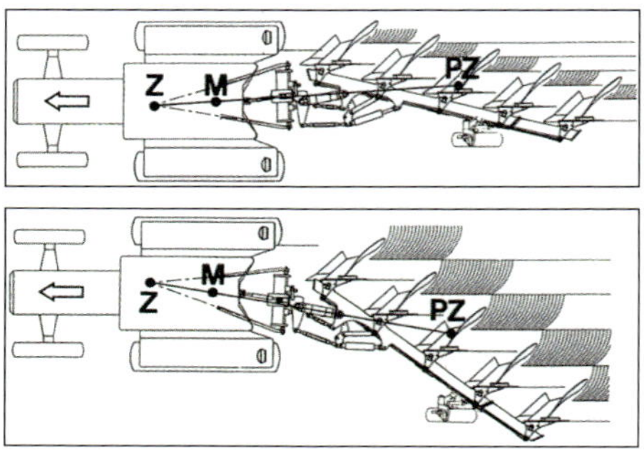

Abb. 493 Stufenlose Arbeitsbreitenverstellung des Pfluges:
Bild oben: geringe Arbeitsbreite,
Bild unten: große Arbeitsbreite.

Abb. 494 Gebräuchliche Grubber-Scharformen.

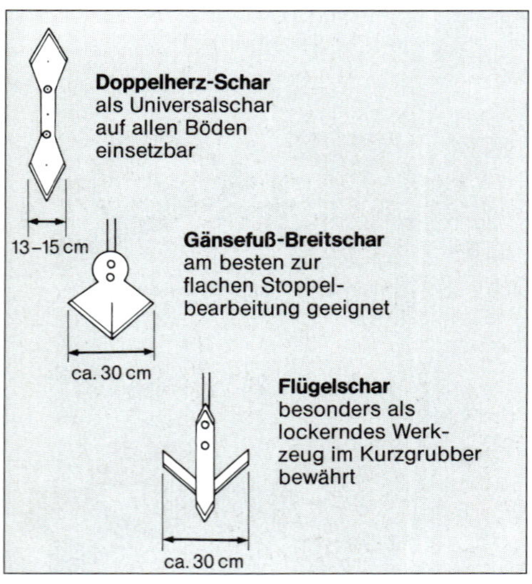

organischer Masse, ein Wenden und Mischen des Bodens ist mit diesem Pflug nicht möglich.

Spatenpflüge können nach dem Rotorprinzip oder nach dem Stechprinzip arbeiten. Die notwendige Leistung für die Pflugarbeit wird ausschließlich über die Traktor-Zapfwelle und nicht über die Räder übertragen. Diese Pflüge haben eine gute wendende, lockernde Wirkung und vermischen die organische Masse gut mit dem Boden.

Für die Grundbodenbearbeitung wird auch der **Grubber** eingesetzt. Für diesen Einsatz, z. B. nach Kartoffeln oder Rüben vor der Weizenbestellung, kann der Boden mit den üblichen Grubbern bis zu Tiefen von ca. 15 cm gewendet, gelockert und gemischt werden. Für die Arbeit mit dem Grubber sind trockene Böden von Vorteil, da die Bodenteile in diesem Zustand gut brechen.

Aufgaben:

1. Aus welchen Bauteilen besteht ein Pflugkörper?
2. Wie wird beim Pflügen mit der Zugwiderstandsregelung die Pflugtiefe eingestellt?
3. Welche Vor- und Nachteile hat das Pflügen mit der Zugwiderstandsregelung?
4. Welche Eigenschaft hat die Mischregelung?

3.2 Geräte zur Stoppelbearbeitung

Für die **Stoppelbearbeitung** werden heute meistens Grubber, Rotoren oder Scheibeneggen eingesetzt.

Grubber – Die Arbeitsqualität eines Grubbers für die Stoppelbearbeitung wird von der Bauart des Grubbers und von den Einsatzverhältnissen bestimmt.

Grubber mit **Doppelherzschare** arbeiten am besten, wenn der Strichabstand zwischen 20 und 25 cm liegt. Selbst bei geringer Arbeitstiefe wird eine durchgehende Bearbeitung erreicht, wenn schnell genug gefahren werden kann. Zum Teil kommen beim Grubber auch Meißelschare zum Einsatz. Um den Durchgang des Grubbers zu erhöhen, sind die Schare meist auf 3 oder 4 Balken verteilt angeordnet.

Grubber mit **Gänsefußschare** haben einen größeren Strichabstand, größere Scharbreiten bis zu 40 cm und sind meist 2-balkig. Der Bearbeitungshorizont ist besonders gleichmäßig bei weniger guter Mischwirkung. Auch Grubber mit **Flügelschare** haben relativ breite Werkzeuge, die die organische Masse mehr an der Oberfläche belassen und ein ganzflächiges Durcharbeiten des Bodens vornehmen. Meist erfordern diese Grubber ein Nachfolgegerät wie z. B. Hohlscheiben, Einlegesterne, Zinkenräder zur besseren Einmischung der organischen Masse.

Für die **Arbeitsqualität** eines Grubbers ist wichtig:

- ▶ die Zinken- und Scharform,
- ▶ die Zinken- und Scharstellung,
- ▶ der Strichabstand,

- ▶ die Arbeitstiefe,
- ▶ die Fahrgeschwindigkeit,
- ▶ der Bodenzustand.

Rotoren – Für eine flache Stoppelbearbeitung wird der **Doppelzinkenrotor** eingesetzt. Die Zinken des ersten Rotors, die in den Boden einstechen, lockern den Boden und treiben den zweiten Rotor über ein Kettengetriebe mit höherer Drehzahl an. Dieser übernimmt das oberflächennahe Einmischen des Strohes.

Eine nachfolgende Stabwalze führt die Rotoren in der Tiefe und bringt eine Rückverfestigung zum besseren Auflaufen von Ausfallgetreide und Unkrautsamen. Je höher die Fahrgeschwindigkeit, desto besser die Bearbeitungsintensität.

Rolleggen – **Scheibeneggen** eignen sich sowohl für die Stoppelbearbeitung wie auch zur Grundbodenbearbeitung. Die Scheibendurchmesser liegen bei über 60 cm, die Belastung bei über 50 kg je Scheibe. Die Scheiben können glatte oder gezahnte Ränder haben. Gezahnte Scheiben sind besser zur Einarbeitung dichter organischer Masse geeignet.

Die Bearbeitungswirkung lässt sich durch die Schrägstellung der x- oder v-förmig angeordneten Scheibenachsen verändern. Zudem ist für den Einsatz das Gewicht der Scheibenegge und die Fahrgeschwindigkeit entscheidend. **Spatenrolleggen** haben statt der Scheibenwerkzeuge gewölbte Spatenwerkzeuge. Sie sind an x- oder v-förmig angeordneten Werkzeugwellen angebracht. Durch die Fahrbewegung erfolgt der Antrieb der Werkzeuge vom Boden aus. Die rotierenden Spatenwerkzeuge stechen in den Boden ein, lockern ihn dadurch und vermischen ihn mit der organischen Masse.

Die **Arbeitsqualität** der Scheibenegge und der Spatenrollegge hängt ab von der

- ▶ Form und den Durchmessern der Werkzeuge;
- ▶ Stellung der Werkzeuge zum Boden;
- ▶ Gewichtsbelastung der Werkzeuge und der erreichbaren Arbeitstiefe;
- ▶ Fahrgeschwindigkeit;
- ▶ Bodenbeschaffenheit und Menge der organischen Masse.

Aufgaben:

1. Welche Faktoren bestimmen beim Schälgrubber die gleichmäßige Stroheinarbeitung?
2. Warum sollen bei der Stoppelbearbeitung die Geräte möglichst flach eingestellt werden?

3.3 Geräte zur Oberflächenbearbeitung und Saatbettbereitung

Der Bearbeitungsgang folgt in der Regel der Grundbodenbearbeitung. Er hat zum Ziel, für das Saatgut einen gleichmäßigen und flachen *Saathorizont* herzustellen und den Boden an der Ober-

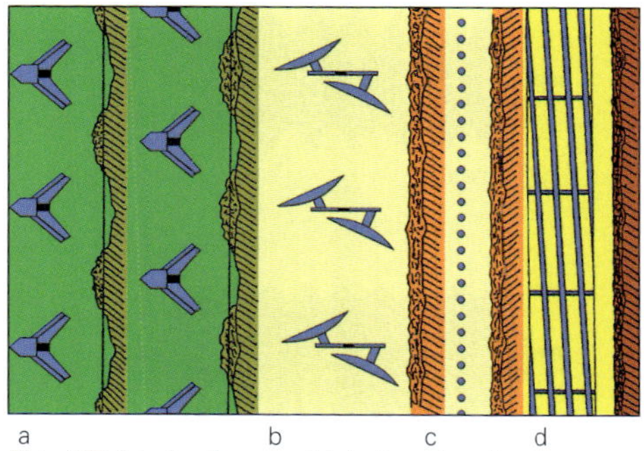

Abb. 495 Arbeitsgänge und Arbeitsweise eines Scheibengruppers:
- a Großflächiges Schneiden, Lockern und intensives Mischen (auch bei geringer Arbeitstiefe). Verstopfungsfreies Arbeiten durch große Strichabstände und Freiräume.
- b Einebnen und nochmaliges Vermischen von Boden und Bewuchs.
- c Einebnen und verbessern der Strohverteilung
- d Optimale Rückverfestigung bei exakter Tiefenführung.

Abb. 496 Wichtige Maße am Grubber:
- a Abstand zwischen den Zinken,
- b Abstand zwischen den Zinkenreihen,
- c Strichabstand,
- d Rahmenhöhe.

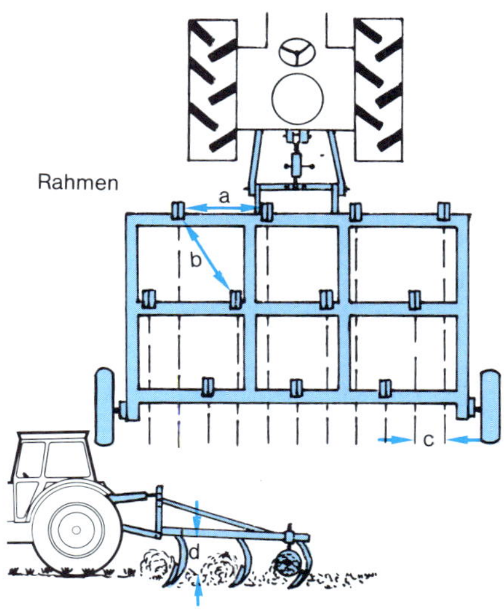

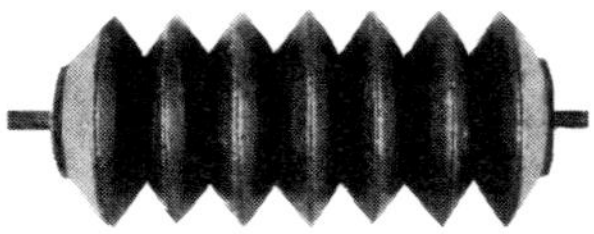

Ringwalze

Sternwalze

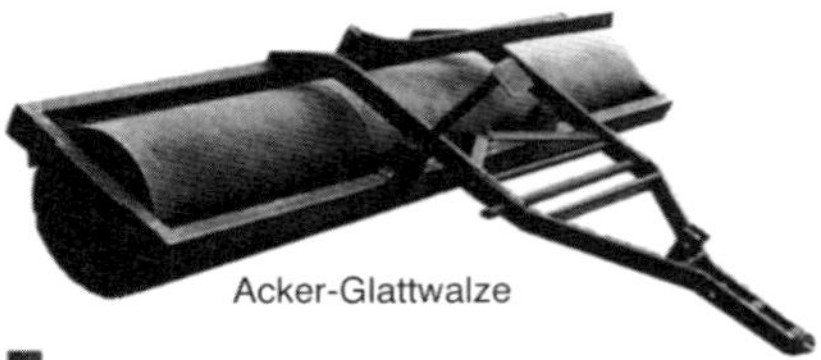

Acker-Glattwalze

Cambridge-Walze

Crosskill-Walze

Cambridge-Crosskill-Walze

Abb. 497 Die Walzenwirkung (Verdichten und Zerkleinern) ist vom Gewicht und von der Ausführung der Walzen abhängig.

fläche zu lockern, zu krümeln und einzuebnen. Um die *Wasserführung* von unten nach oben zu verbessern, ist bei diesem Arbeitsgang eine Rückverfestigung der lockeren Bodenschichten von Vorteil.

Für diese Arbeit eignen sich **Packer**, die am Pflug mitgeführt werden oder vor dem Gerät zur Oberflächenbearbeitung arbeiten. Mit Packern wird der Boden in der Krumentiefe rückverfestigt und z. T. findet eine Zerkleinerung grober Kluten statt. Die Ausführung des Packers ist für die gegebenen Bodenverhältnisse auszuwählen.

Zum Einsatz kommen Keilringpacker, Scheibenpacker, Zahnpacker oder Reifenpacker mit unterschiedlichen Durchmessern.

Am Pflug integrierte, schräg angeordnete **Zinkenbalken** übernehmen hauptsächlich die Zerkleinerung größerer Schollen und das Einebnen der Oberfläche in einem Arbeitsgang beim Pflügen.

Die **Saatbettkombination** ist aus mehreren Werkzeugen zusammengesetzt. Sie eignet sich für eine flache und einebnende Bearbeitung. Im Geräterahmen ist als Vorlaufwerkzeug ein **Eggenfeld** angeordnet. Damit kann der Boden eingeebnet, gelockert und gemischt werden. Als Werkzeuge kommen dafür *Ackereggen* mit starren Zinken, *Universaleggen* mit kleineren Federzahnzinken oder *Feingrubber* mit großen Federzahnzinken in Frage.

Ein gleichmäßig tiefer **Bearbeitungshorizont** und eine ausreichende **Durchlockerung** werden erreicht durch

- ▶ Werkzeuge mit geringem Strichabstand und breiteren Scharen;
- ▶ Eigenbewegung (Vibration) der Werkzeuge;
- ▶ hohe Fahrgeschwindigkeiten.

Als Nachlaufgeräte arbeiten nach den Eggenfeldern 1 oder 2 **Wälzeggen** (Krümler). Sie übernehmen das Krümeln und Einebnen der Bodenschicht über dem Saathorizont. Weil der Geräterahmen und die Eggenfelder in Arbeitsstellung von den Wälzeggen getragen werden, erfolgt durch die *Abstützung* gleichzeitig eine *Rückverfestigung* im Bereich des Saathorizontes. Damit werden ein guter Bodenschluss nach unten und eine krümelige Bodenschicht nach oben erreicht.

Eine gute Arbeit leisten Saatbettkombinationen dann, wenn

- ▶ sie exakt auf die Bodenverhältnisse eingestellt sind,
- ▶ keine tiefen Furchen und Fahrspuren vorhanden sind,
- ▶ die Arbeitsgeschwindigkeit den Verhältnissen und Erfordernissen angepasst wird (etwa 8–14 km/h).

Für den Einsatz ist die Saatbettkombination an das Dreipunktgestänge der Traktorhydraulik so anzubauen, dass alle Einstellungen an den Vorlauf- und Nachlaufgeräten möglich sind.

Die Eggenfelder und die Wälzeggen haben Arbeitsbreiten von 0,9 m, 1,1 m und 1,4 m. Durch die Kombination verschiedener Breiten in entsprechender Anzahl werden Arbeitsbreiten von 1,8 m bis etwa 9 m erreicht. Die Geräterahmen sind für die Transport- und Arbeitsstellung mechanisch oder hydraulisch zu klappen. Bei sehr großen Arbeitsbreiten werden Saatbettkombinationen nicht mehr als Anbaugeräte eingesetzt, sondern in gezogener Ausführung verwendet.

Walzen kommen vor oder nach der Saat, je nach den gegebenen Bodenverhältnissen, zum Einsatz. Sie eignen sich zur Rückverfe-

stigung des Bodens im Bereich des Saathorizontes, zum Krümeln der Oberfläche und zum Aufbrechen von Verkrustungen an der Bodenoberfläche. Je nach Durchmesser, Gewicht und Werkzeugform eignen sie sich für die verschiedenen Böden.
Häufig werden eingesetzt:
- ▶ Cambridgewalze
- ▶ Crosskillwalze
- ▶ Keilringwalze
- ▶ Nockenringwalze
- ▶ Prismenwalze
- ▶ Sternwalze
- ▶ Zahnwalze

Beim Einsatz dieser Walzen mit größeren Durchmessern und höheren Gewichten in der Fronthydraulik des Traktors können diese Geräte gute Voraussetzungen für das nachfolgende Bodenbearbeitungsgerät schaffen. Damit ist selbst bei schwierigen Böden mit nur einer Überfahrt ein optimales Saatbett herzustellen. Gleichzeitig reduzieren sich die Spuranteile und die Spurtiefen. Beim Arbeiten mit Frontwalzen in Hanglagen, braucht das Gerät eine selbsttätige Lenkeinrichtung, um es sicher mit dem Traktor quer zum Hang führen zu können.

Geräte mit Zapfwellenantrieb – Sie kommen hauptsächlich dann zum Einsatz, wenn in einem Arbeitsgang die Saatbettbereitung erfolgen soll. Bei Bedarf wird zugleich die Aussaat vorgenommen. Die Vorteile dabei sind eine Verringerung der Anzahl der Fahrspuren und der niedrigere Arbeitzeitaufwand.
Damit die Einstellungen an Zapfwellengeräten zur Bodenbearbeitung einwandfrei möglich sind, müssen die Geräte an das Dreipunktgestänge des Traktors korrekt angebaut sein.

Kreiseleggen haben eine horizontale Werkzeugbewegung. Die Werkzeuge an den Kreiseln sind zinken- oder messerförmig ausgeführt. Sie sind aus einem verschleißfesten Stahl und z. T. mit verschleißhartem Material beschichtet und am Zinkenträger schleppend befestigt. Der Zinkenträger mit der Antriebswelle und dem Stirnrad ist in der Getriebewanne gelagert.
Um den Verschleiß der Lager so gering wie möglich zu halten, sind eine hohe Stabilität der *Getriebewanne* und entsprechende Lagerausführungen notwendig. Die Getriebewanne ist ausreichend mit Getriebefließfett zu füllen und während eines längeren Einsatzes zu kontrollieren.
Mit den Kreiseleggen lässt sich der Boden z. T. in einem Arbeitsgang saatbettgerecht vorbereiten und einebnen, wobei die gewünschte, flache Arbeitstiefe relativ genau eingehalten werden kann. Dabei ist auf eine waagrechte Einstellung zu achten. Die *Nachlaufwalze*, in der Form z. B. einer Stabwalze, Packerwalze, Ringwalze übernimmt die Tiefenführung und die Rückverfestigung. Über die Fahrgeschwindigkeit und über die Kreiseldrehzahl lässt sich die Bearbeitungsintensität den Bedürfnissen anpassen.
Vor und/oder nach den Kreiseln angeordnete *Prallschienen*, die in der Höhe verstellbar sind, tragen zur besseren Arbeitsqualität, besonders zur Einebnung bei. Seitenbegrenzungsbleche verhindern das Wegschleudern größerer Kluten und eine Dammbildung.

Abb. 498 Bei der Oberflächenbearbeitung ist ein ebener Saathorizont herzustellen (Bild unten).

Abb. 499 Die Wirkung der Egge hängt ab von Zinkenform, Zinkenlänge und Strichabstand.

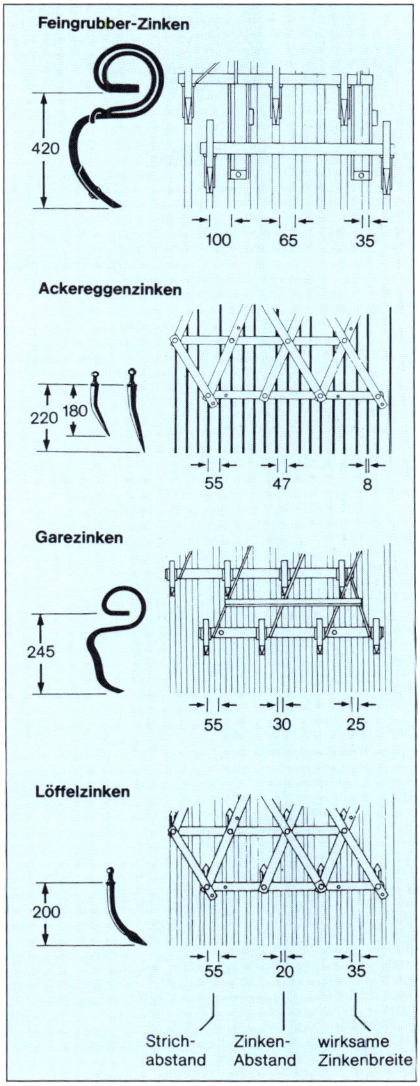

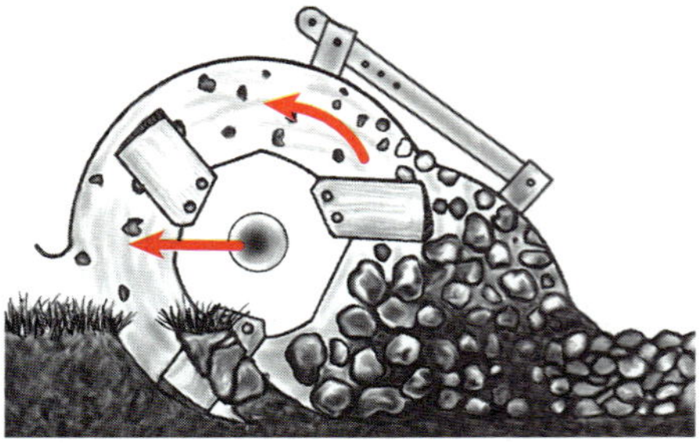

Abb. 500 Arbeitsweise der Fräse.

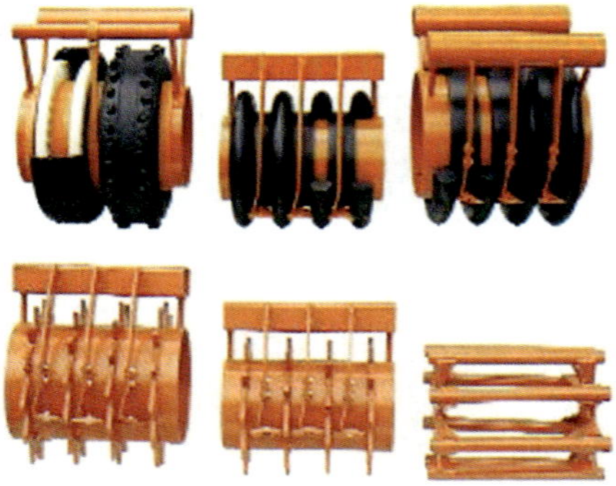

Abb. 501 Verschiedene Nachlaufwalzen **(Beispiele)**.

Abb. 502 Die Kombination von Frontwalze und Bestellkombination reduziert die Arbeitsgänge.

Kreiseleggen über 4 m Arbeitsbreite bestehen aus 2 Einheiten und werden von einem klappbaren Zusatzrahmen geführt.

Zinkenrotoren arbeiten mit Werkzeugen, die sich vertikal bewegen und somit einen guten Zertrümmerungseffekt haben. Der Boden wirkt hier als Gegenschneide, so dass selbst bei schwierigen Verhältnissen ein geeignetes Saatbett hergestellt werden kann. Das Einmischen der organische Masse mit dem Zinkenrotor ist gut möglich, weniger gut die Einebnung der Oberfläche. Die Intensität der Bearbeitung ist über die Fahrgeschwindigkeit, die Rotordrehzahl und die höhenverstellbare Abdeckhaube den Verhältnissen anzupassen.

Der Zinkenrotor wird mit der *Nachlaufwalze* in der Tiefe geführt, so dass auch dieser, wie die Kreiselegge, in Schwimmstellung der Hydraulik zu fahren ist.

Fräsen kommen nach einer Pflugfurche zur Saatbettbereitung kaum zum Einsatz, da wegen der Schneidwirkung der Fräsmesser eine zu intensive Bearbeitung stattfindet. Dagegen ist der Einsatz einer Fräse auf Böden mit starkem Bewuchs möglich, da der Zerkleinerungs- und Einmischeffekt hier vorteilhaft ist. Die Bearbeitungsintensität ist durch die Fahrgeschwindigkeit, Rotordrehzahl und mit der höhenverstellbaren Abdeckhaube einzustellen.

Zur Führung der Fräse in der Tiefe sind *Stützräder* vorhanden.

Rütteleggen haben 2 gegenläufige Zinkenbalken. Dadurch führen die Zinken im Boden eine oszillierende Bewegung aus. Die Bearbeitungsintensität wird beeinflusst durch die Fahrgeschwindigkeit und durch die Häufigkeit der Balkenhübe, bedingt durch die Zapfwellendrehzahl.

Die Tiefenführung erfolgt durch *Walzen*.

Gerätekombinationen – Sie werden in fast allen Bereichen der Bodenbearbeitung eingesetzt. Das Zusammenfassen sich ergänzender und unterschiedlicher Arbeitsgänge wirkt sich auf den Bearbeitungserfolg positiv aus. Damit werden auch Arbeitsgänge eingespart, Fahrspuren und Bodenverdichtungen reduziert, sowie Arbeitszeit, Kraftstoffbedarf und Kosten vermindert.

Meist lässt sich der Boden nach dem Pflügen am besten bearbeiten. Mit der **Pflug-Packer-Kombination** wird nach der Pflugfurche sofort die Rückverfestigung und Einebnung, z. T. auch eine gewisse Zerkleinerung von größeren Kluten vorgenommen. Je nach Bodenart ist der entsprechende Packer zu verwenden. Beim Einsatz von **Wendepackern** ist mit der Nachlaufwalze vielfach eine saatfertige Oberfläche zu schaffen.

Häufig wird nach dem Pflügen die Saatbettbereitung und die Saat durch den Einsatz von **Bestellkombinationen** zusammengefasst. Dazu sind die Geräte auf die Bodenverhältnisse so abzustimmen, dass mit einem Arbeitgang ein einwandfreies Saatbett herzustellen ist. Unter schwierigen Verhältnissen können zusätzlich Walzen oder zapfwellengetriebene Geräte in der Fronthydraulik des Traktors vorausarbeiten, rückverfestigen oder lockern.

Bei der Bestellkombination ist die Sämaschine an das Bodenbearbeitungsgerät an- oder aufgebaut. Das Saatgut wird von den Schleppscharen der Sämaschine in den Boden gebracht. Befinden sich größere Mengen von Pflanzenresten an der Oberfläche, ist vorzugsweise mit Roll- oder Scheibenscharen zu arbeiten.

3.4 Konventionelle – konservierende Bodenbearbeitung

Konventionelle Bodenbearbeitung – Bei ihr wird zur Grundbodenbearbeitung fast immer der *Pflug* eingesetzt. Er hinterlässt keine Pflanzenreste an der Oberfläche, so dass die bekannten Geräte zur Oberflächenbearbeitung einzusetzen sind. Sie werden je nach Bodenzustand, Geräteausführung und Arbeitsorganisation unterschiedlich kombiniert, um mit möglichst wenig Arbeitsgängen und Aufwand ein optimales Saatbett zu erreichen. In der Regel können diese Arbeitsgänge mit den auf einem Betrieb vorhandenen Bodenbearbeitungsgeräten erledigt werden.

Konservierende Bodenbearbeitung – Hier wird die Grundbodenbearbeitung möglichst schonend, mit geringem Eingriff in den Boden, sowohl in der Intensität wie auch in Tiefe vorgenommen. Kann auf eine Lockerung nicht verzichtet werden, kommen für diesen Arbeitsgang *Grubber* mit Flügelschare zum Einsatz.

Flügelschargrubber erreichen den Lockerungseffekt durch Anheben des Bodens. Er wird nicht gewendet und gemischt, so dass das Bodengefüge weitestgehend erhalten bleibt. Das dem Grubber folgende Zapfwellengerät übernimmt das oberflächennahe Einmischen der organischen Masse und die Saatbettbereitung. Nach der Bearbeitung und vor der Saat ist mit Walzen eine ausreichende Bodenrückverfestigung zu erreichen. Als Säschare sind dann meist Roll- oder Scheibenschare notwendig, um das Saatgut besonders bei stärkerer Mulchschicht exakt unter den Mulch ablegen zu können.

Wird auf eine Bodenlockerung verzichtet, kommen zur Saatbettbereitung Geräte zum Einsatz, deren Werkzeuge den Boden bis zur Saattiefe aufbrechen und die organische Masse flach einmischen. Mit den Säscharen wird das Saatgut unterhalb der Mulchschicht abgelegt.

Bei der **Direktsaat** erfolgt die Saatgutablage direkt in den Boden, ohne jegliche Bodenbearbeitung. Mit Doppelscheibenscharen, mit Hohlscheiben oder mit Meißelscharen wird der Boden geschlitzt und das Saatgut darin abgelegt. Federbelastete Rollen drücken das Saatgut an und schließen den Saatschlitz.

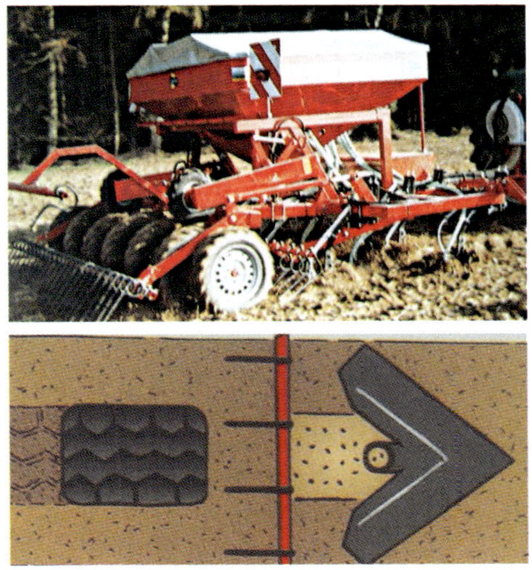

Abb. 503 Grubbersaat: Das Saatgut wird bandförmig abgelegt (Bild unten).

Abb. 504 Doppelscheibenschar mit Andrückrollen für die Direktsaat.

Abb. 505 Bei der Direktsämaschine schneiden die Hohlscheiben die Saatfurche.

Aufgaben:
1. Was bedeutet der Strichabstand an einer Ackeregge und wie wird er ermittelt ?
2. Was versteht man unter Saathorizont ?
3. Welche Aufgaben müssen Geräte zur Oberflächenbearbeitung erfüllen ?
4. Worin unterscheidet sich die konventionelle Bodenbearbeitung von der konservierenden?
5. Welche pflanzenbaulichen Maßnahmen sollen mit der konservierenden Bodenbearbeitung erreicht werden?
6. Welche Vor- und Nachteile sind mit einer Direktsaat verbunden?

Abb. 506 Biotop – **Beispiel** für abiotische Faktoren der Umwelt.

Abb. 507 Hangneigung und Himmelsrichtung bestimmen als Geländefaktoren die Vegetation.

Abb. 508 **Beispiel** Hase: Beziehungen eines Tieres zu seiner Umwelt.

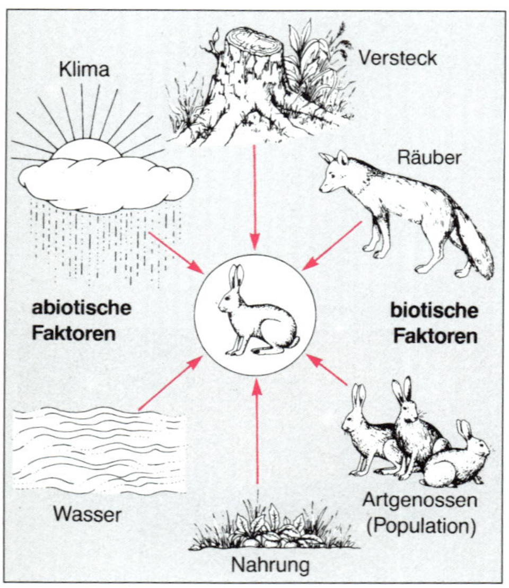

4 Umwelt- und Wachstumsfaktoren

»Umwelt« bezeichnet die Summe aller natürlichen Faktoren und Einflüsse des Menschen auf den Lebensraum (=Biotop). Die natürlichen **Umweltfaktoren** lassen sich in *abiotische* (= unbelebte) und *biotische* (= belebte) Faktoren unterteilen. Sie beeinflussen die Entstehung von Vegetationsgebieten der Erde. In ihnen leben Populationen von verschiedenen Pflanzen- und Tierarten in Lebensgemeinschaften (= Biozönosen).

4.1 Abiotische Umweltfaktoren

Klimatische und mechanische Faktoren – *Lufttemperatur* und *-feuchtigkeit, Niederschläge* und ihre Verteilung im Jahresrhythmus, *Lichtverhältnisse* und *Wind* begrenzen einen Lebensraum. Als Lebensbedingungen für Pflanzen und Tiere führten sie im Laufe der Evolution zu speziellen Anpassungen, die ein Überleben der Arten ermöglichen.

Im Laufe der Erdgeschichte entwickelten sich je nach Klimatyp, geprägt von Höhe, Lage zum Äquator oder Meer verschiedene typische **Vegetationsgebiete** mit ihren Biozönosen, d. h. typische Vergesellschaftungen von Pflanzen und Tieren. Solche *Bioregionen*, auch *Biome* genannt, sind z. B. Tundra, nördlicher Coniferenwald, feuchttemperierter Coniferenwald, temperierter Laubwald, tropische Savannen, tropischer Regenwald, Strauch- und Laubwald.

Chemische Faktoren – Dies sind z. B. Beschaffenheit des Bodens, des Wassers und der Luft, die für den Stoffwechsel der Lebewesen eine entscheidende Rolle spielen. Bestehen sie doch alle aus einer Vielzahl chemischer Elemente und deren Verbindungen. Alle benötigen Wasser und je nach Vorhandensein entstanden Arten mit unterschiedlicher Wasseraufnahme über den Boden (Tief- oder Flachwurzler). Landpflanzen nehmen nur ca. 10 % des Wassers über die Blattoberfläche auf. Auch der Verdunstungsschutz durch eine Wachsschicht (= Cuticula) oder die Steuerung der Transpiration durch Spaltöffnungen gehören zu den Anpassungen.

Nährstoffe (»Nährsalze«) sind alle Elemente und deren Verbindungen, die die Pflanze benötigt.

Das Vorkommen der Makro- und Mikronährelemente im Boden hängt von der Zusammensetzung des Ausgangsgesteins und den Verwitterungsprozessen ab.

Physikalischer Faktor – Aus CO_2 der Luft und Wasser produzieren grüne Pflanzen mit Hilfe von Sonnenlicht bei der **Fotosynthese** Biomasse. Aus diesem Schlüsselprozess stammt letztlich die gesamte Energie für alles weitere Leben, das pflanzliche Biomasse benötigt.

Das heißt, die *Sonneneinstrahlung* als **physikalischer Faktor** ermöglicht den größten Teil des Lebens.

Geländefaktoren – *Geländegestalt* (hügelig, bergig, eben), *Neigung* und *Himmelsrichtung* einer Hanglage und die *Höhe* über dem Meeresspiegel entscheiden als sog. *orographische Faktoren* über das Entstehen typischer Lebensräume.
Beispiele sind die Auenlandschaften der Flusstäler oder die Trockenrasen an den der Sonne besonders ausgesetzten Südhängen.

4.2 Biotische Umweltfaktoren

Alle Lebewesen einer **Biozönose** stehen untereinander in vielseitigen Beziehungen. Ihr Wettstreit um Umweltfaktoren führt zu Konkurrenz. Sie endet entweder mit der Verdrängung eines *Konkurrenten* aus dem Biotop oder mit der Koexistenz, einem »Zusammenleben«.
Ein enges Zusammenleben zweier Arten zu gegenseitigem Nutzen ergibt eine **Symbiose**. Ein Beispiel ist die Mykorrhiza (griechisch = Pilzwurzel). Bei vielen Waldbäumen wie Buche, Eiche, Birke, Lärche, Kiefer, aber auch bei Orchideen und den Heidekrautgewächsen sind die Wurzelenden der obersten, humusreichen, aber nährstoffarmen Bodenschichten mit einem Geflecht von Pilzfäden (Wurzelhose) umgeben. Es versorgt die Wirtspflanze zusätzlich mit Wasser und Nährionen. Dafür bezieht der Pilz von ihr Kohlenhydrate.
Eine weitere Lebensform ist das **Parasitieren**. Im Pflanzenreich bilden *Halbschmarotzer* grüne Blätter und assimilieren selbst. Ihre verkümmerten Wurzeln dringen in die Wirtspflanze ein und zapfen ihr Wasser und Nährionen ab (z. B. Klappertopf, Bergflachs, Mistel).
Vollschmarotzer (z. B. die Kleeseide) leben ausschließlich von fremder organischer Substanz.
Im Tierreich leben die *Ektoparasiten*, z. B. Läuse, auf der Körperoberfläche des Wirtstieres und *Endoparasiten*, z. B. Bandwurm, in seinem Inneren.
Eine wichtige Abhängigkeit in einer Biozönose besteht zwischen **Räuber** und **Beute**. So ernähren sich z. B. Marienkäfer (Räuber) von Blattläusen (Beute) des Lebensraumes.
Solche Abhängigkeitsverhältnisse, als belebte Umweltfaktoren, prägen einen Lebensraum ähnlich wie die abiotischen.
Dabei gilt die **Regel:**

> ! Je artenreicher die Biozönose, desto stabiler ist das Gleichgewicht, weil mehr Ausweichmöglichkeiten (z. B. bei der Nahrungssuche) bestehen.

Das **biologische Gleichgewicht** reguliert sich selbst. Verschiebungen ergeben sich aber durch starke Störungen von außen, z. B. durch *Klimaänderungen*, Einführung *ortsfremder Tiere* und *Pflanzen*, Eintrag von *Chemikalien*, Absenken des *Grundwasserspiegels*, *Besiedelung* von Naturräumen durch den Menschen und Bau von *Verkehrswegen*, die die Lebensräume für Tiere zerschneiden und deren Bestand gefährden.

Abb. 509 Biozönose – **Beispiel** für biotische Faktoren der Umwelt.

Abb. 510 Oben: **Beispiel** einer Symbiose ist die Mykorrhiza (Pilzwurzel) der Kiefer, von Pilzfäden umsponnene Seitenwurzeln; unten: Schema.

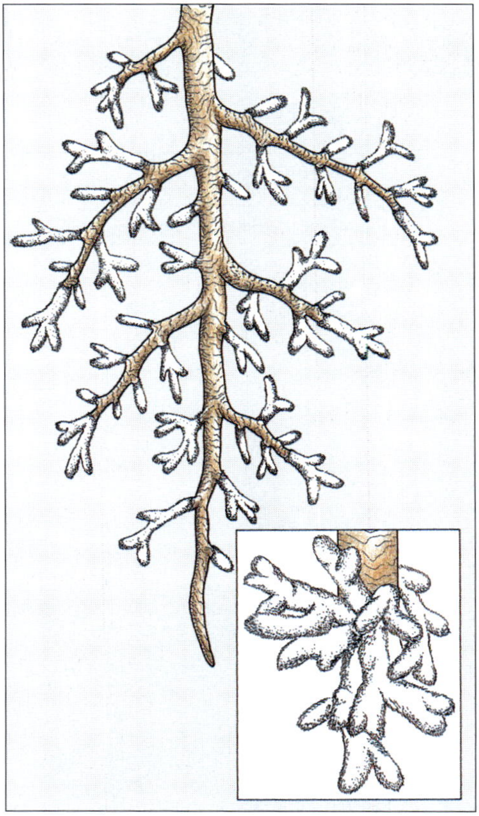

Abb. 511
Ökosystem Mischwald:

1 Vogelnest,
2 Blatt,
3 Ast,
4 Baumhöhle,
5 Rinde,
6 Farn,
7 Fuchsbau,
9 Baumbestand,
10 Exkremente,
11 Pilzgruppe,
12 Aas,
13 Einzelpflanzen,
14 Ameisenhaufen.

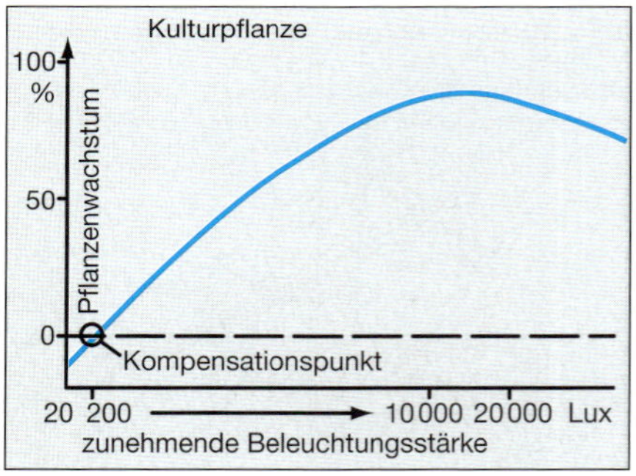

Abb. 512 Einfluss der Beleuchtungsstärke auf das Pflanzenwachstum.

4.3 Wachstumsfaktoren

Neben der ökologischen Betrachtung der Faktoren und ihrer Wirkung auf das Leben ist auch die pflanzenbauliche wichtig. Das heißt, die optimale Gestaltung der **inneren** und **äußeren Wachstumsfaktoren** beim Pflanzenbau setzt deren Kenntnis voraus.
Die *inneren*, z. B. Pflanzenhormone (Auxine, fördern Streckungswachstum, Gibberelline steuern Keimung, Wachstum und Blütenbildung) sind erblich festgelegt und züchterisch zu verändern. Die *äußeren* sind ebenfalls beeinflussbar, z. B. durch Bodenbearbeitung, Sortenwahl, Düngung, Beregnung, Drainage, Folienabdeckung und Pflanzenschutz.

4.3.1 Licht

Wirkung – Licht bringt die Samen der *Lichtkeimer* z. B. Tabak und Mistel zur Keimung. Bei *Dunkelkeimern*, z. B. Kürbis und Stiefmütterchen, hemmt Licht den Keimvorgang. Während der Hauptwachstumsphase benötigen alle grünen Pflanzen Licht für die Fotosynthese.
Die *Lichtstärke*, gemessen in Lux, bestimmt dabei Beginn, Tagesleistung und Ende der **Fotosynthese**. Die Pflanze bevorzugt vor allem den blauen und hellroten Anteil des Lichtsprektrums. Die Belichtung im Gewächshaus mit Speziallampen setzt dieses Wissen um.
Farbe, Menge und Dauer der Belichtung reizen die Pflanze zu Wachstumsänderungen **(Fotomorphose)**. So hemmt *UV-Licht* das Wachstum und erzeugt gedrungene Pflanzen mit kräftigen Blütenfarben, z. B. bei Pflanzen im Gebirge. Zu große Lichtstärke ruft Verbrennungen hervor. *Lichtmangel* verstärkt das Längenwachs-

Abb.513 Das Licht fördert das Dickenwachstum, Dunkelheit das Längenwachstum dieser Kartoffeltriebe (rechts).

tum, verursacht lange, weiche Triebe und Internodien mit blassen Blättern.

Fototropismus – Pflanzen reagieren an ihrem Standort begrenzt auf Licht. Eine durch Licht verursachte Bewegung, z. B. als **Krümmungsreaktion** hin zur Lichtquelle, nennt man Fototropismus. Junge Sprosse wenden sich dem Licht zu, sie sind *positiv fototrop*. Die Wurzeln wachsen in die umgekehrte Richtung den Nährstoffen des Bodens entgegen und sind deshalb *negativ fototrop*.

Fotoperiodismus – Die Tages- bzw. Nachtlänge steuert das vegetative und generative Wachstum der Pflanzen in bestimmten lichtempfindlichen Entwicklungsphasen. Hinsichtlich der **Blütenbildung** sind zu unterscheiden:

- **Kurztagspflanzen:** Sie blühen bei durchgehend langen Nächten, also bei Taglängen unter 12 Stunden z. B. Sojabohne, Reis, Hirse, Baumwolle, aber auch Winterblüher wie Weihnachtssterne.
- **Langtagspflanzen:** Sie bilden Blüten bei einer Belichtungsperiode von über 12 Stunden täglich. Sie stammen meist aus nördlichen Gebieten und blühen bei uns im Sommer z. B. Wicken, Rotklee, Getreide, Rüben.
- **Tagneutrale Pflanzen:** Ihre Blüte hängt nicht von der Taglänge ab, z. B. Einjähriges Rispengras, Mais, Tomate, Sonnenblume. Dadurch steigt die Konkurrenzfähigkeit und ihre Ausbreitungsmöglichkeit enorm an.

Die so genannte *»effektive Tageslänge«* erstreckt sich zwischen 20 Minuten vor Sonnenaufgang bis 20 Minuten nach Sonnenuntergang.

Im Pflanzenbau lassen sich die Lichtverhältnisse z. B. für Getreide und Zuckerrüben über Reihenabstände oder z. B. bei Bäumen über die Standraumgröße regulieren.

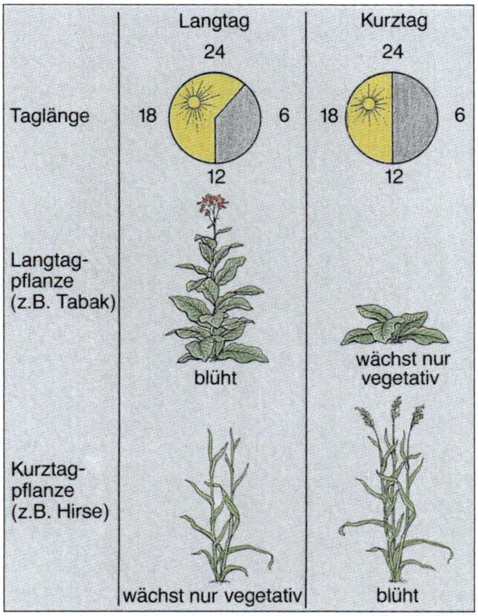

Abb. 514 Einfluss der Belichtungsdauer auf vegetatives und generatives Wachstum von Pflanzen (Schema).

4.3.2 Wärme

Wirkung – Wie Licht reizt auch **Wärme** das Wachstum an oder begrenzt es. Sowohl sehr hohe als auch sehr niedrige Temperaturen führen zu nicht umkehrbarer (irreversibler) Plasmaschädigung, die den Pflanzentod herbeiführt. Dabei liegt das *Temperaturmaximum* für alle höheren Pflanzen bei 45 °C, weil bei Temperaturen darüber das Eiweiß in den Zellen gerinnt. Doch es gibt auch hier Spezialisten, z. B. Mikroorganismen wie Archaebakterien, die in heißen Quellen bei 100 °C leben.

Die *Temperaturminima* und *-optima* unterscheiden sich erheblich. So bauen bei Frostkeimern erst Temperaturen unter 0 °C die *Keimhemmung* ab. Bei anderen beschleunigen **Kältereize** im Jugendstadium die Blütenbildung (Vernalisation) z. B. beim Wintergetreide. Viele Pflanzen vertragen Kälte relativ gut z. B. Roggenpflanzen bis zu –25 °C. Jedoch tritt im gefrorenen Boden Wassermangel auf. So wintern die Getreidesaaten weniger der tiefen Temperaturen wegen aus, als wegen des damit verbundenen Wassermangels.

Bei der Baumwolle verkürzt eine kurzzeitige *Wärmebehandlung* die Kulturzeit. Vorübergehende starke Temperaturschwankungen wirken z. B. bei der Zuckerrübe *blühauslösend* und führen zur unbeliebten Schosserbildung.

Abb. 515 Einfluss der Temperatur auf das Pflanzenwachstum (Weizen).

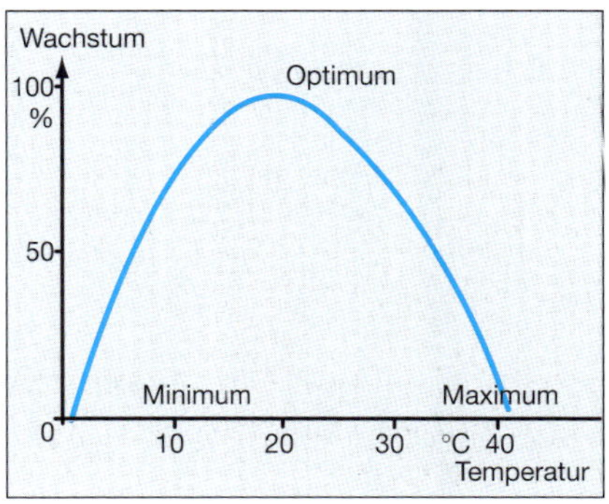

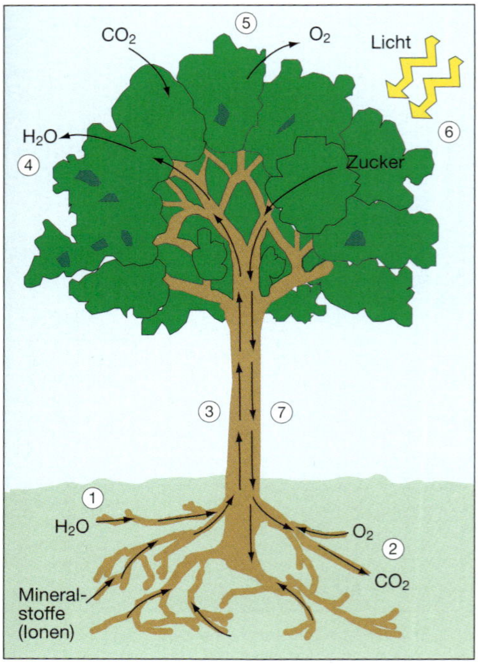

Abb. 516 Transportvorgänge in Pflanzen:
1: Wurzeln nehmen Wasser und gelöste Nährstoffe aus dem Boden auf.
2: Zwischen Wurzeln und Lufträumen findet Gasaustausch statt.
3: Wasser und Mineralstoffe steigen im Xylem zum Spross-System.
4: Verdunstung von Wasser stellt in den Blättern die Kraft dar, die den Xylemsaft nach oben zieht.
5: Die Blätter nehmen über Stomata CO_2 auf und geben O_2 ab.
6: Sonnenlicht bewirkt Wasserspaltung bei der Fotosynthese.
7: Fotosyntheseprodukt Zucker wird gelöst im Phloemsaft in der Pflanze verteilt.

Thermomorphosen – So heißen Gestaltänderungen durch **Wärmereize**. So hemmt dauernder *Wärmemangel* Keimung und Wachstum, fördert dagegen Wurzel-, Stängel- und Blattfäulen. Bei Kälte rollen sich die Blätter ein, Gräser bilden kürzere Internodien. *Wärmeüberschuss* steigert Atmung, Wasser- und Nährstoffaufnahme, so dass es zu einem starken Abbau von Reservestoffen kommt.

Einfluss der Temperatur – Im Feldbau lässt sich durch die Auswahl entsprechender Sorten das klimatisch bedingte Wärmeangebot optimal nutzen.

Die *Temperaturabsenkung* bei der *Lagerung* von Pflanzen und Pflanzenteilen, z. B. Kartoffeln, senkt die Zellatmung und damit den Abbau von Reservestoffen.

4.3.3 Luft

Wirkung – Aus der **Luft** nimmt die Pflanze das **Kohlenstoffdioxid** (CO_2) für die Fotosynthese. Hauptlieferanten für CO_2 sind die Verbrennungsprozesse in den Zellen der Lebewesen, die Mineralisierung von organischem Material durch die Zersetzer, aber insbesondere der Mensch, der in großem Maße fossile Brennstoffe (Kohle, Erdgas, Erdöl) und nachwachsende Rohstoffe (Holz, Energiepflanzen) verbrennt und damit die Luft mit CO_2 anreichert. Die Pflanzen setzen bei der Fotosynthese Sauerstoff (O_2) frei, der dann für alle Verbrennungsprozesse bereitsteht.

Der **Luftstickstoff** (N_2), im Gegensatz zum Sauerstoff sehr reaktionsträge, steht den Pflanzen nicht unmittelbar zur Verfügung. Eine *chemische Bindung* des Stickstoffs mit dem Sauerstoff der Luft erfolgt in geringem Umfang in der Atmosphäre durch Entladung hoher elektrischer Spannung (Blitz). Die entstehenden Stickoxide gelangen mit den Niederschlägen in den Boden und oxidieren zu Nitraten.

Einige frei im Boden lebende *Mikroorganismen* wie z. B. *Azotobacter chroococcum binden* den *Luftstickstoff biologisch*, d. h. mit Hilfe des Enzymsystems Nitrogenase bilden sie Ammoniak, den sie zur Synthese von Aminosäuren und Protein verwenden.

Die *symbiontische N-Bindung* leisten Mikroorganismen z. B. die Knöllchenbakterien *Rhizobium leguminosarum*, die auf den Wurzeln von Leguminosen wie Klee, Luzerne, Erbsen, Bohnen in Symbiose leben. Die Stickoxide, die sie durch Leghämoglobin und das Enzym Nitrogenase gewinnen können, stellen sie ihrem Wirt zur Verfügung und bekommen dafür Assimilate.

Auch die *relative Luftfeuchte* steuert das Pflanzenwachstum. Für die Pflanzen unserer Breiten sollte sie zwischen 60 und 80 % liegen.

Luftmangel – Er entsteht im Feldanbau hauptsächlich bei Windstille, hoher Luftfeuchte, dichten Pflanzenbeständen und Bodenverdichtungen. Wurzelfäulnis, Blattfall und Pilzkrankheiten nehmen zu. Organische Dünger im Feldanbau verbessern die CO_2-Versorgung.

Luftzirkulation – *Wind* sorgt für eine rasche Durchmischung der Luft, was die CO_2-Versorgung der Pflanzen begünstigt; er steigert aber auch die *Transpiration*, so dass bei gleichzeitig hohen Temperaturen der Wassernachschub nicht mehr ausreicht. Die Pflanzen reagieren mit einer *Welketracht,* die die Verdunstung herabsetzt. Wenn auch der Boden zu stark austrocknet, kommt es zum Blattabwurf bzw. zum Verdorren der Blätter.

Windschutzpflanzungen begünstigen die Wasserversorgung, weil sie die Windgeschwindigkeit und damit die Verdunstung herabsetzen. Diese Wirkungen reichen in Abhängigkeit von der Höhe der Hecke, wie Abb. 517 zeigt, fast 100 m weit. Pflanzungen in zirka 300 m Abstand ermöglichen genügend Luftaustausch und optimieren die gewünschten Effekte.

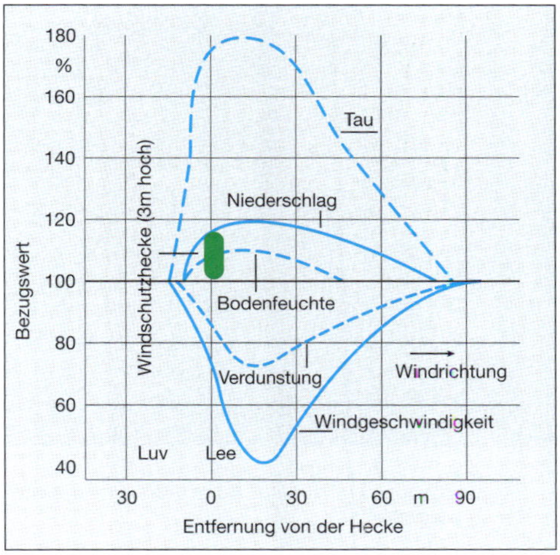

Abb. 517 Wirkungen von Windschutzhecken.

4.3.4 Wasser

Wirkung – Ohne Wasser kein Leben. Es löst die Nährstoffe, sorgt für den erforderlichen Zelldruck (Turgor), ermöglicht Transport- und Stoffwechselprozesse in der Pflanze.

Vorübergehender **Wassermangel** verstärkt die Zellatmung, regt die Wurzel- und eventuell die Blütenbildung an. Bei mehrjährigen Pflanzen leitet er vorzeitig die Ruhezeit ein.

Wasserüberschuss lässt große Zellen mit weichen Zellwänden und damit weiches Gewebe entstehen, das Krankheitserregern wenig Widerstand bietet und die Pflanze in ihrer Standfestigkeit beeinträchtigt. Die Reife verzögert sich. Zuviel Wasser lässt die Wurzeln infolge Sauerstoffmangels absterben und die Blätter vergilben.

Hydromorphosen – Dies sind von *Wasserüberschuss* ausgelöste Veränderungen. So bilden z. B. manche Wasserpflanzen unter und über dem Wasser verschieden gestaltete Blätter aus.

Hygromorphosen – So bezeichnet man Veränderungen der Pflanzengestalt infolge *hoher Luftfeuchtigkeit.* Kennzeichen sind lange Internodien und Blattstiele, große und dünne Blattspreiten. Sie finden sich bei manchen Schatten- und Tropenpflanzen.

Xeromorphosen – Sie treten bei ungünstigen Wasserverhältnissen auf, wie dickere Cuticula, geringe Zahl an Spaltöffnungen, verstärktes Wasserleitungs- und Festigungsgewebe.

Abb. 518 Windbremswirkung eines Kiefernwalces.

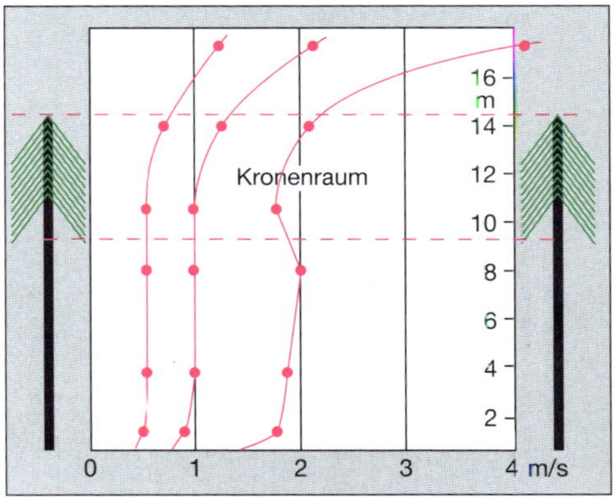

Aufgaben:

1. Beschreiben Sie ein Biotop Ihrer Wahl hinsichtlich der darin vorkommende Populationen!
2. Welche menschlichen Einflüsse belasten die Umwelt?
3. Worin besteht der Unterschied zwischen Symbiose und Parasitismus?
4. Welche Aufgaben erfüllt Wasser in der Pflanze?
5. Nennen Sie einige Wirkungen von Windschutzpflanzungen!
6. Definieren sie den Begriff »Morphose«.
7. Nennen Sie die Arten der Morphosen.
8. Wie kann der Landwirt mithilfe der Wachstumsfaktoren das Wachstum der Pflanzen beeinflussen?

Abb. 519 Wolkenartige Algenbildung im Bodensee nach der Einleitung von Campingplatz-Abwässern.

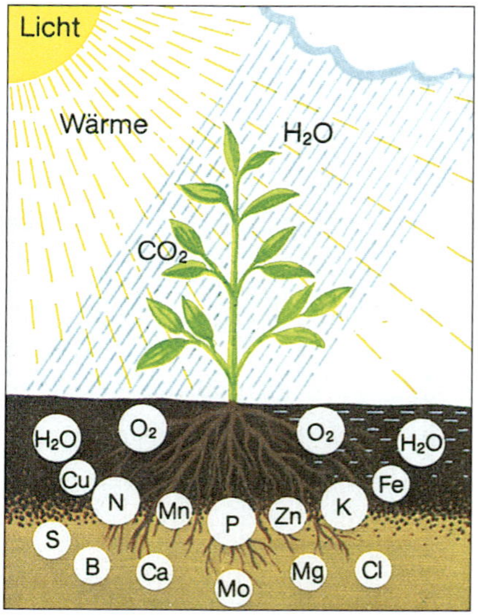

Abb. 520 Optimales Wachstum erfordert alle Wachstumsfaktoren im richtigen Verhältnis.

Abb. 521 Austauschbarkeit der 8 wichtigsten Nährionen für Pflanzen.

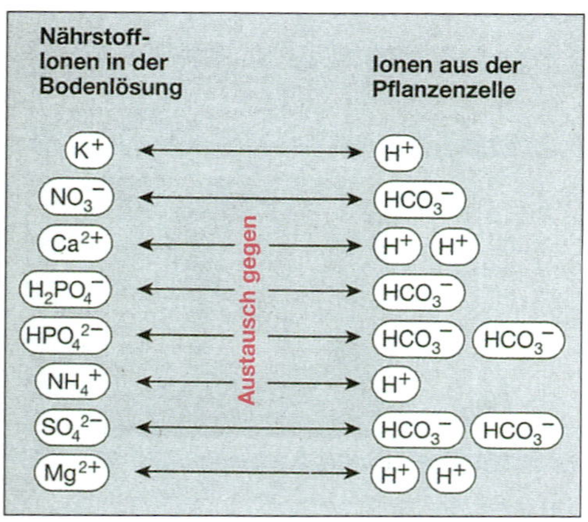

4.3.5 Nährstoffe (Nährelemente)

Bedeutung – Neben CO_2 und Wasser bestimmen vor allem die **Nährstoffe**, auch Nährelemente genannt, Aufbau und Stoffwechsel der Pflanze. Es handelt sich dabei um für Pflanzen unverzichtbare *chemische Elemente* und deren Verbindungen. Sie liegen im Boden meist in anorganischer Form vor. Die Pflanze nimmt sie in unterschiedlichen Mengen auf.

Über das Angebot an Nährstoffen lässt sich das Pflanzenwachstum steuern. Um einerseits die Pflanzen optimal versorgen zu können und andererseits eine Auswaschung von Nährstoffen ins Grundwasser so gering wie möglich zu halten, bedarf es genauer Kenntnisse der *Nährstoffansprüche* der Pflanzen und der *Nährstoffdynamik* im Boden.

Haupt- und Spurennährstoffe – Für Wachstum und Entwicklung der Pflanze sind 16 Nährelemente unentbehrlich (essenziell) und durch keinen anderen Stoff ersetzbar. Abb. 520 zeigt ihre chemischen Symbole.

Nach den **Bedarfsmengen** der Pflanzen lassen sich die Nährelemente einteilen in

- **Makroelemente** (griechisch makros = groß): Dazu zählen Stickstoff (N), Phosphor (P), Kalium (K), Calcium (Ca), Magnesium (Mg) und Schwefel (S).
  Sie heißen auch *Hauptnährelemente* (Hauptnährstoffe).
  Von ihnen benötigen Pflanzen je nach Standort und Ertragsleistung bis zu einigen Hundert kg z. B. Stickstoff oder Kalium je ha.
- **Mikroelemente** (griechisch mikros = klein): In geringen Mengen nimmt die Pflanze Eisen (Fe), Kupfer (Cu), Mangan (Mn), Zink (Zn), Bor (B), Molybdän (Mo), Chlor (Cl) und manchmal auch Natrium (Na), Selen (Se), Cobalt (Co) und Silicium (Si) (z. B. Kieselalgen); Braunalgen auch Jod (J) aus der Bodenlösung auf. Weil schon ein bis einige Hundert Gramm je ha genügen, heißen sie auch *Spurenelemente* (Spurennährstoffe).

Dazu kommen Kohlenstoff, Wasserstoff und Sauerstoff als Elemente, die Pflanzen zum Aufbau wichtiger Strukturen und Inhaltsstoffe wie Kohlenhydrate, organische Säuren, Aminosäuren usw. benötigen. Pflanzen nehmen sie als Gase aus der Atmosphäre oder in Wasser gelöst auf.

Nährstoffversorgung der Pflanze – Die notwendige Versorgung der Pflanze mit Haupt- und Spurenelementen hängt von den *Reserven im Boden* und deren Freisetzung durch die *Verwitterung* ab. Allerdings führen extreme pH-Werte im Boden zu *Mangelerscheinungen*, weil eine sehr saure oder stark alkalische Reaktion Nährstoffe festgelgt. Auch langjähriger Anbau einer Pflanzenart erzeugt durch einseitigen Entzug Mangel, wie z. B. Bormangel bei Zuckerrüben.

Die Bodenreserven der **Hauptnährstoffe** reichen meist nicht aus, um ein optimales Pflanzenwachstum zu sichern. Deswegen führt der Pflanzenbauer die fehlenden Nährstoffe durch *Düngung* zu.

Bei **starkem akutem Mangel** zeigen Pflanzen typische Mangelerscheinungen, z. B. *Chlorosen* (Bleichsucht), *Nekrosen* (Absterben von Pflanzengeweben), *Verfärbungen, Verkümmerungen* und *ver-*

ringerten Wuchs. Die Beurteilung gestaltet sich oft schwierig, weil auch andere Ursachen, z. B. Pilz- und Virus-Erkrankungen ähnliche Symptome hervorrufen. Man spricht von Maskierung. Nur eine chemische Pflanzenanalyse in einer Versuchsanstalt deckt einen Mangel sicher auf. Auch bei sofortiger Behebung des Mangels bleiben starke Ertrags- und Qualitätseinbußen.

Eine Unterversorgung mit Nährstoffen kann aber auch schon vorliegen, ohne dass die beschriebenen Mangelerscheinungen auftreten. Es liegt dann ein verdeckter, *latenter Nährstoffmangel* vor, der zu den gleichen Einbußen führt.

Gezielte Düngungsmaßnahmen, die sich am Versorgungsgrad des Bodens und dem Bedarf der Kulturpflanzen orientieren, setzen eine regelmäßige Bodenuntersuchungen voraus.

Pflanzen können aufgrund einer **Überversorgung** *Luxuskonsum* treiben. Übersteigen die Nährstoffüberschüsse im Boden bestimmte Grenzwerte, so reagieren Pflanzen unerwünscht, z. B. lagern sie bei N-Überschuss. Die tödliche Grenze *(Toxizität)* ist erreicht, wenn die Nährstoffkonzentration zur Plasmolyse führt, zum »Verbrennen« der Pflanzen bei hohen einmaligen Düngergaben.

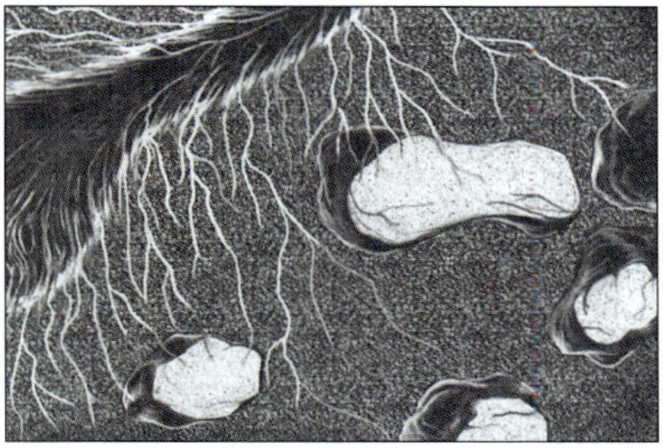

Abb. 522 Die Wurzelhaare (oben und 1) wachsen im Boden gezielt auf die benötigten Nährstoffionen (2) zu, lösen diese von den Bodenkolloiden (3) und nehmen sie auf.

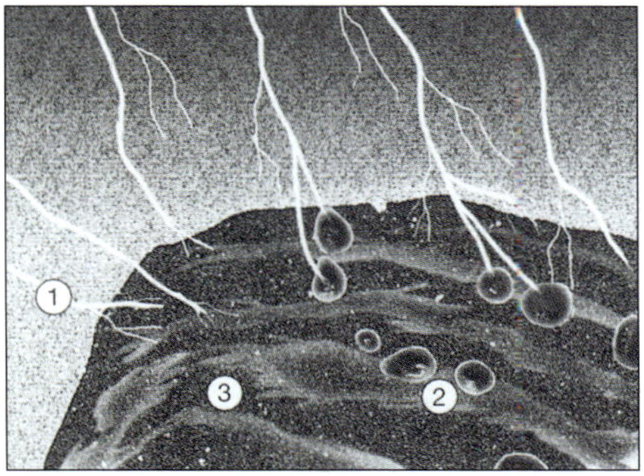

Aufgaben:
1. Welche Standortfaktoren sind beeinflussbar und welche nicht?
2. Woher kommt die Bezeichnung Makro- und Mikronährstoffe?
3. Suchen Sie Beispiele für Mangelerscheinungen.
4. Unterscheiden Sie Chlorosen und Nekrosen.
5. Was heißt Luxuskonsum der Pflanzen?

Die Tabelle 34 gibt eine Übersicht über die Nährstoffe, ihre Bedeutung für die Pflanze und durch sie ausgelöste Mangelerscheinungen.

Abb. 523 Zusammenhang von Nährstoffversorgung und möglichem Ertrag der Pflanze.

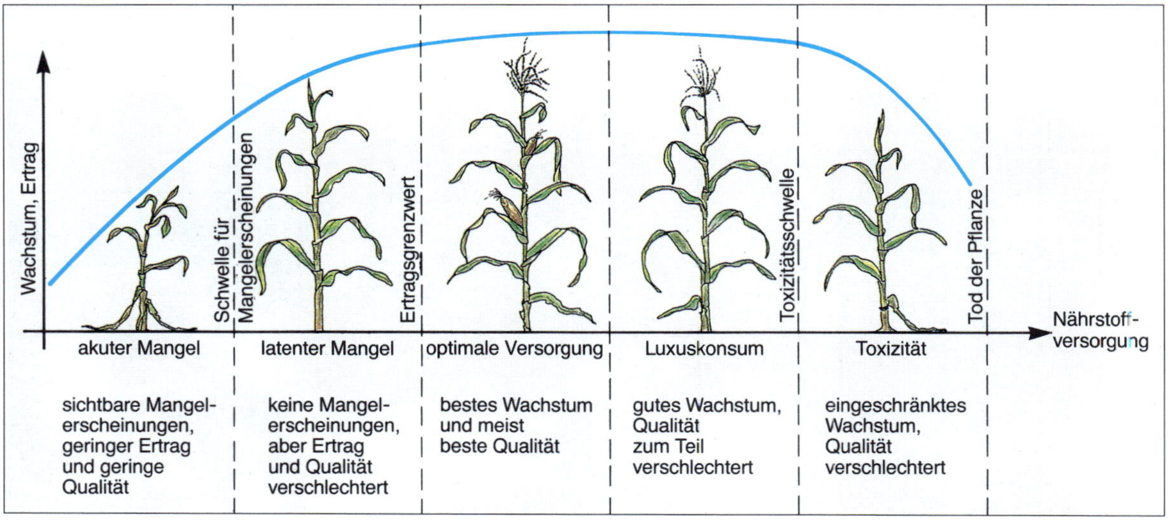

Tabelle 34: Überblick über die Bedeutung der Nährelemente

Nähr-element	Aufnahme in Form von	Aufgaben und Wirkungen in der Pflanze	Mangelerscheinungen, **Beispiele**
Hauptnährstoffe			
Stickstoff (N)	NO_3^- NH_4^+	wesentlicher Baustein aller Proteine und Proteide, des Chlorophylls und der Enzyme, in seiner Funktion von keinem anderen Element ersetzbar, fördert besonders das vegetative Wachstum, verzögert die Reife	kümmerlicher Wuchs und Ertrag, hellgrüne bis gelbgrüne Verfärbung der Pflanzen, bei länger anhaltendem Mangel Absterbeerscheinungen, an den Blattspitzen beginnend  Abb. 524 N-Mangel (vorne) bei Mais.
Phosphor (P)	$H_2PO_4^-$ HPO_4^{2-}	wesentlicher Bestandteil des Zellplasmas, wichtigster Energieträger in der Pflanze und damit für den gesamten Stoffwechsel verantwortlich, ausreichende P-Versorgung vermindert Infektionsbereitschaft, Schädlingsbefall und Kältestress, fördert die Ausbildung von Blüten und Früchten, beschleunigt die Reife	kleine, kümmerliche Pflanzen, geringe Bestockung, häufig rötliche Färbung der Blätter und Stengel  Abb. 525 P-Mangel (rechts) bei Hafer.
Kalium (K)	K^+	aktiviert Enzyme und reguliert dadurch den Auf- und Umbau von Assimilaten, fördert die Wasseraufnahme, hemmt die Transpiration, wirkt quellend auf das Zellplasma und verbessert dadurch Standfestigkeit und Widerstandsfähigkeit gegen Schädlinge und Stressbelastung, erhöht die Qualität der Ernteprodukte durch höheren Gehalt an Inhaltsstoffen und verbesserte Lagerfähigkeit	Pflanzen zeigen auch ohne Wassermangel Welkeerscheinungen, Blätter hellen vom Rand her auf, ältere Blätter werden gelb  Abb. 526 K-Mangel an Maiskolben.
Magnesium (Mg)	Mg^{2+}	zentraler Baustein für das Chlorophyll und damit für die Fotosynthese unersetzbar, an der Steuerung des Wasserhaushalts beteiligt, Bestandteil vieler Enzyme, deswegen für die Funktion des Stoffwechsels wichtig	Aufhellungen zwischen den Blattadern, später abgestorbene Stellen über das ganze Blatt verteilt, besonders empfindlich gegen Mg-Mangel sind Kartoffeln, Beta-Rüben und Mais  Abb. 527 Mg-Mangel bei Reben.

Fortsetzung Tabelle 34

Nähr-element	Aufnahme in Form von	Aufgaben und Wirkungen in der Pflanze	Mangelerscheinungen, **Beispiele**
Hauptnährstoffe			
Calcium (Ca)	Ca^{2+}	als Baustein der Zellwände trägt es zur Stabilität der Pflanze bei, fördert Zellvermehrung, Wurzel- und Längenwachstum	in der Praxis kaum Ca-Mängelschäden an den Pflanzen, dafür oft indirekte Wachstumsstörungen durch ungenügende Ca-Versorgung des Bodens bis hin zu Säureschäden auf Standorten mit zu geringer Ca-Nachlieferung (Urgestein-Verwitterungsböden, Sandböden)  Abb. 528 CaO-Mangel (rechts) bei Hafer.
Schwefel (S)	SO_4^{2-}	unentbehrlich für den Aufbau einiger Aminosäuren, Feststellung von S-Mangel bei Raps durch Untersuchung der Blätter: S-Gehalt 5,5 mg S/g Blattmasse bedeutet ausreichende Versorgung	S-Mangel bei Raps durch Verringerung des Eintrags über die Niederschläge (Rauchgas-Entschwefelung) möglich, junge Blätter zeigen Aufhellungen zwischen den lange grün bleibenden Blattadern, beim Schossen löffelförmiges Eindrehen der Blätter nach innen und Rotfärbung, gelblich-weiße Blütenblätter, deutlich verringerte Samenzahl je Schote  Abb. 529 S-Mangel (rechts) bei Raps.
Spurenelemente			
Bor (B)	$H_2BO_3^-$ HBO_3^{2-}	wichtigstes Spurenelement für Entwicklung, Qualität und Ertrag	Mangel wird oft durch hohe pH-Werte und Trockenheit begünstigt, bekannteste Erscheinung Herz- und Trockenfäule bei Rüben, Luzerne, Klee und Raps haben ebenfalls höheren Borbedarf  Abb. 530 B-Mangel an Zuckerrübe.

Fortsetzung Tabelle 34

Nähr- element	Aufnahme in Form von	Aufgaben und Wirkungen in der Pflanze	Mangelerscheinungen, **Beispiele**
Spurenelemente			
Eisen (Fe)	Fe^{2+}	notwendig für die Chlorophyllbildung und damit für die Fotosynthese, für Mensch und Tier als Bestandteil ihres roten Blutfarbstoffes (Hämoglobin) unentbehrlich	in der Regel ausreichende Versorgung der Böden mit mobilisierbarem Fe, eventuell Mangel auf kalkreichen Standorten, leuchtende Blattaufhellungen (Chlorosen) bei Fe-Mangel an Pflanzen  Abb. 531 Fe-Mangel bei Erdbeeren.
Mangan (Mn)	Mn^{2+}	fördert die Bildung von Enzymen	in der Regel ausreichende Versorgung der Böden, bei kalk- und humusreichen Böden eventuell Mangel durch Festlegung und Aufnahme durch Bakterien, bei Hafer Dörrfleckenkrankheit, bei Tieren Fruchtbarkeitsstörungen  Abb. 532 Mn-Mangel an Apfelblättern.
Kupfer (Cu)	Cu^{2+}	wie Fe Bestandteil von Atmungsenzymen	empfindlich gegen Cu-Mangel ist Getreide (Heidemoor-Krankheit bei Hafer), in der Regel ausreichende Versorgung der Böden, bei Anwendung Cu-haltiger Pflanzenschutzmittel sogar zu hoher Cu-Gehalt (Hopfenbau) 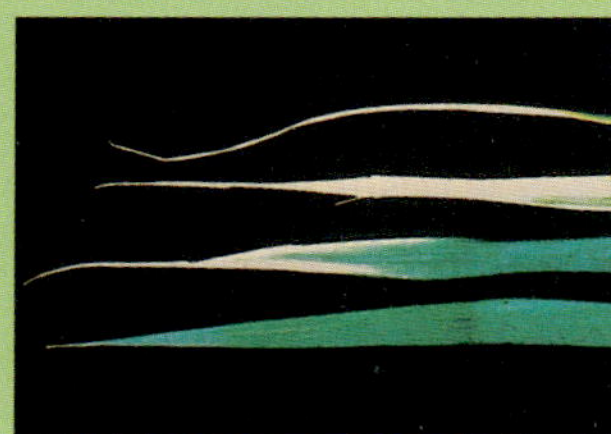 Abb. 533 Cu-Mangel (oben) an Getreide.
Zink (Zn)	Zn^{2+}	aktiviert Enzyme und fördert die Wuchsstoffbildung	bei Feldfrüchten selten Mangel, gelegentlich bei Wein, Obst und Hopfen (Gelbfärbung der Blätter, Ausbildung kleiner Blätter)  Abb. 534 Zn-Mangel bei Citrusblättern.

Fortsetzung Tabelle 34

Nährelement	Aufnahme in Form von	Aufgaben und Wirkungen in der Pflanze	Mangelerscheinungen, **Beispiele**
Spurenelemente			
Molybdän (Mo)	$MoSO_4^{2-}$	Bestandteil von Enzymen für die Stickstoffumwandlung	Gelbfärbung und Verformung junger Blätter, Mangel am ehesten auf sauren Standorten, empfindlich ist besonders Blumenkohl  Abb. 535 Mo-Mangel an Kohl.
Chlor (Cl)	Cl^-	beteiligt an der Umwandlung von Stärke in Zucker, Kartoffeln, Wein und Obst sind chlorempfindlich	Mangel wird in der Praxis nicht beobachtet

Aufnahme der Nährstoffe – Pflanzen können Nährstoffe aus der Nährlösung über die Wurzeln aufnehmen oder über die Blätter.

Aufnahme aus der Bodenlösung: Die Pflanze deckt ihren Bedarf an Kohlenstoff über das Gas CO_2, das sie durch die Spaltöffnungen der Blätter aus der Luft aufnimmt. Wasserstoff (H_2) und Sauerstoff (O_2) gewinnt sie in erster Linie über die Wasserspaltung bei der Fotosynthese.

Die anderen Nährelemente nimmt sie über die Wurzeln aus der **Bodenlösung** auf. Diese besteht aus Wasser und den darin gelösten Nährionen, die entweder aus der Verwitterung des Gesteins oder aus zugeführten Düngern stammen.

Die Menge der Nährstoffionen in der Bodenlösung befindet sich mit der an den Sorptionskomplexen des Bodens gebundenen in einem *Gleichgewicht* (siehe auch Abschnitt »Bodenkunde«). Die Aufnahme der Nährionen durch die Wurzeln geschieht im *Austausch* gegen H^+- und HCO_3^--Ionen.

Der Vorgang der **Nährstoffaufnahme** läuft in **Teilprozessen** ab:

- Die Nährstoffionen der Bodenlösung sammeln sich durch Massenfluss und *Diffusion* an der Oberfläche der Wurzelhaare.
- Durch weitere Diffusion gelangen sie nun über die Zellwand der Wurzelhaare in den freien Raum der Zellzwischenräume ins Zellinnere.
- Von dort transportiert sie die Pflanze *aktiv* mit Hilfe von Energie, die aus der Zellatmung stammt, über Plasmabrücken (Plasmodesmen) von Zelle zu Zelle in das Innere der Wurzel zu den Leitungsbahnen und von dort mit dem *Transpirationsstrom* nach oben zu den Blättern.

Die Pflanzen *wählen* in einem gewissen Rahmen unter dem Angebot an Nährionen *aus*. Dies schützt sie aber nicht vor der Aufnahme von Schwermetallen oder von zu viel Nährstoffen.

Nährstoffaufnahme über das Blatt: Die Zellwände der Blattoberhaut und die Cuticula besitzen porenartige Öffnungen (Ektodes-

Abb. 536 Schematischer Wurzelaufbau: Querschnitt und Längsschnitt.

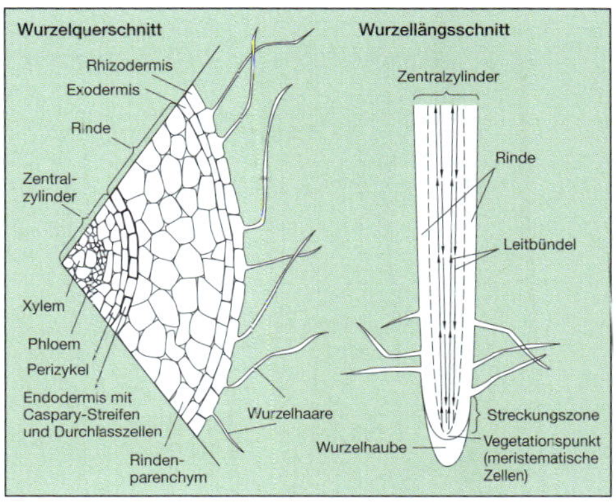

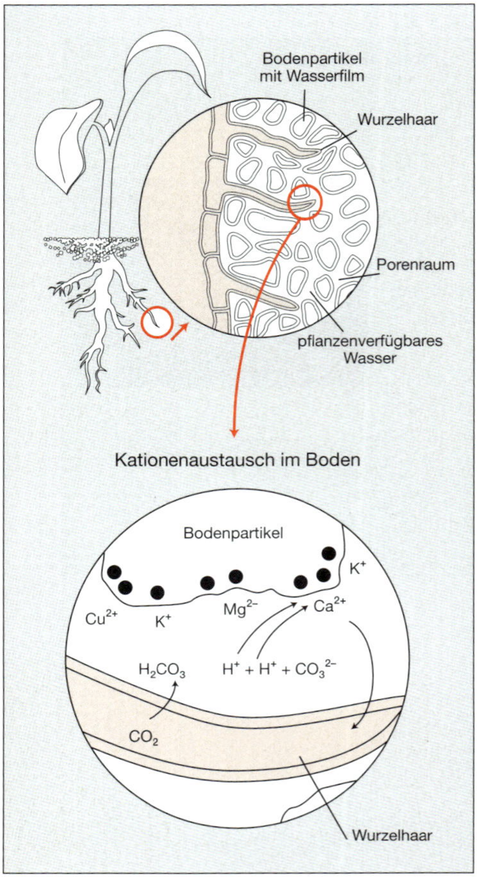

Abb. 537 Kationenaustausch im Boden (oben) und Nährstoffaufnahme der Pflanze (unten).

Abb. 538 Bei der Blattdüngung dringen die Nährionen der Düngerlösung über die Außenkanäle der Blattoberhautzellen in die Pflanze ein.

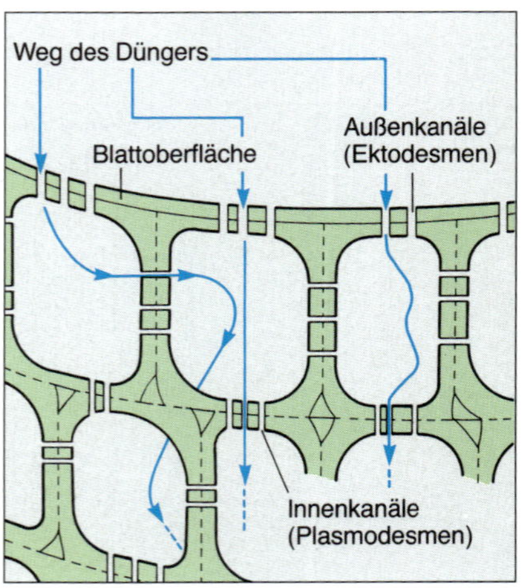

men). Über diese nimmt die Pflanze Wasser und Nährstoffe auf. Theoretisch lässt sich die Pflanze vollständig über das Blatt ernähren.

Blattdüngung erfolgt mit einer verdünnten Düngemittellösung, aufgebracht als hochwirksamer Nährstoffbelag auf die grünen Teile der Pflanze. Das Verfahren eignet sich gut zur Deckung eines erhöhten Nährstoffbedarfs in besonderen Entwicklungsphasen der Pflanze, z. B. Magnesium-Düngung bei Kartoffeln mit Bittersalz, um temporären Mg-Mangel vorzubeugen. Ein anderes Beispiel für die Blattdüngung wäre die Spritzung von Borat zur Behebung des Bor-Mangels bei Zuckerrüben, der die Herz- und Trockenfäule hervorruft.

Der *Vorteil* der Blattdüngung liegt in der gezielten Anwendung und im hohen Wirkungsgrad des Düngers unabhängig von der Wasserversorgung des Bodens, ihr Nachteil in der begrenzten Nährstoffmenge. Die Gefahr von Blattverätzungen (Plasmolyse) lässt nur geringe Konzentrationen der Düngerlösung zu. Außerdem sind kritische Phasen der pflanzlichen Entwicklung zu berücksichtigen.

4.3.6 Wirkstoffe

Wirkstoffe bestehen aus Eiweißverbindungen oder Ribonucleinsäure-Molekülen und erfüllen als Enzyme oder Hormone in kleinsten Mengen Steuerungs- und Regelungsaufgaben.

Enzyme – Sie wirken als *Bio-Katalysatoren* z. B. im Stoffwechselgeschehen, indem sie chemische Abläufe in Gang bringen, steuern und beschleunigen und sich dabei selbst nicht verbrauchen. Im Gegensatz zu den Katalysatoren in der anorganischen Chemie (z. B. Platin) wirken Bio-Katalysatoren hoch spezifisch, d. h. als Spezialisten können sie nur bestimmte Umsetzungen katalysieren.

Hormone – Sie sind *chemische Botenstoffe*. Da Pflanzen kein Nervensystem zur Reizleitung besitzen, erzeugen sie chemische Bo-

Tabelle 35: Beispiele für Wirkstoffgruppen und ihre Aufgaben

Enzyme	Wirkstoff	Aufgaben
	Urease	katalysiert die Umsetzung von Harnstoff in Ammoniak und Kohlenstoffdioxid
	Aminosäure-oxidase	katalysiert Oxididation von Aminosäure zu Ketosäure und Ammoniak
Hormone	Auxine	fördern das Streckungswachstum
	Gibberelline	fördern Keimung, Wachstum, Blütenbildung
	Cytokinine	regen Teilung junger Zellen an, hemmen das Altern
	Dormine	wirken hemmend auf Stoffwechsel und Entwicklung
	Ethen	fördert Fruchtreifung, hemmt Knospung
	Abscisinsäure	löst Samenruhe aus

tenstoffe (Phytohormone) und transportieren sie über den Saftstrom zu ihrem Wirkungsort.
Auch **künstlich hergestellte Wirkstoffe** können Wachstum steuern. Da Hormone schon in kleinsten Mengen wirken, kann eine stärkere Konzentration unerwünschtes Pflanzenwachstum stoppen. Darauf beruht die Wirkung der Unkrautvernichtungsmittel auf **Wuchsstoffbasis:** Die Pflanzen wachsen sich tot. Acethylen veranlasst z. B. Bromelien, früher zu blühen. Pflanzenhormone lassen sich auch nutzen, um das Altern der Kulturen zu verzögern (Mittel gegen vorzeitigen Fruchtabfall), die Haltbarkeit im Lager zu verlängern, die Assimilation zu beschleunigen oder die Bewurzelung bei Stecklingen voranzutreiben.
Getreidebauer setzen den Wirkstoff Chlorcholinchlorid (CCC) zur Verkürzung der Internodien ein (»Halmverkürzung«), um standfestere Getreidepflanzen zu bekommen.

Abb. 539 Wirkung von Wuchsstoffen (Auxinen) bei der Unkrautbekämpfung.

Aufgaben:
1. Prägen Sie sich einige typische Mangelerscheinungen bei Pflanzen ein!
2. Worin liegen Vor- und Nachteile einer Blattdüngung gegenüber der Bodendüngung?
3. Welche Nährstoffe nimmt die Pflanze über die Wurzeln und welche über das Blatt auf?
4. Wo liegen Gefahren eines verstärkten Hormoneinsatzes?
5. Welches Ziel strebt die Halmverkürzung bei Getreide an?

Abb. 540 Düngeversuche zeigen eindrucksvoll die Gültigkeit der Ertragsgesetze.

4.4 Ertragsgesetze

Wachstum und pflanzenbaulicher Ertrag unterliegen *natürlichen Gesetzmäßigkeiten*. Deren Anwendung schützt vor Fehlern in der Produktionstechnik und unnötigen Belastungen der Natur.
Gesetz vom Minimum – JUSTUS VON LIEBIG, der Münchner Chemiker, erkannte 1855 als einer der ersten, dass kein Nährelement oder sonstiger Wachstumsfaktor fehlen darf zur Erzielung gesunder Pflanzen und hoher Erträge. Kein Mangel eines Wachstumsfaktors ist durch andere auszugleichen. *Optimaler Ertrag* setzt *optimale Versorgung* der Pflanze mit allen Wachstumsfaktoren voraus.

Abb. 541 Die »Minimumtonne« veranschaulicht das Gesetz vom Minimum.
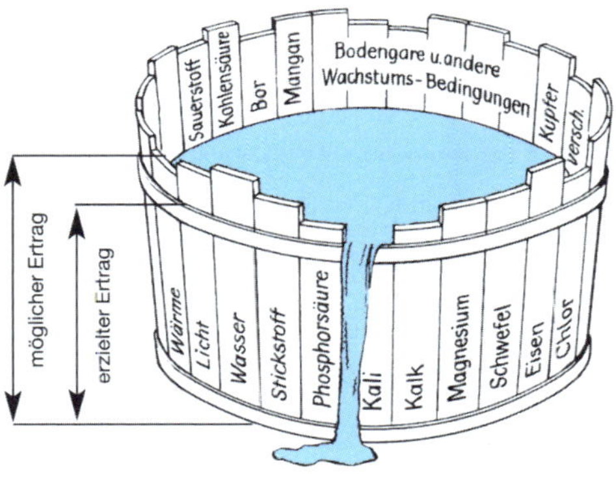

Gesetz vom Minimum:
Das Nährelement oder der Wachstumsfaktor, der in geringster Menge (Minimum) zur Verfügung steht, bestimmt Wachstum und Ertrag einer Pflanze.

Streng genommen gilt dieses Gesetz heute nur noch eingeschränkt, weil eine Steigerung des im Minimum befindlichen Faktors zwar den wirkungsvollsten Ertragsanstieg hervorruft, der Einfluss der anderen Nährstoffe bleibt aber unberücksichtigt.

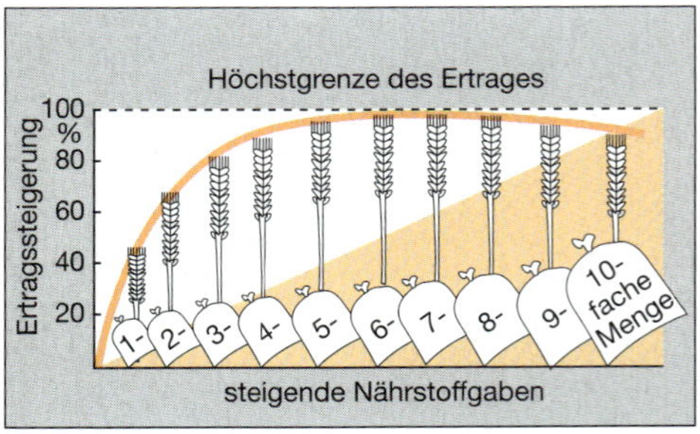

Abb. 542 Die Ertragskurve verdeutlicht das »Gesetz vom abnehmenden Ertragszuwachs«. Der Ertrag wächst nicht gleichmäßig mit dem Aufwand.

Abb. 543 JUSTUS VON LIEBIG (1803–1873), Chemieprofessor in Gießen und München, Schöpfer der Agrikultur-Chemie.

Abb. 544 Drei maßgebliche Pioniere der landwirtschaftlichen Produktion; ihre Arbeitsschwerpunkte und ihre Erkenntnisse sind nach wie vor aktuell.

JOHANN HEINRICH VON THÜNEN
* 24.06.1783
† 22.09.1850
Agrar- und Wirtschaftswissenschaftler, Landwirt und Agrarpolitiker
- »Thünen-Kreise« Anordnung der Produktionsbereiche nach Transportkosten,
- landwirtschaftliche Standortlehre,
- Grenzproduktivitätslehre,
- naturgemäße Entlohnung der Arbeiter

JUSTUS VON LIEBIG
* 12.05.1803
† 18.04.1873
Chemiker
- experimenteller Unterricht,
- Pflanzen- und Tierernährung,
- Kreislauf der Stoffe,
- Mineralstoff-Theorie,
- Minimum-Gesetz,
- Herstellung Fleischextrakt

EILHARD ALFRED MITSCHERLICH
* 29.08.1874
† 03.02.1956
Philosoph, Physiker, Bodenkundler
- Einfluss der Wachstumsfaktoren auf den Ertrag,
- Gesetz vom abnehmenden Ertragszuwachs,
- Einführung mathematisch statistischer Methoden in das landwirtschaftliche Versuchswesen,
- Bodenkunde für Landwirte

Steigert man z. B. Stickstoff als den im Minimum befindlichen Faktor, erlangt die angebotene Menge von P und K größere Bedeutung.

Gesetz vom abnehmenden Ertragszuwachs – Die erste, auch heute noch voll gültige mathematische Formulierung der Funktion zwischen Aufwand und Ertrag stellte 1909 E.A. MITSCHERLICH in seinem Gesetz vom abnehmenden Ertragszuwachs auf. Es besagt, dass der Pflanzenertrag mit jeder Steigerung eines Wachstumsfaktors nicht gleichmäßig in gleicher Höhe, sondern immer geringer zunimmt.

!

Gesetz vom abnehmenden Ertragszuwachs:
Der Ertragszuwachs nimmt mit zunehmendem Faktoreinsatz in dem Maße ab, wie der fehlende Faktorbedarf sich dem Bedarf beim Höchstertrag nähert. Der wirtschaftliche Faktoreinsatz findet seine Grenze nicht erst beim Höchstertrag, sondern wenn der Wert der letzten Ertragssteigerung dem Wert der letzten Aufwandseinheit entspricht.

Optimale spezielle Intensität ist erreicht, wenn der letzte Euro-Aufwand für einen Faktor noch zusätzlich 1 € abwirft.
Jeder Standort mit seinen Klima- und Bodenverhältnissen lässt bei optimaler Nährstoffversorgung einen gewissen Höchstertrag zu. Je mehr sich nun ein Faktor im Minimum befindet, desto deutlicher erhöht sich der Ertrag schon durch eine geringe Verbesserung dieses Faktors. In Abb. 542 bringt die erste Nährstoffgabe bereits 50 % des erzielbaren Höchstertrages, die zweite 75 %, die dritte 80 % usw.

Aufgaben:
1. Begründen Sie, wofür die Kenntnis des jeweiligen Pflanzenbedarfs an Nährstoffen und Wachstumsfaktoren gut ist!
2. Erklären Sie am Beispiel der Stickstoffdüngung, warum 1 Gabe über den Höchstbedarf hinaus den Gesamtertrag sogar wieder sinken lässt!
3. Wie wirkt sich eine Düngemittel-Preiserhöhung auf den optimalen Einsatz aus?
4. Wie wirkt sich eine Preissenkung für Ernteprodukte auf die optimale Intensität aus?
5. Informieren Sie sich im Internet über Justus von Liebig, Alexander Mitscherlich, Heinrich von Thünen, Albrecht Daniel Thaer, Max Eydt u. a. Pioniere der Landwirtschaft.
6. Berichten Sie über Hauptnährstoffe, Spurenelemente, Enzyme und Hormone in der Pflanzenproduktion.

5 Beziehungen im Ökosystem

5.1 Nahrungsketten, Stoffkreisläufe und Energiefluss

Der Begriff **Ökosystem** meint das vielfache Beziehungsgefüge der Lebewesen (Pflanzen, Tiere, Mensch, Mikroorganismen) untereinander in einem Lebensraum (Biotop) wie z. B. See, Wald, Wiese.

Den Naturhaushalt zu verstehen, um daraus zu lernen, dass Wirtschaften sich ebenfalls in Kreisläufen zu vollziehen hat, gehört zu den Überlebensaufgaben der Menschheit. Die heutige Durchlaufwirtschaft, die nur Wachstum, Verbrauchssteigerung und Abfallproduktion kennt, muss wieder zu einer Kreislaufwirtschaft umgestaltet werden. Ferner gilt es, Ressourcen sparsam einzusetzen und so weit wie möglich wiederzuverwerten, um Energie zu sparen und die Eingriffe in die Natur so verträglich wie möglich zu halten.

Vernetzung – Zwischen den Lebewesen einer Biozönose bestehen zahlreiche Wechselwirkungen. Die **Nahrungskette** fällt am stärksten auf. Sie beginnt in jedem Fall bei *grünen Pflanzen*, den **Produzenten**. Von deren Biomasse leben alle anderen Organismen des Ökosystems, Menschen, Tiere und auch Pflanzen ohne Chlorophyll, die **Konsumenten**.

Der Fuchs frisst Heuschrecken, Mäuse oder Vögel, die sich ihrerseits von Gräsern, Körnern und Beeren ernähren. Der Fuchs bildet also das zweite Glied in einer Nahrungskette.

Die Konsumenten leben in Symbiose mit Bakterien in ihrem Verdauungskanal oder sind von Parasiten befallen, die ihrerseits wieder Bakterien beherbergen.

Häufig dienen organische Abfallstoffe den Abfallfressern wie Würmern und Insektenlarven als Nahrungsquelle. Eine neue Nahrungskette beginnt.

Die **Destruenten** (Mineralisierer) sind Mikroorganismen wie Bakterien und Pilze, die organische Ausscheidungsprodukte der Organismen und tote organische Substanzen in einfache anorganische Verbindungen überführen, sie mineralisieren. Diese Verbindungen dienen wiederum den Pflanzen als Nährstoffe.

Neben einfachen Nahrungsketten bestehen in Ökosystemen auch **Nahrungsnetze**, vielfach vernetzte Nahrungsbeziehungen, die große Stabilität besitzen.

Fließgleichgewicht – Das Verhältnis zwischen Produzenten, Konsumenten und Destruenten regelt sich innerhalb eines Ökosystems selbsttätig.

Ein **Beispiel** hierfür bietet die *Räuber-Beute-Beziehung*. Kann die Beuteart nicht von außen in das Ökosystem zuwandern, führt die Zunahme der Räuber zu einer Abnahme der Beutetiere, falls die Vermehrungsrate der Beuteart die Verluste nicht ausgleichen kann. Das aber führt zu Nahrungsmangel bei den Räubern. Es verringert deren Fruchtbarkeit und erhöht ihre Anfälligkeit für Krankheiten und Parasiten. Es folgt eine verringerte Populationsdichte bei den Räubern.

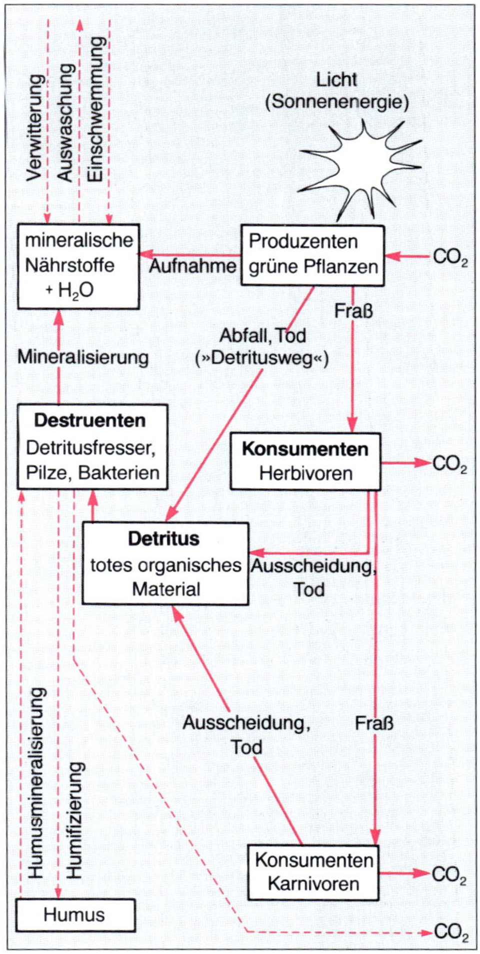

Abb. 545 Modell der Beziehungen für ein Ökosystem mit nicht lebenden Teilen sowie mit Lebewesen.

Abb. 546 Mögliche Räuber-Beute-Beziehung (vereinfacht).

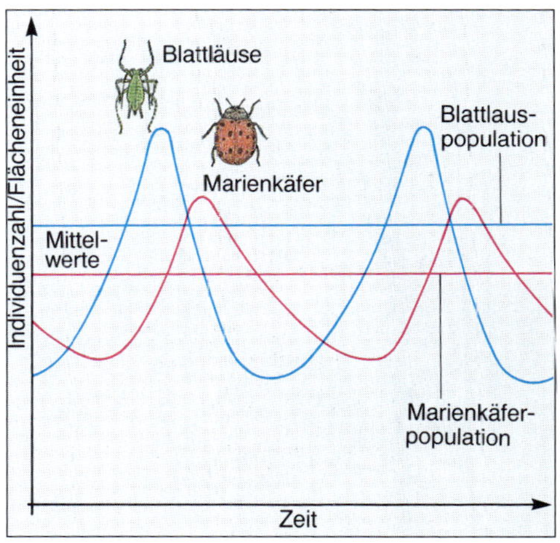

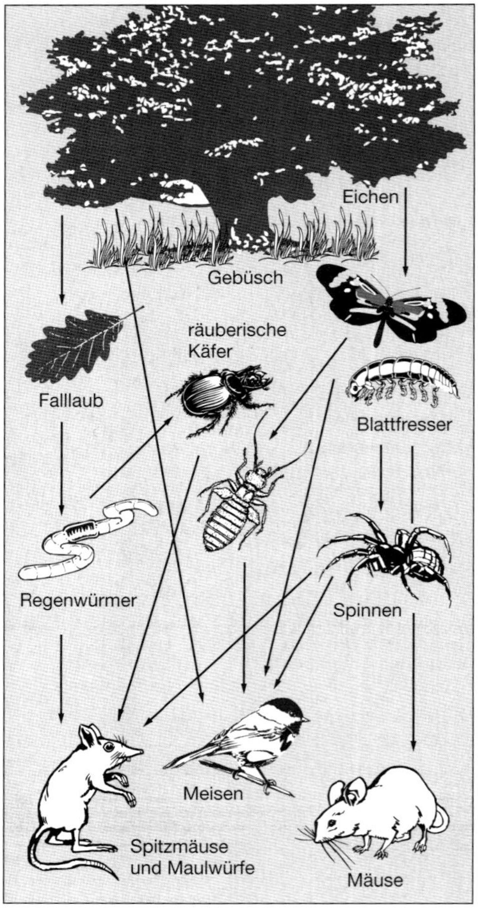

Abb. 547 Nahrungsbeziehungen am **Beispiel** eines Eichenstandortes.

Dadurch können sich die Beutetiere wieder vermehren und genügend Nahrung für die überlebenden Räuber liefern, die daraufhin wieder stark zunehmen. Die Gleichgewichts-Schaukel bewegt sich erneut.

Die Wechselwirkungen innerhalb eines Ökosystems führen also zu einem **Fließgleichgewicht**, d. h. die Populationsgrößen ändern sich ständig innerhalb bestimmter Grenzen. Dabei gilt, dass artenreichere Biozönosen sich als stabiler erweisen, weil z. B. bei der Nahrung mehr Ausweichmöglichkeiten bestehen.

Einwirkungen von außen, wie z. B. Zerstörung von Wohnstätten (Habitaten) für Nützlinge, oder direkte Beseitigung von Gliedern der Lebensgemeinschaft (z. B. bei der Bekämpfung von Unkräutern) bzw. Veränderung der Lebensbedingungen für einzelne Arten (z. B. Eintrag von Chemikalien) stören dieses Gleichgewicht.

Stoffkreislauf – In jedem Ökosystem kreisen die Stoffe. Für Wasser, Sauerstoff, Stickstoff und Kohlenstoff gilt das in einem erdumspannenden System. Die Sonnenenergie hält diese Kreisläufe in Gang.

Von der gesamten *Wassermenge* der Erde stehen nur 0,27 % als Trinkwasser zur Verfügung. Dies zwingt uns zu sparsamem Umgang mit diesem unersetzbaren Gut.

Die *Verbrennung fossiler Energieträger* (Erdöl, Erdgas, Kohle) verändert den über die Fotosynthese mit dem Sauerstoff-Kreislauf verknüpften CO_2-Kreislauf empfindlich. Der Anstieg des CO_2-Gehaltes der Luft führt zur Erwärmung der Atmosphäre (Treibhauseffekt) und zu vermehrten klimabedingten Katastrophen.

Der Anbau von *Energie-* und *Rohstoffpflanzen* trägt zur Verringerung des CO_2-Ausstoßes bei; denn die Pflanzen entziehen zum Aufbau ihrer Biomasse CO_2 aus der Luft und geben Sauerstoff ab. Durch Verbrennen dieser Biomasse gelangt zwar die CO_2-Menge wieder in die Atmsophäre zurück, erhöht aber ihren Gehalt gegenüber der Ausgangssituation nicht. Den selben Effekt bringen die Nutzung von regenerativen Energieträgern wie z. B. Wind- und Solarkraftwerke und das Energiesparen.

Abb. 548 Tierische Zersetzer am **Beispiel** eines Baumstumpfes.

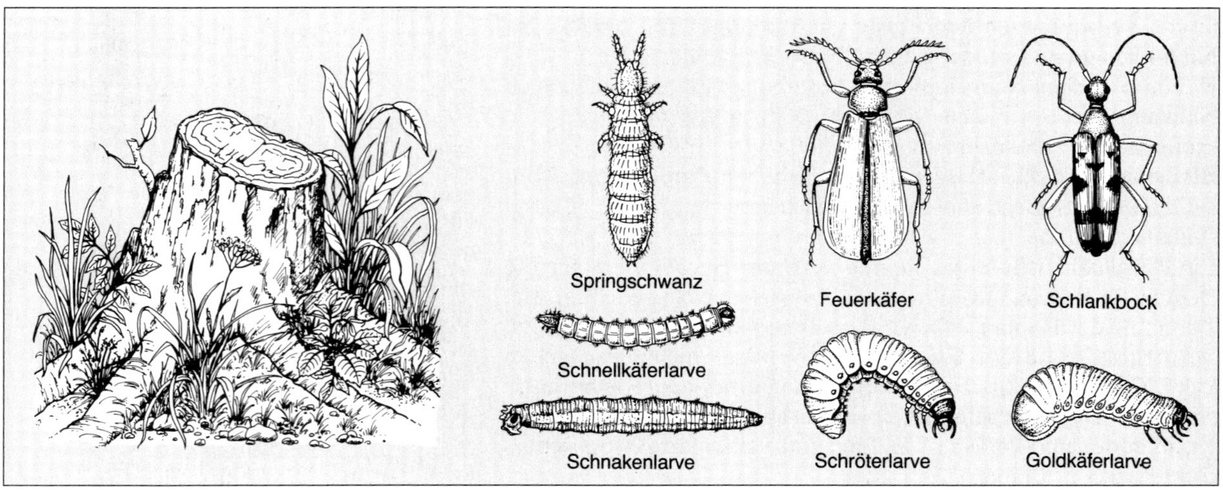

Energiefluss – Energie lässt sich zwar in andere Formen umwandeln, dies gelingt jedoch nie restlos. Ein Teil strahlt bei jeder Umwandlung als Wärmeenergie ab.
Letztlich hängt alles Leben auf der Erde von der **Sonnenenergie** ab. Die grünen Pflanzen nutzen ca. 1 % der eingestrahlten Energie zur Bildung von Biomasse *(Brutto-Primärproduktion)*. Abzüglich der Atmungsenergie der Pflanzen ergibt sich die *Netto-Primärproduktion*, die für Pflanzenfresser zur Verfügung steht.
Bei der Umsetzung der Stoffe von einer Stufe der Nahrungskette zur nächsten werden nur ca. 10 % der Energie weitergegeben. Der Rest strahlt als Wärme ab. Mit der Länge der Nahrungsketten steigen die Energieverluste.
Die Tatsache gilt auch für die menschliche Ernährung. Vegetarische Nahrung nutzt die Primärproduktion. Fleischnahrung zu erstellen benötigt mehr Energie, weil der Mensch erst an 2. oder 3. Stelle als Konsument in der Nahrungskette steht. Der ärmere Teil der Weltbevölkerung lebt vorwiegend von pflanzlicher Nahrung, weil Fleisch einfach zu teuer ist und verhält sich damit energetisch gesehen rationaler.

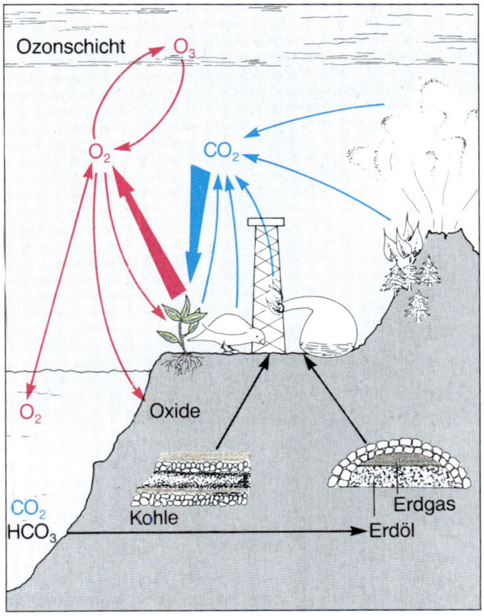

Abb. 549 Schema des Kohlenstoff- und Sauerstoff-Kreislaufes.

5.2 Biologisches Gleichgewicht

Wirtschaftliche Pflanzenproduktion setzt *gezielte Eingriffe* in die Natur voraus. Züchterische Arbeit, moderne Bodenbearbeitungsverfahren, Düngemittel und chemischer Pflanzenschutz steigern die Pflanzenerträge erheblich. *Weitere* Ertragssteigerungen durch *zusätzlichen* Einsatz von Pflanzenbehandlungsmitteln erscheinen in Anbetracht der Überschussproduktion in den entwickelten Ländern und dem damit verbundenen Preisverfall nicht nur ökologisch, sondern auch volks- und betriebswirtschaftlich fragwürdig.
Die wichtigsten Gründe für **mögliche Umweltbelastungen** durch die Agrarproduktion sind:
- Einseitige Betriebsstrukturen,
- vereinfachte Fruchtfolgen, Monokulturen,
- Fehler bei der Bodenbearbeitung,
- schädlingsanfällige Hochleistungssorten,
- erntemaximierende Düngung,
- Fehler beim chemischen Pflanzenschutz,
- Trennung von Viehhaltung und Pflanzenproduktion.

Vereinfachung der Fruchtfolgen, Monokulturen – Im Feldbau steht in der Regel auf einer Fläche nur *eine* Kulturpflanzenart (z. B. Weizen, Zuckerrüben). Mischgetreideschläge (z. B. Sommergerste/Hafer) oder Untersaaten sind heute selten. *Monokulturen* bieten auftretenden Krankheiten und Schädlingen beste Vermehrungsbedingungen.
Das Problem verschärft sich, wenn sich aus Gründen der Rationalisierung oder der Marktsituation die Zahl der angebauten Feldfrüchte in einem Betrieb stark einschränkt. So entstehen *enge Fruchtfolgen* (Rotationen), die die einseitige Beanspruchung des Bodens und die Anhäufung von spezifischen Unkräutern, Schädlingen und Krankheiten fördern.

Abb. 550 Mögliche Beiträge der Landwirtschaft zur Wasserverschmutzung.

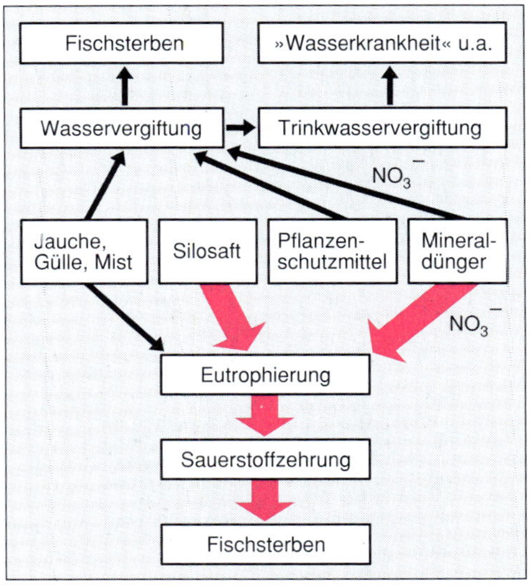

Abb. 551 Folgen derJaucheeinleitung in einen Bach: Schaumbildung durch Eiweiß.

Abb. 552 Amarant *(Amaranthus retroflexus)*.

Abb. 553 Borstenhirse *(Setaria panicum)*.

Beispiele dafür sind starker *Nematodenbefall* bei langjährigen, extrem engen Kartoffel- oder Zuckerrübenfolgen. In Bullen- oder Schweinemastbetrieben mit bis zu 100 % Maisanteil der Fruchtfolge erfolgt eine Auslaugung der Böden, ein erhöhter Befall des Maises mit Drahtwürmern, Fritfliegen, Nematoden und Maiszünslern sowie das Auftreten von Problemunkräutern und -gräsern wie Ackerschachtelhalm, Amaranthus und Hirse.

Düngungsmaßnahmen – Sie stellen für Mensch und Umwelt dann eine Gefahr dar, wenn sie aufgrund von Unkenntnis der Bodenversorgung *zu hoch* oder *zum falschen Zeitpunkt* erfolgen. Problemlösungen behandelt der Abschnitt Düngerlehre (Seite 208).

Massentierhaltung und Futterzukauf – Viele Betriebe wirtschaften ohne Viehhaltung. In manchen Regionen, besonders in Küstennähe, erfolgt *Tierhaltung nicht flächengebunden*. Zukauf preiswerter, importierter Futtermittel lohnen einen hohen Viehbesatz. Als Folge traten wegen der in großen Mengen anfallenden Gülle Gewässerbelastungen und Schädigungen des Bodenlebens auf.

Das Düngemittel-Gesetz schiebt hier einen Riegel vor. Es beschränkt die ausgebrachte N-Gesamtmenge aus Wirtschaftsdüngern tierischer Herkunft auf 170 kg N/ha und fordert die flächengebundene Tierhaltung.

Massentierhaltungen belasten durch die *Geruchsemissionen* die Umwelt. Das gilt besonders in engen Dorflagen und Siedlungsgebieten. Große Schweine- bzw. Geflügelhaltungen sind deshalb nach dem Bundes-Immissionsschutz-Gesetz *genehmigungspflichtig*.

Chemischer Pflanzenschutz – Seine **Probleme** liegen in *Anwendungsfehlern* (Überdosierung, Nichteinhalten von Vorsichtsmaßnahmen und Wartezeiten), die folgende **Umweltrisiken** verursachen:

- Gefährdung des *Anwenders*,
- *Rückstände* in Lebens- und Futtermitteln,
- *Rückstände* in Böden und Gewässern,
- *Abdrift* und Luftverunreinigung,
- Beeinträchtigung des *Naturhaushaltes*, d. h. freilebender Tiere, Wildpflanzen und Mikroorganismen.

Häufiger Einsatz führt zu *Resistenzbildung* bei Schadpflanzen und Schädlingen, was den Mittelaufwand steigert bzw. ständig wechselnde, neue Mittel erfordert. Ferner finden unerwünschte *Selektionsprozesse* bei Unkräutern und Schädlingen statt.

Über die unerforschte Wirkung von **Zwischenprodukten** (Metaboliten), die beim Abbau der Pflanzenschutzmittel im Boden entstehen, gibt es nur Befürchtungen. In Sonderkulturen wie Hopfen oder Wein kam es zu erheblichen Anreicherungen von Kupfer durch langjährigen starken Einsatz kupferhaltiger Pflanzenschutzmittel.

Ein weiteres Problem stellt die teilweise *fehlende spezifische Wirkung* der Mittel dar, so dass z. B. ein Insektizid nicht nur Schädlinge, sondern auch Nützlinge bekämpft. Die Population der Nützlinge erholt sich viel langsamer als die der Schädlinge, weil es neben einer Dezimierung der eigenen Art auch zu einer Dezimierung der Nahrungsgrundlage kommt, was für Schädlinge nicht gilt.

Die angedeuteten Risiken erhellen die Notwendigkeit gezielten, sorgfältigen und sparsamen Einsatzes von Pflanzenschutzmitteln. Sie liefern ferner die Begründung warum der Gesetzgeber den *Sachkundenachweis für die Anwender* vorschreibt. Siehe auch Kapitel 5, Abschnitt 4, Pflanzenschutz.

5.3 Nachhaltige Landbewirtschaftung

Die Produktivitätssteigerung genoss im vergangenen Jahrhundert Vorrang. Dies führte zu einer überzogenen Ausräumung der Flur. *Feldgehölze* wurden *beseitigt, Flüsse* oft unsachgemäß *reguliert, Weinberge bereinigt* und *Feuchtgebiete trockengelegt*, um möglichst einheitliche, maschinengerechte Einzelflächen zu erhalten.
Die zunehmende Ackernutzung in Hanglagen besonders mit spät deckenden Kulturen wie Mais und Zuckerrüben führt zu einer wesentlich stärkeren *Erosion*.
Es dauert Jahrhunderte, bis durch Verwitterung von Gestein und Anreicherung organischer Masse fruchtbarer Boden entsteht. Misswirtschaft kann die Fruchtbarkeit innerhalb weniger Jahre zerstören. Eine **nachhaltige Bodennutzung** als Voraussetzung zur Erhaltung unserer Lebensgrundlage genießt deshalb Vorrang. Dazu gehören eine sorgfältige *Düngung* und *Humusversorgung*, wenn erforderlich eine umsichtige *Bewässerung* und die *Verhinderung von Erosion*.
Landwirtschaftlicher Pflanzenbau als Voraussetzung, die Ernährungsansprüche einer wachsenden Bevölkerung zu erfüllen, stellt einen ständigen Eingriff in bestehende Ökosysteme dar. Deshalb wächst dem Landwirt eine zunehmende **ökologische Verantwortung** zu. Die ökologische Sicht bewertet die Intensivierung der Pflanzenproduktion keineswegs grundsätzlich negativ. *Ökologische Grenzen*, bezogen auf die gegebenen Standortverhältnisse, bestimmen die jeweilige Kombination der Intensivierungsmaßnahmen.
Aus diesem Zusammenhang ergibt sich die Forderung, in die moderne Landbewirtschaftung eine ökologische Komponente aufzunehmen. Das Konzept des »Integrierten Pflanzenbaus« anerkennt den Vorrang intensiver Nutzungssysteme vor allem auf hochwertigen Böden in Verbindung mit der Aufrechterhaltung eines Mindestmaßes an struktureller Vielfalt auch in Agrarlandschaften.
Das neue **Naturschutz-Gesetz** fordert einen Flächenanteil von 10 % in möglichst netzartiger Verknüpfung für die Ausbildung naturbetonter Biotope. Die ökologischen Vorteile (artenreiche Flora und Fauna) eines Verbundsystems zwischen Landbewirtschaftung und einem Netz naturnaher Biotope wirken auch für die Landwirtschaft positiv; denn in naturnahen Hecken, Baum- und Buschgruppen siedeln auch Gegenspieler von Schaderregern und tragen zur Vermeidung ertragsschädigender Populationsdichten bei.
Da der ökologische Landbau auf Agrochemie ganz verzichtet, verschenkt er Effizienz. Die optimale Variante ist Öko-Landbau plus wenig Agrarchemie, also »nachhaltiger Landbau«.

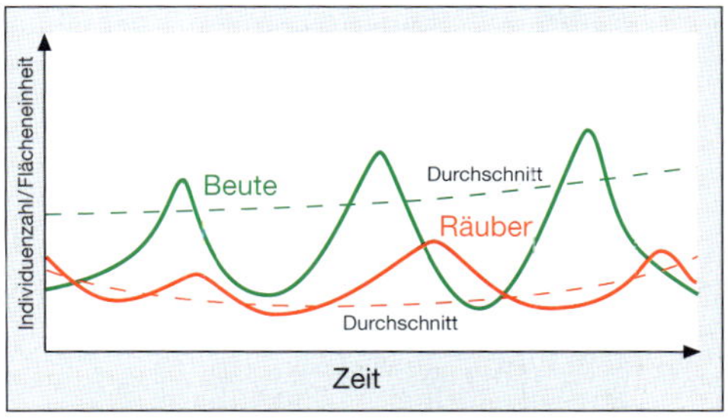

Abb. 554 3. Volterra Gesetz: Wird die Räuber- und Beutepopulation gleich stark vermindert, so nimmt die Zahl der Beutetiere sofort wieder zu. Die Zahl der Räuber erst später, weil sie der Beuteausfall neben der Bekämpfung doppelt schädigt.

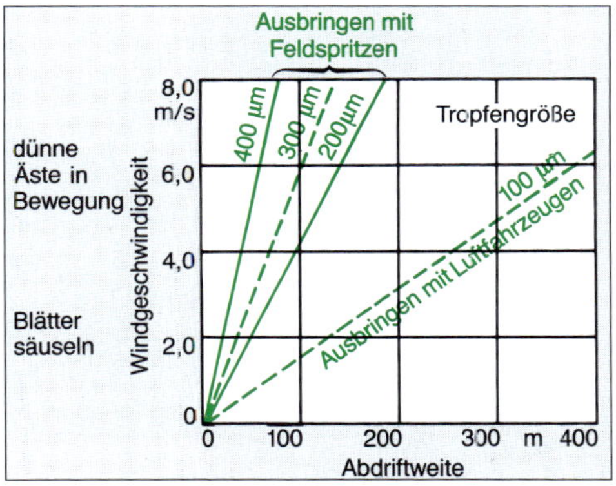

Abb. 555 Abdriftweiten (in m) von Tröpfchen verschiedenen Durchmessers (in µm) in Abhängigkeit von der Windgeschwindigkeit (in m/s).

Abb. 556 Wasserschutzzonen beeinflussen den Einsatz von Pflanzenschutzmitteln. Zone 1: Quellbereich (Verbot von Pflanzenschutzmitteln mit W-Auflage; Zone 2: NG 237; Zone 3: NG 300 beachten).

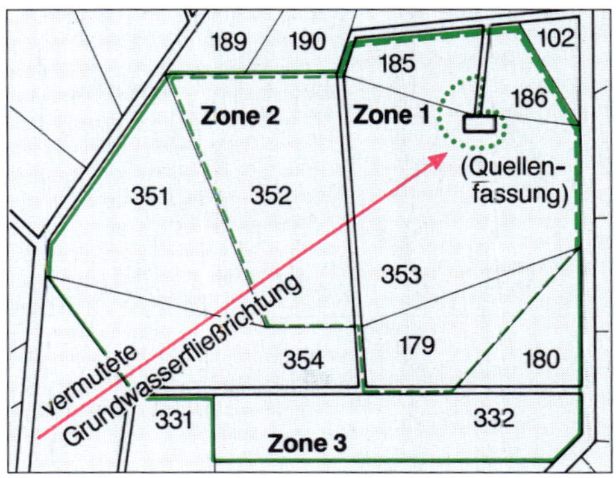

Tabelle 36: Gegenüberstellung verschiedener Landnutzungssysteme

	konventionelle Landbewirtschaftung	ökologische Landbewirtschaftung	nachhaltige Landbewirtschaftung
ökologische Kriterien			
Nitrat-Austrag	hoch bei hohem Viehbesatz	gering	gering
P-Überschüsse	hoch in viehstarken Betrieben	gering	gering
Humusgehalt	gering	optimal	optimal
Kreislauffaktor (hoher Handelsdünger- und Futtermittelzukauf ergibt geringen Kreislauffaktor)	0–50 %	80–95 %	50–80 % (optimal)
Pflanzenschutz-Umweltbelastung	relativ hoch	keine	gering
Nahrungsmittelqualität	mittel	hoch	hoch
Energieverbrauch	hoch	gering	mittel
Energieeffizienz	mittel	mittel	hoch
Erosion	verstärkt	kaum	gering
ökonomische Kriterien			
Ertrag	hoch	gering	mittel
Preise	gering	hoch	mittel
Umsatzerlöse Pflanzenbau	gering	hoch	mittel
Umsatzerlöse Tierproduktion	hoch	gering	mittel
volkswirtschaftlicher Nutzen	mittel (externe Kosten höher als Erlöse)	mittel (da geringe Effizienz)	hoch (da mittlere Erlöse bei geringen externen Kosten)

Abb. 557 Die möglichen Abbauwege eines Pflanzenschutzmittels im Boden.

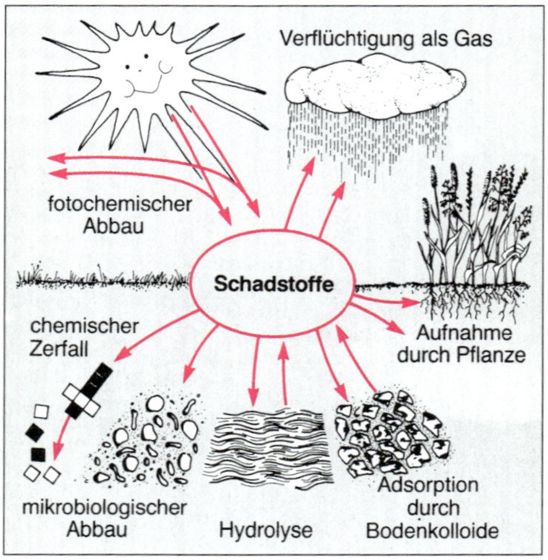

Aufgaben:

1. Beschreiben Sie eine Nahrungskette und ein Nahrungssystem.
2. Geben Sie Beispiele für Stoffkreisläufe.
3. Skizzieren Sie den Energiefluss in einem Ökosystem.
4. Erklären Sie, warum die Lösung des Energieproblems eine globale Überlebensfrage ist.
5. Nennen Sie ökonomische und ökologische Gründe für die Einschränkung des chemischen Pflanzenschutzes und der mineralischen Düngung!
6. Informieren Sie sich über die wichtigsten Bestimmungen des Pflanzenschutz-Gesetzes!
7. Nennen Sie ausgewiesene Wasserschutzgebiete in Ihrer Heimatflur?
8. Welche Unterschiede bestehen zwischen ökologischer und nachhaltiger Landbewirtschaftung?

6 Grundsätze des Ökologischen Landbaus

Intensive Landnutzung gilt für viele Ökologen oder Umweltschützer als Symbol sich verschärfender Umweltbelastung und erzeugt Misstrauen oder Ablehnung. Jede Nutzung greift in natürliche Ökosysteme ein. Tausende von Generationen lang lebten Menschen als Glieder solcher Ökosysteme und dies war nach der Sesshaftwerdung nur möglich, weil über die Dungproduktion der Haustiere eine stetige Nährstoffrückfuhr erfolgte.
Die Ernährungsansprüche einer rasant wachsenden Bevölkerung ließen sich auf dieser Basis nicht mehr sicherstellen, wie Missernten und Hungersnöte bis weit ins 19. Jahrhundert belegen. Die zur Intensivierung der landwirtschaftlichen Pflanzenproduktion eingesetzten mineralischen Düngemittel und synthetischen Pflanzenschutzmittel ermöglichen eine enorme Leistungssteigerung, weisen aber dem Landwirt eine stets wachsende ökologische Verantwortung zu.
Ökologische Probleme intensiver agrarischer Landnutzung liegen in

- der zunehmenden Zahl der notwendigen *Eingriffe zur Bestandesführung*, welche ein hohes Maß an Störanfälligkeit des Ökosystems erkennen lassen.
- Hinzu kommen mögliche *Schädigungen der Bodenfruchtbarkeit* durch übermäßige Stoffzufuhr, welche auch als Emissionsquelle die Umwelt belasten.

Befürworter einer *extensiveren Bodenbewirtschaftung* führen

- agrarpolitische Argumente, z. B. den Abbau von Überschüssen, und
- ökologische Argumente, z. B. die Verminderung der Umweltbelastung sowie Steigerung des biotischen Regenerationspotenzials ins Feld.

Diese Argumente bewegen immer mehr Landwirte, ihre herkömmliche Wirtschaftsweise aufzugeben und sich auch in Verbänden neu zu orientieren.
Insgesamt bewirtschaften in **Deutschland** im Jahre 2001 12 740 Betriebe (= 2,93 % der Betriebe) 546 023 ha (= 3,20 % der LF) ökologisch. Die Bundespolitik strebt für die nächsten 10 Jahre einen Anteil von 20 % an. Aber darüber entscheidet in erster Linie der Konsument.
EU-weit beträgt die ökologisch bewirtschaftete Fläche 3 % der Nutzfläche und 2 % aller Betriebe.

6.1 Ziele und Grundsätze

Die **Rahmenrichtlinien** der Öko-Verbände enthalten folgende **Zielsetzungen:**

- Nachhaltige Steigerung der Bodenfruchtbarkeit,
- weitgehend geschlossener Betriebskreislauf mit geringstmöglichem Verbrauch nicht erneuerbarer Energie und Rohstoffe.

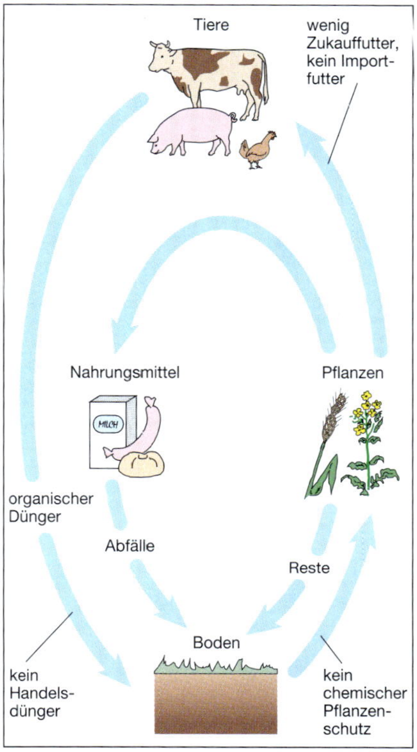

Abb. 558 Stoffkreislauf im Ökologischen Landbau (Schema).

Abb. 559 Anteile der ökologisch bewirtschafteten Flächen in Europa (in %, Stand 8/2001).

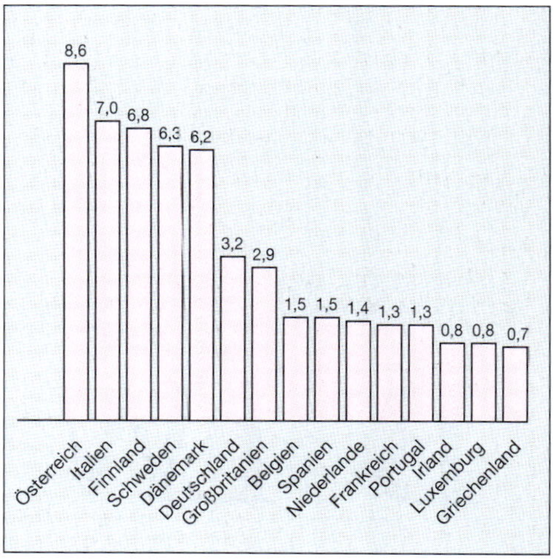

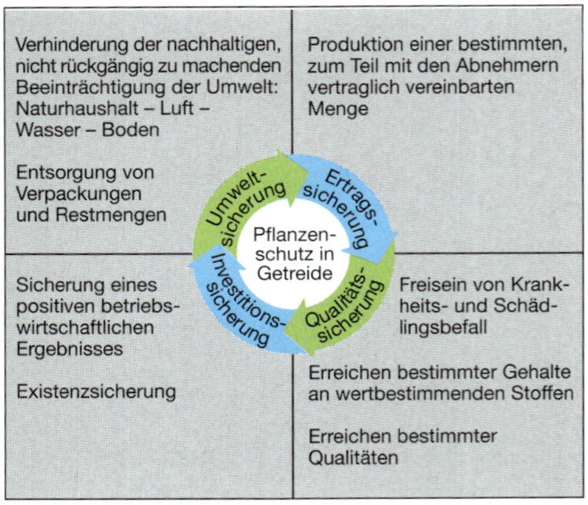

Abb. 560 Die Verantwortung des Landwirts im Pflanzenschutz ist umfassend.

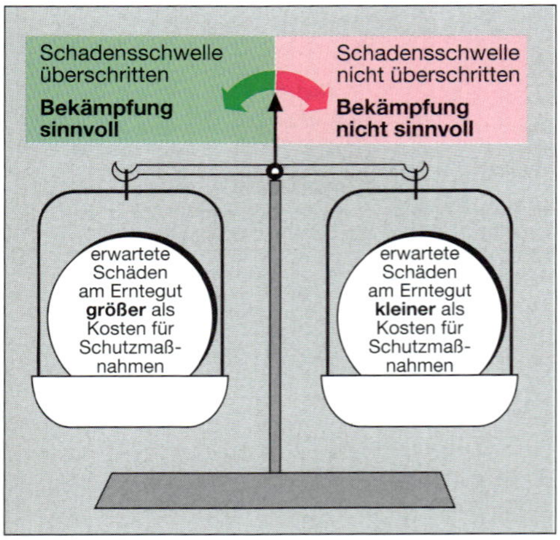

Abb. 561 Bekämpfungsmaßnahmen im Pflanzenschutz erfordern ein sorgfältiges Abwägen im Sinne der wirtschaftlichen Schadensschwellen.

Abb. 562 Logo des »Bundes Ökologische Lebensmittelwirtschaft«, der neben Erzeugern auch die entsprechenden weiterverarbeitenden Betriebe sowie den Handel umfasst.

BÖLW
Bund Ökologische Lebensmittelwirtschaft

- Fruchtartenvielfalt und vielseitige Betriebsstruktur,
- Anpassung der Tierhaltung an Standort, Hofverhältnisse und artgemäße Bedürfnisse sowie ethische Gesichtspunkte,
- Förderung bewährter Kultursorten und Zuchtrassen im Hinblick auf Schädlingsresistenz und Tiergesundheit,
- Erzeugung ernährungsphysiologisch vollwertiger Lebensmittel in ausreichender Menge zu angemessenen Preisen,
- Schaffung sicherer Existenz auf der Basis befriedigender Lebensbedingungen und angemessener Arbeitsverdienste,
- verantwortungsbewusste Nutzung und Förderung der natürlichen Lebensgrundlagen, Minimierung jeglicher Belastung,
- Mitwirkung an der Lösung des Welthungerproblems und daher Ablehnung des Imports von Futtermitteln aus Entwicklungsländern, deren Erzeugung dort das Angebot an Grundnahrungsmitteln verringert.

Wenn sich auch die Bewirtschaftungsmethoden in den einzelnen Verbänden erheblich unterscheiden, so legen doch alle großen Wert auf

- geschlossene betriebliche Stoffkreisläufe,
- flächengebundene Tierhaltung,
- weite Fruchtfolgen,
- verstärkten Anbau von Leguminosen,
- ausgeglichene Humusbilanz und
- schonende Bodenbearbeitung.

6.2 Verbände des Ökologischen Landbaus

Die anerkannten Verbände des alternativen Landbaus in der Bundesrepublik Deutschland schlossen sich 1988 zur »**Arbeitsgemeinschaft der Verbände des Ökologischen Landbaus**« (AGÖL) zusammen. In 2001 traten nach internem Streit über das weitere Vorgehen namhafte Verbände wieder aus. Am 26.6.2002 gründete sich der **»Bund Ökologische Lebensmittelwirtschaft«** (BÖLW), dem jetzt alle Anbauverbände der AGÖL angehören. Mit der Gründung des BÖLW hat die AGÖL ihre Arbeit eingestellt.
Satzungsgemäß nimmt die BÖLW folgende **Aufgaben** wahr:

- Überprüfung der Arbeit der Mitgliedsverbände auf Einhaltung der Rahmenrichtlinien;
- Vertretung des Ökologischen Landbaus (Öl) gegenüber der Öffentlichkeit und den zuständigen Behörden;
- Förderung von Forschungsprojekten und der Aus- und Fortbildung im ökologischen Landbau;
- Verbesserung der Vermarktung und Verbraucheraufklärung.

Dass sich die Umstellung auf den ökologischen Landbau nicht in größerem Umfang vollzieht, liegt auch an der unsicheren Einschätzung des Marktes für Produkte des kontrollierten Anbaus. Nur höhere Preise gleichen mögliche Einkommenseinbußen durch die Ertragsminderungen aus.
Die typische Käuferschicht für die teureren Produkte rekrutiert sich derzeit noch aus dem besser verdienenden Mittelstand und der studentischen, umweltbewussten Jugend. Umdenkprozesse vollziehen sich bei der Mehrzahl der Konsumenten nur allmählich.

Abb. 563: Mitgliedsorganisationen des BÖLW (Stand 31.7.2003).

Anbauverbände					
Name/Gründung Fläche (ha)/ Zahl der Betriebe	Demeter/1924 51 592/1336	Bioland e.V./1971 167 865/4363	Biokreis e.V./1979 13 109/523	Naturland e.V. [1])/1982 75 071/1772	Ecovin e.V./1985 870/196
Schutzzeichen					
Adresse	Brandschneise 1 64295 Darmstadt Tel.: 06155/846955 *info@demeter.de* *www.demeter.de*	Postfach 1940 55009 Mainz Tel.: 06131/2397913 *info@bioland.de* *www.bioland.de*	Regensburger Straße 34 94036 Passau Tel.: 0851/756500 *Biokreis@t-online.de*	Kleinhaderner Weg 1 82166 Gräfelfing Tel.: 089/8980820 *naturland@ naturland.de* *www.Naturland.de*	Wormserstraße 162 55276 Oppenheim Tel.: 06133/1640 *ecovin@t-online.de* *www.ecovin.de*

Anbauverbände				
Name/Gründung Fläche (ha)/ Zahl der Betriebe	Ökosiegel e.V./1988 900/19	GÄA e.V./1989 45 821/449	Biopark e.V./1991 136 678/729	Ecoland 1100/35
Schutzzeichen				
Adresse	Nordweg 42 29352 Adelheids-dorf-Großmoor Tel.: 05085/6205 *info@oekosiegel-ev.de* *www.oekosiegel-ev.de*	Am Beutlerpark 2 01217 Dresden Tel.: 0351/4012389 *info@gaea.de* *www.gaea.de*	Karl Liebknechtstr. 26 19395 Karow Tel: 00399738/70309 *info@biopark.de* *www.biopark.de*	Haller Straße 20 74549 Wolperts-hausen Tel: 07904/9797-0 *info@ecoland.de* *www.ecoland.de*

Organisationen					
Name	Association Ökologische Lebensmittel-hersteller	Bundesfachverband der Reformhäuser	Bundesverband Naturkost naturwaren Herstellung und Han-del eV (BNN)	Alnatura	Frosta AG
Schutzzeichen					
Adresse	Zum Pilsterhof 7 97769 Oberleich-tersbach Tel: 09741/4834	Gotische Str. 15 61440 Oberursel Tel.: 06172/3009861 *kontakt@refo.de* *www.refo.de*	Ebertplatz 1 50668 Köln Tel.: 0221/13975644 *bnn.herstellung. handel@n-bnn.de* *n-bnn.de*	Darmstädterstr. 3 64404 Bickenbach Tel.: 06207/93220 *info@alnatura.de* *www.alnatura.de*	Am Lunedeich 116 27572 Bremerhaven Tel.: 0471/97360 *verbraucherinfo@ frosta.de* *www.frosta.de*

Fördermitglieder				
Name	Gregor Louisoder Umweltstiftung	Stiftung Ökologie und Landbau (SÖL)	Schweisfurth Stiftung	Forschungsinstitut für Biologischen Landbau Berlin e.V.
Schutzzeichen				
Adresse	Brienner Str. 46 80333 München Tel.: 089/54212142 *info@umweltstif-tung.com* *www.umeltstif-tung.com*	Weinstrasse Süd 51 67089 Bad Dürkheim Tel.: 06322/989700 *info@soel.de* *www.soel.de*	Südliches Schlossrondell 1 80638 München Tel.: 089/1795950 *info@schweisfurth.de* *www.schweisfurth.de*	Geschäftsstelle Frankfurt Galvanistr. 28 60486 Frankfurt Tel.: 069/71376990 *frankfurt@fibl.de* *www.fibl.de*

[1]) Naturland: per 31.12.2002, sonst per 1.1.2003 (BÖLW).

Abb. 564 Hackstriegel für die mechanische Unkrautregulierung.

für Rinder haltende Betriebe
Ackerfutter
Ackerfutter
Winterweizen
Winterroggen
Hafer
Ackerbohnen
Dinkel
Sommergerste

für Schweine haltende Betriebe
Grünbrache
Winterweizen
Winterroggen
Mohrrüben
Körnerleguminosen
Dinkel
Hafer

für viehlose Betriebe
Leguminosen zur Samengewinnung
Kartoffeln
Winterweizen
Hafer
Ackerbohnen
Winterweizen
Winterroggen

Abb. 565 **Beispiele** für Fruchtfolgen im Ökologischen Landbau.

Abb. 566 Unkrautbürste für die mechanische Unkrautregulierung.

6.3 Maßnahmen des Ökologischen Landbaus

Statt direkter Eingriffe wie mineralische Düngung und chemischer Pflanzenschutz, spielen Vorbeugung und die Unterstützung natürlicher Regelkreise im ökologischen Landbau eine wichtige Rolle.

Das erfordert eine »Vernetzung« aller pflanzenbaulichen Maßnahmen, wie sie heute auch der Integrierte Pflanzenbau praktiziert, um den Einsatz chemischer Pflanzenschutzmittel zu senken.

Bodenpflege – Das Erhalten und Verbessern der *Bodenfruchtbarkeit* durch die Aktivierung des *Bodenlebens* für die Nährstoffnachlieferung steht im Vordergrund.

Dies wird erreicht durch

- Zufuhr *organischer* Masse über Stallmist, Kompost und Gründüngung,
- Verkürzen der Zeit *offener* Bodenoberflächen durch verstärkten *Zwischenfruchtanbau* und Untersaaten,
- *schonende Bodenbearbeitung* nach dem Grundsatz: »flach wenden und tief lockern«,
- *vielseitige Fruchtfolgen*, Wechsel zwischen Flach- und Tiefwurzlern,
- vermehrten Anbau von *Leguminosen* zur N-Versorgung,
- Befahren des Bodens nur im *tragfähigen Zustand*.

Fruchtfolge – Neben der Aufgabe, Futter für das Vieh bereitzustellen und entsprechende Marktfrüchte zu produzieren, unterstützt die Fruchtfolge im Ökologischen Landbau das gesamte Bewirtschaftungssystem.

Im Einzelnen bedeutet dies die Verbesserung der Humusbilanz, Förderung der Bodenlebewesen, die Stickstoffanreicherung des Bodens durch erhöhten Leguminosenanteil (bis zu 50 %), Unterdrückung der Acker-Begleitflora durch mehrjährigen Feldfutterbau, Lockerung des Bodens durch Anbau von Tiefwurzlern, Zurückdrängen von Schädlingen und ständige Bedeckung des Bodens. Zwischenfrüchte wann immer möglich, sollen diese Wirkungen noch verstärken.

Die **Fruchtfolgegestaltung** beachtet folgende **Grundregeln:**

- Nach *Flachwurzlern* folgen *Tiefwurzler*,
- auf *wurzelarme* Pflanzen folgen *wurzelreiche*,
- Pflanzen mit *langsamer* Jugendentwicklung stehen nach *unkrautunterdrückenden* Früchten,
- *Einsaaten* zur Bodenbeschattung, stärkere Durchwurzelung und N-Sammlung, in möglichst vielen Fruchtfolgegliedern,
- *Zwischenfruchtgemenge* mit Leguminosen beleben den Boden.

Pflege der Pflanzenbestände – Wegen der ökologisch unerwünschten Nebenwirkungen wie Artenverarmung, Rückstände auf den Produkten und im Grundwasser erfolgt *keine* chemische Bekämpfung von Ackerwildkräutern und Schädlingen. Vielmehr richten sich die Pflegemaßnahmen im Ökologischen Landbau auf ein *Zurückdrängen* unerwünschter Pflanzen und Schädlinge. Maschinen und Geräte zur mechanischen Bearbeitung kommen auch im Getreidebau zum Einsatz. Die Krankheits- und Schädlingseindämmung setzt auf schonende Methoden, die allerdings weniger effizient sind als die chemischen.

Tabelle 37: Pflanzenschutzmaßnahmen im Ökologischen Landbau

Regulierung der Ackerbegleitflora	Eindämmen von Pilzkrankheiten	Eindämmen von Schadinsekten
indirekte Maßnahmen		
• vielseitige Fruchtfolgen mit mehrjährigem Feldfutterbau • Zwischenfruchtbau • Wahl standortgerechter Sorten mit schneller Anfangsentwicklung	• vielseitige Fruchtfolgen • resistente Sorten • Förderung der Krümelstruktur	• Unterstützung natürlicher Feinde durch Hecken, Raine und Feldgehölze • vielseitige Fruchtfolge mit Mischkulturen
direkte Maßnahmen		
• Striegeln • Hacken • Abflammen	• Schachtelhalmtee • Kupferpräparate und Netzschwefel nur beschränkt zugelassen	• Gesteinsmehle • Pheromone

Düngung – Auch der ökologisch wirtschaftende Betrieb *verkauft* Marktfrüchte, Milch, Milchprodukte und Tiere. Das heißt, er exportiert aus dem betriebsinternen Stoffkreislauf, wodurch der Boden allmählich verarmte, sorgte man nicht für Nährstoffnachschub. Im vielseitig wirtschaftenden Betrieb mit Viehhaltung geschieht dies leichter als im viehlosen Betrieb, weil Futterpflanzen ein gutes Nährstoffaneignungsvermögen besitzen.

Die Erhaltung des **biologischen Gleichgewichts** geschieht durch Zufuhr organischer Masse, um die Bodenstruktur zu verbessern, das Bodenleben zu aktivieren und die natürliche Nährstoffnachlieferung des Bodens zu stärken.

Zum Einsatz kommen Gesteinsmehle, Algenmehle, langsam wirkende Kalkdünger, Rohphosphate, Patentkali und Spurenelementdünger nach Vorgabe der jeweiligen Öko-Verbände. Die Stickstoffversorgung erfolgt ausschließlich durch Wirtschaftsdünger, Kompost und Leguminosenanbau.

	Gehalt in %		
	Silikat	CaO/MgO	Spurenelemente
saure Urgesteinsmehle aus Granit, Gneis	75	0	wenig
basische Urgesteinsmehle aus Diabas	50	5–10	reichlich
Basalt	40–50	10–30	reichlich
vulkanische Asche	50	bis 20	reichlich
Kalk, Dolomit	0–5	50	wenig

Abb. 567 Zusammensetzung von Gesteinsmehlen unterschiedlicher Herkunft.

6.4 Ökologie und Ökonomie des Ökologischen Landbaus

Die **ökologischen Vorteile** liegen in der **Schonung der Umwelt**. Die *Nitratauswaschung* fällt geringer aus als bei intensiver Bewirtschaftung. Die mögliche Umweltbelastung durch chemische Pflanzenschutzmittel entfällt durch das Verbot ihres Einsatzes. Vergleichende Untersuchungen weisen einen *verbesserten Artenschutz* nach, weil in etwa doppelt so viele Pflanzenarten vorkommen als auf konventionell bewirtschafteten Flächen. Vielseitige Pflanzengesellschaften fördern die Anzahl der Bodenlebewesen und der Insekten.

Für den ökologisch wirtschaftenden Betrieb gelten die gleichen **ökonomischen Regeln** wie für den konventionellen. *Erträge*, *Preise* und *Erzeugungskosten* bestimmen den Betriebserfolg. Die ackerbaulichen **Erträge** fallen geringer aus als im konventionellen Betrieb. Grünlanderträge unterscheiden sich kaum.

Abb. 568 Das Bio-Siegel auf der Basis der im Vergleich zu Richtlinien deutscher Bio-Anbauverbände weniger strengen EG-Öko-Verordnung.

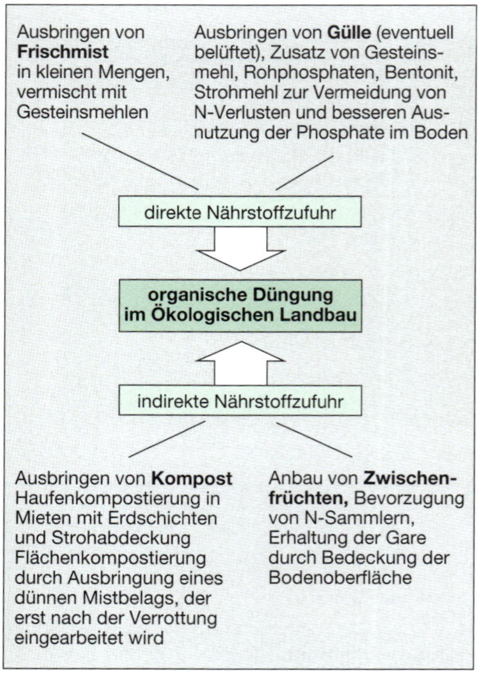

Abb. 569 Stellung der organischen Düngung im Ökologischen Landbau.

Tabelle 38: Ertragseinbußen beim Ökologischen Landbau

Fruchtart	Ertragseinbußen	Ursachen
Kartoffeln Winterweizen Wintergerste	hoch	Krautfäule, Verunkrautung geringeres N-Angebot im Frühjahr, Verunkrautung Krankheiten, Lager
Silomais Feldgemüse	mittel bis hoch	Verunkrautung, geringere N-Versorgung Schädlinge
Roggen, Hafer Dinkel, Sommerweizen, -gerste Futterrüben	gering bis mittel	Verunkrautung, geringere N-Versorgung
Körnerleguminosen	keine	eventuell Verunkrautung
Futterleguminosen	keine, eher Mehrerträge	größere Leistung N-sammelnder Bakterien

Dagegen unterscheiden sich die **variablen Kosten** erheblich. Den *geringeren Kosten* für Düngung und Pflanzenschutz stehen wesentlich höhere *Arbeitskosten* gegenüber, wenn ungünstige Boden- und Witterungsverhältnisse z.B. bei Reihenkulturen eine Handhacke erfordern. Die Kosten für das Striegeln von Getreidebeständen und ein Herbizideinsatz halten sich die Waage.

Die **Marktleistung** im Ökologischen Landbau liegt bei Direktvermarktung höher. Der Verkauf über Großhändler oder Verarbeiter bringt geringere Erlöse. Wobei direkte Vermarktung auch zusätzlichen Arbeitsaufwand und geschicktes Marketing verlangen. Bei der derzeitigen Marktsituation lassen sich für Produkte aus dem Ökologischen Landbau höhere Preise erzielen, was zu *höheren Gewinnen* führt.

Grünland-Ökobetriebe, die ihre Marktleistung mit üblichen Milch- und Fleischpreisen erzielen, fangen die Mindereinnahmen teilweise mit niedrigeren variablen Kosten und höheren Grundfutterleistungen auf.

Zukunftsperspektiven – Weiterhin sinkende Agrarpreise auf dem Weltmarkt, zunehmende Auflagen im Bereich des Umweltschutzes und staatliche Förderung extensiven Landbaus beschleunigen die Umstellung auf Ökologischen Landbau. Über den künftigen Betriebserfolg entscheidet wie in jedem Wirtschaftsbereich die Entwicklung des Marktes. Ökologischer Ackerbau, weniger die Grünlandbewirtschaftung, braucht höhere Preise als der konventionell arbeitende Betrieb, um rentabel zu wirtschaften. So lange der Markt diese hergibt, kann sich der Ökologische Landbau ausweiten.

Dabei spielt das Marketing der Ökoverbände eine wichtige Rolle. Gelingt es ihnen, mehr mit Großhandelsketten und großen Lebensmittelherstellern ins Geschäft zu kommen und durch Schaffung eines eigenen Qualitätsstandards ihr Marktsegment zu vergrößern, liegen im Ökologischen Landbau noch Chancen.

Abb. 570 Thermische Unkrautregulierung durch Abflammen im Mais.

Beispiel: Berechnung des Deckungsbeitrages für 1 ha Weizen im Ökologischen Landbau bei unterschiedlichen Vermarktungsformen.

Marktleistung:

Ertrag 40 dt/ha, Verkauf an Mühle: 40 dt × 40 €/dt	=	1600 €
– flächengebundene variable Kosten		
Saatgut (1,8 dt × 55,55 €/dt)		100 €
variable Maschinenkosten Eichenmechanisierung		100 €
Maschinenringkosten (Mähdrescher)		102 €
– ertragsabhängige variable Kosten (pro dt)		
Düngung 1,25 €/dt		
Hagelversicherung 0,84 €/dt		
Trocknungskosten 0,20 €/dt		
Summe der variablen Kosten/ha	=	394 €

Marktleistung – Summe der variable Kosten = Deckungsbeitrag

		1800 €
	–	394 €
ha Weizen	=	1406 €

25 AKh → Deckungsbeitrag AKh = 56,2 €

Marktleistung:

Ertrag 40 dt/ha, Direktvermarktung		
80 % an Bäcker		
20 % an Verbraucher		
40 dt × 70 €/dt	=	2800 €
– flächengebundene variable Kosten		
Saatgut (1,8 dt × 55,5 €/dt)		100 €
variable Maschinenkosten (Eigenmechanisierung)		100 €
Maschinenringkosten (Mähdrescher)		102 €
– ertragsabhängige variable Kosten (pro dt)		
Düngung 1,25 €/dt		
Hagelversicherung 0,84 €/dt		
Trocknungskosten 0,20 €/dt		
Aufbereitung 12,50 €/dt		
Summe der variablen Kosten/ha	=	894 €

Marktleistung – variable Kosten = Deckungsbeitrag

2800 €/ha – 894 €/ha =1906 €/ha Weizen

25 AKh Feld + 27 AKh → Deckungsbeitrag AKh = 36,6 €

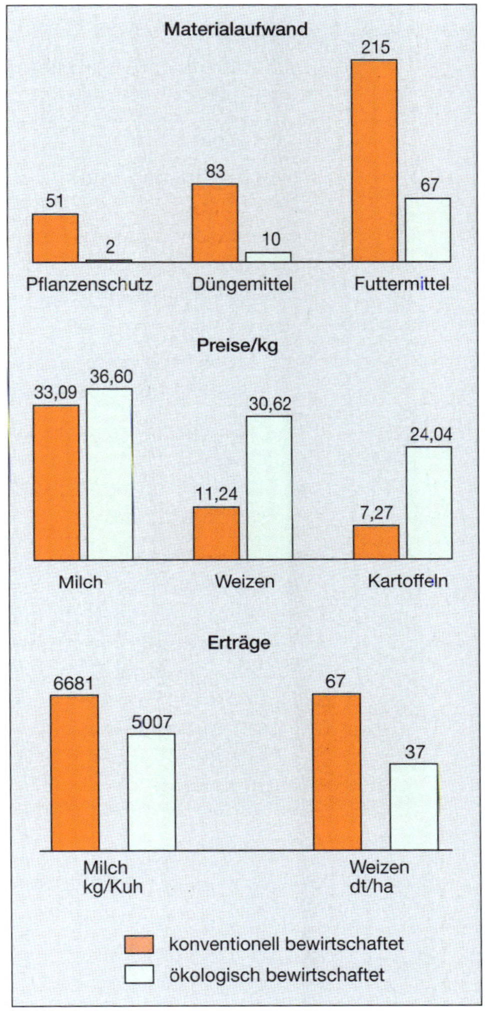

Abb. 571 Aufwand und Ertrag in Betrieben mit vergleichbaren Standortbedingungen (Angaben in €/ha oder €/100 kg).

Abb. 572 Entwicklung des Ökologischen Landbaus (DBV, 2003).

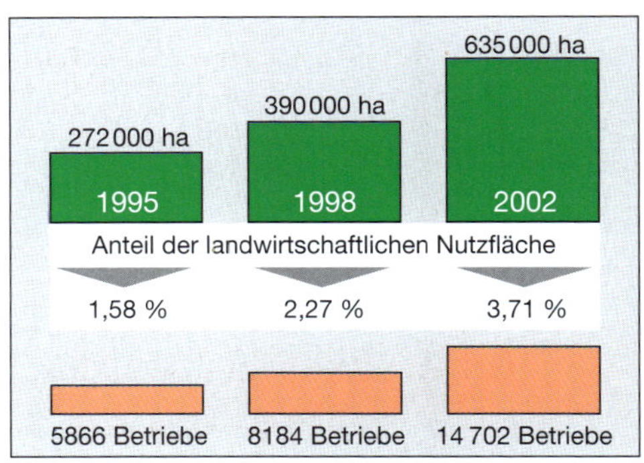

Aufgaben:

1. Angenommen, ein ökologisch und ein konventionell wirtschaftender Betrieb erzielten folgende Ergebnisse im »Speisekartoffel-Anbau«:

1 ha Kartoffeln	konventionell	ökologisch
Ertrag insgesamt	330 dt	220 dt
Verluste	30 dt	20 dt
verkaufte Speiseware	270 dt, 15 €/dt	180 dt, 29 €/dt
Futterware	30 dt, 3 €/dt	20 dt, 3 €/dt
flächengebundene variable Kosten		
Pflanzgut	28 dt, 38,6 €/dt	28 dt, 38,6 €/dt
Pflanzenschutz, chemisch	250 €	–
variable Maschinenkosten	312 €	300 €
ertragsabhängige variable Kosten		
Dünger	0,60 €/dt	0,30 €/dt
Säcke für Direktvermarktung	–	1,66 €/dt
Transportkosten	0,10 €/dt	0,30 €/dt

   a) Berechnen Sie jeweils den Deckungsbeitrag für 1 ha!
   b) Bewerten Sie die Ergebnisse kritisch!
2. Wo liegen die Ursachen der Ertragsminderungen im Ökologischen Landbau?
3. Weshalb stellt die Fruchtfolge das Herzstück des Ökologischen Landbaus dar?
4. Welche ökologischen Vorteile bringt der Ökologische Landbau?
5. Nennen Sie Gründe für und gegen Umstellung auf Ökologischen Landbau?
6. Interpretieren Sie die Abb. 573 und diskutieren Sie die Erkenntnisse.
7. Überlegen Sie, wie das Kaufinteresse für landwirtschaftliche Produkte generell beeinflusst werden kann.

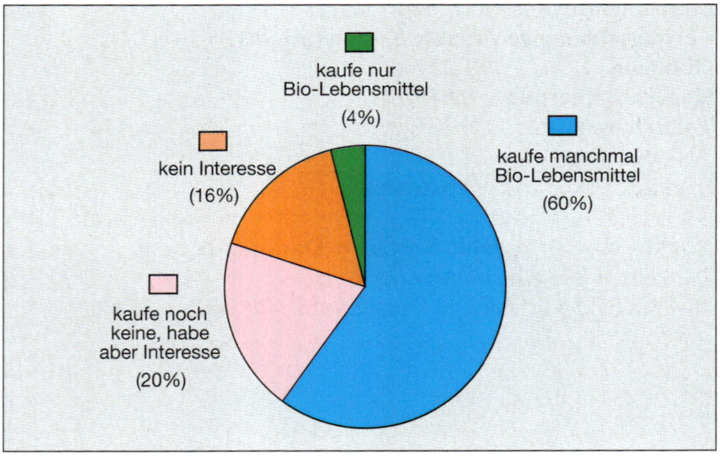

Abb. 573 Das Interesse am Kauf von Bio-Lebensmitteln (BÖLW, 2003).

7 Pflanzengesellschaften und -bestände

Entwicklung und Wachstum von Pflanzen hängen davon ab, inwieweit die Umweltbedingungen den Pflanzenansprüchen entsprechen.
Auf *natürlichen Standorten* bilden sich bestimmte Pflanzengesellschaften. Die *Agrarproduktion* beeinflusst und steuert die Umweltbedingungen, um hohe Erträge zu erzielen. Die Ökologie beobachtet die langfristigen Auswirkungen auf die gesamte Natur und Umwelt.

Abb. 574 Einwirkung der Höhenlage auf den Wuchs des Löwenzahns: Pflanze in der Ebene (links) und im Hochgebirge (rechts).

7.1 Natürliche Pflanzengesellschaften

Standortbedingungen – Sie werden bestimmt durch klimatische Faktoren, Bodenfaktoren und Einflüsse von anderen Lebewesen (Pflanzen, Tieren, Menschen). Die *Gesamtheit* der äußeren Einwirkungen auf die Pflanzen in ihrem Lebensraum wird als **Standort** bezeichnet.
Beispiele dafür, wie diese Faktoren auf die Entstehung von Pflanzengesellschaften wirken, finden Sie im Abschnitt Umwelt- und Wachstumsfaktoren, Seite 202.
Bildung von Pflanzengesellschaften – Sie verläuft wie folgt:

- Der Artbestand einer Pflanzengruppe stellt eine *Auslese* der Pflanzen dar, die unter den gegebenen Standortbedingungen auf Dauer gedeihen und sich behaupten (z. B. Salzmiere, Strand-Melde, Strand-Distel an der Meeresküste).
- Ein stetiger *Wettbewerb* schränkt die Zahl der lebens- und vermehrungsfähigen Arten weiter ein.
- Viele Arten *verändern* die ursprünglichen Bedingungen derart, dass nachfolgende Pflanzen nur dann gedeihen, wenn sie sich den Veränderungen anpassen können.

Lebensräume – Auf Äckern, in Gärten und Weinbergen entstehen spezielle *Wildkrautgesellschaften*. Die raschwüchsigen Knöterich-, Gänsefuß- und Wolfsmilcharten haben am ehesten noch auf den häufiger bearbeiteten Böden der Hackfruchtkulturen eine Lebenschance. Stickstoffdüngung fördert sie stark. Gegenüber diesen Kräutern haben z. B. der Mohn oder die Kornrade im Getreidebau einen Vorsprung, weil sie bei etwa 10 °C keimen (Hackfruchtunkräuter bei 15 – 20 °C).
Auf *trockenem Rasen* finden sich z. B. Federgras oder Felsennelke. Dort verbreiten sich aber auch Wacholder und Schlehen. Flechten und Moose als Pionierpflanzen gedeihen selbst auf nackten Felsen, wo Bäume und Sträucher nicht existieren.
Am Rand von *Gewässern* und *Sümpfen* wachsen Seggen, Binsen, Wollgräser oder das Rohrglanzgras. In stehendem Wasser herrschen meist Armleuchteralgen, Tausendblatt und See- bzw. Teichrose vor. Der Flutende Hahnenfuß oder das Flutende Laichkraut dagegen können dank der Blattform auch den reißenden Kräften fließenden Wassers noch widerstehen.

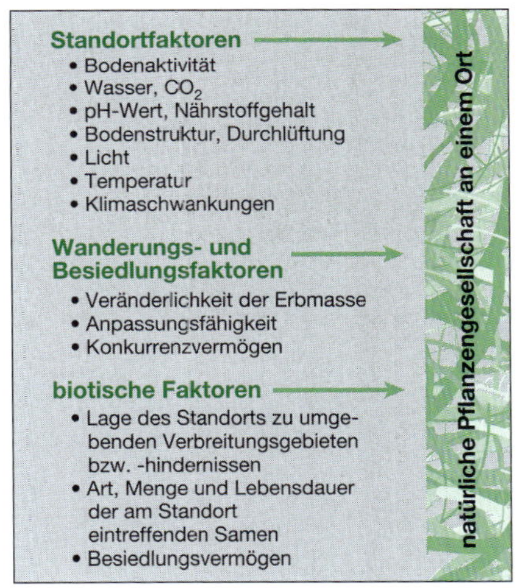

Abb. 575 Je nach der Kombination der verschiedenen ökologischen Faktoren entsteht auf einem Standort eine bestimmte Pflanzengesellschaft.

Abb. 576 Verlandungsgesellschaften eines nährstoffreichen Sees und die von ihnen gebildeten Ablagerungen (Schema). 1 Erlenbruchwald, 2 Seggen, 3 Binsen, Schilfrohr, Rohrkolben, 4 Teich- und Seerosen, 5 Laichkräuter, 6 Armleuchtergewächse

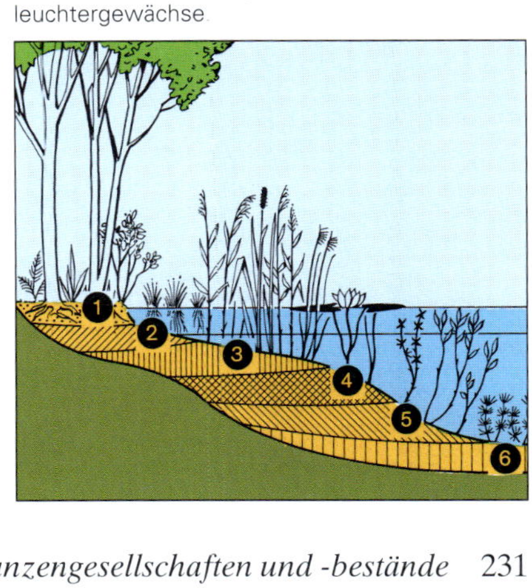

Abb. 577 Flutender Hahnenfuß – eine typische Wasser-Pflanze.

Abb. 578 Während der Kiesabbau teilweise noch in Betrieb ist (rechts), hat sich die Natur einen ruhenden Teil der Grube bereits wieder erobert (links).

Abb. 579 Weizen zu Blühbeginn, die ersten Staubbeutel erscheinen

In *Laubwäldern* können Buschwindröschen, Leberblümchen, Lungenkraut, Frühlings-Platterbse und Waldmeister oder auf leichten Böden Heidekraut, Heidelbeere und Adlerfarn eine üppige Vegetation bilden. In *Auenwäldern* stehen meist Weidengebüsch, Erlen und Eschen.

Kultur-Pflanzengesellschaften – Ursprüngliche, vom Menschen unberührte Pflanzengesellschaften gibt es in Deutschland nur noch sehr selten. Eine weitgehend natürliche Entwicklung von Pflanzengesellschaften lässt sich ausschließlich durch Verzicht auf eine Bewirtschaftung (z. B. Nationalpark) und die Einrichtung von *Naturschutzgebieten* erreichen, z. B. in Watt, Moor, Hoch- und Mittelgebirge, auf Seen und Teichen.

Bei Kultur-Pflanzengesellschaften wirken *menschliche Einflüsse* und die *natürliche Erneuerungsfähigkeit* der Pflanzen noch stark zusammen. **Beispiele** sind der Mischwald mit Naturverjüngung, extensiv genutzte Wiesen und Weiden, die sehr artenreich sind. Der Staat bezuschusst deswegen deren Pflege.

Landschaftsökologen erheben und kartieren den Bestand ökologisch bedeutsamer Landschaften, um sie schützen zu können. Diese Erkenntnisse helfen, bei größeren Vorhaben wie z. B. Autobahnbau und Industrieansiedlung, mögliche Schäden vorauszusagen. So lassen sich die Belange des Landschaftsschutzes berücksichtigen.

! Auf nicht oder nur mäßig vom Menschen beeinflussten Standorten bilden Pflanzen mit ähnlichen Ansprüchen an Boden und Klima artenreiche Gesellschaften, in denen auch viele Spezialisten der Tierwelt leben, z. B. Käfer und Schmetterlinge. Die Auswahl und Zahl der Arten und Einzelpflanzen in einer solchen Lebensgemeinschaft folgt nicht dem Zufall, sie entspricht den durchschnittlichen Standortbedingungen und der Behauptungsfähigkeit der Arten. Wildwachsende Pflanzengesellschaften zeigen Boden- und Klimaverhältnisse des Standortes an.

7.2 Pflanzengruppen der Agrarproduktion

Die Nutzpflanzen unterscheiden sich in Ertragsfähigkeit, Verwendungsmöglichkeiten und Anbauansprüchen erheblich. Aus wirtschaftlichen Gesichtspunkten erfolgt ihre Züchtung auf die erwünschten Merkmale.

7.2.1 Ackerbau

Halmfrüchte (Getreidearten) – Der Anbau der Getreidearten Weizen, Roggen, Gerste, Hafer und Mais umfasst über 70 % der Ackerfläche Deutschlands. Obwohl die direkte Verwendung von Getreide für die menschliche Ernährung zurückgeht (ca. 1/3 für Backwaren, 2/3 als Futtermittel), stellt es eine der wichtigsten *Emährungsgrundlagen* dar.

Die **Getreidearten** gehören zu den einsömmrigen bis überjährigen *Süßgräsern*. Züchtung erreichte, dass die heutigen Kultursorten zähspindelige Ähren mit festerem Kornsitz anstelle der spindelbrüchigen Fruchtstände der Wildformen (heute noch bei Dinkel) besitzen. *Weizen* stellt höhere Ansprüche an Boden und Klima als *Gerste, Roggen* und *Hafer*.

Mais unterscheidet sich von den vier anderen Getreidearten vor allem durch höhere Massenerträge (Mais: bis zu 120 dt Körner/ha, Weizen: 60–110 dt/ha), ein stärkeres *Wärmebedürfnis* (Mindest-Keimtemperatur 8–10 °C) und einen höheren Anspruch an die *Sonnenscheindauer* (Heimat Mexiko!) und *Düngung* sowie durch einen relativ geringen *Wasserbedarf* (Mais 368 g Wasser für 1 g TM, Weizen 435, Roggen 685). Er dient als Grünfutter oder wird als Körnermais geerntet. Silomais verdrängte als Rinderfutter andere Futterpflanzen wie Klee und Luzerne weitgehend aus den Fruchtfolgen. Der Mais (einhäusig) entwickelt Einzelpflanzen mit getrenntgeschlechtlichen Blütenständen und vorherrschender Fremdbestäubung.

Blattfrüchte – Dazu zählen alle anderen Nutzpflanzen des Ackers. Der Nachbau derselben Frucht oder nahe verwandter Früchte gefährdet Kulturpflanzen besonders. Der Wechsel der angebauten Früchte *(Fruchtfolge)* hält diese Schäden gering, Blattfrüchte wirken garefördernd, aber humuszehrend und Halmfrüchte gareminderd aber humusmehrend.

Die Knollen- und Wurzelgewächse Kartoffeln, Rüben oder Möhren bezeichnet man als *Hackfrüchte*. Sie lieben einen tiefgelockerten Boden mit guter Durchlüftung und rascher Erwärmung. Während die Zuckerrüben milderes Klima und bessere Böden wünschen, gedeihen Kartoffel und Futterrübe auch in raueren Lagen und auf leichteren Böden.

Neben dem **Feldfutterbau** steigt die Bedeutung des Anbaus von Handelspflanzen. **Leguminosen** zeichnen sich durch ihren hohen Eiweiß- und Vitamingehalt und durch günstige Vorfruchtwirkung aus. An Boden und Klima stellen sie niedrigere Ansprüche als die Getreidearten. Die **kleeartigen Pflanzen** (z. B. Rot-, Weiß-, Alexandriner-Klee und Luzerne) tragen durch ihr weit verzweigtes Wurzelsystem mit stickstoffsammelnden Knöllchenbakterien wesentlich zur Erhaltung und Förderung der Bodenfruchtbarkeit bei.

Abb. 580 Mais lohnt auf passenden Standorten hohen Aufwand durch hohe Erträge.

Abb. 581 Hackfrüchte bringen hohe Masseerträge.

Abb. 582 Blütenstand der Luzerne

Tabelle 39: Beispiele für Futter- und Handelspflanzen

Ackerfutterpflanzen	Handelspflanzen
Kleearten (z. B. Rot-, Weiß-, Inkarnatklee, Alexandriner und Perser Klee, Luzerne), Körnerleguminosen (z. B. Ackerbohnen, Erbsen, Linsen, Lupine, Sojabohne) Kreuzblütler (z. B. Raps, Senf, Stoppelrüben) Ein- und mehrjährige Gräser und Kleegras-Mischungen	Ölfrüchte (z. B. Raps, Rübsen, Senf, Sonnenblume) Faserpflanzen (z. B. Lein, Hanf) Sonderkulturen (z. B. Wein, Hopfen, Tabak) Samenbau (z. B. Gras, Klee) Feldgemüse (z. B. Kohl, Möhre, Rettich, Zwiebel, Meerrettich, Porree, Gurke)

Abb. 583 Grünland mit Streuobstanlage. Ein wichtiges Biotop.

Abb. 584 Ein Mischwald mit Hoch- und Niederwald.

Abb. 585 Wald-Weidenröschen, Standort: Waldrand.

7.2.2 Grünland

Die Pflanzen des **Dauergrünlandes** unterscheiden sich als *Mischbestand* deutlich von den Monokulturen des Ackerlandes. Bei intensiver Bewirtschaftung überwiegen in einem geschlossenen Pflanzenbestand wertvolle *Süßgräser* (ca. 60 – 70 % Ober- und Untergräser) mit einem angemessenen Anteil von *Leguminosen* (ca. 10 – 20 %) und *Kräutern* (ca. 10 – 20 %).
Nutzungsart, Düngung und Regelung der Wasserverhältnisse beeinflussen den Pflanzenbestand wesentlich. Während Stickstoff und Kali vor allem die Gräser fördern, Phosphorsäure und Kalk die Leguminosen, verlangen die wertvollen Kräuter eine harmonische Düngung.

7.2.3 Wald

Der **Wald** stellt eine vielfältige *Lebensgemeinschaft* von Mikroorganismen, Pflanzen und Tieren dar, langfristig beeinflusst durch die *Baumartenwahl* bei der Waldbegründung, Pflege und Nutzung. Waldbauliche Entscheidungen berücksichtigen Standortansprüche der Baumarten, Kulturkosten, Nutzholzanfall und die Wohlfahrtswirkungen des Waldes.
Mischbestände sind durch Krankheiten, Schädlinge oder Sturm weniger gefährdet als Reinbestände. Sie lösen deshalb die Fichtenmonokulturen, empfohlen vor über zweihundert Jahren aus kurzsichtigen betriebswirtschaftlichen Überlegungen, immer mehr ab.

Tabelle 40: Waldbauliche Eigenschaften von Bäumen (Auswahl)

Baumart	Bodendurchwurzelung[1])	Ansprüche an Licht	Wasser	Nährstoffe
Nadelbäume				
Fichte	flach	mittel	feucht	mittel
Tanne	tief	gering/mittel	mittel	mittel
Kiefer	tief	viel	trocken	gering
Laubbäume				
Stieleiche	tief	viel	frisch	hoch
Buche	mittel	gering/mittel	mittel	mittel/hoch
Pappel	mittel	viel	feucht	mittel/hoch

[1]) Hängt weitgehend von den Bodenverhältnissen ab.

7.3 Pflanzensystematik

Die Vielfalt an Pflanzenarten, die sich nach inneren und äußeren Merkmalen unterscheiden, erfordert eine **Systematisierung**. Sie bringt Ordnung und Übersicht in den Formenreichtum. Die *Nomenklatur* (Namengebung) muss auf alle Pflanzen anwendbar sein, d. h. auf die vorweltlichen (fossilen), dann die Algen, Pilze, Flechten, Moose, Farne bis zu den höchstentwickelten Blütenpflanzen.
Künstliches und natürliches System – Pflanzenarten lassen sich nach verschiedenen Gesichtspunkten ordnen. **Künstliche Systeme**, wie

der Schwede CARL VON LINNÉ 1753 eines entwickelte, greifen ein *bestimmtes Merkmal* heraus, z. B. den Blütenbau und teilen die Pflanzen danach ein. Dieses System berücksichtigt keine Verwandtschaftsverhältnisse.

Pflanzenbestimmungsbücher arbeiten häufig nach einem dichotomen (gegabelten) Bestimmungsschlüssel, der die einzelnen Merkmale mit einer Ja- oder Nein-Antwort abfragt und so ein schnelles Bestimmen erlaubt.

Natürliche Systeme, wie der deutsche Botaniker ENGLER (1844–1930) eines aufstellte, ordnen Pflanzen nach *verwandtschaftlichen* und *entwicklungsgeschichtlichen Gesichtspunkten* und stellen einen Stammbaum der Pflanzen dar, der darauf aufbaut, dass alle höheren Arten sich aus niederen entwickelten.

Botanische Namen – Die volkstümlichen Pflanzennamen führen oft zu Verwechslungen. Deshalb benennt die Wissenschaft international Wild- und Kulturpflanzen mit lateinischen Doppelnamen, bestehend aus dem Gattungs- und dem Artnamen (VON LINNÈ eingeführte binäre Nomenklatur), vielfach unter Hinzufügung des Varietäts- oder Sortennamens.

Ordnungsbegriffe und ihre Rangstufen – Das Beschreiben, Benennen und Eingruppieren der Pflanzen erfolgt nach dem »Internationalen Code der Botanischen Nomenklatur« von 1978. Die Grundeinheit der Systematik bildet die Art (Species). Sie lässt sich weiter unterteilen in Unterarten, Varietäten bzw. Sorten (in

Tabelle 41: Aufbauprinzip des Pflanzensystems der Hauptrangstufen

Art – Art – Art … usw.
Gattung

Gattung – Gattung – Gattung … usw.
Familie

Familie – Familie – Familie … usw.
Ordnung

Ordnung – Ordnung – Ordnung … usw.
Klasse

Klasse – Klasse – Klasse … usw.
Abteilung

Abteilung – Abteilung – Abteilung … usw.
Reich

Abb. 586 Blütenstand und Halmteilstücke von Wiesenschwingel (rechts) und Wiesenrispe (links): Ihr äußerer Aufbau weist deutlich auf verwandtschaftliche Beziehungen hin.

Abb. 587 Wollgras ist eine typische Zeigerpflanze für Moorböden.

Abb. 588 Drei Arten der Kleegattung *Trifolium:* links: Weißklee *(Trifolium repens),* Mitte: Wiesenklee *(Trifolium pratense),* rechts: Schwedenklee *(Trifolium hybridum).*

Tabelle 42: Beispiel der Gattung Rosa und ihre Stellung im taxonomischen System des Pflanzenreichs

Arten:	**Rósa canina**	**Rósa gállica**	**Rósa rugósa**				usw. (insgesamt mehr als 100 Arten)
Gattung:	**Rósa**						
Gattungen:	**Rósa**	**Fragária**	**Drýas**	**Prúnus**	**Málus**	**Pýrus**	usw. (insgesamt etwa 40–50 Gattungen mit über 2000 Arten)
Familie:	Rosáceae						
Familien:	Rosáceae	Neuradaceae	Chrysobalanaceae				usw. (insgesamt 21 Familien)
Ordnung:	Rosáles						
Ordnungen:	Rosáles	Saxifragales	Fabales				usw. (insgesamt 37 Ordnungen)
Unterklasse:	Rosidae						
Unterklassen:	Rosidae (getrenntkronblättrige Blütenpflanzen)	Hamamelidae	Magnoliidae				
Klasse:	Dicotyledoneae						
Klassen:	Dicotyledoneae (Zweikeimblättrige)	Monocotyledoneae (Einkeimblättrige)					
Unterabteilung:	Angiospermóphytina						
Unterabteilungen:	Angiospermóphytina (Bedecktsamer)	Cycadadophytina	Coniferophytina				
Abteilung:	Spermatophyta						
Abteilungen:	Phycophyta	Spermatophyta					
Reich:	Pflanzenreich						

Abb. 589 Kernobstfäule, verursacht durch den Pilz *Monilia (Sclerotinia) fructigena*, unter dem Mikroskop.

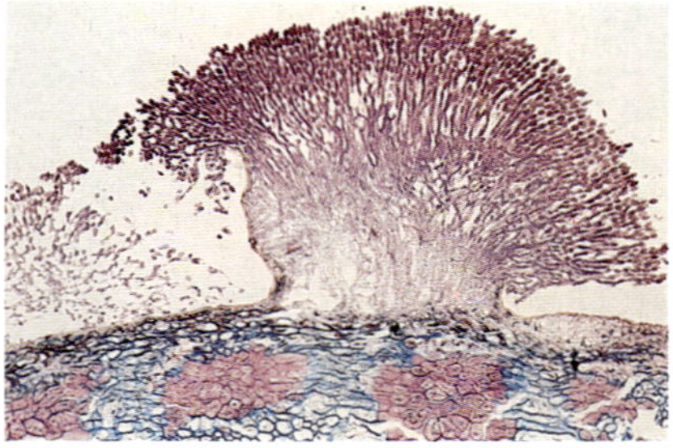

Kultur entstandene Varietäten). Arten sind zu einer Gattung vereinigt. Verwandte Gattungen bilden eine Familie, etliche Familien eine Ordnung. Die nächsthöheren Rangstufen sind die Klasse, die Unterabteilung und die Abteilung.

System der Pflanzen – Ein verbreitetes und umfassendes System, das sich weitmöglichst an die natürliche Ordnung hält, stellt Tabelle 41 dar.

Mit Ausnahme der Art sind die systematischen Gruppen nicht genau definiert. Sie geben jeweil Ähnlichkeiten an. Deshalb kann es je nach Gliederung z. B. innerhalb der Familie Unterfamilien, innerhalb der Ordnung Unterordnungen und in der Klasse Unterklassen geben.

7.4 Merkmale der Pflanzenbestimmung

Die **Entwicklungsstufen** beziehen sich auf *äußere Merkmale*. Die überwiegende Zahl unserer Kulturpflanzen gehört zur Abteilung der Samenpflanzen, der höchsten pflanzlichen Entwicklungsstufe. Sie zeichnet ein einheitlicher Bauplan aus, der sie in Wurzel, Sprossachse und Blatt gliedert.

Abb. 590 *Monilia*-Pilz an einer Birne.

Tabelle 43: Entwicklungsstufen des Pflanzenreiches

Entwicklungsstufe	Merkmale	Abteilung
Urpflanzen (Protophyten)	Einzelligkeit, meistens Blattgrün	Bakterien, Blaualgen
Lagerpflanzen (Thallophyten)	Mehrzelligkeit, teilweise Blattgrün	Algen, Pilze
Moospflanzen (Bryophyten)	Vielzeller mit Blattgrün, beginnende Sprossbildung	Moose
Sprosspflanzen (Kormophyten)	Wurzel- und Sprossbildung, hoher Blattgrüngehalt	Farngewächse, Samenpflanzen

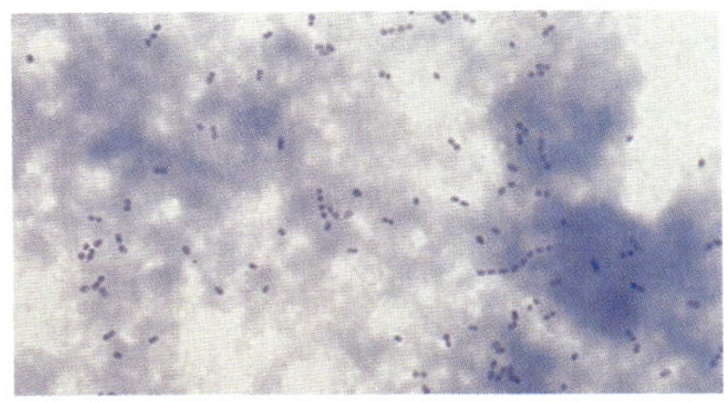

Abb. 591 Milchsäurebakterien *(Streptococcus lactis)*, in Ketten gelagerte Kugelbakterien.

Tabelle 44: Kurzgefasste Übersicht über die Klassenmerkmale

	Kiefernähnliche (Pinatae)	Zweikeimblättrige (Dicotyledoneae)	Einkeimblättrige (Monocotyledoneae)
äußere Merkmale	Keimwurzel wird zur Hauptwurzel; unterschiedliche Keimblattzahlen	Keimwurzel wird zur Hauptwurzel; 2 Keimblätter	Keimwurzel stirbt beizeiten ab; 1 Keimblatt
	1 Aderstrang je Blatt	Netzadrigkeit der Blätter	Parallel- oder Bogenadrigkeit der Blätter
	nackte Blüten	selten nackte Blüten	kaum nackte Blüten
	keine Zwittrigkeit	oft Zwittrigkeit	oft Zwittrigkeit
innere Merkmale	ringförmige Leitbündelanordnung	ringförmige Leitbündelanordnung	regellose Leitbündelanordnung
	Kambium vorhanden	Kambium vorhanden	kein Kambium
	Dickenwachstum	Dickenwachstum	kaum Dickenwachstum
	starke Verholzung	nicht immer starke Verholzung	Verholzung seltener
Lebensdauer	meist lang, Baum- und Strauchausbildung	Ausbildung von 1-, 2-jährigen, Halbsträuchern, Sträuchern und Bäumen	keine ausgeprägte Langlebigkeit Stauden überwiegen

Abb. 592 Versuch: Lösen Sie etwas Bäckerhefe in Wasser auf und bringen Sie einen Tropfen davon auf einen Objektträger. Decken Sie mit einem Deckglas ab und betrachten Sie das Präparat unter dem Mikroskop. Man sieht die kugeligen oder ovalen Zellen der Hefepilze mit ihren durch Sprossung entstandenen Zellketten.

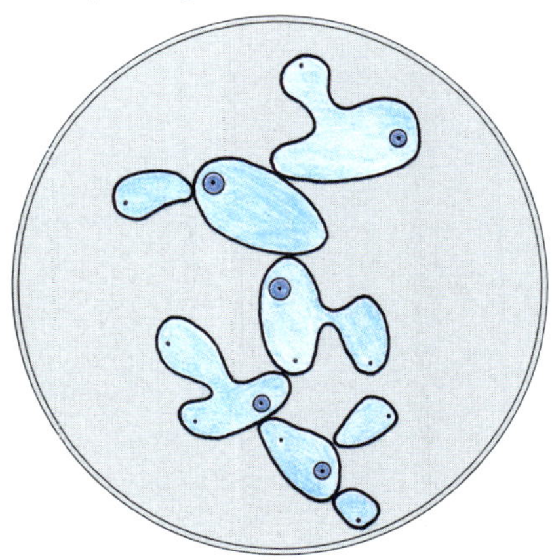

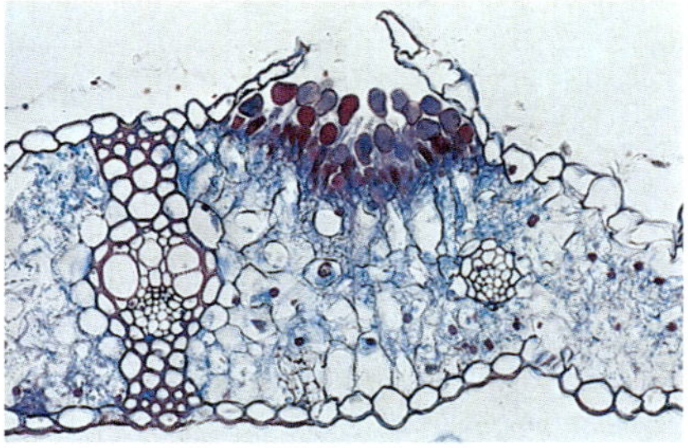

Abb. 593 Getreiderost (*Puccinia graminis*, Uredosporen) auf Weizen als Beispiel für eine Lagerpflanze.

Von den bis jetzt über 400 000 bekannten lebenden Pflanzenarten gehören 250 000 zu den Blütenpflanzen und fortlaufend werden neue entdeckt. Die Farnpflanzen umfassen etwa 15 000 Arten, die Moose 30 000, die Algen etwa 33 000, die Pilze etwa 100 000 und die Flechten etwa 20 000. Dazu kommen noch 1600 Bakterienarten und 2000 Blaualgenarten.

Die Einordnung der Pflanzenarten verdeutlicht das folgende **Beispiel** der beiden Kräutern *Senecio vernalis* (Frühlingskreuzkraut) und *Senecio vulgaris* (Gemeines Kreuzkraut) (siehe auch Abb. 602 und Seite 239).

Tabelle 45: Beispiele für die Zuordnung von Pflanzen zu Familien

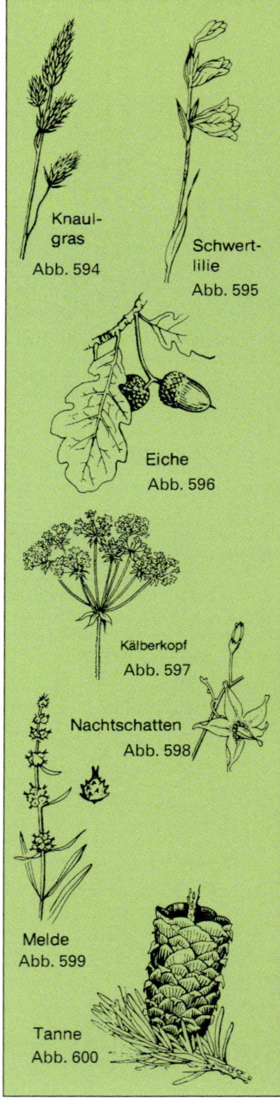

Aussehen	Familie	Merkmale Blüte Frucht	Blätter, Stängel, Sonstiges	Beispiele K = Kulturpflanzen W = Wildpflanzen
	aus der Klasse der **Einkeimblättrigen** (Monocotyledoneae)			
	Süßgräser Gramineae oder Poaceae	stark zurückgebildete Blüten einsamige Früchte	von Blattscheiden umgebene Halme, meist linealische Blätter	K: Getreidearten, Wiesengräser Pampasgras W: Flug-, Strandhafer, Quecke, Windhalm
	Liliengewächse Liliaceae	Blütenhülle aus 2 u 3 blättrigen Kreisen, 2 u 3 Staubblätter, 1 Stempel	parallelnervige Blätter, Stauden mit Wurzelstock, Zwiebeln oder Knollen	K: Hyazinthen, Lauch, Lilien, Spargel, Speisezwiebeln, Tulpen W: Maiglöckchen
	aus der Klasse der **Zweikeimblättrigen** (Dicotyledoneae)			
	Buchengewächse Fagaceae	einhäusige Blüten in Kätzchenanordnung	ganzrandige, gelappte oder gezähnte Blätter	K/W: Blut- und Rotbuche, Eichen
	Doldenblütler Umbelliferae oder Apiaceae	5 Kelch-, 5 Blüten-, 5 Staubblätter, Fruchtknoten 2blättrig	meist krautige Pflanzen mit fiederigen Blättern	K: Edeldistel, Möhren, Petersilie W: Bärenklau, Giersch, Wiesenkerbel
	Gänsefußgewächse Chenopodiaceae	oft zurückgebildete Blüten in knäueligen Blütenständen, Nußfrucht	wechselständige Blätter, stets Kräuter	K: Futter- und Zuckerrüben, Rote Beete, Spinat W: Weißer Gänsefuß, Gemeine Melde
	Nachtschattengewächse Solanaceae	Blütenblätter am Grunde verwachsen Frucht, Beere oder Kapsel	wechselständige Blätter Kräuter	K: Kartoffel, Petunie, Tomate W: Schwarzer Nachtschatten
	aus der Klasse der **Kiefernähnlichen** (Pinatae)			
	Kieferngewächse Pinaceae	nackte Blüten häufig verholzende Samenstände	verholzte Pflanzen mit nadelförmigen Blättern	K/W: Fichten, Kiefern, Tannen, Lärchen

Abteilung	Samenpflanzen		
Unterabteilung	Nacktsamer (Gymnospermae)	Bedecktsamer (Angiospermae)	
Klasse	Kiefernähnliche	Zweikeimblättrige	Einkeimblättrige
Ordnung	Kiefernartige	Hülsenfrüchte	Spelzenblütler
Familie	Kieferngewächse	Schmetterlingsblütler	Süßgräser
Gattung	Tanne	Bohne	Rispengras
Art	Weißtanne	Puffbohne	Wiesenrispengras
Sorte		'Con Amore'	'Delft'

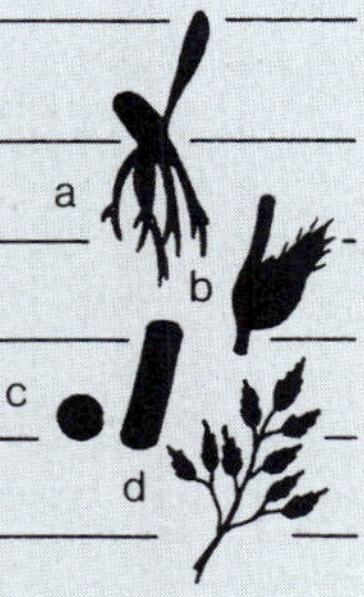

Abb. 601 **Beispiele** für die systematische Zuordnung von Kulturpflanzen.
a = Keimung einer einkeimblättrigen Pflanze,
b = Spelze mit Ährchen,
c = Stängel eines Süßgrases,
d = Rispe (Blütenstand eines Rispengrases).

Arten: *Senecio vulgáris*, Gemeines Kreuzkraut und *Senecio vernális*, Frühlingskreuzkraut zählen zur
Gattung: *Senecio* (Kreuzkraut oder Greiskraut). Diese bildet mit weiteren Gattungen z. B. *Áster* (Aster), *Achilléa* (Schafgarbe), *Béllis* (Gänseblümchen), *Heliánthus* (Sonnenblume), *Leucánthemum* (Margerite) u.v.a. die
Familie: Compósitae (Köpfchenblütler), diese mit anderen Familien die
Ordnung: Campanuláles (Glockenblumengewächse), welche mit 10 weiteren in der
Unterklasse: Sympétalae (mit Kronblatt Verwachsene) zusammengefasst sind. Diese bildet mit den getrenntkronblättrigen Blütenpflanzen (Archichlamydeae) die
Klasse: Dicotyledóneae (Zweikeimblättrige Pflanzen), die in der
Abteilung: Angiospérmae (Bedecktsamige Pflanzen) steht.

Abb. 602 Frühlingskreuzkraut (*Senecio vernalis* – links) und Gemeines Kreuzkraut (*Senecio vulgaris* – rechts).

Aufgaben:
1. Nach welchen Gesichtspunkten gliedert sich das Pflanzenreich?
2. Warum werden die Pflanzen vorwiegend lateinisch bezeichnet?
3. Ermitteln Sie mit Hilfe eines Pflanzenbestimmungs-Buches die botanische Bezeichnungen für landwirtschaftliche Nutzpflanzen!
4. Bestimmen Sie anhand eines Bestimmungsschlüssels wichtige Wildpflanzen des Ackers sowie standorttypische Pflanzen auf Moorböden und Sandböden.

Abb. 603 Junge Bohnenpflanze *(Phaseolus vulgaris)* als **Beispiel** für eine Sprosspflanze.

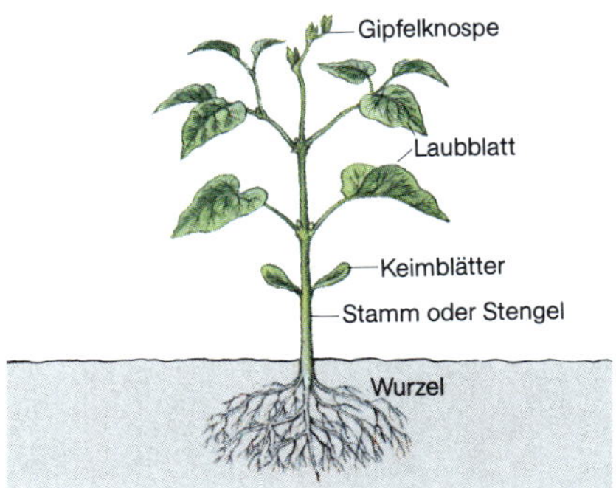

8 Artenschutz

Abb. 604 Ausgewiesene FFH-Flächen sollen die ökologische Vielfalt erhalten.

Abb.605 So nutzen wir unseren Boden (in %).

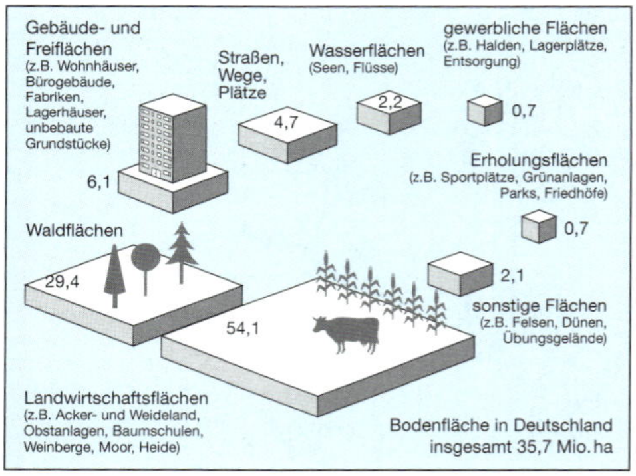

Artenvielfalt und **Vernetzung** der Lebewesen *stabilisieren* das biologische Gleichgewicht. Sie schwächen äußere Störungen des Ökosystems und Eingriffe des Menschen ab. Artenschutz nimmt deshalb einen wichtigen Stellenwert für Staat und Gesellschaft sowie für jeden einzelnen Bürger ein.

Gesetze und Verordnungen – Mit der 1992 verabschiedeten »**F**lora-**F**auna-**H**abitat (FFH)-Richtlinie« verpflichten sich die Mitgliedstaaten der EU, das »Natura 2000« – Schutzgebiets-Netzwerk aufzubauen. Zusammen mit der Vogelschutz-Richtlinie von 1979 setzen die EU-Mitgliedsländer nach ihren nationalen Möglichkeiten das Ziel um, die biologische Vielfalt in Europa zu erhalten. Alle Planungen, die ein Gebiet in seinem Schutzzweck beeinträchtigen, unterliegen einer *Verträglichkeitsprüfung.*

In Deutschland dienen Naturschutz-Gesetz und Pflanzenschutz-Gesetz dem Schutze der Natur, der wildwachsenden Pflanzen und wildlebenden Tiere. Sie verfolgen das Ziel, Natur und Landschaft vor vermeidbaren Eingriffen zu bewahren und eingetretene Schäden zu beseitigen oder auszugleichen, z. B. durch Rekultivierungsmaßnahmen nach erfolgtem Kiesabbau.

Rote Listen – die Länder legten *Verzeichnisse* für gefährdete Arten an, sog. »Rote Listen«. Sie geben einen Überblick über den *Grad der Gefährdung* und bilden die Grundlage für Artenschutz-Programme (z. B. Wiesenbrüter-Programm).

Artenschutz-Programme – Auf **Landesebene** entwickelt, verbieten sie missbräuchliche Nutzung, Verwüstung und Massenfang bzw. -tötung. Sie schützen Nahrungsquellen, Nist- und Zufluchtstätten, z. B. durch das Verbot, Feldraine abzubrennen oder Feldgehölze zu roden. Nutzungsbeschränkungen helfen, wichtige Biotope wie Tümpel, Sumpfgebiete, Riede zu erhalten. Artenschutz gliedert

Tabelle 46: Gegenüberstellung artenreicher und artenarmer Agrarökosysteme

Merkmal	Agrarökosysteme artenreich	 artenarm
Kennzeichen	meist kleinere Felder, viele Strukturelemente, artenreiche Fruchtfolge mittlerer Aufwand, zurückhaltender chemischer Pflanzenschutz	überwiegend große Felder, wenig Strukturelemente, artenarme Fruchtfolgen, hoher Düngeraufwand, intensiver chemischer Pflanzenschutz,
Bodenbewirtschaftung	humusschonend, biogene Förderung der Bodenstruktur, erosionshemmend	humuszehrend, intensive Bearbeitung des Bodens, oft erosionsfördernd
Flora und Fauna	geringe Verdrängung	starke Verdrängung
Nebenwirkungen auf Landschaftselemente	gering	stärker
▶ Entwässerung	geringe Fernwirkung	große Fernwirkung
▶ chemischer Pflanzenschutz	nicht auf alle Elemente gleichzeitig wirkend	meist auf alle Elemente gleichzeitig wirkend
▶ Wirkung der Ernte	auf Feldern zeitlich verschoben	großflächig zur gleichen Zeit
▶ Wirtschaftstyp	bäuerliche Landwirtschaft mit Viehhaltung	Großbetrieb oft ohne Viehhaltung

sich in **Populationsschutz** (Lenkung des Artenbestandes, Wiedereinbürgerung) und **Biotopschutz** (Biotoppflege, -gestaltung und -sicherung).
Die wichtigste Aufgabe des Naturschutzes liegt also in der Erhaltung naturnaher Biotope und weniger im Schutz einer einzelnen Art. Denn schließlich führen Veränderung und Zerstörung von Biotopen zum Artenverlust ganzer Biozönosen.

Abb. 606 Blauflügel-Prachtlibelle (gefährdet).

8.1 Artenvielfalt, Artensterben

Tabelle 47 verdeutlicht die Notwendigkeit, artenreiche Agrarökosysteme zu erhalten, wie es die deutsche Agrarpolitik mit der Erhaltung der bäuerlichen Landwirtschaft anstrebt.
Gegenwärtig verschwindet jedes Jahr 1 Pflanzen- und Tierart für immer. Das alarmierende Aussterben von Pflanzen- und Tierarten geht auf die industrielle Produktion und das einseitige kurzfristige Gewinnstreben in unserer Gesellschaft zurück. Alle Bereiche (Haushalte, Wirtschaft, Verkehr, Landwirtschaft) tragen ihren Teil dazu bei, dass sich für immer weniger Kreaturen eine Nische findet.

Abb. 607 Schwalbenschwanz (gefährdet).

Tabelle 47: Ursachen des Artenrückgangs

Merkmal	Anzahl gefährdete Arten	»Rote Liste«-Arten (insgesamt 822) %
Beseitigung von Sonderstandorten	210	26
Entwässerung	173	21
Nutzungsaufgabe	172	21
Auffüllung, Überbauung	155	19
Nutzungsänderung	123	15
Abgrabung (Moor)	112	14
Tritt, Lagern, Wellenschlag	99	12
Herbizide	89	11
Roden, Brand	81	10
Gewässerausbau	69	8
Sammeln	67	8
Gewässereutrophierung	56	7
Minimal-Bodenbearbeitung	42	5
Gewässerverunreinigung	31	4
Verstädterung	20	2

Abb. 608 Wolfsmilchschwärmer (gefährdet).

Abb. 609 Laubfrosch (gefährdet).

In Deutschland sind rund 50 % aller Säugetierarten, 35 % aller Vogelarten, etwa 60 % der Lurch- und Kriechtierarten, 32 % der Fischarten, 30 % der Großschmetterlinge existenziell bedroht.
Ursachen für das fortschreitende *Artensterben* sind:
- *Zerschneiden der Landschaft* durch Verkehrswege; verkleinerte Reviere schränken die Wechselmöglichkeiten für Wildtiere ein;
- hoher *Blutzoll* an den Verkehr (z. B. Igel, Wiesel, Marder);
- *Schadstoffbelastung* von Luft, Wasser und Boden;
- *Überbevölkerung* weiter Regionen der Erde;

Abb. 610 Feldhase (gefährdet).

- *Überfischen* der Meere mit modernen Fangmethoden;
- *Abholzen* von Urwäldern;
- *Trockenlegen* von Feuchtgebieten,
- zu *intensive Landbewirtschaftung*.

8.2 Geschützte und bedrohte Pflanzen und Tiere

Eine Reihe vorwiegend schöner und seltener Blütenpflanzen, aber auch mehrere Tierarten, wie seltene Vögel sind durch menschliche Eingriffe vom Aussterben bedroht. Deswegen stehen sie aufgrund der Bundes-Artenschutz-Verordnung unter gesetzlichem Schutz. Das bedeutet bei den Pflanzen neben dem Sammel- und Pflückverbot auch das Gebot, ihre typischen Standorte zu erhalten.

Geschützte Tiere dürfen nicht erlegt werden. Ihre Ruheplätze sind zu schonen. Oft besteht dort ein Betretungsverbot, z. B. für bestimmte Uferstreifen, die geschützten Vögeln als Brutplatz dienen.

Abb. 611 Wachtel (gefährdet).

Abb. 612 Eisvogel (gefährdet).

Abb. 613 Neuntöter (gefährdet).

Abb. 614 Frauenschuh (gefährdet).

Abb. 615 Trollblume (gefährdet).

Abb. 616 Fliegenragwurz (gefährdet).

Das Naturschutz-Gesetz sieht als Gebietsschutz Nationalparks, Naturschutzgebiete, Landschaftsschutzgebiete sowie Naturparks vor. Sie dienen dem Schutz wild wachsender Pflanzen und wild lebender Tiere. Daneben gibt es auch geschützte Landschaftsteile wie Alleen, Parks oder Feldgehölze, die nur behutsame Eingriffe zulassen.

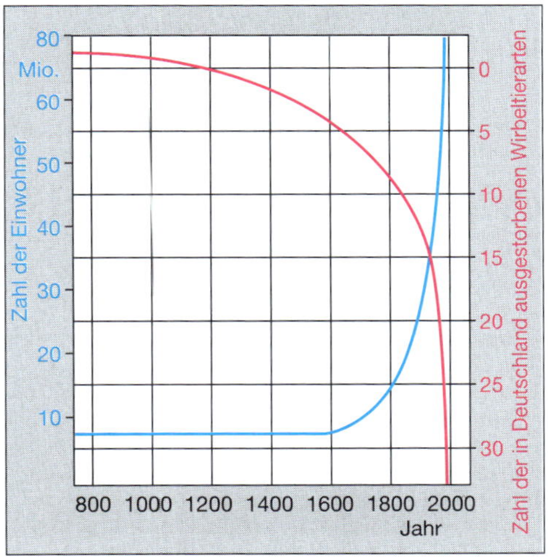

Abb. 617 Das Anwachsen der Bevölkerung führte zu immer stärkerer Landnutzung und damit zur Beschleunigung des Artensterbens.

8.3 Genetische Reserven

Das Auslöschen nur *einer* einzigen Pflanzenart kann bereits 10–30 weitere Arten gefährden (von Insekten bis zu Vögeln und Säugern), weil sie über Nahrungsketten zusammenhängen. Eine endgültig ausgerottete Art kann nicht wieder entstehen. Das bedeutet nicht nur einen Verlust an Eigenart und Schönheit, sondern weit schwerer wiegt die Verarmung des Vorrates an **Erbanlagen** (Genreserve).
Landwirtschaft, Gartenbau und Forstwirtschaft kultivieren heute nur 1800 Pflanzenarten. Aussterbende, wilde verwandte Arten enthalten möglicherweise Erbanlagen, die durch Einkreuzen die Qualität oder Resistenz unserer Nutzpflanzen verbessern könnten. Ferner wären aus ihnen möglicherweise Arzneistoffe und technisch verwertbare Stoffe zu gewinnen.
Auf der Erde sind ca. 20 000 Pflanzenarten vom Aussterben bedroht, ohne dass die Auswirkungen ihres Verschwindens auf andere Organismen und auf das ganze Ökosystem erforscht sind. Neben dem völligen Verlust vieler Arten als Folge gestörter Ökosysteme lässt sich eine auffallende Massenzunahme anderer Tier- und Pflanzenarten beobachten, die wiederum Schäden anrichten, z. B. Feldmäuse, Schnecken, Möwen, Tauben.

Abb. 618 **Beispiel** für Formenreichtum an der Knollenform der Kartoffel.

! Artensterben bedeutet Verlust an Eigenart, Schönheit und genetischem Vorrat. Artenschutz bedeutet Lebensraumschutz. Es kommt darauf an, noch verbliebene Lebensräume zu erhalten und zu pflegen, gestörte und entwertete Lebensräume zu verbessern und verloren gegangene wieder neu zu schaffen.

Aufgaben:
1. Überlegen Sie, zu welchen langfristigen wirtschaftlichen Auswirkungen Artenverarmung und Massenvermehrung einiger Pflanzen- und Tierarten für den Pflanzenbauer führen!
2. Welche Maßnahmen können Wildunfälle reduzieren?
3. Geben Sie Beispiele dafür, welche Konflikte zwischen Artenschutz und Naturgenuss entstehen können?
4. Suchen Sie Kompromissmöglichkeiten zwischen ökonomischen Interessen der Landwirte an der Flurbereinigung und ökologischen Erfordernissen!

Abb. 619 Die geschützte Türkenbundlilie bevorzugt lichte Bergwiesen und Ränder von Misch- und Buchenwäldern.

9 Landwirtschaft und Landschaftspflege

9.1 Landschaftspflege

Aufgabe einer ökologisch orientierten, auf Nachhaltigkeit ausgerichteten Landwirtschaft ist auch die **Landschaftspflege.**
Sie betrifft Maßnahmen zur Erhaltung und zum Schutz der freien Landschaft. Sie leistet damit einen Ausgleich zwischen den Leistungs- und Belastungsmöglichkeiten der Ökosysteme einerseits und den Lebensbedürfnissen des Menschen andererseits. Dabei erhält sie ein möglichst naturnahes Landschaftsbild und beseitigt bereits eingetretene Schäden durch Rekultivierung, Sanierung oder Renaturierung. Es gilt, die ökologische Situation eines Gebietes zu verbessern.
Für die Bevölkerung erfüllt die Landschaft folgende Funktionen:

- *Existenzielle:* Lebenserhaltung und Gesundheit,
- *soziale:* Erholung, zwischenmenschlicher Kontakt,
- *ästhetische:* Erlebnis der Natur und ihrer Schönheit.

Mehr als die Hälfte der Bevölkerung Deutschlands lebt auf nur 7 % der Fläche. An die Stelle schwerer körperlicher Arbeit trat mit der Industrialisierung für die meisten Beschäftigten mehr nervenbelastende, konzentrierte Tätigkeit mit Dauerbeanspruchung der Aufmerksamkeit. Dies steigerte das Bedürfnis nach Ausgleich durch Bewegung in frischer Luft und entspannendem Naturgenuss.

9.2 Landschaftsschutzgebiete

Landschaftsschutzgebiete sind *wertvolle Gebiete* wie Seeufer, Wald-, Heide- und Mittelgebirgslandschaften. In Deutschland gibt es zur Zeit etwa 5000 davon. Sie sollen den Naturhaushalt gewährleisten, schwere Schäden verhindern oder beheben, die Vielfalt und den Erholungswert erhalten.
Im Gegensatz zu *Naturschutzgebieten* sind in diesen Landschaftsräumen Veränderungen zulässig, soweit sie den Raum nicht nachhaltig ökologisch verschlechtern.
Feuchtgebietsschutz – Die weltweit anerkannte Rolle der Feuchtgebiete (Feuchtbiotope) für den Naturhaushalt zeigt sich in den **Aufgaben:**

- *Ausgleich* des Wasserhaushaltes,
- *Sicherung* des Wasservorrates auch für landwirtschaftliche Flächen,
- *Beeinflussung* des Kleinklimas,
- *Reinigung* und Reinhaltung des Wassers,
- *Lebensraum* für Insekten, Amphibien, Vögel und seltene Pflanzen,
- *Erholungsraum* für die Menschen.

Abb. 620 Extensiv bewirtschaftete Erholungslandschaft.

Die Feuchtgebiete als *wertvolle Kulturlandschaften* zu erhalten, ist aus den genannten Gründen *unverzichtbar* und auch von gesamtwirtschaftlichem Nutzen.
Eigentümer von Feuchtgebieten bekommen heute im Rahmen staatlicher Programme für die erschwerte Bewirtschaftung einen angemessenen Geldausgleich, weil nur eine extensive Grünlandnutzung eine Verbuschung und Bruchwaldbildung verhindern kann.
Verschiedene Nutzungsansprüche verursachen **Feuchtgebietsverluste** wie:

- ▶ Abbau von Torf, Kies und Sand,
- ▶ Straßenbau, Siedlungswesen, Bachregulierung,
- ▶ Entwässerung und Intensivierung der landwirtschaftlichen Nutzung.

Abb. 621 In dieser Lösssteilwand nistet eine Kolonie Uferschwalben.

Trocken- und Magerstandorte – Diese Standorte der Mittelgebirgslagen sind aus ökologischer Sicht aufgrund ihrer Artenvielfalt genauso interessant und schützenswürdig wie die Feuchtgebiete. Aus wirtschaftlichen Gründen löste die Ackernutzung die ursprüngliche Grünlandnutzung ab, deswegen sind diese Biotope sehr selten geworden.
Wenn Standorte aus der landwirtschaftlichen Nutzung herausfallen, setzt eine *Sukzession* ein, d. h. es kommt zur Verbuschung und zur Bewaldung, mit der Folge der Einschränkung der Artenvielfalt. Deshalb besteht die Möglichkeit, langfristige *Pflegeverträge* mit der unteren Naturschutzbehörde zu schließen und sich damit über das Mähen oder die extensive Schafweidenutzung eine zweite Einkommensquelle zu schaffen.
Heide-Borstgras-Rasen, Wacholderheide, Streuobstwiesen, Moore und **Uferstreifen** von stehenden und Fließgewässern sind ebenfalls *wertvolle Biotope*, die es durch Schafbeweidung oder extensive Bewirtschaftung zu erhalten gilt.

Abb. 622 Gehölze bieten Tieren Schutz und Nahrung, brechen den Wind und verstärken die Niederschläge.

9.3 Agrartechnik für die Landschaftspflege

Geräte – Auf schwierigem Gelände eignen sich zum Mähen von schlecht zugänglichen, steilen Grasflächen und zur Landschaftspflege vielfach nur **Einachs-Motorfahrzeuge.**
Die Geräte sind kompakt gebaut, sehr wendig und haben ein geringes Eigengewicht. Zum Einsatz kommen:

- ▶ **Spezialgeräte** (Motormäher) mit einem fest angebauten Mähbalken. Damit ist das Gerät nur für Mäharbeiten geeignet und nicht mit anderen Zusatzgeräten kombinierbar.
- ▶ **Universalgeräte** bieten dagegen die Möglichkeit, verschiedene Arbeitsgeräte wie Mähbalken, Mulchgeräte, Schwader, Bodenfräse sowie Geräte für den Straßen- und Winterdienst anzubauen. Die Geräte sind bei Bedarf mit einem schwenkbaren Holm ausgestattet. Dadurch können die Arbeitsgeräte als Frontgeräte (z. B. Mähwerke) oder als Heckgeräte (z. B. Ackerfräse) betrieben werden.
  Bei den Mäharbeiten können die Einachs-Motorfahrzeuge in Flächen bis 60% Steigung oder Gefälle und bis zu 100 % Neigung quer zum Hang arbeiten.

Abb. 623 In der Landschaftspflege unter schwierigen Bedingungen sind handgeführte Einachs-Motorgeräte universell einzusetzen.

Abb. 624 Der Anbau verschiedener Arbeitsgeräte ist beim Universalgerät möglich.

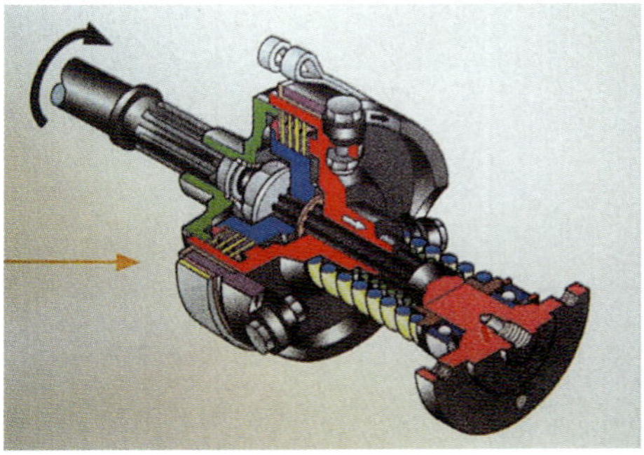

Abb. 625 Die Lenkbremskupplung in der Halbachse ermöglicht das Lenken der Maschine ohne großen Kraftaufwand.

Abb. 626 Eine optimal angepasste Bedienungseinrichtung ermöglicht ein ermüdungsarmes Arbeiten.

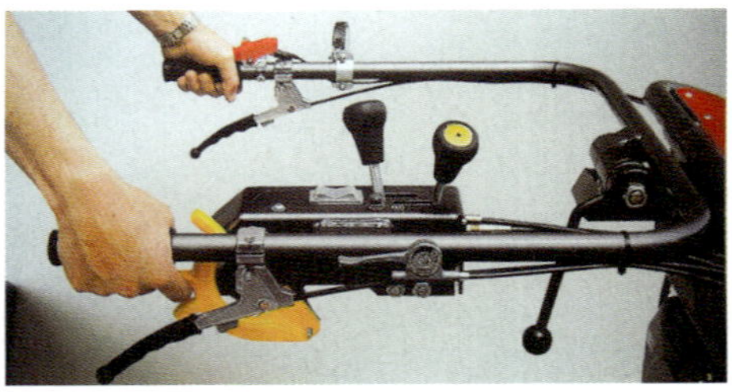

Geräteführung – Für eine sichere Bedienung und gute Handhabung haben die Motorgeräte unterschiedliche Lenkungen und Möglichkeiten zur Geräteführung:

- ▶ *Führung von Hand:* Die Bedienungsperson lenkt das Gerät mit eigener Körperkraft in die entsprechende Richtung.
  Bei schwierigen Einsatzverhältnissen erfordert dies hohen Kraftaufwand und erhebliche körperliche Anstrengung.
- ▶ *Führung durch Radzu- und -abschaltung:* Die beiden Antriebsräder drehen sich gleichzeitig und sichern damit die Geradeausfahrt. Für die Kurvenfahrt oder zum Ausgleich bei Hangabtrift wird über Bedienungshebel am Steuerholm eine Einzelrad-Lenkbremskupplung in der jeweiligen Halbachse betätigt.
  Damit wird das kurveninnere Rad vom Antrieb abgeschaltet und gebremst und somit ein Lenken des Gerätes ohne Kraftanstrengung möglich.
- ▶ *Führung durch stufenlose Drehzahländerung der Antriebsräder* über einen hydrostatischen Antrieb. Über einen Öl-Mengenteiler erfolgt eine unterschiedliche Beaufschlagung (Versorgung) der beiden Radmotoren mit Öl.
  Dadurch wird das Fahrzeug in die entsprechende Richtung gelenkt. Die Bedienung der Lenkung kann erfolgen über Handhebel am Führungsholm, durch seitliches Bewegen des Führungsholmes oder durch elektronische Druckknopfsteuerung.

Antrieb – Am häufigsten haben die Einachs- Motorgeräte mechanische **Stufengetriebe**. Damit sind bis zu 4 Vorwärtsgänge und bis zu 2 Rückwärtsgänge möglich. Je nach Ausführung sind Fahrgeschwindigkeiten von 2 bis max. 10 km/h zu erreichen.

Hydrostatische Antriebe ermöglichen eine stufenlose Änderung der Fahrgeschwindigkeit bei Vor- und Rückwärtsfahrt. Die im Getriebe integrierte Zapfwelle steht zum Antrieb der verschiedenen Arbeitsgeräte zur Verfügung, sie ist über eine separate Kupplung vom Führungsholm aus zu bedienen.

Als *Antriebsmotore* kommen bei den Einachs-Motorgeräten neben Vier-Takt-Ottomotore zunehmend auch Vier-Takt-Dieselmotore zur Anwendung.

Motore im unteren Leistungsbereich bis ca. 6 kW werden hauptsächlich mittels Reversierstarter von Hand gestartet. Dagegen haben Motore im oberen Leistungsbereich bis ca. 12 kW, besonders Dieselmotore, elektrische Motorstarter.

Die **Wartungs-** und **Pflegearbeiten** sowie die Bedienung der Motoren entsprechen den in der Landwirtschaft üblichen Motoren.

Mähvorsätze – Für die Mäharbeiten können die Einachs-Motorgeräten mit unterschiedlichen **Mähvorsätzen** je nach Einsatzbereich ausgestattet werden.

Balkenmäher mit Arbeitsbreiten von 0,8 m–1,6 m kommen hauptsächlich zum Mähen von Flächen mit dichten Grasbeständen zum Einsatz. Um Störungen und Verschleiß am Mähbalken zu vermeiden, soll die Fläche nicht verbuscht sein und keine Fremdkörper wie Steine, Hölzer enthalten.

Fingerbalken-Mähwerke eignen sich hauptsächlich zum Mähen von Wiesen, Bergwiesen und Obstwiesen.

Dagegen werden der **Universalbalken** und der **Doppelmesserbalken** zum Ausmähen von Randstreifen und Landschaftspflege-

flächen bevorzugt. Sie sind weniger störanfällig und weniger fremdkörperempfindlich. Der Antrieb der Mähmesser kann von der Mitte aus oder seitlich erfolgen.
Sichelmäher dienen hauptsächlich zum Mähen von Rasen- und Parkflächen mit geringerem Grasaufwuchs. Sie kommen auch mit leicht verbuschten Flächen zurecht und haben eine gute zerkleinernde, mulchende Wirkung.
Schlägelmäher arbeiten auch in dichten, höheren Grasbeständen und zerkleinern schwächeres Buschwerk sehr gut. Das Mähgut wird stark zerkleinert (gemulcht) und kann auf der Fläche verbleiben.

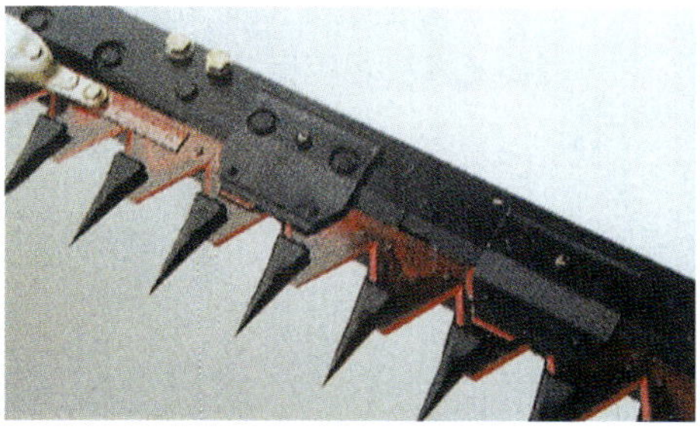
Abb. 627 Hochschnitt-Fingerbalken

> ! Beim Geräteinsatz sind die Bedienungselemente in günstiger Position anzuordnen. Aus Sicherheitsgründen ist die Totmannschaltung für einen sofortigen Motorstopp bei Gefahr sinnvoll.

Abb. 628 Beim Universalbalken ist das untere Messer fest, das obere Messer wird angetrieben.

Aufgaben:
1. Welche Möglichkeiten sehen Sie, den Torfabbau zu verringern?
2. Welcher Zusammenhang besteht zwischen saisonalen Überschwemmungen und trockengelegten Feuchtgebieten?
3. Nennen Sie einige Pflanzen des Trockenrasens!
4. Was versteht man unter Sukzession?
5. Worin besteht der Unterschied zwischen Landschaftsschutzgebiet und Naturschutzgebiet?
6. Wie heißt die untere Naturschutzbehörde in Ihrem Heimatort?
7. Nennen Sie einige Naturschutzprojekte in Ihrem Heimatkreis.
8. Was versteht man unter Sukzession?
9. Welche Vor- und Nachteile haben Spezialgeräte in der Landschaftspflege?
10. Wie unterscheiden sich Fingerbalken-Mähwerke von Doppelmesserbalken-Mähwerk?
11. Für welche Pflanzengesellschaften sind Schlägelmäher zur Landschaftspflege besonders geeignet?

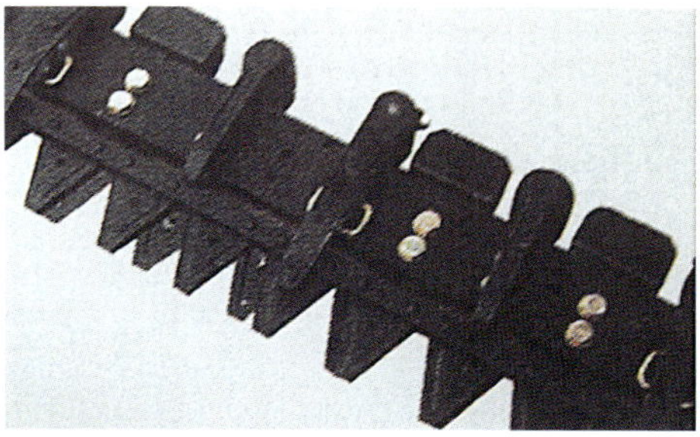
Abb. 629 Beim Doppelmesserbalken werden beide Messer gegensätzlich bewegt.

Abb. 630 Sichelmäher arbeiten verstopfungsfrei und zeichnen sich durch einen sauberen Schnitt aus.

Abb. 631 Schwäbisch-Hällisches Schwein.

Abb. 632 Angler Sattelschwein.

Abb. 633 Aufstehen und Abliegen eines Rindes. Der Stallbauer muss die Freiräume für solche artgemäße Bewegungen berücksichtigen.

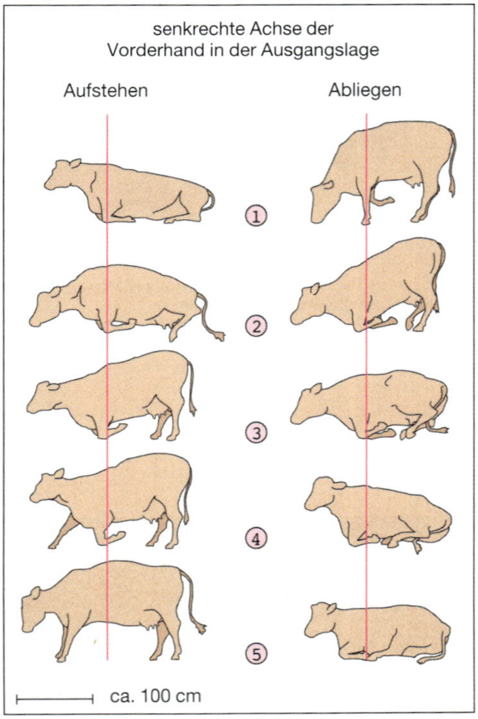

10 Tierhaltung im Ökosystem

Geschichtliches – Über Jahrhunderte hinweg diente die landwirtschaftliche Nutztierhaltung vorwiegend der *Eigenversorgung* der bäuerlichen Familie. Mit zunehmender Arbeitsteilung und Verstädterung des Landes im Zuge der *Industrialisierung* öffnete sich der landwirtschaftliche Selbstversorgerbetrieb immer mehr dem Markt.

So begann gegen Ende des 19. Jahrhunderts die planmäßige *Tierzuchtarbeit*. Sie verdrängte die alten Landrassen und Landschläge allmählich durch leistungsfähigere Rassen. Heute ernährt ein deutscher Landwirt mit seiner Produktion über 130 Menschen. Dabei sichert die Tierhaltung etwa zwei Drittel der gesamten Einnahmen des landwirtschaftlichen Betriebes.

Auch in der Nutzviehhaltung vollzieht sich eine weitgehende Spezialisierung und die Bestandsgrößen nehmen ständig zu. Teilweise stehen Tiere flächenunabhängig in Massenbeständen, gefüttert mit vorwiegend importierten Futtermitteln.

10.1 Angepasste Tierhaltung bei ökologisch verträglicher Wirtschaftsweise

Die Umsetzung aller wissenschaftlichen und technischen Fortschritte aufgrund ökonomischer Zwänge brachte für die Tierhaltung nicht nur Vorteile. Vielfach bedürfen gestörte Selbstregelmechanismen und Fehlentwicklungen einer aufwändigen medizinischen und baulichen Korrektur.

Die ökologische Wirtschaftsweise versucht deswegen, die Tierhaltung wieder in den *geschlossenen Kreislauf* der Stoffe eines landwirtschaftlichen Betriebs einzuordnen. Dabei gilt es zunächst, die *natürlichen* Bedürfnisse der Haustiere mehr zu berücksichtigen und zu befriedigen. Dies bedeutet *größere Stallflächen* und die Bevorzugung des *Laufstalles* gegenüber der Anbinde- oder Käfighaltung.

Die Hauptaufgabe der Tierhaltung im Betrieb liegt in der Produktion hochwertiger *Nahrungsmittel*. Gleichzeitig dient sie auch als *Düngerlieferant* zur Sicherung der Bodenfruchtbarkeit und als *Verwerter* von *Futterpflanzen* des Grünlandes und des Ackers. Eine in ihrem Umfang an die jeweiligen Hof- und Standortverhältnisse angepasste *Tierhaltung* sichert das *Einkommen* des Betriebes.

Je Hektar sollen nicht mehr als 1,5 Dungeinheiten (= 1,5 GV) stehen. Die *Bestandsobergrenze* liegt bei 100 GV. Der Gesetzgeber untersagt ab 2007 in Deutschland die Legehennenhaltung in Käfigen und begrenzt die Herdengröße auf 6000 Tiere. Milchquoten, Umweltschutzauflagen und Flächenstilllegungen berücksichtigen ökologische Erfordernisse. Allerdings stehen betriebswirtschaftliche Überlegungen, die zu größeren Tierbeständen je Betrieb zwingen, dazu im Widerspruch. Da unsere Landwirtschaft im internationalen Wettbewerb steht, bedürfen ökologische Auflagen europäischer Harmonisierung.

10.2 Berücksichtigung der natürlichen Ansprüche der Tiere

Die ständige Begegnung mit dem Menschen, das geregelte Nahrungsangebot, das Fehlen natürlicher Feinde und die Ausmerzung besonders angriffslustiger Tiere prägen das Verhalten unserer Haustiere.
Zwei Komponenten bestimmen es: Der jeweilige *Hormonspiegel* des Tieres und die *äußeren Einflüsse*, auf die das Tier reagiert.
Nach den verschiedenen Funktionen lässt sich das **Verhalten der Tiere** in die folgenden Bereiche gliedern:

- Fress-, Trink- und Ausscheideverhalten,
- Sexualverhalten,
- Sozialverhalten,
- Ruhe- und Bewegungsverhalten.

Daraus leiten sich **Bedürfnisse der Tiere** ab, die der Tierhalter berücksichtigen muss, damit er seine Tiere *artgemäß* hält. Dies schreibt ihm das Tierschutz-Gesetz vor. Es entspricht aber auch seiner *ethischen* (sittlichen) *Pflicht*.
Sozialverhalten – Rinder, Schweine und Schafe, also unsere wichtigsten Haustierarten, sind *Herdentiere* und leben gerne in Gruppen. Dort herrscht eine *Rangordnung*, die die Tiere durch Rangeleien und kleine Kämpfe herstellen.
Eber und Zuchtsauen mit Ferkeln leben gerne alleine. Auch Kühe vor dem Abkalben isolieren sich von der Herde. Diese Bedürfnisse gilt es in der Tierhaltung zu befriedigen. Rinder, Schweine und Schafe sind daher möglichst in Gruppen zu halten, die auch Ruhe in Rückzugsräumen ermöglichen.
Kommen neue Tiere in die Gruppe, sind Rangkämpfe unvermeidlich, bis wieder eine Rangordnung steht. Für das *Eingewöhnen* müssen deswegen größere Flächen zur Verfügung stehen.
Eber und Muttertiere brauchen eigene Plätze. Schweine legen auch bei geringem Platzangebot noch eigene *Kotplätze* an, die gleichzeitig der *Revierabgrenzung* dienen. Lassen zu große Besatzdichten dies nicht mehr zu, entstehen Verhaltens- und Gesundheitsstörungen.
Ruheverhalten – Rinder *ruhen* wie Pferde sowohl im Liegen als auch im Stehen. Alle Haustiere liegen aber in *Seitenlage*, wenn sie sich entspannt wohlfühlen.

Tabelle 48: Ziele des ökologischen Landbaus hinsichtlich des Umfanges der Tierhaltung

angepasste Tierhaltung (1,5 Dungeinheiten/ha) bedeutet für einen 50 ha-Betrieb z. B.	bei Festmistbereitung	bei Flüssigmistbereitung
Milchkühe mit Nachzucht oder	68	46
Mastschweine oder	750	530
Legehennen[1])	11 000	7 500

1) Ab 2007: 6000 Legehennen Bestandsobergrenze.

Abb. 634 Das Offenhalten der Landschaft durch Wanderschäferei entspricht den natürlichen Ansprüchen einer Schafherde.

Abb. 635 Im Rahmen der art- und naturgemäßen Tierhaltung muss der Tierhalter auch das Wohlbefinden seiner Tiere berücksichtigen. Diese Kuh genießt den Komfort der rotierenden Bürste ganz offensichtlich.

Abb. 636 Die Seitenwände dieses Außenklimastalles (Kaltstall) sind über Curtains (engl., Vorhänge) zu öffnen. Dadurch werden die Kühe optimal mit Frischluft versorgt. Bei hohen Luftgeschwindigkeiten und tiefen Temperaturen können die Seitenwände geschlossen werden.

Abb. 637 Schafe brauchen wie alle Wirbeltiere einen schattigen Ruheplatz, den sie in Ruhezeiten zum Wiederkäuen aufsuchen können.

Abb. 638 Das Fressverhalten von Rindern wird von mehreren längeren Ruhepausen unterbrochen. Auf einer Weide sollte auch eine Unterstellmöglichkeit vorhanden sein.

Abb. 639 Aufspringen auf andere Tiere bzw. die Duldung des Aufspringens ist ein typisches Brunstverhalten.

Rinder und Schafe käuen dabei wieder. Im Stall ruhen die Tiere länger als auf der Weide. Langes Liegen, bei Schweinen auch das Sitzen, deutet auf Schwierigkeiten beim Aufstehen (Rutschgefahr, Gelenks- und Klauenleiden) hin.

Ausreichend große, tiergerechte Standplätze, griffige und warme Bodenbeläge bzw. Einstreu, vorzugsweise Laufställe statt Anbindehaltung gehören zur artgemäßen Stallhaltung. Auch auf der Weide, der natürlichsten aller Haltungsformen, beanspruchen die Tiere *Ruheplätze* (Unterstand, Bäume), die sie gegen Sonne, Wind und Niederschläge schützen.

Fressverhalten – Rinder grasen auf der Weide ca. 8–10 Stunden täglich. *Hauptfresszeiten* sind bei Sonnenaufgang, Mitte des Vormittags und am frühen Nachmittag. Das *Wiederkäuen* nimmt die gleiche Zeitdauer in Anspruch. Es beginnt etwa 1 Stunde nach der jeweiligen Fressperiode.

Schweine grasen bis zu 9 Stunden täglich auf der Weide. Sie passen sich jedoch leicht einem anderen Rhythmus an. Futterneid führt zu Rangkämpfen am Trog. Deswegen braucht jedes Tier einen ausreichenden Fressplatz und lebt in Gruppen gleichen Alters.

Bei der Nahrungsaufnahme zeigt das Tier *Erkundungsverhalten*. Schweine befriedigen dies durch Wühlen. Deswegen schreibt die Schweinehaltungs-Verordnung vor, dass sich Mutterschweine in einstreulosen Ställen mindestens 1 Stunde lang täglich mit Raufutter, Rüben oder ähnlichem beschäftigen können. Allen Tieren muss jederzeit frisches *Wasser* in ausreichender Menge zu Verfügung stehen – eine für jeden Tierhalter selbstverständliche Forderung.

Sexualverhalten – Die Brunst ändert das Verhalten weiblicher Tiere. Die Abschnitte über Rinder- und Schweinehaltung beschreiben dies (siehe Fachstufe Landwirt). Bewegungsmöglichkeit und Körperkontakt mit den Artgenossen verstärken das **Brunstverhalten**. In der Schweinehaltung bewähren sich moderne Aufstallungsformen mit Deckzentrum, in dem sich die Paarung der geschlechtsreifen Tiere in den natürlichen Phasen der gegenseitigen Partnersuche, des Paarungsvorspiels und schließlich des Deckakts selbst vollzieht. Hochträchtige Sauen bevorzugen eingestreute Buchten, um ein Nest zu bauen.

Da sich in der Anbindehaltung hochträchtige Kühe nicht absondern können, sollte im Stall wenigstens vor der Kalbung Ruhe herrschen. Die meisten Kälber kommen abends oder nachts auf die Welt, wenn im Stall Ruhe herrscht.

Körperliches Wohlbefinden – Dafür benötigen die Tiere besondere (Stall-)Einrichtungen, die das körperliche Wohlbefinden fördern sowie Möglichkeiten zur Bewegung, am besten durch Auslauf. Hühner, Schweine und Pferde brauchen z. B. entsprechende Strukturen der Bodenoberflächen wie trockenen Feinsand, schlammige Erde oder gröberen Sand zum Baden bzw. Suhlen oder Wälzen. Rinder genießen z. B. auch die Wirkung rotierender Bürsten zur Fellpflege.

! Die tägliche Tierbeobachtung hilft dem Landwirt, Verhaltensauffälligkeiten schnell zu erkennen und ihre Ursachen zu beseitigen.

10.3 Besonderheiten für die Tierhaltung in ökologisch wirtschaftenden Betrieben

Natürliche Haltungsformen – Entsprechend dem Gesamtkonzept, den landwirtschaftlichen Betrieb als harmonische Einheit zu sehen, spielt die artgemäße Haltung der Tiere eine wichtige Rolle. So verlangen die Öko-Verbände von ihren Mitgliedsbetrieben nicht nur eine Beschränkung der Tierzahl, sondern auch besondere Haltungsformen wie Weide, Tretmist- oder Laufstall mit Auslauf ins Freie und eine größere Grundfläche pro Tier.
Fruchtbarkeit, Langlebigkeit, robuste Konstitution und Gesundheit rangieren im Zuchtziel vor hohen Leistungen.
Futtermittel – Die Verwirklichung eines möglichst geschlossenen Stoffkreislaufes erfordert die konsequente Ausnutzung des im Betrieb erzeugten Futters. Kraftfutterzukauf bedarf der Genehmigung.
Importiertes Kraftfutter und synthetische Futterzusätze kommen nicht zum Einsatz.
Artenreichtum der wirtschaftseigenen Futterpflanzen sichert nicht nur eine hohe Leistung, sondern wirkt auch diätetisch, d. h. der Ernährungslehre entsprechend, und hält die Tiere gesund.
Der herkömmliche Landbau strebt ebenso möglichst hohe Leistungen aus dem wirtschaftseigenen Grundfutter an.

Abb. 640 Bei Schweinen auf der Weide sorgt Bewegung für bessere Fruchtbarkeit.

Aufgaben:
1. Klären Sie die Rolle der Tierhaltung in der ökologischen Wirtschaftsweise.
2. Was drückt das Sprichwort: »Das Auge des Herrn mästet sein Vieh« aus?
3. Tierschutz-Gesetz, Tierhaltungs-Verordnungen enthalten wichtige Bestimmungen für den Tierhalter. Die einzelnen Abschnitte dieses Buches weisen immer wieder darauf hin. Fassen Sie die wichtigsten Bestimmungen zusammen.
4. Welche Mindest-Anforderungen sind an die Stallhaltung der Tiere zu stellen?
5. Welche Verhaltensmuster der Tiere zeigen dem Tierhalter »Wohlbefinden« an?
6. An welchen Signalen kann der Tierhalter erkennen, dass es seinen Tieren nicht gut geht?

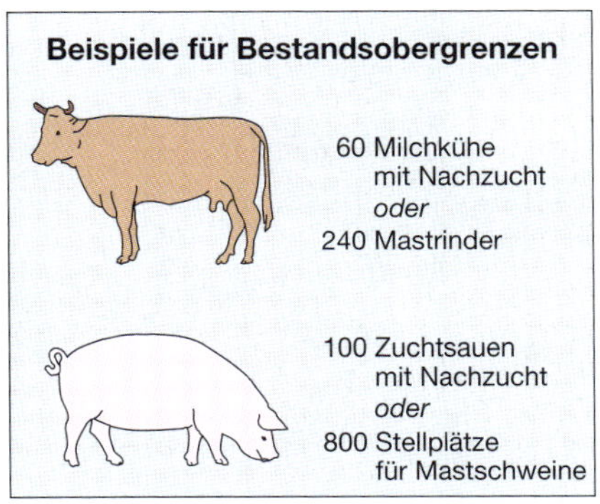

Abb. 641 Zielvorstellung des Ökologischen Landbaus zu den Bestandesobergrenzen der Tierhaltung **(Beispiel)**.

Grundlagen der Pflanzenproduktion

4

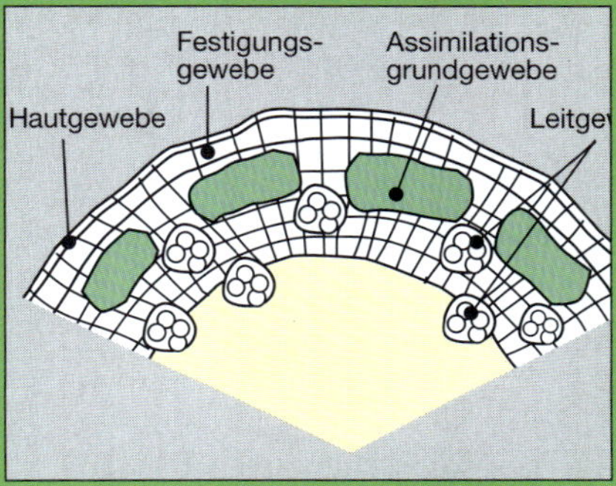

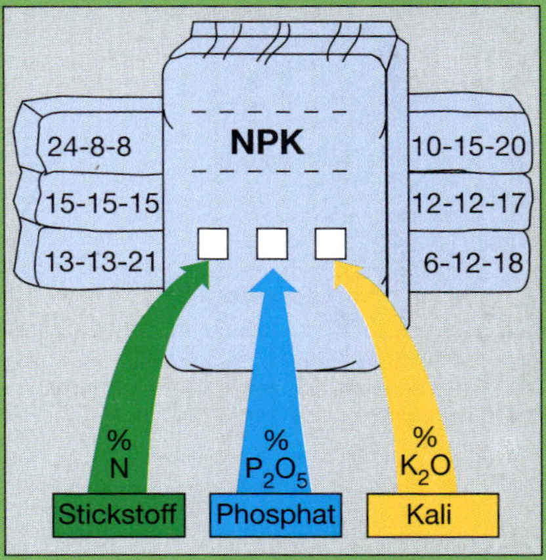

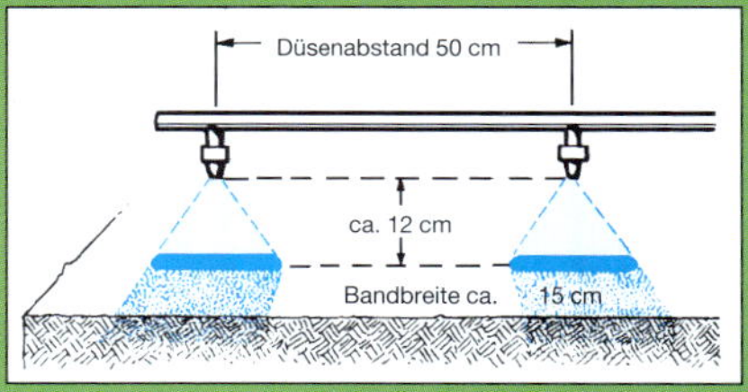

Auch bei intensivem Ackerbau müssen die ökonomischen Prinzipien mit den Grundsätzen der Ökologie in Einklang gebracht werden. Voraussetzung dafür sind deshalb fundierte Kenntnisse über die Grundlagen der Pflanzenproduktion, die im »Wunder der Natur« ihre Wurzeln haben.
Verantwortliches Handeln bei jedem landwirtschaftlichen Produktionsprozess berücksichtigt daher die beabsichtigten Wirkungen und die sich daraus ergebenden Folgen, denn Ökologie bedeutet langfristige und nachhaltige Ökonomie.

4 Grundlagen der Pflanzenproduktion

1 Anatomie und Wachstum der Pflanzen

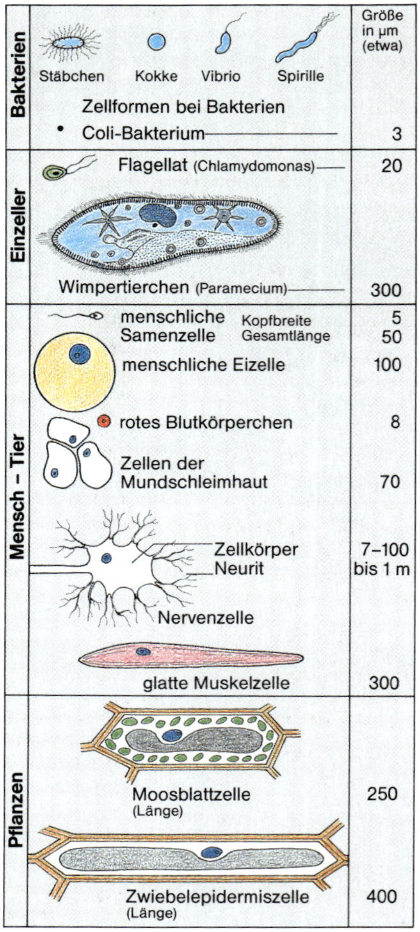

Abb. 642 Größen- und Formenvergleich bei Zellen. Zum Vergleich: Das menschliche Haar hat 0,1 mm Durchmesser (1 µm = 1 millionstel m).

Mit der Landbewirtschaftung durch den Menschen beginnt der *Pflanzenbau. Verkauf* und *Verfüttern* pflanzlicher Produkte bilden heute die *wirtschaftliche Grundlage* der Betriebe.

Eine fachgerechte und wirtschaftliche Produktionstechnik setzt Kenntnisse des Baus und der Lebensfunktionen der Pflanzen voraus.

1.1 Zellen

Alle Lebewesen bestehen aus kleinsten *lebenden* Bausteinen, den *Zellen*.

Größe – *Pflanzenzellen* messen zwischen 10 und 100 µm, *tierische Zellen* zwischen 10 und 30 µm und sind nur mikroskopisch sichtbar. In der Größe weichen sie allerdings ab. Die kleinsten Zellen finden sich im Blütenstaub und bei Bakterien, die größten sind Vogeleier.

Gestalt – Ebenso wie ihre Abmessungen variieren die Formen der Zellen. Junge, nicht spezialisierte Zellen besitzen annähernd Kugelform, ausdifferenzierte Zellen nehmen rasch die ihrer Aufgabe zuträglichste Form an. Abb. 642 zeigt einige **Beispiele**.

Zellbestandteile und ihre Aufgaben – Die **Zellwand** *schützt* das Zellplasma, *grenzt* die Zelle ab und gibt ihr Festigkeit. Bei jungen Zellen besteht sie hauptsächlich aus *Cellulose* und lässt Gase und wässrige Lösungen durch, nicht aber Kolloide (∅ 0,01 – 0,0001 µm). Tierischen Zellen *fehlt* die Zellwand.

Abb. 643 Schema von tierischer (links) und pflanzlicher Zelle (rechts).

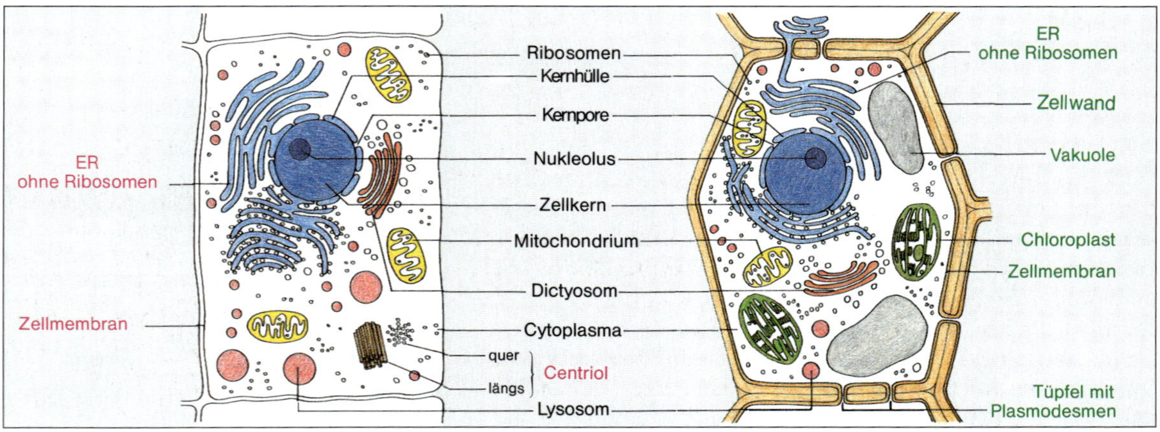

Untereinander stehen Zellen über *Plasmabrücken* (Plasmodesmen), die sich durch Zellwände ziehen, in Verbindung.
Mit zunehmendem Alter verdicken die Zellwände. Die Einlagerung von *Lignin* lässt sie verholzen. Die Aufnahme von *Fettstoffen* macht sie undurchlässig. Damit der Stoffaustausch zwischen den Zellen trotzdem stattfinden kann, bleiben einige Stellen in der Zellwand von der Verdickung ausgenommen. Dort entstehen röhrenförmige Öffnungen, die **Tüpfel,** durch die Plasmafäden laufen.
Einlagerungen von *Mineralien* härten die Zellwände, besonders stark ausgeprägt bei den Sauergräsern.
Unter dem Elektronenmikroskop zeigt sich das **Zellplasma** (Cytoplasma) als glasige, zähe, bewegliche Flüssigkeit. Sie besteht vorwiegend aus Wasser und Proteinen, treibt Stoffwechsel, wächst und lebt. Im Jugendstadium erfüllt das Zellplasma die ganze Zelle. Mit dem Wachstum bilden sich mit *Zellsaft* gefüllte Hohlräume **(Vakuolen).** In ausgewachsenen Zellen vereinigen sie sich zu einem großen Raum **(Vakuum)** und das Zellplasma bildet nur noch einen dünnen Belag an der Zellwand. Es grenzt sich nach außen durch das *Plasmalemma* und nach innen zur Vakuole durch den *Tonoplast*, jeweils dünne *Membranen*, ab.
In jungen Zellen befindet sich in deren Mitte, in älteren vorwiegend seitlich an der Wand der kugelige oder linsenförmige **Zellkern** *(Nukleus)*. Eine mit Poren versehenene Doppelmembran umhüllt ihn. Er besteht aus **Kernplasma.** Es zeigt sich in der Färbung unter dem Mikroskop als netzartiges Fadenwerk (Chromatingerüst). Meist sind auch ein oder mehrere *Kernkörperchen* (Nukleoli) vorhanden. Der Zellkern speichert alle *Erbinformationen* des Lebewesens, die *Stoffwechsel, Wachstum* und *Fortpflanzung* steuern.
Unter dem Elektronenmikroskop erkennt man im Cytoplasma verschiedene, durch Membranen abgegrenzte Strukturen, die **Zellorganellen.** Sie erfüllen bestimmte Aufgaben.

- ► **Mitochondrien:** Faltenförmig, schlauchförmig oder auch ganz unregelmäßig stülpt sich ihre Membran in das Cytoplasma. Sie sind die »Kraftwerke der Zelle«.
  In ihnen findet die Zellatmung statt, welche durch Oxidation der Glucose chemische *Energie* in Form von ATP (Adenosintriphosphat) für den Antrieb der Stoffwechselvorgänge liefert.
- ► **Plastiden:** Zu ihnen zählen *Chloroplasten, Leukoplasten* und *Chromoplasten. Blattgrün* (Chlorophyll) färbt Chloroplasten grün. Sie können Strahlungsenergie in chemische Energie umsetzen (siehe auch Fotosynthese).
  Die farblosen Leukoplasten beteiligen sich am Aufbau der Reservestärke, Chromoplasten tragen rote oder gelbe Farbpigmente (z. B. Rote Rüben, Tomaten).
- ► **Ribosomen:** Sie bestehen aus Ribonukleinsäure und Proteinen. In ihnen vollzieht sich der *Proteinaufbau* aus Aminosäuren. Entweder liegen sie frei im Cytoplasma oder haften wie kleine Kugeln am Endoplasmatischen Retikulum.
- ► **Endoplasmatisches Retikulum** (ER): Es durchzieht als netzförmiges System von Kanälchen und Säckchen das Cytoplasma und dient dem *Stofftransport*.

Abb. 644 Versuch zum Betrachten der Zellen aus der Zwiebelhaut.

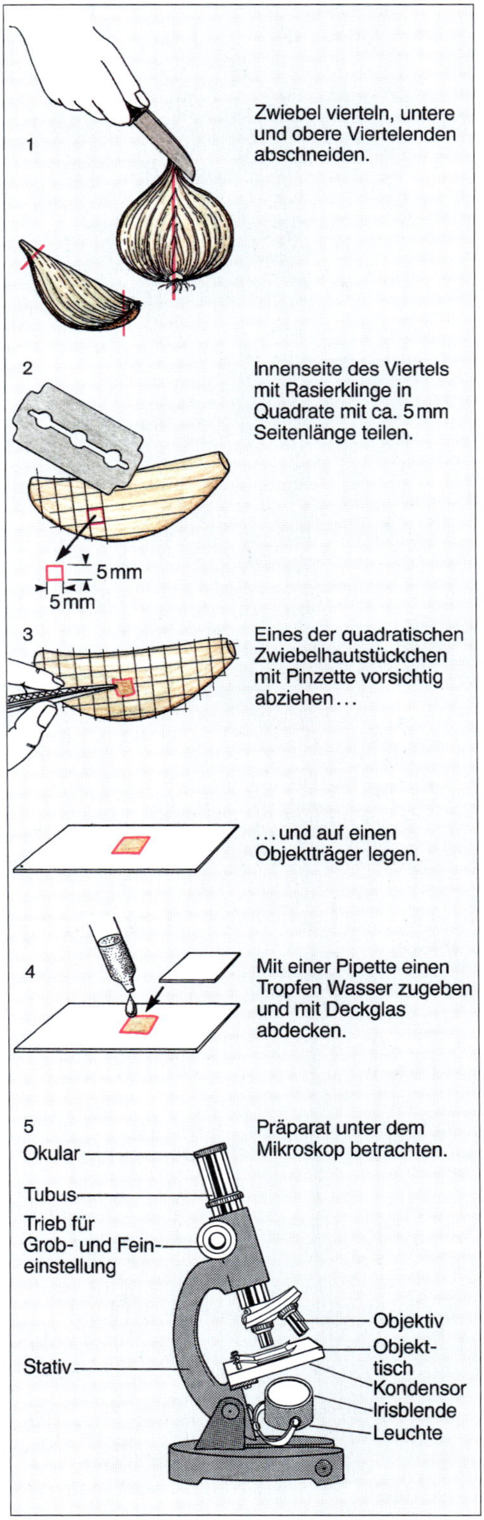

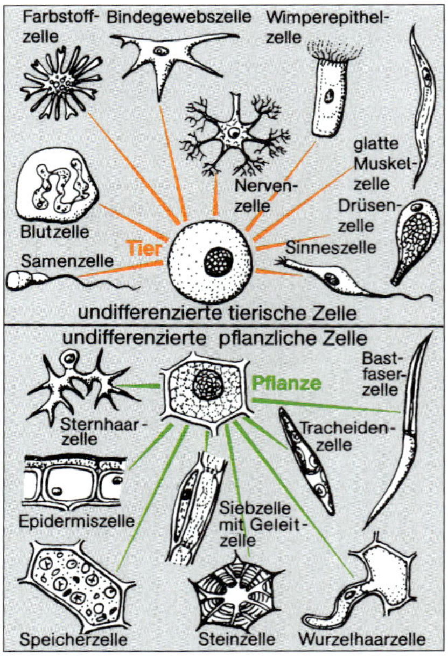

Abb. 645 **Beispiele** für Zelldifferenzierungen bei Pflanze und Tier.

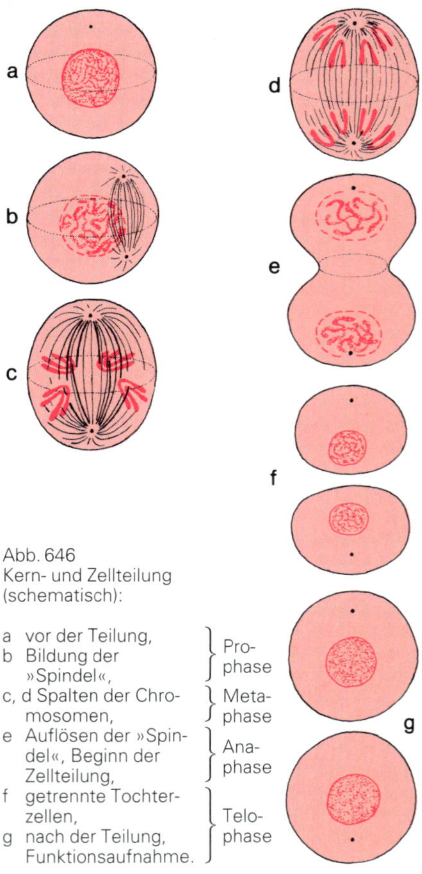

Abb. 646
Kern- und Zellteilung (schematisch):

a vor der Teilung,
b Bildung der »Spindel«, } Prophase
c, d Spalten der Chromosomen, } Metaphase
e Auflösen der »Spindel«, Beginn der Zellteilung, } Anaphase
f getrennte Tochterzellen,
g nach der Teilung, Funktionsaufnahme. } Telophase

- **Dictyosomen:** Es sind Stapel flacher, membranumhüllter Scheiben an deren Enden sich Bläschen (Vesikel) abschnüren. Dictyosomen bauen Vielfachzucker auf und reichern Proteine für deren spätere Ausscheidung aus der Zelle an. Die Gesamtheit aller Dictyosomen in einer Zelle heißt *Golgi-Apparat*.
- **Lysosomen:** Dies sind kleine aus dem ER gebildete Hohlkörper, die *stoffabbauende Enzyme* enthalten. Sie bewirken z. B. die Fleischreifung nach dem Schlachten.

1.2 Zellteilung

Eine Zelle wächst, indem das Zellplasma zunimmt oder die Zellsafträume mehr Wasser aufnehmen, z. B. beim Austreiben der Pflanzen im Frühjahr. Dieses Größenwachstum folgt innerhalb gewisser Grenzen artspezifisch dem genetischen Programm.

! Alle Zellen entstehen aus Zellteilungen.

Zellteilungen verlaufen als *Grundvorgang des Lebens* bei allen Lebewesen mit Zellkernen weitgehend gleich. Der kontinuierliche Prozess der **Mitose** (Kernteilung) lässt sich in vier typische Phasen unterteilen:

1. Prophase: Im Zellkern, dessen Membran sich auflöst, erscheinen Kernschleifen *(Chromosomen)*. Zwischen den auseinander wandernden *Zentralkörperchen* beginnt sich die »Kernspindel« zu bilden.

2. Metaphase: Die Kernschleifen verkürzen sich, ordnen sich in der Zellmitte an. Gleichzeitig beginnt eine *Längsspaltung* der Kernschleifen.

3. Anaphase: Der *Spindelfaserapparat* (Kernspindel) bildet sich voll aus. Die einzelnen Fasern heften sich im Zentrum (Centromer) an die Kernschleifen, vollziehen deren Längsspaltung und befördern die *Tochter-Chromosomen* an die beiden Zellpole.

4. Telophase: Zwei wieder deutlich sichtbare *Zellkerne* (Tochterkerne) entstehen. Die *Kernkörperchen* treten erneut hervor, die Kernspindel verschwindet. Eine *trennende Zellwand* wird eingezogen. Bei *tierischen Zellen* erfolgt eine Einschnürung von außen nach innen.

Die damit gebildeten 2 **Tochterzellen** strecken sich im weiteren Verlauf und erst voll ausdifferenziert funktionieren sie. Auf Grund der Längsspaltung aller Kernschleifen und des Verteilungsmechanismus stimmen die Chromosomen völlig mit denen der Ausgangszelle überein. Sie sind homolog.

Bei **lebenden Zellen ohne echte Zellkerne,** wie einzelligen Bakterien, gibt es einfachere Abläufe. Hier tritt lediglich eine *Zweiteilung des Zell-Leibes* in Form einer Querspaltung ein, daher die Bezeichnung »Spaltpflanzen«, oder auch Spaltpilze. Die Entwicklung der Geschlechtszellen behandelt das Kapitel »Grundlagen der Pflanzen- und Tierzüchtung«.

1.3 Gewebe

Pflanzen bestehen aus vielen Millionen Zellen. Diese sind je nach *Bauart* und *Aufgabe* zu Zellgemeinschaften zusammengeschlossen. Solche **Zellverbände**, auch als Gewebe bezeichnet, lassen sich in *Bildungs-* und *Dauergewebe* unterscheiden.

Bildungsgewebe – Dieses Gewebe wird auch *Teilungsgewebe* oder *Meristem* genannt und besteht aus noch teilungsfähigen Zellen. Teilungsgewebe finden sich in den *Wurzelspitzen*, in der *Sprossspitze* und bei Holzgewächsen im *Kambium*.

Zellen aus Meristemen verwendet die moderne Pflanzenzucht und -vermehrung und regt sie hormonell zur Thallusbildung an. Dabei handelt es sich um einen wenig gegliederten Vegetationskegel, aus dem identische Pflanzen wachsen.

Dauergewebe – Bei den höher entwickelten Pflanzen übernehmen – wie bei den Tieren – Zellen gleicher Gestalt und Bauart mit gleicher Leistung bestimmte, einheitliche Aufgaben. Diese spezialisierten Zellverbände verlieren ihre Teilungsfähigkeit und können danach nur ihrer Bauart entsprechende spezifische Aufgaben übernehmen.

Diese so genannten **Dauergewebe** werden je nach Aufgabe oder Aufbau eingeteilt in

- ▶ Grundgewebe (Parenchym),
- ▶ Hautgewebe (Epidermis),
- ▶ Festigungsgewebe (Sklerenchym),
- ▶ Leitgewebe (Phloem, Xylem),
- ▶ Ausscheidungsgewebe, nicht bei allen Pflanzen vorhanden.

Da jede Art von Dauergewebe über einheitliche Zellen verfügt, besitzt es eine hohe Leistungsfähigkeit und gewährleistet eine rasche, regelmäßige und einwandfreie Funktion in dem speziellen Soffwechsel- bzw. Aufgabenbereich. Zur vollen Funktionsfähigkeit bedarf es der Zusammenarbeit und Steuerung der verschiedenen Gewebe in den Organen der Pflanze.

Abb. 647 Schema verschiedener Wachstumszonen einer zweikeimblättrigen Pflanze.

Tabelle 49: Übersicht über pflanzliche Gewebe

Gewebebezeichnung		**Bedeutung/Vorkommen z. B.**	**besondere Kennzeichen der Zellen**
Bildungsgewebe (Meristem)		Vegetationskegel des Sprosses, der Wurzeln, Kambium, Kallus	dünne Zellwände, reicher Plasmaanteil, wenig oder keine Vakuolen, große Zellkerne
	Hautgewebe (Epidermis)	Wasserschutz (besonders mit Kutikula); Haare, Stacheln, Spaltöffnungen	sehr unterschiedliche Formen je nach Aufgabe
	Grundgewebe (Parenchym)	Durchlüftung, Assimilation; Stoffspeicherung	Zwischenzellräume (Interzellularen) oft stark gestreckt
Grundgewebe	Festigungsgewebe (Sklerenchym)	Zug- und Biegefestigkeit; Stängel, Stamm	spitze, lange Formen, verstärkte Zellwände
	Leitgewebe (Phloem,	Bast- oder Siebteil (Transport der Assimilate abwärts),	siebartig durchbrochene Querwände
	Xylem)	Holzteil (Wasser- und Nährstofftransport aufwärts)	langgestreckte, tote Zellen, die zu zu Gefäßen vereinigt sind
	Ausscheidungsgewebe	scheiden z. B. Harz aus (Kiefer)	sondern Sekrete ab

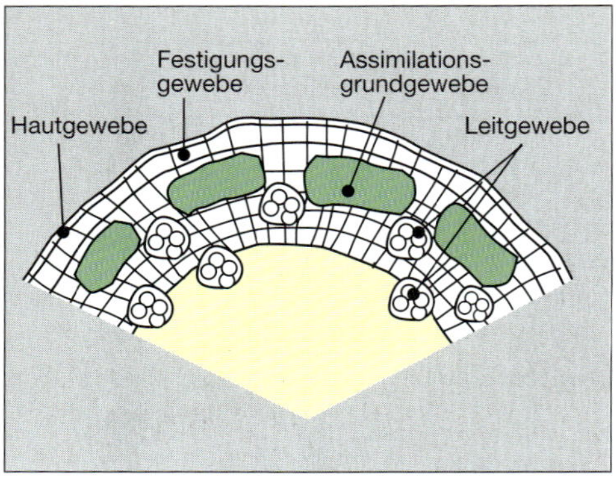

Abb. 648 **Beispiele** für die Anordnung von Geweben an einem Halmquerschnitt (Schema).

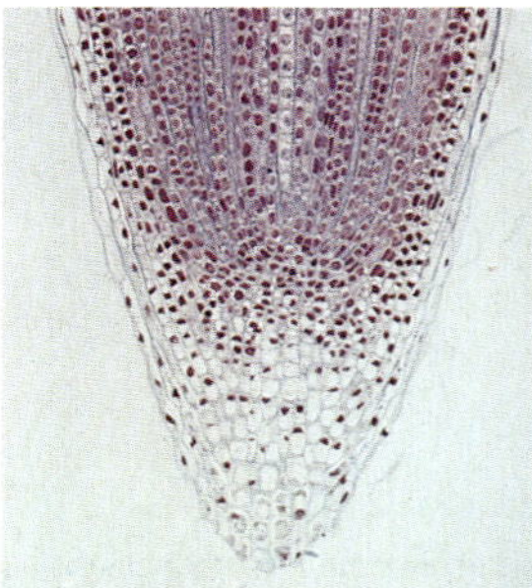

Abb. 649 Wurzelspitze und Wurzelhaube im Längsschnitt.

Abb. 650 Längs- (oben) und Querschnitt (unten) durch die Saugwurzel einer dikotylen Pflanze.

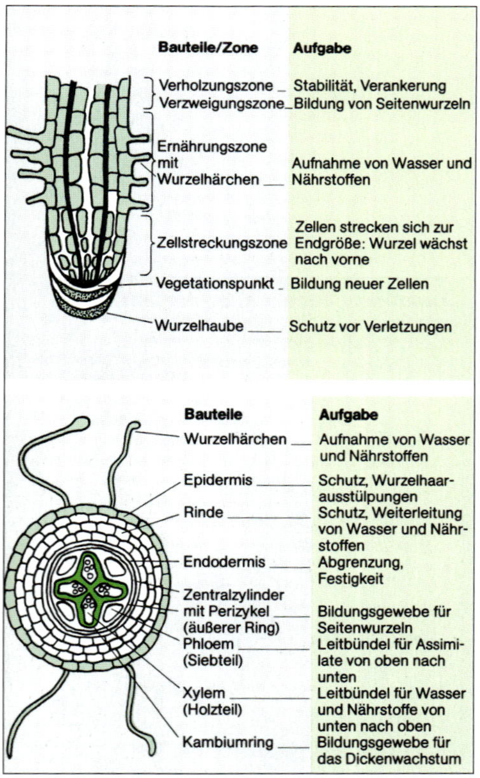

1.4 Organe der Pflanze und ihre pflanzenbauliche Bedeutung

Trotz großer Vielfalt im Aussehen bestehen unsere Sprosspflanzen immer aus den drei *Grundorganen* Wurzel, Sprossachse und Blätter.

1.4.1 Wurzel

Die **Wurzeln** *verankern* die Pflanze im Boden, nehmen Wasser und *Nährstoffe* auf und *speichern* organische Stoffe.

Wurzelsysteme – Die **zweikeimblättrigen Pflanzen** behalten ihre *Keimwurzel*. Sie bildet sich um zur *Hauptwurzel* und treibt *Seitenwurzeln* und Verzweigungen. Je weniger sie sich verzweigt, desto stärker entspricht sie einer *Pfahlwurzel*, wie bei Löwenzahn oder Raps. Pfahlwurzler sind zugleich *Tiefwurzler* mit *primärem* Wurzelsystem.

Bei den **einkeimblättrigen Pflanzen** stirbt die Keimwurzel ab oder teilt sich die Aufgaben mit sprossbürtigen *Kronenwurzeln*. Sie entspringen entweder aus dem *Hypokotyl* oder aus dem unteren Sprossknoten. Im ausgewachsenen Zustand besteht dieses Wurzelsystem aus einer Anzahl gleich starker, bogenförmig nach unten verlaufender Wurzeln (Büschelwurzeln), die in erster Linie *sprossbürtig* sind.

Dieses *sekundäre* Wurzelsystem z. B. der Gräser durchzieht den Boden mit einem dichten Filz.

Wurzelzonen – Nur die jüngsten Wurzelzonen nehmen Wasser und Nährstoffe auf. Diese **Ernährungszonen** kennzeichnen zahlreiche sehr feine Wurzelhaare. Das sind Ausstülpungen der Wurzelhaut. Sie vergrößern die Aufnahmefläche der Wurzel um ein Mehrfaches.

Mit fortschreitendem Wurzelwachstum sterben sie in Richtung der Verzweigungszone mit der Oberhaut ab und kleinere, unverkorkte Durchlasszellen ersetzen sie. Dafür bilden sich im Anschluss an die Zellstreckungszone neue Wurzelhaare.

An der *Wurzelspitze* liegt die **Zellvermehrungszone**. Ihr Meristem bildet ständig neue Zellen und schiebt so die Wurzel weiter in den Boden. Die *Wurzelhaube* schützt diesen *Vegetationspunkt*. Ihre Wände verschleimen und erleichtern der Wurzelspitze das Eindringen in den Boden.

An den Vegetationspunkt grenzen mit fließenden Übergängen die *Streckungs-*, *Differenzierungs-* und *Ernährngszone*.

Innerer Wurzelbau – Der **Zentralzylinder** festigt die Wurzel. Er besteht aus Leitbündeln, umgeben von der Endodermis, verholzten Zellen. Einige nicht verholzte dienen als Durchlasszellen für Wasser von außen in das Leitgewebe. Es besitzt zwei Bahnen. Im *Xylem* fließen Wasser und Nährionen nach oben, im *Phloem* die Assimilate nach unten.

Das **Xylem** (= *Holzteil)* entsteht aus Zellen mit abgestorbenem Zellinhalt und aufgelösten Querwänden oder solchen, die durch sehr viele Tüpfel miteinander verbunden sind. Es besitzt eine extrem hohe Leitfähigkeit (z. B. bis zu 200 l Wasser/Tag).

Das **Phloem** besteht aus langgestreckten, röhrenförmigen Zellen, mit durchlöcherten Boden- und Deckenwänden. Daher kommt auch der Name *Siebteil* für das Phloem.
Bei den zweikeimblättrigen Pflanzen bildet sich neben den Leitgefäßen das **Kambium,** eine Schicht teilungsfähiger Zellen. Sie bewirkt das *Dickenwachstum* der Wurzeln.
Das außerhalb des Zentralzylinders liegende Rindengewebe dient als Speicher.
Wurzelumbildungen – Das bei Futter- und Zuckerrüben stark entwickelte Rindengewebe dient als *Speicherwurzel. Stützwurzeln* wachsen vom oberirdischen Spross aus bogenförmig in den Boden, wo sie sich verzweigen. Sie geben der Pflanze mehr Standfestigkeit, z. B. beim Mais.
Schmarotzer- und Halbschmarotzerpflanzen bilden *Saugwurzeln* (Haustorien), um in das Gewebe der Wirtspflanzen einzudringen.

1.4.2 Spross

Bedeutung – Der Spross *verbindet* die Organe, die der Pflanzenernährung dienen, also Wurzeln und Blätter. Er dient auch als *Traggerüst* für die oberirdischen Pflanzenteile. In der Umgangssprache heißt er je nach Pflanzenart *Stängel, Halm* oder *Stamm*.
Der Spross kann auch *Nährstoffspeicher* sein, wie z. B. die Stolonen der Kartoffel. Die grünen Teile des Sprosses beteiligen sich an der *Fotosynthese* (siehe Abschnitt 2, Seite 272). Bei den Baumholzarten liefert der Spross das Stammholz.
Äußerer Bau und Längenwachstum – Der Spross ist bereits im Keimling angelegt und beginnt mit der Keimung seine Ausformung (Differenzierung). *Knoten* (lateinisch nodi) unterbrechen die Sprossachse, an ihnen setzen die Blätter und *Seitensprosse* an. Die Sprossstücke zwischen den Knoten heißen *Internodien*.
Das *Hypokotyl* (Keimstängel) verbindet Keimwurzeln und Keimblätter. Es stellt den Übergang von Wurzel zum Spross dar, der mit dem ersten Knoten beginnt. Das Hypokotyl dient als Reservespeicher oder es streckt sich. Gräser bringen damit den ersten Sprossknoten für die Verzweigung (Bestockung) in eine günstige Position. Die Sprossknoten stellen, wie die Spross-Spitze, *Vegetationskegel* mit Teilungsgewebe dar (siehe auch Abb. 654).
Das **Längenwachstum** erfolgt einerseits über *Zellteilung* und *-streckung* an der Spross-Spitze und andererseits über die *Wachstumszonen* unmittelbar über den Sprossknoten. Bei Gräsern, zu ihnen zählt auch Getreide, bewirken deren starke Zellteilung und -streckung das *Schossen* und *Ährenschieben*.
Lichtmangel fördert das Längenwachstum, erwünscht beim Spargel. Bei Getreide führen lange Internodien zu verminderter Standfestigkeit der Pflanze. Die geeignete Bestandesdichte sichert den Lichteinfall auf die Halme. Der Einsatz von *Wachstumsregulatoren* hemmt vor allem das Längenwachstum der *unteren* Internodien. Deswegen wirkt eine Spritzung nur beim richtigen Entwicklungsstand der Pflanze (siehe auch Getreidebau). Ab dem 4-Blattstadium bilden sich in der Differenzierungszone des Getreidesprosskegels alle Anlagen für die spätere Ähre. Diese Phase prägt ein hoher Nährstoff- und Wasserbedarf.

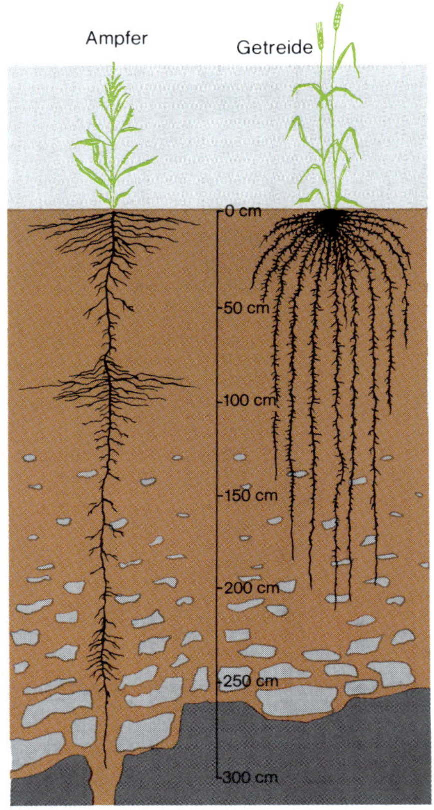

Abb. 651 Wurzelsysteme: Links zweikeimblättrige Pflanze, rechts einkeimblättrige Pflanze.

Abb. 652 Verteilung und Bau der Leitbündel bei mono- und dikotylen (ein- und zweiblättrigen) Pflanzen.

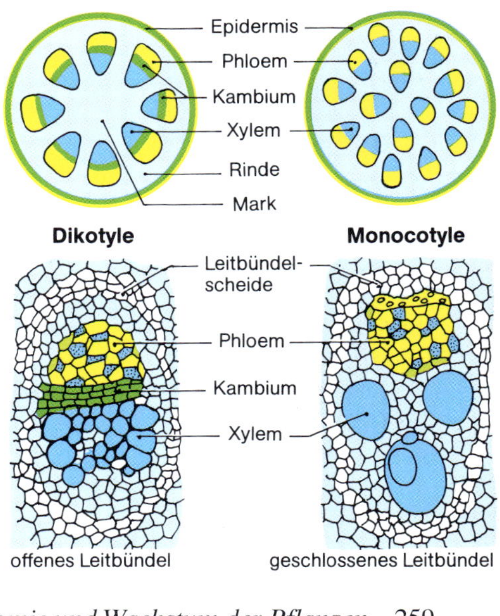

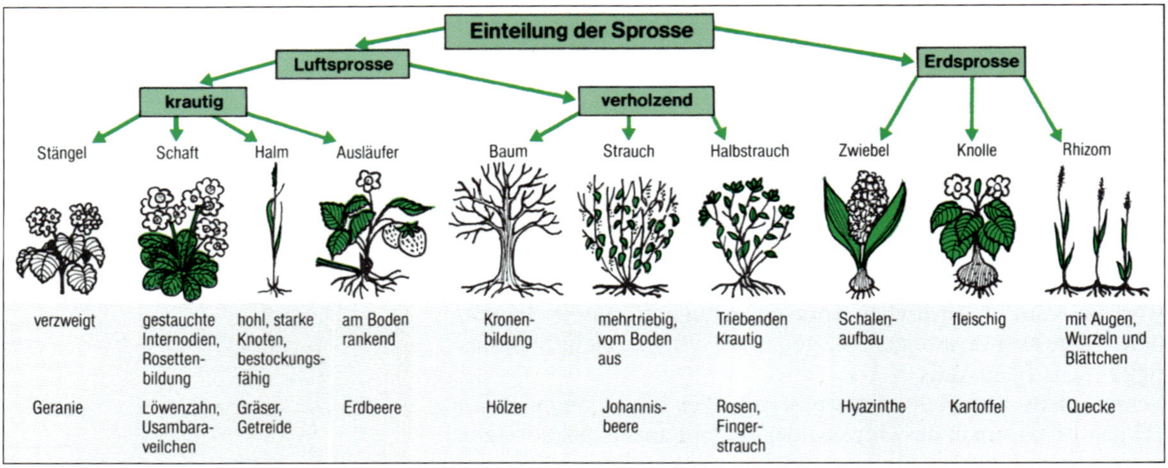

Abb. 653 Einteilung und Bezeichnungen der Sprosse mit **Beispielen.**

Sprossachsen-Querschnitt und Dickenwachstum – Eine *Oberhaut* (Epidermis) umgibt die junge Sprossachse der **zweikeimblättrigen Pflanze.** Nach innen folgt meist chlorophyllhaltiges *Rindengewebe*, anschließend ein Strang *Festigungsgewebe*. Ein *Kambiumring* (Teilungsgewebe) bildet nach innen ständig Holzzellen (Xylem) und nach außen Siebzellen (Phloem). Die Leitbündel sitzen alle auf einem Kreis. Zweikeimblättrige Pflanzen wachsen deshalb nicht nur in die Länge, sondern auch über das Kambium in die Dicke.

Die in Richtung des Umfangs als auch in Richtung des Radius stattfindende Zellteilung im Kambium dehnt die außerhalb des Kambiumringes liegenden Sprossteile stark. Die Epidermis zerreißt und fällt ab. An ihre Stelle tritt in der äußersten Rindenschicht ein Bildungsgewebe, das nach außen Kork und nach innen grüne Rindenzellen bildet. Außerhalb der Korkschicht liegende Gewebe sterben ab und reißen auf. Sie bilden die *Borke* älterer Bäume.

Die junge Sprossachse **einkeimblättriger Pflanzen** zeigt im Querschnitt einen einfacheren Bau. In einem *Grundgewebe*, umgeben von einer Oberhaut, liegen die Leitbündel verstreut. Das Kambium fehlt. Einkeimblättrige Pflanzen erreichen daher schon in den Vegetationskegeln des Sprosses ihren endgültigen Sprossumfang.

Verzweigungen – Die meisten Kulturpflanzen verzweigen sich. Seitensprosse 1. Ordnung entspringen an der Sprossachse, solche der 2. und höheren Ordnungen an den jeweiligen Seitensprossen, welche mit dem Hauptspross um alle Wachstumsfaktoren konkurrieren.

Diese Verzweigung heißt beim Getreide *Bestockung*. Aus dem 1. Halmknoten (Bestockungsknoten) bilden sich die Halme 1. Ordnung. Die Bestockung führt zu einer höheren Bestandsdichte, was lückige Bestände etwas ausgleicht. Im allgemeinen sollte sie aber nicht mehr als zwei zusätzliche Halme pro Pflanze liefern, um die gleichmäßige Entwicklung und vor allem die gleichmäßige *Abreife* nicht zu gefährden.

Abb. 654 Sprossspitze und Bezeichnungen bei zweikeimblättrigen Pflanzen (Schema).

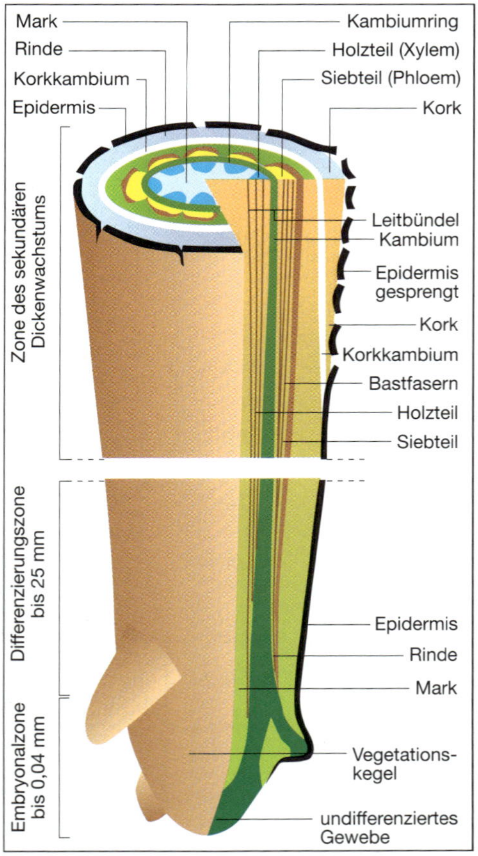

Sprossumbildungen – Die Anpassung der Pflanze an besondere Umweltbedingungen führt zur Umbildung von Grundorganen. Damit ändert sich auch deren *Funktion*. Den Landwirt interessieren vor allem folgende Sprossumbildungen:

- **Sprossknollen:** Dazu zählen die Stolonen der Kartoffel. Ihre im Frühjahr austreibenden Augen sind Knospen, von Blattanlagen umhüllte Sprosskegel.
- **Ausläufer:** Es sind oberirdische (z. B. Erdbeere) oder unterirdische Sprossteile (z. B. Quecke), deren Knoten eigene Sprosse und Wurzeln bilden. Nach Absterben der verbindenden Internodienabschnitte entstehen somit auf vegetative Weise erbgleiche Tochterindividuen.
- **Rhizome:** Das sind unterirdische Sprosse, Wurzelstöcke, zahlreicher überdauernder Stauden (z. B. Schwertlilie), die jahrelang lebensfähig bleiben und als Stoffspeicher dienen.

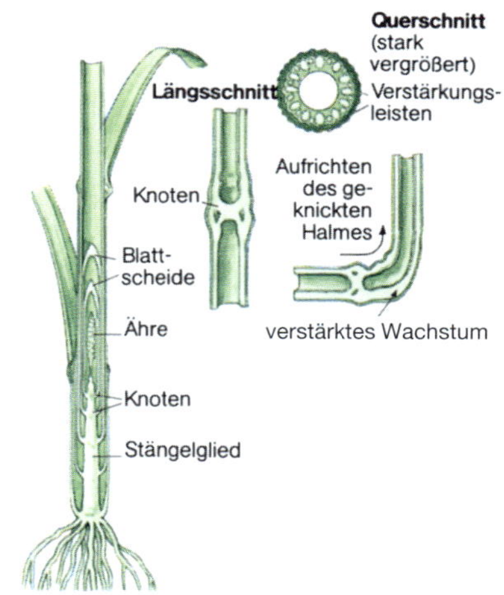

Abb. 655 Aufbau und Wachstum einer Getreidepflanze.

1.4.3 Blatt

Bedeutung – Das Blatt bildet mit seinen Umformungen die Organe der Fortpflanzung und vollzieht in den Laubblättern die Umwandlung von Strahlungsenergie in chemische Energie (Fotosynthese).

Entwicklung – Es gibt verschiedene *Blatttypen*, z. B. *Keimblatt* und *Laubblatt*. Bereits der *Embryo* des Samens trägt Blattanlagen als kleine Ausbuchtungen. Während des Wachstums biegen sich die Blätter als Schutz um den Vegetationskegel (Knospe) des Sprosses. Nach dessen Streckung verteilen sich die dicht sitzenden Blattanlagen auf den ganzen Stängel. Die Ansatzstellen zeigen sich als *Sprossknoten*.

Blattrosetten entstehen, wenn sich der Spross *nicht* streckt.

Äußerer Blattaufbau – Laubblätter bestehen meist aus einer grünen, dünnen, flächigen *Blattspreite*. Sie geht in einen *Blattstiel* über. Die Ansatzstelle am Spross heißt *Blattgrund*. Dieser kann sich wie eine offene oder geschlossene Röhre (Blattscheide) um den Stängel legen.

Dies zeigt sich bei Gräsern. Anstelle des Blattstiels bildet sich bei ihnen ein *Blatthäutchen* zwischen Blattspreite und Blattscheide. Es stellt zusammen mit dem am unteren Ende der Blattspreite ausgebildeten *Blattöhrchen* eine Unterscheidungsmöglichkeit für Gräser- und Getreidearten dar.

In den Blattspreiten verlaufen die hellen *Leitungsbahnen* (»Blattadern/-nerven«). Die meisten dikotylen Pflanzen besitzen ein verzweigtes, *netznerviges* System von Blattadern, die monokotylen meist ein *parallelnerviges*. Die Nadeln der Bäume sind *einadrig*.

Laubblätter lassen sich gut unterscheiden und als Erkennungszeichen einer Pflanzenart nutzen:

- Form der *Blattspreite*, z. B. elliptisch, herzförmig,
- Gestaltung des *Blattrandes*, z. B. glatt, gezähnt,
- Anlage der *Leitgefäße*, z. B. einadrig, netznervig,
- Teilung der *Blattfläche*, z. B. einfach ungeteilt, geteilt zusammengesetzt,
- *Stellung der Blätter* an der Sprossachse, z. B. gegen-, wechsel- oder quirlständig.

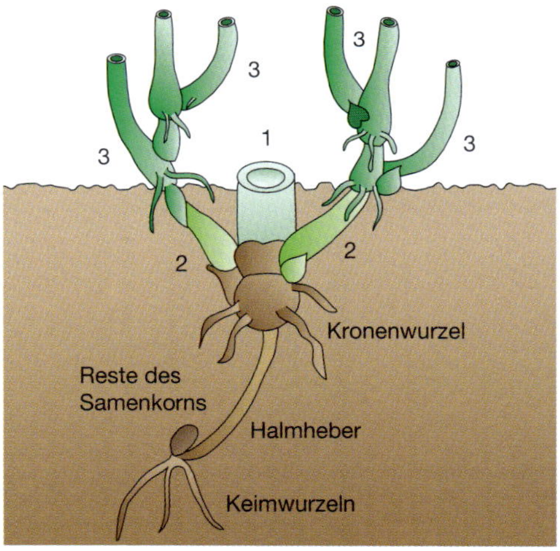

Abb. 656 Bestockungsschema bei Getreide: 1 = Halm 1. Ordnung, 2 = Halme 2. und 3 = der 3. Ordnung. Um leistungsfähige Triebe zu erhalten, sollten je ausgesätem Samenkorn nach dem Bestocken folgende Halmzahlen vorhanden sein: W-Weizen 1,4; W-Gerste 1,5; S-Gerste 2,0; W-Roggen 1,7; Hafer 1,2.

Abb. 657 Querschnitt durch ein normales Laubblatt (schematisch): B = Blattgrün, O = Oberhaut, P = Palisadengewebe, S = Schwammgewebe, A = Atemhöhle, Sp 1 und Sp 2 = Spaltöffnungen, U = Unterhaut.

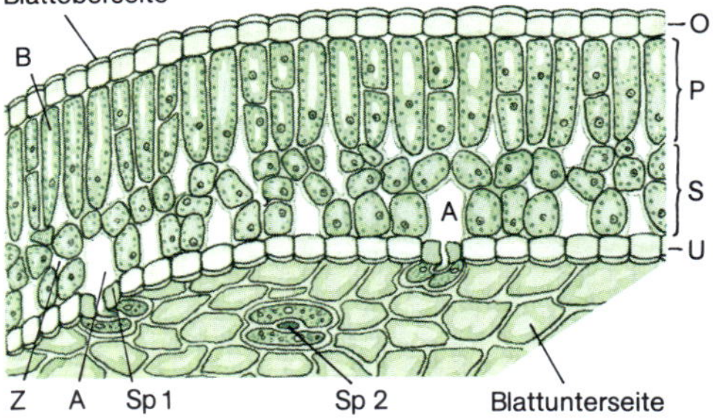

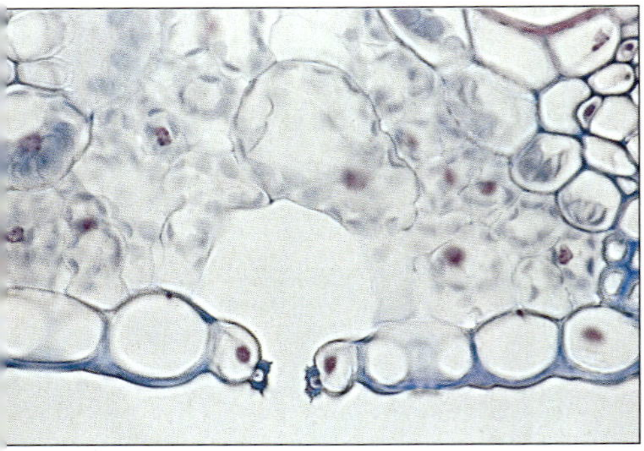

Abb. 658 Spaltöffnung, Schließzellen und darüber befindliche Atemhöhle bei Mais (mikroskopisches Präparat).

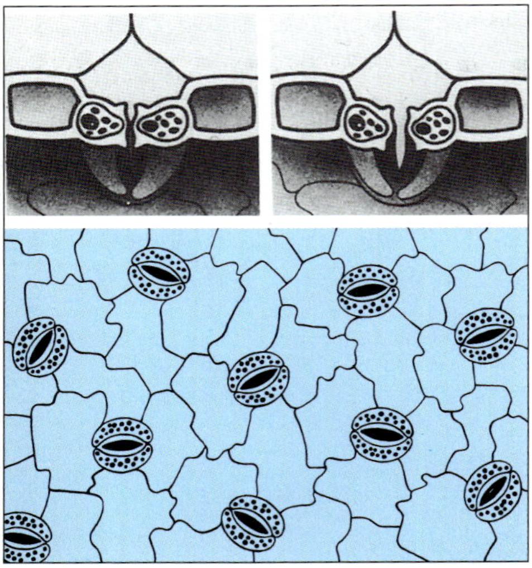

Abb. 659 Spaltöffnungen an der Blattunterseite (unten) sowie im geöffneten und geschlossenen Zustand im Querschnitt (oben, Schema).

Abb. 660 Teile eines Blattes und Anordnung der Leitgefäße.

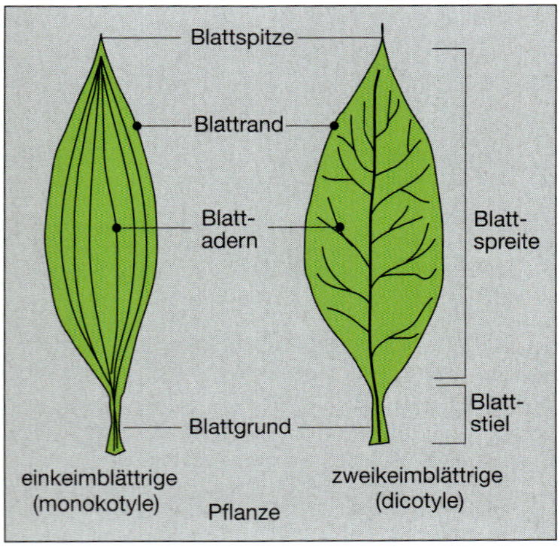

Innerer Bau – Ein Blattquerschnitt zeigt die verschiedenen *Dauergewebearten*. Eine *Epidermis* begrenzt das Blatt nach oben und unten. Die *Außenwand* der oberen lückenlosen Zellschicht ist wesentlich *dicker* als die der anderen. Zusätzlich überzieht sie ein dünnes *Häutchen* aus fettartigen Stoffen, die *Kutikula*. Diese vermindert die Wasserverdunstung und die Gefahr des Eindringens von Krankheitserregern oder Schädlingen, lässt aber stellenweise eine Dehnung zur Wasseraufnahme zu.

Unter der Oberhaut liegt das *Palisadengewebe* mit seinen durch das Chlorophyll grün gefärbten Zellen. Hier verläuft die Fotosynthese. Gegen die Blattunterseite zu folgt das *Schwammgewebe*. Es ist heller und seine Zellen stehen in einem lockeren Verband. Die großen *Zwischenräume* (Interzellularräume) stehen über die *Atemhöhle* mit den zahlreichen *Spaltöffnungen* (100 – 3000 mm^2) in Verbindung und vermitteln den Gasaustausch.

Die untere *Epidermis* und ihre Kutikula sind dünner als die der Oberfläche. Die Spaltöffnungen regeln mit ihren *Schließzellen* Gasaustausch und Wasserabgabe (Transpiration). Der *Spaltöffnungsapparat* besteht aus zwei bohnenförmigen *Schließzellen* und den sie umgebenden *Nebenzellen*. Die Schließzellen enthalten Blattgrün und können daher Zucker bilden. Er bewirkt eine Veränderung der Wasseraufnahme in die Zellen und damit ihre Bewegung. Weil die dem Spalt zugewandte Zellwand verstärkt und die gegenüberliegende dünner ist, öffnet sich der Spalt bei prall gefüllten Schließzellen und schließt sich, wenn sie erschlaffen.

1.4.4 Blüten

Bedeutung – Blüten sind *Fortpflanzungsorgane* der Pflanze. Sie gehören aber *nicht* zu ihren Grundorganen. Botanisch stellen sie *gestauchte Sprosse* (Blütenboden) dar, an denen mehrere kreisförmig angeordnete, umgebildete Blätter (Blütenblätter) sitzen.

Blüten können auch *Ernteprodukte* sein. So finden z. B. die weiblichen Hopfenblüten als Zusatzstoff der Bierherstellung und in der Pharmazie Verwendung.

Bau der Blüte – Eine *vollständige* Blüte setzt sich zusammen aus einer *Blütenhülle*, mit *Kelch-* und *Kronblättern*, den *Staubblättern* und den *Fruchtblättern* mit *Narbe, Griffel* und *Fruchtknoten*. Der Fruchtknoten mit Griffel und Narbe bildet den *weiblichen* Teil der Blüte, die Staubgefäße den *männlichen*. Die Kelchblätter sind meist laubblattartig, grün und schützen die Blütenblätter, bevor sie sich öffnen.

Die meist bunt gefärbten Blütenblätter (Kronblätter) locken Insekten an. Bei Pflanzen, die der Wind bestäubt *(Windblütler)*, sind sie oft klein und unscheinbar.

Die Staubblätter, die männlichen Teile der Blüte, bestehen aus *Staubfaden* und *Staubbeutel* (Anthere). Sie bilden *Pollen* in großer Formenvielfalt. Ausstülpungen an ihrer Oberfläche lassen sie besser an Überträgern haften. Pollen der Windblütler sind staubförmig.

Blütenarten – Vollständige Blüten enthalten sowohl Staub- als auch Fruchtblätter, sind *zweigeschlechtlich* (Zwitterblüte) (z. B. bei Ahorn und Ulme). Unvollständige oder *eingeschlechtliche*

Blüten enthalten dagegen *nur* männliche oder weibliche Blütenteile (z. B. bei der Esche).
Eine *einhäusige* Pflanze besitzt sowohl männliche als auch weibliche Blüten. Zu ihnen zählen z. B. Mais und die Baumarten Fichte, Tanne, Kiefer und Eiche.
Zweihäusige Pflanzen tragen entweder *nur weibliche* oder *nur männliche* Blüten. Zu ihnen gehören z. B. Hopfen und Pappel.
Blütengrundriss, Blütendiagramm – Er zeigt alle Blütenteile von oben gesehen (Projektion), die *Zahl* und *Stellung* aller *Blütenblätter*, die *Symmetrieverhältnisse* und die Art der *Verwachsungen*. Blütendiagramme dienen der *Bestimmung* blühender Pflanzen.
Blütenstände – Einzelne Blüten vereinigt zu Blütenständen erhöhen die *Lockwirkung*. Den Landwirt interessieren die **Blüten der Süßgräser** (Gramineae), zu denen auch die Getreidearten gehören. Mehrere Blüten bilden ein *Ährchen*. Jedes Ährchen trägt mehrere Hochblätter (Spelzen), die beiden *Hüllspelzen* und die *Deckspelzen*.
In deren Achseln stehen die *Blüten*. Diese bestehen aus 1 *Vorspelze*, die dem Kelchblatt entspricht, aus 2 *Schwellkörpern*, die den Kronblättern entsprechen, aus 3 *Staubblättern* und dem *Fruchtknoten* mit seinen 2 *federförmigen Narben*.
Die Schwellkörper nehmen vor dem Aufblühen Wasser auf, quellen und drücken so die Spelzen auseinander. Die federförmigen Narben fangen die Pollen auf.
Beim **Weizen** sitzen die Ährchen an einer zickzackförmigen Spindel. Jedes Ährchen hat 4 – 6 Blüten. Davon sind aber nur 2 – 3 *fertil* (fruchtbar). Die Deckspelze läuft an ihrer Spitze in einen *Zahn* oder eine lange *Granne* aus (Bartweizen). 2 Hüllspelzen umschließen die Ährchen.
Die Blüten öffnen sich nur am Morgen für etwa 1 Minute. Bei Temperaturen unter 13 °C bleiben sie geschlossen. Die Narben fangen den Pollen der eigenen Blüte auf *(Selbstbestäubung)*.

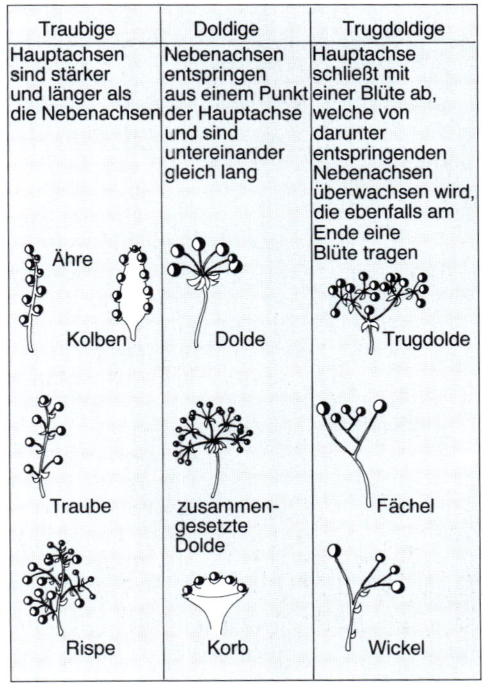

Abb. 661 Einteilung der Blütenstände.

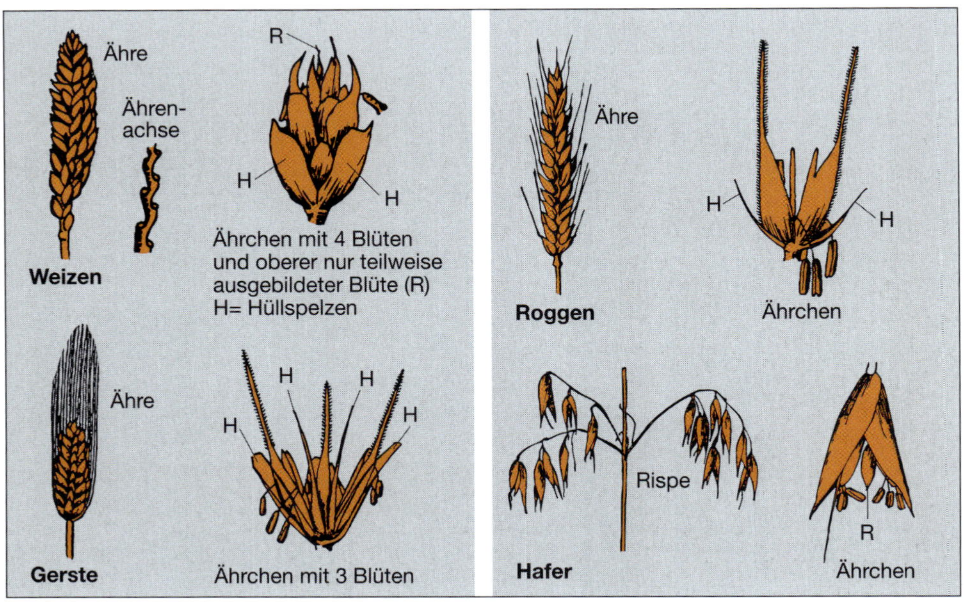

Abb. 662 Blütenstände und Blüten bei den Hauptgetreidearten.

Tabelle 50: Unterscheidungsmerkmale der Getreidearten einschließlich Mais

Getreideart	Weizen	Gerste	Roggen	Hafer	Mais
botanischer Name	*Triticum aestivum*	*Hordeum vulgare*	*Secale cereale*	*Avena sativum*	*Zea mais*
Blütenstand	 Abb. 663 Ähre	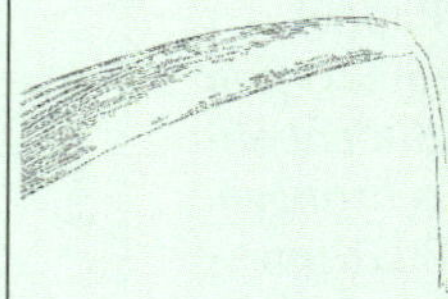 Abb. 664 Ähre	 Abb. 665 Ähre	 Abb. 666 Rispe	 Abb. 667 Kolben
Ährchenform	 Abb. 668 Weizenährchen mit 5 Blüten-Kornanlagen	 Abb. 669 Ährchen einer zweizeiligen Gerste	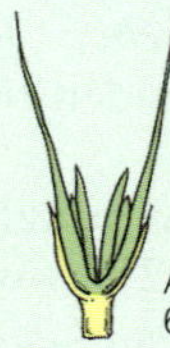 Abb. 670 Spindelglied der Ähre	 Abb. 671 Außenkorn	 männlicher Blütenstand: gipfelständige Rispe Abb. 672  weiblicher Blütenstand: blattachselständiger Kolben mit Lieschblättern und Narbenfäden
Blattöhrchen	Abb. 673 mittellang bewimpert 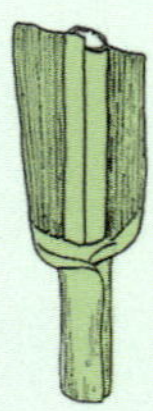	Abb. 674 sehr groß Halm umfassend 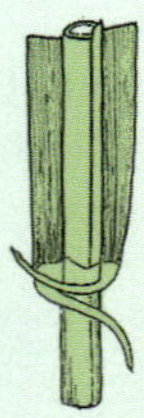	Abb. 675 leicht angedeutet 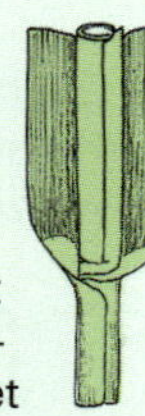	Abb. 676 fehlend 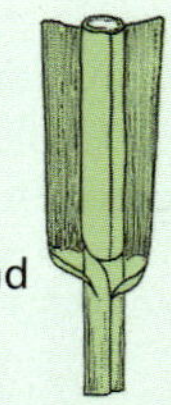	
Blatthäutchen	 Abb. 677 lang	 Abb. 678 kurz	 Abb. 679 kurz	 Abb. 680 lang, fransig	
Form der Keimpflanze	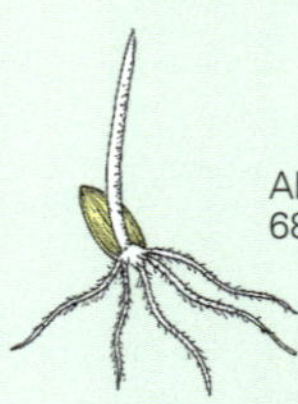 Abb. 681	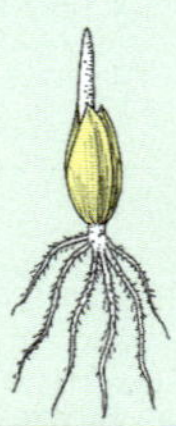 Abb. 682	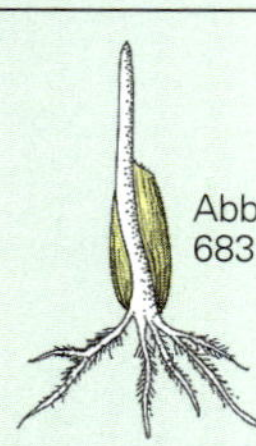 Abb. 683	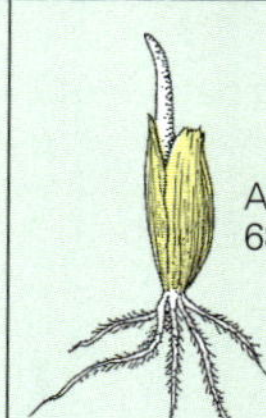 Abb. 684	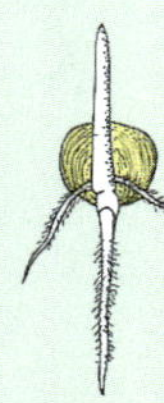 Abb. 685
Tausendkorngewicht (TKG) in g	Winter- Sommer- weizen 41–52 38–49	Winter- Sommer- gerste mehrzeilig 37–47 – zweizeilig 42–53 38–48	Winterroggen 31–39	29–37	150–400

Bei **Roggen**, dessen Ährchen nur jeweils 2 Blüten besitzen, führt die *Selbstbestäubung* zu Mindererträgen.
Bei der **Gerste** sitzen die Ährchen nicht einzeln an der Spindel, sondern sind immer zu einem *Drilling* zusammengefasst. Jedes Ährchen hat auch nur 1 Blüte. Bei der *6-zeiligen* Gerste sind alle 3 Ährchen gleichmäßig ausgebildet, dies ergibt 6 Blüten- bzw. später Kornreihen. Verschieben sich die Randreihen der Ährchen wie ein Reißverschluss ineinander, entstehen *4-zeilige* Gerstensorten. Die *2-zeilige* Gerste bildet nur das mittlere Ährchen voll aus. Die Deckspelze besitzt eine lange Granne.
Die Ährchen des **Hafers** haben 2, manchmal 3 Blüten. Die Ährenachse setzt sich wie ein Faden fort. An ihrem Ende sitzt eine kleine, leere Spelze. Die Hüllspelzen sind länger als die Deckspelzen. Sie umgeben das ganze Ährchen. Die Deckspelze der unteren Blüte mündet in eine gerade oder geknickte Granne.
Mais als einhäusige Pflanze trägt männliche Blüten in Rispen (Fahnen) an der Sprossspitze und weibliche blattachselständige Blütenstände, die von Hochblättern (Lieschen) umgebenen Kolben. Die *männlichen Ährchen* bestehen aus 2 *Hüllspelzen*, 2 männlichen Blüten mit je 1 Deck- und Vorspelze, Schwellkörpern und 3 Staubblättern.
Die *weiblichen Ährchen* sitzen sehr dicht auf der Oberfläche eines Kolbens. Der gegenseitige Druck schiebt sie in eine würfelige Form.
Weizen, Gerste und Hafer sind vorwiegend *Selbstbefruchter*, Mais und Roggen *Fremdbefruchter*, die der Wind bestäubt.

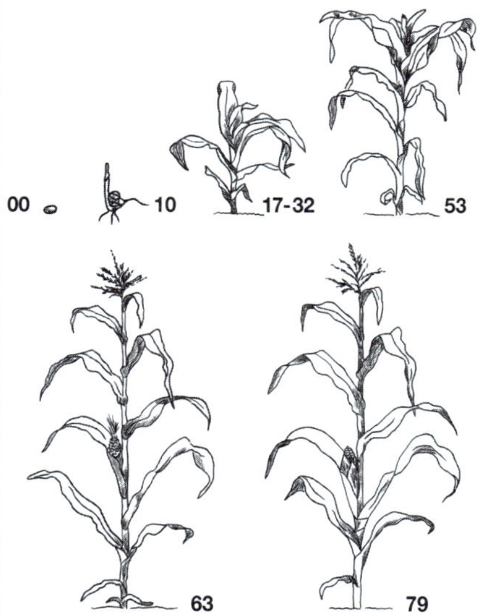

00-09 Keimung
10-19 Blattentwicklung
30-39 Längenwachstum
51-59 Erscheinen der Blütenanlagen; Rispenschieben
61-69 Blüte
71-79 Fruchtbildung
81-89 Frucht- und Samenreife

Abb. 686 Ausgewählte Entwicklungsstadien bei Mais.

1.5 Wachstum und Entwicklungsphasen der Nutzpflanzen

Wachstum und Entwicklung verändern die Pflanze. »Wachstum« heißt die Zunahme der *Pflanzenmasse*, »Entwicklung« die *Form-* bzw. *Qualitätsveränderung*. Alle Lebewesen wachsen durch *Vermehrung* und *Vergrößerung* der Zellen in allen Entwicklungsstadien bis zu ihrem Tode.

Abb. 687 Entwicklungsstadien bei Getreide nach dem BBCH-Code (Schema, ohne Mais).

**
00 trockenes Saatkorn
05 Austritt der Keimwurzel
07 Austritt der Keimscheide (Koleoptile)
10 Auflaufen
11 1-Blatt-Stadium
12 2-Blatt-Stadium
13 3-Blatt-Stadium
21 Bestockungsbeginn
25 Hauptbestockung
29 Bestockungsende
30 Schoßbeginn
31 1-Knoten-Stadium
32 2-Knoten-Stadium
37 Erscheinen des letzten Blattes
39 Blatthäutchen-Stadium
49 Öffnen der Blattscheide bzw. Grannenspitzen
51 Beginn des Ährenschiebens
55 Mitte des Ährenschiebens
59 Ende des Ährenschiebens
61 Blühbeginn
65 Voll-Blüte
69 Blüh-Ende
71 Kornbildung
75 Milchreife
85 Teigreife
87 Gelbreife
91 Vollreife
92 Totreife

** Code ab 1979, laut Merkblatt der Biologischen Bundesanstalt Braunschweig (BBA) Nr. 27/1 vom Januar 1979

Tabelle 51: Entwicklungsstadien bei Getreide (außer Mais)

internationaler Code	Entwicklungsstadien, Beschreibung
	Keimung
00	*trockenes Saatkorn*
05	*Austritt der Keimwurzel* aus dem Saatkorn
07	*Austritt der Keimscheide* (Koleoptile) mit Spross
	Keimtriebentwicklung
10	*Auflaufen:* Keimscheide (Koleoptile) durchstößt Erdoberfläche, 1. Blatt noch eingerollt
11	*1-Blatt-Stadium:* Oberer Teil des 1. Blattes ist entfaltet, Spitze des 2. Blattes wird sichtbar
12	*2-Blatt-Stadium:* 2. Blatt vollständig entfaltet, neigt sich zur Seite
13	*3-Blatt-Stadium:* 3. Blatt (in der Mitte der Pflanze) ist zur Hälfte entwickelt
	Bestockung
21	*Bestockungsbeginn:* Nebentriebe erscheinen in den Blattachseln oder neben dem Haupttrieb; Bildung von Sekundärwurzeln
25	*Hauptbestockung:* Pflanze breitet sich aus (»kriechend«) oder neigt sich auf die Seite; Blätter spiralig; Nebentriebe entwickeln sich weiter
29	*Bestockungsende:* Rasche Entwicklung der Nebentriebe, die sich aufzurichten beginnen
	Schossen
30	*Schossbeginn:* Haupt- und Nebentriebe stark aufgerichtet
31	*1-Knoten-Stadium:* 1. Knoten dicht über der Erdoberfläche wahrnehmbar
32	*2-Knoten-Stadium:* 2. Knoten wahrnehmbar; ein Stängel hat sich gebildet
37	*Erscheinen des letzten Blattes:* Letztes Blatt noch eingerollt; Ähre1) ist im Halm aufwärts geschoben, Blattscheide ist geschwollen
39	*Blatthäutchen-Stadium:* Blatthäutchen (Ligula) des letzten Blattes ist vollständig entwickelt; Blattscheide ist stark geschwollen
49	*Öffnen der Blattscheide* bzw. *Grannenspitzen:* Letzte Blattscheide platzt gerade auf bzw. Grannen werden über der Ligula des letzten Blattes gerade sichtbar
	Ährenschieben
51	Beginn des Ährenschiebens: Die Spitze der Ähre[1)] tritt heraus bzw. die Ähre drängt seitlich aus der Battscheide
55	*Mitte des Ährenschiebens:* Ährenbasis noch in der Blattscheide
59	*Ende des Ährenschiebens:* Ähre vollständig sichtbar
	Blüte
61	*Blüh-Beginn:* Die ersten Staubbeutel erscheinen in der Ährenmitte bzw. am Rispenanfang
65	*Voll-Blüte:* Die meisten Ährchen haben reife Staubbeutel
69	*Blüh-Ende:* Sämtliche Ährchen haben geblüht; an der Ähre hängen noch einige ausgetrocknete Staubbeutel
	Reife
71	*Kornbildung:* Erste Körner haben die Hälfte ihrer endgültigen Größe erreicht; Inhalt wässrig
75	*Milchreife:* Alle Körner haben ihre endgültige Größe erreicht; Korninhalt milchig, Körner noch grün
85	*Teigreife:* Korninhalt noch weich, aber trocken, zwischen den Fingern zerreibbar; Korn und Spelzen gelbgrün
87	*Gelbreife:* Korninhalt plastisch bis fest. Korn kann noch über den Daumennagel gebrochen werden
91	*Vollreife:* Korn ist hart, kann nur schwer über den Daumennagel gebrochen werden; Pflanze vollständig abgestorben
92	*Totreife:* Korn vollständig hart, kann nicht mehr gebrochen werden

[1)] Gegebenenfalls Rispe.

1.5.1 Entwicklungsphasen

Vegetative und generative Phase – Die vegetative Entwicklung der Pflanze reicht bis zum Beginn der *Blütenbildung*, darauf folgt die generative Phase. Einige Nutzpflanzen, z. B. die Betarübe, erreichen diese erst im zweiten Lebensjahr.
Code – Die produktionstechnischen Maßnahmen erfolgen in genau beschriebenen und gegeneinander abgegrenzten *Entwicklungsstadien* der Pflanze. Die Biologische Bundesanstalt für Land- und Forstwirtschaft (BBA) legte einen Nummerncode von 00 – 99 fest. Der sog. BBCH-Code (B = Biologische Bundesanstalt, B = Bundessortenamt, CH = Chemische Industrie) drückt diese Wachstumsphasen der Kulturpflanzen in 2-stelligen Zahlen aus. Abb. 687 (Seite 265) stellt ihn für Getreide dar und Tabelle 51 beschreibt ihn.

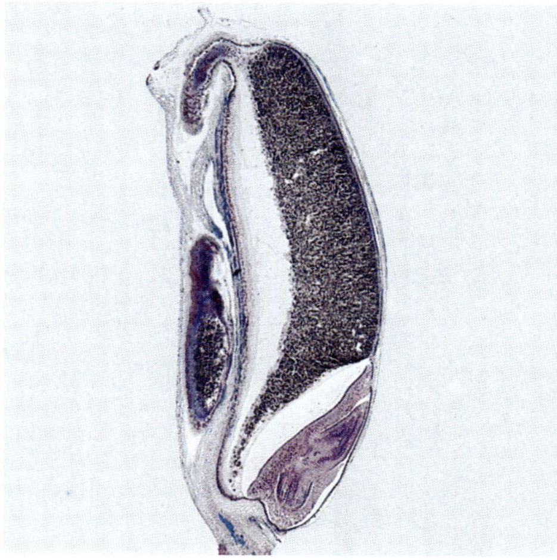

Abb. 688 Längsschnitt durch ein Weizenkorn (mikroskopisches Präparat).

1.5.2 Entwicklungsstadium Keimung

Die Entwicklung einer Pflanze beginnt mit der **Keimung**. Diese reicht vom Samen im Ruhezustand bis zum Auflaufen des Sprosses, d. h. dem Durchbrechen der Bodenoberfläche.
Samen und Früchte – Samen entwickeln sich im *Fruchtknoten*. Wird dessen Wand zur *Fruchtschale*, die den Samen umschließt, bezeichnet man das Ganze als *Frucht*:

> ! Frucht = Samen + Fruchtschale

Das *Getreidekorn* ist eine Frucht. Samen- und Fruchtschale sind miteinander verwachsen. In der Umgangssprache heißt es jedoch meist »Samen«.
Bau – Aussehen, Größe und Form der Samen sind vielgestaltig. Manche Samen besitzen Einrichtungen, damit sie der Wind leicht wegträgt (Löwenzahn, Fichte), andere besitzen Hafteigenschaften, wie z. B. Klettenlabkraut, Wilde Möhre.
Alle Samen bestehen aus **3 Bauteilen**:

- **Samenschale:** Sie schützt den Inhalt und besteht oft aus mehreren Schichten, so dass sie recht dick erscheint. Manchmal lagert sie auch Holzstoff (Lignin) ein.
- **Nährgewebe** (Endosperm)**:** Es speichert die zur Keimung benötigten Stoffe, damit der Vorgang auch ohne Nährstoffzufuhr von außen stattfindet.
  Getreide enthält als Nährgewebe den *Mehlkörper*, Raps die *Ölkapsel*.
- **Keimling** (Embryo)**:** Er birgt die Pflanze im Kleinen. In der Vergrößerung sind bereits *Keimwurzel*, *Keimknospe* und *Keimstängel* (Hypokotyl) zu erkennen.

Keimfähigkeit – Die Keimung setzt einen keimfähigen Samen voraus. Das bedeutet, der unbeschädigte Keimling baut *keimhemmende* Stoffe ab, die Frucht-/Samenschale *quillt*. In der Regel brauchen die Samen dazu nach der Ernte eine *Ruhepause*, bei Weizen z. B. 20 – 60 Tage.

Abb. 689 Das Weizenkorn (schematisch) ist eine Frucht, weil es auch eine Fruchtschale besitzt.

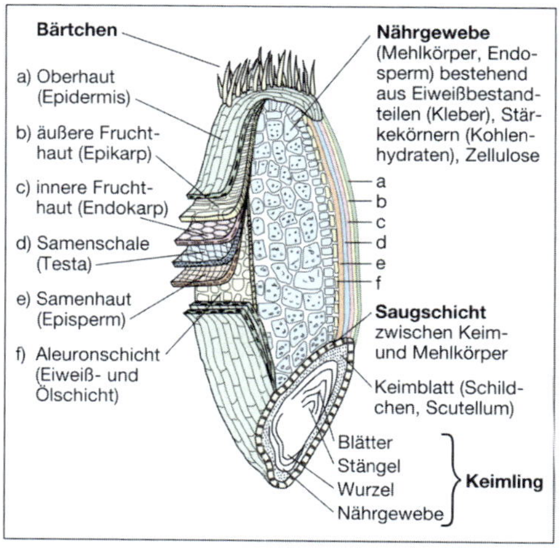

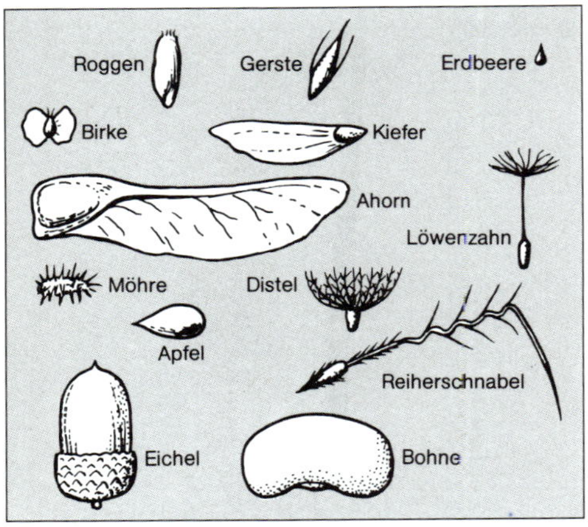

Abb. 690 **Beispiele** für Samen und Früchte.

Lange feuchtwarme Witterung löst aber die *Keimbereitschaft* auch schon vor der Ernte aus. Dann keimt das Getreide bereits auf dem Halm. Dieser *Auswuchs* vermindert die Verarbeitungseigenschaften erheblich.

Keimproben ermitteln die Keimfähigkeit, eine wichtige Saatguteigenschaft, die in % der getesteten Samen ausgedrückt wird. Die Saatgutverkehrsordnung legt die Mindestkeimfähigkeit für Zertifiziertes Saatgut fest.

Beschädigungen, Auswuchs, Überlagerung oder zu hohe Trocknungstemperatur verursachen mangelnde Keimfähigkeit.

Keimbedingungen – Die Keimung erfordert *Wasser, Wärme, Sauerstoff* und bei bestimmten Pflanzen auch *Licht*. Wasser dient als Quell-, Lösungs- und Transportmittel. Sauerstoff hält die Energieumsetzung in Gang. In verkrusteten, verschlämmten Böden keimen Samen nur unvollständig.

Wie für alle Lebensvorgänge der Pflanze gibt es auch für die Keimung *optimale Temperaturbereiche*. Den Pflanzenbauer interessieren aber mehr die *Mindesttemperaturen*, die die Saatzeit bestimmen.

Tabelle 52: Keimtemperaturen einiger Nutzpflanzen

Pflanzenart	Minimum °C	Optimum °C	Pflanzenart	Minimum °C	Optimum °C
Roggen	1–2	25–30	Gerste	2– 4	20–25
Ackerbohne	2–3	20–25	Hafer	3– 5	25–30
Raps	2–3	20–30	Beta-Rüben	6– 8	20–25
Rotklee	2–3	31–37	Mais	8–10	32–35
Weizen	2–4	15–30	Gurken	16–19	31–37

Abb. 691 Keimung eines monokotylen (einkeimblättrigen) und eines dikotylen (zweikeimblättrigen) Sämlings (unten).

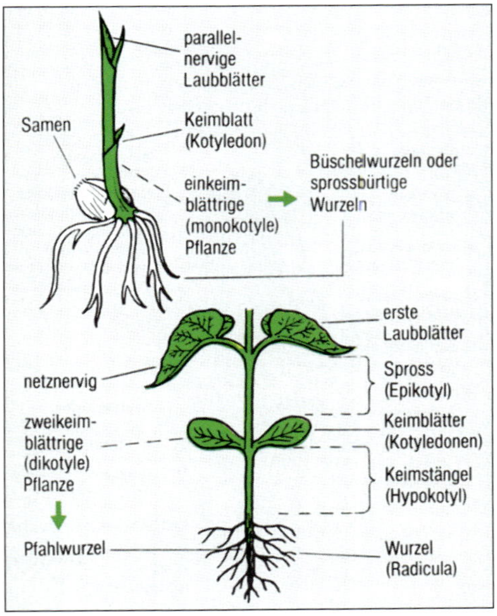

Die landwirtschaftlichen Nutzpflanzen sind *lichtneutral*, d. h. sie benötigen zur Keimung weder unbedingt Licht noch unbedingt Dunkelheit.

Keimungsvorgang – Er beginnt mit der Wasseraufnahme von etwa 50 % der Samenmasse, der Samen quillt. Dabei sprengt die Samenschale, Enzyme lösen die Reservestoffe im Nährgewebe und die Zellatmung verläuft intensiver.

Danach brechen die stark behaarten, unverzweigten *Keimwurzeln* aus der Wurzelscheide hervor. Es sind bei Weizen und Hafer 3, bei Roggen 4 und bei Gerste 6. Anschließend erscheinen die *Keimblätter* (Kotyledonen). Es lassen sich Pflanzen mit nur *einem* Keimblatt (einkeimblättrige = monokotyle), mit *zwei* Keimblättern (zweikeimblättrige = dikotyle) und mit *mehreren* Keimblättern (= polykotyle) unterscheiden.

Die typischen Merkmale ein- und zweikeimblättriger Pflanzen wurden bereits bei den Pflanzenorganen dargestellt.

Pflanzen mit *epigäischer* Keimung entfalten ihre Keimblätter *über* dem Boden, sie ergrünen.

Bei *hypogäische* Keimung (z. B. bei Erbsen) bleiben die Keimblätter in der Samenschale *unter* der Erde und dienen als Aufsauger für die Nährstoffe aus dem Nährgewebe oder sie entleeren die in ihnen gespeicherten Reservestoffe.

Beim Getreide erscheint nach der Keimwurzel zunächst das *tütenförmige Keimscheideblatt* (Coleoptile) und wächst bis zur Erdoberfläche. Aus ihm tritt das erste Laubblatt heraus und entfaltet sich. Die Coleoptile stellt zusammen mit dem Schildchen das Keimblatt dar.
Keimblätter sehen bei zweikeimblättrigen Pflanzen oft anders aus als die späteren Laubblätter.

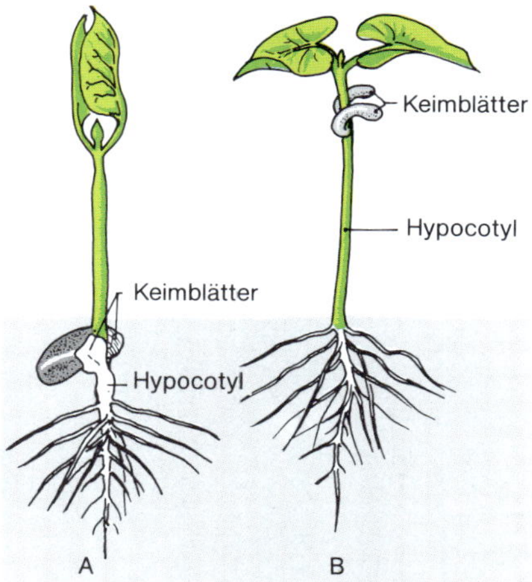

Abb. 692 Hypogäische Keimung (A) bei der Feuerbohne *(Phaseolus coccineus)* und epigäische Keimung (B) der Gartenbohne *(Phaseolus vulgaris)*.

1.5.3 Auflaufen

Bedeutung – Das Erscheinen der Keimblätter bzw. der Coleoptile beim Getreide schließt das Stadium der Keimung ab. Die Fachsprache nennt es **Auflaufen.** Je gleichmäßiger die Saat aufläuft, desto sorgfältiger erfolgten Saatgutauswahl, Saatbettbereitung und Aussaat.

Feldaufgang – Der Prozentanteil aufgelaufener Pflanzen an der Zahl ausgesäter, keimfähiger Samen bezeichnet den Feldaufgang. Hochwertiges Saatgut, optimale Saatbettbereitung, Saattechnik und günstige Witterungsbedingungen lassen Feldaufgänge von 85 – 95 % erreichen.

Aufgaben:

1. Stellen Sie die Namen der wichtigsten landwirtschaftlichen Nutzpflanzen mit ihrer botanischen Bezeichnung zusammen.
2. Betrachten Sie die Zellen einer Zwiebelhaut unter dem Mikroskop.
3. Welches Ereignis trennt die vegetative von der generativen Wachstumsphase einer Pflanze?
4. Wie lässt sich das Wurzelwachstum der Nutzpflanzen fördern?
5. Wozu dienen halmverkürzende Mittel (Stauchmittel)?
6. Wie lässt sich die Quecke mechanisch bekämpfen?
7. Beschreiben Sie den Aufbau eines Laubblattes.
8. Suchen Sie an einem Getreideährchen die Blütenteile.
9. Prägen Sie sich den Code für die Entwicklungsstadien der Nutzpflanzen ein und üben Sie deren Zuordnung am Feldbestand.
10. Legen Sie eine Keimprobe an und ermitteln Sie die Keimfähigkeit.
11. Was verstehen Sie unter Feldaufgang?
12. Erklären Sie den Unterschied zwischen epigäischer und hypogäischer Keimung.
13. Mit welchen Maßnahmen kann der Landwirt den Keimvorgang beeinflussen?
14. Welche Bedeutung hat der BBCH-Code im Pflanzenbau?

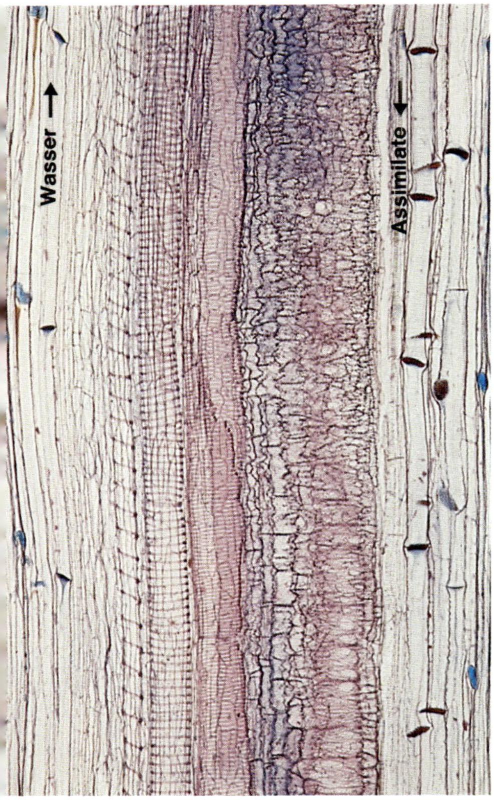

Abb. 693 Bahnen des auf- und absteigenden Saftstroms. Links Schrauben- und Netztracheen, anschließend Schraubentracheen (schraubig angeordnete Verdickungen), rechts Siebröhren mit Siebplatten.

Abb. 694 Quellung von Erbsen. Die Wasseraufnahme führt zu einer beträchtlichen Volumensvergrößerung.

2 Stoffwechselvorgänge in Pflanzen

»Stoffwechsel« bezeichnet *biochemische* und *physikalische* Vorgänge in der Pflanze wie die *Aufnahme* von *Wasser* und *Nährstoffen*, deren *Transport*, den *Aufbau* neuer Stoffe, ihre *Umwandlung* und die *Abgabe* von Nebenprodukten.
Die Kenntnis der Stoffwechselvorgänge gibt wertvolle Hinweise für eine optimale Produktionstechnik. Erträge lassen sich steigern und Verluste reduzieren.

2.1 Wasserhaushalt der Pflanze

Bedeutung des Wassers – Lebende Pflanzen bestehen zu 85–90 % aus Wasser. Krautige Pflanzen verdanken dem Wasserdruck in ihren Zellen *(Turgor)* die Standfestigkeit. Wasser dient als *Lösungsmittel* für Salze, organische Stoffe und Gase. Mit Hilfe des Wassers *transportiert* die Pflanze die Nährstoffe und die von ihr aufgebauten Stoffe. Schließlich steckt Wasser auch als Baustein in organischer Masse.

2.1.1 Aufnahme des Wassers

Die Pflanze nimmt das Wasser durch die physikalischen Vorgänge der *Quellung* und *Osmose* auf.
Quellung – Eiweiß- und Kohlenhydratmoleküle besitzen *wasseranziehende* (hygroskopische) Kraft. Sobald diese mit Wasser in Berührung kommen, saugen sie es begierig auf, umgeben sich mit einer Wasserhülle und vergrößern damit ihr Volumen. Dabei entwickeln sie einen Druck, der bis zu mehreren hundert Bar reichen kann.
Keimende Samen nehmen auf diese Art Wasser auf.
Diffusion und Osmose – Zellen mit gequollenem Plasma leisten dies noch auf eine andere Art. Die *Diffusion* gleicht Konzentrationsunterschiede *innerhalb* der Zellflüssigkeit aus.
Einen Ausgleich verschiedener Konzentrationen durch das Hindernis des *Plasmalemmas*, einer *selektiv durchlässigen* (semipermeablen) *Membran*, leistet die *Osmose.*
Die Richtung der Osmose geben die kleineren Moleküle des Lösungsmittels Wasser vor, die in die stärkere Lösung der Zelle eindringen. Sobald die Konzentrationen *ausgeglichen* sind, steht die Osmose still, weil der *Innendruck* (Turgor) keinen weiteren Zustrom von Wassermolekülen mehr zulässt.
Die Osmoserichtung kann sich auch *umkehren.* Das zeigt sich z. B. an Stellen des Feldes, auf die versehentlich zu viel mineralischer Dünger fiel. Die höhere Salzkonzentration im Bodenwasser um die Wurzelhaare oder um die Blattoberfläche als in ihrem Inneren bewirkt, dass Wasser nun aus der Pflanze strömt. Das Plasma löst sich von der Zellwand *(Plasmolyse)*, schrumpft weiter und die Pflanze stirbt. Nach diesem Prinzip wirken Ätzmittel.

2.1.2 Leitung des Wassers in der Pflanze

Transport vom Wurzelhaar bis zur Wurzelmitte – Die Diffusionskräfte (Teilchenbewegung verursacht durch Wärme) bringen Bodenwasser zum Wurzelhaar. Die Triebkraft der Wasseraufnahme entspricht der Wasserpotenzial-Differenz, welche die Wassersättigung eines Systems (Boden, Luft, Zelle, Pflanze, Flüssigkeiten) beschreibt.

Das **Wasserpotenzial** beschreibt die Arbeit, die geleistet werden muss, um eine Volumeneinheit Wasser aus dem betrachteten System auf das Potenzial eines Bezugssystems zu überführen. Das Wasserpotenzial reinen Wassers ist definitionsgemäß 0, d. h. es besteht kein Potenzialgefälle. In einer wassergesättigten Zelle entspricht der Wanddruck dem osmotische Druck (=Potenzial), so dass die Saugspannung (Turgor) den Wert Null annimmt.

Zwischen Wurzelraum und Xylemflüssigkeit besteht ein *Druckpotenzial*. Es setzt sich aus 3 Komponenten zusammen:

- Dem durch die Zellwand verursachten Druckpotenzial,
- dem Quellungsdruck, verursacht durch quellfähige Substanzen im Cytoplasma und
- dem Potenzial der Vakuole und der gelösten Substanzen.

Wasser dringt nun auf Grund der in der Vakuole gelösten Stoffe in sie ein und *verdünnt* den Zellsaft. Seine Konzentration ist jetzt schwächer als die in der Nachbarzelle, die sich nun ebenfalls osmotisch aus der Wurzelhaarzelle mit Wasser versorgt. Auf diese Weise gelangt das Wasser bis zum Leitgewebe der Wurzelmitte.

Dieser Wurzeldruck reicht aber nicht aus, um das Wasser z. B. bis in die Wipfel hoher Bäume zu pressen. Es kommen noch die Saugkräfte des *Transpirationssogs* dazu.

Wasserleitung im Xylem – Die *Verdunstung* (Transpiration) des Wassers über die Spaltöffnungen der Blätter treibt das Wasser im Xylem bis in die Leitbahnen der Blätter. Es transpirieren aber auch Sprossachse und Wurzeln. Wind und geringe relative Luftfeuchtigkeit *erhöhen* die Abgabe von Wasserdampf.

Die Transpiration vermindert zunächst die Wassersättigung in den Zellen der Blätter. Sie setzt sich osmotisch bis in ihre Leitbahnen fort. So entsteht ein Sog bis in die Leitbahnen der Wurzel. In hohen Bäumen reißt der dünne Wasserfaden in den Xylemzellen nur deswegen nicht ab, weil die *Kohäsionskräfte* (Zusammenhangskräfte) des Wassers größer sind als die Sogwirkung der Transpiration. Außerdem wirken die dünnen Zelldurchmesser des Xylems als *Kapillaren*, die ihrerseits eine starke Wasserbindung ausüben.

Bei sehr hoher Luftfeuchtigkeit und geringer Transpiration geriete der Wasserstrom innerhalb der Pflanze ins Stocken. Dies würde die Lebensfunktionen beeinträchtigten. Deswegen presst die Pflanze durch den Wurzeldruck Wassertröpfchen aus den Blatträndern. Dieser als *Guttation* bezeichnete Vorgang erhält den Wasserstrom in der Pflanze auch bei hoher Luftfeuchte.

Mit diesem »Wasserleitungssystem«, das ausschließlich auf den Kräften der Natur beruht, gelingt es, Wasser entgegen der Wirkung der Schwerkraft in große Höhen zu befördern.

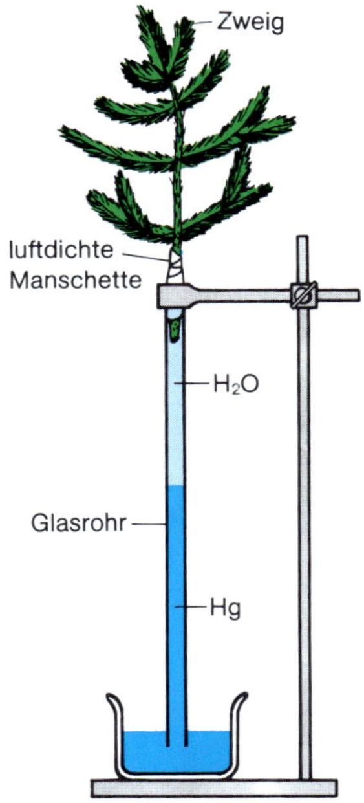

Abb. 695 Versuch zur Demonstration der Verdunstung. Das von der Pflanze verdunstete Wasser zieht das Quecksilber in dem Steigrohr hinter sich hoch.

Abb. 696 »Verbrennung« (Plasmolyse) einer Zelle. Beginnende Plasmaabhebung (oben). Fortgeschrittene (Mitte) und vollendete Plasmaabhebung (unten).

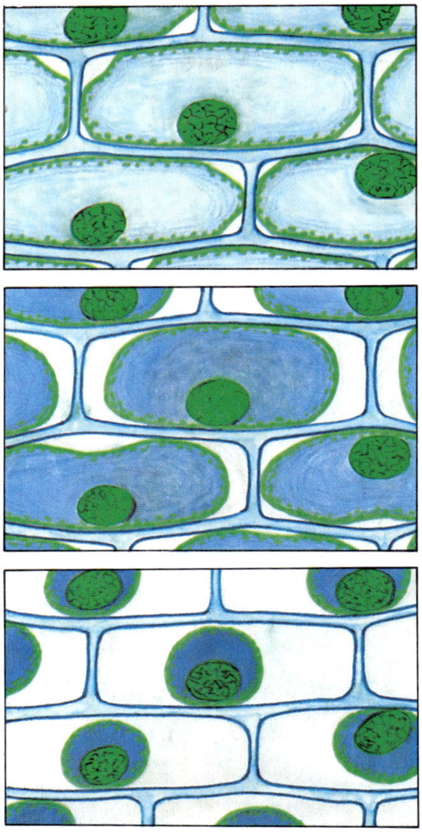

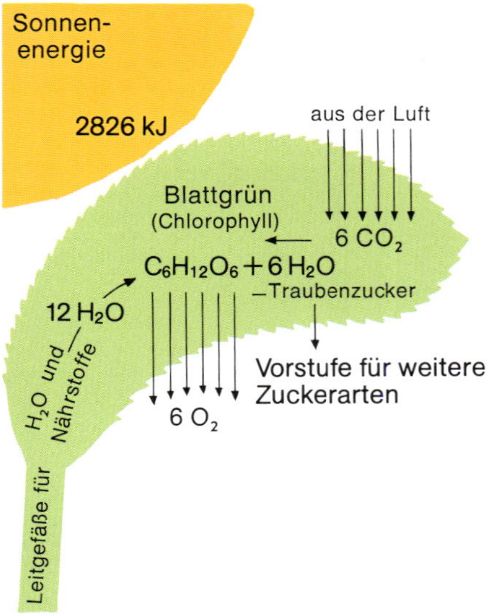

Abb. 697 Fotosynthese, Assimilation (Schema).

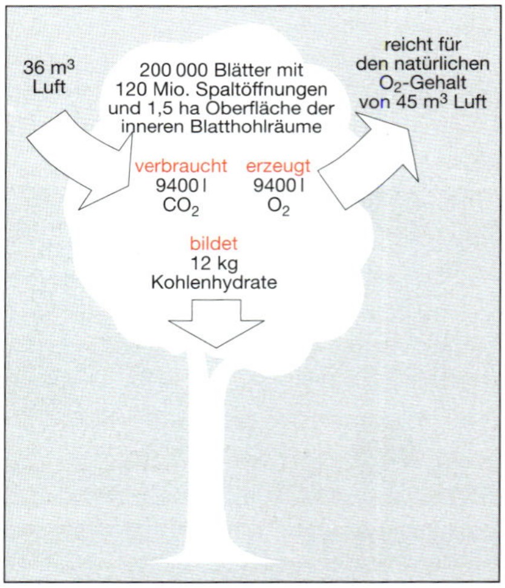

Abb. 698 Fotosynthese-Leistung einer hundertjährigen Buche an einem Sonnentag.

Abb. 699 Stoff- und Energiefluss bei Fotosynthese und Atmung (Schema).

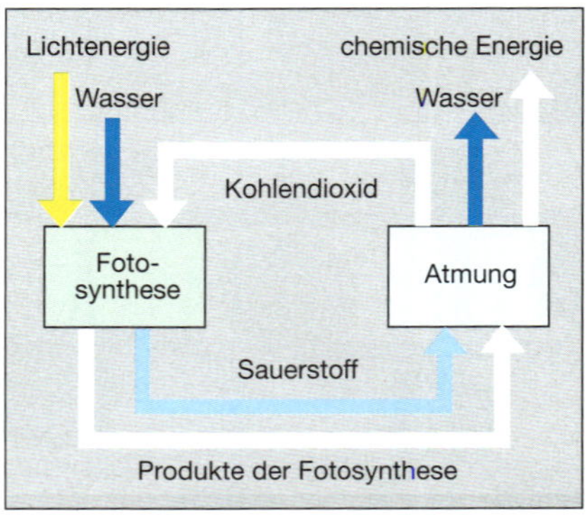

2.2 Fotosynthese (Kohlenstoff-Assimilation)

Vorgang – Alleine grüne Pflanzen bauen mit Hilfe von Lichtenergie aus Kohlendioxid und Wasser zunächst Traubenzucker und danach Stärke auf. Dabei geben sie Sauerstoff ab. Die nötige Lichtenergie absorbiert das Chlorophyll der Chloroplasten. Dieser Vorgang heißt **Fotosynthese** (von griechisch phos = Licht, synthesis = Zusammensetzung) oder Assimilation (von lateinisch assimilatio = Angleichung) und meint die Überführung körperfremder Ausgangsstoffe (CO_2, H_2O) in körpereigene Substanzen (Assimilate).
Die aus energiearmen anorganischen Molekülen CO_2 und H_2O produzierten energiereichen organischen Verbindungen, z. B. *Kohlenhydrate*, sind die Substanzen für Wachstum, Vermehrung und zum Aufbau von Speicherstoffen. Sie ermöglichen das Leben von Mensch und Tier.

Ablauf – Die Fotosynthese läuft in einer komplizierten Licht- und Dunkelreaktion ab.
In der **Lichtreaktion** absorbiert das *Chlorophyll* der grünen Pflanzenteile, vor allem in den Palisadenzellen der Blätter, Strahlungsenergie des Lichts. Diese dient der Zerlegung des Wassers (Fotolyse des Wassers) in 2 H^+-Ionen und 1/2 O_2 unter Elektronenabgabe. Sauerstoff entweicht über Spaltöffnungen an die Luft. Die Elektronen »klettern« über ein Transportsystem auf ein höheres Energieniveau. Dabei wird gleichzeitig Energie frei und durch Bildung von ATP gebunden. Die H^+-Ionen landen nach der Gleichung ($NADP^+ + 2\,H^+ \rightarrow NADPH_2$) auf einem Akzeptor, der sie in der Dunkelreaktion wieder abgibt.
In der **Dunkelreaktion** kann diese Energie aus den energiearmen anorganischen Molekülen CO_2 und Wasserstoff H^+ mit Hilfe von Enzymen Traubenzucker $C_6H_{12}O_6$ aufbauen. Weil er osmotisch aktiv ist, erfolgt sofort sein Umbau in *Stärke*. Der Stärke-Transport in Speicherzellen geschieht wieder in Form von Einfach- und Doppelzucker, wofür die vorherige Rückverwandlung der wasserunlöslichen Stärke in die Transportform nötig ist.
Stark vereinfacht lautet die Grundgleichung der Fotosynthese:

$6\,CO_2$	+	$12\,H_2O$	+	2826 kJ	→	$C_6H_{12}O_6$	+	$6\,H_2O$	+	$6\,O_2$
Kohlendioxid		Wasser		Lichtenergie vom Chlorophyll absorbiert		Traubenzucker (Assimilat)		Wasser		Sauerstoffabgabe an die Luft

Die Fotosynthese läuft im Temperaturbereich von 20–30 °C am besten ab.

Förderung der Fotosynthese – Nur gesunde Pflanzen mit vielen Blättern bringen optimale Fotosyntheseleistungen. Verschmutzte oder kranke Blätter assimilieren nur mangelhaft. Mit der Wahl der *Pflanzendichte* lässt sich der Lichteinfall auf die Blätter bestimmen. Dies ist z. B. der Grund für den großen Reihenabstand bei Mais.

2.3 Atmung (Dissimilation)

Vorgang – Wie alle Lebewesen, so braucht auch die Pflanze für ihre Lebensvorgänge Energie. Als *Energiespeicher* dienen die Assimilate. Die **Zellatmung** (= Dissimilation) zerlegt diese in dem umgekehrten Vorgang der Assimilation und setzt Energie frei. Wieder sehr vereinfacht, beschreibt folgende Gleichung die Dissimilation:

$C_6H_{12}O_6$	+	$6\,O_2$	+	$6\,H_2O$	→	$6\,CO_2$	+	$12\,H_2O$	+	2826 kJ
Traubenzucker (Assimilat)		Sauerstoff		Wasser		Kohlendioxid		Wasser		Energie

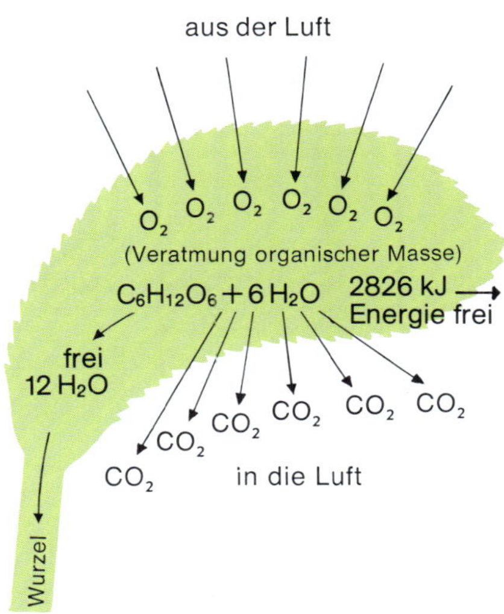

Abb. 700 Atmung, Dissimilation (Schema).

Wie bei der äußeren Atmung von Mensch und Tier erfolgt die *Sauerstoffaufnahme* aus der bzw. die CO_2-Abgabe an die Luft. *Alle* Zellen der Pflanze atmen.

Dies zeigt sich z. B. bei der Selbsterhitzung frischen Erntegutes, das auf einem Haufen liegt.

Fotosynthese und Atmung – Pflanzen atmen Tag und Nacht, tagsüber überwiegt jedoch die Sauerstoffabgabe, wegen der starken Fotolyse des Wassers.

Die Tabelle 53 stellt Assimilation und Atmung gegenüber.

Tabelle 53: Vergleich von Fotosynthese und Atmung

Fotosynthese	Atmung
nur in blattgrünhaltigen Teilen	in fast allen Pflanzenteilen
nur bei Licht	bei Tag und Nacht
sehr ergiebiger Aufbau von Zucker	weniger ergiebiger Abbau von Zucker
Festlegung von CO_2, H_2O, Energie	Verbrauch von O_2
Freisetzung von O_2	Freisetzung von CO_2, H_2O, Energie
→ $6\,CO_2 + 12\,H_2O$ + Energie	$C_6H_{12}O_6 + 6\,H_2O + 6\,O_2$ ←

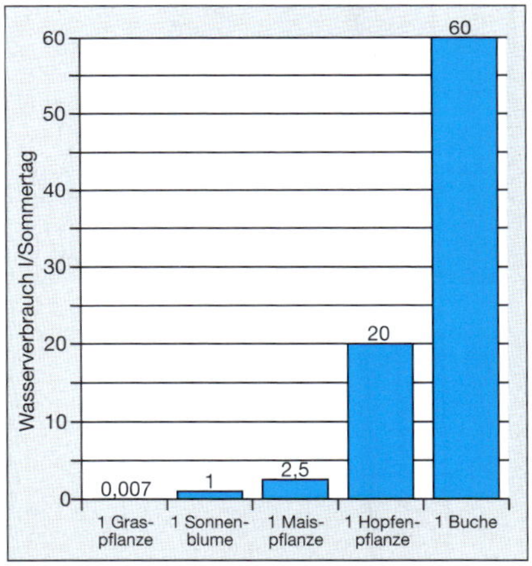

Abb. 701 Durchschnittlicher Wasserverbrauch bei ausgewachsenen Pflanzen an einem normalen Sommertag

Abb. 702 Assimilation von Zuckerrübenblättern in Abhängigkeit von Temperatur und Belichtung.

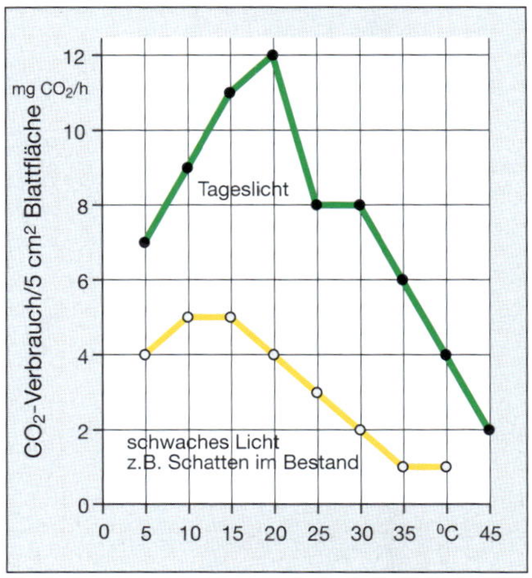

Praktische Bedeutung – Die Fotosynthese bringt der Pflanze *Zuwachs* an organischer Masse und bestimmt damit den Ernteertrag. Die Atmung *verbraucht* Nährstoffe. Die Produktionstechnik nützt alle Maßnahmen, um die Assimilationsleistung optimal zu gestalten. Das reicht von der Wahl der günstigsten *Pflanzendichte* über die Vorbeugung und Bekämpfung von *Blattkrankheiten*, bis zur richtigen *Sortenwahl* und *Nährstoffversorgung*.

Da frisches Erntegut immer atmet, ist die *Atemtätigkeit* der Pflanzen so schnell wie möglich *einzuschränken* oder ganz zu *unterbinden*, um Nährstoffverluste zu vermeiden. Dies geschieht im Gärfuttersilo durch das Verdrängen der Luft und des für die Atmung notwendigen Sauerstoffs.

Trocknung wirkt auf die Atmung hemmend oder unterbindet sie ganz. Dies gilt z. B. bei der Getreide- und Grastrocknung.

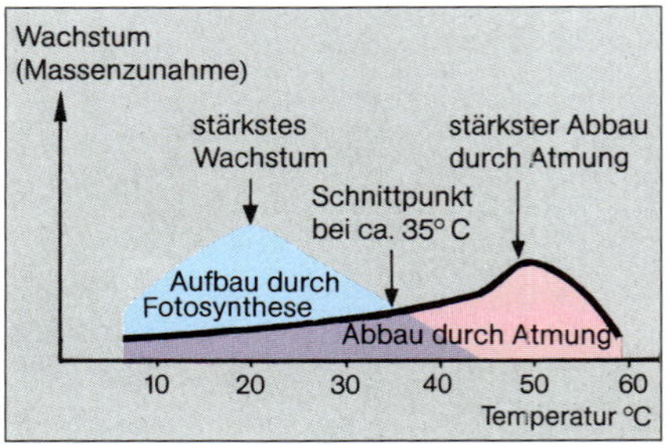

Abb. 703 Einfluss der Temperatur auf Fotosynthese (Aufbau) und Atmung (Abbau).

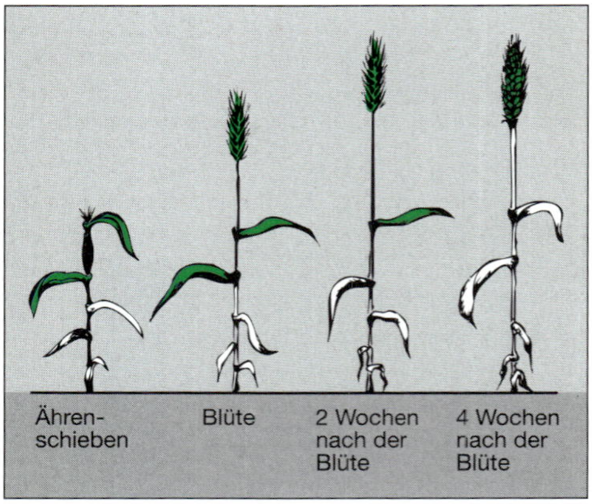

Abb. 704 Bildung und Verteilung der Fotosyntheseprodukte in einer Getreidepflanze (grün angefärbte Pflanzenteile).

Auch *tiefe Temperaturen* vermindern die Atemtätigkeit der Pflanzen und schädlicher Mikroorganismen. Deshalb senkt man die Temperatur in Lagerräumen für Kartoffeln ab. Um den Gefrierpunkt kommt die Atmung zum Stillstand. Kartoffeln bekommen dann nach einiger Zeit einen süßlichen Geschmack, weil kein Abbau des Zuckers mehr erfolgt.

Aufgaben:

1. Beschreiben Sie den Wassertransport der Pflanze.
2. Unterscheiden Sie Diffusion und Osmose.
3. Was geschieht in der Licht- und was in der Dunkelreaktion der Assimilation?
4. Wie lässt sich die Assimilationsleistung fördern?
5. Stellen Sie Atmung und Fotosynthese gegenüber.
6. Vergleichen Sie innere und äußere Atmung.
7. Skizzieren Sie den Kohlenstoff-Kreislauf.
8. Welcher Zusammenhang besteht zwischen der Pflanzenatmung und dem Verdichten von Siliergut im Behälter?

3 Düngerlehre

3.1 Notwendigkeit der Düngung

Kreislauf der Nährstoffe – Nur der landwirtschaftliche Betrieb, der ausschließlich für die *Eigenversorgung* der Familie produziert und keine Nahrungs- und Betriebsmittel zukauft, bildet einen *geschlossenen Stoffkreislauf*. Die dem Boden entzogenen Nährstoffe fließen über Fütterung, Streu, Ernterückstände bzw. Wirtschaftsdünger und Fäkalien von Tier und Mensch wieder dorthin zurück.

Der heutige landwirtschaftliche Betrieb arbeitet nicht mehr in einem geschlossenen System; denn verkaufte pflanzliche und tierische Erzeugnisse hinterlassen einerseits eine **Nährstofflücke** im Kreislauf der Stoffe, andererseits reichert ihn Futtermittelzukauf an. So führt z. B. Eiweißfuttermittelzukauf in Schweinemastbetrieben zu erheblichen Phosphatanreicherungen im Boden.

Ernährung der Bevölkerung – Die Ernährung der stark wachsenden Weltbevölkerung zu sichern, erfordert, die entzogenen Pflanzennährstoffe dem Stoffkreislauf von außen wieder zuzuführen. Allerdings ging in den Jahrzehnten der Intensivierung der Landwirtschaft teilweise das Bewusstsein dafür verloren, dass zuviel Düngung die Umwelt belastet. Deshalb steht die Düngeranwendung heute nicht nur unter wirtschaftlicher, sondern auch ökologischer Kontrolle.

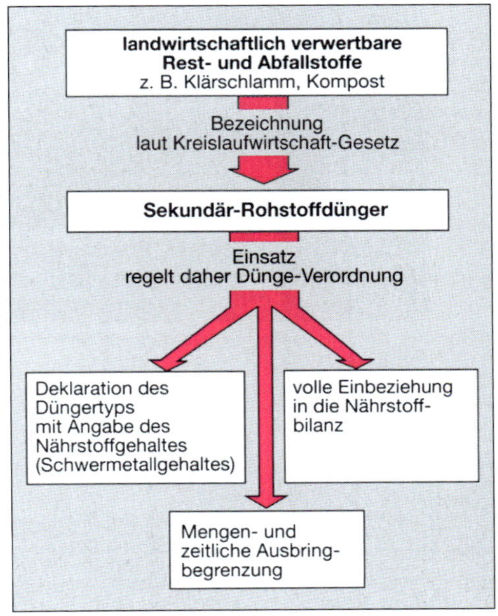

Abb. 705 Landwirtschaftlich verwertbare Abfälle sind Sekundär-Rohstoffdünger und unterliegen bei der Anwendung dem Düngerecht.

3.2 Düngung und Umwelt

Einfluss auf den Boden – Einige mineralische Düngemittel wirken *Boden versauernd*. Das verschlechtert die Bodenstruktur, wenn nicht eine Kalkung der Versauerung vorbeugt. Eine Senkung des pH-Wertes beeinträchtigt das Bodenleben. Deswegen bietet sich die Kombination von organischen und mineralischen Düngern an.

Die Gefahr einer Anreicherung des Bodens mit *Schwermetallen* durch Mineraldünger droht nur begrenzt (z. B. bei Thomasphosphat). Sie entsteht eher durch langjährige und intensive Klärschlammdüngung, die heute gesetzlichen Kontrollen unterliegt.

Einfluss auf das Wasser – Der gestiegene *Nitratgehalt* (NO_3^-) des Grundwassers gefährdet mancherorts die Trinkwasserversorgung. Nitrat wirkt zwar selbst nicht giftig, aber das im Körper enzymatisch gebildete Nitrit (NO_2^-). Dieses hemmt den Sauerstofftransport des Blutes. In der EU gilt daher ein Grenzwert von 50 mg NO_3/l Wasser.

Die Gründe für den erhöhten Nitratgehalt liegen z. B. in der Einleitung größerer *Abwassermengen* infolge der dichten Besiedelung, aber auch in der Ausbringung großer Mengen wirtschaftseigener Dünger, besonders Gülle bei intensiver Tierhaltung. Vor allem Ausbringungsfehler infolge zu geringer Lagerkapazitäten verursachen eine höhere Nitratbelastung des Grundwassers.

Abb. 706 Mineraldüngereinsatz in Deutschland.

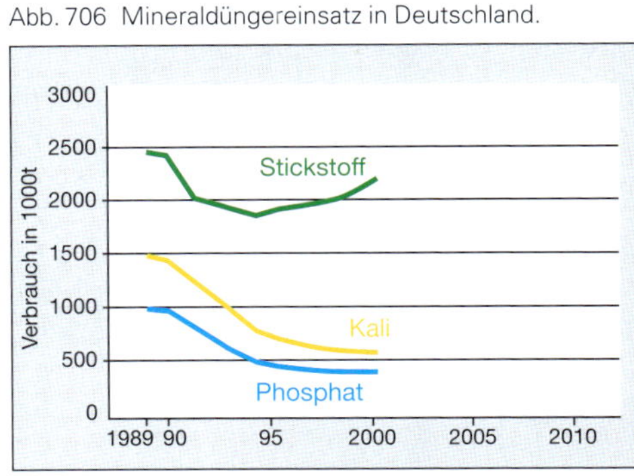

Abb. 707 Bodennahe Gülleausbringung mit Schleppschläuchen verringert die Stickstoffverluste.

Düngemittel-Gesetz und Dünge-Verordnung wirken ein auf

Düngemittel
- Mineraldünger
- Wirtschaftsdünger (Gülle, Jauch, Stallmist, Stroh, Kompost
- Sekundär-Rohstoffdünger (z. B. Abwasser, Klärschlamm)

Bodenhilfsstoffe
- Bodenimpfstoffe, Bodenkrümler, Bodenstabilisatoren, Gesteinsmehle

Pflanzenhilfsmittel
- Stoffe ohne wesentlichen Nährstoffgehalt, die auf Pflanzen einwirken

Kultursubstrate
- Pflanzenerde, Hydrokultursubstrate

Abb. 708 Stoffe, auf die sich das Düngemittelrecht bezieht.

Abb. 709 Kennzeichnung von Düngemitteln im EU-Raum **(Beispiel)**.

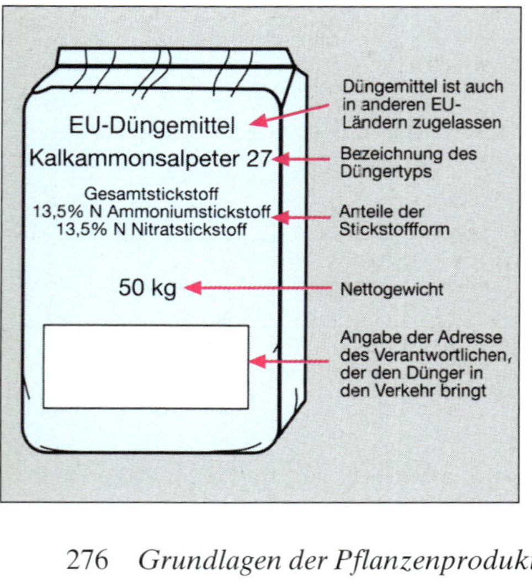

Die *Bodenerosion*, z. B. nach Starkregen, führt den Oberflächengewässern mit dem Bodenabtrag auch *Nitrate* und *Phosphate* zu. Die Gewässer *eutrophieren*. Als Folge vermehren sich Algen in Massen (Wasserblüte). Deren bakterieller Abbau verbraucht sehr viel Sauerstoff. Eine hohe Belastung führt zu Sauerstoffmangel. Fäulnis und Gärung beginnen, unter Bildung von Faulschlamm und giftigen Gasen wie Ammoniak und Schwefelwasserstoff. Im Extremfall kippt das Gewässer, und höhere Organismen wie z. B. Fische verenden.

Einfluss auf die Luft – Hier spielen vor allem Stickstoffverluste in Form von verflüchtigtem *Ammoniak* (NH_3) eine Rolle. Bei Ausbringung von Gülle und frischem Mist bei trockener, warmer Witterung auf Stoppeln ohne Einarbeitung, betragen sie bis zu 100 %. Heute entsprechen bodennahe Verteilung der Gülle und direktes Einarbeiten dem Stand der Technik.

Bei mineralischen N-Düngern hängen die NH_3-Emissionen von der Düngerform ab, liegen aber nur bei ca. 10 %.

3.3 Rechtliche Grundlagen

Düngemittel-Gesetz – Es bestimmt *Zulassung, Kennzeichnung, Handel* und *Anwendung* der Düngemittel.

Das Gesetz definiert:

- ▶ **Düngemittel:** Nutzpflanzen zugeführte Stoffe, die den Ertrag erhöhen oder die Qualität verbessern.
- ▶ **Wirtschaftsdünger:** Tierische Ausscheidungen, Gülle, Jauche, Stallmist, Stroh sowie Nebenerzeugnisse aus landwirtschaftlicher Produktion.
- ▶ **Sekundär-Rohstoffdünger:** Abwasser, Fäkalien, Klärschlamm und ähnliche Stoffe aus Siedlungsabfällen.
- ▶ **Bodenhilfsstoffe:** Stoffe ohne wesentliche Nährstoffgehalte, die den Boden biologisch, chemisch oder physikalisch beeinflussen, um seinen Zustand oder die Wirksamkeit von Düngemitteln zu verbessern (Bodenimpfstoffe, Bodenkrümler, Bodenstabilisatoren, Gesteinsmehle).
- ▶ **Kultursubstrate:** Pflanzerden, Mischungen und andere Substrate, auch in flüssiger Form, die Pflanzen als Wurzelraum dienen.
- ▶ **Pflanzenhilfsmittel:** Stoffe ohne wesentlichen Nährstoffgehalt, die auf Pflanzen einwirken oder der Aufbereitung organischer Stoffe dienen.

Düngemittel-Verordnung und Dünge-Verordnung (Verordnung über die Grundsätze der guten fachlichen Praxis beim Düngen) bestimmen die Umsetzung des Düngemittel-Gesetzes näher.

Düngemittel-Verordnung – Sie beschreibt, wie Düngemittel in den Verkehr gebracht, d. h. angeboten und gehandelt werden dürfen. Dazu müssen Düngemittel

- ▶ einem **zugelassenen Düngertyp** nach Typenliste der Verordnung entsprechen;
- ▶ **gekennzeichnet** sein (Typenbezeichnung) mit Nährstoffgehalt in Worten und Symbolen, Gewichtsangabe in kg netto, Anschrift des Verantwortlichen, der den Dünger in Verkehr bringt.

Die Bezeichnung *EU-Düngemittel* bestätigt die Zulassung des Düngemittels in den EU-Ländern.

Unter die Bestimmungen fällt jetzt auch Klärschlamm als *Sekundärrohstoffdünger*.

Die Düngemittel-Verordnung schützt vor allem die Anwender von Düngern vor mangelhaften Produkten.

Dünge-Verordnung – Sie legt die *Grundsätze der guten fachlichen Praxis* beim Düngen und allgemeine Grundsätze für die Düngung fest. Vorausschauende Landwirte und gut geführte Betriebe praktizieren diese schon immer.

In § 1 dieser Verordnung heißt es: »Die Düngung nach guter fachlicher Praxis dient der Versorgung der Pflanzen mit notwendigen Nährstoffen sowie der Erhaltung und Förderung der Bodenfruchtbarkeit, um insbesondere die Versorgung der Bevölkerung mit qualitativ hochwertigen, preiswerten Erzeugnissen zu sichern.« Das bedeutet, dass die Düngemittel zeitlich und mengenmäßig so ausgebracht werden, dass die Nährstoffe von den Pflanzen weitestgehend ausgenutzt werden können und damit Nährstoffverluste bei der Bewirtschaftung sowie damit verbundene Auswaschungen und Einträge in Gewässer, aber auch andere Emissionen vermieden werden.

Die Bestimmungen enthalten im Einzelnen

- Hinweise für den Geltungsbereich der Verordnung, d. h. für die Anwendung von Düngermitteln auf landwirtschaftlich und gartenbaulich genutzten Flächen. Ausgenommen sind Haus- und Nutzgärten sowie z. B. Kulturen in Gewächshäusern.
- Grundsätze zur **Düngemittelanwendung**, insbesondere für die Anwendung von Wirtschaftsdüngern tierischer Herkunft.
- Grundsätze für die **Ermittlung des Düngebedarfs**. Sie legen fest, Aufzeichnungen zu führen und diese samt den dazu benutzten Unterlagen 9 Jahre im Betrieb aufzubewahren.

Betriebe mit mehr als 10 ha LF oder mehr als 1 ha Sonderkulturen haben für Stickstoff jährlich, für Phosphat und Kali mindestens alle 3 Jahre **Vergleiche über die Nährstoffzu-** und **-abfuhr** zu erstellen (siehe Abschnitt Nährstoffbilanz, Seite 300). Ausgenommen von dieser Pflicht sind lediglich Betriebe, die weniger als 80 kg N/ha aus Wirtschaftsdüngern und höchstens 40 kg N/ha aus sonstigen N-haltigen Düngemitteln und keinen Klärschlamm, Kompost u. ä. ausbringen.

Aufgaben:

1. Begründen Sie die Notwendigkeit mineralischer Düngung!
2. Beschreiben Sie die Einflüsse der Düngung auf Boden, Wasser und Luft.
3. Wozu dienen rechtliche Regelungen im Bereich der Düngung?
4. Unter welchen Bedingungen bestehen gegen das Ausbringen von Klärschlamm keine Bedenken?

Abb. 710 Höchstmögliche Tierzahl/ha im Ackerbaubetrieb bei verschiedenen Aufstallungsformen (max. 170 kg N/ha gemäß §3, Absatz 7 DV; Abzüge für Lager- und Ausbringungsverluste berücksichtigt.

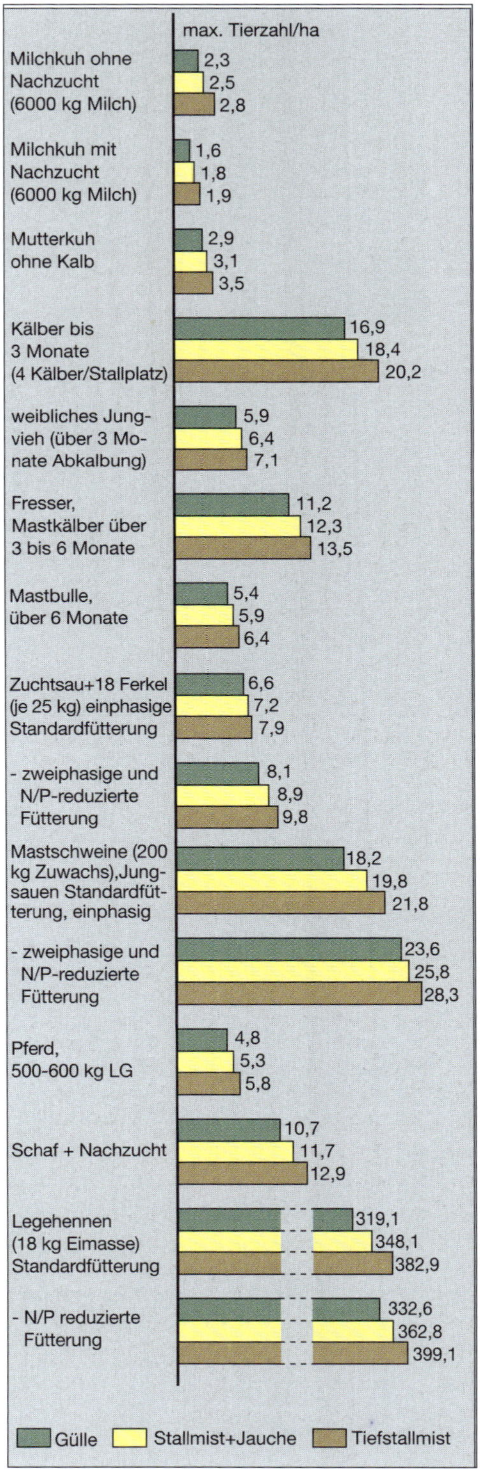

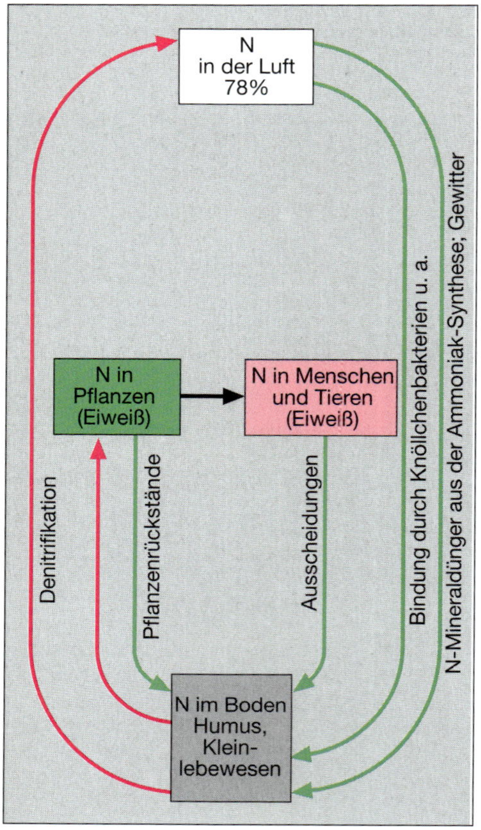

Abb. 711 Vereinfachte Darstellung des N-Kreislaufs.

Abb. 712 Schema der Ammoniak-Synthese.

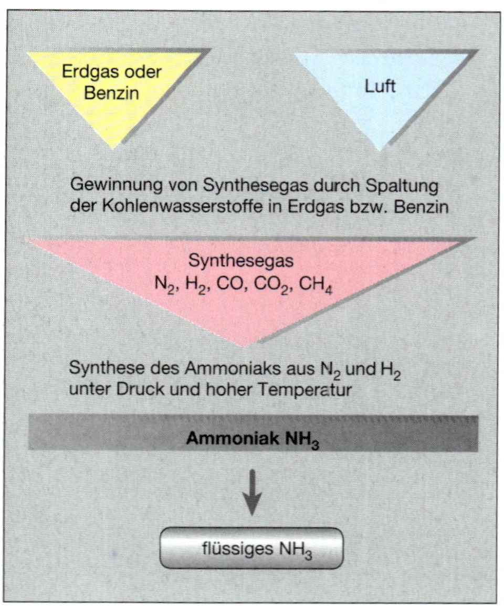

3.4 Stickstoff (N)

Bedeutung – Alle Lebewesen benötigen **Stickstoff** als *Baustein* der Eiweißstoffe, Enzyme und Vitamine. N treibt das vegetative Pflanzenwachstum.

Mangelhaft mit N versorgte Pflanzen bleiben kümmerlich und zeigen helle Verfärbungen. *N-Überangebot* fördert starkes vegetatives Wachstum, erhöht die Bestockung bei Getreide, vermindert die Standfestigkeit, steigert die Anfälligkeit gegen Krankheiten und Schädlinge, verringert die Zuckerausbeute bei Rüben, verschlechtert die Lagerfähigkeit der Kartoffeln und reichert unerwünschtes Nitrat in Blattgemüsen und Zwischenfrüchten an.

Vorkommen und Formen – N_2 stellt mit 78 % den Hauptbestandteil der Luft. Allerdings können Pflanzen den *Luftstickstoff* nicht unmittelbar nutzen, sondern erst in Salzform (=Ionenform), als *Nitrat-Ion* NO_3^- und *Ammoniumion* NH_4^+.

Die Nutzung des Stickstoffvorrates der Luft für die Pflanzenernährung ermöglichen

- ► **Kleinlebewesen im Boden:** Einige *frei im Boden lebende* Mikroorganismen wie z. B. die Bakterien *Azotobacter chroococcum*, blaugrüne Algen *Nostoc* und die Hefen *Saccharomyces* binden Luftstickstoff und wandeln ihn in pflanzenverfügbare Form um. Ihre Leistung beträgt in unserem Klima ca. 15 – 20 kg N/ha und Jahr.
- ► **Knöllchenbakterien an den Wurzeln** einiger Pflanzenarten, z. B. Leguminosen, binden Luftstickstoff und stellen ihn der Wirtspflanze zur Verfügung oder hinterlassen ihn nach ihrem Absterben dem Boden. Die Leistung der Knöllchenbakterien liegt bei ca. 200 – 400 kg N/ha und Jahr.
- ► **Gewitter:** Die hohe Energie der Blitze spaltet Stickstoff- und Sauerstoffmoleküle der Luft. Diese oxidieren zu NO_2^- und bilden mit Regenwasser salpetrige Säure (HNO_2^-). Die auf diese Weise in den Boden gelangten N-Mengen belaufen sich auf ca. 10 kg N/ha und Jahr.
- ► **Ammoniak-Synthese:** Im Jahre 1913 gelang es FRITZ HABER und CARL BOSCH, in großtechnischem Verfahren aus Luftstickstoff (N_2) und Wasserstoff (H_2) Ammoniak (NH_3) herzustellen. Die Synthese vollzieht sich unter Druck und Energiezufuhr im Beisein von *Katalysatoren*. Damit war ein Weg gefunden, den riesigen Vorrat an Luftstickstoff für die Pflanzen zu nutzen. Heute gewinnt man weltweit 90 % aller N-Dünger auf diese Weise. Das Wasserstoffgas stammt aus Erdgas bzw. Benzin, der Luftstickstoff aus der Luftverflüssigung (LINDE-Verfahren).

3.4.1 Stickstoff im Boden

Vorkommen im Boden – Im A-Horizont des Bodens liegt der Stickstoff in lebender *Wurzelmasse*, in *Bodenlebewesen* und in *abgestorbener organischer Masse* bzw. *Humus* gebunden vor, ein kleiner Rest als Ammonium (NH_4^+), Nitrat (NO_3^-) und Nitrit (NO_2^-) im *Bodenwasser*.

Stickstoff-Dynamik – Stickstoff unterliegt im Boden vielfältigen Umsetzungsprozessen. Daran sind vor allem Bodenlebewesen beteiligt. Ihre Wirksamkeit richtet sich nach dem verfügbaren Nahrungsangebot und wird beeinflusst von der Bodentemperatur, den Verhältnissen im Luft- und Wasserhaushalt im Boden, vom pH-Wert und vom C:N-Verhältnis der organischen Masse.

Deshalb kommen der Versorgung des Bodens mit organischer Masse, deren Nährstoffgehalt und Zusammensetzung sowie der optimalen Bodenbearbeitung zur Beeinflussung der Bodentemperatur sowie der Luft- und Wasserführung besondere Bedeutung zu. Besonders im ökologischen Landbau ist deshalb die Auswahl der Vorfrüchte maßgeblich und entscheidend für die Umsetzungsprozesse des Stickstoffs im Boden, weil Defizite mit Düngungs- und Pflanzenschutzmaßnahmen nicht ohne weiteres ausgeglichen werden können.

Die **Stickstoff-Dynamik** beruht im Einzelnen auf:

- **Mineralisierung**, der Umwandlung von Stickstoff aus *organischen* Verbindungen, z. B. aus *Harnstoff* der organischen Dünger, durch Kleinlebewesen in *anorganische* Verbindungen. Dabei entsteht zunächst *Ammoniak* (NH_3), das sich im Bodenwasser zu *Ammonium* (NH_4^+) verbindet. Dies steht den Pflanzen zur Verfügung oder bindet sich an negativ geladene Sorptionskomplexe im Boden.

  Je enger das Verhältnis von Kohlenstoff zu N in der organischen Masse und je besser der Boden durchlüftet, erwärmt und mit Wasser versorgt ist, desto stärker verläuft die Mineralisation.
- **Nitrifikation**, bedeutet die Umwandlung von NH_4^+ in *Nitrat-Ionen* (NO_3^-). Zwei Bakteriengruppen beteiligen sich daran. Die *Nitrosomonas* wandeln *Ammonium* (NH_4^+) zu *Nitrit* (NO_2^-) um. Im zweiten Schritt oxidieren *Nitrobacter Nitrit* zu *Nitrat* (NO_3^-), vorausgesetzt im Boden befindet sich genügend Sauerstoff.

  Die Nitrifikation läuft am intensivsten ab bei neutraler Bodenreaktion und bei Temperaturen zwischen 25–30 °C, also während der Vegetation. Mit sinkender Temperatur nimmt sie ab und kommt bei Bodenfrost ganz zum Erliegen.

  Dieser Vorgang setzt *Wasserstoff-Ionen* (H^+) frei. Damit steigt deren Konzentration in der Bodenlösung und der pH-Wert sinkt. Die Nitrifikation wirkt also *Kalk zehrend* und *Boden versauernd*, wenn die Pufferkapazität des Bodens nicht ausreicht.
- **Denitrifikation**, zahlreiche Bakterien reduzieren unter Luftabschluss Nitrat (NO_3^-) zu *molekularem* Stickstoff N_2 oder zu *Stickoxiden* (NO_2^-, NO, N_2O). Diese N-Verbindungen entweichen dann gasförmig in die Luft.

  Die N-Verluste durch Denitrifikation erreichen auf verdichteten und vernässten Böden bis zu 20 % des gedüngten Stickstoffs. So entsteht ein *Kreislauf* des N, wie ihn Abb. 711 darstellt.

N-Auswaschung – NH_4^+-Ionen binden sich an den negativ geladenen Sorptionskomplexen des Bodens. Dies können die negativ geladenen Nitrat-Ionen nicht. Sie bleiben in der Bodenlösung und unterliegen, soweit sie nicht Pflanzen oder Kleinlebewesen aufnehmen, der Auswaschung. Dies bringt neben dem Verlust als Pflanzennährstoff auch noch eine Belastung des Grundwassers.

Gute fachliche Praxis beachtet Folgendes:

- Ackerflächen tragen möglichst das ganze Jahr über einen *Pflanzenbewuchs*, der das Nitrat aufnimmt. Das trifft besonders für

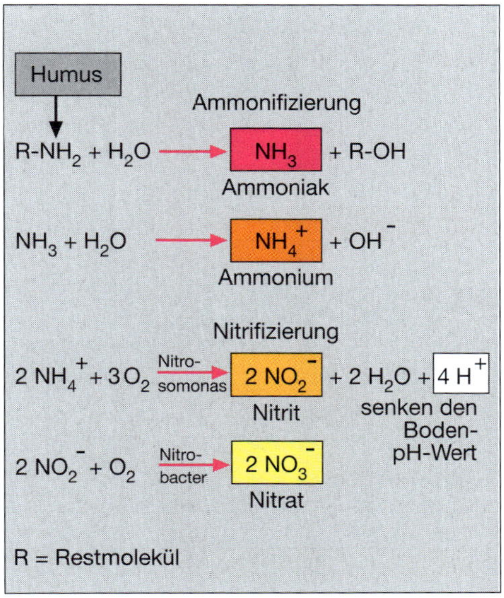

Abb. 713 Schema der N-Mineralisierung im Boden.

Abb. 714 Schema der Stickstoffdynamik im Boden.

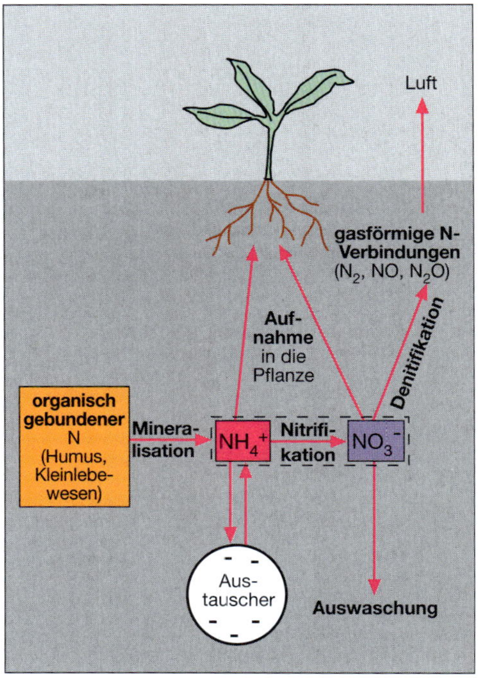

Salpeter (Nitrat-)dünger

$2\ HNO_3 + CaCO_3 \longrightarrow Ca(NO_3)_2 + H_2O$

Salpetersäure, Kohlensaurer Kalk → **Kalksalpeter**, Wasser

Ammoniumdünger

$2\ NH_3 + CaSO_4 + H_2CO_3 \longrightarrow (NH_4)_2\ SO_4 + CaCO_3$

Ammoniak, Gips, Kohlensäure → **Schwefelsaures Ammoniak**, Kohlensaurer Kalk

Ammonsalpeterdünger

$HNO_3 + NH_3 \longrightarrow NH_4\ NO_3$

Salpetersäure, Ammoniak → **Ammonsalpeter**

Amiddünger

$2\ NH_3 + CO_2 \longrightarrow CO(NH_2)_2 + H_2O$

Ammoniak, Kohlendioxid → **Harnstoff**, Wasser

Abb. 715 **Beispiele** für die chemische Gewinnung von N-Düngern.

Abb. 716 Veränderung des ph-Wertes im Boden durch Düngung mit Harnstoff.

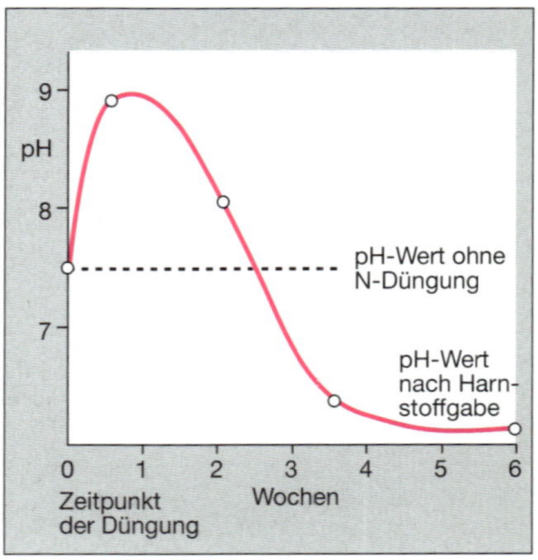

leichte, durchlässige oder flachgründige Böden zu. Zwischenfrüchte zur Futtergewinnung oder Gründüngung vermindern die Nitratauswaschung erheblich.

- Die *Einarbeitung von Stroh* (Strohdüngung) senkt N-Auswaschung, weil die Rottebakterien zum Aufbau ihres Körpereiweißes N binden.
- *Menge* und *Zeitpunkt der N-Düngung* erfolgen dem Bedarf der Pflanzen angepasst, d.h. N-Menge auf mehrere Einzelgaben aufteilen.
- Die Düngung mit *Stallmist* und *Gülle* oder das Einarbeiten von *Rübenblatt* im *Herbst* bergen ein höheres Auswaschungsrisiko, weil die Nitrifikation schnell eine Menge Nitrat-Ionen freisetzt, die die Pflanzen am Rande der Vegetationsperiode nicht mehr ganz aufnehmen.

3.4.2 Stickstoffdünger

Mineralische Stickstoffdünger befinden sich in Form von *Salpeter-*, *Ammonium-*, *Ammonsalpeterdüngern* und als *dicyanamid-* und *amidhaltige Dünger* im Handel. Tabelle 54 zeigt einen

Tabelle 54: Auswahl gebräuchlicher N-Düngemittel

Düngerform	Düngemittel (Beispiele)	N-Gehalt durchschnittlich %	Beschaffenheit; düngewirksame Nebenbestandteile	Wirkung auf pH-Wert der Bodenlösung
Salpeterdünger	Kalksalpeter	16	weiß, grobkörnig; hygroskopisch	alkalisch
Ammoniumdünger	Schwefelsaures Ammoniak	21	weißgrau, kristallin,	sauer
	Flüssiges Ammoniak	82 (Masseprozent)	verflüssigtes, wasserfreies Gas	sauer
Ammonsalpeterdünger	Kalkammonsalpeter	27,5	gekörnt	sauer
	Ammonsulfatsalpeter	26	gelbbräunlich, gekörnt	sauer
	Stickstoffmagnesia	22	gelbbräunlich, gekörnt	sauer
Amiddünger	Harnstoff	46	weiß, geperlt bzw. gekörnt, sehr gut wasserlöslich	sauer
	Ammonnitrat-Harnstoff	28 (Masseprozent)	wasserklare, leicht ölig wirkende, korrosive Lösung	sauer
	Kalkstickstoff	20	blauschwarz, gemahlen oder geperlt; 60 % CaO	alkalisch

Überblick über **gebräuchliche N-Dünger** und ihre Eigenschaften.
Salpeterdünger – Sie enthalten N in *Nitratform* (NO_3^-). Weil sie bei ihrer Auflösung im Boden sofort pflanzenaufnehmbare NO_3^--Ionen liefern, wirken sie *schnell*. Sie eignen sich als Starthilfe für die Pflanzen.
Ammoniumdünger – Ihre Lösung im Boden setzt *NH_4^+-Ionen* frei, die die Pflanze bei günstigem pH-Wert gleich aufnimmt oder erst nach der Nitrifizierung. Ammoniumdünger enthalten meist keine Kalkanteile, deswegen wirken sie *Boden versauernd*.
Ammonsalpeterdünger – Sie liefern bei der Dissoziation im Boden sowohl *Nitrat-* als auch *Ammonium-Ionen*. Die hauptsächlich verwendete Stickstoffdüngergruppe, wirkt ebenfalls *Kalk zehrend*.
Amiddünger – Zu ihnen gehören z. B. *Harnstoff* $CO(NH_2)_2$ und *Kalkstickstoff* $CaCN_2$. Im Boden notwendige Umsetzungsprozesse *verzögern* ihre Düngewirkung.
Harnstoff, großtechnisch aus CO_2 und Ammoniak hergestellt, spaltet das Enzym *Urease* im Boden wieder in CO_2 und NH_3. Letzteres verbindet sich im Bodenwasser zu NH_4^+ und steht den Pflanzen gleich oder nach der Nitrifikation zur Verfügung.
Kalkstickstoff stellt ebenfalls eine *langsam* fließende N-Quelle dar, weil ihn Bodenbakterien mit Hilfe von Wasser über *Cyanamid* und *Harnstoff* zu *Ammonium* bzw. *Nitrat* umwandeln.
Eine Sonderstellung nimmt Kalkstickstoff wegen seiner *herbiziden* und *fungiziden* Wirkung ein. Dabei unterscheidet man eine *Blatt-* und eine *Bodenwirkung*. Auf die Bodenoberfläche ausgebracht, dringt er etwa 3 cm tief in den Boden ein. Die Cyanamidphase tötet keimende Unkrautsamen. Gemahlener Kalkstickstoff auf taufeuchte Unkräuter im Rosettenstadium ausgebracht, verätzt die Blätter und beeinträchtigt bzw. tötet die Pflanzen.
Die fungizide Wirkung beschränkt sich im Wesentlichen auf die Eindämmung von Wurzelbrand und Fußkrankheiten. Die Bekämpfung von Lungenwurmeiern und Flimmerlarven der Leberegel auf Grünland benötigt 3–4 dt Kalkstickstoff/ha und Bodentemperaturen von mindestens 8 °C.

Aufgaben:
1. Erklären Sie den Begriff »Stickstoffdynamik«.
2. In welcher Form nehmen die Pflanzen N auf?
3. Wie lassen sich N-Auswaschung und Denitrifikation minimieren?
4. Weshalb wirken vor allem Ammoniumdünger versauernd?
5. Welche Umsetzungsprozesse gehören zur Stickstoff-Dynamik?
6. Wie kann ein Landwirt mit »guter fachlicher Praxis« die Vorgänge beeinflussen?

Ammonnitrat-Harnstofflösung
(AHL) ϱ = 1,28 kg/dm³
7% Nitrat-N (Gewichtsanteile)
7% Ammonium-N
14% Carbamid-N
28% Gesamt-N (auch 30 oder 32%)

Lagerung

AHL ist **korrosiv** und hinterlässt nach dem Eintrocknen eine **Salzkruste**, daher

- Lagerung in Kunststoff-(Polyesterharz, Polyethylen), Aluminium- oder korrosionsfesten Stahlbehältern
- AHL-taugliche Spritzgeräte verwenden

Ausbringung

- Dichte bei der Ausbringmenge beachten! 100 l AHL enthalten 1,28 x 28 kg N ≈ 36 kg N
- Ausbringung zusammen mit Herbiziden in der Feldspritze: Verwendung von XR-, LP- oder LU-Düsen, Druck < 1,5 bar
- Ausbringung ohne Beimischung: Mehrloch-Düsen und Schleppschlauch verwenden

Pflanzenverträglichkeit

- Gefahr von Pflanzenverätzungen ist gering bei Anwendung
  - bei trübem Wetter, Temperatur < 25 °C,
  - am Nachmittag,
  - auf Bestände mit guter Wachsschicht und mit geringer Aufprallgeschwindigkeit
- Düngemengen: AHL unverdünnt ab 40 kg N/ha

Abb. 717 Der Einsatz von N-Flüssigdüngern nimmt in der Praxis zu. Dabei sind die vom Hersteller angegebenen Empfehlungen für die Anwendung sorgfältig zu beachten.

Abb. 718 Schema der Kalkstickstoffgewinnung.

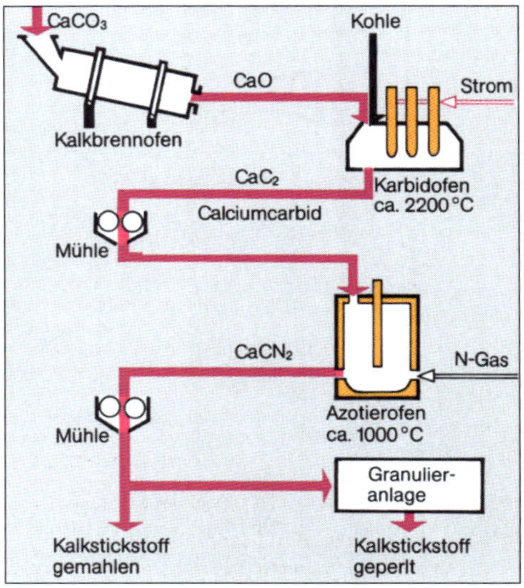

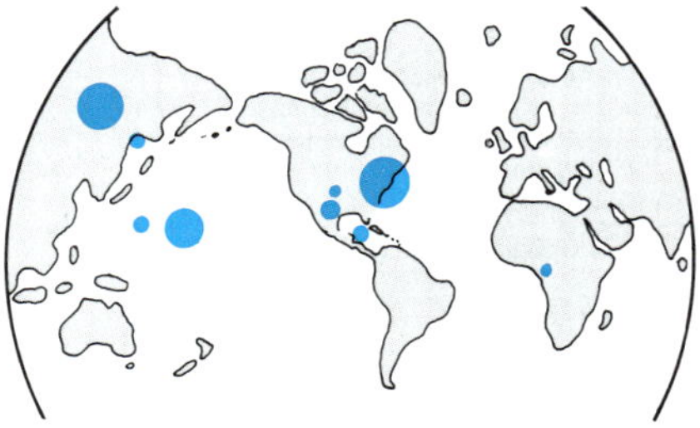

Abb. 719 Lagerstätten von Rohphosphat.

Abb. 720 P-Mangel bewirkt bei Mais die typische violette Färbung der Blätter.

Abb. 721 Phosphate sind Salze der Phosphorsäure.

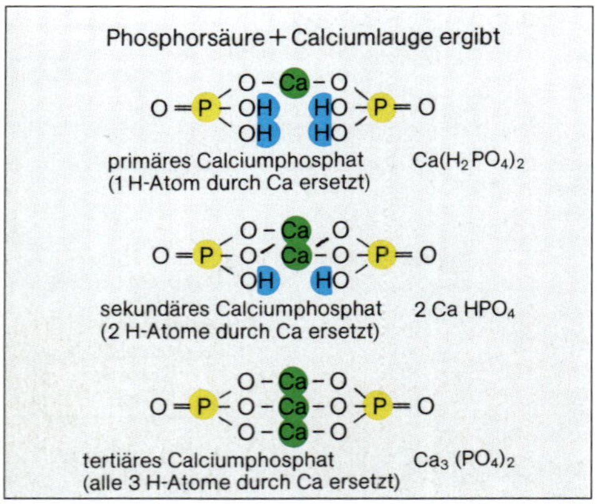

3.5 Phosphat (P)

Phosphatvorkommen und -formen – Phosphate kommen in der Natur organisch gebunden z. B. als Ester in Zellkernen (Kernsäuren), Zuckerphosphaten, Knochen und in anorganischen Stoffen als Salze z. B. Rohphosphate vor. Lagerstätten dieser Calciumphosphate und Apatite entstanden aus den Ablagerungen von Meerestieren. Bedeutende Vorkommen befinden sich in Nordafrika, Florida und Russland. Phosphatdünger lassen sich aus Rohphosphaten und phosphathaltigen Erzen herstellen.

Phosphate – Sie sind Salze der Phosphorsäure H_3PO_4. Je nach der Zahl der H-Atome im Molekül der Phosphorsäure, die die Salzbildung durch ein Metallatom ersetzt, entstehen

- **Monocalciumphosphat** (primäres Phosphat); hier ersetzt z. B. 1 Calciumatom 1 H-Atom der Phosphorsäure $Ca(H_2PO_4)_2$. Es löst sich in Wasser.
- **Diphosphat** (sekundäres Phosphat); hier ersetzt z. B. 1 Calciumatom 2 H-Atome der Phosphorsäure $CaHPO_4$. Diphosphate lösen sich schwer in Wasser, aber leicht in schwachen Säuren.
- **Triphosphat** (tertiäres Phosphat); Calcium ersetzt alle 3 H-Atome $Ca_3(PO_4)_2$.Sie lösen sich in starken Säuren.

In der Natur bildet sich vorwiegend Apatit $Ca_5(PO_4)_3(OH)$. Er löst sich nicht in Wasser.

3.5.1 Phosphate im Boden

Pflanzenverfügbare Form – Die Pflanzen nehmen P in Form des *primären* Phosphat-Ions $H_2PO_4^-$ und des *sekundären* Phosphat-Ions HPO_4^{2-} auf. Etwa 1 – 3 kg/ha befinden sich in der Bodenlösung. Diese Menge entzieht ein Getreidebestand täglich dem Boden, der ständig Phosphationen nachliefert.

Verhalten im Boden – Der bei Bodenuntersuchungen festgestellte Vorrat an leicht löslichen Phosphaten beträgt im Mittel 15 mg/100 g Boden. Bei einer Krumentiefe von 25 cm entspricht das ca. 560 kg/ha, so dass dies den oben angegebenen Bedarf der Pflanzen leicht deckt.

Doch folgende Faktoren beeinträchtigen die Nachlieferung *pflanzenverfügbarer* Phosphationen:

- **Festlegung:** Die Umwandlung wasserlöslicher Phosphate in *labile* Verbindungen, in Böden mit hohem Kalkanteil zu *Dicalciumphosphat*, in stark sauren Böden zu *Fe-* und *Al-Phosphaten*. Die Auflösung dieser labilen Verbindungen heißt *Aufschluss* oder *Mobilisierung*. Säuren im Boden bewirken dies bei Calciumphosphaten, Kalkzufuhr bei Fe- und Al-Phosphaten. Festlegung und Aufschluss wiederholen sich. Allerdings altern die labilen Phosphatverbindungen und gehen nach 6 – 10 Jahren in weitgehend unlösliche Phosphatformen über.
- **Organische Bindung:** Die Aufnahme von Phosphaten durch Bodenlebewesen vermindert die Menge pflanzenverfügbarer Ionen ebenfalls.
- **Unbeweglichkeit der Phosphate im Boden:** In mineralischen Böden bewegen sich Phosphat-Ionen nur gering. Das schützt sie zwar vor Auswaschung, erfordert aber, die Phosphatdünger

möglichst nahe an die Pflanzenwurzeln heranzubringen (Unterfußdüngung). Sonst müssen die Pflanzenwurzeln einen großen Bodenraum durchwachsen, um an die Phosphat-Ionen heranzukommen.
Eine Bodenreaktion im Bereich pH 6,0–6,5 begünstigt die Nachlieferung pflanzenverfügbarer Phosphat-Ionen. Ebenso organische Düngung, weil diese bei ihrer Zersetzung Säuren liefert und die Durchwurzelung des Bodens fördert.

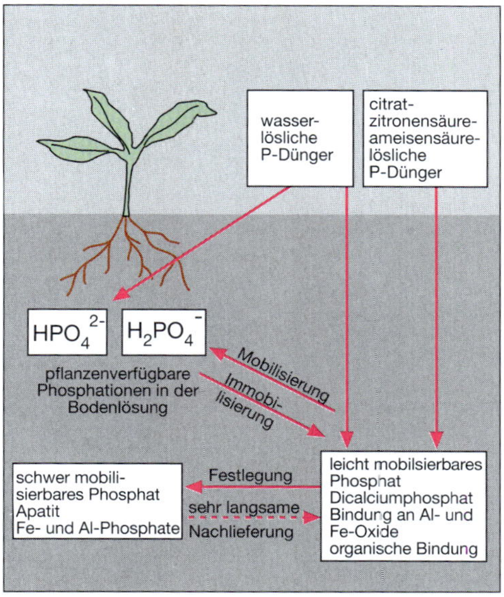

Abb. 722 Das Verhalten von Phosphaten im Boden.

3.5.2 Phosphatdünger

Nährstoffgehalt und Löslichkeit – Düngebedarf, Nährstoffentzug und -gehalt in Düngern werden bei Phosphaten in P_2O_5 angegeben. Die **Löslichkeit** der Düngerphosphate lässt sich reihen in:
- ▶ Wasserlöslich,
- ▶ ammoncitratlöslich,
- ▶ zitronensäurelöslich,
- ▶ mineralsäure-(schwefelsäure-)löslich.

Wasserlösliche Düngerphosphate – Sie entstehen beim Aufschluss von Rohphosphaten mit anorganischen Säuren. Mehr als 95 % ihres Phosphatgehaltes lösen sich in Wasser.
Der Aufschluss mit *Schwefelsäure* ergibt das *Superphosphat*. Das älteste Phosphatdüngemittel enthält 18 % P_2O_5.
Bei der Verwendung von *Phosphorsäure* entsteht ein konzentriertes Superphosphat, genannt *Triplephosphat*, mit mindestens 38 % P_2O_5.
Salpetersäure-Aufschluss und anschließende Neutralisierung mit Ammoniak erzeugt wasserlösliche *Ammonphosphate*.
Teilaufgeschlossene Düngerphosphate – Sie entstehen wie die wasserlöslichen Phosphate durch Zugabe kleinerer Mengen der genannten Säuren zu Rohphosphaten. Das macht auch nur einen Teil wasserlöslich. Der Rest bleibt citrat-, zitronensäure- bzw. mineralsäurelöslich.
Zu diesen Phosphaten gehören *Novaphos* (23 % P_2O_5, 40 % wasserlöslich) und *Carolonphosphat* (26 % P_2O_5, 20 % wasserlöslich).
Teilaufgeschlossene Phosphate wirken *schnell* und *nachhaltig*, weil der wasserlösliche Teil sofort im Boden pflanzenverfügbare Ionen liefert, während der andere Teil erst nach dem Aufschluss im Boden wirkt.
Rohphosphate – Sie liefern Ausgangsstoff für die Herstellung von Phosphatdüngern. *Weicherdige* mit einer Feinvermahlung (Korngrößen 1/100 000 mm) und mehr als 55 % ameisensäurelöslichem Phosphatgehalt eignen sich auch direkt als Düngephosphate. Weil der gesamte Aufschluss erst im Boden abläuft, stellen sie besonders für feuchte, tätige und leicht saure Böden eine *langsam* fließende Phosphatquelle dar. Zu diesen Düngern gehören *Hyperphos* und *Granuphos* mit 4 % K_2O als Granulierhilfsmittel.
Thomasphosphat (Thomasmehl) – Dieses vermahlenene Abfallprodukt der *Stahlerzeugung* aus phosphatreichen Erzen enthält ca. 14 % P_2O_5 in zitronensäurelöslicher Form. Daneben interessieren einige Spurenelemente und der Gehalt von etwa 45 % CaO, 2,5 % MgO und 3,4 % MnO besonders für die Düngung auf sauren Böden.

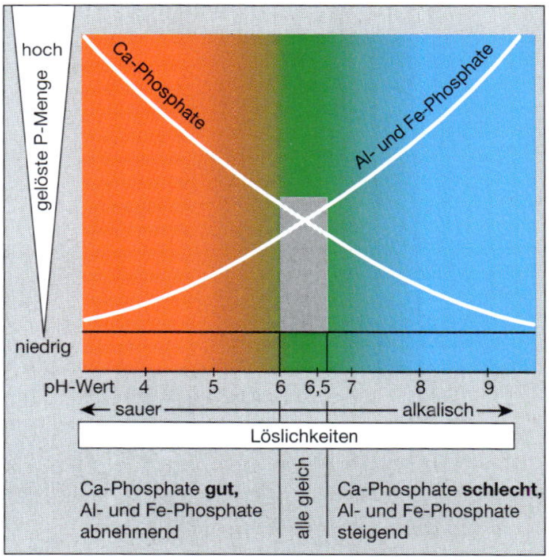

Abb. 723 Die Verfügbarkeit der Phosphate hängt vom ph-Wert der Bodenlösung ab.

Abb. 724 Phosphat-Ionen bewegen sich im Boden kaum; Phosphatdünger müssen daher eingearbeitet werden.
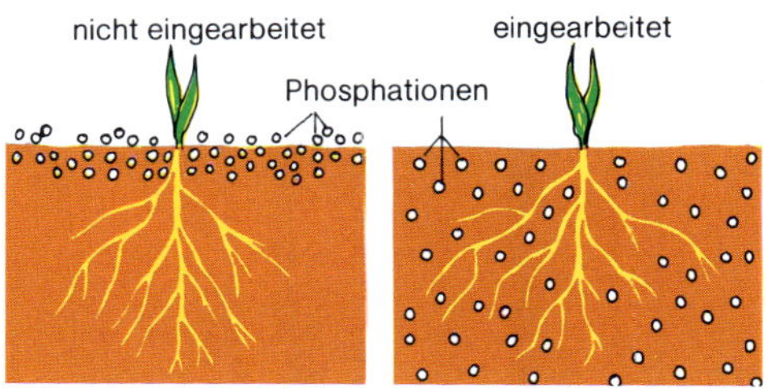

Die bei der Umsetzung im Boden gebildete Kieselsäure verhindert eine erneute Festlegung der Phosphat-Ionen und verlängert daher die Wirkungsdauer. Auf dem deutschen Markt befindet sich nur noch Importware, weil Thomasphosphat in Deutschland nicht mehr anfällt. Beimengungen von Blei, Cadmium oder Quecksilber mindern den Wert.

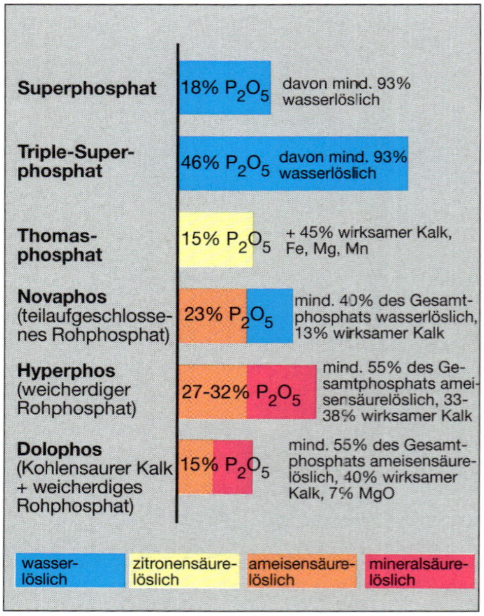

Abb. 725 Wichtige Phosphatdünger.

Aufgaben:

1. Was bedeutet Aufschluss und Festlegung der Phosphate?
2. Teilen Sie Phosphatdünger nach verschiedenen Gesichtspunkten ein.
3. Was spricht für eine »Unterfußdüngung« mit Phosphaten?

3.6 Kalium (K)

Vorkommen – Kalium (K) kommt in vielen Mineralen vor, z. B. in den Gestein bildenden *Feldspaten* und *Glimmern*. Sie liefern im Laufe ihrer Verwitterung pflanzenaufnehmbare K^+-Ionen. Werden vor ca. 200 Mio. Jahren aus Meeresablagerungen entstandene Kalisalze gemahlen, ergeben sie Kalidüngemittel. In Europa finden sich solche Lagerstätten in der oberen Rheinebene, in Mittel- und Norddeutschland, Polen, Spanien, England und Russland.

Kaliumrohsalze – Kalium liegt in den bergmännisch abgebauten Salzen als *Kaliumchlorid* (KCl) oder als *Schwefelsaures Kalium* (K_2SO_4) vor. Für die Verwendung als Dünger werden die Rohsalze lediglich in ihrem Kaliumgehalt angereichert. Kaliumgehalt und Bedarf werden in K_2O (Kaliumoxid) angegeben und im allgemeinen einfach Kali genannt.

Abb. 726 Kalisalze werden bergmännisch abgebaut.

3.6.1 Kalium im Boden

Aufnahme durch die Pflanze – Wurzeln nehmen K^+-Ionen aus der Bodenlösung auf. Kalium geht zu organischen Strukturen nur eine lockere Bindung ein. Der größte Teil bewegt sich frei im Zellsaft und dringt leicht durch das Cytoplasma in die Vakuole ein. Die K-Konzentration in bestimmten Zellorganellen beeinflusst den osmotischen Wert und Quellungszustand der Kolloide mit günstiger Auswirkung auf Dürre- und Kälteresistenz der Pflanze.

Verfügbarkeit im Boden – Die gesamte K-Reserve des Bodens beträgt 0,2–3 %, also etwa 6000–90 000 kg K/ha in 20 cm Ackerkrume. Die Kalium-Ionen binden sich im Boden an Tonminerale und bleiben dort gegen andere Kationen austauschbar. Ein kleiner Teil befindet sich in der Bodenlösung pflanzenverfügbar. Die Werte an austauschbarem Kalium liegen bei 1–3 mg K_2O/100 g Boden.

Zwischen den gebundenen und freiverfügbaren K^+-Ionen herrscht ein dynamisches Gleichgewicht. Nehmen Pflanzen Kalium-

Ionen auf, gehen ebenso viele von den Tonmineralen und Ton-Humus-Komplexen in die Bodenlösung.

Tabelle 55: Anzustrebender mittlerer K-Gehalt des Bodens
(DL-Methode) (organische Substanz < 3 %)

Boden-Merkmal	K-Gehalt					
Tonanteil unter 2 µm (%)	8	15	22	30	38	46 und mehr
Feinanteil unter 6 µm (%)	10	20	30	40	50	60
K_2O (mg/100 g Boden)	8–11	10–13	12–15	13–16	18–18	15–20

Die **Tonminerale** liegen als gestapelte Blättchen vor. Gehen sehr viele Kalium-Ionen in die Bodenlösung, weiten sich die Tonminerale von der Seite her auf. Bei Zufuhr von Kali sättigen sich zuerst wieder die Tonminerale ab, d. h. sie schließen wieder Kalium-Ionen zwischen ihren Schichten ein.
Kalifixierung – Sie bezeichnet den zuletzt beschriebenen Vorgang, der besonders beim Umbruch von Grünland für die Ackernutzung in illithaltigen Aueböden Süddeutschlands auftritt. Diese Standorte verarmten durch jahrhundertelange Nutzung ohne Kalizufuhr. Dies erfordert eine jährlich weit über dem Entzug liegende Kalidüngung (Meliorationsdüngung) bis zur Beendigung der Konkurrenz Tonmineral – Pflanzenwurzel.

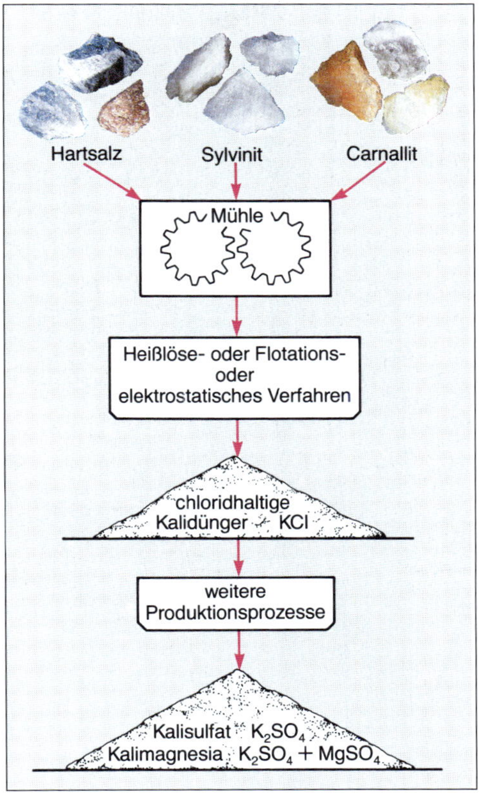

Abb. 727 Gewinnung der Kalidünger (Schema).

3.6.2 Kalidünger

Gewinnung – Die bergmännisch abgebauten Kalirohsalze werden über Tag fein gemahlen. Anschließend trennt das *Heißlöse-* bzw. *Flotationsverfahren* oder der *elektrostatische* Weg *Kaliumchlorid* (KCl) und *Kieserit* von den Rohsalzen.
Je höher der Kaliumgehalt in den gewünschten Kalidüngemitteln liegen soll, desto mehr Nebenbestandteile bedürfen der Abtren-

Abb. 728 Vorgang der Kalifixierung.

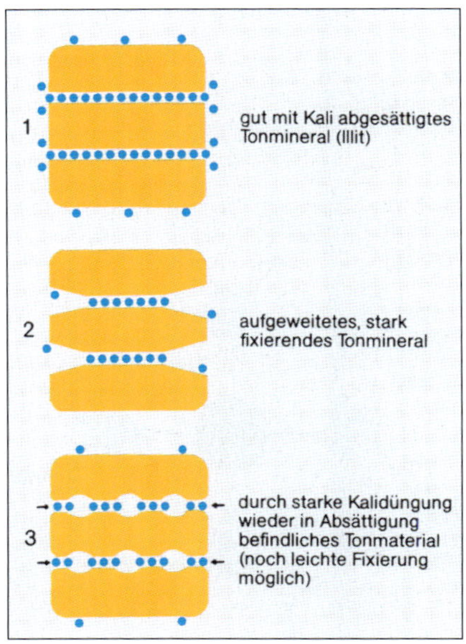

Abb. 729 Verhalten der Kalium-Ionen im Boden.

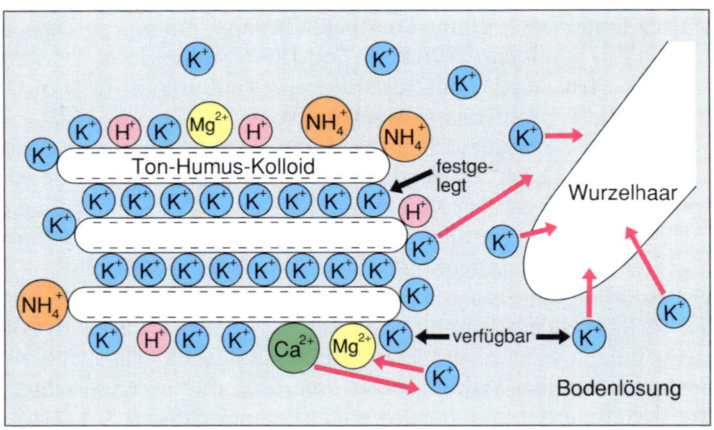

Tabelle 56: Wichtige Kalidüngemittel

	Benennung und chemische Formel	Gehalt %	Aussehen		Anwendung
Chlorid	60er-Kali	60 K_2O Kaliumchlorid	weißgrau; grobkörnig		für alle Böden, Grünland (Herbst + Frühjahr), für die meisten Kulturen
	Kornkali + MgO $KCl{\cdot}MgO$	40 K_2O 6 MgO	graubraun, gekörnt, gut streufähig		Standorte mit Mg-Bedarf
	Magnesiakainit $KCl{\cdot}MgO{\cdot}Na_2O$	11 K_2O, 6 MgO 20 Na_2O 3 K_2SO_4	feinkörnig, rotbraun oder weißgrau		besonders für Weiden
Sulfat	Kalisulfat K_2SO_4	48–50 K_2SO_4 18 S	weißgrau, grobkörnig		chlorempfindliche Kulturen, insbesondere zu Kartoffeln, Gemüse (S); für alle Böden geeignet
	Kalimagnesia $K_2SO_4{\cdot}(MgSO_4)$	30 K_2O 10 MgO 18 K_2SO_4	weißgrau, grobkörnig		für Mg-arme Standorte, für alle Böden geeignet, besonders für chlorempfindliche Kulturen; vor Saat

nung. Alle Kalidünger enthalten noch unterschiedlich große Mengen an Magnesium und Natrium.

Sulfathaltige Kalidünger lassen sich in weiteren Prozessen aus Kieserit herstellen.

Neben dem Gehalt an K_2O unterscheidet man die Form der Kaliumverbindung:

- ▶ **Kalidünger mit Kaliumchlorid** eignen sich für Getreide, Feldfutter, Beta-Rüben und Grünland.
  Zu diesen Düngern zählen *60er-Kali* (60 % K_2O), *Kornkali* mit MgO (40 % K_2O, 6 % MgO) und *Magnesia-Kainit* (11 % K_2O, 5 % MgO, 20 % Na).
- ▶ **Kalidünger mit Kaliumsulfat** finden für alle *chlorempfindlichen* Pflanzen wie *Kartoffeln, Wein* und *Obst* Verwendung. In *Kalisulfat* (50 % K_2O) und *Kalimagnesia* (Patentkali 30 % K_2O, 10 % MgO) liegt Kali in Sulfatform vor.
- ▶ **Hortisul** ist ein voll löslicher Kalidünger auf sulfatischer Basis mit 52 % K_2O, 18 % S. Mit dem extrem niedrigen Chlorid-Gehalt (max. 0,5 %) ist der Dünger für chlorid- und salzempfindliche Kulturen sowie vor allem auch für die Flüssigdüngung bestens geeignet und für den ökologischen Landbau zugelassen.

Die **Kalidüngung** erfolgt aus arbeitstechnischen Gründen entweder im Herbst mit Einnährstoffdüngern oder mit PK-Düngern, auf sandigen Böden und Standorten mit Kalifixierung erst im Frühjahr, um die Wirkung nicht einerseits durch Auswaschung und andererseits durch Festlegung zu beeinträchtigen.

Abb. 730 Magnesium hat im Blattgrün (Chlorophyll) eine zentrale Stellung (siehe Seite 290).

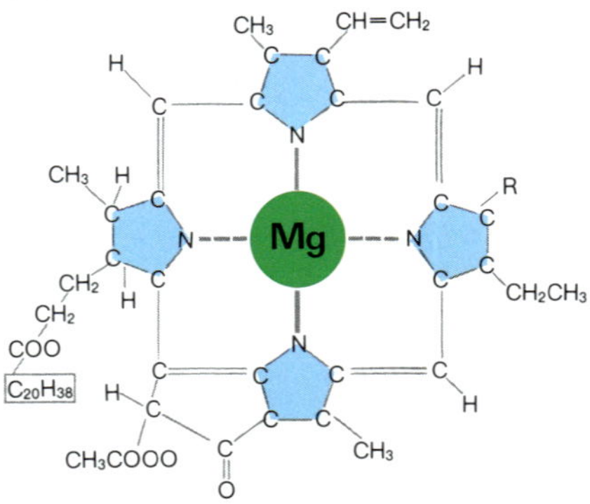

Aufgaben:
1. Begründen Sie die Behauptung, »Kalium ist ein Naturprodukt«.
2. Erklären Sie die »Kalifixierung«.
3. Beschreiben Sie das Verhalten der Kalium-Ionen im Boden.
4. Begründen Sie die unterschiedlich benötigten Mengen Kalium zur optimalen Versorgung verschiedener Bodenarten.
5. Nach welchen Gesichtspunkten lassen sich die Kalidünger einteilen?
6. Welche Vorteile bringen höher konzentrierte Kalidünger?

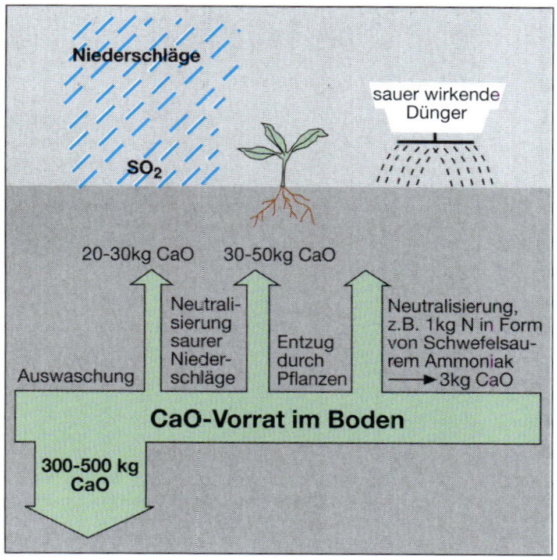

Abb. 731 Ursachen für Kalkverluste im Boden (CaO-Angaben je ha und Jahr).

3.7 Calcium (Ca)

Bedeutung und Vorkommen – Calcium und Magnesium tragen einen größeren Hydratmantel als Kalium, was ihre Aufnahme etwas erschwert. Der Gesamt-Ca-Gehalt der Böden liegt zwischen 0,1 – 1,2 % und damit niedriger als der Gesamt-K-Gehalt.

Das Calcium bildet im Unterschied zu Kalium mit der organischen Substanz stabile Bindungen wie z. B. Calciumhumate. Die eigentliche Kalkreserve des Bodens bilden aber die anorganischen Calciumverbindungen. Durch Verwitterung freigesetzte Ca^{2+}-Ionen werden von der Pflanze aufgenommen. Andernfalls werden sie mit gleichen (äquivalenten) Mengen leicht beweglicher Anionen (z. B. HCO_3^-, Cl^-, SO_4^{2-}) ausgewaschen oder aufgrund ihrer positiven Ladung an den negativ geladenen Ton- und Humus-Teilchen sorbiert.

Ca ist lebenswichtig für die Pflanze.

Calcium trägt zur **Erhaltung der Bodenfruchtbarkeit** bei. Es

- **neutralisiert den Boden:** Die Wirkung beruht auf der Freisetzung von OH^--Ionen bei Kalkumwandlungs-Prozessen. Sie binden die die Versauerung verursachenden H^+-Ionen, indem sie Wasser bilden und heben so den pH-Wert. Die Neutralisierung der Bodenreaktion verbessert die Verfügbarkeit von Phosphaten, Mangan und Bor und vermindert die Freisetzung schädlicher Schwermetall- sowie Al-Ionen.
- **stabilisiert die Bodenstruktur:** Böden mit mind. 10 % Tonanteil und neutralem pH-Wert enthalten mit Kationen abgesättigte Austauscher. Sie flocken aus und bilden Krümel. Damit verbessert sich die Wasserhaltefähigkeit und Durchlüftung des Bodens. Das führt zu verstärktem Wurzelwachstum und besseren Pflanzenerträgen.
- **fördert das Bodenleben:** Bakterien und andere Kleinlebewesen fühlen sich in gut durchlüfteten und kalkversorgten Böden wohl. Sie verketten die Bodenkrümel (Lebendverbauung) und stabilisieren die Bodenstruktur. Ein reges Bodenleben verstärkt alle wertvollen Abbau- und Umbauprozesse im Boden.

Abb. 732 Ionendurchmesser und Hydrathülle – relative Werte zum Vergleich.

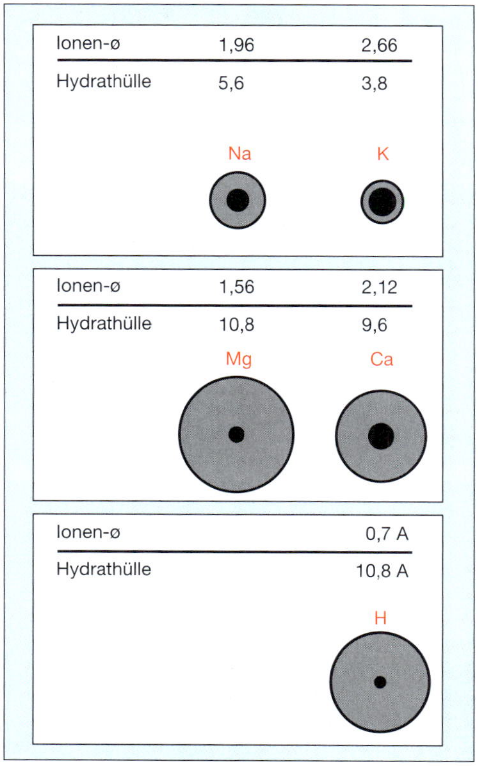

Abb. 733 Ohne ausreichende Kalkdüngung neigt der Boden zum Verschlämmen.

Abb. 734 Die Kalkdüngung gewinnt wegen der zunehmend versauernd auf den Boden wirkenden Umwelteinflüsse immer mehr an Bedeutung. Dies gilt für die Forstwirtschaft (oben) genauso wie für die Teichwirtschaft (Mitte). Im Weinbau wird der Kalk bei der Tiefbearbeitung des Bodens eingebracht (unten).

Vorkommen – Mineralböden enthalten Ca in Form von *primären* Mineralien wie *Kalkfeldspat, Apatit* und als *sekundäre* Mineralien (Kohlensaurer Kalk, Dolomit, Gips, Calciumphosphate). Ca wird durch Verwitterung der Mineralien frei und entweder von den Pflanzen aufgenommen, im Boden gebunden oder ausgewaschen.

3.7.1 Kalkverluste im Boden

Die **Kalkverluste** in Böden Deutschlands liegen jährlich bei geschätzten 450 kg CaO/ha (Ackerböden 400 – 600 kg CaO, Grünland 250 – 400 kg CaO).
Die Ursachen dafür:

- **Auswaschung:** Etwa 300 – 500 kg CaO/ha waschen Niederschläge aus, je größer also die Niederschlagsmenge, desto stärker die Ca-Auswaschung. Mit dem »sauren Regen« gelangt heute auch eine Menge Schwefeldioxid (SO_2) in den Boden. Die Neutralisierung der daraus entstehenden Schwefligen Säure benötigt jährlich 20 – 30 kg CaO/ha. Es bildet sich Gips nach der Gleichung:
$$SO_2 + H_2O \rightarrow H_2SO_3$$
$$H_2SO_3 + CaO + {}^1/_2\,O_2 \rightarrow CaSO_4 \cdot H_2O$$
- **Entzug durch die Pflanzen:** Die Nutzpflanzen in einer üblichen Fruchtfolge entziehen jährlich ca. 30 – 50 kg CaO/ha.
- **Verwendung sauer wirkender Dünger:** 100 kg N in Form von *Kalkammonsalpeter*, benötigen 50 kg CaO, um die bei der Umsetzung entstehenden Säuren zu neutralisieren. Die gleiche Menge N in Form von *Harnstoff* verabreicht, erfordert schon 100 kg CaO zur Neutralisierung der Säuren, in Form von *Schwefelsaurem Ammoniak* 300 kg CaO.
- **Tiefes Einbringen frischer Rübenblättern** und **Gründüngungspflanzen** setzen Gärungsprozesse in Gang, die H^+-Ionen freisetzen und dem Boden Kalk entziehen.

3.7.2 Kalkdünger

Wertbestimmende Bestandteile – Der Wert der Kalkdünger beruht auf ihrer basischen Wirkung und ihrer unterschiedlichen Wirkgeschwindigkeit. Bei gleich feiner Vermahlung ergibt sich die **Reihung mit fallender Wirkgeschwindigkeit:**

- *Calciumoxid* (CaO), *Magnesiumoxid* (MgO) bzw. *Calciumhydroxid* ($Ca(OH)_2$), *Magnesiumhydroxid* ($Mg(OH)_2$),
- *Calciumcarbonat* ($CaCO_3$), *Magnesiumcarbonat* ($MgCO_3$),
- *Calcium-* und *Magnesiumsilikate*.

> ! Fein vermahlene Kalkdünger wirken schneller.
> CaO drückt den Kalkgehalt aus.

Herkunft – Nach ihrer Herkunft lassen sich die Kalkdünger einteilen in *Naturkalke* und *Industriekalke*.
Naturkalke entstehen aus *gemahlenem Kalkgestein* (Kohlensaurer Kalk) und aus durch *Brennen* aufbereitetem Kalk (Branntkalk, Löschkalk, Mischkalk).

Tabelle 57: Wichtige Kalkdünger im Überblick

Düngemittel	Kalkform	Gehalt berechnet % CaO	Nebenbestandteile	Wirkgeschwindigkeit
Kohlensaurer Kalk	$CaCO_3$	42–53		langsam
Kohlensaurer Magnesiumkalk	$CaCO_3$+ $MgCO_3$	42–53	teilweise mit P_2O_5	langsam
Branntkalk	CaO	65–95		schnell
Magnesium-Branntkalk	CaO + MgO	65–95		schnell
Löschkalk	$Ca(OH)_2$	60–70		schnell
Mischkalk	CaO + $CaCO_3$	60–65		schnell und nachhaltig
Hüttenkalk	$CaSiO_4$	40–50	MgO, teilweise P_2O_5, Spurennährstoffe	langsam
Konverterkalk	CaO + $CaSiO_4$	35–50	teilweise P_2O_5 und/oder MgO Spurennährstoffe	schnell und nachhaltig

Industriekalke sind vor allem gemahlene *Hochofenschlacke* (Hüttenkalk) und gemahlene *Schlacke* aus der *Stahlgewinnung* (Konverterkalk).
Bei der Reinigung des Zuckersaftes in Zuckerfabriken fällt *Karbonationskalk* (Karbokalk) an, der bei kurzen Transportwegen eine wirtschaftliche Alternative zu anderen Kalkdüngern darstellt.

Abb. 735 Die Wirkung von Kalk: Garer Boden mit ausgeprägter Krümelbildung.

3.7.3 Kalkdüngung

Die starken Kalkverluste im Boden ersetzt die natürliche Nachlieferung nicht. **Kalkmangel** zeigt sich kaum an den Pflanzen, sondern äußert sich vor allem durch allgemeine *Wachstumsstörungen* der Pflanzen und *Strukturschäden* im Boden. Die Ergebnisse der Bodenuntersuchung bestimmen die **Formen der Kalkdüngung**.

- **Erhaltungskalkung:** Da dem Boden jährlich große Mengen an Calcium verloren gehen, muss im Abstand von 3 Jahren eine regelmäßige Kalkung durchgeführt werden. Dies gilt auch, wenn der für die jeweilige Bodenart optimale pH-Wert erreicht ist. Auf leichten Böden werden ca. 15–30 dt Kohlensaurer Kalk/ha ausgebracht, auf schweren Böden werden 10–20 dt Branntkalk auf die Stoppeln ausgebracht und eingearbeitet.
- **Gesundungskalkung:** Damit soll ein versauerter Boden durch eine hohe, ein- oder zweimalige Kalkgabe in den optimalen Reaktionsbereich übergeführt werden. Die hohen Streumengen richten sich nach den Ergebnissen eines entsprechenden Calciumtests, der anlässlich einer Labor-Bodenuntersuchung festgestellt wurde.

Abb. 736 Kalkung mit einem Großflächenstreuer.

Abb. 737 Magnesium-Mangel bei der Kartoffel.

3.8 Magnesium (Mg)

Vorkommen – Der Gesamt-Mg-Gehalt in $MgCO_3$-freien Böden schwankt zwischen 0,05 % bei Sanden und 0,5 % bei Tonen. Als Rohstoff für magnesiumhaltige Düngemittel dienen wasserlösliche Magnesiumsalze (Magnesiumsulfate, Magnesiumchloride), die in den *Kalisalzlagerstätten* vorkommen.
Aus *Magnesit-* und *Dolomitgestein*, die ganze Gebirgszüge bilden, lassen sich Magnesiumkalke gewinnen.
Sandböden und Böden aus verwittertem Urgestein (Gneis, Granit) enthalten wenig Magnesium, Verwitterungsböden aus Eruptivgestein (Basalt), Dolomit sowie Marschböden dagegen viel. Das Ursprungsgestein des Bodens beeinflusst also wesentlich die natürliche Nachlieferung von Magnesium.

3.8.1 Verhalten im Boden

Pflanzenaufnehmbare Form – Die Pflanze nimmt Magnesium in Form des Mg^{2+}-Ions auf. Diese befinden sich wie die Kalium-Ionen entweder in der Bodenlösung oder an den Sorptionskomplexen und lassen sich gegen die stärker sorbierten Ionen H^+ und Ca^{2+} austauschen.
Verfügbarkeit der Mg-Ionen – Sie wird im Boden bestimmt durch:
- ► *Festlegung* in den Zwischenschichten der Tonminerale,
- ► *Konkurrenz* der Kationen an den Austauschern, (zweiwertige Ionen wie Mg^{2+} und Ca^{2+} binden sich wegen ihrer Ladung stärker an die Austauscher als z. B. die einwertigen K^+-Ionen), beeinträchtigen die Verfügbarkeit.

Freie Mg-Ionen, die nicht von der Pflanze aufgenommen oder an Bodenkolloide gebunden sind, unterliegen der Auswaschung. Diese Verluste betragen im Mittel jährlich zwischen 10 und 50 kg MgO/ha.

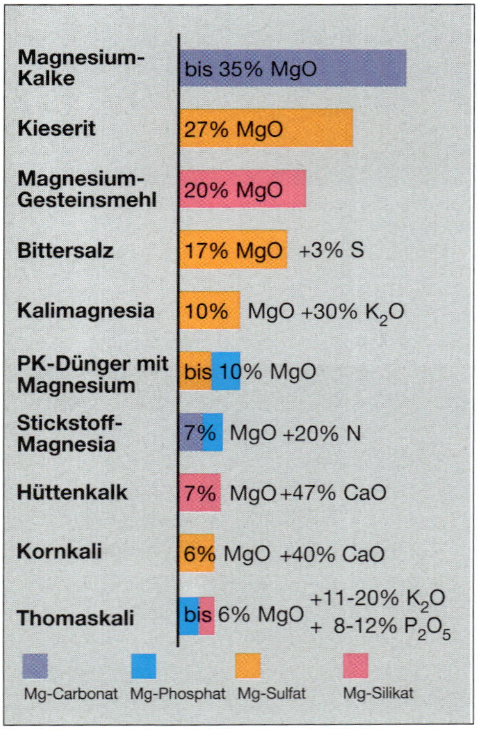

Abb. 738 Auswahl wichtiger Magnesiumdüngemittel.

3.8.2 Magnesiumdünger und -düngung

Gehalt und Bedarf werden in MgO (Magnesiumoxid) angegeben. Die Dünger enthalten das Magnesium als *Sulfat, Carbonat, Silikat* oder *Phosphat*. Auf kalkbedürftigen Böden eignen sich Magnesiumkalke, für Böden ohne Kalkbedarf dagegen Mg-Ein- oder Mehrnährstoffdünger mit wasserlöslichem MgO. Abb. 738 zeigt einen Überblick über Magnesiumdüngemittel.
Magnesiumdüngung über das Blatt erfolgt bei *akutem* Mg-Mangel mit *Bittersalz* ($MgSO_4 \cdot 7H_2O$) in 5 %-iger Lösung.

3.9 Schwefel (S)

Vorkommen – In Marsch-, Moor- und Aueböden finden sich höhere **Schwefelgehalte** (1 – 3 %) als in Podsolen und durchlässigen Braunerden (ca. 0,02 – 0,2 %). Davon liegen 60 – 95 % in der organischen Substanz vor. Gesteine enthalten nur geringe Mengen, basische mehr als saure. Also steigt der Schwefelgehalt mit dem Humusanteil des Bodens.

Die organischen Schwefelverbindungen stammen von Pflanzen, Mikroorganismen und Tieren. Dabei handelt es sich um die S-haltigen Aminosäuren Cystein, Cystin, Methionin sowie Mercaptane (= Thioalkohole aus der Zersetzung organischer Substanz).

3.9.1 Verhalten im Boden

Zu unterscheiden sind sehr stabile Sulfide, Verbindungen mit Fe, Cu usw. und unterschiedlich stabile organische Verbindungen (organische S-Reserve) und gut pflanzenverfügbare und leicht auswaschbare Sulfate z. B. $CaSO_4 \cdot 2H_2O$ (Gips).
Die jeweiligen ökologischen Bedingungen, insbesondere der Wasser-Luft-Haushalt des Bodens, bestimmen den *Umsatz* der S-Verbindungen. In den oberen, gut durchlüfteten Bodenschichten oxidieren Sulfide zu elementarem Schwefel. Unter Luftabschluss, z. B. bei überfluteten Böden, laufen umgekehrte rein chemische oder mikrobielle Vorgänge ab.
Die *Auswaschung* des Schwefels erfolgt entweder als chemisch oder mikrobiell gebildetes oder durch die Düngung zugeführtes Sulfat. Je nach Niederschlagsmenge, Bodeneigenschaften oder Düngung liegen die Auswaschungsverluste zwischen 100–180 kg S/ha.
Die Pflanze nimmt Schwefel als Sulfat-Ion (SO_4^{2-}), d. h. in der höchst oxidierten Form auf. Ein geringer Teil gelangt auch als SO_2 über die Spaltöffnungen der Blätter in die Pflanze.

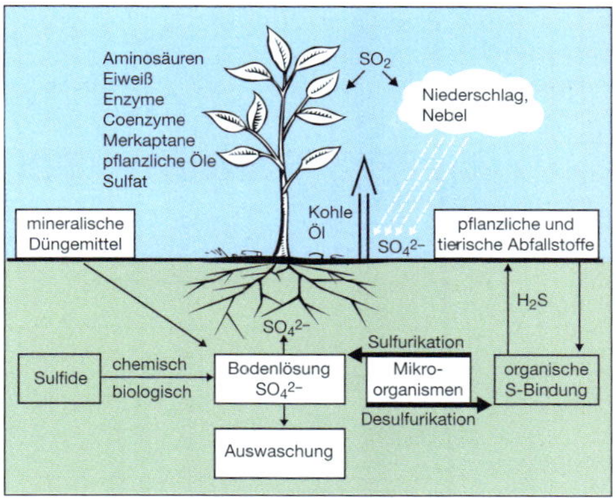

Abb. 739 Schwefel-Kreislauf als Schema.

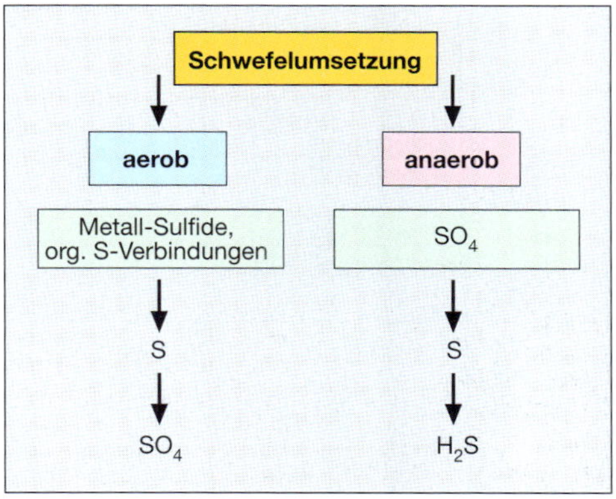

Abb. 740 Schwefelumsetzung im Boden (Schema).

3.9.2 Schwefeldünger und -düngung

Aus der Sicht der Pflanzenernährung zählt Schwefel neben N, P, K, Ca und Mg zu den Hauptnährstoffen. Mittlere Ernten entziehen unterschiedliche Mengen, wie Tabelle 58 zeigt.

Tabelle 58: Schwefelbedarf verschiedener Kulturen bei mittleren Erträgen (in kg S/ha)

Kultur	Erntegut	Ernterückstände	gesamte Pflanze
Winterraps	25	35	60
Kartoffeln	20	5	25
Zuckerrüben	20	20	40
Mais	25	15	40
Getreide	10	10	20
Grünland	50–100		50–100

Verbrennen von z. B. Kohle (1–2 % S), Erdöl (1–3 % S) bringt Schwefel als SO_2 in die Atmosphäre, von wo Niederschläge ihn als Schweflige Säure bzw. Sulfat wieder in den Boden einwaschen. Dank verstärkten Emissionsschutzes nimmt die Einwaschung von früher 100 kg S/ha auf 10–30 kg S/ha permanent ab, so dass ein erhöhtes Düngebedürfnis entsteht.
Auf manchen Standorten, z. B. auf leichten, flachgründigen Böden neigen Kreuzblütler (Cruziferen) und Leguminosen heute schon zu Schwefelmangel.

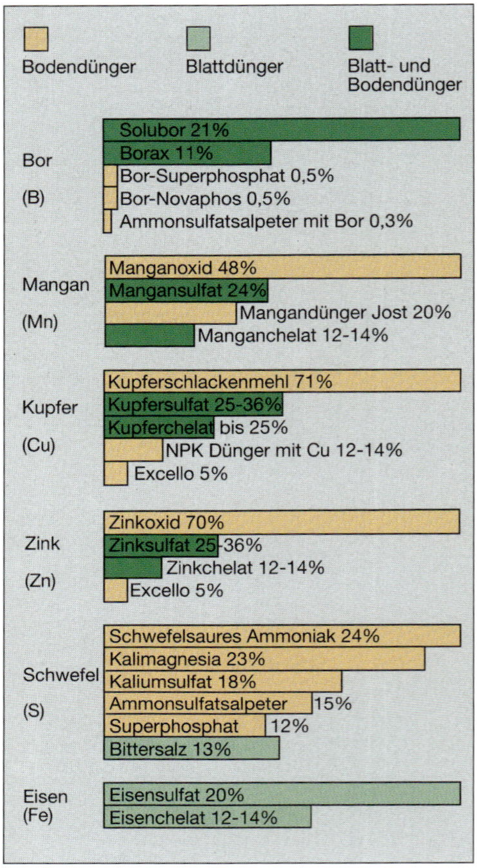

Abb. 741 Auswahl wichtiger Spurenelementdünger.

Abb. 742 Durchschnittlicher Entzug an Spurenelementen (Werte je ha und Jahr bei mittlerer Ernte auf Ackerboden durch Pflanze und Auswaschung).

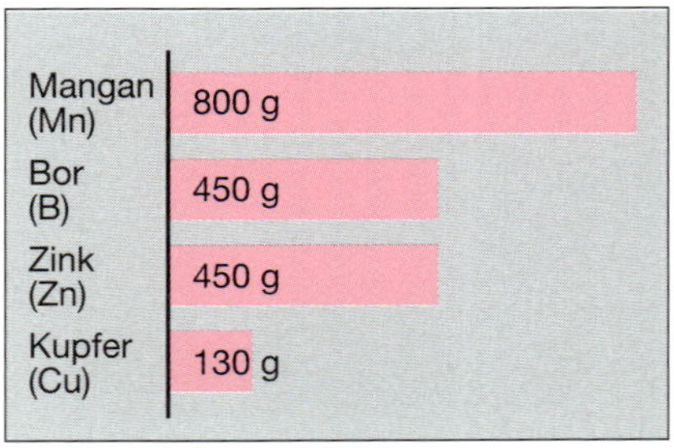

Tabelle 59: Mittlere Schwefelgehalte einiger Düngemittel

Düngemittel	% Schwefel
Schwefelsaures Ammoniak	24
Ammonsulfatsalpeter	14
Kalkammonsalpeter	0,4
Superphosphat	12
Kalimagnesia	18–23
Kieserit	25–27
PK-Dünger	2–9
sulfathaltige NPK-Dünger	0,2–8

Aufgaben:

1. Beschreiben Sie Bodenwirkungen des Kalkes.
2. Der Gehalt an $CaCO_3$ kann durch Multiplikation mit 0,56 leicht in CaO ausgedrückt werden. Wieviel dt Branntkalk mit 90 % CaO entsprechen dann 1 dt Kohlensaurem Kalk mit 75 % $CaCO_3$?
3. Wodurch entstehen Kalkverluste im Boden?
4. Welche Aufgabe erfüllt Magnesium in der Pflanze?
5. In welcher Form erfolgt die Düngung mit Magnesium?
6. Erklären Sie, warum in den letzten Jahren die Bedeutung der Schwefeldüngung stieg.

3.10 Spurenelemente

Für die Ernährung der Pflanzen spielen die Spurennährstoffe eine gleich **wichtige Rolle** wie die Makronährstoffe. Abb. 742 zeigt den jährlichen Entzug.

Bodenvorrat – Meistens reichen für die Versorgung der Pflanzen die durch die Verwitterung freigesetzten Spurenelementmengen im Boden aus. In *Trockenperioden*, auf *ungünstigen* Standorten (z. B. Sand-, Moorböden), bei *hohen* pH-Werten und/oder sehr hohen Versorgungswerten mit *Makronährstoffen* leidet die Versorgung mit Spurenelementen.

Auch langjährige Anwendung ballastarmer oder -freier Mehrnährstoffdünger und hohe Pflanzenerträge in viehlos wirtschaftenden Betrieben gefährden die Versorgung mit Spurenelementen.

Spurenelementdünger – Spurenelemente zeigen trotz ihrer kleinen Menge Wirkungen in der Pflanze. Schäden durch Überfluss und Mangel hinsichtlich der aufgenommenen Mengen liegen eng beieinander. Ein auftretender Mangel an der Pflanze lässt sich über die Bodendüngung schwer beheben.

Bewährt hat sich hier die *Blattdüngung*, z. T. mit wiederholten Gaben.

Abb. 741 zeigt wichtige Dünger mit Spurenelementen. Daneben gibt es auch noch Spurenelement-Mischdünger für die Blattdüngung.

3.11 Mehrnährstoffdünger

Mehrnährstoffdünger enthalten 2, 3 oder 4 *Hauptnährstoffe* sowie teilweise auch *Spurennährstoffe*. Die Nährstoffanteile werden in Prozent angegeben:

1. Zahl = N
2. Zahl = P_2O_5
3. Zahl = K_2O
4. Zahl = MgO

Zwischen der Zahl steht oft ein »–«-Zeichen. Fehlende Nährstoffe dürfen nicht mit 0 gekennzeichnet werden. Je nach Zahl der enthaltenen Nährstoffe gibt es *Zwei-* und *Mehrnährstoffdünger*. Letztere unterscheiden sich in Löslichkeit und Wirksamkeit. Die Hersteller geben Gehalte an:
Beispiel: 20-20 – bezeichnet einen Stickstoffphosphatdünger (NP-Dünger). Tabelle 60 stellt die **Vorteile** von Ein- und Mehrnährstoffdüngern in pflanzenbaulicher und wirtschaftlicher Hinsicht gegenüber.
Wie die Argumente zeigen, weist jede Düngergruppe Vorteile auf. Die Praxis kombiniert deshalb ihre Anwendung häufig.

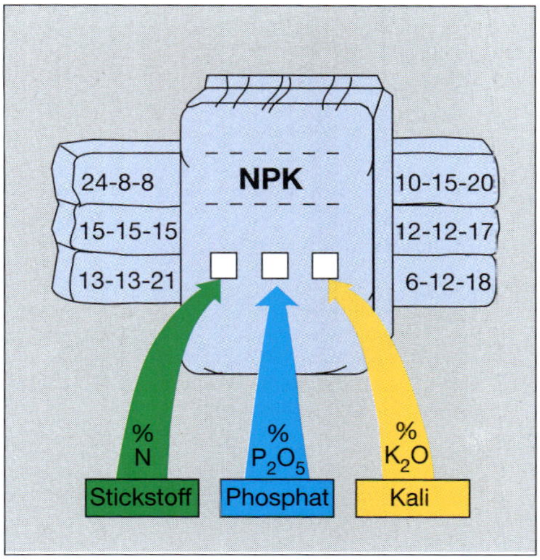

Abb. 743 **Beispiele** für Nährstoffkombinationen bei Mehrnährstoffdüngern.

Tabelle 60: Vergleich von Ein- und Mehrnährstoffdüngern

Vorteile	Einnährstoffdünger	Mehrnährstoffdünger
pflanzenbaulich	exakte Anpassung der Düngermenge an den Bedarf, Auswahl der für den Standort günstigsten Löslichkeits- und Wirkungsform, oft wertvolle Nebenbestandteile (Ca, Mg und Spurenelemente)	gleiches Nährstoffverhältnis in jedem Düngerkorn, gleichmäßige Verteilung auf der Nutzfläche, einfache Düngung
wirtschaftlich	preiswerte Nebenbestandteile, oft geringerer Preis je kg Nährstoff	weniger Massen sind zu transportieren, wiederholtes Befahren der Fläche wird vermieden, es entfällt Mischarbeit

Aufgaben:
1. Weshalb gestaltet sich die Bodendüngung mit Spurenelementen schwierig?
2. Vergleichen Sie den Preis für nährstoffgleiche Ein- und Mehrnährstoffdünger.
3. Erklären sie folgende Bezeichnungen bei Mehrnährstoffdüngern 10–20; 17–17–21–2.

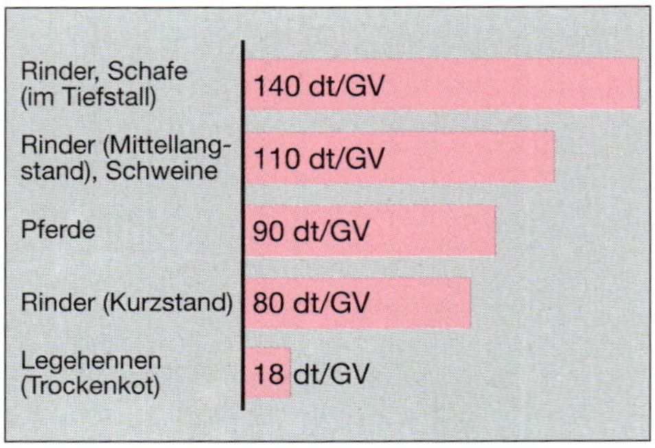

Abb. 744 **Beispiele** für Frischmistanfall bei Stallhaltung (2,5 kg Einstreu/Tag).

3.12 Wirtschaftsdünger

Über Jahrhunderte landwirtschaftlicher Bodennutzung sicherten Stallmist und Jauche den Rückfluss der Pflanzennähr- und Humusstoffe in den Boden und damit dessen Ertragsfähigkeit. Die *Spezialisierung* der Betriebe, die *Konzentration* der Tierhaltung und die *Umstellung* auf Flüssigmist veränderten die Verwertung der Wirtschaftsdünger. Sie enthalten alle mehrere *Nährstoffe*.
Die *Dünge-Verordnung* regelt besonders die Anwendung der Wirtschaftsdünger und berücksichtigt den *Stickstoffanteil*.
Im jährlichen Betriebsdurchschnitt dürfen Wirtschaftsdünger tierischer Herkunft so weit ausgebracht werden, als sie auf Ackerland 170 kg/ha und auf Grünland 210 kg/ha Gesamtstickstoff nicht überschreiten.

3.12.1 Stallmist

Stallmist besteht aus tierischen Exkrementen, die mit Einstreumaterial vermischt sind und einer Rotte unterlagen. Menge und **Nährstoffgehalt** des Stallmistes hängen von der *Tierart*, der *Fütterung*, der *Einstreu*, der *Aufstallungsart* und der *Behandlung* des Mistes ab. Hinsichtlich der Menge gibt Abb. 744 Anhaltspunkte. Die Nährstoffgehalte sind den Daten in den Tabellen im Anhang zu entnehmen.

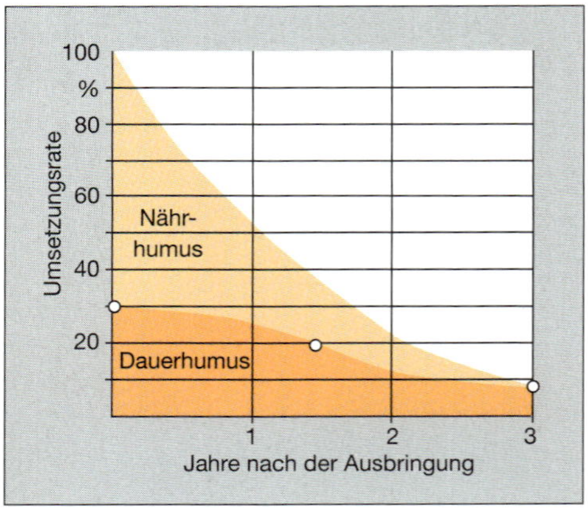

Abb. 745 Abbau-Schema des Stallmists im Boden zu Humus.

Rotte – Stallmist lagert entweder auf der Düngerstätte oder im Tiefstall. Dabei tritt die **Rotte** ein. Mikroorganismen bauen leicht zersetzbare Kohlenhydratverbindungen teilweise ab und mineralisieren sie. Hierbei verlaufen sowohl aerobe als auch anaerobe Prozesse, die zu einer Erwärmung des Mistes führen. Der Schwund organischer Masse sollte nicht mehr als 20–30 % betragen. *Sachgerechte Behandlung* (Stallmist feucht und fest lagern) kann dies beeinflussen. Feuchter Mist bindet das entstehende Ammoniak und die dichte Lagerung verhindert einen weiteren Abbau der organischen Substanz.
Es entstehen schwer zersetzliche Humussubstanzen, die auch im Boden relativ stabil bleiben. Ein gut verrotteter Mist erreicht ein C : N-Verhältnis von etwa 20 : 1 und ein Dauerhumus : Nährhumus-Verhältnis von circa 1 : 2. Der Rottevorgang dauert ca. 3 Monate.

Abb. 746 Tägliche Menge an Ausscheidungen einer Rinder-GV.

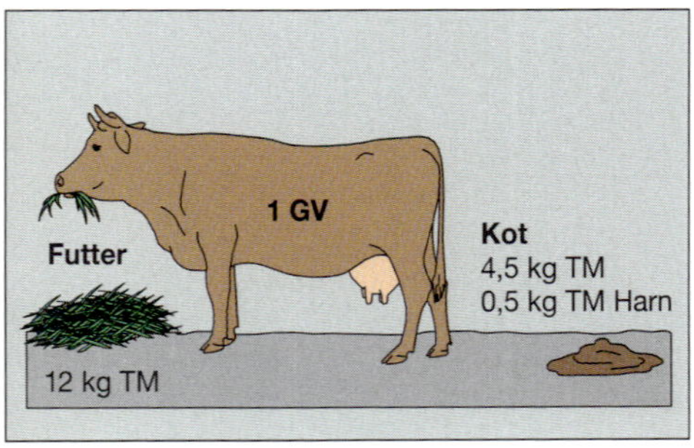

Wirkung – Stallmist fördert in leichten Böden durch die *Zufuhr* bindungsfähiger Humusstoffe das *Festhalten* von Wasser und Nährstoffen. Beim Ausbringen kommt es auf eine gleichmäßige Verteilung und ein rasches Einbringen in den Boden an, um Verluste zu vermeiden. Die **Ausbringmenge** liegt bei 200–400 dt/ha, wobei unter pflanzenbaulichen Aspekten eine Stallmistdüngung in Abständen von 2–3 Jahren zweckmäßig erscheint.
Auf schweren Böden wirkt die Stallmistdüngung *lockernd*. Sie verbessert die biologische Aktivität des Bodens und fördert seine *Fruchtbarkeit*. Auf extremen Sandböden darf Stallmist nicht zu flach eingebracht werden, da er sonst austrocknet und vertorft. Da die Stallmistproduktion aus technischen Gründen zurückgeht, muss im Ackerbau anderweitig für eine ausgeglichene Humusbilanz gesorgt werden, z. B. mit dem Anbau von Zwischenfrüchten.

3.12.2 Gülle und Jauche

Jauche besteht aus Harn der Tiere, Sickersaft des Stallmistes und Wasserzusatz. **Gülle** fällt in Betrieben mit Flüssigentmistung an. Sie enthält ein Gemisch aus Kot, Harn und unterschiedlichen Mengen an Wasser, Futterresten und Einstreu. Die anfallende *Menge* hängt von der *Tierart*, dem *Lebendgewicht* der Tiere und dem *Wasserzusatz* ab.

Menge und Lagerung – Deswegen unterscheiden sich **Anfall** und Trockenmasseanteil von Betrieb zu Betrieb erheblich. Als **Faustzahl** gilt, eine tägliche Futteraufnahme von 12 kg TM/GV führt etwa zu 5 kg TM/GV Kot- und Harnausscheidung.

Gülle lagert in wasserdichten Behältern. Die Kalkulation des *Lagerraumbedarfes* berücksichtigt nicht nur das generelle *Ausbringverbot* von Gülle in der Zeit von 15. November bis einschließlich 15. Januar (Kernsperrfrist gemäß § 3, Absatz 4 Düngemittel-Verordnung), sondern auch dass Vegetation, Witterung und Befahrbarkeit des Bodens zusätzliche Einschränkungen der Anwendungszeit bedeuten. Die Behältergröße soll deswegen eine 6-monatige Lagerung ermöglichen. Das erfordert z. B. für den Schweinemäster eine Lagerkapazität von ca. 1 m^3 pro Stallplatz.

Unfallverhütung – Die Einstiegs- bzw. Entnahmeöffnungen geschlossener Güllebehälter müssen trittsicher und befahrbar sein. Ein Geruchsverschluss verhindert das Einströmen von Gasen aus Güllebehältern in Gebäude. Ein Maschendrahtzaun mit einer Mindesthöhe von 1,80 m sichert offene Behälter gegen Sturzgefahr. Für die Behälter ist deshalb eine entsprechende Lagerkapazität vorzusehen. Dabei ist sowohl der Gülleanfall/Tier als auch eine 6-monatige Lagerzeit einzuplanen. Darüber hinaus ist für eine Verminderung der Geruchsbelästigung bei der Ausbringung mit den zur Verfügung stehenden technischen und gegebenenfalls chemischen Mitteln zu sorgen.

Abb. 747 Einsatz des Quantofix-Gerätes zur Bestimmung des N-Gehaltes in der Gülle.

! Besteigen der Behälter birgt Vergiftungsgefahr!

Nährstoff- und Trockenmassegehalt – Sie lassen sich über Laboruntersuchungen exakt feststellen. Da die Zusammensetzung der Gülle großen Schwankungen unterliegt, hilft eine Feststellung des Nährstoffgehaltes durch

- Untersuchung des NH_4-Gehaltes mit **Schnellbestimmungsgeräten** (z. B. Quantofix); vom NH_4-Gehalt lässt sich mit Richtdaten auf den Trockenmassegehalt und andere Nährstoffe schließen;
- Übernahme der **Basisdaten** (siehe Tabellenteil im Anhang);
- **Berechnung** mit Hilfe der Daten über die Nährstoffausscheidung und das gemessene Volumen des Güllezulaufes.

Beispiel: Durchschnittlicher jährlicher Tierbestand
60 Milchkühe (6000 kg Milch),
30 weibliche Jungrinder über 3 Monate bis zum Abkalben,
10 Kälber bis 3 Monate,
runder Güllebehälter, ∅ 20 m, Pegelanstieg in 90 Tagen 1,13 m

Abb. 748 Ein offener Güllebehälter muss mit einem Zaun gesichert sein.

Abb. 749 Schwimmdecken und Sinkschichten in Flüssigmistsilos müssen vor dem Ausbringen durch Aufrühren zerstört werden.

Abb. 750 Flüssigmistaufbereitung mit Abtrennung der Feststoffe und Belüftung der flüssigen Phase.

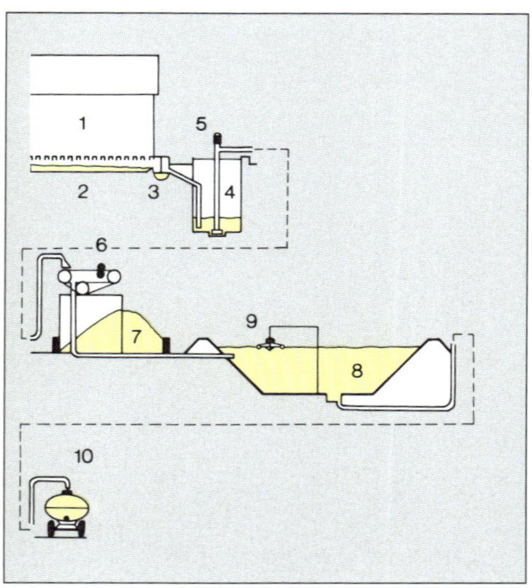

① Berechnung der Nährstoffausscheidung (in kg/Jahr) entsprechend den Tabellen im Anhang

Tierbestand	Nährstoffausscheidung					
	N		P_2O_5		K_2O	
	je Tier	gesamt	je Tier	gesamt	je Tier	gesamt
60 Milchkühe	102	6120	37	2220	127	7620
30 Jungrinder	40	1200	14	420	54	1620
10 Kälber	14	140	5	50	13	130
Nährstoffausscheidung in 365 Tagen		7460		2690		9370
in 90 Tagen		1839		663		2310

② Berechnung des Güllezuflusses in 90 Tagen (V = Volumen)

$V = r^2 \times \pi \times h \qquad 100\,m^2 \times 3{,}14 \times 1{,}13\,m = 354{,}8\,m^3$

③ Berechnung des Nährstoffgehaltes der Güllemenge aus 90 Tagen:

N 1839 kg : 354,8 m^3 = 5,18 kg N/m^3
P_2O_5 663 kg : 354,8 m^3 = 1,86 kg P_2O_5/m^3
K_2O 2310 kg : 354,8 m^3 = 6,51 kg K_2O/m^3

Wirksamkeit der Güllenährstoffe – Stickstoff liegt in der Gülle in unterschiedlichen Bindungsformen vor. Der organisch gebundene Stickstoff wird erst nach der mikrobiellen Umwandlung im boden in die mineralische Form pflanzenverfügbar. Der Ammonium-Anteil kann als voll düngerwirksam gerechnet werden, das entspricht bei Rindergülle etwa 50 %, bei Schweinegülle etwa 70 % des Gesamt-Stickstoffs in der Gülle.

Das Phosphat in Rinder- und Schweinegülle liegt zu 4/5, in Hühnergülle zu 2/3 in wasserlöslicher, anorganischer Form vor, der Rest in organischer.

Kalium in der Gülle löst sich fast vollständig und Pflanzen können es aufnehmen.

Phosphat, Kali und Magnesium stehen mittelfristig den Pflanzen voll zu Verfügung und werden deshalb in der Düngeplanung angerechnet.

N-Verluste – Bei der Lagerung und unmittelbar nach der Ausbringung können erhebliche Stickstoffverluste durch *Denitrifikation* und *Abgasung* von NH_3 entstehen. Für die Ausbringung bestehen deshalb besondere Vorschriften.

Güllezusätze – Angeboten werden:

- **Chemische Zusätze**, die N-Verluste mindern, vor allem die Nitratauswaschung nach der Ausbringung und die Denitrifikation bei der Lagerung;
- **biologische Zusätze**, also Enyzme, die die Bakterienflora in der Gülle verändern und Nährstoffverluste reduzieren.

Güllebehandlung – Sie beschreibt alle Maßnahmen, die die Eigenschaften der Gülle ändern.

- **Belüften:** Es bewirkt eine deutliche *Geruchsverminderung* beim Ausbringen durch die aerobe Umsetzung organischer Substanz in geruchsfreie Endprodukte CO_2 und Wasser. Dabei entstehen

Stickstoffverluste in Höhe von 5–25 % des Gesamt-Stickstoffs. Die Belüftungssysteme wälzen die Gülle auch um. Längere Lüftungsintervalle in größeren Abständen bewähren sich besser als häufige in kurzen Abständen.

- **Anaerobe Behandlung** zur *Biogasgewinnung*: Die Gülle vergärt unter Luftabschluss bei 30–35 °C während ca. 4 Wochen. Dabei vermindert sich die organische Substanz und der TS-Gehalt sinkt um 20–30 %, das verflüssigt die Gülle. 1 kg organische Masse ergibt etwa 300 l Biogas. Es entstehen nur ca. 8 % N-Verluste.
- **Gülleseparierung:** *Siebzentrifugen, Siebtrommelseparatoren* oder *Dekantierzentrifugen* entfernen die Feststoffe aus der Gülle. Diese lassen sich als Blumendünger verkaufen.
- **Wasserzusatz:** Er bringt im Grünlandbetrieb Vorteile und bindet Ammoniak. Die Gülle läuft besser von den Pflanzen ab. Behälter lassen sich leichter aufrühren. Allerdings verursacht dies auch größere Lager- und Ausbringkosten sowie zusätzlichen Zeitaufwand.
- **Homogenisieren:** Die *Durchmischung* der Gülle im Lagerbehälter bewirkt eine gleichmäßige Nährstoffverteilung in den einzelnen Fassfüllungen beim Ausbringen. Dies verbessert die Düngewirkung.

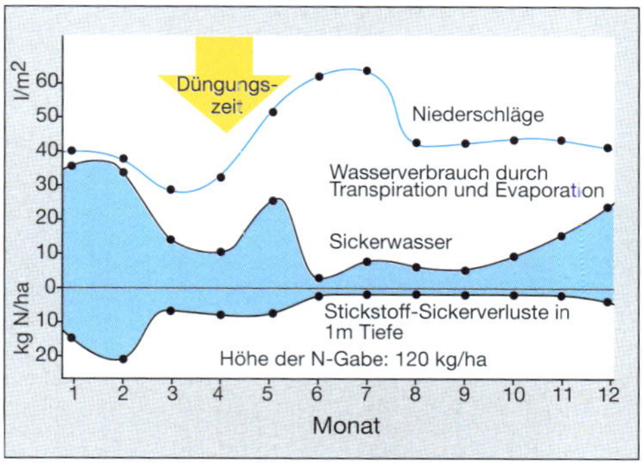

Abb. 751 Nitrateintrag (kg N/ha Sickerverluste umter 1 m Bodentiefe) im Jahresverlauf (1975–1981 Limburgerhof, ø von 3 Böden, Einfluss Niederschläge, Sickerwasser).

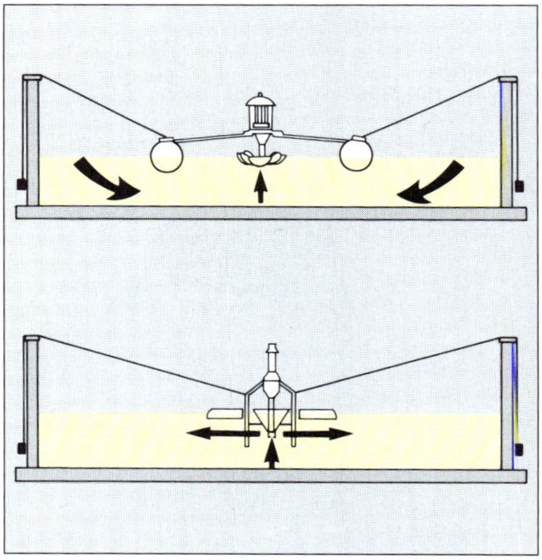

Abb. 752 Lagerbehälter mit Oberflächenbelüfter (oben) und Tiefenbelüfter (unten).

3.13 Sekundär-Rohstoffdünger

Den Einsatz von *Klärschlamm* und *Abwasser* in der Landwirtschaft regeln das Düngemittel-Gesetz und die Klärschlamm-Verordnung. Sie schreiben den Anbietern vor, die Stoffe zu typisieren und zu kennzeichnen.

Anwender unterliegen den Vorschriften der Dünge-Verordnung. Eventuelle Risiken durch Inhaltsstoffe regelt die *Klärschlamm-Entschädigungs-Verordnung*.

Inhaltsstoffe – Klärschlamm besitzt einen hohen Anteil an leicht abbaubaren organischen Substanzen, Stickstoff und Phosphat. Seine *Düngewirkung* entspricht der von Gülle.

Neben den Pflanzennährstoffen kann der Klärschlamm aber auch Schadstoffe wie *Schwermetalle* enthalten, die bei langjähriger Anwendung eine Anreicherung in der Ackerkrume und eine erhöhte Aufnahme durch die Pflanzen verursachen kann.

Klärschlamm darf auf ackerbaulich und gärtnerisch genutzte Flächen nur ausgebracht werden, wenn die Bodenuntersuchung keine Überschreitung der zulässigen Gehalte an Schwermetallen nachweist und der Säuregrad des Bodens nicht unter pH 6 liegt. Die Ausbringung auf Zuckerrübenflächen mit Blattnutzung, Feldfutter- und Silomaisflächen erfordert eine Einarbeitung des Klärschlamms vor der Saat.

Ein **Ausbringverbot für Klärschlamm** besteht auf Forstflächen, Dauergrünland, Obst- und Gemüseanbauflächen (für Feldgemüse auch 1 Jahr vorher), in Wasserschutzgebieten der Zonen I und II, auf Uferrandstreifen (10 m) und auf Brach- und Naturschutzflächen. 2 Monate vor der Ausbringung werden die Böden auf Schwermetalle, Phosphat, Kali, Magnesium und pH-Wert untersucht.

Abb. 753 Getrockneter Klärschlamm.

Abb. 754 Strohschläger zerkleinern die Halme, damit sie besser verrotten.

Die Kalkulation der gesamten Nährstoffzufuhr beachtet den hohen Phosphatgehalt von entwässerten Klärschlammtypen. Dadurch bestimmt das Phosphat die verwertbaren Ausbringmengen. *Flüssigschlamm* wird wie Gülle ausgebracht und eingearbeitet, *entwässerter Klärschlamm* wie Stallmist, um gasförmige N-Verluste zu vermeiden.

Organische Reststoffe – Der Einsatz von Bioabfall-Kompost (Haushaltsabfälle), Grünabfall-Kompost (Pflanzenreste) sowie Mähgut aus der Landschaftspflege bringen erst nach einigen Jahren eine Ertragssteigerung. Die Beratung empfiehlt, nicht mehr als 20 – 25 m^3 Bioabfall-Kompost, 25 – 30 m^3 Grünabfall-Kompost aus pflanzlichen Rückständen oder 100 m^3 unkompostierte organische Reststoffe pro Hektar und Jahr auszubringen. Die Düngung mit organischen Reststoffen erfordert einen 3-jährigen Abstand. Der Phosphat- und Kaligehalt fließt voll in die *Düngebedarfsermittlung* ein.

3.14 Strohdüngung

Abb. 755 Arbeitsgänge bei der Strohdüngung.

Bedeutung – Ein Viertel aller landwirtschaftlichen Betriebe in Deutschland wirtschaftet viehlos. Die meisten viehhaltenden Betriebe arbeiten mit einstreulosen Aufstallungen. Das **Stroh** bleibt eingepflügt auf dem Feld. Sein *Nährstoffgehalt* geht daher voll in die Düngebilanz ein.

Strohdüngung *lockert* den Boden, *verbessert* den Luft- und Wasserhaushalt des Bodens, *vermindert* auf der Oberfläche liegend die Erosion und *schützt* den Stickstoff kurzfristig vor dem Auswaschen infolge der Festlegung in den Körpern der Bodenlebewesen. Die Genehmigung der **Strohverbrennung** auf dem Feld erteilt die Kreisverwaltungsbehörde und beschränkt sich auf Ausnahmefälle wie z. B. Verseuchung mit Schaderregern und puffige Böden.

Technik der Strohdüngung – Das Stroh vor der Einarbeitung auf eine Länge unter 8 cm zu häckseln und gleichmäßig auf dem Feld zu verteilen, bietet den Kleinlebewesen eine große Angriffsfläche, erleichtert das Einarbeiten und verstärkt die Vermischung mit dem Boden. Die an der Verrottung des Strohs beteiligten Kleinlebewesen brauchen für ihren eigenen Körperaufbau Stickstoff. Finden sie ihn nicht in ausreichender Menge im Boden, verzögert sich die Rotte. Das wirkt sich besonders bei Getreidestroh aus. Hier kann eine Düngung mit ca. 30 kg N/ha oder eine Güllegabe abhelfen, aber höchstens bis zu 40 kg NH_4/ha oder 80 kg Gesamt-N/ha (Dünge-Verordnung).

Da die Nährstoffe anschließend auch schnell wieder frei werden, erfordert nur anschließender Winterfruchtanbau diese *Ausgleichsdüngung*. Er schützt die Nährstoffe vor Auswaschung.

3.15 Ernterückstände

Ernterückstände stellen ein wesentliches *Nährstoffreservoir* dar und tragen zur Vermehrung des Humusgehaltes der Böden bei.

Zu den Ernterückständen gehören Halme, Stängel, Blätter und vor allem Wurzeln. Die Ernterückstände von Getreide belaufen sich auf ca. 10–15 dt Trockenmasse/ha. Leguminosen liefern etwa die 5-fache Menge. Hackfrüchte hinterlassen allerdings nur wenig Wurzelmasse im Boden. Besondere Bedeutung haben *Rübenblätter*, die in Betrieben ohne Tierhaltung auf dem Feld bleiben und eine vollständige Gründüngung darstellen. Die Nährstoffbilanz setzt sie mit 0,28 kg N, 0,08 kg P_2O_5 und 0,50 kg K_2O je dt an.
Rübenblätter gleichmäßig auf dem Feld verteilt und erst nach einer kurzen Welkezeit flach eingearbeitet, zersetzen sich gleichmäßig.

Abb. 756 Stroheinarbeitung mit Schwergrubber und nachlaufendem Krümler.

3.16 Gründüngung

Bedeutung – Der Anbau der **Gründüngungspflanzen** erfolgt entweder als *Untersaat* im Frühjahr oder als *Stoppelsaat* im Sommer. Für die Verwendung als Futter oder zum Erosionsschutz stehen sie auch den Winter über auf dem Feld.
Gründüngungspflanzen halten die leicht auswaschbaren Nährstoffe fest, schützen bei anschließender *Mulchsaat* von Mais oder Zuckerrüben den Boden vor *Erosion* und erweitern enge Getreidefruchtfolgen. Außerdem unterdrücken sie spezifische *Unkräuter* und *Ungräser*.
Pflanzenwahl – Für die Gründüngung eignen sich *Leguminosen* besonders gut. Sie sammeln Stickstoff und ersetzen so in Kombination mit einer Strohdüngung die notwendige Ausgleichsdüngung. Die Praxis bevorzugt jedoch wegen des geringeren Anbaurisikos, der schnelleren Entwicklung und der geringeren Saatgutkosten häufig *Nicht-Leguminosen*, wie Raps, Rübsen, Senf, Phacelia und Welsches Weidelgras.
Anbautechnik – Die sorgfältige Einarbeitung von Winterraps und -rübsen vermeidet *Durchwuchs* in Folgekulturen.
Nährstoffgehalt – Die Nährstoffzufuhr über die Gründüngungspflanzen entnehmen Sie aus den Basisdaten (Tabellenteil im Anhang).

Abb. 757 Zwischenfruchtanbau fördert die Verrottung, das Bodenleben und die Gare.

Aufgaben:
1. Was verstehen Sie unter »Rotte«?
2. Messen Sie den Pegel im Güllebehälter Ihres Ausbildungsbetriebes zu Beginn und am Ende des Monats und berechnen Sie die zugeflossene Güllemenge.
3. Bestimmen Sie den Nährstoffgehalt der Gülle aus Aufgabe 2 mit Hilfe der Basisdaten zur Nährstoffausscheidung und dem ermittelten Güllezufluss. Überprüfen Sie das Rechenergebnis möglichst mit einem Schnellbestimmungsverfahren.
4. Welche Risiken birgt die Anwendung von Klärschlamm?
5. Beschreiben Sie die Technik der Strohdüngung.

Abb. 758 Phacelia ist eine beliebte Gründüngungspflanze.

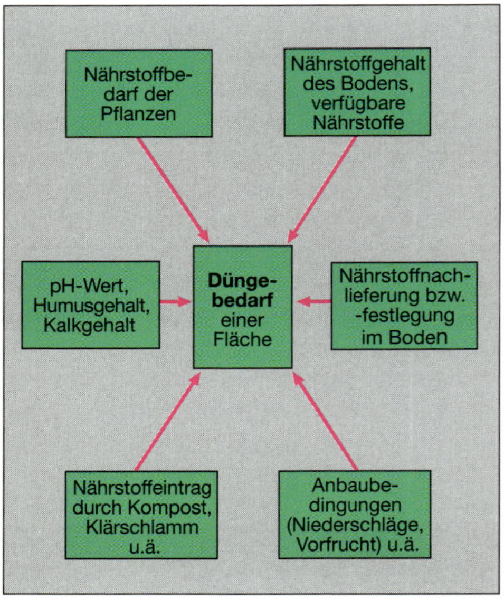

Abb. 759 Einflußfaktoren auf den Düngebedarf einer Fläche oder eines Schlages.

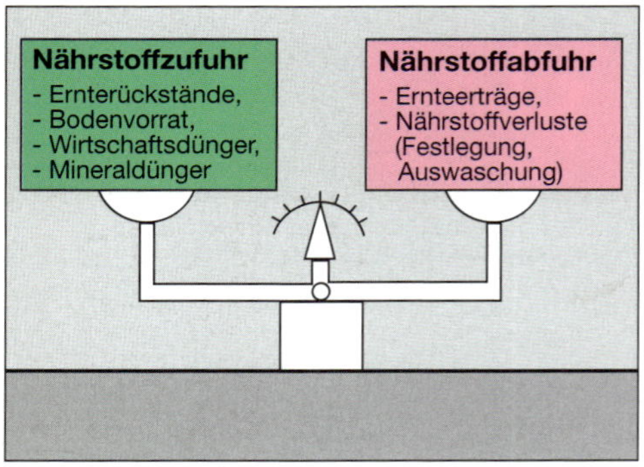

Abb. 760 Nährstoffzu- und -abfuhr sollten für jede Fläche möglichst genau ausgeglichen (bilanziert) werden.

Abb. 761 **Beispiele** für Nährstoffgehalte (= Nährstoffentzug) einiger Feldfrüchte.

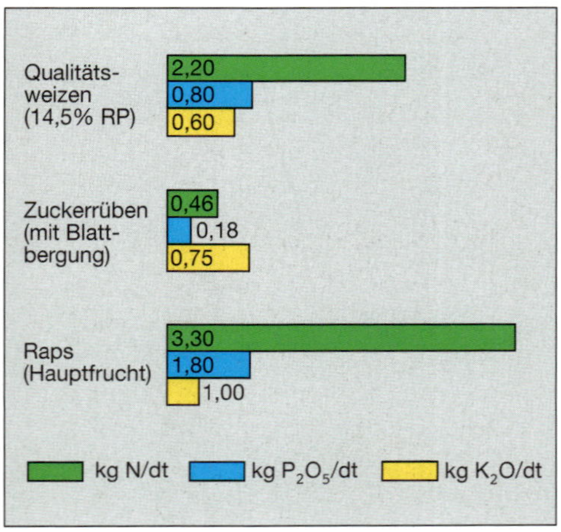

3.17 Ermitteln des Düngebedarfs und Erstellen der Nährstoffbilanz

Grundsätze der Bedarfsermittlung – Wettbewerbsfähige Pflanzenerzeugung setzt eine optimale Nährstoffversorgung der Pflanzenbestände voraus. *Nährstoffüberhänge* belasten die Umwelt. Deswegen fordert § 4 der Dünge-Verordnung eine Düngebedarfsermittlung *für jeden einzelnen Schlag* der landwirtschaftlichen Nutzfläche, d. h. für jede räumlich zusammenhängende, einheitlich bewirtschaftete und mit der gleichen Pflanzenart bestellte Einzelfläche von höchstens 5 ha Größe.

Der Landwirt berücksichtigt die Faktoren:

- *Nährstoffbedarf* des Pflanzenbestandes,
- *Nährstoffgehalt* des Bodens,
- *Nährstoffnachlieferung* aus dem Boden,
- *pH-Wert* bzw. Kalk- und Humusgehalt des Bodens,
- *Nährstoffgehalte weiterer Stoffe*, die außer Düngern auf die Fläche kommen, z. B. Kompost,
- *Anbaubedingungen*, z. B. Vorfrucht, Bodenbearbeitung. Zusätzlich geben die Ergebnisse regionaler Feldversuche Auskunft.

Nährstoffvergleich – Neben der Bewertung der *kurzfristigen* und *schlagbezogenen* Düngemaßnahmen erfordert die wirtschaftliche und ökologische Beurteilung, einen *langfristigen* Gesamtüberblick. Deswegen schreibt § 5 der Dünge-Verordnung einen Vergleich der *Nährstoffzufuhr* mit der *Nährstoffabfuhr* für alle Betriebe mit mehr als 10 ha LF bzw. mehr als 1 ha Sonderkulturen (auch Gemüse, Erdbeeren) vor.

Der **Nährstoffvergleich** für N erfolgt jährlich, für P_2O_5 und K_2O alle drei Jahre. Auf Verstöße gegen diese Bestimmungen stehen Bußgelder.

3.17.1 Wege zur Düngebedarfsermittlung

Der **Düngebedarf** für eine Fläche ergibt sich aus der ermittelten *Differenz* zwischen *Nährstoffabfuhr* und den *Nährstoffvorräten* im Boden.

Nährstoffgehalt der Pflanzen – Die *Nährstoffabfuhr* enthält für jeden Schlag die Nährstoffmenge der *geernteten Pflanzenmasse* und die der im Boden *festgelegten* oder *ausgewaschenen* Nährstoffe.

Für die mit dem Erntegut abgefahrene Nährstoffmenge liegen Ergebnisse aus zahlreichen Analysen vor. Tabellen fassen sie zusammen und dienen so als **Richtwerte** für die Nährstoffabfuhr je Dezitonne Erntegut (siehe Tabellenteil im Anhang). Die Multiplikation der Richtwerte je Dezitonne Erntegut mit den Ertragserwartungsdaten führt zu realistischen Ergebnissen. Unterbleibt die konkrete *Ertragsermittlung*, liefern die Ergebnisse regionaler Feldversuche Anhaltswerte.

Festgelegte bzw. ausgewaschene Nährstoffe – Die im Laufe des Jahres ausgewaschenen und im Boden festgelegten Nährstoffmengen hängen von pH-Wert, Humusgehalt, Niederschlagsmenge und Anbaumethode ab. Sie lassen sich nur aufgrund von Versuchen annähernd bestimmen. Für die Ermittlung des Düngebedarfs gehen diese Ergebnisse bei Stickstoff als **N-Korrekturwerte**, bei den anderen Nährstoffen als **Düngeempfehlungen** der Bodenuntersuchungsergebnisse ein.

Verfahren – Der Vorrat an pflanzenverfügbaren Nährstoffen im Boden und die Nährstoffmenge, die der Boden im Laufe des Jahres nachliefert, lassen sich mit einiger Sicherheit nur über **Bodenuntersuchungen** ermitteln. Die Dünge-Verordnung schreibt diese daher für Phosphat (P_2O_5) und Kali (K_2O) sowie den pH-Wert im Abstand von 6 Jahren (Grünland 9 Jahre) vor.

Für Magnesium (Mg) und Schwefel (S) gelten die gleichen Vorschriften, wenn ein Düngebedarf besteht.

Die Durchführung der N_{min}*-Methode* ist nicht vorgeschrieben. Vorhandene Ergebnisse dienen als Anhaltspunkt. Richtwerte über den N-Vorrat liefert die offizielle Beratung.

Bodenuntersuchungen – Die **L**andwirtschaftlichen **U**ntersuchungs- und **F**orschungs**a**nstalten (LUFA) sowie private Labors analysieren Bodenproben. Die Standarduntersuchung erfasst Phosphat, Kali und den pH-Wert, auf Wunsch alle anderen Pflanzennährstoffe. Die *Calciumlaktatmethode* (Cal-Methode) bestimmt P_2O_5 und K_2O, seltener die *Doppellaktat-* oder H_2O*-Methode*. Das Lösungsmittel extrahiert jeweils unter definiertem pH-Wert die zu messenden Nährstoffe. Dies simuliert das Lösungsverhalten der Pflanzenwurzeln. Danach erfolgt die photometrische Bestimmung.

Magnesium und der pH-Wert werden nach der Behandlung der Probe mit Calciumchlorid ($CaCl_2$) ermittelt. Die Ergebnisse in

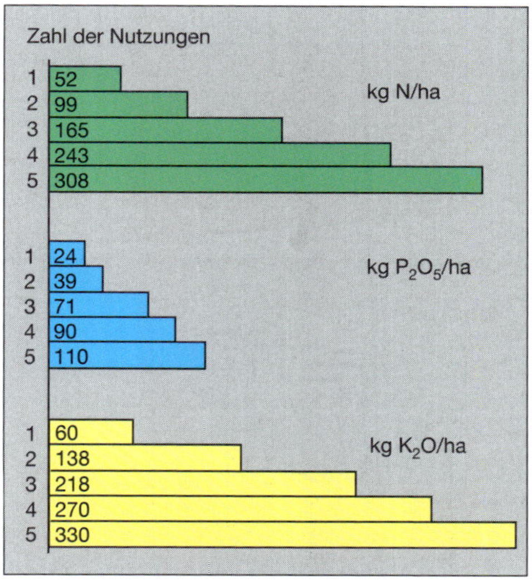

Abb. 762 Nährstoffentzug des Grünlandes.

Tabelle 61: Übersicht über die Aufzeichnungs- und Aufbewahrungspflicht gemäß der Dünge-Verordnung

Faktor der Dünge bedarfsermittlung	Ermittlungs-zeitraum	Ermittlungs-fläche bzw. Einheit	Nachweise (9 Jahre aufzubewahren)
im Boden verfügbare N-Menge	jährlich	für jeden Schlag bzw. jede Bewirtschaftungs-einheit, *nicht* für Dauergrünland	Untersuchungsergebnisse *oder* Beratungsempfehlungen *oder* Berechnungen aufgrund von Richtwerten
im Boden verfügbare Menge an P_2O_5, K_2O, CaO, pH-Wert oder Kalk-bedarf	Bodenuntersuchung mindestens alle 6 Jahre, für Grünland alle 9 Jahre vorgeschrieben	für jeden Schlag über 1 ha	Bodenuntersuchungs-ergebnisse bzw. Beratungs-empfehlungen
im Boden verfügbare Mg- und S-Menge	bei Mg- oder S-Düngung	LF	Untersuchungsergebnisse von Boden- oder Pflanzenproben, Richtwerte der Beratung
Spurenelementbedarf	bei Spurenelement-düngung	LF	wie bei Mg- bzw. S-Düngung
in Wirtschaftsdüngern enthaltene Mengen an Gesamt-N, P_2O_5 und K_2O, bei Gülle auch Gehalt an NH_4	zum Zeitpunkt der Anwendung		Untersuchungs- bzw. Berech-nungsergebnisse
Ergebnisse der Nährstoffvergleiche auf Betriebsebene	mindestens alle 3 Jahre	Betrieb	Ergebnisse und benutzte Unter-lagen mit Unterschrift eines eventuell fremden Erstellers

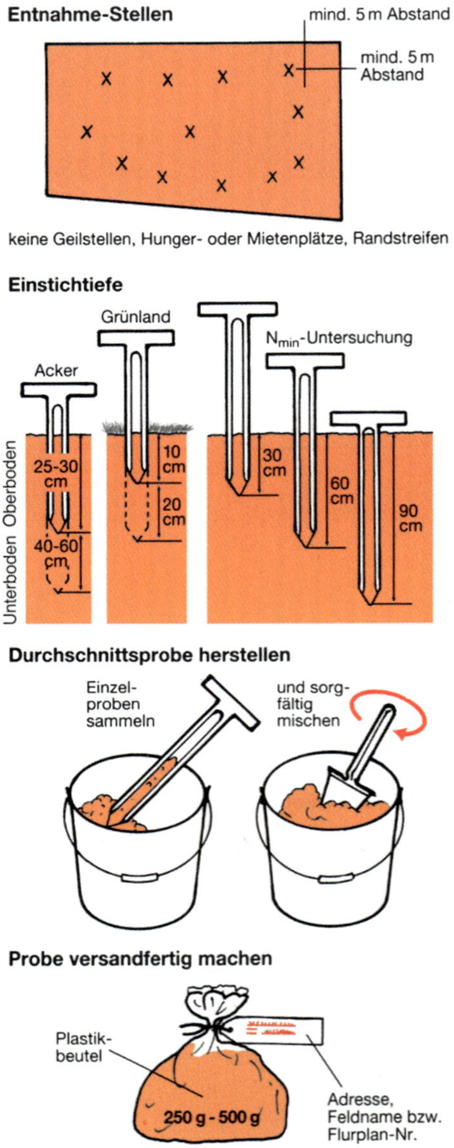

Abb. 763 Sorgfältige Entnahme der Bodenproben ist Voraussetzung für richtige Ergebnisse.

Milligramm je 100 Gramm Boden (mg/100 g) erscheinen im Untersuchungsbericht, eingereiht in eine Versorgungsstufe, versehen mit einer **Düngeempfehlung.**

Tabelle 62: Bodenvorrat an Phosphat und Kali, Versorgungsstufen

Versorgungsstufe	Gehalt in mg/100 g Boden			
	P_2O_5	K_2O		
		leichte Böden	mittlere Böden	schwere Böden
A niedrig	unter 5	unter 4	unter 5	unter 7
B mittel	5– 9	4– 7	5– 9	7–14
C optimal	10–20	8–15	10–20	15–25
D hoch	21–30	16–25	21–30	26–35
E sehr hoch	über 30	über 25	über 30	über 35

Sehr hoch mit Phosphat und Kali versorgte Böden im Sinne der Dünge-Verordnung (§ 3, Absatz 6) enthalten in 100 g mehr als 55 mg P_2O_5 bzw. mehr als 45 mg K_2O auf leichten, mehr als 55 mg K_2O auf mittleren und mehr als 65 mg K_2O auf schweren Böden (gemessen nach der Cal-Methode). Diese Zahlen stellen keine pflanzenbaulichen Richtwerte, sondern *rechtliche Obergrenzen* dar.

Tabelle 63: Empfohlene Düngermenge (P_2O_5 bzw. K_2O) aufgrund der Versorgungsstufe und der Bodenart

Versorgungsstufe	empfohlene Nährstoffmenge in kg/ha		
	P_2O_5	K_2O	
	für alle Bodenarten (1–8)	für leichte Böden (1 und 2)	für mittlere und schwere Böden (3–8)
A niedrig	Abfuhr + 60	Abfuhr + 40	Abfuhr + 75
B mittel	Abfuhr + 60	Abfuhr + 40	Abfuhr + 75
C optimal	Abfuhr	Abfuhr	Abfuhr
D hoch	½ Abfuhr	½ Abfuhr	½ Abfuhr
E sehr hoch	∅	∅	∅

Den Bodenvorrat an *mineralisiertem Stickstoff* (= N_{min}), NO_3^- und NH_4^+, erfasst die **N_{min}-Methode**. Die Bodenprobenentnahme erfolgt *vor* Vegetationsbeginn. In tiefgründigen, gut durchwurzelten Böden geschieht dies bis zu einer Tiefe von 90 cm, aufgeteilt in Schichten zu je 30 cm. Gemessen wird der mineralisierte Stickstoff in kg/ha, der als sog. N_{min}-Restwert über die Wintermonate im Boden verblieben ist. Die Werte dienen zur ständigen N-Bilanzierung. Mit Hilfe der **E**lektro-**U**ltra-**F**iltrationsmethode **(EUF-Methode)** lassen sich die Vorräte an N, P_2O_5 und K_2O im Boden ermitteln. Über die Ergebnissicherheit entscheidet eine sorgfältige Analyse und *Entnahme* der Bodenproben. Das richtige Vorgehen stellt Abb. 763 dar. Erzeugergemeinschaften und Maschinenringe bieten die maschinelle Entnahme als preiswerte Dienstleistung an.

Der Handel führt eine Reihe von Geräten zur *Schnellbestimmung*, die bei sorgfältiger Anwendung brauchbare Hinweise über den Bodenvorrat an Pflanzennährstoffen sowie den pH-Wert liefern. Liegen keine eigenen Ergebnisse von Bodenuntersuchungen vor, helfen *Veröffentlichungen* der Beratung oder entsprechende Beiträge in Fachzeitschriften. Sie dienen als Nachweis im Sinne der Dünge-Verordnung, ersetzen aber *nicht* die dort geforderten Bodenuntersuchungen.

Magnesium, Schwefel, Spurenelemente – Im Gegensatz zu Phosphat und Kali bilden die Werte für die Nährstoffabfuhr bei Magnesium und besonders den Spurennährstoffen keine Grundlage für die Berechnung des Düngebedarfs. Die empfohlenen Richtwerte basieren hier auf langjährigen *Erfahrungsdaten*.

Die **Mg-Gehalte** landwirtschaftlicher Nutzpflanzen liegen zwischen 20–60 kg MgO/ha. Hackfrüchte und Mais benötigen für die Chlorophyllbildung in den Blättern besonders hohe Mengen an Mg, die die übliche Düngung und die Bodennachlieferung besonders auf sauren Böden nicht deckt.

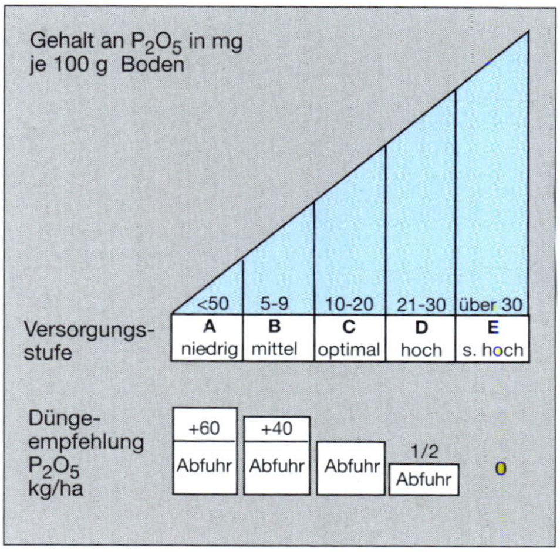

Abb. 764 Versorgungsstufen des Bodens und Düngeempfehlung für P_2O_5.

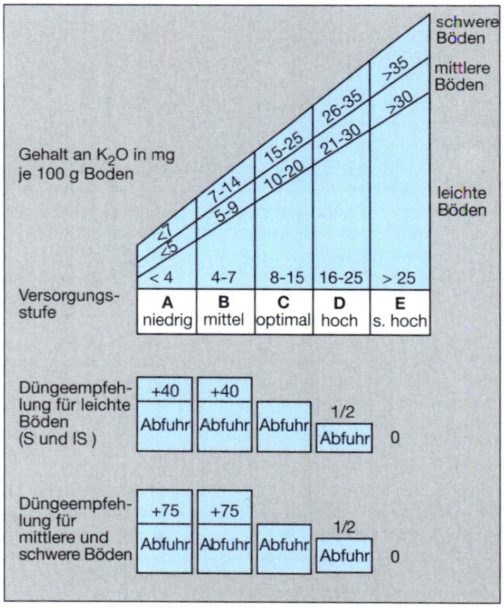

Abb. 765 Versorgungsstufen des Bodens mit K_2O und Düngeempfehlung.

Tabelle 64: Gehaltsstufen für $CaCl_2$-lösliches Magnesium und Empfehlungen zur Mg-Düngung

Gehaltsstufe	Magnesiumgehalte leichte Böden (S, l'S)	mg Mg/100 g Boden mittlere und schwere Böden (lS–T)	Mg-Düngung kg MgO/ha
A sehr niedrig	unter 3	unter 5	50–100
B niedrig	3–6	5–9	50–100
C anzustreben (optimal)	7–10	10–20	0–40
D hoch	11–49	21–49	0
E sehr hoch	über 49	über 49	0

Die mobile für die Pflanze wichtigste Form des **Schwefels** ist das **Sulfat**, das in der Bodenlösung in einer Konzentration von etwa 30–90 ppm SO_4 auftritt. Das mit heißem Wasser extrahierbare Sulfat entspricht etwa dem pflanzenverfügbaren Anteil.

Für den **Düngebedarf** liefert auch eine Untersuchung des Schwefelgehaltes der Blätter Anhaltspunkte. In Futterbau- bzw. Veredelungsbetrieben tritt kaum Schwefel-Mangel auf, weil hier mit Stallmist (0,08–0,1 kg S/dt) und Gülle (0,2–1,0 kg S/m^3) beachtliche Schwefelmengen aus dem Zukauffutter in den Boden gelangen. Anders sieht es bei viehlos wirtschaftenden Betrieben mit hohem Raps- und Zuckerrübenanteil aus. Hier muss Schwefel für die Versorgung der Pflanzen und für die Hygiene des Bodens gedüngt werden.

Akuter **Spurenelementmangel** beschränkt sich meist auf extreme Standorte oder Böden mit ungünstigen pH-Werten. Verdacht auf Spurenelementmangel erfordert Bodenuntersuchungen, deren Ergebnissen zugleich auch Düngeempfehlungen beiliegen.

Berücksichtigung der Standort- und Anbaubedingungen – Optimale Erträge liefern nur ausreichend mit Kalk und Humus versorgte Böden. Diese beiden Faktoren entscheiden auch über die Verfügbarkeit der Pflanzennährstoffe im Boden.

Abb. 766 Anzustrebende pH-Werte für mineralische Ackerböden (unter 4% organische Substanz).

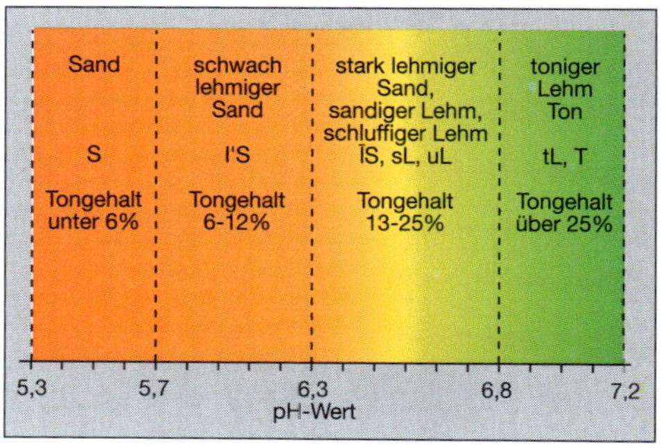

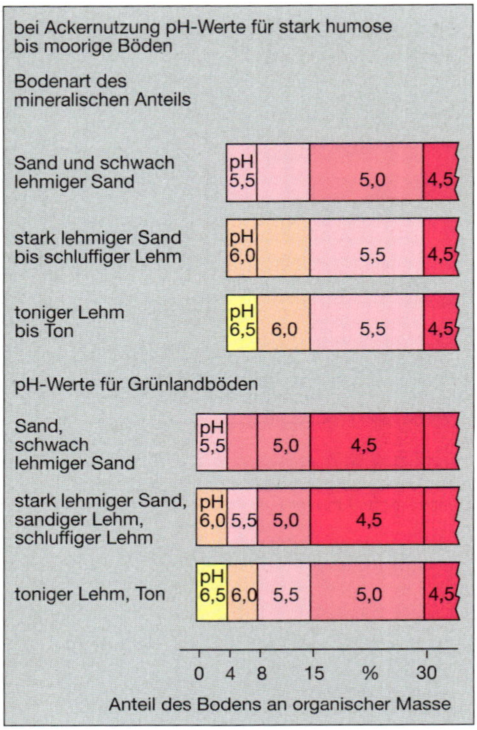

Abb. 767 Anzustrebende pH-Werte für Grünlandböden und stark humose bis moorige Böden mit Ackernutzung.

Abb. 768 Einfluss des pH-Wertes auf die Verfügbarkeit der Nährstoffe.

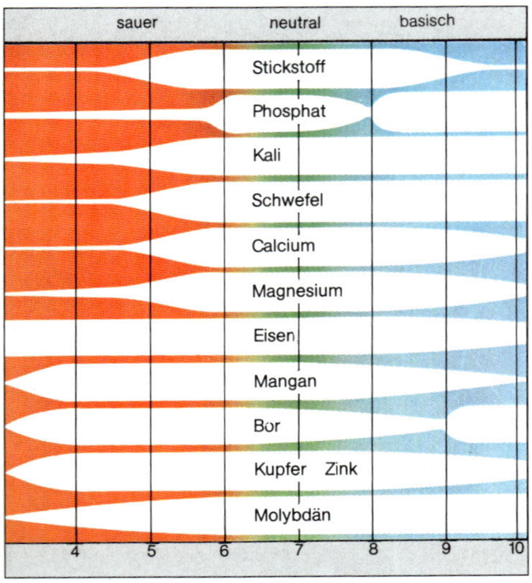

Der anzustrebende pH-Wert richtet sich nach der Bodenart, dem Humusgehalt und der Nutzungsart. Grundsätzlich gilt:

> **!** Je schwerer der Boden, desto höher liegt der anzustrebende pH-Wert.
> Je höher der Humusgehalt, desto niedriger liegt der anzustrebende pH-Wert.

Die Abb. 766 zeigt die anzustrebenden pH-Werte für mineralische Ackerböden mit einem Anteil an organischer Substanz von weniger als 40 %. Die optimalen pH-Werte für humose Böden sind Abb. 767 zu entnehmen.

Niederschläge und Ackerzahl – Je größer die jährliche Niederschlagsmenge und je durchlässiger der Boden, desto mehr unterliegt besonders Stickstoff der Auswaschung. Nährstoffvergleiche berücksichtigen unvermeidliche, standortspezifische Verluste durch eine Korrektur des N-Saldos.

Vorfrüchte, Anbaumethoden – Leguminosen als Vorfrüchte hinterlassen ansehnliche Mengen an mineralisiertem Stickstoff im Boden. Sie lassen sich zu der Bodenreserve aus den Werten der N_{min}-Methode addieren. Die entsprechenden Daten finden sich im Tabellenteil im Anhang.

Andererseits vermindern zur Fütterung abgefahrene Zwischenfrüchte den Bodenvorrat an Pflanzennährstoffen. Dies berücksichtigt die Düngebedarfsberechnung.

3.17.2 Berechnung des Düngebedarfs

Beispiel:	Schlagbezeichnung:	Langer Acker, Ackerzahl 72 600 mm Jahresniederschlag
	Größe:	5 ha
	Fruchtart:	Winterweizen, Ertragserwartung 70 dt/ha Qualitätsweizen
	N_{min}-Gehalt:	40 kg N/ha
	Bodenuntersuchung:	P_2O_5 = Versorgungsstufe B K_2O = Versorgungsstufe C
	Wirtschaftsdünger:	20 m^3/ha Schweinegülle

① Berechnung des N-Bedarfs

N-Abfuhr 70 dt/ha Weizen × 2,20 kg N/dt × 5 ha	= 770 kg
– N_{min}-Vorrat im Boden	= 200 kg
+ anrechenbare standortspezifische Verluste	= 75 kg
	645 kg

② Berechnung des Bedarfs an P_2O_5 und K_2O

Nährstoffabfuhr

P_2O_5: 0,80 kg/dt × 70 dt/ha × 5 ha = 280 kg

K_2O: 0,60 kg/dt × 70 dt/ha × 5 ha = 210 kg

Düngeempfehlung

P_2O_5: Stufe B = Abfuhr + 60 kg/ha = 280 kg + 60 kg × 5 = 580 kg

K_2O: Stufe C = Abfuhr = 210 kg

③ **Düngung**

N	Bedarf	= 645 kg
	Zufuhr durch Gülle 100 $m^3 \times 5{,}2\ kg/m^3$	= 520 kg
	über Mineraldünger zuzuführen	= 125 kg
	das entspricht 4,6 dt Kalkammonsalpeter (27 % N)	
P_2O_5	Bedarf	= 580 kg
	Zufuhr durch Gülle 100 $m^3 \times 3{,}3\ kg/m^3$	= 330 kg
	über Mineraldünger zuzuführen	= 250 kg
	das entspricht 16,6 dt Thomasphosphat (15 % P_2O_5)	
K_2O	Bedarf	= 210 kg
	Zufuhr durch Gülle 100 $m^3 \times 3{,}3\ kg/m^3$	= 330 kg
	Nährstoffüberhang, keine zusätzliche Mineraldüngung	

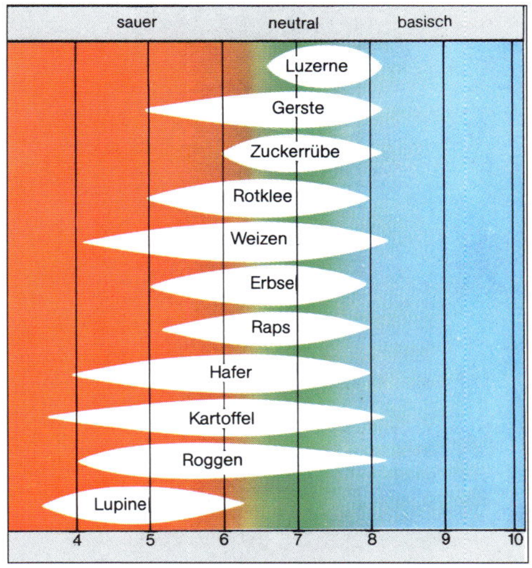

Abb. 769 Von Kulturpflanzen bevorzugte pH-Bereiche.

Die elektronische **Schlagkartei** erleichtert die Düngeplanung. Die auf dem Markt befindlichen Programme erstellen nicht nur aus den betriebseigenen Analysedaten für jeden Schlag den geforderten *Düngeplan*, sondern helfen gleichzeitig bei der Wahl der preiswertesten Düngemittel.
Die Erfassung betriebseigener Daten bildet die Basis einer sinnvollen Düngeplanung.

3.17.3 Nährstoffvergleiche gemäß der Dünge-Verordnung

Die in der Dünge-Verordnung geforderten **Nährstoffvergleiche** legen *langfristig* Nährstoffüberhänge offen und sichern so eine wirtschaftliche und umweltgerechte Düngung.
Für die Erstellung von Nährstoffvergleichen stehen drei Möglichkeiten zur Auswahl. Die zur Aufstellung des Nährstoffvergleichs verpflichteten Betriebe wählen je nach *Betriebstyp* die passende Methode aus:

▶ **Nährstoffvergleich auf Einzelschlagbasis**
Er eignet sich vor allem für viehlos wirtschaftende Ackerbaubetriebe. Die Dünge-Verordnung verlangt zu den Angaben der Schlagkartei die geschätzte Menge.
– des von Leguminosen gebundenen Luftstickstoffs,
– der Nährstoffabfuhr im Erntegut und
– der Nährstoffe in Erntegutresten auf dem Feld.
Das Erntejahr dient als Beobachtungszeitraum.

Abb. 770 Anrechnung standortspezifischer N-Verluste beim Nährstoffvergleich gemäß Dünge-Verordnung.

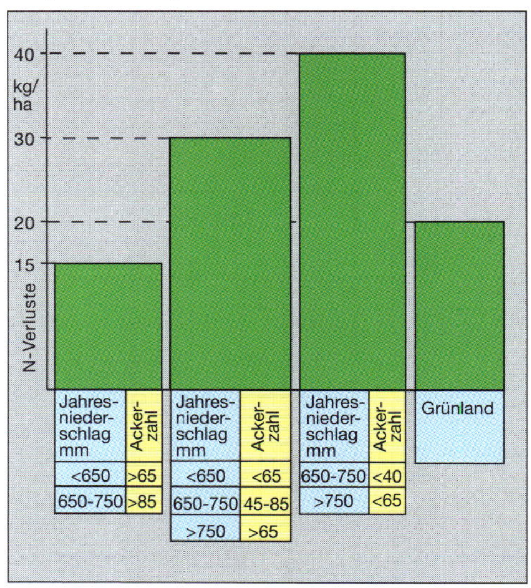

Beispiel: Ermittlung des N-Bedarfs
Schlagbezeichnung: Obere Breite
Größe: 5 ha, Ackerzahl: 72, Niederschlag: 600 mm/Jahr
Fruchtart: Zuckerrüben

① **N-Abfuhr**
Ertrag von 550 dt/ha Rüben (mit Blattbergung)
550 dt/ha × 0,46 kg N/dt = 253 kg/ha

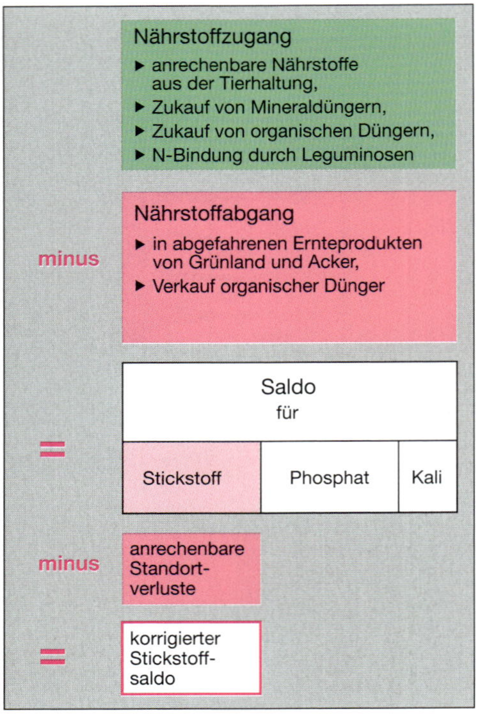

Abb. 771 Rechengang für den Nährstoffsaldo auf Feld-Stall-Basis (oben) und für den Nährstoffsaldo auf Hoftor-Basis (unten).

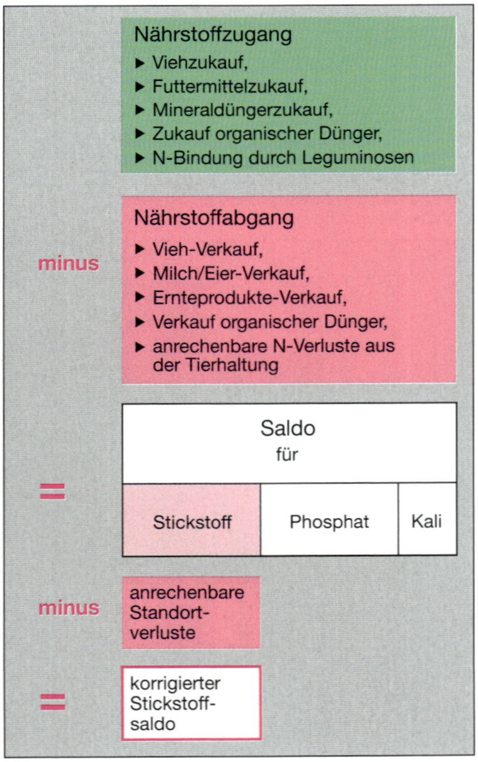

② **N_{min}-Gehalt**
Festgestellt durch Untersuchung oder als Richtwert den Beratungsempfehlungen entnommen = 75 kg/ha

③ **N-Sollwert-Korrektur**
Anrechenbare standortspezifische N-Verluste = 15 kg/ha

④ **N-Bedarf durch Düngung**

Sollwert	253 kg/ha
– N_{min}-Vorrat	75 kg/ha
+ anrechenbare Verluste	15 kg/ha
	193 kg/ha

5 ha benötigen also 965 kg N insgesamt.

▶ **Nährstoffvergleich auf Feld-Stall-Basis**
Eine *vereinfachte Stallbilanz* kalkuliert den Nährstoffzugang aus der Tierhaltung des Betrieb. Richtwerte der Nährstoffausscheidung sind mit der Zahl der Stallplätze zu multiplizieren. Nährstoff-Überversorgung infolge nicht angepasster Fütterung oder schlechter Leistung wird dabei nicht erfasst. Es sei denn, der Einzelbetriebes ermittelt den Nährstoffzugang nicht nach Richtwerten (Tabellenteil im Anhang), sondern aufgrund eigener Daten. Futterbau- und Grünlandbetriebe mit ihrem starken Nährstoffanfall aus der Tierhaltung bekommen daher einen wirklichkeitsnäheren Überblick mit Nährstoffvergleichen auf Hoftor-Basis (siehe auch Beispiele).

▶ **Nährstoffvergleich auf Hoftor-Basis**
Innerbetriebliche Nährstoffströme bleiben unberücksichtigt. Die Daten aus dem *Zukauf* von *Vieh, Futtermitteln, mineralischen* und *organischen Düngern* liefern den **Nährstoffzugang** über Richtwerte (siehe Basisdaten im Anhang).
Wir subtrahieren den **Nährstoffabgang** aus dem *Verkauf* von *Vieh, Milch, Eiern, Ernteprodukten* und *organischen Düngern*, die den Hof verlassen.
Diese Nährstoffbilanz zeigt häufig höhere, aber zutreffendere Nährstoffüberhänge.

Für die beiden Verfahren auf Betriebsebene (Feld-Stall, Hoftor) gilt der **Bezugszeitraum** *Wirtschaftsjahr* (1.7. bis 30.6.), für das Verfahren auf Einzelschlagbasis das *Kalenderjahr*.
Auch aus diesem Grund weichen die Ergebnisse der beiden Methoden voneinander ab.
Beispiel für die Berechnung des Nährstoffvergleichs gemäß § 5 Dünge-Verordnung. Eine tabellarische Berechnung enthält Seite 307.
Betriebskenndaten: 1000 mm Niederschlag, Ackerzahl 55

Flächennutzung:	*Grünland*	2 Nutzungen	3,0 ha
		3 Nutzungen	5,0 ha
		4 Nutzungen	20,0 ha
			28,0 ha
	Acker	Silomais	5,0 ha
		Winterweizen	5,0 ha
		Wintergerste	5,0 ha
			15,0 ha

Zwischenfrucht 5,0 ha Alexandriner Klee (Ertrag 250 dt/ha)

Tierbestand: 60 Milchkühe
verkaufte Milch 6 000 kg/Kuh, 3,4 % Eiweiß
30 Jungtiere 15 Kälber

Tabelle 65: Berechnung des Nährstoffvergleichs auf Feld-Stall-Basis

① Anrechenbarer Nährstoffzugang durch Tierhaltung, Mineraldünger, betriebsfremden Dünger und Leguminosen (im Wirtschaftsjahr)

Nährstoffausscheidung Tierhaltung (siehe Tabellenteil im Anhang)	Stickstoff (N) kg/Einheit	Stickstoff (N) % anrechenbar	Stickstoff (N) kg/Betrieb	Phosphat (P_2O_5) kg/Einheit	Phosphat (P_2O_5) kg/Betrieb	Kali (K_2O) kg/Einheit	Kali (K_2O) kg/Betrieb
60 Milchkühe	115	72	4986	39	2340	157	9420
30 Jungtiere	47	72	1015	15	450	66	1980
15 Kälber	14	60	126	5	75	13	195
Mineraldünger-Zukauf							
80 dt Kalkammonsalpeter	27		2160				
8 dt Diammonphosphat	18		144	46	368		
15 dt Kornkali						40	600
N-Bindung Leguminosen							
28 ha Grünland	30,00		840				
5 ha Alexandriner Klee	60,00		300				
Summe Nährstoffzugang			9571		3233		12 195

② Nährstoffabgang von Grünland und Acker, Verkauf organischer Dünger (im Wirtschaftsjahr)

Grünland (siehe Tabellenteil im Anhang)	Stickstoff (N) kg/Einheit	Stickstoff (N)	Stickstoff (N) kg/Betrieb	Phosphat (P_2O_5) kg/Einheit	Phosphat (P_2O_5) kg/Betrieb	Kali (K_2O) kg/Einheit	Kali (K_2O) kg/Betrieb
3 ha 2 Nutzungen	99		297	39	117	138	414
5 ha 3 Nutzungen	165		825	71	355	218	1090
20 ha 4 Nutzungen	243		4860	90	1800	270	5400
Acker (siehe Tabellenteil im Anhang)							
5 ha Silomais (28 % T, 550 dt)	0,38		1045	0,16	440	0,45	1237
5 ha Winterweizen, 60 dt/ha	1,80		540	0,80	240	0,60	180
5 ha Wintergerste, 60 dt/ha	1,70		510	0,80	240	0,60	180
5 ha Alexandriner Klee, 250 dt/ha	0,35		437	0,11	137	0,45	562
Summe Nährstoffabgang			8514		3329		9063

③ Saldo

	Stickstoff (N)	Phosphat (P_2O_5)	Kali (K_2O)
Nährstoffzugang	9571	3233	12 195
– Nährstoffabgang	8514	3329	9063
Saldo Gesamtbetrieb (43 ha)	1057	– 96	3132
je ha	24,5	– 2	72

④ Bewertung des N-Saldos
Überschreitung des Optimalbereichs. Es ergeben sich ca. 10 kg/ha Abweichung zur Methode »Hoftor-Basis«.

Tabelle 66: Berechnung des Nährstoffvergleichs auf Hoftor-Basis

① Nährstoffzugang bzw. -zukauf (im Wirtschaftsjahr)

	Stickstoff (N)		Phosphat (P_2O_5)		Kali (K_2O)	
	kg/Einheit	kg/Betrieb	kg/Einheit	kg/Betrieb	kg/Einheit	kg/Betrieb
Viehzukauf 5 Jungkühe je 5 dt	2,50	62,50	1,37	34,25	0,24	6,00
Futtermittelzukauf 30 dt Kälberaufzuchtfutter, 18 % Rohprotein	2,88	86,40	1,15	34,50	1,06	31,80
600 dt Milchleistungsfutter II 18 % Rohprotein	2,88	1728,00	0,91	546,00	1,06	636,00
20 dt Mineralfutter Rind 12 % Ca, 8 % P			18,32	366,40		
Mineraldünger-Zukauf 80 dt Kalkammonsalpeter	27,00	2160,00				
8 dt Diammonphosphat	18,00	72,00	46,00	368,00		
15 dt Kornkali					40,00	600,00
N-Bindung Leguminosen 28 ha Grünland	30,00	840,00				
5 ha Alexandriner Klee	60,00	300,00				
Summe Nährstoffzugang		5248,90		1349,15		1273,80

② Nährstoffabgang bzw. Verkauf

	Stickstoff (N)		Phosphat (P_2O_5)		Kali (K_2O)	
	kg/Einheit	kg/Betrieb	kg/Einheit	kg/Betrieb	kg/Einheit	kg/Betrieb
Viehverkauf 15 Altkühe je 6 dt	2,50	225,00	1,37	123,30	0,24	21,60
45 Kälber 1 dt	2,50	112,50	1,37	61,65	0,24	10,80
Milchverkauf 360,00 t	5,30	1908,00	2,30	828,00	1,70	612,00
anrechenbare N-Verluste 60 Milchkühe N-Ausscheidung 115 kg/Tier – 28 % Verlust		1932,00				
30 Jungtiere 47 kg/Tier – 28 % Verlust		394,80				
15 Kälber 14 kg/Tier – 40 % Verlust		84,00				
Summe Nährstoffabgang		4656,30		1012,95		644,40

③ Saldo

	N	P_2O_5	K_2O
Nährstoffzugang	5248,90	1349,15	1273,80
– Nährstoffabgang	4656,30	1012,95	644,40
Saldo Gesamtbetrieb (43 ha)	592,60	336,20	629,40
je ha	13,78	7,81	14,63

③ Bewertung des N-Saldos Überschreitung des Optimalbereichs

Es ergeben sich ca. 10 kg/ha Abweichung zur ersten Methode »Feld-Stall-Basis«.

Aufgaben:
1. Erstellen Sie den Düngeplan für einen Weizenschlag. Benützen Sie dazu die Daten der regionalen Düngeempfehlung und Empfehlungen aus dem Bodenuntersuchungsbericht.
2. Welche Erkenntnisse bringt der Nährstoffvergleich auf Betriebsebene?
3. Erstellen Sie den Nährstoffvergleich für ihren Ausbildungsbetrieb.
   Benutzen Sie dazu die Basisdaten.

Abb. 772 Abdeckschäden an der Grasnarbe durch mangelhafte Verteilung der Gülle.

3.18 Grundsätze der Düngeranwendung

Zur **guten fachlichen Praxis** des Düngens gehört neben der Ermittlung der richtigen Düngermenge auch deren *sachgerechte Ausbringung* zum *optimalen Zeitpunkt.*

§ 2 Dünge-Verordnung bestimmt die zeitliche und mengengerechte Ausbringung:

- ▶ Pflanzen müssen die Nährstoffe weitestgehend *ausnutzen können* und damit lassen sich
- ▶ *Nährstoffverluste* sowie Einträge in die Gewässer vermeiden.
- ▶ *Stickstoffhaltige Dünger* müssen den Pflanzen die Nährstoffe während des Wachstums bereitstellen.
- ▶ Die Ausnützung des Stickstoffs fordert für alle Flächen ohne Herbstaussaat *Zwischenfruchtbau.*
- ▶ N-haltige Düngemittel nur auf *aufnahmefähigen Boden* ausbringen. Also *nicht* auf *wassergesättigten* (erkennbar an Wasserpfützen auf ebener Fläche), *tiefgefrorenen* (Frosttiefe über 15 cm) oder *stark schneebedeckten* (Schneehöhe über 5 cm). Eine N-Startdüngung auf noch leicht gefrorenen Boden im zeitigen Frühjahr bringt keine Probleme.
- ▶ Die *Ausbringtechnik* muss den allgemein anerkannten Regeln der Technik entsprechen und eine optimale *Mengenbemessung* und *Verteilung* des Düngers gestatten. Moderne Mineraldüngerstreuer ermöglichen dies problemlos. Die Gülleausbringung erfordert Schleppschläuche.
- ▶ *Überschwemmungsgefährdete* Flächen nicht zu Zeiten düngen, zu denen erfahrungsgemäß mit Überschwemmungen zu rechnen ist.

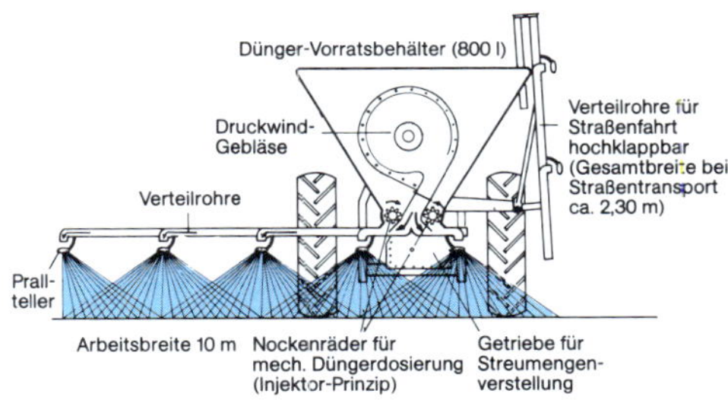

Abb. 773 Pneumatischer Düngerstreuer: ein Luftstrom verteilt den Dünger.

Abb. 774 Arbeitsbreite des Schleuderstreuers.

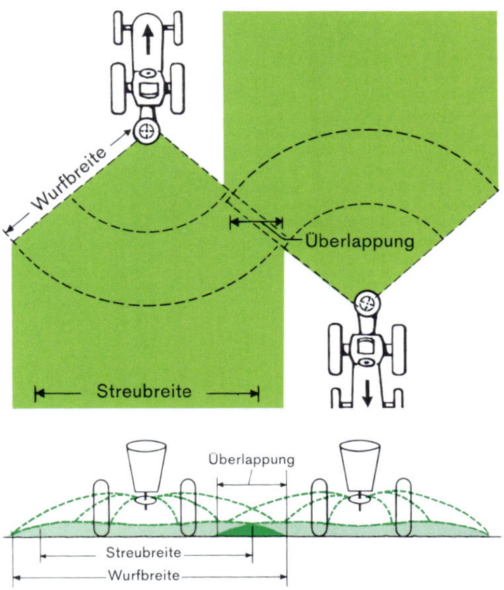

3.19 Grundsätze für die Anwendung von Wirtschaftsdüngern tierischer Herkunft

Beschaffenheit und Zusammensetzung der Wirtschaftsdünger tierischer Herkunft, also Stallmist, Jauche und Gülle erschweren eine gezielte und verlustarme Anwendung. Deswegen gilt für die **Wirtschaftsdünger** Folgendes:

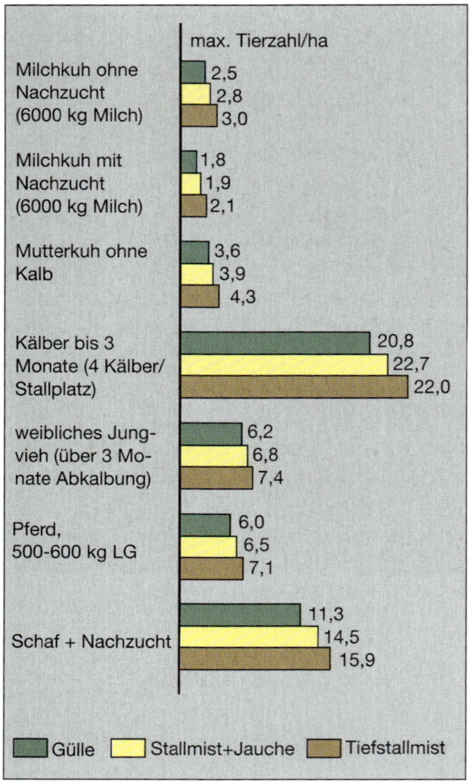

Abb. 775 Höchstmögliche Tierzahl/ha im Grünlandbetrieb (max. 210 kg N/ha) gemäß §3, Absatz 7 DV; Abzüge für Lager- und Ausbringungsverluste berücksicht.

- **Ausbringverbot** für Gülle, Jauche und flüssigen Geflügelkot auf dem Acker vom 15. November bis einschließlich 15. Januar, auf Grünland vom 5. Dezember bis einschließlich 5. Februar *(Kern-Sperrfrist)*. Die zuständigen Behörden können örtlich gültige Sperrfristen anordnen.
- Die **unverzügliche Einarbeitung** von Gülle, Jauche und flüssigem Geflügelkot auf unbestellten Ackerflächen hilft, N-Verluste zu vermeiden.
  Nach der Hauptfruchternte dürfen die genannten Dünger nur zu Feldgras, Untersaaten, Herbstaussaaten, Zwischenfrüchten oder zur Strohdüngung und zwar insgesamt nur bis zu einer Höhe von 40 kg NH_4/ha oder 80 kg Gesamt-N/ha ausgebracht werden.
- Bodennahes Düngen bei feuchtem, kühlem und windarmem Wetter vermeidet **Ammoniakverflüchtigung** weitestgehend.
- **Sehr hoch mit Phosphat und Kali versorgte Flächen** (siehe Tabellenteil im Anhang) erlauben Wirtschaftsdünger tierischer Herkunft nur bis zur Höhe der Nährstoffabfuhr durch die Pflanzen.
- Der Betriebsdurchschnitt darf jährlich je Hektar **Grünland 210 kg N**, je Hektar **Ackerland 170 kg N** nicht überschreiten.
  Bei Gülle und Jauche können bis zu 10 %, bei Festmist bis zu 25 % der in den Ausscheidungen enthaltenen N-Menge als *Lagerverluste* und jeweils bis zu 20 % der *vor* der Ausbringung ermittelten N-Gesamtmenge als *Ausbringverluste* zur Anrechnung kommen.

Beispiel: Gülle von 60 Milchkühen (6000 kg Milch) mit Nachzucht

60 x 166 kg N	= 9960 kg N
– 10% Lagerverluste	= 996 kg N
N-Gehalt vor der Ausbringung	8964 kg N
– 20% Ausbringverluste	1792 kg N
N-Menge nach der Ausbringung	7172 kg N

Es müssen mindestens 7172 kg : 210 kg/ha = 34,1 ha für die Ausbringung dieser Güllemenge zur Verfügung stehen.

Acker- und pflanzenbauliche sowie wasserwirtschaftliche Gesichtspunkte – Das Ausbringen flüssiger Wirtschaftsdünger erfolgt zu Beginn oder während der Vegetation entsprechend dem N-Bedarf der Nutzpflanzen. Auf stark *geneigten Flächen* beschränkt sich die Menge wegen der Abschwemmgefahr auf max. 20 m^3/ha in einer Gabe.

Flaches Lockern festgefahrener oder stark verdichteter **Ackeroberflächen** vor dem Begüllen lässt die Gülle besser eindringen. *Bodennahes Ausbringen* mit Schleppschläuchen schränkt die Ammoniakverflüchtigung stark ein. *Reihendüngung* mit Schleppschläuchen empfiehlt sich für Reihenkulturen.

Grünland wird stets *nach* der Nutzung begüllt. Nicht zu tiefer Schnitt (Stoppelhöhe über 5 cm) und verdünnte Gülle mindern die Pflanzenverschmutzung.

Fließende **Gewässer** fordern einen Mindestabstand von 5 m zum Ufer, stehende Gewässern einen von 10 m. Im Fassungsbereich der **Wasserschutzgebiete** (Zone I) darf nicht gegüllt werden, in Zone II und III nur zu Beginn oder während der Vegetation. Das Ausbringen von Gülle mit Schleppschlauchverteilern verringert die NH_3-Verflüchtigung und verbessert die Verteilung.

Der Einsatz der modernen satellitengestützten Erfassung von Erträgen und der Bodenbeprobung ermöglicht eine exakte Düngung auf Teilflächen und hilft, die Auswaschung zu vermindern und Kosten zu sparen.

Aufgaben:

1. Nennen Sie die allgemeinen Grundsätze zur sachgerechten Ausbringung der Dünger.
2. Auf welchen Erkenntnissen beruhen diese Grundsätze?
3. Nennen Sie einige Regeln für die Ausbringung von Wirtschaftsdüngern?
4. Weshalb gelten für leichtlösliche N-Dünger besondere Vorschriften?
5. Welche Vorteile bringt eine exakte Düngung mit Hilfe der computergesteuerten GPS -Methode?

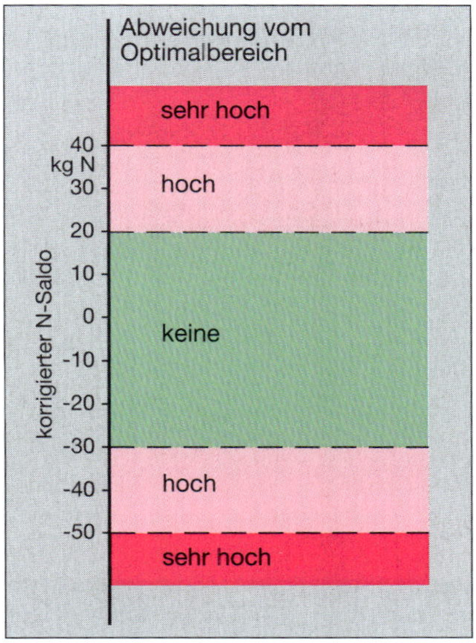

Abb. 776 Bewertung des hektarbezogenen, korrigierten N-Saldos.

Abb. 777 Schleuderstreuer bei der Getreidedüngung in Fahrgassen.

Abb. 778 Mit der richtigen Einstellung des Streuers kommt es zu keiner solchen Streifenbildung.

Abb. 779 Rührwerk (oben) und Düngerdosierung auf die Streuscheiben bei einem 2-Scheiben-Streuer.

4 Maschinen und Geräte zum Ausbringen der Dünger

Die verschiedenen Dünger sind so auszubringen, dass die Nährstoffe weitgehend von den Pflanzen verbraucht und damit Nährstoffverluste sowie Einträge in die Gewässer vermieden werden. Die Ausbringtechnik muss eine exakte Mengenbemessung und gleichmäßige Verteilung in der Fläche ermöglichen.
Dabei sind besonders die Gelände- und Bodenverhältnisse sowie die Oberflächenbeschaffenheit zu berücksichtigen. Ein direkter Eintrag in Oberflächengewässer oder benachbarte Flächen ist zu vermeiden.

4.1 Mineraldüngerstreuer

Mineraldünger in mehliger, kristalliner oder gekörnter Form wird mit dem **Düngerstreuer** ausgebracht. Die Ausbringung von Dünger in flüssiger Form erfolgt mit der *Pflanzenschutzspritze*.
Um die festen Mineraldünger möglichst exakt ausbringen zu können, werden an die Düngerstreuer besondere **Anforderungen** gestellt. Sie sollen

- ▶ unterschiedliche *Düngersorten* und *Körnungen* verarbeiten können,
- ▶ eine gleichmäßige, exakte *Verteilung* haben,
- ▶ verschiedene *Streubreiten* zulassen,
- ▶ die *Ausbringmengen* genau in kleinen Abstufungen oder stufenlos dosieren können,
- ▶ eine *Abdrehprobe* schnell und einfach ermöglichen,
- ▶ zum *Grenzstreuen* geeignet sein,
- ▶ mit einer Einrichtung zur *Spätdüngung* ausgestattet sein,
- ▶ einfach und schnell zu *entleeren* und zu *reinigen* sein,
- ▶ ein ausreichendes *Behälterfassungsvermögen* haben.

4.1.1 Bauarten

Schleuderstreuer – In der Praxis werden vorwiegend **Zentrifugal-** oder **Schleuderstreuer** verwendet. Mit ihnen werden hauptsächlich gekörnte Dünger ausgebracht. Bei den *Anbaustreuern* sind Behälterfassungsvermögen bis zu 2000 Liter möglich. *Angehängte Streuer* können bis zu 10 000 Liter Behältervolumen haben und sind als Einachs- oder Tandemfahrzeuge auf dem Markt. Neben dem Schleuderstreuwerk sind **Großflächenstreuer** auch mit einem Schneckenstreuwerk für mehlige Dünger ausrüstbar.
Die *Streuaggregate* bei den Schleuderstreuern sind unterschiedlich. Je nach Anforderungen in der Streugenauigkeit und der Streubreite kommen bei den Anbaustreuern mechanische oder pneumatische Systeme zum Einsatz.
Beim **Einscheibenstreuer** und beim **Zweischeibenstreuer** wird durch das *Behälterrührwerk* der Dünger den *Dosieröffnungen* zugeführt. Um eine feinstufige Regulierung der Ausbringmenge zu

ermöglichen, ist der Dosierhebel in einem Segment geführt. Zur besseren Kontrolle der Einstellung ist dieses mit einer Skala versehen. Über die Dosieröffnungen wird der Dünger je nach Öffnungsgröße und Fließfähigkeit des Düngers auf die *Streuscheiben* abgegeben. Die auf den Streuscheiben radial angeordneten *Streuschaufeln* schleudern den Dünger ab.

Die **exakte Querverteilung** des Düngers zu beiden Seiten des Streuers (Symmetrie des Streubildes) ist abhängig von der
- ▶ Stellung der Streuschaufeln auf der Streuscheibe,
- ▶ Drehzahl der Streuscheibe,
- ▶ Rieselfähigkeit und Körnung des Düngers,
- ▶ Lage der Streuscheiben.

Bei einem ungleichmäßigen **Streubild** ist die Stellung der Streuschaufeln auf der Scheibe zu ändern. Bei Einscheibenstreuern ist der Aufgabepunkt des Düngers auf die Scheibe durch Verschieben der Dosieröffnung einzustellen. Ändert sich der Dünger in der Körnung oder in der Fließfähigkeit, ist das Streubild zu überprüfen und bei Bedarf wieder neu einzustellen. Die Betriebsanleitung enthält grobe Richtwerte zur Einstellung des Streubildes. Trotzdem ist das Streubild optisch zu überprüfen, bei unterschiedlichen Düngern ist es vorteilhaft, mit einer Prüfeinrichtung die Verteilung zu kontrollieren.

Die **Streubreite** ist abhängig von der Eigenschaft des Düngers und lässt sich verändern durch die
- ▶ Höheneinstellung der Streuscheibe,
- ▶ Neigung der Streuscheibe,
- ▶ Form und Länge der Streuschaufeln,
- ▶ Drehzahl der Streuscheibe.

Die wichtigsten Angaben, auf unterschiedliche Dünger bezogen, sind als Richtwerte der Betriebsanleitung zu entnehmen. Um eine gleichmäßige Verteilung des Düngers auf der ganzen Fläche zu gewährleisten ist es wichtig, dass das Streubild symmetrisch ist.

Entsprechend der Streubreite ist der Abstand der *Anschlussfahrt*, also die **Arbeitsbreite**, genau einzuhalten. Je steiler das Streubild an den Rändern abfällt, desto genauer müssen die Anschlussfahrten vorgenommen werden. Ansonsten gibt es große Über- oder Unterdüngungen im Bereich der Überlappungszonen.

Am Rande von Gewässern, Wegen oder Grenzen ist der Düngerstreuer auf das **Randstreuen** oder **Grenzstreuen** umzustellen.

Bei *Einscheibenstreuern* ist das möglich durch
- ▶ extrem einseitiges Verstellen des Aufgabepunktes,
- ▶ Schrägstellen der Streuscheibe mit der Hubstrebe des Dreipunktgestänges.

Das Rand- oder Grenzstreuen ist beim *Zweischeibenstreuer* möglich durch
- ▶ Auswechseln oder Umstellen der Streuschaufeln auf einer Streuscheibe,
- ▶ Einsatz eines Grenzstreuschirmes,
- ▶ Verwendung von Grenzstreuverteilern.

Je nach Abstand zur Grenze ist eine mehr oder weniger exakte Abgrenzung der Streubreite den Erfordernissen anzupassen.

Die **Spätdüngung** ist bei den Streuern möglich durch
- ▶ Anheben des Streuers,

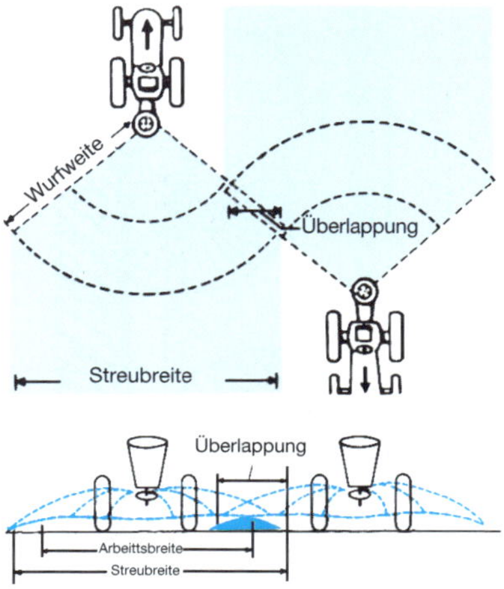

Abb. 780 Arbeitsbreite bei Schleuderstreuern; das richtige Überlappen ist schwierig.

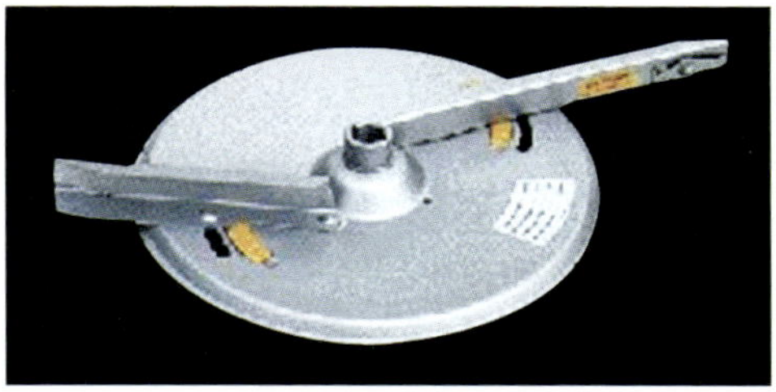
Abb. 781 Streuscheibe mit verstellbaren Streuschaufeln.

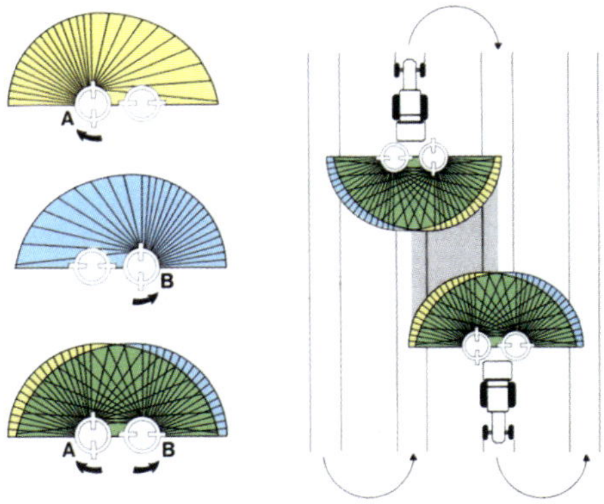

Abb. 782 Mit einer 4-fachen Überlappung wird ein gleichmäßiges Streubild erreicht.

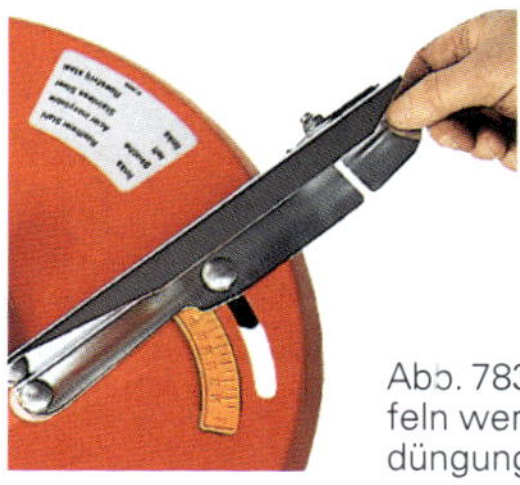
Abb. 783 Die Wurfschaufeln werden für die Spätdüngung steiler gestellt.

Abb. 784 Neben Gewässern ist ein exaktes Abgrenzen beim Düngerstreuen notwendig.

Abb. 785 Streurohr mit Streubügel eines Pendelrohrstreuers.

Abb. 786 Pneumatischer Düngerstreuer beim Ausschwenken der Streubalken.

Abb. 787 Großraum-Schnecken-Streuer beim Kalkausbringen.

- nach außen ansteigende Streuscheiben,
- Einbau spezieller Streuschaufeln oder durch Umstellen der Streuschaufeln.

Für den Einsatz in Sonderkulturen sind die Schleuderstreuer mit **Reihenstreueinrichtungen** auszustatten.

Pendelrohrstreuer – Dieser Steuertyp ist zum Streuen gekörnter und kristalliner Dünger geeignet. Der Dünger wird aus dem Behälter über die Dosieröffnung dem **Pendelstreurohr** in entsprechender Menge zugeführt. Es ist ein nach hinten gerichtetes, konisch verlaufendes Rohr aus Nirosta-Stahl oder Kunststoff, das für die Flächenstreuung mit einem Streubügel versehen ist. Mit der Verstellung des *Pendelausschlages* und der Verwendung unterschiedlicher *Streurohre* besteht die Möglichkeit

- die erforderlichen Streubreiten einzustellen,
- das Grenzstreuen oder asymmetrische Streuen vorzunehmen,
- den Dünger in Reihenkulturen auszubringen,
- kristalline oder mehlige Dünger zu streuen, allerdings weniger gut bei sehr hoher Luftfeuchtigkeit.

Bei der **Streuarbeit** ist in gleicher Weise wie bei den Scheibenstreuern auf das **Streubild**, auf die **Überlappung** und die Einhaltung der **Arbeitsbreite** zu achten. Zur exakten Mengenausbringung ist vor dem Streuen eine **Abdrehprobe** vorzunehmen.

Pneumatikstreuer – Sie eigenen sich nur für gekörnte oder kristalline Dünger. Werden spezielle Dosiereinrichtungen eingesetzt, können auch Feinsämereien breit verteilt werden.

Beim Ausbringen des Düngers erfolgt die Dosierung aus dem Behälter in den *Luftstrom* durch *Dosierwalzen*. Der Dünger wird mit der Luft in Kunststoffrohren zu den Verteilern am Streuergestänge transportiert. Von da aus gelangt der Dünger auf kurzem Wege gleichmäßig verteilt auf den Boden.

Um eine gleichmäßige **Querverteilung** zu gewährleisten, ist auf eine konstante Zapfwellen-Drehzahl für den Gebläseantrieb zu achten und die Verteilerköpfe sind über das Streuergestänge immer im gleichen Abstand zum Boden zu führen. Die *Ausbringmenge* ist über die Drehzahlveränderung der Dosierwalzen einzustellen. Erfolgt der Antrieb der Dosierwalzen hydraulisch, kann eine Mengenkorrektur vom Fahrersitz aus stufenlos durchgeführt werden.

Eine **Abdrehprobe** ist durch Auffangen des Düngers an der Dosiereinrichtung jederzeit möglich.

Da einzelne Dosiereinheiten zu- und abschaltbar sind, ist eine *Teilbreitenschaltung* und somit eine Reduzierung der **Arbeitbreite** jederzeit möglich. Beim Einsatz ist auf ein exaktes *Anschlussfahren* zu achten, da das **Streubild** an den Rädern steil abfällt und es somit schnell zu einer Unter- oder Überdüngung kommen kann.

Schneckenstreuwerk – Zum Streuen von staubförmigen Düngern mit *Großflächenstreuern* wird das **Schneckenstreuwerk** eingesetzt. Die Mengendosierung aus dem Behälter in das Streuwerk übernimmt ein Kratzboden, ein Stahlgliederkette oder ein Förderband. Die **Düngermenge** wird einerseits über einen höhenverstellbaren Schieber und andererseits durch die Geschwindigkeit des Austragselementes, das durch die Fahrgeschwindigkeit geregelt wird, eingestellt.

Die Streuschnecken fördern den Dünger von der Mitte aus nach links und rechts über die gesamte **Arbeitsbreite** nach außen. Durch verstellbare Streuschlitze im Schneckenrohr wird der Dünger ohne große Staubentwicklung in kleinen Mengen dosiert ausgebracht.
Wird die Streumenge verändert, sind auch die Streuschlitze in ihrer Größe zu verändern, da sonst die Schnecken nicht bis nach außen gefüllt werden, oder es tritt bei zu großer Streumenge am Ende der Schnecken eine Überdosierung auf.
Da die **Streubreite** der Arbeitsbreite entspricht, ist beim Einsatz von Schneckenstreuwerken auf ein exaktes *Anschlussfahren* zu achten.

Reihendüngerstreuer – Reihenstreueinrichtungen werden für fast alle Schleuderstreuer angeboten. Sie verteilen den Dünger streifenförmig im Bereich der Reihe auf der Oberfläche. Dagegen wird beim Einsatz eines **Reihendüngerstreuers** auf einem *Einzelkorn-Sägerät* mittels Schare oder Scheiben der Dünger in den Boden gegeben. Die Düngersaatrille ist etwa 5 cm unterhalb und 5 cm seitlich der Saatgutrille zu platzieren. Die Dosierung des Düngers aus dem Behälter erfolgt mit Schnecken oder Dosierrädern. Über Veränderung der Drehzahl oder durch Schiebereinstellung ist die Ausbringmenge in kg/ha zu verändern. Sie ist mittels einer Tabelle einzustellen und durch die *Abdrehprobe* zu überprüfen.

Pflegemaßnahmen – Zur Vermeidung von Rost sind nach dem Düngerstreuen

- aus dem Streugerät die *Restmengen* sofort zu entfernen;
- der Streuer und der Traktor gründlich zu *waschen*; am Streuer sind leicht demontierbare Teile der besseren Zugänglichkeit wegen zu entfernen;
- die blanken Maschinenteile mit *Korrosionsschutzöl* einzusprühen;
- vorhandene Lager mit Fett *abzuschmieren*.

Abb. 788 Dünger sind hygroskopisch und bilden leicht aggressive Salzkrusten. Eine Reinigung ist dringend nötig.

Abb. 789 An einem Einzelkorn-Sägerät aufgebauter Reihendüngerstreuer.

4.1.2 Berechnung von Mengenstrom und Bedeckung

Die Berechnung der **Streumenge** in einer **Zeiteinheit** (dafür wird der Begriff *Mengenstrom* benützt) ist in der Landwirtschaft eine häufige Aufgabe und soll deswegen hier grundsätzlich dargestellt werden.
Bei Düngerstreuern handelt es sich um einen *Massenstrom*, bei Gülletankwagen und Feldspritzen um einen *Volumenstrom* und bei Kartoffellege- und Pflanzmaschinen um einen *Stückzahlstrom*. Immer wird dabei eine Fläche mit einer Ausbringmenge bedeckt (Massen-, Volumen- oder Stückzahl-Bedeckung).
Es gilt:

Massenstrom = Geschwindigkeit × Arbeitsbreite × Massen-Bedeckung

$$m_t = v \times b_A \times m_A$$

für Volumenstrom: $V_t = v \times b_A \times V_A$
für Stückzahlstrom: $n_t = v \times b_A \times n_A$

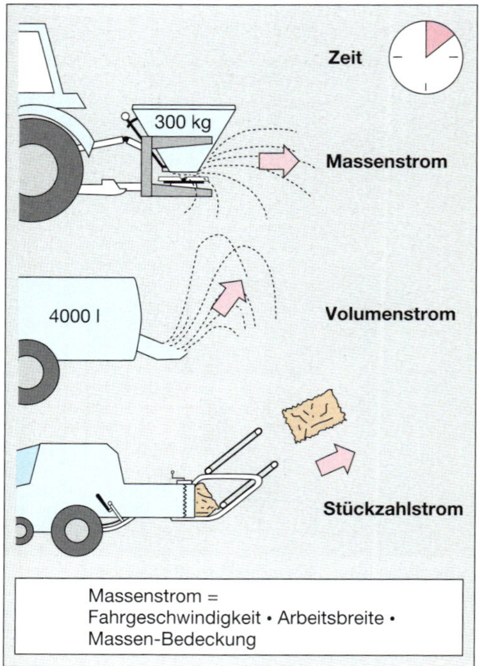

Abb. 790 Unter dem Massen-, Volumen- oder Stückzahlstrom versteht man die Masse, das Volumen, die Stückzahl, die eine Maschine (Gerät) in einer bestimmten Zeit ausstößt.

Abb. 791 Unter der Massen-, Volumen- oder Stückzahl-Bedeckung versteht man die Masse, das Volumen oder die Stückzahl, die auf eine Fläche ausgebracht wird.

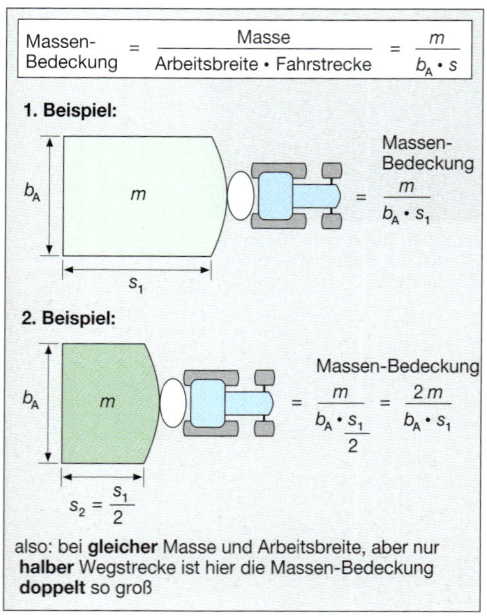

Tabelle 67: Wichtige Dimensionen und ihre Abkürzungen

Begriffe		Einheiten	Zeichen
Weg		m, km	s
Zeit		s, min, h	t
Geschwindigkeit		$\frac{m}{s}, \frac{m}{min}, \frac{km}{h}$	v
Massenstrom (Durchsatz, Ausstoß)		$\frac{kg}{min}$	m_t
Volumenstrom (Durchfluss, Ausstoß)		$\frac{l}{min}$	V_t
Stückzahlstrom		$\frac{1}{min}$, 1/min	n_t
Massen-	Bedeckung (Ausbringmenge)	$\frac{kg}{ha}, \frac{dt}{ha}$	m_A
Volumen-	Bedeckung (Ausbringmenge)	$\frac{l}{ha}$	V_A
Stückzahl-	Bedeckung (Ausbringmenge)	$\frac{1}{m^2}, \frac{1}{ha}$	n_A
(effektive) Arbeitsbreite		m	b_A

Für die Wirtschaftlichkeit einer Maßnahme sind zwar die »Ströme« maßgeblich, aber die Qualität darf nicht vernachlässigt werden.

Beispiel: Mit einem Düngerstreuer sind 5 dt/ha Kalkammonsalpeter auszubringen. Die Streubreite beträgt 10 m.

a) Der Düngerstreuer soll mit einer Geschwindigkeit von 8 km/h gefahren werden. Wie viele kg Dünger sind in 10 Sekunden auszustreuen?

b) In 10 Sekunden wurden 9,3 kg Dünger ausgestreut. Wie schnell fuhr der Traktor?

zu a)

$$v = 8\,\frac{km}{h},\ b_A = 10\,m,\ m_A = 5\,\frac{dt}{ha}$$

$$m_t = v \times b_A \times m_A$$

$$m_t = \frac{133{,}3\,m \times 10\,m \times 500\,kg}{min \times 10\,000\,m^2} = 66{,}66\ldots\,\frac{kg}{min}$$

$$m_t = 66{,}66\ldots\,\frac{kg}{min}$$

In 10 Sekunden sind $\frac{66{,}66\,kg \times 10\,s}{60\,s} \approx 11{,}1$ kg auszustreuen.

zu b)

$$m_t = 6 \times 9{,}3\,\frac{kg}{min} = 55{,}8\,\frac{kg}{min};\ b_A = 10\,m;\ m_A = 5\,\frac{dt}{ha}$$

$$m_t = 55{,}8\,\frac{kg}{min};$$

$$\text{aus } m_t = v \times b_A \times m_A \rightarrow v = \frac{m_t}{b_A \times m_A}$$

$$v = \frac{55{,}8\,\text{kg} \times 10\,000\,\text{m}^2}{\text{min} \times 10\,\text{m} \times 500\,\text{kg}}$$

$$v = 111{,}6\,\frac{\text{m}}{\text{min}} = 6{,}696\,\frac{\text{km}}{\text{h}}$$

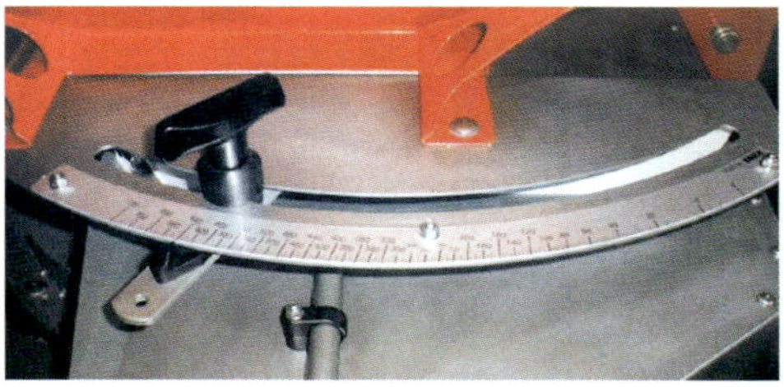

Abb. 792 Mengeneinstellung mit feiner und gut lesbarer Einstellskala.

Wird in der Formel $m_t = v \times b_A \times m_A$ für v immer die übliche Einheit km/h, für b_A immer die Einheit m und für m_A immer die Einheit kg/ha eingesetzt, so erhält man das Ergebnis für m_t in kg/min auch mit Hilfe einer Umrechnungszahl, ohne die Maßeinheiten umrechnen zu müssen:

$$m_t = \frac{v \times b_A \times m_A}{600}$$

Auch bei Düngerstreuern mit **elektronisch gesteuerten Dosiereinrichtungen** ist vor dem Einsatz eine Abdrehprobe bzw. Eichung durchzuführen. Nach Eingabe der Streumenge in kg/ha prüft, kontrolliert und reguliert ein Mikroprozessor die Ausbringmenge und die eingegebenen Werte in Abhänigkeit von der Fahrgeschwindigkeit des Traktors.

Während der Streuarbeit sind die momentanen Werte (Fahrgeschwindigkeit, Ausbringmenge, bestreute Fläche und ausgebrachte Düngermenge) abzulesen.

Die **Ausbringmenge** (kg/ha) ist abhängig von der Fahrgeschwindigkeit, der Zapfwellendrehzahl und von der Öffnungsgröße des Dosierschiebers. Die Streutabelle kann wegen der unterschiedlichen Eigenschaften der Dünger nur einen Anhaltswert geben.

Abb. 793 Düngerstreuer mit Auffangbehälter bei der Abdrehprobe.

Um die im Düngeplan berechnete Menge eines bestimmten Düngers genau ausbringen zu können, ist eine **Abdrehprobe** vorzunehmen. Sie lässt sich im Stand oder bei Fahrt durchführen. Die in einen Behälter in einer bestimmten Zeit oder Wegstrecke gestreute Menge wird gewogen und auf die Fläche umgerechnet.

Für die Abdrehprobe ist die *tatsächliche Fahrgeschwindigkeit* zu ermitteln: Mit dem vorgewählten Gang und der notwendigen Zapfwellendrehzahl wird auf der Streufläche eine Strecke von 100 m abgefahren und die dabei benötigte Zeit festgestellt.

Beispiel: Für eine Messstrecke von 100 m benötigt der Traktor 72 Sekunden Zeit. Die tatsächliche Fahrgeschwindigkeit errechnet sich wie folgt:

in 0,72 Sekunden wird 1 m zurückgelegt;

$$\text{in 3600 Sekunden werden } \frac{3600\ \text{Sekunden}}{0{,}72\ \text{Sekunden/m}} = 5000\,\text{m}$$

zurückgelegt; v = 5 km/h

Die Streumenge in kg/ha ist bei der Abdrehprobe zu ermitteln: Mit der erforderlichen Zapfwellendrehzahl wird im Stand 1 Minute lang der Dünger in den Probebehälter abgestreut. Die dabei abgedrehte Düngermenge ist zu wiegen.

Beispiel: Bei der Abdrehprobe werden 21 kg Dünger aufgefangen. Die Arbeitsbreite des Streuers beträgt 15 Meter, die Fahrgeschwindigkeit beim Streuen 5 km/h.

Abb. 794 Elektronische Kontrolle- und Regeleinrichtung für Düngestreuer mit elektronischer Fernbedienung.

Abb. 795 Ausbringen der AHL-Lösung mit der Feldspritze.

$$\text{Streumenge in kg/ha} = \frac{\text{abgedrehte Menge (kg/min)} \times 600}{\underset{\text{(m)}}{\text{Arbeitsbreite}} \times \underset{\text{(km/h)}}{\text{Fahrgeschwindigkeit}}}$$

$$\text{Streumenge in kg/ha} = \frac{21\,\text{kg/min} \times 600}{15\,\text{m} \times 5\,\text{km/h}} = 168\,\text{kg/ha}$$

Unter der Voraussetzung, dass die Fahrgeschwindigkeit genau eingehalten wird, erfolgt eine exakte Mengenausbringung. Die elektronische, fahrgeschwindigkeitsabhängige Regelung eines Düngerstreuers ermöglich das Einhalten der Ausbringmenge bei variierenden Fahrgeschwindigkeiten. Die Abdrehprobe wird mit dem Rechner vorgenommen, der in einer festgelegten Zeit abdreht, die Abdrehmenge ist anschließend festzustellen und in den Rechner einzugeben.
Manche Düngerstreuer arbeiten mit integrierten *Wiegesystemen*, dadurch ist beim Abdrehen das manuelle Wiegen nicht mehr erforderlich.

Aufgaben:
1. Durch welche Einstellungen kann an einem Einscheibenstreuer das Streubild verändert werden?
2. Von welchen Faktoren ist die Ausbringmenge (kg/ha) beim Schleuderstreuer abhängig?
3. Durch welche Einstellungen kann mit Schleuderstreuern eine Spätdüngung vorgenommen werden?

Abb. 796 Ausbringen der AHL-Lösung im Frontanbau.

4.2 Geräte zum Ausbringen von Flüssigdünger

Als **flüssiger Mineraldünger** kommen in Frage:
- ▶ Wasserfreies Ammoniak,
- ▶ Ammoniakwasser,
- ▶ N-Lösungen (AHL),
- ▶ Volldünger-Lösungen.

Für das Ausbringen von *Wasserfreiem Ammoniak* (NH_3) und *Ammoniakwasser* sind Geräte mit Injektionszinken oder -scheiben nötig, um den Dünger mindestens 10 cm tief in den Boden einzubringen. Bindet sich der gasförmige Dünger nicht am Boden, gast er über die Bodenoberfläche aus, was Düngerverluste verursacht. Beim Umgang mit diesen Geräten sind hohe Sicherheitsvorkehrungen zu treffen, da dieser Dünger in den Tanks flüssig unter hohem Druck gelagert und transportiert werden muss.
N-Lösungen (AHL) sind mit der Pflanzenschutzspritze auszubringen. Sie muss allerdings für diesen Dünger geeignet sein (Flüssigdüngerfest), da er stark korrosiv wirkt. An den Düsen befestigte Schleppschläuche führen den Dünger unmittelbar auf den Boden, wodurch Pflanzenverätzungen bei der Spätdüngung vermieden werden können.

4.3 Stallmist- und Kompoststreuer

Festmist und **Kompost** sind wertvolle Dünger, die vielfältig genutzt werden sollten. Um den größtmöglichen Düngeeffekt zu erreichen, ist die Ausbringzeit so wählen, dass geringe Stickstoffverluste zu erwarten sind. Sofortiges und flaches Einarbeiten nach der Ausbringung fördert die Rotte. Die Ausbringmengen in dt/ha sind bei Stallmist und Kompost schwierig abzuschätzen, da deren Dichte vom Strohanteil und Verrottungsgrad abhängig ist.
Als **Stallmiststreuer** kommen in der Regel Einachs-Anhänger oder Anhänger mit Tandemachse in Frage. Das *Ladevolumen* der Streuer beträgt zwischen 6 und 22 m^3. Für die Dosierung und den Transport des Streugutes auf der Ladefläche ist eine stabiler *Kratzboden* mit hoch belastbaren Kettensträngen notwendig. Die Kratzbodengeschwindigkeit ist je nach Ausführung feinstufig mechanisch oder hydraulisch verstellbar.
Die **Ausbringmenge** in dt/ha wird beeinflusst von der
- ▶ Schüttdichte des Streugutes (200–800 kg/m^3),
- ▶ Fahrgeschwindigkeit (6–12 km/h),
- ▶ Kratzbodengeschwindigkeit (0,2–8 m/min),
- ▶ Ladehöhe (0,6–1,2 m),
- ▶ Arbeitsbreite des Streuers (2–15 m).

Um einigermaßen genau die Ausbringmenge feststellen zu können, ist bei der ersten Fuhre die Ladung des gleichmäßig beladenen Streuers zu wiegen. Anschließend ist bei der gewünschten Fahrgeschwindigkeit, dem entsprechenden **Kratzbodenvorschub** und der gegebenen Arbeitsbreite die Ladung auszustreuen und die *tatsächliche Streuzeit* zu ermitteln.
Beispiel: Bei der ersten Fuhre sind auf dem Streuer 12 m^3 Stallmist geladen, der 48 dt wiegt. Die Arbeitsbreite beträgt beim Streuen 4 m, die Fahrgeschwindigkeit 7,5 km/h und die Streuzeit dauert 12 Minuten.

$$\text{Ausbringmenge in dt/ha} = \frac{\text{Streumenge (dt/min)} \times 600}{\underset{\text{(m)}}{\text{Arbeitsbreite}} \times \underset{\text{(km/h)}}{\text{Fahrgeschwindigkeit}}}$$

$$\text{Ausbringmenge in dt/ha} = \frac{4\,\text{dt/min} \times 600}{4\,\text{m} \times 7{,}5\,\text{km/h}} = 80\,\text{dt/ha}$$

Wird nach dem **Probestreuen** eine andere Ausbringmenge angestrebt, ist der Kratzbodenvorschub entsprechend zu verändern. Damit wird durch Änderung der **Streumenge** je Minute die Ausbringmenge in dt/ha verändert, unter der Voraussetzung, dass alle anderen Einstellungen und Werte gleich bleiben.
Streutabellen helfen, die Ausbringmengen annähernd exakt festzulegen (**Beispiel** siehe Tabellenteil im Anhang).
Um eine gute **Längsverteilung** zu erreichen, ist der Streuer auf der gesamten Ladefläche gleichmäßig zu beladen und die Fahrgeschwindigkeit konstant zu halten. Bei Beginn und am Ende des Streuens ist die Ausbringmenge etwas geringer. Durch ein kurzzeitiges Erhöhen der Kratzbodengeschwindigkeit kann dies ausgeglichen werden. Bei Streuern mit Stauschieber ist ein gleich-

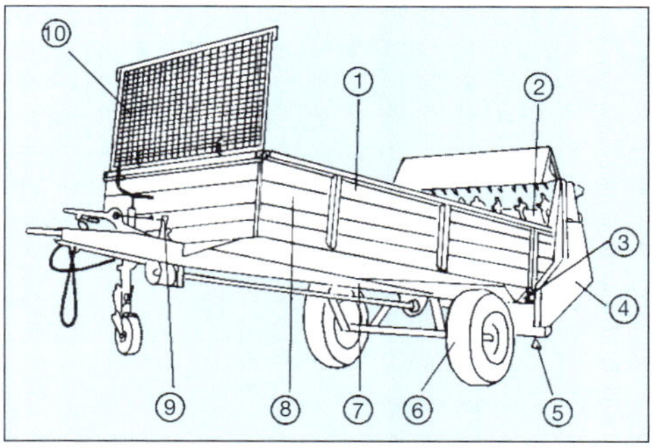

Abb. 797 Aufbau eines Stallmiststreuers:
1 Bordwände,
2 Streuaggregate,
3 reißfeste Kratzbodenkette,
4 Streuwerkantrieb,
5 Beleuchtungs- und Kennzeichenträger,
6 groß dimensionierte Bereifung,
7 tragender Rahmen,
8 abklappbare Bordwände,
9 Streumengenregulierung,
10 Fahrerschutz (umsteckbar als Streuwalzenschutz).

Abb. 798 Einstellventil eines hydraulischen Kratzbodenantriebes.

Tabelle 68: Ermittlung der Ausbringmengen unter verschiedenen Voraussetzungen

		gewünschte Ausbringmenge dt/ha											
		50			100			200			300		
		Ladegewicht/ Streuer			Ladegewicht/ Streuer			Ladegewicht/ Streuer			Ladegewicht/ Streuer		
		30 dt	40 dt	50 dt	30 dt	40 dt	50 dt	30 dt	40 dt	50 dt	30 dt	40 dt	50 dt
effektive Arbeitsbreite des Streuers	2 m	3000	4000	5000	1500	2000	2500	750	1000	1250	500	667	833
	3 m	2000	2666	3333	1000	1333	1666	500	666	833	333	444	555
	8 m	750	1000	1250	375	500	625	188	250	313	125	106	208
	12 m	500	666	833	250	333	417	125	167	209	83	111	139
		erforderliche Fahrstrecke in m											

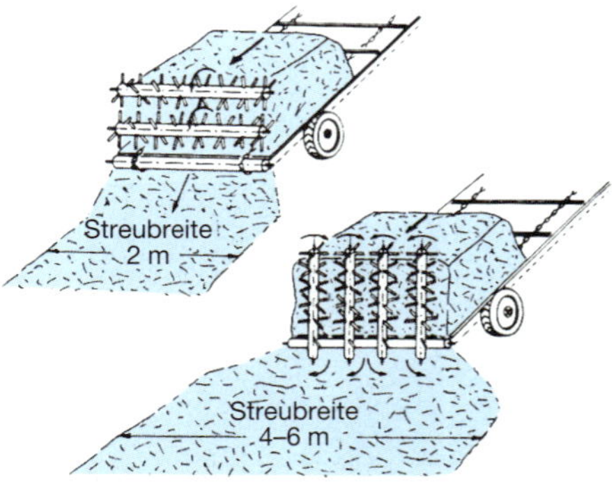

Abb. 799 Arbeitsweise von Schmal- und Breitstreuern (Schema).

Abb. 800 Vergleich von Schmal- (links) und Breitstreuer (rechts) mit hydraulisch klappbarem Auffahrschutz.

mäßiges Streuen möglich. Ebenso ist mit dem Stauschieber die Streumenge zu verändern. Eine gleichmäßige Bedeckung ist aus pflanzenbaulichen Gründen unbedingt anzustreben als Voraussetzung für gleichmäßigen Feldaufgang und einheitliche Reife und Ernte der Früchte.

Die **Querverteilung** und die **Streubreite** beim Streuen von Stallmist und Kompost hängen von der Struktur des Streugutes und von der *Bauart* des *Streuaggregates* ab:

- **Schneckenstreuwerke mit Horizontal-Walzen:** Sie übernehmen das Abfräsen des Gutes vom Stapel und die gleichmäßige Verteilung. Die Streubreiten bei diesem Streuwerk liegen zwischen 2 und 4,5 m, je nach Ausführung der Streuwerkzeuge. Die Anzahl der Streuwalzen (1–3) bestimmt die maximal zulässige Ladehöhe.
- **Schneckenstreuwerke mit Vertikal-Walzen:** Die senkrechten, leicht nach vorne geneigten Schneckenwalzen fräsen den Stapel ab und verteilen das Streugut auf eine Breite von 3–7 m. Je größer die Anzahl der Walzen und Werkzeuge, desto feiner und gleichmäßiger erfolgt die Verteilung.
- **Teller-Breit-Streuwerke:** Waagrecht eingebaute Fräswalzen fräsen das Streugut vom Stapel ab, zerkleinern und dosieren es auf das Tellerstreuwerk. Je nach Eigenschaft des Streugutes und Umfangsgeschwindigkeit der Streuteller sind Streubreiten bis zu 25 m möglich.

Um eine gute **Querverteilung** bei allen Streuwerken zu erreichen gilt:

- *Streubreite* ist nicht *Arbeitsbreite*. Eine mehr oder weniger große Überlappung ist einzuhalten, wodurch sich die Arbeitsbreite verringert.
- Um eine gute *Verteilgenauigkeit* zur erreichen ist die Arbeitsbreite entsprechend der Streubreite zu wählen.
- Bei nach außen flach abfallenden Streubildern wirken sich *Überlappungsfehler* nicht allzu nachteilig aus.

Bedienung und Pflege – Grundsätzlich ist auf eine gleichmäßige **Beladung** der Ladefläche zu achten. Die Ladehöhe soll die Streu- oder Fräswalzenhöhe nicht überschreiten. Beim Beladen das Streugutes nicht direkt in die Streuwalzen stapeln.

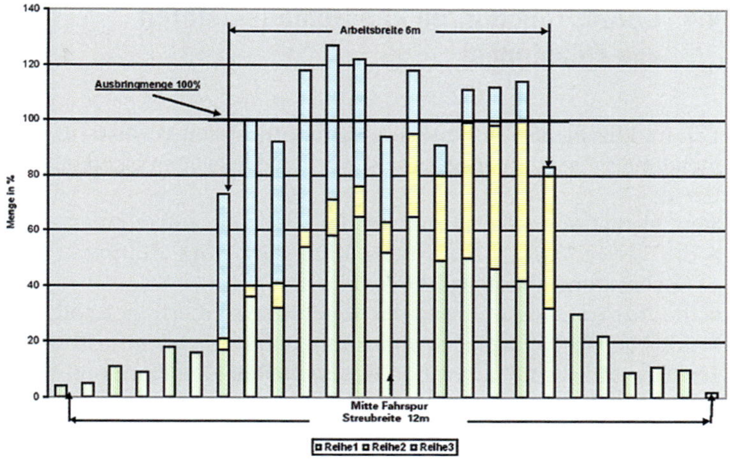

Abb. 801 Mitte: Streubild (Querverteilung) eines Stallmiststreuers mit stehenden Walzen, 12 m Streubreite, 6 m Arbeitsbreite und entsprechender Überlappung.

Bei **Straßenfahrt** ist stets der *Auffahrtschutz* am Streuwerk anzubringen. Beim Streuen ist an der vorderen Bordwand der *Schleuderschutz* notwendig. Auf *Straßenverschmutzungen* sind die anderen Verkehrsteilnehmer durch Warnschilder rechtzeitig hinzuweisen.

Nach dem Ausbringen von Stallmist oder Kompost ist der Streuer

- grob zu reinigen,
- danach mit Wasser sorgfältig zu waschen,
- die Lager mit Fett abzuschmieren,
- alle blanken Maschinenteile mit Korrosionsöl einzusprühen.

Abb. 802 Kompoststreuer mit Teller-Breitstreuwerk und Stauschieber.

> ! Bei *laufendem Streuer* darf die Ladefläche zum Zwecke der Reinigung oder Störungsbeseitigung *keinesfalls* betreten werden. Zuerst die Zapfwelle ausschalten.

Aufgaben:

1. Welche Faktoren beeinflussen die Ausbringmenge (dt/ha) beim Stallmist streuen ?
2. Worin liegt der Unterschied zwischen Streu- und Arbeitsbreite eines Stallmiststreuers ?

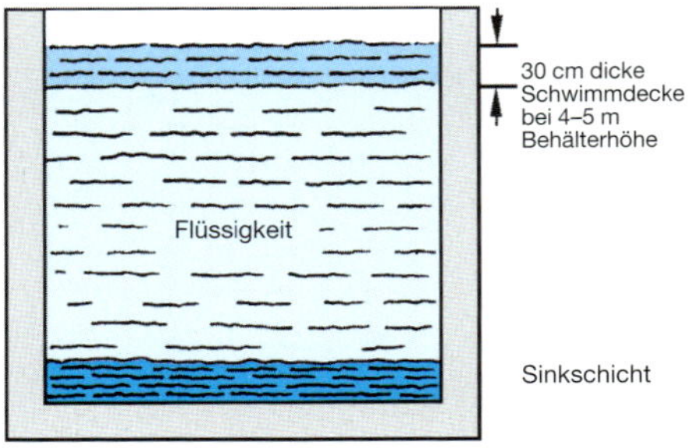

Abb. 803 Flüssigmist entmischt sich während der Lagerung (Schema).

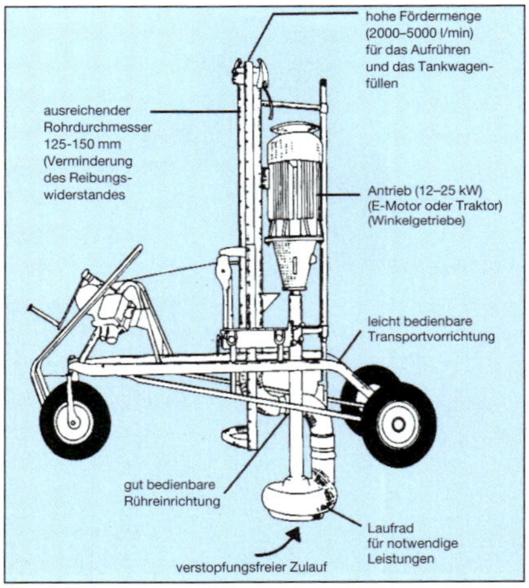

Abb. 804 Fahrbare Kreiseltauchpumpe in Betriebsstellung.

Abb. 805 Tauchschneidepumpe mit Schneckeneinzug.

4.4 Geräte zum Rühren und Homogenisieren von Flüssigmist

Die im **Flüssigmist** enthaltenen Nährstoffe sollen verlustarm und gleichmäßig verteilt ausgebracht werden. Deswegen ist zu beachten, dass
- ▶ möglichst wenig *N-Verluste* bei der Lagerung auftreten,
- ▶ die *Verwertbarkeit* des Stickstoffes stark vom Zeitpunkt der Ausbringung abhängig ist,
- ▶ die *Ausbringung* während der Vegetationszeit erfolgen soll,
- ▶ der *Nährstoffgehalt* meist unbekannt und kaum beeinflussbar ist.

Im Flüssigmist sind neben den **Bestandteilen** Kot, Harn und Wasser mehr oder weniger große Mengen Stroh und Futterreste. Dieses Gemisch wird über eine längere Zeit in Lagerbehältern gelagert. Dabei trennen sich die einzelnen Bestandteile auf Grund ihrer Dichte, der Flüssigmist entmischt sich. Schwere Bestandteile sinken allmählich nach unten, die leichteren schwimmen nach oben und bilden eine Schwimmdecke.

Je nach der Art des Flüssigmistes (Rind oder Schwein, ohne oder mit Einstreu) entstehen unterschiedlich mächtige Sink-, Flüssigkeits- und Schwimmschichten. Vor der Ausbringung sind diese unterschiedlichen Schichten miteinander zu vermischen, der Flüssigmist muss homogen werden..

Mechanische Rührwerke – Sie arbeiten mit **Flügelrotoren**. Je nach Grubengröße haben diese Rotoren unterschiedliche Durchmesser und Rührleistungen. Die Rotoren können auf *Saugen* für die Beseitigung der Schwimmschicht, oder auf *Drücken* für die Beseitigung der Sinkschicht eingebaut sein. Bei manchen Geräten ist für diese Anpassung auch die Drehrichtung des Rotors zu ändern.

Mechanische Rührwerke werden eingesetzt
- ▶ mit Antrieb durch Elektromotoren,
- ▶ mit Antrieb über die Traktorzapfwelle,
- ▶ als Tauchrührwerk,
- ▶ als fest in den Behälter eingebaute Einrichtung,
- ▶ als mobiles Gerät auf einem Fahrwerk oder am Traktor,
- ▶ mit Klapprotor für den Einsatz unterhalb des Spaltenbodens in Güllekanälen.

Das **Rührwerk** muss leicht in die Behälter eingesetzt werden können. Dies geschieht bei offenen Gruben vom Behälterrand aus. Bei geschlossenen Behältern ist für den Geräteeinsatz die Öffnung in der Decke ausreichend groß zu gestalten.

Kleinere Rührwerke mit E-Motor-Antrieb sind meist auf einem fahrbaren Stativ montiert. Größere Rührwerke sind in der Regel an der Dreipunkthydraulik des Traktors angebaut. Tauchrührwerke sind an der Behälterwand höhenverstellbar befestigt, sie werden zum Rühren mit dem Motor eingetaucht und in entsprechende Position gebracht.

Die Leistung beim **Rühren** ist abhängig von der
- ▶ Behältergröße und Behälterform,
- ▶ Mächtigkeit der Sink- und Schwimmschichten,
- ▶ Größe und Ausführung des Flügelrotors,
- ▶ Antriebsleistung.

Hydraulische Rührwerke – Das hydraulische Rühren erfolgt mit **Tauchschneidpumpen**, die in den Flüssigmist eingetaucht werden. Der Pumpenläufer saugt die Flüssigkeit von unten in das Pumpengehäuse ein. Damit beim Ansaugen keine Verstopfungen entstehen können, befindet sich am Läufer meist ein schneckenförmiger Flügel, der eine Zerkleinerung übernimmt und die Pumpe kontinuierlich beschickt. Über eine höhen- und seitenverstellbare Rührdüse erfolgt das Aufrühren des Behälterinhaltes. Tauchschneidpumpen sind im Behälter fest eingebaut oder arbeiten auf einem Fahrgestell. Vielfach erfolgt der Antrieb durch einen E-Motor. Am Traktor angebaute Pumpen werden von der Zapfwelle oder auch hydraulisch angetrieben.

Abb. 806 Tauchschneidpumpe im Einsatz.

Mit der Tauchschneidpumpe ist nach dem Aufrühren das **Füllen des Verteilerfasses** möglich. Dazu wird der Förderstrom von der Pumpe zur Rührdüse abgeschaltet und auf die Fassfüllleitung gelenkt.

Pneumatische Rührwerke – Das Zerkleinern von Schwimmdecken oder das Aufwirbeln der Sinkschichten erfolgt durch die Luft des Kompressors am Vakuumfass. Mit Rührlanzen wird die Luft in die Behälter eingeblasen. Bei kleineren Behältervolumen ist damit ein Homogenisieren möglich.

> **!** Behälter für Flüssigmist sind umfassend gegen Unfälle abzusichern. Auch bei eingesetzten Geräten sind Öffnungen so zu verschließen, dass niemand in den Behälter fallen kann.

> **Aufgaben:**
> 1. Warum muss vor dem Ausbringen der Flüssigmist homogenisiert werden ?
> 2. Wie kann mit einem mechanischen Rührwerk die Sinkschicht aufgerührt und die Schwimmdecke zerkleinert werden ?

Abb. 807 Bauarten von Tankwagen (Schema).

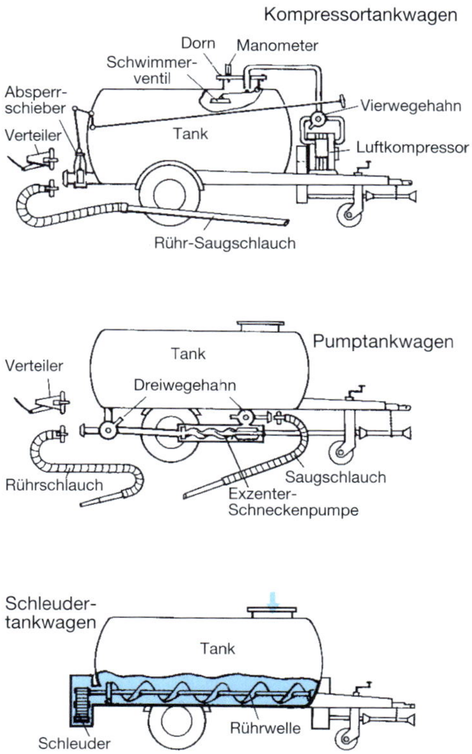

4.4.1 Geräte zum Ausbringen von Flüssigmist

Je nach *Transportentfernung* und gewünschter *Ausbringleistung* (m^3/h) erfolgen das **Ausbringen** und **Verteilen** des Flüssigmistes

- **einphasig:**
  - Befüllen, Transport und Verteilen mit dem Tankwagen,
- **zweiphasig:**
  - Befüllen mit einer separaten Pumpe,
  - Transport und Verteilen mit dem Tankwagen,
- **mehrphasig:**
  - Befüllen mit einer separaten Pumpe,
  - Transport mit mehren Transportfahrzeugen,
  - Verteilen mit einem Verteilwagen.

Der gut zerkleinerte und homogenisierte Flüssigmist wird mit **Tankwagen** auf die Fläche gebracht.

Abb. 808 Kompressor eines Kompressortankwagens im Schnitt.

Abb. 809 Exzenter-Schneckenpumpe in einem Pumpfass.

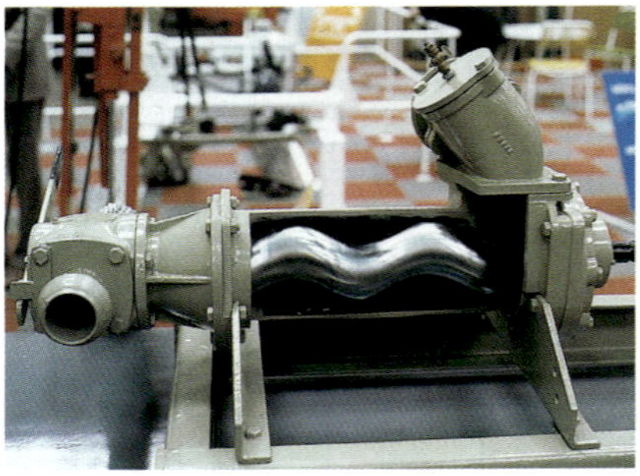

Abb. 810 Der Schnitt durch eine Exzenter-Schneckenpumpe zeigt den Metall-Exzenter und die (empfindliche) Gummilagerung.

Abb. 811 Funktionsschema einer Drehkolbenpumpe.

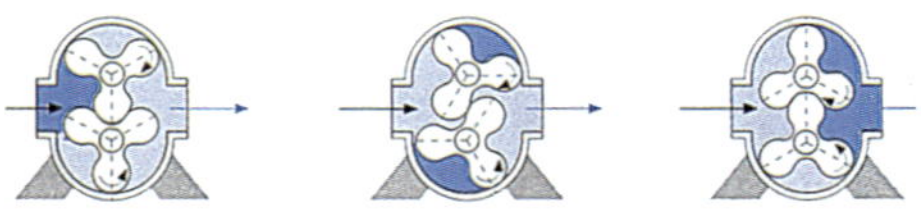

Verfahren – Ein **Schleudertankwagen** muss mit einer Pumpe z. B. der Tauchschneidpumpe befüllt werden. Die Verteilung übernimmt ein Schleuderverteiler oder eine Kreiselpumpe am Fass. Damit bei längerem Transport im Fass keine Entmischungen besonders bei Schweineflüssigmist auftreten, sind mechanische Rührwerke eingebaut.

Der **Kompressortankwagen** (Vakuumfass) ist selbstansaugend. Ein *Luftkompressor* erzeugt bei der Schaltstellung »Saugen« im Fass einen Unterdruck, wodurch der Flüssigmist über das Fassfüllrohr angesaugt und das Fass befüllt wird. Ein Übersaugventil im Fassdom verhindert bei vollem Fass das Übersaugen der Flüssigkeit in den Kompressor.

Zum Entleeren wird der Kompressor auf »Drücken« geschaltet und bei geöffnetem Schieber die Flüssigkeit mit maximal 1 bar Druck dem Verteiler zugeführt. Durch Einblasen der Luft über den Füllschlauch oder eine Rührlanze in den Flüssigmist kann bei kleineren Behältern ein gewisses Homogenisieren erreicht werden. Während des Betriebes ist der Kompressor ausreichend mit Schmieröl zu versorgen und ein Trockenlaufen zu vermeiden.

Verschmutzte und verschlissene Rotoren bzw. Rotorlamellen reduzieren die Luftleistung. Das eingebaute Druckbegrenzungsventil ist auf Funktion zu überprüfen und darf in der Einstellung nicht verändert werden (max. 1 bar Druck).

Pumptankwagen sind mit einer *Exzenterschneckenpumpe* oder einer *Drehkolbenpumpe* ausgestattet. Damit ist das Füllen und Entleeren des Fasses möglich. Die Pumpen sind selbstansaugend und können hohe Drücke erreichen. Die Förderleistung einer Pumpe wird bestimmt

- ▶ von der Pumpengröße,
- ▶ von der Pumpendrehzahl,
- ▶ vom TM-Gehalt des Flüssigmistes,
- ▶ von den Druckverhältnissen.

Der Betrieb der Pumpen ohne Flüssigkeit erhöht den Verschleiß der Pumpenelemente. Der Pumpe können im Saugbereich Schneideinrichtungen und Steinabscheider vorgeschaltet sein. Damit wird die Gefahr der Verstopfung und der Beschädigung der Rotoren bzw. Statoren der Pumpe gemindert. Mit Pumpfässern und entsprechenden Rühreinrichtungen kann auch das Aufrühren des Behälterinhaltes erfolgen.

Nach Gebrauch sind die Pumpfässer mit Wasser zu reinigen, besonders ist die Pumpe gut durchzuspülen und bei Frostgefahr zu entwässern. Alle blanken Teile sind vor Korrosion zu schützen. Verzinkte Stahlfässer sind auf Roststellen zu überprüfen.

4.4.2 Verteilen von Flüssigmist

Die **Ausbringmenge** in m^3/ha an Flüssigmist ist abhängig von der

- ▶ Fahrgeschwindigkeit,
- ▶ Fördermenge der Pumpe in m^3/min,
- ▶ Arbeitsbreite.

Beispiel: Das Ausbringen des ersten Fasses mit 6 m^3 Volumen dauerte 5 Minuten. Die Arbeitsbreite betrug 6 m, die Fahrgeschwindigkeit war 5 km/h.

$$\text{Ausbringmenge in m}^3\text{/ha} = \frac{\text{Fördermenge (m}^3\text{/min)} \times 600}{\underset{\text{(m)}}{\text{Arbeitsbreite}} \times \underset{\text{(km/h)}}{\text{Fahrgeschwindigkeit}}}$$

$$\text{Ausbringmenge in m}^3\text{/ha} = \frac{1{,}2\,\text{m}^3\text{/min} \times 600}{6\,\text{m} \times 5\,\text{km/h}} = 24\,\text{m}^3\text{/ha}$$

Wird nach dem Verteilen des ersten Fassinhaltes eine andere *Ausbringmenge* angestrebt, ist bei gleichbleibender Arbeitsbreite und Fördermenge die Fahrgeschwindigkeit entsprechend zu verändern.

Wird bei gleicher Größe des Schleuderverteilers der Arbeitsdruck der Pumpe durch die Drehzahl verändert, so wird dadurch nicht nur die Fördermenge je Minute, sondern auch die *Arbeitsbreite* geändert.

Eine gleichmäßige *Längsverteilung* wird erreicht, wenn die Fahrgeschwindigkeit und der Arbeitsdruck des Pump- oder Vakuumfasses gleich bleiben. Die *Querverteilung* ist wesentlich von der Struktur des Flüssigmistes und der Bauart des Verteilers abhängig.

Das **Ausbringen** und **Verteilen** können erfolgen

- werfend durch **Schleuderverteiler:**
  Die *Pralltellerverteiler* erreichen bei einem schleierartigen Verteilen Wurfweiten bis zu 15 m. Das Verteilen des Flüssigkeitsstrahles bei einem *Prallkopfverteiler* erfolgt senkrecht zum Boden. Bei Wurfweiten bis etwa 15 m, je nach Anordnung des Verteilers, sind ein exakter Beginn und Ende des Verteilvorgangs möglich. Horizontal oder vertikal angeordnete, angetriebene *Schleuderscheiben* bringen geringere Wurfweiten und arbeiten z. T. nur nach einer Seite.
  Bei den Schleuderverteilern muss, um eine gut Querverteilung zu erreichen, bei der Anschlussfahrt überlappt werden. Wie weit die Überlappung erfolgen muss, hängt vom Verteilbild ab. Bei stark abfallenden Rändern ist ein genaues Anschlussfahren notwendig, da sonst verstärkt Unter- oder Übermengen ausgebracht werden.
- bodennah durch **Schleppschläuche:**
  Beim *Schleppschlauchverteiler* übernimmt ein hydraulisch angetriebener Zentralverteiler die gleichmäßige Querverteilung. Der von der Pumpe geförderte Flüssigmist wird den einzelnen Schleppschläuchen exakt zugeteilt. Bei diesem Verteiler ist die Arbeitsbreite gleich der Verteilbreite, so dass bei der Anschlussfahrt keine Überlappung erforderlich ist und genau gefahren werden muss. Der Flüssigmist wird auf der Bodenoberfläche oder auf den Pflanzen streifenartig abgelegt.
- in den Boden durch **Schare** oder **Scheiben:**
  Schleppschuhe streifen vor der Düngerablage mit einem keilförmigen Schar die Pflanzen auseinander, so dass der Flüssigmist kaum mit den Blättern in Berührung kommt und somit Verätzungen vermindert werden. *Schleppschuhverteiler* gibt es in Arbeitsbreiten bis zu 24 m. *Injektionsverteiler* führen den Flüssigmist über Schläuche den Werkzeugen zu, die im Boden arbeiten. Scheibenschare oder Zinkenschare schlitzen oder heben den Boden an und der Dünger wird gleichmäßig dosiert

Abb. 812 Zapfwellengetriebene Pumpe zum Befüllen von Schleuderfässern oder Transporttanks.

Abb. 813 Pralltellerverteiler.

Abb. 814 Prallkopfverteiler.

Abb. 815 Schleppschlauchverteiler zur bodennahen Gülleausbringung.

Abb. 816 Geräte zur Gülleeinbringung.

Abb. 817 SF-Gülleverteilfahrzeug beim Übertanken aus einem Gülle-Transportfahrzeug.

und flach in den Boden eingearbeitet. Durch diese Ablage und das teilweise Einarbeiten wird die Ammoniak- und Geruchsfreisetzung wesentlich reduziert. Diese Verteiler haben Arbeitsbreiten bis zu 8 m.

Um die **NH_3-Verluste** und die **Geruchsbelastung** (Freisetztung von Ammoniak und Gerüchen) niedrig zu halten bzw. zu minimieren, ist ein möglichst bodennahes Ausbringen, ein sofortiges flaches Einarbeiten und das Ausbringen bei niedrigen Temperaturen anzustreben.

Die Eigenschaften von Flüssigmist wie z. B. die Pflanzenverträglichkeit, Geruchsminderung, bessere Misch- und Verteilfähigkeit können verbessert werden durch

- ▸ Verdünnen mit Wasser,
- ▸ Reduzieren des TM-Gehaltes durch Separierung,
- ▸ Zufuhr von Luft mittels Belüftung,
- ▸ Vergären in Biogasanlagen.

Aufgaben:

1. Welche Pumpen werden bei den Pumptankwagen verwendet?
2. Wie kann bei einem Pumptankwagen die Ausbringmenge (m^3/ha) verändert werden?
3. Wodurch können Stickstoffverluste beim Ausbringen von Flüssigmist vermieden werden?

5 Pflanzenschutz

5.1 Aufgaben des Pflanzenschutzes

Pflanzenschutz ist so alt wie der Anbau von Nutzpflanzen. Stets mussten die Bauern ihre Kulturpflanzen vor Schäden bewahren. Früher stand dabei der *Schutz* vor *Ertragsausfällen* im Mittelpunkt; denn diese bedrohten die Existenz und brachten Hunger für die ganze Bevölkerung.
Heute kommt die *Sicherung* der *Qualität* der Ernteprodukte als zumindest gleichrangiges Ziel des Pflanzenschutzes dazu. In der modernen Landwirtschaft ersetzen wirksame und gut technisierbare mechanische und chemische Methoden anstrengende und zeitaufwändige körperliche Arbeiten, z. B. das Ausreißen und Ausstechen von Unkräutern, Handhacke und Absammeln von Schädlingen.

! Sachgerechter, moderner Pflanzenschutz nach guter fachlicher Praxis sichert Erträge und Qualität, erleichtert und erspart Arbeit.

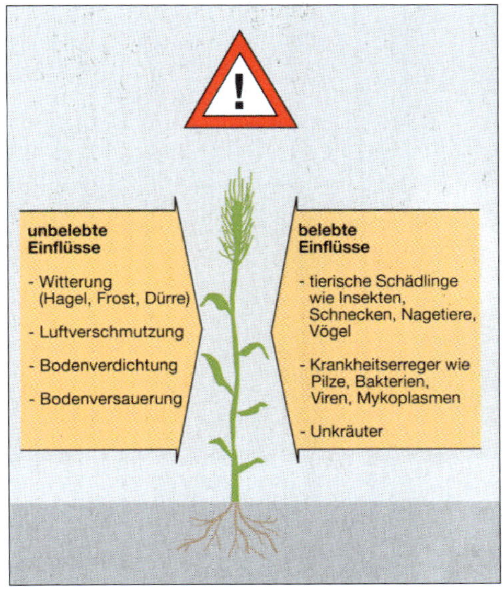

Abb. 818 Ursachen von Pflanzenschäden (Schema).

Abb. 819 Schäden an Maisblättern durch Spätfrost.

Abb. 820 Getreiderost *(Puccina graminis)* an einem Halmquerschnitt; Wintersporen (Teleutosporen).

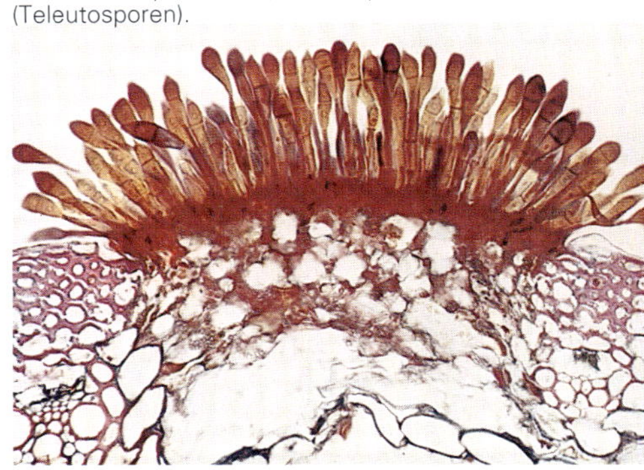

5.2 Ursachen von Pflanzenschäden

Umwelteinflüsse – Klima und **Witterung** begrenzen den Anbau von Nutzpflanzen entscheidend und lassen sich im Feldbau kaum beeinflussen. Gefahren gehen vor allem von *Hagel, Stürmen* und *Frost* aus. Trockenheit und Temperaturextreme belasten die Pflanzen, sie erzeugen *Stress*.
Auch der **Boden** verursacht Pflanzenschäden. So führt z. B. eine verkrustete Oberfläche nach *Verschlämmung* durch Starkniederschläge zu mangelnder Durchlüftung. Starke *Versauerung* hemmt das Bodenleben und stört die Nährstoffdynamik, was die Nährstoffversorgung der Pflanzen erschwert.
Schließlich gefährden zunehmende *Luftverschmutzung, Düngungsfehler* oder Fehler beim Ausbringen von *Pflanzenschutzmitteln* (Überdosierung, Abdrift, falsche Mittel) die Pflanzen.
Tierische Schädlinge – Sie verursachen hauptsächlich Fraß- und Saugschäden. Die wichtigste Gruppe tierischer Schädlinge stellen die **Insekten**. Ihre Flugfähigkeit fördert die rasche Ausbreitung, ihre schnelle Fortpflanzungsmöglichkeit eine Massenvermehrung. Im *Larvenstadium* als Raupe bei Schmetterlingen oder Made bei Fliegen, sind sie am gefräßigsten. Aber auch *Vollinsekten* gefährden die Kulturpflanzen z. B. als fressende Käfer und saugende Blattläuse. Nebenbei schleusen sie auch Krankheitserreger z. B. Viren in die Pflanze ein, d. h. sie wirken als *Vektoren*.
In Mitteleuropa leben ca. 50 Arten der *Gespinnstmotten*. Ihre Larven befressen zunächst die Knospen, später auch die Blätter der Gehölze.
Von den *Minierfliegen* gibt es ca. 350 Arten in Europa. Es sind 2–3 mm große unscheinbare, dunkel gefärbte Insekten, deren

Abb. 821 Schäden an Raps durch Wuchsstoffmittel nach falscher Anwendung.

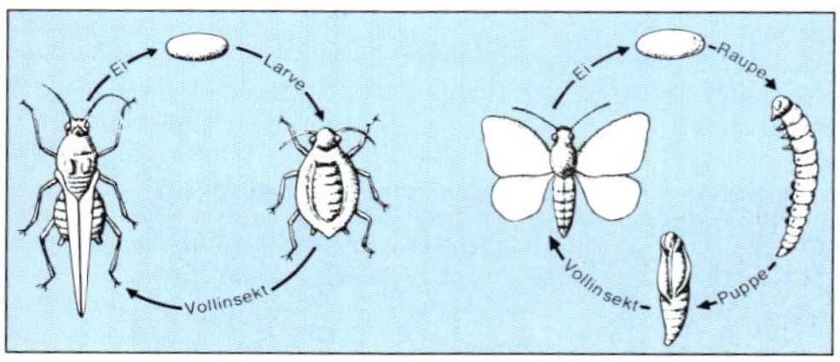

Abb. 822 Entwicklungsstadien bei Insekten: Links unvollkommene Verwandlung (z.B. Blattläuse, Grillen), rechts vollkommene Verwandlung (z.B. Käfer, Fliegen, Schmetterlinge).

Abb. 823 Entwicklungsverlauf bei Blattläusen während eines Jahres.

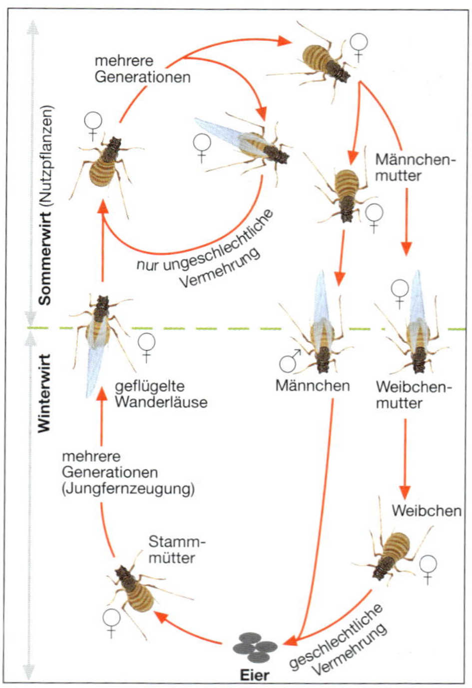

Weibchen ihre Eier in pflanzliche Gewebe legen, die sie vorher mit dem Legebohrer anstechen. Die Larven fressen sich durch das Gewebe und verursachen dadurch Minen.

Die meisten Minierfliegen sind monophag, d. h. sie spezialisieren sich auf eine Pflanzenart. So minieren Arten der Gattung *Phytobia* im Kambium verschiedener Baumarten und beeinträchtigen die Holzqualität. *Phytobia fuscula* schädigt zuweilen Getreide. Die kleine Spargelminierfliege *(Melanagromyza simplex)* miniert im Stängel der Spargelpflanze.

In Europa gibt es ca. 30 Vertreter der *Miniersackmotten*. Es sind kleine, vorwiegend tagaktive Falter mit einer Spannweite von 7–19 mm, deren Raupen in Blättern, Blüten und Trieben an Laubhölzern leben und die Pflanzen schädigen.

Die **Fadenwürmer** (Nematoden) gehören sowohl zur Mikrofauna (< 0,2 mm) als auch zur Mesofauna (0,2–2 mm) des Bodens und bilden nach den Insekten mit ca. 500 000 Arten die größte Tiergruppe. Im Boden frei oder parasitisch lebend kommen bis zu 10 Mio./m^2 vor und richten besonders bei engen Fruchtfolgen z. B. in Kartoffeln, Zuckerrüben, Hafer und Mais beträchtliche Fraßschäden an.

Von den ca. 40 000 **Schneckenarten** richten einige, z. B. die Achat-Schnecke und verschiedene Nacktschnecken, an Gemüsekulturen und Rapsflächen erhebliche Fraßschäden an.

Feld- und **Wühlmäuse** schädigen durch ihre Wühlarbeit die Grasnarbe des Grünlandes, fressen die Wurzeln von Jungbäumen ab und verschmutzen Ernteprodukte. In trockenen Jahren vermehren sie sich schneller als in nassen.

Ratten bedrohen hauptsächlich Erntevorräte.

Auch **Vögel** wie Krähen, Fasanen und Tauben richten Fraßschäden bei Jungsaaten an.

Krankheiten – Zu ihnen zählen parasitäre *Pilze*, krankmachende *Bakterien, Viren* und *Mykoplasmen*.

Pilze vermehren sich durch Sporen. Sie überdauern den Winter im Boden oder in Pflanzen, die sie als *Zwischenwirte* benutzen. Wind und Regen, Spritzwasser von der Bodenoberfläche, Tiere und Bodenbearbeitungsgeräte übertragen die Sporen auf die Nutzpflanzen (Wirte). Dort keimen sie und ihre Keimschläuche (Hyphen) dringen über die intakte Epidermis, die Schließzellen oder über Wunden in die Pflanze ein. Auf der Oberfläche oder in der Pflanze bildet sich ein Pilzgeflecht (Mycel), das die pflanzlichen Gewebe zerstört. Zugleich wachsen neue Sporen für eine weitere Ausbreitung. Zu den pilzlichen Erkrankungen gehören Mehltau und die Kraut- und Knollenfäule *(Phytophthora)* bei Kartoffeln.

Bakterien dringen als Einzeller über natürliche Öffnungen oder Wunden in die Wirtspflanze ein. Sie vermehren sich entweder in Zellzwischenräumen oder besiedeln über das Xylem die ganze Pflanze und regen Zellen zu krebsartigem Wachstum an. Bakterien der Gattung *Erwinia* lösen z. B. Knollennassfäule, Stängelgrundfäule und Schwarzbeinigkeit bei Kartoffeln aus, *Agrobacterium tumefaciens* den Wurzelkropf bei Rüben.

Mykoplasmen (von griechisch mykes = Pilz; Plasma = Gebilde) als die kleinsten bakteriellen Krankheitserreger (∅ 0,2–0,3 µm) leben auch als Pflanzenparasiten. Wegen ihrer geringen Größe hielt man sie lange für Viren. Sie besitzen keine Zellwand und so werden sie durch zellwandwirksame Antibiotika (z. B. Penicillin) nicht geschädigt. Zikaden übertragen sie. Mykoplasmen verursachen z. B. beim Raps die Blütenvergrünung und bei Kartoffeln die Hexenbesenerkrankung.

Erst die Entwicklung des Elektronenmikroskops ermöglichte es, die kleinsten Krankheitserreger, die **Viren** (Einzahl Virus, lat. = Gift) zu entdecken und sichtbar zu machen. Sie besitzen keinen eigenen Stoffwechsel und stellen somit eine Zwischenform von unbelebten Stoffen zu Lebewesen dar.

Krankmachende Viren können nicht selbst in die Pflanze eindringen, sondern benötigen einen Überträger (Vektor) z. B. Blattlaus, der sie einschleust. Viren zwingen die Zellen der Wirtspflanze zur Produktion von Virenmaterial, was sie zerstört. Viren verursachen beispielsweise die Gelbverzwergungskrankheit bei Getreide, die Vergilbungskrankheit bei Rüben und die Blattroll- und Mosaikkrankheit bei Kartoffeln. Da Viren keinen eigenen Stoffwechsel betreiben, sind sie auch nicht direkt bekämpfbar, sondern nur deren Vektoren.

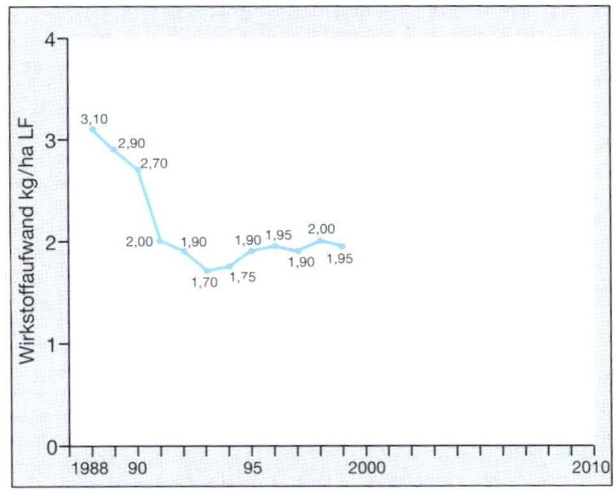

Abb. 824 Pflanzenschutzmitteleinsatz in Deutschland.

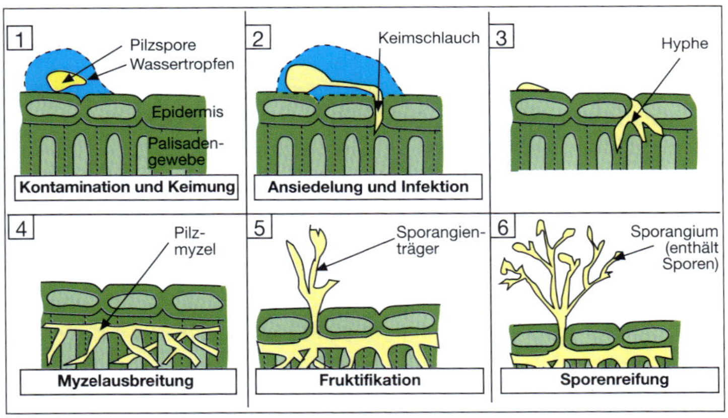

Abb. 825 Mitte: Entwicklungsabschnitte einer Pilzerkrankung (Schema).

Abb. 826 Entwicklungskreislauf einer Bakteriose (Schema).

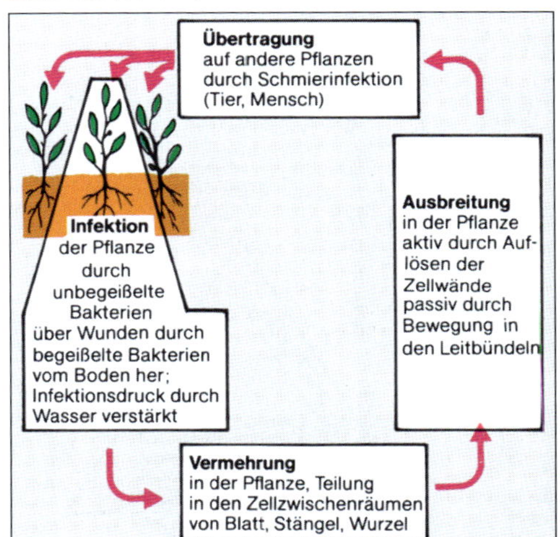

5.3 Wechselwirkung zwischen Schaderreger, Wirtspflanze und Umwelt

Die Entwicklung einer Krankheit und der Befall mit tierischen Schädlingen vollziehen sich in mehreren Phasen. Zuerst besiedeln die Erreger den Bestand. Dabei müssen sie zuerst den Widerstand der Wirtspflanze überwinden. Sie erkrankt also um so leichter, je mehr innere oder äußere Einflüsse sie schon schwächen.

Umwelteinflüsse wie extreme Witterung oder Überdüngung steuern die weitere Entwicklung. Günstige Bedingungen für die Vermehrung des Schaderregers erhöhen den *Infektionsdruck* und den Massenbefall durch Schädlinge. So begünstigt feuchtwarme Witterung die Vermehrung der Pilze, trockene und warme, mehr die Entwicklung der Insekten.

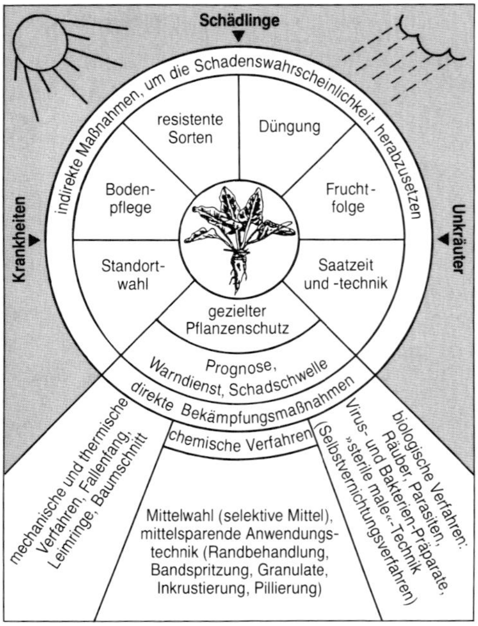

Abb. 827 Schema des Integrierten Pflanzenbaus (IPB).

Parasiten können Eier, Puppen und Larven der Insekten gefährden, was ihre Vermehrung wieder bremst.
Für Pflanzenbauer stellen derartige Parasiten, z. B. Insekten, Bakterien, natürliche Nützlinge dar, die den Bestand an Schaderregern auf biologische Weise regulieren.

5.4 Entwicklung des Pflanzenschutzes

Ursachen für das Vordringen chemischer Maßnahmen – Hohe Lohnkosten, kaum verfügbare Arbeitskräfte und der wirtschaftliche Zwang, Ertrag und Qualität der Ernteprodukte zu steigern, führten immer mehr zu technisierten Produktionsverfahren im Pflanzenbau. Gleichzeitig entwickelte die Industrie hochwirksame und leicht zu handhabende Pflanzenschutzmittel und -ausbringgeräte. So gerieten acker- und pflanzenbauliche Maßnahmen des Pflanzenschutzes, wie z. B. die Fruchtfolgegestaltung und Saattechnik mehr in den Hintergrund und der chemische Pflanzenschutz nahm zu.
Risiken bei einseitigem und übermäßigem Einsatz – Sie liegen vor allem in der möglichen *Gefährdung* von *Boden, Wasser, Luft* und der *Nahrungsketten* mit Ab- und Umbauprodukten chemischer Pflanzenschutzmittel, ferner in der *Ausschaltung natürlicher Feinde* der Schaderreger und damit der Begünstigung ihrer Massenvermehrung, sowie in der *Resistenzbildung bei Schädlingen.* Die genannten Risiken gaben Anlass, den chemischen Pflanzenschutz mit seinen Vorteilen und Grenzen neu zu bewerten und die wirtschaftlichen und ökologischen Erfordernisse gleichermaßen zu berücksichtigen.
So entstand die neue Ausrichtung des **Integrierten Pflanzenschutzes (IPS)**. Das *Pflanzenschutz-Gesetz* beschreibt ihn als eine Kombination von Verfahren, bei denen vorrangig biologische, biotechnische, pflanzenzüchterische sowie produktionstechnische Maßnahmen den Einsatz chemischer Pflanzenschutzmittel auf das notwendige Maß beschränken. Der IPS gilt heute als Baustein des **Integrierten Pflanzenbaus (IPB)**.

5.5 Rechtsgrundlagen für den Pflanzenschutz nach guter fachlicher Praxis

Abb. 828 Zulassungskennzeichen der Biologischen Bundesanstalt (BBA) für Präparate.

Pflanzenschutz-Gesetz – Das **Gesetz zum Schutz der Kulturpflanzen**, kurz »Pflanzenschutz-Gesetz« genannt, befasst sich mit
- ▶ dem Schutz der Nutzpflanzen und Pflanzenerzeugnisse vor Schaderregern,
- ▶ der Abwendung von Gefahren beim Einsatz von Pflanzenschutzmitteln und
- ▶ dem Einsatz von Stoffen, die die Lebensweise von Pflanzen beeinflussen (z. B. Wachstumsregler, Pflanzenstärkungsmittel).

Außerdem enthält das Pflanzenschutz-Gesetz Bestimmungen über Zulassung und Kennzeichnung sowie zur Anwendung der Pflanzenschutzmittel.

Es legt neben den Grundsätzen zur guten fachlichen Praxis beim Anwenden von Pflanzenschutzmitteln eine *Indikationszulassung* fest. Die Gebrauchsanleitung muss für jedes Mittel den *Anwendungsumfang* ausweisen.
Folgende **Verordnungen** führen die gesetzlichen Bestimmungen näher aus:

- ▶ Pflanzenschutzmittel-Verordnung,
- ▶ Pflanzenschutz-Anwendungsverordnung,
- ▶ Pflanzenschutz-Sachkundeverordnung,
- ▶ Höchstmengen-Verordnung,
- ▶ Bienenschutz-Verordnung.

Wichtige Vorschriften für den Anwender – Pflanzenschutzmittel sind nur nach guter fachlicher Praxis anzuwenden, d. h.:

- ▶ Anwendung im Rahmen der rechtlichen Vorschriften,
- ▶ gezielter und sachgerechter Einsatz durch sachkundige Personen (Sachkundenachweis!) und mit geprüften Geräten,
- ▶ Berücksichtigung des Integrierten Pflanzenschutzes,
- ▶ Dokumentation (Aufzeichnung) der durchgeführten Maßnahmen in den betrieblichen Unterlagen (Schlagkartei).

Zulassungs- und Kennzeichnungspflicht – Nur von der Biologischen Bundesanstalt für Land- und Forstwirtschaft (BBA) in Braunschweig zugelassene Pflanzenschutzmittel dürfen in Verkehr kommen. Diese **Zulassung** setzt strenge Prüfungen des Mittels voraus.
Die Verpackung muss folgende **Angaben** enthalten:

- ▶ Name des Herstellers,
- ▶ Zulassungsnummer,
- ▶ Einsatzverbote bzw. Auflagen,
- ▶ Wirkstoffbezeichnung und -menge,
- ▶ Verfallsdatum,
- ▶ Gebrauchsanweisung.

Die **Gebrauchsanweisung** muss genau informieren über

- ▶ gezielte und sachgerechte Anwendung, z. B. Anwendungsbereich, Anwendungszeitpunkt, Auflagen,
- ▶ mögliche schädliche Auswirkungen,
- ▶ Vorsichts- und Sofortmaßnahmen bei Unfällen,
- ▶ sachgerechte Entsorgung von Resten.

Anwendungsbereich von Pflanzenschutzmitteln – Auf nicht bewirtschafteten Flächen, Feldrainen, Wegrändern und Böschungen erfolgt keine Behandlung, weil sie als Rückzugsgebiete für viele Pflanzen und Bodentiere der Schonung der Nützlinge dienen.
Sachkundenachweis – Anwender und Verkäufer von Pflanzenschutzmitteln müssen ihre *Sachkunde* nachweisen. Dazu dienen

- ▶ das *Abschlusszeugnis* der *Berufsausbildung* zum Landwirt, Gärtner, Winzer, Forstwirt, Pflanzenschutz-Laborant, Landwirtschaftlich-technischer Assistent,
- ▶ das *Zeugnis* der *Fortbildungsprüfung* zum Fachagrarwirt Landtechnik,
- ▶ das *Zeugnis* über den *Hochschul-* bzw. *Fachhochschulabschluss* in einem der oben genannten Bereiche.

Neben der Sachkunde muss der Anwender auch im Hinblick auf seine Verantwortung gegenüber der Natur und der Bevölkerung in seinen *persönlichen Eigenschaften* die Gewähr für die Einhaltung der rechtlichen Vorschriften bieten.

Abb. 829 Prüfplakette **(Beispiel)** an einem geprüften Gerät. Die Plakette ist 2 Jahre gültig.

Abb. 830 Links: Schild an einem anerkannten Kontrollbetrieb **(Beispiel)**.

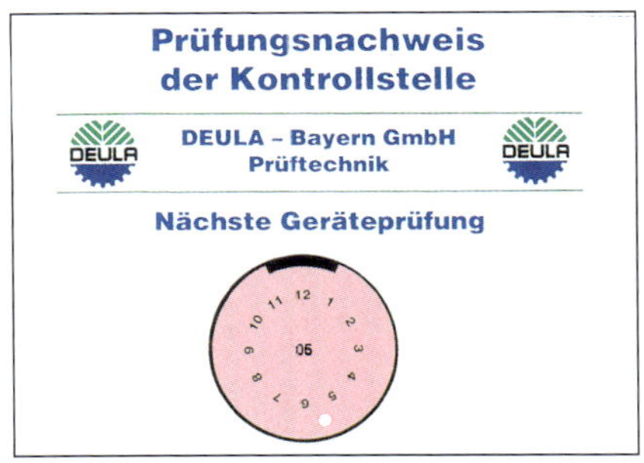

Abb. 831 Dieser Prüfungsnachweis muss im Kontrollbetrieb angebracht sein.

Abb. 832 Wichtige Bestandteile der Gebrauchsanleitung von Pflanzenschutzmitteln.

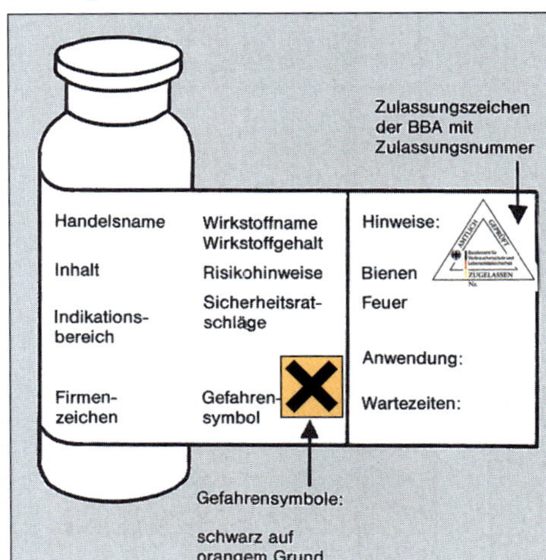

Abb. 833 Prüfung der Feldspritze.

Abb. 834 Die Sachkunde im Pflanzenschutz ist durch eine bestandene Prüfung nachzuweisen.

Abb. 835 Die Bienenbestäubung beeinflusst vorteilhaft Fruchtansatz, gleichmäßige Reife, Ölgehalt von Raps.

Abb. 836 Das heutige Gefahrensymbol T (giftig) umfasst die alten Giftabteilungen 1 und 2; 3 wird aufgeteilt auf C, Xn und Xi.

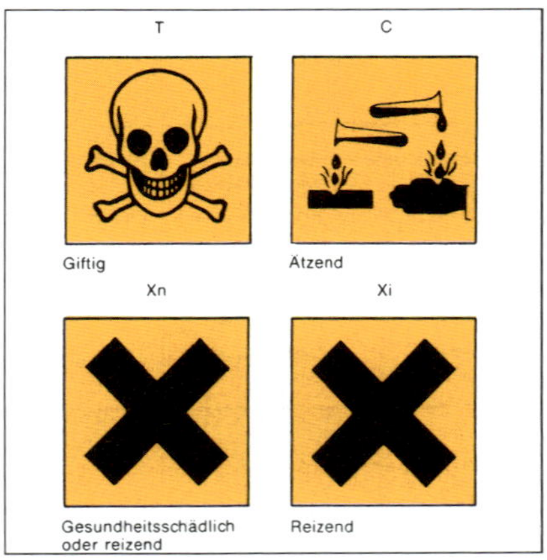

Geräteprüfung – Alle Feldspritzen sind im 2-jährigen Abstand durch amtlich anerkannte Kontrollwerkstätten zu prüfen, nachgewiesen durch die *Prüfplakette*.

Anwendungsbeschränkungen und -verbote – Die Pflanzenschutz-Anwendungsverordnung verbietet bzw. beschränkt den Einsatz bestimmter Wirkstoffe. Diese Auflagen dienen dem Schutz des Naturhaushaltes, Wassers, Grundwassers, der Wasserorganismen und Bienen.

Tabelle 69 gibt einen Überblick über wichtige Anwendungs-Auflagen und die dafür verwendeten Kürzel. Verstöße gegen diese Bestimmungen gelten als Ordnungswidrigkeit, die mit *Bußgeld* bis zu 50 000 € belegt sind.

Wartezeiten und Höchstmengen – Die Pflanzenschutz-Höchstmengenverordnung legt die duldbare Höchstmenge eines Wirkstoffes fest, der beim Verkauf von Ernteprodukten noch vorhanden sein darf. Die Angabe der Grenzwerte erfolgt in ppm (**p**arts **p**er **m**illion), das sind Milligramm Wirkstoff je Kilogramm Lebensmittel (mg/kg).

Pflanzenschutzmittelanwender erfüllen diese Vorschriften durch

- ▶ Verwendung zugelassener Mittel,
- ▶ Einhalten der in der Gebrauchsanweisung festgelegten Dosierung,
- ▶ Beachten der vorgeschriebenen Wartezeit (siehe Auflagen).

Unfallschutz – Die für den Anwender gefährlichen Mittel müssen gemäß der Gefahrstoff-Verordnung auf ihrer Verpackung die in allen EU Ländern einheitlichen **Gefahrensymbole** tragen.

Spritzbrühen sind nur im Freien anzurühren. Während der Anwendung sollte der Anwender weder essen, trinken noch rauchen, weil dies die Vergiftungsgefahr erhöht. Die *Gebrauchsanleitung* enthält Hinweise für den Anwenderschutz und Sofortmaßnahmen bei Unfällen sowie über die bei der Anwendung zu beachtenden *Auflagen*.

5.6 Grundsätze guter fachlicher Praxis

Ziel – Die gute fachliche Praxis dient der Gesunderhaltung und Qualitätsicherung von Pflanzen und Pflanzenerzeugnissen.

Im Einzelnen verfolgt sie die Grundsätze:

- ▶ Abwechslungsreiche **Fruchtfolgegestaltung,** um Schaderregern die Massenvermehrung zu erschweren,
- ▶ Bevorzugung **resistenter Sorten**, um Chemie zu sparen,
- ▶ optimale Bodenbearbeitung und **Saattechnik**, um gute Startbedingungen für die Nutzpflanzen zu schaffen,
- ▶ **Nützlinge** fördern, durch Schaffung von Ausgleichsflächen,
- ▶ **Bestände beobachten** und kontrollieren,
- ▶ Bevorzugen durchführbarer **mechanischer, biologischer** und **biotechnischer Maßnahmen** gegenüber der Chemie,
- ▶ **Teilflächenbehandlung**, um Mittel einzusparen,
- ▶ **Informationen** zum Pflanzenschutz nützen, um zielgerichtet reagieren zu können,
- ▶ **Aufzeichnen** aller Maßnahmen in der Schlagkartei, um eine Erfolgskontrolle über die einzelnen Jahre zu haben.

Tabelle 69: Wichtige Auflagen und ihre Kürzel für die Anwendung von Pflanzenschutzmitteln

Kürzel	Auflage
Naturhaushalt Wasser	
W	keine Anwendung in Wasser- und Heilquellen-Schutzgebieten
Naturhaushalt Grundwasser	
NG 237	keine Anwendung in Zuflussbereichen von Grund- und Quellwasser-Gewinnungsanlagen, Heilquellen, Grundwassertalsperren sowie sonstigen grundwasserempfindlichen Bereichen
NG 300	keine Anwendung in Wasserschutz- und Heilquellen-Schutzgebieten sowie in zum Schutz von Grundwasser abgegrenzten Gebieten
Naturhaushalt Wasserorganismen	
NW 261	Mittel ist fischgiftig
NW 263	Mittel ist giftig für Fischnährtiere
NW 264	Mittel ist giftig für Fische und Fischnährtiere
NW- ... m	keine Anwendung auf abschwemmungsgefährdeten Flächen, Gewässerrandstreifen mind. ..... m
NM 602 NW 603	Abstand zwischen behandelter Fläche (z. B. Ackerbaukultur) und Oberflächengewässer muss eingehalten werden
NW 639	keine Anwendung auf abschwemmungsgefährdeten flächen, Gewässerrandstreifen mind. 20 m mit geschlossener Pflanzendecke ab Anwendung bis Bestandsschluss
Naturhaushalt Bodenorganismen	
NS 610	Abstand zu angrenzenden Flächen von mindestens 5 m muss eingehalten werden
NS 611	Ausnahmen:
NS 612 NS 613	Verlust mindernde Geräte kommen zum Einsatz, die eine Abdriftminderungsklasse von 50 %, 75 % oder 90 % besitzen
NS 621	Abstandsregelungen mindestens 20 m und verlustminderndes Gerät
NS 622	Einsatz von tragbaren Pflanzenschutzgeräten ohne Abstandsvorschriften
Naturhaushalt, Bienenschutz	
NB 661	Mittel ist bienengefährlich und darf nicht auf bienenbeflogene Pflanzen bzw. Unkräuter ausgebracht werden
NB 662	Mittel ist bienengefährlich, aber Ausbringung nach Bienenflug am Abend bis 23 Uhr MEZ möglich.
sonstige Auflage	
230	Keine Anwendung auf stärker geneigten Flächen mit Abschwemmungsgefahr, Mindestabstand von Gewässern 5 – 10 m
Wartezeiten	
WZ 21	Abstand zwischen Anwendung und Ernte 21 Tage
F	Wartezeit ist mit Abstand zwischen vorgesehener Anwendung und normalem Erntetermin erfüllt

Abb. 837 Aus ökologischen Gründen sollten Randstreifen von der Behandlung ausgespart werden, um der Wildpflanzenflora eine Nische zu gewähren.

Abb. 838 Pflanzenschutz erfordert ein genaues Abwägen, ob sich eine Maßnahme lohnt.

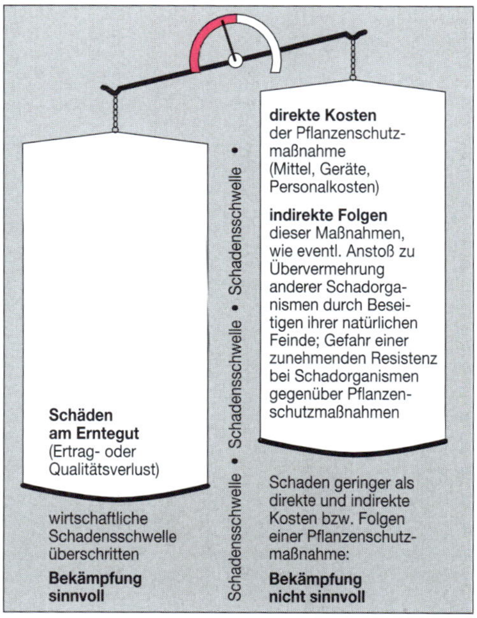

Abb. 839 Gelbschalen mit Pheromonen erlauben eine Kontrolle der Flugaktivität von Schädlingen.

Abb. 840 Diagnosegerät zur Bestimmung des Blattbefalls mit Pilzerkrankungen für die Schadensschwelle.

Abb. 841 Mit diesem »Göttinger Zählrahmen« lässt sich Unkrautbesatz zur Ermittlung der Schadensschwelle feststellen.

5.7 Methoden des umweltschonenden Pflanzenschutzes

Die Anwesenheit von Krankheiten, Schädlingen oder Unkraut in den Nutzpflanzenbeständen bringt nicht sofort Einnahmeverluste. Erst wenn der zu erwartende Schaden die Kosten für dessen Abwehr übersteigt, rentiert sich eine Pflanzenschutzmaßnahme.
Die **wirtschaftliche Schadensschwelle** bezeichnet jene Befallsstärke, bei der sich Schaden und Bekämpfungsaufwand gerade die Waage halten. Beim umweltschonenden Pflanzenschutz geht es also *nicht* um die *Ausrottung* der Schaderreger oder des Unkrautes, sondern um deren *Regulierung*. Das heißt, der Pflanzenschutz zielt darauf ab, die Schädiger *unter* der wirtschaftlichen Schadensschwelle zu halten.
Einflussfaktoren – Zahlreiche Faktoren beeinflussen die wirtschaftliche Schadensschwelle. Deswegen sind Zahlenangaben nur *Näherungswerte*. Sie sind für die Verhältnisse am jeweiligen Standort aufgrund der Erfahrung zu *korrigieren*.
Erfassen des aktuellen Befalls – Jede Therapie setzt eine gute Diagnose voraus. Es gilt, Schaderreger und Schadbilder in ihrem *frühen Jugendstadium sicher zu erkennen*.
Krankheitsbefall lässt sich durch *Auszählen* der kranken Pflanzen beurteilen. Zur Feststellung der Schadensschwelle bei Getreideblatt-Krankheiten dient ein *optisches Diagnosegerät*. Als Hilfsmittel für die Überwachung des Insektenflugs stehen *Gelbschalen* oder *Pheromonfallen* (Borkenkäfer) zur Verfügung. Sie erlauben eine Diagnose der Schädlingszahl und -aktivität.
Die Verunkrautungs-Schadensschwelle lässt sich mit Hilfe des *Göttinger Zählrahmens* bestimmen.
Vorhersagen und Pflanzenschutz-Warndienst – Der Pflanzenschutz-Warndienst bietet seine Informationen über Telefonansagen, Faxbriefe, Pressemitteilungen und Internet an. Er warnt den Pflanzenbauer aufgrund von *Prognosen, Beobachtungen* und *Erhebungen* vor epidemisch auftretendem Schädlings- und Krankheitsbefall. Er empfiehlt gleichzeitig die zweckmäßigste und umweltschonendste Bekämpfungsmaßnahme, gibt Hinweise für die aktuelle Bestandskontrolle zur Bestimmung der Schadensschwelle für den jeweiligen Standort.
Bei einigen Pflanzenkrankheiten treten die typischen Krankheitsmerkmale erst nach dem optimalen Bekämpfungszeitpunkt auf (z. B. Halmbruchkrankheit bei Weizen). Oder Temperatur, Luftfeuchtigkeit, Regenmenge und -dauer lassen Krankheiten in kurzer Zeit sehr schnell ausbreiten (z. B. *Phytophthora)*.
Diese Fälle erfordern eine *vorbeugende Behandlung*. Dafür sind Entscheidungshilfen nötig. Sie berücksichtigen neben der regionalen Witterung die Anfälligkeit der Sorten, den Entwicklungsstand der Pflanzen und die Schadensschwelle. Die Informationen erstrecken sich auch auf die Unkrautregulierung.
Der *Deutsche Wetterdienst* (DWD) bietet aufgrund von Witterungsdaten Prognosen z. B. über die Befallswahrscheinlichkeit der Kartoffeln mit Krautfäule oder des Weizens mit Halmbruchkrankheit über Bildschirmtext oder Internet an.

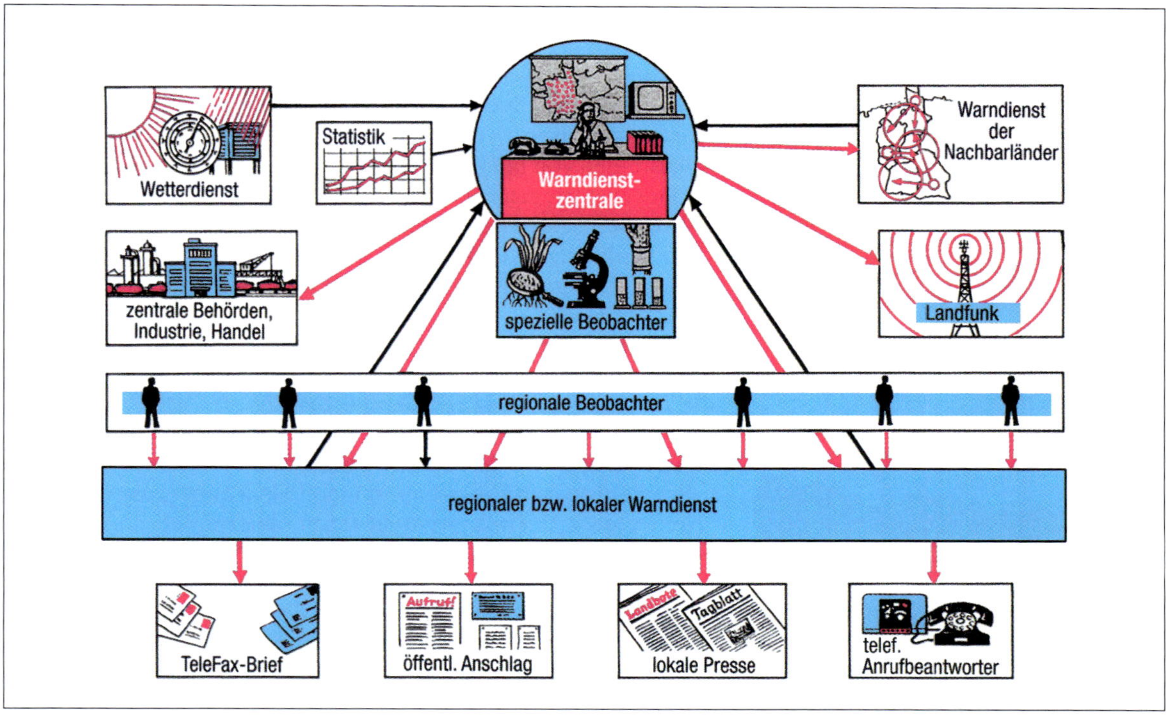

Abb. 842 Aufbau und Arbeitsweise des Pflanzenschutz-Warndienstes (Schema).

Tabelle 71: Beispiele für die Ermittlung der wirtschaftlichen Schadensschwelle

Schadorganismen		Kontrolltermin	Schadensschwelle
Getreide	Tipula-Larven	Wachstumsbeginn	4 Larven/m Drillreihe
	Getreideläuse an Weizen	Stadium 59	Befall an 20 % der Ähren
		Stadium 75	Befall an 80 % der Ähren
	Halmbruch	Stadium 25–30	Verbräunungen an 20 % der Blattscheiden
			Blattfläche zu 1–3 % befallen
	Echter Mehltau	ab Stadium 25	Befallsbeginn auf oberen Blättern
		Stadium 30–50	
Mais	Drahtwürmer	vor der Saat	Kartoffelhälften (je auf 0,25 m²) auslegen; behandeln, wenn 1 Wurm/4 Kontrollstellen vorhanden ist;
	Maiszünsler	nach Warndienst	4–8 Eigelege/100 Pflanzen
Raps	Rapserdfloh	Herbst	3 Larven/Pflanze
		Frühjahr	4–5 Larven/Pflanze
	Rapsglanzkäfer	zeitiges Frühjahr	Feldrand: 5–6 Käfer/Pflanze
			Fläche: 2–3 Käfer/Pflanze
	Kohlschotenrüssler	vor der Blüte	1 Käfer/Pflanze
Rübe	Rübennematoden		500 Eier und Larven/100 ml Boden
	Drahtwurm		6 Larven/m²
	Moosknopfkäfer	vor der Saat	1–2 Käfer/1 l Boden
		nach dem Aufgang	10 Käfer/Pflanze
	Grüne Pfirsichblattlaus	ab 2-Blattstadium	1 geflügelte Laus/10 Pflanzen
Kartoffel	Blattläuse	Konsumanbau	0 Blattläuse/100 Zweige
	Kartoffelkäfer		15 Eier bzw. Larven/Pflanze

Abb. 843 Eine gut gelungene Zwischenfrucht durchwurzelt den Boden tief und kräftig.

Abb. 844 Striegel im Getreidebau zählen zu den mechanischen Maßnahmen des Pflanzenschutzes.

Abb. 845 Rollhacke im Einsatz im Mais.

Abb. 846 Hackgerät zur Unkrautbekämpfung in Reihenkulturen, hier in Rüben.

5.8 Direkte Pflanzenschutzmaßnahmen

Mechanische Verfahren – Dazu zählen alle Maßnahmen, die Schaderreger von den Nutzpflanzen fernhalten und diese direkt bekämpfen:

- ▶ Ausreißen von befallenen Pflanzen bei Befallsbeginn,
- ▶ Hacken, Striegeln, Häufeln zur Unkrautregulierung,
- ▶ Grubbern und Eggen nach der Ernte gegen Wurzelunkräuter und -gräser, z. B. Quecke,
- ▶ tiefes Unterpflügen befallener Pflanzenreste, z. B. bei Maiszünslerbefall,
- ▶ Aufstellen von Fallen, z. B. gegen Wühlmäuse.

Biologische Verfahren – Sie setzen gezielt natürliche Abläufe für die Zwecke des Nutzpflanzenschutzes ein.
Dies sind:

- ▶ **Aussetzung von in Massen gezüchteten Insekten**, die gegen Schaderreger in Pflanzenbeständen als Räuber oder Parasiten auftreten, z. B. *Trichogramma* gegen Maiszünsler,
- ▶ **Ausbringung von Viren, Bakterien** und **Pilzen** in wässriger Lösung, die nur die Schaderreger krank machen,
- ▶ **Freilassen** von großen Massen **sterilisierter männlicher Schadinsekten** (sterile-male-Technik), die keine Nachkommen zeugen können und damit zum Zusammenbruch der Schädlingspopulation führen. Dieses Verfahren eignet sich gut für geschlossene Anbaulagen.
- ▶ **biotechnische Maßnahmen:** Sie nützen die Wirkung von *Lockstoffen* (Pheromonen), *Abschreckstoffen* (Repellents) und *Hemmstoffen* auf die Schädlingspopulation aus. Alle biologischen Verfahren benötigen eine gewisse *Anlaufzeit*, bis sie wirken. Akuter Massenbefall lässt sich so nicht bekämpfen. Biologische Verfahren führen auch dann nicht zum Erfolg, wenn der Bestand gleichzeitig wegen anderer Gefährdung chemisch behandelt wird.

Chemische Verfahren – *Vor* dem Einsatz chemischer Mittel gilt es, stets die Vorteile gegenüber den Risiken abzuwägen. Deswegen beschränkt der Integrierte Pflanzenschutz als Kombination aller acker- und pflanzenbaulichen Maßnahmen ihren Einsatz auf das Geringstmögliche.

Wirkstoffe – Mehrere Firmen bieten Pflanzenschutzmittel mit gleicher Wirkung unter verschiedenen Namen an, was den Markt unübersichtlich gestaltet. Der im Präparat enthaltene *Wirkstoff* legt den Anwendungsbereich fest. Daneben enthalten die Mittel *Lösungs-*, *Netz-*, *Füll-* und *Farbstoffe*.

Nach **Wirkungsbereich** lassen sich die Präparate einteilen in:

- ▶ Akarizide wirken gegen Milben
- ▶ Bakterizide wirken gegen Bakterienkrankheiten
- ▶ Fungizide wirken gegen Pilzkrankheiten
- ▶ Herbizide wirken gegen Unkräuter und Ungräser
- ▶ Insektizide wirken gegen Insekten
- ▶ Molluskizide wirken gegen Schnecken
- ▶ Nematizide wirken gegen Nematoden
- ▶ Rodentizide wirken gegen Nagetiere
- ▶ Repellents sind Abschreckungs- und Vergrämungsmittel

Tabelle 71: Nützlinge im Pflanzenbau (Auswahl)

Name	Aussehen		Nutzwirkung
Schlupfwespen *Ichneumonidae* Abb. 847		1/2 mm bis 3 cm große Insekten	legen ihre Eier in die Nähe oder in die Körper von Larven und Puppen schädigender Insekten ab; die Schlupfwespenlarven zerstören ihre Wirtstiere
Florfliegen *Chrysopidae* Abb. 848		zarte Fliegen mit meist grünem bis gelbem Körper, Netzflügler	Larven und Fliegen saugen Blatt-, Blut- und Schildläuse, Milben und Räupchen aus (1 Florfliegenlarve kann im Laufe ihres Lebens bis zu 160 Blattläuse aussaugen)
Schwebfliegen *Syrphidae* Abb. 849		unterschiedliche Körperformen, manche mit wespenähnlicher schwarz-gelber Färbung	Fliegen helfen bei der Bestäubung von Nutzpflanzen; Larven ernähren sich von saugenden Insekten (z. B. Blattläuse)
Raupenfliegen *Larveavorinae* Abb. 850		Aussehen ähnelt der Stubenfliege	Raupenfliegen sind Parasiten von Schädlichen, z. B. Schmetterlingsraupen
Raubwanzen *Anthocoridae* Abb. 851		meist zierliche, bunt gemusterte Wanzen	vertilgen Spinnmilben, Blattläuse, Zikaden, Schmetterlings- und Käferlarven
Laufkäfer *Carabidae* Abb. 852		viele Arten und Größen (5 – 50 mm); meist schöne, glänzende Färbung und gezeichnete Flügeldecken	nützlich sind alle Fleisch fressenden Vertreter, sie jagen schädigende Bodeninsekten, z. B. Erdraupen

Fortsetzung Tabelle 71

Name	Aussehen		Nutzwirkung
Weichkäfer *Cantharidae* Abb. 853		länglicher, wenig gewölbter Körper, häufig schwarze bis braune, längliche Flügeldecke, rotes bis braunes Halsschild	jagen Schadinsekten auf dem Boden und an Pflanzen
Kurzflügler *Staphylinidae* Abb. 854		verkürzte Flügeldecken lassen 2/3 des Hinterleibs unbedeckt	verzehren Schadinsekten, einige Arten auch Pilze und Blütenpollen und sogar Raupen
Marienkäfer *Coccinellidae* Abb. 855		bei uns leben 14 verschiedene Arten, charakteristische Färbung (Abb. Zeigt eine Larve)	Käfer und Larven ernähren sich von Blattläusen, Spinnmilben und Blattsaugerlarven (1 Käfer vertilgt täglich bis zu 60 Blattläuse)
Spinnen *Aranae* Abb. 856		keine Insekten, aber große Insektenvertilger	

Abb. 857 Eine Schlupfwespe der Gattung *Trichogramma* parasitiert ein Eigelege.

▶ Pheromone — Geruchsstoffe, die im Tierreich die sozialen Beziehungen zwischen den Artgenossen regeln (Sexuallockstoffe, Schreckstoffe). Die Pheromone haben besonders im ökologischen Landbau größte Bedeutung. Sie werden z.B. in Leimfallen ausgebracht.

Zubereitungsarten – Die Pflanzenschutzpräparate finden sich in verschiedenen **Zubereitungsarten** (Formulierungen) im Handel:

- ▶ Streumittel, z. B. Granulate zur Bodenentseuchung, Molluskizide,
- ▶ Spritzmittel; flüssig, pulver- oder tablettenförmig,
- ▶ Saatgutbehandlungsmittel; Beizmittel, Zusätze zu Inkrustierung, Pillierung und Puderung,
- ▶ spezielle Zubereitungen, z. B. Pasten, Köder, Räuchermittel.

Mittelwahl – *Selektiv* wirkende Mittel schonen Nützlinge und bekämpfen gezielt und sollten deshalb den Vorzug erhalten.

Anwendungstechnik – Sie entscheidet über die Wirkung einer chemischen Maßnahme. Die Präparate sind mit der richtigen *Wassermenge* zu verdünnen und sorgfältig zu *dosieren*. Auch die *Ausbringtechnik* (Spritzdruck, -zeitpunkt) und die *Funktion* der Feldspritze bestimmen den Erfolg. Die den Präparaten beiliegende *Gebrauchsanweisung* ist aus persönlichen wie auch aus ökologischen und ökonomischen Gründen genau zu befolgen.

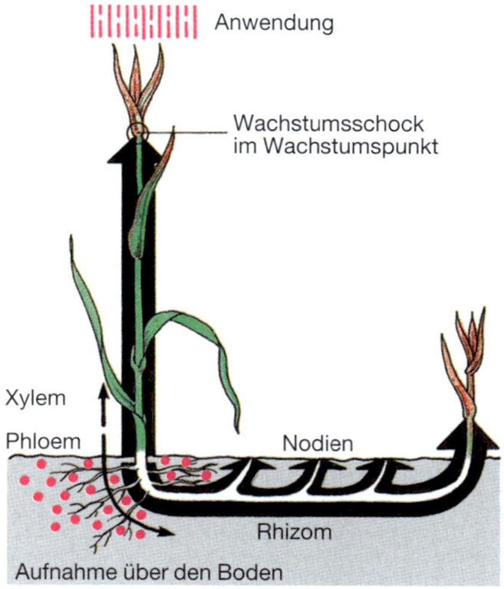

Abb. 858 Aufnahme und Wirkung bei systemischen Mitteln (Schema).

5.8.1 Saatgut- und Pflanzgutbehandlung

Beizen – Krankheitserreger, die sich am Samen/Pflanzgut befinden, lassen sich nur durch Beizen bekämpfen (z. B. Schneeschimmel, Streifenkrankheit der Gerste, Weizensteinbrand, *Rhizoctonia* bei Kartoffeln). Beizmittel wirken auch gegen Schaderreger im Saatbett und gegen luftbürtige Krankheitserreger, z. B. Mehltau bei Jungpflanzen.
Pudern – Saatgutpuder wirken gegen *Insekten*, z. B. Erdflöhe, Drahtwürmer, Brachfliege.
Inkrustierung – Dieses Verfahren, das Insektizide mit Hilfe eines Haftmittels auf die Samen bringt, findet vor allem bei Rüben-, Raps- und Maissaatgut Anwendung.
Pillierung – Eine Masse z. B. aus Gesteinsmehl umhüllt die kleinen Samen von Rüben, Gemüse bis zur einheitlichen Korngröße (Kaliber), was die Ausbringung mit dem Einzelkornsägerät erleichtert. Pilliermassen enthalten auch Fungizide und Insektizide.
Vergrämungsmittel – Sie enthalten Vögel abschreckende Stoffe und schützen dadurch z. B. das Maissaatgut vor Fasanenfraß. Dieser Schutz bleibt bis zum Auflaufen erhalten.

5.8.2 Herbizide

Der Großteil aller Pflanzenschutzmaßnahmen dient der Regulierung des Unkrautbesatzes. Für diesen Anwendungsbereich befinden sich viele Mittel im Angebot. Herbizide lassen sich einteilen in *Totalmittel*, die alle Pflanzen zerstören und in *selektive Mittel*, die nur auf eine Pflanzengruppe wirken.
Totalherbizide können deshalb nur auf nicht bestellten Flächen nach der Ernte ausgebracht werden. Die Tabelle 72 zeigt die Einteilung der Herbizide nach ihrer Wirkungsweise.

Abb. 859 Wirkung von Wuchsstoff-Herbiziden an Raps-Durchwuchs.

Tabelle 72: Übersicht zur Wirkung und Beurteilung der Herbizide

Mittelform	Wirkungsweise	Vorteile
Kontaktmittel	Zerstörung des Chlorophylls (Verätzung), Wirkung nur an der Benetzungsstelle, werden innerhalb der Pflanzen kaum transportiert, erfassen nur Samenunkräuter	schnelle, sichere Wirkung, gute Nutzpflanzen-Verträglichkeit

Abb. 860 Mehltau *(Erysiphe graminis).*

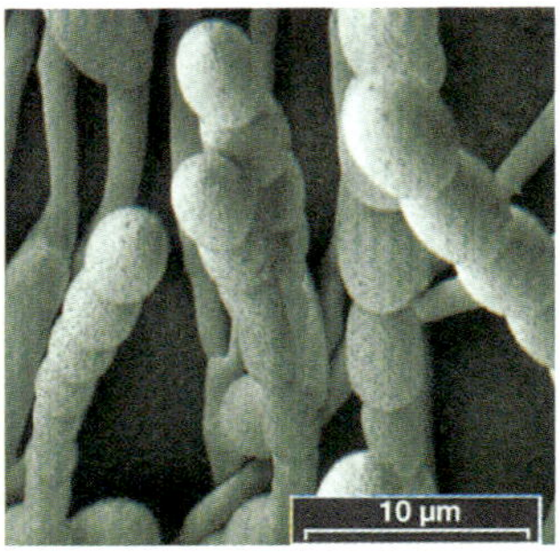

Sporenträger des Mehltaupilzes vor der Behandlung

nach der Behandlung mit einem Fungizid (Turgor deutlich verringert)

Abb. 861 Fungizide zerstören die Sporenträger krankmachender Pilze.

Fortsetzung Tabelle 72

Mittelform	Wirkungsweise	Vorteile
Kontakt-mittel	Zerstörung des Chlorophylls (Verätzung), Wirkung nur an der Benetzungsstelle, werden innerhalb der Pflanzen kaum transportiert, erfassen nur Samenunkräuter	schnelle, sichere Wirkung, gute Nutzpflanzen-Verträglichkeit
Wuchs-stoff- und wuchs-stoff-ähnliche Mittel	führen zu übersteigertem Wachstum und Stoffwechselstörungen, Wirkstoffaufnahme über das Blatt und Verteilung in der ganzen Pflanze (systemische Wirkung) daher auch gegen Wurzelunkräuter wirksam	wirken als Ester sehr schnell, teilweise sehr selektiv, deswegen ist die Feststellung der Leitunkräuter in dem zu behandelnden Bestand nötig
Boden-herbizide	Wirkstoffaufnahme über die Wurzel, teilweise auch über das Blatt, für die optimale Wirkung ist ausreichende Bodenfeuchtigkeit nötig, Nachbaubeschränkungen beachten!	Anwendung im Vorsaatverfahren mit Einarbeitung, auch Vorauflauf- und Nachauflaufanwendung möglich
Breitband-herbizide	Kombination aus Kontakt- und Wuchsstoffmitteln	große Wirkung gegen breitblättrige Verunkrautung
Sulfonyl-Harnstoff	stört die Eiweißbildung in der Pflanze, überwiegend als Kontaktmittel mit Wirkung auch über den Boden	ungiftig, sehr niedrige Aufwandmengen

5.8.3 Fungizide

Früher dienten hauptsächlich schwefel- oder kupferhaltige Mittel der Bekämpfung pilzlicher Schaderreger. Heute überwiegen *synthetische organische* Präparate. Sie lassen sich nach ihrer Wirkungsweise einteilen in *Kontaktmittel* und *systemisch* wirkende **Fungizide**. (Tabelle 73).

Tabelle 73: Übersicht zur Wirkung und Beurteilung der Fungizide

Fungizid	Wirkungsweise, Vorteile
Kontakt-fungizide	töten Pilzsporen und ihre Haustorien (Saugschläuche) nur an der Oberfläche des Pflanzengewebes ab, deswegen muß der Schutzbelag des Präparates vorher vorbeugend aufgebracht werden, nicht benetzte Pflanzenteile und neu zuwachsende bleiben ungeschützt, unspezifische Wirkungsweise, daher geringe Gefahr der Resistenzbildung bei den Erregern

Fortsetzung Tabelle 73

Fungizid	Wirkungsweise, Vorteile
systemisch wirkende Fungizide	dringen über die natürlichen Öffnungen in die Pflanze ein und verteilen sich über die Leitgewebe in der Pflanze, Störung des Stoffwechsels bei den pilzlichen Erregern an vielen Stellen gleichzeitig, keine Auswaschung bei Niederschlägen, alle Pflanzenteile sind geschützt, Erfassung der bereits in die Pflanze eingedrungenen Pilze, sehr selektive Wirkung, daher auch geringe Gefahr der Resistenzbildung

Abb. 862 Diagnosegerät zur Bestimmung des Blattbefalls mit Pilzerkrankungen für die Schadschwelle.

5.8.4 Insektizide

Sie wirken entweder nur an *bestimmten Stellen* der Pflanzen lokal oder *systemisch*, d. h. in der ganzen Pflanze verteilt.
Wirkstoffe mit lokaler Wirkung nehmen die Schädlinge direkt nach der möglichst gleichmäßigen Verteilung auf die Pflanze auf. Systemische Mittel verteilen sich in der Pflanze und sind damit äußeren Einflüssen entzogen. Außerdem erreichen sie auch die in ihren Fraßgängen versteckten Schädlinge. Schon wenige Stunden nach ihrer Anwendung gefährden diese Mittel die Nützlinge nicht mehr.
Folgende **Wirkstoffgruppen** kommen zum Einsatz:

- **Phosphorsäure-Ester:** Sie wirken schnell aber eher kurz, gegen fressende und saugende Insekten und Milben, unterliegen einem schnellen Abbau und verlangen deswegen nur kurze Wartezeiten.
- **Carbamat-Insektizide:** Sie erhalten den Vorzug bei befürchteter Resistenzbildung gegen andere Wirkstoffe.
- **Synthetische Pyrethroide:** Sie wirken schnell und anhaltend mit großer Breite. Die meisten Präparate sind jedoch als *fischgiftig* und *bienengefährlich* eingestuft.
- **Chlorierte Kohlenwasserstoffe:** Sie sind zwar nur wenig giftig, zeigen aber eine hohe Beständigkeit in der Pflanze und im Boden. Aus Umweltschutzgründen sind sie durch leicht abbaubare Mittel zu ersetzen.

Abb. 863 Gelbschalen mit Pheromonen erlauben eine Kontrolle der Flugaktivität von Schädlingen und damit einen gezielten und Mittel sparenden Einsatz von Insektiziden.

5.8.5 Ausbringung und Funktionskontrolle

Vor jedem Einsatz der Feldspritze sind folgende Arbeiten unerlässlich:

- Überprüfen des *Spritzbildes* aller Düsen (Probespritzung im Stand mit Wasser),
- Kontrolle aller Leitungen auf *Dichtheit*,
- Kontrolle der *Ausbringmenge*.

Berechnen der Spritzbrühmenge – Die Aufwandmenge je ha des Präparates und die entsprechende Verdünnung mit Wasser stehen in der *Gebrauchsanleitung*. Eine möglichst genaue Berechnung die Brühmenge hilft, kleine Restmengen zu erzielen und Unter- und Überdosierung zu vermeiden.

Abb. 864 Wirkung systemischer Mittel, z. B. gegen Insekten (hier eine Blattlaus).

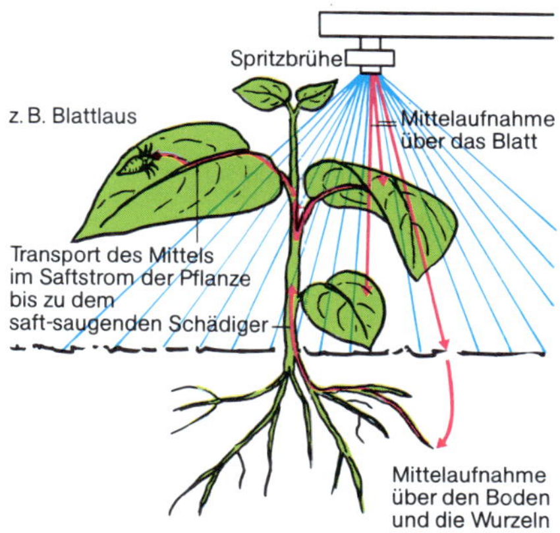

Die **Band-** oder **Reihenspritzung** behandelt nur einen ca. 20 cm breiten Streifen, auf dem die Nutzpflanzen stehen. Damit lässt sich die Aufwandmenge an Pflanzenschutzmitteln auf bis zu 1/3 reduzieren.

Beispiel: Bandspritzung mit 18 cm Bandbreite, Reihenabstand der Kultur 50 cm, Ausbringmenge 300 l/ha bei Ganzflächenbehandlung, Bestandsfläche 5 ha.

Ansatz:

$$50\text{ cm} = 300\text{ l/ha}$$
$$18\text{ cm} = x\text{ l/ha}$$
$$x = \frac{300\text{ l/ha} \times 18\text{ cm}}{50\text{ cm}}$$
$$x = 108\text{ l/ha}$$

Für 5 ha sind demnach 5 × 108 l = 540 l Spritzflüssigkeit herzurichten.

Vermeiden von Restmengen – *Reste von Spritzflüssigkeiten* oder *Reinigungswasser* für Pflanzenschutzgeräte dürfen keinesfalls in Gewässer oder ins Grundwasser gelangen. Deswegen wird der letzte Behälter nur teilweise mit Wasser gefüllt, so dass eine Restfläche unbehandelt bleibt. Der in den Leitungen der Feldspritze verbleibende Rest Spritzbrühe kommt dann mit Wasser (Verhältnis 1 : 10) verdünnt auf die unbehandelte Fläche.

Die **Gerätereinigung** sollte besonders nach dem Einsatz von *Sulfonyl-Harnstoffen* streng nach der Gebrauchsanleitung erfolgen. *Aktivkohle* eignet sich nicht als Reinigungsmittel. Leere Packungen von Pflanzenschutzpräparaten sind gründlich zu spülen, zu sammeln und nach dem gültigen Abfallrecht zu entsorgen (Hinweise in der Gebrauchsanleitung).

Verhalten chemischer Pflanzenschutzmittel – Der Begriff **Persistenz** bezeichnet die *Beständigkeit* chemischer Pflanzenschutzmittel im Boden und in der Pflanze. Die heute zugelassenen Mittel zeigen eine deutlich geringere Persistenz als früher verwendete Präparate. Dabei gilt es, einen Kompromiss zu finden zwischen einer ausreichenden Wirkungsdauer und einer möglichst kurzen Abbauzeit, um die Umweltrisiken zu vermindern.

Der **Abbau** von Pflanzenschutzmitteln erfolgt im Boden hauptsächlich durch *Kleinlebewesen*. Die dabei entstehenden Zwischenprodukte (Metaboliten) haben nicht mehr die ursprüngliche Wirkung. Ihre Festlegung im Humus bedarf noch der Klärung. Die Endprodukte des Abbaus sind meistens CO_2, Wasser und Ammoniak.

Aufgaben:
1. Welche Ursachen liegen Pflanzenkrankheiten zu Grunde?
2. Beschreiben Sie die vollkommene Verwandlung bei Insekten bzw. den Entwicklungszyklus bei Blattläusen.

Abb. 865 Gute fachliche Praxis bei der Anwendung chemischer Pflanzenschutzmittel.

3. Leiten Sie aus den dargestellten Wechselbeziehungen zwischen Schaderreger, Wirtspflanze und Umwelt typische Witterungsbedingungen ab, die eine Masseninfektion bzw. Masseninvasion fördern.
4. Nennen Sie einige Vorschriften des Pflanzenschutz-Gesetzes.
5. Welche Grundsätze kennzeichnen den Integrierten Pflanzenschutz?
6. Erklären Sie den Begriff »Wirtschaftliche Schadensschwelle«.
7. Geben Sie einige Beispiele für die Ermitllung der wirtschaftlichen Schadensschwelle!
8. Notieren Sie über eine Vegetationsperiode alle Maßnahmen des Pflanzenschutzes für einen beliebigen Schlag in ihrem Ausbildungsbetrieb.
9. Üben Sie das Bestimmen von Schadbildern an Pflanzenbeständen und die Zuordnung der Schaderreger.
10. Welche Entscheidungshilfen nützt Ihr Ausbildungsbetrieb zum Pflanzenschutz?
11. Auf ein Hektar sind 1,5 kg eines Mittels auszubringen. Die Feldspritze stößt 250 l/ha aus, der Behälter fasst 1000 l.
    a) Wieviel kg des Mittels benötigt man für eine Behälterfüllung?
    b) Wieviel Liter Spritzbrühe lassen sich aus einer 10-kg-Packung herstellen?
12. Berechnen Sie den Düsenausstoß in l/min bei einer Feldspritze mit 18 m Spritzbreite und 8 km/h Fahrgeschwindigkeit, wenn 300 l/ha Spritzbrühe auszubringen sind und der Düsenabstand im Gestänge 50 cm beträgt.

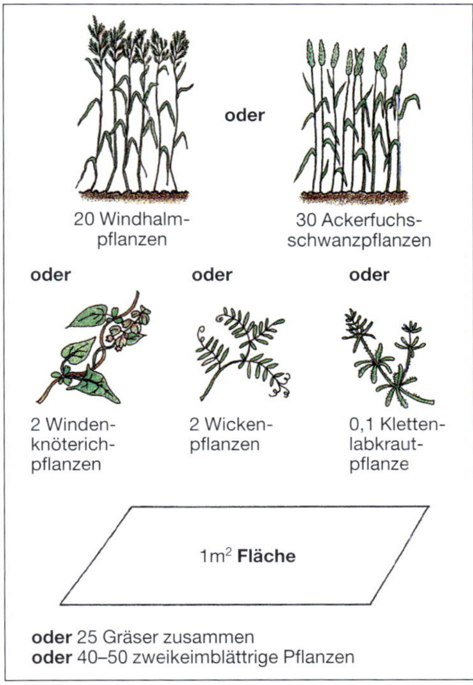

Abb. 866 Die wirtschaftliche Schadensschwelle entscheidet über eine Bekämpfungsmaßnahme.

Abb. 867 Später Bestandsschluss fördert die Verunkrautung.

6 Förderung und Entwicklung von Kultur- und Nutzpflanzen

6.1 Integrierter Pflanzenbau

Integrierter Pflanzenbau versteht sich als Strategie, auf der Grundlage *vernetzten Denkens und Handelns* Pflanzen anzubauen. Er stimmt den Einsatz aller vertretbaren acker- und pflanzenbaulichen Maßnahmen zur Förderung der Kulturpflanzen möglichst gut aufeinander ab. Er nutzt die natürlichen Regelkräfte optimal und *schont* die *Umwelt*. Also handelt es sich um ein modernes, anspruchsvolles Konzept, das den biologisch-technischen Fortschritt einsetzt. Er fordert vom Landwirt gründliche Kenntnisse der Pflanzenansprüche, der Bodeneigenschaften und der passenden Kulturtechnik, um langfristig sichere Erträge erzielen zu können.

Pflanzenbauwissenschaftler entwickelten dieses System als Antwort auf die Umweltdiskussion der 70er Jahre. Der teilweise unnötig hohe Einsatz von Agrarchemikalien verursachte Umweltprobleme wie Gewässer- und Grundwasserverschmutzung, Artensterben und Resistenzbildung bei Pflanzen und Schädlingen.

Standortgerechte Pflanzenproduktion nutzt die natürliche, nachhaltige Leistungsfähigkeit des Bodens unter den gegebenen klimatischen Bedingungen, d. h. sie berücksichtigt die Erhaltung der *Bodenfruchtbarkeit*.

Eine solche Produktion **vermeidet** negative, **schädliche Auswirkungen** auf die Umwelt, wie

- *Bodenerosion* durch nicht an den Standort angepasste Nutzungssysteme wie z. B. Maisanbau an starken Hanglagen,
- *Überdüngung* durch mineralischen Stickstoff oder Gülle,
- *Belastung des Bodens*, der *Gewässer* und des *Grundwassers* durch Pflanzenschutzmittel und deren Rückstände,
- Störung der *Bodenfruchtbarkeit* durch mechanische und chemische Einflüsse,
- *Austrag* von *Düngern* und *Pflanzenschutzmitteln* auf das Umfeld.

Positiv formuliert heißt das, Integrierter Pflanzenbau erhält vielfältige Randzonen, Hecken, Feuchtgebiete und andere Biotope, um die Eingriffe der Landbewirtschaftung in den Naturhaushalt möglichst umweltverträglich zu gestalten.

Das Pflanzenschutz-Gesetz umschreibt den *Naturhaushalt* in seinen Bestandteilen *Boden, Wasser, Luft, Tier-* und *Pflanzenarten* sowie das *Wirkungsgefüge* zwischen ihnen.

Diesen ökologischen Anforderungen entzieht sich die Landwirtschaft nicht. Sie kann sie aber nur im ökonomischen Rahmen erfüllen, d. h. der Erlös muss den Aufwand abdecken und dem Landwirt langfristig ein angemessenes, mit anderen Berufsgruppen vergleichbares, Einkommen sichern.

Der Ansatz verlangt *integrierendes Denken*, d. h. er überprüft alle Möglichkeiten, das Wachstum der Kulturpflanzen zu fördern, auf

Abb. 868 Unkräuter konkurrieren mit den Nutzpflanzen um die Wachstumsfaktoren.

ökonomische und ökologische Auswirkungen. Im Gegensatz dazu steht analytisches Denken, das Ursachen von Problemen isoliert betrachtet und einfache Lösungen zu ihrer Beseitigung sucht, ohne mögliche schädigende Einflüsse zu berücksichtigen.

6.2 Regulierung von Schadpflanzen und Schädlingen

Beim Pflanzenbau treten typische *wild wachsende* Pflanzen **(Ackerbegleitflora)** mit den Kulturpflanzen in Wettbewerb um die Wachstumsfaktoren. Sie gehören zur Biozönose der Nutzflächen, sind dem Standort angepasst und stehen meist in enger Beziehung zur Nutzpflanze. Man unterscheidet zweikeimblättrige Kräuter, z. B. Ackerdistel, Ackerwinde und einkeimblättrige Gräser, z. B. Windhalm, Ackerfuchsschwanz, Hirsen. Auch durchwachsende Kulturpflanzen früherer Kulturen zeigen den gleichen Effekt, d. h. sie engen den Stand- und Lichtraum der angebauten Pflanzen ein und schmälern den Wasser- und Nährstoffvorrat.

Parasiten (Pilze), **Insekten** in ihren verschiedenen Entwicklungsstadien und **Schnecken** schädigen Kulturen durch Zerstörung von Geweben, saugen von Zellsaft und Fraß an Blättern und Wurzeln. Einige wirken auch als Krankheitsüberträger, so überträgt z. B. die Blattlaus Viruskrankheiten.

Integrierter Pflanzenbau fördert die Jugendentwicklung der Nutzpflanzen und das rasche Schließen der Bestände, damit sie die Konkurrenz möglichst gut abwehren können.

6.2.1 Produktionstechnische Maßnahmen

Dazu dienen folgende **produktionstechnische Maßnahmen:**

- Wahl **standortgerechter** Pflanzen und Sorten: Anspruchsvolle Sorten sind auf ungünstigen Standorten mehr gefährdet als weniger anspruchsvolle.
- Förderung der **Bodengare** und des **Bodenlebens**: Je aktiver das Bodenleben, desto stärker entseucht sich der Boden selbst von bodenbürtigen Krankheitserregern und Schädlingen. Je besser die Bodenstruktur, desto schneller entwickeln sich die jungen Pflanzen, die besonders anfällig sind. Mulchsaat hemmt Bodenerosion.
- Anbau **resistenter** oder wenig anfälliger **Sorten**, z. B. gentechnisch veränderte, gegen den *Rizomania* auslösenden Virus resistente Rübensorten.
- Vermeidung von **Düngefehlern**: Überdüngung, vor allem mit Stickstoff führt zu weichen, anfälligen Geweben. Mangelsituationen schwächen die Pflanze.
- Gestaltung **vielseitiger Fruchtfolgen**: Fruchtartenwechsel nimmt bodengebundenen und wirtsspezifischen Schaderregern die Gelegenheit zur Anhäufung. Enge Fruchtfolgen fördern hartnäckige *Problemunkräuter*.
- Anbau von **Zwischenfrüchten**: Er fördert die Bodengare durch Bodenbedeckung, lockert die Fruchtfolge auf und sorgt für Nährhumusnachschub. Zugleich begünstigt er den Aufgang von Ausfallgetreide und Ackerbegleitflora.

Abb. 869 Abflammgerät im Einsatz.

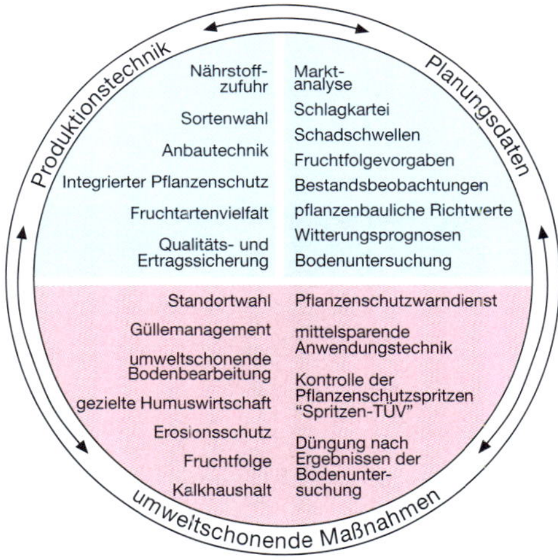

Abb. 870 Instrumente zur Durchführung des Integrierten Pflanzenbaus.

Abb. 871 Aus ökologischen Gründen sollten Randstreifen von der Behandlung ausgespart werden, um der Wildpflanzenflora eine Nische zu gewähren.

Abb. 872 Biopräparate – hier im Obst – sind Maßnahmen des biologischen Pflanzenschutzes.

Abb. 873 Eine Pheromonfalle (hier im Mais) ist auch biologischer Pflanzenschutz.

- **Wahl der Saatzeit** im Herbst so spät wie möglich, im Frühjahr so früh wie möglich. Das hält das Befallsrisiko der Nutzpflanzen am geringsten.
- **Optimale Saattechnik** einsetzen: Ein pflanzengerechtes Saatbett und gleichmäßige Saattiefe fördern gleichmäßiges Auflaufen der Saat. Lückige Bestände verunkrauten leichter, zu große Pflanzendichte erhöht die Infektionsgefahr.
- **Schonung von Nützlingen:** Die Erhaltung von Feldrainen, Hecken und Feldgehölzen bzw. ihre Neuanlage schaffen Rückzugsgebiete für die Nützlinge z. B. Vögel, Igel. Selektiv wirkende Pflanzenschutzmittel erhalten den Vorzug gegenüber Breitbandmitteln.

6.2.2 Mechanische Pflanzenschutzmaßnahmen

Zu den **mechanischen Pflanzenschutzmaßnahmen** zählen:
- **Bearbeiten von Brachflächen** zwischen Ernte und Neuansaat (Stoppelbearbeitung) mit Scheibenegge, Grubber, Fräse oder Kreiselegge, um ein günstiges Keimbett für Unkrautsamen und Ausfallgetreide zu schaffen. Die Saatbettbereitung für Nutzpflanzen vernichtet die aufgelaufenen Samenunkräuter. Arten mit Rhizomen (z. B. Quecke) bedürfen mehrmaliger Bearbeitung.
- **Maßnahmen nach der Aussaat** bzw. dem **Auflaufen der Nutzpflanzen**, wie Hacken, Eggen oder Striegeln. Ihre Wirkung beruht im wesentlichen auf dem Verschütten der Unkräuter. Ferner fördert die Luftzufuhr das Wachstum der Kulturpflanzen.
- **Abflammen des Unkrautes** bei Reihenkulturen nach dem Auflaufen.
- Eine Behandlung mit Röntgen-, UV- oder Laserstrahlen ist in Entwicklung.

> ! Aus ökologischen Gründen sollten *Randstreifen* bei chemischen Pflanzenschutzmaßnahmen unbehandelt bleiben. Die dort wachsenden Wildkräuter stellen Nahrungsquellen für viele Nutzinsektenarten und Falter dar. Ackerrandstreifen-Programme in verschiedenen Bundesländern sehen Zahlungen an die Landwirte für die Nutzungseinschränkung vor.

6.2.3 Biologische Schädlingsregulierung

Jedes Ökosystem enthält verschiedene **Nutzorganismen**, die auf Schädlinge unserer Nutzpflanzen Jagd machen. Neben zahlreichen Insektenarten finden sich auch unter Pilzen, Bakterien und Viren solche Nützlinge. Bei den drei zuletzt genannten handelt es sich meist um Krankheitserreger für Schädlinge.
Etwa die Hälfte der ca. 25 000 bei uns lebenden Insektenarten nützt noch schadet unseren Kulturpflanzen, ein Viertel schadet und das andere Viertel nützt ihnen. Ihre Bedeutung wird allgemein noch unterschätzt. Der Nutzen offenbart sich erst dann,

wenn z. B. ein unbedachter Einsatz chemischer Mittel ihren Bestand vernichtet und sich die Schädlinge wieder schneller erholen als die Nützlinge.
Der Integrierte Pflanzenbau ergreift Maßnahmen, die Nützlinge zu schonen, um mit ihrer Hilfe die Schadorganismen unter der wirtschaftlichen Schadensschwelle zu halten.
Das heißt die Zielsetzung richtet sich auf die Regulierung der Schädlingspopulation, nicht auf die Ausrottung der Arten.
Die Tabelle 71 zeigt eine Auswahl der Nützlinge, die jeder Landwirt kennen sollte.

Abb. 874 Schlupfwespe in Aktion – biologischer Pflanzenschutz.

Aufgaben:
1. Nennen Sie die Ziele des Integrierten Pflanzenbaus.
2. Welche Fehler vermeidet dieses System egenüber dem herkömmlichen Pflanzenschutz?
3. Welche Schäden verursacht ein zu dichter Unkrautbesatz im Getreidebestand?
4. Geben Sie Beispiele für Schadwirkungen von Schädlingen!
5. Welche vorbeugenden produktionstechnischen Maßnahmen reduzieren die Ackerbegleitflora?
6. Welche Probleme bringen Unkräuter und Ungräser im Getreidebestand?
7. Was versteht man unter der Unkrautbekämpfung nach Schadensschwellen?
8. Erstellen Sie ein Protokoll der Unkrautbekämpfung für einen Getreidebestand in Ihrem Betrieb.
9. Wie wird die Unkrautregulierung im ökologischen Anbau durchgeführt?
10. Was bedeutet standortgerechte Pflanzenproduktion?
11. Erklären Sie »Regulierung von Schadpflanzen«.
12. Welche Bedeutung haben Nutzorganismen?

Tabelle 74: Im Pflanzenbau bedeutsame Unkräuter und Ungräser (Auswahl)

Pflanze botanischer Name	Vorkommen	Keimblätter
Unkraut Ackerdistel, *Cirsium arvense*  Abb. 875	Getreide, Hackfrüchte, Raps	 rundlich, derb, 5–6 mm lang, deutlich geadert Abb. 876

Fortsetzung Tabelle 74

Pflanze botanischer Name	Vorkommen	Keimblätter
Acker- gauchheil, *Anagallis arvensis*  Abb. 877	Getreide, Hackfrüchte	 Abb. 878 mit deutlicher Spitze, derb, lederartig, glänzend, kurzer Stiel, im unteren Drittel am breitesten
Ackerhahnenfuß, *Ranunculus arvensis* Abb. 879 	Getreide, besonders Sommer- getreide	 Abb. 880 oval, derb, 10–12 mm lang, kurz gestielt
Ackersenf/Hederich, *Sinapsis arvensis/Raphanus raphanistrum* Abb. 881 	Getreide, besonders Sommer- getreide, Hackfrüchte, Raps	 Abb. 882 herzförmig, am Ende tiefe Einkerbungen, allmählich in den Stiel verschmälert
Ackerspörgel, *Spergula arvensis*  Abb. 883	Hackfrüchte, Sommer- getreide, Raps	 Abb. 884 fadenförmig, in der ganzen Länge fast gleich breit, 10–15 mm lang
Ackerstiefmütterchen, *Viola arvensis* Abb. 885 	Getreide, Hackfrüchte, Raps	 Abb. 886 breit, trapezförmig, Ecken abgerundet, Blattrand deutlich gekerbt

Fortsetzung Tabelle 74

Pflanze botanischer Name	Vorkommen	Keimblätter
Ackerwinde, *Convolvulus arvensis* Abb. 887 	Getreide, Hackfrüchte, Raps	 Abb. 888 schwach herzförmig, deutlich geadert, lang gestielt
Amarant, *Amaranthus retroflexus* Abb. 889 	Hackfrüchte	 Abb. 890 länglich-oval, am Ende abgerundet, allmählich im Stiel verschmälert, ca. 10 – 12 mm lang
Ampfer, Stumpfblättriger, *Rumex obtusifolius*  Abb. 891	Getreide, besonders Winter-getreide, Hackfrüchte, Raps	länglich-oval, kurz gestielt, leicht gekrümmt
Bingelkraut, *Mercurialis annua*  Abb. 892	Hackfrüchte	 Abb. 893 spatenförmig, deutlich gelb, geadert, 10 – 12 mm lang, 8 – 10 mm breit
Ehrenpreis, *Veronica persica* Abb. 894 	Getreide, Hackfrüchte, Raps	 Abb. 895 spatenförmig bis drei-eckig, deutlich gestielt, am Stiel deutlich abgerundet

Fortsetzung Tabelle 74

Pflanze botanischer Name	Vorkommen	Keimblätter
Erdrauch, *Fumaria officinalis* Abb. 896 	Hackfrüchte	 Abb. 897 lanzettlich, mind. zehnmal länger als breit, bläulich bereift
Franzosenkraut, Kleinblättriges, *Galinsoga parviflora* Franzosenkraut, Behaartes, *Galinsoga ciliata* Abb. 898 	Hackfrüchte, Raps	 Abb. 899 keulenartig, am Ende abgestutzt mit flacher Einkerbung, zum Stiel allmählich verschmälert
Gänsefuß, Weiser, *Chenopodium album* Abb. 900 	Sommergetreide, Hachfrüchte, Raps	 Abb. 901 lang-oval, fleischig, gestielt, ca. 15 mm lang, unterseits rot-violett, oberseits silbrig-mehlig bestaubt
Hellerkraut, *Thlaspi arvense*  Abb. 902	Getreide, Hackfrüchte, Raps	 Abb. 903 rund-oval, 6–8 mm lang, deutlich lang gestielt
Hirtentäschel, *Capsella bursa-pastoris*  Abb. 904	Getreide, Hackfrüchte, Raps	 Abb. 905 sehr klein, 2–3 mm lang, rundlich, kurz gestielt

Fortsetzung Tabelle 74

Pflanze botanischer Name	Vorkommen	Keimblätter
Hohlzahn, *Galeopsis tetrahit* Abb. 906 	Getreide, Hackfrüchte, Raps	 Abb. 907 rund-oval, Stiel in einer Kerbe eingesetzt, Stiel mit zwei Haarleisten, Öhrchen an Blattspreite neben dem Stiel
Huflattich, *Tussilago farfara* Abb. 908 	Getreide	 Abb. 909 groß, beidseitig abgerundet, gestielt
Kamille, Echte, *Matricaria chamomilla,* Kamille, Hunds-, Abb. 910 *Triplensparmum inodorum* 	Getreide, Hackfrüchte, Raps	 Abb. 911 Echte Kamille: keulenförmig, am Ende dreieckig Hundskamille: rundlich bis oval, am Ende abgerundet
Klettenlabkraut, Klebkraut, *Galium aparine* Abb. 912 	Getreide, Hackfrüchte, Raps, Mais	 Abb. 913 derb, ca. 15 mm lang, deutlich in Stiel abgesetzt, am Ende des Mittelnervs eingekerbt
Knöterich, Floh-, *Polygonum persicaria,* Abb. 914 Knöterich, Vogel-, *Polygonum aviculare,* Knöterich, Winden-, (Abb.) *Polygonum convolvulus* 	Getreide, Hackfrüchte, Raps	Abb. 915  Floh-Knöterich: elliptisch, schlank, 10–15 mm lang, Stiel meist rötlich Vogel-Knöterich: sehr schmal und schlank, 10–15 mm lang, 1–2 mm breit, Laubblätter lanzettlich Winden-Knöterich: Keimblätter kräftig, ca. 20 mm lang, Laubblätter verkehrt herzförmig

Fortsetzung Tabelle 74

Pflanze botanischer Name	Vorkommen	Keimblätter
Kreuzkraut *Senecio vulgaris*  Abb. 916	Hackfrüchte, Mais, Getreide seltener	klein, linear-lanzettlich, abgerundete Spitze, unterseits teils purpurfarbig
Melde, *Atriplex patula*  Abb. 917	Hackfrüchte, Raps	langgestreckt elliptisch, in kurzen Stielen auslaufend  Abb. 918
Nacht-schatten, Schwarzer, *Solanum nigrum*  Abb. 919	Hackfrüchte	eiförmig, am Ende deutliche Spitze, am Grunde gerundet  Abb. 920
Rainkohl, *Lapsana communis*  Abb. 921	Getreide, Hackfrüchte	rund-oval, in den langen Stielen verschmältert  Abb. 922
Saatwucherblume, *Chrysan-themum segetum*  Abb. 923	Sommer-getreide, seltener Kartoffeln	rundlich, keulig, fleischig, fast sitzend, ca. 10 mm lang  Abb. 924

Fortsetzung Tabelle 74

Pflanze botanischer Name	Vorkommen	Keimblätter
Taubnessel, Rote, *Lamium purpureum*, Stengelumfassende, *Lamium amplexicaule*  Abb. 925	Getreide, Hackfrüchte, Raps	 rund-oval, Stiel in einer dreieckigen Kerbe eingesetzt, Stiele ohne Haarleisten, Öhrchen an Blattspreite, neben dem Stiel schwach ausgeprägt Abb. 926
Vergissmeinnicht, *Myosotis arvensis*  Abb. 927	besonders Wintergetreide, Mais, Hackfrüchte	 breit, eiförmig mit leicht abgeplatteter und eingezogener Spitze, kräftig behaart Abb. 928
Vogelmire, *Stellaria media* Abb. 929 	Getreide, Hackfrüchte, Raps	schlank, eiförmig, spitz, Stiel so lang wie die Blattspreite  Abb. 930
Ungräser Ackerfuchsschwanz, Abb. 931 *Alopecurus myosuroides* 	Getreide, Hackfrüchte, Raps	Abb. 932  Keimpflanze im 1 1/2–2-Blatt-Stadium Blatt: schmal, gerollt, nicht tordiert und oberseits gerieft, unterseits glatt, aber nicht glänzend, spitzlich ausgezogen Blatthäutchen: lang, unregelmäßig gezähnt Blattöhrchen: keines
Borstenhirse, *Setaria panicum*  Abb. 933	besonders Mais, Hackfrüchte	 jüngstes Blatt gerollt, Blatthäutchen durch einen Kranz von feinen Haaren ersetzt, Blattöhrchen fehlt Abb. 934

Fortsetzung Tabelle 74

Pflanze botanischer Name	Vorkommen	Keimblätter
Rispe, Einjährige, *Poa annua*  Abb. 935	Getreide, Hackfrüchte, Mais	 Abb. 936 Keimpflanze im 1 1/2–2-Blatt-Stadium Blatt: gefaltet, Doppelrille oberseits matt bis schwach glänzend, unterseits matt, kahnförmige Blattspitze Blatthäutchen: lang, kragenförmig, reinweiß, nicht gefranst Blattöhrchen: keines
Flughafer, *Avena fatua*  Abb. 937	vor allem Sommergetreide, Hackfrüchte	Abb. 938  Keimpflanze im 1 1/2–2-Blatt-Stadium Blatt: gerollt, Blattrand unten bewimpert, linksdrehend Blatthäutchen: weiß bis gelblich-weiß, spitzlich ausgezogen, gezähnelt Blattöhrchen: keines
Hühnerhirse, *Panicum crus-galli* Abb. 939 	in allen spätschließenden Kulturen	 jüngstes Blatt gerollt, ohne Blatthäutchen und Blattöhrchen Abb. 940
Quecke, *Agropyron repens* Abb. 941 	in fast allen Kulturen	Abb. 942  Keimpflanze im 1 1/2–2-Blatt-Stadium Blatt: gereift, etwas gekielt, Blattgrund mit sehr kurzhaarigem Haarkranz Blatthäutchen: sehr kurz, oft nur als Saum erkennbar Blattöhrchen: krallig, weißlich-grün
Windhalm, *Apera spicaventil*  Abb. 943	vor allem Wintergetreide, Raps	 Abb. 944 Keimpflanze im 1 1/2–2-Blatt-Stadium Blatt: oberseits schwach gerieft, schwach rau, gerollt und leicht tordiert Blatthäutchen: lang, weiß bis schwach grünlich-weiß, tiefer gefranst Blattöhrchen: keines

7 Fruchtfolge im Ackerbau

Entstehung – Bis vor ca. 200 Jahren prägte die **Alte Feldgraswirtschaft**, auch *Wechselwirtschaft* genannt, mit Sommer- und Wintergetreide den Ackerbau. Sanken die Erträge der extensiv genutzten Felder, erfolgte ein Neuumbruch, während die »erschöpften« Flächen wild vergrasten. Fehlender Nährstoffnachschub erzwang diese Anbaupause. Der Aufwuchs der Brache diente meist als Weide, was Dünger brachte.
In niederschlagsärmeren Gebieten mit Flurzwang war die Gemeindeflur in drei *Gewanne* aufgeteilt, in denen jeder Hof seinen Anteil bewirtschaftete, jährlich wechselte der Anbau der Ackerfrüchte. Die Fruchtfolge bestand aus: Brache – Wintergetreide – Sommergetreide. Dies war die **Alte Dreifelderwirtschaft**, in der die Schwarzbrache der Regeneration und der Förderung der Bodenfruchtbarkeit mit einer Stallmistgabe diente.
Erst im 18. Jahrhundert ersetzte allmählich Rotklee die Brache. Gegen Ende desselben Jahrhunderts begann der Kartoffelanbau. Ab 1805 kam die Futterrübe und später die Zuckerrübe hinzu. Die neuen Früchte verdrängten die Brache und lösten die Alte Dreifelderwirtschaft ab. Es entstand mit der Folge: Blattfrucht – Wintergetreide – Sommergetreide die **Verbesserte Dreifelderwirtschaft**.

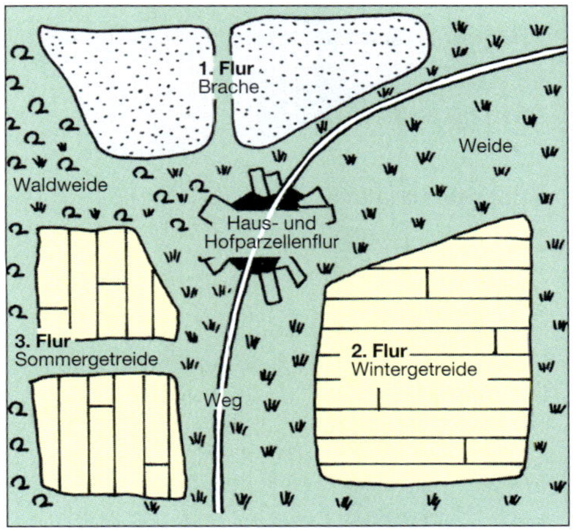

Abb. 945 Darstellung der alten Dreifelderwirtschaft (Schema).

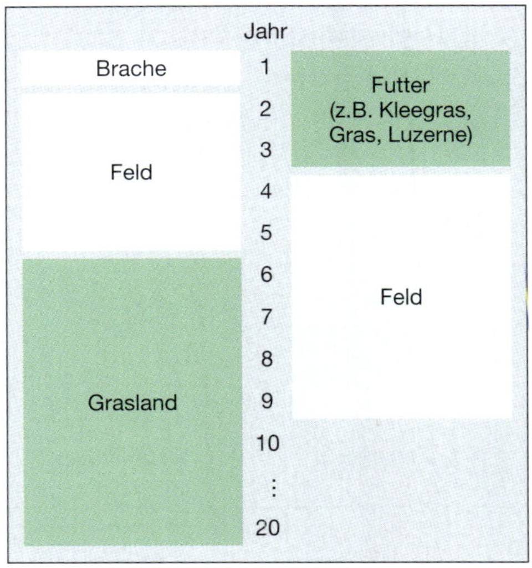

Abb. 946 **Beispiele** für die Alte (links) und die Moderne (rechts) Feld-Graswirtschaft.

Abb. 947 **Beispiele** für Fruchfolgen nach der Verbesserten Dreifelderwirtschaft.

Raps	Winterweizen	Wintergerste
Zuckerrüben	Weizen (Winter- oder Sommerweizen)	Sommergerste
Körnermais	Weizen (Winter- oder Sommerweizen)	Sommergerste

7.1 Ziele der Fruchtfolgegestaltung

Moderne **Fruchtfolgegestaltung** verfolgt wichtige **Ziele**:

- ▶ Humusersatz, Beschattung und biologische N-Bindung *verbessern* die *Bodenfruchtbarkeit*.
- ▶ Berücksichtigen der Pflanzenverträglichkeit und Regulierung von Schaderregern (Unkraut, Krankheiten, Schädlinge) *mindern* das *Anbaurisiko*.
- ▶ Der Betrieb *veredelt* den Standortverhältnissen entsprechende *Früchte* oder verkauft sie.
- ▶ Senkung der *Mechanisierungskosten* und Brechung von Arbeitsspitzen.

In diesen *ökonomischen* und *ökologischen* Zielen liegen die **Probleme** moderner Fruchtfolgegestaltung. Also im *Konflikt* zwischen *kurzfristiger Gewinnmaximierung* und der *Nachhaltigkeit*. Die Rationalisierung durch Spezialisierung verlangt die Einschränkung der Zahl der angebauten Früchte. Langfristig angelegte Konzepte fordern ein Höchstmaß an Vielfalt von Pflanzenarten, um weite Abstände gleichartiger Feldfrüchte einzuhalten. Erfolgreiche Pflanzenzucht, Biotechnologie, verbesserte Bodenbearbeitungstechnik und die Agrarchemie (Düngung und chemischer Pflanzenschutz) können Fehler enger Fruchtfolgen bei spezialisierter Wirtschaftsweise abmildern. Mögliche Auswirkungen stehen bei Kritikern in der Diskussion und führen bei Verbrauchern zu einer gewissen Verunsicherung. Eine Problemlösung zwischen weiten Fruchtfolgen (ökologische Forderung) und Spezialisierung liegt in der Möglichkeit des Flächentausches mit Nachbarbetrieben.

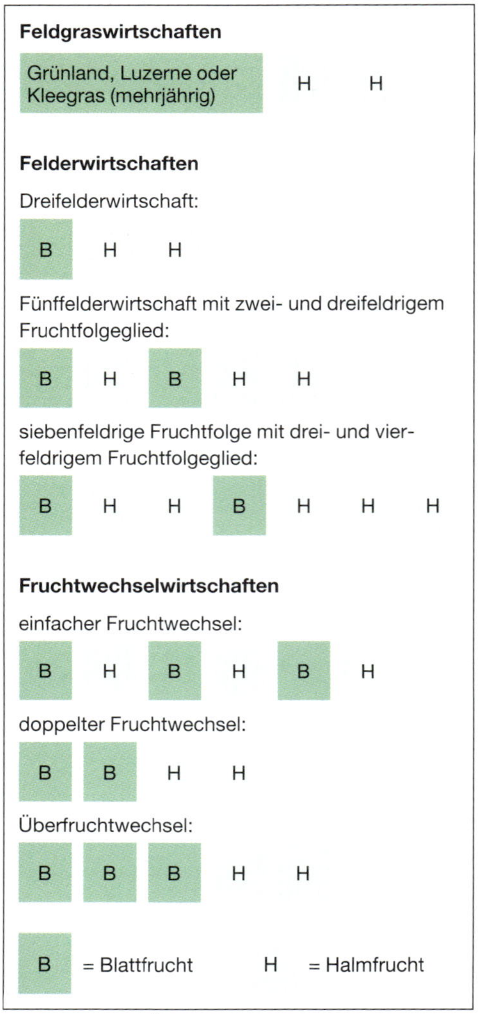

Abb. 948 Überblick über Fruchtfolgesysteme.

Abb. 949 Dieser schwere Tonboden mit 5 Wochen alter Gründüngung kann durch gute Bewurzelung die nächstjährige Ernte ohne Mineraldüngung sichern.

7.2 Fruchtfolgesysteme

Die möglichen Abfolgen der Nutzpflanzen auf demselben Acker führten zur Entwicklung verschiedener **Fruchtfolgesysteme**. Sie lassen sich in *Feldgras-*, *Felder-* und *Fruchtwechselwirtschaften* einteilen.

Feldgraswirtschaften – Die moderne Feldgraswirtschaft ersetzt heute in den niederschlagsreichen Gebieten die erwähnte Alte Feldgraswirtschaft. Sie unterscheidet sich von der alten durch eine längere Periode der Ackernutzung und in der Regel durch den Anbau der Futterpflanzen, Klee, Kleegrasmischungen, Grünland statt der früheren Brache.

Felderwirtschaften – In der weiterentwickelten Verbesserten Dreifelderwirtschaft wechselt der Anbau zwischen *Blattfrüchten*, z. B. Kartoffeln, Rüben, Feldfutterpflanzen, Raps, Mais und *Halmfrüchten*, (Getreide).

Die mehrfeldrigen Fruchtfolgen lassen sich auch kombinieren. Beispiel für eine Fünffelderwirtschaft stellt die sog. *Rheinische Fruchtfolge* mit Blattfrucht – Getreide – Blattfrucht – Getreide – Getreide dar. Jedes Fruchtfolgeglied beginnt mit der Blattfrucht, d. h. im obigen Beispiel handelt es sich um die Kombination eines zweifeldrigen und dreifeldrigen Fruchtfolgegliedes. Diese lassen sich beliebig kombinieren.

Fruchtwechselwirtschaften – lassen sich unterscheiden in
- einfachen Fruchtwechsel (Blatt-, Halmfrucht),
- doppelten Fruchtwechsel (Blatt-, Blatt-, Halm-, Halmfrucht)
- und Überfruchtwechsel mit überwiegendem Blattfruchtanteil in der Rotation (z. B: Blatt-, Blatt-, Halmfrucht).

Der *Doppelfruchtwechsel* verdient stärkere Beachtung, weil er wegen der größeren Anbaupausen den Fußkrankheitsbefall bei Weizen mindert. Also besser: Zuckerrübe – Kartoffel – Weizen – Roggen als Zuckerrübe – Weizen – Kartoffel – Roggen.

Freie Fruchtfolge – Eine geregelte Fruchtfolge setzt einen Plan voraus, der zumindest im Kopf des Betriebsleiters existiert. So genannte freie Fruchtfolgen, bei denen die Marktlage die Abfolge der angebauten Früchte auf demselben Feld jährlich neu bestimmt, verlangen hohes Können und sorgfältiges Beobachten von Pflanzen und Boden.

Die Fruchtfolge muss nicht immer für die gesamte Ackerfläche eines Betriebes gleich sein. Manchmal fordern unterschiedliche Standortbedingungen, z. B. nicht alle Flächen sind zuckerrübenfähig, oder Vermarktungsgründe verschiedene Fruchtfolgen nebeneinander.

7.3 Grundsätze der Fruchtfolgegestaltung

Eine ausgefeilte **Fruchtfolgegestaltung** berücksichtigt Grundsätze, die den direkten *Vorfruchtwert* betreffen. Er umfasst alle Auswirkungen einer Vorfrucht auf die unmittelbar folgende Nachfrucht.

Die **Vorfrucht-Effekte** lassen sich untergliedern in:
- Stoffliche Reste,

▶ Vorfrucht-Effekte,
▶ Zeitpunkt des Räumens,
▶ Unkraut-, Krankheits- und Schädlingsdruck.

Stoffliche Reste aus vorangegangenem Anbau: Jede Vorfrucht hinterlässt je nach Dauer der Vegetationszeit und Intensität des ertragssteigernden Produktionsmitteleinsatzes unterschiedlich große Mengen an *Ernte-* und *Wurzelrückständen* und damit auch unterschiedliche Mengen an pflanzenverfügbaren Nährstoffen.
Ferner gibt es auch *Nachwirkungen* der *Wirtschaftsdünger*, mit denen die Vorfrucht gedüngt wurde. Ebenfalls zu beachten sind Rückstände von Pflanzenschutzmitteln im Boden. Nach längerer Trockenheit spielt auch der *Wasserentzug* der *Vorfrucht* eine Rolle für die Wahl der Nachfrucht. So kann bei sehr trockenem Herbst nach Klee, Rüben oder Mais ein Ausweichen auf Sommergetreide sinnvoll sein, wenn das benötigte Keimwasser für Wintergetreide fehlt.

Vorfrucht-Effekte auf die Bodenstruktur: Je länger eine Feldfrucht den Boden bedeckt, je mehr und tiefer sie den Boden durchwurzelt, desto positiver wirkt sie auf die *Grobporen-* und *Krümelbildung*. So steigt der *Struktur verbessernde Effekt* in der Reihe: Stoppelzwischenfrüchte < Untersaaten < Winterzwischenfrüchte < Sommergetreide, Frühkartoffeln, Körnerleguminosen < Spätkartoffeln, Mais, Zuckerrüben < Wintergetreide, Winterraps < Futterleguminosen und Feldgras als Hauptfrüchte.
Steigende Intensität der Bodenbearbeitung, schwere Bodenbelastung durch Fahrverkehr, z. B. bei zu nasser Zuckerrübenernte und Bearbeitung bei zu hoher Bodenfeuchte beeinträchtigen positive Struktureffekte.

Zeitpunkt des Räumens einer Feldfrucht: Winterraps und Zwischenfrüchte zur Futternutzung stellen höchste Ansprüche an den *Aussaattermin*. Erfolgt die Bestellung nicht fristgerecht, lohnt sich ein Anbau nicht. Winterweizen verträgt Spätsaat und erlaubt einen späten *Erntetermin* der Vorfrucht wie z. B. Mais und Zuckerrübe.

Tabelle 75: Bewertung von Fruchtfolgepaaren

Nachfrucht	Vorfrüchte	
	günstig	ungünstig
W.-Raps	W.-Gerste Kartoffel, Kleegras	Späträumende Getreidearten
W.-Weizen	W.-Raps, Zuckerrübe, Ackerbohne, Kleegras, Kartoffeln, Mais	S.-Gerste, S.-Weizen, W.-Gerste, W.-Roggen
W-Gerste	W.-Raps, Erbsen, Hafer	S.-Gerste, W.-Roggen
Hafer	Alle Wintergetreidearten	S.-Gerste, Blattfrüchte
Mais	Zuckerrübe, Kartoffel, Kleegras, Getreidearten	Körnerleguminosen
Zuckerrüben	alle Getreidearten	Körner-, Futterleguminosen
Kartoffeln	alle Getreidearten	Körner-, Futterleguminosen

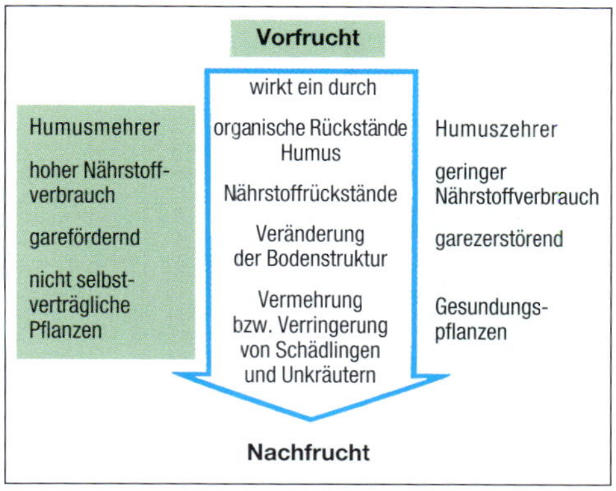

Abb. 950 Bei der Fruchtwechselwirtschaft gleichen sich positive und negative Einflüsse der Vorfrüchte aus.

Abb. 951 Senf, eine gute Zwischenfrucht vor Mais, Senfpflanze in Blüte.

Abb. 952 Wintergerste, eine frühräumende Getreideart, die Zwischenfruchtbau ermöglicht.

Abb. 953 Klee- oder Kleegrasbestand lockern die Fruchtfolge auf.

Vorfruchtabhängiger **Unkraut-, Krankheits-** und **Schädlingsdruck:** Die *Ackerwildpflanzen* (Unkräuter), die sich stark ausbreiten wie z. B. Flughafer oder Quecke, lohnen wegen dieser Eigenschaft auch eine Bekämpfung unter der wirtschaftlichen Schadensschwelle.

Eine typische **Wildpflanzengesellschaft** begleitet jede *Kulturpflanzenart*. Im Wintergetreide überwiegen die Herbst- und Winterkeimer, im Sommergetreide die Frühjahrskeimer, in Kartoffeln, Mais und Zuckerrüben neben den Frühjahrskeimern auch die wärmeliebenden Sommerkeimer. Folgt z. B. auf Winterweizen eine weitere Wintergetreideart, fördert das die Ausbreitung von Windhalm und Ackerfuchsschwanz. Ihre Wuchsform ermöglicht ihnen eine erfolgreiche Lichtkonkurrenz mit Winterweizen oder Wintergerste. Langwüchsiger Roggen kann sie unterdrücken. Kurzer Abstand zwischen dem Anbau der Feldfrüchte, an die sich Wildkräuter angepasst haben, fördert deren Samenvermehrung.

Unter den krankheits- und schädlingsbedingten Vorfruchteffekten spielt die Anreicherung des Bodens mit **Schadorganismen**, die die *Wurzel schädigen*, eine wichtige Rolle. Hier sind vor allem *Pilze, Nematoden* und im Boden lebende *Insektenlarven* beteiligt. Wurzelinfizierende Pilze übertragen einige Virosen, wie *Rizomania* und Gelbmosaik. Hohe Anbaukonzentration der Wirtspflanzen steigern das Erregerpotenzial.

Typische **Beispiele** für Erkrankungen in engen Getreidefruchtfolgen sind die Fußkrankheiten. Die Erreger (Pilze) der Schwarzbeinigkeit und Halmbruchkrankheit befallen Weizen, Gerste und Roggen, nicht aber Hafer und andere Feldfrüchte. Deshalb mindert die Auflockerung der Fruchtfolge ihre Schadwirkung.

Nematodenarten schädigen ihren Wirt, indem sie die Funktion der Wurzeln und des Halmgrundes beeinträchtigen und so den Pflanzenertrag senken. Zusätzlich schädigen sie den Boden. Geringes Wurzelwachstum verschlechtert die Bodenstruktur, weil alte Wurzelbahnen, die den Gasaustausch und das Bodenleben fördern, sich verringern.

Ungünstige Standortbedingungen für eine Kultur (geringe Wasser- und Nährstoffspeicherung des Bodens, extreme Witterung) verstärken negative Vorfruchtwirkungen, der biologische und der Umweltstress verstärken sich gegenseitig.

Tabelle 76: Richtwerte für die Anbauanteile in Fruchtfolgen

Halmfrüchte		Blattfrüchte	
Winterweizen	33 %	Silomais	50 %
Wintergerste	67 %	Körnermais	66 %
Winterroggen	100 %	Kartoffel	33 %
Sommerweizen	33 %	Betarübe	33 %
Sommergerste	50 %	Winterraps	25 %
Hafer	25 %	Rotklee	17 %
Weizen und Gerste	67 %	Kleegras	33 %
Getreide mit Hafer		Grassamen	33 %
bzw. Roggen	75 %	Feldgemüse	33 – 50 %
		Betarübe und Cruziferen	33 %
		Großkörnige Leguminosen	25 %

Als Maßstab für die *»Selbstverträglichkeit«* einer Kulturpflanzenart dient die Ertragseinbuße bei *Daueranbau*. So ergibt sich folgende Reihe: Mais > Sommergerste > Wintergerste, Winterroggen > Weizen> Hafer > Kartoffel > Zuckerrübe > Ackerbohne > Klee, Luzerne > Körnererbse > Sonnenblume, d. h. Mais verträgt den eigenen Nachbau besser als die Sonnenblume. Die Fruchtfolge-Gestaltung sollte die in Tabelle 76 benannten Höchstanteile der Fruchtarten beachten.

Abb. 954 Großflächige Monokulturen können das ökologische Gleichgewicht stören.

Aufgaben:

1. Begründen Sie die Notwendigkeit einer gezielten Fruchtfolge im Feldbau.
2. Welche Ziele verfolgt die Fruchtfolge-Gestaltung?
3. Stellen Sie den Konflikt zwischen ökonomischen und ökologischen Forderungen der Fruchtfolge-Gestaltung kurz dar.
4. Aus welchen Gründen stellt im ökologischen Landbau die Fruchtfolge das Herzstück der Betriebsführung dar?
5. Warum können Weizen – Gerste in der Getreidefolge nicht beliebig stehen?
6. Versuchen Sie, die Kulturarten: Gerste, Weizen, Zuckerrübe und Mais in eine sinnvolle Fruchtfolge zu bringen. Begründen Sie Ihre Entscheidung!
7. Erklären Sie, wie schlechte Boden- und Wetterverhältnisse den Stress für die Kulturpflanzen bei ungünstiger Fruchtfolge erhöhen.

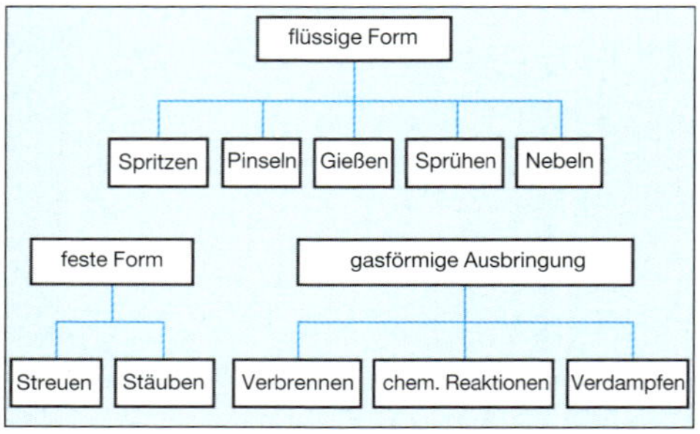

Abb. 955 Ausbringungsformen von Pflanzenschutzmitteln (Schema).

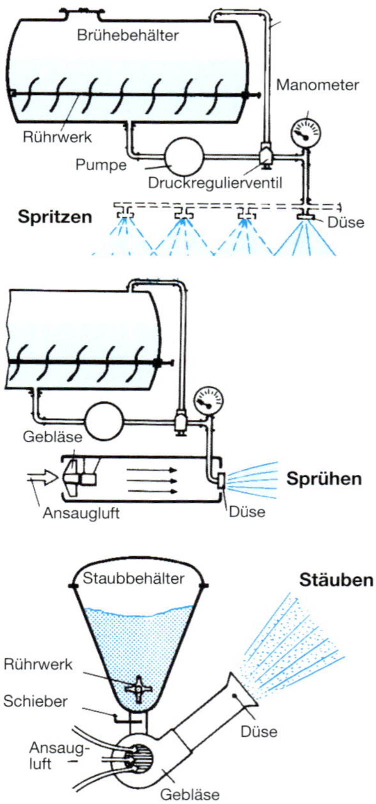

Abb. 956 Verfahren zur Ausbringung von Pflanzenschutzmitteln (Übersicht).

Abb. 957 Vergleich der Tröpfchengröße (Schema).

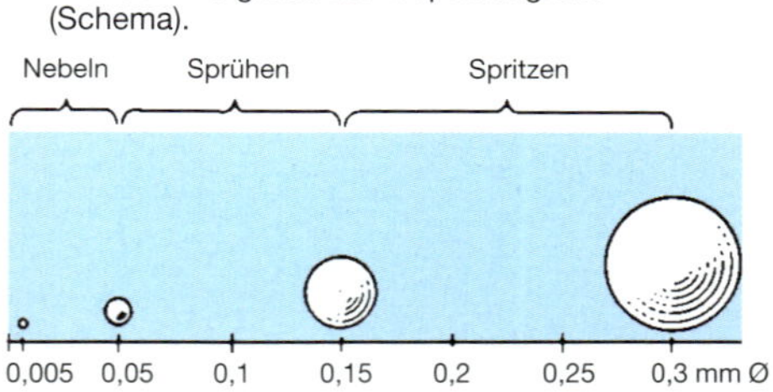

8 Maschinen und Geräte für den Pflanzenschutz und die Bestandespflege

Ziel aller Pflanzenschutzmaßnahmen ist es, die Kulturpflanzen in allen Entwicklungs-, Wachstums- und Reifestadien zu stärken und zu schützen, um gesichterte Erträge, einwandfreie Produktqualitäten und störungsfreie Ernten zu erreichen.
Neben den Kenntnissen über den Boden und die Pflanze sind das Wissen über die Pflanzenschutzmittel und deren Anwendungsmöglichkeiten und -grenzen sowie der sachgerechte Einsatz der Maschinen und Geräte entscheidend für den Erfolg der Pflanzenschutzmaßnahmen.

8.1 Geräte zur Ausbringung von Pflanzenschutzmitteln

Pflanzenschutzmittel können in unterschiedlicher Form ausgebracht werden. Je nach Dosierung und Konzentration erfolgt in vielen Fällen das Einmischen des Mittels in einen Trägerstoff, nämlich Wasser. Bei der **Vermischung des Mittels** mit dem Wasser entstehen

- **Lösungen**, wenn sich eine Flüssigkeit oder ein fester Stoff in Wasser gänzlich auflöst,
- **Emulsionen**, wenn sich eine Flüssigkeit mit Wasser mischt, jedoch nicht in eine Lösung übergeht, sondern in feinster Form im Wasser verteilt bleibt,
- **Suspensionen**, wenn sich die Partikel eines festen, pulvrigen Stoffes in kleinsten Teilen gleichmäßig im Wasser verteilen.

Pflanzenschutzmittel werden in kleinen Mengen ausgebracht. Sie enthalten unterschiedliche Wirkstoffe und sind

- in flüssiger Form,
- in pulvriger Form,
- als Granulat

auf dem Markt. Bei Verwendung der Präparate sind die Anwendungsvorgaben der Hersteller und die gesetzlichen Bestimmungen einzuhalten.
Das Ausbringen der Mittel erfolgt mit verschiedenen **Geräten**. Sie werden eingeteilt in:

- **Spritzgeräte**: die Spritzbrühe wird feintropfig unter Druck auf die Zielfläche aufgebracht
- **Sprühgeräte**: die Spritzbrühe wird unter Druck fein zerstäubt und durch einen Luftstrom feintropfig auf die Zielfäche gebracht
- **Nebelgeräte**: die Flüssigkeitsverteilung erfolgt in kleinster Tröpfchenform nebelförmig
- **Stäubegeräte**: die pulverförmigen Mittel werden über eine Luftstrom verteilt

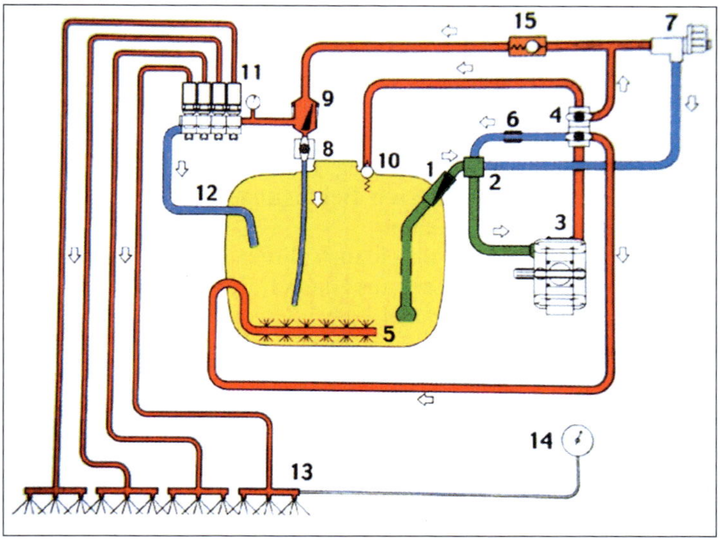

Abb. 958 Aufbau einer Pflanzenschutzspritze:
1 Saugfilter,
2 Schaltventil-Saugseite,
3 Pumpe,
4 Schaltventile-Druckseite,
5 Druckrührwerk,
6 Filter,
7 Druckverstellung,
8 Ventil für selbstreinigenden Filter,
9 Filter,
10 Rücklauf,
11 Teilbreitenventile,
12 Rücklauf,
13 Spritzgestänge mit Düsen,
14 Manometer,
15 Rücklaufumschaltung.

- **Streugeräte**: kleine Mengen von Granulat werden in der Fläche oder in Reihen gleichmäßig verteilt

8.1.1 Aufbau von Pflanzenschutzspritzen

Bauarten – Die **Pflanzenschutzspritze** ist für kleine Anwendungsbereiche als Trage- oder Karrenspitze mit einem Fassungsvermögen des Flüssigkeitsbehälters von 5–100 Liter ausgeführt. Größere Geräte bis etwa 1300 Liter Behältergröße sind **Anbauspritzen**. Da das Gewicht der Feldspritze zusammen mit der Flüssigkeit die Traktorvorderachse erheblich entlasten kann, ist auf die Fahrsicherheit zu achten.
Aufbauspritzen haben Behälter bis zu 3000 Liter Fassungsvermögen. **Anhängespitzen** sind mit Behältern bis 5000 Liter Fassungsvermögen ausgestattet. Für den Einsatz in Großbetrieben kommt vereinzelt die **selbstfahrende Feldspritze** in Frage.
Bauteile – Wichtige Bauteile einer Pflanzenschutzspritze sind:
- Der Flüssigkeitsbehälter,
- die Pumpe,
- der Saugfilter,
- der Windkessel,
- die Zentralarmatur,
- das Spritzengestänge,
- die Düsen.

Flüssigkeitsbehälter: Er ist bei einer Feldspritze aus Kunststoff gefertigt. Je nach Ausführung wird glasfaserverstärktes Polyester (GFK) oder Polyäthylen (PE) als Werkstoff verwendet. Beide haben geringes Gewicht, sind weitgehend bruchsicher und können wegen der glatten Oberfläche innen wie außen gut gereinigt werden. Damit der Behälter vollständig entleert werden kann, hat er einen keilförmig verlaufenden Boden, aus dem die Flüssigkeit abgesaugt wird. Der Behälter soll über eine ausreichend große

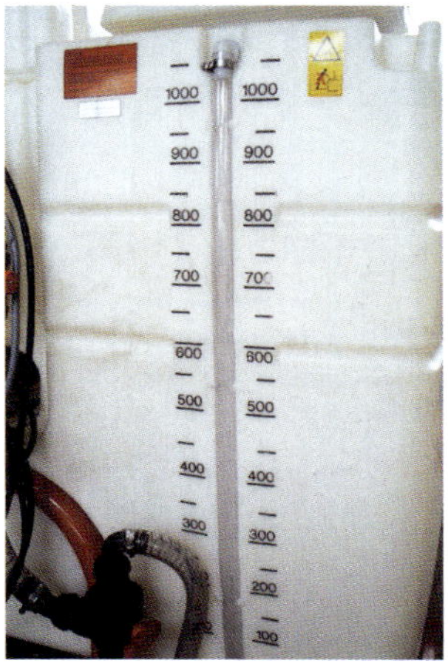

Abb. 959 Füllstandsanzeige am Behälter.

Abb. 960 Beim Füllen des Fasses über den Saugschlauch kommt das Wasser gefiltert in den Behälter.

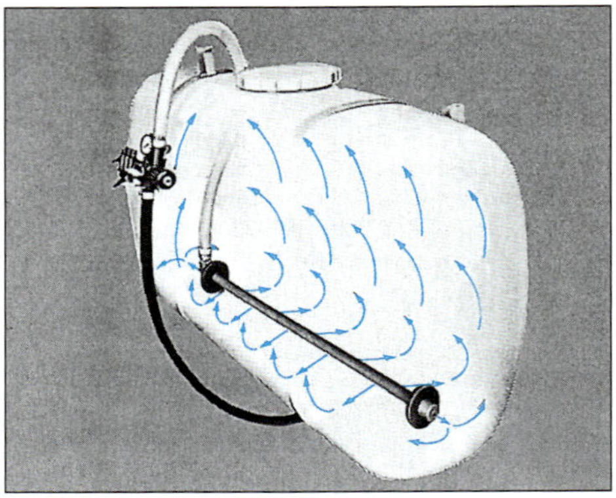

Abb. 961 Funktion des hydraulischen Rührwerks (Schema).

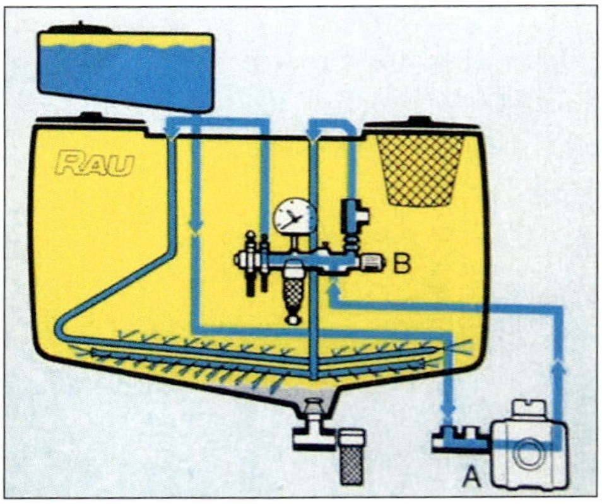

Abb. 962 Schema einer Behälter-Innenreinigung.

Abb. 963 Schema für das Leitungenspülen und Ausbringen der verdünnten Spritzflüssigkeit.

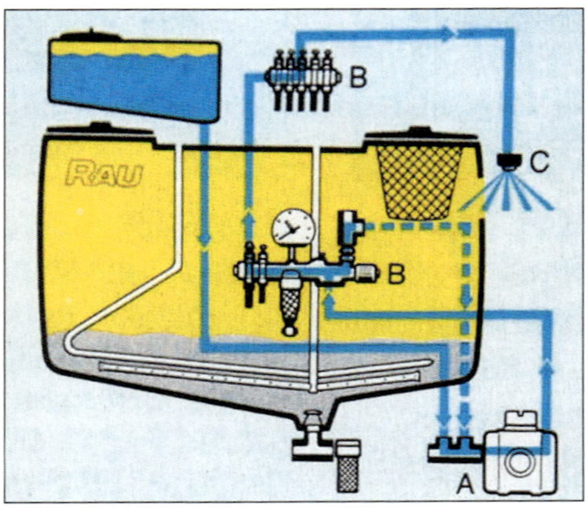

Domöffnung mit einem großvolumigen Sieb und einem sicher schließenden Domdeckel verfügen.

Die **Behälterbefüllung** kann erfolgen über

- ▶ den Fülldom: Wird aus dem Wassernetz mit einem fest angeschlossenen Wasserschlauch der Behälter direkt befüllt, so ist ein *Freistrahlbereich* notwendig. Damit wird verhindert, dass Spritzbrühe bei ungünstigen Bedingungen in das Wassernetz zurückgesaugt werden kann.
- ▶ die Pumpe mit dem Füllschlauch direkt aus einem Behälter: Das Ansaugen von Wasser aus einem freiem Gewässer ist ohne Genehmigung *nicht gestattet*.
- ▶ einen Füllschlauch und eine Füllschleuse am Einspülbehälter.

! Bei der Entnahme von Wasser aus dem öffentlichen Wasserleitungsnetz und aus freien Gewässern ist der Rückfluss von Spritzmitteln zu verhindern.

Um Schwierigkeiten an Pumpen, Armaturen und Düsen zu vermeiden, ist das Wasser beim Fassfüllen zu filtern. Mit dem **Behälterrührwerk** wird die Spritzflüssigkeit weitgehend homogen gehalten und ein Absetzen schwerer Stoffe verhindert. Die Rührwerke arbeiten hydraulisch und verwenden die Restmenge an Flüssigkeit, die an den Düsen nicht benötigt wird. An der Armatur ist die Rührwirkung einzustellen.

Am Ende der Spritzarbeit ist eine **Behälter-Innenreinigung** notwendig. Nach dem Leerspritzen des Behälters wird Reinwasser in den Behälter gefüllt und damit die Innenwände mit rotierenden Düsen gereinigt. Die dabei anfallende, verdünnte Restmenge wird am Ende der Spritzung auf der Einsatzfläche ausgebracht.

Danach erfolgt mit Reinwasser das Durchspülen der Armaturen, Leitungen und Düsen.

Bei der Befüllung des letzten Behälters nur soviel Spritzbrühe vorbereiten, wie für die Restfläche benötigt wird. Dann ist eine umweltschonende Entsorgung der geringen Restmenge durch Verdünnung mit Reinwasser möglich.

Die **Behälter-Außenreinigung** der Pflanzenschutzspritze wird ebenfalls mit Wasser aus dem Reinwasserbehälter vorgenommen. Mit Spritzpistolen oder Waschbürsten werden auf der Einsatzfläche die Mittelreste von den notwendigen Stellen abgewaschen. Zum Reinigen der Hände und der Schutzkleidung steht im **Klarwasserbehälter** stets eine kleine Menge von Wasser zur Verfügung.

Das Zumischen der Präparate in der vorgeschriebenen Menge ins Wasser erfolgt direkt über den **Befülldom** oder an der **Füllschleuse**. Hier ist das Einspeisen der Präparate in den Behälter sicher und bequem möglich. Die Füllschleuse kann mit einer Reinigungsdüse zur **Verpackungsreinigung** ausgestattet sein. Die mit Reinwasser gespülten Behältnisse können dann auf normalen Wege entsorgt werden.

Pumpe: Sie muss in einer Pflanzenschutzspritze eine den Verhältnissen angepasste Förderleistung haben. Diese ist abhängig von

- ▶ der Arbeitsbreite des Spritzgestänges,

▶ dem Behälterfassungsvermögen,
▶ der Aufwandmenge an Spritzflüssigkeit,
▶ der möglichen Fahrgeschwindigkeit.

Unter der Voraussetzung, dass die Aufwandmenge geringer als 600 Liter/ha ist die Fahrgeschwindigkeit unter 10 km/h und der Arbeitsdruck unter 5 bar liegt, gilt für die erforderliche Pumpenleistung:

Erforderliche Pumpenleistung in Liter/min	=	10 l/min je 1 m Spritzgestänge
		+ 5 % des Behälterinhaltes für Rührzwecke bei Behälter unter 1000 Liter Volumen
		+ 4 % des Behälterinhaltes für Rührzwecke bei Behälter von 1000 – 2000 Liter Volumen
		+ 3 % des Behälterinhaltes für Rührzwecke bei Behälter über 2000 Liter Volumen

Beispiel: Mit welcher Pumpenleistung muss eine Pflanzenschutzspritze ausgestattet werden, wenn sie ein Spritzgestänge von 15 Meter Arbeitsbreite und ein Behältervolumen von 1000 Liter hat?

Leistung der Pumpe	15 Meter × 10 Liter/min	=	150 Liter/min
	1000 Liter × 5 %	=	50 Liter/min
erforderlich ist eine Pumpenleistung von			200 Liter/min

Kolbenpumpen finden hauptsächlich Verwendung, wenn mit hohen Drücken gearbeitet werden muss. Die Kolbenabdichtungen unterliegen einem Verschleiß, so dass je nach Ausführung die Dichtungen erneuert oder nachzustellen sind. Damit keine Spritzflüssigkeit in den Ölraum des Kurbelgehäuses eindringen kann, sind Leckwasseröffnungen vorhanden. Das Ansaugen und Drücken der Flüssigkeit wird mit Saug- und Druckventilen gesteuert.
Bei den **Membranpumpen** erfolgt die Betätigung der Membrane über eine Pleuelstange. Die Membrane ist einerseits in der Mitte über Stützscheiben mit der Pleuelstange, andererseits an ihrem Umfang zwischen Pumpengehäuse und dem Ventildeckel eingespannt. Eingebaute Saug- und Druckventile steuern den Flüssigkeitsstrom. Wird eine Membrane undicht, tritt die durchströmende Spritzflüssigkeit über Öffnungen im Pumpengehäuse aus ins Freie. Beim Einbau einer neuen Membrane müssen die Pumpenlager geschmiert werden.
Kolbenmembranpumpen arbeiten mit Kolben auf deren Oberfläche eine Kunststoffmembrane angeordnet ist, so dass die Flüssigkeit dadurch nicht in den Kolben-, bzw. Zylinderbereich gelangt. Wird eine Membrane undicht, kommt Flüssigkeit in das Öl im Kurbelgehäuse. Aus der Öleinfüllöffnung tritt dann ein Öl-Wasser-Gemisch, dann ist der Betrieb sofort einzustellen. Aus Sicherheitsgründen sind die Membranen etwa alle 2 Jahre zu erneuern.
Filter: Vor der Pumpe ist ein **Saugfilter** angeordnet. Es verhindert, dass größere Partikel in der Flüssigkeit die Pumpe beschädigen. Ist eine Filterreinigung notwendig, muss nach dem Einbau auf Dichtigkeit geachtet werden, da ansonsten die Pumpe Luft saugt.

Abb. 964 Einspeisen der Pflanzenschutzmittel und Behälterreinigung.

Abb. 965 2-Zylinder-Kolbenpumpe mit Membranwindkessel.

Abb. 966 Membranpumpe mit Druckventil im Schnitt.

Abb. 967 Kolbenmembranpumpe mit Saugventil und Druckventil.

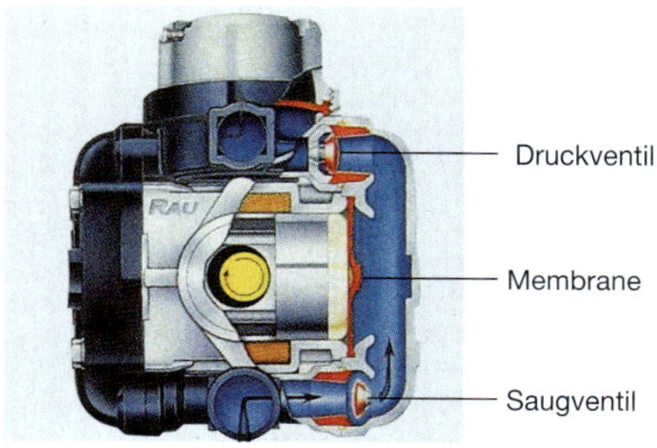

Abb. 968 Die verschiedenen Ventile der Feldspritzarmatur werden über Magnete oder Stellmotore elektrisch angesteuert.

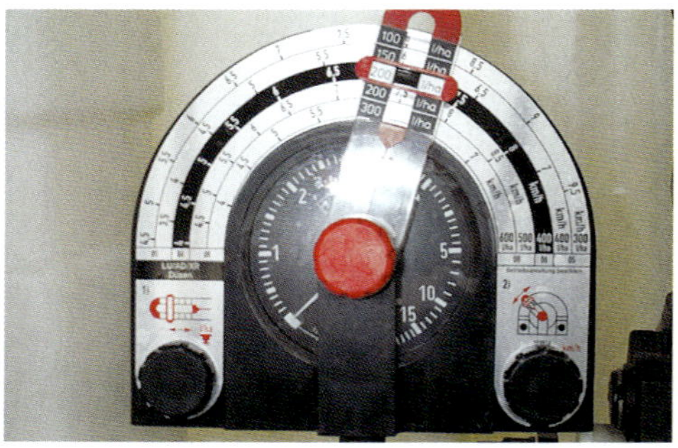

Abb. 969 Druckmanometer mit Einstellhilfe für Ausbringmenge und Fahrgeschwindigkeit.

Abb. 970 Schematischer Ablauf einer elektronischen Steuerung von Pflanzenschutzspritzen.

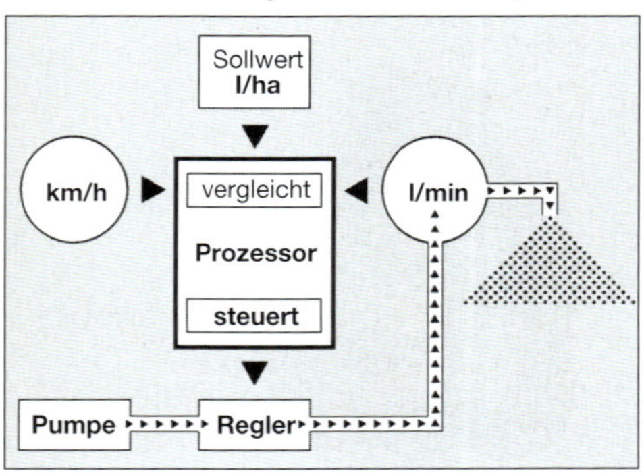

Wird die Pflanzenschutzspritze außer Betrieb gesetzt, ist aus der Pumpe die Spritzflüssigkeit zu entfernen. Das ordnungsgemäße Entsorgen der restlichen Spritzbrühe liegt im Verantwortungsbereich eines jeden Landwirtes. Die Pflanzenschutzspritze ist anschließend gründlich zu reinigen und mit Wasser durchzuspülen sowie danach restlos zu entwässern, damit bei Frost keine Schäden entstehen.

Windkessel: Eingebaute **Membranwindkessel** oder **Pulsationsdämpfer** sorgen für den nötigen Druckausgleich und für einen ruhigen Lauf der Pumpe. Der Speicherdruck im Kessel ist auf den vorgeschriebenen Wert, abhängig vom Spritzdruck einzustellen. Defekte Teile führen zum unruhigen Lauf und Schlagen der Pumpe.

Zentralarmatur: Sie besteht in einer Pflanzenschutzspritze aus verschiedenen Bauteilen mit unterschiedlichen Funktionen:

- **Ein- und Ausschaltventil:** Es leitet die Spritzflüssigkeit von der Pumpe über die Spritzleitungen zu den Düsen. Eine Restmenge wird dem hydraulischen Rührwerk im Behälter zugeführt. Wird der Spritzvorgang ausgeschaltet, tritt automatisch eine Rücksaugeinrichtung in Funktion. Dadurch entsteht eine Druckentlastung in den Spritzleitungen und verhindert somit das Nachtropfen der Düsen. Die von der Pumpe geförderte Flüssigkeit wird in voller Menge in den Behälter zurückgeführt.
- **Druckregelventil:** Damit kann stufenlos der Arbeitsdruck und somit die Ausbringmenge verändert werden. Durch Zuschalten einer drehzahlabhängigen Dosierautomatik ist eine konstante Ausbringmenge bei Änderung der Fahrgeschwindigkeit möglich.
- An einem **Manometer** ist der Arbeitsdruck abzulesen. Eine gespreizte Skala mit farbigen Bereichen lässt ein exaktes Ablesen zu. Auswechselbare Skalenscheiben erleichtern das Einstellen bei Verwendung verschiedener Düsen.
- Mit einem **Druckfilter** erfolgt vor den Düsen die Filterung der Flüssigkeit. Sie haben je nach Düsengröße eine Maschenweit von 0,16–0,3 mm. Die Filter sind bei Bedarf zu reinigen. Bei manchen Ausführungen ist die Reinigung im eingebauten Zustand oder selbsttätig möglich.
- Die Ventile zur **Teilbreiten-Schaltung** ermöglichen das Abschalten verschiedener Spritzgestängesegmente. Je nach Arbeitsbreite und Segmentierung des Spritzgestänges erfolgt die Abschaltung in 3, 4, 5, 6 oder 7 Teilbreiten.
- Eine **Gleichdruckregelung** hält den Arbeitsdruck und die Ausbringmenge (l/ha) konstant, wenn ein Abschalten der Teilbreiten erfolgt. An jedem Teilbreitenventil befindet sich ein Gleichdruck-Regelventil, das vor dem Einsatz auf die entsprechende Durchflussmenge einzustellen ist.
- An der Zentralarmatur befinden sich noch weitere **Ventile** zur Zu- und Abschaltung
  - der Innenreinigung des Behälters,
  - der Außenreinigung des Behälters,
  - des Druckrührwerkes,
  - der Fülleinrichtung des Reinwasserbehälters.

Das Einstellen und Schalten der verschiedenen **Ventile der Zentralarmatur** kann erfolgen

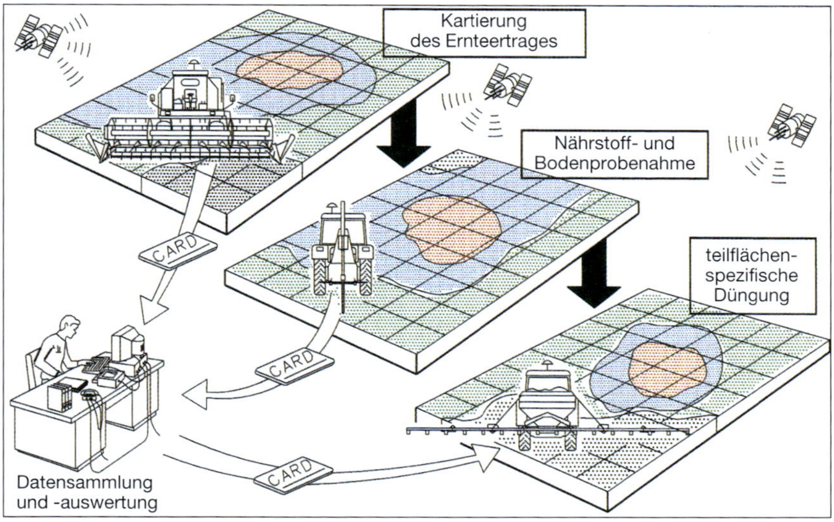

Abb. 971 Anwendung der teilflächenspezifischen Bewirtschaftung beim Säen, Düngen, Spritzen, Ernten (Schema).

- von Hand, direkt an der Armatur, wenn sie günstig zum Fahrer, jedoch außerhalb der Kabine, angeordnet ist;
- mechanisch über Bowdenzüge von der Kabine aus;
- elektrisch durch Magnetventile oder Motorventile von der Kabine aus.

Die elektrische Fernbedienung kann mit einem **elektronischen Anzeige- und Regelsystem** gekoppelt werden, das die Ausbringmenge fahrgeschwindigkeitsabhängig regelt. Dazu ist ein Sensor notwendig, der die Fahrgeschwindigkeit ermittelt, sowie ein in der Zentralarmatur eingebauter Durchflussmesser, der den Gesamt-Düsenaustoß misst und dem Rechner als Ist-Wert meldet. Bei Differenzen zwischen Soll- und Istwert, abhängig von der Fahrgeschwindigkeit, steuert der Prozessrechner das Druckregelventil an und korrigiert den Istwert nach, bis die vorgewählte Ausbringmenge erreicht ist.

Über eine +/– Taste kann manuell während der Fahrt den Erfordernissen entsprechend die Ausbringmenge schnell verändert werden. Alle Daten werden im Rechner gespeichert und stehen für eine spätere Auswertung zur Verfügung.

Feldspritzgestänge: Es ist mit den Düsen für die Straßenfahrt auf eine Gesamtbreite, die unter 3 m liegen muss, einzuklappen. Im ausgeklappten Zustand sind Arbeitsbreiten von 12–36 m möglich. Der *Vorgang des Klappens* kann mechanisch oder hydraulisch erfolgen, die einzelnen Teilbreiten werden paketförmig ineinander gelegt oder seitlich eingeschwenkt.

Die Gestänge sind mit einer **Anfahrsicherung** ausgestattet. Um das Feldspritzgestänge bei Bodenunebenheiten stabil zu führen, ist es an einem **Pendelausgleich** aufgehängt, wodurch Schwingungen gedämpft werden. Um auch am Querhang das Gestänge bodenparallel zu führen ist eine Möglichkeit für den **Hangausgleich** eingebaut. Zur Anpassung an die Bestandshöhe ist der Spritzbalken mechanisch oder hydraulisch in der Höhe verstellbar.

Düsen: Sie haben die Aufgabe, die Spritzflüssigkeit gleichmäßig und in feinen Tropfen auf die Pflanzen zu verteilen. Sie sind an der

Abb. 972 Führung des Spritzgestänges. Pendelausgleich in ebenem (oben) oder hügeligem Gelände mit Führungskufen (Mitte) und mit hydraulischer Hangverstellung des Spritzrahmens bei gleichzeitiger Pendeleinrichtung.

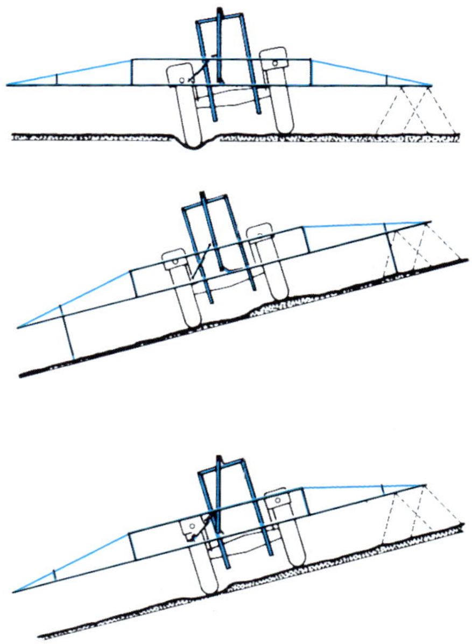

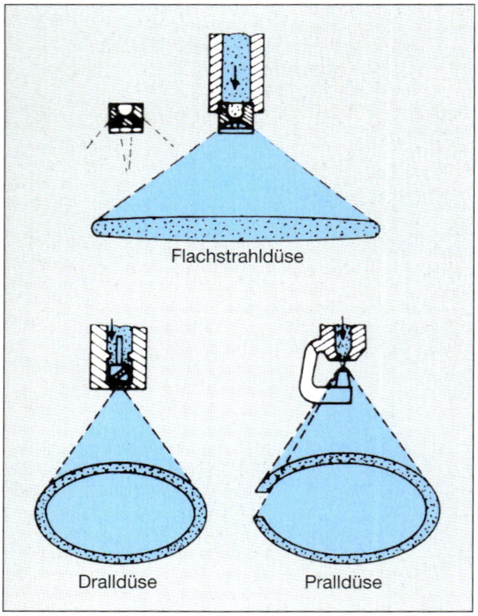

Abb. 973 **Beispiele** für Düsenarten und ihr Spritzbild.

Abb. 974 Bandspritzung spart Pflanzenschutzmittel.

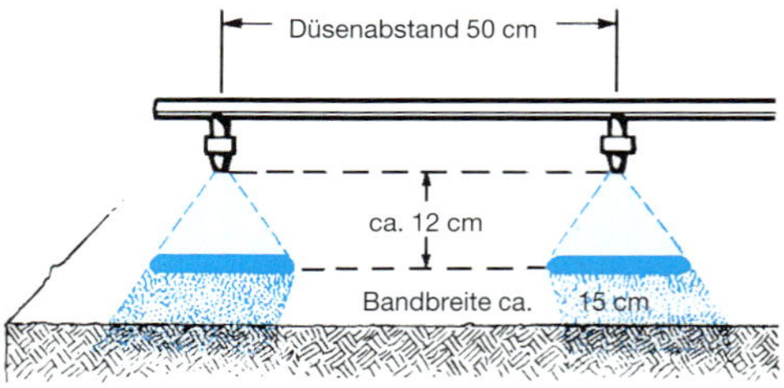

Feldspritzleitung in Abständen von 50 cm angebracht. Für die verschiedenen Einsatzbereiche und Präparate werden unterschiedliche Düsen benötigt. Um ein schnelles *Wechseln der Düsen* zu ermöglichen, sind mehrere Düsen an einem *Düsenstock* befestigt oder sie werden einzeln über eine Bajonettverbindung ausgetauscht. Als Werkstoff für die Düsen wird Kunststoff, Keramik oder Edelstahl verwendet.

Flachstrahldüsen werden für die Flächenspritzung eingesetzt und haben meist einen Spritzwinkel von 110° oder 120°. Sie werden als *Mehrbereichsdüsen* bei Spritzdrücken von 1 – 4 bar eingesetzt. Bei einem Düsenabstand von 50 cm findet auf der Zielfläche eine doppelte Überlappung statt. Die Düsen stehen in verschiedenen Größen und Ausführungen zur Verfügung. Dadurch ist eine fein-, mittel- oder grobtropfige Ausbringung und eine Anpassung an die Ausbringmenge möglich.

Mit den sog. **Anti-Triftdüsen** wird der Feintropfenanteil reduziert, um so die wind- und verdunstungsbedingten Wirkstoffverluste bei niedrigerem Wasseraufwand zu vermindern. Die **Injektordüsen** sind besonders abtriftarm und erreichen eine hohen Bedeckungsgrad auf der Blattfläche. Weiter kommen für besondere Spritzarbeiten die **Doppelflachstrahldüse** und die **Hohlkegeldüse** zum Einsatz.

Um ein **Nachtropfen** der Düsen zu verhindern, ist im Düsenhalter eine *Entlastungsmembrane* eingebaut.

8.1.2 Einsatz und Düsenausstoß von Pflanzenschutzspritzen

Zur **Reduzierung der Abtrift** und zur **besseren Durchdringung** eines dichten Pflanzenbestandes sind Pflanzenschutzspritzen *mit Luftunterstützung* ausgerüstet. Die aus den Düsen strömende Flüssigkeit bläst ein Luftstrom in den Bestand. Dadurch werden die Blattflächen gut benetzt, wodurch sich z. T. die Aufwandmengen und die Abtrift vermindern lassen.

Bei der **Reihen-** oder **Bandspritzung** wird nur ein Streifen von 10 – 20 cm Breite, auf dem die Pflanzen stehen, behandelt. Die

Tabelle 77: Merkmale der gängigsten Düsennummern für Flachstrahldüsen für Flächenspritzung (Beispiele).

l/ha bei 8 km/h	Tee Jet			Lechler	Agrotop	Hardi	Tecnoma
	normal	Doppel-Flachstrahldüse	LP²)				
100	11 002		11 0015 11 002	11,0¹)		4110/12	AR rot
200	11 003 11 004¹)	2-60-11 002	11 003 11 004	11,2¹)	110-03 110-04	4110/20	AJ gelb
300	11 005 11 006¹)	2-60-11 003	11 004 11 006	11,5¹) 487¹) 517¹)	110-05 110-06	4110/24¹)	AO¹) orange
400	11 006¹) 11 008¹)	2-60-11 003 2-60-11 004	11 006	517¹) 12,0¹)	110-06 110-08	4110/30	AV grün
600	11 010	2-60-11 005	11 008	12,0¹)	110-10	4110/44	AB blau

Spritzung erfolgt in Verbindung mit der Einzelkornsaat. Dafür kommen Flachstrahldüsen mit einem Strahlwinkel von 90° zum Einsatz. Die Bandbreite kann durch den Düsenabstand zum Boden oder durch Verdrehen der Strahlachse eingestellt werden. Der verbleibende, unbehandelte Zwischenstreifen wird bei Bedarf mit mechanischen Geräten gepflegt.

Dadurch wird der Aufwand an Präparaten, je nach Bandbreite und Reihenabstand, zwischen 10 und 50 % gesenkt und die Belastung des Bodens mit Spritzmittel reduziert. Für die einzelnen Spritzarbeiten sind die entsprechenden Düsen auszuwählen. Dabei ist besonders auf ein abtriftarmes Ausbringen und gleichmäßige Mittelverteilung zu achten.

Der **Gesamt-Düsenausstoß** (V) eines Feldspritzgestänges in l/min errechnet sich aus der Ausbringmenge (M) in l/ha, der Fahrgeschwindigkeit (v_F) in km/h und der Arbeitsbreite (B) in m.

$$V\ (\text{l/min}) = \frac{M \times v_F \times B}{600}$$

Beispiel: Für die Herbizidspritzung wird eine Aufwandmenge von 300 l/ha festgelegt. Die Arbeitsgeschwindigkeit beträgt 6,5 km/h, die Arbeitsbreite ist 15 Meter. Welcher Gesamt-Düsenausstoß je Minute ist notwendig und wie viel Ausstoß muss eine Düse haben, wenn am Spritzbalken 30 Düsen sind ?

$$V = \frac{300 \times 6{,}5 \times 15}{600} = 48{,}75\ \text{l/min Gesamt-Düsenausstoß}$$

Sind 30 Düsen auf 15 Meter Arbeitsbreite verteilt, so ergibt dies einen Einzel-Düsenausstoß von 1,625 l/min. Bei dieser Menge ist z. B. eine Düse der Größe 05 erforderlich, die einen Arbeitsdruck von etwa 1,8 bar benötigt.

Bevor eine **Pflanzenschutzspritze** zum Einsatz kommt, ist sie in den einzelnen Bereichen **einzustellen** und zu **überprüfen**.

Bei Verwendung von Wasser ohne Zumischung der Präparate ist zu prüfen:

- ▶ Die Funktion der Pumpe, Ventile und Filter,
- ▶ die Dichtheit aller Verschraubungen, Verbindungen und Leitungen,
- ▶ das Spritzbild aller Düsen auf Gleichmäßigkeit.

Das **Auslitern** einer Pflanzenschutzspritze erfolgt in den Arbeitsschritten:

- ▶ Festlegen der Ausbringmenge in l/ha,
- ▶ Auswählen und Festlegen der Fahrgeschwindigkeit bei einer entsprechenden Motordrehzahl,
- ▶ Feststellen der Düsengröße,
- ▶ Auswählen und Einstellen des Arbeitsdruckes unter Zuhilfenahme der Einstelltabelle oder anderer Einstellhilfen,
- ▶ kurze Probespritzung vornehmen und Spritzvorgang beenden,
- ▶ Flüssigkeitsbehälter bei waagrechter Standfläche randvoll füllen.
- ▶ Bei der gewählten Druckeinstellung die Pflanzenschutzspritze 1 Minute lang abspritzen lassen und anschließend durch Nachfüllen des Behälters die Ausstoßmenge (l/min) feststellen. Sie

Abb. 975 Flachstrahldüsen sind aus nicht rostendem Stahl, Sintermaterial, Messing oder Kunststoff.

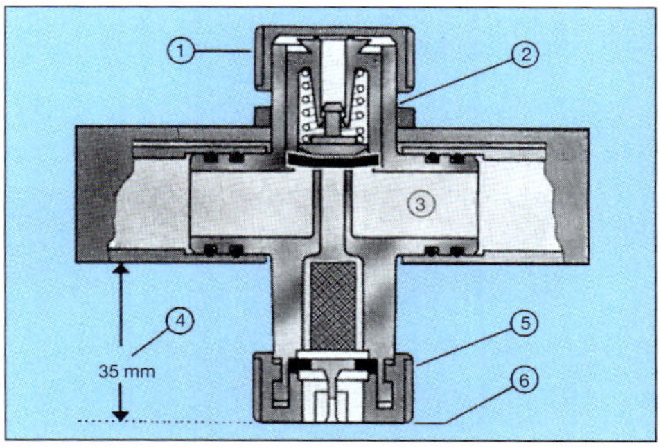

Abb. 976 Flachstrahldüse – Schnitt:
1 Verschlusskappe, 2 Membran, 3 großer Strömungsquerschnitt, 4 kompakte Bauweise, 5 Schnellverschluss, 5° Düsenschränkung, 6 geschütztes Düsenmundstück.

Abb. 977 Richtige Fahrtechnik bei Spritzungen, um Überlappungen zu vermeiden (Spritzbalken im Heckenanbau, Schema).

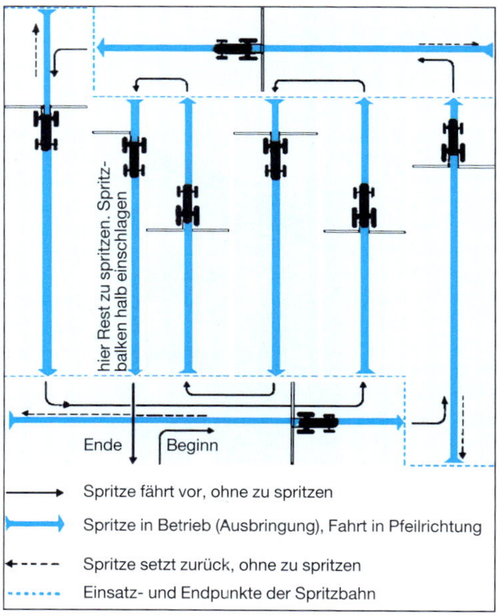

Abb. 978 Prüfstand für Pflanzenschutzspritzen im Zuge des Spritzen-»TÜV«.

Abb. 979 Die beim Spritzen-»TÜV« ermittelten Prüfwerte werden erfasst und protokolliert.

Abb. 980 Richtiges Lagern der Pflanzenschutzmittel, z. B. in einem Giftschrank oder einem eigenen Giftraum, dient auch der eigenen Sicherheit.

muss bei den gegebenen Einstellungen mit der oben berechneten Menge übereinstimmen. Weicht sie nach oben oder unten ab, ist entsprechend der Arbeitsdruck zu erhöhen oder zu reduzieren.

- Ein weiteres Auslitern ist nach gleichem Schema zu wiederholen.

Bei der Spritzarbeit ist auf die Witterung zu achten. Größere Windbewegungen erhöhen die Abtrift, hohe Temperaturen und geringe Luftfeuchte erhöhen die Verdunstung. Bei der letzten Behälterfüllung ist die Restfläche zu berücksichtigen, um größere Restmengen an Spritzflüssigkeit zu vermeiden.

Die **Spritzbrühe** ist nach den Vorgaben des Präparatherstellers anzusetzen. Es sind die genauen Dosiervorschriften und die Mischbarkeit mit anderen Präparaten zu beachten. Aus dem Beipackzettel sind die Einzelheiten zu entnehmen.

8.1.3 Pflege und Prüfung der Pflanzenschutzspritze

Die **Pflege** einer Pflanzenschutzspritze ist nach jedem Einsatz notwendig. Aufgetretene Mängel sind dann noch bekannt und lassen sich schnell beseitigen:

- *Innen-* und *Außenreinigung* auf der Einsatzfläche durchführen; Pumpen, Armaturen, Leitungen und Düsen mit Reinwasser durchspülen.
- Alle eingebauten *Siebe* auf Verschmutzung überprüfen in Wasser reinigen
- Ölstand in der *Pumpe* prüfen oder die Pumpe abschmieren
- *Membranen* der Pumpe und des Windkessels bei Bedarf erneuern
- Bei *Frostgefahr* Pumpen, Armaturen und Leitungen vollständig entwässern

Neue in den Verkehr kommende Pflanzenschutzspritzen müssen technisch in einem einwandfreien Zustand sein. Sie müssen durch die Biologische Bundesanstalt für Land- und Forstwirtschaft (BBA) geprüft und zugelassen werden.

Aufgabe eines jeden Benutzers einer Pflanzenschutzspritze ist es, diese in einem einwandfreien Zustand zu halten, so dass die exakte Ausbringung der Pflanzenschutzmittel gewährleistet ist. Nach dem Pflanzenschutz-Gesetz ist die Pflanzenschutzspritze alle 2 Jahre einer **Pflichtkontrolle** zu unterziehen. Hier werden von dem Kontrollbetrieb besonders geprüft:

- Die Querverteilung,
- das Nachtropfverhalten der Düsen,
- die Dichtheit und der Zustand der Leitungen,
- die Funktion des Spritzgestänges,
- Manometer, Pumpe, Filter, Behälter.

Das Prüfergebnis wird protokolliert.

8.1.4 Anwenderschutz und Lagerung von Pflanzenschutzmitteln

Der Anwender hat sich beim Umgang mit den Pflanzenschutzmitteln gegen die schädlichen Auswirkungen auf die Gesundheit zu schützen. Der **Anwenderschutz** hat eine große Bedeutung, da die

schädigenden Einflüsse meist nicht sofort auftreten, sondern erst später zu schwerwiegenden gesundheitlichen Schäden führen können.
Der *direkte Kontakt* mit den Mitteln ist zu vermeiden. Ein entsprechender Schutzanzug, Schutzhandschuhe, Kopfbedeckung mit Nackenschutz sind beim Arbeiten mit den Pflanzenschutzmitteln zu verwenden. Die auf der Packung aufgedruckten *Gefahrensymbole* informieren über die Gefährlichkeit der Präparate.
Lagerung von Pflanzenschutzmitteln: Auf Grund des Flammpunktes können flüssige Pflanzenschutzmittel in die vier *Gefahrenklassen* A I, A II, A III oder B eingestuft sein.
Brennbare Flüssigkeiten dürfen nicht in z. B. Durchfahrten, Gängen, Treppenhäusern, gelagert werden. Das Lager darf für Unbefugte nicht zugänglich und es muss von anderen Räumen feuerbeständig abgegrenzt sein.
Je nach gelagerter Menge werden an den Lagerraum unterschiedliche Anforderungen gestellt. *Wasser gefährdende Stoffe* sind so zu lagern, dass davon keine Verunreinigung von Gewässern ausgehen kann.

Abb. 981 Beim Ansetzen der Spritzbrühe sollte Körperschutz selbstverständlich sein – nicht nur wegen der Vorschriften!

Aufgaben:
1. Welche Geräte können zum Ausbringen von Pflanzenschutzmittel eingesetzt werden?
2. Welche Pumpenleistung ist bei einer Pflanzenschutzspritze notwendig, wenn der Behälter 800 Liter fasst und ein Spritzgestänge von 12 Meter verwendet wird?
3. Welche Faktoren sind beim Auslitern einer Pflanzenschutzspritze zu beachten?
4. Warum ist an der Pflanzenschutzspritze eine Gleichdruckregelung notwendig?

Abb. 982 4-reihige Maishacke beim Einsatz vor dem Schließen der Reihen.

8.2 Geräte zur mechanischen Bestandespflege und Unkrautregulierung

Beim Einsatz mechanischer Pflegegeräte wird einerseits eine Unkrautbekämpfung vorgenommen, andererseits erfolgt eine Bodenbearbeitung mit dem Zweck der Lockerung und Lüftung des Bodens. Gleichzeitig besteht die Möglichkeit, kleinere Düngergaben in die Pflanzenreihe zu geben oder eine Bandspritzung im gleichen Arbeitsgang vorzunehmen.

8.2.1 Reihenkulturen

Als Geräte zur **Pflege von Reihenkulturen** kommen **Hack-** und **Häufelgeräte** zum Einsatz. Um ein exaktes Arbeiten der Hackgeräte zu ermöglichen, müssen die Hackwerkzeuge genau auf den Reihenabstand eingestellt werden. Mehrere Hackwerkzeuge sind an einem Werkzeugträger, dem Parallelogramm, angebracht. Je-

Abb. 983 Maishacke mit Hackparallelogrammen, gefederten Gänsefußscharen und Scheibensechrädern zur Selbstführung und Hangsteuerung.

Abb. 984 Zum Schutz kleiner Pflanzen sind Schutzbleche (oben) oder Schutzscheiben (unten) erforderlich.

Abb. 985 Reihenhackbürsten.

des einzelne Parallelogramm führt sich mittels eines Tastrades auf dem Boden und hält somit jedes Hackwerkzeug in der vorgewählten Tiefe.

Zum Schutz kleiner Pflanzen vor dem Ausreißen und Zudecken sind neben dem Hackwerkzeug **Schutzscheiben** oder **Schutzbleche** angebracht. Damit entsteht neben der Pflanze ein entsprechend großer Schutzstreifen, der nicht bearbeitet wird.

Über eine Geräteschiene sind die einzelnen Parallelogramme mit dem Geräterahmen verbunden. Bei gezogenen Geräten arbeitet die Maschine im *Heckanbau*. Um das Gerät exakt an der Reihe zu führen, sind Scheibenseche eingebaut. Vereinzelt wird die Hackmaschine auch über einen Feinsteuerung, die eine 2. Person erfordert, gelenkt. Im *Zwischenachsanbau* lassen sich die Hackgeräte durch den Traktorfahrer gut steuern und überwachen. Sind Hackmaschinen in der *Fronthydraulik* des Traktors angebaut, ist eine feinfühlige Steuerung notwendig.

Je nach Kulturart, Bodenbeschaffenheit und Pflegemaßnahme kommen unterschiedliche **Hackwerkzeuge** zur Anwendung.

Das **Gänsefußschar** hat eine schneidende und brechende Wirkung. Damit erzielt es eine gute Unkrautbekämpfung und ebenso eine gute Bodenlockerung. Das Gänsefußschar kann an einem starren Stiel oder einem Federzinken befestigt sein. Durch die federnde Wirkung erfolgt eine bessere Bodenlockerung und Unkrautfreilegung.

Arbeitet das Gänsefußschar neben einer Reihe, so sind zum Schutz der Pflanzen **Schutzscheiben** oder **Schutzbleche** notwendig. Je nach Pflanzenart ist ein entsprechend breiter Schutzstreifen einzuhalten, der z. B. bei Mais als Flachwurzler 10 – 15 cm breit sein soll. Um die Pflanzen bei höherem Bestand nicht zu verletzen, sind die Schutzeinrichtungen zu entfernen. Kommen als Arbeitswerkzeuge **Winkelmesser** zum Einsatz, kann exakt an der Reihe gearbeitet werden, ohne die Pflanzen zu beschädigen. Sie schneiden das Unkraut ab und übernehmen auch die Bodenlockerung. Ebenso ist eine Kombination von Winkelmessern und Gänsefußscharen an einem Werkzeugträger möglich.

Die sichelförmig geformten Werkzeuge der **Rollhacke** rollen am Boden ab, reißen das Unkraut aus und legen es frei. Ein gewisser Bekämpfungserfolg, besonders in der Reihe, ist durch das Zudecken mit Erde gegeben. Die Hacksterne der Rollhacke können im Anstellwinkel und damit in ihrer Arbeitswirkung verstellt werden. Sie sind zudem so einstellen, dass sie von der Reihe weg oder an die Reihe hin arbeiten und somit eine Häufelwirkung erzielen.

Hackfräsen und **Hackbürsten** werden hauptsächlich im Gemüseanbau eingesetzt.

Häufelgeräte zur Pflege des Kartoffelbestandes formen je nach Vegetationsfortschritt einen ausreichend großen Damm. Bei gleichzeitiger Verwendung eines **Reihenstriegels** ist eine Unkrautbekämpfung und Bodenkrümelung möglich. Bei schweren, bindigen Böden kann mit der **Reihenfräse** ein klutenarmer Damm hergestellt werden. Nachfolgende Dammbleche formen einen optimalen Damm. Die Pflege des Kartoffeldammes ist sehr wichtig. Bei Belichtung der Knollen entstehen »grüne Kartoffeln«, die das für den menschlichen Verzehr ungeeignete *»Solanin«* enthalten.

Tabelle 78: Übersicht über wichtige Striegel- und Hackgeräte zur Regulierung des Unkrautbesatzes im Ökologischen Landbau

Gerät	Beschreibung	Einsatzbereich
Nutzegge	Am klappbaren Tragrahmen sind Zinken von 3 unterschiedlichen Stärken (4, 6, 8 mm) so kombiniert, dass ein Strichabstand von 2 cm entsteht	Vielseitig verwendbar, auch in Kombination mit anderen Geräten, z. B. Hacke, Walze; bei verschlämmten Oberflächen nicht immer zufrieden stellende Wirkung
Striegelegge	Starrer Rahmen mit 6 und 7 mm starken Federstahlzinken; Zinken einzeln verstellbar	Wegen des starren Rahmens schlechte Anpassung an Bodenunebenheiten
Federzahn-Hackegge	Eggenfelder mit 6, 7 oder 8 mm starken Stahlzinken im Strichabstand von 25–40 mm	Einzelfelder und zusätzliche Einstellung ermöglichen gute Anpassung an den Boden; auch für schwerere Böden geeignet
Hackstriegel	Verstellbare und hochklappbare Stahlzinken an starrem Rahmen mit hohem Durchgang; Strichabstand 40 mm oder pendelnde Rahmenfelder mit gefederten Zinkenträgern und nach vorne gerichteten Zinken	Zieht auf schweren, verschlämmten Böden infolge des hohen Gewichts und des großen Zinkenabstandes Rillen; gute Anpassung an die Bodenoberfläche; verursacht in Reihenkulturen Pflanzenschäden, wirkt gut auf schweren und steinigen Böden
Parallelogramm-Hackgerät	Anbau von Hackwerkzeugen unterschiedlicher Bauart und Zahl an teleskopgeführten Parallelogrammhalterungen; Tiefenführung durch Tastrad; Lenkung durch Bedienungsperson, auch selbst steuernde Geräte, Schutzeinrichtungen (Scheiben, Abweisbleche) für Jungpflanzen	Beim Einsatz in Flächenkulturen mit schmalen Werkzeugen hohe Lenkgenauigkeit notwendig (Feinsteuerung); bei Reihenkulturen und Selbststeuerung größere Fahrgeschwindigkeit möglich; Unkraut zwischen den Pflanzen in der Reihe wird nicht erfasst

Um einen guten **Bekämpfungserfolg** beim Einsatz der Hack- und Häufelgeräte zu erreichen gilt:
- ▶ Witterung vor und nach dem Hacken beachten,
- ▶ Bodenzustand berücksichtigen und mittels Geräteeinstellung eine Anpassung vornehmen,
- ▶ Hacken fördert die Aktivierung des Bodenlebens und hat eine hohe Kulturverträglichkeit.

Abb. 986 Federzinkenstriegel.

Abb. 987 Striegeleinsatz im Nachauflauf bei Mais.

Abb. 988 Bodenverschlämmungen und -verkrustungen werden durch die Federzinken aufgerissen.

Abb. 989 Maishacke mit ausgesatteltem Reihendüngerstreuer.

8.2.2 Flächenkulturen

In **Flächenkulturen** ist mit dem **Striegel** im Vorauflauf und im Nachauflauf zu arbeiten. Seine Wirkung beruht im Herausreißen und Verschütten des Unkrauts. Je kleiner die Unkrautpflanze, desto wirkungsvoller ist die Bekämpfung durch den Striegel.
Mit senkrechten, kurzen Zinken arbeitet die **Netzegge**. Die Zinken der vorderen Reihen haben einen größeren Durchmesser, um den Boden aufzureißen. Die Zinken in den hinteren Reihen der Netzegge sind im Durchmesser kleiner, um das Unkraut freizulegen. Die Netzegge ist in sich beweglich und passt sich den Bodenunebenheiten gut an.
Der **Federzahnstriegel** oder **Hackstriegel** besitzt lange, federnde Zinken, die an einem in sich beweglichen Zinkenrahmen befestigt sind. Die einzelnen Zinkenfelder sind im hydraulisch klappbaren Geräterahmen eingehängt. Je nach Gesamtarbeitsbreite von 6, 9, 12, 15 m sind am Geräterahmen entsprechend viele Zinkenfelder angebracht.
Über Laufräder wird der Geräterahmen am Boden geführt und dadurch ein gleichmäßiger Tiefgang der Zinken gewährleistet. Die Anzahl der Zinken je Zinkenfeld bestimmt den Strichabstand, der zwischen 25 und 45 mm liegen kann. Je nach Einsatzverhältnisse können Zinken mit Stärken von 6, 6,5, 7 und 8 mm und Zinkenlängen von 400 – 600 mm verwendet werden.

Abb. 990 Hackmaschine im Frontanbau.

Damit der Zinken im Boden eine Rührwirkung und damit einen guten **Bekämpfungserfolg** erreicht, aber trotzdem kein Kulturschaden verursacht wird, ist den Bodenverhältnissen entsprechend

- die passende Zinkenstärke zu wählen,
- die passende Zinkenlänge zu wählen,
- der Zinken in der Neigung richtig einzustellen,
- die Fahrgeschwindigkeit richtig zu wählen,

Der Bekämpfungserfolg beim Striegeln hängt ab

- von der Bodenbeschaffenheit,
- vom Entwicklungsstadium und der Widerstandstandfähigkeit der Unkräuter,
- von der Witterung bei und nach der Striegelarbeit,
- von der Zinkenausführung, Zinkeneinstellung und der Fahrgeschwindigkeit.

Die Kulturen werden geschädigt, wenn im Keimstadium zu tief, beim Auflaufen des Getreides oder bei Frostgefahr gestriegelt wird. Die Geräteeinstellung ist immer den Verhältnissen anzupassen.

Abb. 991 Mitte: Rollhacken können je nach Einstellung von der Reihe weg und zur Reihe hin hacken.

8.3 Geräte zur thermischen Unkrautbekämpfung

Die Wirkung der **thermischen Unkrautbekämpfung** besteht in einer *kurzzeitigen* Erhitzung des Pflanzengewebes, was zum Aufplatzen der Zellen führt. Dadurch tritt die Zellflüssigkeit aus, was zum Austrocknen und Absterben der Pflanze führt.
Beim **Abflammgerät** wird mit einem Brenner gearbeitet, der eine offene Flamme entwickelt. Bei einem **Infrarotgerät** wird abstrahlendes Infrarotlicht erzeugt, das auf die Pflanze einwirkt. Je nach Oberflächenstruktur der zu bekämpfenden Pflanze ist eine Schädigung abhängig von der Temperatur und von der Einwirkzeit.

Abb. 992 Abflammgerät zur thermischen Unkrautregulierung.

! Zu beachten ist: Die Pflanze soll nicht verbrannt werden. Das Abflammen ist dann erfolgreich, wenn nach der Fingerdruckprobe die Druckstelle auf dem Pflanzenteil dunkelgrün wird und so verbleibt.

Als **Brennstoff** wird Flüssiggas in Flaschen eingesetzt. Je nach Brennerausführung wird das Flüssiggas aus der Flasche dem Brenner gasförmig zugeführt, dabei steht die Gasflasche mit dem Entleerventil nach oben. Wird das Flüssiggas dem Brenner im flüssigen Zustand zugeführt, ist die Gasflasche mit dem Ventil nach unten angeordnet. Die Brennerausführung und -anordnung hängt davon ab, ob die Bekämpfung punktuell, im Band oder in der Fläche erfolgt. Für kleinere Abflammarbeiten gibt es tragbare Geräte, für größere Flächen schiebbare Karrengeräte oder Anbaugeräte.

Abb. 993 Zum Transport werden die einzelnen Striegelfelder fächerartig übereinander geklappt.

! Beim Arbeiten mit Abflammgeräten sind die Sicherheitsbestimmungen für Flüssiggas einzuhalten.

Aufgaben:

1. Welche verschiedene Arbeitswerkzeuge werden an einer Hackmaschine verwendet?
2. Durch welche Maßnahmen kann beim Striegel die Arbeitsintensität verändert werden?

Grundlagen der Tierproduktion

5

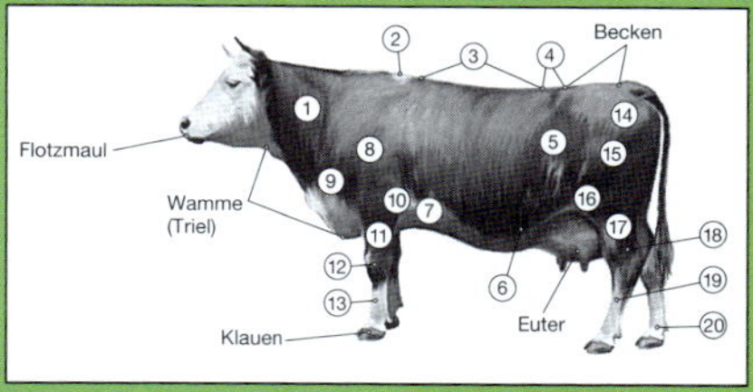

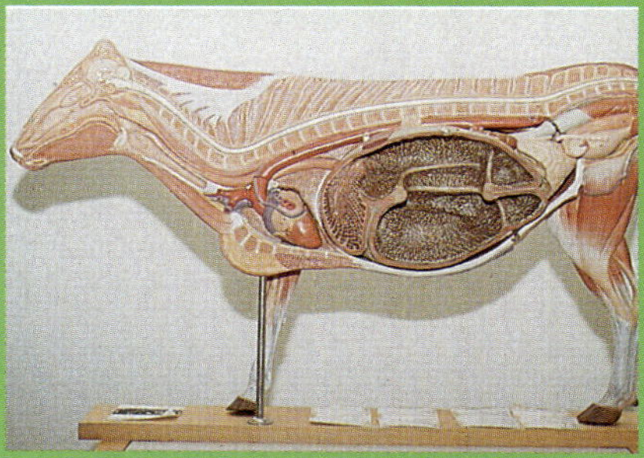

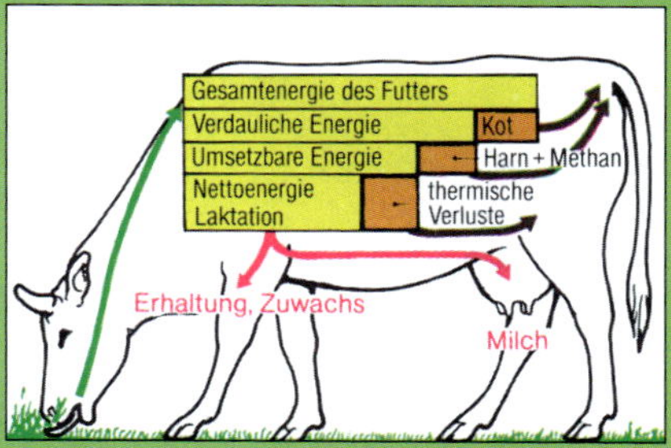

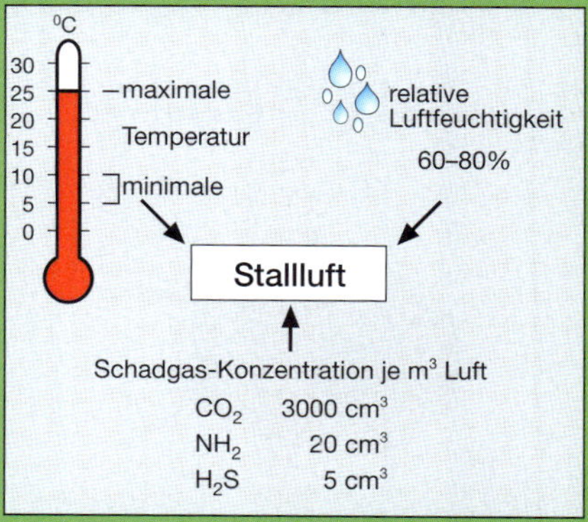

Mehr als je zuvor stehen die Tierhaltung und die gesamte tierische Produktion im Blickpunkt der Öffentlichkeit. Aus Gründen des Verbraucherschtzes sowie aus betriebswirtschaftlichen und ökologischen Erwägungen kommt deshalb einer artgerechten Tierhaltung höchste Bedeutung zu.
Art und Form der Tierhaltung lassen darüber hinaus immer auch Rückschlüsse auf die berufliche Haltung und persönliche Einstellung des Landwirts zu. Vor diesem Hintergrund bilden ein grundständiges Wissen und Können im Bereich der Tierhaltung eine maßgebliche Produktionsvoraussetzung.

5 Grundlagen der Tierproduktion

1 Ordnung des Tierreiches

1.1 Ordnungseinheiten

Neben den ca. 400 000 Pflanzenarten kennt man heute ca. 1,5 Mio. Tierarten. Diese Formenvielfalt lässt jedoch Ähnlichkeiten und

Tabelle 79: Gliederung des Tierreiches

Tierstämme	besondere Merkmale	**Beispiele**
Urtiere (Protozoa)	einzellig Zellkolonien	Pantoffeltierchen, Pansenbewohner,
Schwämme (Porifera)	festsitzend, kolonienbildend	Süßwasser-, Badeschwamm
Hohltiere (Coelenterata)	hohler Körper, giftige Nesselzellen	Polypen (festsitzend) Quallen (freischwimmend), Korallen
Plattwürmer (Plathelmintha)	Körper abgeflacht, teilweise mit Saugnäpfen	Großer und Kleiner Leberegel, Bandwürmer
Schlauchwürmer (Nemathelminthes)	walzen- oder fadenförmiger Körper, Mundhöhle oft mit Stachel	Boden- und Pflanzennematoden; Trichinen, Spul-, Magen- und Lungenwürmer
Gliedertiere (Articulata)		
– Ringelwürmer (Annelida)	Körper in Teilstücke gegliedert	Regenwurm, Blutegel, Parasiten,
– Gliederfüßler (Arthropoda)	Tiere sind in Kopf, Brust und Hinterleib gegliedert	Krebse, Spinnen, Milben, Zecken, Tausendfüßler, Läuse, Käfer, Flöhe, Schmetterlinge
Weichtiere (Mollusca)	weicher, sackähnlicher Körper mit Kalkgehäuse	Schnecken, Tintenfische, Muscheln,
Stachelhäuter (Echinodermata)	stacheliges Kalkskelett	Seeigel, Seesterne
Wirbeltiere (Vertebrata)	Innenskelett mit gegliederter Wirbelsäule, Zentralnervensystem, geschlossenes Blutgefäßsystem	Fische, Lurche, Kriechtiere, Vögel, Säugetiere

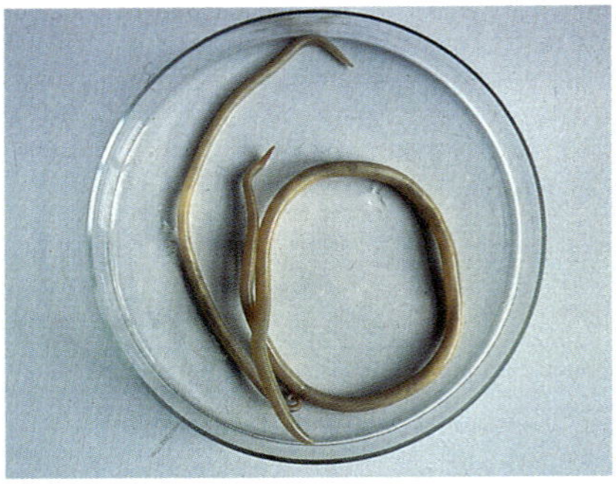

Abb. 994 Die Lungenwürmer des Rindes sind **Beispiele** für die Schlauchwürmer, zu denen z.B. auch die Rüben-Nematoden gehören.

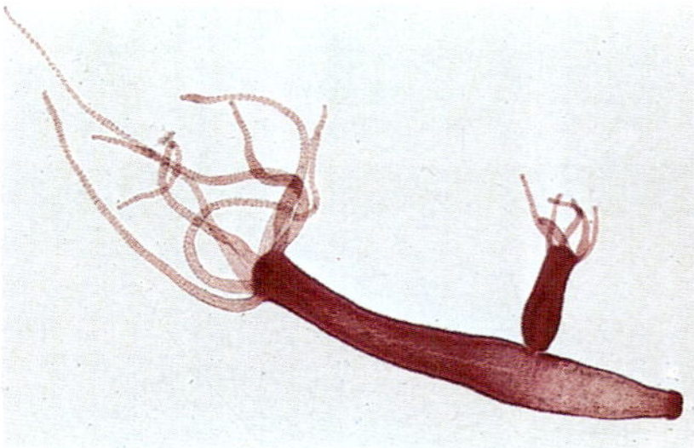

Abb. 995 Ein **Beispiel** für die Hohltiere ist der Süßwasserpolyp (vegetative Vermehrung durch Knospung).

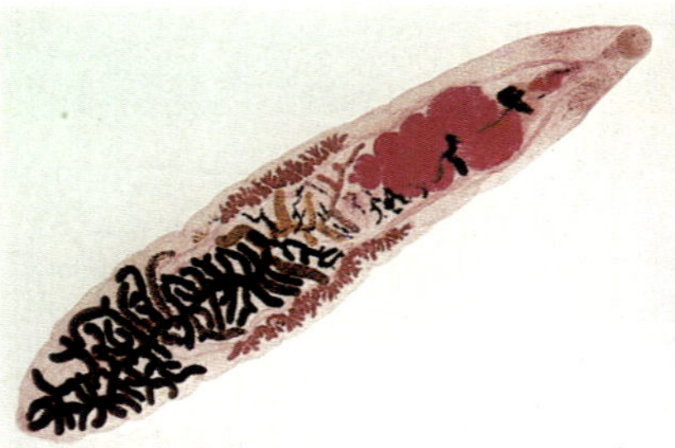

Abb. 996 Kleiner Leberegel *(Distomum lanceolatum)*. Deutlich erkennbar: Saugnäpfe, Darm, Hoden, Dotterstöcke, Uterus mit Eiern. Ein **Beispiel** für die Plattwürmer.

Abb. 997 Die Zecke *(Argas persicus)* überträgt viele Krankheiten. Ein **Beispiel** für die Gliederfüßler.

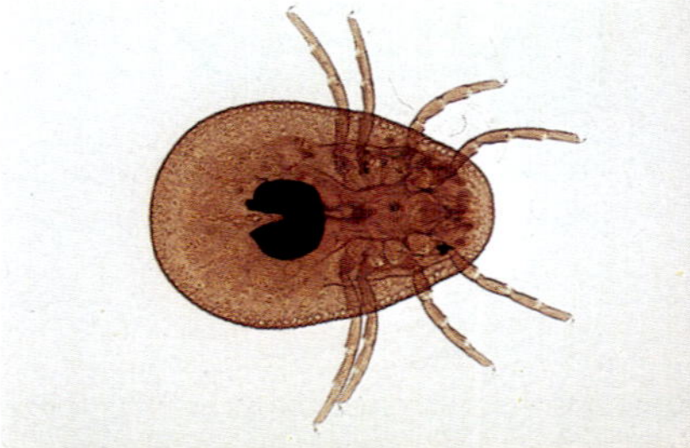

Gemeinsamkeiten erkennen, die eine Eingruppierung der Tiere in ein Ordnungssystem ermöglichen. Die Haltung von Tieren zur wirtschaftlichen Nutzung beschränkt sich auf wenige Tierarten.

Die verwendeten Ordnungssysteme unterscheiden sich zwar, doch liegen ihnen **einheitliche Ordnungsbegriffe** zugrunde. Danach unterscheidet man im Tierreich die Unterreiche *Einzeller* (ca. 20000 Arten) und *Vielzeller* (ca. 1,05 Mio. Arten). Weiterhin unterteilt man in *Abteilungen, Unterabteilungen, Stämme* (z. B. Wirbeltiere), *Klassen* (z. B. Säugetiere), *Ordnungen* (z. B. paarzeher), *Familien* (z. B. Hornträger), *Gattungen* (z. B. Rinder), *Arten* (z. B. europäisches Hausrind) und *Rassen* (z. B. Schwarzbunte).

Ursachen für die Evolution (stammesgeschichtliche Entwicklung) sind u. a. die gezielte Züchtung, die Mutation, Selektion und Isolation.

Wichtigstes Kennzeichen von Tieren einer **Art** ist das *Fortpflanzungsvermögen* untereinander. Sind dagegen die Nachkommen unfruchtbar, wie die bei einer Paarung von Pferd und Esel, so handelt es sich um verschiedene Tierarten.

In der Züchtung unterscheidet man weiter nach *Rassen, Schlägen* und *Linien*.

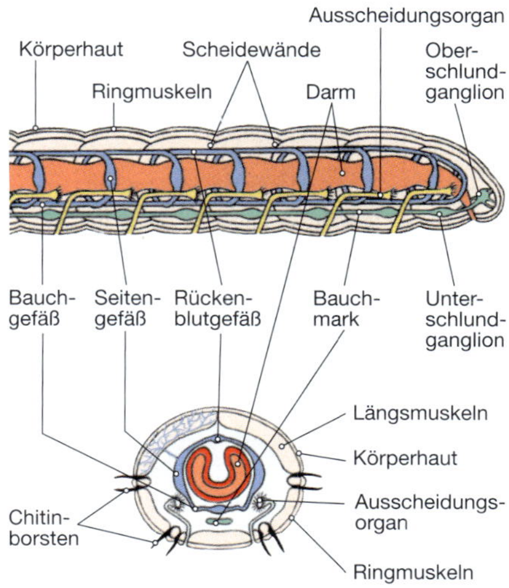

Abb. 998 Bauplan eines Regenwurms (Schema).

Abb. 999 Zuordnung wichtiger landwirtschaftlicher Nutztiere in eine Systematik des Tierreiches.

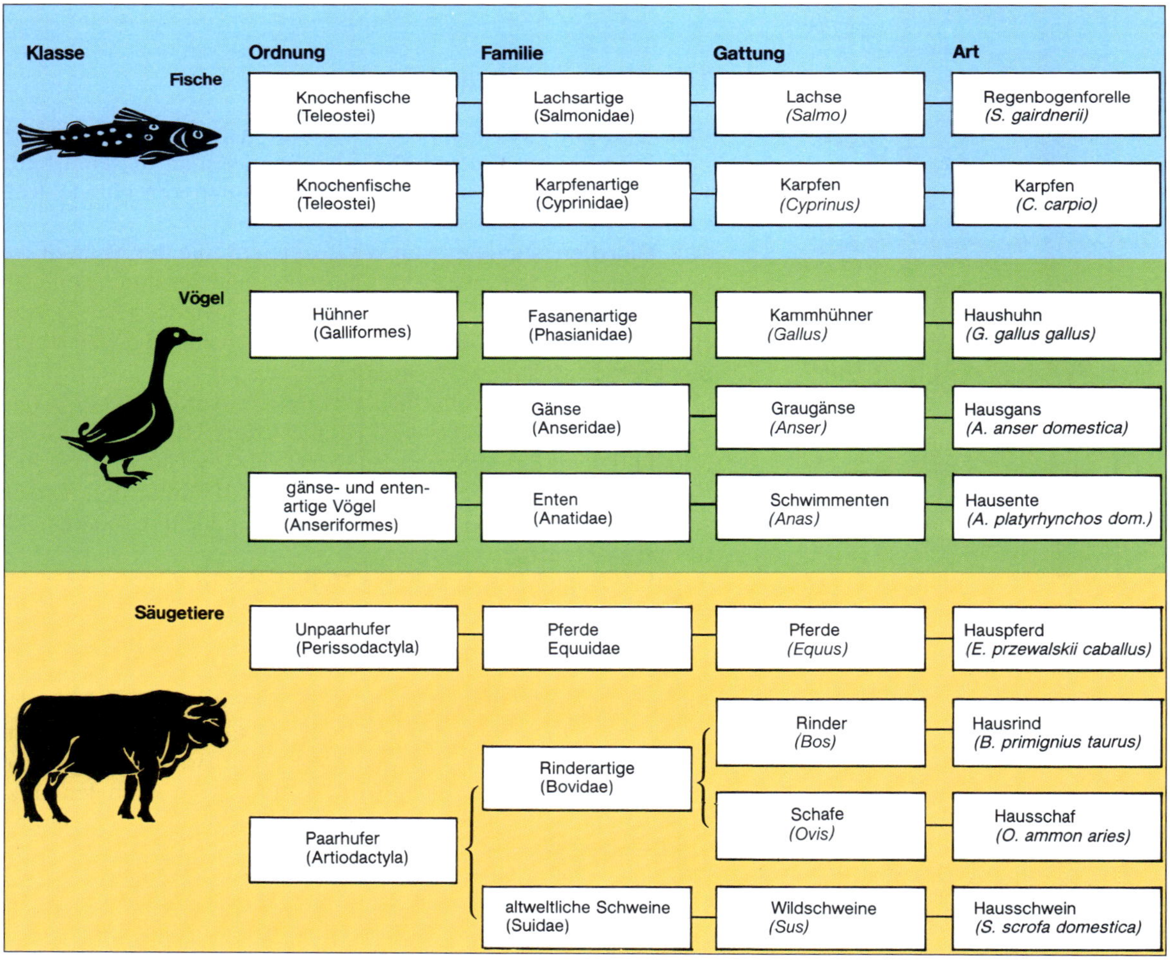

Abb. 1000 Das Wildschwein als Stammvater unserer Schweine.

um 1700

um 1830: das Fettschwein

um 1960: Dänische Landrasse, 2 Rippen mehr

Abb. 1001 So passte sich das Schwein den wechselnden Wünschen des Menschen an.

Abb. 1002 Eine DL-Sau der heutigen Zuchtrichtung.

1.2 Stellung der landwirtschaftlichen Nutztiere im Tierreich

Hauptmerkmale – Die landwirtschaftlichen Nutztiere sind eine Untergruppe der Haustiere. Sie gehören – mit Ausnahme der Honigbiene – zum Stamm der **Wirbeltiere** (Vertebrata) und werden zur wirtschaftlichen Nutzung unter günstigen Lebensbedingungen gehalten, versorgt und planmäßig gezüchtet.
Ihr **Hauptkennzeichen** ist das knöcherne, seltener knorpelige Skelett, dessen Hauptstütze die gegliederte, elastische und biegsame Wirbelsäule ist.
Die *Fische* sind wechselwarm, haben als Gliedmaßen Flossen, atmen durch Kiemen, besitzen einen einfachen Blutkreislauf und vermehren sich meist wie die Vögel durch Eier. *Vögel* und *Säugetiere* sind gleichwarm und haben einen doppelten Blutkreislauf. Die höheren Säugetiere gebären lebende Nachkommen (Placentatiere) und ernähren sie mit Milch.
Die wichtigsten landwirtschaftlichen Nutztiere entstammen relativ wenigen Familien des Tierreiches.

1.3 Abstammung und Zuchtrassen

Domestikation – Tiere, die der Mensch sich zu seinem *Vergnügen* oder wegen ihres *Nutzens* hält, bezeichnet man als Haustiere. Dazu zählen außer landwirtschaftlichen Nutztieren Hunde, Katzen, Ziervögel, Aquarien- oder Terrarientiere.
Alle **Haustiere** stammen von Wildformen ab, die der Mensch vor unterschiedlich langer Zeit zu sich geholt und gezähmt (domestiziert) hat. Manchmal sind gezähmte Formen wieder verwildert, z. B. der schäferhundgroße Dingo in Australien oder die wild lebenden Pferde (Mustangs) in Amerika.
Die meisten landwirtschaftlichen Nutztiere wurden in der *jüngeren Steinzeit* (6000 – 2000 v. Chr.) domestiziert. Hunde dienten bereits in der mittleren Steinzeit (16 000 – 6000 v. Chr.) als Jagdbegleiter. Tauben werden seit ca. 3000 v. Chr., Hühner und Katzen seit ca. 2000 v. Chr. und Kaninchen, Gänse und Enten seit dem Altertum als Haustiere verwendet.
Die Wildform des europäischen **Hausrindes** ist der *Ur-* oder *Auerochse*. Er soll in Deutschland erst während des Dreißigjährigen Krieges ausgestorben sein. Die heutigen Kulturrassen entstanden etwa ab 1800 durch Verdrängungs- bzw. Kombinationskreuzung aus den damaligen Landschlägen.
Die Entwicklung der **Schafzucht** ist etwa so alt wie die Menschheit selbst, weil sich das Schaf als ein sehr anpassungsfähiges und vielseitig nutzbares Haustier erwies. Es konnte deshalb den nutzbaren Standortbedingungen am ehesten entsprechen. Stammform der heutigen kurzschwänzigen Landschaf-Rassen ist das *Mufflon*. Vorfahre aller langschwänzigen Wollschafe, der Merinos und der Fettschwanzschafe ist der *Arkal*, ein westasiatisches Steppenschaf.

Tabelle 80: Abstammung und Zuchtrassen wichtiger Haustiere

Haustier	Wildform, **Beispiele**	Verbreitungsgebiet der Wildform	Zuchtrassen, **Beispiele**
Pferd	Przewalski-Pferd (noch lebend), Tarpan (ausgestorben)	Südrussland, Innerasien Mittel- und Osteuropa,	Engl., und Arab. Vollblut, Traber, Trakehner, Warm-/Kaltblut
Rind	Ur (ausgestorben)	Alte Welt, besonders Europa	Deutsches Fleckvieh, Deutsche Schwarzbunte, Braunvieh, Rotbunte, Angus, Jersey, Charolais
Schwein	europäisches Wildschwein, Mittelmeerschwein, asiatisches Bindenschwein	Europa, Mittelmeerländer, Asien	Deutsche Landrasse, Piétrainschwein, Deutsches Edelschwein, Angler Sattelschwein
Schaf	Kreishornschaf, Mufflon, Argali	Kaspisches Meer bis Himalaja, Mittel-/Südeuropa, Kleinasien, Innerasien	Merinoland- und Merinofleisch-schaf, Schwarz- und Weißköpfiges Fleischschaf
Huhn	Bankivahuhn	Indien	Hybriden
Gans	Graugans	Europa, Asien	Emdener Gans, Lippegans
Ente	Stockente	nördliche Erdhälfte	Deutsche Landente, Pekingente
Hund	Wolf	nördliche Erdhälfte, Afrika, Südasien, Alte Welt	Deutscher Schäferhund

Abb. 1003 Urschaftyp (Mufflon, *Ovis musimon*).

Abb. 1004 Heutiges Schaf (Schwarzköpfiges Fleischschaf).

Abb. 1005 Urwildpferd (*Equus p. przewalski*).

Abb. 1006 Heutiges Pferd (Hannoveraner).

Abb. 1007 Schematischer Stammbaum der Pferde.

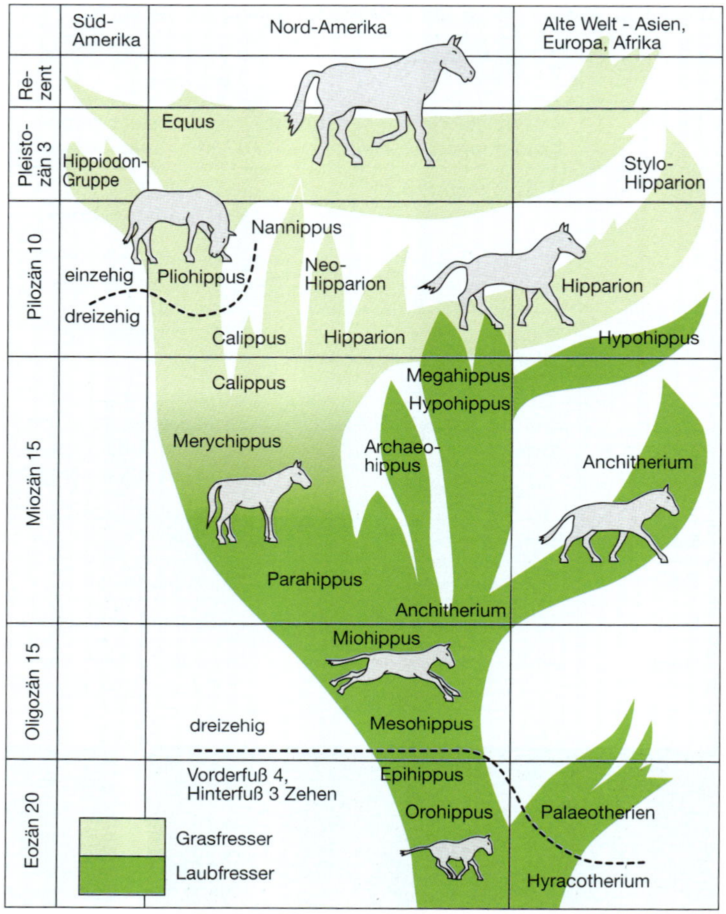

Abb. 1008 Das heutige Fjord-Pferd ähnelt in seinem Aussehen noch dem früheren größeren und kräftigeren Urpony.

Die heutigen **Hauspferde** haben sich aus veschiedenen Wildformen entwickelt. So gab es im nördlichen Europa ein *kleines kräftiges Urpony*, dessen Merkmale im englischen Exmoorpony noch fast rein erhalten sind. Darüber hinaus gab es ein größeres und *kräftigeres Pony*, das den heutigen Fjord-Pferden ähnelte. Die *Wald-* und *Steppentarpane* Mittel- und Osteuropas sowie aus Südrussland sind wichtige Vorläufer der heutigen Warmblutrassen.

In den Wüstengebieten Südwestasiens und Nordafrikas entwickelte sich ein feingliedriges und *besonders schnelles Pferd*, dessen Erbeigenschaften sich im Araber finden. Das letzte heute noch lebende Wildpferd ist das aus den Steppen Asiens stammende Przewalski-Pferd.

Aufgaben:

1. Wie kann man das Tierreich einteilen?
2. Was versteht man unter Evolution?
3. Erläutern Sie die Begriffe Züchtung, Mutation, Selektion, Isolation im Hinblick auf die stammesgeschichtliche Entwicklung einer Rasse.

2 Anatomie und Physiologie der Nutztiere

2.1 Bezeichnung der Körperteile

Die Körperteile der Nutztiere haben festgelegte Bezeichnungen. Ihre Kenntnis ist die Voraussetzung zur Beschreibung und Beurteilung von Tieren.

Abb. 1009 Körperteile der Haustiere.

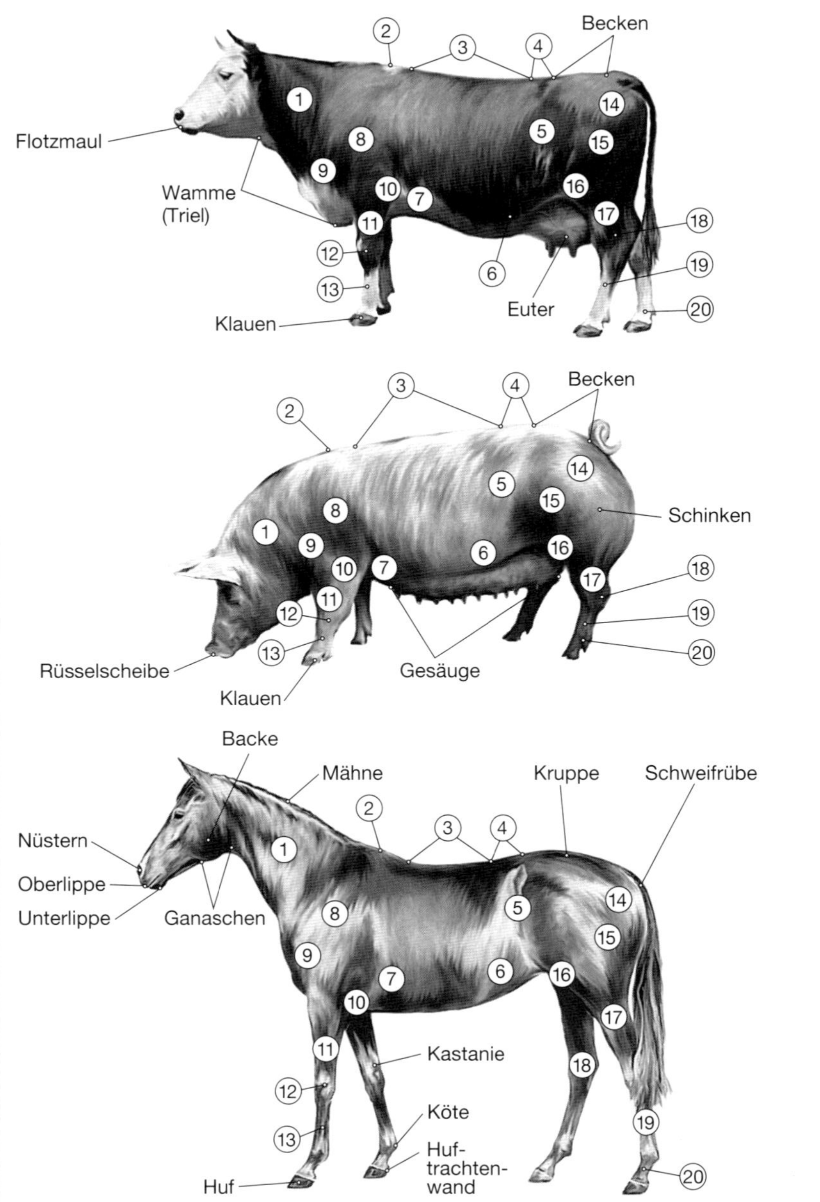

(1) Hals,
(2) Widerrist,
(3) Rücken,
(4) Lende,
(5) Flanke,
(6) Bauch,
(7) Brust,
(8) Schulter,
(9) Schultergelenk,
(10) Ellenbogengelenk,
(11) Unterarm,
(12) Vorderfußwurzelgelenk,
(13) Vordermittelfuß,
(14) Hüftgelenk,
(15) Oberschenkel,
(16) Kniegelenk,
(17) Unterschenkel,
(18) Sprunggelenk,
(19) Hintermittelfuß,
(20) Fessel

Besondere Bezeichnungen von Körperteilen sind in den Skizzen der jeweiligen Tierart vermerkt

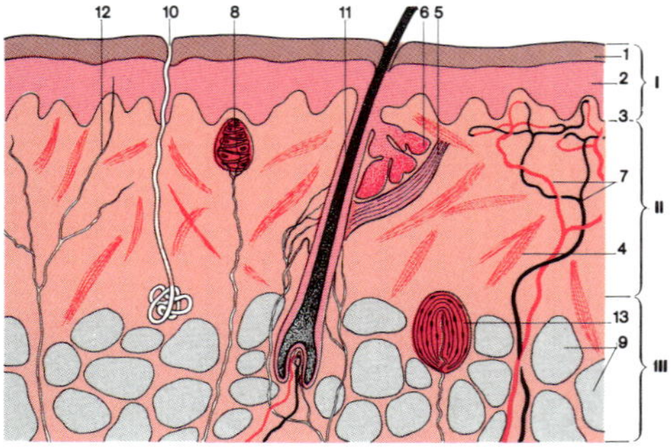

Abb. 1010 Schnitt durch die Haut nach einem mikroskopischen Bild (Schema):0

I Oberhaut
1 Hornhaut } Epithel
2 Schicht lebender Zellen,
3 Grenzlinie zwischen I und II

II Lederhaut
4 Bündel zugfester Fasern,
5 Haarmuskel,
6 Talgdrüse,
7 Gefäße der Lederhaut,
8 Rezeptor für Berührung

III Unterhaut
9 Gekammertes Fettgewebe,
10 Geknäulte Schweißdrüse,
11 Haar,
12 Nerven,
13 Rezeptor für Druck

Abb. 1011 Längsschnitt durch die Zehe beim Rind.

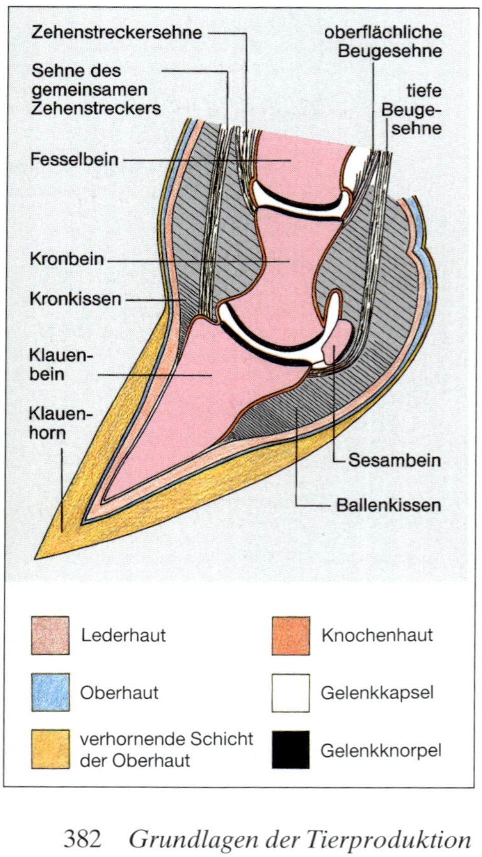

2.2 Bau und Funktion des Tierkörpers

2.2.1 Zellen und Gewebe

Zellen – Wie die Pflanze, so ist auch der Tierkörper aus vielen Millionen Zellen aufgebaut. Pflanzliche und tierische Zellen weisen zwar viele *Gemeinsamkeiten* auf, zeigen aber auch *Unterschiede*.
Gewebe – Zellen mit *gleichem Bau* und *gleicher Leistung* sind zu Verbänden zusammengeschlossen und bilden **Gewebe**.
Folgende Grundgewebe werden unterschieden:

- **Epithelgewebe:** Es bedeckt als *Deckepithel* alle äußeren und inneren Körperoberflächen. Als *Sinnesepithel* dient es der Aufnahme chemischer (z. B. Geruch) und optischer Reize (z. B. Netzhaut im Auge). Als *Drüsenepithel* bildet es das funktionelle Gewebe der Drüsen, z. B. im Euter.
- **Binde-** und **Stützgewebe:** Es vereinigt die Bestandteile des Organismus, z.B. als *Gerüstgewebe* von Organen, als *Füllgewebe* zwischen den Organen oder als Verbindung zwischen Muskeln (Sehnen) und Knochen. Es speichert Fett, produziert Abwehrzellen oder bildet festere Strukturen, z. B. Sehnen, Bänder, *Knorpel-* und *Knochengewebe*.
- **Muskelgewebe:** Es ermöglicht durch seine Fähigkeit zur Kontraktion, also des Zusammenziehens, die Bewegungen. Unterschieden wird zwischen *Skelettmuskulatur, glatter Muskulatur* (z. B. an Magen und Darm) sowie der *Herzmuskulatur*.

Organe – Sie setzen sich aus verschiedenen Geweben zusammen und haben eine spezielle Funktion (z.B. Leber, Niere). Mehrere funktonell zusammenwirkende Organe bilden ein *Organsystem* (z.B. Nervensystem, Verdauungssystem).

2.2.2 Haut

Die Haut umgibt den Organismus und kleidet als Schleimhaut die Körperhöhlen aus.
Aufbau – Die äußere Haut besteht aus 3 Schichten, der

- **Oberhaut:** Sie besteht aus dicht zusammengefügten Zellen, die zum Teil an der Oberfläche verhornen. Die abgenutzten Zellen werden als Schuppen abgestoßen. Die darunter liegende *Keimschicht* der Oberhaut bildet ständig neue Zellen.
- **Lederhaut:** Sie besteht aus einem dichten Geflecht von Bindegewebe. Die Lederhaut enthält *Talgdrüsen, Schweißdrüsen, Haare, Blutgefäße* und stellenweise glattes *Muskelgewebe*.
- **Unterhaut:** Sie besteht aus lockerem *Bindegewebe*, ist daher verschiebbar und lagert Fett ein (z.B. Rückenspeck) .

Aufgaben – Die wichtigsten Aufgaben der Haut sind:

- **Schutz** des Körpers vor *Austrocknung*, vor *bakterieller Besiedelung* (Talg- und Schweißbelag), vor *Krafteinwirkung* (Fettpolster, Verhornung), vor *Kälte* (Haare, Federn, Fettpolster) und vor *Sonnenstrahlen* (Pigmentbildung).
- **Reizaufnahme** mit Hilfe von Druck-, Berührungs-, Schmerz- und Temperatur*rezeptoren*.
- **Ausscheidung** von *Schweiß, Talg* und *Geruchsstoffen* (Lock- und Abwehrmittel).

▶ **Temperaturregelung** durch vermehrte Hautdurchblutunt und Schweißabgabe bei Übererwärmung und verminderte Durchblutung bei Kälte.

▶ **Speicherung** von Fett und fettlöslichen Vitaminen.

Haarlose Hautorgane – Sie sind durch eine dicke, verhornte Oberfläche und eine kräftige Lederhaut gekennzeichnet. Zu ihnen gehören *Hufe, Klauen* und *Hörner*.

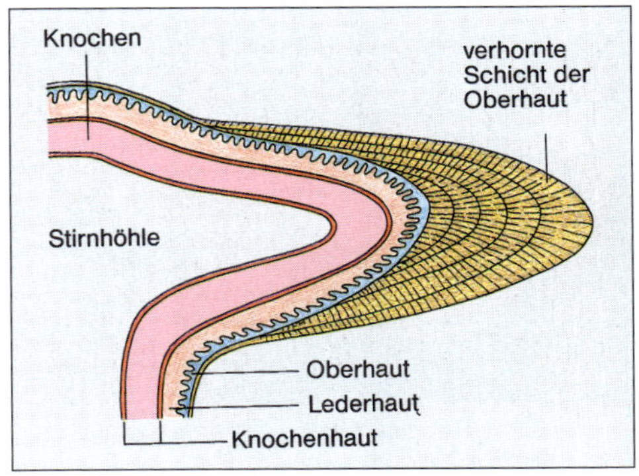

Abb. 1012 Längsschnitt durch das Horn des Rindes (Schema).

2.2.3 Knochen und Skelett

Aufgaben – Das Knochengerüst (Skelett) gibt den Tieren ihre *Form, schützt* die inneren Organe und ermöglicht im Zusammenwirken mit Muskeln und Gelenken die *Bewegungen*.

Knochen – Das **Skelett** besteht aus vielen verschieden geformten Knochen. Nach ihrer *Form* lassen sie sich einteilen in *Röhrenknochen* (z. B. Oberschenkelbein), *platte* Knochen (z. B. Schulterblatt) und *kurze* Knochen (z. B. Wirbel). Das rote Knochenmark bildet die Blutzellen. Bei Jungtieren findet dieses hauptsächlich in den

Abb. 1013 Knochengerüst und Lage der inneren Organe des Rindes (Schema).

Knochengerüst
1 Stirnbein
2 Nasenbein
3 Unter- und Hinterkiefer
4 Oberkiefer
5 Oberhaupt- oder Nackenbein (Hinterhauptbein)
6 Erster Halswirbel (Atlas)
7 Siebenter Halswirbel
8 Erster Brustwirbel
9 Dreizehnter Brustwirbel
10 Erster Lendenwirbel
11 Sechster Lendenwirbel
12 Kreuzbein
13 Erster Schwanzwirbel
14 Erste Rippe
15 Achte Rippe
16 Neunte Rippe
17 Dreizehnte Rippe
18 Brustbein
19 Darmbein (Beckenknochen)
20 Sitzbein (Beckenknochen)
21 Schambein (Beckenknochen)
22 Hüftgelenk (Gr. Umdreher)
23 Schulterblatt
24 Buggelenk (Schultergelenk)
25 Oberarmbein
26 Ellbogengelenk
27 Unterarm (Speiche)
28 Elle
29 Vorderfußwurzel/-gelenk
30 Hakenbein
31 Oberschenkelbein
32 Kniescheibe
33 Kniegelenk
34 Unterschenkelbein
35 Fersen- oder Sprungbein
36 Hinterfußwurzel/Sprunggelenk
37 Schienbein (Röhrbein, Vorder-, Hintermittelfuß)
38 Sesambein
39 Fesselgelenk
40 Fesselbein
41 Kronbein
42 Klauenbein

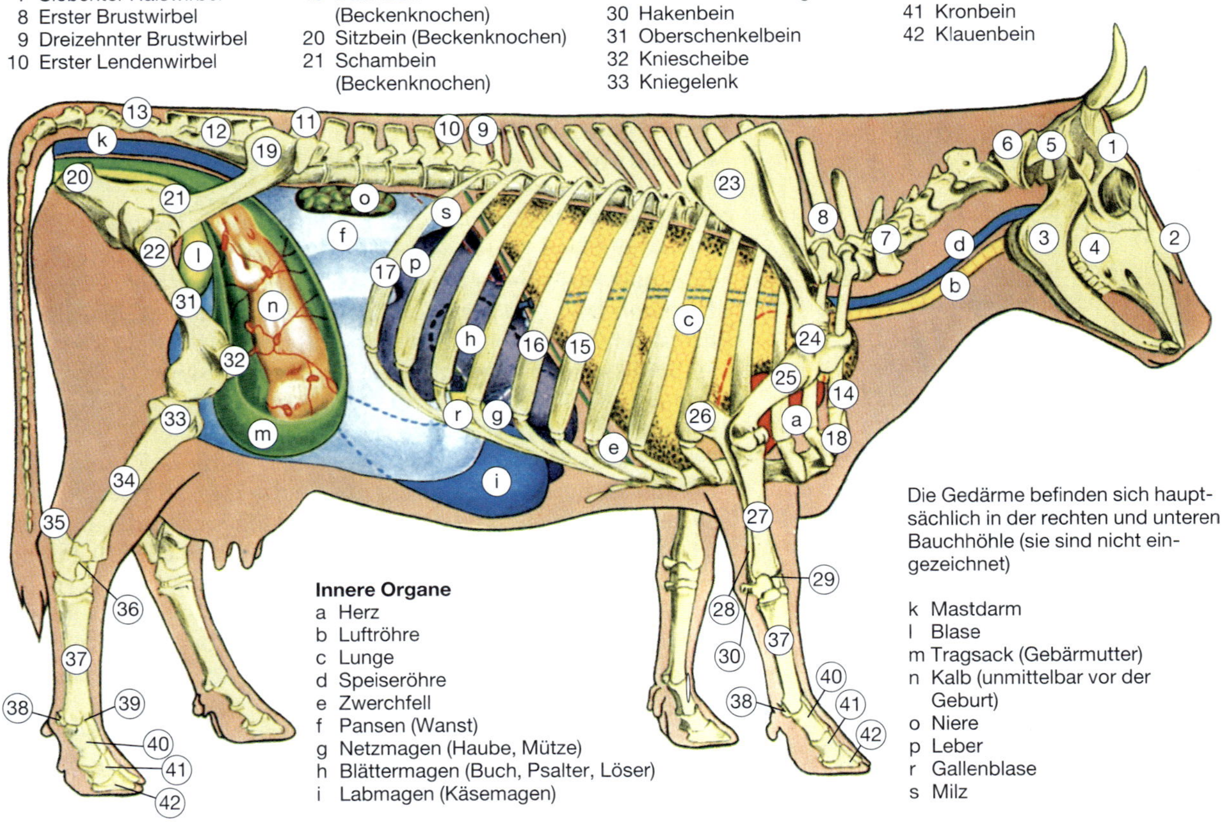

Innere Organe
a Herz
b Luftröhre
c Lunge
d Speiseröhre
e Zwerchfell
f Pansen (Wanst)
g Netzmagen (Haube, Mütze)
h Blättermagen (Buch, Psalter, Löser)
i Labmagen (Käsemagen)

Die Gedärme befinden sich hauptsächlich in der rechten und unteren Bauchhöhle (sie sind nicht eingezeichnet)

k Mastdarm
l Blase
m Tragsack (Gebärmutter)
n Kalb (unmittelbar vor der Geburt)
o Niere
p Leber
r Gallenblase
s Milz

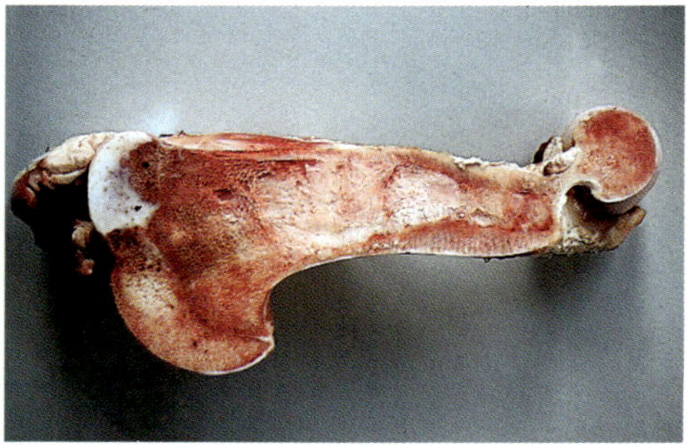

Abb. 1014 Aufgesägter Oberschenkelknochen eines Rindes.

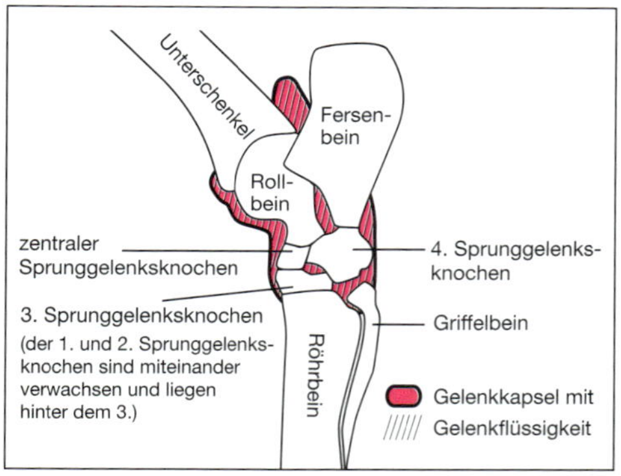

Abb. 1015 Längsschnitt durch das Sprunggelenk des Pferdes (Schema).

Abb. 1016 Aufbau eines Röhrenknochens und Längsschnitt durch ein Gelenk (Schema).

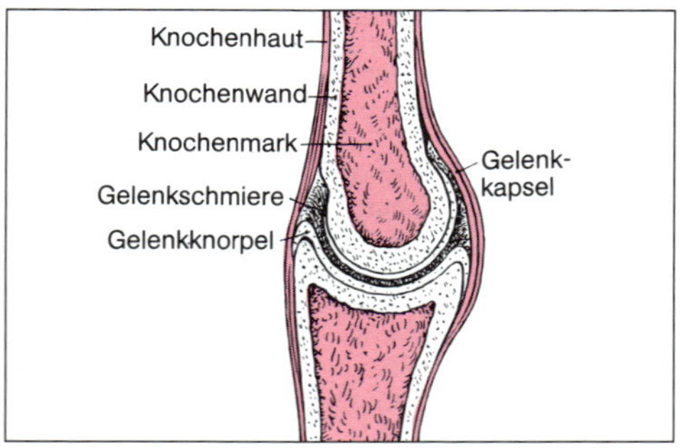

langen Röhrenknochen statt, bei älteren Tieren in den Rippen, später im Brustbein und zuletzt in den Wirbel- und Beckenknochen.

Die wichtigsten Elemente der **Knochensubstanz** sind *Calcium* und *Phosphor*. Sie werden als Calciumphosphat in die Knochen eingelagert und können bei erhöhtem Bedarf auch wieder ausgelagert (mobilisiert) werden. Deswegen ist eine ständige, ausreichende Versorgung über die Nahrung wichtig.

Gelenke – Sie sind die *beweglichen Verbindungen* von Knochen. Gelenke bestehen aus den mit Knorpeln überzogenen *Knochenenden*, der *Gelenkkapsel* und den diese verstärkenden *Gelenkbändern*. Die Form der Gelenke entspricht ihren jeweiligen Anforderungen. Die innere Schicht der Gelenkkapsel sondert die *Gelenkschmiere* ab.

Wirbelsäule – Sie ist die Tragbrücke des Skeletts. Die Wirbel sind gelenkig miteinander verbunden. *Bandscheiben* zwischen den Wirbeln federn Stoßkräfte ab.

Die Wirbellöcher der aneinandergereihten Wirbelkörper machen die Wirbelsäule zu einem knöchernen Rohr. In ihm verläuft das *Rückenmark*. Seine Nervenabzweigungen treten zwischen den Wirbeln aus und führen zu den Organen.

Die Wirbelsäule wird in **Abschnitte** unterteilt:

- **Halswirbel:** Es sind immer 7.
- **Brustwirbel:** Wiederkäuer haben 13, Pferde 18 (17–19), Schweine 15 (13–16).Die Brustwirbel sind mit den Rippen verbunden. Gemeinsam mit dem *Brustbein* bilden sie den *Brustkorb*.
- **Lendenwirbel:** Wiederkäuer, Schweine und Pferde haben 6 Lendenwirbel. Sie bilden die *Schwachstelle* der Wirbelsäule, weil sie keine Abstützung an den einzelnen Wirbeln in Form von Rippen haben.
- **Kreuzwirbel:** Sie sind miteinander verwachsen und bilden das *Kreuzbein*.
- **Schwanzwirbel:** Sie bilden das knöcherne Gerüst für den Schwanz; ihre Zahl ist von Tierart zu Tierart unterschiedlich.

Vordergliedmaßen – Ihr Skelett besteht aus *Schulterblatt, Oberarm, Unterarm (Elle, Speiche), Vorderfußwurzel, Vordermittelfuß* (Rind: Röhrbein; Pferd: Röhrbein und 2 Griffelbeine; Schwein: 2 Hauptmittelfuß- und 2 Nebenmittelfußknochen), *Fesselbein, Kronbein* und *Klauen-* bzw. *Hufbein*. Das Schulterblatt ist durch Muskeln mit dem Brustkorb verbunden.

Hintergliedmaßen – Sie sind durch die *Hüftgelenke* mit dem **Becken** verbunden. Es besteht aus den beiden Hüftbeinen (gegliedert in Scham-, Sitz- und Darmbein), die sich in der Beckenfuge knorpelig und bindegewebig zusammenschließen. Während der Trächtigkeit kann sich diese Verbindung etwas lockern, im Alter verknöchert sie. *Becken* und *Kreuzbein* sind durch straffe Gelenke miteinander verbunden und bilden zusammen mit den ersten 3–4 Schwanzwirbeln die knöcherne Begrenzung der Beckenhöhle.

Die Hintergliedmaße besteht aus *Oberschenkel, Unterschenkel, Hinterfußwurzel* (Sprunggelenksknochen), *Hintermittelfuß, Fesselbein, Kronbein* und *Klauen-* bzw. *Hufbein*.

2.2.4 Muskeln

Aufbau – Muskeln bestehen aus *Zellen*, die sich zu langen *Fasern* zusammengeschlossen haben. Sie besitzen die Fähigkeit, sich aufgrund nervlicher Reize zusammenzuziehen und zu entspannen (in den Ausgangszustand zurückzukehren).
In Verbindung mit den *Sehnen* ermöglichen sie die Bewegungen des Körpers. Bei vielen Bewegungen arbeiten mehrere Muskeln zusammen, z. B. als Beuger und Strecker.
Quergestreifte und glatte Muskeln – Unter dem Mikroskop erscheint Muskelgewebe entweder quergestreift oder glatt. Zu den *quergestreiften Muskeln* zählt die Skelettmuskulatur. Ihre Bewegung unterliegt dem Willen (willkürliche Muskeln). Im Schlachtkörper wird die quergestreifte Muskulatur als Fleisch bezeichnet. *Glatte Muskeln* unterliegen nicht der Beeinflussung durch den Willen. Zu ihr gehören z. B. die Muskeln von Magen und Darm.
Eine Ausnahme bildet die *Herzmuskulatur*. Sie ist zwar quergestreift, unterliegt aber nicht dem Willen, sondern besitzt ein eigenes Erregungszentrum.

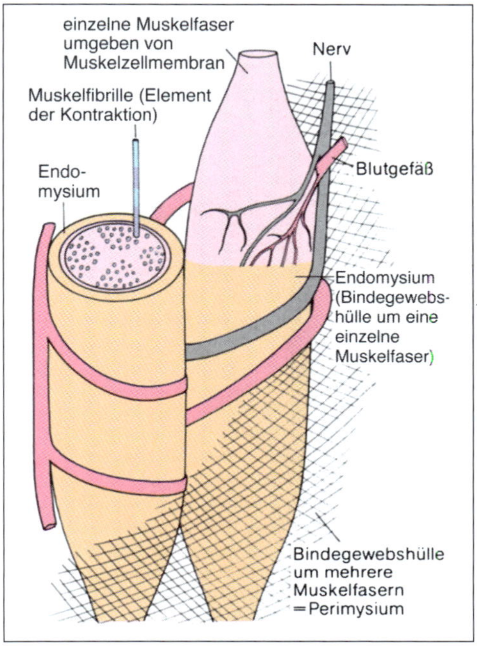

Abb. 1017 Muskelfaser (Schema).

2.3 Blut und Blutkreislauf

2.3.1 Blut

Aufgaben – Die Gesamtmenge des **Blutes** beträgt $^1/_{13}$–$^1/_{14}$ des Körpergewichtes und kann bei größeren Leistungen *vermehrt* werden (z. B. Trächtigkeit, Laktation). Das Blut transportiert im Körper *Sauerstoff*, *Nährstoffe* und *Wirkstoffe* zu den Orten des Verbrauchs und von dort die Abfallstoffe zu den Ausscheidungsorganen (z. B. Lunge, Niere).
Der *pH-Wert* im Blut wird durch Puffersysteme im Bereich von 7,4 gehalten. Der *osmotische Druck* des Blutes wird hauptsächlich durch die anorganischen Elektrolyte (Na^+, Cl^- u. a.) bewirkt, die im Plasma in einer ganz bestimmten Konzentration und Zusammensetzung vorliegen. Das Blut sorgt für einen ständigen *Temperaturausgleich* im Körper und enthält *Abwehrzellen* und *Abwehrstoffe* gegen eingedrungene Krankheitskeime.
Bestandteile – Das Blut besteht aus dem Blutplasma und den Blutzellen.
Das **Blutplasma** enthält *Proteine* und *Nicht-Protein-Stickstoff* (z. B. Harnstoff), Kohlenhydrate (vor allem Glucose), *Fette* und *Elektrolyte*.
Zu den *Plasmaproteinen* gehören Albumine, Globuline, Fibrinogen (Blutgerinnungsvorstufe) und Enzyme. Albumine und Globuline dienen dem *Transport* von Stoffen (z. B. Hormone, Fettsäuren) und sie erzeugen den *kolloid-osmotischen Druck*, der im venösen Abschnitt des Kapillarnetzes die Flüssigkeit aus dem Zwischenzellraum eintreten lässt. *Immunglobuline* sind spezifische Antikörper, die bei Bedarf in Lymphknoten und Milz gebildet werden. Es gibt auch unspezifische Abwehrstoffe (z. B. Properdin).

Abb. 1018 Bestandteile des Blutes.

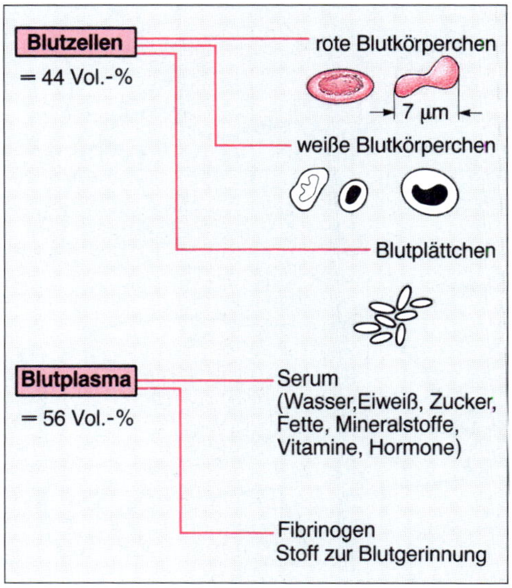

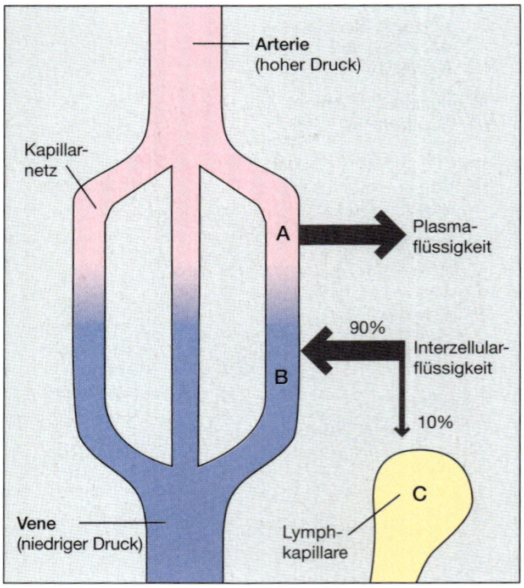

Abb. 1019 Flüssigkeitsaustausch zwischen Blut und Zwischenzellraum (Interzellularraum):
A: hoher hydrostatischer Druck lässt Flüssigkeit aus dem Anfangsteil der Kapillaren austreten;
B: der kolloidosmotische Druck der Plasmaproteine zieht Flüssigkeit aus dem Zwischenzellraum an;
C: etwa 10% der Flüssigkeit fließt über Lymphkapillaren ab.

Abb. 1020 Wichtige oberflächliche Lymphknoten bei Rind und Schwein:
1 Unterkiefer-
2 Ohrspeicheldrüse-
3 Rachen-
4 Bug-
5 Achsel-
6 Achsel-
7 Kniefalten-
8 Kniekehl-
9 Kreuzbein-
Lymphknoten.

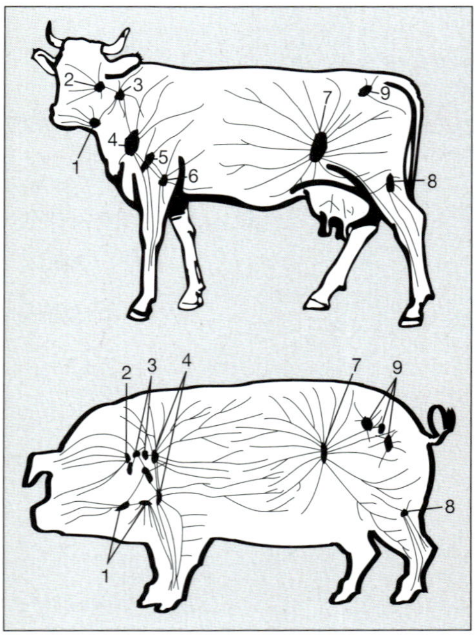

Die Plasmaproteine haben eine *Pufferwirkung*, da sie sowohl Säure- als auch Baseneigenschaften haben. Bei Nahrungsmangel stehen sie dem Körper als *Nährlösung* zur Verfügung.

Zu den **Blutzellen** gehören die roten Blutkörperchen (Erythrozyten), die weißen Blutkörperchen (Leukozyten) und die Blutplättchen (Thrombozyten).

Die *roten Blutkörperchen* (beim Rind ca. 6,5 Mio./mm³) transportieren den an ihren roten Farbstoff *Hämoglobin* (Eisen-Eiweiß-Verbindung) gebundenen Sauerstoff von der Lunge zu den Körperzellen. Dort wird der Sauerstoff abgegeben, das CO_2 aus dem Gewebe aufgenommen und zur Lunge befördert. Der größte Teil des CO_2 wird als Bicarbonat (HCO_3^-) im Plasma bzw. in den roten Blutkörperchen transportiert.

Die roten Blutkörperchen leben nur wenige Wochen. Sie werden im Knochenmark ständig neu gebildet und in der Milz, zum Teil auch in der Leber und im Knochenmark abgebaut. Speicherorgane sind die Leber sowie besonders bei Lauf- und Springtieren die Milz. Das in der Niere gebildete Hormon Erythropoetin regt die Neubildung von Erythrozyten an.

Die *weißen Blutkörperchen* (beim Rind ca. 7500/mm³) nennt man die »Körperpolizei«. Die Mehrzahl von ihnen ist nicht im Blut enthalten sondern in verschiedenen Organen des Körpers verteilt (Granulozyten, Monozyten). Sie nehmen überalterte Zellen, Fremdstoffe und eingedrungene Mikroorganismen auf und verdauen sie (Phagozytose). Dagegen sind die Lymphozyten sowohl im Gewebe als auch im Blut zu finden. Man unterscheidet B-Lymphozyten, die bei Antigenkontakt Antikörper bilden und T-Lymphozyten, die als T-Killerzellen die Zellmembrane fremder Zellen zerstören und als T-Helferzellen die Entzündungsreaktionen fördern. Die Leukozyten werden im Knochenmark, im Thymus, in den Lymphknoten, in der Milz und der Leber gebildet. Ihr Abbau erfolgt in Milz und Leber.

Die *Blutplättchen* (beim Rind ca. 400 000/mm³) verkleben Verletzungen kleinster Gefäße durch Zusammenklumpen. Bei größeren Verletzungen zerfallen sie und leiten durch die freigesetzten Stoffe und Substanzen die Blutgerinnung ein.

Lymphe – Sie ist eine schwach gelbliche Flüssigkeit, die ähnlich wie das Blut zusammengesetzt ist, aber weder rote Blutkörperchen noch Blutplättchen besitzt. Dafür ist sie reich an weißen Blutkörperchen, vor allem Lymphozyten. Sie dient dem *Stofftransport* (z. B. Plasmaeiweiß aus der Leber, Fette aus dem Darm) und der *Abwehr von Krankheitserregern*.

Tabelle 81: Vergleich der Grunddaten des Blutkreislaufes

Art	Blutvolumen ml/kg Körpergewicht	Herzschläge je min
Pferd	75–90	32– 44
Rind	64–82	50– 60
Kalb	58–74	95–100
Schaf	60–75	70– 80
Schwein	50–90	80–100
Mensch	60–80	60– 90

Die *Lymphgefäße* beziehen ihre Flüssigkeit aus dem Zwischenzellraum. Auch Fremdstoffe und Krankheitserreger werden mit der Lymphe aufgenommen und zum nächsten *Lymphknoten* transportiert. Hier werden sie mit Hilfe der weißen Blutkörperchen unschädlich gemacht.
Dabei vergrößert sich der Lymphknoten und zeigt an der Schnittfläche charakteristische Veränderungen (Fleischbeschau). Wenn Krankheitserreger im Lymphknoten nicht vernichtet werden können und in die Blutbahn eindringen, spricht man von *Blutvergiftung* (Septikämie).
Die aus den Lymphknoten kommende Lymphe ist mit Lymphozyten angereichert. Die Lymphgefäße vereinigen sich zu immer größeren Lymphgängen und treten an der vorderen Hohlvene in die Blutbahn ein.

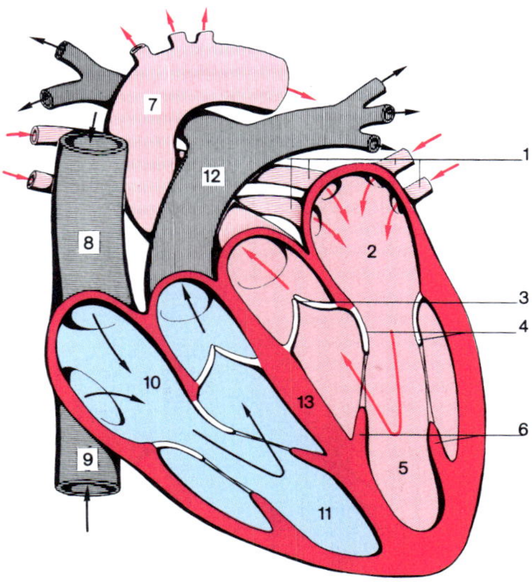

Abb. 1021 Herz mit eröffneten Hohlräumen:
1 Lungenvene,
2 Linke Vorkammer,
3 Taschenklappe,
4 Segelklappe,
5 Linke Hauptkammer
6 Segelklappen-bewegende Muskulatur,
7 Aorta,
8 Obere Hohlvene,
9 Untere Hohlvene,
10 Rechte Vorkammer,
11 Rechte Hauptkammer,
12 Lungenarterie,
13 Trennwand zwischen rechts/links.

2.3.2 Blutkreislauf

Herz – Es ist ein *Hohlmuskel* und besteht aus zwei voneinander getrennten *Hälften*, die jeweils eine *Vor-* und eine *Hauptkammer* besitzen. Mit Hilfe eines eigenen *Reizbildungs-* und *Reizleitungssystems* pumpt das Herz automatisch durch rhythmische Bewegungen das Blut durch den Körper. Der Puls gibt Aufschluss über die Leistungen von Herz und Kreislauf. Er lässt sich bei Pferd und Rind an der *Unterkieferarterie*, bei Schaf und Ziege an der *Oberschenkelarterie* fühlen. Die Anzahl der Pulsschläge/min hängt von *Tierart, Alter, Leistung* und *Gesundheit* ab.
Gefäßsystem – Das Blutgefäßsystem besteht aus Arterien, Kapillaren und Venen. Die *Arterien* sind dickwandig, muskulös und elastisch. Sie laufen in den Organen in *Kapillaren* aus, die sich netzartig verzweigen. Dort verlangsamt sich die Strömungsgeschwindigkeit auf $^1/_{1000}$ gegenüber der Anfangsgeschwindigkeit in der Aorta.
Die venösen Abschnitte der Kapillaren vereinigen sich zu kleinen Venen und diese wieder zu großen Venen. Diese sind dünnwandig und besitzen Klappen, die ein Zurückfließen des Blutes verhindern. Der Blutdruck in ihnen ist niedriger als in den Arterien.
Körperkreislauf – Das sauerstoffreiche (arterielle) Blut kommt aus der *linken Herzkammer* über die *Aorta* in den Körper. In den *Kapillargebieten* erfolgt der Gas- und Stoffaustausch. Das kohlendioxidhaltige (venöse) Blut gelangt über die vordere (obere) Hohlvene (Blut aus Kopf und Schultergliedmaßen) und die hintere (untere) Hohlvene (Blut aus Rumpf und Beckengliedmaßen) in die *rechte Vorkammer*.
Lungenkreislauf – Aus der *rechten Vorkammer* wird das Blut in die *rechte Hauptkammer* und von dort in die Lunge gepumpt. In den Kapillaren der *Lungenbläschen* gibt das Blut CO_2 ab und nimmt O_2 auf. Anschließend fließt es in die *linke Vorkammer*.
Blutkreislauf der Fische – Bei den Fischen besteht das Herz nur aus einer *Vorkammer* und der eigentlichen *Herzkammer*. Es saugt kohlendioxidhaltiges Blut aus dem Körper an und pumpt dieses durch die Kiemenschlagadern in die *Kiemenkapillaren*. Nachdem es dort Kohlendioxid abgegeben und Sauerstoff aufgenommen hat, fließt es zurück in den Körper *(einfacher Kreislauf)*.

Abb. 1022 Kreislaufschema:
1 Organ (z.B. Arm, Bein, Kopf, Gehirn, Niere mit Kapillargebiet),
2 Körperarterie,
3 Körpervene,
4 Lungenarterie,
5 Lungenvene,
6 Gefäß zwischen Darm und Leber (»Pfortader«),
7 Lymphbahnen.

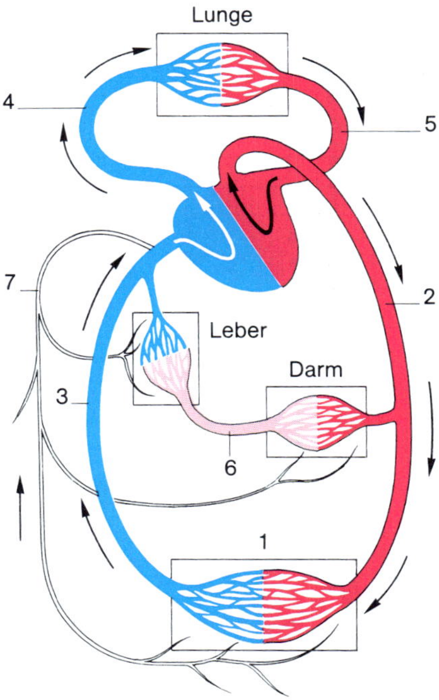

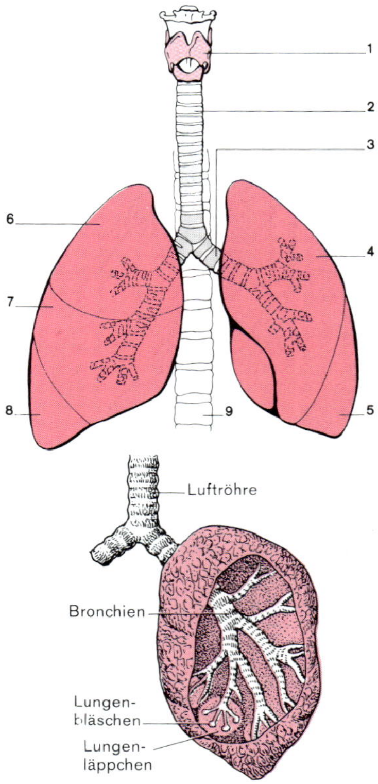

Abb. 1023 Atmungsorgane (oben):
1 Kehlkopf,
2 Luftröhre,
3 Bronchien,
Linke Lunge:
4 Oberlappen,
5 Unterlappen,
Rechte Lunge:
6 Oberlappen,
7 Mittellappen,
8 Unterlappen.
Querschnitt durch eine Lungenhälfte (unten).

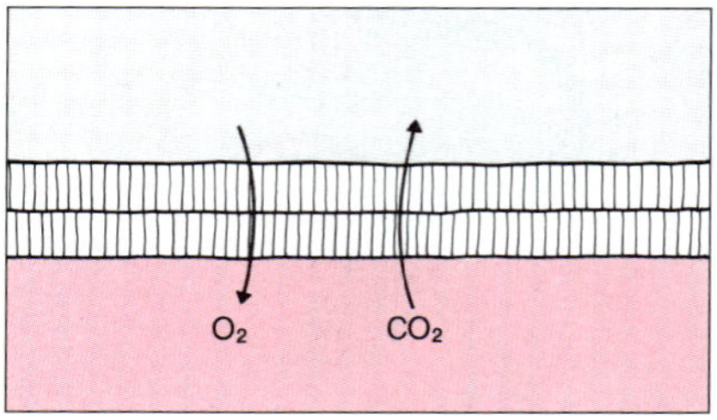

Abb. 1024 Hautatmung ist die einfachste Form des Gasaustausches (Schema).

Abb. 1025 Kiemenatmung der Fische (Schema).

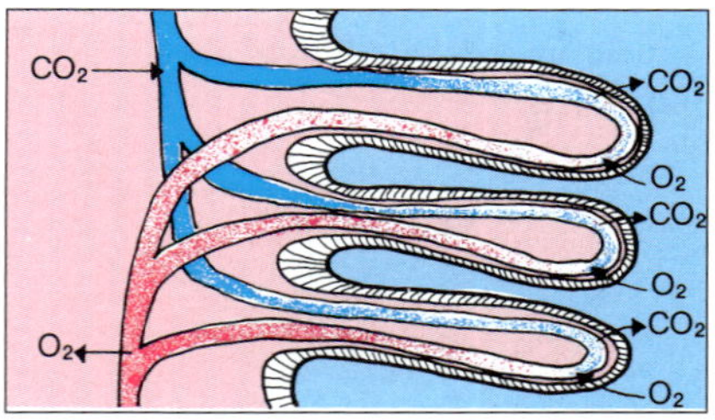

2.4 Atmungssystem

Aufgaben – Durch die Atmung wird dem Körper Sauerstoff zugeführt, während Kohlendioxid und Wasserdampf ausgeschieden werden. Der *Gasaustausch* in der Lunge wird als äußere, in den Zellen als innere Atmung bezeichnet. Die ausgeatmete Luft enthält etwa hundertmal mehr Kohlendioxid als die eingeatmete (die eingeatmete Luft enthält 0,03 % Kohlendioxid, die ausgeatmete 3,00 %).

Atmungsorgane und Atmung – Bevor die Luft in die Lungen gelangt, wird sie angewärmt und gereinigt. Dies geschieht auf dem Weg über die *Nase, Nasenhöhlen, Rachenhöhle, Kehlkopf, Luftröhre* und *Bronchien.*

Die *Atemschleimhaut* hat zum Teil Drüsen und Flimmerhärchen, die kleine Fremdkörper nach draußen befördern können. Im Nasenhöhlengrund befindet sich die *Riechschleimhaut.* Der Rachen wird durch das *Gaumensegel* in den Atmungsrachen und den Schlingrachen unterteilt.

Beim *Abschlucken* wird das Gaumensegel hochgestellt und dichtet den Atmungsrachen ab, der Kehlkopf wird durch einen Deckel geschlossen und verlagert. Die Atmung ist während des Abschluckens unterbrochen.

Im *Kehlkopf* werden Laute erzeugt. Bei Lähmung eines der beiden Stimmbänder kommt es zu pfeifenden Geräuschen (Kehlkopfpfeifen beim Pferd).

Die *Luftröhre* besteht aus einer großen Anzahl knorpeliger Ringe (40–60), die nicht geschlossen sind und sich nur unter Kraftaufwand zusammendrücken lassen. An ihr liegen die Speiseröhre (linksseitig), große Gefäße und Nerven, sowie die Schilddrüse und der Thymus an.

Die Luftröhre teilt sich in 2 *Hauptbronchien,* die sich weiter in immer kleinere Äste verzweigen und schließlich in den *Lungenbläschen* enden. Die Zahl der Lungenbläschen wird beim Menschen auf ca. 300 Mio. geschätzt, das entspricht einer Oberfläche von bis zu 200 m².

Die *Lunge* liegt zusammen mit dem Herz und der Speiseröhre in der Brusthöhle, die vom Brustfell, einer dünnen durchscheinenden Haut, ausgekleidet ist. Solch eine Haut umgibt auch die Lunge (Lungenfell).

Die Lunge besteht aus 2 *Lungenflügeln,* wobei der rechte größer ist als der linke (Verhältnis 4 : 3). Äußere Gestalt und Umfang der Lunge entsprechen der Form der Brusthöhle. Die Lungenflügel teilen sich in mehrere *Lappen,* die wieder aus kleinen *Läppchen* zusammengesetzt sind. Die kleinste Einheit sind die *Lungenbläschen* (Alveolen). Sie sind von feinsten Blutgefäßen umsponnen. Hier findet der Gasaustausch statt. Der Sauerstoff wird vom Blut aufgenommen und Kohlendioxid und Wasser werden abgegeben.

Die Lunge besitzt keine Muskulatur und kann daher nicht selbstständig atmen. Beim *Einatmen* wird der Brustkorb durch das Zusammenziehen des Zwerchfells und der an den Rippen sitzenden Atemmuskeln erweitert, die Lunge dehnt sich aus und füllt sich mit Luft. Das *Ausatmen* erfolgt weitgehend passiv über ein Erschlaffen des Zwerchfells und der Atemmuskeln. Der Brustkorb

verkleinert sich wieder und die Lunge zieht sich mit Hilfe ihrer elastischen Fasern zusammen, die Luft wird ausgeatmet.
Der *Brustkorb* bei Nutztieren soll lang, breit und hoch sein, damit eine große Lunge Platz hat, die eine entsprechend große Luftmenge aufnehmen kann. Damit lässt sich auch der erhöhte Sauerstoffbedarf bei vermehrten Stoffwechselleistungen, z. B. während der Laktation und der Arbeit, bei der Verdauung und bei Fieber sicherstellen.
Während der **Trächtigkeit** findet die Versorgung des Ungeborenen mit Sauerstoff und Nährstoffen sowie der Abtransport von Kohlendioxid und Abfallprodukten über den Mutterkuchen (Plazenta) statt. Durch das Abreißen des Nabelstranges während der Geburt, kommt es zu Sauerstoffmangel und zur Kohlendioxidanreicherung im Blut des Neugeborenen. Dadurch wird sein Atemzentrum gereizt. Innerhalb von 2–3 Minuten muss die Atemtätigkeit einsetzen, da sonst Schäden am Gehirn eintreten würden.
Beim **Eingeben von Arzneien** ist darauf zu achten, dass das Tier abschlucken kann (langsames Eingeben; Auslösen des Schluckreflexes durch Berühren von Schluckstellen im hinteren Bereich der Zunge, des weichen Gaumens und der Rachenschleimhaut), andernfalls gelangt die Arznei in die Lungen (schwere Lungenentzündung!).
Die **Steuerung der Atmung** erfolgt autonom (selbsttätig). Dabei werden Atemtiefe und Atemhäufigkeit, für die im Gehirn ein bestimmter Grundrhythmus (Sollwert) festgelegt ist, von den Bewegungen der Atemmuskulatur reguliert. Änderungen im Kohlendioxid-Gehalt des Blutes, die von Messfühlern festgestellt werden, oder äußere Reize, wie Angst, Stress oder Ruhe (Störgrößen), bewirken eine Beschleunigung oder Verlangsamung der Muskulatur.
Im Körper (Atemzentrum im Gehirn) werden Istwert und Sollwert miteinander verglichen. Die *Normalfunktion* stellt sich ein, wenn die beiden Werte übereinstimmen. Diese Art der Regulierung von Körperfunktionen erfolgt nach dem Regelkreis-Prinzip. Der eigentliche Gasaustausch erfolgt in den Alveolen der Lunge durch Diffusion von CO_2- und O_2-Molekühlen.
Innere Atmung – Dabei wird Sauerstoff von der Zelle aufgenommen und für »Verbrennungsvorgänge« zur Energiegewinnung genutzt. Kohlendioxid und Wasser werden von der Zelle abgegeben. Der vom Blut transportierte Sauerstoff diffundiert in die Zellen. Dort werden in den Mitochondiren die Verdauungsprodukte der Kohlenhydrate, Fette und gegebenenfalls auch des Eiweißes mithilfe des eingeatmeten Sauerstoffes weiter zerlegt und in ihre Grundbestandteile Wasser und Kohlendioxid zurückgeführt.
Dabei entstehen energiereiche ATP-Verbindungen (**A**denosin**tri**-**p**hosphat), die an ihrem Einsatzort (z. B. in den Muskelzellen) in ADP + P (**A**denosin**di**p**hosphat + Phosphor)-Verbindungen zerfallen und dabei ihre Energie, die in der Fotosynthese aufgenommen wurde, abgeben. Dabei entstehendes Kohlendioxid diffundiert in das Blut und wird über die Lunge ausgeatmet. Wasser wird, soweit es nicht als Wasserdampf mit der Atemluft entweicht, durch die Nieren ausgeschieden.

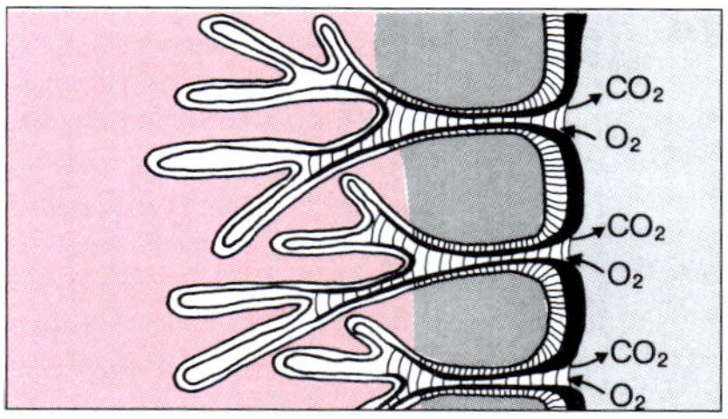

Abb. 1026 Tracheenatmung der Insekten (Schema).

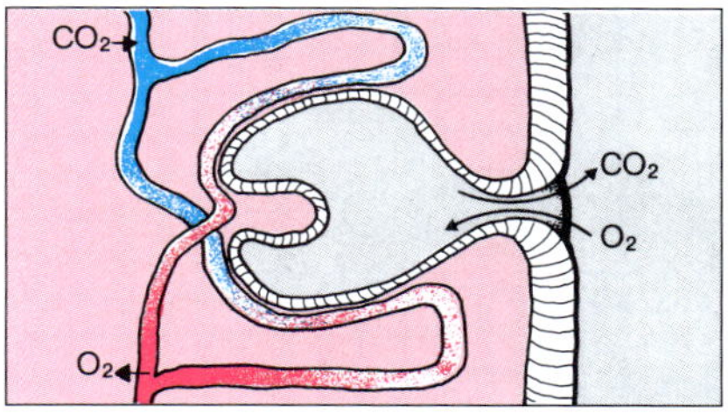

Abb. 1027 Lungenatmung mit Lungenbläschen als Schema.

Abb. 1028 Schema der Veränderungen im Rachen bei Atmung und Nahrungsaufnahme (**Beispiel** Rind).

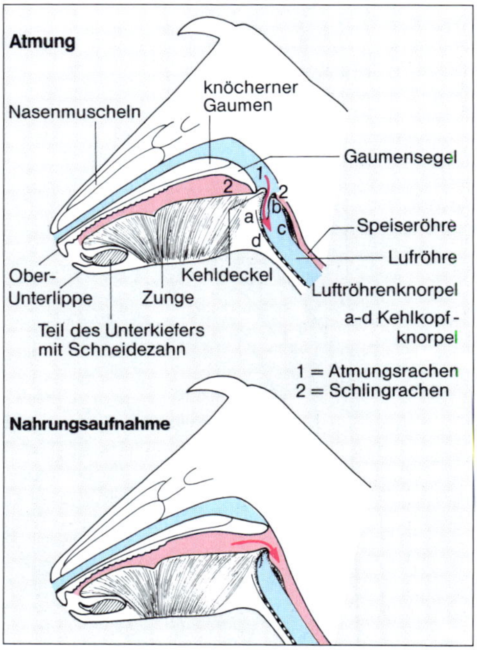

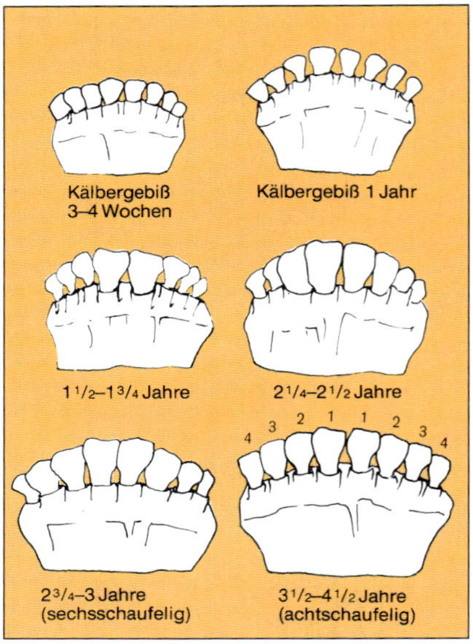

Abb. 1029 Rindergebiss und Bezeichnung der Zähne: 1 Zangen- oder Hauptzähne, 2 innere Mittelzähne, 3 Seitenzähne, 4 Eckzähne.

Abb. 1030 Längsschnitt durch den 1. Schneidezahn (Zange) der Pferdes im Unterkiefer: Altersbestimmung anhand der Abnutzung
a) Schmelzmantel (weiß)
b) Dentin (Zahnbein)
c) Zahnhöhle (enthält Arterie, Vene und Nerv)
d) Ersatzdentin in der Zahnhöhle
e) Schmelzbecher (Kunde)
f) Zement.

[1] (in Reibung)
[2] (bzw. 9 Jahre bei Zange im Oberkiefer bei 12 mm Kundentiefe).

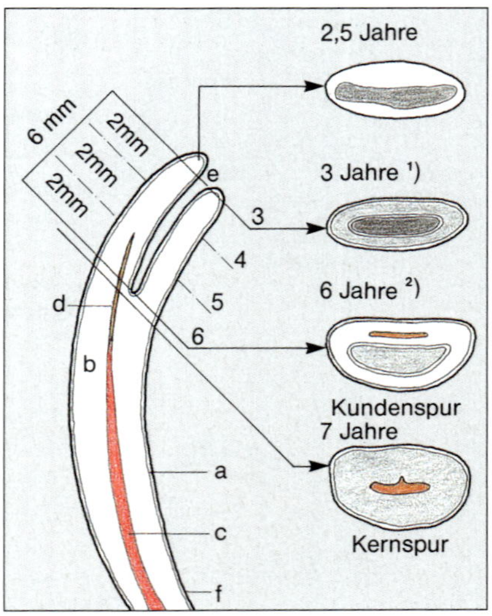

2.5 Verdauungssystem

2.5.1 Aufgaben und Gliederung

Aufgaben – Im Verdauungssystem werden aus der Nahrung alle *Aufbaustoffe* und die *Energie* entnommen, die der Tierkörper braucht. Im Einzelfall sind dies:

- ▶ Bei der *Aufnahme des Futters* durch
- ▶ *mechanische* und *chemische Zerlegung* der Nährstoffe in aufnehmbare Form,
- ▶ *Resorption der Nährstoff-Bausteine* in die Blut- und Lymphbahn zur Verwertung und Umsetzung in den Körperzellen,
- ▶ *Ausscheidung* unverdauter und nicht verwertbarer Futterbestandteile.

Gliederung – Die Organe des Verdauungssystems bilden einen *Kanal* durch den Tierkörper. Er beginnt mit dem *Maul* und endet mit dem *After*. Er lässt sich in die Abschnitte *Kopfdarm, Vorderdarm, Mitteldarm* und *Enddarm* gliedern.

2.5.2 Kopfdarm

Der **Kopfdarm** wird von der *Maulhöhle* und dem *Schlundkopf (Rachen)* gebildet.

Maulhöhle – Die Organe der Maulhöhle dienen der *Auswahl*, dem *Erfassen*, der mechanischen *Zerkleinerung* und dem *Einspeicheln* der Nahrung. Auswahl und Aufnahme der Nahrung werden über Geruchs-, Geschmacks-, Temperatur- und Schmerzreize gesteuert, deren Rezeptoren hauptsächlich in der Zunge und den Lippen liegen. In die Maulhöhle münden die *Speicheldrüsen*. Nicht nur die Berührung mit dem Futter, sondern auch schon dessen Anblick und die mit der Fütterung verbundenen Geräusche lösen einen starken Speichelfluss aus. Die *Speichelmenge* hängt von der Tierart, der Futterstruktur und dessen Trockenmassegehalt ab.
Speichel erhöht nicht nur die Gleitfähigkeit der Nahrung, sondern wirkt wegen seiner alkalischen Wirkung puffernd auf den Nahrungsbrei und enthält z. B. bei Schweinen Enzyme für den Abbau von Stärke, bei Kälbern eine Lipase für den Fettabbau.
Die **Zähne** sind für das mechanische Zerkleinern entscheidend. Sie sind größtenteils bereits bei der Geburt vorhanden und werden beim Heranwachsen mit großer zeitlicher Regelmäßigkeit gewechselt (Milchzähne). Daher dient das Gebiss auch der Altersbestimmung. Wiederkäuer besitzen im Oberkiefer statt Schneidezähnen nur eine Kauplatte.

Schlundkopf – Hier kreuzt die Luftröhre den Verdauungskanal. Kehldeckel und Gaumensegel verhindern durch Reflex, dass Nahrungsteile in die Luftröhre gelangen.

2.5.3 Vorderdarm

Speiseröhre – Sie ist ein häutiger, muskulöser Schlauch, liegt auf der linken Halsseite neben der Luftröhre, führt durch das Zwerchfell und mündet schließlich in den Magen. Ihre Muskelschichten befördern das Futter vom Maul in den Magen.

Bei **Hühnern** erweitert sich die Speiseröhre am Brusthöhleneingang zum *Kropf*. In ihm wird Futter gespeichert.
Magen – Der Magen ist ein Speicher für die aufgenommene Nahrung. In ihm beginnen auch die ersten Verdauungsvorgänge. Schweine und Pferde besitzen einen **einhöhligen Magen**. Die Drüsenzellen der Magenschleimhaut produzieren die *Enzyme Pepsin* (leitet den Eiweißabbau ein) und *Lipase* (leitet die Fettverdauung ein) sowie *Salzsäure, Schleim* und einen *Aufnahmefaktor* für Vitamin B_{12} (intrinsic-factor).
Die Salzsäure senkt den pH-Wert im Magen. Dadurch werden mit dem Futter aufgenommene Mikroorganismen (z. B. Bakterien) abgetötet und die Bildung des Pepsins aus Pepsinogen ermöglicht. Eine Schleimschicht schützt die Magenwand vor dem sauren Inhalt und vor Selbstverdauung.
Der Magen ist von einem *Schließmuskel* (Pförtner) zum Darm hin verschlossen. Er gestattet eine schubweise Entleerung des Inhalts in den Dünndarm.
Hühner haben einen Drüsenmagen und einen Muskelmagen, in dem das Futter mit Hilfe kleiner Steinchen (Grit) zerrieben wird.
Wiederkäuermagen – *Rinder, Schafe* und *Ziegen* gehören zu den Wiederkäuern. Sie besitzen einen *mehrhöhligen Magen*. Er besteht aus

- ▶ *Pansen*
- ▶ *Netzmagen* oder Haube } = Vormägen ohne Drüsen
- ▶ *Blättermagen* oder Psalter
- ▶ *Labmagen* = Drüsenmagen

Der **Pansen** ist der *größte* Vormagen. Sein Volumen fasst bei ausgewachsenen Rindern 180–200 l und füllt die ganze linke Bauchhöhle aus. Oberflächliche Einschnürungen und starke Wülste der Wandmuskeln im Innern gliedern den Pansen in einen oberen und unteren *Pansensack* sowie den *Pansenvorhof* (Schleudermagen).
Der **Netzmagen** liegt vor dem Pansen, direkt am Zwerchfell und nur 2–4 cm vom Herzen entfernt. Mit dem Futter aufgenommene Fremdkörper, die in der Netzhautwand stecken bleiben, können daher das Herz gefährden.
Am Grunde des mit einer netzförmigen Schleimhaut ausgestatteten Vormagens verläuft die offene, von wulstigen Längsrippen begrenzte **Schlundrinne**. Sie setzt die Speiseröhre fort und führt über den Blättermagen *direkt* in den Labmagen. Bei Jungtieren schließt sie sich während des Trinkens reflektorisch zu einem Rohr. Dieser *Schlundrinnen-Reflex* geht in der weiteren Entwicklung verloren.
Wiederkäuer kauen bei der Nahrungsaufnahme nur sehr oberflächlich. Sie schlucken das Futter schnell und in großen Bissen ab. Im Pansen wird es durch starke Kontraktion der Pansenwände innig vermischt. Dabei gelangt ein Teil des Panseninhalts in den benachbarten Netzmagen. Umgekehrt wirft der Netzmagen durch rhythmische Bewegungen das Futter wieder zurück in den Pansen. An der linken Hungergrube lässt sich die Pansentätigkeit mit der Hand fühlen.
Befindet sich das Tier in Ruhe, beginnt ca. 30–40 Minuten nach Beendigung der Futteraufnahme das **Wiederkäuen**. Dazu wird jeweils ein Bissen aus dem Netzmagen oder Pansen in die Spei-

Abb. 1031 Oberfläche des Pansens; deutlich ist einer der Wülste sichtbar.

Abb. 1032 Oberfläche des Netzmagens.

Abb. 1033 Der Blättermagen enthält mondsichelförmige, mit Warzen bedeckte Schleimhautblätter.

Abb. 1034 Ausschnitt aus der Drüsenschleimhaut des Labmagens.

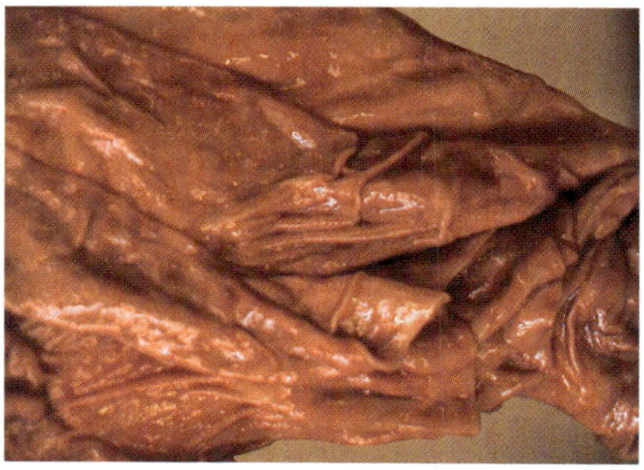

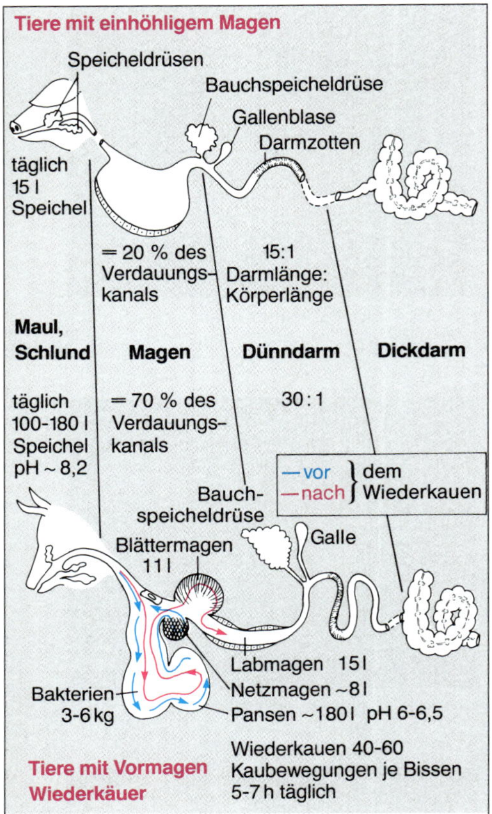

Bakterien zersetzen Rohfaser (Gärung)

täglich 3 l Essigsäure → Milch und Körperfett
1 l Propionsäure → Traubenzucker, Höhe der Milchleistung
3/4 l Buttersäure → Energiegewinnung
Ammoniak
Methangas
CO_2 → Abgabe über Rülpsen

Bei rohfaser- oder strukturarmem Futter → weniger Widerkauen → weniger Speichel → gerninge Neutralisation → Pansenübersäuerung (Acidose). Verhältnis von Essig: Propionsäure = 2:1 (pH<5,5) → Milchfettgehalt fällt ab. Futterverweigerung

Abb. 1035 Der Verdauungskanal ist unterschiedlich gestaltet (Schema).

Abb. 1036 Am Schnittmodell wird sichtbar, welch großen Raum die Vormägen im Rinderkörper einnehmen.

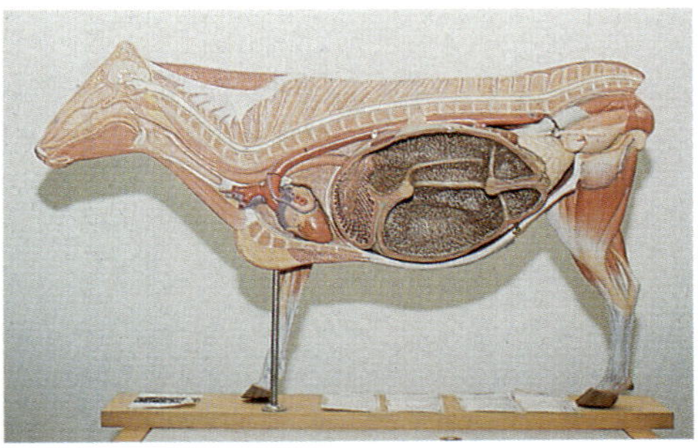

seröhre gesaugt und durch antiperistaltische (maulwärtsgerichtete) Wellenbewegungen der Speiseröhrenwand in die Maulhöhle befördert. Dort wird der Bissen mit 40–60 Bewegungen in der Minute gründlich gekaut und erneut abgeschluckt.

Ein hoher Anteil an Raufutter *fördert* die Wiederkau-Tätigkeit, ein hoher Anteil an Körnern und Mehlen *senkt* sie.

Nach dem Wiederkauen gelangt das Futter in den **Blättermagen**. Das ist ein kugelförmiger, innen mit sichelförmigen Schleimhautfalten versehener Vormagen. Die Falten (Blätter) verlangsamen den Durchtritt des Futterbreis. Dabei werden ihm Wasser und bereits verdaute Stoffe entzogen.

Vom Blättermagen driftet der Futterbrei in den **Labmagen**. Hier wird die Eiweißverdauung fortgesetzt (Pepsin). Bei Kälbern wird durch das Labferment Chymosin das Milcheiweiß ausgefällt.

Die **Vormägen** sind von Bakterien, Protozoen (z. B. Wimperntierchen) und Pilzen besiedelt, die sich am Ab- und Umbau der Futterinhaltsstoffe beteiligen. Die Bakterien sind für Wiederkäuer unentbehrlich. Die Gesamtmasse aller Bakterien beträgt mehrere Kilogramm. In den Labmagen gelangte Bakterien werden von der Salzsäure abgetötet und stehen dem Wirtstier als hochwertige Nährstoffquelle zur Verfügung. Innerhalb von 24 Stunden hat sich die gesamte Bakterienmasse einmal erneuert.

Die bei den Gärungsprozessen in den Vormägen entstehenden Gase (Kohlendioxid, Methan) werden durch Rülpsen (Ruktus) abgegeben.

Mithilfe der **Pansenbakterien** können Wiederkäuer

- Rohfaser abbauen; dabei entstehen auch kurzkettige Fettsäuren, vor allem Essig-, Propion- und Buttersäure, die einerseits eine Energiequelle darstellen, andererseits z. B. die Milchfettbildung beeinflussen;
- NPN (nicht proteinhaltige Stickstoffverbindungen) in hochwertiges Körpereiweiß umwandeln;
- ungesättigte Fettsäuren aus dem Futter zu gesättigten Fettsäuren umbauen;
- wasserlösliche B-Vitamine und das Vitamin C sowie das fettlösliche Vitamin K bilden.

Abbau und Umbau von Protein und NPN im Pansen: Ca. 70 % des Futterproteins werden im Pansen zu Peptiden und Aminosäuren abgebaut. Diese werden zum Aufbau von Bakterienprotein genutzt oder weiter zu Ammoniak und Carbonsäure abgebaut. NPN-Verbindungen (freie Aminosäuren, Nitrat, Harnsäure, Harnstoff) werden ebenfalls abgebaut, wobei hauptsächlich Ammoniak und Kohlendioxid entstehen.

Das **Ammoniak** wird von den Bakterien als Stickstoffquelle zur *Proteinsynthese* genutzt oder in der Leber zu Harnstoff umgebaut und größtenteils über die Nieren ausgeschieden. Bei eiweiß- und NPN-armer Fütterung und entsprechend niedriger Ammoniak-Konzentration im Pansen werden bis zu 90 % des **Harnstoffs** in den Pansen zurück geführt und stehen den Pansenbakterien wieder als Stickstoffquelle zur Verfügung.

Der **pH-Wert** der Vormagenflüssigkeit wird durch Puffersysteme im Pansen und vor allem im Speichel im Bereich von 5,5–7,0 gehalten. Damit genügend **Speichel** gebildet wird (60–160 l täglich),

muss genügend Material zum Wiederkauen da sein, d. h. der Rohfaseranteil in der Futtertrockensubstanz muss mindestens 18 % betragen.
Bei einer Überforderung der Puffersysteme durch überhöhte Eiweiß- und NPN-haltige Futterversorgung wird vermehrt Ammoniak gebildet, und der pH-Wert im Pansen steig an (Pansenalkalose).
Bei übermäßiger Fütterung von leicht verdaulichen Kohlenhydraten entstehen zu viele kurzkettige Fettsäuren und Lactat, so dass es zu einer Übersäuerung des Pansens (Pansenacidose) kommt.

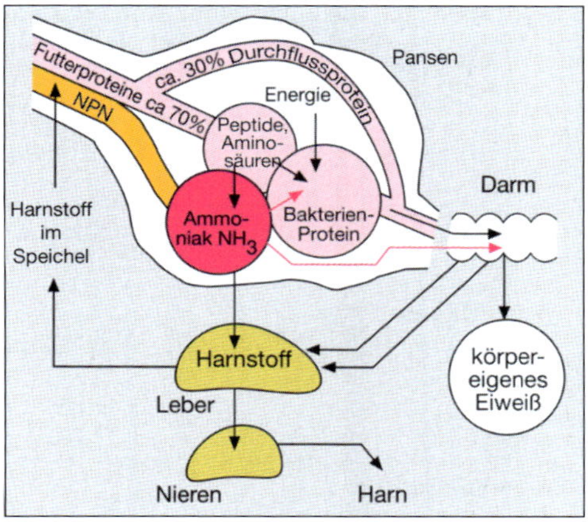

Abb. 1037 Abbau und Umbau von Rohprotein beim Wiederkäuer (Schema).

2.5.4 Mittel- und Enddarm

Die beiden Abschnitte Mittel- und Enddarm (= Dünndarm und Dickdarm) des Verdauungskanals werden in der Umgangssprache als »Darm« bezeichnet. Er zieht sich in vielfachen Schlingen vom *Magenausgang* (Pförtner) bis zum *After*. Seine Länge beträgt beim Pferd das 10fache, beim Schwein das 15fache, beim Rind das 30fache und beim Schaf das 40fache der Körperlänge.

Dünndarm – Hier findet der weitere *Abbau der Nährstoffe* sowie deren *Aufnahme (Resorption)* über die Lymphe bzw. das Blut statt. Er besteht aus einem häutigen, muskulösen Schlauch mit zahlreichen *Zotten*, die in seinen Innenraum ragen. Sie vergrößern so die Oberfläche beträchtlich und verbessern damit die Resorptionsmöglichkeit für die Nährstoffe in die Blut- bzw. Lymphgefäße.
In den vorderen Abschnitt, den **Zwölffingerdarm**, münden der *Gallen-* und *der Bauchspeicheldrüsengang*.
Die **Bauchspeicheldrüse (Pankreas)** produziert Enzyme für den Eiweiß-, Fett- und Stärkeabbau. Die Verdauungsenzyme der Dünndarmdrüsen setzen den Abbau fort.
Die **Leber** produziert den Gallensaft und ist das zentrale Stoffwechselorgan. Hier finden der Aufbau von körpereigenen Stoffen (Fette, Eiweiß und Kohlenhydrate) sowie Umbau- und Abbauvorgänge statt. Die Gallensäuren emulgieren das Fett, d. h. sie zerteilen es in feine Tröpfchen. Dies erleichtert den weiteren Fettabbau. Die Leber speichert Blut, Glykogen (Blutzucker), Vitamine und Spurenelemente (Eisen, Kupfer, Mangan und Zink). Sie entgiftet Abbauprodukte des Stoffwechsels (z. B. Ammoniak durch Umbau zu Harnstoff) und körperfremde Stoffe.

Dickdarm – Er ist größer als der Dünndarm, besitzt aber keine Darmzotten. In ihm erfolgt die Resorption von Elektrolyten (Na^+, Cl^-, K^+) und Wasser. Dadurch werden die Reste des Futterbreies eingedickt und schließlich ausgeschieden. Außerdem finden – ähnlich wie beim Wiederkäuer in den Vormägen – mikrobielle Stoffwechselvorgänge statt.
Beim **Pferd** sind der *Blinddarm* und der Anfangsteil des *Grimmdarms* zu großen Gärkammern ausgebildet. Beim Abbau von Rohfaser entstehen ebenfalls kurzkettige Fettsäuren, die von der Darmwand resorbiert werden. Sie decken beim Pferd ca. 30 %, beim Schwein ca. 15–30 % des Grund-Energiebedarfs. Die von den Bakterien gebildeten Proteine, B-Vitamine und Vitamin K

Abb. 1038 Querschnitt durch den Dünndarm (Schema).

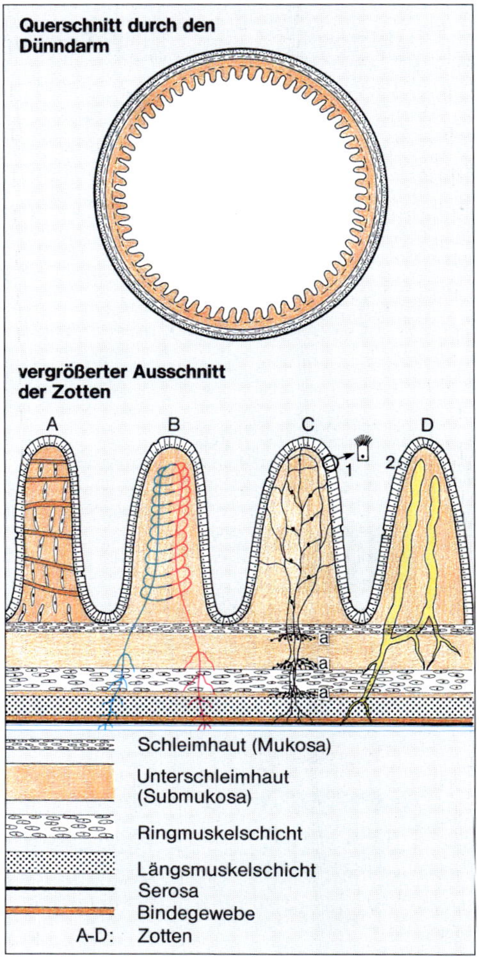

Tabelle 82: Die wichtigsten Abbauvorgänge der Verdauung von Kohlehydraten, Eiweiß und Fett

Organe des Verdauungskanals	Enzyme und andere wirksame Substanzen	Wirkung
Speicheldrüsen	α-Amylase Lipase (Kalb, Lamm)	Stärkeabbau zu Maltose Fettabbau
Pansen (Wiederkäuer)	Bakterienenzyme	Ab- und Umbau von Rohfaser, Stärke, Eiweiß, Fett
Magen (Labmagen)	Pepsin Salzsäure (HCl) Labferment (Kalb, Lamm) Lipase	Proteinabbau aktiviert Pepsin und tötet Bakterien durch Säuerung des Mageninhalts Milcheiweißgerinnung Fettabbau
Dünndarm Leber, Gallenblase Bauchspeicheldrüse Darmdrüsen	 Gallensäuren α-Amylase Lipase Trypsin, Chymotrypsin Karboxypeptidase Aminopeptidasen Dipeptidasen Maltase Lipase	 Emulgierung der Fette Stärke → Maltose Fettabbau Proteinabbau (Trypsin, Chymotrypsin, Karboxypeptidase, Aminopeptidasen, Dipeptidasen) Maltose → 2 × Glukose Fettabbau
Dickdarm	Bakterienenzyme	Abbau von Rohfaser

können nicht vom Körper genutzt werden, da keine nennenswerte Resorption mehr stattfindet.

Beim **Huhn** wird in den *paarigen Blinddärmen* ebenfalls mikrobiell Cellulose abgebaut. In das Endstück des Dickdarms, die Kloake, münden die Samenleiter bzw. der Eileiter und die Harnleiter. Eine Harnblase fehlt. Der Harn sammelt sich in der Kloake und wird zum Teil rückwärts transportiert zu den Blinddärmen. Der im Harn enthaltene Stickstoff (vor allem aus Harnsäure) wird mikrobiell zu Eiweiß umgebaut. Hühner können einen teil der gebildeten Aminosäuren im Dickdarm resorbieren.

Verdauung – Mit dem Begriff »Verdauung« werden alle Vorgänge zussammengefasst, bei denen das Futter und die enthaltenen Nährstoffe in kleinste Bausteine zerlegt werden, damit sie in die Lymph- bzw. Blutbahn aufgenommen (resorbiert) werden können. Im sog. Stoffwechsel baut der Organismus daraus körpereigene Stoffe auf oder nutzt sie als Energiequelle.

Der **Abbau des Futters** erfolgt durch

- *physikalisch-mechanische Zerkleinerung*, vor allem durch Kauen und Zerreiben mit Hilfe kleiner Steinchen im Muskelmagen (Hühner);
- *chemische Aufbereitung* durch die Verdauungsenzyme (z. B. Lipase → Fettabbau, Amylase → Stärkeabbau, Pepsin → Eiweißabbau) sowie durch verdauungsaktive Substanzen (Salzsäure, Gallensaft;
- *biologische Vorgänge* mithilfe von Bakterienenzymen.

Bei der Verdauung werden die Kohlenhydrate in Einfachzucker (Glucose) gespalten, die Fette in Monoglyceride und Fettsäuren zerlegt und die Riesenmoleküle des Futterproteins schrittweise zu Aminosäuren abgebaut.

Abb. 1039 Schema zu Verdauung und Stoffwechsel der Futterinhaltsstoffe.

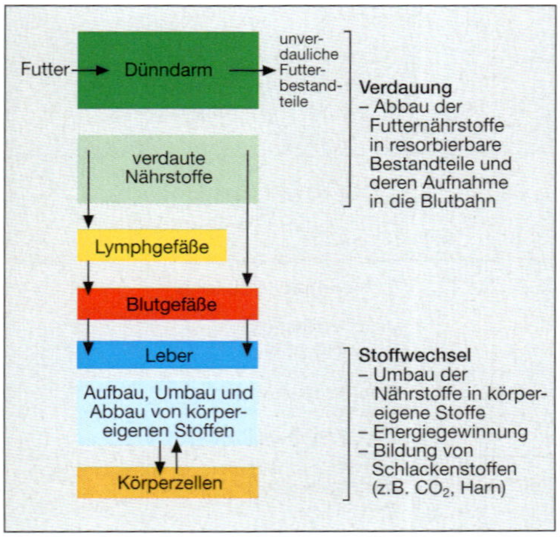

2.6 Steuerungssysteme im Tierkörper

Nervensystem – Das Nervensystem ist über den ganzen Organismus ausgebreitet. Es *überwacht* und *steuert* die Tätigkeit aller Organe. Über *Sinnesorgane* und *Rezeptoren* empfängt es Reize und leitet sie weiter.
Das Nervensystem besteht aus Zellen mit sehr langen Fortsätzen. Es wird eingeteilt in

- **Zentralnervensystem:** Es steuert und koordiniert die Funktion der Organe und besteht aus *Gehirn* und *Rückenmark*. Im Gehirn werden die eingehenden Reizinformationen verarbeitet und Reaktionen veranlasst. Das Rückenmark hat Leitungsfunkton zum und vom Gehirn.
- **Vegetatives Nervensystem:** Es steuert den Stoffwechsel und die Funktion der inneren Organe und ist vom Willen weitgehend unabhängig.
- **Peripheres Nervensystem:** Es leitet Reize, die auf den äußeren Körperbereich (Peripherie) einwirken an das Zentralnervensystem (sensible Nerven) und übermittelt dessen Antwort an die Muskulatur (motorische Nerven).

Ein **Reflex** ist die nicht dem Willen unterworfene Beantwortung eines bestimmten Reizes. Der Reiz wird von einem Rezeptor aufgenommen, an das Rückenmark geleitet, dort umgeschaltet und weiter zum Effektor des Muskels geleitet. Diesen Weg nennt man *Reflexbogen*.
Einige wichtige Reflexe sind *Lid-*, *Saug-* und *Schluckreflex*.
Sinnesorgane – Sie bestehen aus spezialisierten **Sinneszellen,** die den Reiz aufnehmen und den zugehörigen **Leitungsbahnen** zum Gehirn. Die am kompliziertesten aufgebauten **Sinnesorgane** sind das *Auge* (Gesichtssinn) und das *Ohr* (Hör- und Gleichgewichtssinn). Die *Riechzellen* befinden sich in der Nasenhöhle, die *Geschmacksknospen* überwiegend auf der Zunge. Die Rezeptoren für den *Schmerz-*, *Tast-* und *Temperatursinn* sind über den ganzen Körper verteilt.
Endokrines System – Es besteht aus *Drüsen*, die ihre Sekrete in den Blutkreislauf abgeben. Hormone sind chemische Botenstoffe, die alle lebenswichtigen Vorgänge im Körper steuern und aufeinander abstimmen. Nervensystem und endokrine Drüsen bilden gemeinsam das Steuerungssystem des Tierkörpers.

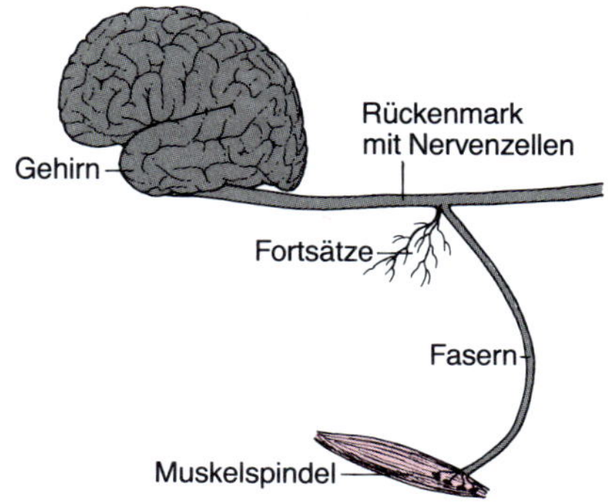

Abb. 1040 Nervensystem (Schema).

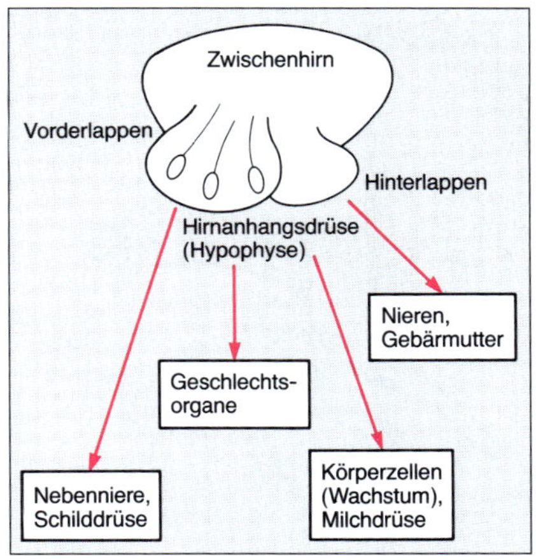

Abb. 1041 Die Hirnanhangdrüse ist mit dem Zwischenhirn ein wichtiger Dirigent im Hormonsystem.

2.7 Harn- und Geschlechtsorgane

Harnorgane – Sie bestehen aus den Organen der *Harnbereitung* (Nieren) und denen der *Harnleitung* (Harnleiter, Harnblase, Harnröhre). Ihre Aufgabe ist die *Ausscheidung* von Stoffwechselabfällen (z. B. Harnstoff) und giftigen Stoffen aus dem Blut sowie die *Regelung* des Wasser- und Salzhaushalts.
Die paarig angelegten und bohnenförmigen **Nieren** sind bei Schweinen und Pferden an der Oberfläche glatt, bei Rindern *gefurcht*.

Abb. 1042 Täglich ausgeschiedene Harnmenge bei einigen Nutzieren.

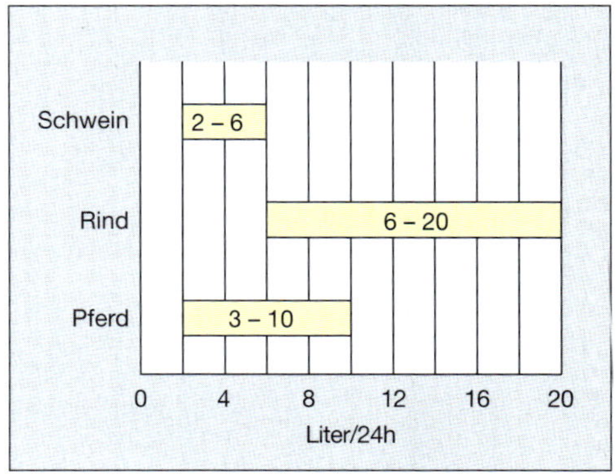

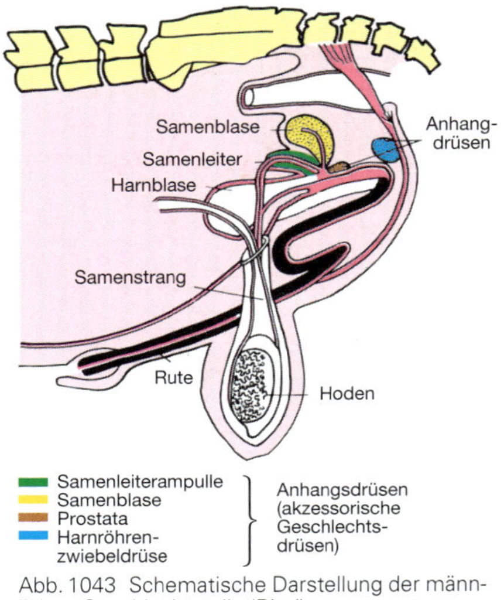

Abb. 1043 Schematische Darstellung der männlichen Geschlechtsteile (Rind).

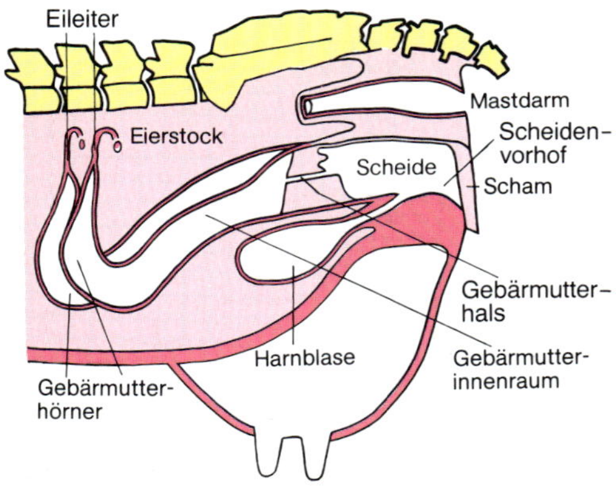

Abb. 1044 Schematische Darstellung der weiblichen Geschlechtsteile (Rind).

Abb. 1045 »Generationswechsel« zwischen Follikel und Gelbkörper im Eierstock des Rindes.

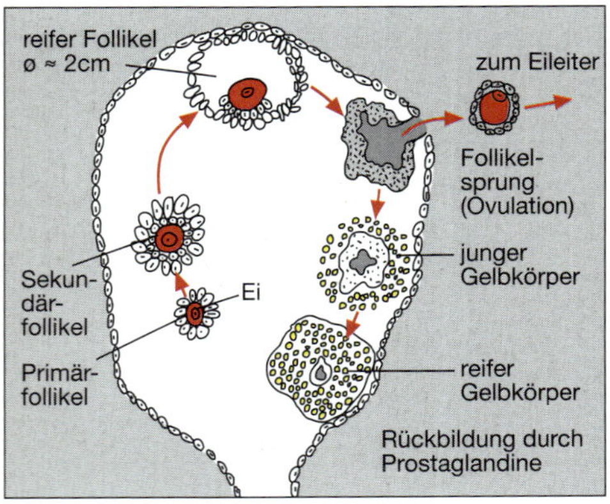

Geschlechtsorgane – Sie dienen der Fortpflanzung. Ihr Bau und ihre Funktion sind bei männlichen und weiblichen Tieren verschieden.

Männliche Geschlechtsorgane – Dazu zählen:

- **Hoden** und **Nebenhoden:** Sie sind paarig angelegt und befinden sich im Hodensack zwischen den Hinterschenkeln. In den Hoden werden die *Samenzellen* und *Sexualhormone* gebildet. Die Hormone steuern die Ausbildung der männlichen *Geschlechtsmerkmale* und das *Verhalten*. Im Nebenhoden erlangen die Samen (Spermien) ihre *Befruchtungsfähigkeit* und werden dort *gespeichert*.
  Bei der Entfernung der Hoden (Kastration) gehen Geschlechtstrieb und Befruchtungsfähigkeit verloren. Die Tiere werden ruhiger. Im Fleisch von Ebern verschwindet der typische harnartige Geschmack und Geruch.
- **Samenleiter** und **Harnröhre:** Sie dienen dem *Transport* der Spermien von den Nebenhoden bis zur Harnröhrenmündung.
- **Anhangsdrüsen:** Das sind die *Samenleiterampulle* (fehlt beim Schwein), *Samenblasen-, Vorsteher-* (Prostata-) und *Harnröhrenzwiebeldrüse*. Ihre Sekrete liefern die Samenflüssigkeit, fördern die Beweglichkeit der Spermien und dienen als Puffer für die Spermien gegen das saure Scheidenmilieu.
- **Rute** (Penis): Das Begattungsorgan, die Rute, enthält mehrere *Schwellkörper*, deren Füllung mit Blut den Penis versteift. Die Ausstoßung des Samens (Ejakulation) bewirken glatte Muskeln des Nebenhodens, des Samenleiters und des Harnröhrenzwiebelmuskels. Das Volumen der Samenflüssigkeit und die Samendichte sind tierartabhängig. Die Lebensdauer der Spermien in den weiblichen Geschlechtsorganen beträgt 24–48 Stunden, beim Huhn ca. 3 Wochen.

Weibliche Geschlechtsorgane – Sie bestehen aus

- **Eierstöcken:** Diese paarig angeordneten, kugeligen bis ovalen Gebilde liegen beiderseits der Wirbelsäule im Lendenbereich. Bei der Kuh sind sie etwa so groß wie eine Walnuss, bei der Stute hühnereigroß.
  In den Eierstöcken sind bereits bei der Geburt eine große Zahl von *Eizellen* angelegt, beim Rind ca. 100 000. Nur wenige von ihnen reifen unter dem Einfluss von *Hormonen* aus der Hypophyse in periodischen Abständen (ovarieller Zyklus) in je einem *Eibläschen* (Follikel) heran.
  Der reife Follikel bildet *Östrogene*, die das Wachstum der Gebärmutterschleimhaut anregen und die äußeren Brunsterscheinungen hervorrufen. Beim Platzen des Follikels wird das befruchtungsfähige Ei freigegeben, und der Follikel bildet sich um zum *Gelbkörper*. Dieser bildet *Progesteron*, ein Hormon, das für die Erhaltung der Trächtigkeit wichtig ist.
- **Eileiter:** Sie münden offen und trichterförmig in die Bauchhöhle in der Nähe der Eierstöcke. Die Trichter nehmen das Ei nach dem Platzen des Follikels auf und befördern es in die Gebärmutter. Im Eileiter findet die *Befruchtung* statt.
- **Gebärmutter:** Sie ist das Organ, in dem sich der Embryo entwickelt. Sie besteht aus dem Gebärmutterkörper und zwei Hörnern, in die die Eileiter münden.

▶ **Begattungsorgane:** Zu ihnen zählen die *Scheide*, der *Scheidenvorhof* und die *Scham*. Scheide und *Gebärmutter* sind über den *Gebärmutterhals* verbunden. Er öffnet sich nur während der Brunst und der Geburt.

Tabelle 83: Daten zur Funktion der Geschlechtsorgane weiblicher Nutztiere

Merkmal	Rind	Schaf	Schwein	Pferd
Zykluslänge in Tagen	21	17	21	21
Brunstdauer	15–24 h	1,5 Tage	2–3 Tage	5–7 Tage
Trächtigkeitsdauer	9 Monate	5 Monate	3 Monate + 3 Wochen + 3 Tage (114 Tage)	11 Monate
Wiederkehr der Brunst nach der Geburt	2 Wochen	Brunstzeitraum: ca. Sept.–Febr. (rasseabhängig)	4–7 Tage nach dem Absetzen	7–9 Tage

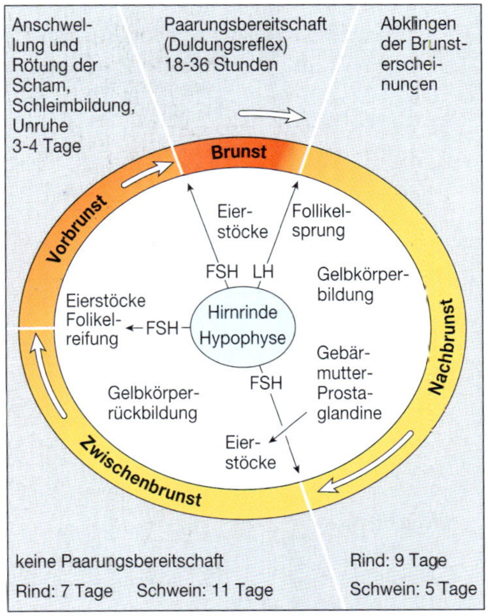

Abb. 1046 Schema des Brunstzyklus weiblicher Tiere.

2.8 Milchdrüse

Aufbau der Milchdrüse – Die **Milchdrüse** gibt es *nur* bei Säugetieren. Sie ist von äußerer Haut umgeben und gehört zu den *Hautdrüsen*. Die vom *Drüsengewebe* gebildete Milch wird über kleine Kanälchen, die *Milchgänge*, zur *Milchzisterne* geleitet. Dieser Sammelraum ist hauptsächlich bei Wiederkäuern und Pferden ausgebildet.

Es schließt sich die nach außen sichtbare *Zitze* an. An ihrem freien Ende verjüngt sie sich zu einem kurzen engen *Strichkanal*, der durch einen runden Schließmuskel verschlossen wird. Beim Wiederkäuer hat jede Zitze 1 Strichkanal, beim Pferd 2, beim Schwein 2–3.

Die Anordnung der Milchdrüsen bei den Haussäugetieren ist tierartlich verschieden. Schafe, Ziegen und Pferde haben in symmetrischer Anordnung je 1 Milchdrüsenkomplex, Rinder 2, und Schweine 6–7.

Funktion – Im Verlauf der ersten Trächtigkeit erfolgt unter dem Einfluss von *Östrogenen*, *Progesteron* und verschiedener anderer *Stoffwechselhormone* die volle Ausreifung der Milchdrüse.

Gegen Ende der Trächtigkeit setzt die **Milchbildung** ein. Wichtigstes Hormon hierbei ist das *Prolaktin*. Die **Milchabgabe** wird durch das Hormon *Oxytocin* bewirkt. Durch äußere Reize, die zum Gehirn geleitet werden (Saugen, Blöken des Kalbes, Klappern der Milchkannen, Massage des Euters) erfolgt eine Ausschüttung von *Oxytocin*. Dies bewirkt ein Zusammenziehen (Kontraktion) der glatten Muskelzellen, die die Milchgänge umgeben. Der Druck in der Milchzisterne steigt an, und gleichzeitig erschlafft der Zitzenverschluss.

Abb. 1047 Schematischer Aufbau eines Euterviertels beim Rind.

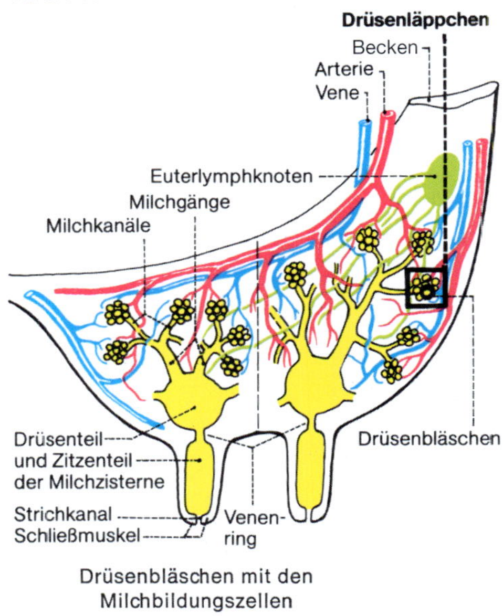

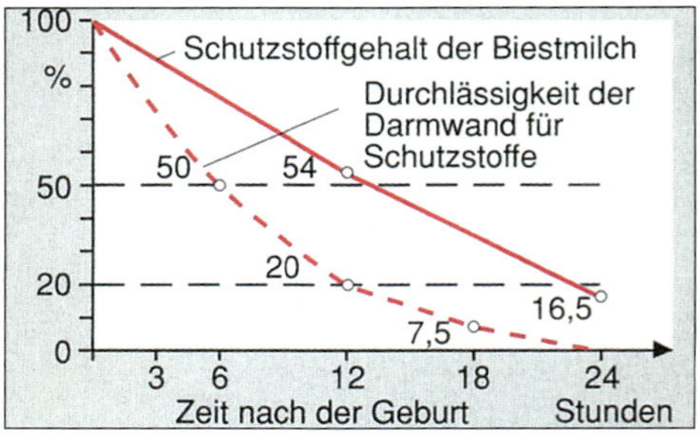

Abb. 1048 Nur eine frühzeitige Gabe von Biestmilch schützt das Kalb vor Infektionen.

Durch den Saugakt der Jungtieres entsteht ein Unterdruck, die Milch fließt. Während des Abschluckens kommt es vorübergehend zu einem positiven Druck, der Milchfluss wird gebremst. Diesen Druckwechsel übernimmt bei der Melkmaschine der Pulsator.

Die in den ersten Tagen nach der Geburt gebildete Milch heißt *Kolostralmilch*. Sie ist gelblich, dickflüssig und hat einen erhöhten Gehalt an Eiweiß, Fettzellen und Vitaminen. Außerdem besitzt sie verdauungsfördernde Stoffe (Enzyme). Von großer Bedeutung sind die *Immunglobuline*. Das sind Eiweißstoffe, die alle im Blut der Mutter vorhandenen Abwehrstoffe (Antikörper) gegen bestimmte Krankheitserreger enthalten.

Bis 24 Stunden nach der Geburt ist die Darmwand der Neugeborenen für diese Immunglobuline durchlässig und gibt sie direkt an das Blut ab. Es ist daher äußerst wichtig, dass die Kolostralmilch so früh wie möglich aufgenommen wird.

Aufgaben:

1. Welche Unterschiede bestehen zwischen pflanzlichen und tierischen Zellen?
2. Beschreiben Sie die Aufgaben der Haut.
3. Üben Sie die Bestimmung und Benennung der Körperteile an lebenden Tieren.
4. Benennen Sie die Knochen und Gelenke der Hinter- und Vordergliedmaßen.
5. Beschreiben Sie den Weg des Futters durch den Wiederkäuermagen.
6. Nennen Sie Verdauungsorgane beim Rind und beim Schwein und geben Sie jeweils deren Funktion an.
7. Welche Folgen hat die Kastration männlicher Tiere?
8. Welche Steuerungsmechanismen hat der Tierkörper?
9. Was versteht man unter dem ovariellen Zyklus?
10. In welche Bausteine werden Proteine und Fette zerlegt, damit sie vom Körper resorbiert werden können?
11. Beschreiben Sie die Verdauungsvorgänge im Verdauungssystem eines einmagigen Tieres.
12. Welche Unterschiede bestehen zwischen der Verdauung bei Wiederkäuern und der Verdauung beim Schwein?
13. Weshalb ist die Cellulose-Verdauung bei Pferden geringer als bei Wiederkäuern?

3 Artgemäße Ernährung der Nutztiere

3.1 Anforderungen an das Futter

3.1.1 Grundsätzliches

Das Futter muss dem Tier alle Stoffe liefern, die es für den Aufbau seines Körpers braucht, sowie genügend *Energie* für dessen Erhalt und Leistung enthalten.
Eine verantwortungsvolle Tierernährung soll
- **tiergemäß** sein: Das Futter soll hinsichtlich seiner *Art* der natürlichen Futterwahl des Tieres entsprechen und hinsichtlich der *Zusammensetzung* den Bedarf des Tieres decken.
- **ökologisch verträglich** sein: Eine Überversorgung steigert die Menge der *Nährstoffrückstände* in Kot und Harn. Futtermittel, die zu ihrer Gewinnung einen hohen *Energieaufwand* benötigen, sind ökologisch nicht sinnvoll.
- **wirtschaftlich** sein: Bei sonst gleicher Qualität muss dem *preisgünstigeren* Futtermittel der Vorzug gegeben werden. Diese Forderungen verlangen gründliche Kenntnisse über *Zusammensetzung* und *Futterwert* der Futtermittel sowie über den *Bedarf* der Tiere.

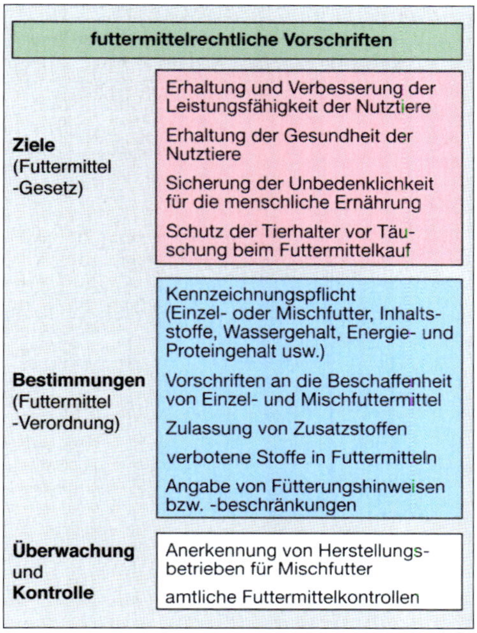

Abb. 1049 Übersicht zu den futtermittelrechtlichen Vorschriften.

3.1.2 Futtermittelrecht

Ziel – Die große Bedeutung, die zugekaufte Futtermittel heute besitzen, machen rechtliche Regelungen für die Herstellung und den Verkehr (Handel) von Futtermitteln nötig.
Im Einzelnen geht es darum, die
- *Leistungsfähigkeit* und *Gesundheit* der *Nutztiere* nachhaltig zu gewährleisten,
- Unbedenklichkeit für die *Gesundheit* der *Menschen* zu sichern,
- Tierhalter beim Kauf von Futtermitteln vor *Täuschung* zu bewahren.

Futtermittel-Gesetz, Futtermittel-Verordnung – Sie sind die rechtlichen Grundlagen. Ihre wichtigsten Bestimmungen betreffen die *Herstellung* von Futtermitteln, das »*In-den-Verkehr-bringen*«, d. h. wie sie angeboten werden müssen, ihre *Kennzeichnung* (Angabe des Herstellers, der Inhaltsstoffe, Rohstoffe, Zusatzstoffe, Zusammensetzung, Gewicht und Anwendungsempfehlung), das Verbot bestimmter *Zusatzstoffe*, die Festsetzung von *Höchstgehalten* für unerwünschte Stoffe, die *Anerkennungspflicht* für Mischfutterbetriebe und die *Kontrolle* der Hersteller.
Jährlich werden im Amtsblatt der Europäischen Union die Empfehlungen zur Überwachung von Kriterien bezüglich eines koordinierten Kontrollprogrammes veröffentlicht. Inhalte sind u. a. Vorgaben für »Beschränkungen für die Erzeugung und Verwendung von Erzeugnissen tierischen Ursprungs« und für den »Nachweis von widerrechtlich eingesetzten Antibiotika«.

Abb. 1050 Unerwünschte Stoffe im Futter.

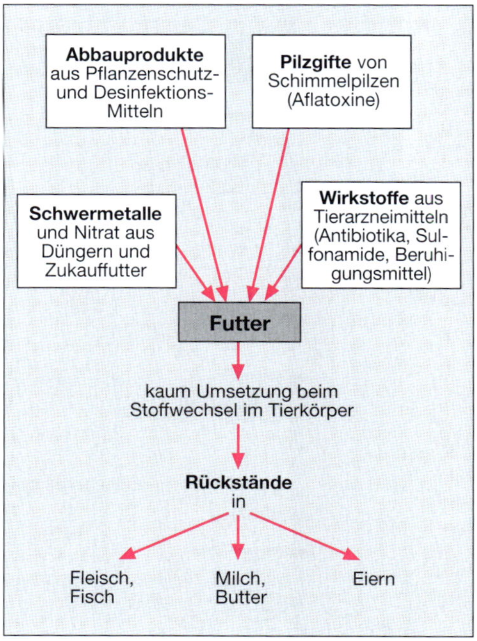

3.2 Zusammensetzung der Futtermittel

3.2.1 Futtermitteluntersuchung

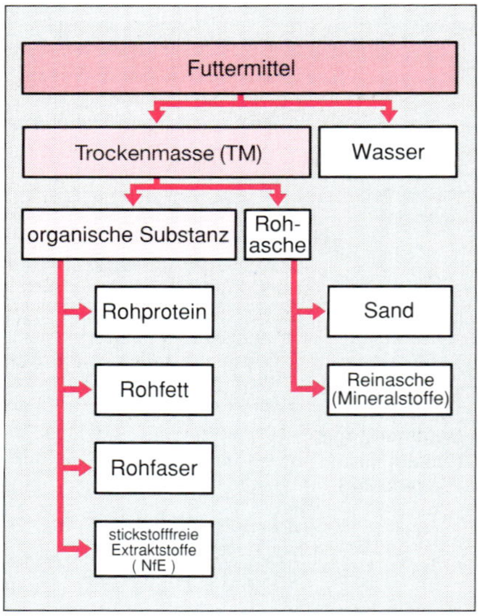

Abb. 1051 Schema der Weender-Analyse.

Die Grundzusammensetzung eines Futtermittels wird mit der *Weender-Analyse* bestimmt. Weende ist ein Ort nahe Göttingen, wo bereits 1864 diese Methode entwickelt wurde. Das Schema des Ergebnisses zeigt Abb. 1051. Nach vierstündiger Trocknung bei 103 °C erhält man die **Trockenmasse** einer Futterprobe. Sie wird verbrannt; übrig bleibt die **Rohasche**. Die **organische Masse** errechnet sich aus der Differenz von Trockenmasse und Rohasche.

Der Stickstoffgehalt der Probe wird bestimmt und mit 6,25 multipliziert (Eiweiß enthält 16% N). So erhält man den Gehalt an **Rohprotein**. Das **Rohfett** löst sich in Ätherextrakt. Als nächstes werden Säuren und Laugen zugesetzt. Der **Rohfaser**anteil löst sich nicht darin. Die **N-freien Extraktstoffe** (lösliche Kohlenhydrate) werden rechnerisch ermittelt (NfE = organische Masse – Rohprotein – Rohfett – Rohfaser).

Die Analyse muss zur Auffächerung der einzelnen Stoffgruppen noch erweitert werden, z. B. um die Aminosäuren eines Proteins zu bestimmen oder um den tatsächlichen Anteil der pflanzlichen Gerüstsubstanzen zu erfassen, da einige lösliche Anteile wie Pentosane, Glucane und Pectin bei den N-freien Extraktstoffen (NfE) erscheinen und so zu einer Fehleinschätzung der Nährstoffverwertbarkeit führen würden.

Heute führen die **L**andwirtschaftlichen **U**ntersuchungs- und **F**orschungs**a**nstalten (LUFA) Futtermittelanalysen durch. Für das Ergebnis ist es wichtig, dass die Futtermittelprobe eine *typische* Mischung des Futters (0,5 – 1 kg bei Trockenfutter, 1 – 2 kg bei Feuchtfutter) darstellt.

Abb. 1052 Feststellung des Trockenmasse-Gehaltes eines Futtermittels.

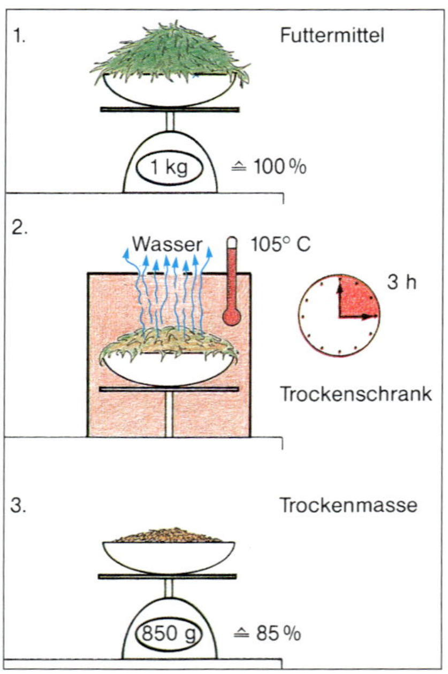

3.2.2 Wasser und Trockenmasse

Aufgaben des Wassers – Der Tierkörper besteht zum großen Teil aus Wasser. Alle Stoffwechselvorgänge setzen das Vorhandensein von Wasser voraus.

Wasserbedarf – Er hängt vor allem von der *Leistung*, der *Umgebungstemperatur* und der *Luftfeuchtigkeit* ab. Für eine Milchkuh beträgt er täglich 50 – 100 l, für ein Mastrind 20 – 60 l, für ein Kalb 5 – 15 l, für eine Zuchtsau 12 – 25 l, für ein Mastschwein 6 – 10 l, für ein Schaf 1,5 – 4 l, für ein Pferd 30 – 50 l und für ein Huhn 1/4 – 1/3 l Wasser. Der Bedarf wird sowohl über den Wassergehalt der Futtermittel als auch über direkte Aufnahme gedeckt.

Mehr als die absoluten Zahlen des Wasserbedarfs sagen deshalb die Bedarfswerte aus, die sich auf die *Trockenmasse-Aufnahme* beziehen. Hier rechnet man bei Rindern und Pferden 4 – 5 l, bei Schweinen, Schafen und Hühnern 2 – 3 l Wasser je kg aufgenommene Futtertrockenmasse.

! Die ausreichende Versorgung mit Trinkwasser ist eine wesentliche Voraussetzung für eine tiergemäße Ernährung.

Trockensubstanz (TS) – Futtermittel haben einen unterschiedlichen Wassergehalt. Um sie miteinander vergleichen zu können, bezieht man sich auf ihren Trockensubstanzgehalt, der durch Trocknung der Futterprobe ermittelt wird und wie folgt angegeben wird:

- **Trockenmasse (TM)** angegeben in g je kg Frischmasse.
- **Trockensubstanz (TS)** angegeben in % der Frischmasse.

Aufnehmbare Futtermenge – Sie ist abhängig vom Tier (Fassungsvermögen des Verdauungsapparates, Gewicht, Rasse, Geschlecht), von den Haltungsbedingungen (Temperatur, Belegdichte, Beleuchtung, Art der Futtergabe) und vom Futter selbst (Energiekonzentration, Verdaulichkeit, Zusammensetzung der Ration, Rohfasergehalt, Form, Geruch, Geschmack, Toxine).
Die Futtermenge, die ein Tier aufnehmen soll, wird durch die Leistung bestimmt. So schätzt man z. B. die tägliche Trockenmasseaufnahme (IDM) einer 600 kg schweren Kuh, die sich in der Mitte der Laktation befindet und eine Ration mit mittlerer Energiekonzentration erhält, nach der Formel

$$IDM = 7{,}5 + (0{,}4 \times \text{kg Milch}).$$

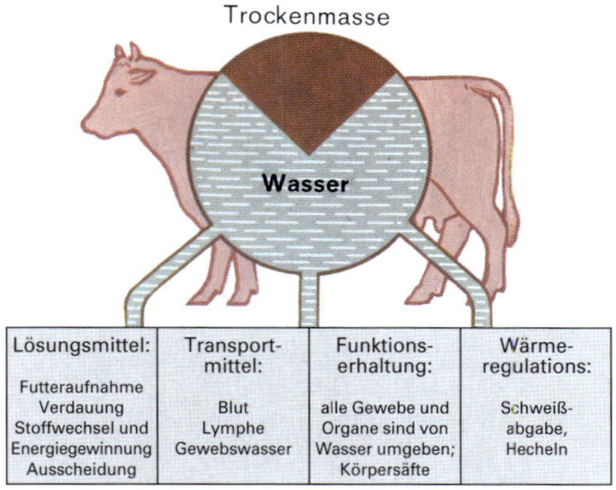

Abb. 1053 Das Wasser und seine Aufgaben im Tierkörper.

3.2.3 Organische Masse

Der *brennbare* Teil der Trockenmasse wird als **organische Masse** bezeichnet und enthält chemisch gesehen die Stoffe, die im Tierkörper vorwiegend als *Baustoffe* und *Energieträger* dienen. Sie werden in der Fachsprache meist »Nährstoffe« genannt.
Die Organische Masse besteht aus

- **N-haltigen Verbindungen:** In der Weender-Analyse auch *Rohprotein* genannt (Eiweiß und nicht eiweißartige Verbindungen).
- **Kohlenhydraten:** In der Weender-Analyse als *N-freie Extraktstoffe* (alle Zuckerarten, Stärke, Pektine) und *Rohfaser* (Cellulose, Lignin) ausgewiesen,
- **Fetten und Lipoiden:** In der Weender-Analyse unter dem Begriff *Rohfett* erfasst.

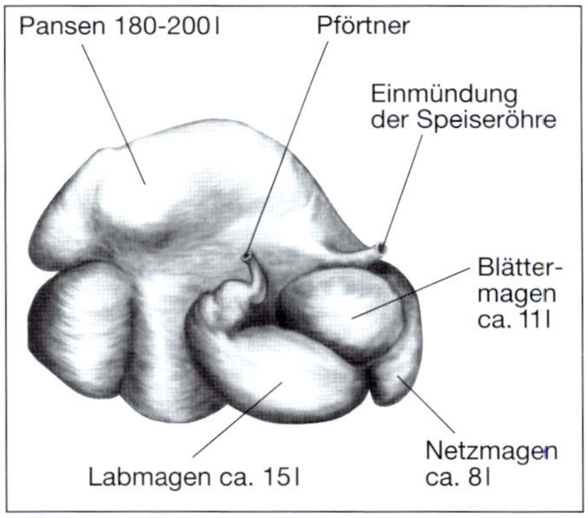

Abb. 1054 Das mögliche Magenvolumen beschränkt die Menge des aufnehmbaren Futters (Beispiel Wiederkäuer, Inhalte beim ausgewachsenen Rind).

Stickstoffhaltige Verbindungen (Rohprotein) im Futter – Bedeutung und Bestimmung: Ein sehr wichtiger Bestandteil des Tierkörpers ist *Stickstoff* (N). Er ist für die Bildung von Körperzellen, also für das Wachstum und damit für die Bildung von Muskeln, Blut, Haut, Milch, Haaren usw. nötig.
N kommt im Futter in dessen eiweißartigen (Proteine und Proteide) und nicht eiweißartigen Stoffen vor (z. B. Amide, Harnstoff).
Proteine bestehen aus über einhundert Aminosäuren, die über Peptidbindungen miteinander verknüpft sind.
Proteide sind zusammengesetzte Proteine mit einem Anteil von Nichteiweißstoffen.
Man unterscheidet ca. 20 verschiedene Aminosäuren. Ihre Anordnung in der Peptidkette wird als *Aminosäure-Muster* bezeichnet.
Die für den Aufbau von Körpereiweiß wichtigen Aminosäuren kann das Tier entweder selbst herstellen oder sie müssen mit der Nahrung zugeführt werden (essenzielle Aminosäuren). Wenn

Abb. 1055 Die Zusammensetzung des Rohproteins.

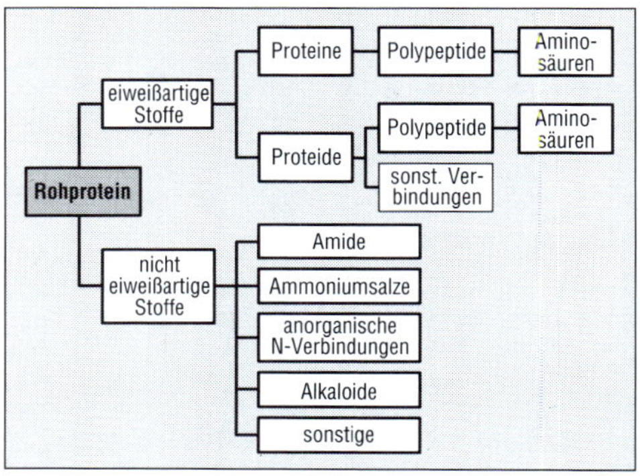

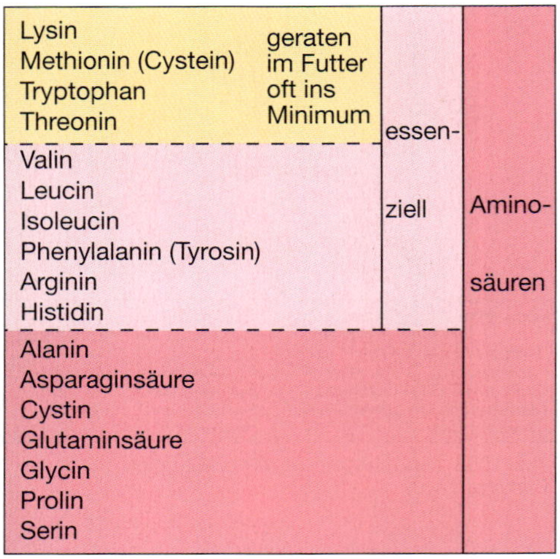

Abb. 1056 Namen und Einteilung wichtiger Aminosäuren.

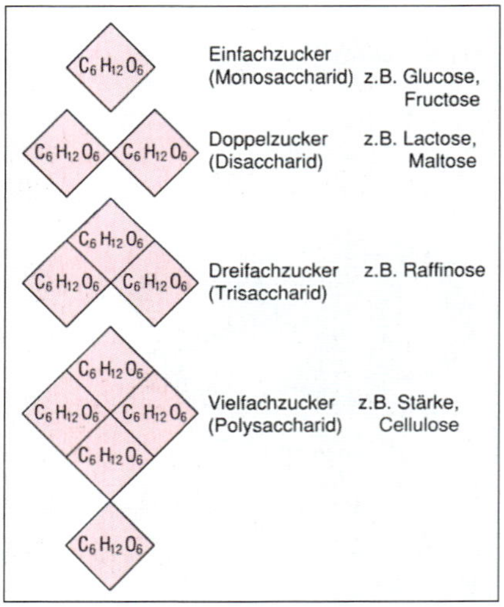

Abb. 1057 Einteilung der Kohlenhydrate.

Abb. 1058 Zusammensetzung der Rohfaser.

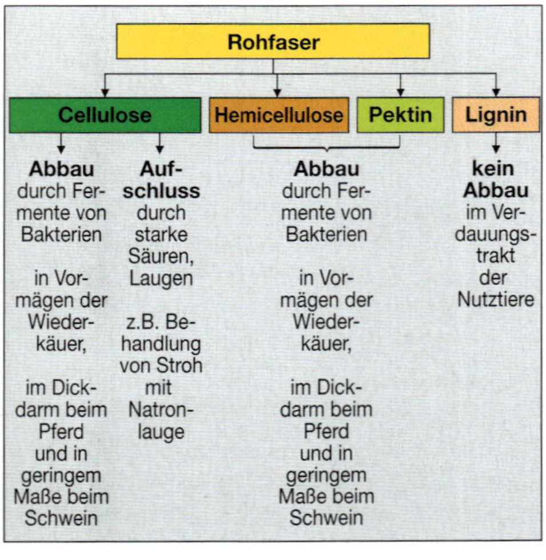

eine *essenzielle Aminosäure* fehlt, kommt die Proteinbildung ins Stocken; sie wird begrenzt (limitiert). Die wichtigsten limitierenden Aminosäuren sind beim *Geflügel* Methionin und Cystein, bei *Schwein* und *Pferd* Lysin. *Wiederkäuer* bekommen die essenziellen Aminsosäuren von den Pansenbakterien. Bei Hochleistungskühen kann dies nicht ausreichend sein und man muss Methionin in pansenstabiler Form zuführen.

Nicht eiweißartige Stoffe (NPN): Hierzu zählen vor allem die *Amide*, aber auch *Harnstoff* und *Aminosalze*. Besonders die Grundfuttermittel (Gras, Heu, Silagen) enthalten einen großen Anteil des Rohproteins in Form nicht eiweißartiger Verbindungen.

Wert des Rohproteins im Futter: Er hängt ab von

- der Verdaulichkeit der Aminosäuren (futtermittelspezifisch).
- dem *Aminosäuren-Muster* (tierart- und leistungsspezifisch),

Das Muster der Aminosäuren sollte dem **Idealprotein** entsprechen, d.h. im **idealen Aminosäurenprofil** liegen die essenziellen Aminosäuren in einem für die betreffende Tierart und Leistung optimalen Verhältnis vor.

Kohlenhydrate – Bedeutung und Bestimmung: Kohlenhydrate machen den größten Teil der Nährstoffe aus. Sie bestehen hauptsächlich aus *Kohlenstoff* (C), *Wasserstoff* (H) und *Sauerstoff* (O) und liefern im Tierkörper vorwiegend *Energie*.

Die Kohlenhydrate sind eine vielfältige Stoffgruppe. Ihre wichtigsten Vertreter sind Stärke, Glykogen und Zucker (z.B. Glukose).

Zwei Moleküle Einfachzucker (Monosaccharide) können sich zu einem *Zweifachzucker* (Disaccharid) wie Malz-, Rohr-, Milchzucker verbinden.

Vielfachzucker (Polysaccharide) können aus vielen hundert Einfachzucker-Molekülen bestehen. Polysaccharide haben nicht mehr die typischen Zuckereigenschaften wie Wasserlöslichkeit oder den süßen Geschmack. Sie dienen den Pflanzen als Gerüststoffe (z.B. Cellulose) und als Reservestoffe (Stärke).

Bei Tieren heißt der Reservestoff Glykogen. Beim Abbau von Stärke und Glycogen entsteht Glukose, die dem Tier als Energielieferant dient. Stärke ist besonders reichlich in Getriedekörnern und Kartoffeln vorhanden. Die Zusammensetzung der Stärke ist artspezifisch.

Rohfaser: Als Rohfaser bezeichnet man die pflanzlichen Gerüstsubstanzen. Mit Ausnahme des Lignins handelt es sich hauptsächlich um Polysaccharide wie *Cellulose, Hemicellulose, ß-Glucane, Pentosane* und *Pektin*.

Zum Abbau der Gerüstsubstanzen sind Pflanzenfresser auf die Hilfe von Bakterien angewiesen. Die bakterielle Verdauung findet im Pansen der Wiederkäuer und im Dickdarm von Pferd und Schwein statt. ß-Glucane und Pentosane sind für die Tiere mit geringer mikrobieller Verdauung wie z. B. Geflügel, schwer abbaubar und führen zu verminderter Nährstoffverwertung. Enzymzusätze im Futter können die Verwertbarkeit erhöhen.

Lignin ist eine Substanz, die der Pflanze Festigkeit verleiht und die sich mit fortschreitendem Vegetationsstadium vermehrt (Verholzung). Es ist kein Kohlenhydrat, ist aber mit den anderen Gerüstsubstanzen eng verflochten. Lignin ist für das Tier unverdaulich. Die Verdaulichkeit von Stroh kann man verbessern, wenn man die feste Lignineinlagerung in die Gerüstsubstanz z. B. mithilfe von Ammoniakbegasung oder durch Aufsprühen von Natronlauge (Rohfaseraufschluss) lockert.

Ein bestimmter Rohfasergehalt in der Futterration ist wichtig für einen ungestörten Verdauungsablauf. Er soll bei Rindern mindestens 18 % der Trockensubstanz des Futters betragen, bei Saugferkeln bis ca. 3 %, bei Absatzferkeln, Mastschweinen und laktierenden Sauen bis 5%, bei tragenden Sauen 10% und bei Pferden 18 – 25 %. Kälbern muss ab dem 8. Lebenstag Raufutter zur beliebigen Aufnahme zur Verfügung stehen.

Fette – Die im Futter vorkommenden **Fette** bestehen chemisch aus Verbindungen von *Fettsäuren* und *Glycerin*. Die Fettsäuren unterscheiden sich durch unterschiedliche Längen ihrer Kohlenstoffketten sowie durch eine oder mehrere Doppelbindungen innerhalb der Kohlenstoffkette. Fettsäuren mit *Doppelbindung* werden als *ungesättigt* bezeichnet.

Zu den wichtigsten kurzkettigen (leicht schmelzbaren) Fettsäuren zählen die im Pansen der Wiederkäuer gebildeten *Essig-, Butter-* und *Propionsäure*. Langkettige (schwer schmelzbare) Fettsäuren sind z. B. *Palmitin-* und *Stearinsäure*.

Die Weender-Analyse erfasst mit dem Rohfett des Futters nicht nur das Fett, sondern auch die **Lipoide** (fettähnliche Stoffe). **Lipoide** sind keine Nährstoffe, sondern Wirkstoffe. Zu ihnen gehören Phosphatide (Inhaltsstoffe der Zellmembrane), Steroide (z.B. Sexualhormone), Glykolipide, Carotinoide (Farbstoffe) und Wachse.

Fett liefert etwa doppelt soviel *Energie* wie die Kohlenhydrate. Fettreiche Futtermittel sind vor allem die Ölsamen.

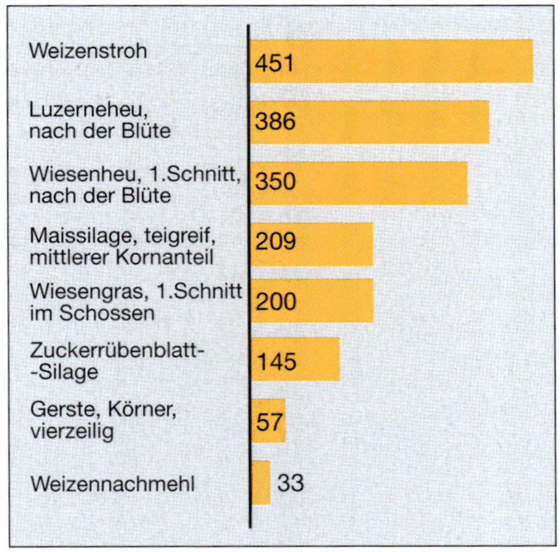

Abb. 1059 Rohfasergehalt je 1000g TM einiger Futtermittel.

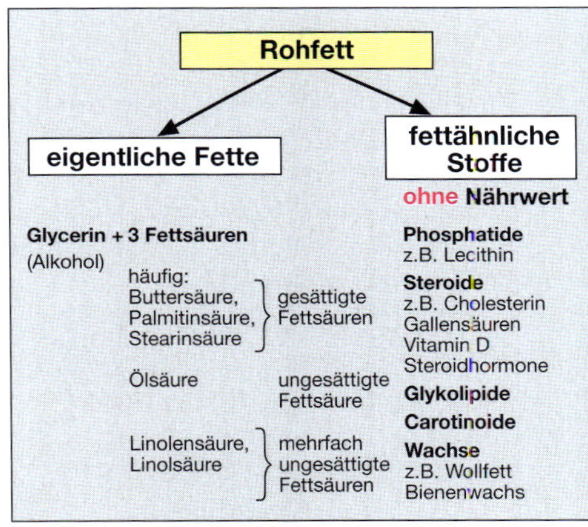

Abb. 1060 Übersicht über die in der Futtermittelanalyse als Rohfett bezeichnete Nährstoffgruppe.

3.2.4 Anorganische Futterbestandteile (Rohasche)

Wird die organische Substanz verbrannt, bleibt die **Rohasche** übrig. Nach dem Entfernen von Erde und Sand bleibt die Reinasche, das sind *Mineralstoffe*, zurück.

Der Bedarf an **Mengenelementen** (Calcium, Phosphor, Magnesium, Natrium, Kalium, Chlor und Schwefel) beträgt 1 – 35 g/kg Futtertrockenmasse; für die **Spurenelemente** liegt er deutlich niedriger, nämlich bei 0,1 – 50 mg/kg Futtertrockenmasse.

Zu den Spurenelementen zählen z. B. Eisen, Jod, Cobalt, Kupfer, Mangan, Molybdän, Selen und Zink. Ein Mangel an diesen Elementen ruft Störungen im Körper hervor. Deshalb nennt man sie auch essenzielle Spurenelemente.

Abb. 1061 Einige Aufgaben von Mineralstoffen im Tierkörper (**fette** Symbole = Mengenelemente).

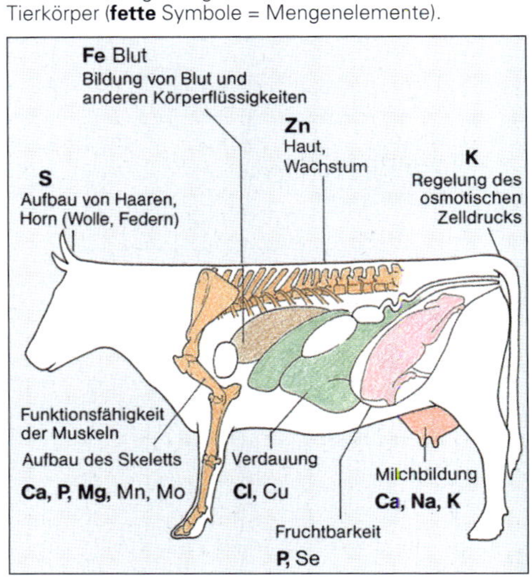

3.2.5 Vitamine und Zusatzstoffe

Vitamine – Darunter versteht man *lebenswichtige* Stoffe mit ganz unterschiedlicher Wirkung. Sie müssen mit wenigen Ausnahmen dem Körper zugeführt werden. Ihr Fehlen ruft schwere körperliche Schäden hervor; Mangel vermindert die Leistung erheblich.

Bei den Vitaminen werden *fett-* und *wasser*lösliche unterschieden. Letztere sind vor allem Bestandteil der Fermente. Die Tabelle 84 (Seite 404) gibt einen Überblick über Vorkommen und Bedeutung der Vitamine.

Tabelle 84: Vitamine in der Tierernährung

Vitamin (gleichbedeutende Bezeichnung)	übliche Maßeinheit für Gehaltsangaben	natürliches Vorkommen	Bedeutung	Mangelerscheinungen
A (Retinol)	I.E. ≙ 0,3 µg Vit.A oder 0,6 µg β-Carotin	Vit.A nur in tierischen Futtermitteln, Provitamin β-Carotin in allen frischen grünen Pflanzen	Voraussetzung für Sehvermögen und Knochenwachstum, Stoffwechsel der Geschlechtshormone	Sehstörungen, Verhornung der Haut, Fruchtbarkeitsstörungen, Immunitätsschwäche
D_3 (Cholecalciferol)	I.E. ≙ 0,025 µg	Vollmilch, Leberöl, sonnengetrocknetes Grünfutter, kann im Tierkörper durch Sonnenbestrahlung gebildet werden	Regulierung des Ca-P-Stoffwechsels, Steuerung der Ca-P-Einlagerung in das Skelett	Rachitis (Knochenweiche) Knochen- und Gelenkverformungen, Wachstumsstörungen, Zahnschmelzdefekte, mangelhafte Eischalenhärte
E (Tocopherol)	I.E. ≙ 1 mg DL-α Tocopherolacetat	Grünfutter, Getreide, Mühlennachprodukte	Steuerung des Kohlenhydrat- und Glykogenhaushalts, Funktion der Keimdrüsen, Vorbereitung und Schutz der Trächtigkeit, Anregung der Antikörperbildung, Verhinderung von Muskeldegeneration	Muskelschäden, sichtbare Muskelverkrümmungen, Herztod, Fruchtbarkeitsstörungen, Leberschäden
K_1 (Phyllochinon) K_2 (Menachinon) K_3 (Menadion) Vitamin (gleichbedeutende Bezeichnung)	mg/kg Futter übliche Maßeinheit für Gehaltsangaben	K_1 im Grünfutter, K_2 wird durch Pansen- und Darmbakterien gebildet	Beeinflussung der Blutgerinnung (Aufrechterhaltung der Prothrombinbildung), Beteiligung am Zell-Stoffwechsel Bedeutung	starke Blutungen schon bei kleinen Wunden, Nabelbluten bei Ferkeln, Wachstumsstörungen
B_1 (Thiamin, Aneurin)	mg/kg Futter	besonders in Getreide, Mühlennachprodukten und Ölextraktionsschroten, Milchprodukte, Futterhefe	Regulierung des Kohlenhydratstoffwechsels, Funktion von Nerven und des Herzmuskels, Schutzfunktion für Magen- und Darmkanal, Fettresorption und Fermentaktivität	Wachstumsstörungen, Störungen im Nervensystem, Appetitlosigkeit, ungenügende Energieverwertung
B_2 (Riboflavin, Lactoflavin)	mg/kg Futter	alle tierischen Futtermittel, Futterhefe	Coferment für den Eiweiß- und Fett-Stoffwechsel	Wachstumsverzögerung, entzündliche Hautveränderungen; Störungen des Nervensystems
B_6 (Pyridoxin)	mg/kg Futter	Getreide, Mühlennachprodukte, Ölschrote, Trockenhefe	Eiweiß- und Kohlenhydratstoffwechsel	Wachstumsverzögerung, Hautentzündungen, Leber- und Herzschäden, Störungen im Nervensystem
B_{12} (Cobalamin)	µg/kg Futter	nur in tierischen Futtermitteln, z. B. Magermilchpulver	Blutbildung, Bildung von Aminosäuren, Wachstum	ungenügendes Wachstum, schlechter Fleischansatz Blutarmut, Hautentzündungen, schlechte Befiederung, erhöhte Embryonensterblichkeit

Fortsetzung Tabelle 84

Vitamin (gleichbedeutende Bezeichnung)	übliche Maßeinheit für Gehaltsangaben	natürliches Vorkommen	Bedeutung	Mangelerscheinungen
Biotin (Vitamin H, für Haut und Haare)	g/kg Futter	in den meisten Futtermitteln außer Getreide, Bierhefe, Ölsaat-Extrationsschrote	Fettsäuren-Synthese, Glycogenbildung	verzögertes Wachstum, Fruchtbarkeitsstörungen, schlechte Befiederung und Haarausfall, Haut- und Klauenentzündungen
Folsäure	mg/kg Futter	in allen Futtermitteln, besonders Trockenhefe, Luzernegrünmehl	Aufbau der roten Blutkörperchen und des Blutfarbstoffes, Förderung der Antikörperbildung	Störungen des Blutbildes, Anämie, Fruchtbarkeitsstörungen, Hautveränderungen
Niacin Nikotinsäure (Nicotinamid)	mg/kg Futter	Futterhefe und Kleie, Grünfutter und pflanzliche Eiweißfuttermittel	Schlüsselfunktion für den gesamten Stoffwechsel, unentbehrlich für die Funktion von Haut und Verdauungsorganen	Hautveränderungen, Erkrankungen des Magen-Darmkanals, Entzündungen und Geschwüre auf den Schleimhäuten
Panthothensäure	mg/kg Futter	besonders in Milcherzeugnissen, Futterhefe und Mühlennachprodukten, Grünmehle	Auf- und Abbau der Fette, Funktion der Haut und Schleimhäute, Pigmentierung der Haare	Veränderungen an Haut und Schleimhäuten, raues Haarkleid
Cholin	mg/kg Futter	in allen Futtermitteln	Bildung von Lecithin, unentbehrlich für den Fetttransport und den Fettstoffwechsel	Leberverfettung, Missbildung an Gelenken und Knochen, Wachstumshemmung
Vitamin C (l-Ascorbinsäure)	mg/kg Futter	nur in grünen Pflanzen, Rüben und Kartoffeln, Milchpulver, Eigensynthese im Tierkörper möglich	steigert die Abwehrkraft des Körpers bei Infektionen und Stress, fördert Aufbau und Funktion von Haut, Knorpel und Knochen	verminderte Fruchtbarkeit, Wachstumsverzögerungen, erhöhte Infektionsbereitschaft, Haut- und Schleimhautblutungen, verlangsamte Wundheilung

Vitamine entfalten trotz geringer Mengen große Wirkungen im Körper. Sie haben im Stoffwechselgeschehen der Tiere als Enzyme ihre wichtigste Bedeutung. Dies erklärt auch das Auftreten von Leistungsminderungen und Krankheiten bei Unterversorgung oder Mangel, da bestimmte Prozesse im Stoffwechsel nicht oder nicht vollständig ablaufen können.

Futterzusatzstoffe – Sie können Nährstoffcharakter haben (z. B. Vitamine, Spurenelemente) oder verbessern die Verwertung der im Futter enthaltenen Nährstoffe (Enzyme). Darüber hinaus schützen sie vor Infektionen, wenn sie z. B. das Gleichgewicht der Darmflora unterstützen (Probiotika, z. B. Milchsäurebakterien) oder sie senken den pH-Wert im Magen, wodurch Keime abgetötet werden und gleichzeitig Verdauungsenzyme aktiviert werden (organische Säuren, z. B. Ameisensäure).

Daneben gibt es Zusatzstoffe, die wichtig für die Futterherstellung sind, z. B. Antioxidantien, die das Ranzigwerden von Fetten verhindern, oder Emulgatoren, die die Fettverteilung in Milchaustauschern verbessern und stabilisieren.

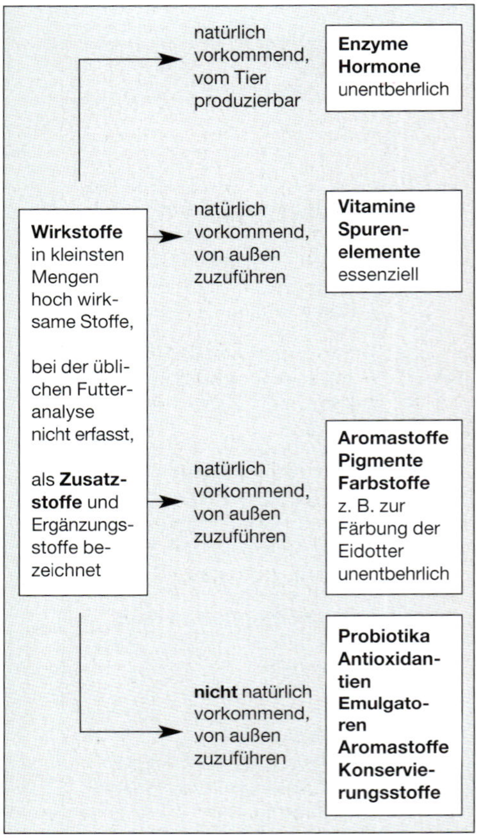

Abb. 1062 Übersicht der Wirkstoffarten im Futter.

Tabelle 85: Übersicht der Zusatzstoffe in Futtermitteln

Zusatzstoffe	Wirkung, Bemerkung
Vitamine Spurenelemente	für das Tier lebensnotwendig
Enzyme	bessere Futterverwertung
organische Säuren	Infektabwehr, verdauungsfördernd
Probiotika	Infektabwehr
Carotinoide	Färbung von Eidotter und Haut
Antioxidantien, Fließhilfsstoffe, Bindemittel, Emulgatoren, Stabilisatoren, Konservierungsstoffe	technische Hilfsstoffe für die Futterbeschaffenheit
Aromastoffe, Kokzidiostatika, Anti histomoniaka, antibiotische Leistungsförderer	bessere Futteraufnahme, Verhütung der Kokzidiose bei Junggeflügel und Mastkaninchen, Verhütung der Schwarzkopfkrankheit bei Puten und Perlhühnern, mit weiteren Verboten ist zu rechnen (Resistenzproblematik)

Futterergänzungsstoffe sind als Einzelfuttermittel zugelassen. Zu ihnen gehören industriell hergestellte Aminosäuren, Mengenelemente und NPN-Verbindungen. Letztere können die Pansenbakterien für die Eiweißbildung nutzen.

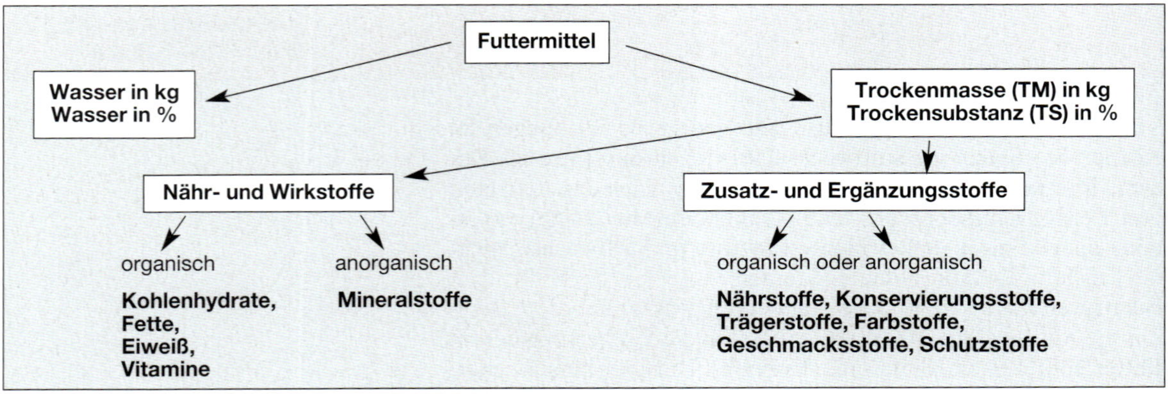

Abb. 1063 Übersicht über die Inhaltsstoffe von Futtermitteln.

Aufgaben:
1. Was versteht man unter tiergemäßer Fütterung?
2. Wie viele kg Grünfutter (85 % Wasser) kann eine Kuh mit 600 kg Lebendmasse täglich aufnehmen?
3. Welche Nährstoffgruppen werden von der Weender Analyse erfasst?

3.3 Bewertung des Futters

3.3.1 Ziel und Voraussetzungen

Ziel – Die Futterkosten machen den *größten* Teil an den Gesamtkosten der Tierhaltung aus. Deswegen ist wichtig, dass die tägliche Futterration nicht nur tiergemäß ist, sondern bei möglichst niedrigen Kosten das Tier gesund erhält und eine entsprechende Leistung ermöglicht. Dazu muss der Tierhalter das Futter bewerten können.

Voraussetzungen – Die Voraussetzungen für die Bewertung liefern

- **Futtermittelanalysen:** Sie stellen den Gehalt an *Energie, Trockenmasse*, besonders wichtigen *Nährstoffgruppen*, wie z. B. Protein, essentiellen Aminosäuren, Mineralstoffen und Rohfaser fest.
- **Verdauungsversuche:** Dabei wird an verschiedenen Tierarten der Anteil der *verdaulichen Nährstoffe* festgestellt.

Diese Daten stellt z. B. die Deutsche Landwirtschaftsgesellschaft (DLG) in **Futterwerttabellen** zusammen und veröffentlicht sie. Für die Bewertung seines Futters muss nun der Landwirt die Beschreibungen in der Tabelle mit den Eigenschaften seines verwendeten Futters *vergleichen* und kann dann die entsprechenden Daten ablesen. Sie dienen als Grundlage für die Zusammenstellung und Bewertung hofeigener Futtermischungen.

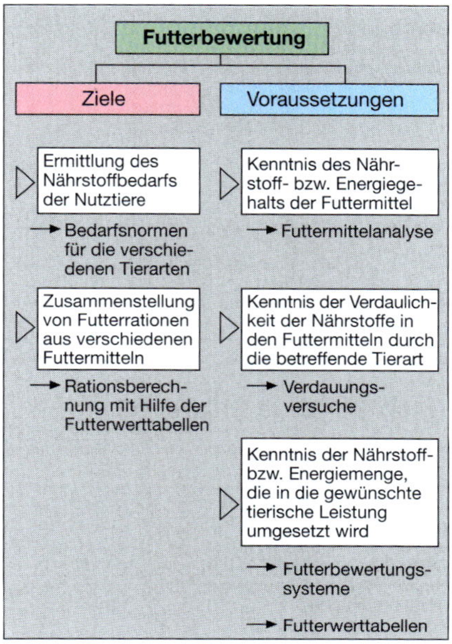

Abb. 1064 Voraussetzungen und Ziele der Futterbewertung.

3.3.2 Systeme für die Bewertung der Futterenergie

Bruttoenergie – Bei der Fütterung spielt die Bewertung der im Futter enthaltenen und vom Tier genutzten Energiemenge eine entscheidende Rolle. Der gesamte Energiegehalt kann durch *Verbrennen* des Futtermittels und Messung der dabei entstandenen *Wärmeenergie* festgestellt werden. Sie wird als *Bruttoenergie* (engl. **g**ross **e**nergy, **GE**) bezeichnet.

Verdauliche Energie – Das Tier kann aber nicht die gesamte Bruttoenergie nutzen, ein Teil geht mit dem Kot verloren.

So besitzt z. B. 1 kg Gerste eine Bruttoenergie von 15 660 kJ. Schweine können aber die Nährstoffe der Gerste nur zu ca. 85 % verdauen. Das bedeutet, 2349 kJ gehen mit dem Kot verloren. Der Anteil der Energie aus den verdaulichen Nährstoffen heißt **V**erdauliche **E**nergie **(VE)**.

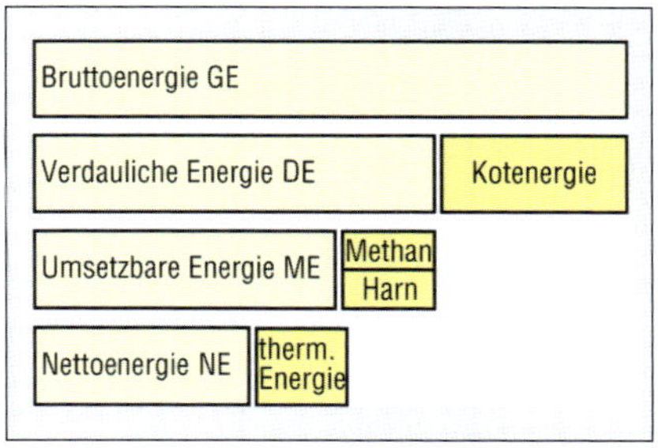

Abb. 1065 Verwertung der Futterenergie und Bezeichnungen.

> ! Für Pferde wird der Futterbedarf aufgrund des Gehaltes an Verdaulicher Energie ermittelt.

Abb. 1066 Nettoenergie-Laktation (NEL).

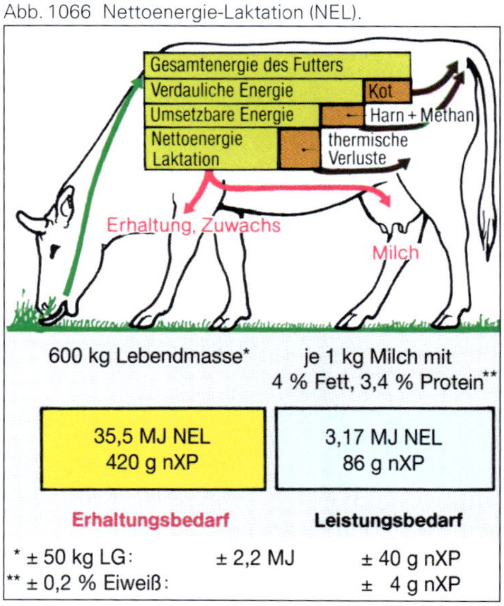

Umsetzbare Energie – Energieverluste stellen aber nicht nur die Ausscheidungen mit dem Kot dar. Auch der abgesetzte *Harn* enthält noch Energieträger. Bei Pferden bleibt dieser Verlust unberücksichtigt, doch bei anderen Tierarten muss man ihn in Rechnung stellen. Wiederkäuer wandeln zudem im Pansen einen Teil der Futterenergie in *Methangas* um, das beim Rülpsen abgegeben wird.

① Ermitteln der Umsetzbaren Energie (ME)

Rohnährstoffe	× Verdaulichkeit	= verdauliche Rohnährstoffe	× Umrechnungsfaktor	= Umsetzbare Energie (ME)
102 g Rohprotein	× 78%	= 80 g	× 0,0152 MJ/g	= 1,22 MJ
19 g Rohfett	× 73%	= 14 g	× 0,0342 MJ/g	= 0,48 MJ
47 g Rohfaser	× 39%	= 18 g	× 0,0128 MJ/g	= 0,23 MJ
677 g NfE	× 91%	= 616 g	× 0,0159 MJ/g	= 9,79 MJ
Umsetzbare Energie in 1 kg Gerste				= 11,72 MJ

② Ermitteln der Bruttoenergie (GE)

Rohnährstoffe	× Umrechnungsfaktor	= Bruttoenergie (GE)
102 g Rohprotein	× 0,0242 MJ/g	= 2,47 MJ
19 g Rohfett	× 0,0366 MJ/g	= 0,70 MJ
47 g Rohfaser	× 0,0209 MJ/g	= 0,98 MJ
677 g NfE	× 0,0170 MJ/g	= 11,51 MJ
Bruttoenergie in 1 kg Gerste		= 15,66 MJ

③ Berechnen der NEL

$$NEL = (0{,}4632 + 0{,}24 \times \frac{11{,}72\ MJ}{15{,}66\ MJ}) \times 11{,}72\ MJ$$
$$= 7{,}53\ MJ$$

Abb. 1067 **Beispiel**-Berechnung der Nettoenergie-Laktation für 1 kg Gerste.

Abb. 1068 **Beispiel** einer Futterration, deren Grundfutter-Anteil eine negative RNB (siehe Text) aufweist. Das Kraftfutter muss nicht nur den Energiegehalt vergrößern, sondern auch die ruminale Stickstoffbilanz (RNB) positiv verändern.

Futterration	TM kg	NEL MJ	nXP g	RNB g N
Grassilage, 2. Schnitt	6,3	34,4	750	+9
Maissilage, 32 % TS	4,2	26,8	547	–32
Heu, 2. Schnitt	1,5	8,4	186	0
Grundfuttersumme	12,0	69,6	1483	–23
Milchleistungsfutter 25/2	2,1	14,8	406	30
insgesamt	14,1	84,4	1889	+7

Zieht man daher von der Verdaulichen Energie den Anteil ab, der mit Harn oder in Form von Methan ausgeschieden wird, bleibt die *tatsächlich* im Tierkörper *Umsetzbare Energie* (= **M**etabolische **E**nergie, **ME**) übrig.

> **!** Der Futterbedarf für Schweine, Mastrinder, Schafe und Geflügel wird nach dem Gehalt an Umsetzbarer Energie (ME) ermittelt.

Nettoenergie – Misst man schließlich die Energie, die ein *tierisches Produkt*, z. B. die Milch enthält, so ist deren Menge noch einmal kleiner als die Umsetzbare Energie.
Tiere benötigen eine von der Körpermasse und den Haltungsbedingungen abhängige, beachtliche Menge an Energie als »Eigenbedarf« der Lebensfunktionen, z. B. für den Stoffwechsel, für das Zellwachstum, für die Bildung von Antikörpern und Blut, für den Erhalt der Körpertemperatur sowie für die Muskelarbeit, z. B. beim Kauen oder Verdauen, bei der Geburt und zur Fortbewegung.
Die nur für die Milchleistung aufgewendete Energie heißt daher **N**etto**e**nergie-**L**aktation **(NEL)**.
Futter für Milchkühe wird nach dem Gehalt an Nettoenergie-Laktation (NEL) bewertet.
Eiweißbewertung – Das Rohprotein nimmt in der Futterbewertung eine Sonderstellung ein, weil es durch keine N-freie Substanz ersetzt werden kann. Deswegen wird es bei Angaben des Futterwertes oder des Bedarfs immer mit berücksichtigt.
In der Milchviehfütterung wird für jedes Futtermittel der Gehalt an *nutzbarem* Rohprotein **(nXP)** angegeben. Es ist das Protein, das im Dünndarm ankommt und vom Körper verwertet wird. Es setzt sich zusammen aus dem Bakterienprotein und dem nicht abgebauten Futterprotein (**UDP** = **und**egraded **p**rotein oder **DFP** = **D**urch**f**luss**p**rotein).
Futtermittel, die mehr N in den Vormägen zur Verfügung stellen als von den Mikroben genutzt werden kann, haben daher eine positive *Stickstoffbilanz* (**r**uminale **N**-**B**ilanz; **RNB**). Sie werden als *eiweißreiche* Futtermittel bezeichnet. Ein Futtermittel mit negativer RNB ist z. B. Maissilage.
Bei der Zusammenstellung einer Futterration muss bei der Addition der RNB-Werte stets ein Ergebnis größer Null herauskommen, damit ein ungestörtes Mikrobenwachstum in den Vormägen gewährleistet ist.
Mit steigenden Leistungen nimmt die Bedeutung des Durchflussproteins zu, da die mikrobielle Proteinsynthese bei der Milchkuh über die Deckung des Erhaltungsbedarfs hinaus lediglich für 12 – 15 kg Milch Tag ausreicht.
Entsprechend weisen die **DLG-Futterwerttabellen** für Milchvieh neben dem Energiegehalt folgende Protein-Kenndaten:

- nXP: nutzbares Rohprotein,
- UDP: unabbaubares Futterprotein oder auch Durchflussprotein (DFP)
- RNB: ruminale Stickstoffbilanz.

3.3.3 Angewandte Futterbewertung

Futterwerttabellen – Für die Zusammenstellung von Futterrationen sind Futterwerttabellen eine unentbehrliche Hilfe. Sie weisen für typische Futtermittel den Energiegehalt im jeweils für die Tierart gültigen Bewertungssystem aus und geben darüber hinaus die Mengenanteile an Trockenmasse, Rohfaser, Rohprotein, Mineralstoffen und essenziellen Aminosäuren an, soweit dies für die betreffende Tierart von Interesse ist.

Zur Bewertung seines verwendeten Futters muß der Tierhalter lediglich die Beschreibung des Futtermittels in der Tabelle mit den Eigenschaften des Futters *vergleichen* und kann dann die Futterwertdaten aus der Tabelle entnehmen. Je sorgfältiger dieser Vergleich erfolgt, desto genauer werden die angegebenen Daten mit dem tatsächlichen Gehalt im Futter übereinstimmen. Genaue Ergebnisse liefern natürlich nur *Futtermittelanalysen*.

Bedarfswerte – Die landwirtschaftliche Forschung hat für alle Nutztierarten den täglichen Bedarf an Energie und wichtigen Nährstoffgruppen erarbeitet. Eine solche Bedarfsnorm sei am **Beispiel** Milchkuh gezeigt.

Der Gesamtbedarf berücksichtigt den Bedarf an *Nettoenergie-Laktation* (NEL) und den Bedarf an nutzbaren *Rohprotein* (nXP) und setzt sich zusammen aus:

- **Erhaltungsbedarf:** Er ist abhängig von der Körpermasse und beträgt

bei 600 kg LM	420 g nXP;	35,5 MJ NEL
bei ± 50 kg LM	± 40 g nXP	± 2,2 MJ NEL

- **Leistungsbedarf:** Er gibt den *Energie-* und *Proteinbedarf* für die Bildung von 1 kg Milch an.
  Die Richtwerte für den Energiebedarf hängen vorwiegend vom Fettgehalt der Milch ab, weil zur Bildung des Milchfettes rund die Hälfte der zugeführten Energie verbraucht wird. Je höher also der Milchfettgehalt ist, desto größer ist auch der Bedarf an Energie.

Die **Richtwerte** für den Energiebedarf betragen für 1 kg Milch mit 4 % Fett und

3,2 % Eiweiß	82 g nXP	3,17 MJ NEL
3,4 % Eiweiß	86 g nXP	3,17 MJ NEL
3,6 % Eiweiß	90 g nXP	3,17 MJ NEL

Der Gesamtbedarf einer Milchkuh mit 600 kg Lebendmasse und einer Milchleistung von 20 kg (4 % Fett, 3,4 % Eiweiß) beträgt damit täglich

	nXP	NEL
Erhaltungsbedarf	= 420 g	= 35,5 MJ
Leistungsbedarf = 20 × 8,6 g	= 1720 g	= 63,4 MJ
	2140 g	98,9 MJ

Trächtige Kühe erhalten 8 Wochen vor dem Kalben einen Zuschlag von 9–13 MJ. Betriebswirtschaftlich bedeutsam ist die Analyse des hofeigenen Futters und das Wiegen sowohl der Tiere als auch des Futters.

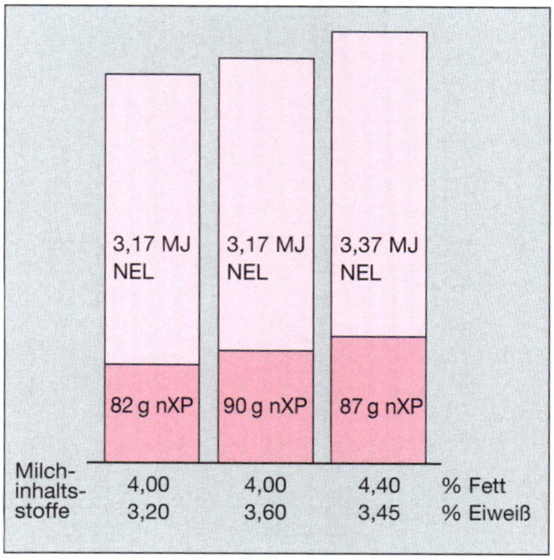

Abb. 1069 Richtwerte für den Leistungsbedarf von 1 kg Milch.

Abb. 1070 Ohne genaues Wiegen ist eine moderne Fütterung nicht möglich.

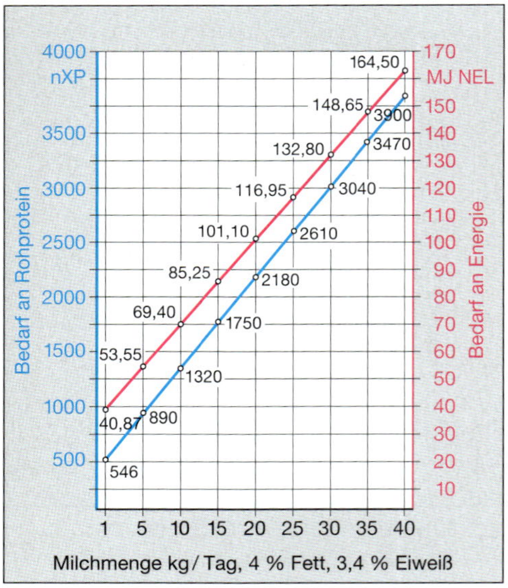

Abb. 1071 Täglicher Bedarf an nutzbarem Protein (nXP) und Energie (NEL) für 1 Milchkuh von 650 kg Lebendmasse (Erhaltung und Leistung).

Abb. 1072 Futtermittelkennzeichnung mit Hilfe eines Sacketiketts **(Beispiel)**.

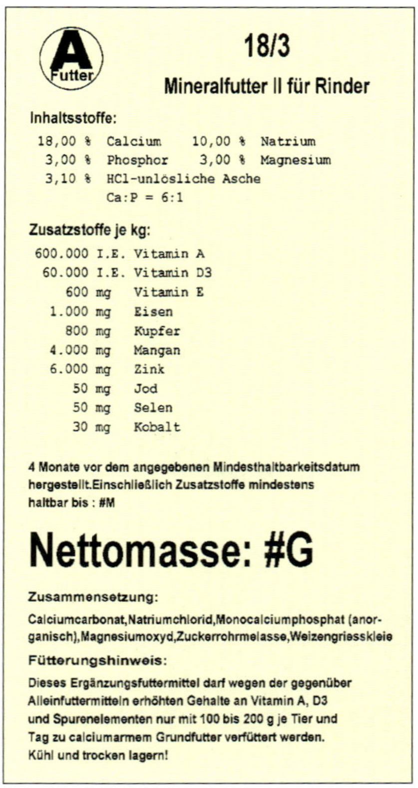
A Futter

18/3

Mineralfutter II für Rinder

Inhaltsstoffe:

18,00 % Calcium 10,00 % Natrium
3,00 % Phosphor 3,00 % Magnesium
3,10 % HCl-unlösliche Asche
Ca:P = 6:1

Zusatzstoffe je kg:

600.000 I.E. Vitamin A
60.000 I.E. Vitamin D3
600 mg Vitamin E
1.000 mg Eisen
800 mg Kupfer
4.000 mg Mangan
6.000 mg Zink
50 mg Jod
50 mg Selen
30 mg Kobalt

4 Monate vor dem angegebenen Mindesthaltbarkeitsdatum hergestellt.Einschließlich Zusatzstoffe mindestens haltbar bis : #M

Nettomasse: #G

Zusammensetzung:

Calciumcarbonat,Natriumchlorid,Monocalciumphosphat (anorganisch),Magnesiumoxyd,Zuckerrohrmelasse,Weizengriesskleie

Fütterungshinweis:

Dieses Ergänzungsfuttermittel darf wegen der gegenüber Alleinfuttermitteln erhöhten Gehalte an Vitamin A, D3 und Spurenelementen nur mit 100 bis 200 g je Tier und Tag zu calciumarmem Grundfutter verfüttert werden. Kühl und trocken lagern!

3.3.4 Preiswürdigkeit der Futtermittel

Einfacher Preisvergleich – Er besteht darin, dass man nur *eine* Kenngröße zwischen Futtermitteln preislich vergleicht.
Beispiel: Zwei Mischfuttermittel mit gleichem Proteingehalt, aber unterschiedlichen Energiewerten kosten im einen Falle
a) = 25 €/100 kg (5,9 MJ/kg), im anderen Falle
b) = 26 €/100 kg (6,9 MJ/kg).
Wie viele € kosten jeweils 10 MJ?

zu **a)** $\frac{25\text{ €}}{590\text{ MJ}} = 0{,}0423\,\frac{\text{€}}{\text{MJ}}$ 10 MJ kosten dann 0,423 €

zu **b)** $\frac{26\text{ €}}{690\text{ MJ}} = 0{,}0377\,\frac{\text{€}}{\text{MJ}}$ 10 MJ kosten dann 0,0377 €; damit ist dieses Futtermittel hinsichtlich des Energiegehaltes preiswerter.

Preisvergleich nach LÖHR – Bei dieser Methode wird der Preis eines Futtermittels für *2* Kenngrößen (z. B. Protein und NEL) mit dem Preis verglichen, den diese Kenngrößen in einer Kombination aus 2 häufig verwendeten und preiswerten Futtermitteln hat, von denen das eine *proteinreich* und das andere *proteinarm* ist. Damit lässt sich der Preisvergleich ziemlich korrekt durchführen. Leider ist der mathematische Aufwand auch größer, weswegen hier auf die Darstellung verzichtet wird.

Preisvergleich mit EDV – Heute wird der Preisvergleich zwischen Futtermitteln mit Hilfe von EDV-Programmen durchgeführt. Dazu müssen folgende Daten in den Rechner eingegeben werden:

- Preise aller verfügbaren Futtermittel,
- Futterwert,
- gewünschte Zusammensetzung der Futterration: Gehalt an Nähr-, Mineralstoffen, Vitaminen, Energieinhalt, Grenzwerte für Rohfaser oder Fett, Mindest- oder Höchstwerte für bestimmte Futtermittel.
- Least cost formulation: Die kostengünstigste Erzeugung eines Endproduktes wird ebenfalls mit Hilfe eines EDV-Programmes errechnet. Für diese Berechnung muss noch zu den oben angegebenen Daten die Zielgröße (z. B. 10000 l Milch) angegeben werden.

Aufgaben:

1. Weshalb ist die Bewertung des Futters eine wichtige Aufgabe jedes Tierhalters?
2. Begründen Sie, weshalb der Energiegehalt eines Futtermittels für Milchkühe, Mastrinder, Schweine und
3. Pferde unterschiedlich bewertet wird.
4. Bewerten Sie in Partnerarbeit mit Hilfe der Futterwerttabelle ein Futtermittel für Milchkühe. Vergleichen Sie das Ergebnis mit dem Ihrer Mitschüler.
5. Mit welchen Methoden lässt sich die Preiswürdigkeit von Futtermitteln bewerten?
6. Erklären Sie, weshalb das Futtermittel-Gesetz ein »Verbraucherschutz-Gesetz« ist.

4 Artgemäße Tierhaltung fördert die Tiergesundheit

! Landwirtschaftliche Nutztierhaltung ist grundsätzlich wesentlicher Bestandteil der Naturkreisläufe. Sie ist aber auch von großer betriebswirtschaftlicher und volkswirtschaftlicher Bedeutung im Hinblick auf die Selbstversorgung mit tierischen Produkten und auf die Einkommenssicherung des einzelnen Betriebes.

Seit dem 31. Juli 2002 ist der Tierschutz im Grundgesetz verankert (GG Artikel 20 a). Das bedeutet, dass er von der Politik bei der Gesetzgebung und von den Verwaltungsbehörden und Gerichten bei der Auslegung und Anwendung des geltenden Rechts zu beachten ist und Verstöße geahndet werden.

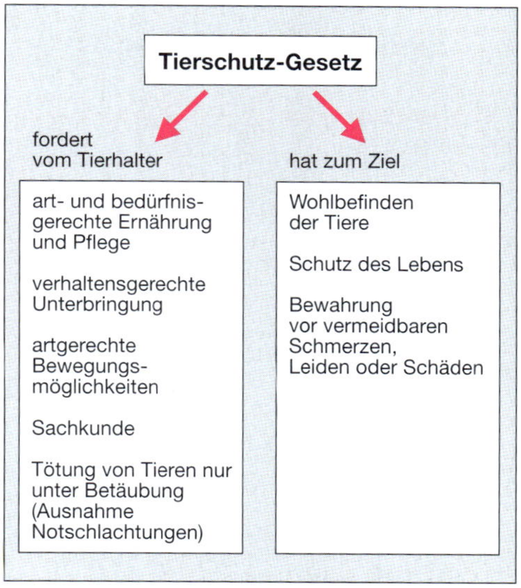

Abb. 1073 Grundziele und -forderungen des Tierschutz-Gesetzes.

4.1 Rechtliche Bestimmungen zum Tierschutz

4.1.1 Tierschutz-Gesetz

Tierschutz-Gesetz – Es dient dem *Schutz des Lebens und Wohlbefindens* der Tiere. Niemand darf einem Tier ohne vernünftigem Grund Schmerzen, Leiden oder Schäden zufügen. Wer ein Tier hält oder betreut, muss es seinen Bedürfnissen entsprechend angemessen ernähren, pflegen, verhaltensgerecht unterbringen und ihm die Möglichkeit artgemäßer Bewegung geben. Deshalb muss er auch die hierfür erforderlichen Kenntnisse und Fähigkeiten besitzen. Das Tierschutz-Gesetz verbietet die *körperliche Überforderung* von Tieren, die Anwendung von Dopingmittel, die Verwendung elektrischer Treibhilfen etc.
Das **Töten** eines Wirbeltieres muss unter *Betäubung* erfolgen. Die hierfür notwendige Sachkunde muss vorhanden sein. Nur bei *Notschlachtungen* kann eine Betäubung unterbleiben, wenn sie durch die gegebenen Umstände nicht möglich ist. Auch bei schmerzhaften Eingriffen ist eine Betäubung erforderlich.
Davon ausgenommen sind:

- das Kastrieren von unter 4 Wochen alten männlichen Rindern, Schweinen, Schafen und Ziegen (bei normaler anatomischer Beschaffenheit) sowie der Ferkel bis zum 7. Lebenstag (gemäß EU-Richtlinie),
- das Enthornen von unter 6 Wochen alten Rindern,
- das Kürzen des Schwanzes bei Ferkeln im Alter von unter 4 Tagen (bis 7. Tag gemäß EU-Richtlinie) und bei Lämmern unter 8 Tagen,
- das Abschleifen der Eckzähne bei Ferkeln, sofern es zum Schutz des Muttertieres oder der Wurfgeschwister unerlässlich ist (bis 7. Lebensjahr nach EU-Richtlinie),
- das Absetzen des Krallen tragenden letzten Zehengliedes bei späteren Zuchthähnen am 1. Lebenstag,

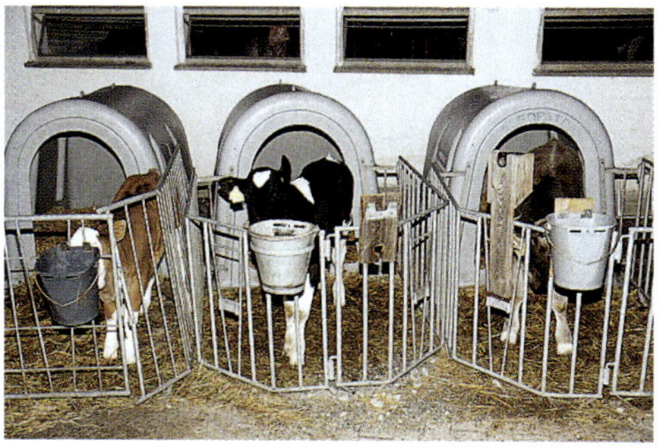

Abb. 1074 Kälber-Iglus haben sich in der Kälberhaltung bewährt.

Abb. 1075 Wichtige Kenndaten für Kälberställe.

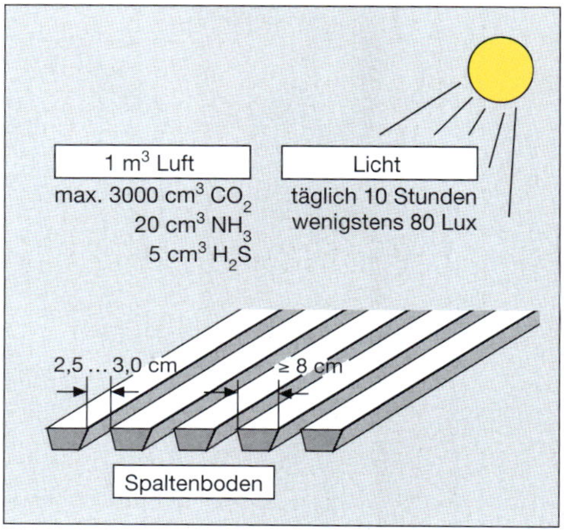

Bayerische Verfassung

§

141
(1) Der Schutz der natürlichen Lebensgrundlagen ist, auch ein Gedenk der Verantwortung für die kommendenGenerationen, der besonderen Fürsorge jedes einzelnen und der staatlichen Gemeinschaft anvertraut. Tiere werden als Lebewesen und Mitgeschöpfe geachtet und geschützt. Mit Naturgütern ist schonend und sparsam umzugehen.

Abb. 1076 Tierschutz geht alle an. Deswegen ist er z. B. in der Bayerischen Verfassung verankert.

Abb. 1077 Die tägliche Kontrolle und Reingung der Tränkebecken ist nicht nur nötig, die sollte für jeden Tierhalter selbstverständlich sein.

- die Tätowierung von Schwein, Schaf, Ziege und Kaninchen (andere Tiere nur innerhalb der ersten 2 Lebenswochen),
- das Einsetzen von Ohrmarke, Flügelmarke, Mikrochip (außer Geflügel),
- der Schlagstempel beim Schwein,
- der Schenkelbrand beim Pferd.

Die **Amputation** von Körperteilen ist verboten. Ausnahmen bestehen bei tierärztlicher Notwendigkeit oder wenn es für die vorgesehene Nutzung unerlässlich ist. Das Kürzen der Schnabelspitze bei Nutzgeflügel und das Kürzen des bindegewebigen Endstückes des Schwanzes von unter 3 Monate alten männlichen Kälbern mittels elastischer Ringe bedürfen der Erlaubnis der zuständigen Behörde.

Tierversuche sind nur gestattet, wenn sie aus gesundheitlichen Gründen, zur Erkennung von Umweltgefährdungen oder für die Grundlagenforschung unerlässlich sind.

4.1.2 Tierschutz-Nutztierhaltungs-Verordnung

Die **Tierschutz-Nutztierhaltungs-Verordnung** schreibt die Mindest-Anforderungen für die Überwachung der Tiere sowie für Fütterung und Pflege und an die Haltungseinrichtungen vor:

- **Anforderungen an die Betreuer:**
  - Ausreichend viele Personen mit den erforderlichen Kenntnissen und Fähigkeiten,
  - tägliche Kontrolle der Tiere,
  - tägliche Kontrolle der technischen Anlagen und Versorgungseinrichtungen,
  - Kontrolle der Notstromaggregate und Alarmanlagen,
  - Aufzeichnungen über tägliche Kontrollen, medizinische Behandlungen sowie Anzahl und Ursache von Tierverlusten,
  - bedarfsgerechtes tägliches Füttern und Tränken,
  - Absonderung kranker Tiere in einen Stall mit weicher trockener Einstreu und Hinzuziehen eines Tierarztes,
  - Entfernen toter Tiere,
  - unverzügliches Abstellen von Mängeln an den Haltungseinrichtungen,
  - Vorsorgemaßnahmen bei Betriebsstörungen,
  - regelmäßiges Säubern der Ställe und Ausläufe,
  - Reinigung und – wenn erforderlich – Desinfektion von Stall, Ausrüstungen und Geräten in regelmäßigen Abständen.
- **Anforderungen an den Stall:**
  - Schutz vor Verletzungen und Gefährdungen,
  - Rutschsicherheit,
  - genügend Standraum,
  - Liege-, Ruhe- und Bewegungsplatz für jedes Tier,
  - ausreichende Fütterungs- und Tränkeeinrichtungen in hygienischem Zustand,
  - ausreichende Beleuchtung,
  - optimales Stallklima,
  - keine Lärmbelastung durch technische Einrichtungen,
  - Vorsorgemaßnahmen: Notstromaggregat, Alarmanlage und Ersatzlüftungsanlage.

▸ **Anforderungen an den Auslauf und an die Weide:**
- Schutz vor Verletzungen und sonstigen Gefährdungen,
- ausbruchsichere Weidezäune,
- Schutz vor Witterungseinflüssen,
- Schutz vor Beutegreifern,
- befestigter Auslauf sowie Fress- und Tränkeplätze.

4.2 Anforderungen an das Halten von Tieren

4.2.1 Kälber

Die **Tierschutz-Nutztierhaltungs-Verordnung** vom 25. Oktober 2001 beschreibt die Anforderungen an das Halten von Kälbern im Stall bis zum Alter von 6 Monaten. Die **Ställe** müssen so beschaffen sein, dass die Kälber ungehindert liegen, aufstehen, sich hinlegen, eine natürliche Körperhaltung einnehmen, sich putzen sowie ungehindert Futter und Wasser aufnehmen können.

Der *Boden* muss rutsch- und trittsicher sein, darf keine Verletzungen hervorrufen oder Wärme ableiten. Die *Seitenbegrenzungen* der Boxen müssen so durchbrochen sein, dass die Kälber Sicht- und Berührungskontakt untereinander haben. Kälber dürfen grundsätzlich nicht angebunden werden (außer zur Futteraufnahme in Gruppenhaltung), sie dürfen keinen Maulkorb tragen und brauchen einen trockenen weichen Liegebereich.

Bis zum **Alter von 2 Wochen** muss ihnen im Stall eine mit Stroh oder ähnlichem Material eingestreute Liegefläche zur Verfügung stehen. Einzelboxen müssen mindestens 120 cm lang, 80 cm breit und 80 cm hoch sein.

Im **Alter von 2–8 Wochen** werden die Kälber in Einzelboxen von mindestens 180 cm Länge (Trog innen) bzw. 160 cm (Trog außen) und 90–100 cm Breite oder in Gruppen gehalten.

Über 8 Wochen alte Kälber dürfen mit wenigen Ausnahmen (z. B. weniger als 3 Tiere) nur in Gruppen gehalten werden.

Das *Stallklima* darf die Tiere nicht nachteilig beeinflussen, z. B. dürfen je Kubikmeter Stallluft höchstens 20 cm^3 Ammoniak, 3000 cm^3 CO_2 und 5 cm^3 SH_2 enthalten sein. Die *Lufttemperatur* im Liegebereich der Kälber soll 25 °C nicht überschreiten sowie 10 °C während der ersten 10 Tage nach der Geburt und danach 5 °C nicht unterschreiten. Die relative *Luftfeuchtigkeit* soll zwischen 60 und 80 % liegen.

Die *Beleuchtung* muss mit Tageslicht oder einer anderen Beleuchtung von täglich 10 Stunden und mindestens 80 Lux erfolgen.

Spätestens 4 Stunden nach der Geburt muss das Kalb Biestmilch erhalten. Die *Fütterung* muss mindestens zweimal täglich erfolgen, dabei muss das Saugbedürfnis der Kälber ausreichend berücksichtigt werden. Ab dem 8. Lebenstag muss Raufutter zur beliebigen Aufnahme gegeben werden, ab der 2. Lebenswoche muss das Kalb jederzeit Zugang zu Wasser haben. Eine ausreichende Eisenversorgung ist ebenfalls sicherzustellen.

Das *Befinden* der Tiere muss zweimal täglich kontrolliert werden. Anbindevorrichtungen sind wöchentlich zu überprüfen und erforderlichenfalls anzupassen.

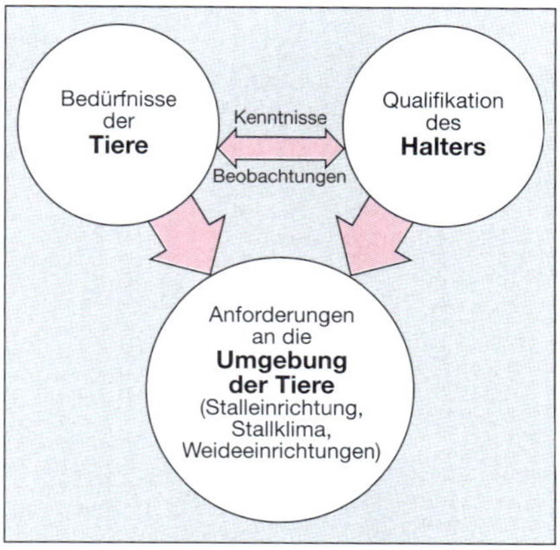

Abb. 1078 Übersicht über Inhalte der Tierschutz-Nutztierhaltungs-Verordnung.

Abb. 1079 Kälber können bis zum Alter von 8 Wochen auch in Einzelboxen gehalten werden.

Abb. 1080 Kälber, die älter als 8 Wochen sind, dürfen in größeren Beständen nur in Gruppen gehalten werden.

Abb. 1081 Die Gruppen der älteren Kälber können wie auch junge Kälber unter 8 Wochen Alter in Iglus gehalten werden – hier sind es Groß-Iglus.

Abb. 1082 Das Fressverhalten von Rindern wird von mehreren längeren Ruhephasen unterbrochen. Auf einer Weide sollte auch eine Unterstellmöglichkeit vorhanden sein.

Abb. 1083 Mutterkuhherde (Charolais).

Abb. 1084 Übersicht über Klima-Kenndaten für Rinderställe.

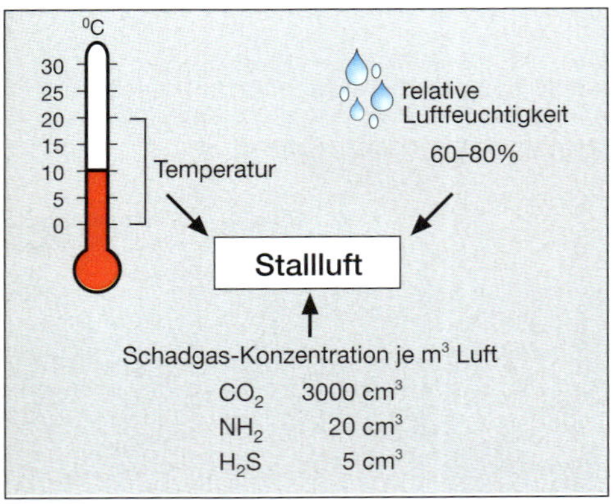

4.2.2 Rinder

Eine spezielle **Haltungsverordnung** ist noch nicht erlassen. Dennoch sind nachfolgende Haltungsgrundsätze zu beachten:
Ein Rind kann bis zu einer **Herdengröße** von ca. 80 Tieren die Herdenmitglieder individuell unterscheiden. Die Rangordnung in einer Herde ist abhängig von Gewicht, Horngröße, Alter, Dauer der Herdenzugehörigkeit, Temperament, Mut und Kampferfahrung.
Bei gehörnten Tieren beträgt die *Ausweichdistanz*, die ein rangniedriges Tier gegenüber einem ranghöheren einhalten muss, 1–3 m, bei hornlosen Tieren maximal 1 m. Deshalb haben hornlose Rinder einen geringeren Platzbedarf von ca. 6 m²/Tier im Laufstall gegenüber 10–12 m²/Tier bei gehörnten Tieren. Laufgänge müssen breit genug sein (mindestens 2,50 m) und dürfen nicht als Sackgasse enden.
Bei ganztägiger **Weidehaltung** sind Rinder insgesamt 8–11 Stunden mit der Futteraufnahme beschäftigt, wobei sie sich gemächlich bewegen. Die Liegezeiten betragen insgesamt 10–12 Stunden.
Die thermoneutrale Zone (Bereich, in dem die Körpertemperatur am wenigsten reguliert werden muss) liegt zwischen 4–15 °C. Hitze ist für Rinder eher ein Problem als Kälte. Das direkte Sonnenlicht fördert aber die Leistung und das Wohlbefinden der Tiere.
Wenn Jungrinder zu kurze Fresszeiten haben, können sich Verhaltensstörungen entwickeln wie Zungenspielen oder gegenseitiges Besaugen. Durch ad-libitum-Fütterung von Grundfutter werden die Tiere ausreichend beschäftigt. Dabei nehmen sie genügend Rohfaser auf.
Der Rohfasergehalt der Futterration soll bei mindestens 18 % der Futtertrockensubstanz liegen.
Kraftfutter wird dosiert nach Leistung gegeben. Grundsätzlich ist auch eine ausreichende Wasserversorgung sicherzustellen (Tagesbedarf: 60–100 l/Rind).
Rinder können gut in einem Außenklimastall untergebracht werden mit Fress-, Lauf- und weichem Liegebereich sowie einem befestigten Auslauf im Freien. Der Stallboden muss rutschfest, eben und verletzungssicher sein. Die Spaltenweite bei Kühen soll maximal 3,5 cm betragen, die Auftrittbreite 8 cm. Die Fressplatzweite pro Kuh beträgt 70–80 cm. Kranken- und Abkalbebuchten sollen sich in Sichtnähe zur Herde befinden.
Auf der **Weide** muss es einen *Witterungsschutz* geben. Bei ganzjähriger Weidehaltung muss im Winter zugefüttert werden. Sowohl *Futter-* als auch *Tränkeplatz* müssen befestigt sein oder häufig gewechselt werden.
Der Zaun muss ausbruchsicher sein. Ein *Elektrozaun* genügt bei Bullen nicht.
Kälber neigen dazu, sich einen Ruheplatz mit höherem Bewuchs zu suchen und können daher die Weide verlassen oder sich an Uferböschungen ablegen (lying out). Deshalb sind häufigere Kontrollen erforderlich sowie das Abmähen von Uferböschungen oder Anlegen eines Kälberschlupfes, der nicht gemäht wird.

4.2.3 Schweine

Die **Richtlinien über die Mindestanforderungen für den Schutz von Schweinen** wurden vom Rat der Europäischen Union 2001 festgelegt und müssen bis zum 1. Januar 2003 in nationales Recht umgesetzt sein.
Schweine sollen in **Gruppen** gehalten werden, auch Sauen ab 4 Wochen nach dem Decken bis 1 Woche vor der Geburt (Ausnahme: Betriebe mit weniger als 10 Sauen). Die Gruppen sollen zum Zeitpunkt des Absetzens zusammengestellt werden und möglichst unverändert bleiben. Dabei sind Maßnahmen zu treffen, um Aggressionen auf ein Minimum zu beschränken, z. B. durch ausreichendes Beschäftigungsmaterial wie Stroh, Heu, Holz. Besonders aggressive Schweine oder Tiere, die von anderen Schweinen angegriffen werden oder krank bzw. verletzt sind, dürfen in *Einzelbuchten* aufgestallt werden. Die Einzelbucht muss so groß sein, dass ein Schwein sich ungehindert umdrehen kann. Sichtkontakt zu den anderen Schweinen muss gegeben sein.
Die *Mindestfläche* pro Tier ist abhängig vom Gewicht genau festgelegt. Jeder tragenden Sau muss bei der Gruppenhaltung eine uneingeschränkt benutzbare Bodenfläche von mindestens 1,64 m^2 (Jungsau) bzw. 2,25 m^2 (Altsau) zur Verfügung stehen. Bei Gruppenhaltung von weniger als 6 Tieren ist die Bodenfläche um 10 % zu vergrößern, bei mehr als 40 Tieren darf sie um 10 % verkleinert werden. Eberbuchten sollen 6 m^2 haben, Deckbuchten 10 m^2.
Alle Schweine erhalten mindestens einmal am Tag **Futter**. Bei Gruppenhaltung und rationierter Futterzuteilung muss jedes Tier einen Fressplatz haben.
Trächtige Sauen müssen genügend Grundfutter oder Futter mit hohem Rohfaseranteil sowie Kraftfutter erhalten. Alle mehr als 2 Wochen alten Schweine müssen ständig Zugang zu ausreichend Trinkwasser haben.
Schweine brauchen einen *Liegebereich*, in dem alle Tiere gleichzeitig liegen, genügend ruhen und normal aufstehen können.
Der **Stall** muss angemessen temperiert sein. Die Hygiene im Stall beeinflusst auch die Tiergesundheit und die Fleischqualität. Deshalb soll der Stall sauber sein und ein gut funktionierendes Ableitungssystem haben. Der Stallboden muss glatt, rutschfest und eben sein. Die Spaltenweite darf bei Saugferkeln nicht größer als 11 mm sei, bei Absatzferkeln 14 mm, bei Mastschweinen und Zuchtläufern 18 mm und bei gedeckten Jungsauen und Sauen 20 mm. Die Auftrittsbreite muss bei Saug- und Absatzferkeln mindestens 50 mm, bei Mastschweinen, Zuchtläufern und Sauen mindestens 80 mm betragen.
Es muss für ein optimales, die Schweine nicht schädigendes *Stallklima* gesorgt werden.
Schweine müssen für 8 Stunden am Tag eine *Lichtstärke* von mindestens 40 Lux haben.
Die Schweine sind vor dauerhaftem oder plötzlichem *Lärm* zu schützen (nicht mehr als 85 dB A).
Ferkel können ab 28 Lebenstagen *abgesetzt* werden bzw. auch schon ab 21 Tagen, wenn der neue Stall im Rein-Raus-Verfahren belegt wird und getrennt von Sauenställen angeordnet ist. Inner-

Abb. 1085 Der § 3 der Schweinehaltungs-VO besagt: Der Aufenthaltsort der Ferkel muss so beschaffen sein, dass alle Ferkel gleichzeitig ungehindert saugen und sich ausruhen können.

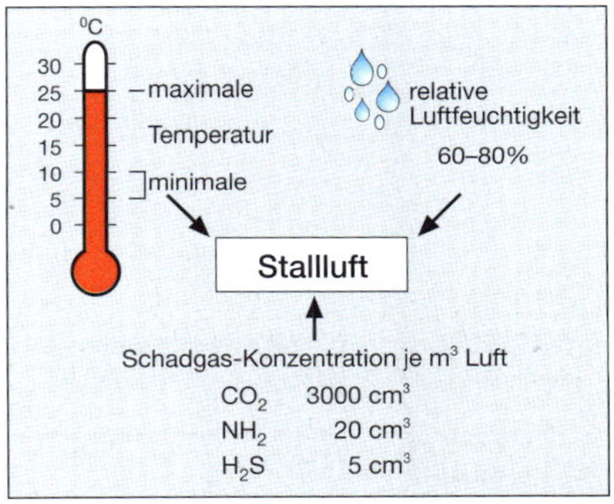

Abb. 1086 Überblick über die Klima-Kenndaten für Schweineställe.

Abb. 1087 Mit zunehmender Lebendmasse steigt der Bedarf an Stallbodenfläche bei Schweinen stark an.

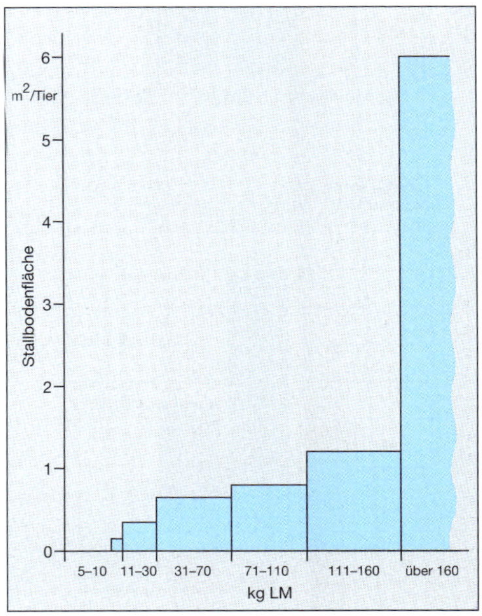

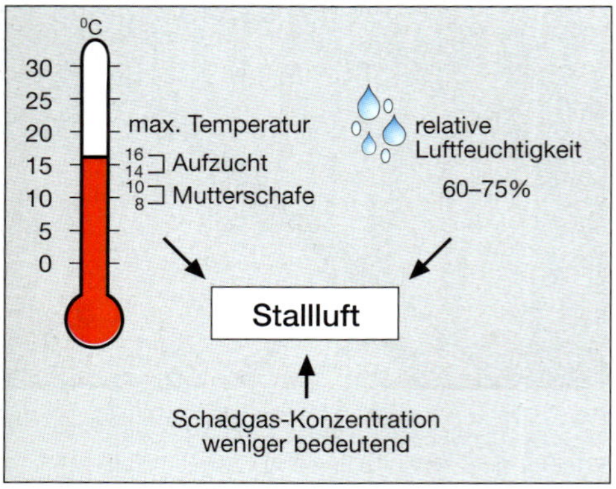

Abb. 1088 Überblick über die Klima-Kenndaten für Schafställe.

Abb. 1089 Platzbedarf für die Schafhaltung bei Weidehaltung im Sommer und Stallhaltung im Winter.

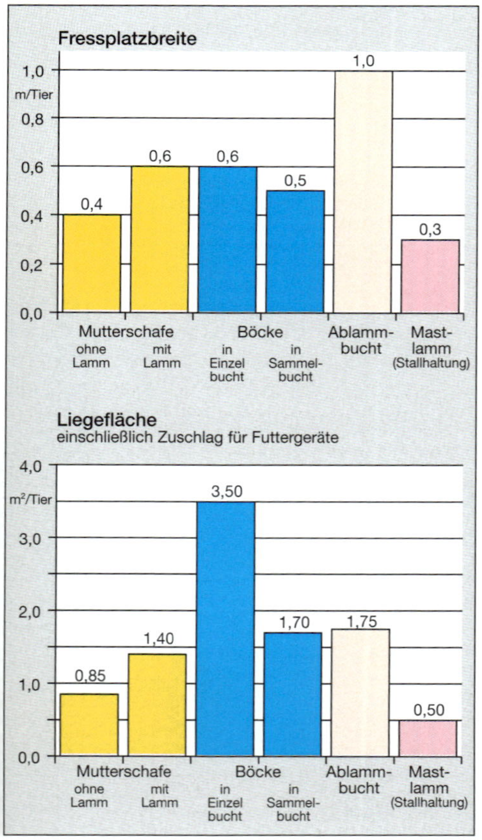

halb der ersten 7 Lebenstage dürfen die *Eckzähne* abgeschliffen werden (nur bei aggressiven Ferkeln) und ohne Betäubung die Hoden schonend entfernt werden.

Das *Kupieren* von einem Teil des Schwanzes darf ohne Betäubung innerhalb der ersten 4 Tage (deutsches Tierschutz-Gesetz) erfolgen. Diese Eingriffe dürfen nur von sachkundigen Personen durchgeführt werden. Sind die Haltungsbedingungen ursächlich für das Schwanzbeißen verantwortlich, müssen sie geändert werden.

Beruhigungsmittel beim Einstellen fremder Schweine dürfen nur in Ausnahmefällen und nach Konsultation eines Tierarztes gegeben werden.

4.2.4 Schafe

Schafe sind **Herdentiere**. Eine ständige Einzelhaltung ist deshalb strikt abzulehnen (Ausnahme: Rauwolliges Pommer'sches Landschaf und Ostfriesisches Milchschaf). Bei der vorübergehenden Einzelhaltung von Zuchtböcken, Muttertieren beim Ablammen und von kranken Tieren muss Sichtkontakt zu Artgenossen bestehen.

Schafe sollten nicht das ganze Jahr über im Stall gehalten werden. Bei überwiegender **Stallhaltung** sollten sie freien Zugang zu Ausläufen haben. Wegen der Tiefstreuhaltung ist für eine ausreichende Stallhöhe sowie für Belüftung und täglich frische Einstreu zu sorgen. Tagsüber muss ausreichend Licht vorhanden sein.

Im Stall müssen die Schafe genügend Raum für angemessene Bewegung haben. Die **Gruppengröße** soll 50 Tiere nicht überschreiten. Die Fresseinrichtungen müssen so bemessen sein, dass alle Tiere gleichzeitig fressen können.

Für die bedarfsgerechte **Ernährung** müssen immer einwandfreies Trinkwasser sowie ausreichend Raufutter zur Verfügung stehen, vor allem auch neben der Versorgung mit frischem, nährstoffreichem Futter oder hohem Getreideanteil.

Trächtige Schafe benötigen in den letzten 6 Wochen vor dem Lammen 1,5–2-mal mehr Stärkeeinheiten als nichttragende oder niedertragende Schafe. In der Säugezeit besteht der höchste Nährstoff- und Energiebedarf. Während der ersten 4 Lebensstunden müssen die *Lämmer* die Biestmilch aufnehmen.

Bei mutterloser Aufzucht (Waisen, nicht angenommene Lämmer) muss mindestens 4-mal täglich Schafersatzmilch verabreicht werden, wobei die Einzelportionen nicht größer als 0,2 l sein sollen. Die Versorgung mit Mengen- und Spurenelementen (nur Produkte für Schafe) ist zu beachten.

Der *Trinkwasserbedarf* beträgt ca. 1,5–4 l pro Tier und Tag. Bei Hitze und Laktation kann er auf 7–10 l steigen. Auch auf der Weide muss eine Tränke vorhanden sein. Offene Gewässer eignen sich nicht als Tränke aus Gründen des Gesundheitsschutzes der Schafe.

Bei ganzjähriger **Weidehaltung** benötigen die Schafe einen *Witterungsschutz*. Überdachte Unterstände müssen zur Hauptwindrichtung hin geschlossen sein und jedem Schaf einen trockenen Liegeplatz ermöglichen.

Der **Gesundheitszustand** der Tiere ist mintestens einmal täglich zu kontrollieren. Die Klauen müssen 2× jährlich beschnitten werden. Die Schafschur erfolgt in der Zeit von Mitte Mai bis Ende Juni. Maßnahmen gegen Wurmbefall müssen durchgeführt werden, bei Bedarf auch gegen Ektoparasiten und Moderhinke. Während der Lammzeit kann eine sachkundige Person 400 Mutterschafe betreuen. Nach der Geburt sollen die Schafe mit ihren Lämmern mindestens noch 24 Stunden in der Ablammbucht beobachtet werden. Hygiene ist auch bei den Schafen eine der wichtigsten Vorsorgemaßnahmen.

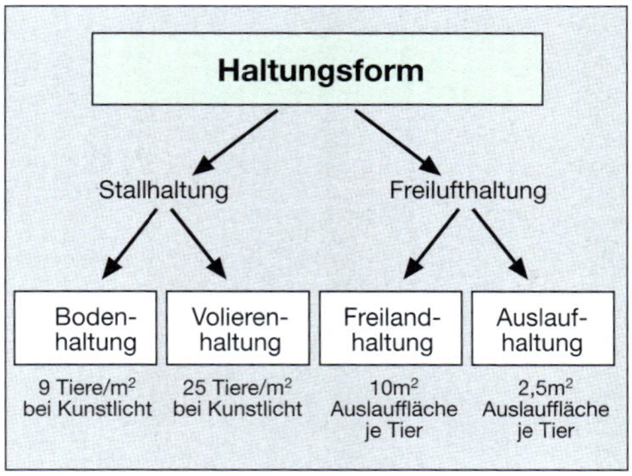

Abb. 1090 Kenndaten für die Legehennenhaltung.

4.2.5 Legehennen

Nach der Tierschutz-Nutztierhaltungs-Verordnung vom 28. Februar 2002 endet die *Übergangsfrist* für bestehende Käfighaltungen mit 550 cm^2/Henne am 31. Dezember 2006, für ausgestaltete Käfige am 31. Dezember 2011.
Die **Haltungseinrichtung** (Mindestgröße 2 × 1,5 × 2 m) muss so ausgestattet sein, dass alle Legehennen artgemäß fressen, trinken, ruhen, staubbaden und ein weiches Nest aufsuchen können. Der Flächenbedarf für 9 Hennen beträgt 1 m^2. 18 Hennen/m^2 dürfen gehalten werden, wenn die für die Hennen nutzbare Fläche auf mehrere Ebenen (höchstens 4) verteilt ist. Dabei ist eine lichte Höhe von mindestens 45 cm/Ebene einzuhalten.
Es dürfen nicht mehr als 6000 Hennen ohne räumliche Trennung gehalten werden. Es muss einen Bereich mit *Einstreu* geben ($^1/_3$ der von den Hennen nutzbaren Grundfläche), *Einzelnester* (35 × 25 cm für höchstens 7 Hennen) oder *Gruppennester* (1 m^2 für höchstens 120 Hennen) und *Sitzstangen* (im Abstand von 30 cm), die allen Legehennen gleichzeitiges Ruhen ermöglichen.
Die Krallen müssen sich abnutzen können. Die *Auslaufflächen* sind ausreichend groß anzulegen, dass sie von allen Tieren gleichzeitig genutzt werden können. Mehrere Zu- und Ausgänge zu einem *Scharrraum* oder *Auslauf* im Freien sind vorzusehen (35 cm hoch und 40 cm breit).
Die **Lüftung** muss die Einhaltung der Mindest-Luftraten gewährleisten. Der Ammoniakgehalt der Luft soll im Aufenthaltsbereich der Tiere 10 ppm nicht überschreiten und darf dauerhaft nicht über 20 ppm liegen.
Es muss ausreichend *Licht* vorhanden sein. Die Fensterfläche soll deshalb 3 % der Grundfläche betragen. Ausnahmsweise kann für alte Gebäude künstliche Beleuchtung genehmigt werden. Nachts muss sie für 8 Stunden auf weniger als 0,5 Lux zurückgeschaltet werden. Dabei ist eine ausreichende Dämmerphase vorzusehen, während der die Hennen ihre Ruhestellung einnehmen können.
Die *Fütterungs-* und *Tränkeeinrichtungen* müssen allen Tieren zugänglich sein. Die Kantenlänge der Futtertröge soll bei Längströgen 10 cm und bei Rundtrögen 4 cm pro Tier nicht unterschreiten. Bei Rinnentränken sind je Tier 2,5 cm Kantenlänge, bei Rundtränken 1 cm vorzusehen. Bei Nippel- oder Bechertränken sind für bis zu 10 Hennen mindestens 2 Tränkestellen einzurichten, für jeweils 10 weitere Tiere eine zusätzliche Tränke.
Neben der *Hygiene* ist die sachkundige *Betreuung* eine wichtige Voraussetzung für eine ökologisch und ökonomisch erfolgreiche Hühnerhaltung.

Abb. 1091 Klima-Kenndaten für Pferdeställe zeigen eine sehr geringe Toleranz gegenüber Schadgasen.

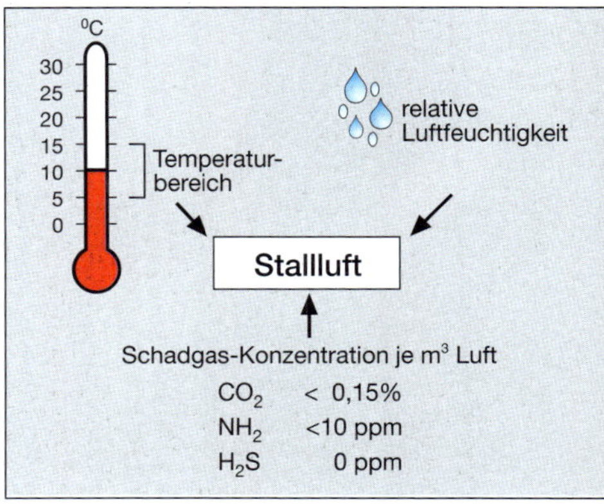

Abb. 1092 Alle Pferde brauchen täglich Auslauf.

4.2.6 Pferde

Die **Leitlinie zur Beurteilung von Pferdehaltungen** unter den Gesichtspunkten des Tierschutzes vom 10. November 1995 soll den Tierhaltern als Eigenkontrolle und den Behörden als Beurteilungsmaßstab dienen.

Pferde sind Herdentiere. Eine Einzelhaltung ist deshalb nicht art- und verhaltensgerecht. Im Freien sind Pferde 12–16 Stunden am Tag mit der Futtersuche beschäftigt und legen dabei ca. 4–7 km Weg zurück. Die *Bewegung* fördert alle Stoffwechselabläufe. Bewegungsmangel führt daher zwangsläufig zu Gliedmaßenerkrankungen, vermindert die Selbstreinigungsmechanismen der Atemwege und führt zu Stoffwechselstörungen. Pferde brauchen grundsätzlich täglich Auslauf.

Der *Stall* muss einen ausreichenden Luftraum haben. Als Maß für die Deckenhöhe gilt 1,5 × Wh (Widerristhöhe). Ein geeignetes Lüftungssystem, tägliches Ausmisten, trockene Einstreu und staubarmes Futter sind wichtig für ein gutes *Stallklima*. Der Kohlendioxidgehalt muss unter 0,10 Vol.-% liegen, der Ammoniakgehalt unter 10 ppm und der Gehalt an Schwefelwasserstoff soll 0 betragen. Die Luftströmungsgeschwindigkeit soll bei mindestens 0,1 m/s, die *Luftfeuchtigkeit* zwischen 60–80 % liegen. Die Stalltemperatur soll der Außentemperatur ganzjährig gemäßigt angepasst werden durch ständige Frischluftzufuhr.

Sonnenlicht beeinflusst die Widerstandskraft, die Leistungsfähigkeit und die Fruchtbarkeit positiv. Deshalb ist für ausreichende Belichtung durch Weidegang, Auslauf und entsprechende Fensterflächen (ca. 5 % der Stallfläche) zu sorgen.

Der Verdauungsapparat der Pferde ist auf eine kontinuierliche, langsame *Futteraufnahme* eingestellt. Entsprechend sollte rohfaserreiches Futter zur beliebigen Aufnahme zur Verfügung stehen. Größere Kraftfuttergaben sind auf mehrere, mindestens drei Rationen zu verteilen. Mehrmals täglich müssen die Pferde Gelegenheit haben, ihren *Wasserbedarf* von ca. 30–60 l/Tag zu decken.

Bei ganztägigem *Weidegang* muss eine Schutzmöglichkeit gegen das Wetter vorhanden sein. Eine Schutzhütte muss Platz für alle auf der Weide befindlichen Pferde bieten. Stacheldraht und Knotengitterdraht sind als alleinige Einzäunung wegen Verletzungsgefahr ungeeignet. Für *Einfriedungen* muss gesundheitsunschädliches Material verwendet werden (keinesfalls teerölimprägnierte Hölzer!)

Fohlen und Jungpferde sind vorsichtig an Anbindemaßnahmen zu gewöhnen, um Halsverletzungen zu vermeiden.

Abb. 1093 Das Säubern der Hufe ist eine wichtige Maßnahme der Hufpflege.

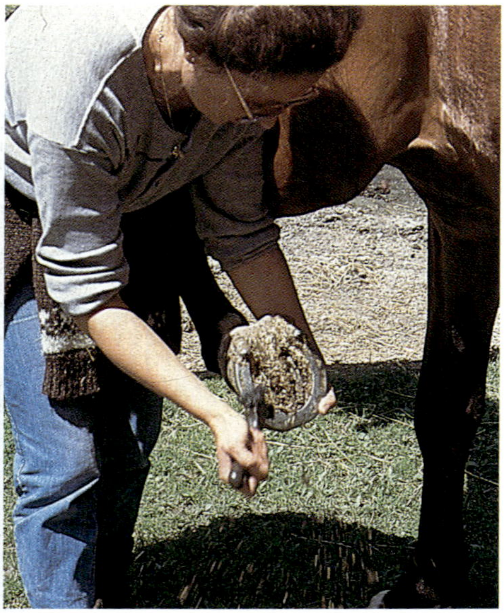

4.3 Verordnung zum Schutz von Tieren beim Transport

Durch die **Verordnung zum Schutz von Tieren beim Transport** vom 11. Juni 1999 ist es verboten, zu befördern oder befördern zu lassen:

- *kranke* oder *verletzte* Tiere; Ausnahme: Transport zur tierärztlichen Behandlung oder wenn der Transport zur Vermeidung weiterer Schmerzen, Leiden oder Schäden notwendig ist,

- Tiere unmittelbar vor, während und bis 48 Stunden nach dem *Gebären*,
- Jungtiere, bei denen der *Nabel* noch nicht vollständig abgeheilt ist, insbesondere unter 2 Wochen alte Kälber; Ausnahme: Fohlen;
- noch *nicht abgesetzte Jungtiere*, die noch nicht selbstständig ohne die Muttertiere fressen und trinken können (Transport nur zusammen mit dem Muttertier),
- festliegende Tiere und Tiere, die nach Ausgrätschen nicht oder nur unter Schmerzen laufen können,
- Tiere mit Gliedmaßen- oder Beckenbrüchen oder stark schmerzenden Brüchen,
- mit starken Blutungen,
- Tiere mit großen, tiefen Wunden,
- Tiere mit stark gestörtem Allgemeinbefinden (z. B. Fieber, anhaltende Futterverweigerung, Teilnahmslosigkeit, erheblich beschleunigte Atmung),
- Tiere, die offensichtlich längere Zeit unter anhaltenden Schmerzen leiden.

> ! **Ein Tier ist transportunfähig, wenn es aus eigener Kraft nicht in das Transportmittel gelangen kann.**

Im Zweifelsfall muss ein *Tierarzt* die Transportfähigkeit beurteilen und schriftlich bescheinigen. Kranke oder verletzte Nutztiere sowie Tiere in der Geburt mit ungestörtem Allgemeinbefinden dürfen – soweit sie transportfähig sind – zur nächstgelegenen Schlachtstätte befördert werden. Der Transport darf 2 Stunden nicht überschreiten. Nicht transportfähige Tiere und Tiere, die während eines Transports schwer erkranken oder sich schwer verletzen, müssen unverzüglich tierärztlich behandelt werden oder an Ort und Stelle notgeschlachtet oder anderweitig getötet werden.

Wer Tiere transportiert, muss über die hierfür erforderliche **Sachkunde** verfügen. Sie wird von der zuständigen Behörde überprüft. Von einer Prüfung kann abgesehen werden bei Landwirten, Tierärzten, Fleischern, Pferdewirten, Tierwirten und Tierpflegern oder bei Personen mit mindestens 3jähriger gewerblicher Tiertransporttätigkeit ohne Beanstandungen vor In-Kraft-Treten dieser Verordnung. Die Sachkundebescheinigung muss bei jedem Transport mitgeführt werden.

Allgemein gilt für den **Transport gesunder Tiere:**

- *Schonend verladen:* rutschsichere Rampen mit Seitenschutz und Neigungswinkel von 20 °,
- *Treibhilfen* dürfen nur zum Leiten der Tiere verwendet werden; elektrische Treibhilfen sind verboten (Ausnahme: gesunde Rinder, die älter sind als 1 Jahr oder über 4 Monate alte, gesunde Schweine bei nur kurzfristigem Einsatz an der Hinterbeinmuskulatur; die Tiere müssen Platz zum Ausweichen haben; die automatischen Stromstöße dürfen nur maximal alle 2 Sekunden erfolgen),

Abb. 1094 Gatter im Laderaum und eine rutschsichere Laderampe erleichtern das Be- und Entladen für Tier und Mensch.

Abb. 1095 Tiergerechter Transportwagen für Mastschweine.

Abb. 1096 Die Belastung des Kreislaufs von Schweinen beim Transport ist enorm.
Beispiel: Herzfrequenz beim Beladen, 2 Stunden Transport, Warten im stehenden LKW.

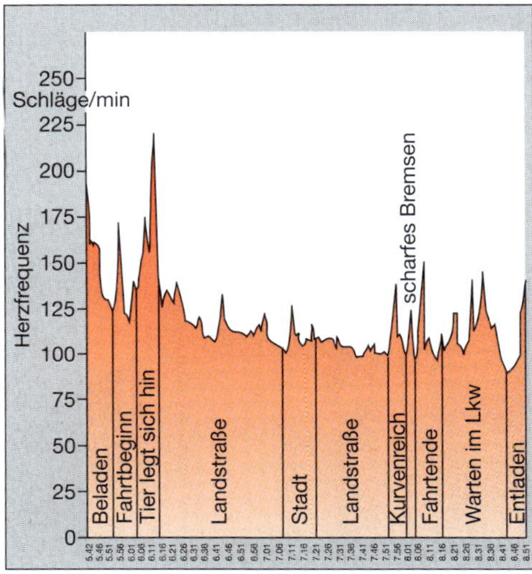

Abb. 1097 Das Verladen sollte so schonend wie möglich erfolgen.

- das *Transportmittel* muss verletzungssicher, ausreichend belüftet, eingestreut und leicht zu reinigen und zu desinfizieren sein; es muss Schutz vor Witterungseinflüssen bieten sowie Abtrennungsmöglichkeiten haben,
- *ausreichende Bodenfläche* sichern (nach Tierart und Lebendmasse vorgeschriebene Mindestbodenfläche),
- *Trennung der Tiere* nach Art, Alter, Masse und Geschlecht (bei erwachsenen Tieren) aggressive Tiere sind getrennt zu befördern;
- die Gruppengröße pro Abteil beträgt: 5 erwachsene Pferde; 15 Kälber; 6 erwachsene Rinder bei Querverladung; 8 erwachsene Rinder bei Gruppentransport; 50 Schafe; 15 Mastschweine; 5 Sauen; 120 Ferkel zu je 10 kg; 50 Ferkel zu je 25 kg; 35 Ferkel zu 30 kg;
- ausreichend füttern, tränken und pflegen,
- 24 Stunden *Ruhepause* mit Abladen und Versorgen nach höchstens 8 Stunden Transport (hier Sonderregelungen für besonders ausgestattete Tiertransporter).

Abb. 1098 Vorschriftsmäßiger Transportwagen mit Einstreu, Lüftung und Abteilungen.

!

Bei jedem Transport gilt:
Vorsicht und Ruhe bewahren.

4.4 Grundlagen des Tierschutzes bei der Vermarktung

Das Tierschutz-Gesetz vom 12. April 2001 legt fest, dass gewerbsmäßiger Tierhandel und gewerbsmäßiges Unterhalten oder Betreiben eines Reit- oder Fahrbetriebes der Erlaubnis der zuständigen Behörde bedürfen.

Eine **Genehmigungsvoraussetzung** ist, dass der erforderliche Sachkundenachweis vorliegt und der Betreiber zuverlässig ist. Die Räume und Einrichtungen müssen so ausgestattet sein, dass eine artgerechte Unterbringung, Ernährung und Pflege der Tiere möglich ist. Auch die mit der Vermarktung befassten Personen müssen sachkundig sein.

Abb. 1099 Laderampen sind wertvolle Hilfen beim Verladen, besonders wenn sie mit Stroh eingestreut sind.

Aufgaben:
1. Welche Regelungen enthält das Tierschutz-Gesetz?
2. Nennen Sie wesentliche Bestimmungen aus den Tierschutz-Nutztierhaltungs-Verordnungen für die verschiedenen Tiere.
3. Was ist beim Tiertransport zu beachten?
4. Geben Sie einen Überblick über Ähnlichkeiten der Haltungsbedingungen für die verschiedenen Tierarten.

5 Grundlagen der Tiergesundheit

5.1 Merkmale gesunder und kranker Tiere

Gesundheitsmerkmale – Zum Feststellen von Erkrankungen ist zu beobachten, ob die Tiere vom *normalen Verhalten* abweichen. Dabei sollte auf folgende **Merkmale** geachtet werden:

- *Futteraufnahme:* zügig, regelmäßiges Wiederkäuen bei Rind und Schaf;
- *Ernährungszustand:* entsprechend der Fütterung und Nutzung;
- *Haut:* weich, elastisch, gut durchblutet;
- *Haarkleid:* glatt, glänzend;
- *Verhalten:* aufmerksam, artgemäß;
- *Kot* und *Harn:* regelmäßig, tierartspezifische Festigkeit und Farbe;
- *Körperhaltung:* entspannt, gleichmäßige Belastung der Gliedmaßen.

Krankheitsmerkmale – Kranke Tiere sondern sich ab, stehen in untypischer Haltung (z. B. hochgekrümmter Rücken bei Schmerzen im Bauchraum) oder bewegen sich anders als normal (steifer Gang, Lahmen, Schwanken). Sie fressen wenig oder nichts, das Fell ist stumpf, sie sind nicht so aufmerksam oder übertrieben schreckhaft.

Zu dem veränderten Allgemeinzustand kommen spezielle Krankheitsanzeichen wie z. B. Husten, Nasenausfluss oder Durchfall. Äußerlich sichtbare Merkmale einer akuten Entzündung sind *Rötung, Schwellung, vermehrte Wärme, Schmerz* und *gestörte Funktion*.

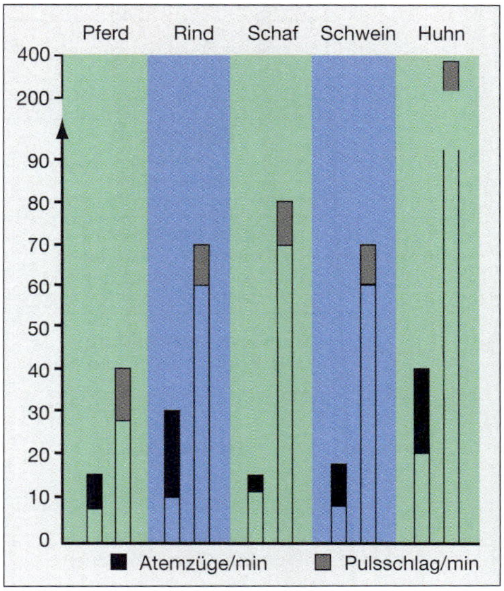

Abb. 1100 Atemzüge und Pulsschläge bei gesunden Tieren (in Ruhe, Mittelwerte mit Schwankungsbereichen).

5.2 Krankheitsursachen

Die Gesundheit hängt ab von der ererbten und erworbenen *Widerstandsfähigkeit* (Resistenz) einerseits sowie den schädigenden *Umwelteinflüssen* und den *Krankheitserregern* andererseits. Viele Erkrankungen ergeben sich aus dem Zusammenwirken einer Reihe ungünstiger Bedingungen (siehe Tabelle 86).

5.2.1 Infektionserreger

Ansteckende Krankheiten (Infektionskrankheiten) können durch *Viren* (z. B. Tollwut, Leukose, Maul- und Klauenseuche), *Bakterien* (z. B. Tuberkulose, Milzbrand, Rotlauf) oder *Pilze* (z. B. Flechte) hervorgerufen werden. Die Übertragung der Krankheitserreger kann *direkt* (von Tier zu Tier) oder *indirekt* (z. B. über Geräte oder Futtermittel) erfolgen.

Neben den klassischen Krankheitserregern gibt es auch bestimmte Bakterien, Viren, Chlamydien, Mykoplasmen, Kryptosporidien, die im Körper allein keine Erkrankung auslösen. Erst durch schwächende Umstände wie mangelnde Hygiene oder Ernährung, schlechtes Stallklima, Stress usw. kann es zu krankhaften

Abb. 1101 Körpertemperaturen gesunder und erwachsener Tiere (in Ruhe, Mittelwerte mit Schwankungsbereichen). Links als Vergleich die menschliche Normaltemperatur.

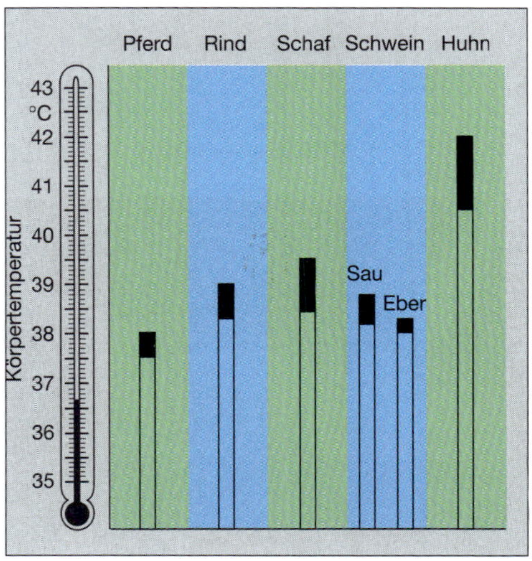

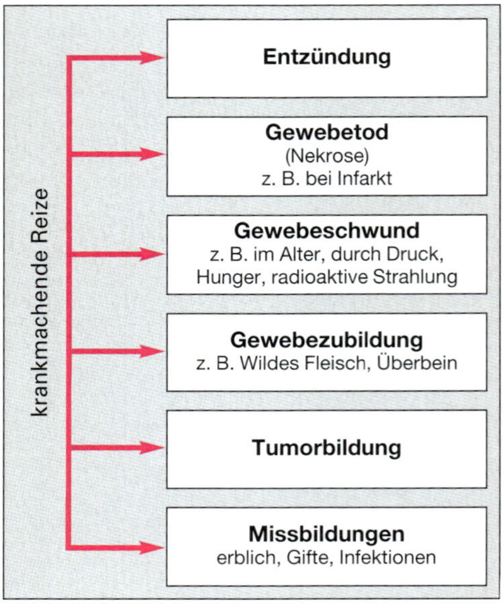

Abb. 1102 Übersicht über Reaktionsmöglichkeiten des Organismus auf krank machende Reize.

Tabelle 86: Merkmale und Ursachen von Krankheiten (Auswahl)

Ursachen		Krankheiten und Merkmale
physikalische und chemische Reize	Schläge, Sturz	Wunde, Knochenbruch, Bluterguss, Quetschung, Prellung, Lähmung
	Hitze	Verbrennungen, Hitzschlag
	Zugluft, extreme Temperaturen	Reizung bis Entzündung der Schleimhäute, erhöhte Infektionsanfälligkeit
	Aufnahme von Schadstoffen z. B. Güllegase	Vergiftung, Atemlähmung
Fütterungsfehler	Schadfutter: verdorben	Verdauungsstörungen wie: Verstopfung, Durchfall, Aufblähen
	vergiftet	
	– Botulismus, durch Kadaver im Futter	Lähmungen, tödlicher Ausgang
	– Schimmelpilztoxine	Leberschäden, Aborte
	Mangel an Vitamin D, ungünstiges Ca : P-Verhältnis	Rachitis, Knochenweiche
	Mangel Eisen	Blutarmut, blasse Haut und Schleimhäute, Müdigkeit
	Mangel Magnesium	Erregungen, Krämpfe, Festliegen
Infektionen	Viren	Schweinepest, MKS
	Bakterien	Rotlauf, Tuberkulose
	Pilze	Glatzflechte: kreisrunde, haarlose Stellen, Borken
Parasitosen	Würmer: allgemeine Symptome	Durchfall, Verdauungsstörung, Leistungsrückgang
	Leberegel	Leber-, und Gallengangsentzündung
	Lungenwürmer	Bronchitis, schwere Lungenschädigung
	Magen-, Darmwürmer	Durchfall, Blutarmut, Abmagerung
	Insekten: Läuse	Beunruhigung, Blutarmut
	Milben	Hautschäden
	Feder-, Haarlinge	Feder- bzw. Haarausfall

Abb. 1103 An der Schweinepest verendetes Ferkel.

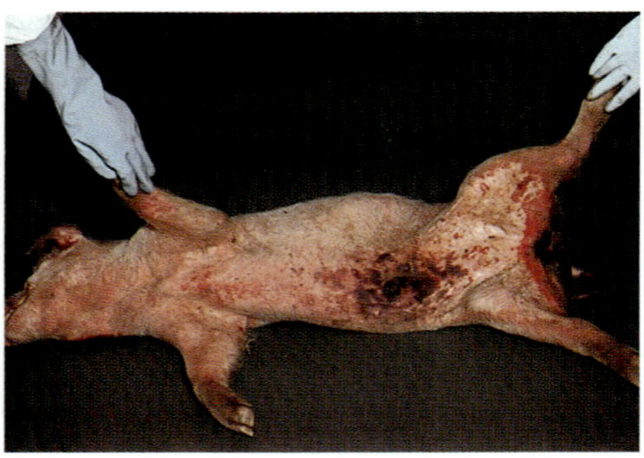

Erscheinungen kommen, die man unter dem Begriff *Faktorenkrankheiten* zusammenfasst.

5.2.2 Parasitäre Erkrankungen

Bedeutung – Parasitenbefall wirkt sich leistungsmindernd aus und kann bei jüngeren und geschwächten Tieren zu schweren *Krankheitserscheinungen* auch mit Todesfolge führen (z. B. Kokzidiose, Lungenwurmbefall). Die Schwere der Erkrankung ist auch abhängig von der Menge der aufgenommenen Parasiten, von deren Art (es gibt z. B. viele Kokzidienarten mit unterschiedlichen Eigenschaften in Bezug auf Schwere, Sitz und Dauer der Erkrankung) und den Haltungsbedingungen.
Ältere Tiere bilden im Laufe der Zeit Abwehrstoffe gegen die meisten Parasiten aus. Diese erworbene **Immunität** kann aber

durch besondere Belastungen (z. B. Mangelernährung, Trächtigkeit) oder sehr massive Neuinfektionen durchbrochen werden.

> ! *Ektoparasiten* schmarotzen *auf der Haut* des Wirtes, während *Endoparasiten* dies *im Innern* des Wirtes tun.

Endoparasiten – Weit verbreitet sind verschiedene **Wurmarten** im Magen-Darmkanal. Sie entziehen dem Darm Nährstoffe (Bandwürmer), schaffen Verletzungen der Magen-Darmwand (Knötchenwürmer) oder saugen Blut (Hakenwürmer). Sie können den Darm verstopfen (Spulwürmer) und belasten den Körper durch ihre Stoffwechselprodukte.
Normalerweise werden die ansteckungsfähigen Stadien der Endoparasiten (Eier, Larven) über das Futter aufgenommen. Dies geschieht z. B. auf der Weide durch mit Kot verunreinigtem Futter, aus dem Kot ausgewanderte oder vom Regen ausgeschwemmte Larven im Gras).
Im Darm entwickeln sich Larven, die bei vielen Würmern eine *Körperwanderung* im Wirtstier durchlaufen. Hierbei werden besonders die Leber (Spulwürmer) sowie die Lunge (Lungenwürmer) geschädigt. Die Larven gelangen durch Abhusten wieder in den Magen-Darmkanal und entwickeln sich dort zur Geschlechtsreife. Die Eier werden mit dem Kot ausgeschieden.
Die **Magen-Darm-Würmer** des Rindes befallen vorwiegend Labmagen und Dünndarm. Die *Krankheitserscheinungen* bestehen aus Durchfall, fortschreitender Abmagerung und Austrocknung, die in schweren Fällen zum Tode führen können.
Bekämpfung: Sie erfolgt hauptsächlich bei Jungtieren mit chemischen Präparaten, sog. Anthelmintika im Abstand der Präpatenzzeit (Zeit von der Aufnahme des Wurmeies bzw. der -larve bis zur Eiausscheidung). Die Magen-Darm-Würmer werden 3, 6, und 9 Wochen nach Weideaustrieb bekämpft und/oder durch Eingabe eines Bolus (große Pille), dessen Wirkung 90 – 140 Tage anhält. Gegen den **Großen Lungenwurm** gibt es auch einen Impfstoff (Impfung von allen mindestens 10 Wochen alten, gesunden Kälber 8 und 4 Wochen vor Weideaustrieb).
Infizierte Jungtiere scheiden besonders viele Wurmeier aus. Erst mit 2 Jahren bildet sich eine Immunität aus, die vor Erkrankungen schützt, aber die Ansiedlung von Würmern nicht vollständig verhindert, so dass auch ältere Tiere Wurmeier ausscheiden können. Daher sollten Kälber nur auf unbelastete Weiden kommen. Durch vorheriges Mähen, Silieren oder Beweiden mit anderen Tierarten (Staubsaugereffekt) lässt sich die Larvenzahl verringern. Bei spätem Austrieb im Frühjahr (Trockenheit, Wärme) sind die meisten überwinterten Larven abgestorben. Ein zu starkes Beweiden ist zu vermeiden, da dann die größtmögliche Menge an Larven aufgenommen wird.
Der **Große Leberegel** schädigt Leber und Gallengänge. Es können alle Pflanzenfresser betroffen sein, besonders aber die Wiederkäuer. Bei Rindern überwiegt die chronische Verlaufsform, bei Schafen die akute.

Abb. 1104 Typisch für Tollwut: Heiseres Brüllen, Speicheln, Unruhe. Wegen der Schluckstörungen wird Tollwut leicht mit Schlundverstopfungen verwechselt.

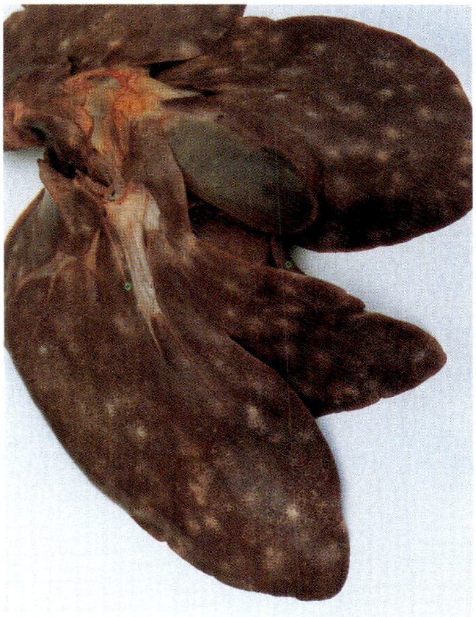

Abb. 1105 Leber vom Schwein. Befall mit Spulwürmern.

Abb. 1106 Großer Leberegel *(Fasciola hepatica)*. Deutlich sichtbar das Verdauungssystem.

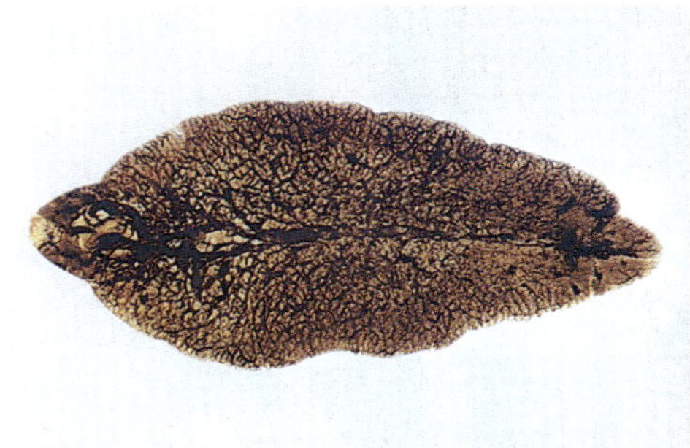

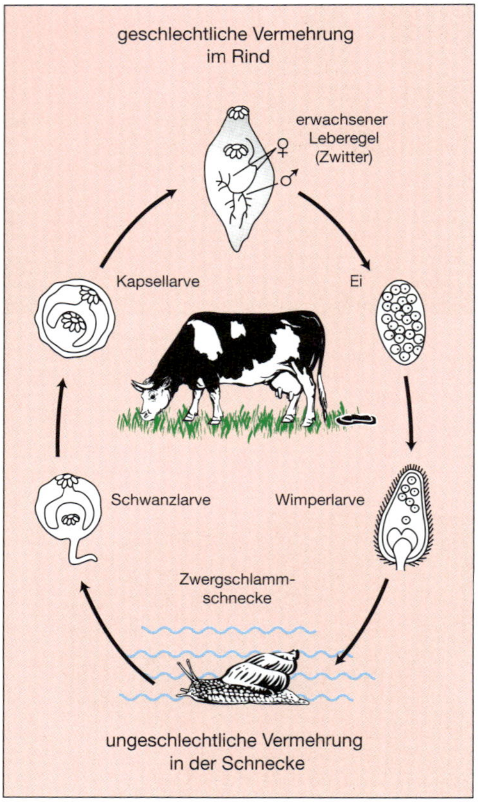

Abb. 1107 Beim Leberegel vollzieht sich mit dem Generationswechsel auch ein Wirtswechsel (Schema).

Abb. 1108 Leberegel in einem angeschnittenen Leberkanal.

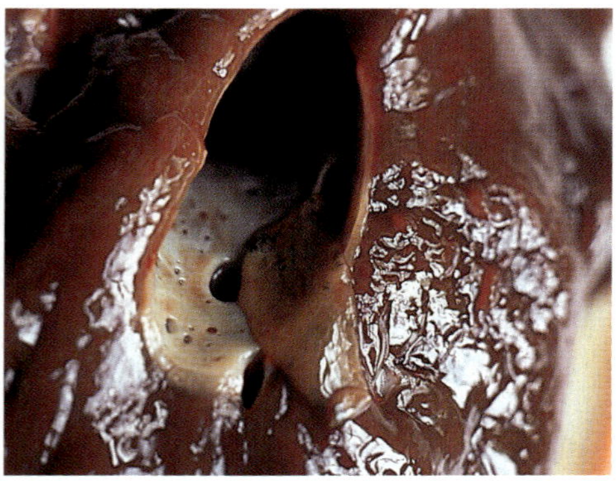

Krankheitsanzeichen sind: Durchfall, Abmagerung, struppiges Haarkleid, Wollausfall, Gelbsucht, Blutarmut und Ödembildungen (Wasseransammlungen im Gewebe) im Kehlgang bei Schafen und an Hals und Unterbrust bei Rindern.

Ein Leberegelbefall kann durch eine Kotuntersuchung auf Leberegeleier und bei der Schlachtung festgestellt werden (stark verdickte, beim Rind auch verkalkte Gallengänge; Narben im Lebergewebe bzw. frische Bohrgänge der Larven; Leberegel in der Gallenflüssigkeit).

Dank intensiver Bekämpfung und weidetechnischer Maßnahmen (Schaffung trockener Weiden, kein Zugang zu Gewässern) konnte die Bedeutung des Befalls mit dem Großen Leberegel stark zurückgedrängt werden. Eine Behandlung erfolgt, wenn viele infizierte *Zwergschlammschnecken* überwintern konnten: bei Kälbern und Schafen 8 Wochen, bei älteren Rindern 10 Wochen nach Weideaustrieb und 8–12 Wochen nach dem Aufstallen.

Der **Kleine Leberegel** kommt bei Rind und Schaf häufig vor, die klinischen Erscheinungen eines Befalls sind aber wirtschaftlich nicht so bedeutend. Sie äußern sich im Wesentlichen durch Entwicklungsstörungen und Leistungsminderung.

Der Kleine Leberegel hat als Zwischenwirte bestimmte gehäusetragende Landschnecken und Ameisen. Die Landschnecken kommen vor allem auf kalkhaltigen Böden vor.

Es sind keine Vorbeugungsmaßnahmen bekannt, da die Zwischenwirte weit verbreitet und widerstandsfähig gegen Austrocknung sind. Behandlungen werden im Juni/Juli und zu Beginn der Aufstallung durchgeführt.

Kokzidien – Dies sind einzellige Lebewesen, die in einer *Wirtszelle* eine *ungeschlechtliche* Vermehrung (Schizogonie) durchführen und die Zelle dabei zerstören. Jedes der neuen Individuen (bis zu 100 aus einer Zelle) befällt anschließend eine neue Zelle, und der Vorgang wiederholt sich. Viele nebeneinander liegende Zellen werden zerstört, eine größere innere Wunde entsteht.

Die Zahl der ungeschlechtlichen Vermehrungen ist für jede Art festgelegt. Danach bilden sich *Geschlechtszellen* (Gametogonie). Die befruchtete weibliche Zelle umgibt sich mit einer Hülle (Oozyste) und wird mit dem Kot ausgeschieden. In der *Außenwelt* kommt es wieder zu einer ungeschlechtlichen Vermehrungsphase (Sporogonie), bei der das *infektiöse Stadium* gebildet wird, die »versporte« Oozyste.

Wenn man eine erneute Aufnahme vermeidet (regelmäßiges Entfernen des Kotes) erlischt die Infektion von selbst, da die Zahl der Schizogonien auf 1–4 begrenzt ist.

Die Kokzidien besiedeln vorwiegend den Darmtrakt und bewirken mehr oder weniger starken Durchfall, bei Jungtieren auch Todesfälle. Betroffen sind Geflügel, Lämmer und gebietsweise auch Kälber.

Maßnahmen: Stallhygiene, Vermeiden von Feuchtigkeit auf dem Stallboden, regelmäßiger Einstreuwechsel, Sauberhalten der Tröge. Zur Vorbeuge werden bei Masthühnern und Junghennen *Kokzidiostatika* über Futter oder Trinkwasser verabreicht. Kokzidiostatika hemmen die Vermehrung der Kokzidien im Wirt, Kokzidiozida töten sie ab. Wenn sie in Futtermittel eingemischt werden, müssen sie eine Zulassung als Futterzusatzstoff haben. Legehennenfutter darf diese Mittel nicht enthalten. Es gibt auch einen Impfstoff gegen Kokzidien, der am 5. Lebenstag über das Trinkwasser verabreicht wird. Vor dem Schlachten ist eine **Wartezeit** einzuhalten.

Ektoparasiten – Hierzu zählen z. B. Fliegen, Mücken, Läuse, Flöhe, Feder- und Haarlinge und Milben. Sie führen zu Beunruhigungen, Blutarmut, Haar- bzw. Federausfall und können Krankheiten übertragen.

Maßnahmen: *Direkte Behandlung* der Ektoparasiten am Tier mit Insektiziden. Auch Putzzeug und Stall reinigen und behandeln. (Vorsicht, Stall muss erst trocken und gelüftet sein, bevor Tiere wieder hineinkommen!)

Vorbeugende Behandlung mit Insektiziden oder insektizidhaltigen Gegenständen (z. B. Ohrclips für Rinder), die eine Langzeitwirkung haben. Auch für die Ställe gibt es solche Präparate.

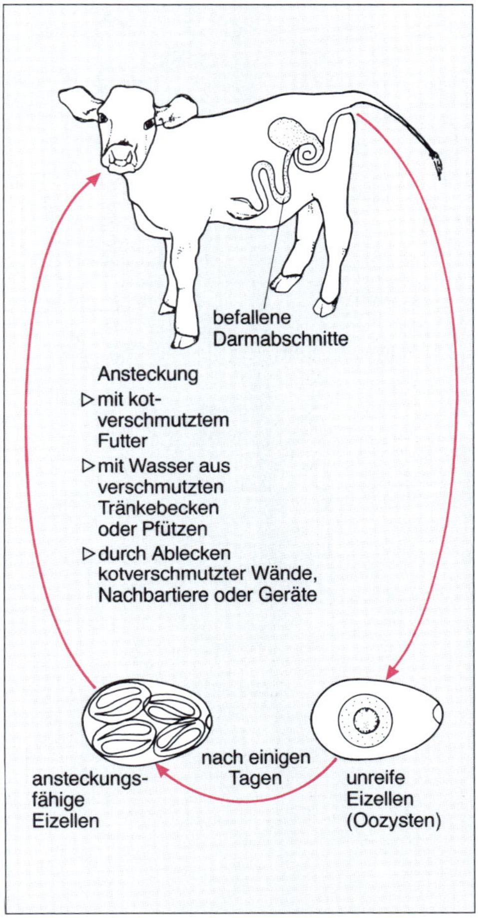

Abb. 1109 Entwicklungskreislauf von Kokzidien. Typisch ist blutiger oder wäßriger Durchfall.

5.2.3 Fütterungsfehler

Wiederkäuer reagieren durch ihre Pansenmikroorganismen besonders empfindlich auf Futterveränderungen. Bei Hungerperioden sterben die Pansenbewohner ab, bei Überangebot an leicht verdaulichen Kohlenhydraten oder Mangel an grobstrukturiertem Futter (Heu, Gras) kommt es zu einer starken Vermehrung der milchsäurebildenden Bakterien. Der pH-Wert sinkt, es kommt zu einer Übersäuerung des Pansens *(Pansenazidose)*, die sich in Verdauungsstörungen, Milchrückgang und Abfall des Milchfettgehaltes äußert.

Zu eiweißreiche Kraftfuttergaben führen ebenfalls zu Verdauungsproblemen, der sog. *Pansenalkalose* mit hohem pH-Wert im Pansen. Durch verschmutztes oder verdorbenes Futter kommt es zur *Pansenfäule*.

Bei **Schaflämmern**, die zuviel Milch, junges rohfaserarmes Gras oder Kraftfutter erhalten, kann es zu einer ungehinderten Vermehrung von Clostridien im Dünndarm kommen. Die Gifte dieser Bakterien führen zu plötzlichen Todesfällen bei gut genährten Lämmern. Die Niere ist ca. 6 Stunden nach dem Tod breiartig verändert *(Breinieren-Krankheit)*.

Fütterungsfehler als Ursache von Verdauungsstörungen sind in der intensiven **Schweinemast** nicht mehr so häufig anzutreffen. Bei Sauen kann es durch verschimmeltes Futter oder Stroh zum Abort kommen. Beim Absetzen der Ferkel kann der plötzliche Futterwechsel zu schweren Erkrankungen führen (Coli-Enterotoxämie).

Es ist wichtig, die Ferkel allmählich an das neue Futter zu gewöhnen und zu kontrollieren, ob sie genug Wasser aufnehmen. Der Eiweißgehalt soll in den ersten 14 Tagen nach dem Absetzen unter 16 % und der Rohfasergehalt über 6 % liegen. Das Futter darf nicht zu viel Säure binden und es soll portioniert gegeben werden.

Pferde reagieren äußerst heftig auf eine plötzliche Überfütterung mit Kraftfutter. Es kommt zu krampfhaften Schmerzen im Verdauungsapparat (Kolik) oder zu hochgradiger Schmerzhaftigkeit im Hufbereich (Hufrehe).

Abb. 1110 Durchfall ist nicht nur bei Kälbern oft die Folge von Fütterungsfehlern.

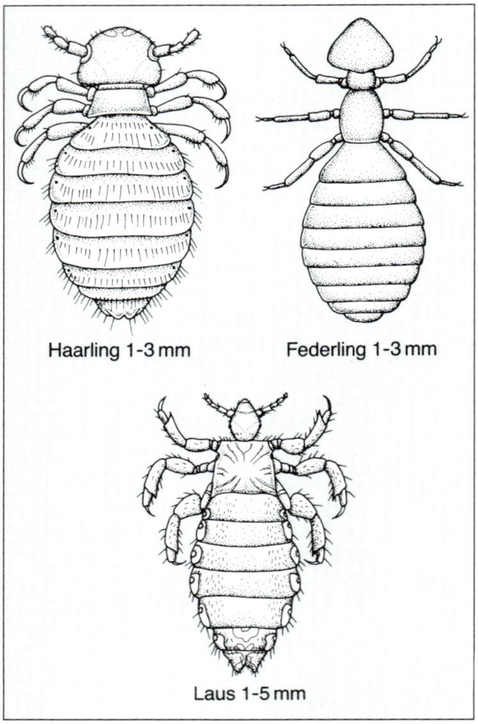

Abb. 1111 Einige mit bloßem Auge sichtbare Ektoparasiten. Bei Haar- und Federlingen ist der Kopf breiter als die Brust, bei Läusen ist es umgekehrt.

Abb. 1112 Maul- und Klauenseuche beim Rind. Typisch sind fadenziehender Speichel, Pusteln, Fieber, Fressunlust.

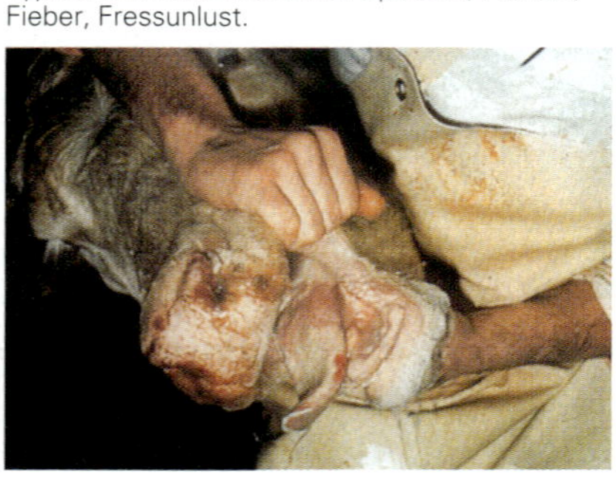

Die Zusammensetzung und Quantität der Futterration sind deshalb der Belastung anzupassen.

Die Kraftfutterration muss an arbeitsfreien Tagen reduziert oder es muss für eine angemessene Bewegung gesorgt werden. Wenn nämlich nach einer mehrtägigen Ruheperiode mit ungedrosselter Kohlenhydratzufuhr das intensive Training wieder aufgenommen wird, kann es plötzlich zum Kreuzverschlag (Feiertags-Krankheit) kommen, einer äußerst schmerzhaften Schädigung der Rücken- und Kruppenmuskeln.

5.3 Abwehreinrichtungen des Tierkörpers und Krankheitsvorbeugung

5.3.1 Resistenz

Resistenz ist die ererbte Unempfindlichkeit bestimmter Tierarten, Rassen oder Linien gegen spezielle Krankheitserreger oder Toxine (Gifte). So ist zum Beispiel das Rind unempfindlich gegen Rotlauf oder Schweinepest.

Die **unspezifische Abwehr** wurde früher auch als Resistenz bezeichnet. Sie ist im Erbgut festgelegt.

Die gesunde, unverletzte Haut mit ihrem Säureschutzmantel und den auf ihr lebenden Mikroorganismen (Symbionten) sowie funktionsfähige Schleimhäute bilden eine *natürliche* **Barriere** gegen das Eindringen von Krankheitserregern oder Fremdstoffen.

Bereits in den Körper eingedrungene Keime oder Fremdstoffe werden mit Hilfe der **Entzündung** bekämpft. Große und kleine Fresszellen (Makro- und Mikrophagen) nehmen die Eindringlinge auf und verdauen sie (Phagozytose). Unterstützend werden im Gewebe Stoffe gebildet, die den pH-Wert senken (Fettsäuren, Milchsäure), die die Bakterienwände angreifen (Lysozyme) oder die Erreger an der Vermehrung hemmen. Durch das Fieber kommt es zu einer Beschleunigung aller Stoffwechselleistungen.

Virusbefallene Zellen bilden **Interferon**, einen Stoff, der in anderen Zellen die Virus-Vermehrung verhindert. Sog. **Paramunitäts-Inducer** bewirken die Bildung von Interferon und anderen Stoffen, die Erreger abwehren. Sie aktivieren die Leukozyten (weiße Blutkörperchen) und damit die Phagozytose. Dadurch erhält der Körper in kurzer Zeit einen Infektionsschutz gegenüber Erregern, die sog. **Paramunität**, die aber nicht lange anhält.

Die Abwehrmechanismen des Körpers können durch Stoffwechselstörungen, Fütterungsfehler, stallklimatische Mängel und Stress geschwächt werden.

5.3.2 Immunität

Der Körper reagiert auf die Aufnahme eines *Antigens* (Fremdstoff, Krankheitserreger) mit der Bildung von spezifischen Antikörpern (Immunglobuline). In der Antigen-Antikörper-Reaktion wird das Antigen gebunden und unschädlich gemacht.

Allerdings dauert es etwa 14 Tage, bis ausreichend Antikörper gebildet sind. Daher erkrankt der Organismus in der Regel bei einer Erstinfektion, bei einem späteren Kontakt mit dem selben Erreger jedoch nicht mehr, da er **immun** ist.
Verabreicht man abgeschwächte Erreger oder inaktivierte Erregergifte (z. B. Tetanus-Toxoid), deren antigene Wirkung aber erhalten ist, dann bildet der Organismus Antikörper aus. Dies bezeichnet man als **aktive Immunisierung** (Schutzimpfung).
Hatte jedoch der Organismus bereits Kontakt mit krankmachenden Antigenen, verabreicht man ihm die entsprechenden Antikörper. Weil hierbei der Körper bezüglich der Antikörperbildung passiv ist, nennt man dieses Verfahren **passive Immunisierung** (Heilimpfung).
Bei Rindern, Schweinen, Pferden, Ziegen und Eseln sind der mütterliche und fetale Kreislauf getrennt. Deswegen besitzen **Neugeborene** dieser Tiere auch noch keine Antikörper und sind deshalb gegen Krankheitserreger ohne spezifische Abwehrstoffe.
Die Immunisierung erfolgt hier über die *Zufuhr von fertigen Antikörpern* (besonders gegen die stallspezifischen Erreger) über die *Kolostralmilch* (Biestmilch). Weil aber die Durchlässigkeit der Darmwand der Jungtiere für die Antikörper rasch nachlässt, ist die Kolostralmilch so schnell wie möglich nach der Geburt zu verfüttern.

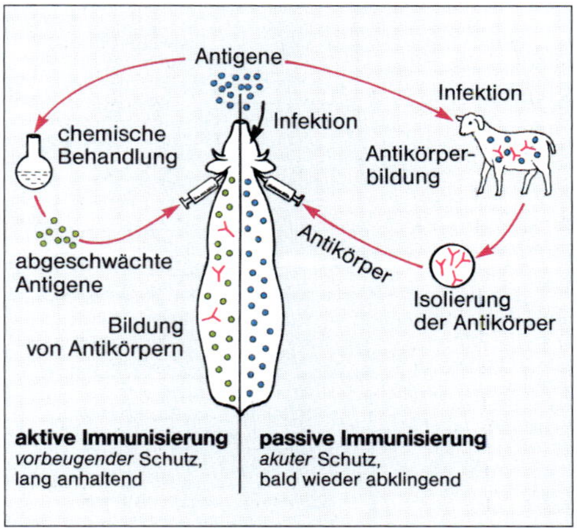

Abb. 1113 Passive und aktive Immunisierung (Schema).

5.3.3 Allergie

Darunter versteht man die Eigenschaft eines Körpers, auf die *wiederholte* Aufnahme eines Antigens *anders* als beim ersten Kontakt zu reagieren. Örtliche Schwellungen, Kreislaufstörungen und Gewebezersetzungen sind typische Allergieerscheinungen, die den Organismus belasten.

5.4 Krankheitsvorbeugung

Um Erkrankungen soweit wie möglich zu verhindern, sind sowohl *optimale Haltungs-* und *Hygienebedingungen* als auch *ständige Schutz-* und *Überwachungsmaßnahmen* erforderlich. Dazu gehören:

- ▶ Artgerechte *Haltung*,
- ▶ optimales *Stallklima*,
- ▶ art- und leistungsgerechte *Fütterung* mit einwandfreien Futtermitteln,
- ▶ ausreichende *Trinkwasserversorgung*,
- ▶ gewissenhaftes *Versorgen* und *Pflegen* der Tiere,
- ▶ tägliche *Kontrolle* der Tiere und der technischen Einrichtungen,
- ▶ regelmäßige *Reinigung* und *Desinfektion* der Ställe, Einrichtungen und Geräte,
- ▶ Durchführen von *Schutzimpfungen* und *Parasitenbekämpfung*,
- ▶ Unterbringung von kranken bzw. krankheitsverdächtigen Tieren in einem *Quarantänestall*;
- ▶ möglichst *wenig Kontakt* mit fremden Tieren, Menschen, Gegenständen.

Abb. 1114 Wichtige Faktoren für die Tiergesundheit.

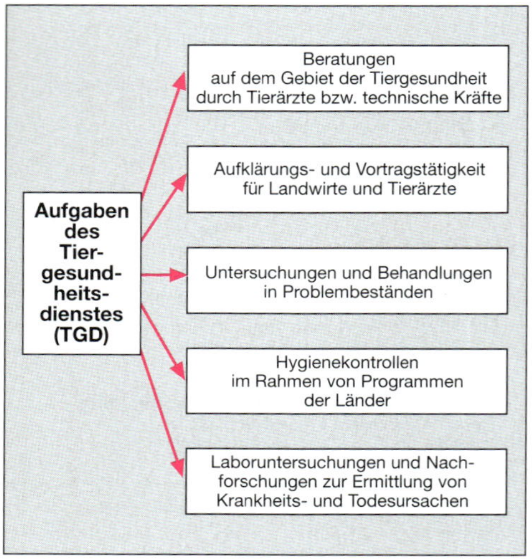

Abb. 1115 Wesentliche Aufgaben des Tiergesundheitsdienstes (TGD).

Die **Schweinehaltungs-Hygiene-Verordnung** schreibt u. a. außerdem vor:

- *Einfrieden* des Betriebes mit verschließbaren Toren,
- stallnaher *Umkleideraum*, betriebseigene *Schutzkleidung* oder Einwegkleidung,
- *Verladerampe* oder *befestigter Verladeplatz*,
- *Isolierställe*,
- verschließbare *Tierkörper-Beseitigungsbehälter* außerhalb des Betriebsgeländes,
- *Schadnager-Bekämpfung*,
- *tierärztliche Bestandsbetreuung* mit Kontrolluntersuchungen der Tiere mindestens 2 x pro Jahr oder 1 x pro Mastdurchgang und gezielter Beratung zur Aufrechterhaltung bzw. Verbesserung des Gesundheitsstatus,
- *außerordentliche tierärztliche Untersuchungen* bei gehäuftem Auftreten von Todesfällen, Kümmerern, fieberhaften Erkrankungen, Aborten, Umrauschen.

! Bei größeren Tierbeständen empfiehlt es sich, ständig mit einem Betreuungstierarzt zusammenzuarbeiten.

Aufgaben:

1. Erklären Sie den Unterschied zwischen unspezifischer Abwehr und Immunität.
2. Welche Vorbeugemaßnahmen gegen die Erkrankung der Nutztiere werden in ihrem Ausbildungsbetrieb getroffen?

5.5 Organisationen für die Tiergesundheit

5.5.1 Veterinärbehörden

Veterinärämter – Sie sind zuständig für die Tierseuchenbekämpfung und -verhütung, für den Tierschutz, für tiergesundheitliche Aspekte bei Körungen und Zuchthygiene, die Überwachung des Arzneimitteleinsatzes am Tier, die Futtermittelhygiene, die Fleischbeschau u.a. Sie sind außerdem im Sinne des Verbraucherschutzes tätig bei der Überwachung von Betrieben, die Tiere oder tierische Produkte verwerten, verarbeiten oder mit ihnen handeln (z. B. Schlachthöfe, Molkereien, Märkte, Großküchen, Gaststätten).

Nach dem Tierseuchengesetz sind alle in der Tierhaltung Beschäftigten verpflichtet, das Auftreten **anzeigepflichtiger Seuchen** unverzüglich an den Amtstierarzt oder an eine andere zuständige Stelle zu melden. Das Bundesministerium für Verbraucherschutz, Ernährung und Landwirtschaft kann die Anzeigepflicht für Seuchen einführen oder aufheben.

Abb. 1116 Gesundheitskontrolle bei Fischen.

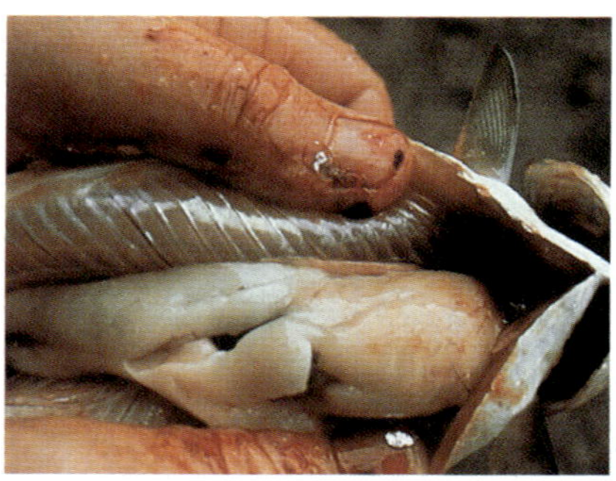

Tabelle 87: Meldepflichtige Krankheiten (Stand: 11.4.2001)

Pferd	Rind	Schaf	Schwein	Huhn
Borna'sche Krankheit	Bösartiges Katarrhalfieber (BKF)	Borna'sche Krankheit	*Rhinitis atrophicans* (Schnüffelkrankheit)	Gumboro-Krankheit
Ansteckende Gebärmutterentzündung (CEM)	Bovine Virusdiarroe, Mucosal-Disease (BVD/MD)	Leptospirose	Leptospirose	Infektiöse Laryngotracheitis (ILT)
Equine Virusarteritis (EVA)	Euterpocken (Parapox-Infektion)	Lippengrind (Parapox-Infektion)	Transmissible Gastroenteritis (TGE)	Marek'sche Krankheit (akute Form)
Säugerpocken (Orthopox-Infektion)	Säugerpocken (Orthopox-Infektion)	Maedi	Säugerpocken (Orthopox-Infektion)	Vogelpocken (Avipox-Infektion)
	Listeriose	Listeriose	Toxoplasmose	Ornithose
	Paratuberkulose	Chlamydien-Abort		Tuberkulose
	Q-Fieber	Q-Fieber		
	Stomatitis papulosa (Parapox-Infektion)	Visna		

Schon der Seuchenverdacht ist anzeigepflichtig. Falls die Seuchenanzeige unterbleibt, besteht auch kein Anspruch auf Entschädigung für Tierverluste.

Meldepflichtige Krankheiten – Diese Erkrankungen werden in der Regel nicht staatlich bekämpft, sondern nur zahlenmäßig erfasst. Zur Meldung verpflichtet sind Tierärzte, die Leiter der Veterinäruntersuchungsämter, der Tiergesundheitsämter oder sonstiger öffentlicher oder privater Untersuchungsstellen.

5.5.2 Tiergesundheitsdienste (TGD)

Die **Tiergesundheitsdienste** gibt es in unterschiedlicher Trägerschaft in allen Bundesländern. Sie werden für alle landwirtschaftlichen Nutztiere angeboten, einschließlich Pelztiere, gegebenenfalls auch für Fische und Bienen.

Tiergesundheitsdienste sind im vorbeugenden Gesundheitsschutz tätig. So entwickeln sie Programme für die produktionshygienische und -technische Beratung und Betreuung der Bestände besonders im Hinblick auf die Faktorenkrankheiten, die aus dem Zusammenwirken von infektiösen Faktoren, Mängeln in Haltung, Fütterung und Management, sowie dem dadurch ausgelösten Streß entstehen. Die Tiergesundheitsdienste untersuchen und beraten bei Fruchtbarkeitsstörungen und bei der Milch- und Fleischerzeugung. Sie führen praxisorientierte Forschung durch sowie Fortbildungsmaßnahmen für Landwirte und Tierärzte.

Aufgaben:
1. Welche Symptome weisen auf eine mögliche Erkrankung hin?
2. Welche Krankheitsursachen kommen in Betracht?

Abb. 1117 Auszug aus dem Tierschutz-Gesetz.

Elfter Abschnitt
Straf- und Bußgeldvorschriften

§ 17

Mit Freiheitsstrafe bis zu zwei Jahren oder mit Geldstrafe wird bestraft, wer
1. *ein Wirbeltier ohne vernünftigen Grund tötet oder*
2. *einem Wirbeltier*
   a) *aus Rohheit erhebliche Schmerzen oder Leiden oder*
   b) *länger anhaltende oder sich wiederholende Schmerzen oder Leiden zufügt.*

§ 18

(1) Ordnungswidrig handelt, wer vorsätzlich oder fahrlässig
1. *einem Wirbeltier, das er hält, betreut oder zu betreuen hat, ohne vernünftigen Grund erhebliche Schmerzen, Leiden oder Schäden zufügt.*

Verordnung über anzeigepflichtige Tierseuchen

Vom 11. April 2001
(BGBl. I Nr. 16 v. 20. April 2001 S. 547)

§ 1
Anzeigepflichtige Tierseuchen

Folgende Tierseuchen sind anzeigepflichtig

1. Afrikanische Pferdepest,
2. Afrikanische Schweinepest,
2a. Amerikanische Faulbrut (Bienen),
3. Ansteckende Blutarmut der Einhufer,
3a. Ansteckende Blutarmut der Salmoniden (Forellen),
4. Ansteckende Schweinelähmung (Teschener Krankheit),
5. Aujeszkysche Krankheit (AK, Schweine, Rinder),
6. Beschälseuche der Pferde (Tropen, Subtropen),
7. Blauzungenkrankheit (Schaf),
8. Bovine Herpesvirus Typ 1-Infektion (BHV 1 alle Formen),
9. Brucellose der Rinder, Schweine, Schafe und Ziegen,
9a. Enzootische Hämorrhagie der Hirsche,
10. Enzootische Leukose der Rinder,
11. Geflügelpest,
12. (weggefallen),
13. Infektiöse Hämatopoetische Nekrose der Salmoniden,
14. (weggefallen),
15. Lumpy-skin-Krankheit *(Dermatitis nodularis)* (Rind; Afrika),
16. Lungenseuche der Rinder (Afrika, Asien),
17. Maul- und Klauenseuche (MKS),
18. (weggefallen),
19. Milzbrand,
20. Newcastle-Krankheit (Geflügel),
21. Pest der kleinen Wiederkäuer (Afrika),
21a. Perde-Enzephalomyelitis (alle Formen) (Amerika, Südamerika),
22. Pockenseuche der Schafe und Ziegen (Afrika, Asien),
23. Psittakose (Papageienvögel),
24. Rauschbrand (Wiederkäuer),
25. Rifttal-Fieber (Schaf, Rind, Afrika),
26. Rinderpest (Afrika, Naher Osten, Asien),
27. Rotz (Pferd, Esel, Maultiere; Süd- und Vorderasien),
28. Salmonellose der Rinder,
29. Schweinepest,
30. (weggefallen),
31. (weggefallen),
32. *Stomatitis vesicularis* (Rind, Pferd, Schwein; Aussehen wie MKS),
33. Tollwut,
34. Transmissible Spongiforme Enzephalopathie (TSE) (Rind, Schaf),
35. Trichomadenseuche der Rinder,
36. Tuberkulose der Rinder (Tb),
37. Vesikuläre Schweinekrankheit,
38. Vibrionenseuche der Rinder,
39. Virale Hämorrhagische Septikämie der Salmoniden.

Grundlagen der Pflanzen- und Tierzüchtung

6

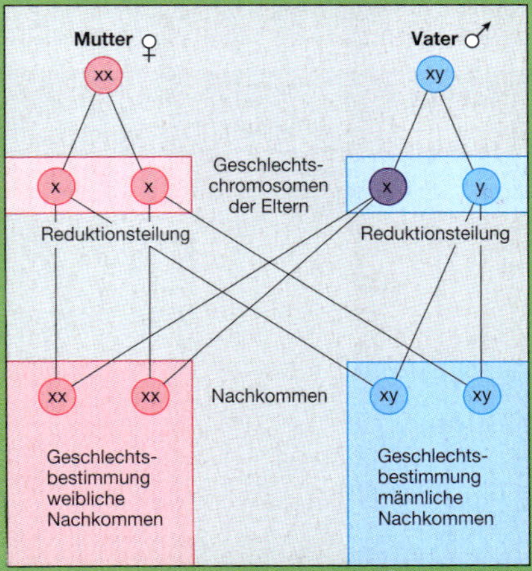

Leistungsfähige und robuste Sorten bzw. Rassen sind maßgebliche Voraussetzungen für die Produktion von qualitativ hochwertigen Nahrungsmitteln. Deshalb sind für jeden Landwirt grundlegende Kenntnisse der Vererbungs- und Züchtungslehre besonders wichtig, insbesondere auch im Hinblick auf die entsprechenden Herausforderungen aus dem Bereich der Gentechnik.

Spezialwissen zur Pflanzen-, Rinder- und Schweinezucht ist im weiterführenden Band »Agrarwirtschaft, Fachstufe Landwirt« enthalten.

Abb. 1118 Vegetative (oben) und generative (unten) Vermehrung bei Kartoffeln.

Abb. 1119 Durch einfachste Zellteilung (Abschnürung) entstehen aus 1 Pantoffeltierchen 2 neue Tiere.

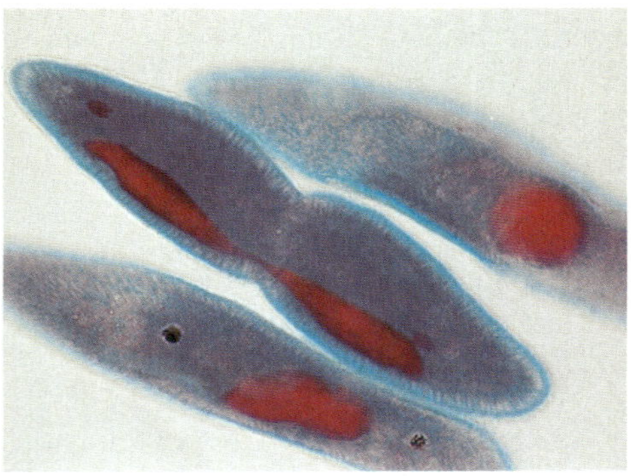

6 Grundlagen der Pflanzen- und Tierzüchtung

1 Fortpflanzung

Zur *Erhaltung der Art* ist die Zeugung elternähnlicher Nachkommen erforderlich. Die Natur kennt dabei 2 Wege, die *ungeschlechtliche* (vegetative) und die *geschlechtliche* (generative) Fortpflanzung.

> **!** Die Fortpflanzung allein garantiert in der Regel die Erhaltung der Art nicht, da viele Lebewesen zugrunde gehen, bevor sie sich selbst fortgepflanzt haben. Mit der Fortpflanzung ist daher in der Mehrzahl der Fälle eine Vermehrung der Zahl der Lebewesen verbunden.

1.1 Ungeschlechtliche Fortpflanzung bei Pflanzen

Die ungeschlechtliche Fortpflanzung kommt nur bei Pflanzen und bei niederen Tieren (z. B. Einzeller [Kapitel 3, Abschnitt 7, Seite 237], Polypen [Kapitel 5, Abschnitt 1, Seite 366] und Korallen) vor.

Zellteilung – Die einfachste Art der Vermehrung ist die der **Bakterien**. Die Zelle *und* der Zellkern teilen sich in der Mitte durch und bilden zwei Tochterzellen.

Hefen vermehren sich durch Zellsprossung. Dabei schnürt sich ein kleiner Auswuchs von der Mutterzelle ab, nachdem ein Tochterkern eingewandert ist. Die abgeschnürte Tochterzelle wächst aber bald zur Größe der Mutterzelle heran und lebt selbstständig weiter, d. h., sie teilt sich ebenfalls nach kurzer Zeit.

Regeneration – Eine weit verbreitete Art der vegetativen Vermehrung bei **Algen, Flechten, Moosen** und **Samenpflanzen** ist der Zerfall in kleinere Abschnitte und ihre Regeneration zu vollständig neuen Pflanzen.

Ein bekanntes **Beispiel** dafür ist die Wasserpest, bei deren Einschleppung aus Südamerika in der Mitte des 19. Jahrhunderts nur weibliche Pflanzen nach Europa gelangten.

Sporenbildung – Lässt man frisches Brot einige Zeit feucht liegen, wachsen sehr schnell Schimmelpilze darauf. Innerhalb weniger Tage ist die Brotscheibe von einem dichten Geflecht des Pilzes durchzogen, und es wird eine große Zahl von **ungeschlechtlichen Sporen** abgegliedert. Die Sporen tragen zu einer sehr schnellen

Weiterverbreitung des Pilzes bei, da sie leicht von Wind oder Wasser transportiert werden können. Moose und Farne bilden Sporen in besonderen Kapseln und streuen sie bei günstiger Witterung aus.

Nutzanwendung – Im Gartenbau und in der Landwirtschaft ist die ungeschlechtliche Vermehrung bei höheren Pflanzen deswegen sehr gebräuchlich, weil man schnell vollwertige und gleichmäßige Pflanzen erhält. Dies macht man sich auch bei schlecht samenden und unfruchtbaren Arten zu Nutze. Voraussetzung dafür ist allerdings eine große *Regenerationsfähigkeit*, d. h., dass die Pflanzen die verloren gegangenen oder geschädigten Organe bzw. Organteile rasch ersetzen können.

So werden z. B. Pappeln und Weiden ausschließlich durch abgeschnittene Zweigstücke (Stecklinge) vermehrt. Bei Johannisbeeren dienen Sprossstecklinge, bei Kartoffeln die Knollen der Vermehrung. Auch Weinstöcke werden vegetativ vermehrt. Ebenso lässt sich das Veredeln im Obstbau als vegetative Vermehrung bezeichnen.

Trotz der Vielzahl der ungeschlechtlichen Vermehrungsarten ist allen gemeinsam, dass die neuen Organismen in **allen Merkmalen** der Mutterpflanze gleichen, da sie ausschließlich das Ergebnis einer normalen (mitotischen) Zellteilung sind und es zu *keiner Neukombination* der Erbanlagen kommt.

Die Gesamtheit der ungeschlechtlich aus einer Ausgangspflanze hervorgegangenen Nachkommen heißt **Klon**.

1.2 Geschlechtliche Fortpflanzung bei Pflanzen

Geschlechtsorgane, Keimzellenbildung – In den Fruchtknoten befinden sich die weiblichen **Samenanlagen**. Im oberen Teil einer Samenanlage, dem sog. Nucellus, entsteht eine *Mutterzelle* (Embryosack-Mutterzelle). Aus ihr gehen durch zweimalige Teilungen vier neue Zellen hervor, von denen nur eine überlebt. Sie wird zum *Keimsack* (Embryosack). In ihm entstehen aus dem vorhandenen Kern durch schnelle Teilungsfolgen 8 neue Kerne. Diese Kerne ordnen sich im Keimsack folgendermaßen:

- ▶ 3 bilden im oberen Teil des Keimsacks den *Eiapparat*,
  die beiden seitlichen sind die *Gehilfinnen*,
  der mittlere wird zur *Eizelle*;
- ▶ 2 vereinigen sich in der Keimsackmitte;
- ▶ 3 wandern als *Gegenfüßler* in den unteren Teil des Keimsacks.

In diesem Zustand ist die Samenanlage befruchtungsfähig.

Aus den **Staubbeuteln** in den männlichen Geschlechtsorganen gehen gleichfalls aus jeweils einer Mutterzelle 4 Tochterzellen hervor, die jedoch hier allesamt am Leben bleiben. Daraus erklärt sich auch unter gleichzeitiger Voraussetzung einer Vielheit von Mutterzellen die große Zahl an *Blütenstaub*-(Pollen-)körnern. Jede der Tochterzellen wird nämlich zu einem vorerst einzelligen Pollenkorn.

Dieses kommt zur Reife, indem es eine Zweiteilung eingeht. So entstehen eine *Pollenschlauchzelle* (vegetative Zelle) und eine kleinere generative Zelle, die durch nochmalige Teilung *2 Samen-*

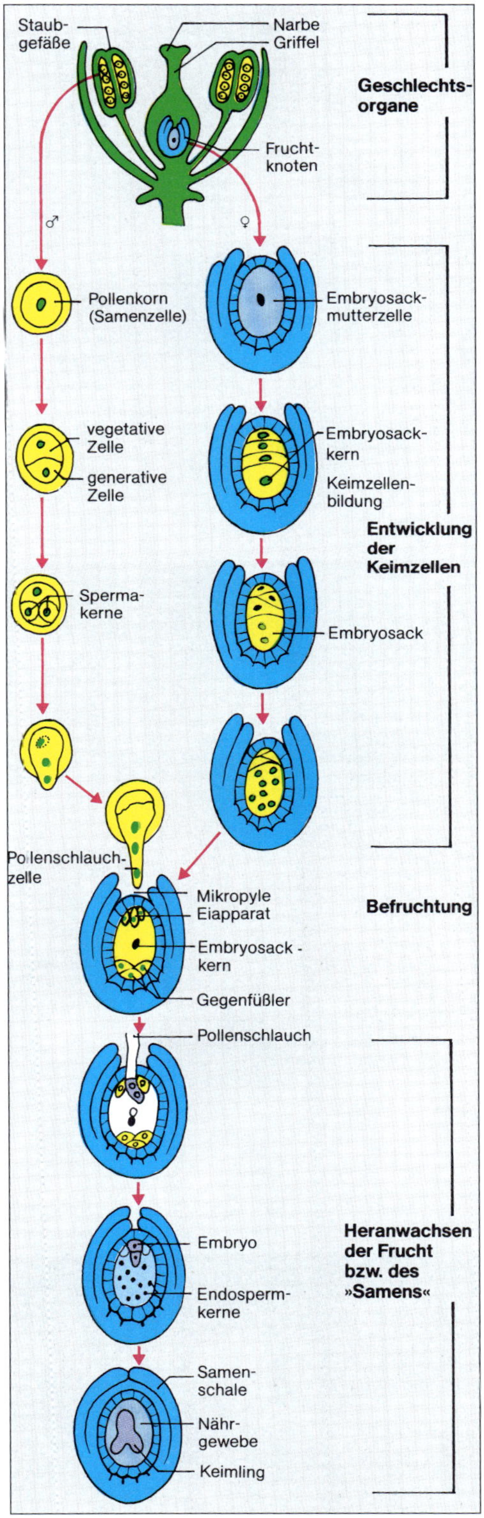

Abb. 1120 Geschlechtsorgane einer Pflanze, die Entwicklung ihrer Keimzellen und das Heranwachsen der Frucht (»Samen«) nach der Befruchtung.

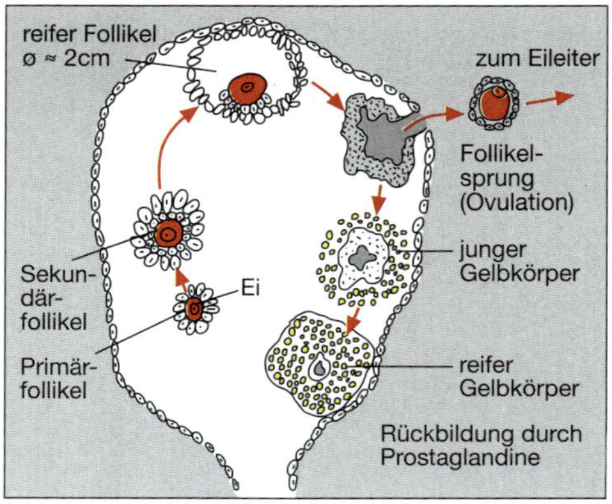

Abb. 1121 Ablaufschema der Vorgänge in einem Eierstock des Rindes während eines Geschlechtszyklus.

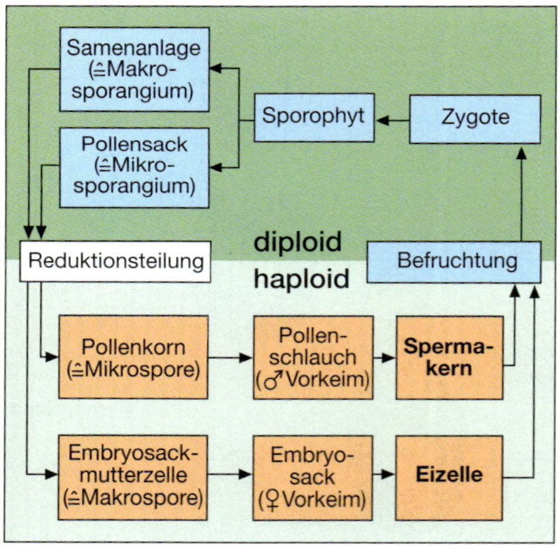

Abb. 1122 Generationswechsel bei Samenpflanzen (Schema).

Abb. 1123 Aufspringen auf andere Tiere bzw. die Duldung des Aufspringens sind Brunstanzeichen.

zellen hervorbringt. In diesem Zustand ist auch das Pollenkorn befruchtungsfähig.

Befruchtung – Gelangen die *Pollen* auf geeignete *Narben*, so werden aus den vegetativen Zellen *Pollenschläuche*. In ihnen wandern die jeweiligen 2 Spermazellen passiv mit. Die Schläuche durchwachsen Narbe und Griffel, gelangen in den Fruchtknoten und durch eine Öffnung (Mikropyle) in die *Samenanlage*. Nur *1* Pollenschlauch, dem »schnellsten«, gelingt es, seine Fracht – die beiden Samenzellen – ins Ziel zu bringen.

Das ist geschehen, wenn die *1 Samenzelle* mit der *Eizelle verschmilzt* (Befruchtungsvollzug) und die andere mit den beiden Kernen in der Embryosackmitte sich vereint, und zwar als Voraussetzung zur Nährgewebebildung. Genau genommen liegt also bei den Samenpflanzen eine *Doppelbefruchtung* vor.

Die Pollenkörner können durch Wind, Wasser und Tiere (besonders durch Insekten) auf die Narben übertragen werden *(Bestäubung)*. Dies ist Voraussetzung zur Befruchtung, aber nicht jede Bestäubung führt zur Befruchtung! Nach vollzogener Befruchtung wachsen die Samenanlagen zu Samen, die Fruchtknoten zu Früchten heran.

Der Pollen hat eine sehr widerstandsfähige Hülle. Er muss deshalb vor dem Auskeimen auf der Narbe erst aktiviert werden. Dies geschieht durch die Wirkung von Enzymen. Erst dann wächst der Pollenschlauch aus.

Generationswechsel – Er liegt vor, wenn regelmäßig eine *geschlechtliche* und eine *ungeschlechtliche* Generation aufeinanderfolgen und ist besonders bei **niederen Pflanzen** (z. B. Moose, Farne, Rost- und Brandpilze) und **Tieren** (z. B. Blattläuse, Leberegel) deutlich erkennbar.

Bei **Blütenpflanzen** ist die geschlechtliche Generation stark zurückgebildet und lässt sich nur mikroskopisch verfolgen. Sie beschränkt sich auf den Pollenschlauch mit den beiden Spermakernen und auf den Embryosack.

Bei vielen **Parasiten** verbindet sich mit dem Generationswechsel noch ein Wirtswechsel (z. B. Leberegel, siehe Seite 415).

1.3 Geschlechtliche Fortpflanzung bei Tieren

Geschlechtszyklus – Nach Eintritt der *Geschlechtsreife* reifen abwechselnd in einem der weiblichen **Eierstöcke** in regelmäßigen Abständen (Zyklus) flüssigkeitsgefüllte Bläschen (Follikel) heran. Dieser Vorgang wird von der *Hirnanhangsdrüse* über die Hormone Follikelstimulierendes Hormon (FSH) und Luteinisierendes Hormon (LH) gesteuert.

Am Innenrand des **Follikels** befindet sich das *Ei*. In seinem Zellkern halbiert sich inzwischen der Chromosomensatz. Gegen Ende dieses Zyklus platzt der Follikel und seine Flüssigkeit schwemmt das Ei in den *Eileiter*.

An der Stelle des Follikels bildet sich unter LH-Einfluss der **Gelbkörper**. Er verhindert durch Hormonbildung (Progesteron) eine weitere Eireifung, bis entweder das unbefruchtete Ei abgestoßen oder die Geburt des neuen Lebewesens erfolgt ist.

Äußerlich macht sich das Ende des Geschlechtszyklus als **Brunst** bemerkbar. Die Tiere werden unruhig, springen auf ihre Nachbartiere auf oder dulden das Aufspringen (Duldungsreflex), die Schamlippen schwellen an und aus der Scheide fließt dünnflüssiger, klarer Schleim. Dauer und Wiederkehr der Brunst sind tierartabhängig (Tabelle 88).

Tabelle 88: Daten zu Brunst und Trächtigkeit

Tierart	Dauer der		
	Geschlechtszyklus	Brunst	Trächtigkeit
Rind	21 Tage	24 Stunden	280–288 Tage
Schwein	21 Tage	2–3 Tage	114 Tage = 3 Monate, 3 Wochen und 3 Tage
Pferd	19–23 Tage	5–7 Tage	ca. 11 Monate
Ziege	20–21 Tage	24–48 Stunden	150 Tage
Schaf	16–18 Tage	24–48 Stunden	150 Tage

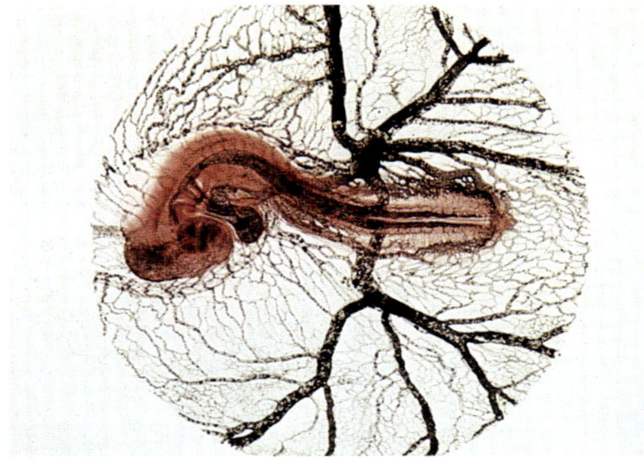

Abb. 1124 Hühnerembryo, 72h alt: Deutlich sichtbar sind Kopf, Wirbelsäule und die extraembryonalen Versorgungsgefäße.

Besamung – Tierarten mit großer Ejakulatmenge und geringer Spermiendichte (z. B. Pferd, Schwein) setzen die Spermien direkt in die Gebärmutter ab (Gebärmutterbesamer). Die Wiederkäuer mit hoher Spermiendichte besamen in den Scheidenvorhof (Scheidenbesamer).

Die **Lebensdauer** der *Spermien* in den weiblichen Geschlechtswegen beträgt beim Rind 24–28 Stunden, bei Pferd und Schwein 24–48 Stunden, bei Gans und Ente 8–10 Tage, beim Huhn 3 Wochen und beim Truthuhn (Pute) 4–6 Wochen.

Die *Eizelle* ist nach der Ovulation bei den meisten Tierarten nur wenige Stunden befruchtungsfähig. Daher kann eine Befruchtung nur erfolgen, wenn die Besamung unmittelbar vor oder nach der Ovulation stattfindet.

Beim **Geflügel** liegen die *Hoden* innerhalb der Körperhöhle. Der *Penis* ist beim Hahn und Puter herzförmig und kissenartig, beim Erpel spiralförmig. Er wird bei der Begattung nach außen gestülpt, dabei werden die Kloakenöffnungen aufeinander gepresst.

Nach der Befruchtung wird im *Eileiter* die Eizelle mit Nährstoffen und einer Schale umgeben und dann das Ei abgelegt.

Im Unterschied zur inneren Besamung der Vögel und Säuger erfolgt bei **Fischen** eine freie äußere Besamung. Dabei werden Sperma und Eizellen in das Wasser entleert, wo sie sich verbinden. Es gibt allerdings auch einige *lebend gebärende Fische*, z. B. die meisten Haie, der Rotbarsch und lebend gebärende Zahnkarpfen. Letztere werden in tropischen und subtropischen Gebieten zur Bekämpfung der Stechmücken (Überträger von Malaria und Gelbfieber) eingesetzt, da sie mit Vorliebe Mückenlarven fressen. Bei uns werden sie als Aquarienfische gezüchtet, z. B. Guppys. Bei lebend gebärenden Fischen ist in der Regel entweder die Bauch- oder Afterflosse der Männchen als Begattungsorgan umgewandelt.

Abb. 1125 Unterschied von Meiose und Mitose (Schema).

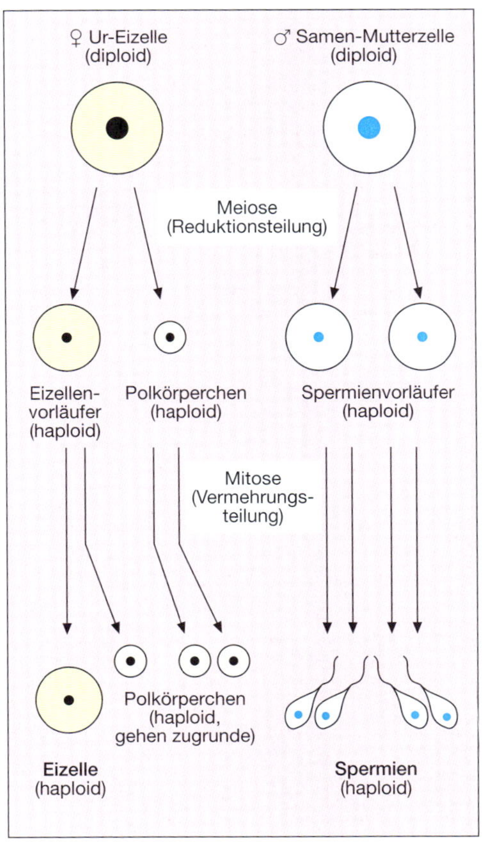

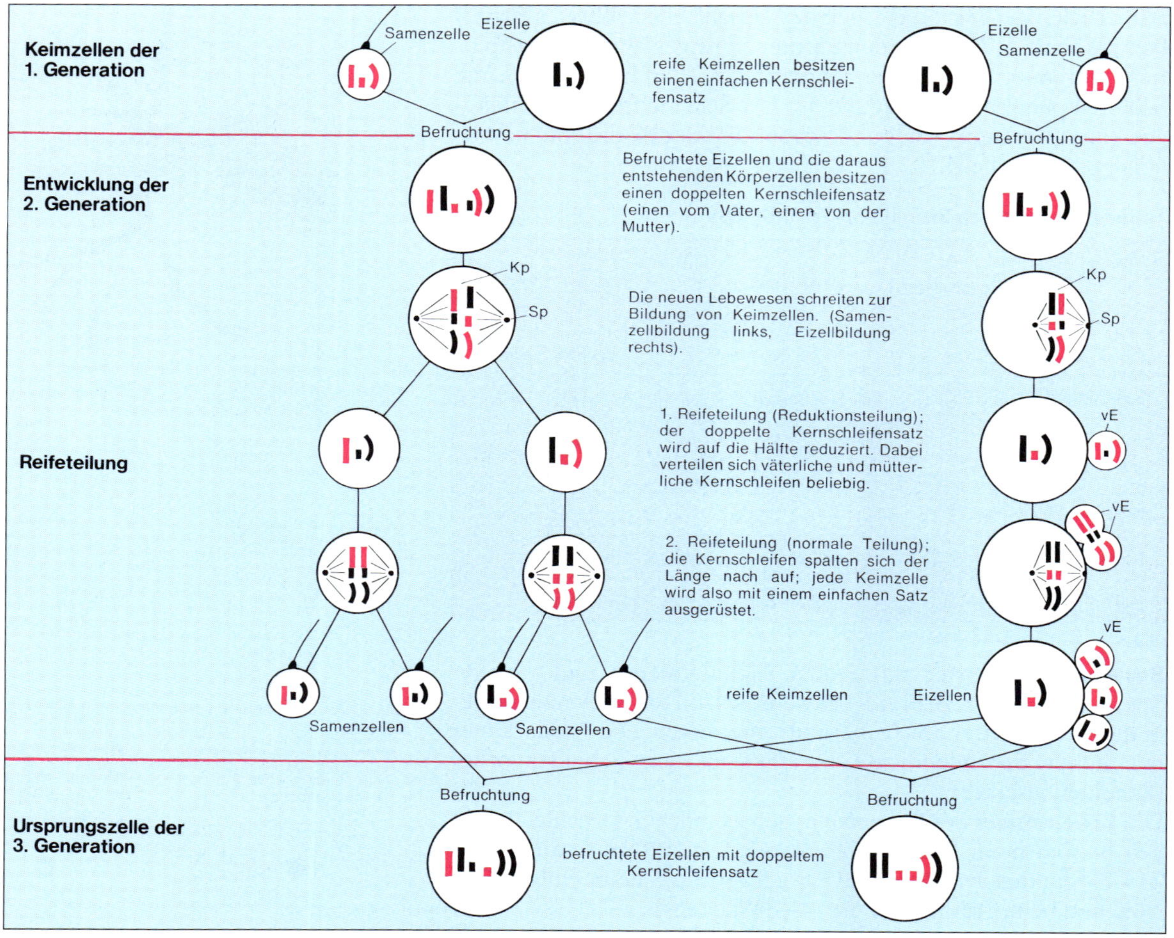

Abb. 1126 Reifeteilung, links bei Samenzellen, rechts bei Eizellen. Kp = Kernplatte, Sp = Zentralkörperchen, von ihnen gehen die Spindelfasern aus, welche die Chromosomen auseinanderziehen. vE = verkümmerte Eizellen, 2. Ordnung, so genannte Polzellen.

Abb. 1127 Befruchtungsvorgang: Samenzelle dringt in Eizelle ein (a), Kern- und Zentralkörperchen sind in das Eiplasma (Eipl.) eingedrungen (b). Der Schwanz bleibt außerhalb der Eizelle. K Kern; S Schwanz; Z Zentralkörperchen.

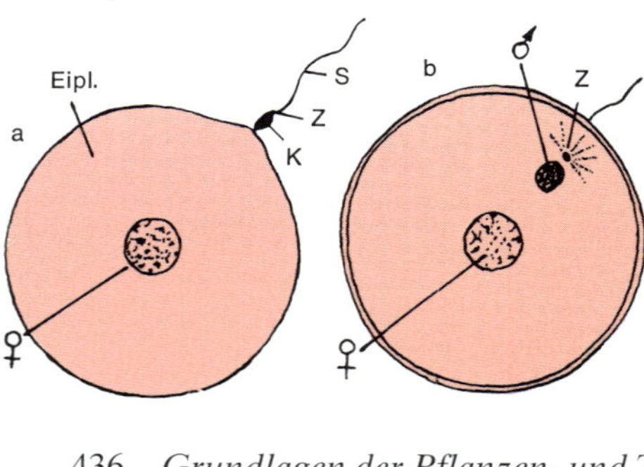

Befruchtung – Sie findet im *Eileiter* statt. Jeweils nur ein Sperma der sehr beweglichen Spermien (♂) dringt in die Eizelle (♀) ein, die zu diesem Zweck der Samenzelle einen *Empfängnishügel* entgegenwölbt. Der Schwanz der Spermie wird abgeworfen; er dringt nicht mit in das Ei ein.

Nach der Aufnahme eines Spermiums bildet die Eizelle eine *Befruchtungsmembran* aus, die das Eindringen weiterer Spermien verhindert. Die **Befruchtung** ist vollzogen, ein neues Lebewesen kann entstehen.

Die **Zellkerne** enthalten die Kernschleifen *(Chromosomen)*, die Träger der Erbanlagen sind. Die Anzahl der Kernschleifen ist bei allen Lebewesen unterschiedlich. Damit sich durch eine Befruchtung der Kernschleifensatz nicht jedesmal verdoppelt, haben die *Keimzellen* nur die halbe Anzahl Chromosomen. Bevor die Keimzellen befruchtungsfähig werden, durchlaufen sie deswegen eine *Reifeteilung*.

Durch die Vereinigung der Keimzellen mit halbem (haploidem) Chromosomensatz entsteht die **Ursprungszelle (diploide Zygote)** des neuen Lebewesens mit der für die Art typischen *vollen Chromosomenzahl*.

Bedeutung – Durch die Neukombination der Erbanlagen entstehen neue Lebewesen. Das ist die Grundlage der *evolutionären Entwicklung* und der *gezielten Züchtung*. Aus der geschlechtlichen Fortpflanzung reinrassiger Eltern gehen Nachkommen hervor, die in ihren Eigenschaften den Eltern entsprechen.

Keimesentwicklung – Während der Wanderung der befruchteten Eizelle vom Eileiter in die Gebärmutter kommt es zu den ersten *Zellteilungen*. In der Gebärmutter angelangt ist sie zu einer aus vielen Zellen bestehenden Zellkugel *(Morula)* geworden. Durch eine Hohlraumbildung im Innern entsteht die Blastula. Am Rande der Hohlkugel sammeln sich Zellen und bilden den *Embryonalknoten*.

Aus diesem entwickelt sich der **Embryo** und die Eihüllen. Die folgende Phase der Keimblattbildung *(Gastrulation)* ist gekennzeichnet durch die Umlagerung von Zellen zu flächenhaften Verbänden, den Keimblättern. Man unterscheidet ein äußeres und ein inneres Keimblatt, dazwischen liegt das mittlere. Aus den Keimblättern entwickeln sich die Organe und die Eihüllen.

Wenn die Organe angelegt sind, z. B. beim Rind bis zum 45. Trächtigkeitstag, spricht man nicht mehr vom Embryo, sondern vom **Fetus**. Bei den Haussäugetieren bleibt der Keim im Gebärmutter-Hohlraum liegen und tritt über die *Zottenhaut* (Chorion, hervorgegangen aus der Blastulawand) mit der Gebärmutter-Schleimhaut in Kontakt.

Zottenhaut und entsprechende Teile der Gebärmutter-Schleimhaut bilden den *Mutterkuchen* **(Plazenta)**. Mutterkuchen und Embryo sind über die Blutgefäße des Nabels verbunden. Bei den Wiederkäuern ist die Zottenbildung auf kleine Zottenfelder *(Kotyledonen)* beschränkt. Zusammen mit den Gegenstücken der Gebärmutter-Schleimhaut *(Karunkeln)* bilden sie die *Plazentome* (Rind 80–120). Über die Plazenta bzw. die Plazentome erfolgt die Ernährung und der Abtransport von Stoffwechsel-Endprodukten des Fetus. Dabei bleiben das mütterliche und das fetale Blut voneinander getrennt. Im Anfangsstadium der Keimesentwicklung besteht das Nährmaterial aus dem Sekret der Gebärmutterdrüsen und abgebautem Gewebe.

Die Plazenta bildet eine Schranke gegen das Eindringen von Krankheitserregern und Giftstoffen in den fetalen Kreislauf und sondert *Hormone* ab: Zu Beginn der Trächtigkeit das Choriongonadotropin (HCG), das schon in der Blastulawand gebildet wird und die weitere Entwicklung des Gelbkörpers fördert.

Bei Stute und Schaf übernimmt nach einiger Zeit die Plazenta die Progesteronbildung. Bei Ziege, Rind und Schwein wird das Progesteron hauptsächlich vom Gelbkörper gebildet. Die Plazenta bildet auch Östrogene, deren Menge gegen Ende der Trächtigkeit zunimmt.

Die Eihüllen bilden die *Fußblase* (Amnionblase), die den Embryo direkt umgibt und die *Wasserblase* (Allantoisblase), die beim Pferd die Fußblase völlig einschließt, bei Wiederkäuern und Schwein teilweise.

Nach der Geburt lösen sich die Chorionzotten aus der Gebärmutter-Schleimhaut und werden zusammen mit den Eihäuten und dem Rest des Nabelstrangs als **Nachgeburt** abgestoßen.

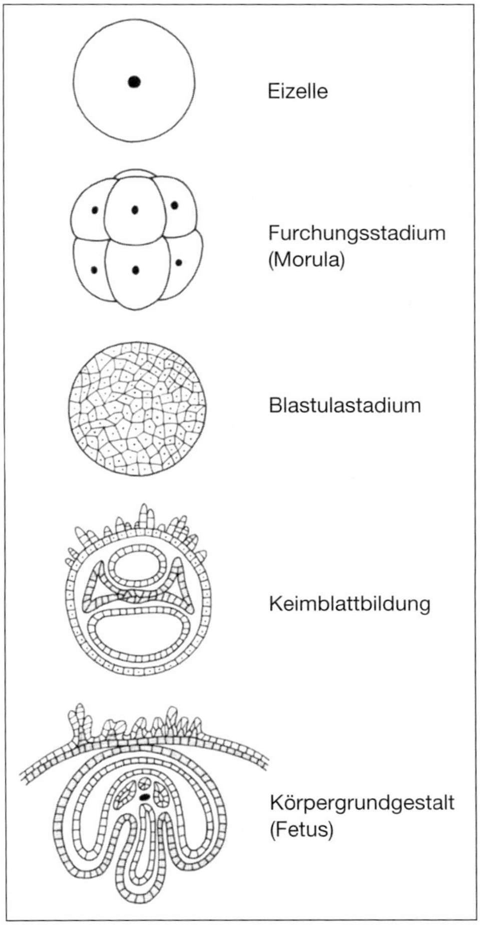

Abb. 1128 Embryonalentwicklung bei Säugetieren.

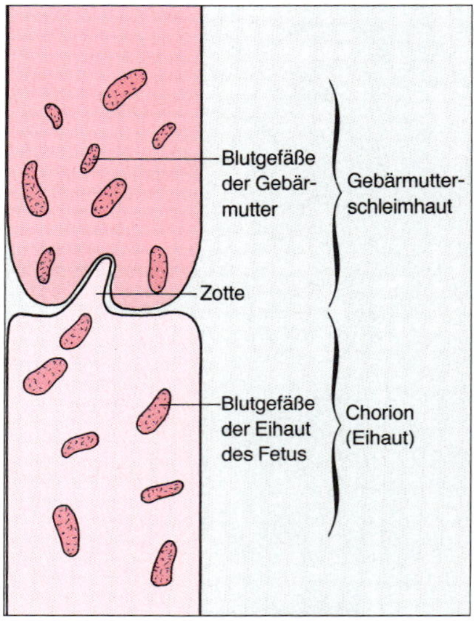

Abb. 1129 Die Chorionzotten ragen zwar in Vertiefungen der Gebärmutterschleimhaut hinein, trotzdem besteht z.B. bei Rind, Schwein und Pferd keine Verbindung des mütterlichen und fetalen Kreislaufs.

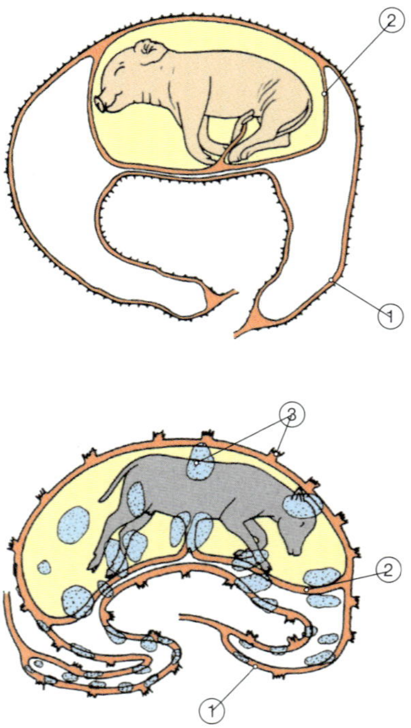

Abb. 1130 Eihüllen bei Schwein (oben) und Rind (unten). 1 Allantochorion (»Wasserblase«), 2 Allantoamnion (»Fuß-« oder »Schleimblase«), 3 Kotyledonen.

Zwillinge – Auf den Vorgängen der Befruchtung und der Keimesentwicklung beruht auch die Entstehung von Zwillingen.
Eineiige Zwillinge entstehen aus der Befruchtung einer Eizelle durch eine Samenzelle. Der Keim zerfällt nach wenigen Zellteilungen in zwei Hälften, aus denen je ein Embryo heranreift. Da eineiige Zwillinge aus der gleichen Ursprungszelle (Zygote) entstehen, besitzen sie gleiche Erbanlagen und sind gleichgeschlechtlich.
Zweieiige Zwillinge entstehen aus verschiedenen Eizellen, die von je einer Samenzelle befruchtet wurden. Sie haben deshalb verschiedene Erbanlagen.
Jungfernzeugung (Parthenogenese) – Sie liegt vor, wenn aus *unbefruchteten Eizellen* Nachkommen hervorgehen. Jungfernzeugung kennt man z. B. bei Blattläusen und einigen Farnen. Tierische Schädlinge können sich auf diese Art stark vermehren. Bei Bienen entstehen aus unbefruchteten Eiern die männlichen Drohnen und aus befruchteten Eiern die Weibchen.
Mit Jungfernzeugung darf die **Jungfernfrüchtigkeit** (Parthenokarpie) nicht verwechselt werden. Jungfernfrüchtig sind z. B. Gewächshausgurken und Bananen. Bei ihnen entwickeln sich Früchte aus Fruchtknoten, deren Samenanlagen nicht befruchtet zu werden brauchen. Natürlich sind solche Früchte samenlos.

1.4 Vermehrung der Viren

Eine Besonderheit im Vermehrungsgeschehen der Natur ist die Verbreitung der **Viren.** Als Erreger zahlreicher Krankheiten bei Pflanzen, Tier und Mensch führen Massenverbreitungen mitunter zu Seuchen und Epidemien.
Viren besitzen *keinen eigenen Stoffwechsel,* sind extrem klein und haben spezifische Formen. Sie lassen sich von »Wirtszellen« ernähren und vermehren. Deshalb dringen sie auf vielfältige Weise in die Wirtszelle ein. Diese produziert innerhalb von ca. 30 Minuten ca. 30–100 neue Viren aus einem einzigen Virus.

Aufgaben:
1. Welche Arten der vegetativen Vermehrung kennen Sie?
2. Was versteht man unter einem Klon?
3. Zählen Sie einige Beispiele für die Nutzanwendung der vegetativen Vermehrung in der Landwirtschaft und im Gartenbau auf.
4. Beschreiben Sie die Befruchtung bei Pflanzen.
5. Beschreiben Sie die Vorgänge am Eierstock während des Geschlechtszyklus.
6. Beobachten Sie im Ausbildungsbetrieb bei den Tieren die Merkmale der Brunst. Welche konnten Sie feststellen?
7. Was verstehen Sie unter den Vorgängen Besamung und Befruchtung bei Tieren?
8. Welche Aufgabe haben Plazenta bzw. Plazentome?
9. Was bezeichnet man als Nachgeburt?

2 Vererbung

> **!** Die **Vererbung** besteht in der Weitergabe von Erbanlagen der Eltern auf die Nachkommen. Dabei bestehen gewisse Gesetzmäßigkeiten. Das Erbgut, auch Erbinformation genannt, befindet sich in den Chromosomen.

2.1 Chromosomen als Träger der Erbanlagen

Bau – Die als **Chromosomen** bezeichneten Kernschleifen im Zellkern sind in den letzten Jahrzehnten durch mikroskopische und experimentelle Untersuchungen eingehend erforscht worden. Allerdings muss man zur Beobachtung der Chromosomen den 2. (Metaphase) und 3. Abschnitt (Anaphase) einer *Kernteilung* ausnutzen, da nur dann die Kernschleifen in ihrer Transportform anzutreffen und genügend erkennbar sind.

Gefärbte Transportchromosomen lassen im lichtmikroskopischen Bild 2 verschiedene Bestandteile erkennen: Einen stark färbbaren *Achsenkörper* (Achsenfaden) und eine viel schwächer färbbare Hülle. Der Achsenkörper besteht aus Windungen, vergleichbar einer Schraubenfeder. Diese »Groß-Schrauben« werden ihrerseits aber wieder von einem wesentlich enger aufgewundenen Faden gebildet. Es handelt sich also um eine Doppelwendel, wie sie aus manchen Glühbirnen bekannt ist.

In der Regel ist jedes Chromosom gestaltlich in 2 verschieden lange *Schenkel* gegliedert. Am Ausgangspunkt beider Schenkel befindet sich eine *Einschnürung*. In diesem Abschnitt ist das Bewegungszentrum des Chromosoms. Hier setzen auch die zum Transport dienenden Spindelfasern an.

Außerdem lassen sich manchmal am Chromosom noch *Verdickungsstellen* (Chromosomere) nachweisen. Sie sind während der Meiose hauptsächlich bei Amphibien und Insekten erkennbar und wurden lange Zeit als eigentlicher Sitz der Erbanlagen *(Gene)* angesehen.

Erbgutträger ist jedoch die in den Chromosomen nachweisbare *DNS* (**D**esoxiribo**n**ucleinsäure)[1]). Sie besitzt die Eigenschaft zur übereinstimmenden (identischen) Vermehrung ihrer Bestandteile. Man nimmt heute an, dass begrenzte Abschnitte der riesigen DNS-Ketten in den Chromosomen die eigentlichen Erbanlagen darstellen.

Chromosomenzahl – Die Gestalt und die Größe der Chromosomen einer Zelle sind sehr unterschiedlich, es kehren jedoch die gleichen Gestalten in sämtlichen Zellen der Lebewesen einer Art in gleichen Anzahlen wieder. Die gerade Zahl der Chromosomen (Tabelle 89) ergibt sich daraus, dass sie immer paarweise auftreten. Je 2 Chromosomen sind in der Regel der Größe und Gestalt nach gleich. Einen solchen doppelten **Chromosomensatz** bezeichnet man als *diploid*. Abweichungen entstehen durch Mutation.

[1]) DNS wird auch mit DNA abgekürzt: A für englisch acid = Säure.

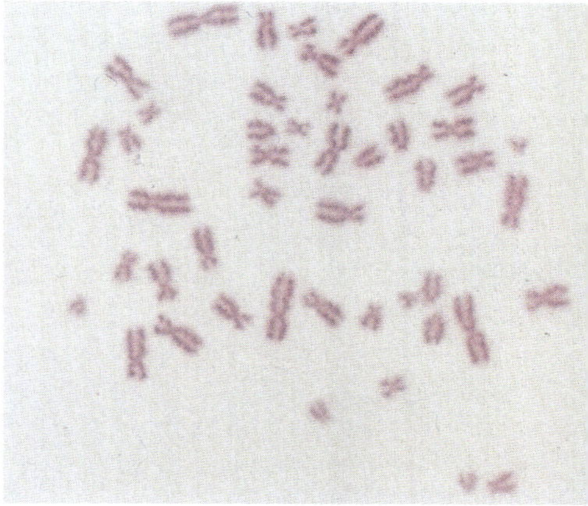

Abb. 1131 Chromosomensatz des Menschen im Metaphasenstadium.

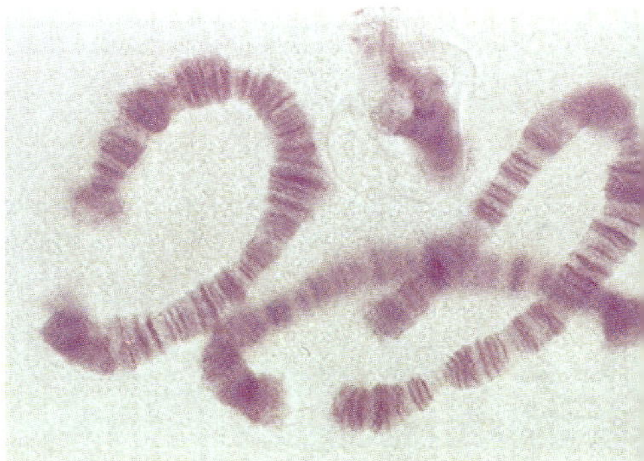

Abb. 1132 Riesenchromosomen aus der Speicheldrüse von Fliegenlarven. Deutlich sichtbar die einzelnen Scheiben und »Puffs« (Orte der Weitergabe von genetischen Informationen).

Abb. 1133 Schematischer Aufbau eines Chromosoms.
A–G: Einige Chromosomentypen.
1 Zeitweise sichtbare Stelle des Chromosoms,
2 Centromer, Ansatzstelle der Spindelfaser,
3 Chromonema, Achsenfaden des Chromosoms,
4 Chromomeren,
5 Matrix, Hüllschicht,
6 Chromosomenrest, durch Einschnürung getrennt.

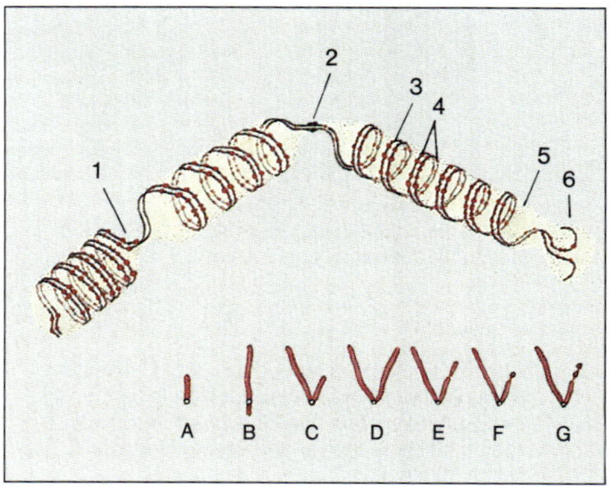

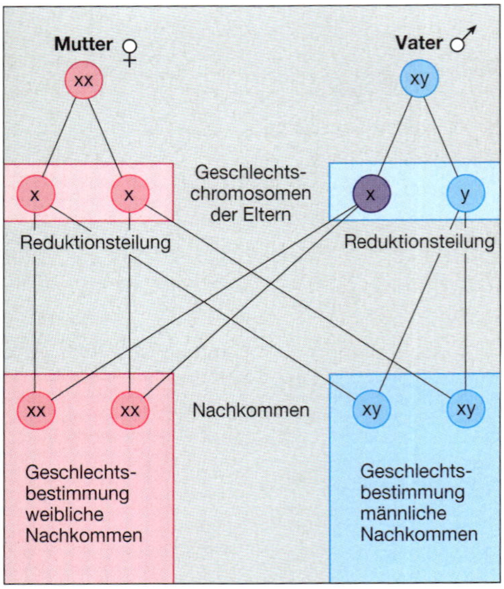

Abb. 1134 Schema für die Vererbung des Geschlechts durch die Geschlechtschromosomen.

Abb. 1135 **Beispiel** einer Modifikation: Normale Färbung des Russenkaninchens (links); nach dem Abrasieren der Haare verändert die Haltung bei warmer (Mitte) bzw. kalter Temperatur (rechts die Haarfarbe.

Abb. 1136 **Beispiel** einer Genmutation: Schlitzblättrigkeit bei Haselnuss (rechts) oder Rotbuche (links).

Abb. 1137 Mitte: Der vollständige Chromosomensatz (Karyogramm) einer Kuh (oben) und eines Bullen (unten). Die Geschlechtschromosomen sind ganz rechts dargestellt (1 mm = 1 Tausendstel mm).

Tabelle 89: Doppelte (diploide) Chromosomenzahlen bei Tieren und Pflanzen (Beispiele)

Huhn	78	Mensch	46	Natternzunge (ein Farn)	520	Apfel/Birne	34
Pferd	64	Schwein	40			Mais	20
Rind	60	Honigbiene	32	Kartoffel	48	Löwenmaul	16
Schaf	54	Karpfen	32	Weizen	42	Erbse	14

Geschlechtschromosomen – Das Geschlecht wird von einem *ungleichen* Chromosomenpaar bestimmt. Man hat die Geschlechtschromosomen mit X und Y bezeichnet. Weibliche Zellen haben 2 X-Chromosomen und männliche Zellen 1 X- und 1 Y-Chromosom. Die *Reifeteilung* ergibt also übereinstimmende weibliche, aber unterschiedliche männliche Geschlechtszellen.

Das Geschlecht des neuen Lebewesens ergibt sich nach der Befruchtung daraus, welche männliche Geschlechtszelle zur Befruchtung gelangt.

Erbänderung (Mutation) – Beruht das unterschiedliche Aussehen von Lebewesen auf *Umwelteinflüssen* (z. B. kräftiger Wuchs durch hohe Düngung), so spricht man von **Modifikation**. Sie wird im Pflanzenbau genutzt, kann jedoch nicht vererbt werden.

Sind die Merkmalsunterschiede dagegen im *Erbgut begründet*, dann liegt eine **Mutation** vor. Sie ist eine plötzliche und vererbbare Änderung des Erbgutes, die sich ungünstig (z. B. Erbfehler wie Blindheit, zum Absterben führende Letalfaktoren wie Gaumenspalte) oder günstig auswirken können. Die dabei entstehende Vielfalt der Lebewesen kann züchterisch genutzt werden.

In der Pflanzenzüchtung werden Mutationen z. B. mit Hilfe von radioaktiven Strahlen, Röntgenstrahlen, UV-Licht, Temperaturschocks oder Chemikalien *herbeigeführt.*

Erbänderungen können betreffen:

- Gene *(Genmutation):* Dabei verändern sich einzelne Erbanlagen (z. B. Rotblättrigkeit, Trauerwuchs, Krummbeinigkeit).
- Chromosomen *(Chromosomenmutation):* Baufehler können dadurch zustandekommen, dass Teilstücke verlorengehen, sich an anderer Stelle oder umgekehrt anheften (z. B. »speltoid«-Mutante des Weizens).
- Den Chromosomensatz *(Genommutation):* Es vermehrt oder vermindert sich der Gesamtbestand an Chromosomen (z. B. Einkorn 14, Hartweizen 28, gewöhnlicher Weizen 42). Wird der ganze Chromosomensatz vervielfacht, spricht man von Polyploidisierung.

Viele Mutationen sind für den Träger bedeutungslos (z. B. »Trauerformen« von Weiden, Buchen), oft sind sie nachteilig (pigmentlose Tiere).

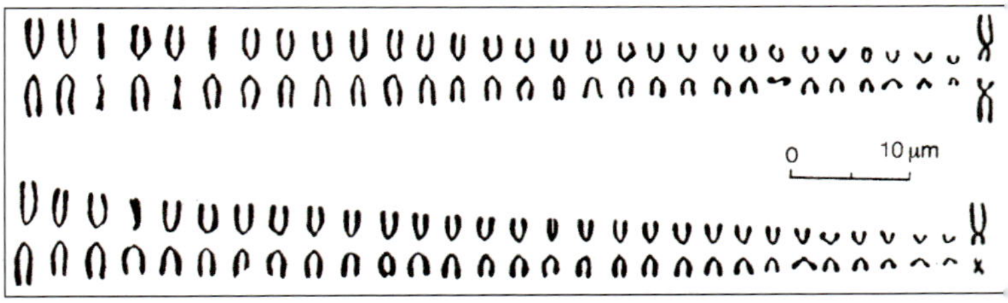

2.2 Gesetzmäßigkeiten der Vererbung

Als erster stellte der Mönch GREGOR MENDEL (1822–1884) bei Kreuzungsversuchen mit Erbsen gewisse Gesetze fest und formulierte sie.

2.2.1 Erstes Mendelsches Gesetz (Uniformitäts- oder Gleichförmigkeitsgesetz)

Das erste Mendel'sche Gesetz wird am deutlichsten, wenn man sich auf ein *leicht verfolgbares Merkmal* wie die Farbe beschränkt. Man kreuzt z. B. eine rot blühende mit einer weiß blühenden Sorte der Wunderblume *(Mirabilis jalapa)*.
Die Erbinformationen der Elternteile (P = Parentalgeneration) für die jeweilige Blütenfarbe ist reinerbig *(homozygot)*. Deswegen erhält man in der 1. Tochtergeneration (F_1 = 1. Filialgeneration) nur gleichfarbig rosa blühende Wunderblumen. Ihre Erbinformationen für die Blütenfarbe ist jedoch mischerbig (heterozygot).
Daher lautet das 1. Mendelsche Gesetz so:

! Kreuzt man zwei Lebewesen einer Art, die sich in einem reinerbigen Merkmal unterscheiden, so sind alle Nachkommen der F_1-Generation in diesem Merkmal unter sich gleich.

Wenn die Blütenfarbe der »Mischlinge« (Bastarde) mit rosa zwischen den Eltern liegt, dann kommt dies daher, dass in diesem Fall die Erbinformationen für Rot und Weiß gleich stark sind. Man spricht von einem *intermediären Erbgang* (intermediär = dazwischenliegend).

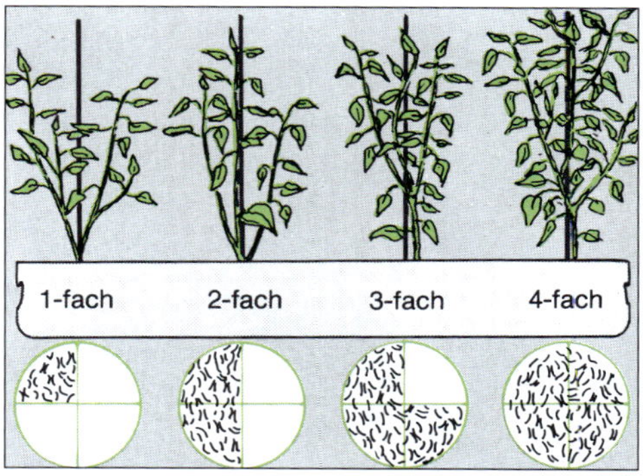

Abb. 1138 **Beispiel** einer Genommutation: Polyploidie bei Tomaten.

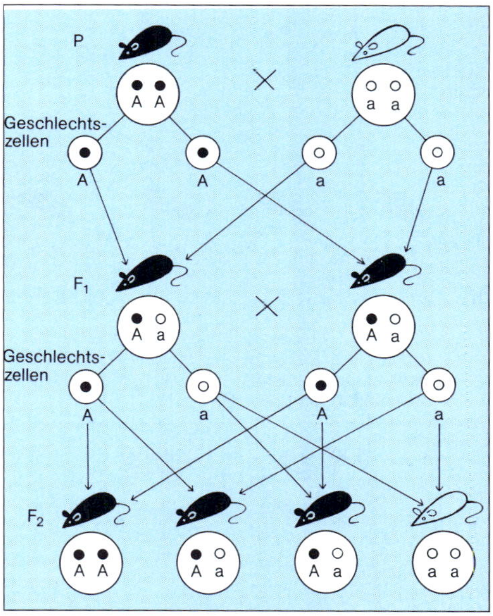

Abb. 1139 Kreuzung einer schwarzen mit einer weißen Maus: In der 1. Tochtergeneration (F_1) bei überdeckenden Eigenschaften sind alle Nachkommen gleich (1. Mendelsches Gesetz). In der 2. Tochtergeneration (F_2) Aufspaltung im Verhältnis 3 : 1 (2. Mendelsches Gesetz).

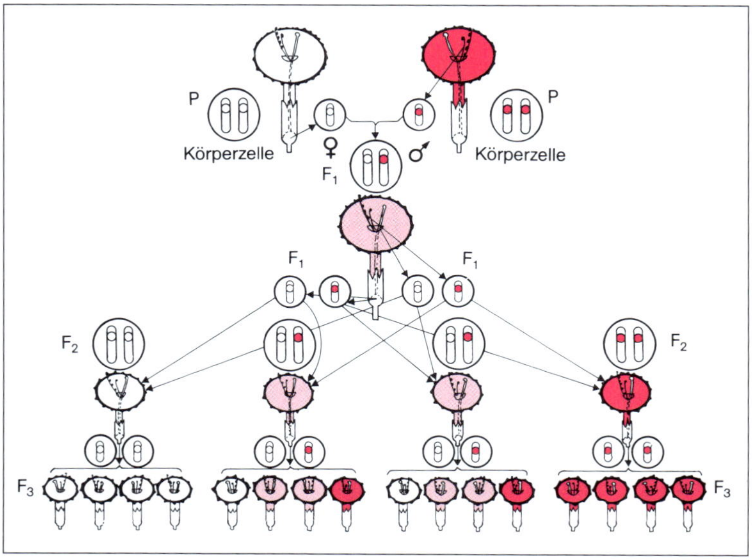

◄ Abb. 1140 Mitte: Der Bastard aus der Kreuzung einer weiß und rot blühenden Wunderblume und seine Nachkommen in den folgenden Generationen.

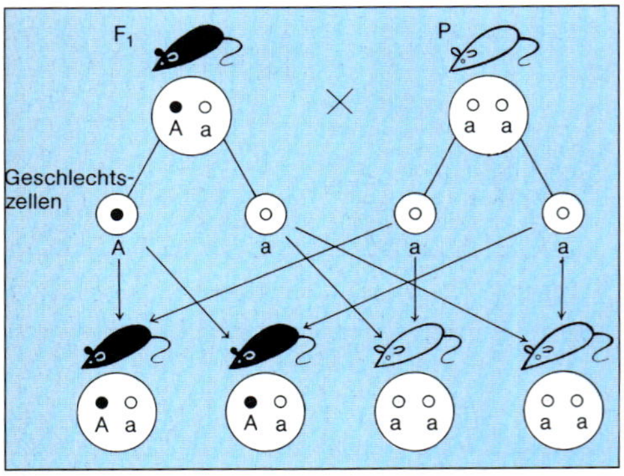

Abb. 1141 **Beispiele** für Rückkreuzungen.
Oben: das untersuchte Tier (F_1) ist heterozygot;
unten: das untersuchte Tier (F_1) ist homozygot.

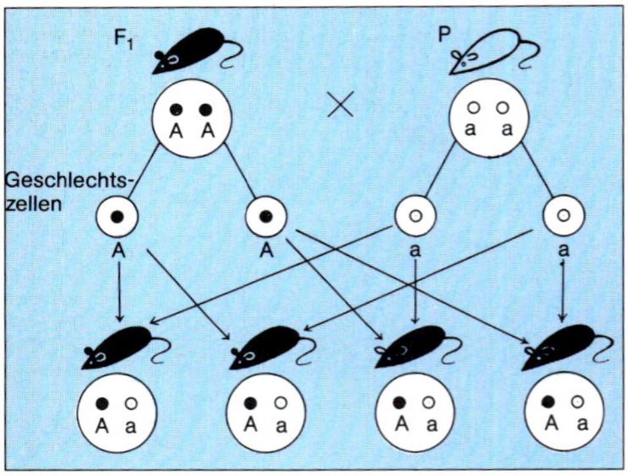

Abb. 1142 Kreuzung zweier Rinderrassen, die sich in zwei Erbfaktoren unterscheiden (schwarz dominant: A, scheckig rezessiv: b, rot rezessiv: a, einfarbig dominant: B).

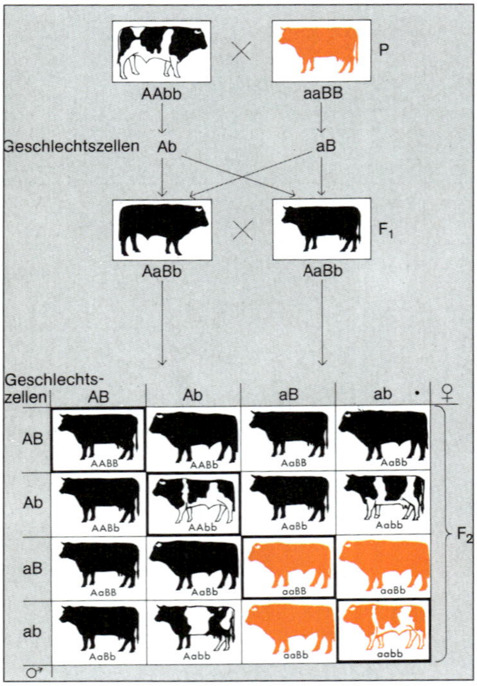

Bei der Kreuzung von reinerbig rot blühenden und weiß blühenden Erbsen dagegen überdeckt das Rot das Weiß. Rot ist dabei merkmalsbestimmend *(dominant)*, weiß unterlegen *(rezessiv)*. Es handelt sich um einen *dominant-rezessiven Erbgang*. Obwohl die Nachkommen äußerlich einem Elternteil gleichen, sind sie *mischerbig*.

2.2.2 Zweites Mendelsches Gesetz (Spaltungsgesetz)

Werden die rosa blühenden Bastarde der *F_1-Generation* unter sich bestäubt, so erhält man in der *F_2-Generation* 1/4 rot blühende, 1/2 rosa blühende und 1/4 weiß blühende Nachkommen. In der *F_3-Generation* entstehen bei Kreuzung von rot blühenden Pflanzen unter sich reinerbige rot blühende. Ebenso sind die weiß blühenden Pflanzen reinerbig.
Kreuzt man die rosa blühenden Pflanzen, so spalten die Nachkommen der F_3-Generation weiter auf im Verhältnis 1:2:1. Bei einem dominant-rezessiven Erbgang beträgt das Spaltungsverhältnis 3:1.

> ! Kreuzt man die Mischlinge der F_1-Generation unter sich, so spalten sich die Merkmale in der F_2-Generation im Verhältnis 1:2:1 beim intermediären Erbgang und im Verhältnis 3:1 beim dominant-rezessiven Erbgang auf.

Will man prüfen, ob z. B. ein Tier (z. B. eine schwarze Maus) ein Bastard ist, so paart man es mit einem reinerbigen Tier der Ausgangsrasse mit dem unterlegenen (rezessiven) Merkmal, z. B. also mit einer weißen Maus.
Spalten die Nachkommen im Verhältnis 1:1 auf, so war das untersuchte Tier mischerbig (heterozygot). Im anderen Fall wären alle Nachkommen einheitlich schwarz gewesen. Diese Paarung nennt man **Rückkreuzung**.

2.2.3 Drittes Mendelsches Gesetz (Unabhängigkeitsgesetz)

Bei Kreuzungsversuchen mit **2 Merkmalspaaren** sind wesentlich mehr *Anlagekombinationen* möglich. MENDEL nahm für seine Versuche hierzu eine Erbsensorte mit gelbrunden und eine Sorte mit grünkantigen Samen. Ein entsprechendes Beispiel ist die Kreuzung von 2 Rinderrassen, die sich im Erbgut für die Fellfarbe und für die Farbverteilung unterscheiden.
Jedes *Elterntier* besitzt ein dominantes (große Buchstaben) und ein rezessives (kleine Buchstaben) Anlagenpaar. Da jede reinerbige Form nur gleiche Geschlechtszellen bilden kann, erhält die *F_1-Generation* einheitlich die Anlagen AaBb und ist damit im Erbbild (= Genotyp) spalterbig für beide Merkmalspaare. Alle Tiere sind im Erscheinungsbild (Phänotyp) einfarbig schwarz. Mithilfe der Rückkreuzung lässt sich die Reinerbigkeit feststellen.

Bei der Paarung dieser F_1-Mischlinge tritt in der *F_2-Generation* die Aufspaltung ein. Es gibt im ganzen 16 gleich wahrscheinliche Möglichkeiten, die im Erscheinungsbild und im Erbbild teils gleich und teils unterschiedlich sind:

- *Erscheinungsbild:* ganzfarbig schwarz 9, schwarz gescheckt 3, ganzfarbig rot 3, rot gescheckt 1;
  Verhältnis ganzfarbig : gescheckt und schwarz : rot = 3 : 1;
- *Erbbild:* mischerbig 12, reinerbig 4 (stark umrandete Rechtecke) = 3 : 1;
- *2 Neukombinationen:* reinerbig ganzfarbig schwarz und rot gescheckt.

! Die einzelnen Erbanlagen werden unabhängig voneinander vererbt. Die verschiedenen Merkmalspaare trennen sich bei der Keimzellenbildung und kombinieren sich bei der Befruchtung frei miteinander.

Abb. 1143 Bei den Nachzuchtschauen werden an Fruchtbarkeit, Mast- und Schlachtleistungen strenge Maßstäbe angelegt.

2.3 Vererbung von Leistungsmerkmalen

Zuchtziele – Pflanzen- und Tierzüchter nutzen die Erkenntnisse über die Vererbung, um die *Leistungsfähigkeit* zu steigern. Zuchtziele sind z. B. bei Getreide höhere Standfestigkeit, Winterfestigkeit und Resistenz gegenüber Krankheiten; bei Tieren bessere Mastfähigkeit, Futterverwertung und Schlachtkörperqualität.

Mengenmerkmale – Solche Leistungseigenschaften werden von einer *Vielzahl von Genen* und *Genkombinationen* beeinflusst. Die an einem Merkmal und an zwei Merkmalen aufgezeigten Gesetzmäßigkeiten der Vererbung sind bei den »Mengenmerkmalen« teilweise nicht oder nur schwer erkennbar durch

- die *Zufälligkeit*, ob das vom Vater oder von der Mutter stammende Chromosom weitervererbt wird;
- die vielen *Kombinationsmöglichkeiten* der Merkmalsanlagen (z. B. mögliche Genotypen in der F_2 bei 3 Merkmalen 27, bei 6 Merkmalen 729);
- das häufig sich verstärkende Zusammenspiel der verschiedenen auf die gleiche Merkmalsausprägung *einwirkenden Gene* an verschiedenen Stellen im Chromosom (Wechselwirkung, Ausschaltung oder Koppelung der Gene).

Erbgut und Umwelt – Vererbung bedeutet, dass die **Erbanlagen** unverändert von den Eltern auf die Nachkommen weitergegeben werden. Demnach müssten also die Lebewesen mit gleichem Erbgut auch gleiche Leistungen zeigen.

Tatsächlich aber werden z. B. trotz Verwendung gleichen Saatgutes auf verschiedenen Feldern unterschiedliche Erträge erzielt. Ebenso zeigen nicht alle Kühe, die von gleichen Elterntieren abstammen, die gleiche Milchleistung.

Das bedeutet, dass für eine bestimmte Leistung lediglich die genetische Voraussetzung, nicht aber die Leistung selbst vererbt wird. Diese wird erst durch die **Umweltbedingungen,** z. B. durch Fütterung, Haltung und Hygiene bei Tieren und die Standortbedingungen bei Pflanzen ausgeprägt.

Abb. 1144 Auszug aus der »Genkarte« der Drosophila-Fliege.

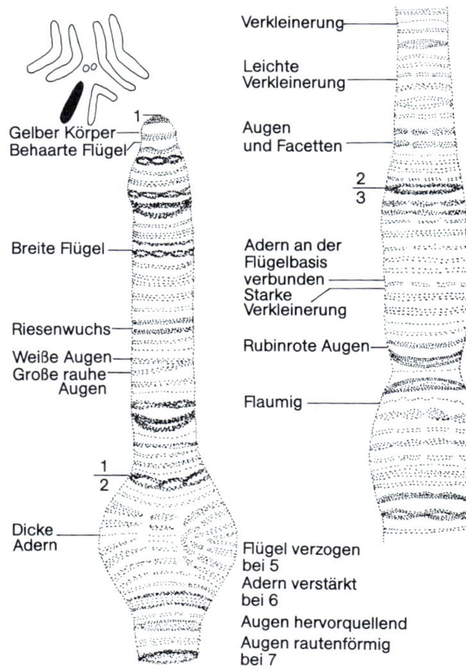

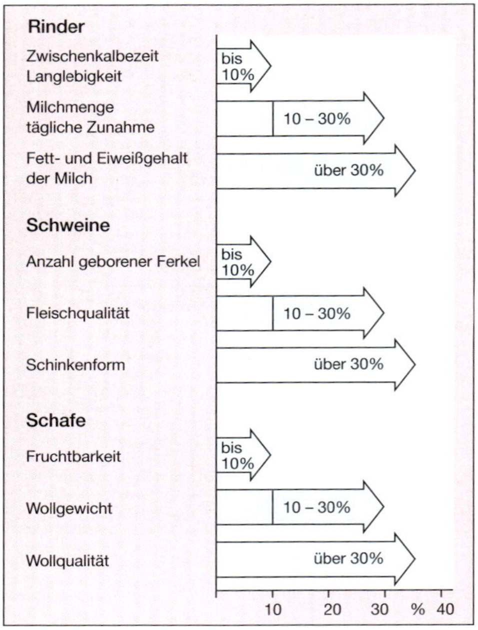

Abb. 1145 Erblichkeitsanteil ausgewählter Leistungen bei landwirtschaftlichen Nutztieren.

Die jeweils gemessene Leistung eines Lebewesens ist also das Ergebnis von Erbanlagen *und* Umwelteinflüssen. Das Maß für den erblichen Anteil einer bestimmten Leistung wird *Erblichkeitsanteil* (Heritabilität) genannt und gewöhnlich in Prozent angegeben. In der Rinderzucht zeigt sich, dass der Erblichkeitsanteil beim Fettgehalt der Milch höher ist als bei der Milchmengenleistung und noch höher bei der Fruchtbarkeit. Deswegen leidet unter ungünstigen Umweltverhältnissen zuerst die Fruchtbarkeit, dann lässt die Milchmenge nach und schließlich sinkt auch der Fettgehalt.

Aufgaben:

1. Wie heißen die Träger der Erbanlagen im Zellkern?
2. Weshalb ist vor der Befruchtung eine Halbierung des Chromosomensatzes nötig?
3. Welche Gesetzmäßigkeiten bestimmen die Vererbung?
4. Was versteht man unter Mutation?
5. Weshalb zeigen die Nachkommen von erbgleichen Eltern nicht gleiche Leistungen?

3 Zuchtverfahren

Seit der *bewussten*, vom Menschen geplanten Fortpflanzung von Nutztieren und -pflanzen (Züchtung), konnten die Erträge und die Qualität landwirtschaftlicher Erzeugnisse wesentlich verbessert werden. Die *Erbanlagen* bestimmen die Grenze der Leistungsfähigkeit. Dabei kommt es nicht nur auf die *Verbesserung* des Erbgutes an, sondern auch auf die *Erhaltung*.
Insbesondere bei den Pflanzen kommt es von Jahr zu Jahr zu Veränderungen in Wuchs, Form, Gesundheit und Qualität. Sie bauen z. B. durch Virus-Krankheiten, Fremdbefruchtung und fehlerhafter Auslese ab.
Während dem *Pflanzenzüchter* eine große Anzahl von Pflanzen zur Verfügung steht, muss der *Tierzüchter* mit weniger Tieren und einer langsamen Entwicklung rechnen. Die grundlegenden **Zuchtverfahren** werden jedoch von beiden angewandt.

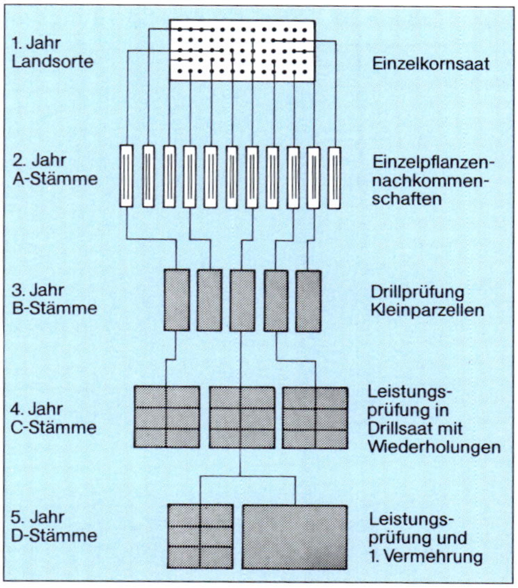

Abb. 1146 Schema der Individualauslese mit Prüfung der Nachkommenschaft bei Selbstbefruchtern (**Beispiel** Getreide).

! Grundlagen für die Züchtungsarbeit sowohl im pflanzlichen als auch im tierischen Bereich sind zuverlässige Leistungsprüfungen. Diese erfordern einen hohen Aufwand. Das Schaffen einheitlicher Umweltbedingungen macht vor allem bei Tieren oft eine Stationsprüfung nötig.

3.1 Auslesezüchtung

Durch die **Auslese (Selektion)** von *Pflanzen* und *Tieren* mit den gewünschten Leistungsmerkmalen wurden viele Pflanzensorten und Tierrassen entwickelt. In der *Pflanzenzucht* werden bei der sog. *Massenauslese* aus einem Bestand entweder die Pflanzen mit den gewünschten Eigenschaften ausgewählt *(positive Auslese)* und weiter verwendet, oder die Pflanzen mit den unerwünschten Eigenschaften ausgesondert *(negative Auslese)* und mit den verbliebenen Pflanzen weiter gearbeitet.
Erfolgversprechender ist die sog. *Individualauslese*, bei welcher einzelne Pflanzen ausgewählt, getrennt geerntet und angebaut sowie deren Nachkommen auf ihre Leistungsfähigkeit überprüft werden.
Die Auslesezüchtung hat heute in der Pflanzenzüchtung als alleinstehende Zuchtmethode keine Bedeutung mehr. Jedoch ist vor allem die Individualauslese ein wesentlicher Bestandteil moderner Zuchtmethoden (z. B. zur Gewinnung von Ausgangsmaterial, beim Vermehren und Erhalten von Saat- und Pflanzgut).
Bei der **Erhaltungszucht** wird versucht, eine *Pflanzensorte* durch Ausleseverfahren in ihrem Typ, ihrer Leistungsfähigkeit und Gesundheit zu erhalten. Ihre Aufgabe ist es, Jahr für Jahr genügend Saatgut einer Sorte für die Vermehrung zu erzeugen. Bei selbstbefruchtenden Pflanzen werden dafür Einzelpflanzen mit guter Ausprägung der Sorteneigenschaften ausgewählt und deren Nachkommen von allen minderwertigen Pflanzen bereinigt. Diese

Abb. 1147 In einem Zuchtgarten müssen die Blüten vor Fremdbestäubung durch Umhüllung geschützt werden.

Tabelle 90: Neuzucht und Erhaltungszucht bei Kartoffeln

1. Jahr: Samenerzeugung aus 150–250 Kreuzungen	Neuzucht	**neue Sorte**		
2. Jahr: 100 000 und mehr Sämlinge		1. Jahr: Einzelpflanze	Vorstufenpflanzgut	Erhaltungszucht
3. Jahr: 8000 Sämlingsnachkommen		2. Jahr: A-Stamm (Klon)		
4. Jahr: 600 Stämme oder Klone		3. Jahr: B-Stamm		
5. Jahr: 125 Stämme		4. Jahr: C-Stamm		
6. Jahr: 40 Stämme		5. Jahr: D-Stamm		
7. Jahr: 20 Stämme		6. Jahr: Vorvermehrung		
8. Jahr: 6 Stämme		7. Jahr: Superelite		
9. Jahr: 4 Stämme		8. Jahr: Basispflanzgut		
10. Jahr: 3 Stämme		9. Jahr: Zertifiziertes Pflanzgut		

Abb. 1148 Im Verlauf der Sortenprüfung muss unter anderem die sichere Weitergabe der Nutzungseigenschaften festgestellt werden.

negative Massenauslese wird z. B. bei Gemüse, Kartoffeln oder Zierpflanzen sowohl in Zuchtbetrieben als auch in Produktionsbetrieben. angewandt.

Findet eine Auswahl der besten *Tiere* zur Steigerung des Zuchtfortschritts innerhalb einer Rasse statt, spricht man von **Reinzucht**. Mit der Paarung von Tieren der gleichen Rasse will man die äußeren Merkmale und die Anlagen für erwünschte Nutzungseigenschaften auf die Nachkommen sicher weiter vererben.

Während die Reinzucht bei *Rindern* nach wie vor eine große Rolle spielt, haben sich in der *Schweinezucht* neben ihr mehr und mehr Gebrauchskreuzungen für die Erzeugung des Mastendproduktes durchgesetzt. Zur Gewinnung des Ausgangsmaterials für diese Gebrauchskreuzungen ist Reinzucht unbedingt erforderlich.

Kommt es dabei zur Paarung verwandter Tiere, bezeichnet man dies als **Inzucht**. Mäßige Inzucht ist unbedenklich, wogegen sehr enge Inzucht *(Inzestzucht)* meist mit Erbfehlern, Fruchtbarkeitsschäden, höheren Ferkelverlusten und geringerer Widerstandskraft der Tiere einhergeht.

Abb. 1149 Abnehmende Wuchsleistung bei Inzucht am **Beispiel** Mais. Eine Kreuzung führt zu deutlicher Steigerung.

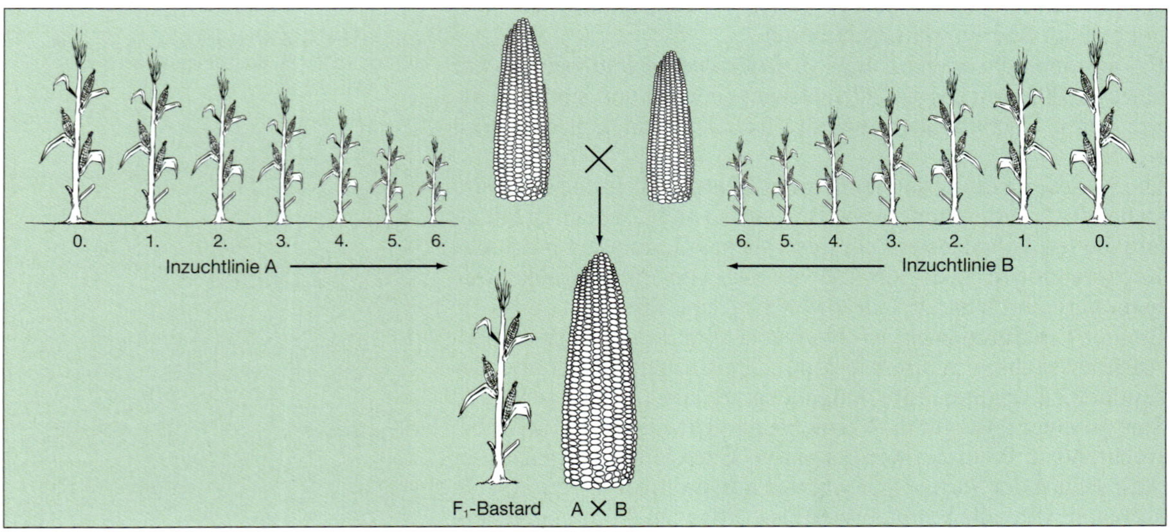

In der **Klonzüchtung** wird eine Auslese bei *vegetativer Vermehrung* betrieben. Denn bei ungeschlechtlicher Vermehrung bleibt das Erbgut gleich. Sie wird z. B. bei der Neuzucht und Erhaltungszucht von *Kartoffeln* betrieben. Am Anfang steht allerdings eine Kreuzungszucht.

3.2 Kombinations- oder Kreuzungszüchtung

Die Individualauslese führt bei Selbstbefruchtern zu reinen Linien, wobei alle Pflanzen eines Zuchtstammes geno- und phänotypisch gleich (homozygot) sind. Eine weitere Auslese bringt keine Fortschritte mehr, da mögliche Abweichungen innerhalb des Stammes oder der Sorte umweltbedingt sind (Modifikationen). Will man nun entsprechend einem Zuchtziel bestimmte Eigenschaften miteinander kombinieren, so kreuzt man verschiedene Linien untereinander.

Stammbaumzüchtung – Zwei oder mehr Eltern werden miteinander gekreuzt und bereits aus der F_2-Generation werden erwünschte Einzelpflanzen ausgelesen und getrennt angebaut. Die Nachkommenschaften bei Selbstbefruchtern werden mit zunehmender Generationsfolge immer ausgeglichener und reinerbiger. Der Zuchtprozess von der Kreuzung bis zur Marktsorte dauert etwa 12–15 Jahre.

Rückkreuzung (Verdrängungszüchtung) – Erwünschte Eigenschaften beruhen in der Regel auf vielen Erbfaktoren. Die genetische Aufspaltung in der F_2-Generation wird dadurch sehr unübersichtlich. Um diese Vielzahl der Genotypen deutlich zu verringern, wird ein heterozygoter F1-Bastard mit dem einen oder anderen Elter wieder gekreuzt. Das Auffinden der *gewünschten Neukombinationen* wird sehr erleichtert.

Wiederholte Rückkreuzungen empfehlen sich, wenn eine einzelne Eigenschaft aus einer stark abweichenden Rasse eingelagert werden soll. Da die Merkmale der anderen Rasse bis auf die gewünschte Eigenschaft verdrängt werden, bezeichnet man diese Methode auch als *Verdrängungszüchtung*.

Auf diese Weise sind die heute hauptsächlich vorkommenden Rinderrassen wie Schwarzbunte, Rotbunte, Fleckvieh und Braunvieh entstanden. In der Schweinezucht werden Rückkreuzungen, bei welcher Kreuzungssauen mit Ebern einer Ausgangsrasse belegt werden, wegen der nur geringen Ausnutzung von Heterosiseffekten selten angewandt.

Heterosiszüchtung (Hybridzüchtung) – Bei der Kreuzung verschiedener Linien, Sorten oder Rassen von Tieren oder Pflanzen beobachtet man häufig, dass die F_1-Generation (Hybriden) deutlich leistungsfähiger ist. Diese *Mehrleistung*, die im wesentlichen auf die F_1-Generation beschränkt ist, bezeichnet man als *Heterosis*. Sie ist im allgemeinen um so stärker, je homozygoter die beteiligten Kreuzungspartner sind.

Bei Fremdbefruchtern und in der Tierzucht müssen homozygote reine Linien durch Inzucht hergestellt werden. Dabei können rezessiv vorhandene Erbanlagen sowohl für gewünschte Eigenschaften als auch für Erbfehler zum Vorschein kommen. Die

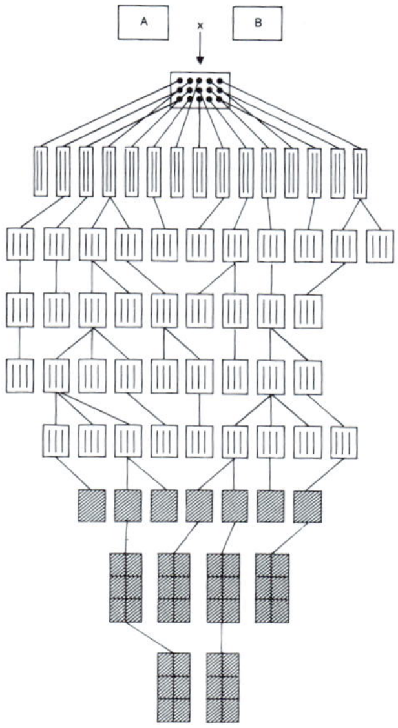

Abb. 1150 Schema der Zuchtmethode »Stammbaumzüchtung« bei Selbstbefruchtern.

Abb. 1151 Schema der Hybridzüchtung bei Mais (Doppelhybride; Selbstung = Selbstbestäubung).

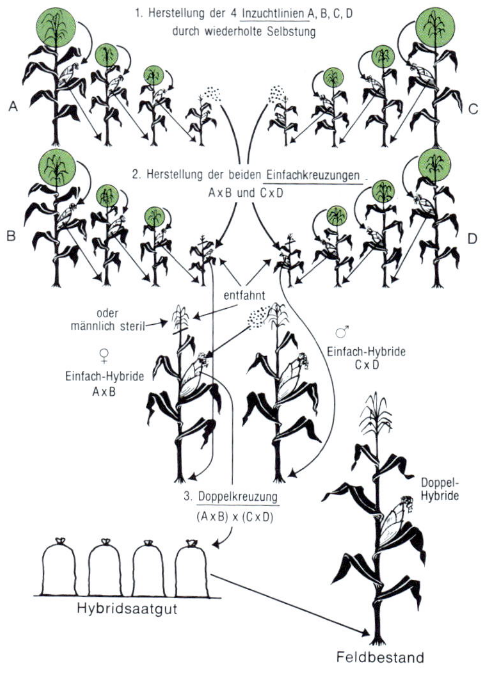

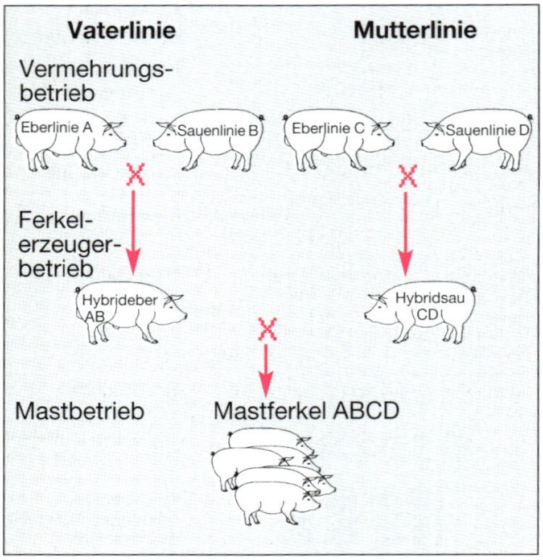

Abb. 1152 Exemplarischer Aufbau von Hybridzucht-Programmen.

Abb. 1153 Mutationszüchtung (Schema).

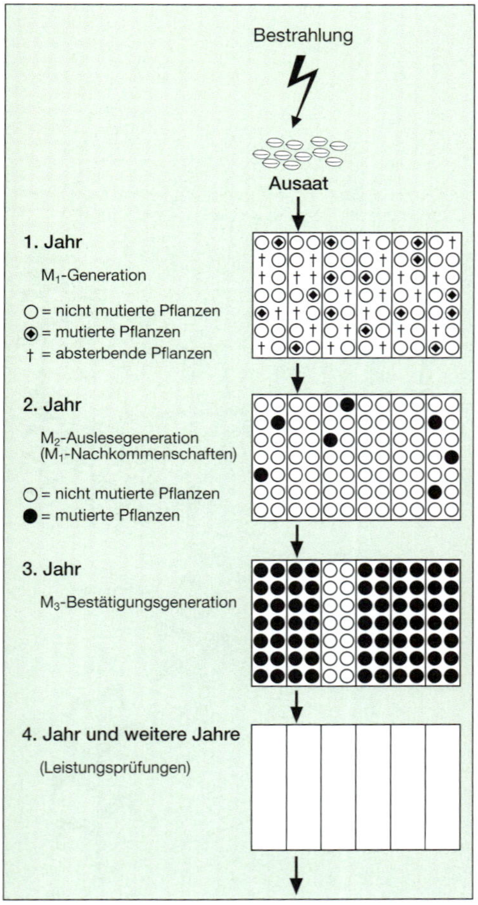

Nachkommen sind durch die Inzuchtwirkung mehr oder weniger geschwächt.
Die **F_1-Hybriden** müssen immer wieder neu gezüchtet werden. Ein Fixieren der Heterosis ist bei Pflanzenarten über die vegetative Vermehrung möglich (z. B. Kartoffeln). Die Heterosiszüchtung ist sehr weit verbreitet z. B. bei Mais, Roggen, Tomaten, Gurken, Schweinen und Geflügel.
In der Tierzucht, wo sich die Heterosis durch Klonieren festigen ließe, spricht man in diesem Zusammenhang auch von *Gebrauchskreuzungen*. Sie spielen vor allem bei der Gewinnung leistungsfähiger Masttiere in der Rinder- und Schweinezucht in Form von Zweirassen-, Dreirassen- oder auch Vierrassenkreuzungen einen bedeutende Rolle. Eine Vierrassenkreuzung in der Schweinezucht entspricht in etwa einem *Hybridzucht-Programm*, bei welchem die Rassen bzw. Zuchtlinien nur für die Erzeugung von Kreuzungstieren gehalten werden.

3.3 Mutationszüchtung

Auslese- und Kombinationszüchtung arbeiten nur mit dem vorhandenen Erbmaterial. Die **Mutationszüchtung** dagegen *verändert das Erbgut*. Die natürliche Mutationshäufigkeit ist für die Pflanzenzüchtung zu gering, sie muss daher künstlich gesteigert werden. Genmutationen kann man z. B. durch die Bestrahlung von Samen oder Pollen auslösen oder vorgekeimte Samen mit chemischen Substanzen behandeln. Entstehen geeignete *Mutanten*, werden diese zur Weiterzucht ausgelesen.
Polyploidiezüchtung – Eine Veränderung des ganzen Chromosomensatzes erreicht man mit dem Gift der Herbstzeitlosen (Colchicin), das bei der Zellteilung die Ausbildung der Spindelfasern verhindert. Der Chromosomensatz wird bei der Keimzellenbildung nicht halbiert und unverändert (also doppelt) an die Nachkommen weitergegeben.
Polyploide Pflanzen zeigen häufig Riesenwuchs. Große Erfolge hat man bei Zucker- und Futterrüben sowie bei Gräsern erzielt.

Aufgaben:

1. Zu welchen Zuchtverfahren zählen die Erhaltungszucht bei Pflanzen und die Reinzucht bei Tieren?
2. Was verstehen Sie unter Inzucht? Nennen Sie mögliche Folgen.
3. Welches Zuchtverfahren fand bei der Entstehung der heute hauptsächlich vorkommenden Rinderrassen Anwendung?
4. Was bezeichnet man in der Züchtung als Heterosiseffekt?
5. Wodurch unterscheidet sich die Mutationszüchtung von der Auslesezüchtung und der Kreuzungszüchtung?

4 Biotechnik und Gentechnik

Mit Hilfe der Bio- und der Gentechnologie wird es möglich, technisch und gezielt in biologische Abläufe einzugreifen. Während bei *biotechnischen Verfahren* keine Veränderung des Erbgutes erfolgt, hat die *Gentechnik* das Ziel, die Erbinformation des Zellkerns zu erfassen und sie im Bedarfsfall zu verändern.
In der Pflanzenzüchtung kann mit bio- und gentechnischen Verfahren der Zuchtfortschritt erheblich gesteigert werden. Im Bereich der Tierzucht dienen diesem Ziel überwiegend Biotechniken und weniger gentechnische Methoden.

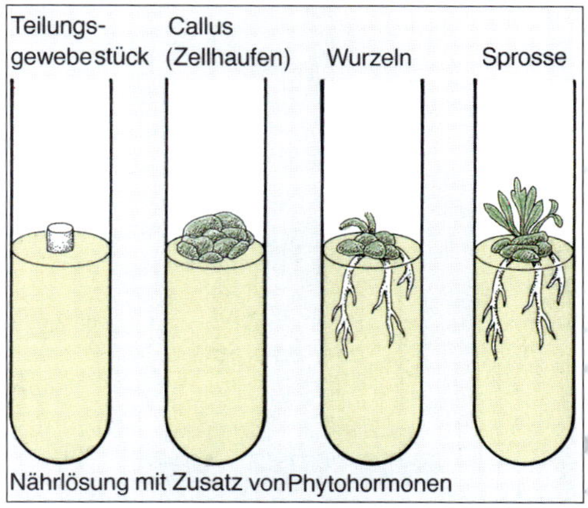

Abb. 1154 Ungeschlechtliche Vermehrung spielt auch bei der Resistenzzüchtung eine Rolle. Ein Stück Teilungsgewebe (Meristem) wird im Reagenzglas zu einer Pflanze entwickelt.

4.1 Biotechnische Verfahren in der Pflanzenzucht

Die Fähigkeit der Pflanze zur *vegetativen Vermehrung* spielt heute in der **Resistenzzüchtung** eine große Rolle. Die Entwicklung der Pflanzen erfolgt dabei in der Regel in einem Glas, lateinisch in vitro, weshalb diese Methode auch als *In-vitro-Verfahren* bezeichnet wird. Die Glasgefäße enthalten alle Nähr- und Wirkstoffe für die Entwicklung der Pflanzen. Diese erfolgt in Kulturkammern unter sterilen Bedingungen und gesteuerten Temperatur- und Lichtverhältnissen.
Ein Beispiel für diese In-vitro-Verfahren ist die **Meristemkultur**. Dazu werden aus Sprossknospen nur die stark teilungsfähigen 0,1–0,5 mm langen Sprossspitzen (Meristemgewebe) herausgeschält und auf Nährmedien in die beschriebenen Gläser gesetzt.
Dieses Meristem ist z. B. bei Kartoffeln frei von Virus-Krankheiten. Da es gleichzeitig mit diesem Verfahren gelingt, in kurzer Zeit sehr viele genetisch gleiche Pflanzen zu erzeugen, kann man damit eine Kartoffelsorte virusfrei machen. Diese Methode zur raschen Vermehrung von gesundem Pflanzgut wird auch bei Hopfen, Obst, Gehölzen und vielen Zierpflanzen angewandt.
Ein anderes Beispiel des In-vitro-Verfahrens ist die **Antherenkultur**. Hierbei werden aus Pollen oder Staubgefäßen (Antheren) eine große Menge gleicher Pflanzen mit *halbem Chromosomensatz* herangezogen. Zur Resistenzzüchtung, z. B. bei Getreide gegen Rostkrankheiten, kann man sie künstlich infizieren und die gesund gebliebenen (resistenten) Pflanzen anschließend aussortieren. Ihr Chromosomensatz lässt sich durch Behandlung mit dem Alkaloid der Herbstzeitlose (Colchizin) wieder verdoppeln, so dass dem Züchter in einem kurzen Zeitraum eine resistente, reinerbige Pflanze zur Verfügung steht.
Ferner können mit Hilfe der **Embryokultur** aus »weiten Kreuzungen«, wie z. B. Weizen × Roggen oder Weizen × Quecke, lebensfähige Kreuzungspflanzen gewonnen werden. Diese Technik wird zur Resistenzüchtung bei Getreide eingesetzt.
Bei der **Protoplastenfusion** werden entsprechend präparierte Protoplasten von 2 verschiedenen Genotypen gemischt und auf elektrischem Wege miteinander verschmolzen. Die Fusionsprodukte enthalten die genetischen Merkmale beider Ausgangslinien und können sich mit Hilfe spezieller In-vitro-Techniken zu nor-

Abb. 1155 Haploide Pflanzen erhält man aus Antheren (= Staubgefäße)-Kulturen. Entfernen der Antheren (oben), Keimbett der Antheren im Kulturgefäß (Mitte), Bildung der neuen Pflanze auf einer Nährlösung (unten).

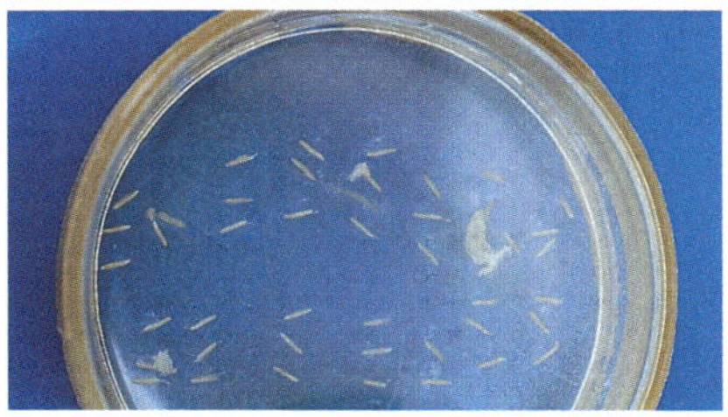

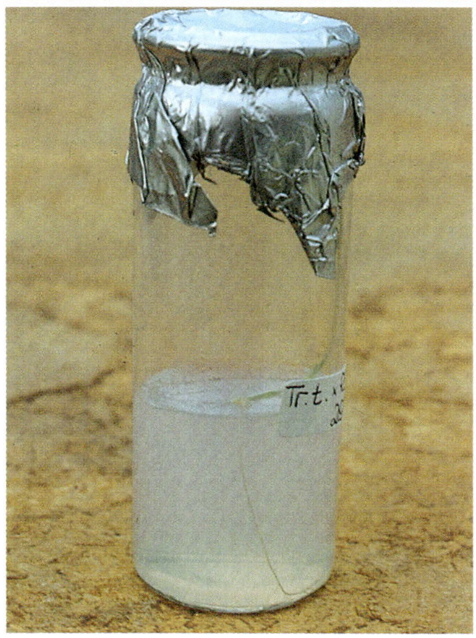

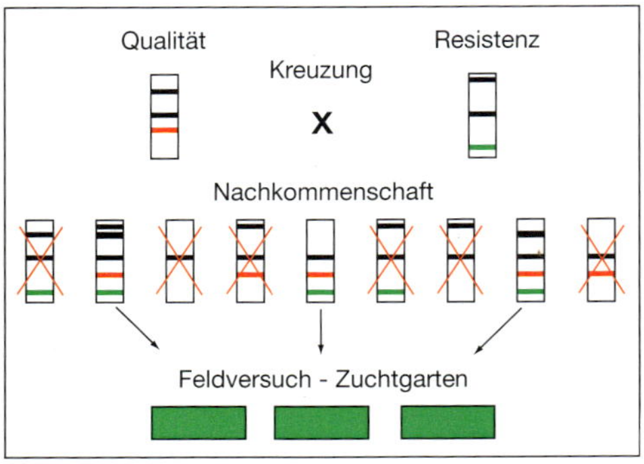

Abb. 1156 Ablaufschema bei einer Gendiagnose: Es werden verschiedene Ergebnisse auf die gewünschte Kombination hin geprüft.

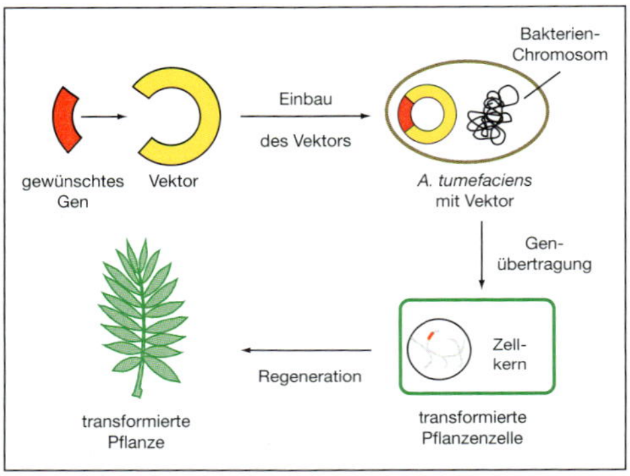

Abb. 1157 Gentransfer über das Bakterium *Agrobacterium tumefaciens*.

malen neuen Pflanzen entwickeln, welche Genkombinationen aufweisen, wie sie durch Kreuzungen nicht möglich gewesen wären.

4.2 Gentechnik in der Pflanzenzucht

Durch den Einsatz gentechnologischer Methoden wie *Gendiagnose* und *Gentransfer* kann in der Pflanzenzucht der Selektions- und Züchtungsprozess wesentlich erleichtert werden.

Gendiagnose – Mit Hilfe der Gendiagnose können Gene und damit Eigenschaften der Pflanzen schnell und sicher erkannt werden. So lassen sich Resistenz- oder Qualitätseigenschaften unabhängig von unsicheren Umwelteinflüssen bereits in der F_2-Generation im Labor an ganz wenigem Material erfassen.

Ferner können mit der Gendiagnose unterschiedliche Resistenzgene gegen ein und dieselbe Krankheit in einer Pflanze erkannt werden. Damit wird es möglich, über die Entwicklung von Mehrfach-Resistenzen oder Resistenzkombinationen im Zuchtmaterial den Chemieeinsatz zu reduzieren.

Gentransfer – Darunter versteht man die *Übertragung eines Gens* von einer Pflanze in eine andere Pflanze. Letztere behält ihre bisherigen Eigenschaften bei und bekommt ein *zusätzliches Merkmal*. Sie wird dann als transgene Pflanze oder Sorte bezeichnet.

In Freilandversuchen muss überprüft werden, ob die *transgene Pflanze* das gewünschte Merkmal, z. B. die Resistenz gegen eine bestimmte Krankheit, auch tatsächlich zur Entfaltung bringt. Zur Übertragung von Genen wird ein Bakterium eingesetzt (Abb.

Abb. 1158 Schema zur Herstellung transgener Pflanzen.

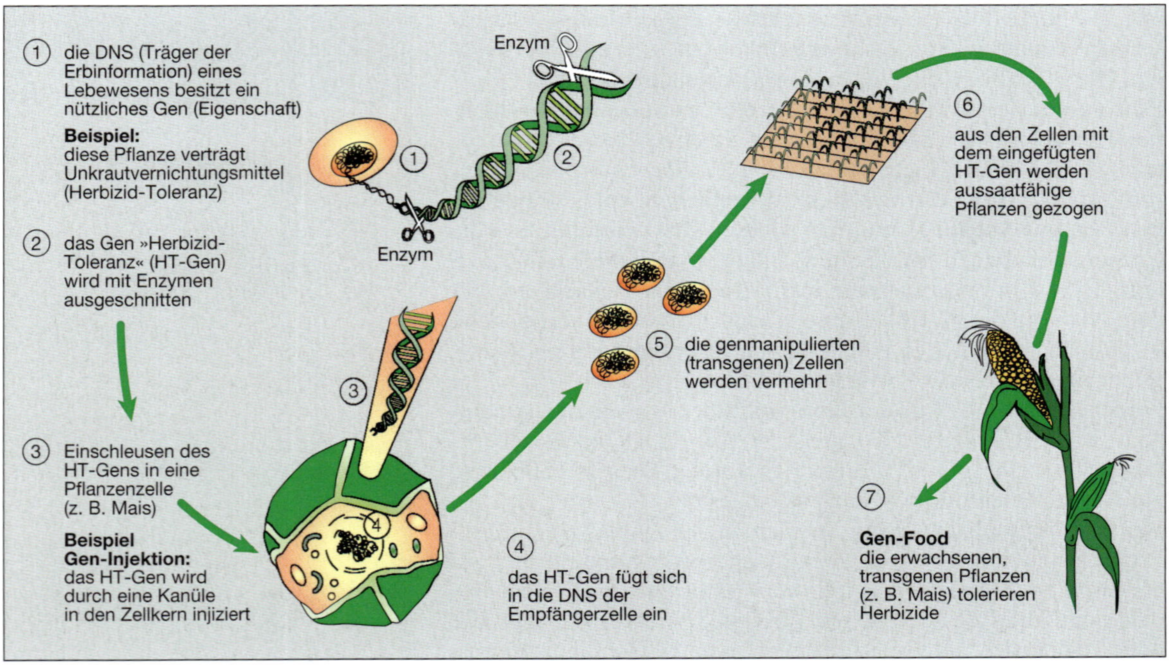

1157). Dieser Vorgang funktioniert gut bei Kartoffeln, Raps, Mais, weniger aber bei Getreidearten.
Die *Risiken der Gentechnik* für Mensch und Umwelt, welche in keinem Verhältnis zu den großen Vorteilen für die Pflanzenzüchtung stehen, versucht man mit dem **Gentechnik-Gesetz** auszuschließen. So müssen z. B. alle transgenen Handelsprodukte gekennzeichnet sein.

4.3 Biotechnische Verfahren in der Tierzucht

Zu den bekanntesten biotechnische Maßnahmen zählen die **künstliche Besamung** und der **Embryotransfer**. Beide Verfahren sind im Lehrbuch »Agrarwirtschaft Fachstufe Landwirt« beschrieben, da sie zu mehr oder weniger festen Bestandteilen der Tierzucht geworden sind. Weniger bekannte biotechnische Maßnahmen, wie die *Klonierung* oder die *In-vitro-Befruchtung* sollen hier kurz erwähnt werden.
Mit Hilfe der **Klonierung** lassen sich Tiere erzeugen, welche *genetisch identisch (erbgleich)* sind, wie es natürlicherweise bei eineiigen Zwillingen der Fall ist. Voraussetzung sind Zellen, aus welchen sich noch alle Gewebearten entwickeln können. Grundsätzlich sind bei Tieren dazu nur Embryonalzellen in frühen Entwicklungsstadien in der Lage. Es ist aber auch bereits gelungen, Zellen erwachsener Tiere wieder in diesen Zustand zurückzuversetzen.
Die **Klonierung von Embryonalzellen** kann mittels *mikrochirurgischer Teilung von Embryonen* oder mittels *Kerntransfer* erfolgen. Beim ersten Verfahren wird der Embryo unter dem Mikro-

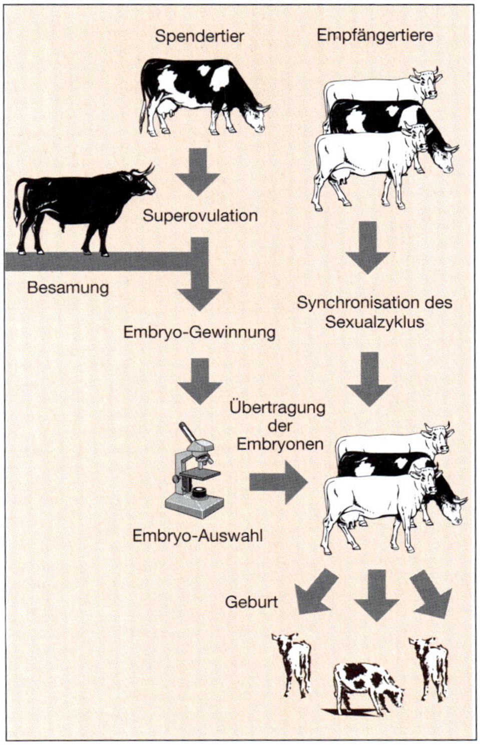

Abb. 1159 Schema des Embryonentransfers beim Rind.

Abb. 1160 Theoretische Verfahrensschritte beim Klonieren von Tieren.

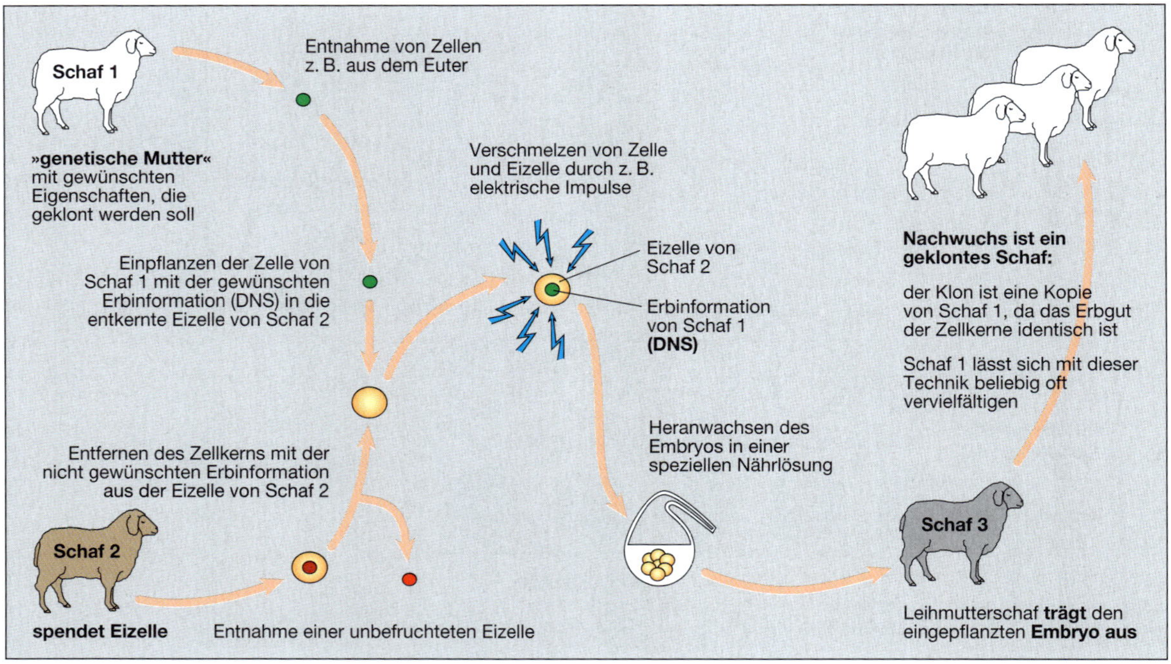

Abb. 1161 Diese 4 an der LfL Tierzucht, Grub (bei München) geklonten Vollbrüder wurden im Februar 1997 geboren. Neben ihnen ihre genetische Mutter. Die Tiere sehen sich zwar sehr ähnlich, die Fellzeichnung ist aber nicht identisch. Ursache dafür ist, dass beim Entfernen des Zellkerns etwa 1 % der Erbinformationen nicht im ausgetauschten Zellkern, sondern in den Mitrochondrien der Empfängerzelle steckt. So erhalten die Mitochondrien einen gewissen Einfluss auf das neue Lebewesen, das ansonsten vom neu eingefügten Zellkern bestimmt wird.

skop in zwei Hälften geteilt, so dass zwei Klongeschwister entstehen können. Beim Kerntransfer werden aus Embryonalzellen die Zellkerne herausgelöst und in Eizellen übertragen, welchen zuvor die Zellkerne entfernt wurden. Diese klonierten Embryonen reifen in Nährlösungen heran und werden dann auf Empfängertiere übertragen.

Der züchterische Nutzen dieser Klonierung besteht darin, dass der Prüfungsaufwand für die Zuchtwertschätzung sich stark verringern würde, weil die Ergebnisse eines geprüften Tieres auf alle Klongeschwister übertragbar wären. Das gleiche träfe auch bei der Prüfung eines Klongeschwisters auf Krankheitsresistenz zu. Wenn das geprüfte Tier resistent ist, sind es auch alle anderen Klongeschwister. Weitere Vorteile der Klonierung wären die Vermehrung von Tieren mit seltenen Eigenschaften sowie die Verkürzung des Generationsintervalls.

Die **Klonierung erwachsener Tiere** ist bislang noch nicht besonders wirtschaftlich und vom züchterischen Standpunkt aus nicht unbedingt sehr sinnvoll, weil dadurch kein Zuchtfortschritt erzielt werden kann. Wesentliche Vorteile ergäben sich allerdings für die Organisation der Tierzucht, weil die eigentliche Zuchtarbeit in wenigen Betrieben stattfinden könnte und der Aufwand für Leistungsprüfung und Zuchtwertschätzung sich deutlich verringern würde.

Das erste geklonte Tier aus der Köperzelle eines erwachsenen Tieres war das schottische Schaf »Dolly«. Inzwischen ist es auch gelungen, aus Euterzellen erwachsener Kühe geklonte Kälber zu erzeugen. »Uschi« heißt das erste Klon-Kalb, welches in Deutschland von einer Leihmutter-Kuh ausgetragen und geboren wurde.

Abb. 1162 Schematischer Ablauf der Embryo-Klonierung.

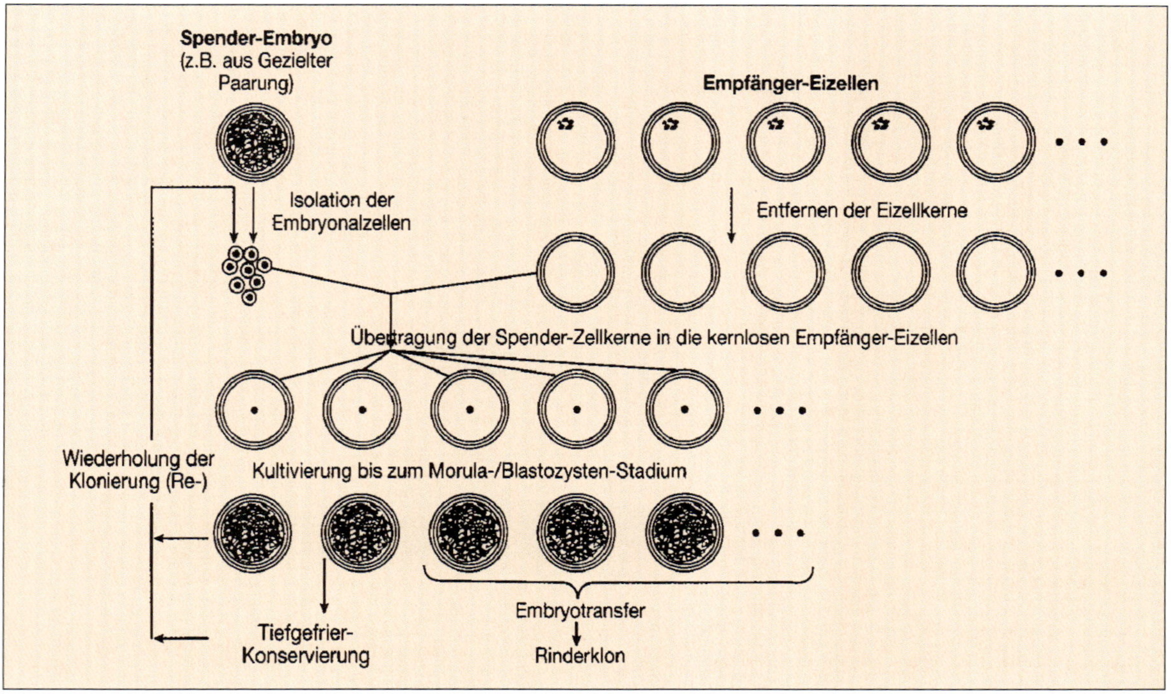

Auch Schweine und andere Tiere wurden inzwischen erfolgreich geklont.
Das Verfahren der **Follikelpunktion** und **In-vitro-Befruchtung** ist inzwischen eine praxisreife biotechnische Maßnahme. Dabei werden mit Hilfe der *Follikelpunktion* aus den Eierstöcken einer Kuh Eizellen gewonnen, welche in speziellen Nährlösungen zu befruchtungsfähigen Follikel heranreifen und dann in vitro mit Sperma befruchtet werden. Befruchtete Eizellen werden einige Tage später wie beim Embryotransfer auf Zyklus-synchrone Empfängertiere übertragen.
Die Follikelpunktion bedeutet für die Tiere viel weniger Stress und erfordert keinen Einsatz von Hormonen. Da das Verfahren auch bei geschlachteten Tieren angewandt werden kann, ist damit eine letztmalige Nutzung züchterisch wertvoller Tiere möglich.

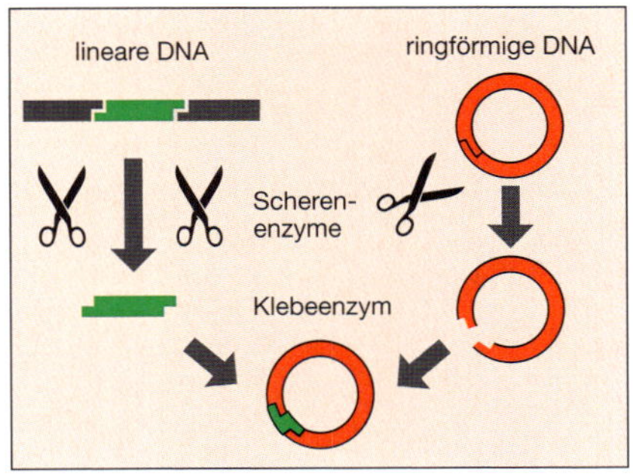

Abb. 1163 Enzyme als Grundwerkzeug der Gentechnik (Schema).

4.4 Gentechnik in der Tierzucht

In der Tierzucht unterscheidet man zwischen Merkmalen, wie z. B. Farbe oder Erbkrankheiten, welche nur von *einem* Gen, und Merkmalen, wie z. B. Milch- und Fleischleistung, Gesundheit, Fruchtbarkeit und Langlebigkeit, welche von *mehreren* Genen bestimmt werden. Gentechnische Verfahren werden z. B. in der Rinderzucht die Zuchtarbeit nicht grundsätzlich verändern, den Zuchtfortschritt aber dennoch beschleunigen, weil mehr Informationen zur Verfügung stehen und berücksichtigt werden können.
Genomanalyse und Gendiagnostik – Mithilfe der *Genomanalyse* wird das Erbgut nach Genorten auf den Chromosomen untersucht, die an der Ausprägung bestimmter Merkmale und Eigenschaften beteiligt sind. Auf diese Weise entstehen sog. *Genkarten*, welche eine Entscheidungshilfe für die Zucht darstellen.
Die Genomanalyse ist Voraussetzung für die *Gendiagnostik*. Darunter versteht man die Feststellung, welche erwünschte bzw. unerwünschte Genvarianten an einem bestimmten Genort bei einem Tier vorkommen.
Das derzeit wichtigste Anwendungsgebiet der Gendiagnostik ist das **frühzeitige Erkennen von Erbfehlern**, um deren Träger von der Zucht ausschließen zu können. Bisher war das in der Rinderzucht äußerst schwierig, weil häufig Erbfehlerträger selber gesund aussehen und daher nicht erkannt werden können.
So konnte durch gendiagnostische Verfahren z. B. die »Weaver-Krankheit« (Hinterhandlähmung) beim Braunvieh deutlich verringert werden. Auch bei der Diagnose des Schweinestress-Syndroms werden solche Verfahren eingesetzt.
Eine weitere Anwendung findet die Gendiagnostik bei **Abstammungskontrollen**. Sie bietet dabei eine höhere Sicherheit als bisherige Blutgruppenuntersuchungen. In ähnlicher Weise wäre ein Einsatz zur **Herkunftssicherung** denkbar, um den Ursprung von Tieren oder tierischen Produkten (z. B. Rindfleisch) nachweisen zu können.
Gendiagnostische Verfahren zur **Geschlechtsbestimmung von Embryonen** sind sehr genau, aber auch sehr teuer, so dass sie in der Praxis derzeit kaum Anwendung finden.

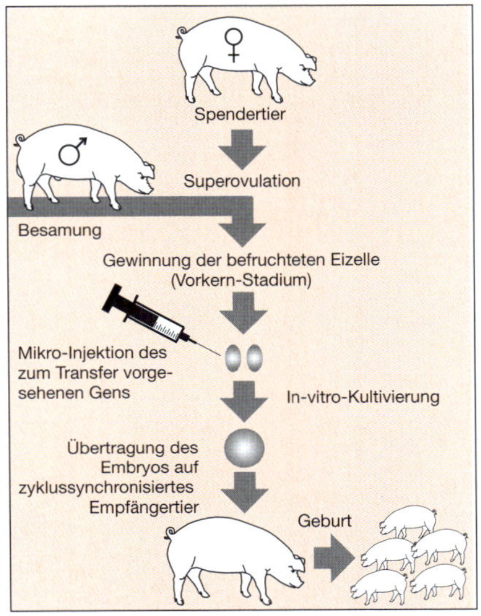

Abb. 1164 Schematische Darstellung eines Gentransfers bei Tieren.

Abb. 1165 Erzeugung pharmazeutischer Produkte mit Hilfe des Gentransfers (Schema).

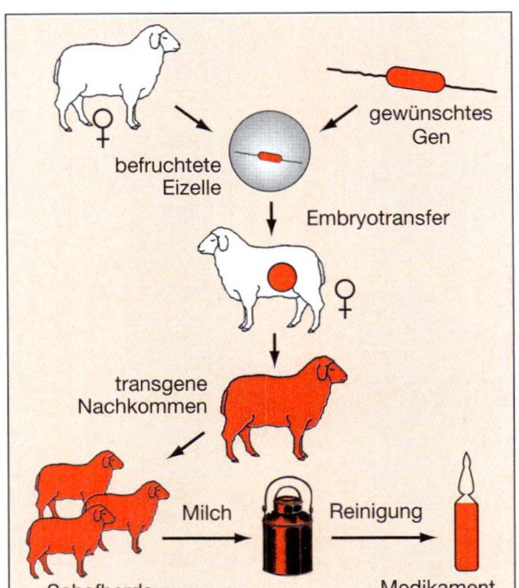

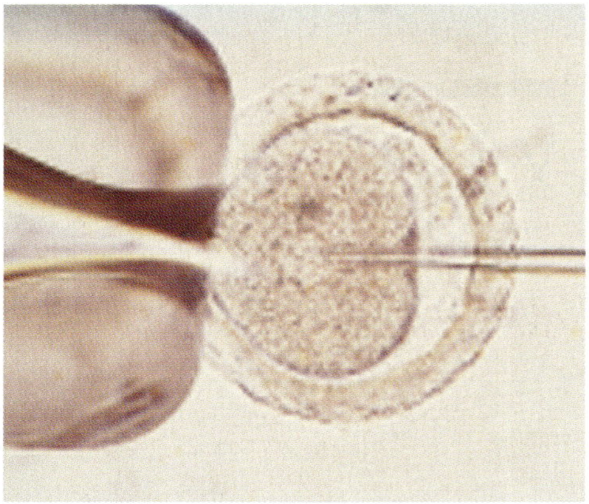

Abb. 1166 Gentransfer (Mikro-Injektion) bei einer Kaninchen-Eizelle: Die (dicke) Kanüle links fixiert die Eizelle, während die dünne Kanüle (rechts) die Eizelle ansticht und dann das einzelne Spermium injiziert.

Intensiv wird zur Zeit geforscht, wie mit Hilfe der Genomanalyse und der Gendiagnostik **leistungs-** und **qualitätsbeeinflussende Gene** gefunden werden können.

Gentransfer – Beim Gentransfer wird ein bekanntes Gen in den Kern einer Empfängerzelle mittels der Mikroinjektion (Injektion einer Lösung mit einem bestimmten DNS-Abschnitt) übertragen. Zur Zeit gelingt es äußerst selten, dass das eingeschleuste Gen auch in das Erbgut des Empfängers übernommen wird und das so erzeugte Tier als *transgen* bezeichnet werden könnte. Die Forschung arbeitet aber fieberhaft an interessanten Einsatzmöglichkeiten der Gentechnik.

Vor allem versucht sie, auf diese Weise krankheitsresistente Tiere (z. B. Mastitisresistenz) zu erzeugen. Auch eine Veränderung der Zusammensetzung und Qualität der Milch ist damit möglich. Ein interessanter Einsatzbereich bietet sich in der Medizin, da mit Hilfe der Milch transgener Kühe bestimmte Medikamente wesentlich billiger und einfacher als im Labor erzeugt werden könnten.

Risikobewertung – Bei allen Vorteilen, die gentechnische Verfahren in der Tierzucht bieten, dürfen die damit verbundenen Risiken und Folgen nicht unbeachtet bleiben. So müssen alle gentechnischen Veränderungen an Tieren die Forderungen des **Tierschutzes** beachten. Tieren dürfen nach § 1 des Tierschutz-Gesetzes keine vermeidbaren Schmerzen oder Leiden zugefügt werden. Alle diesbezüglichen Tierversuche unterliegen einer *Genehmigungspflicht*.

Eine **Gefahr für die Umwelt** besteht durch gentechnische Verfahren in der Tierzucht nicht, da eine unkontrollierte Freisetzung genetisch veränderter Organismen in der Tierzucht so gut wie ausgeschlossen ist.

Die Einführung derartiger Techniken kann allerdings zu einer weiteren **Verengung der genetischen Vielfalt** führen. Dies ist besonders zu beachten.

Die **Gefahr der Übertragbarkeit auf den Menschen** ist bei solchen Techniken durchaus möglich und daher durch entsprechende Verbote in einem Gentechnikschutz-Gesetz auszuschließen.

Abb. 1167 Den Erbfehler Weaver kann man durch einen Gentest bei den Eltern und Nachkommen des zu prüfenden Tieres feststellen.

Aufgaben:

1. Was sind die wesentlichen Unterschiede zwischen biotechnischen und gentechnischen Verfahren?
2. Welche biotechnische Verfahren werden in der Pflanzenzucht zur raschen Vermehrung von gesundem Pflanzgut oder zur Resistenzzüchtung angewandt?
3. Erklären Sie den Unterschied zwischen Gendiagnose und Gentransfer.
4. Welche biotechnischen Maßnahmen der Tierzucht kennen Sie?
5. Nennen Sie einige wichtige Anwendungsgebiete der Gendiagnositk in der Tierzucht.
6. Wie versucht man die Risiken der Gentechnik in den Griff zu bekommen?

Grundlagen der Wirtschaftslehre und des Managements

7

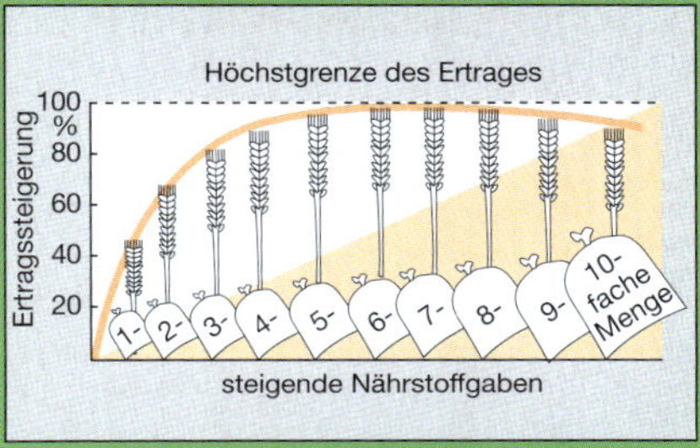

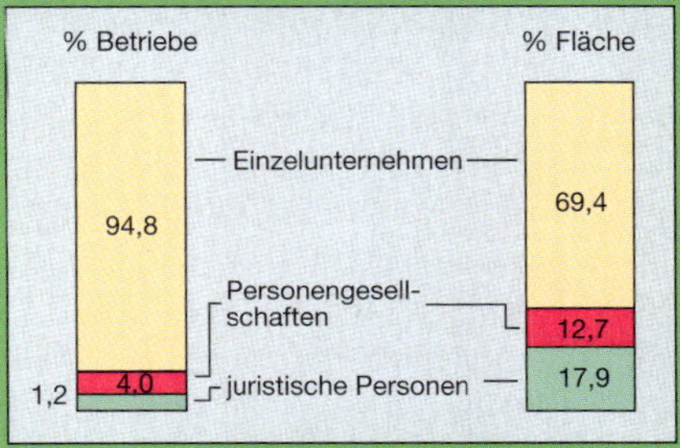

Weltweit werden derzeit die wirtschaftspolitischen Weichen zur Globalisierung gestellt. Zunehmend davon ist auch die heimische Landwirtschaft betroffen.

Für einen Betriebsleiter ergeben sich daraus völlig neue Herausforderungen. Mehr als bisher wird es künftig darauf ankommen, die fachliche Kompetenz mit den Grundlagen der Wirtschaftslehre und des Managements abzustimmen. Dabei bildet vor allem die Medienkompetenz eine Basis für die Betriebsführung sowie für lebenslange Fort- und Weiterbildung.

7 Grundlagen der Wirtschaftslehre und des Managements

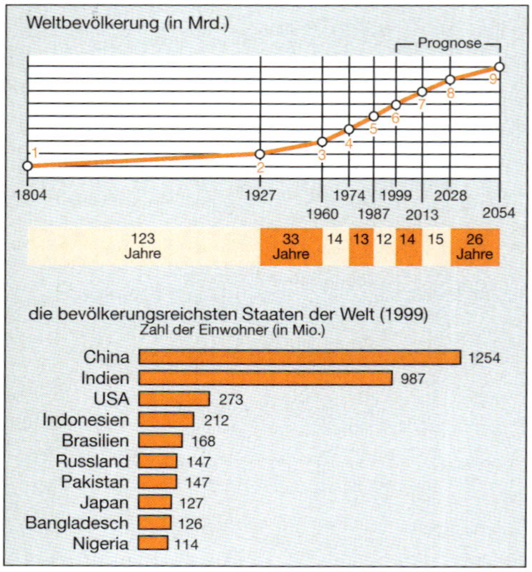

Abb. 1168 Auf der Erde wird es immer enger: Geschätzter Bevölkerungszuwachs bis 2054 (DBV 2003).

1 Die Landwirtschaft innerhalb der Volkswirtschaft

Die Landwirtschaft ist ein Teil der gesamten Wirtschaft eines Volkes und unterliegt wie diese einem ständigen *Wandel.* Die Art und Weise der Bodennutzung, die Struktur der Betriebe sind heute anders als vor hundert Jahren.

Dieser Wandel wird sich auch in Zukunft fortsetzen. Er muss zu einer *leistungsfähigen, marktorientierten* und *umweltverträglichen* Landbewirtschaftung führen, die *international wettbewerbsfähig* ist. Dabei wird sich mancherorts die bisher übliche bäuerliche Landwirtschaft in landwirtschaftliche Dienstleistungsunternehmen mit überbetrieblicher Organisation verwandeln, die einerseits Lebensmittel und Rohstoffe für den Markt produzieren und andererseits Dienstleistungen anbieten.

1.1 Erzeugung von Nahrungsmitteln

Bedeutung – Die Erzeugung von Nahrungsmitteln als Aufgabe der Landwirtschaft wird in Notzeiten besonders klar, und sie sollte auch in Zeiten des Überflusses nicht vergessen werden. Wie betroffen die Bevölkerung reagiert, zeigen kurzfristige Hamsterkäufe an Lebensmitteln in Krisensituationen.

Weltweit besteht ohnehin kein Grund zur Zufriedenheit: Von der gesamten Erdbevölkerung können sich nur ca. vier Fünftel (80 %) satt essen und ein Drittel ist infolge Eiweißmangels unterernährt. Überdies wächst die Weltbevölkerung weiter, so dass die Erzeugung von Nahrungsmitteln eine der wichtigsten Aufgaben bleiben wird.

Abb. 1169 Weltweit schrumpft die Ackerfläche pro Kopf: Geschätzter Rückgang von 1989 bis 2025 (FAO).

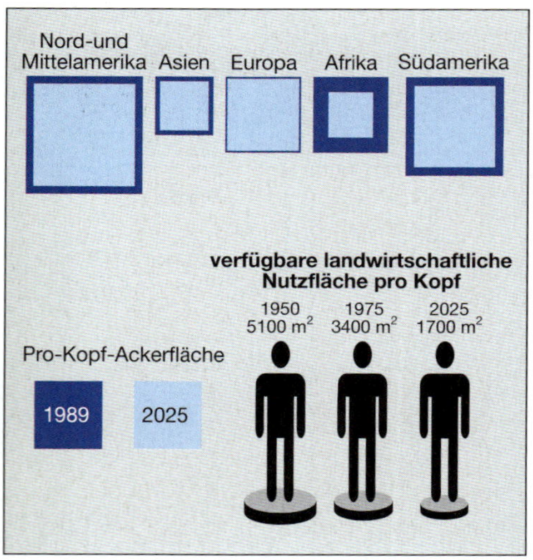

Selbstversorgungsgrad – Die deutsche Landwirtschaft kann den **inländischen Verbrauch** an Lebensmitteln *nicht* voll decken. Deutschland ist daher innerhalb der Europäischen Union der größte Importeur von Lebensmitteln.

Der **europäische Agrarmarkt** deckt bei vielen Erzeugnissen allerdings nicht nur den EU-internen Eigenbedarf, sondern führt oftmals auch zu Überschüssen (z. B. bei Zucker, Getreide). Der Grad der Selbstversorgung liegt in diesen Fällen weit über 100 %.

Obwohl die landwirtschaftlich genutzte Fläche in Deutschland schrumpft und die Zahl der zu versorgenden Menschen gewach-

Tabelle 91: Selbstversorgungsgrade bei Agrarerzeugnissen
(in %, 2000/2001 – geschätzt, Agrarbericht 2001)

Erzeugnisse	Deutschland	EU (15)
Rind- und Kalbfleisch	116	103
Schweinefleisch	83	110
Milch (insgesamt)	98	108
Zucker	159	129
Getreide	126	120
Kartoffeln	101	101

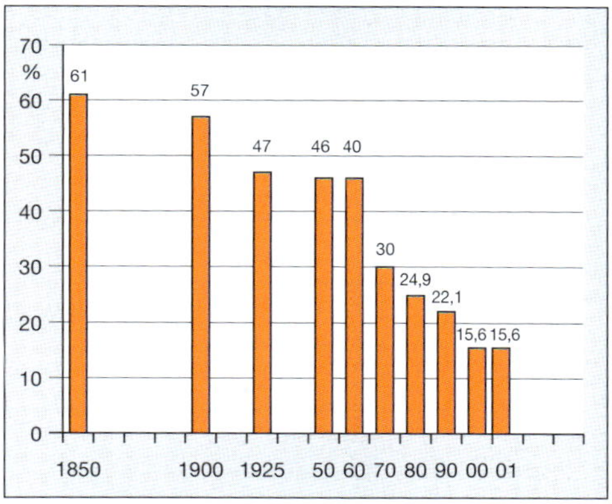

Abb. 1170 Anteil der Ausgaben für Nahrungsmittel am privaten Verbrauch (Konsumausgaben) in Deutschland (Stat. Bundesamt, bis 1990 altes Bundesgebiet, DBV 2003).

sen ist, hat der Selbstversorgungsgrad zugenommen, weil durch immer weniger Landwirte von der Flächeneinheit mehr erzeugt wird (Produktivitätssteigerung).

Änderung der Verzehrsgewohnheiten – Veränderte Arbeitsbedingungen und Lebensgewohnheiten änderten auch die Verzehrsgewohnheiten. Der Anteil schwerer körperlicher Arbeit ging stark zurück, während leichte körperliche Tätigkeiten bei steigender geistiger Beanspruchung zunehmen.

Damit nahm der Energiebedarf ab und ließ den Verbrauch an kohlenhydratreichen Nahrungsmitteln, z. B. Getreideerzeugnissen laufend sinken. Gleichzeitig stieg der Verbrauch hochwertiger Eiweißprodukte, z. B. Eier, Käse und Fleisch.

Lebensmittelpreise – Neben der Versorgung der Bevölkerung mit gesunden, qualitativ hochwertigen Lebensmitteln aus einer umweltverträglichen Erzeugung spielt der Preis für Lebensmittel eine wichtige Rolle. Obwohl auch die Lebensmittelpreise in den letzten Jahrzehnten gestiegen sind, gibt der Verbraucher heute einen kleineren Anteil seines Einkommens für seine Ernährung aus als z. B. in den 50-er Jahren. Das heißt, dass die Landwirtschaft einen wesentlichen Beitrag zur Stabilisierung der *Lebenshaltungskosten* leistet.

1.2 Erzeugung von Rohstoffen

Erzeugung von Wertstoffen – Neben der Erzeugung von pflanzlichen und tierischen Produkten für die Herstellung von Lebensmitteln spielt der Anbau von Pflanzen als Energie- und Wertstoffträger eine Rolle, die angesichts knapper anderer Vorräte in der Welt noch steigen wird.

Zu den **pflanzlichen Wertstoffen** gehören vor allem:

- **Stärke:** Sie wird zu Papier, Baustoffen, Textilien, Farben, Klebstoffen und pharmazeutischen Präparaten verarbeitet.
- **Öle** und **Fette:** Sie dienen als Rohstoff für Kosmetika, Seifen, Wasch- und Pflegemittel, Arzneimittel sowie Verlustschmiermittel (z. B. Sägekettenöl).
- **Fasern:** Pflanzliche Fasern sind u.a. Grundstoff für Textilien, Garne, Papier und viele chemische Produkte.

Pflanzen als Energieträger – Der Einsatz von Pflanzen als Energieträger schont die Vorräte an fossilen Brennstoffen und schützt unsere bestehenden Klimaverhältnisse.

Abb. 1171 Nachwachsende Rohstoffe für die Industrie auf Basis- und Stilllegungsflächen (ca. 846 600 ha, 5 % der AF in Deutschland, in ha, Agrarbericht 2003).

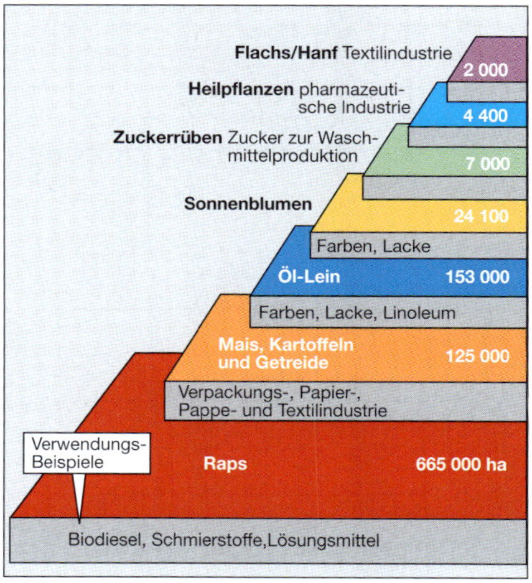

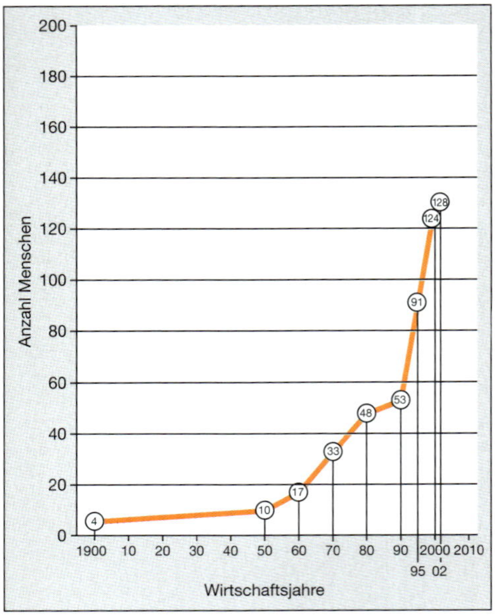

Abb. 1172 Die Produktivität nimmt auch in der Landwirtschaft zu: Ein Landwirt versorgt ... Menschen mit Nahrung (seit 1990 Gesamtdeutschland; BVEL; DBV 2003).

Abb. 1173 Wertschöpfung der Landwirtschaft (Agrarbericht 2003).

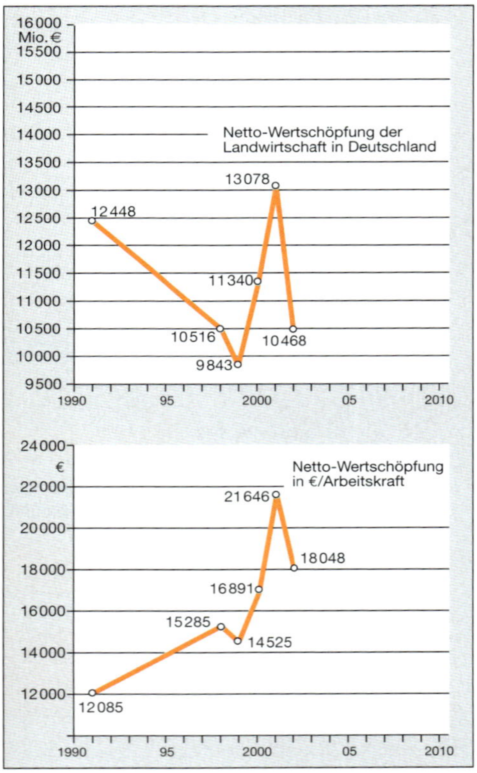

Dabei geht es vor allem um die Gewinnung von
- **Alkohol** (Ethanol) als Motorenkraftstoff,
- **Pflanzenöl** als Dieselkraftstoff (Biodiesel),
- **Biogaserzeugung** und die
- **direkte Verbrennung von Pflanzen** und Pflanzenresten zur Wärmegewinnung.

1.3 Dienstleistungen

Bereiche landwirtschaftlicher Dienstleistungen – Die Bedeutung der Landwirtschaft beschränkt sich nicht nur auf die Produktion von Lebensmitteln und Rohstoffen, sondern sie bietet auch eine Reihe wichtiger Dienstleistungen an. Dazu zählen folgende Bereiche:
- **Direktvermarktung** hochwertiger Lebensmittel,
- **Erhaltung** und **Pflege der Kulturlandschaft,**
- **Kommunale Dienste** (Dienstleistung im Auftrag von Gemeinden, z. B. Mäh- und Entbuschungsarbeiten auf öffentlichen Flächen, Uferpflege, Schneeräumdienste),
- **Verwertung organischer Reststoffe,**
- **Produktion** und **Aufbereitung biologischer Stoffe,** z. B. Biogas,
- **Freizeit-** und **Erholungsangebote.**

Dieses gesamte Aufgabenfeld wird in Zukunft noch an Bedeutung zunehmen.

Landschaftspflege – Unsere Kulturlandschaft ist durch die landwirtschaftliche Nutzung über viele Jahrhunderte so geformt worden, wie wir sie heute erleben und auch weiterhin genießen wollen. Der stürmische Wandel in der Landwirtschaft infolge der Mechanisierung in den letzten Jahrzehnten drängte ökologische Belange oft in den Hintergrund.

Die Bewahrung unserer Kulturlandschaft durch Verhinderung der Bodenerosion, Pflege stillgelegter Flächen oder Anlage und Betreuung wertvoller Biotope sind wichtige Dienstleistungen, die die Landwirtschaft für die Allgemeinheit erbringt.

Verwertung organischer Reststoffe – Hier geht es vor allem um die Kompostierung von Grüngut (Rasenschnitt, Baum- und Strauchschnitt) aus kommunalen Sammlungen bzw. von öffentlichen Flächen, Speiseresten aus Groß- und Gastronomieküchen und gewerblichen Abfällen (z. B. Fette, Schlempe). Dabei tritt die Landwirtschaft meist als Geschäftspartner der Kommunen (Gemeinden) auf.

Freizeit- und Erholungsangebote – Vorwiegend in Fremdenverkehrsgebieten bietet die Landwirtschaft zahlreiche Möglichkeiten für Freizeit und Erholung an. Sie reichen von der Zimmer- und Ferienwohnungsvermietung (Urlaub auf dem Bauernhof) über den Pensions- und Reitpferdebetrieb, dem Angebot von Camping- und Parkplätzen bis zum Fischweiher und Golfplatz.

Bei allen Dienstleistungen wird es in Zukunft darauf ankommen, die Angebote überbetrieblich zu bündeln und auszuführen, um eine angemessene Entlohnung zu sichern. Dann kann für eine zunehmende Zahl von Betrieben das Einkommen aus dem Dienstleistungssektor eine wichtige Einkommensquelle werden.

1.4 Landwirtschaft als Wirtschaftspartner

Leistung der Landwirtschaft – Die wirtschaftliche Bedeutung der Landwirtschaft lässt sich an ihrer volkswirtschaftlichen Leistung, also am Wert ihrer Produktion und ihrer Dienstleistung ablesen. Die Summe dieser Werte wird jährlich statistisch ermittelt und als *Wertschöpfung* bezeichnet.

Sie steigt gegenwärtig jährlich infolge der Anwendung des technischen und wissenschaftlichen Fortschritts um 1–2 %. Da jedoch die Wertschöpfung im gewerblichen und industriellen Bereich stärker gestiegen ist, geht der Anteil der Landwirtschaft an der gesamten volkswirtschaftlichen Leistung relativ zurück.

Anteil an den Erwerbspersonen – Die Zahl der Erwerbstätigen in der deutschen Landwirtschaft ging während der letzten Jahrzehnte als Folge der Mechanisierung bzw. der Industrialisierung ständig zurück. So arbeiteten im Jahre 2001 etwas über 1,3 Mio. Menschen auf deutschen Höfen. Umgerechnet auf **Vollzeit-Arbeitskräfte** sind dies rund 560 000 Personen. Etwa zwei Drittel aller Arbeitskräfte machen dabei die Familienarbeitskräfte aus, rund 30 % der Tätigkeiten werden von Frauen verrichtet.

Das Durchschnittsalter der Erwerbstätigen in der Landwirtschaft ist etwas höher als bei der übrigen Erwerbsbevölkerung. Dies deutet auf einen weiterhin hohen strukturellen Anpassungsdruck hin. Die Tatsache, dass seit 1999 die Zahl der Auszubildenden in den land- und forstwirtschaftlichen Berufen kontinuierlich zurück geht, unterstreicht das ebenfalls. Im Vergleich zu anderen europäischen Ländern zählen die deutschen Landwirte aber dennoch zu den jüngeren.

Der Bauernhof ist allerdings nicht nur Arbeitsplatz, sondern gleichzeitig auch Wohn- und Lebensraum. Zu den Betriebsinhabern und deren Familienangehörigen kommen noch etwa 1 Mio. Personen, die als abhängige Beschäftigte gemeinsam mit ihren Familien eng mit der Landwirtschaft verbunden sind. Somit sind es insgesamt ca. 3 Mio. Menschen, das sind knapp 4 % der Gesamtbevölkerung, die in der Landwirtschaft tätig sind oder über die Familie dazu gehören.

Landwirtschaft als Marktpartner – Die Landwirtschaft ist eng mit den anderen Wirtschaftsbereichen verflochten. Deren günstige Entwicklung sichert auch der Landwirtschaft gute Absatzchancen und eine größere Nachfrage nach Veredelungsprodukten. Außerdem bietet eine gesunde Wirtschaft den Besitzern kleinerer landwirtschaftlicher Betriebe *Zu-* und *Nebenerwerbsmöglichkeiten*.

Gleichzeitig ist die Landwirtschaft wegen ihres Bedarfs an *Betriebsmitteln* (Handelsdünger, Futtermittel, Maschinen) ein wichtiger Kunde anderer Wirtschaftszweige.

Die Bedeutung der Landwirtschaft lässt sich daher nicht alleine an der Zahl der in ihr unmittelbar Beschäftigten ablesen.

Vielmehr müssen auch die im *Nebenerwerb* tätigen Personen dazugezählt werden. Darüber hinaus hängen auch die Arbeitsplätze der *vor-* und *nachgelagerten* Handelspartner der Landwirtschaft von ihr ab. Rechnet man die Zahl dieser Erwerbstätigen zusammen, so zeigt sich, dass ca. jeder 6. deutsche Arbeitsplatz von der Agrarwirtschaft abhängt.

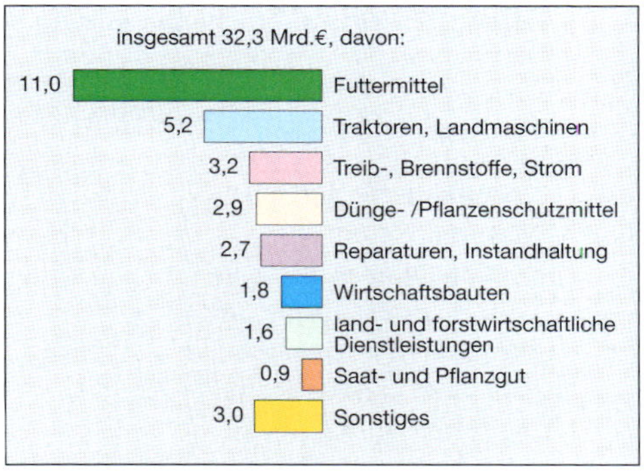

Abb. 1174 Die Landwirtschaft ist auch Kunde und damit für die übrige Wirtschaft wichtig: Produktionsbedingte Ausgaben der Land-, Forstwirtschaft und Fischerei (DBV, Stat. Bundesamt 2003).

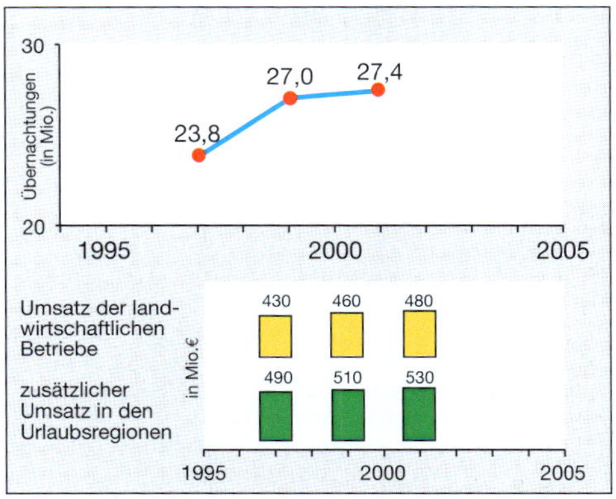

Abb. 1175 Ländlicher Tourismus gewinnt an Bedeutung (DBV 2003).

Tabelle 92: Wirtschaftliche Bedeutung der Landwirtschaft und des Agribusiness

Wirtschaftsbereiche	Produktionswert [1)] 1996	Produktionswert [1)] 2000	Brutto-Wertschöpfung 1996	Brutto-Wertschöpfung 2000	Erwerbstätige 1996	Erwerbstätige 2000
	in Mrd. €				in 1000	
vorgelagerte Bereiche	49,9	50,4	8,2	8,2	125	128
Landwirtschaft [1)]	45,4	46,4	22,7	22,0	1008	962
nachgelagerte Bereiche	444,6	456,1	95,4	98,5	3385	3209
Agribusiness insgesamt	539,9	552,9	126,3	128,7	4518	4299
Wirtschaft insgesamt	3147,0	3638,8	1718,1	1885,5	37270	38706
%-Anteil Landwirtschaft	1,4	1,3	1,3	1,2	2,7	2,5
%-Anteil Agribusiness	17,2	15,2	7,4	6,8	12,1	11,1
%-Anteil Landwirtschaft an Agribusiness	8,4	8,4	18,0	17,1	22,3	22,4

[1)] Einschließlich Forstwirtschaft und Fischerei.

1.5 Sonderstellung der Landwirtschaft innerhalb der Gesamtwirtschaft

Innerhalb der gesamten Volkswirtschaft kommt der Agrarwirtschaft eine Sonderstellung zu, die sich aus den erschwerten Produktionsbedingungen ergibt. Mit europäischen und nationalen Subventions- und Förderleistungen wird versucht, diese Nachteile auszugleichen oder zu mindern, um die nationale Landwirtschaft langfristig wettbewerbsfähig zu erhalten.

Abhängigkeit von der Natur – Im Gegensatz zu allen übrigen Wirtschaftszweigen erzeugt die Landwirtschaft ihre Produkte in unmittelbarer Abhängigkeit von der Natur *(Urproduktion)*. Diese ist nur bedingt beeinflussbar und bestimmt bei Pflanzen und Tieren die Produktionszeiten.

Diese sind in der Regel länger als in anderen Wirtschaftsbereichen, deswegen ist die *Umsatzgeschwindigkeit* geringer. Das eingesetzte Kapital, z. B. für Dünger, Saatgut, Zuchttiere ist länger festgelegt und mindert dessen *Verzinsung*.

Der Maschineneinsatz bringt besonders in den kleineren landwirtschaftlichen Betrieben nicht den *Rationalisierungseffekt* wie im gewerblichen Bereich.

Überdies ist der Produktionsfaktor Boden *nicht* vermehrbar und in seiner Fruchtbarkeit *begrenzt*.

Besonderheiten des Marktes – Die Sonderstellung der Landwirtschaft gegenüber der gewerblichen Wirtschaft äußert sich auch auf dem Markt.

So ist das **Angebot** der Landwirtschaft aufgrund der großen Zahl anbietender Betriebe und deren unterschiedlichen Produktionsbedingungen sehr *zersplittert*. Gute Marktchancen haben aber nur wenige Anbieter mit großen und einheitlichen Partien.

Auf der anderen Seite ist die **Nachfrage** nach landwirtschaftlichen Erzeugnissen kaum steigerungsfähig, weil der Nahrungsbedarf der Menschen gedeckt ist. Eine Ausweitung der Produktion führt also schnell zu Überschüssen und sinkenden Erzeugerpreisen.

Abb. 1176 Staatliche Mittel sollen die Wettbewerbsnachteile der Landwirtschaft ausgleichen (Ausgaben in Mio. €, DBV 2003).

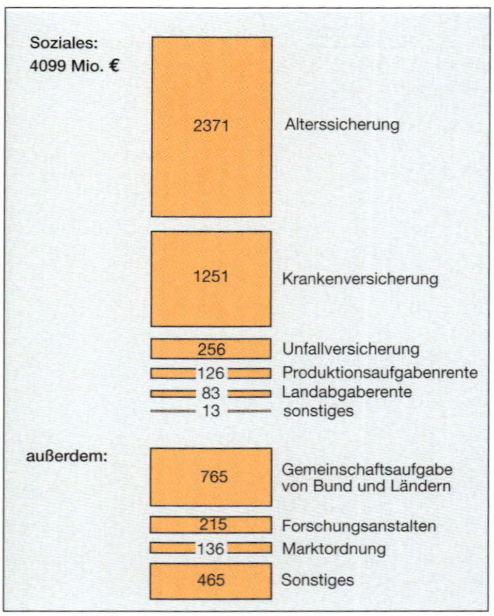

Eine weitere Einschränkung der landwirtschaftlichen Marktchancen sind die schon erwähnten langen Produktionszeiten. Sie verhindern eine schnelle Reaktion auf Veränderungen des Marktes. Erschwerend kommt noch hinzu, dass viele landwirtschaftliche Produkte kaum oder nur kurze Zeit *lagerfähig* sind.
Diese Besonderheiten führen dazu, dass die **Einkommen** der Landwirte nicht mit denen der übrigen Wirtschaft Schritt halten können. **Ziel der Agrarpolitik** ist es daher, diese Wettbewerbsnachteile der Landwirtschaft durch entsprechende rechtliche Regelungen und Fördermaßnahmen auszugleichen.

Aufgaben:
1. Wie viele Menschen »ernährt« aktuell ein deutscher Landwirt durch seine Nahrungsmittelproduktion?
2. Nennen Sie für die wichtigsten Agrarprodukte den jeweiligen Selbstversorgungsgrad für Deutschland und für die EU.
3. Beschreiben Sie die Verflechtung der Landwirtschaft mit anderen Wirtschaftsbereichen.
4. Erläutern Sie mithilfe von Beispielen, welche Dienstleistungen die Landwirtschaft für die Bevölkerung erbringt.
5. Erkundigen Sie sich, wo in Ihrer Region nachwachsende Rohstoffe für die Industrie oder als Energieträger angebaut werden.

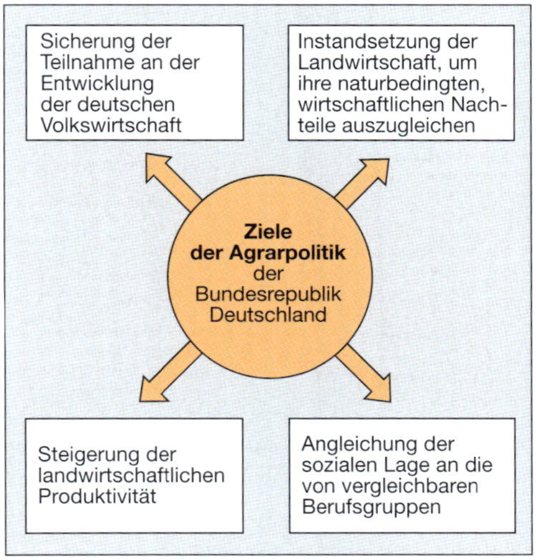

Abb. 1177 Hauptziel deutscher Agrarpolitik ist die Angleichung der Lebensverhältnisse der in der Landwirtschaft Tätigen an die der übrigen Bevölkerung.

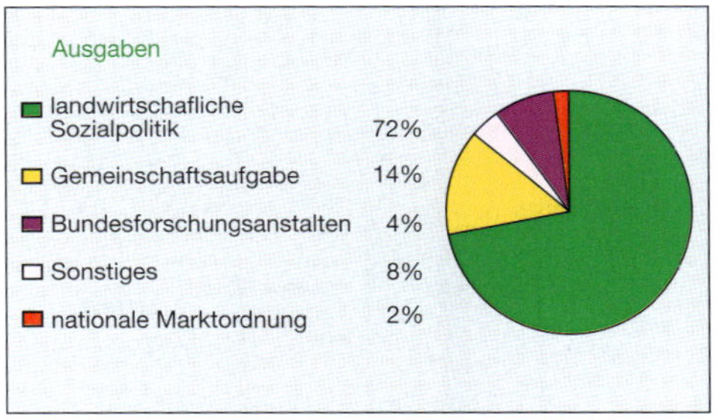

Abb. 1178 Staatliche Mittel sollen die Wettbewerbsnachteile der Landwirtschaft ausgleichen; Agraretat des Bundes (Entwurf 2003, Ausgaben insgesamt 5681 Mio. € = 100 %).

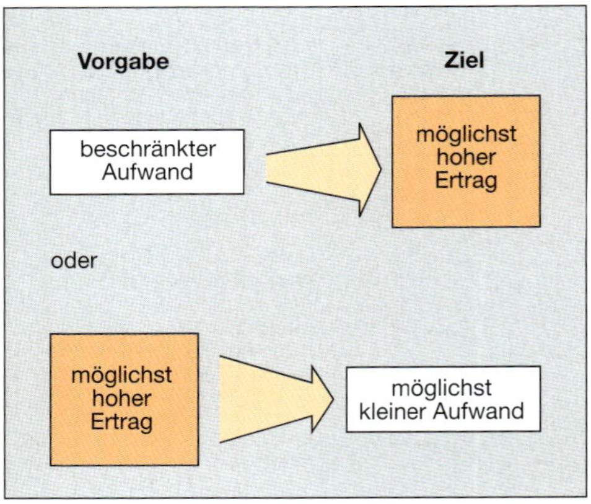

Abb. 1179 Das Ökonomische Prinzip.

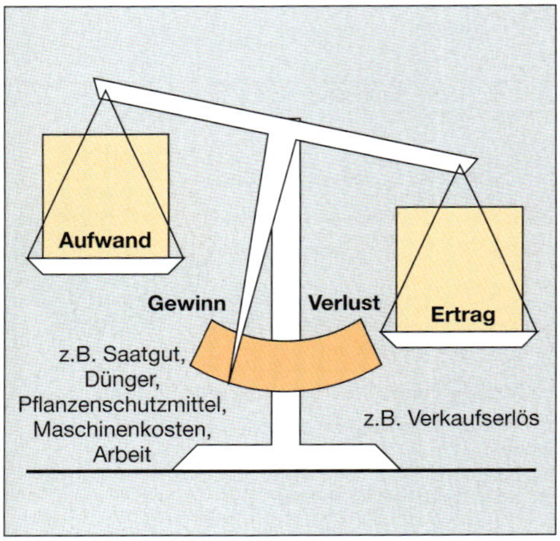

Abb. 1180 Gewinn und Verlust ergeben sich aus dem Vergleich von Aufwand und Erlös.

Abb. 1181 Das Gesetz vom abnehmenden Ertragszuwachs.

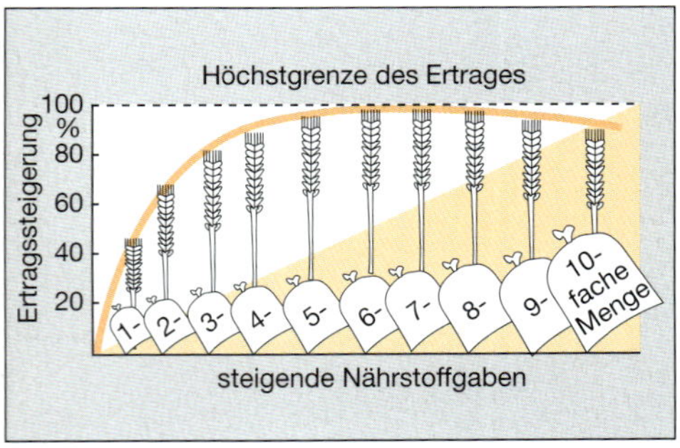

2 Grundbegriffe aus der Wirtschaftslehre (Gesetzmäßigkeiten und Prinzipien)

2.1 Ökonomisches Prinzip

! Betriebe müssen ihre Güter wirtschaftlich erzeugen. *Wirtschaftliches Handeln* bedeutet Handeln nach dem »ökonomischen Prinzip«.

Wer ein optimales Ziel : Mittel-Verhältnis anstrebt, handelt *vernünftig*. Das ökonomische Prinzip wird daher auch als Rationalprinzip bezeichnet.
Die **Wirtschaftlichkeit** lässt sich allerdings mit der *mengenmäßigen* Gegenüberstellung von Aufwand und Ertrag nicht erfassen. In diese Betrachtung müssen vielmehr die *Preise* der eingesetzten Mittel und der erzeugten Güter mit einbezogen werden. Zieht man vom Erlös den ebenfalls in Geld bewerteten Aufwand ab, so ergibt sich ein *Gewinn* oder ein *Verlust*. Zur Maximierung des Gewinns kann man entweder versuchen mit einem beschränkten Aufwand einen möglichst hohen Ertrag zu erreichen oder einen bestimmten Ertrag mit einem möglichst geringen Aufwand zu bekommen. Entscheidend ist also nicht die Höhe des Ertrages, sondern die Differenz zwischen Ertrag und Aufwand.
Wirtschaftliches Ziel der Betriebe muss es sein, unter den gegebenen Bedingungen langfristig einen möglichst hohen Gewinn zu erzielen.

2.2 Wirtschaftliche Gesetzmäßigkeiten

2.2.1 Minimumgesetz und Gesetz des abnehmenden Ertragszuwachses

Bereits JUSTUS VON LIEBIG (1803–1873) hat festgestellt, dass bei zunehmendem Einsatz eines Nährstoffes (z. B. Stickstoff) der Ertrag nicht in entsprechendem Umfang ansteigt. Diesen Sachverhalt, der sich in dem Spruch »Viel hilft nicht immer viel« zusammenfassen lässt, hat er anschaulich im sog. **»Minimumgesetz«** (siehe auch Kapitel 3.4) zum Ausdruck gebracht.
Das hängt mit der Wirkung des Nährstoffes zusammen, der in geringster Menge zur Verfügung steht. Die *Wirkung* eines bestimmten Nährstoffes nimmt demnach ab, je mehr er selber in einer Maximummenge vorliegt.
Die entscheidende Frage lautet also: **Wie weit lohnt es sich, den Ertrag zu steigern?** Dazu hat man eine Vielzahl von Versuchen durchgeführt.

> **!** Das Gesetz vom abnehmenden Ertragszuwachs von M. E. A. MITSCHERLICH (1874–1956) besagt:
> - Der absolute Ertrag steigt bis zu einer bestimmten Aufwandshöhe (maximaler Ertrag) und sinkt dann;
> - der Ertragszuwachs nimmt mit zunehmendem Aufwand ab;
> - der höchste Überschuss wird dann erreicht, wenn der Kostenzuwachs den Ertragszuwachs gerade erreicht (optimaler Ertrag).

Dieses Gesetz hat eine wichtige **praktische Bedeutung.** Wer den Aufwand über den Punkt des optimalen Ertrags hinaus steigert, *verschwendet Geld.*
Häufig kommt es jedoch vor, dass der Aufwand nicht bis zum Punkt des optimalen Ertrags gesteigert wird und deshalb ein entsprechender Minderertrag in Kauf genommen werden muss. Wer auf diese Weise Kosten sparen will, *verzichtet* auf die Möglichkeit, mehr Geld zu verdienen.
Diese Gesetzmäßigkeiten gelten für *jede* Erzeugung. Bei welchem Aufwand der optimale Ertrag erreicht werden kann, hängt jeweils von einer Vielzahl von Faktoren ab (z. B. Kosten der Düngemittel, des Pflanzenschutzmittels, des Arbeitsaufwandes, der Maschinen bzw. Kosten des Kraftfutters bei der tierischen Erzeugung und dem Preis der Erzeugnisse).
Die optimalen Ertragsbedingungen sind deshalb für den jeweils konkreten Fall zu bestimmen. Der wirtschaftliche Erfolg hängt in hohem Maße davon ab, inwieweit dies dem Betriebsleiter gelingt. Entsprechende **Berechnungen** lassen sich aber nur dort anstellen, wo die Zusammenhänge zwischen Aufwand und Ertrag im Einzelnen bekannt sind (z. B. die Nährstoffversorgung des Bodens, die Nährstofflieferung durch Wirtschaftsdünger und Ernterückstände sowie der Nährstoffbedarf der einzelnen Kulturen bei einem bestimmten Ertragsniveau oder der Nährstoffbedarf eines Nutztieres bei einer bestimmten Leistung und die Nährstoffgehalte in Frage kommender Futtermittel).
Solche Berechnungen kann man heute in der Regel von der **Fachberatung** durchführen lassen. In zunehmendem Maße werden Rechenprogramme entwickelt, mit deren Hilfe der einzelne **Betriebsleiter** selbst auf einem Betriebscomputer oder über das Internet die nötigen Berechnungen ausführen kann.

2.2.2 Gesetz der abnehmenden Stückkosten

Veränderliche Kosten – Treibstoffkosten für einen Traktor fallen beispielsweise nur an, wenn er auch läuft. Saatgut, Düngemittel und Pflanzenschutzkosten braucht eine Kultur nur, wenn sie auch angebaut wird. Kraftfutter- und Tierarztkosten verursachen nur Tiere, die auch gehalten werden.
Diese Kosten entstehen also nur dann, wenn das Produktionsmittel *tatsächlich eingesetzt* wird, bzw. das entsprechende Produkt auch erzeugt wird. Sie werden als **veränderliche Kosten** (variable Kosten) bezeichnet.

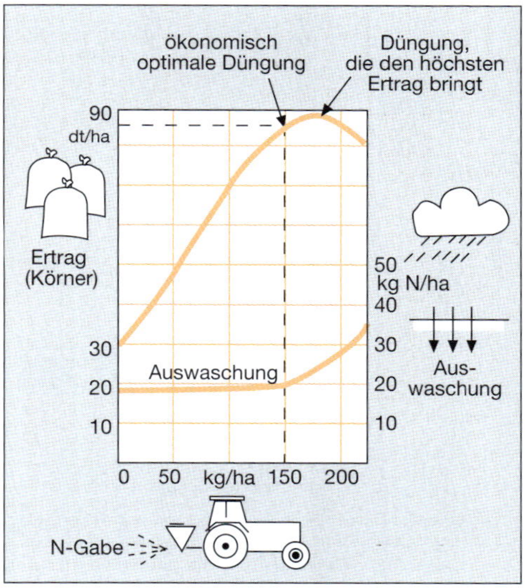

Abb. 1182 Zusammenhang von N-Düngung, Ertrag und N-Verlusten.

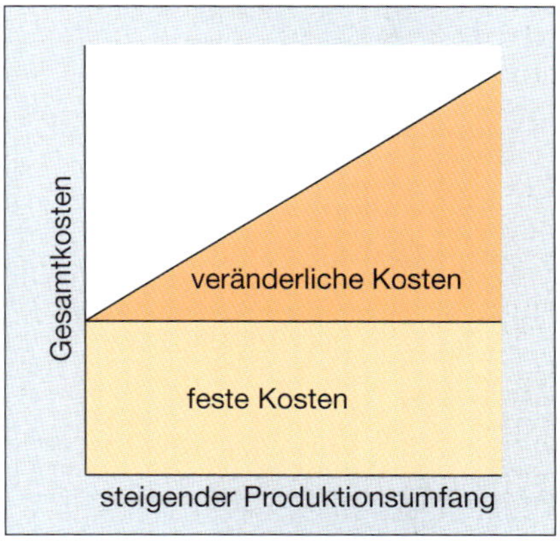

Abb. 1183 Abhängigkeit der Gesamtkosten vom Produktionsumfang.

Abb. 1184 **Beispiel** für eine Festkostenberechnung (Festkosten eines Mähdreschers, Anschaffungspreis 200 000 €).

Festkosten eines Mähdreschers, Anschaffungspreis 200 000,- €	
Abschreibung (jährliche Wertminderung bei 12 Nutzungsjahren)	16 666,66 €
Zinsen für das Anschaffungskapital (5 % vom halben Neuwert)	5 000,-- €
Versicherung (jährlich)	300,-- €
Unterbringung	1 500,-- €
jährliche Festkosten	23 466,66 €

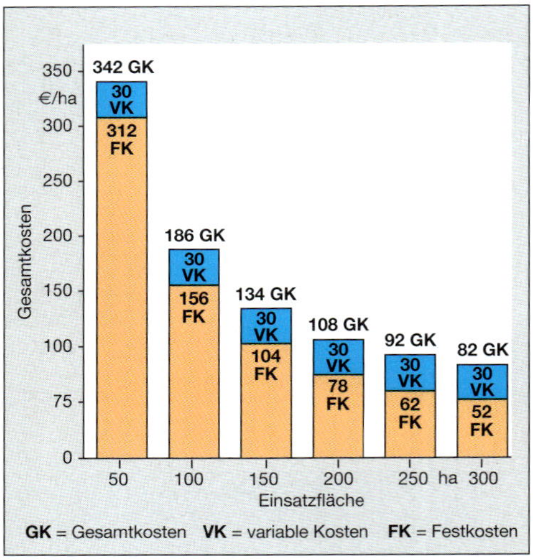

Abb. 1185 **Beispiel** Gesamtkosten eines Mähdreschers in Abhängigkeit von der Einsatzfläche (alle Kosten in €/ha).

Feste Kosten – Im Unterschied dazu gibt es Kosten, die nicht durch die Produktion selbst, sondern *allein durch die Produktionsbereitschaft* des Betriebes entstehen. Dazu gehören z. B. die Kosten für die Unterhaltung von Gebäuden, für Betriebssteuern und Betriebsversicherungen, für die Verzinsung des Anschaffungskapitals für Maschinen.
Da diese Kosten unabhängig von der Produktion als fester Betrag für den Betrieb anfallen, werden sie als **Festkosten** bezeichnet. Dennoch müssen auch sie erwirtschaftet werden. Sie belasten also die Produktion von vorneherein. Deshalb ist zu prüfen, wie diese Belastungen möglichst gering gehalten werden können.
Wie Abb. 1185 zeigt, *sinken* die Gesamtkosten/ha mit zunehmender Einsatzfläche (abnehmende Stückkosten), weil sich die Festkosten auf eine größere Hektarzahl verteilen.

!

Das **Gesetz der abnehmenden Stückkosten** besagt:
- ▶ Die festen Kosten je Einheit (ha, Arbeitsstunde, dt, Tier) sind um so geringer, je höher die Produktionsleistung (Einsatzfläche, Arbeitsleistung, Ertrag, Gesamttierzahl) ist.

oder
- ▶ Die Belastung eines Erzeugnisses mit festen Kosten ist um so geringer, je mehr Erzeugnisse mit dem gegebenen Produktionsmittel hergestellt oder bearbeitet werden.

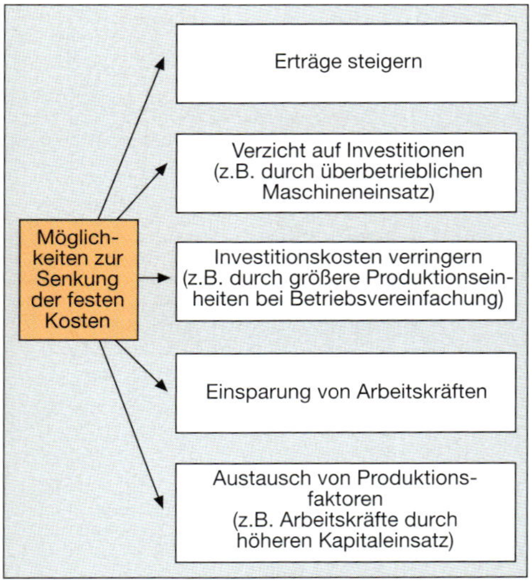

Abb. 1186 Je enger die Rahmenbedingungen werden, innerhalb derer ein Betrieb arbeiten muss, desto intensiver muss der Unternehmer besonders die Festkostenbelastung senken.

Diese Gesetzmäßigkeit gilt für jede Produktion. Der Unternehmer muss deshalb bestrebt sein, eine möglichst hohe Auslastung der Produktionsfaktoren zu erreichen. Zu diesem Zwecke können z. B. Maschinen gemeinschaftlich oder über den Maschinenring benützt werden, Betriebe auf bestimmte Produktionsschwerpunkte (wie Milchkuhhaltung, Gemüsebau, Hackfrucht- und Getreidebau) ausgerichtet oder durch Zukauf bzw. Pacht vergrößert werden. Damit können die kostenintensiven Aufwendungen minimiert und die Rentabilität optimiert werden, wenn sich die Kauf- oder Pachtpreise innerhalb der Kalkulationsgrundlagen bewegen.

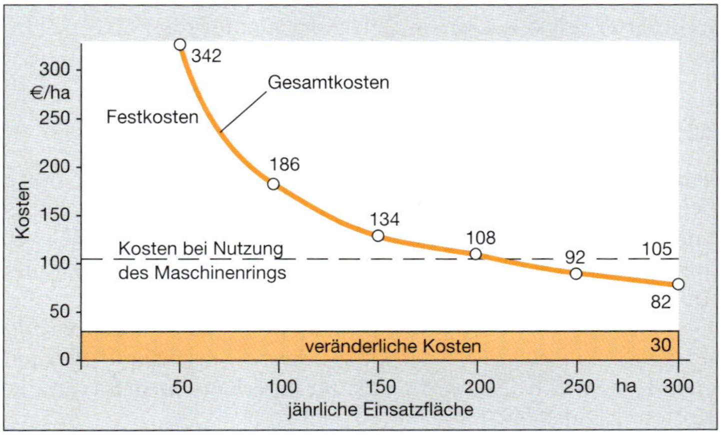

Abb. 1187 Maschinenkosten in Abhängigkeit von der Auslastung (**Beispiel:** Mähdrescher siehe Abb. 1185).

2.3 Ökologisches Prinzip

Die heutige Lebensweise der Menschen bringt in vielen Bereichen eine zunehmende Umweltbelastung (z. B. Verschmutzung der Meere, Schadstoffe in der Atmosphäre) mit sich.
Besonders kritisch werden in dieser Hinsicht die Betriebe der Agrarwirtschaft betrachtet, da sie bei der Produktion von Nahrungsmitteln auf die natürlichen Lebensgrundlagen wie Boden, Luft und Wasser direkt Einfluss nehmen.

Zu den wirtschaftlichen Überlegungen bei der Betriebsführung (Ökonomie) müssen sich deshalb die Gesichtspunkte der umweltgerechten Produktion (Ökologie) gesellen (siehe auch Kapitel 3).

Aufgaben:

1. Was verstehen Sie unter dem »Ökonomischen Prinzip«?
2. Erläutern Sie das »Gesetz vom abnehmenden Ertragszuwachs« an einem Beispiel. Welche Schlussfolgerungen sind daraus für die Produktion auf dem Betrieb zu ziehen?
3. Erläutern Sie das »Ökologische Prinzip« in der landwirtschaftlichen Produktion.
4. Was besagt das »Gesetz der abnehmenden Stückkosten«? Welche Schlussfolgerungen sind daraus für die Produktion zu ziehen?

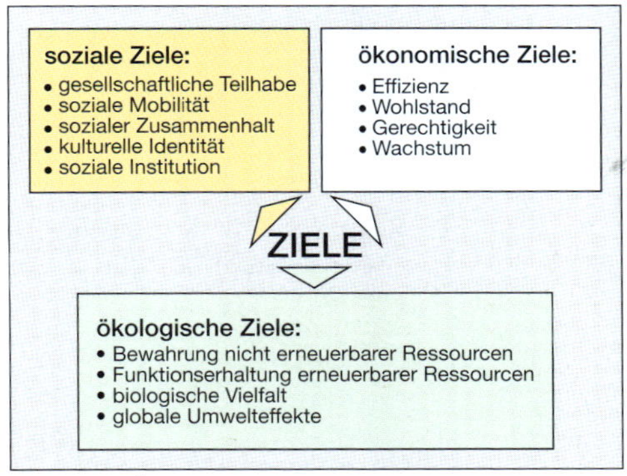

Abb. 1188 Ökologische Ziele im Rahmen der »Agenda 21 – Nachhaltige Entwicklung« (DBV 2003).

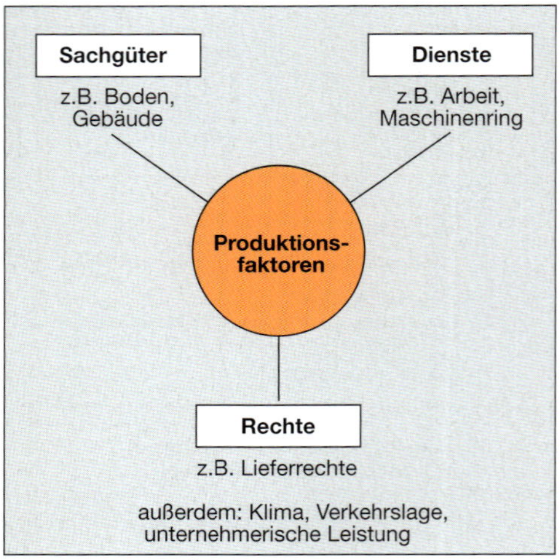

Abb. 1189 Überblick über die Produktionsfaktoren.

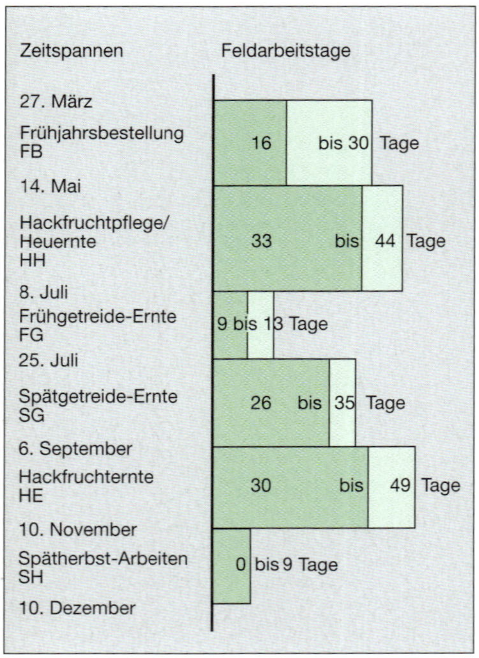

Abb. 1190 Anzahl der Feldarbeitstage bei mittleren Bodenarten im Klimagebiet 6 (200 – 300 m ü. NN, nach KTBL-Taschenbuch).

3 Produktionsfaktoren

Die landwirtschaftliche Erzeugung ist beispielsweise ohne Gebäude, Maschinen, Vieh, Arbeitskräfte, Kapital gar nicht möglich. Diese *Produktionsmittel* werden deshalb als **Produktionsfaktoren** bezeichnet.
Diese lassen sich in drei Gruppen zusammenfassen.

- **Sachgüter:** Boden, Gebäude, Maschinen und Geräte, Vieh, Vorräte, Bargeld;
- **Dienste:** Dienstleistungen, die der Landwirt für die Produktion in Anspruch nimmt, z. B. Maschinenringleistungen, Buchführung, Arbeit;
- **Rechte:** Lieferrechte (Kontingente), Brennrecht, Weiderecht.

Die landwirtschaftlichen Betriebe unterscheiden sich wesentlich in ihrer *Ausstattung mit Produktionsfaktoren,* man denke nur an die unterschiedliche Ausstattung mit Bodenflächen, Arbeitskräften und Kapitalgütern (Gebäude, Vieh, Maschinen, Bargeld). Diese unterschiedliche Ausstattung bestimmt hauptsächlich die **Betriebsorganisation.**

3.1 Produktionsfaktor Boden

Die landwirtschaftliche Produktion ist maßgeblich auf den Boden angewiesen. Er ist nicht nur Hauptproduktionsmittel, sondern auch Betriebsstandort.

3.1.1 Betriebswirtschaftliche Begriffe

Betriebsfläche (BF) – Sie umfasst die *selbstbewirtschaftete* Fläche. Dieser Begriff sagt nichts darüber aus, wem die Fläche gehört. Zur Betriebsfläche zählen nämlich sowohl die Eigentumsfläche als auch die zugepachtete und sonstige zur Bewirtschaftung übernommene Flächen.
Von der Eigentumsfläche ist allerdings die verpachtete und sonstige zur Bewirtschaftung abgegebene Fläche abzuziehen.
Kulturfläche (KF) – Sie ergibt sich, wenn man von der Betriebsfläche alle Flächen abzieht, die *nicht bewirtschaftet* werden. Dazu gehören Ödland (z. B. Heide), Unland (ohne Ertragsmöglichkeit), Weg-, Hof- und Gebäudeflächen sowie Gräben, Hecken, Mauern und nicht bewirtschaftete Gewässer.
Die Kulturfläche umfasst:

- Die landwirtschaftliche Nutzfläche (LN),
- die gartenbauliche Nutzfläche,
- die weinbauliche Nutzfläche,
- die forstwirtschaftliche Nutzfläche,
- die bewirtschafteten Gewässer.

Die **landwirtschaftliche Nutzfläche (LN)** ist in der Regel auch die landwirtschaftlich genutzte Fläche (LF). Im Unterschied zur LF werden der LN aber auch noch Flächen zugerechnet, die zwar *landwirtschaftlich nutzbar wären,* aber nicht genutzt werden, wie die Sozialbrache, Rasenflächen und private Parkanlagen.

Die **landwirtschaftlich genutzte Fläche (LF)** setzt sich zusammen aus der Ackerfläche (einschließlich Wechselgrünland), dem Dauergrünland, dem Gartenland und mehrjährigen Sonderkulturen (wie Obstanlagen, Rebland, Hopfengärten, Baumschulen, Korbweidenanlagen und Christbaumkulturen).

Stillgelegte Flächen nach dem sog. Konjunkturellen Flächenstilllegungsprogramm zählen zur LF.

Das *Nutzflächenverhältnis* gibt Auskunft über den Anteil der einzelnen Flächen an der gesamten landwirtschaftlich genutzten Fläche und wird in Prozent-Anteilen ausgedrückt.

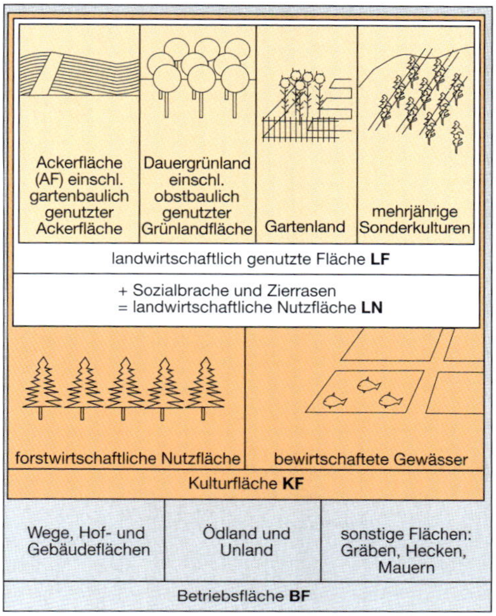

Abb. 1191 Begriffe der Bodennutzung.

Die **Ackerfläche (AF)** wird in der Regel mit *jährlich genutzten Kulturen* bewirtschaftet. Sie lassen sich in folgende Gruppen einteilen:

- ▶ Getreide,
- ▶ Mais zur Körnergewinnung,
- ▶ Zuckerrüben und Kartoffeln,
- ▶ Öl- und Hülsenfrüchte zur Körnergewinnung,
- ▶ Ackerfutter einschließlich Futtermais, Grüngetreide, Futterhülsenfrüchte, Klee und Luzerne (auch zur Samengewinnung), Wechselgrünland und Futterrüben,
- ▶ Sonstiges: Feldgemüse, Sonderkulturen sowie Gründüngungspflanzen als Hauptfrucht.

Das *Ackerflächenverhältnis* gibt den Anteil der einzelnen Kulturen bzw. Kulturengruppen an der gesamten Ackerfläche an und wird in Prozent-Anteilen ausgedrückt. Das Ackerflächenverhältnis sagt etwas über die Fruchtfolge auf dem Ackerland aus.

Die **Gesamtfutterfläche (GF)** umfasst die Haupt- und Zusatzfutterfläche (Abb. 1193). Bezogen auf den Umfang der Viehhaltung bringt die GF zum Ausdruck, wie intensiv die Futterflächen bewirtschaftet werden.

Zur *Hauptfutterfläche* (HF) gehören Dauergrünland (ohne Streuwiesen), Ackerfutter und Futterhackfrüchte.

Zur *Zusatzfutterfläche* (ZF) zählen Marktfrüchte, die in der Nebennutzung Futter liefern (z. B. Zuckerrübenblatt, Pflückerbsen. bzw. Grassamenstroh) und Futterzwischenfrüchte.

Im *Nutzflächenverhältnis* können nur die entsprechenden Hauptfutterflächen, nicht aber die Zusatzfutterfläche ausgewiesen werden.

3.1.2 Bodenbewertung

Bodenbewertung – Der Wert des Bodens für die landwirtschaftliche Nutzung wird weitgehend bestimmt von der

- ▶ natürlichen *Ertragsfähigkeit* oder *Bodenfruchtbarkeit* und der
- ▶ Möglichkeit des *Maschineneinsatzes.*

Die Bewertung des Bodens erfolgt nach dem *Gesetz über Schätzung des Kulturbodens* (von 1934). Sie ist für die *Besteuerung* ebenso wichtig wie für die *Betriebsorganisation.* Das Verfahren wurde in Kapitel 3 dargestellt.

Boden und Klima – Das Klima (siehe Kapitel 3) beeinflusst die Bodennutzung oft noch stärker als die Bodengüte. Nicht nur, dass die Nutzpflanzen recht unterschiedliche Ansprüche an die Temperatur und die Dauer der Vegetationszeit stellen. Die Lage des Bo-

Abb. 1192 Verkaufswerte (in €/ha) von Agrarland (DBV 2003).

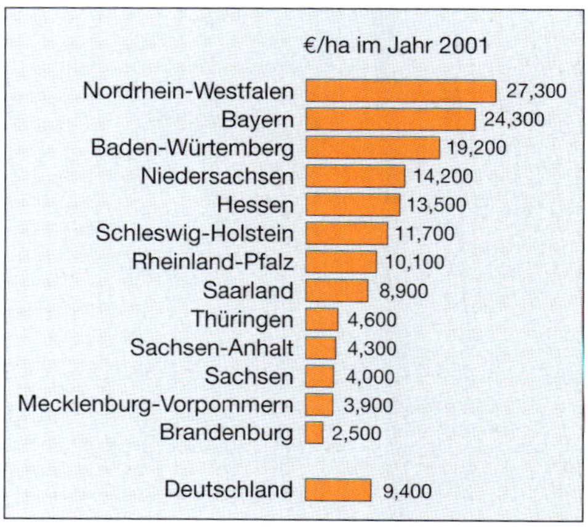

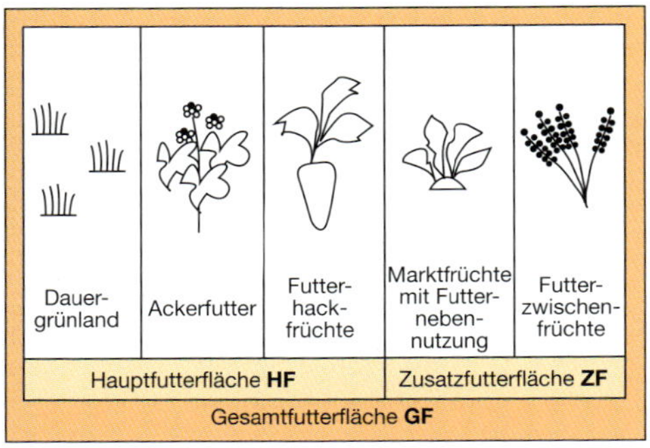

Abb. 1193 Gliederung der Futterfläche.

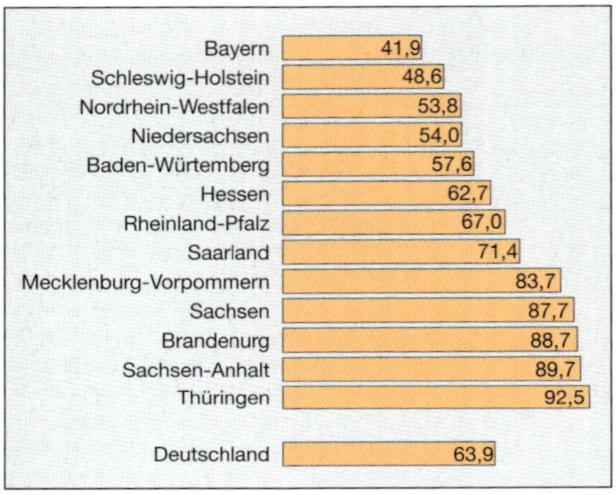

Abb. 1194 Pachtflächenanteile (in %) der landwirtschaftlichen Nutzflächen (DBV 2003).

Abb. 1995 Merkmale einer günstigen Verkehrslage.

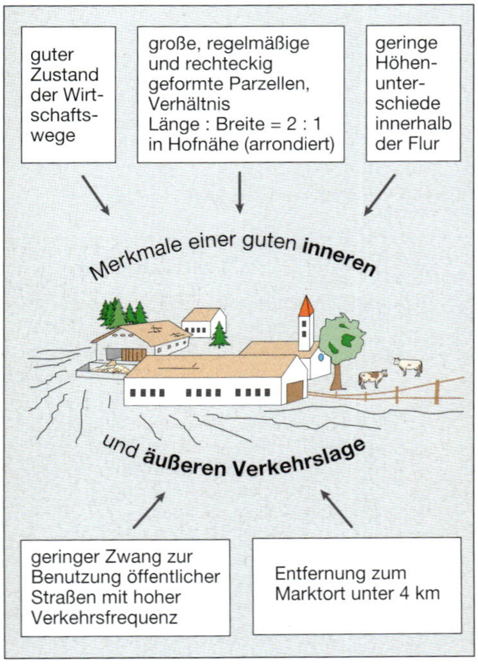

dens entscheidet auch über *Früh-* und *Spätfrostgefährdung, Trockenperioden* in Südhanglagen oder hohe Gefährdung durch *Pilzkrankheiten* in Lagen mit hoher Luftfeuchtigkeit.

Neben dem großen Einfluss, den das Klima auf den Pflanzenertrag besitzt, sind die Auswirkungen auf die *Arbeitswirtschaft* des Betriebes nicht zu vergessen. Ungünstige Klimaverhältnisse schränken die Zahl der *Feldarbeitstage* stark ein.

Das führt besonders in Zeitspannen der Hackfruchtpflege/Heuernte bzw. der Hackfruchternte zu erheblichen Arbeitsspitzen. Sie müssen dann mit einem höheren Aufwand an Maschinen und zusätzlichen Arbeitskräften überbrückt werden. Das schmälert die *Wettbewerbsfähigkeit* gegenüber Betrieben in günstigeren Klimaverhältnissen.

Verkehrslage – Bei der landwirtschaftlichen Erzeugung muss viel transportiert werden. Eine ungünstige Verkehrslage verursacht mehr Kosten, erschwert den Arbeitsablauf und verringert damit die Arbeitsproduktivität.

Es wird zwischen innerer und äußerer Verkehrslage unterschieden.

Die **innere Verkehrslage** beschreibt die Beziehungen zwischen Hofstelle und den Betriebsflächen. Die innere Verkehrslage ist um so günstiger, wenn

- die Betriebsfläche aus möglichst wenigen, großen Teilstücken besteht,
- die Entfernung der Feldstücke zum Hof möglichst kurz ist,
- die Wege bei jedem Wetter gut befahrbar sind.

Die **äußere Verkehrslage** umfasst die Entfernung eines Betriebes zur wirtschaftlichen Außenwelt. Das ist besonders die Lage zu

- Märkten, z. B. Wochenmarkt, Schlacht- und Zuchtviehmarkt,
- Einkaufs- und Absatzeinrichtungen, z. B. Lagerhaus, Genossenschaft, Molkerei, Zuckerfabrik,
- Landmaschinenwerkstatt und -handel,
- Behörden, z. B. Gemeinde- und Kreisverwaltung, Landwirtschaftskammer bzw. Amt für Landwirtschaft,
- Bundesstraßen, Autobahnen, Verladebahnhof, Flugplatz.

Der für den Warentransport anfallende Mehraufwand an Zeit und Kosten belastet einen Betrieb um so mehr, je weiter er von den Absatz- und Bezugsorten entfernt ist.

Tabelle 93: Warentransporte landwirtschaftlicher Produktionsverfahren (Mengen in dt/ha)

Transportprodukt	Getreide	Silomais	Zuckerrüben
Hauptprodukt	50 (Körner)	500	500 (Rüben)
Nebenprodukt	60 (Stroh)	–	400 (Blatt)
Mineraldünger	16	10	30
Gülle	–	40	–
Spritzflüssigkeit	4	4	12
insgesamt	130	554	942

3.1.3 Einheitswert und Verkehrswert

Einheitswert – Auf der Grundlage der Bodenbewertung berechnet die Finanzbehörde unter Berücksichtigung der wirtschaftlichen Bedingungen des Einzelbetriebes und der regionalen Besonderheiten den *Hektarwert* der landwirtschaftlichen Nutzfläche. Dieser ergibt zusammen mit dem nach besonderen Vorschriften ermittelten *Wohnungswert* des Wohngebäudes den **Einheitswert** des Betriebes.

Der Einheitswert wird benützt zur

- ▸ **Berechnung der Grundsteuer:** Der Grundsteuer-Messbetrag beträgt 6 ‰ des Einheitswertes. Die Gemeinde erhebt davon einen prozentualen Hebesatz als jährliche Grundsteuer.
- ▸ **Feststellung von Grunderwerbs-, Erbschafts- und Kirchensteuer.**
- ▸ **Ermittlung des Einkommens** nicht buchführungspflichtiger Landwirte.

Verkehrswert – Während der Einheitswert hauptsächlich eine steuerliche Grundlage darstellt, ist der Verkehrswert der *Preis*, der beim Verkauf landwirtschaftlich genutzter Flächen bzw. ganzer Betriebe tatsächlich erzielt wird. In der Regel liegt der Verkehrswert wesentlich über dem Einheitswert.

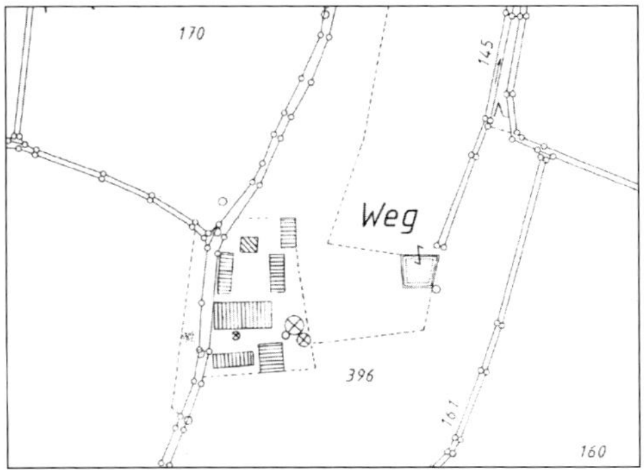

Abb. 1196 Auszug aus dem Katasterkartenwerk (Flurkarte, Maßstab 1 : 5000) des Grundbuchamtes.

3.1.4 Liegenschaftskataster, Grundbuch

Liegenschaftskataster – Jeder Betrieb braucht ein auf dem neuesten Stand befindliches, genaues *Verzeichnis* seiner bewirtschafteten Flächen. Sonst sind Saatgut- und Düngerbedarf, Erträge und Kosten je Flächeneinheit nicht zu berechnen. Überdies verlangen Buchführung und behördliche Anträge immer wieder solche **Grundstücksverzeichnisse**.

Der Landwirt kann sie als Auszug aus dem Liegenschaftskataster von seinem zuständigen *Vermessungsamt* erhalten. Die Bestandsblätter des Liegenschaftskatasters enthalten alle Einzelflächen eines Eigentümers unter Angabe von *Flurplannummer, Lage, Gebäudebesatz, Größe* (Quadratmeter-Genauigkeit) und *Bewertung* (Bodenschätzungsergebnis).

Jede Gemeinde besitzt außerdem einen **Flurplan** (Maßstab 1:5000), in dem jedes Einzelgrundstück mit einer Nummer versehen ist. Auch Ablichtungen des Flurplanes können gegen eine Gebühr beim Vermessungsamt bezogen werden.

Grundbuch – Es ist der *Eigentumsnachweis* an einem Grundstück und wird beim *Amtsgericht* (Grundbuchamt) geführt. Jeder Grundstückskauf bzw. -verkauf muss vom *Notar* beurkundet werden, er veranlasst die Eintragung in das Grundbuch .

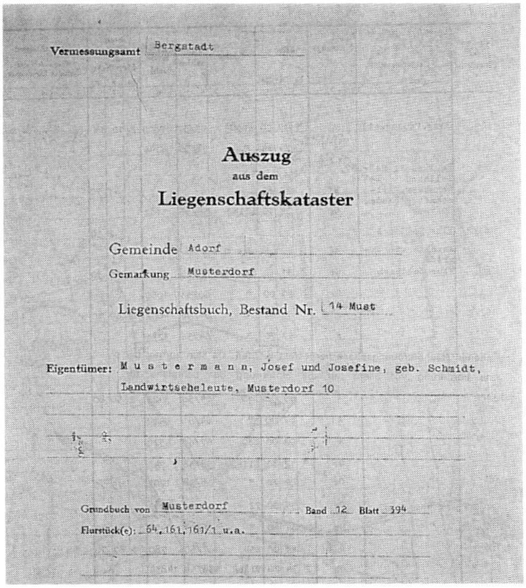

Vermessungsamt Bergstadt

Auszug
aus dem
Liegenschaftskataster

Gemeinde Adorf
Gemarkung Musterdorf

Liegenschaftsbuch, Bestand Nr. 14 Must

Eigentümer: M u s t e r m a n n, Josef und Josefine, geb. Schmidt,
Landwirtseheleute, Musterdorf 10

Grundbuch von Musterdorf Band 12 Blatt 394
Flurstück(e): 54, 161, 161/1 u.a.

Abb. 1197 Titelseite eines Liegenschaftskatasters **(Beispiel)**.

Abb. 1198 **Beispiel** einer Seite eines Liegenschaftskatasters.

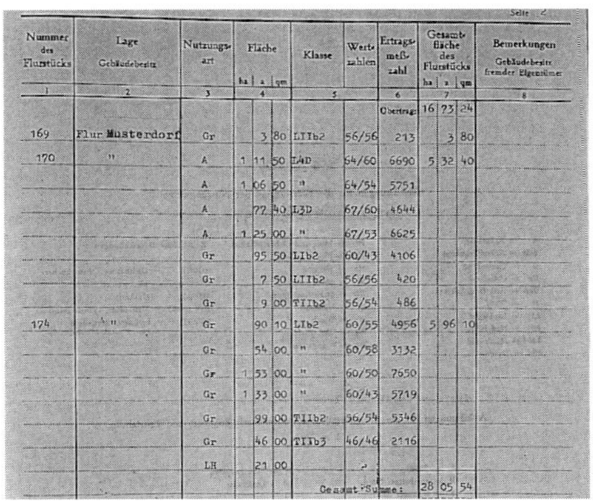

Seite 2

Nummer des Flurstücks	Lage Gebäudebesitz	Nutzungsart	Fläche ha	a	qm	Klasse	Wertzahlen	Ertragsmeßzahl	Gesamtfläche des Flurstücks ha	a	qm	Bemerkungen Gebäudebesitz fremder Eigentümer
1	2	3	4			5		6	7			8
								Übertrag:	16	23	24	
169	Flur Musterdorf	Gr		3	80	LIIb2	56/56	213		3	80	
170	"	A	1	11	50	L4D	64/60	6690	5	32	40	
		A	1	06	50	"	64/54	5751				
		A		77	40	L3D	67/60	4644				
		A	1	25	00	"	67/53	6625				
		Gr		95	50	LIb2	60/43	4106				
		Gr		7	50	LIIb2	56/56	420				
		Gr		9	00	TIIb2	56/54	486				
174	"	Gr		90	10	LIb2	60/55	4956	5	96	10	
		Gr		54	00	"	60/58	3132				
		Gr	1	53	00	"	60/50	7650				
		Gr	1	33	00	"	60/43	5719				
		Gr		99	00	TIIb2	56/54	5346				
		Gr		46	00	TIIb3	46/46	2116				
		LH		21	00							
								Gesamt-Summe:	28	05	54	

3.1.5 Aufstockung des Produktionsfaktors Boden

Eine Ausdehnung der landwirtschaftlichen Produktion eines Betriebes ist in der Regel nur über die Vergrößerung der Betriebsfläche durch *Zukauf* oder *Pacht* möglich.

Gegenwärtig verzinst sich allerdings das für den Kauf von landwirtschaftlichen Nutzflächen eingesetzte Kapital nur sehr gering,

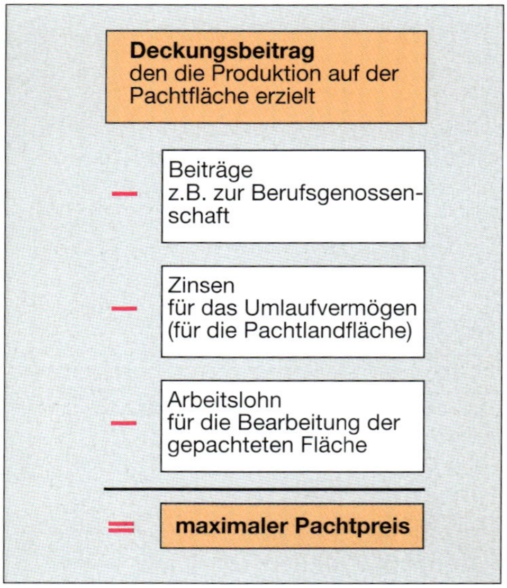

Abb. 1199 Vor der Pachtung sollte die Pachtpreis-Obergrenze ermittelt werden.

weil die Erzeugerpreise landwirtschaftlicher Produkte niedrig sind. Der **Bodenkauf** ist daher vorwiegend als *Wertanlage* zu sehen.

Das **Pachten** von Flächen erfolgt immer in der Absicht, den Betriebsgewinn kurzfristig zu erhöhen. Der Strukturwandel in der Landwirtschaft verstärkt den Pachtmarkt. 2001 waren bereits 64% aller landwirtschaftlichen Flächen verpachtet. In den neuen Bundesländern beträgt der Pachtanteil fast 90 %.

Tabelle 94: Pachtpreise landwirtschaftlicher Flächen in Deutschland (€/ha, DBV 2003)

Jahr	Ackerland	Dauergrünland	insgesamt
	früheres Bundesgebiet		
1991	243	162	217
1997	246	154	218
2001	255	152	225
	neue Länder		
1991	72	45	67
1997	100	52	90
2001	117	57	104
	Deutschland insgesamt		
1991	149	129	141
1997	165	117	150
2001	182	121	164

Abb. 1200 Entwicklung des Arbeitskräfteeinsatzes in der Landwirtschaft (Agrarbericht 2003).

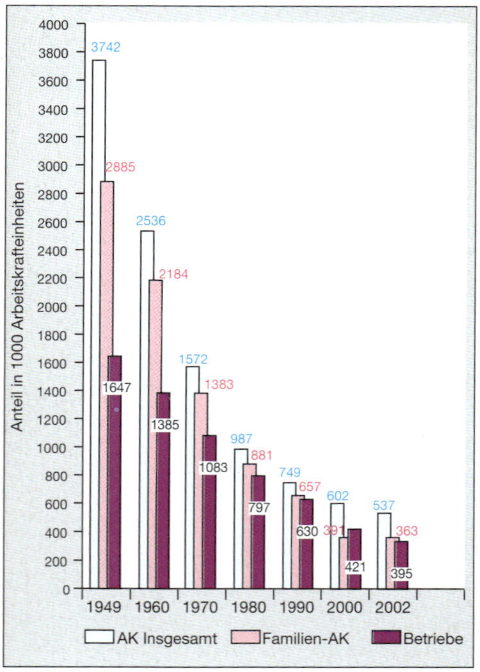

Aufgaben:

1. Welche Bedeutung haben die Abkürzungen BF, KF, LN, LF, AF, GF, HF, ZF?
2. Erläutern Sie den Unterschied zwischen LN und LF.
3. Unterscheiden Sie die Begriffe äußere und innere Verkehrslage und zeigen Sie an Beispielen die Bedeutung auf.
4. Markieren Sie im Flurplan die Grundstücke Ihres elterlichen bzw. des Ausbildungsbetriebes.

3.2 Produktionsfaktor Arbeit

3.2.1 Einteilung der Arbeitskräfte

Die **Wirtschaftlichkeit des Betriebes** ist im höchsten Maße von der *Arbeitsfähigkeit* und *Arbeitsbereitschaft* der Menschen abhängig. Die Arbeitskräfte können nach dem Alter, dem Geschlecht, der beruflichen Ausbildung, der Dauer und dem Zeitpunkt ihres Einsatzes sowie nach Familienzugehörigkeit bzw. Fremdarbeitskräften unterschieden werden.

Die vorherrschende Betriebsform in der Agrarwirtschaft ist der **Familienbetrieb.** Er zeichnet sich dadurch aus, dass der Betriebsinhaber Unternehmer, Betriebsleiter und Arbeitskraft zugleich ist. *Leitende* und *ausführende Tätigkeit* treffen hier in einer Person zusammen.

Der **Betriebsinhaber** wird in seiner Arbeit unterstützt von *mitarbeitenden Familienarbeitskräften* und gegebenenfalls von Fremdarbeitskräften. Häufig empfangen die Familienarbeitskräfte keinen Lohn, sondern sind am Einkommen des Unternehmens beteiligt.

Die Unterscheidung in Familien- und Fremdarbeitskräfte hinsichtlich der Entlohnung ist nicht eindeutig. Es wird daher heute in *entlohnte* und *nichtentlohnte Arbeitskräfte* eingeteilt.

Mit **entlohnten Arbeitskräften** ist ein echtes Arbeitsverhältnis mit regelmäßiger Bezahlung vereinbart. **Nicht entlohnte Arbeitskräfte** stellen ihre Arbeit dem Betrieb ohne festen Anspruch auf Bezahlung zur Verfügung.

Der Anteil der **Fremdarbeitskräfte** hat in der Agrarwirtschaft in den letzten 30 Jahren deutlich *abgenommen*, wobei Teilbereiche, wie manche Sparten des Gartenbaus, aber eine andere Entwicklung zeigen.

Außerdem ist zwischen **ständig** und **nicht ständig beschäftigten Arbeitskräften** zu unterscheiden. In agrarwirtschaftlichen Betrieben, besonders bei Pflanz- und Erntearbeiten im Gartenbau, bei der Traubenlese im Weinbau oder bei großen Sturmschäden im Forst, werden auch heute noch *Aushilfs-* und *Saisonarbeitskräfte* eingesetzt. Daneben gibt es Arbeitskräfte, die nur einen *Teil ihrer Arbeitszeit* dem Betrieb zur Verfügung stellen, weil sie vielleicht noch eine andere Tätigkeit ausüben (z. B. die mithelfende Hausfrau).

Die Einsatzmöglichkeiten der Arbeitskräfte hängen in erheblichem Maße von der **beruflichen Qualifikation** ab. Dabei kann unterschieden werden zwischen dem *Betriebsleiter,* den ausgebildeten *Fachkräften,* den *angelernten* und *ungelernten Kräften.*

3.2.2 Arbeitskräftebewertung

Für die Beurteilung eines Betriebes ist es ein wichtiger Maßstab, wie viel Arbeit im Betrieb geleistet wird bzw. wie viele Arbeitskräfte beschäftigt sind. Bei ausschließlich entlohnten Arbeitskräften gibt der ausbezahlte Lohn darüber hinreichend Auskunft.

In Anlehnung an die Lohnarbeit ist die **Arbeitskraft-Einheit (AK)** als Maßstab für die Betriebe eingeführt worden. Eine Arbeitskraft-Einheit entspricht *einer voll arbeitsfähigen männlichen* oder *weiblichen Person,* die im Betrieb voll zur Verfügung steht.

Bei betriebswirtschaftlichen Berechnungen wird derzeit von 2300 geleisteten Stunden je Jahr ausgegangen.

In den staatlichen Förderungsrichtlinien ist die **Umrechnung** derzeit mit 2100 Arbeitskraftstunden (AKh) vorgeschrieben.

Ausgehend von der tatsächlichen Arbeitsleistung werden *Abschläge* dann vorgenommen, wenn infolge des Alters oder einer Behinderung eine normale Arbeitsleistung für den Betrieb nicht erreicht wird.

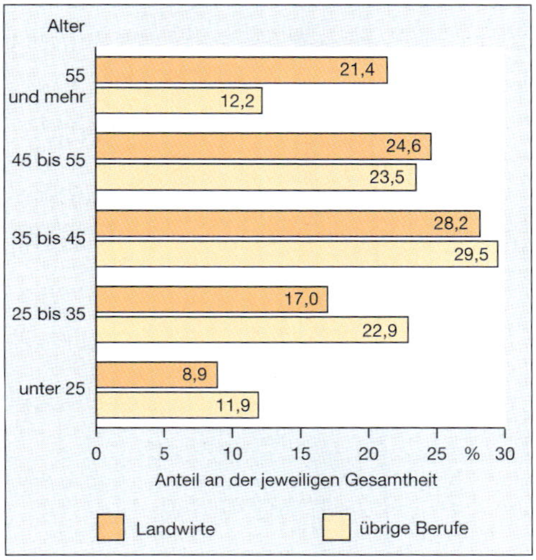

Abb. 1201 Altersstruktur der Erwerbstätigen nach Berufsbereichen (DBV 2003).

Abb. 1202 Hinsichtlich der zeitlichen Verteilung lassen sich landwirtschaftliche Arbeiten in 3 Gruppen einteilen.

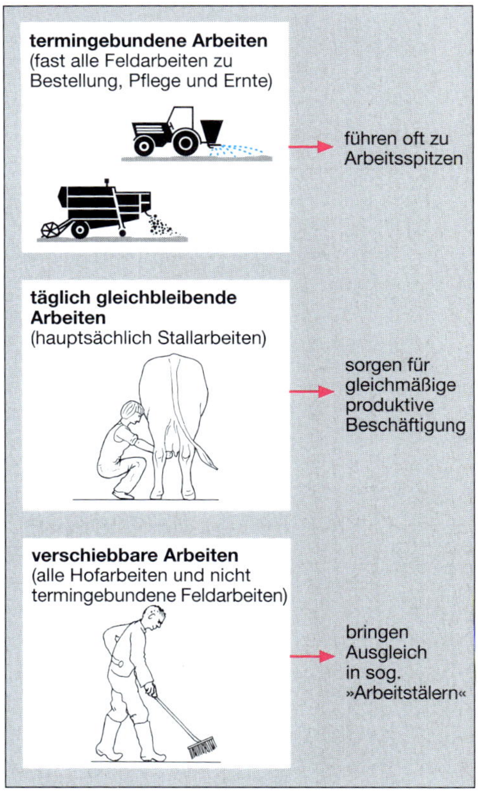

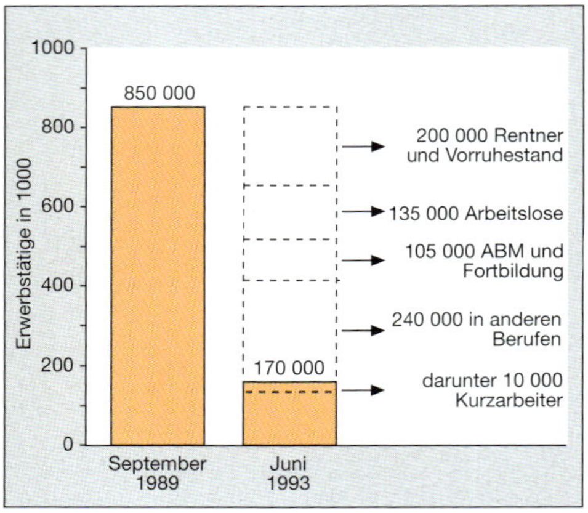

Abb. 1203 Veränderung des Arbeitskräfteeinsatzes in den neuen Bundesländern.

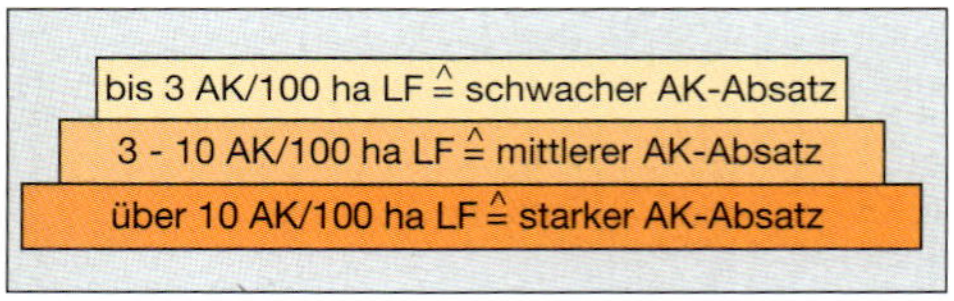

Abb. 1204 Einteilung der Betriebe nach dem AK-Besatz.

Abb. 1205 Einfluss der Schlaggröße auf den Arbeitszeitbedarf (Beispiel: Mähdrescher mit 5 m Arbeitsbreite).

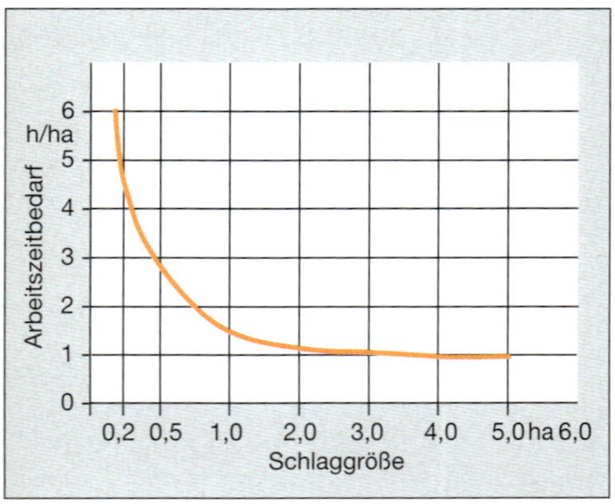

Zur Umrechnung der Arbeitskräfte auf AK nach dem Alter wird folgender **AK-Schlüssel** empfohlen:

16 – 65 Jahre = 1,0 AK
65 Jahre und älter = 0,3 AK

Ein Teil der auf einem Hof tätigen Arbeitskräfte ist durch die im **Privathaushalt** anfallenden Arbeiten gebunden. Bei diesen Arbeitskräften sind nur die für den Betrieb geleisteten Arbeitsstunden dem AK-Besatz des Betriebes anteilmäßig zuzurechnen. Die entsprechenden Anteile für Betrieb und Privathaushalt müssen in der Regel geschätzt werden.

3.2.3 Arbeitskräftebesatz

Die **schematische Bewertung** der Arbeitskraft wird dem einzelnen Betrieb und dem einzelnen Menschen nicht immer gerecht. Sie dient auch mehr dem Vergleich des Einzelbetriebes mit dem Durchschnittswert anderer Betriebe (z. B. AK-Besatz/ 100 ha LF). Im Einzelfall kann eine Person, die als 1 AK angesetzt ist, auch mehr als 2300 AKh/Jahr beschäftigt sein. Möglicherweise aber leistet eine andere Person mit weniger als 2300 anrechenbaren AKh sogar mehr.

Für den **Einzelbetrieb** stellen sich folgende Fragen:

- ▶ Werden die vorhandenen Arbeitskräfte mit der anfallenden Arbeit *termingerecht* fertig?
- ▶ Sind die AK des Betriebes auch in der Lage, *Arbeitsspitzen* zu bewältigen?
- ▶ Können durch Weglassen von wenig produktiven Beschäftigungen *Arbeitskraftreserven* freigesetzt werden, die produktivere Arbeiten übernehmen und damit zur Einkommenssteigerung beitragen?

Die Arbeit in einem Betrieb sollte möglichst so eingeteilt werden, dass eine *ganzjährige produktive* **Auslastung** gewährleistet ist. Zum Brechen von *Arbeitsspitzen* können heute je nach Zweckmäßigkeit auch die Dienstleistungen anderer Arbeitskräfte oder Betriebe auf dem Wege der Nachbarschaftshilfe, über den Maschinenring oder über Lohnunternehmen in Anspruch genommen werden.

3.2.4 Arbeitskosten

Die **gesamten Arbeitskosten** eines Betriebes setzen sich aus den *ausbezahlten Löhnen,* dem *Lohnansatz für Familienarbeitskräfte* und dem *Lohnansatz des Unternehmers* zusammen. Der Lohnansatz der Familien-AK orientiert sich dabei an der Höhe des Einkommens, das bei vergleichbarer Tätigkeit außerhalb des Betriebes erzielt worden wäre.

Beim Unternehmer kommt zum Lohnansatz für seine körperliche Arbeit noch ein besonderer Anspruch für seine leitende Unternehmertätigkeit hinzu.

Außerdem sollte, wie bei jedem Selbstständigen, ein Risikozuschlag für das eingesetzte Kapital kalkuliert werden.

Bei den ausbezahlten Fremdlöhnen und teilweise auch bei den Familienarbeitskräften sind die **Lohnnebenkosten** zu berücksichtigen. Diese bestehen aus:

- Gesetzlich festgelegten *sozialen Lasten* (z. B. Rentenversicherung),
- *tariflich bedingten sozialen Aufwendungen* (z. B. bezahlte Urlaubstage, Lohnfortzahlung im Krankheitsfalle),
- *freiwilligen sozialen Aufwendungen* (z. B. Betriebsausflug, Prämien).

3.3 Produktionsfaktor Bildung

Neben den klassischen Produktionsfaktoren Boden, Arbeit, Kapital kommt dem *beruflichen Können* und *Wissen* sowie der *Allgemeinbildung* des Betriebsleiters und seiner Mitarbeiter in einer globalisierten Welt, die von einer Wissens- und Informationsgesellschaft geprägt ist, größte Bedeutung zu. Eine grundständige landwirtschaftliche Berufsausbildung ist deshalb unumgängliche Voraussetzung für eine erfolgreiche Betriebsführung.

3.3.1 Das berufliche Bildungswesen

Im Rahmen der **dualen Berufsausbildung** vermittelt der *Betrieb* insbesondere die fachpraktischen Fertigkeiten, die im Rahmenplan der **Ausbildungs-Verordnung** festgelegt sind. Der Auszubildende kann die Tätigkeiten einüben und fachliche Erfahrungen sammeln. Ergänzend werden *überbetriebliche Ausbildungsmaßnahmen* in Spezialschulen (z. B. Landtechnikkurse, Grund- und Aufbaukurse in der Tierhaltung, Schweißkurse) durchgeführt.
Die Lerninhalte der **Berufsschule** sind mit der betrieblichen Ausbildung abgestimmt. In Bayern beginnt die Berufsausbildung zum Landwirt mit einem Vollzeitschuljahr (Berufsgrundschuljahr), das bei Bestehen auf die 3-jährige Ausbildungszeit angerechnet wird. Der anschließende Fachstufenunterricht an der Berufsschule findet entweder in Teilzeitform (1 Schultag/Woche) oder in Blockform statt.
Bei einem Notendurchschnitt von 2,50 oder besser und dem Nachweis entsprechender Englischkenntnisse kann mit dem Abschlusszeugnis in Verbindung mit dem Berufsabschlusszeugnis der *mittlere Schulabschluss* erworben werden.

3.3.2 Weitere berufliche Schulen

Berufsfachschulen sind Vollzeitschulen, die aufgrund ihrer Bestimmung eine berufliche Grundbildung vermitteln. An **Fachober-** und **Berufsoberschulen** (FOS, BOS) können engagierte, leistungsfähige und leistungswillige Schüler/Innen die *Fachhochschulreife* oder auch die *Hochschulreife* erwerben.
Dabei kann z. B. in Bayern an der BOS nach 1 Jahr die Fachhochschulreife und nach 2 Jahren die fachgebundene Hochschulreife erworben werden. Wer zusätzlich Kenntnisse in einer zweiten Fremdsprache erwirbt, kann auch die Allgemeine Hochschulreife erhalten.

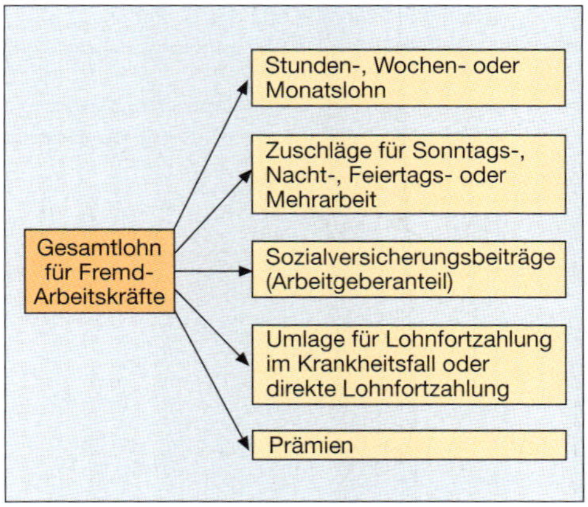

Abb. 1206 Lohnstruktur für Fremdarbeitskräfte.

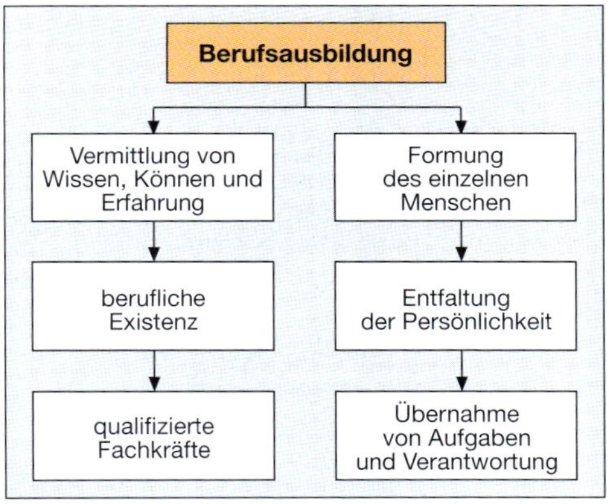

Abb. 1207 Ziele der Berufsausbildung.

Abb. 1208 Mögliche Formen der betrieblichen Ausbildung.

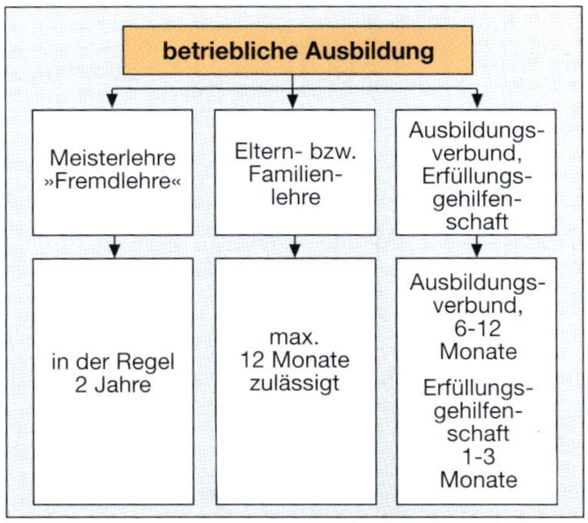

Abb. 1209 Grundstruktur des Bildungswesens in der Bundesrepublik Deutschland (Stand: August 2001).

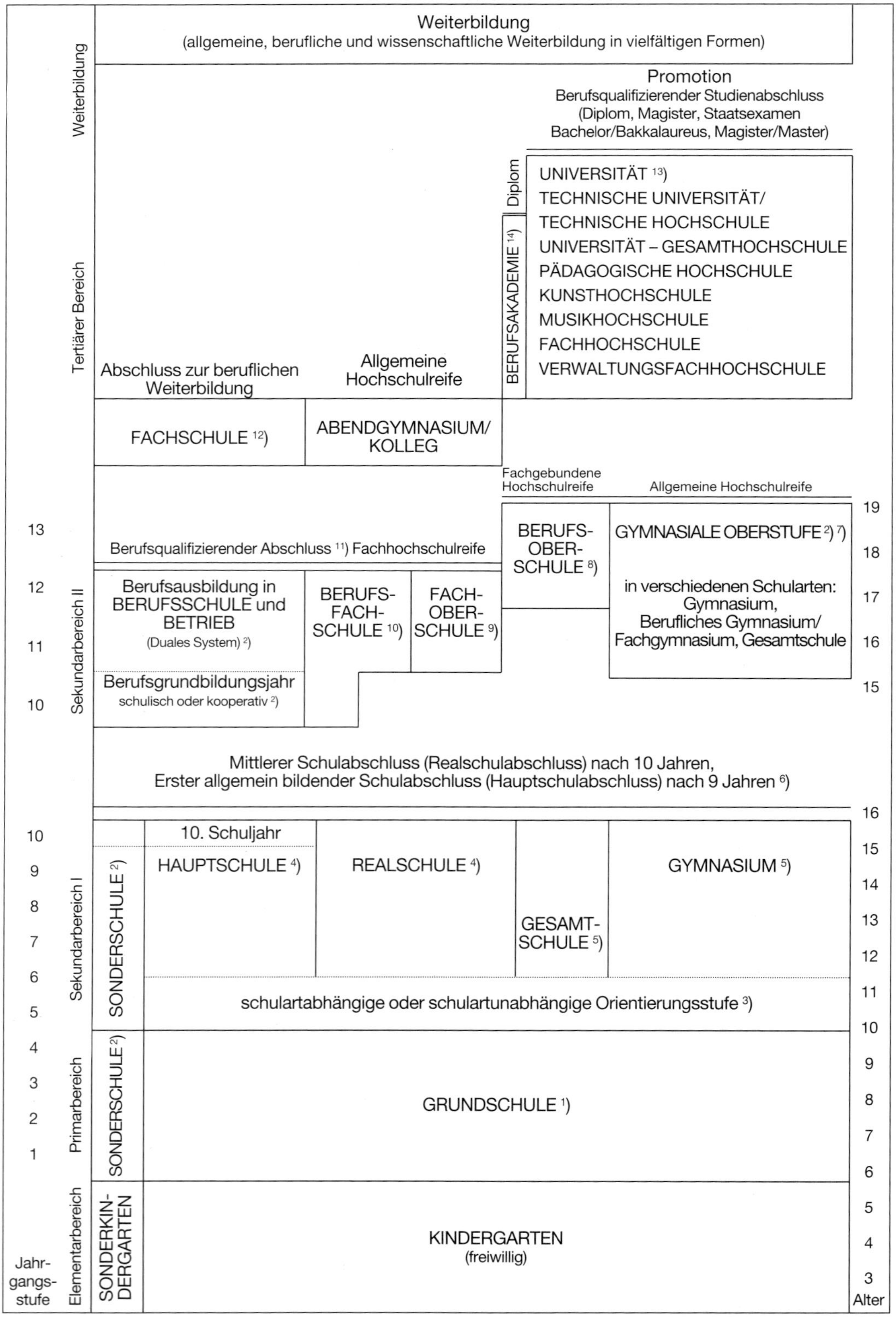

Anmerkung zur Abb. 1209:

Schematisierte Darstellung des Bildungswesens. Die Abbildung des Sekundarbereichs I orientiert sich an der Verteilung der Schülerzahlen 1998 im Bundesdurchschnitt: Hauptschule 22,8 %, Realschule 26,3 %, Gymnasium 29,0 %, integrierte Gesamtschule 9,3 %.
Die Durchlässigkeit zwischen den Schularten und die Anerkennung der Schulabschlüsse ist bei Erfüllung der zwischen den Ländern vereinbarten Voraussetzungen grundsätzlich gewährleistet. Die Dauer der Vollzeit-Schulpflicht (allgemeine Schulpflicht) beträgt 9 Jahre, in 4 Ländern 10 Jahre, und die anschließende Teilzeit-Schulpflicht (Berufsschulpflicht) 3 Jahre.

1) In einigen Ländern bestehen besondere Formen des Übergangs vom Kindergarten in die Grundschule (Vorklassen, Schulkindergärten). In Berlin und Brandenburg umfasst die Grundschule 6 Jahrgangsstufen.

2) Beschulung von Behinderten entsprechend den Behinderungsarten in Sonderformen der allgemein bildenden und beruflichen Schulen, teilweise auch integrativ zusammen mit Nichtbehinderten. Schulbezeichnung nach Landesrecht unterschiedlich (Sonderschule/Schule für Behinderte/Förderschule).

3) Die Jahrgangsstufen 5 und 6 bilden unabhängig von ihrer organisatorischen Zuordnung eine Phase besonderer Förderung, Beobachtung und Orientierung über den weiteren Bildungsgang mit seinen fachlichen Schwerpunkten. In einigen Ländern ist die Orientierungsstufe oder Förderstufe als eigenständige Schulart eingerichtet.

4) Die Bildungsgänge der Hauptschule und der Realschule werden auch an Schularten mit mehreren Bildungsgängen mit nach Ländern unterschiedlichen Bezeichnungen angeboten. Hierzu zählen die Mittelschule (Sachsen), Regelschule (Thüringen), Sekundarschule (Sachsen-Anhalt), Erweiterte Realschule (Saarland), Integrierte Haupt- und Realschule (Hamburg), Verbundene Haupt- und Realschule (Hessen, Mecklenburg-Vorpommern) und Regionale Schule (Rheinland-Pfalz) sowie die Gesamtschule.

5) Der Bildungsgang des Gymnasiums wird auch an Gesamtschulen angeboten. In der kooperativen Gesamtschule und im Schulzentrum (Bremen) sind drei Bildungsgänge (Bildungsgänge der Hauptschule, Realschule und des Gymnasiums) pädagogisch und organisatorisch zusammengefasst, in der integrierten Gesamtschule bilden sie eine pädagogische und organisatorische Einheit. Die Einrichtung von Gesamtschulen ist nach dem Schulrecht der Länder unterschiedlich geregelt.

6) Die allgemeinbildenden Schulabschlüsse nach Jahrgangsstufe 9 und 10 tragen in einzelnen Ländern besondere Bezeichnungen. Nachträglicher Erwerb dieser Abschlüsse ist an Abendschulen möglich.

7) Zugangsvoraussetzung ist die formelle Berechtigung zum Besuch der Gymnasialen Oberstufe, die in der Regel nach Jahrgangsstufe 10 erworben wird. Der Erwerb der Allgemeinen Hochschulreife erfolgt in der Regel nach 13 aufsteigenden Schuljahren. In Sachsen und Thüringen wird die Allgemeine Hochschulreife nach 12 Jahren erworben, in anderen Ländern ist der Erwerb nach 12 Jahren im Rahmen von Schulversuchen möglich.

8) Die Berufsoberschule/Erweiterte Fachoberschule besteht bisher nur in einigen Ländern und bietet Absolventen mit Realschulabschluss und abgeschlossener Berufsausbildung bzw. fünfjähriger Berufstätigkeit die Möglichkeit zum Erwerb der Fachgebundenen Hochschulreife. Bei Nachweis von Kenntnissen in der zweiten Fremdsprache ist der Erwerb der Allgemeinen Hochschulreife möglich.

9) Die Fachoberschule ist eine 2-jährige Schulart, die aufbauend auf dem Realschulabschluss mit Jahrgangsstufe 11 und 12 zur Fachhochschulreife führt. Für Absolventen mit Realschulabschluss und einer beruflichen Erstausbildung ist der unmittelbare Eintritt in Jahrgangsstufe 12 der Fachoberschule möglich.

10) Berufsfachschulen sind berufliche Vollzeitschulen verschiedener Ausprägung im Hinblick auf Zugangsvoraussetzungen, Dauer und Abschlüsse. Besondere Form der 2-jährigen Berufsfachschule mit Zugangsvoraussetzung Realschulabschluss, die zum Abschluss »staatlich geprüfter Assistent« führt, sowie die ein- oder zweijährige Berufsfachschule zur Vermittlung einer beruflichen Grundbildung. In Verbindung mit dem Abschluss eines mindestens zweijährigen Bildungsgangs kann unter bestimmten Voraussetzungen die Fachhochschulreife erworben werden.

11) Zusätzlich zum berufsqualifizierenden Abschluss gegebenenfalls Erwerb des Hauptschulabschlusses oder des Mittleren Schulabschlusses.

12) Fachschulen dienen der beruflichen Weiterbildung (Dauer 1–3 Jahre) und setzen grundsätzlich den Abschluss einer einschlägigen Berufsausbildung in einem anerkannten Ausbildungsberuf und eine entsprechende Berufstätigkeit voraus. Unter bestimmten Voraussetzungen ist zusätzlich der Erwerb der Fachhochschulreife möglich. Im Rahmen der Internationalen Standardklassifikation des Bildungswesens (ISCED97) werden die Fachschulen dem tertiären Bereich zugeordnet.

13) Einschließlich Hochschulen mit einzelnen universitären Studiengängen (z. B. Theologie, Philosophie, Medizin, Verwaltungswissenschaften, Sport).

14) Die Berufsakademie ist eine Einrichtung des tertiären Bereichs in sieben Ländern, die eine fachwissenschaftliche Ausbildung an einer Studienakademie mit einer praktischen Berufsausbildung in einem Betrieb im Sinne eines dualen Systems verbindet.

Stand: August 2001

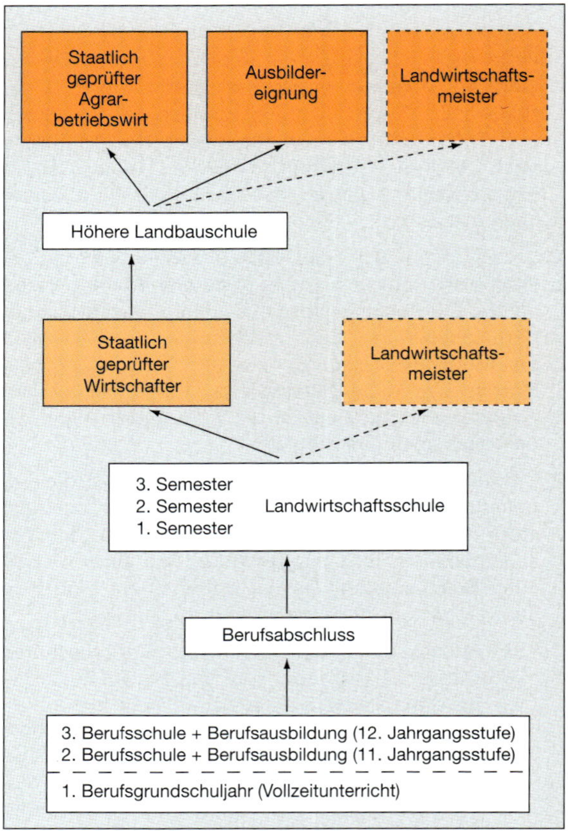

Abb. 1210 Ausbildung zum landwirtschaftlichen Betriebsleiter.

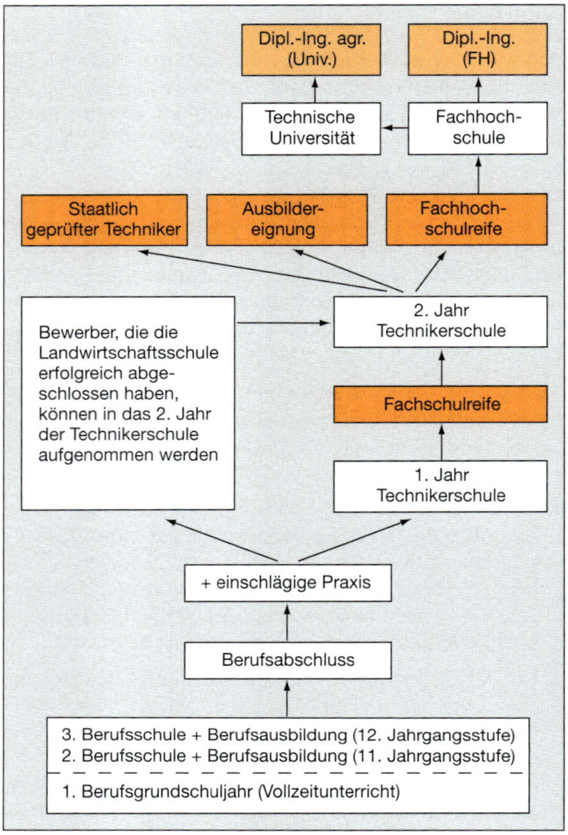

Abb. 1211 Aus- und Weiterbildung für Dienstleistungsberufe (über die Technikerschule).

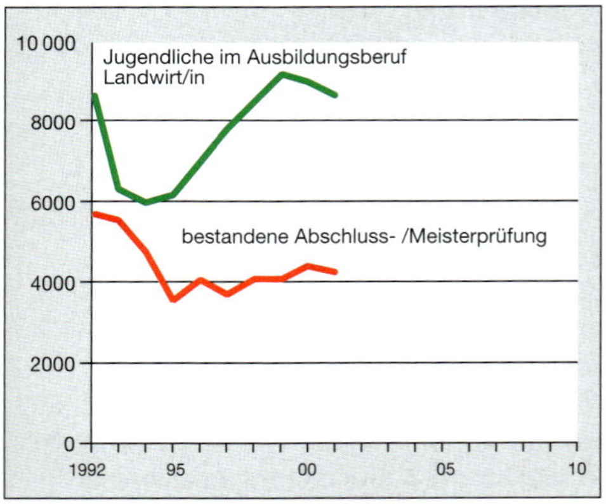

Abb. 1212 Berufsausbildung in der deutschen Landwirtschaft (DBV 2003).

Fachschulen bauen auf der beruflichen Grundbildung auf. Die Landwirtschaftsschule ist aus den ehemaligen »Winterschulen« hervorgegangen und hat die Vermittlung weiterführender, fachtheoretischer und praxisbezogener Kenntnisse für eine Betriebsleitertätigkeit zum Ziel. Bayerische Fachschulen verleihen ihren Absolventen den Fachschulabschluss »Staatlich geprüfter Wirtschafter« und bereiten u. a. auf die *Meisterprüfung* vor.

Die **Höheren Landbauschulen** bauen auf dem Kenntnisstand der Fachschulen auf und vermitteln Qualifikationen zum Betriebsleiter und Unternehmer. »Staatlich geprüfter Landwirt« oder »Agrarbetriebswirt« sind Berufsbezeichnungen, die die erworbene berufliche Qualifikation nachweisen. Wer im Rahmen seiner Ausbildung auch das Fach Berufs- und Arbeitspädagogik erfolgreich abgeschlossen hat und eine ausreichende Berufspraxis nachweist, kann die *Ausbildereignung* erwerben.

Technikerschulen vermitteln Qualifikationen in verschiedenen Fachbereichen, z. B. Agrarinformatik, Milchwirtschaft u. a. Ausbildungsstätten für landwirtschaftlich-technische Assistenten vermitteln Qualifikationen für eine berufliche Tätigkeit in Bereich der Wirtschaft, der Verwaltung, der Laboratorien, der Versuchsanstalten, der Beratung und wissenschaftlichen Forschung.

Aufgaben:

1. Nach welchen Kriterien können Arbeitskräfte eingeteilt werden?
2. Wie hat sich die Zahl der Arbeitskräfte in den letzten 20 Jahren in Deutschland entwickelt?
3. Mit welchem Maßstab wird der AK-Besatz eines Betriebes gemessen?
4. Wie setzen sich die Arbeitskosten eines Betriebes zusammen?
5. Beschreiben Sie die duale Ausbildung in der Landwirtschaft!
6. Welche weiteren Bildungsmöglichkeiten bieten das berufliche und das allgemeine Schulwesen für ausgebildete Landwirte?
7. Erläutern Sie das Fachschulwesen in der Agrarwirtschaft und zeigen Sie mögliche Wege zum Meisterbrief in der Landwirtschaft auf!

Abb. 1213 Ein Hof bindet in den Gebäuden und baulichen Anlagen viel Kapital. Daher sollten diese auch für die Zukunft geeignet und ausbaufähig sein.

3.4 Produktionsfaktor Güter

3.4.1 Gebäude und bauliche Anlagen

Gebäude – Die **Wirtschaftsgebäude** erfüllen unter unseren Klimaverhältnissen wichtige **Funktionen.** Das Vieh braucht zweckmäßige *Stallgebäude* mit einem tiergerechten Stallklima, damit möglichst hohe Leistungen erzielt werden können. *Lagerräume* für selbsterzeugte und zugekaufte Vorräte machen von kurzfristigen Marktpreisschwankungen unabhängig und helfen bei zweckmäßiger Ausführung, Verluste zu vermeiden.

Dies gilt insbesondere auch bei *Unterstellräumen* für Maschinen, die vor vorzeitigem Verschleiß durch Witterungseinflüsse zu schützen sind.

Schließlich bieten Gebäude dem Menschen einen *geschützten Arbeitsplatz* für die Arbeiten in der Viehhaltung, für Hofarbeiten, zur Maschinenpflege und zur (Waren)-Produkt-Aufbereitung. Unter Dach kann die Arbeit bei jedem Wetter ausgeführt und somit ein Ausgleich zur Feldarbeit geschaffen werden.

In Wirtschaftsgebäuden werden erhebliche **Vermögenswerte** *langjährig festgelegt.* Nur in Ausnahmefällen können Teile (z. B. Holzsilos), die der Betrieb nicht mehr braucht, veräußert bzw. anderweitig verwendet werden. Unter dem Gesichtspunkt der ständigen Weiterentwicklung eines Betriebes ist sorgfältig zu überlegen, wie die Wirtschaftsgebäude heute und morgen am zweckmäßigsten genutzt werden können.

Dabei ist auch zu beachten, dass die Gebäude das Aussehen der Landschaft stark prägen. Gerade im Hinblick auf mögliche **bauliche Veränderungen,** Neu-, Um- oder Einbauten, empfiehlt es sich, die Gebäude in ihren Ausmaßen, ihrem Fassungsvermögen, ihrer Einrichtung und Ausstattung sowie in Bauart und Bauzustand im einzelnen genau zu erfassen. Eine *maßstabsgetreue Grundriss-*

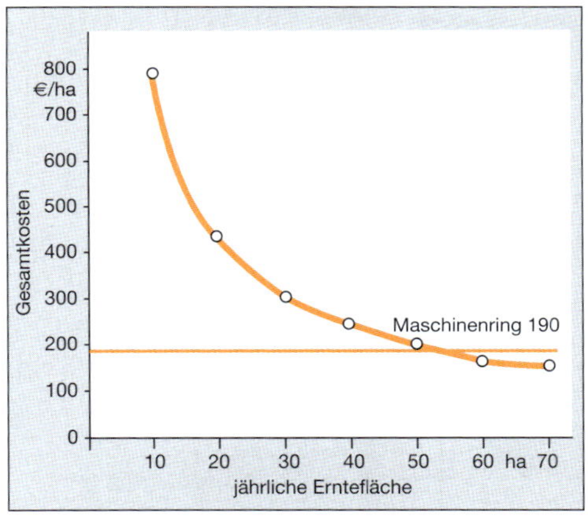

Abb. 1214 Vergleich der Kosten für 1 ha Zuckerrübenernte (ohne Blattbergung) zwischen eigenem Vollernter und dem Einsatz des Maschinenringes.

Abb. 1215 In der eigenen leistungsfähigen Erntetechnik bindet der Betrieb viel Kapital.

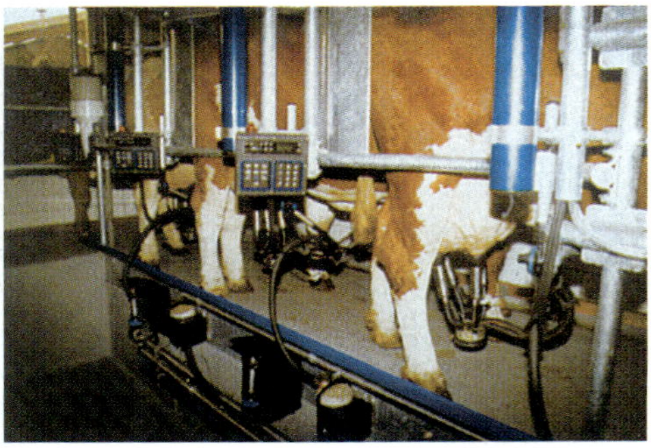

Abb. 1216 Ein Milchviehbetrieb muss in seine Melktechnik viel investieren, damit er auch künftigen Anforderungen gewachsen ist.

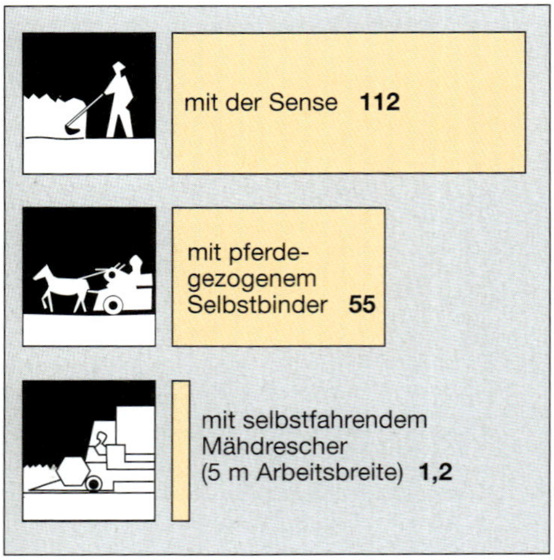

Abb. 1217 Arbeitserleichterung und -beschleunigung bei der Getreideernte (in AKh/ha).

Abb. 1218 Neubaukosten in der Viehhaltung (€ je Stallplatz, einschließlich Nebenräume; KTBL).

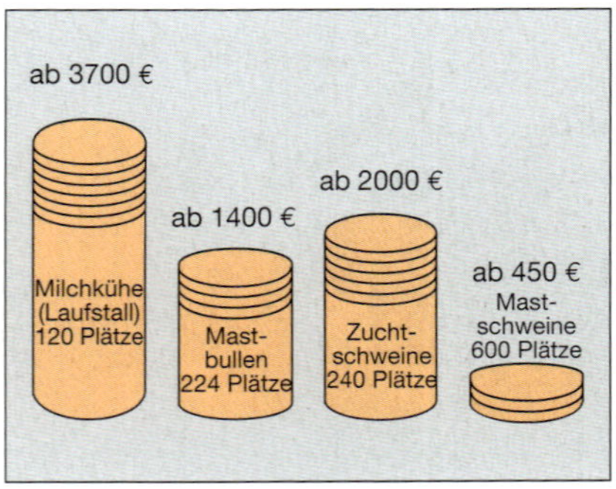

zeichnung des gesamten Hofes und der wesentlichen Wirtschaftsgebäude sind hierbei eine wertvolle Hilfe.

Bauliche Anlagen – Bauliche Zusatzeinrichtungen, die fest mit dem Boden verbunden sind, werden als bauliche Anlagen bezeichnet (z. B. Silos, Dungstätten, Bewässerungsanlagen, Klimaanlagen).

3.4.2 Maschinen und Geräte

Der Einsatz von Maschinen und Geräten kann folgende **Vorteile** haben:

- ▶ Erleichterung der Arbeit;
- ▶ Beschleunigung der Arbeit;
- ▶ Verbesserung der Arbeitsqualität.

Arbeitserleichterung – Der Wunsch nach Verringerung der körperlichen Beanspruchung war wohl einer der Hauptgründe für die ungeheure *Mechanisierungswelle*, die seit dem Ende des 2. Weltkriegs über die deutsche Agrarwirtschaft hinwegrollt. Mithilfe der Technik können heute viele Arbeiten, die früher nur kräftigen Männern vorbehalten waren, von Frauen oder auch älteren Menschen erledigt werden.

Pulsfrequenzmessungen haben ergeben, dass schwere Handarbeiten, z. B. Laden von Stallmist oder Erde, Silageentnahme oder Handmelken, mehr als 110 Pulsschläge/Minute zur Folge haben. Damit wird die **Dauer-Belastungsgrenze** des Menschen z. T. erheblich überschritten. Traktorfahren liegt mit etwa 100 Pulsschlägen/Minute noch knapp unter dieser Grenze und kann deshalb ohne ständige Erholungspausen über längere Zeit hinweg ausgeführt werden.

Der Höhepunkt der Arbeitserleichterung wird schließlich mit der sog. Knopfdruck-Automatik erreicht. Bei vielen maschinellen Arbeitsgängen tritt an die Stelle der abnehmenden körperlichen Belastung eine zunehmende geistige Beanspruchung, weil vor allem mehr Konzentration verlangt wird. Viele landwirtschaftliche Arbeiten waren vor deren Mechanisierung weniger durch hohen Kraftaufwand, als durch den Zwang zu gebückter Körperhaltung unangenehm.

Beschleunigung der Arbeit – Sie wird durch ein schnelleres Arbeitstempo (z. B. leistungsstärkerer Traktor), durch größere Arbeitsbreite (z. B. bei Bodenfräsen) oder durch Zusammenfassung mehrerer Arbeitsgänge (z. B. Drillen, Düngen und Eggen) erreicht.

Verbesserte Arbeitsqualität – Sie wirkt sich aus durch Maschinen insbesondere

- ▶ in höheren Erträgen (z. B. bessere Bodenbearbeitung und exaktere Aussaat zum günstigen Zeitpunkt),
- ▶ in geringeren Verlusten (z. B. keine Ertragseinbußen durch optimalen Erntezeitpunkt).

Kapitalbindung – Maschinen und Geräte stellen für den Agrarbetrieb einen beträchtlichen **Vermögenswert** dar, der allerdings für die einzelnen Produktionsbereiche im Durchschnitt verschieden hoch ist. Um einen ständigen Überblick über die vorhandene Mechanisierung zu haben, sollten Maschinen und Geräte in einem *Verzeichnis* erfasst werden.

Tabelle 95: Berechnung der Maschinenkosten am Beispiel eines Mähdreschers

Datengrundlage		SF-Mähdrescher 5,5 m Schnittbreite		
Anschaffungswert	€	160 000		
Nutzungsdauer	Jahre	10		
Restwert	€	10 000		
Zinssatz	%/Jahr	6		
feste Kosten/Jahr				
Abschreibung	€/Jahr	16 000		
Verzinsung/Zinssatz	€/Jahr	4 800		
Unterbringung (1 % des Neuwertes)	€/Jahr	1 600		
Versicherung (0,5 % des Neuwertes)	€/Jahr	800		
Summe: feste Kosten	€/Jahr	23 200		
veränderliche Kosten/Einheit				
Reparaturen	€/Jahr	11,70		
Betriebsstoffe	€/Jahr	16,15		
Summe: veränderliche Kosten	€/Jahr	27,85		
Gesamtkosten/Einheit				
Einsatzumfang	ha/Jahr	100	200	300
feste Kosten	€/Jahr	232,00	116,00	77,33
veränderliche Kosten	€/Jahr	27,85	27,85	27,85
Summe: gesamte Maschinenkosten	€/Jahr	259,85	143,85	105,18

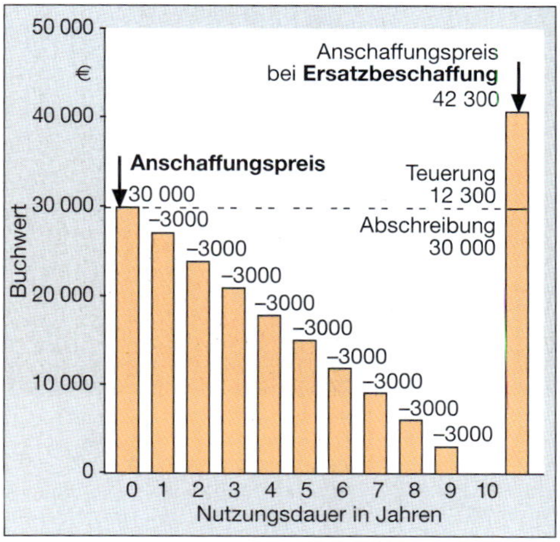

Abb. 1219 Abschreibung und Inflationsrücklage für eine Maschineninvestitionen bei 10 Jahren Nutzungsdauer.

Abb.1220 Im Forst sollte der Landwirt aus Sicherheitsgründen nur Traktoren mit Spezialausrüstung einsetzen – keine billige Lösung!

Die Wirtschaftlichkeit der Erzeugung wird in hohem Maße von den **Maschinenkosten** bestimmt. Deswegen ist es besonders wichtig, die *Zusammensetzung* der Maschinenkosten zu kennen. Sie werden unterteilt in

- **feste Kosten** als jährlich gleichbleibender Zinsansatz für den Anschaffungspreis, Versicherungsbeiträge, Abschreibung für Abnutzung (AfA),
- **bedingt veränderliche Kosten** z. B. für Reparaturen, Wertminderung,
- **voll veränderliche Kosten** z. B. für Treibstoff, Öl.

Bei den **Abschreibungsbeträgen/Jahr,** welche eine Neuanschaffung z. B. einer Maschine nach deren Abnutzung ermöglichen sollen, ist eine *Inflationsrücklage* zu berücksichtigen, da z. B. ein vergleichbarer Traktor nach 10 Jahren wesentlich mehr kosten wird. In den Betrieben muss also *neben* den Abschreibungsraten noch eine *zusätzliche* Rücklagenbildung erfolgen **(Eigenkapitalbildung),** da es sonst zu einem Eigenkapitalverlust durch Inflation kommt. In diesem Fall lebt der Betrieb dann »von der Substanz«.

! Die Rentabilität einer Maschine hängt in erster Linie von ihrer Auslastung ab.

Abb. 1221 und 1222 Obstanlagen erfordern langfristige Investitionen des Betriebes, bevor sie selber Erträge bringen.

Abb. 1222 Rebanlagen erfordern als Dauerkulturen langfristige Investitionen des Betriebes, bevor sie selber Erträge bringen.

Bei jeder Anschaffung einer neuen Maschine sollte deshalb geprüft werden,

- ob sich die Maschine im eigenen Betrieb oder durch den erweiterten Einsatz in Fremdbetrieben auslasten lässt,
- ob der Einsatz einer Lohnmaschine billiger ist.

Der **Kostenvergleich** am Beispiel des Zuckerrübenvollernters (Abb. 1214) zeigt, dass in diesem Falle erst bei etwa 50 ha jährlicher Erntefläche der Einsatz einer eigenen Maschine billiger ist als die Lohnmaschine. Diese Rechnung unterstellt die einem bestimmten Anschaffungspreis entsprechenden festen und veränderlichen Kosten. Im eigenen Betrieb sind die jeweiligen Zahlen zugrunde zu legen. Falsches Prestigedenken ist kostspielig.
Mittels der EDV lässt sich heute ein Kostenvergleich schnell und ohne großen Aufwand erstellen.

3.4.3 Dauerkulturen

Aufgaben – Im Unterschied zu Feldern mit Getreide, Karotten und dergleichen bestehen Obst- und Rebanlagen sowie Hopfengärten oder mehrjährige Beerenkulturen über mehrere Jahre hinweg. Sie werden deswegen als *Dauerkulturen* bezeichnet.
Das Geld und die Arbeit für die Anlage sind auf längere Zeit festgelegt. Teilweise bringen Dauerkulturen erst nach mehreren Jahren den vollen Ertrag.
Erfassung – Die Dauerkulturen stellen für den Betrieb einen *besonderen* Wert dar, der bei der Betriebsbeschreibung gesondert zu erfassen ist. Dabei werden die Kulturart, die Stückzahl, (z. B. Zahl der Obstbäume) oder die Anbaufläche angegeben. Gegebenenfalls wird auch die Kulturform erfasst (z. B. Spindelbusch- oder Halbstammanlage).

Abb. 1223 und 1224 Die Einnahmen aus der Milchviehhaltung (oben) oder der Sauenhaltung (unten) haben für viele Betriebe eine zentrale Bedeutung.

3.4.4 Vieh

Aufgaben – In den landwirtschaftlichen Betrieben hat die Viehhaltung in der Regel eine zentrale Bedeutung. Sie erfüllt folgende Aufgaben:

- Verwertung von pflanzlichen Erzeugnissen, die für den menschlichen Gebrauch ungeeignet sind;
- die Veredlung von bereits genussfähigen Erzeugnissen;
- die Sicherung von Arbeitsplätzen im Betrieb und den Arbeitsausgleich;
- die Erhaltung der Bodenfruchtbarkeit.

Gras, Klee, Futterrüben können erst nach einer **Verwertung** über das Nutzvieh in Form von Milch oder Fleisch dem menschlichen Verzehr zugängig gemacht werden. Daneben fallen bei der Erzeugung pflanzlicher Nahrungsmittel Abfallstoffe an, die ebenfalls nur durch die Verfütterung an das Vieh zu verwerten sind (z. B. Abputzgetreide, Abfallkartoffeln, Zuckerrübenschnitzel, Schlempe). Da für die genannten Produkte kaum ein Markt besteht, sind die Betriebe in der Regel zur eigenen Verwertung *gezwungen*.
Die Umwandlung von pflanzlichen Nahrungsmitteln in höherwertige tierische Produkte wird als **Veredlung** bezeichnet. Durch

Veredlung entstehen Nährstoffverluste. Die Verzehrsgewohnheiten in wohlhabenden Ländern haben sich jedoch so entwickelt, dass immer mehr Milch- und Fleischerzeugnisse nachgefragt werden, während die Nachfrage nach pflanzlichen Erzeugnissen entsprechend zurückgeht.
Um einen besseren Bezug zur Futterflächenleistung herzustellen, wird in *Raufutter verzehrende Großvieheinheiten* (RGV), das sind Rinder, Pferde, Schafe, und *Schweine-Großvieheinheiten* (SGV) unterteilt. Für das Rindvieh ist auch die Bezeichnung RiGV üblich. Die Kennzahl ha HF/RGV ist ein Maßstab dafür, wie *intensiv* die Futterflächen bewirtschaftet werden. 0,35 – 0,40 ha HF/RGV zeugen z. B. von einer hohen Intensität, 0,5 ha HF/RGV sind als durchschnittlich anzusehen und 0,6 ha HF/RGV und mehr sind ein Zeichen für weniger intensive Nutzung der Futterflächen.
Für **steuerliche Zwecke** erfolgt die Viehbewertung nach *Vieheinheiten* (VE). Dieser Schlüssel orientiert sich am Futterverbrauch und umfasst auch Kleinvieh (Geflügel, Kaninchen). Beim Großvieh sind die Einheiten GV und VE wertmäßig nahezu gleich.
Der umweltgerechte Tierbesatz/ha wird nach den Vorgaben der Düngeverordnung bestimmt.
Ob der einzelne Landwirt seine Körnerfrüchte und seine Kartoffeln unmittelbar verkauft oder sie zuerst, gegebenenfalls nach Zukauf weiterer Futtermittel, im eigenen Betrieb veredelt, hängt davon ab, ob der höhere Preis der Veredlungsprodukte den für die Veredlung notwendigen Aufwand auch lohnt. Das muss sorgfältig rechnerisch nachgeprüft werden.
Die vorhandenen **Arbeitskräfte** in den meisten Familienbetrieben wären heute ohne Viehhaltung *nicht ausgelastet*. Der Wunsch, zumindest für das Betriebsleiterehepaar und den Hofnachfolger bzw. die Altenteiler die *Arbeitsplätze* auf dem Betrieb zu *sichern*, führt heute in der Regel zur Beibehaltung oder Ausdehnung der Viehhaltung. Unter den derzeitigen Verhältnissen hätten nur wenige Betriebe die Chance, ohne Viehhaltung Vollerwerbsbetriebe zu bleiben.
Die meisten Formen der Viehhaltung weisen im Vergleich zur Pflanzenproduktion, deren Arbeitsbedarf sich schwerpunktmäßig am Vegetationsverlauf orientiert, einen relativ gleichmäßig über das Jahr verteilten Arbeitsanfall auf. Sie tragen damit im Betrieb zu einem gewissen *Arbeitsausgleich* gegenüber den Arbeitsspitzen der Feldwirtschaft bei.
Durch Stallmist, Gülle oder Jauche werden dem Boden erhebliche Mengen an Humus und Nährstoffen zugeführt. In der Zeit, als es noch keine Mineraldünger gab, spielte der wirtschaftseigene Dünger eine so wichtige Rolle für die **Erhaltung der Bodenfruchtbarkeit**, dass die Betriebe deshalb auf Dauer zur Viehhaltung gezwungen waren.
Heute lässt sich eine volle Nährstoffversorgung auch durch Mineraldüngung erreichen, und der Humusspiegel im Boden kann auch durch rein pflanzenbauliche Maßnahmen (z. B. Zwischenfruchtbau) aufrecht erhalten werden. Der wirtschaftseigene Dünger hat seine Bedeutung aber damit nicht verloren, da er durch seinen Beitrag zur Nährstoff- und Humusversorgung die Kosten für den Einsatz anderer Dünger spart.

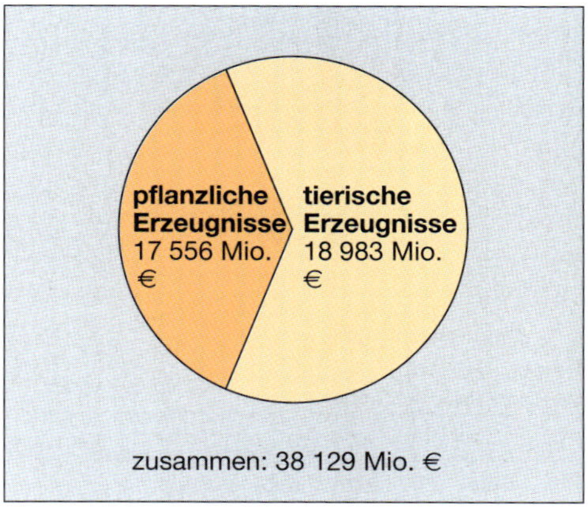

Abb. 1225 Verkaufserlöse der Landwirtschaft (Agrarbericht 2003).

Abb. 1226 Berechnung des jährlichen Durchschnittsbestandes bei nicht ganzjährig gehaltenen Nutztierarten.

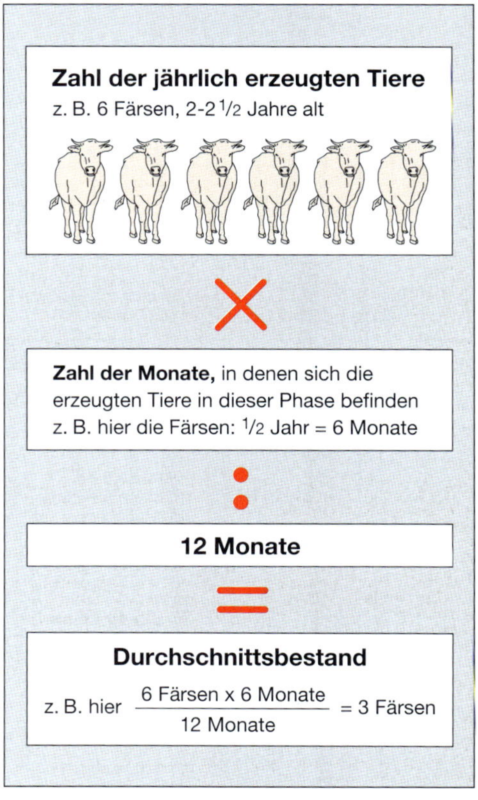

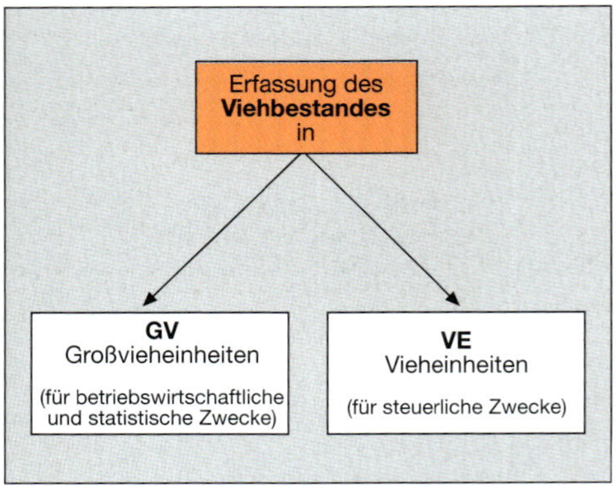

Abb. 1227 Übersicht über die Erfassung des Viehbestandes.

Erfassung – Der **Viehbestand** ist die Zahl der Tiere in einem Zeitpunkt (z. B. an einem Stichtag) oder im Durchschnitt eines Zeitraums (z. B. im Jahresdurchschnitt).

Die Viehbestand eines Betriebes verändert sich naturgemäß laufend durch Geburten, Zukäufe und Verkäufe. Die Viehbestandsänderungen sollten im *Viehregister* monatlich eingetragen werden.

Um eine annähernde Erfassung im Verlauf eines Wirtschaftsjahres zu erreichen, sind folgende **Angaben** nötig:

- Zahl der gehaltenen Vater- und Muttertiere,
- durchschnittliche Nutzungsdauer und Aufzuchtleistung,
- Zahl der während der Jahres verkauften Schlacht- und Zuchttiere,
- Dauer der Mastperiode.

Um einen einheitlichen *Vergleichsmaßstab* für Rinder-, Pferde-, Schweine- und Schafbestände zu haben, werden alle Tierzahlen in **Großvieheinheiten** umgerechnet.

Tabelle 96: Umrechnungsschlüssel zur GV-Berechnung (Beispiel)

Viehart	GV	Viehart	GV
Zuchtbullen	1,2	Pferde, schwer	1,2
Kühe	1,0	mittel	1,0
Jungvieh		leicht	0,8
über 2 Jahre	1,0	Fohlen	0,7
1–2 Jahre	0,3		
unter 1 Jahr	0,3	Zuchteber	0,3
Schlacht- und		Zuchtsauen	0,3
Mastvieh		Mastschweine	
über 2 Jahre	1,0	über 50 kg LG	0,16
		Läufer 20-50 kg	0,06
Schafe		Ferkel	0,02
über 1 Jahr	0,1		
unter 1 Jahr	0,05		

Abb. 1228 Bewertung des Viehbestandes (= geldmäßige Erfassung des Viehvermögens).

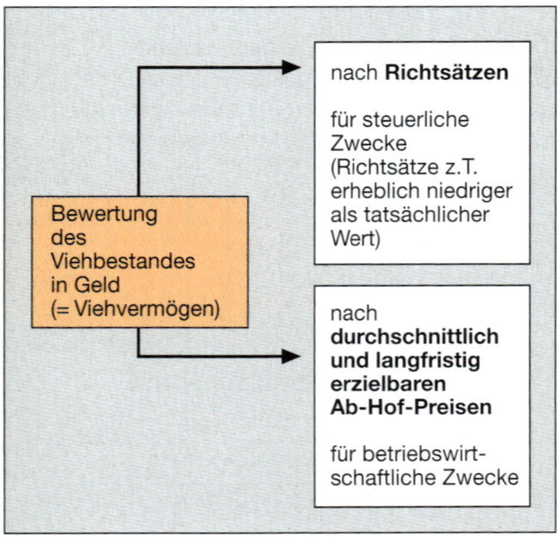

1 Großvieheinheit (GV) entspricht 500 kg Lebendmasse bei ganzjähriger Haltung im Betrieb.

Beispiele:

1 Kuh mit 600 kg:

$$\frac{600\,\text{kg}}{500\,\text{kg}} = 1{,}2\ \text{GV}$$

1 Mastbulle, der als Kalb mit 80 kg zugekauft wurde, wiegt nach 1 Jahr Mast 420 kg:

$$\frac{80\,\text{kg} + 420\,\text{kg}}{2 \times 500} = 0{,}5\ \text{GV}$$

1 Mastschwein wird in 5 Monaten von 20 kg auf 110 kg gemästet:

$$\frac{20\,\text{kg} + 110\,\text{kg} \times 5}{2 \times 500 \times 12} = 0{,}05\ \text{GV}$$

Im allgemeinen wird zur GV-*Berechnung* ein festgelegter Schlüssel verwendet (Tabelle 96).
Der **Viehbesatz** als Maßstab für die Dichte des Viehbestandes je Flächeneinheit wird in GV/100 ha LF ausgedrückt. Die einzelnen Betriebsformen sind durch starke Unterschiede im Viehbesatz gekennzeichnet.
Die Grenzen zur **gewerblichen Viehhaltung** sind über den maximal zulässigen Viehbesatz in VE/ha in der landwirtschaftlichen Viehhaltung festgelegt:

10 VE/ha für die ersten 20 ha
7 VE/ha für die nächsten 10 ha
6 VE/ha für die nächsten 20 ha
3 VE/ha für die nächsten 50 ha
1,5 VE/ha für die weitere Fläche

Wenn diese festgelegten Grenzen überschritten werden, wird der betreffende Viehhaltungszweig des Betriebes gewerblich. Da diese Zuordnung zum Gewerbe mit vielen Nachteilen verbunden ist, versuchen viele Landwirte, durch Zupacht ihre Bemessungsbasis entsprechend aufzustocken.

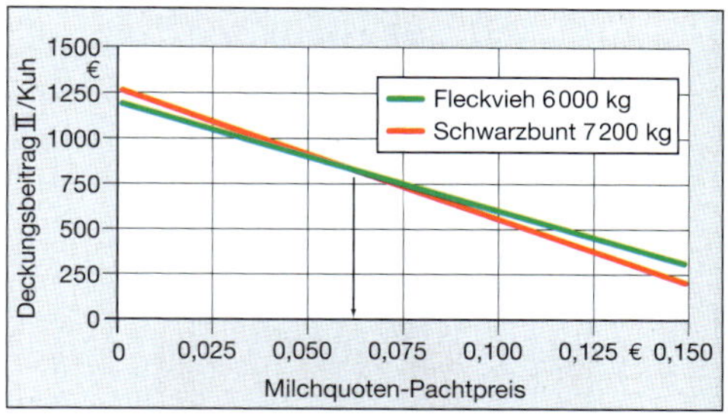

Abb. 1229 Wettbewerbsstellung zweier Rinderrassen in Abhängigkeit vom Quotenpachtpreis für Milch **(Beispiele)**.

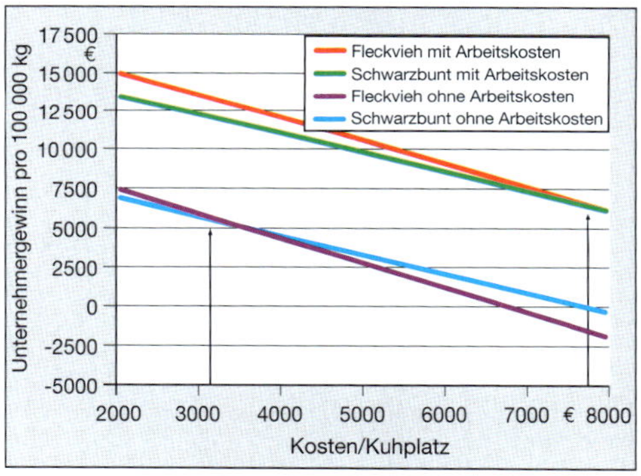

Abb. 1230 Wettbewerbsfähigkeit zweier Rinderrassen bei unterschiedlichen Baukosten **(Beispiele)**.

3.4.5 Umlaufvermögen

Neben den bisher behandelten Gütern (Boden, Gebäude, Maschinen, Vieh), die der Erzeugung langfristig dienen, braucht der Betrieb auch *Vorräte* und *Geld*. Diese Vermögensteile werden als **Umlaufvermögen** bezeichnet, weil sie normal innerhalb 1 Jahres mehrmals umgesetzt werden.
Zu den Vorräten und sonstigen Betriebsmitteln gehören:
- Saat- und Pflanzgut, Düngemittel und Pflanzenschutzmittel,
- Futtermittel, Siliermittel und Medikamente,
- Treib- und Schmierstoffe für Maschinen,
- Heizstoffe, Strom, Gas und Wasser,
- sonstige Materialien wie Bindegarn, Säcke, Kisten usw.

Eine Vorratshaltung ist einerseits notwendig, weil die Betriebsmittel zum Zeitpunkt des Bedarfs in ausreichender Menge verfügbar sein müssen (z. B. genügend Pflanzenschutzmittel zum optimalen Anwendungszeitpunkt). Andererseits ist die Vorratshaltung teuer, weil sie Lagerraum beansprucht und Geld in Sachwerten festlegt, das auf der Bank Zinsen bringen könnte.
Vorräte müssen deshalb sorgfältig erfasst und der Bedarf an Betriebsmitteln nach Menge und Zeit vorausgeplant werden, damit nicht unnötig Kapital festgelegt wird. Der Kauf auf Termin ist dafür eine gute Möglichkeit.

Abb. 1231 Umlaufvermögen (Schema).

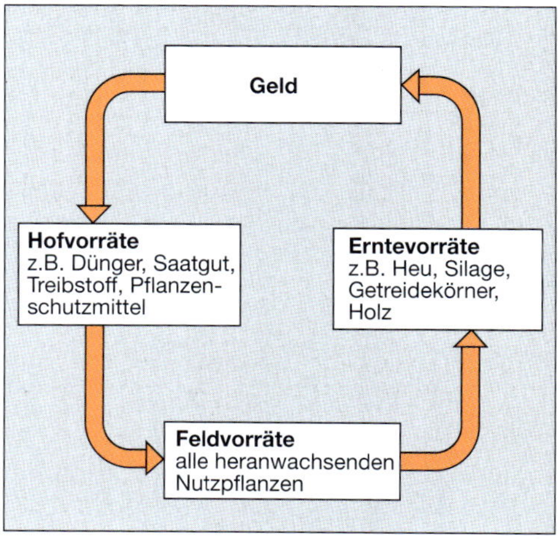

3.4.6 Rechte

Rechte umfassen bestimmte Leistungsmöglichkeiten oder auch Ansprüche auf gewisse Leistungen. Die Produktion in einem Betrieb oder Betriebszweig kann durch gewisse Rechte erst ermöglicht, verbessert oder durch Rechte anderer auch eingeschränkt sein.

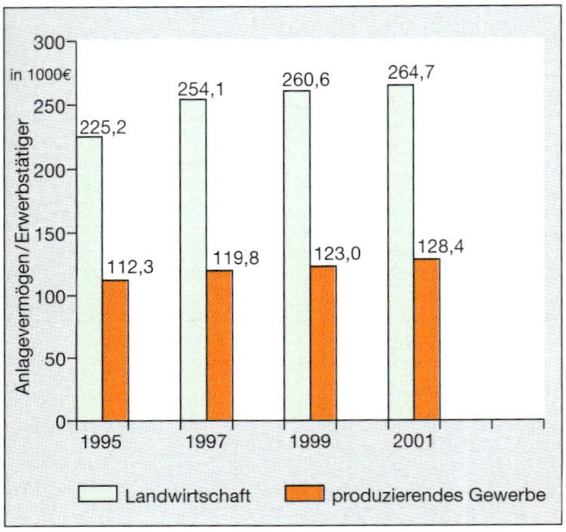

Abb. 1232 Kosten eines Arbeitsplatzes in der Landwirtschaft und im produzierenden Gewerbe in Deutschland (DBV 2003).

Beispiele für Rechte aus dem Bereich der Agrarwirtschaft:

- Wege- und Weiderechte,
- Wassernutzungsrechte,
- Brennrechte,
- Jagd- und Fischereirechte,
- Lieferrechte (Zuckerrübenkontingent, Milchquote).

Rechte, die mit Grund und Boden in Zusammenhang stehen (z. B. Wegerechte), werden im *Grundbuch* (Grundbuchamt beim Amtsgericht) eingetragen.

Aufgaben:

1. Stellen Sie (z. B. anhand der Buchführungsunterlagen) den Wert der Gebäude und baulichen Anlagen sowie den Wert der Maschinen und Geräte auf Ihrem Hof (oder Ausbildungsbetrieb) dar und ermitteln Sie den Anteil am Gesamtvermögen. Vergleichen Sie die Ergebnisse (%-Zahlen) in der Klasse.
2. Zeigen Sie an Beispielen auf, wie durch Maschineneinsatz die körperliche Belastung vermindert, die geistige Belastung aber z. T. erhöht wird.
3. Ermitteln Sie (z. B. mit Hilfe eines EDV-Programmes) für eine Ihrer Maschinen (Elternbetrieb, Ausbildungsbetrieb) die variablen Kosten sowie die Fest- und Gesamtkosten insgesamt und je Einheit (ha, Stunde). Vergleichen Sie dieses Ergebnis mit dem Verrechnungssatz des Maschinenrings.
4. Warum sollte bei jedem Betrieb nach Abzug aller betrieblichen (z. B. Abschreibung) und privaten Ausgaben vom Gewinn noch zusätzlich eine gewisse Eigenkapitalbildung erfolgen?
5. Was versteht man unter dem Begriff »Veredlung« in der Landwirtschaft?
6. Welche Bedeutung haben die Abkürzungen GV, RGV, SGV, VE und DE. Erläutern Sie den Unterschied.
7. Mit welchem Maßstab wird der Viehbesatz eines Betriebes gemessen?
8. Berechnen Sie für Ihren Betrieb (Eltern- oder Ausbildungsbetrieb), wie viel GV maximal gehalten werden dürften, ohne die Grenzen zur gewerblichen Tierhaltung zu überschreiten. Vergleichen Sie das Ergebnis mit dem tatsächlichen Viehbesatz auf Ihrem Betrieb.
9. Überlegen Sie sich Beispiele für »Rechte« als Voraussetzung für die landwirtschaftliche Produktion.
10. Erklären Sie anhand eines Beispiels den Begriff »Umlaufvermögen«.

4 Grundlagen der Betriebswirtschaft

Agrarwirtschaftliche Betriebe unterscheiden sich in vielfacher Hinsicht. Für die *statistische* Erfassung und für betriebswirtschaftliche *Vergleiche* ist es deshalb zweckmäßig, sie nach einheitlichen Merkmalen zu ordnen. In diesem Zusammenhang treten die Begriffe *Produktionsbereich, Betriebssystem* und *Betriebsorganisation* auf, die zu klären sind.

Produktionsbereich – Er umfasst jeweils einen *Teil* der agrarischen Betriebe. Im allgemeinen Sprachgebrauch ist es üblich, den feldmäßigen Anbau von Pflanzen und die Viehhaltung als **Landwirtschaft im engeren Sinne,** also als den Produktionsbereich *Landwirtschaft* zu bezeichnen.

Landwirtschaft im weiteren Sinne umfasst auch die Produktionsbereiche *Gartenbau, Weinbau, Forstwirtschaft* und *Fischerei.* Der Begriff Agrarwirtschaft wird häufig gleichbedeutend für Landwirtschaft im weiteren Sinne verwendet.

Betriebssysteme – Jeder Betrieb in der Agrarwirtschaft erzeugt in der Regel gleichzeitig mehrere Produkte und/oder bietet gleichzeitig eine oder mehrere Dienstleistungen an. Diejenigen Betriebszweige, die den Hauptanteil zum Betriebseinkommen beitragen, charakterisieren den Betrieb. Man sagt auch, sie bestimmen das Betriebssystem.

Betriebsorganisation – Sie gibt Aufschluss darüber, welche *Betriebszweige* ein Betrieb gewählt hat, in welchem *Verhältnis* diese größenmäßig zueinander stehen und *wie* die Produkte erzeugt werden. Das heißt, mit welcher Intensität und welchen Arbeits- bzw. Haltungsverfahren (z. B. ökologisch oder konventionell) die Erzeugung abläuft.

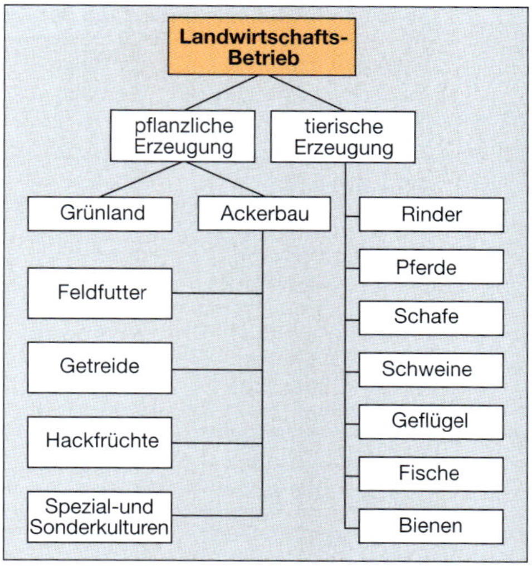

Abb. 1233 Betriebszweige der Landwirtschaft.

4.1 Betriebssysteme

4.1.1 Betriebssysteme in der Landwirtschaft

Das **Betriebssystem** eines landwirtschaftlichen Betriebes wird durch die Betriebszweige bestimmt, die den höchsten Anteil an seinem *Standard-Deckungsbeitrag* (siehe auch Abschnitt 6) liefern, der nach durchschnittlichen Erträgen, Preisen und Aufwendungen ermittelt wurde.

Demnach werden unterschieden

- **Marktfruchtbetriebe:** Hier liefern die Marktfrüchte, z. B. Getreide, Zuckerrüben, mindestens 50 % des Standard-Deckungsbeitrages.
- **Futterbaubetriebe:** Bei ihnen macht der Anteil des Standard-Deckungsbeitrages aus der Milchviehhaltung bzw. Rindermast mindestens 50 % aus.
- **Veredlungsbetriebe:** 50 % und mehr des Standard-Deckungsbeitrages kommen aus der Schweine- bzw. Geflügelhaltung.

Abb. 1234 Einflüsse auf die Organisation eines Betriebes.

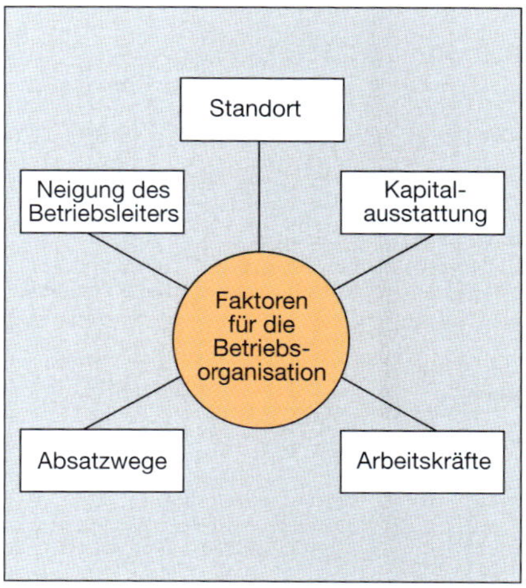

Tabelle 97: Betriebssysteme nach der Zusammensetzung des Standard-Deckungsbeitrages

Bezeichnung	Abk.	Anteil am SDB des Betriebes	weitere Unterteilung der Betriebssysteme
1	2	3	4
Landwirtschaft	LA	LA: 75 % und mehr	
Marktfruchtbetrieb M-Spezialbetriebe M-Verbundbetriebe	M M_1 M_2	M: 50 % und mehr M: 75 % und mehr M: 50 – 75 %	 Intensiv- und Extensivfruchtbetriebe M-F, M-V, M-D-Betriebe
Futterbaubetriebe F-Spezialbetriebe F-Verbundbetriebe	F F_1 F_2	F: 50 % und mehr F: 75 % und mehr F: 50 – 75 %	 Milchvieh-, Rindermastbetriebe F-M, F-V, F-D-Betriebe
Veredelungsbetriebe V-Spezialbetriebe V-Verbundbetriebe	V V_1 V_2	V: 50 % und mehr V: 75 % und mehr V: 50 – 75 %	 Schweine- und Geflügelbetriebe V-M, V-F, V-D-Betriebe
Dauerkulturbetriebe D-Spezialbetriebe D-Verbundbetriebe	D D_1 D_2	D: 50 % und mehr D: 75 % und mehr D: 50 – 75 %	 Obst-, Wein-, Hopfenbetriebe D-M, D-F, D-V-Betriebe
Gemischtbetriebe	XLA	M, F, V, D jeweils unter 50 %	XLM-, XLF-, XLV- und XLD-Betriebe

- **Dauerkulturbetriebe:** 50 % und mehr des Standard-Deckungsbeitrages liefern Dauerkulturen, z. B. Wein, Hopfen, Obst.
- **Landwirtschaftliche Gemischtbetriebe:** Bei ihnen liefert kein Betriebszweig mehr als 50 % des Standard-Deckungsbeitrages.

Diese Betriebssysteme werden noch weiter unterteilt, wie die Tabelle 97 zeigt.

4.1.2 Betriebssysteme in der Pferdehaltung

In der **Pferdehaltung** lassen sich folgende Betriebssysteme unterscheiden:

- **Pferdezucht** und **-haltung:** Nachdem der Gesamt-Pferdebestand in Deutschland wieder zugenommen hat, haben sich vereinzelte Betriebe auf Stutenhaltung und die Aufzucht von Jungpferden spezialisiert. Insgesamt machen jedoch die Einnahmen aus dem Verkauf von Pferden nur 0,1 % am gesamten Verkaufserlös der deutschen Landwirtschaft aus.
- **Pensionspferdehaltung:** In diesen Betrieben werden fremde Pferde, die meist dem Freizeitsport dienen, gegen Bezahlung einer monatlichen Pension für Unterbringung, Fütterung und Pflege gehalten.
- **Rennreiten** und **Trabrennfahren:** Diese Betriebe befinden sich im Gegensatz zu den anderen Betriebssystemen hauptsächlich in der Nähe der Pferdesportzentren.

Abb. 1235 Zweige der Fischerei.

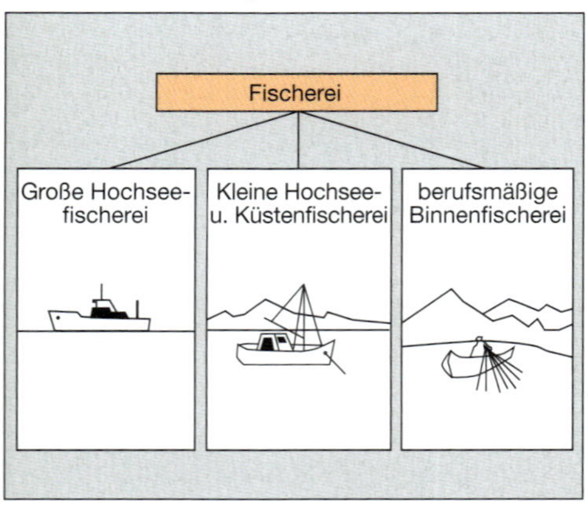

4.1.3 Betriebssysteme in der Fischereiwirtschaft

Die **Fischerei** stellt sich als ein sehr unterschiedlicher Produktionsbereich dar. Während die *Große Hochseefischerei* (außerhalb der Hoheitsgrenzen) nur noch von vier betriebsführenden Reedereigruppen betrieben wird, besteht die *Kleine Hochsee- und Küstenfischerei* fast ausschließlich aus Familienbetrieben.

Die **Binnenfischerei** umfasst die *Karpfen-* und *Forellenteichwirtschaft* sowie die *Fluss-* und *Seefischerei*. Oft sind den Betrie-ben noch eigene Verarbeitungseinrichtungen für Fische angegliedert. Die Betriebe der Fischwirtschaft beliefern die heimischen Märkte, können jedoch nur rund 30 % des Verbrauchs abdecken. Darüber hinaus erfüllen sie aber auch wichtige Umweltschutzaufgaben.

4.2 Betriebsorganisation

Bedingungsfaktoren – In der Regel liegt die Betriebsorganisation über einen längeren Zeitraum hin fest und ändert sich kaum. Sie wird bestimmt von

- den Produktionsfaktoren (siehe Abschnitt 3) und
- der unternehmerischen Leistung des Betriebsleiters.

Letztere besteht vor allem in der Planung der **Betriebsziele**, wie z. B. die Erreichung eines befriedigenden Gewinns, dem Wunsch nach mehr Freizeit, der Risikobereitschaft oder der ökologischen Ausrichtung des Betriebs.

> ! Je klarer das Betriebsziel erkannt und formuliert ist und je umfassender die notwendigen Entscheidungen getroffen sind, desto leichter fällt dann die Verwirklichung.

Die zweite wesentliche Aufgabe des Betriebsleiters ist die **Betriebsführung**. Sie umfasst den *Ein-* und *Verkauf*, die *Einteilung* der *Arbeit* und die *Betriebskontrolle*. Letztere lässt sich exakt nur über die Buchführung durchführen. Wichtig ist dabei, neben der steuerlichen auch die betriebs-wirtschaftliche Buchführung zu machen. Erst die exakte Zuordnung der Vorgänge im Betrieb zu den entsprechenden Kostenstellen bzw. Produktionsverfahren ermöglicht eine intensive betriebswirtschaftliche Auswertung.
Teilweise ist es auch nötig, Vermögensgegenstände betriebswirtschaftlich anders zu bewerten, als es das Steuerrecht vorgibt. Gewissenhaft geführte elektronische Schlagkarteien oder z.B. Programme zur Herdenführung sind mit ihren Auswertungsmöglichkeiten ebenfalls gute Hilfsmittel.
Ein Wechsel der Betriebsorganisation setzt sorgfältige Planung voraus. Hierfür stehen heute leistungsfähige Programme der elektronischen Datenverarbeitung zur Verfügung.
Betriebsspiegel – Die Betriebsorganisation in Abhängigkeit von den Produktionsverfahren kann in einem Betriebsspiegel dargestellt werden.

4.3 Erwerbscharakter der Betriebe

Veränderung der Betriebsgrößen – In Süddeutschland überwiegen mittel- und kleinbäuerliche Betriebe, in Norddeutschland sind mittel- und großbäuerliche Betriebe vorherrschend und in den

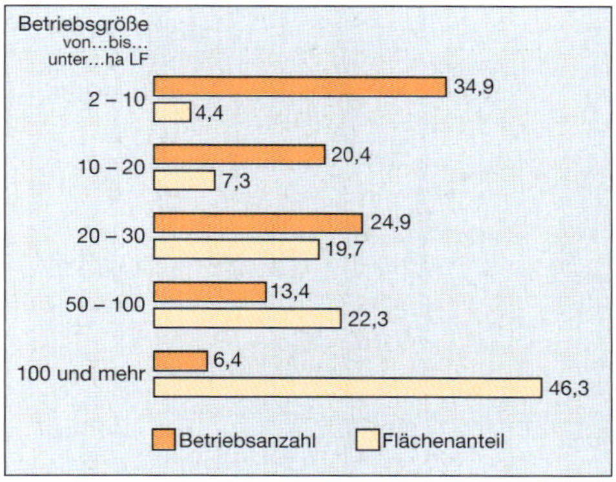

Abb. 1236 Betriebsgrößenstruktur in der Landwirtschaft (in %, BMVEL 2003).

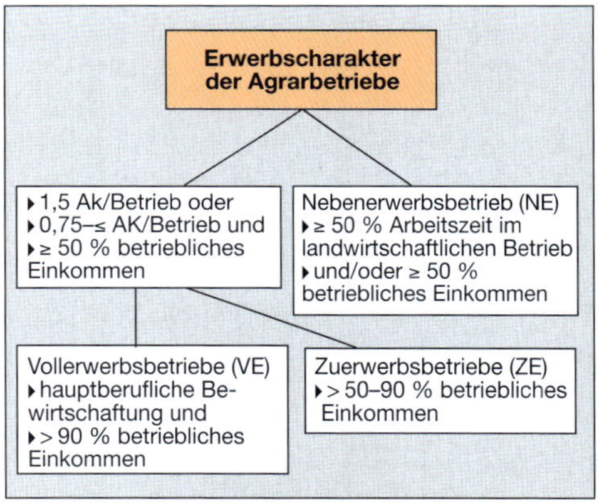

Abb. 1237 Einteilung der Betriebe nach dem Erwerbscharakter.

Abb. 1238 **Beispiel** für einen Betriebsspiegel.

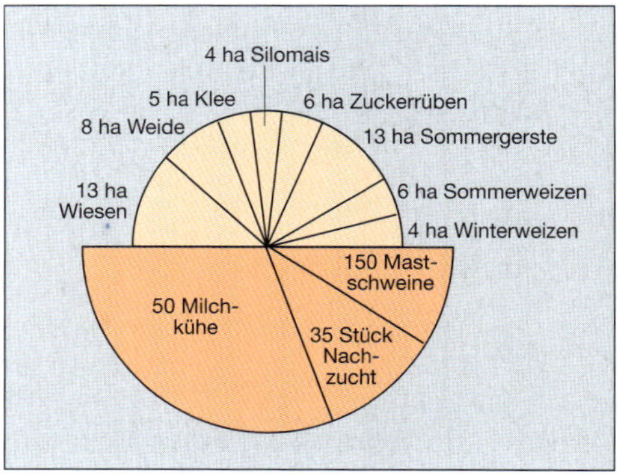

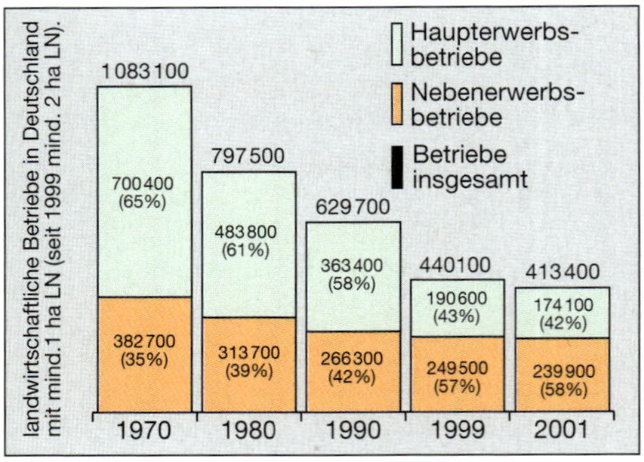

Abb. 1239 Verteilung der Betriebe nach dem Erwerbscharakter (Agrarbericht 2003).

Abb. 1240 Landwirtschaftliche Betriebe nach Größenklassen (ha LF, Agrarbericht 2003).

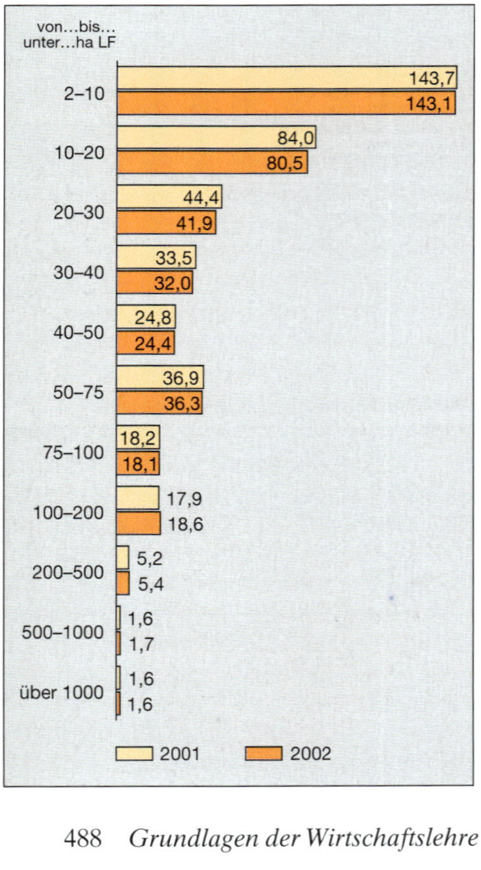

neuen Bundesländern besitzen über 60 % aller Betriebe mehr als 100 ha Landwirtschaftliche Nutzfläche.

Die Entwicklung der Betriebsgrößen zeigt eine Abnahme kleinerer und eine Zunahme größerer Betriebe.

Einteilung nach dem Einkommen – Die gesamtwirtschaftliche Entwicklung der letzten Jahrzehnte hat auf die *Veränderung der Betriebsgrößen* einen starken Einfluss ausgeübt. Gerade in Zeiten der wirtschaftlichen Hochkonjunktur haben nicht nur Arbeitnehmer und mithelfende Familienangehörige in der Agrarwirtschaft, sondern selbst Unternehmer einen Arbeitsplatz außerhalb der Agrarwirtschaft gesucht.

Nach der **Herkunft des Einkommens** unterscheidet man zwischen Haupt-, Voll-, Neben- und Zuerwerbsbetrieben.

Die **Haupterwerbsbetriebe** (HE-Betriebe) werden dabei wie folgt abgegrenzt: Der Betriebsinhaber ist überwiegend (über 50 % seiner Arbeitszeit) im Betrieb tätig und das Einkommen des Inhaberehepaares stammt überwiegend aus dem eigenen Unternehmen. Die Haupterwerbsbetriebe untergliedern sich weiter in Vollerwerbsbetriebe und Zuerwerbsbetriebe.

Vollerwerbsbetriebe (VE-Betriebe) sind in der Regel voll auf das Einkommen aus dem Betrieb angewiesen. Soweit ein außerbetriebliches Erwerbseinkommen des Inhaberehepaares überhaupt vorhanden ist, liegt dieses unter 10 % des gesamten Einkommens.

Zuerwerbsbetriebe (ZE-Betriebe) umfassen alle anderen Haupterwerbsbetriebe, in denen der Anteil des außerbetrieblichen Erwerbseinkommens des Inhaberehepaares von 10 % bis unter 50 % beträgt.

Die **Nebenerwerbsbetriebe** (NE-Betriebe) unterscheiden sich von der Gruppe der Haupterwerbsbetriebe dadurch, dass der Betriebsinhaber überwiegend außerbetrieblich tätig ist und/oder das Einkommen überwiegend aus außerbetrieblichen Quellen stammt.

Die Gliederung nach der Herkunft des Einkommens sagt nichts darüber aus, ob das **erzielte Einkommen** für den Lebensunterhalt der Betriebsinhaberfamilie auch ausreicht. Manche Vollerwerbslandwirte erwirtschaften aus ihrem Betrieb *kein ausreichendes Einkommen,* verbleiben aber in dieser Gruppe, weil sie keine Möglichkeiten zum Zuerwerb oder zum außerbetrieblichen Haupterwerb haben.

Mit dem Strukturwandel in der Landwirtschaft verschiebt sich auch das Verhältnis Haupterwerbs- zu Nebenerwerbsbetriebe. Während die Gesamtzahl der Betriebe seit 1970 um weit mehr als die Hälfte zurück gegangen ist, hat sich gleichzeitig der Anteil der Nebenerwerbsbetriebe auf inzwischen deutlich über 50 % erhöht. Die sog. *Wachstumsschwelle der Betriebe,* unter derer die Zahl der Betriebe ab- und oberhalb derer sie zunimmt, ist inzwischen auch im früheren Bundesgebiet auf über 50 ha LN angestiegen (Abb. 1236).

Betriebsstruktur in den neuen Bundesländern – Mit der Einigung Deutschlands und der Eingliederung der 5 neuen Bundesländer in das EU-Marktordnungssystem mussten sich die Betriebe dort weitgehend umstrukturieren. Dies betrifft ihre Rechtsform, ihre Flächen- und Kapitalausstattung und den Arbeitskräftebesatz.

Tabelle 98: Landwirtschaftliche Betriebe der neuen Bundesländer (1 ha LF und mehr, Agrarbericht 2001)

Rechtsform	1995					1999				
	Betriebe		Fläche		Betriebsgröße im ∅	Betriebe		Fläche		Betriebsgröße im ∅
	Anzahl	Anteil in %	in 1000 ha LF	Anteil in %	in ha LF	Anzahl	Anteil in %	in 1000 ha LF	Anteil in %	in ha LF
natürliche Personen	27 259	90,1	2341	42,4	86	27 145	89,3	2597,6	46,3	96
davon										
Einzelunternehmen	24 588	81,3	1141	20,7	46	23 946	78,8	1317,3	23,5	55
Personengesellschaften	2 671	8,8	1199	21,7	449	3 199	10,5	1280,3	22,8	400
davon										
GbR	2 157	7,1	805	14,6	373	2 679	8,8	888,1	15,8	331
OHG	9	0,0		0,0	42	10	0,0	2,6	0,0	263
KG	335	1,1	390	7,1	1164	429	1,4	388,5	6,9	906
sonstige Personengesellschaften	170	0,6	4	0,1	21	81	0,3	1,1	0,0	13
juristische Personen des privaten Rechts	2 989	9,9	3180	57,6	1064	3 171	10,4	2997,1	53,5	945
davon										
e.G.	1 315	4,3	1887	34,2	1435	1 205	4,0	1702,2	30,4	1413
GmbH	1 417	4,7	1194	21,6	843	1 755	5,8	1204,3	21,5	686
AG	59	0,2	79	1,4	1344	65	0,2	83,6	1,5	1286
sonstige Personen des privaten Rechts	198	0,7	20	0,4	98	–	–	–	–	–
juristische Personen des öffentlichen Rechts[1])	–	–	–	–	–	77	0,3	11,0	0,2	143
Betriebe insgesamt[1])	30 248	100,0	5521	100,0	183	30 393	100,0	5605,6	100,0	184

[1]) Einschließlich LPG in Liquidation und juristische Personen des öffentlichen Rechts.

Aufgaben:

1. Erläutern Sie den Unterschied zwischen Landwirtschaft und Agrarwirtschaft.
2. Erläutern Sie den Unterschied zwischen Voll-, Zu-, Neben- und Haupterwerbsbetrieb und beschreiben Sie in groben Zügen die zahlenmäßige Entwicklung in diesen Bereichen.
3. Nennen Sie Betriebsrichtungen, bei denen die Pferdehaltung auch heute noch eine wirtschaftliche Rolle spielt.
4. In welche drei Produktionsrichtungen gliedert sich die Fischereiwirtschaft in Deutschland?
5. Welche Betriebssysteme der Landwirtschaft werden u. a. auch im Agrarbericht unterschieden?
6. Ordnen Sie je ein Betriebssystem zu. Die Zahlen geben den Anteil am Gesamt-Betriebseinkommen an.
   - 60 % Getreide, 30 % Hopfen, 10 % Kühe und Schweine
   - 40 % Schweinemast, 30 % Körnerraps, 30 % Hopfen und Spargel
   - 55 % Milchvieh, 35 % Schweinemast, 10 % Getreide

Abb. 1241 Entwicklung der Zahl der landwirtschaftlichen Betriebe nach Größenklassen in den Bundesländern (ha LF, DBV 2003).

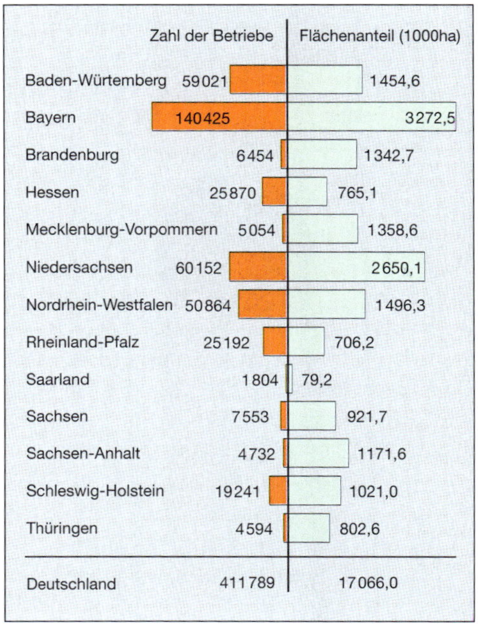

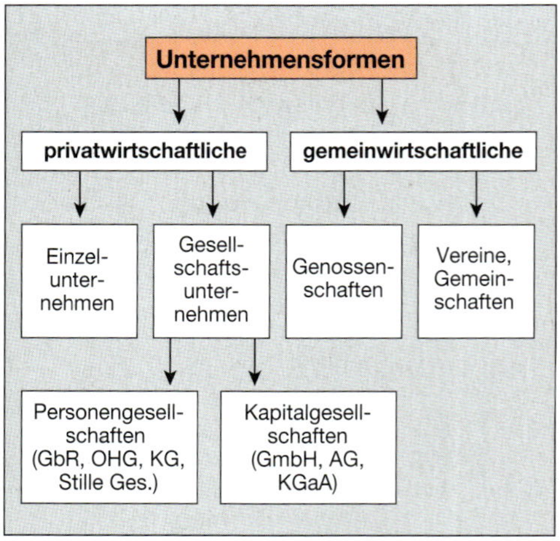

Abb. 1242 Unternehmensformen im Bereich der Agrarwirtschaft.

Abb. 1243 Vor- und Nachteile des Einzelunternehmers.

4.4 Unternehmensformen und Formen der überbetrieblichen Zusammenarbeit

Die Betriebe müssen wirtschaftlich arbeiten. Deswegen sind die Erzeugnisse bzw. Dienstleistungen kostengünstig zu erstellen und mit hohem Gewinn abzusetzen.
Eine wichtige *Voraussetzung* dafür ist allerdings, dass die Betriebe groß genug sind, um die modernen Maschinen und Arbeitsverfahren wirtschaftlich einsetzen und die Vorteile großer einheitlicher Warenposten beim Ein- und Verkauf nützen zu können.
Im Vergleich zu den Industrie- und Handelsbetrieben handelt es sich jedoch im Agrarbereich meist um Kleinst- und Kleinbetriebe. Diese **Strukturnachteile** versucht man durch die *überbetriebliche Zusammenarbeit,* den gemeinsamen Warenbezug bzw. -absatz in Genossenschaften und z. T. auch durch den Zusammenschluss bestimmter Betriebszweige (z. B. »Schweinehaltung«) auszugleichen.
Dabei ist zu beachten, dass die *technisch-organisatorische Seite* einer Wirtschaftseinheit als **Betrieb** und die *rechtlich-finanzielle Seite* einer Wirtschaftseinheit als **Unternehmen** bezeichnet wird.
Für die rechtlich-finanzielle Organisation der Unternehmen haben sich im Laufe der Zeit eine Vielzahl von **Rechtsformen** entwickelt. Sie unterscheiden sich vor allem durch die:
- ▶ Anzahl der Teilhaber,
- ▶ Eigentumsverhältnisse und Finanzierungsart,
- ▶ Haftungsregelung.

Abb. 1242 zeigt wichtige **Unternehmensformen** im Agrarbereich.

4.4.1 Einzelunternehmen

Bedeutung – Das Einzelunternehmen ist die häufigste Rechtsform der kleinen Gewerbebetriebe. Es wird vor allem dadurch gekennzeichnet, dass der *Betriebsinhaber zugleich der Betriebsleiter* ist. Er ist allein Kapitalgeber, Risikoträger und Gewinnberechtigter.
Die vielen *landwirtschaftlichen Betriebe* haben zwar einen eigenen Rechtscharakter, sind aber auch Einzelunternehmen. Auch auf sie treffen die Kennzeichen sowie die Vor- und Nachteile zu.

4.4.2 Gesellschaftsunternehmen

Zwei oder mehrere Personen können sich zu Gesellschaftsunternehmen zusammenschließen. Kennzeichen dieser Zusammenschlüsse sind, dass
- ▶ *mehrere Teilhaber* das Kapital aufbringen und damit Eigentumsrechte und Gewinnbeteiligung erwerben;
- ▶ die *Geschäftsführung* bei den Teilhabern oder Beauftragten liegt;
- ▶ das *Risiko* und die *Haftung* verteilt sind und damit auch die Kreditwürdigkeit größer ist.

Häufig soll damit auch die *Produktionsbasis* verbreitert, die *Finanzierung* gesichert, *steuerliche Vorteile* genützt oder die *Konkurrenzfähigkeit* verbessert werden.

Den Zusammenschluss vorwiegend natürlicher Personen, die dazu selbst die Geschäftsführungsbefugnis haben und auch persönlich haften (nicht Kommanditisten in der KG), nennt man *Personengesellschaften*.
Kommt es dagegen vorwiegend auf die Beschaffung von Kapital an, so wird eine *Kapitalgesellschaft* gebildet. Sie hat im Gegensatz zur Personengesellschaft eine eigene Rechtspersönlichkeit (juristische Person). Die Haftung beschränkt sich allein auf das Gesellschaftsvermögen.
Personengesellschaften – Die **Gesellschaft des bürgerlichen Rechts (GbR** oder **BGB-**Gesellschaft) ist im *Bürgerlichen Gesetzbuch* (BGB) geregelt:

> »Durch den Gesellschaftsvertrag verpflichten sich die Gesellschaften gegenseitig, die Erreichung eines gemeinsamen Zweckes in der durch den Vertrag bestimmten Weise zu fördern...«

Finanziert wird die Gesellschaft durch einen vertraglich festgelegten Beitrag zum gemeinsamen Vermögen. Die **Geschäftsführung** erfolgt gleichberechtigt oder entsprechend dem Vertrag. Gewinn und Verlust werden laut Gesellschaftsvertrag geteilt.
In der Regel **haften** alle Gesellschafter mit ihrem Anteil am Gesellschaftsvermögen und mit ihrem gesamten Privatvermögen. Vertraglich kann allerdings festgelegt werden, dass sich die Haftung auf das Gesellschaftsvermögen beschränkt.
Die BGB-Gesellschaft eignet sich im Agrarbereich für die *Kooperation* einer kleineren Anzahl von Betrieben. Diese Form der Zusammenarbeit wird von Betriebsinhabern vor allem deshalb gewählt, weil sie die einfachste und variabelste *Zweck- und Interessengemeinschaft* ist. Man kann sie also nach eigenen Wünschen gestalten und vor allem jederzeit kündigen, falls die Gesellschaft nicht für eine bestimmte Laufzeit gegründet wurde.
Die **Offene Handelsgesellschaft (OHG)** ist eine *Vereinigung von zwei oder mehr Unternehmern,* die gemeinsam ein Unternehmen betreiben.
Zur **Geschäftsführung** und Vertretung ist jeder der Partner berechtigt; der Gesellschaftsvertrag kann aber auch eine andere Regelung vorsehen. Jeder Gesellschafter **haftet** unbeschränkt mit seinem gesamten Vermögen; die Kreditwürdigkeit ist deshalb groß. Bei der **Gründung** leisten die Gesellschafter entweder eine Geld- oder Sacheinlage oder beides. Die Gewinnverteilung richtet sich nach dem Gesellschaftsvertrag bzw. nach den gesetzlichen Bestimmungen.
Da die Zusammenarbeit in der OHG besonders eng ist, eignet sie sich gut als Unternehmensform für kooperationswillige Landwirte. Ebenso wie die Kommanditgesellschaft ist die OHG für die landwirtschaftlichen Betriebe erst seit der Verabschiedung des *Gesetzes über die Kaufmannseigenschaften von Land- und Forstwirten* (1976) möglich. Beide Unternehmensformen eignen sich besonders gut für Zusammenschlüsse von Betriebs- und Produktionszweigen.

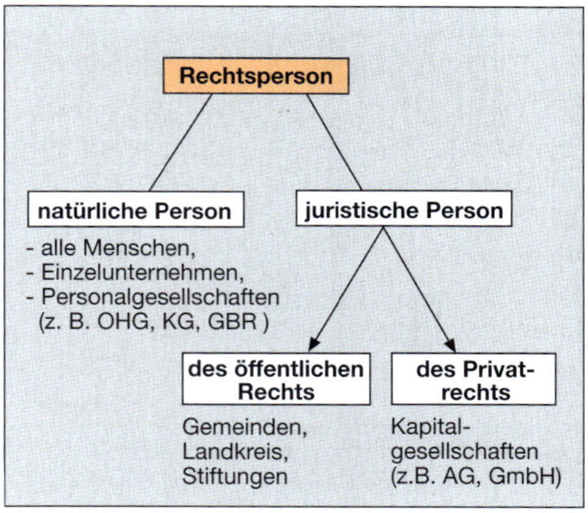

Abb. 1244 Mögliche Rechtsformen für Personengesellschaften.

Abb. 1245 Landwirtschaftliche Betriebe nach Rechtsformen (2003, ab 2 ha LF, in %, DBV 2003).

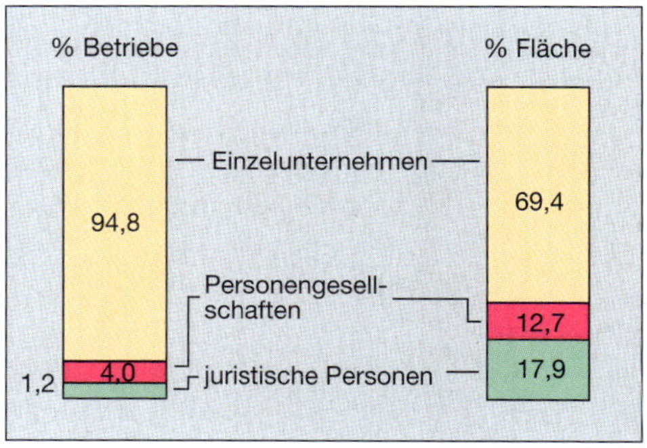

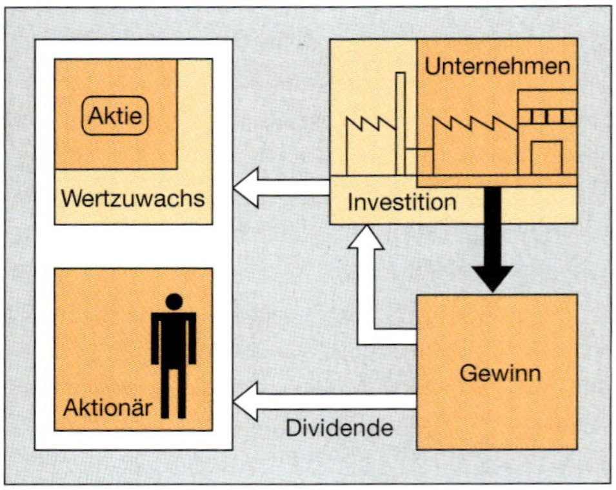

Abb. 1246 Beteiligung des Aktionärs am Vermögen und Ertrag eines Unternehmens.

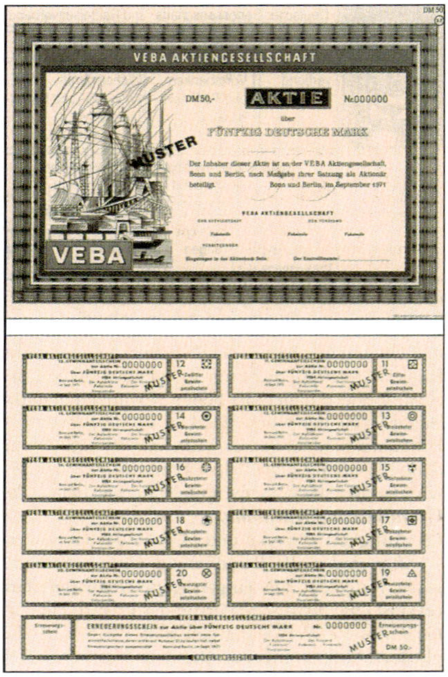

Abb. 1247 Der Inhaber der abgebildeten Aktie (hier mit sog. Mantel, oben, und Bogen, unten) beteiligt sich seinerseits mit einem Neuwert von (etwa 25 €) an dem Unternehmen.

Abb. 1248 Organe einer Aktiengesellschaft und ihre Funktion.

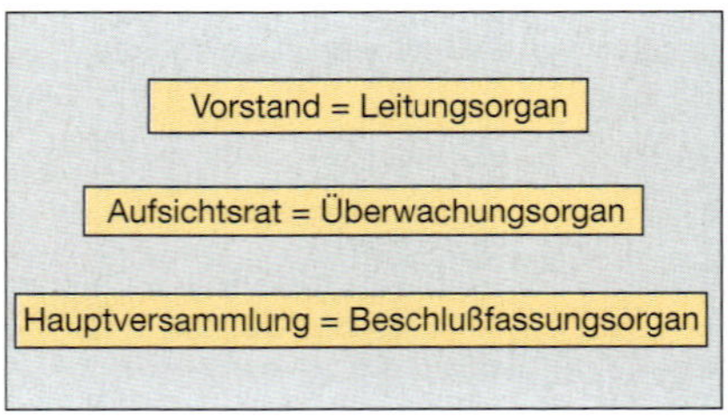

In der **Kommanditgesellschaft (KG)** arbeiten *zwei verschiedene Unternehmer* zusammen. Die geschäftsführenden *Komplementäre* haften mit ihrem gesamten Vermögen. Die *Kommanditisten* sind von der Geschäftsführung ausgeschlossen, darum haften sie auch nur bis in Höhe ihrer Einlage.

Diese Unternehmensform kommt ebenfalls recht häufig vor. Sie eignet sich auch für landwirtschaftliche Kooperationen.

Die **Stille Gesellschaft** ist eine besondere Form der BGB-Gesellschaft. Ein *Kapitalgeber* beteiligt sich an einem Handelsgewerbe gegen einen Gewinn- bzw. Verlustanteil. Der Kapitalgeber hat ein *Kontrollrecht* und kann seine stille Gesellschaft kündigen.

Kapitalgesellschaften – Die **Gesellschaft mit beschränkter Haftung (GmbH)** ist die kleinste Kapitalgesellschaft. Die Gesellschafter

- ▶ **finanzieren** die Gesellschaft (Mindesteinlage eines Gesellschafters: 100 €, Mindestkapital der Gesellschaft: 25 000 €);
- ▶ üben die **Geschäftsführung** aus bzw. ernennen und entlassen die Geschäftsführer;
- ▶ **haften** nur in Höhe des Gesellschaftsvermögens;
- ▶ entscheiden über die **Gewinnverwendung.**

Die GmbH eignet sich besonders für *gewerbliche Mittelbetriebe,* für die eine Aktiengesellschaft zu aufwendig oder rechtlich nicht möglich ist. Für den Zusammenschluss mehrerer landwirtschaftlicher Betriebe ist die GmbH ebenfalls möglich.

Die **Kommanditgesellschaft auf Aktien (KGaA)** ist eine seltene Mischform von KG und AG. Dabei sollen die Vorteile der AG (z. B. leichte Kapitalbeschaffung) und die der KG (z. B. straffe Führung) verknüpft werden.

Eine weitere Mischform ist die »GmbH & Co. KG«. Dabei handelt es sich um eine Kommanditgesellschaft, an der eine GmbH als einziger Komplementär beteiligt ist.

Die **Aktiengesellschaft (AG)** ist nach dem Wertpapier (Aktie) benannt, das zur *Finanzierung* von Aktiengesellschaften verkauft wird. Durch den Kauf einer Aktie wird man *Aktionär* und erwirbt damit in Höhe des Nennwerts der gekauften Aktie ein *Eigentumsrecht* am Unternehmen.

Arbeitet das Unternehmen mit Gewinn, so zahlt es einen Teil davon an die Aktionäre aus (*Dividende* = das zu Verteilende). Mit dem anderen Teil wird es neue Maschinen kaufen oder die Betriebsanlagen erweitern (Investitionen). Damit wächst der Wert des Unternehmens und damit auch der Wert der Aktien.

Jeder Aktie ist eine Zahl aufgedruckt, die den *Nennwert* (= Anteil am Grundkapital) angibt. Den jeweiligen Preis der Aktie, der sich an der Börse bildet, nennt man *Kurs.*

Die *Haftung* und *Gewinnausschüttung* (Dividende) ist auf den Nennwert des Aktienbesitzes beschränkt. In der sog. *Hauptversammlung* kann jeder Aktionär selbst oder durch eine Bank über die Höhe der Jahresdividende und andere wichtige Entscheidungen mitbeschließen.

Die Aktiengesellschaft ist die größte Kapitalgesellschaft. Sie eignet sich nur für *Großbetriebe* und *Konzerne.* Darum ist diese Rechtsform in der landwirtschaftlichen Urproduktion nur selten vertreten. Die AG kommt aber bei den Partnern der Agrarwirtschaft vor, wie im Landhandel, in der Nahrungsmittelindustrie, in der Futtermittelindustrie und in der Landmaschinenindustrie.

Genossenschaften – Nach dem Wahlspruch »Einer für alle, alle für einen« arbeiten die Genossenschaften seit ihrer Gründung durch FRIEDRICH WILHELM RAIFFEISEN (1818–1888). Verschuldungen, Missernten, Hungersnöte, Übervorteilungen durch Händler und Uneinigkeiten hatten die Bauern in Not gebracht.

RAIFFEISEN wollte nicht nur momentan die Not lindern, sondern dauerhaft helfen. Er überzeugte die Bauern von der Notwendigkeit der gegenseitigen Hilfe und gründete einen »Brotverein« (1847) und dann 1849 den ersten »Hilfsverein«. Wichtigster Wesenszug der Genossenschaften ist bis heute der **Grundsatz der Selbsthilfe.**

Die Tätigkeit, Zwecke und Organe der Genossenschaften sind im *BGB* und im sog. *Genossenschaftsgesetz* festgelegt. Die **eingetragene Genossenschaft** (eG) ist eine juristische Person des Privatrechts. Im Gegensatz zur Personengesellschaft ist aber die Mitgliederzahl schwankend. Die Genossenschaft hat deshalb viele Parallelen zum rechtsfähigen Verein.

Wie beim ideellen Verein ist die Funktion der Genossenschaft darauf beschränkt, die Wirtschaft oder den Erwerb der Mitglieder zu fördern. *Die Genossenschaft darf nach dem Gesetz also nicht für sich selbst erwerbswirtschaftlich tätig sein.*

Ihre *Aufgabe* ist es nur, für die Mitglieder tätig zu sein. Dies geschieht dadurch, dass die Mitglieder dem gemeinsamen Geschäftsbetrieb *bestimmte Aufgaben übertragen.* So kann z. B. eine Ein- und Verkaufsgenossenschaft mit einem Viehverkauf und einem Mineraldüngereinkauf beauftragt werden. Durch den gemeinsamen Ein- und Verkauf erzielen aber die Mitglieder günstigere Gewinne bzw. geringere Einkaufskosten.

Organisation – Voraussetzung für die Gründung einer Genossenschaft sind:

- Mindestens 7 Mitglieder,
- Abschluss eines Genossenschaftsvertrages (Satzung, Statut),
- Anmeldung beim zuständigen Amtsgericht (mit Mitgliederliste) und Eintragung im Genossenschaftsregister.

Für die Verbindlichkeiten der Genossenschaft (eG) **haftet** den Gläubigern gegenüber nur das Vermögen der Genossenschaft.

Das Statut muss außerdem Bestimmungen darüber enthalten, ob die Genossen für den Fall, dass die Gläubiger im Konkurs der Genossenschaft nicht befriedigt werden, Nachschüsse zur Konkursmasse unbeschränkt, beschränkt auf eine bestimmte Summe oder überhaupt nicht zu leisten haben.

Genossenschaften werden **beaufsichtigt** durch

- die Eintragung beim Amtsgericht,
- die Zugehörigkeit zu einem Prüfungsverband,
- den Zusammenschluss in Bezirks- und Landesverbände.

Die Genossenschaft **erlischt** durch

- Ablauf der in der Satzung festgelegten Zeit,
- Beschluss von 3/4 der Stimmen in der Generalversammlung.
- Absinken der gesetzlich vorgeschriebenen Mitgliederzahl unter 7, unzulässige Tätigkeit,
- Konkurs.

Abb. 1249 Der Vater der Genossenschaften: FRIEDRICH WILHELM RAIFFEISEN und der heutige genossenschaftliche Verbund.

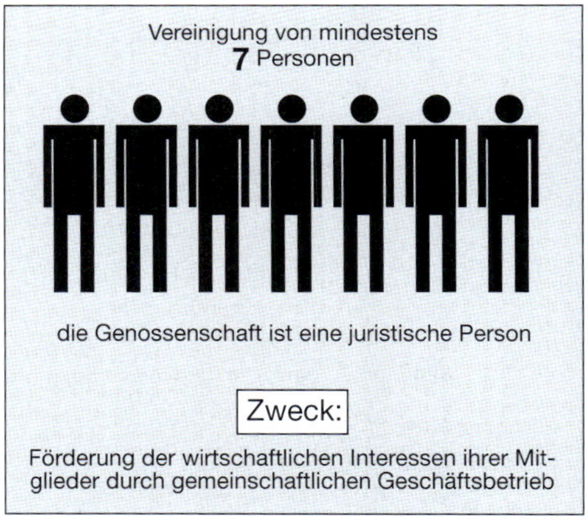

Abb. 1250 Wesen einer Genossenschaft.

Abb. 1251 Die Leitung einer Genossenschaft und ihre Funktionen.

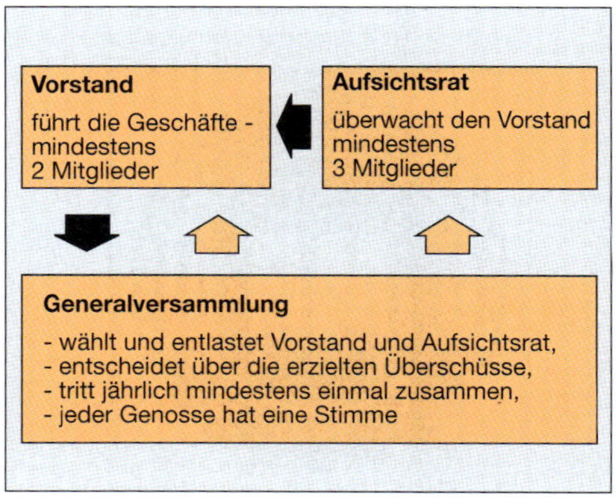

4.4.3 Überbetriebliche Zusammenschlüsse

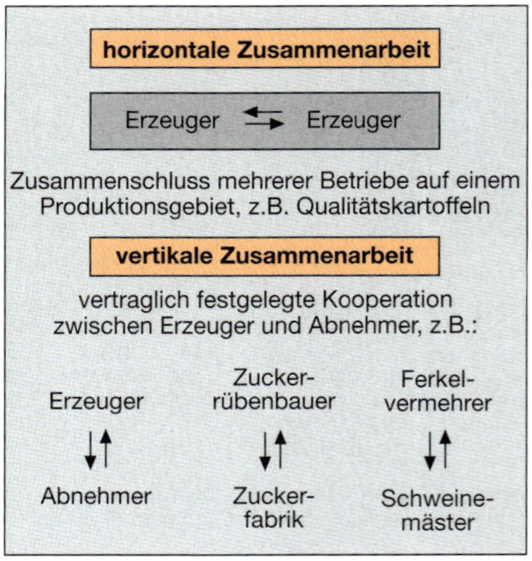

Abb. 1252 Möglichkeiten der Zusammenarbeit im Agrarbereich.

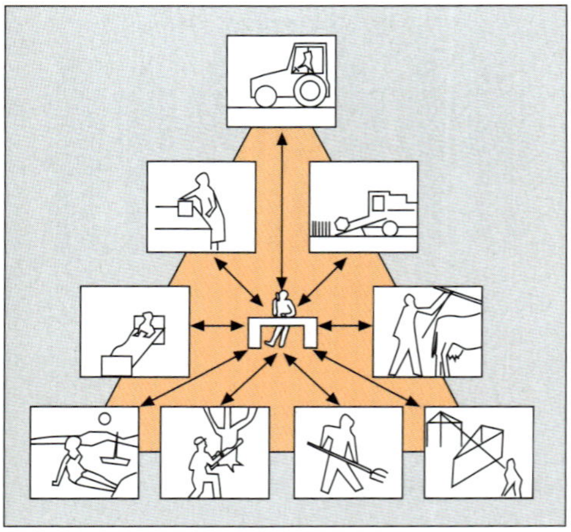

Abb. 1253 Maschinen- und Betriebshilfsringe helfen schnell und zuverlässig in vielen Situationen.

Abb. 1254 Der Maschinenring ist eine Selbsthilfeeinrichtung der Landwirtschaft.

MR

Notwendigkeit – Die deutsche Agrarwirtschaft muss besonders seit Gründung der EWG im Jahre 1956 gegen die billiger produzierenden *ausländischen Erzeuger* konkurrieren. Vor allem durch das Klima, die Bodenqualität und die Betriebsgröße sind unsere Betriebsinhaber oft in einer schlechteren Lage als die EU-Konkurrenz. Hinzu kommt, dass die agrarischen Betriebe beim Bezug von Waren und Absatz von Erzeugnissen *großen Marktpartnern* gegenüberstehen.

Um die Wirtschaftlichkeit und damit die Wettbewerbsfähigkeit der vielen Klein- und Mittelbetriebe zu verbessern, wurde deshalb auch deren Zusammenarbeit gefördert.

Rechtsformen – Für die überbetriebliche Zusammenarbeit bieten sich vor allem der eingetragene ideelle Verein und der wirtschaftliche Verein an.

Der **eingetragene Verein (e.V.)** ist im Gegensatz zum wirtschaftlichen Verein *keine Unternehmensform*. Nach dem Vereinsgesetz ist er lediglich ein Zusammenschluss natürlicher und juristischer Personen, der *keine* erwerbswirtschaftliche, sondern *ideelle Zwecke* verfolgt. In einer Mustersatzung für Maschinen- und Betriebshilfsringe heißt es deshalb:

! »Der Verein verfolgt keinerlei Gewinnabsichten, eigenwirtschaftliche oder Erwerbszwecke. Die Mitglieder erhalten weder Ausschüttungen noch sonstige Zuwendungen aus Mitteln des Vereins.«

Zur *Gründung* sind mindestens 7 Mitglieder erforderlich. Ferner ist eine *Satzung* notwendig, in der Name, Zweck, Sitz des Vereins, Bestimmungen über Vorstand, Mitglieder und deren Rechte und Pflichten usw. enthalten sind. Die Eintragung erfolgt beim Amtsgericht.

Die *Organe* des Vereins sind der Vorstand und die Mitgliederversammlung. Als weitere Organe können ein Aufsichtsrat (Ausschuss) und ein Beirat eingerichtet werden.

Für Verbindlichkeiten *haftet* nur das Vereinsvermögen. Durch die Satzung können aber alle Mitglieder verpflichtet werden, eine Betriebshaftpflicht abzuschließen (Maschinenring).

Das Amtsgericht *beaufsichtigt* die Vereine. Sie können sogar verboten werden, wenn ihre Zwecke oder Tätigkeiten gegen Strafgesetze oder die Verfassung verstoßen. Die landwirtschaftlichen Vereine, z. B. die Maschinenringe, werden meist zusätzlich von den Ämtern für Landwirtschaft oder den Landwirtschaftskammern beraten und betreut.

Die freiwillige *Auflösung* beschließt eine Mehrheit der bei der Mitgliederversammlung erschienenen Mitglieder.

Über den **wirtschaftlichen Verein** (w. V.) heißt es in §22 des BGB lediglich, dass er seine *Rechtsfähigkeit* durch staatliche Verleihung erhält. Dafür sind die Bundesländer zuständig.

Die *Organe* und der gesamte Aufbau des wirtschaftlichen Vereins sind ähnlich dem ideellen Verein (e.V.). Der Vereinszweck ist jedoch kein ideeller, sondern ein wirtschaftlicher. Die Erzielung von *Gewinnen* ist das Hauptziel.

Maschinenring – Im Maschinenring sind bis zu 2000 Landwirte in der Rechtsform des *eingetragenen Vereins*, meist auf Landkreisebene, zusammengeschlossen. Vereinszweck ist die bessere Nutzung der bei den Mitgliedern vorhandenen Maschinen. Der Maschinenring selbst besitzt keine Maschinen. Er *vermittelt* nur den Maschineneinsatz. Auf diese Weise verschaffen sich die Maschinenringmitglieder die arbeitswirtschaftlichen Vorteile eines Großbetriebes.

Maschinen- und Betriebshilfsringe – Außer Maschinen vermitteln diese Ringe zur *Aushilfe in Notfällen* und bei *Arbeitsspitzen* oder im *Urlaub* auch Arbeitskräfte.

- Eine zentrale Geschäftsstelle vermittelt die gewünschte Aushilfe (Maschinen vorher zur Vermittlung anmelden),
- die geleistete Arbeit wird nach festgelegten Verrechnungssätzen abgerechnet,
- es wird bargeldlos, mit Lastschriften im Bankeinzugsverfahren abgerechnet.

Erzeugerringe – Die Betriebe des Erzeugerrings arbeiten auf *einem Produktionsgebiet* zusammen (z. B. Ferkel, Kartoffeln, Getreide). Der Rechtsstatus der Erzeugerringe ist in der Regel der eines eingetragenen ideellen Vereins (e.V.).

Zweck der Ringe ist die Senkung der Erzeugerkosten und die Hebung der Produktqualität. Dies erreicht man mit einheitlichen Produktionsweisen wie etwa gleicher Sorte und Düngung, gleicher Tierrassen und Fütterung. Im Gegensatz zur Erzeugergemeinschaft vermarkten die Erzeugerringe nicht.

Erzeugergemeinschaften – Diese Zusammenschlüsse von agrarischen Betrieben haben das gemeinsame Ziel, vor allem den *Absatz* den Erfordernissen des Marktes anzupassen.

Um die Bildung von Erzeugergemeinschaften zu ermöglichen und deren Ziele zu fördern, wurde 1969 das sog. *Marktstruktur-Gesetz* erlassen. Danach haben Erzeugergemeinschaften folgende *Hauptziele:*

- Stärken der Wettbewerbssituation der deutschen Landwirtschaft durch verbesserte Qualität agrarischer Produkte,
- Zusammenfassen des zersplitterten Angebots und damit Stärken der Angebotsseite auf dem Markt gegenüber der Nachfrageseite,
- konstantes Beliefern des Marktes mit Qualitätsware wie sie z. B. Handelsketten und Supermärkte verlangen.

Um Erzeugergemeinschaften zu fördern, gewährt der Staat *finanzielle Unterstützung*. Voraussetzung für den Empfang der Beihilfen ist die staatliche Anerkennung. Diese ist an die Erfüllung folgender Bedingungen gebunden:

- Mindestens 7 Gründungsmitglieder,
- Erreichen einer bestimmten Mindesterzeugungsmenge oder Mindestanbaufläche,
- die Erzeugungs- und Qualitätsvorschriften müssen durch Satzung erlassen werden,
- die Gemeinschaft muss eine juristische Person des Privatrechts (e.V./w.V./eG/GmbH/AG/KGaA; meist w.V. oder eG) mit Bei-

»Zweck des Vereins ist es ...:
a) Den rationellen Einsatz der Landtechnik und des Betriebshilfsdienstes in den Mitgliedsbetrieben im Rahmen der partnerschaftlichen, überbetrieblichen Zusammenarbeit von Voll-, Zu- und Nebenerwerbsbetrieben zu fördern und zu organisieren,
b) bei Maßnahmen zur Erhaltung und Pflege der Kulturlandschaft mit Maschinen und Arbeitskräften mitzuwirken und auch in sozialen Notfällen Arbeitsaushilfen zu vermitteln,
c) bei Bedarf Mitglieder bei der Vermittlung von Fremdenzimmern zu unterstützen.«

Abb. 1255 Auszug aus der Mustersatzung für Maschinen- und Betriebshilfsringe.

Abb. 1256 Auszug aus der Satzung einer Erzeugergemeinschaft zum Zweck des wirtschaftlichen Vereins (w. V.).

»1. Zweck des Vereins ist es, die tierische Veredlung auf dem Sektor Schlachtvieh durch marktgerechte Erzeugung, Konzentration des Angebots und gemeinsame Andienung den Erfordernissen des Marktes anzupassen.
2. Mittel zur Erreichung des Vereinszweckes sind:
   a) Gemeinsame Erzeugungs- und Qualitätsregeln, um ein marktgerechtes Warenangebot sicherzustellen.
   b) Auswertung der durch die Vereinstätigkeit gewonnenen Ergebnisse und Erfahrungen zum Nutzen der Mitglieder.
   c) Gemeinsame Regeln über die Vermarktung.
   d) Anbieten des von den Mitgliedern erzeugten Schlachtviehs zum Verkauf.«

Kriterien, Unternehmensform	Rechtsgrundlage	Eignung für die Agrarwirtschaft
BGB-Gesellschaft	§ 705 BGB	z. B. für Betriebsgemeinschaften
Stille Gesellschafter	§ 335 ff. HGB	als Geldanlage
eingetragene Genossenschaft (eG)	Genossenschaftsgesetz	z. B. Verwertungsgenossenschaft
eingetragener Verein (e. V.)	§ 21 BGB	z. B. Maschinenringe
wirtschaftlicher Verein (w. V.)	§ 22 BGB	z. B. Erzeugergemeinschaften
Kommanditgesellschaft (KG)	§ 705 BGB § 161 HGB	für Betriebsgemeinschaften und reine Veredelungsproduktionsbetriebe ohne eigenen Boden
Offene Handelsgesellschaft (OHG)	§ 705 BGB § 105 HGB	
Gesellschaft mit beschränkter Haftung (GmbH)	GmbH-Gesetz	für große Gemeinschaftsunternehmen
Aktiengesellschaft (AG)	Aktiengesetz	selten geeignet für agrarische Erzeugung

Abb. 1257 Wichtige Unternehmensformen und überbetriebliche Einrichtungen in der Landwirtschaft.

tragspflicht der Mitglieder und Mindestdauer der Mitgliedschaft sein,

- der Verkauf der speziellen Erzeugnisse darf nur über die Gemeinschaft erfolgen,
- der Zusammenschluss darf den freien Wettbewerb auf dem Markt nicht verhindern.

Die überbetriebliche und zwischenbetriebliche Zusammenarbeit ist heute in der Agrarwirtschaft unerlässlich. Sie dient dazu, strukturbedingte Nachteile der agrarwirtschaftlichen Erzeugung und Vermarktung zu mindern oder auszugleichen.
Für die Zusammenschlüsse sind verschiedene Rechtsformen möglich. Welche Rechtsform gewählt wird, richtet sich nach den Aufgaben der Einrichtung und den Bedingungen des Zusammenschlusses.

Aufgaben:

1. In welche zwei Bereiche werden die Gesellschaftsunternehmen eingeteilt?
   Nennen Sie jeweils zwei Beispiele und stellen Sie den wesentlichen Unterschied bezüglich der Haftung heraus.
2. Erläutern Sie die Begriffe »Natürliche Rechtsperson« und »Juristische Rechtsperson«!
3. Erläutern Sie im Zusammenhang mit der AG die Begriffe »Aktie«, »Nennwert«, »Kurswert«, »Dividende«.
4. Beschreiben Sie die Organisation einer Genossenschaft.
5. Welche Vorteile bringt die Nutzung des Maschinenrings für Anbieter und Nachfrager von Leistungen?
6. Unterscheiden Sie Erzeugerringe und Erzeugergemeinschaften hinsichtlich Rechtsform und Aufgaben.

5 Unternehmensführung und betriebliches Management

5.1 Management

Management meint die Steuerung von Handlungen oder Produktionsprozessen mit einem bestimmten Ziel. So können z. B. eine Aufwandsminimierung, eine Gewinnmaximierung oder andere Anliegen wie z. B. Arbeitserleichterung oder mehr Zufriedenheit angestrebte Ziele des Mangementhandelns sein.
Das ständige Anpassen an veränderte Rahmenbedingungen oder sich verändernde Ziele verlangt *Kreativität* und *Entscheidungsfähigkeit*.

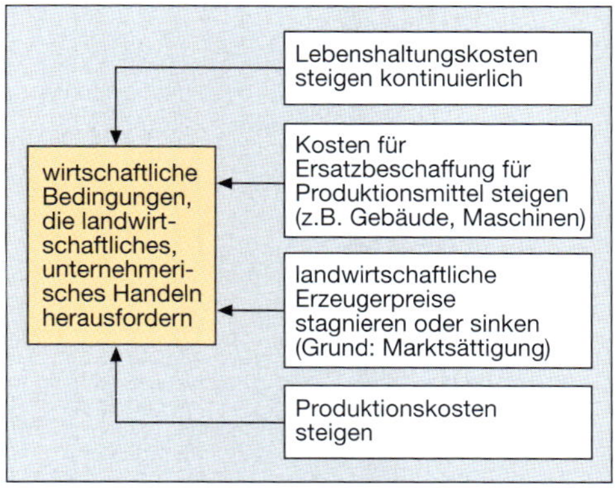

Abb. 1258 Landwirtschaftliche Unternehmer müssen auf die vielfaltigen wirtschaftlichen Rahmenbedingungen achten und reagieren.

5.2 Unternehmensführung

Der **Unternehmensführung** werden hierbei drei Dimensionen zugeordnet:

- ▶ Normative Unternehmensführung,
- ▶ strategische Unternehmensführung,
- ▶ operative Unternehmensführung.

Normative Unternehmensführung – Hier spielt vor allem die Unternehmensphilosophie, die sich aus Grundeinstellung und der Werteorientierung ergibt, eine besondere Rolle. Die Ausrichtung des Betriebes nach ökologischen Gesichtspunkten oder die besondere Betonung der tiergerechten Viehhaltung sind hier Beispiele. Ebenso kann die Vergrößerung des Unternehmens mit dem (fast) alleinigen Ziel der Gewinnmaximierung unter Ausschöpfung aller Möglichkeiten, die der Gesetzgeber zulässt, Hauptziel der Unternehmensführung sein.

Strategische Unternehmensführung – Damit ist die langfristige Ausrichtung des Betriebes im Sinne der normativen Ziele gemeint. Künftige Entwicklungsmöglichkeiten, z. B. in der Produktion, im Absatz der Produkte oder auch in der Finanzierung des Betriebes mit dem Ziel der Existenzsicherung oder Erweiterung des Betriebes sind auszuloten und ggf. durch entsprechende Analysen (z. B. Marktanalysen) bzw. Planungen (z. B. Fruchtfolgen, Ausrichtung der Tierhaltung) vorzubereiten.

Operative Unternehmensführung – Bei den damit gemeinten kurz- oder mittelfristig zu treffenden Entscheidungen bei der Unternehmensführung bzw. der aktuellen Produktion (z. B. Aufstellung eines Anbauplans für die Felder, Festlegung und Zukauf der benötigten Düngemengen, Entscheidung für eine best. Pflanzenschutzmaßnahme) ist stets zu überprüfen, ob diese der strategischen Zielsetzung und damit auch der normativen Ausrichtung entsprechen.
Insofern werden die betriebswirtschaftlichen Entscheidungen ständig einer Überprüfung unterzogen, ob sie auch mit der Betriebsphilosophie zu vereinbaren sind.

Abb. 1259 Aufgaben der Unternehmensführung.

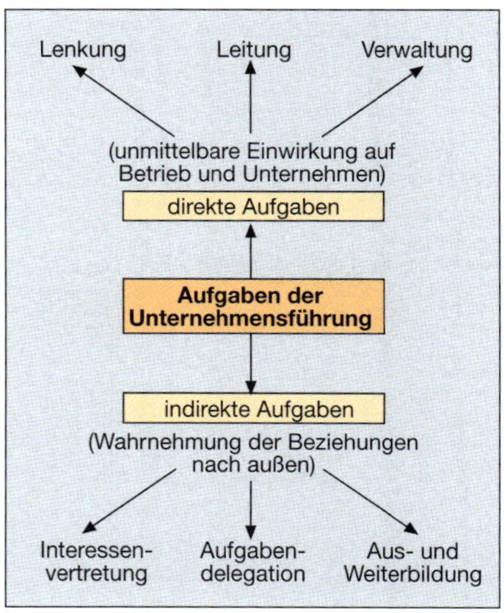

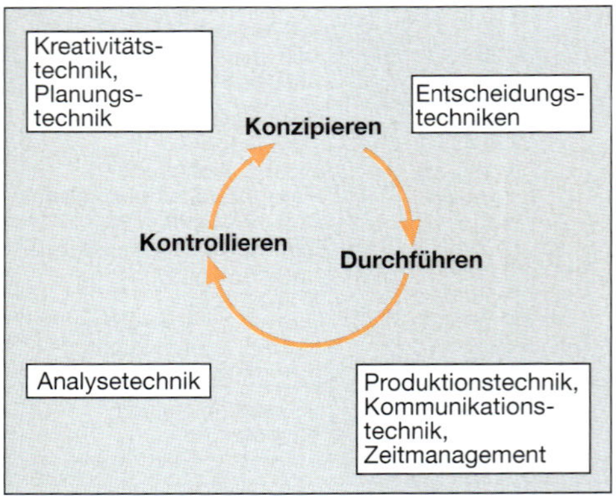

Abb. 1260 Arbeitsschritte im Betriebsmanagement.

5.3 Der Prozess der Unternehmensführung

5.3.1 Zielformulierung

! Das Ziel soll möglichst klar und konkret formuliert sein, weil dann die zu treffenden Entscheidungen ebenso konkret und erfolgreich sein können.

Die Vorstellung, z. B. in der Tierhaltung mehr verdienen zu wollen, ist zu ungenau. Dagegen ergeben sich aus dem Ziel »Senkung der Futterkosten in der Schweinemast« bereits konkrete Anhaltspunkte, wie z. B. Überprüfung der Futterverwertung, Optimierung der Mischung hinsichtlich des Preises der einzelnen Komponenten, Kosten der Fütterungstechnik usw.
Wer **Unternehmensziele formulieren** will, die auch außerhalb der momentanen Betriebsausrichtung liegen, braucht dazu fundierte Kenntnisse des wirtschaftlichen Umfeldes, entsprechende Kreativität und bisweilen den Mut zu unkonventionellem Denken.

5.3.2 Problem- und Situationsanalyse

Voraussetzung für eine gute Entscheidung ist immer die **gründliche Analyse** der *Ist-Situation*. Erscheint diese als verbesserungsfähig, so spricht man dann von der **Problemanalyse.**
Die Beschreibung der betrieblichen Ausstattung mit Flächen, Maschinen, Gebäuden, Arbeitskräften usw. steht hier oft im Vordergrund. Ergiebig wird aber meistens erst das Herausstellen von betriebsbezogenen Stärken oder Schwächen z. B. in der Produktionstechnik, in der Beschaffung oder in der Vermarktung, welche oft mit persönlichen Neigungen des Betriebsleiters zusammen hängen.
Standortvor- oder -nachteile sind ebenso einzubeziehen wie die durch die Politik gesetzten Rahmenbedingungen. Bei deren Analyse und Bewertung muss darauf geachtet werden, dass möglichst viele Freiräume und Handlungsalternativen entstehen bzw. herausgestellt werden. So zeichnen sich erfolgreiche Manager oft dadurch aus, dass sie Dinge verändern, die andere für unveränderbar gehalten haben.

Abb. 1261 Betriebswirtschaftliche Entscheidungen werden von vielen Faktoren beeinflusst.

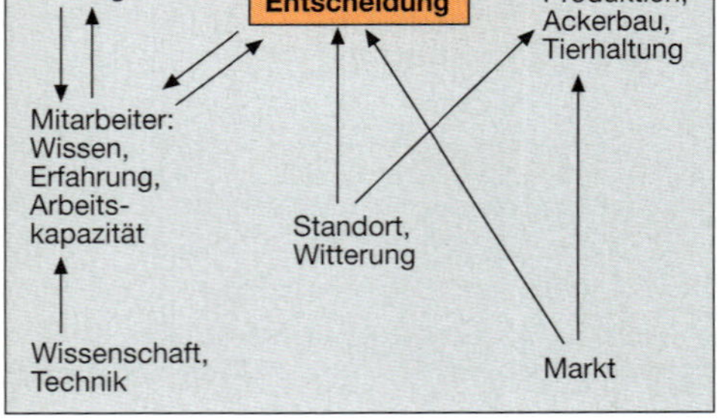

5.3.3 Entscheidungsfindung

Die möglichen *Handlungsalternativen* (Lösungswege) sind hinsichtlich ihrer Eignung (z. B. Aufwand, Risiko, Nutzen) genau zu analysieren und zu bewerten. Ehrlichkeit und Objektivität gegenüber Tatsachen, verantwortungsbewusstes Bedenken von Auswirkungen, Kreativität im Denken und eine gewisse Beständigkeit bei der Umsetzung der getroffenen Entscheidung sind dabei wichtige Anforderungen.
Damit nicht zu oft die persönliche Intuition den Ausschlag geben muss, können bestimmte **Methoden der Entscheidungsfindung** (z. B. Pro- und Contra-Analyse; mathematische Entscheidungshilfen wie lineare Optimierung; computerunterstützte Simulationen

und Prognosemodelle) herangezogen werden. Die Erfahrung des Betriebsleiters wird dabei natürlich ständig mit einbezogen.

5.3.4 Evaluation, Kontrolle, Berichte

Die Unternehmensführung unterliegt – wie alle Prozesse – einem Fließgleichgewicht. Das bedeutet, dass die getroffenen Entscheidungen hinsichtlich ihrer Wirksamkeit und Auswirkungen ständig kontrolliert und bei Bedarf entsprechend angepasst werden müssen. Evalution bedeutet in diesem Zusammenhang Bewertung, Beurteilung.
Dazu sind erneut die betrieblichen Daten zu erfassen und übersichtlich darzustellen, z. B. in Graphiken oder in Zahlenreihen. Die Buchführung, ein Kuhplaner oder die Schlagkartei sind Beispiele für **Evaluations-Grundlagen.**
Besonders die *Buchführung* liefert verlässliche Kennzahlen zur Rentabilität, Stabilität und Liquidität des Betriebes besonders im *vertikalen Vergleich* der Betriebsdaten in ihrer Entwicklung über mehrere Jahre hinweg oder auch im *horizontalen Vergleich* mit den Zahlen eines Wirtschaftsjahres und von Durchschnittsergebnissen anderer (miteinander vergleichbarer) Betriebe.
Der *Unternehmergewinn* im Wirtschaftsjahr, die *Eigenkapitalrentabilität,* die Zusammensetzung des *Fremdkapitals,* die *zeitraumbezogene Eigenkapitalbildung,* der Grad der *Veralterung des Inventar,* sog. *Kapitaldienstgrenzen* usw. bilden daneben auch die Grundlage für die Beschreibung der regionalen und im weitesten Sinn auch der bundesweiten Lage der Landwirtschaft.

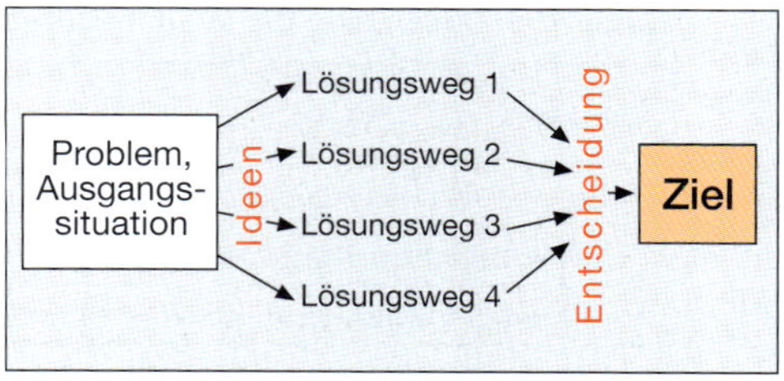

Abb. 1262 Schematischer Ablauf der Entscheidungsfindung.

5.4 Anforderungen an den Betriebsleiter (Manager)

Neben dem erforderlichen Fachwissen (z. B. Kenntnisse der entsprechenden Produktionstechnik, kaufmännische Kenntnisse) und dem notwendigen Können (z. B. Fähigkeit zur Problemformulierung, Informationssammlung und Informationsaufbereitung) sind es besonders die persönlichkeitsorientierten Merkmale, die einen erfolgreichen Unternehmer oder Manager auszeichnen.
Dazu gehören z. B. eine grundsätzliche Lernbereitschaft, Organisationstalent, geistige Flexibilität und Kreativität, Risikobewusstsein und Risikobereitschaft, die Fähigkeit Mitarbeiter zu motivieren, eigene Kooperationsbereitschaft und eine solide Entscheidungsfähigkeit.
Beispiel Lernbereitschaft: Der erfolgreiche Manager versteht jede Situation, jedes Problem als neue Herausforderung und ist ständig auf der Suche nach neuen Lösungsmöglichkeiten. Das ständige Hinzulernen beschränkt sich dabei nicht auf die Informationen, von denen man bereits weiß, dass sie wichtig sind. Schon die Möglichkeit, dass Informationen aus dem weiteren Umfeld mit dem eigenen Tätigkeitsbereich zusammenhängen, lässt den Unternehmer aufmerksam und aktiv werden.
Wenn jemand nur das an Neuem dazu lernt, was ihm direkt und kurzfristig Nutzen bringt, erweitert er seinen Horizont nicht im erforderlichen Umfang, das Feld der unternehmerischen Hand-

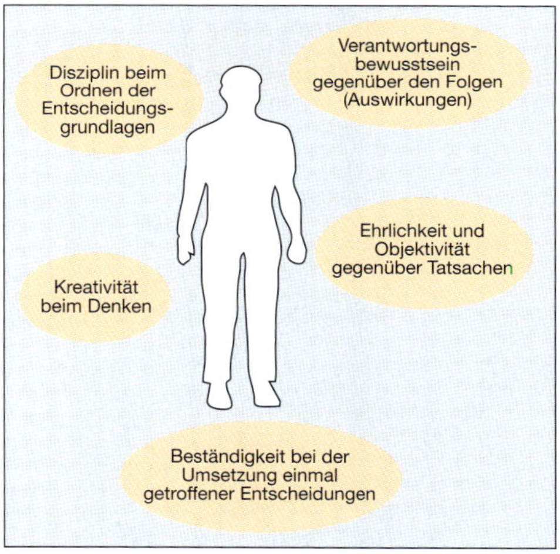

Abb. 1263 Anforderungen an die Person des Entscheidungsträgers.

Tabelle 99: Checkliste: Bin ich ein Managertyp?

Merkmal **Häufigkeit**	nie 1	2	selten 3	4	oft 5
Studium von Fachzeitschriften und Büchern					
Interesse an Informationen, um den eigenen Horizont zu erweitern					
Interesse an volks- und marktwirtschaftlichen Zusammenhängen					
Interesse am Warum eines Ergebnisses					
Vorhersehen von Entwicklungen im Betrieb					
Vorhersehen von Entwicklungen im Umfeld des Betriebes					
Erkennen von komplexen Zusammenhängen und Wechselwirkungen					
Risiko von Maßnahmen einschätzen können					
Zurückhaltung bei unkalkulierbaren Risiken					
Entscheidungen entschlossen treffen					
zu getroffenen Entscheidungen stehen					
kein Gefühl der Ratlosigkeit					
keine nervliche Belastung vor und nach Entscheidungen					

! Überprüfen Sie, was bei Ihnen zutrifft (Je öfter und je weiter Sie sich rechts von der Mitte (3) wiederfinden, desto eher sind Sie ein Managertyp).

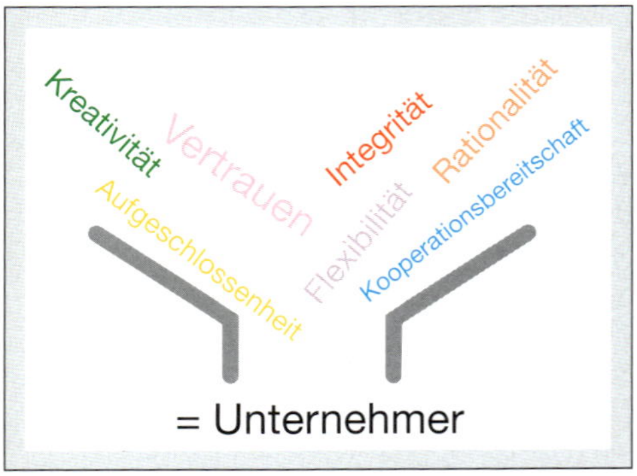

Abb. 1264 Eigenschaften, die ein Unternehmer braucht.

lungs- und Entscheidungsmöglichkeiten würde nicht erschlossen. **Beispiel Entscheidungsfähigkeit:** Manager oder Unternehmer müssen unter Berücksichtigung der entsprechenden Risikobewertung ständig Entscheidungen treffen und umsetzen. Erforderlich ist dabei eine psychische Stabilität, damit im Falle einer unumkehrbaren Fehlentscheidung nicht der Gedanke »Hätte ich das doch anders gemacht« das eigene Denken blockiert und persönlich stark belastet.

Von der sorgfältig getroffenen Entscheidung aus, auch wenn sie sich im Nachhinein als falsch heraus stellt, ist der Weg immer nach vorne zu suchen.

5.5 Unternehmensführung am Beispiel Pflanzenbau

Datenerfassung – Im Bereich Pflanzenbau ist für die qualifizierte Unternehmensführung eine Vielzahl von Daten möglichst genau zu erfassen. Dies geschieht am besten unter Verwendung von EDV-Programmen wie z. B. einer Schlagkartei.

Erfasst werden müssen u. a.: Naturalerträge bei Verkaufsfrüchten (Wiegung), Massenerträge im Futterbau (Wiegung oder Schätzung), Nährstoffkonzentration, Aufwandskosten für z.B. Saatgut, Pflanzenschutz, andere variable Kosten wie Maschinenkosten oder Hagelversicherung, Zeitpunkt und Mengen der Wirtschaftsdüngerausbringung, Faktoransprüche wie Fruchtfolgestellung oder Arbeitskraftstunden, staatliche Förderungen, Daten über Bestandsbeobachtung, Boden- und Klimabedingungen.

Auswertung der Daten – Je mehr Daten erfasst wurden, desto ergiebiger kann dann deren Auswertung erfolgen. Mit Hilfe der EDV können z. B. die Deckungsbeitrags-Berechnung zur Ermittlung der Wirtschaftlichkeit einzelner Produktionsverfahren, die Stückkostenrechnung, vertikale und horizontale Schlagvergleiche oder die Bilanzierung von Nährstoffen (z. B. Hoftor-Bilanz) erfolgen.
Instrumente der Unternehmensführung im Pflanzenbau – Hier sind z. B. die Fruchtfolgeplanung unter Berücksichtigung der unterschiedlichen Wettbewerbskraft der Kulturen oder das Dünge- und Güllemanagement (schlagspezifische Düngebedarfsermittlung nach Bodenuntersuchungs-Ergebnissen, Optimierung des Düngewerts des Wirtschaftsdüngers z. B. durch gezielte Anrechnung auf Mineraldüngung, Optimierung des Anwendungszeitpunkt, Minimierung der Nährstoffverluste) zu nennen. Sog. Entscheidungsmodelle (z. B. Weizen- oder Gerstenmodell in Bayern zur Optimierung von Pflanzenschutzmaßnahmen) sind ebenfalls Hilfsmittel zur Unternehmensführung.

Abb. 1265 Aufgabenbereiche des Unternehmens.

5.6 Weitere Aufgaben des betrieblichen Managements und Betriebsplanung

Wichtige **Aufgabenfelder des Unternehmers** sind die Finanzierungsplanung (siehe Abschnitt 5.2), die Planung und Abwicklung notwendiger Versicherungen im Betrieb (Personen- und Sachversicherungen) sowie der Bereich des Marketings (siehe Abschnitt 7).
Die Frage der *Anpassung des Unternehmens* stellt sich dabei immer wieder von Neuem. Sind die Möglichkeiten der Kostensenkung, der Ertragsoptimierung oder der Erhöhung der Arbeitsproduktivität schon ausgeschöpft? Wie und in welchem Umfang kann der Betrieb wachsen oder weiterentwickelt werden? Wo und in welchem Umfang ist die Zusammenarbeit mit anderen Betrieben möglich und sinnvoll? Ist der Übergang zum außerlandwirtschaftlichen Zuerwerb oder sogar der Übergang zum Nebenerwerb eine Alternative?

Aufgaben:
1. Erläutern Sie den Begriff Management und zeigen Sie die unterschiedlichen Dimensionen der Unternehmensführung auf.
2. Beschreiben Sie die verschiedenen Schritte der Unternehmensführung an einer selbstgewählten Zielformulierung.
3. Diskutieren Sie darüber, welche Eigenschaften für einen erfolgreichen Unternehmer wichtig sind.

Abb. 1266 Datenfluss im Betrieb (Schema).

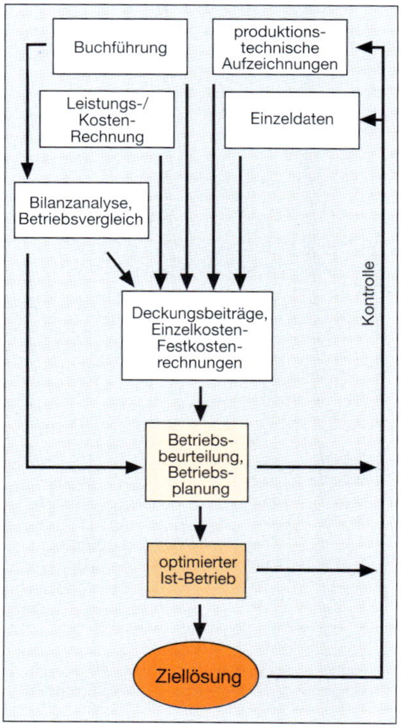

Produktionsbereich	Betriebszweig	Produktionsverfahren **(Beispiele)**
Pflanzliche Erzeugung	Marktfruchtbau	Winterweizen
		Wintergerste
		Speisekartoffeln
		Zuckerrüben
		Körnerraps
	Futterbau	Silomais
		Kleegras
		Grünland (Silage)
		Grünland (Heu)
		Futterrüben
Tierische Erzeugung	boden**ab**hängige Tierhaltung	Milchkühe
		Mastbullen
		Färsen
		Mutterkuhhaltung
		Schafe
		Pferde
	boden**unab**hängige Tierhaltung	Mastschweine
		Zuchtsauen
		Legehennen
		Masthähnchen
		Bienen

Abb. 1267 Produktionsverfahren sind die kleinsten Produktionseinheiten.

Abb. 1268 Der Deckungsbeitrag ergibt sich aus der Marktleistung nach Abzug der variablen Kosten.

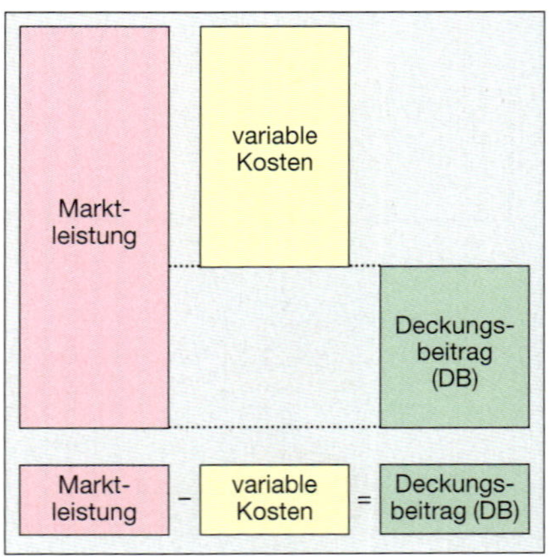

6 Betriebswirtschaftliche Erfolgsbegriffe

Begriffe – Jeder Betriebsleiter will, dass sich sein Unternehmen lohnt, d.h., dass der *Betriebsertrag* den *Betriebsaufwand* übersteigt.
Den Nachweis darüber liefern **Rentabilitätsberechnungen.** Hierbei wird unterschieden zwischen *zeitraumbezogenen* Ertrags-Aufwands-Berechnungen, wie sie z. B. aufgrund der Buchführungsergebnisse am Ende eines Wirtschaftsjahres möglich sind, und den *produktbezogenen* Leistungs-Kosten-Rechnungen, die nur auf ein Produktionsverfahren bezogen sind.
Die wichtigsten **Kenndaten** sind für die Ertrags-Aufwands-Rechnung der Gewinn bzw. der Verlust und für die Leistungs-Kosten-Rechnung der *Deckungsbeitrag*. Im Folgenden wird seine Bedeutung und Ermittlung dargestellt.

6.1 Deckungsbeitrag (DB)

Definition – Der **Deckungsbeitrag** (DB) ist rechnerisch die Differenz zwischen der *Marktleistung* und den *variablen Kosten* eines Produktionsverfahrens. Er ist, wie der Name sagt, der Beitrag, den das einzelne Produktionsverfahren zur Deckung der Festkosten und für den Gewinn des gesamten Betriebes leistet. Damit ist er ein *innerbetrieblicher* Wettbewerbsmaßstab.
Der DB wird immer auf eine Einheit, z. B. 1 ha, je Tier, je erzeugtes Tier, je Arbeitskraftstunde (AKh) und in der Regel auf 1 Jahr bezogen.
Produktionsverfahren – Das Produktionsverfahren beschreibt die Produktion auf einer kleinsten Einheit, z. B. 1 ha einer Fruchtart, 1 Tier einer Nutzviehart, um einen Vergleich der Wirtschaftlichkeit (Rentabilität) anstellen zu können.
Die **Kenndaten** eines Produktionsverfahrens sind daher
- ▶ Art des **Hauptprodukts,** z. B. Winterweizen, Mastschwein;
- ▶ **Leistungen:** Hierbei unterscheidet man *marktfähige,* z. B. Körner, Milch, und *nicht marktfähige,* z. B. Stroh, Gülle;
- ▶ **zuteilbare** (variable) **Kosten,** z. B. für Saatgut, Dünger, Kraftfutter;
- ▶ **Faktoransprüche:** Ansprüche des Produktionsverfahrens an die in der Regel knappen Produktionsfaktoren Bodenfläche, Arbeit, Stallraum, Kapital und ähnliche.

Kombinierte Produktionsverfahren – Betriebe mit Viehhaltung verwerten nicht marktfähiges Futter von Ackerfutterflächen oder Grünland. Für die Ermittlung des Deckungsbeitrages fasst man hier 2 Produktionsverfahren zusammen, z. B. 1 ha Futterfläche + Milchvieh oder 1 Milchkuh + Futterfläche. Diese Kombination wird auch als *aggregiertes* Produktionsverfahren bezeichnet.
Leistungen – Die gesamte Leistung eines Produktionsverfahrens umfasst die in Geldwert ausgedrückten marktfähigen Haupt- und Nebenleistungen (= Marktleistung) und mengenmäßig erfassten

nicht marktfähigen Haupt- und Nebenprodukte. Am **Beispiel** für 1 ha Winterweizen sind dies die in Abb. 1269 dargestellten Werte.

Kosten – Die Abb. 1268 (Seite 502) zeigt die Zuordnung der Kosten zu den einzelnen Kostengruppen. Für die Berechnung des Deckungsbeitrages sind nur die variablen Kosten zu berücksichtigen.

Berechnung des Deckungsbeitrages – Der DB wird berechnet nach der Formel:

Deckungsbeitrag = Marktleistung – variable Kosten

Beispiele: Tabelle 100 bringt zwei Beispiele für verschiedene Produktionsverfahren. Für die Produktionsverfahren »Winterweizen« und »Mastschweine« sind jeweils die Marktleistungen und die variablen Kosten dargestellt. Dabei wurde der Deckungsbeitrag im ersten Beispiel auf 1 Hektar, im zweiten Beispiel auf 1 Stück (Mastschwein) bezogen.

Deckungsbeitrag für Grundfutterflächen – Die Produktionsverfahren Ackerfutter oder Grünland bringen in der Regel selbst noch keine Marktleistung. Diese wird erst über die Tierart erzielt, die das dort gewonnene Grundfutter verwertet. Zur Berechnung des Deckungsbeitrages kombiniert man deswegen beide Produktionsverfahren miteinander.

Produktionsverfahren			Winterweizen	Milchkuh
Einheit			1 ha	1 Stück
Gesamtleistung	Hauptleistung	marktfähig	Körner (Konsumware)	Milch
		nicht marktfähig	Körner (Futterware, Abputz)	
	Nebenleistung	marktfähig	(Stroh)	Schlachtkuh, Kalb
		nicht marktfähig	(Stroh)	Wirtschaftsdünger
variable Kosten			Saatgut Dünger Pflanzenschutz variable Maschinenkosten Dreschkosten Trocknung Hagelversicherung	Bestandsergänzung Kraftfutter Mineralfutter Besamung Tierarzt, Medikamente Stallgeräte Energie, Wasser Klauenpflege Tierseuchenkasse variable Kosten Melkanlage Gülle ausbringen

Abb. 1269 Wichtige Kenngrößen eines Produktionsverfahrens **(Beispiele)**.

6.1.1 Standard-Deckungsbeitrag (SDB)

Der Deckungsbeitrag stellt, wie schon dargelegt, immer nur einen *innerbetrieblichen* Vergleichsmaßstab der einzelnen Produktionsverfahren dar. Marktleistung und veränderliche Kosten können je

Tabelle 100: Beispiele für die Berechnung des Deckungsbeitrags verschiedener Produktionsverfahren

Produktionsverfahren 1 ha Winterweizen		1 Mastschwein	
70,5 dt × 11,33 €/dt = (Stroh untergepflügt)	799 €	1 Schlachtkörper 90 kg × 1,43 €/kg =	133 €
Marktleistung	799 €		133 €
Saatgutkosten bei 50 % Zukauf (einschließlich Beizung und Nachbaugebühr)	62 €	Ferkel	63 €
Mineraldünger		Futtermittel	42 €
		Tierarzt/Hygiene	2 €
N 165 kg × 0,63 €/kg =	104 €	Energie, Wasser, Stallgeräte, Sonstiges	6 €
P_2O_5 60 kg × 0,58 €/kg =	35 €		
K_2O 45 kg × 0,31 €/kg =	14 €		
Pflanzenschutz	129 €	Tierseuchenkasse, Betriebskontrolle	1 €
veränderliche Maschinenkosten	95 €		
Lohnmaschinen, Maschinenring	102 €		
Hagelversicherung	15 €		
Trocknungskosten	13 €		
– variable Kosten	569 €		114 €
= **Deckungsbeitrag** (ohne Ausgleichszahlung)	**230 €**		**19 €**
= Deckungsbeitrag einschließlich Ausgleichszahlung (Bayern 2001/02: 348 €/ha)	578 €		

Gesamtkosten des landwirtschaftlichen Betriebes			
fixe (feste) Kosten		einem bestimmten Produktionsverfahren nicht zuteilbare AK	
		feste Kosten der Zugkräfte	
		feste Kosten von Maschinen, die nicht nur für ein bestimmtes Produktionsverfahren eingesetzt werden	
		Pachten	
		Versicherungen	
		Steuern und Lasten (z. B. Austrag)	
		Kosten für Gebäude, soweit es sich nicht um Spezialgebäude für ein bestimmtes Produktionsverfahren handelt	
		feste Kosten von Spezialmaschinen	
variable (veränderliche) Kosten	Tierhaltung	Bestandsergänzung	Kraftfutter
		Mineralfutter	Deckgeld
		Tierarzt, Medikamente	Stallgeräte
		Energie, Wasser	sonstige Unkosten
	Bodennutzung	Lohnmaschinen	Saatgut
		Löhne für nicht ständige AK	Dünger
		Vermarktungskosten	Pflanzenschutz
		Hagelversicherung	variable Maschinenkosten
		Trocknung und Lagerung	

Abb. 1270 Einteilung der Kostenarten eines landwirtschaftlichen Betriebes.

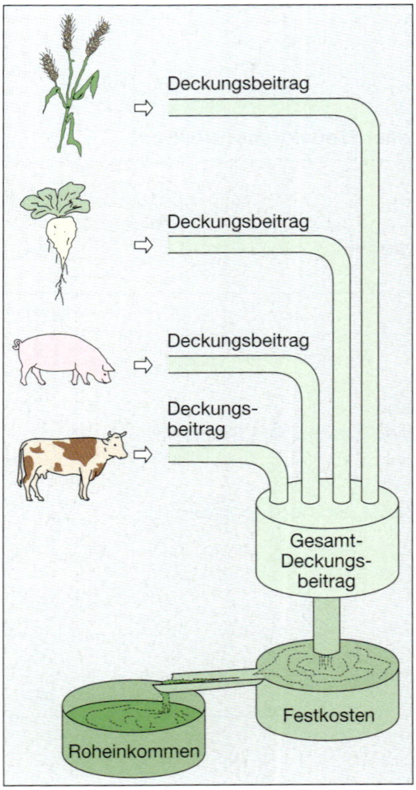

nach *Standort, Können des Betriebsleiters* und anderen Rahmenbedingungen recht unterschiedlich sein.

Trotzdem ist es sinnvoll, für einen Vergleich von Betrieben mit gleichen Produktionsverfahren (= gleiches Betriebssystem) Deckungsbeiträge aus durchschnittlichen Marktleistungen und durchschnittlichen veränderlichen Kosten zu berechnen. Die so erhaltenen Werte nennt man **Standard-Deckungsbeiträge** (SDB). Sie werden jährlich vom KTBL im Auftrag des Bundesministeriums für Verbraucherschutz, Ernährung und Landwirtschaft (BMVEL) berechnet und herausgegeben.

Die Berechnung des Durchschnitts erfolgt dabei für 66 Merkmale in 38 Regionen Deutschlands. Jeder Betriebsleiter kann anhand dieser Standard-Deckungsbeiträge die Leistungsfähigkeit seines Betriebes selbst einordnen.

6.1.2 Gesamt-Deckungsbeitrag

Jeder landwirtschaftliche Betrieb hat in der Regel mehrere Produktionsverfahren. Addiert man ihre Deckungsbeiträge, erhält man den Gesamt-Deckungsbeitrag.

Beispiel zur Ermittlung des Gesamt-Deckungsbeitrages:

Produktionsverfahren	Deckungsbeitrag	
20 ha Winterweizen	578 €/ha × 20 ha	= 11 560 €
800 verkaufte Mastschweine/Jahr	19 €/Mastschwein × 800	= 15 200 €
20 ha Körnerraps	630 €/ha × 20 ha	= 12 600 €
Gesamt-Deckungsbeitrag		**39 360 €**

Hier muss noch einmal darauf hingewiesen werden, dass der Gesamt-Deckungsbeitrag *nicht* den Gewinn des Betriebes darstellt. Es ist vielmehr der Betrag, den die einzelnen Produktionsverfahren zur Deckung der festen Kosten des Betriebes und zum *Roheinkommen* beitragen.

6.2 Betriebseinkommen

Das **Betriebseinkommen** ist in ausschließlich mit familieneigenen Arbeitskräften bewirtschafteten Betrieben mit dem *Roheinkommen* identisch und lässt sich auch ermitteln, indem der Betriebsaufwand vom Betriebsertrag abgezogen wird. Bei Betrieben mit Fremdarbeitskräften stellen die ausbezahlten Löhne einen Teil des Betriebseinkommens dar.

Der **Betriebsertrag** entspricht der Summe der Leistungen aus den einzelnen Produktionsverfahren (z. B. Einnahmen aus Verkauf von Milch oder Gemüse) zuzüglich der Erträge aus eventuell vorhandenen Nebenbetrieben (z. B. »Urlaub auf dem Bauernhof«).

Abb. 1271 Die Deckungsbeiträge der einzelnen Produktionsverfahren ergeben zusammen den Gesamt-Deckungsbeitrag zur Deckung der Festkosten. Was übrig bleibt, ist das Roheinkommen.

Der **Betriebsaufwand** ergibt sich aus den entsprechenden Positionen auf der Aufwandseite (Summe aller festen und variablen Kosten sowie z. B. Ausgaben für den Unterhalt von Fremdenzimmern).

6.3 Gewinn

Roheinkommen und Betriebseinkommen sind Erfolgsbegriffe, die sich auf einen schulden- und pachtfreien Betrieb beziehen. Da diese Vorstellungen für die meisten Betriebe aber nicht zutreffen (Fremdkapital und Zupacht sind eher der Normalfall!), ist der **Gewinn** bzw. **Verlust des Unternehmens** die entscheidende Erfolgsgröße für den Unternehmer.
Zum *Betriebsertrag* werden hierbei die tatsächlich eingelaufenen Zins-, Pacht- und Mieterträge beim *Betriebsaufwand* entsprechend noch Zins-, Pacht- und Mietaufwand hinzugezählt. Der Unterschied des so ermittelten **Unternehmensaufwandes** zum **Unternehmensertrag** ergibt den Gewinn oder Verlust (Abb. 1272).

Betriebseinnahmen
+ Forderungen aus Lieferungen und Leistungen im Wirtschaftsjahr
± Bestandsveränderung beim Vieh
± Bestandsveränderung bei den Vorräten
+ Wert der Naturalentnahmen
+ Mietwert der Wohnung

= Unternehmensertrag

Betriebsausgaben
± Verbindlichkeiten aus Lieferungen und Leistungen im Wirtschaftsjahr
± Bestandsänderung bei zugekauften Vorräten
+ Abschreibungen

= Unternehmensaufwand

Abb. 1272 Ermittlung von Unternehmensertrag und Unternehmensaufwand.

6.4 Weitere Erfolgsbegriffe

Für betriebswirtschaftliche Entscheidungen (z. B. Investitionsplanung) wird der Gewinn um den sog. neutralen Ertrag bzw. Aufwand zum **bereinigten Gewinn** korrigiert (siehe Abb. 1273). Das bedeutet, dass z. B. außergewöhnliche Einnahmen, z. B. aus dem Verkauf einer bereits abgeschriebenen Maschine, nicht berücksichtigt werden.
Die **Gewinnrate** gibt den Prozentsatz des Gewinns vom Unternehmensertrag an. Bei der Berechnung der **Eigenkapitalveränderung** werden schließlich die Ausgaben für die private Lebensführung vom Gesamteinkommen abgezogen.
Hier zeigt sich also, ob die Unternehmerfamilie mehr Geld verbrauchte, als über den Betrieb und nicht landwirtschaftliche Einkünfte erwirtschaftet werden konnte. Eine positive Eigenkapitalveränderung ist für zukunftsorientierte Betriebe unerlässlich.

Abb. 1273 Wichtige Erfolgsbegriffe im Überblick.

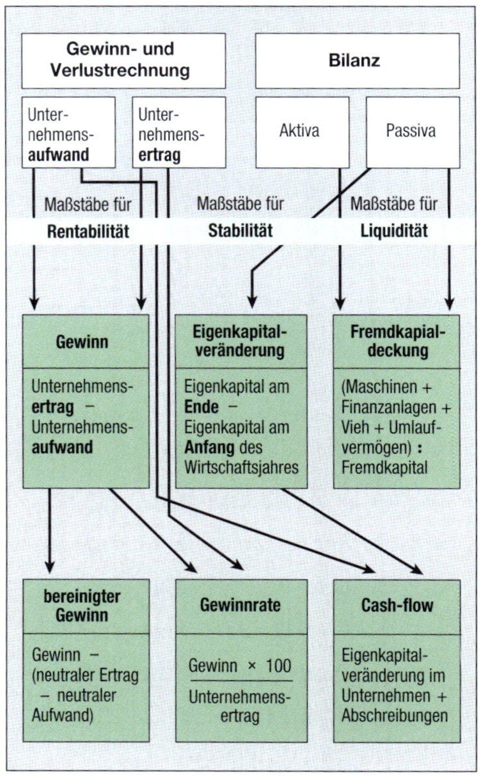

Aufgaben:

1. Erläutern sie den Begriff »Deckungsbeitrag« am Beispiel von Winterweizen unter Verwendung der entsprechenden Fachausdrücke.
2. Zeigen Sie den Zusammenhang zwischen Gesamt-Deckungsbeitrag, Festkosten und Gewinn eines Betriebes auf.
3. Worin besteht der Unterschied zwischen Roheinkommen und Gewinn?
4. Welche Möglichkeiten gibt es, den Festkostenanteil zu senken?

7 Vermarktung von Agrarprodukten

7.1 Marketing

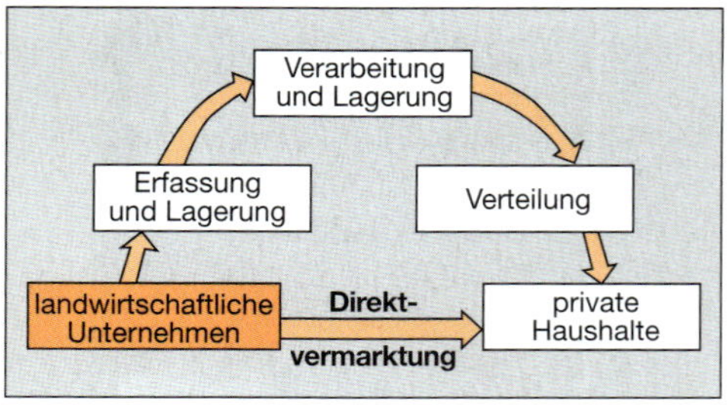

Abb. 1274 Die Vermarktung umfasst alle Maßnahmen des Erfassens, Aufbereitens, Lagerns, Verpackens und Verteilens der Erzeugnisse.

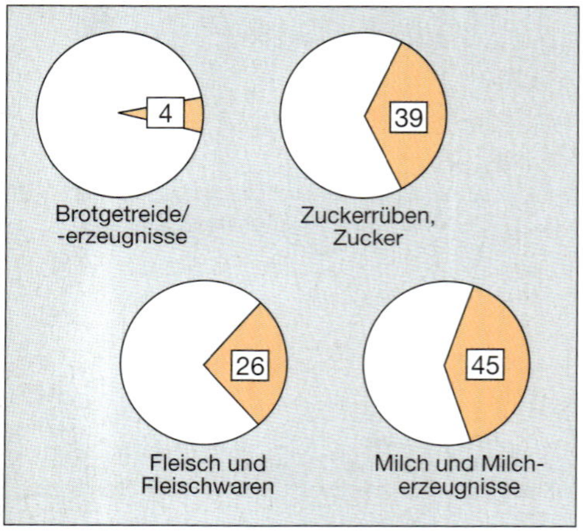

Abb. 1275 Anteil der Verkaufserlöse der Landwirtschaft an den Verbraucherausgaben für inländische Nahrungsmittel, DBV 2002).

Abb. 1276 Eine Definition für »Marketing«.

Marketing ist eine Konzeption der Unternehmensführung, bei der im Interesse der Erreichung der Unternehmensziele alle betrieblichen Aktivitäten konsequent auf die gegenwärtigen und künftigen Erfordernisse der Märkte ausgerichtet werden.

Die Vermarktung der Erzeugnisse wird im Zeitalter der Globalisierung zu einer immer wichtigeren Aufgabe für Agrarbetriebe. Dazu gehört das
- ▶ Erfassen,
- ▶ Aufbereiten und Verarbeiten,
- ▶ Konservieren,
- ▶ Verpacken,
- ▶ Lagern,
- ▶ Verteilen

der Agrarprodukte.

Marketing – Mit dem Begriff **Marketing**, der aus der englischen Sprache stammt, sind sowohl die einzelnen Maßnahmen der Vermarktung als auch die Marktforschung, Werbung, Marktpflege und die Verkaufsmethoden umschrieben. Das Agrarmarketing hat einen wesentlichen Einfluss auf den Erfolg der landwirtschaftlichen Betriebe.

Je nach Erzeugnis erfordert das Erfüllen der oben genannten Aufgaben mehr oder weniger aufwendige Arbeiten und technische Einrichtungen. Das zeigt z. B. ein Vergleich zwischen dem Aufwand für Eier oder dem Aufwand für Getreide bis zum Brot oder von den Weintrauben bis zum Wein oder vom Baum bis zu den Möbeln. Dementsprechend ist der Erlösanteil des Erzeugers (Landwirt) am Verbraucherpreis je nach Produkt sehr unterschiedlich.

! Neben wirtschaftspolitischen Einflüssen (z. B. Marktordnungen, Subventionen) und marktbedingten Faktoren (z. B. Änderungen der Verbrauchergewohnheiten, Wunsch nach Qualität, Marktsättigung) hat das Agrarmarketing einen wesentlichen Einfluss auf den Erfolg der Agrarbetriebe.

Zum Marketing gehören
- ▶ *Marktforschung:* Ermittlung von Käuferwünschen, Zahl möglicher Abnehmer, Anzahl und Stärke der Konkurrenten.
- ▶ *Produktpolitik:* Welche Haltbarkeit, Verpackung, Beschaffenheit (Aussehen, Inhaltsstoffe, Portionierung usw.) und besondere Kennzeichnung (z. B. Markenzeichen, Abb. 1291) sollte das Produkt haben?
- ▶ *Preispolitik:* Wie hoch z. B. *muss* der Preis mindestens sein, damit sich die Produktion rentiert? Wie hoch *darf* der Preis sein, damit der Verbraucher das Produkt auf Dauer akzeptiert?
- ▶ *Warenverteilung:* Welche Mengen z. B. sind auf welchem Weg (z. B. direkter und indirekter Vertrieb) abzusetzen? Welche Kosten entstehen dabei?

► *Kommunikationspolitik:* Welche Öffentlichkeitsarbeit (Public-Relations, PR, z. B. Fernsehspots, Teilnahme an Messen, Großveranstaltungen wie Grüne Woche in Berlin) pflegt das Ansehen des Betriebes oder einer ganzen Branche am günstigsten (z. B. Slogan: »Aus deutschen Landen frisch auf den Tisch!«)? Mit welcher konkreten Produktwerbung (z. B. Anzeigen, Prospekte, Privatfunk, Verkaufsaktionen mit Kostproben) erreicht man am meisten?

Marketing-Arten – Beim Marketing lassen sich unterscheiden

► **Einzelbetriebliches Marketing:** Großbetriebe haben die hierfür erforderlichen Mengen und Finanzierungsmöglichkeiten. Die meist kleinen Betriebe im agrarischen Bereich können zumindest bei der indirekten Vermarktung einzeln wenig ausrichten.

► **Gruppenmarketing:** Hier schließen sich mehrere kleinere Unternehmen zusammen, um gemeinsam eine größere Marktbedeutung zu erreichen. Marketing wird dann z. B. über eine Erzeugergemeinschaft praktiziert.

► **Gemeinschaftsmarketing:** In der Agrarwirtschaft sind Marketingmaßnahmen für einzelne Betriebe viel zu teuer. Deshalb verpflichtet das *Absatzfond-Gesetz* bestimmte Unternehmen der Produktion und Verarbeitung zur Zahlung von produktbezogenen Beiträgen. Dieses Geld wird zur Finanzierung der **Z**entralen **M**arkt- und **P**reisberichtsstelle – ZMP (Ermittlung, Auswertung und Veröffentlichung von Marktdaten) und vor allem der **C**entralen **M**arketinggesellschaft der deutschen **A**grarwirtschaft mbH (CMA) verwendet.

Die CMA setzt diese Mittel für die **Absatzförderung** deutscher Agrarerzeugnisse ein durch

► Werbung im In- und Ausland,

► Marktforschung, Marktbetrachtung, Marktstrategien,

► Ausstellungen, Messen, Verkaufsförderung,

► Mitwirken bei der Verwendung und Vergabe von Gütezeichen nach vorheriger Qualitätsprüfung der Produkte, z. B. durch die DLG,

► Qualitätsüberwachung der CMA-ausgezeichneten Nahrungsmittel durch Prüf-Institute.

Absatzwege – Der Absatz der Produkte erfolgt entweder *direkt* zum Verbraucher oder *indirekt* über mehrere Handelsstufen und z. T. über die Verwertungsindustrie bzw. das Verwertungsgewerbe. Abb. 1279 zeigt die möglichen Absatzwege vereinfacht dargestellt. Früher spielte der *direkte* Verkauf von Agrarerzeugnissen an den

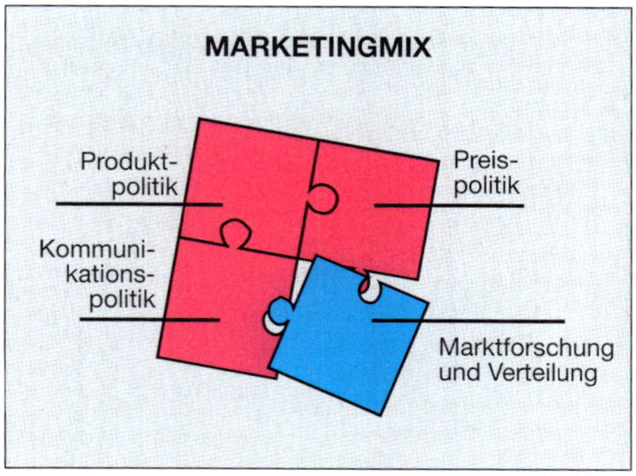

Abb. 1277 Marketingmix bedeutet das Zusammenwirken verschiedener Marketing-Instrumente.

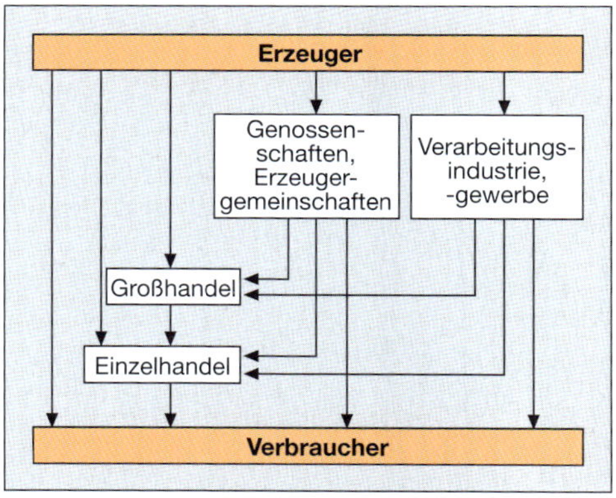

Abb. 1278 Mögliche Wege vom Erzeuger zum Verbraucher.

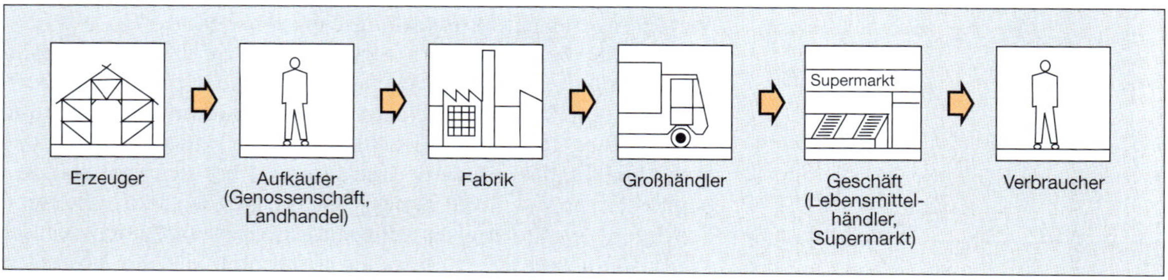

Abb. 1279 Der heute noch am meisten benutzte Absatzweg vom Erzeuger zum Verbraucher führt über Zwischenstufen, die alle an der Ware verdienen.

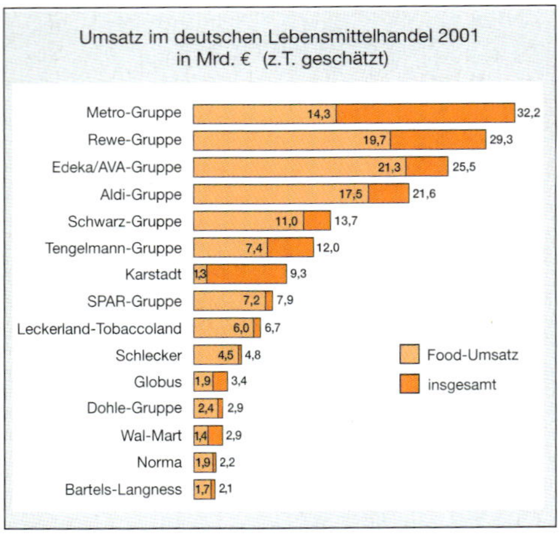

Abb. 1280 Marktmacht der »Großen« auf der Abnehmerseite (DBV, 2003).

Abb. 1281 Der Außenhandel (Ausfuhr/Einfuhr, in Mrd. €) mit Agrarprodukten in Deutschland (DBV, BML 2003).

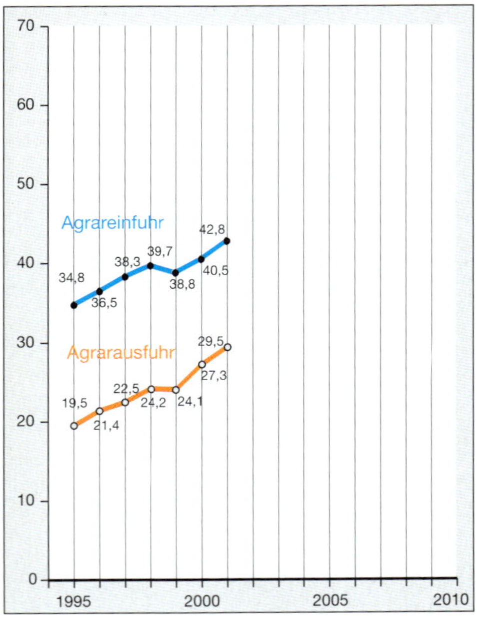

Endverbraucher eine große Rolle und wurde dann vom Absatz über den Handel und die Genossenschaften fast vollständig abgelöst. In neuester Zeit erfährt der **Direktabsatz** aufgrund der schwierigen Preisverhältnisse auf den konventionellen Märkten wieder einen Aufschwung (besonders bei Produkten des ökologischen Landbaus).

7.2 Indirekte Vermarktung

Situation – Die Einrichtungen des indirekten Absatzes sind heute umfassend ausgebaut. Dafür gibt es mehrere Gründe.

- ▶ Der Fachgroßhandel (z. B. Konsumgenossenschaften, Waren- und Kaufhäuser) erfuhr in den letzten Jahren eine starke Konzentration, so dass auf der Erzeugerseite auch eine Stärkung der Marktstellung erforderlich wurde.
- ▶ Handel und Verbraucher verlangen möglichst große, einheitliche Warenangebote von gleichbleibender Qualität.
- ▶ Eine zuverlässige Abnahme großer Produktionsmengen, insbesondere bei spezialisierten Betrieben, wird nur durch den Abschluss von Liefer- und Abnahmeverträgen gesichert.
- ▶ Die heutige Absatzlage erfordert ein sorgfältiges Aufbereiten und Verarbeiten der Erzeugnisse sowie ein umfangreiches und planvolles Marketing.

Die einzelnen Agrarerzeugnisse werden heute über jeweils *spezifische Absatzsysteme* vermarktet. So wird beispielsweise Schlachtvieh von Viehverwertungsgenossenschaften erfasst, geschlachtet und zur Verarbeitung an das Fleischerhandwerk oder die Fleischindustrie verkauft. Daneben kaufen natürlich auch die Fleischer und die Fleischwaren-Industrie Schlachtvieh auf Viehmärkten, die von privaten Viehhändlern beliefert werden. Das Fleisch und die Wurstwaren gelangen dann entweder direkt über den Fleischladen oder über den Groß- und Einzelhandel zum Endverbraucher.

Obst und Gemüse werden entweder direkt an die verarbeitende Industrie oder über Absatzgenossenschaften abgesetzt. Der Großhandel kauft direkt beim Erzeuger oder auf Großmärkten. Über Einrichtungen für Großverbraucher oder über Einzelhändler erhält schließlich der Verbraucher das gewünschte Gemüse und Obst. Bestimmte Erzeugnisse, z. B. Getreide oder Blumen, werden auch auf Börsen vermarktet.

Die verschiedenen Absatzwege und Handelsstufen für die vielen Erzeugnisse der Agrarwirtschaft können hier nicht detailliert dargestellt werden. Darüber informieren Tätigkeitsberichte und Werbeschriften der *Vermarktungseinrichtungen*.

Es ist Aufgabe der Bauernverbände bzw. Landwirtschaftskammern sowie der **Z**entralen **M**arkt- und **P**reisberichtsstelle (ZMP) in Bonn, den Agrarmarkt für Erzeuger, Verarbeiter, Handel und Verbraucher transparent (d. h. überschaubar) zu machen.

Markt und Qualität – Für die Zukunft zeichnet sich eine stärkere Segmentierung (Unterteilung) des Marktes ab. Auf der einen Seite steht ein **Preiswettbewerbsmarkt.** Hier werden dem Käufer Waren unbekannter Produzenten angeboten, die den normalen

Qualitätsanforderungen entsprechen müssen (z. B. Schweinefleisch nach normalen Handelsklassen, Futtergetreide). Der Absatz wird letztlich über den Preis entschieden, d. h. bei übervollen Märkten entsteht ein entsprechender Preisdruck.
Im sog. **Wertschöpfungsmarkt** wird versucht, einen höheren Wert durchzusetzen, indem man dem Produkt besondere Eigenschaften (Qualität) gibt oder zumindest zuschreibt.
Beispiele dafür sind die verschiedenen *Markenprogramme* bei Fleisch, das Getreide aus kontrolliertem Anbau, die Produkte aus dem ökologischen Landbau und gärtnerische Erzeugnisse. Der Produzent bleibt hier für den Käufer, im Unterschied zum Preiswettbewerbsmarkt, nicht anonym.
Die **Qualitätsvorstellungen** zu einem Produkt sind allerdings sehr unterschiedlich: Bei Brotgetreide erreicht der Landwirt bei einem hohen Eiweißgehalt eine gute Qualität und damit einen guten Preis. Für den Bäcker hingegen ist es wichtig, dass der entstehende Teig maschinenfähig ist.
Der Verbraucher fragt schließlich weder nach dem einen noch nach dem anderen, sondern ihn interessiert die Schmackhaftigkeit des Brotes, der Preis und möglicherweise die Anbaumethode (ökologisch oder konventionell). Dem Aufbau von Qualitätssicherungssystemen kommt in Zukunft eine besondere Bedeutung zu. Dabei wird die gesamte Produktions- und Vermarktungskette (siehe Abb. 1283) erfasst.

Aufgaben:
1. Welche Maßnahmen umfasst die Vermarktung?
2. Erläutern sie den Begriff Marketing.
3. Beschreiben Sie den Absatzweg für Brotgetreide, das in Ihrem Ausbildungsbetrieb erzeugt wird.
4. Welche Aufgaben hat die CMA?

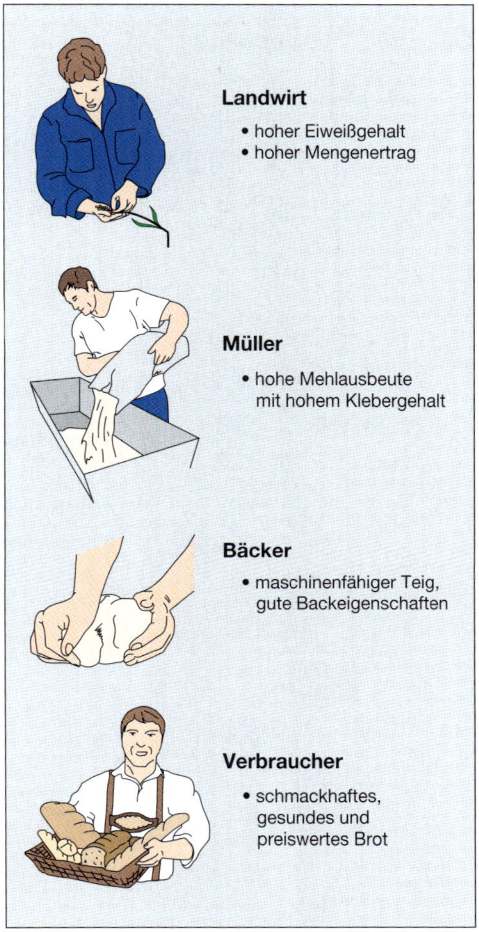

Abb. 1282 Die Qualitätserwartungen an ein Produkt können von einer Verarbeitungs- bzw Absatzstufe zur anderen recht unterschiedlich sein (**Beispiel** Brotgetreide).

7.3 Direktvermarktung

Von der Möglichkeit des Direktabsatzes wird auch in der Landwirtschaft (z. B. Eier, Kartoffeln), Fischwirtschaft und Forstwirtschaft (z. B. Christbäume) Gebrauch gemacht.
Der Produzent übernimmt dabei die Aufgaben des Handels und teilweise der Verarbeitung selbst und liefert direkt an den Endverbraucher. Die Handelsspannen bleiben so beim Erzeuger und verbessern sein Einkommen.

7.3.1 Möglichkeiten des Direktabsatzes

Die einzelnen Wege des Direktabsatzes werden je nach Lage, Art, Arbeitskräftebesatz usw. des Betriebes unterschiedlich genutzt. Bauernmärkte unterscheiden sich von Wochenmärkten dadurch, dass nur land- und forstwirtschaftliche Einzelbetriebe (auch Imker, Gärtner, Teichwirte) Marktbeschicker sein können. Gewerb-

Abb. 1283 Überblick über den Aufbau des Qualitätssicherungs-Systems (QS) mit dem Prüfzeichen im Hintergrund (Agrimente 2003).
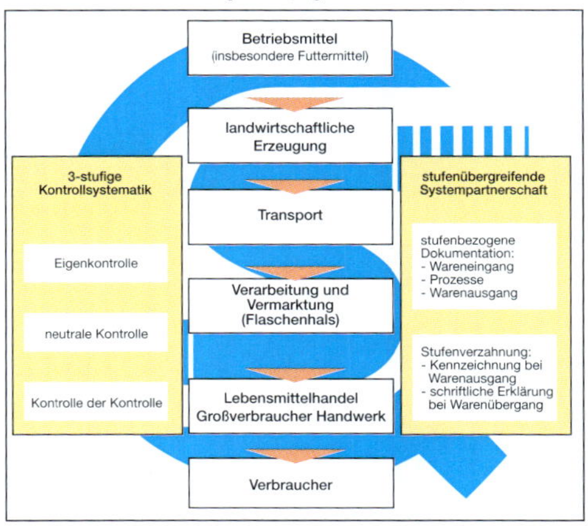

liche Gemüsehändler mit fremdländischen Erzeugnissen oder Südfrüchten sind dort nicht vertreten. Das »Einkaufen auf dem Bauernhof« wird so an einen gemeinsamen Marktplatz verlagert.

7.3.2 Voraussetzungen

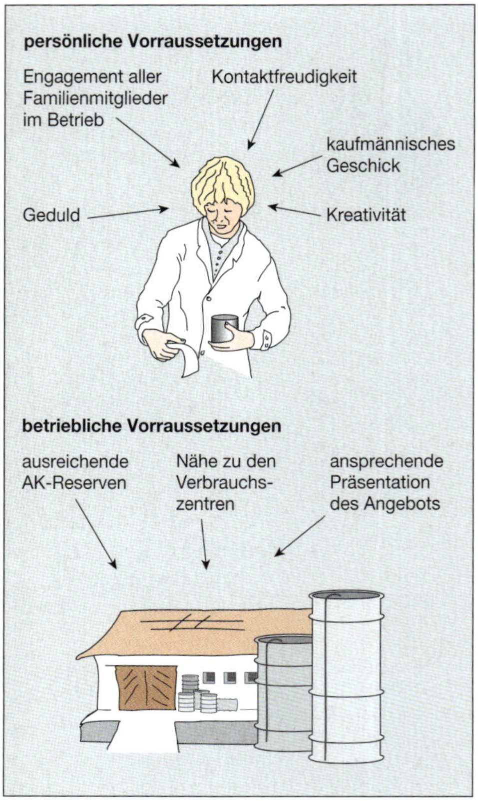

Abb. 1284 Die Direktvermarktung setzt betriebliche und persönliche Eignung voraus.

Persönliche Voraussetzungen – Die Direktvermarktung verlangt von *allen* Beteiligten im Betrieb ein hohes Maß an Engagement (meist sind auch die Familienmitglieder z. B. bei Telefonauskünften oder Aushilfstätigkeiten betroffen). Kontaktbereitschaft und Freude am Umgang mit Menschen sind wichtige Voraussetzungen, weil die Kunden im Gespräch überzeugt werden sollen.
Zufriedene Kunden geben dann ihre positiven Erfahrungen weiter und werden selbst zu Stammkunden. Auch mit neugierigen Besuchern auf dem Hof, die viele kritische Fragen stellen und viel Zeit beanspruchen, muss man auskommen können.
Eine positive Grundeinstellung zur Direktvermarktung ist daher bei all denen, die mit der Kundschaft in Kontakt treten, notwendig. Ideenreichtum, Organisationstalent und kaufmännisches Geschick sind weitere Eigenschaften, die der Direktvermarkter mitbringen sollte.
Betriebliche Voraussetzungen – Dazu zählen Arbeitszeit, Standort, Marktpotential und Wirtschaftlichkeitsüberlegungen.

- **Arbeitszeit:** Die Direktvermarktung ist (unabhängig vom jeweiligen Absatzweg) auf jeden Fall sehr arbeitsintensiv. Es ist zu überlegen, ob freie Arbeitskapazitäten im Betrieb vorhanden sind und entsprechend eingesetzt werden können. Mögliche Arbeitsspitzen bei der Direktvermarktung (z. B. Spargelverkauf ab Hof in der Spargelsaison) und im sonstigen Betriebsablauf sind einzukalkulieren.

Abb. 1285 Absatzwege der Direktvermarktung.

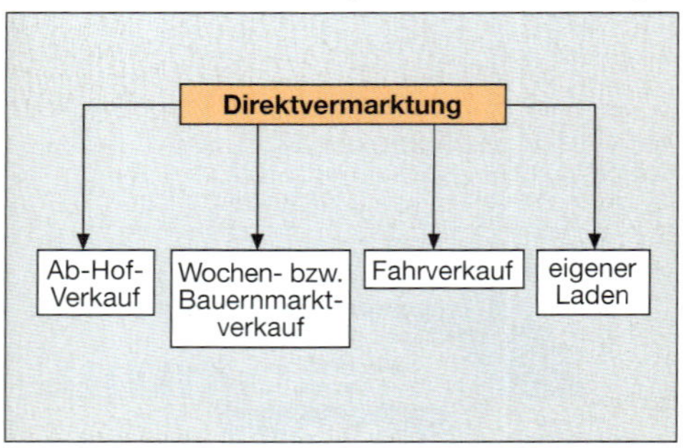

Tabelle 101: Standort des Betriebes und passende Vermarktungsform

Standort	Vermarktungsform
Ortsnähe und Stadtrand	► Ab-Hof-Verkauf, ► Frei-Haus-Verkauf, ► Selbstpflückanlage
befahrene Straße	► Ab-Hof-Verkauf, ► Selbstpflückanlage, ► Stand am Straßenrand
mit Pkw erreichbare Stadt oder Siedlung	► Marktstand, ► rollender Verkaufsstand, ► Frei-Haus-Verkauf, ► Belieferung von Großkunden
Tourismus- und Freizeitanlagen in der Nähe	► Stand auf Campingplatz, ► an Badeseen und Ausflugszielen
Marktferne	► Versand, ► Verkauf an Händler

- **Standort:** Je näher die Produktion am Absatzort liegt, desto geringer sind der Zeit- und Kostenaufwand für den Transport der Waren. Bei den kleinen Einzelmengen im Direktabsatz ist dies von besonderer Bedeutung.

Eine Lage in der Nähe von Städten oder Großstädten ist deshalb als ideal anzusehen. Tabelle 101 zeigt den Zusammenhang von Betriebsstandort und Vermarktungsform. Da nicht jede Vermarktungsform zu jedem Standort passt, muss der Betriebsleiter die für seinen Betrieb geeignete Form auswählen. Auch die Produkteigenschaften haben einen Einfluss auf die Eignung für die Direktvermarktung.

- **Marktpotenzial:** Vor dem Beginn der Direktvermarktung muss man versuchen abzuschätzen, wie viel von dem Produkt auf dem gewählten Vermarktungsweg abzusetzen ist. Die Überlegungen müssen auch auf die Anzahl der Kunden im Einzugsgebiet, den durchschnittlichen Pro-Kopf-Verbrauch, die Konkurrenz oder die Bereitschaft der Menschen, ihre Bezugsquelle zu wechseln, ausgedehnt werden.
- **Wirtschaftlichkeit:** Der Einstieg in die Direktvermarktung ist meist mit Investitionen (z. B. Verkaufsstand, -fahrzeug, Ladeneinrichtung) verbunden. Die dabei entstehenden Ausgaben zusammen mit anderen Kosten (z. B. Fremdlöhne, Versicherung, Telefon, Materialkosten für Verpackung) müssen über die Erlöse aus der Direktvermarktung mindestens wieder erwirtschaftet werden. Schließlich ist die Direktvermarktung nur dann sinnvoll, wenn die Arbeitszeit dadurch besser als beim bisherigen Einsatz entlohnt wird.

Abb. 1286 Günstige Absatzbedingungen in der Nähe vielbefahrener Straßen.

7.3.3 Preisgestaltung

Die Kunden verbinden mit der Direktvermarktung sehr unterschiedliche Preisvorstellungen. Manche erwarten durch den Einkauf direkt beim Erzeuger besonders günstige Preise, weil Zwischenhandel und z. T. Verarbeitung entfallen. Die Preise müssten aus Sicht des Kunden daher niedriger als im Kaufhaus sein, weil ja der Nachteil des für den Kunden weiten Weges in Kauf genommen wird. Für den Direktvermarkter ist eine Preisgestaltung auf oder unter dem *»Supermarkt-Niveau«* aber oft nicht sinnvoll, weil die Unkosten und der Zeitaufwand in dieser Vermarktungsform hoch sind. Bei einer Orientierung am Großmarktpreis ist deshalb ein Zuschlag einzukalkulieren.
Andere Käufer legen auf besondere Merkmale wie *Frische, Qualität, Bauernhof-Image* oder *»ökologische Erzeugung«* Wert und

Abb. 1287 Das Kundengespräch erfordert Kontaktbereitschaft und Freude am Umgang mit Menschen.

Tabelle 102: Zusammenhang zwischen Produkteigenschaft und Entfernung vom Kunden bei der Direktvermarktung.

Entfernung des Hofes	bis 5 km	5 – 10 km	20 km und mehr
Produkteigenschaften	leicht verderblich und häufig konsumiert	über längeren Zeitraum haltbar	Dauerwaren und Produkte mit hoher Wertschätzung
Beispiele	Milch, Teigwaren, Beerenobst, Frischgemüse	Eier, Kartoffeln, Brot, Schlachtgeflügel	Wurst, Wein, »Bio«-Produkte

Abb. 1288 Zur Direktvermarktung gehört ein Firmenzeichen.

Abb. 1289 Gemeinschafts-Logo »Einkaufen auf dem Bauernhof«.

Abb. 1290 Bio-Siegel für Produkte des ökologischen Landbaus (BMVEL).

Abb. 1291 **Beispiele** für Herkunftszeichen.

sind deshalb bereit, auch z. T. wesentlich höhere Preise zu bezahlen. Die Preise orientieren sich dann nicht am Supermarkt, sondern am Angebot anderer Direktvermarkter.
Dem Abnehmer muss dabei der Preisunterschied klar gemacht werden (z. B. Hervorheben der Qualität, niedrigere Erträge im ökologischen Landbau, höhere Kosten bei der Erzeugung in kleinen Einheiten, Aufwand für die Vermarktung).
Die Preisobergrenze wird meist durch Bereitschaft und Zahlungsfähigkeit der Stammkundschaft festgelegt, diesen Preis auf Dauer zu bezahlen und nicht auf billigere Angebote auszuweichen.
Die Preisgestaltung hängt insgesamt vom Produkt, der Qualität und der Zielgruppe (z. B. Bio-Kunden) ab. Auch die Vermarktungsart (z. B. Fahr-Verkauf oder Ab-Hof-Verkauf) hat einen Einfluss. Gegenüber der indirekten Vermarktung besteht meistens der Vorteil der geringeren Preisschwankungen.

7.3.4 Werbung

Wer seine Produkte direkt und zu einem möglichst hohen Preis an den Mann bzw. an die Frau bringen will, muss das Angebot bekannt machen und den Wert seiner Erzeugnisse herausstellen. Durch eine entsprechende Werbung kann dies auf breiter Basis erreicht werden.
Gerade zu **Beginn der Direktvermarktung** sind effektive Werbemaßnahmen wichtig, damit das Angebot bei möglichst vielen potenziellen Kunden bekannt wird. Dabei sollte eine zu große Ähnlichkeit mit typischen Werbemitteln des Lebensmittel-Einzelhandels vermieden werden.
Neben Postwurfsendungen und Beilagen in Zeitschriften bieten sich auch Hinweisschilder und die Eintragung in z.B. von den Kommunen aufgelegten *Adressenverzeichnissen für Direktvermarkter* an. Ebenso ist das Verwenden von *Gemeinschaftszeichen* eine wichtige Werbemaßnahme.
Beim **Ab-Hof-Verkauf** ist eine kundengerechte Gestaltung des Umfeldes grundsätzlich auch eine Maßnahme der Verkaufsförderung. Ein gepflegter Obstgarten, ein kleiner Streichelzoo oder Spielmöglichkeiten für Kinder können die Attraktivität erhöhen. Die ansprechende Ausstattung der Verkaufsräume, vorzugsweise mit Naturmaterialien, sowie die entsprechende Präsentation und Preisauszeichnung der Waren sollten selbstverständlich sein.

7.3.5 Sortimentgestaltung

Wenn der Direktvermarkter ein einzelnes Produkt während der Saison (z. B. Spargel) oder auch während des ganzen Jahres (z. B. Eier) verkaufen will, so muss dieses Produkt allein vom Preis oder von der Qualität her so attraktiv sein, dass es genügend Kundschaft anzieht. Beim Ab-Hof-Verkauf und großen Entfernungen ist dies manchmal schwierig.
Soll eine eigene Verkaufsstätte oder eine für den Direktabsatz vorgesehene spezielle Arbeitskraft ausgelastet werden, muss das *Sortiment erweitert* und interessant gestaltet werden. Die Kunden können dann einen größeren Teil ihres Lebensmittelbedarfs

Tabelle 103: Wichtige Werbemittel der Direktvermarktung

Werbemittel	Eigenschaften
Kleinanzeigen	preiswerte Erinnerungswerbung bei gleichbleibendem Angebot und für die Saisonwerbung; Unterstützung des Versandgeschäftes; müssen sich von anderen Anzeigen durch Farbe und Gestaltung abheben
Anzeigen	optische und textliche Gestaltung notwendig; schwierig in der Flut der Anzeigen abzuheben; geeignet für Saisonware und Sonderaktionen
Handzettel, Zeitungsbeilagen	gezielte, räumlich begrenzte Werbung mit hohem Aufforderungseffekt; besonders wichtig bei Neueröffnungen oder Sonderaktionen; Rückseiten als Werbeträger nutzbar
Schilder, Hinweistafeln	auf eigenen Fahrzeugen und Grundstücken; bedarf optischer Gestaltung und Abstimmung mit der übrigen Werbung und den geltenden Rechtsvorschriften
Direktwerbung	regelmäßige Ansprache über Telefon oder Post anhand der eigenen Kundenkartei; sehr erfolgreich; erfordert sorgfältige Vorarbeit
Verpackung und Etikett	gehört zur Profi-Ausstattung mit Werbekonzept; große Stückzahlen notwendig; bei einigen Produkten unumgänglich
Mund-zu-Mund-Propaganda	kostengünstiges und wirkungsvolles Werbeinstrument; produktunabhängige Anwendung möglich; hoher Aufmerksamkeitscharakter beim Kunden
Hof- und Erlebnisveranstaltungen	hervorragende Möglichkeit der Image-Verbesserung; großer Organisationsaufwand; bedarf Bekanntmachung mit Hilfe besonderer Werbemittel

Abb. 1292 **Beispiele** für Gütezeichen und Gemeinschaftszeichen ohne regionalen Bezug für Agrarprodukte:

1 Gütezeichen der Centralen Marketing-Gesellschaft der deutschen Agrarwirtschaft (CMA),
2 DLG-Siegel »Deutscher Güteverband Wein«,
3 Zeichen des deutschen Qualitätssicherungs-Systems »Qualität & Sicherheit«,
4 Gütezeichen der DLG für Futtermittel,
5 Zeichen der Gütegemeinschaft Eier,
6 Kontrollzeichen des Vereins für kontrollierte alternative Tierhaltungsformen (KAT),
7 Zeichen des Pan-Europäischen Forstzertifizierungs-Systems PEFC,
8 Gütezeichen »Echter deutscher Honig« des Deutschen Imkerbundes.

decken und der Weg zum Direktvermarkter wird leichter in Kauf genommen.

Auch die Stammkundschaft kann mit einem breiteren Angebot besser gehalten werden. Natürlich muss das Bauernhof-Image bzw. das Gefühl, direkt beim Erzeuger einzukaufen, erhalten bleiben.

Zum **Grundsortiment** zählen ganzjährig verfügbare Produkte wie Eier, Kartoffeln, Milch oder Fleisch. Ergänzt wird dieses durch das **Saisonsortiment** (z. B. Obst- und Gemüsearten, Weihnachtsgänse). Das **Randsortiment** besteht schließlich aus solchen Produkten, die nur einen geringen Anteil am Umsatz ausmachen, aber die Attraktivität des Gesamtangebots erhöhen (z. B. Marmeladen, Honig, Joghurt). Der Hauptteil des Umsatzes entfällt meist auf die konsumfertigen Produkte (z. B. Kartoffeln).

Abb. 1293 Direktvermarktung auf dem Wochenmarkt.

Neben den Nahrungsmitteln können auch andere Agrarprodukte (z. B. Felle, Bienenwachs, Kaminholz, Trockenblumen, Jungpflanzen) direkt vermarktet werden.

7.3.6 Rechtliche Bestimmungen

Direktvermarktende Betriebe, die einen Großteil ihrer Produkte *weitgehend selbst* verarbeiten (z. B. Herstellung von Backwaren aus Getreide) oder einen hohen Anteil ihres Umsatzes zukaufen (Eröffnung eines Handelsgeschäftes), unterliegen möglicherweise dem Gewerberecht und dem entsprechenden Steuerrecht.
Dies kann zum Verlust von Subventionen und zu einer höheren

Tabelle 104: Rechtsgrundlagen der Direktvermarktung (Beispiele)

Rechtsgrundlagen	wichtige Inhalte
Lebensmittel- und Bedarfsgegenstände-Gesetz	allgemeine, zusammengefasste Bestimmungen zum Schutz des Verbrauchers vor Gesundheitsschäden und Täuschungen
Höchstmengen-Verordnung	geben die Höchstmengen von Rückständen chemischer Substanzen in Lebensmitteln an
Fertigpackungs-Verordnung Lebensmittel-Kennzeichungs-Verordnung	schreibt vor, dass bei Fertigpackungen, die in *Abwesenheit* des Kunden verpackt und verschlossen wurden, Masse und Volumen des Inhalts, Verkehrsbezeichnung und Abschrift der Herstellerfirma oder des Verpackers oder Verkäufers, Zutaten und bei vielen Produkten das Mindesthaltbarkeitsdatum anzugeben sind
Eichgesetz	schreibt unter anderem die Eichpflicht von Messgeräten des Volumens oder der Masse vor
Preisangaben- Verordnung	schreibt vor, dass Waren, die an Endverbraucher abgegeben werden, mit Preisen (einschließlich MwSt.) ausgezeichnet werden müssen; gilt auch, wenn Werbung unter Angabe von Preisen betrieben wird
Ladenschluss-Gesetz	gilt für ortsfeste Verkaufseinrichtungen (Ladengeschäft, Verkaufsraum auf dem Hofgelände) und Verkaufswagen; es gelten dieselben Öffnungszeiten wie in der gewerblichen Wirtschaft (z. B. Öffnung Mo – Fr von 7.00 bis 20.00, Sa 7.00 bis 16.00); keine Anwendung auf den Verkauf ab Feldrand oder aus der Betriebsstätte (z. B. Scheune)
Baugesetzbuch und Bauordnungen der Bundesländer	bei Umbau von ehemaligen Stallungen zu Ladengeschäften und Verarbeitungsräumen (Nutzungsänderung) und beim Aufstellen ortsfester Verkaufsstände muss eine Baugenehmigung vorliegen; gilt ebenfalls für das Aufstellen von Werbetafeln, je nachdem wie groß sie sind, wo und wie sie angebracht werden
Gesetz gegen den unlauteren Wettbewerb	enthält allgemeine Bestimmungen zur Sicherung einer fairen Konkurrenz und über den Schutz vor Beeinträchtigung auf Verbraucher- und Produzentenseite
Handwerks- und Gewerbeordnung	eine *Reisegewerbekarte* muss beim Gewerbeamt beantragt werden, wenn außerhalb der Betriebsräume ohne Vorbestellung Waren feilgeboten werden; Direktvermarkter, die eigene Produkte verkaufen und weniger als 15 % zugekaufte Produkte vermarkten, benötigen keine; eine *Eintragung in die Handwerksrolle* ist dann vorzunehmen, wenn der durchschnittliche Umsatz und die durchschnittliche Arbeitszeit eines ohne Hilfskraft arbeitenden Betriebes des betreffenden Handwerkszweiges überschritten wird
Straßenverkehrsordnung	das Anbieten von Waren neben öffentlichen Straßen darf nicht auf den Verkehrsraum einwirken; auf öffentlichen Plätzen muss eine Genehmigung eingeholt werden

Besteuerung des Gesamtbetriebes führen. Außerdem sind neben den Hygiene-Vorschriften eine Reihe weiterer Rechtsvorschriften (Tabelle 104) zu beachten.

Aufgaben:

1. Unterscheiden Sie die Begriffe »Marketing« und »Vermarktung«.
2. Nennen Sie Produkte, bei denen der Anteil der Landwirtschaft am Verkaufserlös niedrig ist und begründen Sie Ihre Aussagen.
3. Nennen und erläutern Sie verschiedene Marketingarten.
4. Welche Bedeutung haben die Abkürzungen ZMP und CMA im Zusammenhang mit der Vermarktung?
5. Beschreiben Sie das Wesen sowie die Vor- und Nachteile eines Preiswettbewerbs- und eines Wertschöpfungsmarktes. Ordnen Sie Beispiele (Produkte) aus dem landwirtschaftlichen Bereich zu.
6. Welche verschiedenen Möglichkeiten der Direktvermarktung gibt es?
7. Zeigen Sie an Beispielen auf, welche besonderen Anforderungen die Direktvermarktung an den Betrieb und an die Beschäftigten stellt?
8. Welche Überlegungen sind bei der Produktauswahl und bei der Preisgestaltung in der Direktvermarktung zu machen?
9. Machen Sie Vorschläge für geeignete Werbemittel im Zusammenhang mit einem Hofladen.
10. Nennen Sie einige wesentliche gesetzliche Bestimmungen, die die Direktvermarktung betreffen.

Abb. 1294 Gut sichtbare und auffallende Hinweisschilder erhöhen die Marktchancen.

Abb. 1295 Stand eines alternativ wirtschaftenden Betriebes auf dem Markt.

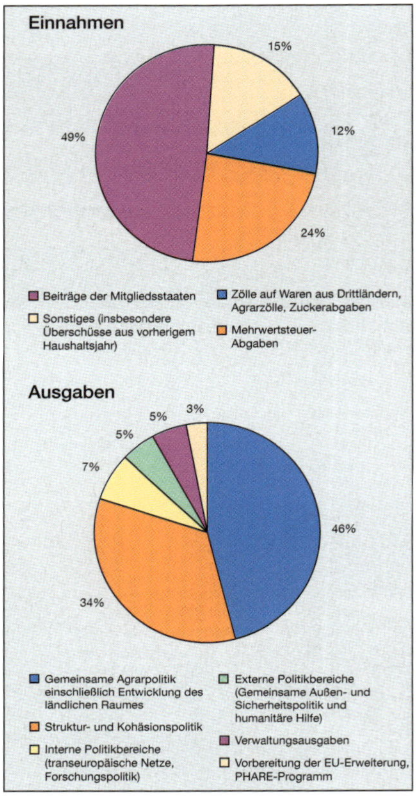

Abb. 1296 Aufteilung der Einnahmen und Ausgaben im Haushaltder EU (insgesamt: 95,7 Mrd. €; 2002).

7.4 Der Agrarmarkt der Europäischen Union (EU)

7.4.1 Rahmenbedingungen

Zielsetzung – Im Unterschied zu den meisten anderen Märkten ist der Agrarmarkt schon seit langem ein EU-weiter Markt. So wurden die Ziele der *gemeinsamen EG-Agrarpolitik* 1957 im Artikel 39 des **EWG-Vertrages** (EWG = **E**uropäische **W**irtschafts**ge**meinschaft – ein Vorläufer der EU) festgelegt:

- *Verbesserung der Produktivität* in der Landwirtschaft; dieses Ziel wurde über Erwarten erfüllt (Agrarüberschüsse).
- *Erhöhung des Pro-Kopf-Einkommens* in der Landwirtschaft zur Gewährleistung einer angemessenen Lebenshaltung.
- *Stabilisierung der Märkte,* d. h. diese von Preis- und Erntemengenschwankungen auf dem Weltmarkt unabhängig zu machen; dieses Ziel wurde zweifellos erreicht.
- *Sicherstellung der Versorgung der Bevölkerung;* auf dem heutigen Agrarmarkt der EU stellt sich diese Frage kaum noch.
- *Gewährleistung von angemessenen Verbraucherpreisen;* Nahrungsmittel sind im Vergleich zu anderen Produkten oder Dienstleistungen günstig wie noch nie.

Diese Zielsetzungen decken sich im Großen und Ganzen mit den im Landwirtschafts-Gesetz von 1955 formulierten Zielen der Agrarpolitik der Bundesrepublik Deutschland.

Mit den lange benutzten *Mitteln der Marktbeeinflussung* wie Intervention (z. B. Ankauf, Lagerung und Weiterverwertung von Agrarerzeugnissen durch die EU), Preis- und Abnahmegarantien, Subventionen (= Unterstützung bestimmter Wirtschaftszweige) wurde allerdings eine Situation geschaffen, die keineswegs befrie-

Abb. 1297 Der gemeinsame Agrarmarkt bezieht sich auf alle Mitgliedsstaaten der EU.

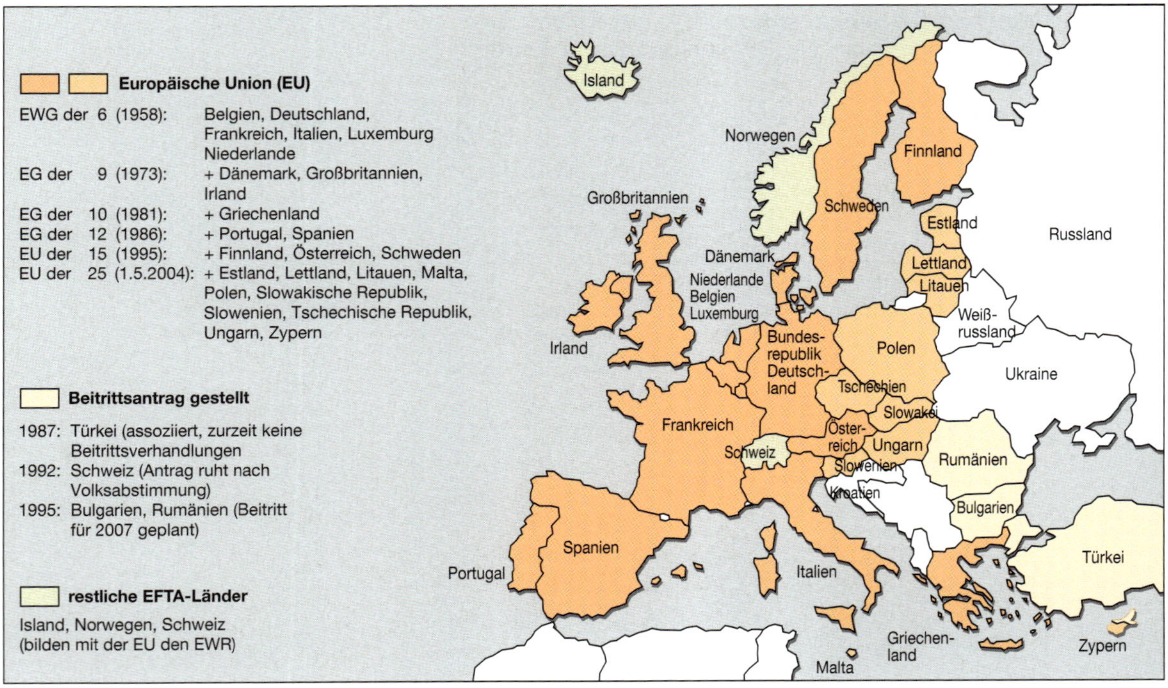

digen kann: Übervolle Agrarmärkte boten vielen Landwirten durch den Preisverfall kein ausreichendes Einkommen, und das, obwohl der Großteil der EU-Haushaltsausgaben für die Agrarpolitik verwendet wird.
Deshalb wurden im Zusammenhang mit der Agrarreform 1992 (siehe Abschnitt 7.5.4) neue Zielsetzungen und Leitlinien der Agrarpolitik erarbeitet:

- ► Schaffung einer wettbewerbsfähigen Landwirtschaft durch weitere Preissenkungen,
- ► direkte Entschädigung der Landwirte für niedrigere Preise,
- ► vermehrte Förderung umweltfreundlicher Produktionsweisen,
- ► Anerkennung, dass der Landwirtschaft die Aufgabe der Landschaftspflege zufällt,
- ► Langfristige Beseitigung der Überschussproduktion und damit Entlastung des EU-Haushaltes,
- ► Stabilisierung der Weltmärkte.

Marktorientierung, Struktur – In der heutigen Situation steht die Agrarpolitik im Spannungsfeld zwischen Marktorientierung und Strukturerhaltung.
Die **Marktorientierung** beinhaltet das »Prinzip des Wachsens oder Weichens.« Einige oder auch viele müssen bei ungünstigen Bedingungen aufhören, damit die Verbleibenden wieder ein ausreichendes Einkommen erwirtschaften können.
Dieser »Strukturwandel« beinhaltet allerdings noch einige Effekte, die mitbedacht werden müssen: z. B. soziale Absicherung der ausscheidenden Personen, Veränderung der Kulturlandschaft, Einflüsse auf die Umwelt, Verlust von Arbeitsplätzen, Entleerung des ländlichen Raums.
Beim Konzept der **Strukturerhaltung** wird versucht, die Auslesefunktion des Marktes für benachteiligte Standorte (z. B. benachteiligte Berggebiete) oder Betriebe (z. B. besonders kleine Betriebe) abzuschwächen oder zu verhindern.
Die Mittel zur Strukturerhaltung sind z. B. *Verhinderung von Preissenkungen* durch staatlichen Ankauf (Intervention) oder Mengenbegrenzung (z. B. Flächenstillegung, Milchquote), *direkte Einkommensbeihilfen* für alle Betriebe (z. B. über die Mehrwertsteuer) oder für bestimmte Betriebe (z. B. Zuschuss zu den Sozialversicherungskosten besonders für kleinere Betriebe) oder *Bestandsobergrenzen*.
Diese Maßnahmen sind allerdings teilweise so teuer, dass die Verantwortlichen in der EU-Politik bemüht sind, die Ausgaben zu senken oder wenigstens nicht weiter steigen zu lassen. Diese Bemühungen überschneiden sich mit den Forderungen der WTO.
WTO (GATT) – Das Welthandelsabkommen **GATT** (**G**eneral **A**greement on **T**arifs and **T**rade = Allgemeines Zoll- und Handelsabkommen) war eine Dauereinrichtung der Vereinten Nationen zur Liberalisierung des internationalen Warenaustauschs (Aufhebung von staatlichen Außenhandelsbeschränkungen).
Das damalige Provisorium GATT erhielt dann am 1. Januar 1995 durch die Gründung der **WTO (Welthandelsorganisation, World Trade Organization)** einen festen institutionellen Rahmen. Zur Zeit gehören 146 Mitglieder (auch Deutschland) der WTO an, über 90 % des Welthandels sind von den WTO-Regeln betroffen.

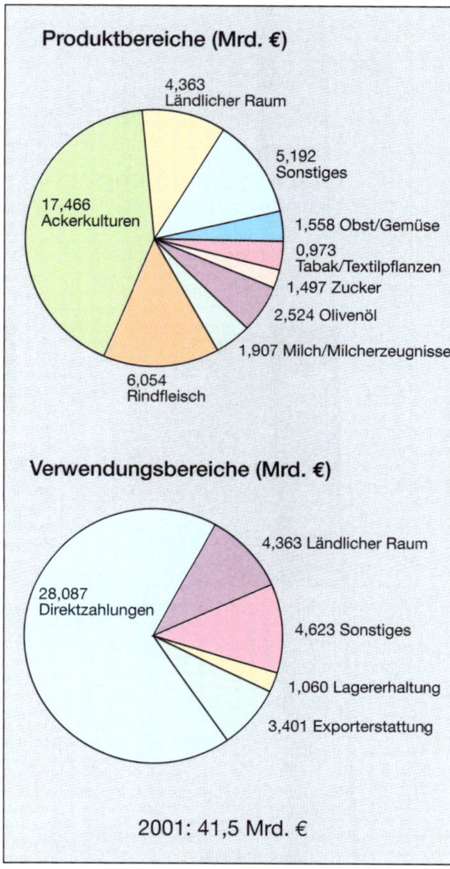

Abb. 1298 Übersicht über die Agrarausgaben der EU nach Produkten und Verwendungsbereichen (in Mrd. €, DBV, 2003).

Abb. 1299 Auswirkungen der WTO-Beschlüsse von 1992 im Agrarbereich Europas.

- Abbau der internen Agrarunterstützung um 20%,
- Senkung des Außenschutzes um 36%,
- Mindestmarktzugang für Agrareinfuhren,
- Kürzung der Exportsubventionen mengenmäßig um 21% und haushaltsmäßig um 36%

Abb. 1300 Das Bundesministerium für Ernährung, Verbraucherschutz und Landwirtschaft (BMVEL) informiert laufend und aktuell über Fördermaßnahmen.

Abb. 1301 Überblick über die Organe der Europäischen Union.

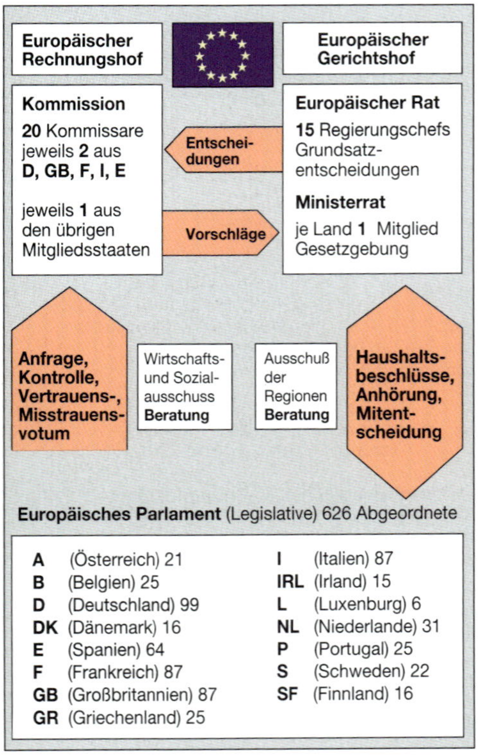

Unter der Annahme, dass ein freier internationaler Warenaustausch ein dauerhaftes Wirtschaftswachstum und Wohlstand für möglichst viele Länder bietet, wird immer wieder der Abbau von Zöllen und Handelsschranken verlangt. Gerade für die exportorientierte deutsche Wirtschaft sind offene Weltmärkte lebenswichtig, immerhin ist jeder 4. Arbeitsplatz in Deutschland vom Export abhängig.
Da sich laut WTO-Artikel 24 Freihandelsabkommen zwischen einzelnen WTO-Mitgliedern grundsätzlich auf alle Wirtschaftsbereiche beziehen müssen, bringt dies häufig eine eigentlich unerwünschte Billigkonkurrenz auf den EU-Agrarmärkten mit sich.

7.4.2 Ziele und Mittel der EU-Agrarpolitik

Neben den in Abschnitt 7.4.1 beschriebenen Zielen der EU-Agrarpolitik von 1957 ist die mengenmäßige Begrenzung eine wichtige Aufgabe der EU-Agrarpolitik, weil damit die Agrarausgaben gesenkt und die Marktchancen der Betriebe verbessert werden sollen.
Die Mengenrückführung oder -begrenzung kann über Preissenkungen oder über Produktionsbeschränkungen (z. B. Milchquote) erfolgen. Auch auf freiwilliger Basis wird versucht, über verschiedene Förderprogramme, eine Entlastung der Märkte für Lebensmittel zu erzielen.
Stabilisierung der EU-Binnenmärkte und Förderprogramme für die Agrarwirtschaft – EU-Binnenmärkte (innerhalb der Grenzen Europas liegende Märkte) erfahren einen **Schutz vor allzu großen Preisschwankungen,** welche z. B. aufgrund von wetterbedingten oder anderen Einflüssen auf die Erntemenge entstehen, durch folgende Maßnahmen:

- *Staatliche Ankäufe* (Intervention),
- *Prämien* für Lagerung, Verarbeitung und Erzeugung,
- *Exporterstattung,* wenn der Weltmarktpreis unter dem EU-Niveau liegt,
- *Verbilligungsaktionen* zur Steigerung des Absatzes.

Zur **Verminderung der Produktionsmengen** werden folgende Mittel eingesetzt:

- *Direkte Senkung der Agrarpreise* (siehe Marktordnungen),
- *Förderung* der extensiven Landbewirtschaftung und Flächenstilllegung,
- *Beschränkung der Intervention,* d. h. Begrenzung des staatlichen Ankaufs,
- *Kontingentierung* der Liefermengen (z. B. bei Zucker),
- *Festlegung einzelbetrieblicher Erzeugungsmengen* (z. B. Milchquote),
- *Beteiligung des Erzeugers an den Kosten der Überschussbeseitigung* (Mitverantwortungsabgabe bzw. Absatzfonds).

Zusätzlich werden als wichtiges Förderinstrument des Bundes und der Länder im Rahmen der Gemeinschaftsaufgabe »Verbesserung der Agrarstruktur und des Küstenschutzes« einzelbetriebliche **Fördermaßnahmen** für die Landwirtschaft auf freiwilliger Basis angeboten. Diese tragen dazu bei, die Betriebe umweltverträglich und wettbewerbsfähig zu machen.

Im Einzelnen werden derzeit folgende Programme angeboten:
- Agrarinvestitions-Förderungsprogramm,
- Förderung in benachteiligten Gebieten (Ausgleichzulage),
- Förderung von Junglandwirten,
- Förderung von Einkommenskombinationen,
- forstliche Förderung.

Weitere Förderprogramme der Agrarwirtschaft der EU, Deutschlands bzw. der einzelnen Bundesländer unterstützen die Produktion in den Betrieben finanziell, mildern die Folgen des Strukturwandels oder vermindern die Produktionsmengen in bestimmten Bereichen, z. B: Kulturlandschafts-Programm (Bayern), Investitions-Förderungsprogramm zur Arbeitserleichterung ohne Bestandsaufstockung, Gasölverbilligung, Tierprämien, Förderung der Erstaufforstung, Produktionsaufgaberente.
Für den Umweltschutz werden, teilweise zeitlich und regional begrenzt, Programme wie das Landschaftspflege-Programm, der Erschwernisausgleich auf Feuchtflächen oder Programme für Streuobstflächen angeboten.

Regelung des Außenmarktes – Die Regelung des Außenmarktes betrifft den Handel mit sog. Drittländern, d. h. mit Nicht-EU-Ländern und erfolgt durch folgende **Maßnahmen:**
- *Agrarzölle,* d. h. bei der Einfuhr in die EU wird ein Schutzzoll für Agrarprodukte verlangt, damit die inländischen Produkte nicht zusätzlich unter Preisdruck kommen.
- *Abschöpfung* von Preisunterschieden zwischen importierten und inländischen Produkten. Diese zollähnliche Maßnahme richtet sich im Unterschied zum Zoll (fester Prozentsatz) nach den Preisbewegungen innerhalb der EU (siehe Abschnitt Marktordnungen).
- *Einfuhrkontingente* begrenzen zeitlich oder mengenmäßig die Importe für bestimmte Produkte aus Drittländern.

Diese Maßnahmen zur Regelung des Außenmarktes und zum Schutz des Binnenmarktes stehen z. T. den Forderungen der WTO (siehe Seite 517) entgegen und werden deshalb in Zukunft immer mehr abgebaut (Abb. 1299).

7.5 Instrumente der Markt- und Preispolitik, der EG-Agrarreform und der Agenda 2000

7.5.1 Gemeinsame europäische Währung »Euro« (€)

Die *Europäische Währungseinheit* (ECU) war die einheitliche Verrechnungsbasis für den Waren- und Zahlungsverkehr in den Mitgliedsländern und bei der Marktsteuerung (sog. Grüne Kurse). Diese wurde 1995 durch das sog. *Agrimonetäre System* zum Ausgleich von Währungsschwankungen abgelöst.
Seit 1. Januar 1999 gilt in den meisten europäischen Ländern die gemeinsame europäische Währung **Euro** (€). Allerdings sind nicht alle Mitgliedsländer der EU auch bei der sog. EWU *(Europäische Währungsunion)* beteiligt. Im Jahr 2000 bildeten folgende 11 EU-Mitgleider diese sog. Euro-Zone: Belgien, Deutschland, Finnland,

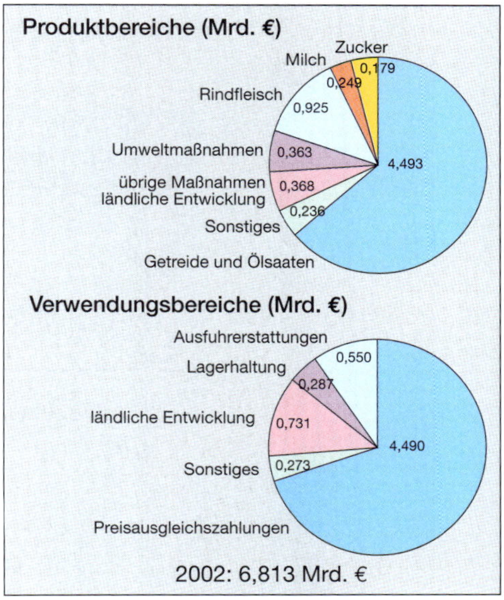

Abb. 1302 Im Jahre 2002 erhielt Deutschland aus dem Agrarhaushalt der EU 6,813 Mrd. €. Die Übersicht zeigt ihre Verwendung (DBV 2004).

Abb. 1303 Die Suche nach Wegen in der Agrarpolitik der EU ist schwierig und für den einzelnen Landwirt fast unüberschaubar.

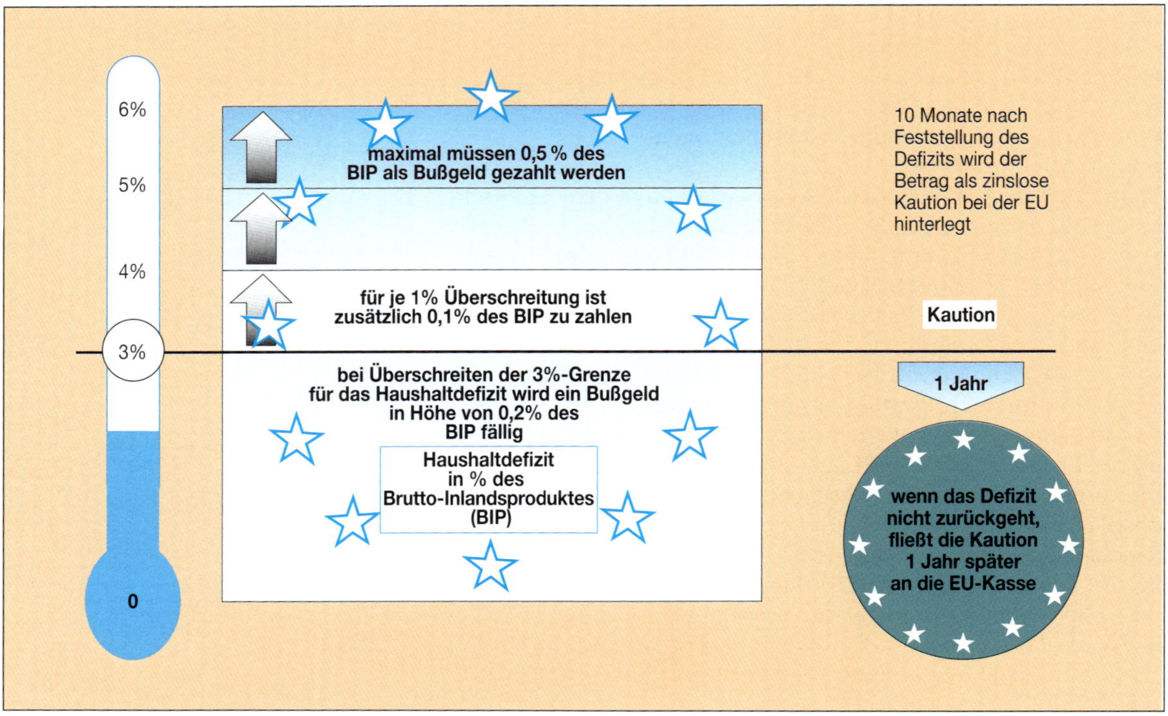

Abb. 1304 Sanktionen zur Erhaltung der Haushaltsdisziplin und der Mobilität des Euro (sog. »Maastricht-Kriterien«).

Frankreich, Irland, Italien, Luxemburg, Niederlande, Österreich, Portugal und Spanien; im Jahr 2001 kam Griechenland hinzu. Die Währung Euro wurde zum 1.1.2002 in der Euro-Zone eingeführt. Großbritannien stimmt 2003 über die Euro-Einführung ab.
Zum *Schutze der Stabilität* der gemeinsamen Währung müssen beitrittswillige Länder sog. Konvergenzkriterien (geringe Preissteigerung, niedrige Zinsen, geringe Neuverschuldung, niedriger Schuldenstand) erfüllen. Auch die bereits teilnehmenden Länder müssen diese Kriterien einhalten, ansonsten drohen entsprechende Sanktionen (siehe Abb. 1304).

Abb. 1305 **Beispiele** für die Agrarstützung im internationalen Vergleich (DBV 2003).

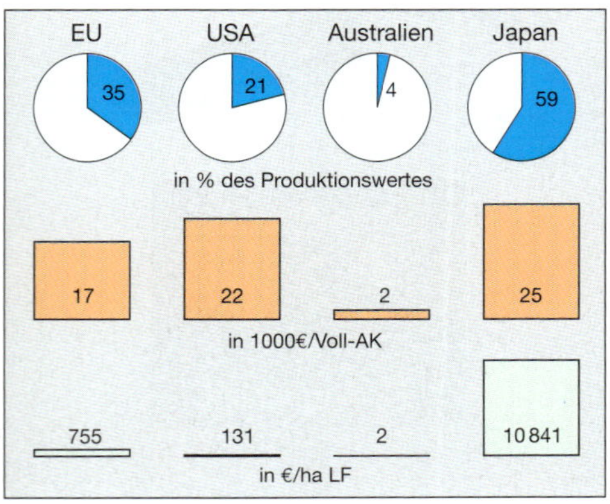

7.5.2 Europäischer Ausrichtungs- und Garantiefonds für die Landwirtschaft (EAGfL)

Der EAGfL, oft auch als EU-Agrarfonds bezeichnet, dient der Finanzierung der Maßnahmen der europäischen Agrarpolitik. Der Fonds besteht aus mehreren Abteilungen.
Die Geldmittel der **Abteilung »Ausrichtung«** dienen der Verbesserung der Flächen-, Betriebs- und Marktstruktur in den Mitgliedsländern. Dazu zählen z. B. die einzelbetriebliche Förderung der Landwirtschaft, die Flurbereinigung oder die Förderung von Vermarktungseinrichtungen.
Den weitaus größten Anteil am EAGfL hat allerdings die **Abteilung »Garantie«.** Beispiele für Einzelmaßnahmen sind hier die Stützungskäufe, Exporterstattungen oder die Lagerhaltungs- und Verarbeitungsbeihilfen.

7.5.3 Marktordnungen

Marktordnungen sind Instrumentarien des Gesetzgebers, Märkte zu regeln und zu ordnen anstatt sie dem freien Spiel der Marktkräfte auszusetzen. Gerade auf den Agrarmärkten kommt es durch naturbedingte Einflüsse (z. B. Missernten) und unterschiedlichste Produktionsvoraussetzungen zu großen Angebotsschwankungen und Wettbewerbsverzerrungen. Ein freies Spiel der Marktkräfte hätte enorme Auswirkungen auf die Verbraucherpreise, die Einkommen der landwirtschaftlichen Betriebe, die Versorgungssicherheit mit Nahrungsmitteln und auch auf die Umwelt.

Aus diesen Gründen werden in allen Industrieländern der Welt (ebenso in der EU) die Agrarmärkte geschützt und unterstützt. Die sog. Weltmarktpreise sind deshalb oft *Dumping-Preise*. In der EU sollen besonders **Marktordnungen** diesen Schutz gewährleisten. Insgesamt gibt es im gemeinsamen Markt über 20 Marktordnungen mit umfangreichen Schutzmaßnahmen, z. B. für Getreide, Zucker, Milchprodukte, Rindfleisch, Oliven und wichtige Obst- und Gemüsesorten.

Über 70 % aller Agrarerzeugnisse wurden bis vor einigen Jahren überwiegend durch *Stützungsaufkäufe* durch die EU in unbegrenzten Mengen geschützt. Dieses System führte zu erheblichen Überproduktionen in den verschiedensten Bereichen und zu enormen Kosten für die Lagerhaltung, den Absatz und teilweise sogar für die Vernichtung der Agrarprodukte.

Dennoch konnte gleichzeitig die Einkommensentwicklung in der Landwirtschaft nicht befriedigen. Die *Agrarreform von 1992* war deshalb seinerzeit überfällig. Auch diese Reform konnte nicht alle Probleme lösen; es folgte die Agenda 2000, die derzeit für den Agrarmarkt und die landwirtschaftliche Produktion maßgebend ist. Aber auch sie kommt 2004 auf den »Prüfstand«, Korrekturen sind abzusehen.

Einige Marktordnungen greifen nicht so umfassend (z. B. bei Schweinefleisch, Geflügel, Blumen, Eiern) und schützen nur vor Billigeinfuhren aus sog. Drittländern (Nicht-EU-Länder).

Beispiel: Die **Getreidemarktordnung** kennt eine Binnenmarktregelung und eine Regelung des Außenhandels.

Binnenmarktregelung: Für den Binnenmarkt stellt der Interventionspreis ein Mindestpreisniveau dar, zu dem die staatlichen Interventionsstellen das ihnen angebotene Getreide (Weizen, Roggen, Gerste, Mais) aufkaufen müssen. Die Qualität der angebotenen Partien muss dabei dem EU-Standard (z. B. gesunde Ware mit gesundem Geruch, fei von Schädlingen) entsprechen.

Als Ausgleich für die Absenkung der Getreidepreise wird eine Hektarprämie bezahlt, die sich aus einem Durchschnittsertrag von 56 dt/ha berechnet und regional abgestuft werden kann. Da diese Prämie für größere Erzeugungsgebiete gilt, werden schlechtere Ertragslagen tendenziell besser gestellt.

Voraussetzung für den Prämienbezug ist bei Betrieben ab 16,4 ha die Stilllegung eines für das jeweilige Jahr festgelegten Anteils der Fläche. Der Anbau sog. »Nachwachsender Rohstoffe« wird als Stilllegung anerkannt. Monatliche Zuschläge (Reports) sollen die

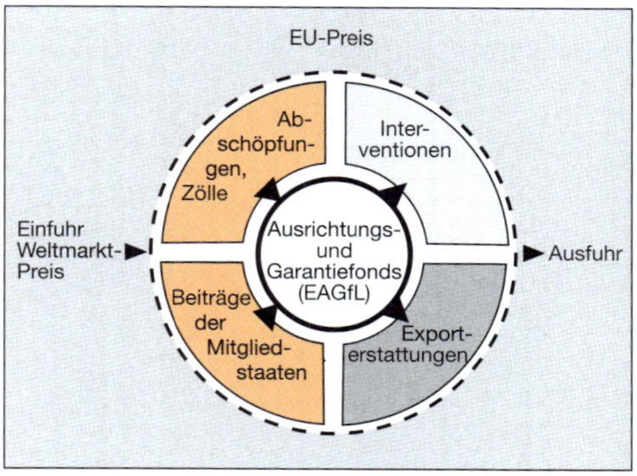

Abb. 1306 Schema des gemeinsamen Agrarmarktes.

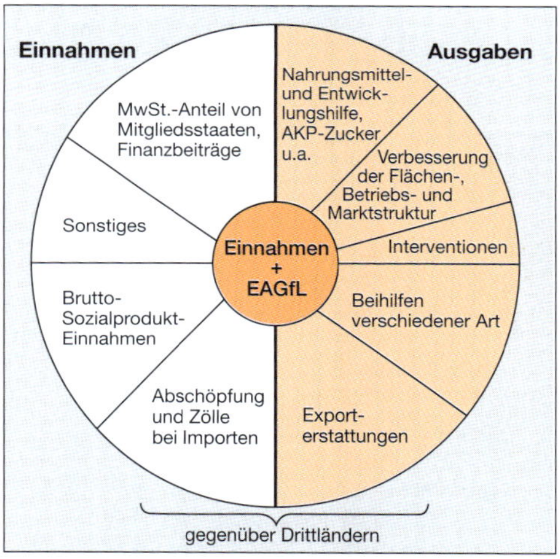

Abb. 1307 Vereinfachte Darstellung der EU-Agrarfinanzierung.

Abb. 1308 Verwendung der Mittel im Rahmen des EAGfL (2000).

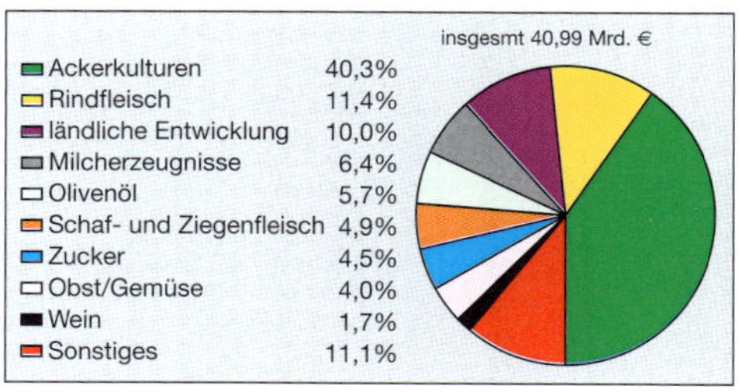

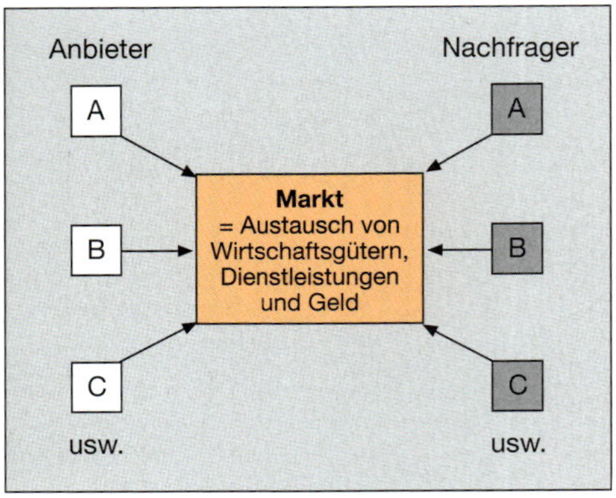

Abb. 1309 So funktioniert der Markt als Ausgleich von Angebot und Nachfrage.

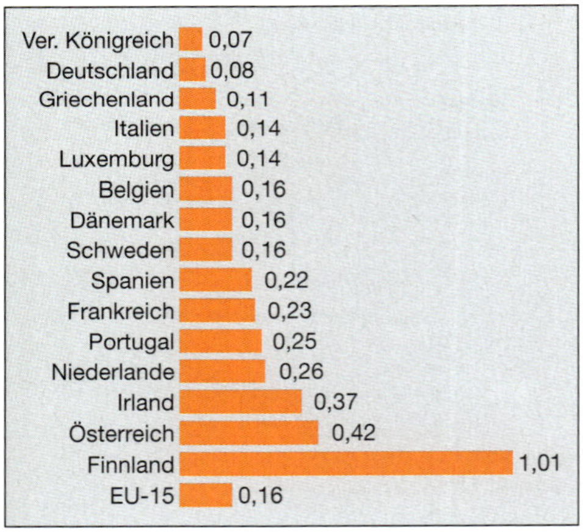

Abb. 1310 Nationale staatliche Beihilfen für die Landwirtschaft in den EU-Mitlgiedstaaten (in % des Brutto-Inlandsproduktes, 2001, DBV 2003).

anfallenden Lagerkosten und saisonale Schwankungen ausgleichen.

Regelung des Außenhandels: Die Einfuhrschwelle für Getreide wird auf einen Abstand von maximal 55 % über dem Interventionspreis begrenzt.Die Einfuhrabgaben errechnen sich dann aus der Differenz zwischen dem repräsentativen Einfuhrpreis (cif-Preis; cif = cost, insurance, freight – täglich von der EU-Kommission neu festgelegt) und 155 % des Interventionspreises. Zur Überwachung des Außenhandels werden für Importe und Exporte Lizenzen vergeben.

Bei einem niedrigen Weltmarktpreis wird der Preisunterschied dann durch die Exporterstattung ausgeglichen. Sollte der Weltmarkpreis hoch sein, kann ein übermäßiger Abfluss von Getreidemengen aus dem Binnenmarkt durch einen Exportstopp verhindert werden (selten).

Für Getreidearten wie Hafer, Triticale, die nicht von der Intervention erfasst sind, gelten feste Einfuhrzölle.

7.5.4 Agrarreform von 1992

Die nahezu unbegrenzte Stützung der Preise auf den Agrarmärkten hatte zu einer ungeheueren *Überproduktion* geführt (z. B. Butterberge, Milchseen, Rindfleischberge), deren Beseitigung enorme Kosten verursachte und zudem den internationalen Handel störte. Im Mai 1992 beschloss deshalb der Rat der damaligen EG-Außenminister eine grundlegende Reform der Agrarpolitik.

Jetzt sollten die Einkommen der Landwirte nicht mehr über Stützungskäufe, sondern über Preissenkungen (Absenkung der Preise allmählich auf Weltmarktniveau) bei Agrarprodukten und Direktzahlungen zum Ausgleich der entscheidenden Einkommensverluste gesichert werden. Neben der Einkommenssicherung für Landwirte sollte die **Agrarreform 1992** die Agrarproduktion insgesamt dauerhaft begrenzen sowie Umwelt und Natur schützen und schonen.

Die Agrarreform bezog sich im **pflanzlichen Bereich** auf Getreide, Ölsaaten, Eiweißpflanzen, Tabak, Trockenfutter und nachwachsende Rohstoffe. Im **tierischen Bereich** waren Rindfleisch, Mutterkuhhaltung, Schaffleisch und Milch betroffen.

7.5.5 Agenda 2000

Dieses System der Agrarreform 1992 aus Preissenkungen, Flächenprämien, Stilllegungsauflagen und Tierprämien wurde durch die **Agenda 2000** fortgeschrieben und den Anforderungen der EU-Osterweiterung, der laufenden WTO-Verhandlungsrunden sowie der Globalisierung der Agrarmärkte angepasst.

Die **Marktordnungen** in der **Pflanzlichen Erzeugung** werden im Wesentlichen beibehalten, wobei aber der Interventionspreis für Getreide in zwei Stufen auf 101,31 €/t gesenkt und im Gegenzug die Ausgleichszahlungen je Hektar angehoben werden. Die obligatorische Flächenstilllegung wird auf 10 % festgelegt, auch eine freiwillige Stilllegung soll grundsätzlich möglich sein. Die monatlichen Zuschläge (Reports) bleiben ebenfalls erhalten.

Tabelle 105: Marktordnungspreise und Ausgleichszahlungen für pflanzliche Erzeugnisse nach der Agenda 2000[1])
(Stand: April 2003, auf volle € gerundet)

Position Jahr	Fruchtart	1997/98	2000/01	2001/02	2002/03	2003/04	2004/05	2005/06
					€/t			
Interventionspreis	Getreide	119,19	110,25	101,31	101,31[2])	101,31[2])	101,31[2])	101,31[2])
					€/ha			
Ausgleichszahlung	Getreide[3])	305	329	353	353[2])	353[2])	353[2])	353[2])
	Mais[4])	*409*	*441*	*474*	*474[2])*	*474[2])*	*474[2])*	*474[2])*
	Ölsaaten	587	499	442	353	353	353	353
	Öllein	581	539	462	353[2])	353[2])	353[2])	353[2])
	Eiweißpflanzen	440	407	407	407	407	407	407
					€/t[5])			
Mindestpreis	Stärkekartoffeln	210	194	178	178	178	178	178
Ausgleichs-Zahlung	Stärkekartoffeln	87	99	111	111[2])	111[2])	111[2])	111[2])
					€/ha			
Stilllegungs-Prämie		386	329	353	353[2])	353[2])	353[2])	353[2])

Umrechnungskurs € : DM = 1,95583 DM/€.
[1]) Bundesdurchschnitt, Referenzertrag 56,1 dt/ha.
[2]) Kann sich bei etwaiger Kürzung des Interventionspreises ändern; in diesem Fall wird die Ausgleichszahlung erhöht.
[3]) Getreide einschließlich Mais und Silogetreide.
[4]) Für Regionen mit eigener Referenzfläche für Mais; z. B. Bayern: Referenzertrag 75,2 dt/ha.
[5]) Für die Menge Kartoffeln, die zur Herstellung von 1 t Stärke erforderlich ist, z. B. bei 17 % Stärkegehalt = 5,88 t Kartoffeln.

Bei der **Marktordnung für Rindfleisch** wurde mit Beginn des Jahres 2002 die Rindfleischintervention abgeschafft und dafür bei einem niedrigeren Preisniveau die Beihilfe zur privaten Lagerhaltung eingeführt. Bei einem noch tieferen Preis greift dann erst die sog. *Sicherheits-Intervention.*

Abb. 1311 EU-Zollmechanismen am **Beispiel** der EU-Getreidemarktordnung.

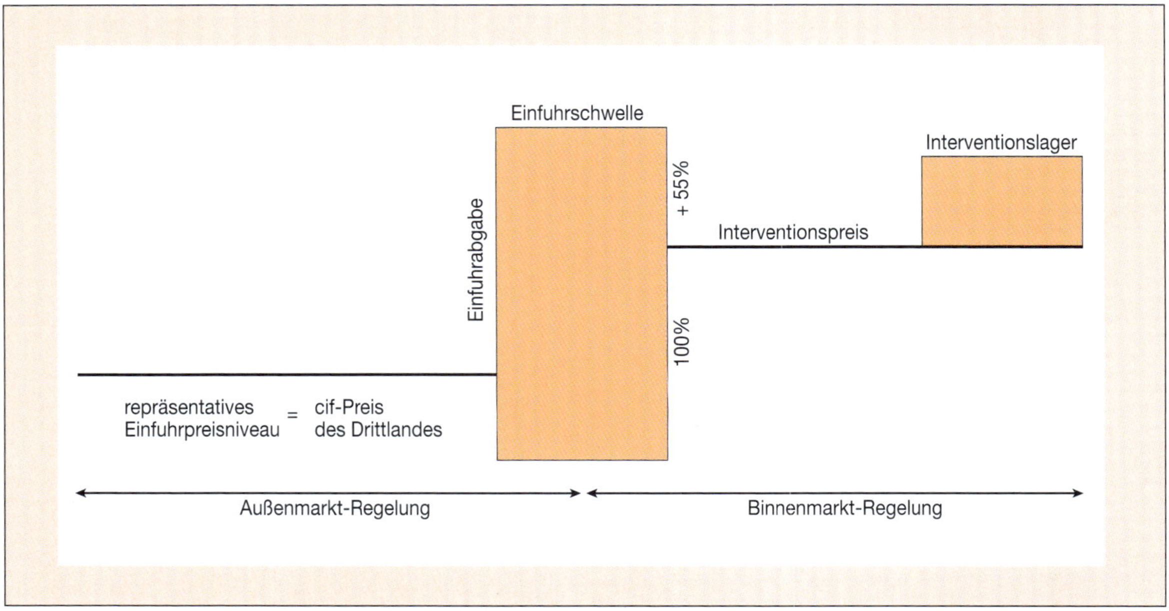

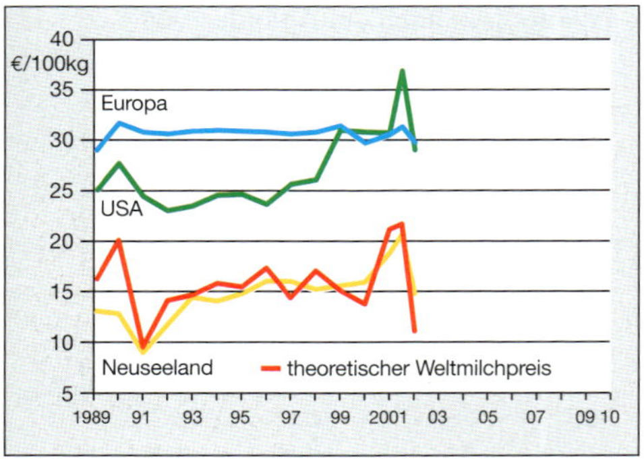

Abb. 1312 Preisentwicklung auf dem internationalen Milchmarkt (DBV 2003).

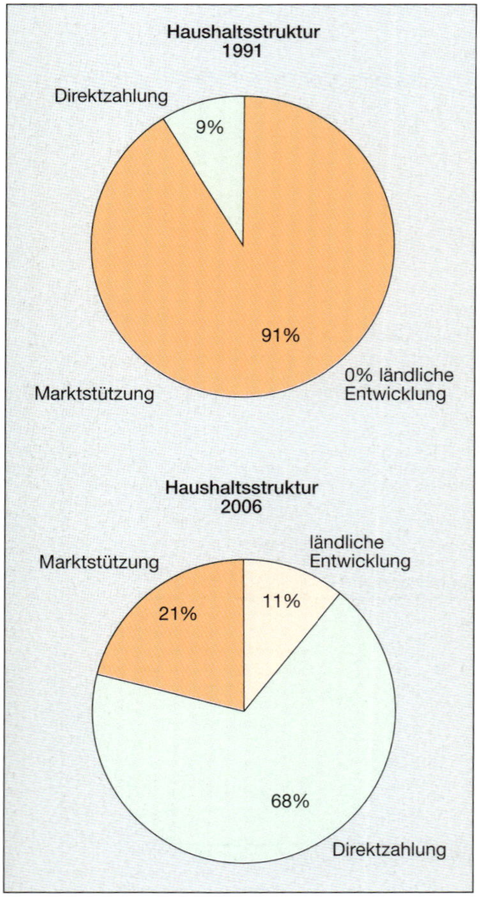

Abb. 1313 Die von der Agenda 2000 vorgeplante Entwicklung des EU-Agrarhaushalts (EAGfL – Abteilung Garantie; DBV 2004).

Betriebe mit einer Viehbesatzdichte von maximal 2 GVE/ha erhalten je Tier eine Grundprämie und zusätzlich eine Schlachtprämie. Außerdem werden in abgestufter Form Extensivierungsprämien gewährt. Die Mitgliedsländer erhalten die Möglichkeit, von der bisherigen 90-Tiere-Obergrenze abzuweichen und über die Verwendung der sog. Zusatzplafonds selbst zu entscheiden.

Im Bereich der *Milcherzeugung* wird der Richtpreis in 3 Schritten gesenkt und zum Ausgleich ab dem Jahr 2005/2006 ein Prämiensystem eingeführt. Die Quotenregelung wird bis zum Jahr 2008 verlängert, wobei einige Mitgliedsländer zusätzliche Milchquoten erhalten.

Künftig haben die Mitgliedsländer die Möglichkeit der sog. *Modulation*, d. h. dass bei Überschreiten bestimmter Grenzen (z. B. günstige wirtschaftliche Lage der Betriebe einer Region) die Direktzahlungen bis zu 20 % gekürzt und die eingesparten Mittel im Rahmen der ländlichen Entwicklung (z. B. Junglandwirte-Programm) eingesetzt werden können.

Da die **Richtigkeit der Angaben** bei den Prämienanträgen Voraussetzung für das Funktionieren des gesamten Systems ist, werden neben den Anträgen selbst auch stichprobenartig die Betriebe vor Ort geprüft.

Tabelle 106: Preise und Ausgleichszahlungen im tierischen Bereich nach der Agenda 2000 (Stand: 4/03)

	1999/00	**2000/01 €/t**	**2001/02**	**ab 2002/03**
Marktordnungspreise				
Interventionspreis (100%) [1]	3475	3242	3013	(2780)
Grundpreis	–	–	–	2224
Auslöseschwelle (80 %)	2780	2595	2410	entfällt
Auslöseschwelle für Sicherheitsintervention (60 %)	2085	1945	1808	1560
	1999	**2000 €/Tier**	**2001**	**ab 2002**
Grundprämien				
Bullen (Einmalprämie)	135,0	160	185	210
Ochsen (2x)	108,7	122	136	150
Mutterkühe (jährlich)	144,0	163	182	200
Extensivierungszuschlag [2]				
Bullen/Mutterkühe	36	100	100	100
Schlachtprämien				
ausgewachsene Rinder [3]	–	27	53	80
Kälber	–	17	33	50
Ergänzungsbetrag [4]	–	7	13	19

[1] Senkung in drei Schritten um insgesamt 20 %; obligatorische Intervention endet 2001/2002; bei Unterschreitung von 103 % des Grundpreises (=2291 €/t) können seit 1.7.2002 Beihilfen für die private Lagerhaltung gewährt werden. [2] Wenn die betriebliche Besatzdichte weniger als 1,4 GVE beträgt. [3] Bullen, Ochsen, Mutterkühe, Milchkühe und Färsen (älter als 8 Monate). [4] Der Ergänzungsbeitrag je Schlachttier errechnet sich aus dem Deutschland zustehenden Ergänzungsplafond (z. B. 2000: 29,5 Mi. €, 2001: 58,9 Mio €, 2002 und Folgejahre: 88,4 Mio €) dividiert durch die Anzahl der geschlachteten Tiere.

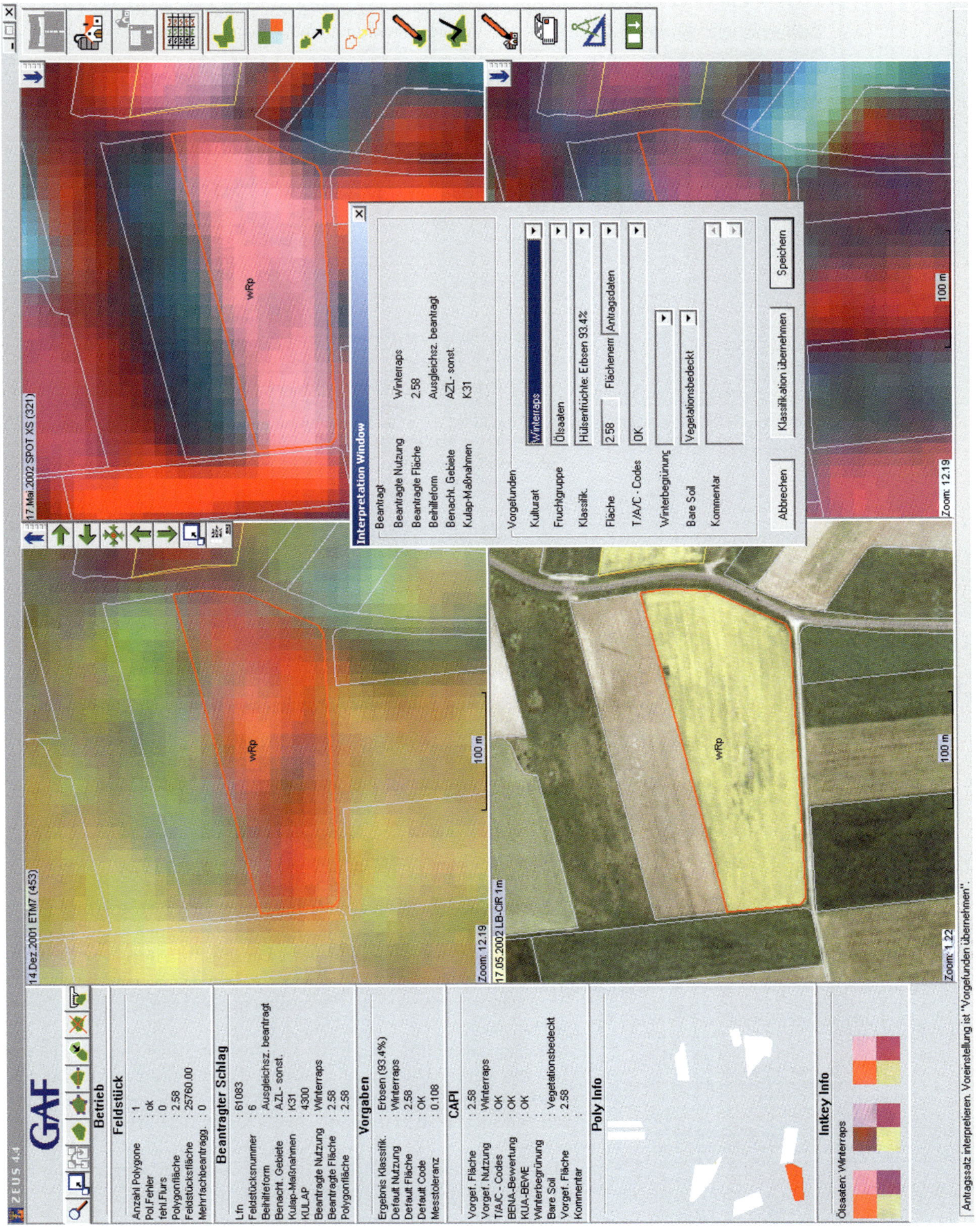

Abb. 1314 Kontrolle vom Himmel – die EU lässt via Satellit prüfen, ob die Bauern die Auflagen der Förderprojekte einhalten (Landsat TM).

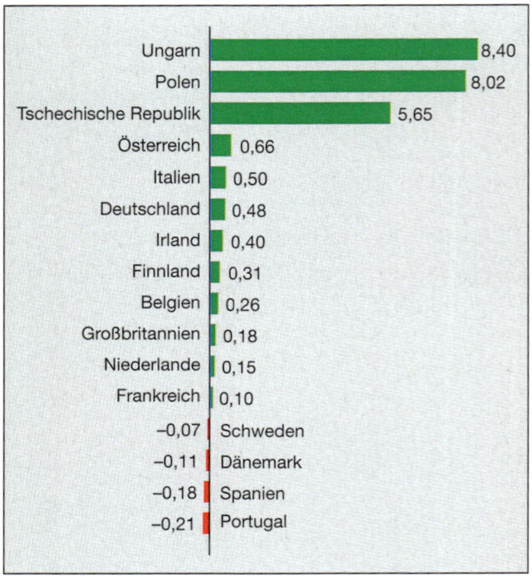

Abb. 1315 Geschätztes zusätzliches Wirtschaftswachstum (in %) in den Jahren 2001–2010 als Folge der EU-Erweiterung (DBV 2003).

Tabelle 107: Preise und Ausgleichszahlungen für Milch und Milchprodukte (Stand: 4/03)

	bis 30.6.2005	**2005/06 €/100 kg**	**2006/07**	**ab 1.7.2007**
Milchrichtpreis	30,98	29,23	27,47	25,72
Interventionspreis [1]				
Butter	328,20	311,79	295,38	278,97
Magermilchpulver	205,52	195,24	184,97	174,89
	bis 2004	**2005 €/t [2]**	**2006**	**ab 2007**
Milchprämie	–	5,75	11,49	17,24
		in Mio. t		
Ergänzungsbeitrag Milch Deutschland 3)	–	72	144	216

[1]) Senkung in drei Schritten um insgesamt 15 %. [2]) Einzelbetriebliche Referenzmenge. [3]) Beim Ergänzungsbetrag haben die EU-Mitgliedstaaten die Möglichkeit, die Mittel nach der einzelbetrieblichen Milchreferenzmange oder nach dem Umfang der einzelbetrieblichen Grünlandfläche zu verteilen.

Zur *Überprüfung der Flächenangaben,* gerade auch bei Flächenteilungen, können dabei auch Satellitenaufnahmen (siehe Abb. 1314) herangezogen werden.
Landwirte können z. B. über Maschinenringe entsprechende GPS-Ausrüstungen ausleihen, um ihre Flächen (auch ohne Behörden) zu erfassen.

7.5.6 Die Erweiterung der Europäischen Union

Erweiterung – Nachdem die Beitrittsverhandlungen erfolgreich abgeschlossen sind, werden im Jahre 2004 zehn neue Mitglieder *(Estland, Lettland, Litauen, Malta, Polen, Slowakische Republik, Slowenien, Tschechische Republik, Ungarn, Zypern)* in die Europäische Union (EU) aufgenommen. Vorraussetzung für diese bisher größte Erweiterung der EU war das **Nizza-Abkommen,** in dem die notwendigen Reformen der EU-Institutionen beschlossen wurden. (Bulgarien und Rumänien sollen 2007 folgen).
Außerdem müssen die Beitrittskandidaten die so genannten **Kopenhagener Kriterien** erfüllen. Diese beinhalten sowohl politische wie auch wirtschaftliche Vorgaben (z. B. Einhaltung der Menschenrechte, stabile Demokratie, funktionierende Marktwirtschaft).
Mit der Aufnahme dieser 10 Länder wird sich die Fläche der EU um über 30 % ausdehnen und die Bevölkerung in der EU wird um ca. 75 Mio. Menschen zunehmen, so dass ein gemeinsamer Markt von fast einer halben Milliarde Verbrauchern entsteht.
Das durchschnittliche Brutto-Inlandsprodukt je Bürger in der EU wird dabei statistisch allerdings um ca. 16 % sinken.
Mit der Aufnahme in die EU ist nicht automatisch der Beitritt zur Europäischen Währungsunion (EWU) verbunden. Dazu müssen

Abb. 1316 Vom Europäischen Rat festgelegte Beitrittskriterien (Juni 1993, Kopenhagen).

Auf dem Europäischen Rat von Kopenhagen (Juni 1993) wurden folgende Beitrittskriterien festgelegt:
- **Institutionelle Stabilität** (als Garantie für Demokratie, Rechtsstaatlichkeit, Menschenrechte und Achtung und Schutz von Minderheiten).
- **Funktionsfähige Marktwirtschaft** (Fähigkeit, dem Wettbewerbsdruck und den Marktkräften innerhalb der EU standzuhalten.
- Fähigkeiten, die aus einer EU-Mitgliedschaft erwachsenden **Verpflichtungen** (Politische Union, Wirtschafts- und Währungsunion) **zu übernehmen** und verwaltungsmäßig **umzusetzen.**

erst die so genannten Konvergenzkriterien (siehe 7.5.1) erfüllt werden.

Auswirkungen – Die Auswirkungen auf die **Agrarproduktion** und dem **Agrarmarkt** sind erheblich.

In der Landwirtschaft der Beitrittsländer herrscht ein gewaltiger Arbeitskräfteüberschuss bei entsprechend geringen Löhnen in den ländlichen Regionen. Auf 1 ha Fläche kommen im Durchschnitt dreimal so viele Arbeitskräfte wie in der EU, die Erträge sind dagegen wesentlich niedriger.

Derzeit sind die meisten Beitrittsländer gegenüber der EU Netto-Importeure von Agrargütern, d. h. sie importieren aus der EU mehr Agrarprodukte als sie im Gegenzug dorthin exportieren. Da die Preise der tierischen und pflanzlichen Produkte sich dem EU-Niveau schon angenähert haben, wird der in Zukunft vergrößerte Absatzmarkt auch in der Agrarbranche positiv gesehen.

Die Beitrittsländer sichern grundsätzlich die Übernahme der EU-Markt- und Preispolitik zu. Allerdings verlangen beide Seiten teilweise *Übergangsfristen* (z. B. beim Tierschutz und in Pflanzenschutzfragen sowie bei der Vergabe von Produktionsquoten), um sich auf die neue Situation einstellen zu können.

In das *System der Direktzahlungen* für Landwirte als Ausgleich für die Absenkung von Garantiepreisen werden die neuen Mitgliedsländer schrittweise einbezogen, wobei aber eine gewisse Gesamtsumme nicht überschritten werden soll Plafondierung (= Begrenzung) auf das Niveau vom Jahre 2006 mit einem Inflationsausgleich von 1% jährlich). Die zusätzlichen Kosten durch die neuen Mitgliedsstaaten sollen dann durch Einsparungen bei allen ausgeglichen werden.

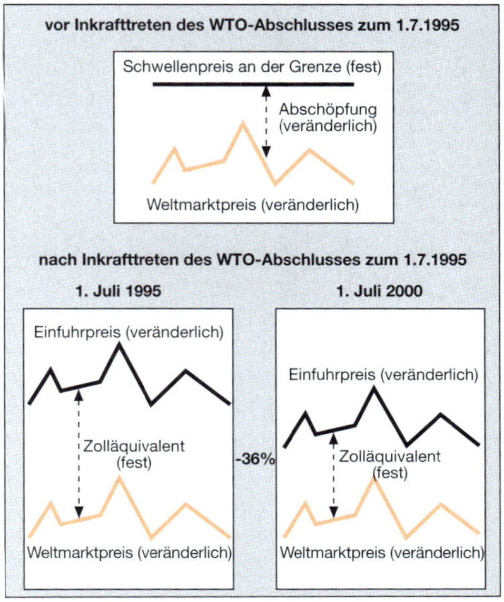

Abb. 1318 EU-Zollmechanismen im Agrarbereich.

Aufgaben:

1. Welche wesentlichen Ziele verfolgt die EU-Agrarpolitik?
2. Beurteilen Sie generell die Auswirkungen der WTO-Beschlüsse auf die deutsche Landwirtschaft.
3. Mit welchen Mitteln oder Maßnahmen werden die EU-Binnen- und Außenmärkte gesteuert?
4. Erläutern Sie, was man unter EAGfL versteht.
5. Zeigen Sie am Beispiel Getreidemarkt das Funktionieren einer Marktordnung auf.
6. Erläutern Sie die wesentlichen Bestimmungen der Agenda 2000 in den verschiedenen Produktbereichen.
7. Diskutieren Sie Vor- und Nachteile der EU-Erweiterung.
8. Wieviele Staaten gehören nach der Erweiterung 2004 zur EU?

8 Grundlagen des Vertragsrechts

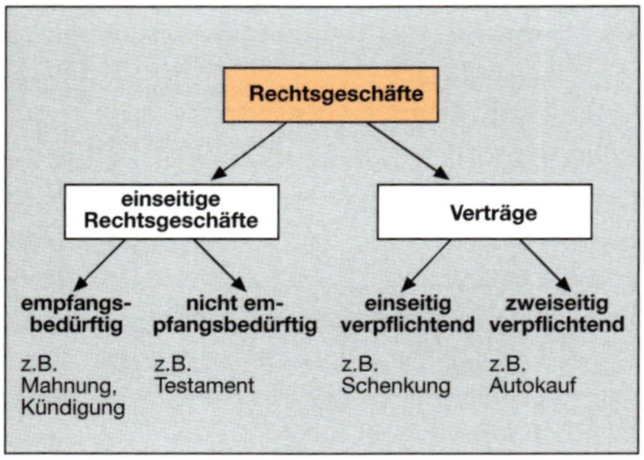

Abb. 1319 Einteilung der Rechtsgeschäfte.

Die meisten Erwachsenen schließen fast täglich eine Vielzahl von Verträgen ab. Allerdings wird oft die *Vertragsschließung nicht erkannt,* weil der Rechtsvorgang so alltäglich ist oder der Vertrag nicht schriftlich abgeschlossen wird. Alle Rechtsgeschäfte bringen jedoch *Rechte* und *Pflichten* mit sich, die man kennen muss, um unliebsame Überraschungen zu vermeiden.
Am häufigsten haben wir es mit dem Kaufvertrag zu tun. Er wird anschließend an die allgemeinen vertragsrechtlichen Bestimmungen beispielhaft behandelt.

8.1 Allgemeine vertragsrechtliche Bestimmungen

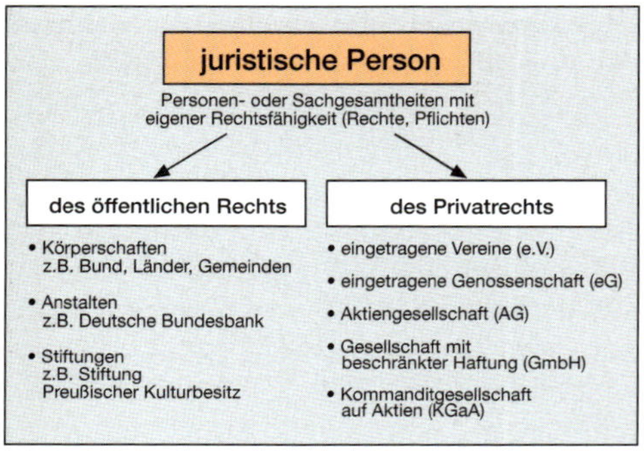

Abb. 1320 Juristische Personen sind Rechtsgebilde.

Arten von Verträgen – Ein Landwirtsehepaar fährt mit dem Omnibus *(Beförderungsvertrag)* zum Einkaufen in die Stadt. In einem Elektrogeschäft bestellt die Ehefrau einen neuen Küchenherd *(schriftlicher Kaufvertrag)*. Nach dieser Bestellung geht das Ehepaar zum Kaffeetrinken *(Dienstleistungsvertrag)* und kauft danach noch einige Kleinigkeiten in einem Haushaltswarengeschäft ein *(Kaufvertrag bei Selbstbedienung* aus den Regalen).
Bevor die Rückfahrt angetreten wird, ersteht die Frau auf dem Wochenmarkt beim Gärtner noch Salatpflanzen *(mündlicher Kaufvertrag)*. Währenddessen holt sich der Mann aus einem Automaten Zigaretten *(stillschweigender Kaufvertrag)*.
Abb. 1320 zeigt die Einteilung der verschiedenen Vertragsarten.
Hauptbestandteil eines Vertrags ist immer die *übereinstimmende Willenserklärung* (Antrag und Annahme) von mindestens 2 Personen.
Rechtsfähigkeit und Geschäftsfähigkeit – Für den Vertragsabschluss ist in der Regel erforderlich, dass die vertragschließenden Personen rechtsfähig und geschäftsfähig sind.
Die Rechtsfähigkeit beginnt bei **natürlichen Personen** mit der Vollendung der Geburt und endet mit dem Tode. **Juristische Personen** des privaten Rechts (z. B. Genossenschaften, Erzeugergemeinschaften) erlangen die Rechtsfähigkeit durch das Erfüllen bestimmter Anforderungen und der Eintragung in ein Register beim Amtsgericht.
Unter **Geschäftsfähigkeit** versteht man die Fähigkeit, rechtswirksam (z. B. in Form von Verträgen) handeln zu können. Zum *Schutze* der betroffenen Personen vor unüberlegtem Handeln ist die Geschäftsfähigkeit vom Lebensalter und von seelisch-geistigen Schäden abhängig.
Geschäftsunfähig ist, wer
- das 7. Lebensjahr noch nicht vollendet hat,
- dauernd geistesgestört ist,
- wegen Geisteskrankheit entmündigt ist.

Beschränkt geschäftsfähig sind
- Minderjährige vom 7. – 18. Lebensjahr,
- wegen Geistesschwäche, Verschwendung oder Trunksucht Entmündigte,
- vorläufig unter Vormundschaft Gestellte.

Abb. 1321 Einteilung von Vertragsarten.

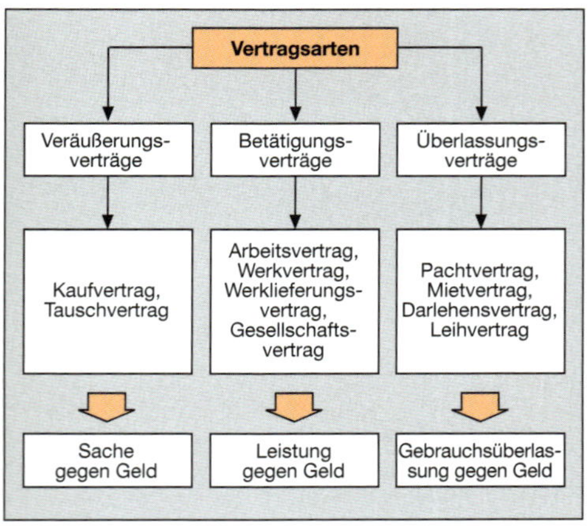

Schließen beschränkt geschäftsfähige Personen Rechtsgeschäfte ab, sind diese *schwebend unwirksam,* bis sie ein gesetzlicher Vertreter genehmigt (Ausnahme: »Taschengeld-Paragraph«).

Voll geschäftsfähig ist man mit Beginn der Volljährigkeit.

Nichtige und anfechtbare Rechtsgeschäfte – Rechtsgeschäfte sind **von Anfang an ungültig** (nichtig) bei Willenserklärungen,

- die von *Geschäftsunfähigen* oder Personen im Zustand der Bewusstlosigkeit oder der vorübergehenden Geistesstörung abgegeben werden,
- die gegen die *guten Sitten* verstoßen (z. B. Zinswucher),
- die nur zum *Schein* (z. B. Scheinhochzeit) oder zum *Scherz* (z. B. 1000 € für eine Glatze) abgeschlossen werden,
- die gegen *gesetzliche Verbote* (z. B. Kinderarbeit) oder Formvorschriften verstoßen.

Ein zweiseitiges Rechtsgeschäft wie der Vertrag kann grundsätzlich *nicht einseitig zurückgenommen* werden. Es ist allerdings **anfechtbar** wegen

- *Irrtums* (wie bei Schreib-, Hör- oder Sprechfehlern, Verwechslungen, z. B. A will schriftlich einen Pflug für 1750 € anbieten, schreibt aber 175 € – keine Anfechtung bei Irrtum im Beweggrund),
- arglistige *Täuschung* (z. B. Kauf von Nebelscheinwerfern für den Traktor, weil der Verkäufer erklärt, sie seien gesetzlich vorgeschrieben),
- *Drohung* (z. B. Androhen von Gewalt, um einen Kauf zu erzwingen).

Allgemeine Geschäftsbedingungen (AGB) – Dies sind nach § 1 des AGB-Gesetzes »alle für eine Vielzahl von Verträgen vorformulierten Vertragsbedingungen, die eine Vertragspartei (Verwender) der anderen Vertragspartei bei Abschluss eines Vertrages stellt«.

Dieses Gesetz *schützt besonders die Kunden* (Verbraucher), die früher durch das »Kleingedruckte« in den Verträgen häufig benachteiligt wurden.

Formen von Rechtsgeschäften – Für die meisten Rechtsgeschäfte besteht keine Vorschrift darüber, in welcher Form sie abgeschlossen werden müssen *(Formfreiheit).*

Bei wichtigen Rechtsgeschäften besteht jedoch *Formzwang.* Er soll den Einzelnen vor Übereilung und Leichtsinn schützen und die Beweisbarkeit der Vertragsinhalte sichern.

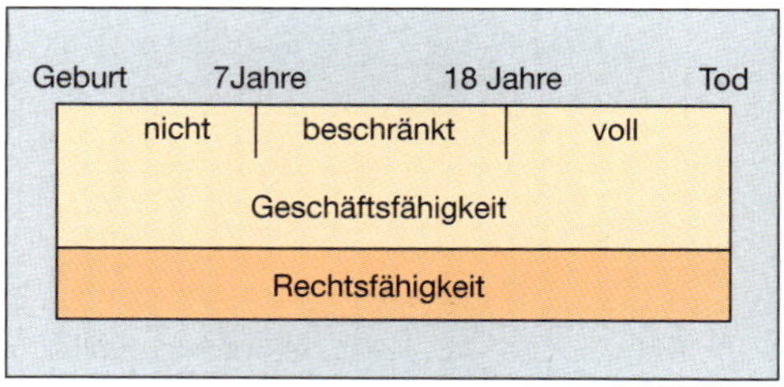

Abb. 1322 Rechtsfähigkeit und Geschäftsfähigkeit.

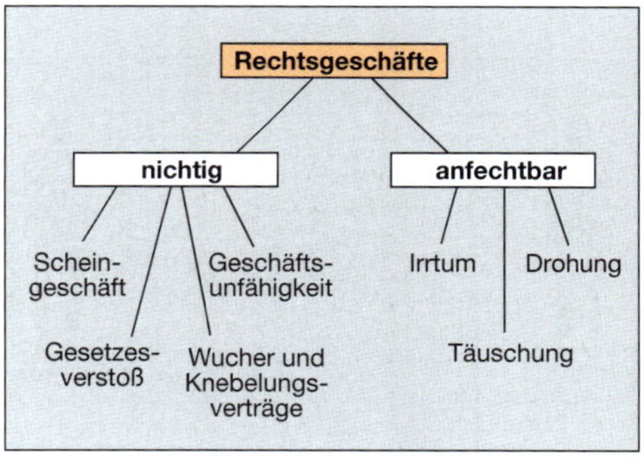

Abb. 1323 Nichtige und anfechtbare Geschäfte.

8.2 Kaufvertrag

Abschluss – Verträge können grundsätzlich mit beliebigen Partnern, über einen gewünschten Inhalt und in freier Form und Gestaltung abgeschlossen werden *(Vertragsfreiheit* bis auf wenige Ausnahmen).

Ein Kaufvertrag kommt dadurch zustande, dass ein Antrag des Käufers vom Verkäufer angenommen wird oder dass ein Angebot des Verkäufers vom Käufer angenommen wird. Jeder Vertrag besteht aus *Antrag* und *Annahme,* die zusammen durch überein-

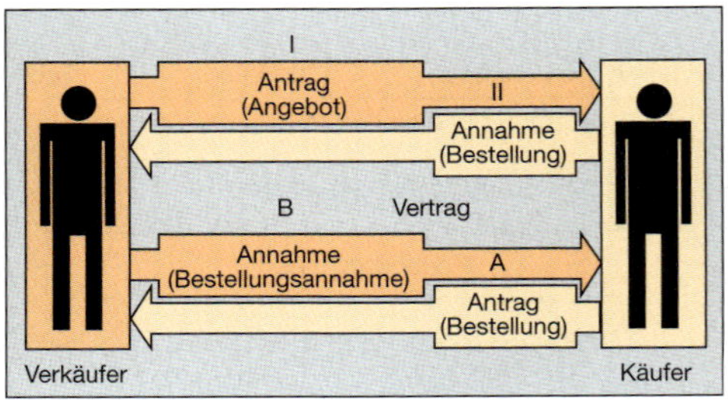

Abb. 1324 Vertragliche Beziehungen zwischen Verkäufer und Käufer bei der Bestellung.

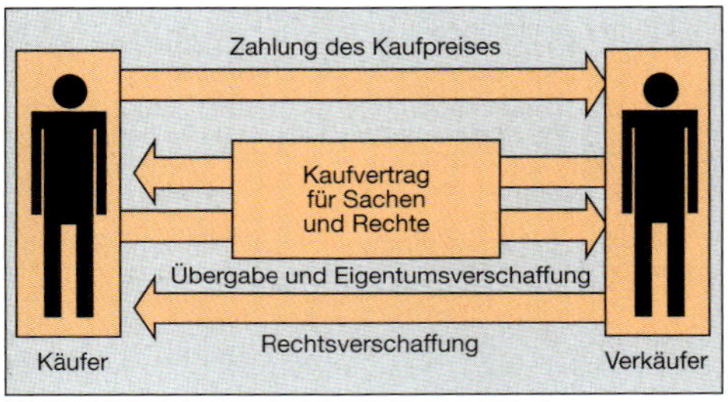

Abb. 1325 Vertragliche Beziehung zwischen Verkäufer und Käufer bei der Bezahlung.

Abb. 1326 Mögliche Störungen einer Vertragserfüllung sowie die Rechte der Vertragspartner.

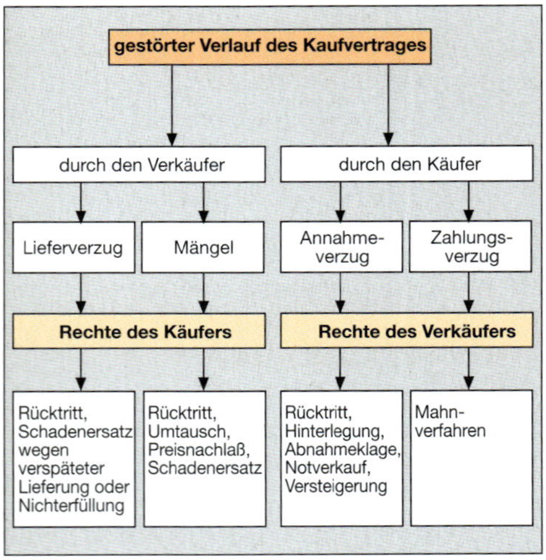

stimmende Willenserklärung der Vertragspartner den *Vertragsabschluss* bewirken.

Erfüllung – Mit dem Vertragsabschluss gehen Verkäufer und Käufer Pflichten ein, die sie zu erfüllen haben.

Der **Verkäufer** *ist verpflichtet,*

- ▶ dem Käufer den Besitz und das Eigentum zu verschaffen;
- ▶ die richtige Ware zum vereinbarten Preis und frei von Rechts- und Sachmängeln zu übergeben.

Der **Käufer** *ist verpflichtet,*

- ▶ die ordnungsgemäß gelieferte Ware abzunehmen;
- ▶ den vereinbarten Kaufpreis zu bezahlen.

Ein allgemeiner Rechtsgrundsatz lautet: *»Verträge sind zu halten.«* Dies bedeutet, dass Verträge unbedingt eingehalten werden müssen. Ist eine *Vertragsänderung* oder *-auflösung* notwendig, so kann dies deshalb nur mit Zustimmung der beteiligten Vertragspartner geschehen.

Im Zweifelsfalle sind Verträge so auszulegen, wie es jeder vernünftige Mensch tun würde (nach *Treu und Glauben*).

Störungen bei der Vertragserfüllung – Die Gründe und die zu ergreifenden Maßnahmen ergeben sich aus der Abb. 1326.

Lieferverzug – Ein Landwirt kauft sich z. B. eine Bodenfräse, die nicht bis zum vereinbarten Termin geliefert wird. Will er vom Vertrag zurücktreten, so muss er dem Landmaschinenhändler eine angemessene *Nachfrist* zur Lieferung der Maschine setzen und *erklären,* dass er nach Fristablauf die Abnahme der Maschine ablehne. Wird die Fräse bis zu diesem neuen Termin nicht geliefert, kann der Landwirt vom Vertrag *zurücktreten.*

Der *Verkäufer haftet* für Schaden, wenn er schuldhaft, vorsätzlich oder fahrlässig eine Lieferung verzögert bzw. unterlässt. In diesem Falle ist er verpflichtet, den tatsächlich eingetretenen Schaden zu ersetzen. Bei dem genannten Beispiel könnte dies z. B. der eventuell eingetretene Mehrpreis oder die Erstattung für den Leistungsausfall sein.

Sachmängelhaftung – Eine Lieferung sollte sofort nach dem *Empfang überprüft* werden. Eine spätere Reklamation kann erfolglos sein. Offene Mängel sind sofort, versteckte innerhalb von 6 Monaten zu beanstanden. Es ist zwischen der allgemeinen Sachmängelhaftung und der Viehmängelhaftung zu unterscheiden.

Der Verkäufer haftet dafür, dass die Sache nicht mit einem erheblichen Fehler behaftet ist, der die Tauglichkeit zu dem gewöhnlichen oder vorausgesetzten Gebrauch aufhebt oder mindert. Ein **Sachmangel** liegt auch vor, wenn eine besonders zugesicherte Eigenschaft fehlt (z. B. »Der Traktor ist garantiert unfallfrei«). Bei einer Beanstandung innerhalb der ersten 6 Monate nach dem Kauf gilt die sog. Beweislastumkehr, d. h. im Zweifelsfall muss der Verkäufer beweisen, dass er die Sache ohne Fehler an den Kunden verkauft hat.

Muss der Verkäufer für einen Sachmangel einstehen, so kann der Käufer verlangen, dass der Kaufvertrag rückgängig gemacht *(Rücktrittsrecht)* oder der Kaufpreis heruntergesetzt *(Minderung)* wird. Anstelle von Rücktritt oder Minderung ist unter bestimmten Umständen auch ein *Ersatz für vergebliche Aufwendungen* möglich.

Der Käufer kann im Falle eines Sachmangels als sog. *Nacherfüllung* entweder die Beseitigung des Mangels oder die Lieferung einer anderen mangelfreien Sache (Umtausch) verlangen.

Fristen der Sachmängelhaftung: Die Sachmängelhaftung (früher Gewährleistung) ist im BGB seit 2002 neu geregelt. Beim Verbrauchsgüterverkauf (privater Kunde) muss danach der Verkäufer bei allen neuen Produkten *mindestens 2 Jahre* für Sachmängel haften. Bei gebrauchten Sachen kann diese Frist im Vertrag auf *1 Jahr* reduziert, unter Umständen ganz vermieden werden – dies gilt ebenfalls bei *Geschäften zwischen Unternehmern.*

Bei einem Kaufvertrag *zwischen Privatleuten* kann wie bisher die Sachmängelhaftung ganz ausgeschlossen werden.

Für die Mängelhaftung beim **Viehkauf** gelten sehr eingeschränkte Sonderbestimmungen. Danach muss der Verkäufer nur für bestimmte *Hauptmängel* eintreten und das auch nur dann, wenn sie innerhalb festgelegter *Fristen* angezeigt werden (z. B. Rotlauf beim Schwein 3 Tage, Bananenkrankheit beim Eber 21 Tage, tuberkulöse Erkrankungen beim Rind 14 Tage).

Annahmeverzug – Nimmt der Käufer die Ware nicht zur rechten Zeit am rechten Ort ab, so gerät er in *Annahmeverzug*. Der Verkäufer kann dann den Käufer auf *Abnahme verklagen,* die Ware auf Kosten des Gläubigers *einlagern* oder, wenn die Sache zur Einlagerung nicht geeignet ist (z. B. Tiere, Obst), die Ware nach vorheriger Androhung öffentlich *versteigern* lassen und den dabei eingetretenen Verlust vom Gläubiger verlangen.

Zahlungsverzug – Erfüllt der Käufer seine Zahlungspflicht nicht, so wird er in der Regel vom Verkäufer zuerst *mehrmals gemahnt.* Sind die Mahnungen erfolglos, dann kommt es zum gerichtlichen Mahnverfahren durch *Mahnbescheid* (früher Zahlungsbefehl) und notfalls zum Zivilprozess (streitiges Verfahren).

Wird der im Mahnbescheid gestellte Anspruch nicht erfüllt und wird auch gegen den Mahnbescheid kein Widerspruch eingelegt, dann kann der Erlass eines *Vollstreckungsbescheids* beantragt werden. Dem Verkäufer müssen dann auch entstandene Schäden und Auslagen ersetzt werden. Ferner kann er Verzugszinsen verlangen.

Aufgaben:
1. Zeigen Sie die verschiedenen Arten von Rechtsgeschäften an Beispielen auf!
2. Beschreiben Sie an Beispielen die verschiedenen Arten von Verträgen!
3. Unterscheiden Sie nichtige und anfechtbare Rechtsgeschäfte (Beispiele)!
4. Nennen Sie die verschiedenen Störungen bei der Vertragserfüllung und zeigen Sie jeweils mögliche Konsequenzen auf!
5. Nach dem sog. kaufmännischen Mahnverfahren folgt oft das gerichtliche Mahnverfahren. Zeigen Sie dabei die wesentlichen Schritte auf und erläutern Sie, was man unter einem Mahnbescheid versteht!
6. Erläutern Sie die verschiedenen Fristen der Sachmängelhaftung an selbstgewählten Beispielen.

Abb. 1327 Ablaufschema eines Mahnverfahrens.

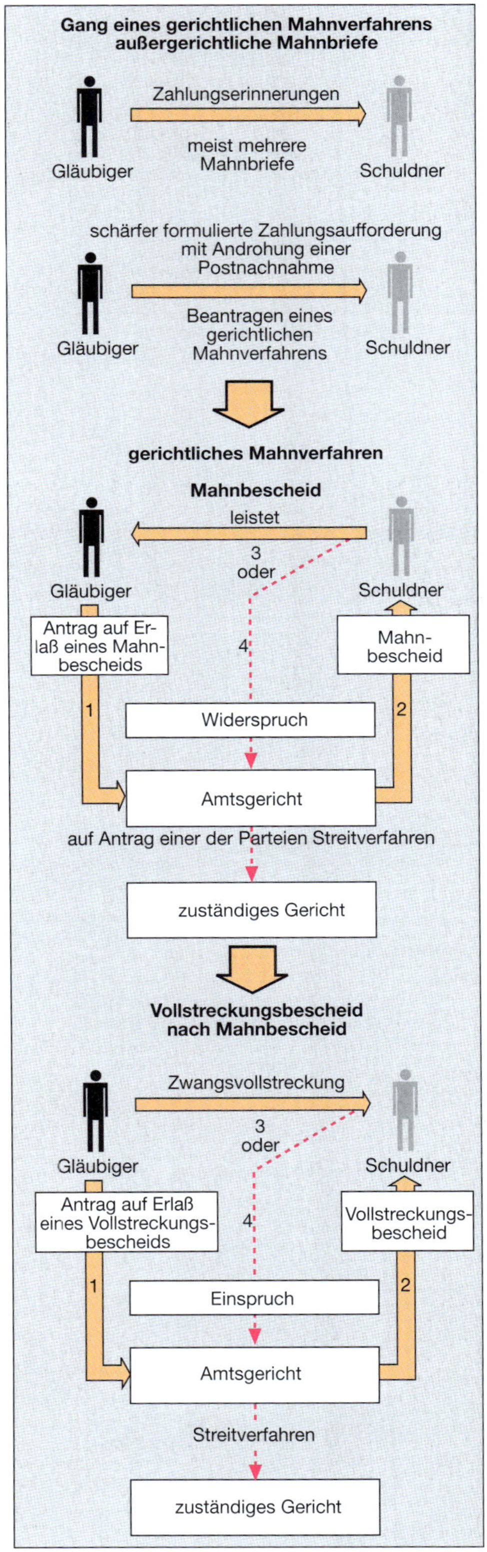

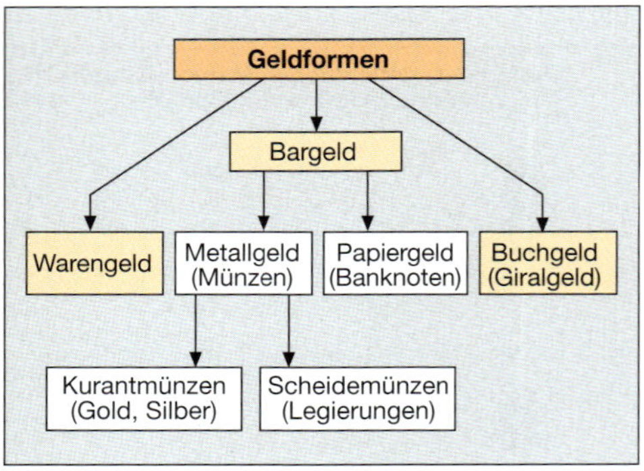

Abb. 1328 Formen des Geldes.

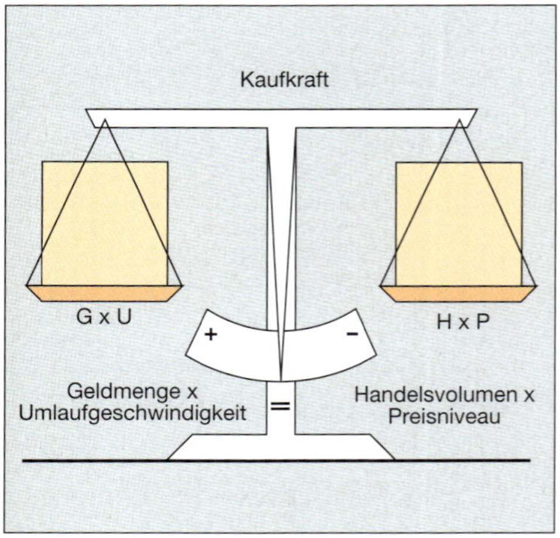

Abb. 1329 Die FISHER'sche Verkehrsgleichung drückt aus, dass das Produkt aus Geldmenge und Umlaufgeschwindigkeit gleich ist dem Produkt aus Handelsvolumen und Preisniveau.

Abb. 1330 Weg des Giralgeldes.

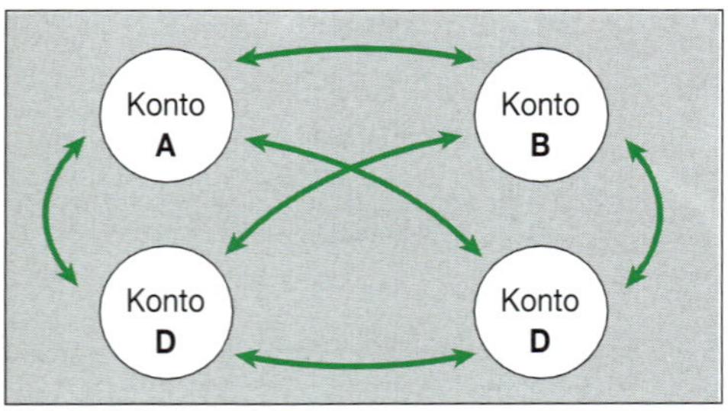

9 Geldformen und Geldwert, Zahlungsverkehr und Betriebsfinanzierung

Geld zu verdienen und Geld auszugeben gehört zum täglichen Leben des Menschen. Nahrungsmittel, Fahrzeuge oder Zeitungen werden gegen Geld eingetauscht (Geld als *Tauschmittel*). Der Eigenwert der heutigen Münzen und Geldscheine ist freilich fast bedeutungslos. Wenn das Geld trotzdem als Tauschmittel, Wert- und Recheneinheit, Spar- und Wertübertragungsmittel dient, dann liegt es vor allem daran, dass das Geld ein gesetzliches **Zahlungsmittel** darstellt und das Vertrauen der Menschen besitzt.

9.1 Geldformen

Warengeld – In der frühgeschichtlichen Zeit tauschten die Menschen Ware gegen Ware. Gebräuchliche Tauschmittel waren Lebensmittel, Salz, Kaffee, Schmuck. Einzelne leicht transportierbare bzw. teilbare und messbare (wägbare) Waren erlangten schließlich *Geldfunktion*, z. B. Bernstein, Perlen, Erzbarren.
In der Agrarwirtschaft spielte besonders der *Naturallohn* eine große Rolle. Bei Warengeld ist der *Tauschwert* und der *tatsächliche Eigenwert* der Ware gleich.
Bargeld – Dazu gehören das Metallgeld und die Banknoten. Für das *Metallgeld* verwendete man ursprünglich die Edelmetalle Silber und Gold sowie Eisen, Kupfer, Bronze. Später prägte man runde Metallstücke mit festgelegtem Gewicht und Feingehalt. Diese Münzen trugen ein staatliches Hoheitszeichen. Der Wert wurde aufgeprägt. Heute bestehen die Münzen aus Metalllegierungen. Der Eigenwert der Scheidemünzen ist meist wesentlich niedriger als der aufgeprägte *Nennwert*.
Das *Papiergeld* ist praktisch ein stoffwertloses Geld. Während Scheidemünzen beschränkt gesetzliche Zahlungsmittel sind, d. h. sie müssen nur bis zu einem bestimmten Betrag angenommen werden, gelten Banknoten als unbeschränktes Zahlungsmittel.
Buchgeld – Das Buchgeld existiert nur in den »Büchern« der Geldinstitute. Da dieses Geld durch Umbuchungen immer im Kreis (ital. »giro«) wandert, heißt es auch *Giralgeld*. Heute gibt es in Deutschland weit mehr Buch- als Bargeld, da der *bargeldlose Zahlungsverkehr* sicher, bequem und schnell ist.
Maschinen-Betriebshilfsringe schreiben sogar den bargeldlosen Zahlungsverkehr in ihrer Satzung vor.

9.2 Geldwert

Kaufkraft – Das *Material* des Geldes ist wenig wert. Der *tatsächliche* Wert lässt sich also nur daran erkennen, wie viel man dafür kaufen kann.

! Die Kaufkraft ist der Maßstab für die Höhe des Geldwertes.

Bestimmungsgründe des Geldwertes – Die Kaufkraft des Geldes zeigt sich in der Menge der Güter und Leistungen, die für eine Geldeinheit erworben wird. Stünde nun plötzlich einer bestimmten Güter- und Leistungsmenge *(Handelsvolumen, H)* die doppelte *Geldmenge (G)* gegenüber, so müsste man für das gleiche Gut sicher auch doppelt soviel Geld ausgeben. Das würde bedeuten, dass das *Preisniveau (P)* gestiegen wäre. Umgekehrt würde das Preisniveau sinken, wenn die Geldmenge zurückginge.
Die Geldmenge in einem Staat kann dadurch beeinflusst werden, dass mehr oder weniger *Banknoten gedruckt* werden. Von größerer Bedeutung ist allerdings die *Umlaufgeschwindigkeit (U)* des Geldes. Je schneller das Geld weitergegeben wird, desto öfter wird damit eine Ware gekauft. Damit steht den angebotenen Gütern und Leistungen praktisch mehr Geld gegenüber, obwohl die Zahl der Banknoten sich nicht verändert.
Besonders der hohe Anteil des Buchgeldes ermöglicht einen hohen Geldumlauf. Diese Zusammenhänge zeigen, dass die Kaufkraft des Geldes von der Geldmenge, ihrer Umlaufgeschwindigkeit und dem Handelsvolumen abhängt (FISHER'sche Verkehrsgleichung).
Geldwertstabilität – Aus der dargestellten Formel ergibt sich auch, dass der Geldwert stabil ist, wenn das Verhältnis des Geldumlaufs $(G \times U)$ zum Handelsvolumen $(H \times P)$ gleich bleibt.
Gerät diese Waage der Verkehrsgleichung aus dem Gleichgewicht, dann wird entweder das Geld weniger wert (Inflation) oder mehr wert (Deflation):

- Ist mehr Geld im Umlauf als Güter angeboten werden, dann steigt der Preis für diese Güter. Dadurch aber sinkt gleichzeitig die Kaufkraft. In diesem Fall spricht man von **Inflation** (lat. inflare = aufblähen).

Das bedeutet, dass der tatsächliche Wert von Ersparnissen, aber auch von Schulden sinkt. Eine geringe Inflationsrate wird durchaus toleriert und gilt im Vergleich zur Deflation als weit weniger gefährlich für die Wirtschaft.

- Gibt es weniger Geld als Güter, dann steigt die Kaufkraft des Geldes. Diese Erscheinung nennt man **Deflation.**

Der Kaufkraftzuwachs wäre aber nur kurzfristig ein Vorteil, weil es zu einer Abwärtsspirale kommen könnte. Die sinkenden Preise würden die Unternehmen zwingen, die Produktionskosten zu senken und z.B. Arbeitskräfte einzusparen. Eine erhebliche steigende Arbeitslosigkeit hätte auch erhebliche Folgen für Staat und Sozialsysteme (sinkende Einnahmen bei steigenden Ausgaben).
Außenwert des Geldes – Die Kaufkraft des Euro gegenüber ausländischen Gütern und Währungen spiegelt sich im *Wechselkurs* wider. Das Tauschverhältnis des Euro (€) z.B. zum amerikanischen Dollar ($) hängt von der jeweiligen Nachfrage bzw. dem Angebot auf den Devisenmärkten ab und wird regelmäßig in den Medien bekannt gegeben.

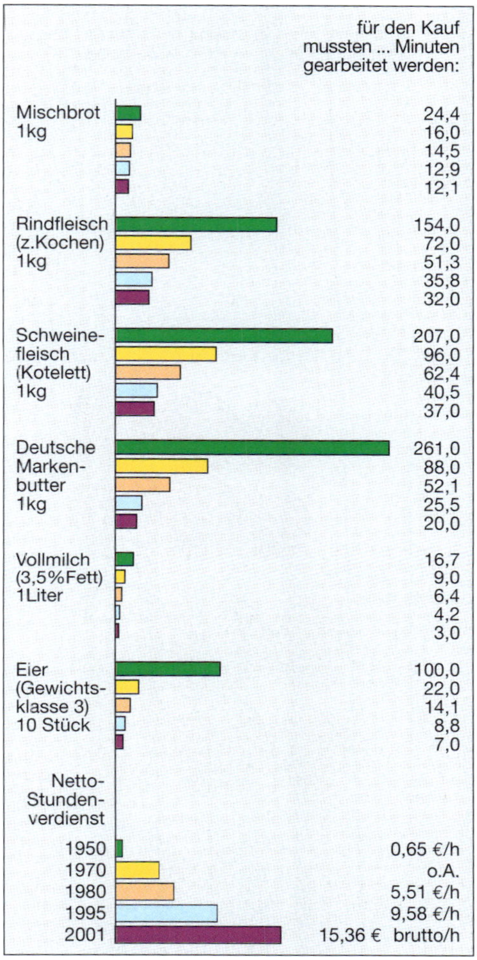

Abb. 1331 Kaufkraft des Industriearbeiter-Stundenlohnes bei einzelnen Nahrungsmitteln (Netto-Stundenverdienst eines Industriefacharbeiters, verheiratet, ohne Kind; Stat. Bundesamt, DBV 2003).

Abb. 1332 Inflation und Deflation sowie ihr Güter-Gegenwert.

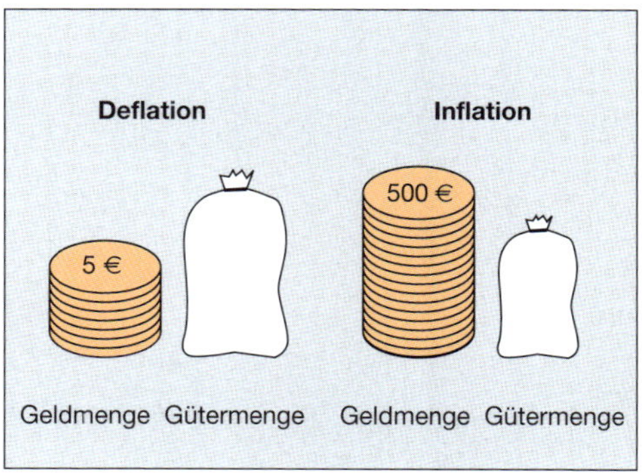

Abb. 1333 Mitte: Vorder- und Rückseiten der Euro-Banknoten (aus Sicherheitsgründen sind nicht alle Einzelheiten exakt widergegeben).

Abb. 1334 Vorder- und Rückseiten der deutschen Euro-Münzen.

9.3 Erstellen einer Rechnung

In der immer häufiger werdenden **Direktvermarktung** an den Endverbraucher muss der Landwirt für den Kunden eine **Rechnung** ausstellen. Nach dem *Einkommensteuergesetz* enthält die ordnungsgemäße Rechnung mindestens folgende **Bestandteile:**

- *Absender und Empfänger,*
- *Datum der Rechnung,*
- *Warenbezeichnung (Menge),*
- *Nettobetrag,*
- *Steuersatz in %,*
- *Bruttobetrag.*

Bei Rechnungen mit einem Gesamtbetrag unter 100 € kann die Angabe des Steuerbetrages in € entfallen.
Der derzeit gültige Mehrwertsteuersatz für landwirtschaftliche Produkte beträgt beim pauschalierenden Betrieb 9,0 % und beim optierenden Betrieb 7,0 %.
Im Unterschied zu buchführungspflichtigen Landwirten, die sich an die oben genannten Vorschriften halten müssen, benutzen sog. »§-13a-Landwirte« oder »Schätzlandwirte« häufig ein einfaches Quittungsformular.

Hofladen Moosbauer

Fleisch (Rind, Schwein) – Kartoffeln – Eier – Honig und anderes direkt vom Bauernhof

Josef Moosbauer 82479 Rocking

84279 Rucking
Krottenberg 13
Tel. 08765/7391

Raiffeisenbank Massing
BLZ 74062308
Kto. 123694

Rechnung Krottenberg, ______________
(Jahr) (Monat) (Tag)

Menge	Artikelbezeichnung	Einzelpreis	Gesamtpreis

Summe : €
+ Mehrwertsteuer (%): €
Endbetrag: (Brutto) €

Die Ware bleibt bis zur vollständigen Bezahlung unser Eigentum.
Gerichtsstand und Erfüllungsort Massing

Abb. 1335 Muster für ein handschriftliches Rechnungsformular.

Aufgaben:

1. Welche verschiedenen Formen von Geld werden unterschieden?
2. Erläutern Sie die Begriffe »Inflation« und »Deflation« an Beispielen!
3. Was versteht man unter »Außenwert des Geldes«?
4. Überlegen Sie sich die Auswirkungen, wenn der US-Dollar gegenüber dem Euro (Wechselkurs) steigt bzw. fällt!
5. Nennen Sie die wesentlichen Bestandteile einer Rechnung!
6. Wie viel Prozent Mehrwertsteuer enthält ein pauschalierender Landwirt beim Verkauf seiner Produkte?

9.4 Der Zahlungsverkehr

Mit der zunehmenden Ausweitung des Geldverkehrs in unserer Wirtschaft haben sich viele *Zahlungsmöglichkeiten* entwickelt. Welche Zahlungsart man wählt, hängt im Wesentlichen davon ab, ob Absender bzw. Empfänger ein *Konto* besitzen.

9.4.1 Bare und halbbare Zahlung

Barzahlung – Sie ist unumgänglich wenn *weder der Absender noch der Empfänger ein Konto* haben. Zumindest bei Kleinbeträgen ist das persönliche und direkte Bezahlen mit Bargeld (Geld gegen Ware) billige und bequeme Zahlweise. Eine unmittelbare Zahlung kann auch durch einen Geldboten erfolgen.
Als Beweis für die erfolgte Zahlung dienen *Quittungen, Kassenzettel, quittierte Rechnungen.*
Halbbare Zahlung – Bei der »halbbaren« Zahlung wird noch Bargeld verwendet, doch hat entweder der Absender oder der Empfänger ein Konto, von dem die Abbuchung oder auf das die Gutschrift erfolgt.
Einen **Zahlschein** verwendet der *Absender,* wenn er selbst *kein Bankgirokonto* besitzt, wohl aber der Empfänger. Das Geld wird bei der Bank bar einbezahlt und dem Konto des Empfängers gutgeschrieben.

Quittung

	Betrag €
Nr	+ MwSt./Betrag €
Betrag in Worten	Cent wie oben
von	
für	
	dankend erhalten
Ort/Datum	

Stempel/Unterschrift des Empfängers

Abb. 1336 Muster eines Quittungsformulars.

Abb. 1337 Der Geldfluss bei halbbarer Zahlung.

Zahler		Vermittler	Empfänger	
Bargeld mit	Zahlschein	Bank	Gutschrift auf	Girokonto
		Post		Postgirokonto
Kontobelastung durch	Barscheck	Bank/Post	Barauszahlung	
	Zahlungsanweisung	Post		

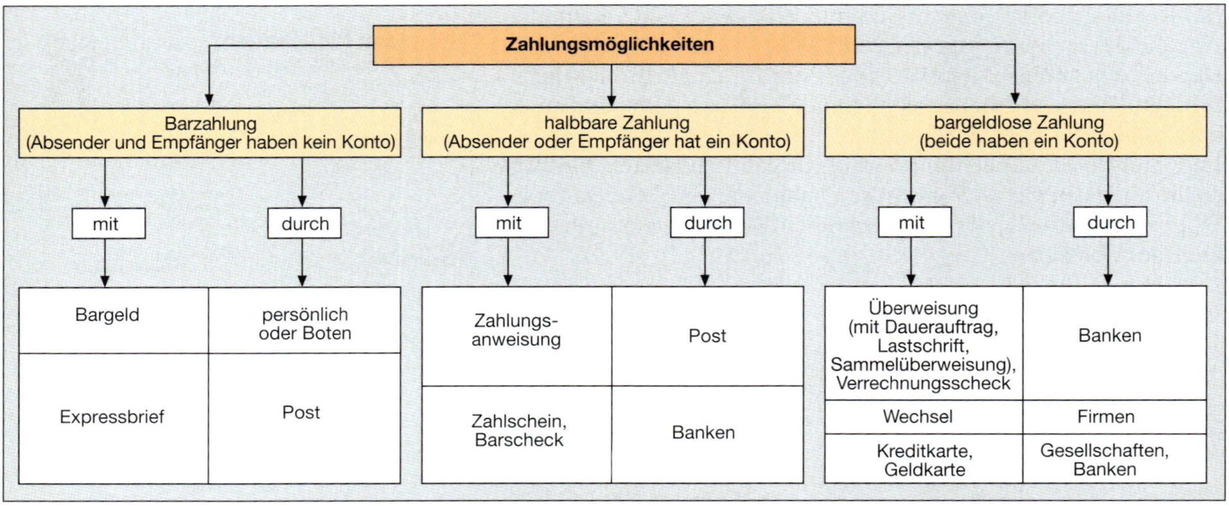

Abb. 1338 Möglichkeiten der Zahlung.

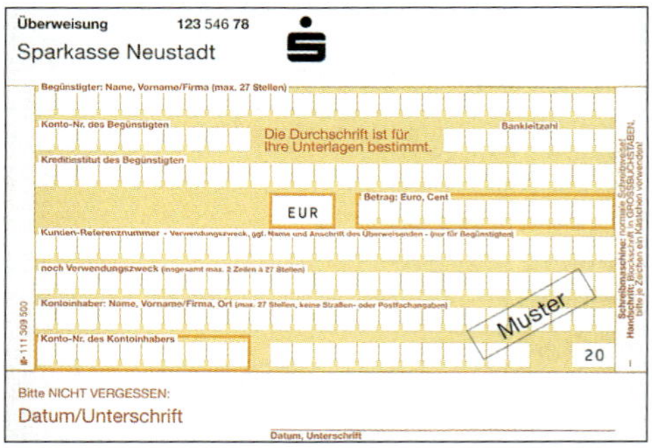

Abb. 1339 Muster eines Überweisungsformulars.

Abb. 1340 Einen Überweisungs-Vordruck, in den der Zahlungsempfänger bereits Angaben einsetzte, kann man auch ohne eigenes Girokonto als Zahlschein verwenden.

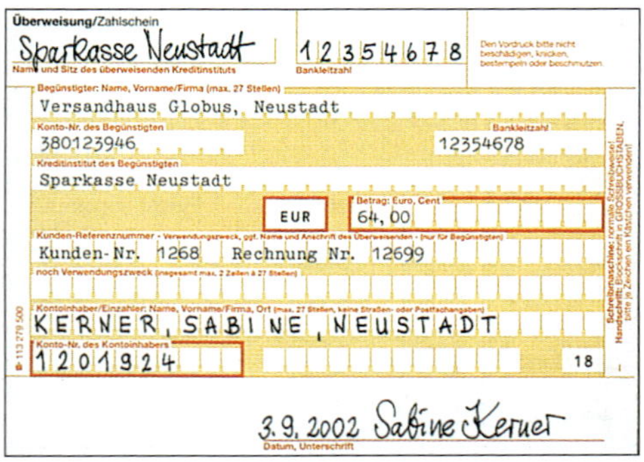

Der Formularsatz ist dem zur bargeldlosen Banküberweisung verwendeten Formular ähnlich. Viele Firmen legen ihren Rechnungen eine Kombination von Zahlschein und Banküberweisungsformular bei. Der Kunde kann dann zwischen bargeldloser und halbbarer Zahlungsweise wählen.

Der **Barscheck** ist eine *Urkunde* einer Person oder Firma, durch die ein Kreditinstitut angewiesen wird, bei Vorlage (»Sicht«) aus dem Guthaben einen bestimmten Betrag *auszuzahlen bzw. gutzuschreiben* (siehe »Zahlung mit Scheck«).

Eine **Zahlungsanweisung** kann der Inhaber eines Postgirokontos z. B. für den Fall ausstellen, dass der *Empfänger* weder ein Postgirokonto noch ein Bankkonto unterhält. Der Betrag wird dann dem Empfänger in bar durch den Zusteller ausbezahlt.

9.4.2 Unbare Zahlung

Unbare Zahlung – Beim unbaren oder bargeldlosen Zahlungsverkehr wird nur noch *von Konto zu Konto* umgebucht. Das Geld existiert als »Buchgeld«. Um am bargeldlosen Zahlungsverkehr der Kreditinstitute teilnehmen zu können, ist ein *Girokonto* notwendig.

Nach einer *Kontobewegung* erhält man vom Kreditinstitut einen *Kontoauszug*. Auf diesem sind vermerkt: Kontonummer, Buchungstag, Konto-Zu- und Abgänge, der alte und der aktuelle Kontostand.

Die fortlaufende Ablage der Kontoauszüge ergibt eine *private Buchführung* und gibt somit jederzeit über private Einnahmen und Ausgaben Bescheid.

Die bargeldlose **Überweisung** erfolgt von einem Bankkonto zu einem anderen Bankkonto mittels 2 zusammengehefteter Formblätter, die zum Teil noch im *Durchschreibeverfahren* ausgefüllt werden. Ein Blatt ist meist der Überweisungsauftrag an die eigene Bank. Die Durchschrift oder ein besonderer Abschnitt bleibt beim Auftraggeber. Abgewickelt werden diese Zahlungen der Geldinstitute über sog. Girozentralen sowie über Gironetze.

Regelmäßig wiederkehrende Zahlungen in einer bestimmten Höhe können durch die Bank befristet oder *bis auf Widerruf* durch **Dauerauftrag** (z. B. Versicherungsbeiträge) zu festen Terminen erledigt werden, ohne dass man sich selbst darum kümmern muss.
Umgekehrt ermächtigt der Zahlungspflichtige im **Lastschriftverfahren** *(Einzugsverkehr)* den Empfänger, die immer wiederkehrenden, aber unterschiedlich hohen Rechnungsbeträge vom eigenen Konto abbuchen zu lassen, z. B. Strom-, Wasser-, Telefon-, Gas-, Müllabfuhrrechnungen.
Bei *Falschbuchungen* hat der Kontoinhaber innerhalb 6 Wochen ein Widerspruchsrecht. Er kann den abgebuchten Betrag auf sein Konto zurückholen, wobei anfallende Buchungskosten dem Abbucher angerechnet werden.
Im **Eil-** und **Blitzgiroverkehr** werden durch Banken Überweisungen *telefonisch* oder über *Fernschreiber* angewiesen und sofort ausgeführt. Bei der Post sind Eilaufträge bei Überweisungen und Zahlungsanweisungen möglich.
Geldkarte – Mit der Geldkarte (im Format einer ec-Scheckkarte) hat man sozusagen immer das passende Kleingeld parat. Der Chip ermöglicht das »Aufladen« der Karte am Ladeterminal der Bank bis max. 200 €. An der Kasse im Geschäft wird dann der zu zahlende Betrag »abgebucht« (ohne Geheimnummer) und der Restbetrag angezeigt.

Abb. 1341 **Beispiel** für eine Geldkarte, das sog. »Elektronik-Geld«

9.4.3 Zahlung mit Scheck

Bankscheck – Der Scheck ist heute ein weit verbreitetes Zahlungsmittel. Man unterscheidet dabei mehrere **Arten** (siehe Abb. 1342):
Der häufigste Scheck ist der *Überbringer-* oder *Inhaberscheck*. Diesen Namen trägt er, weil im Scheckformulartext die Klausel »...oder Überbringer« steht. Dieser Scheck kann ohne weiteres als Zahlungsmittel an andere weitergegeben werden. Die Bank ist deshalb in der Regel verpflichtet, jedem *(ohne* die Berechtigung zu prüfen!), der den Scheck »überbringt«, die auf dem Scheck genannte Summe auszuzahlen.
Der *Namens-* oder *Orderscheck* muss den Namen (Order) des Scheckempfängers enthalten. Der Scheck kann auch auf andere übertragen werden (»oder Order«). Bei hohen Beträgen wird diese Scheckart gerne verwendet.
Es gibt zwei Arten, einen Scheck **einzulösen:**

- *Barscheck:* Der Überbringer löst den Scheck bar ein;
- *Verrechnungsscheck:* Durch den Vermerk »nur zur Verrechnung« kann der Betrag *nur* dem Konto des Empfängers gutgeschrieben werden; der sog. *Briefscheck* ist eine Unterart des Verrechnungsschecks. Er wird in der Form eines Briefs (Scheck mit Anschriftsfeld für die Empfängeradresse) mit der Post übersandt.

Beim bisherigen **Euroscheck** (eurocheque, ec-Scheck) hatten sich die Geldinstitute in den meisten Ländern Europas verpflichtet, diesen bis zu einem Betrag von 200 € auf jeden Fall einzulösen. Diese Garantie entfiel mit Beginn des Jahres 2002, der Scheck

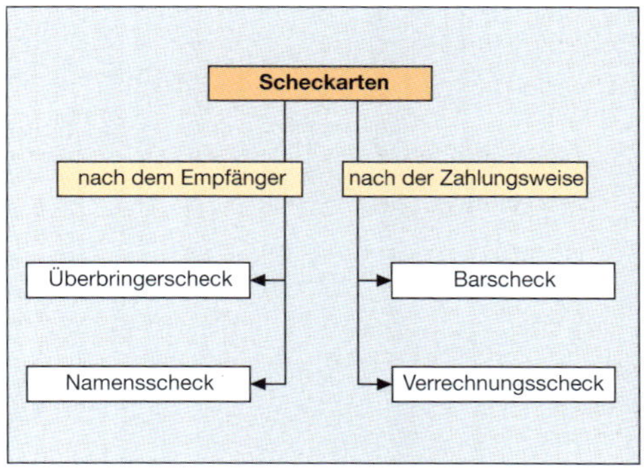

Abb. 1342 Verschiedene Scheckarten.

Abb. 1343 Muster eines Bar-Schecks.

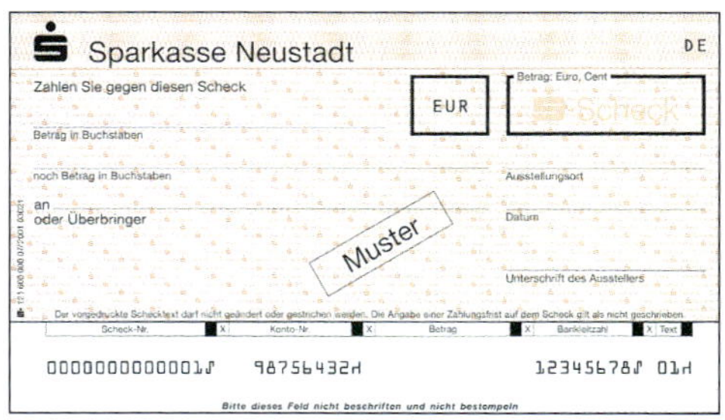

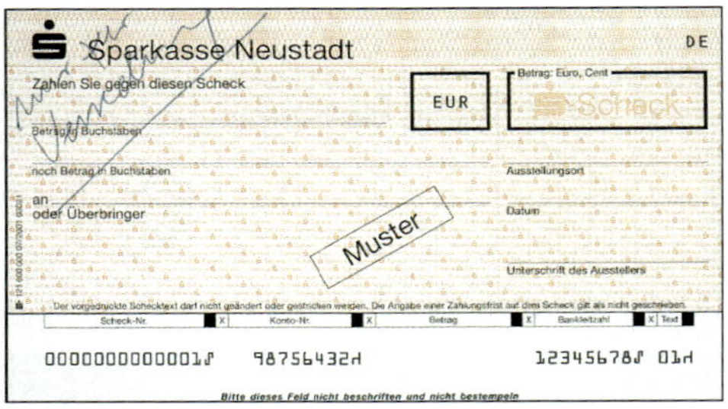
Sparkasse Neustadt DE
Zahlen Sie gegen diesen Scheck
EUR
Betrag: Euro, Cent
Scheck
Betrag in Buchstaben
noch Betrag in Buchstaben
Ausstellungsort
an
oder Überbringer
Datum
Muster
Unterschrift des Ausstellers
Der vorgedruckte Schecktext darf nicht geändert oder gestrichen werden. Die Angabe einer Zahlungsfrist auf dem Scheck gilt als nicht geschrieben.
Scheck-Nr. | X | Konto-Nr. | X | Betrag | X | Bankleitzahl | X | Text
Bitte dieses Feld nicht beschriften und nicht bestempeln

Abb. 1344 Muster für ein Scheckformular, das als Verrechnungsscheck gekennzeichnet ist.

blieb äußerlich fast unverändert, wird aber jetzt als **Europa-Scheck** bezeichnet.

Die **Euroscheckkarte** (siehe Abb. 1345) gewinnt zunehmend an Bedeutung. Mit ihr kann man sich bei den Geldautomaten der Kreditinstitute Bargeld besorgen oder direkt (z. T. mit Geheimnummer) in den Geschäften bezahlen.

Durch den Aufdruck oder die Aufschrift **»Verrechnungsscheck«** oder *»nur zur Verrechnung«* können normale Bank- und Postschecks (Inhaberschecks) durch den Aussteller zu Verrechnungsschecks gemacht werden.

Diese Schecks können dann nicht mehr bar eingelöst werden, sondern *nur* dem Konto des Empfängers *gut geschrieben* werden. Verrechnungsschecks sind also vor Missbrauch weitaus sicherer als Barschecks.

Voraussetzungen des Scheckverkehrs sind:

- ▶ Der Aussteller ist *geschäftsfähig;*
- ▶ ein *Konto* steht zur Verfügung;
- ▶ der Scheck ist durch Guthaben oder eingeräumten Kredit *gedeckt;*
- ▶ *Scheckformulare* sind vorhanden.

9.4.4 Wechsel

Bedeutung – Der Wechsel dient sowohl als Kreditmittel als auch als Zahlungsmittel. Der Verkäufer erhält zunächst *an Stelle des Geldes* einen Wechsel.

Der Käufer verpflichtet sich durch den Wechsel, seine Schuld später zu begleichen. Bis zu diesem Zeitpunkt bedeutet für ihn der Wechsel praktisch einen Kredit. Der Verkäufer kann den Wechsel bei seiner Bank einreichen und erhält dafür auch einen Kredit. Alle Wechselberechtigten können mit dem Wechsel ihre *Verbindlichkeiten begleichen*.

Der Wechsel ist eine Urkunde. Er stellt eine *schriftliche Zahlungsverpflichtung* dar, die an strenge gesetzliche Vorschriften gebunden ist. Für den Schuldner bietet ein Wechsel den Vorteil, dass er *nicht gleich bezahlen* muss. Der Gläubiger hat in der Regel Ge-

Abb. 1345 Muster für ein Wechsel-Formular. Ein Wechsel (=Tratte) wird erst zum Akzept, wenn er durch die Unterschrift vom Bezogenen (=Schuldner) angenommen worden ist.

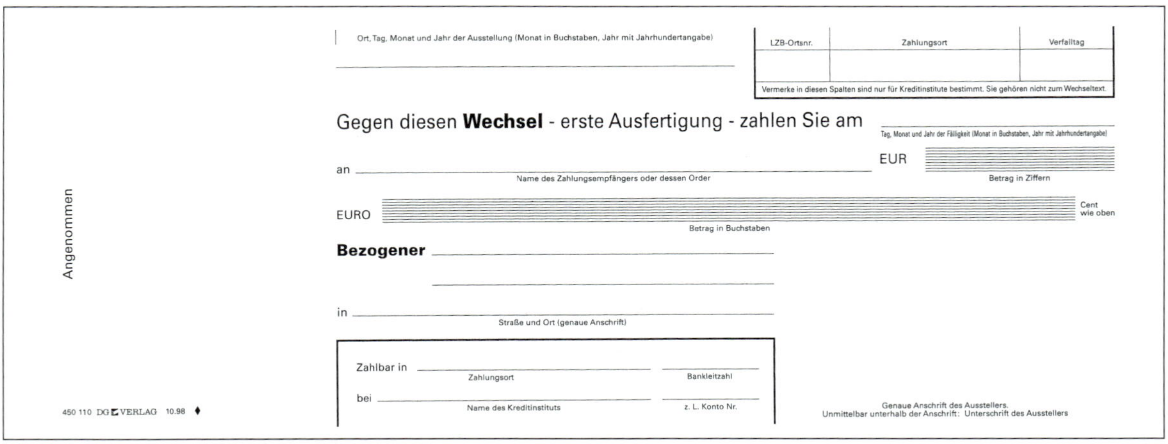
Ort, Tag, Monat und Jahr der Ausstellung (Monat in Buchstaben, Jahr mit Jahrhundertangabe)
LZB-Ortsnr. | Zahlungsort | Verfalltag
Vermerke in diesen Spalten sind nur für Kreditinstitute bestimmt. Sie gehören nicht zum Wechseltext.
Gegen diesen **Wechsel** - erste Ausfertigung - zahlen Sie am
Tag, Monat und Jahr der Fälligkeit (Monat in Buchstaben, Jahr mit Jahrhundertangabe)
an
Name des Zahlungsempfängers oder dessen Order
EUR
Betrag in Ziffern
EURO
Betrag in Buchstaben
Cent wie oben
Angenommen
Bezogener
in
Straße und Ort (genaue Anschrift)
Zahlbar in
Zahlungsort
Bankleitzahl
bei
Name des Kreditinstituts
z. L. Konto Nr.
Genaue Anschrift des Ausstellers.
Unmittelbar unterhalb der Anschrift: Unterschrift des Ausstellers
450 110 DG VERLAG 10.98

wissheit, dass er das Geld an dem im Wechsel genannten Tag bestimmt erhält.

Arten – Man unterscheidet vor allem den gezogenen und eigenen Wechsel. Der *gezogene* Wechsel ist eine Zahlungsaufforderung. Durch ihn fordert der Aussteller (Gläubiger) den Schuldner (Bezogener) auf, einen bestimmten Betrag an seine oder eine andere Person zu einem bestimmten Termin zu bezahlen.

Der *eigene Wechsel* (Solawechsel) spielt als Zahlungsmittel eine geringe Rolle. Bei diesem Wechsel ist der Aussteller und Schuldner die gleiche Rechtsperson.

Abwicklung des Wechselverkehrs – Über das Wechselgeschäft gibt es eine Reihe von Einzelbestimmungen. Da außerdem die *Wechselgesetze sehr streng* sind, kann ein Wechselgeschäft für den Zahlungspflichtigen ein großes *Risiko* (Bankrott und Konkurs) bedeuten.

Deshalb sollte man grundsätzlich nur mit einem altbekannten, seriösen Handelspartner ein Wechselgeschäft abschließen.

Abb. 1345 Die Eurocard ist im festgelegten Umfang eine Kreditkarte, die zurzeit in 34 europäischen Ländern sowie 12 weiteren Mittelmeer-Anrainerländern akzeptiert wird.

9.4.5 Kreditkarte

Bedeutung – Das Bezahlen von Rechnungen ohne Bargeld oder Schecks mit dem sog. »Plastikgeld« wird immer beliebter. Entsprechend steigt die Zahl der Kartenanbieter.

Abwicklung – Der *Inhaber* einer Kreditkarte (z. B. von Eurocard, American Express, Diners Club, Masters, Visa) legt bei den *Vertragsunternehmen* (z. B. Hotels, Kaufhäuser, Tankstellen), die mit der jeweiligen Gesellschaft zusammenarbeiten, seine Kreditkarte vor und begleicht seine Rechnung, indem er ein Abrechnungsformular (Name, Betrag und Kontonummer werden eingetragen) unterschreibt.

Daraufhin rechnet z. B. das Hotel mit der Kreditkartenorganisation ab. Diese wiederum rechnet die so ausgegebenen *Kredite* meist monatlich mit ihren Kunden ab. Da die Kreditkartenorganisationen ihren Kunden für einen gewissen Zeitraum (normal bis zur nächsten Abrechnung nach z. B. 1 Monat) Kredite in unbestimmter Höhe gewähren, kommen nur Personen mit entsprechendem Einkommen bzw. Vermögen für die Vergabe der Kreditkarten in Betracht.

Für die Kreditkarten, die weltweit benützt werden können, verlangen die Ausgabe-Organisationen *Jahresgebühren,* meist zwischen ca. 15 € und 100 €. Darin enthalten sind oft Sonderleistungen (z. B. Versicherung bei Kartenverlust, Mietwagen ohne Kaution). Bei Verwendung im Ausland wird in der Regel zusätzlich eine Umsatzgebühr (z. B. 1 %) verlangt.

Abb. 1346 Kreditkarten gibt es in verschiedenen Ausführungen und mit Zusatzfunktionen. Mit einem Chip z.B. kann sie wie eine GeldKarte benutzt werden.

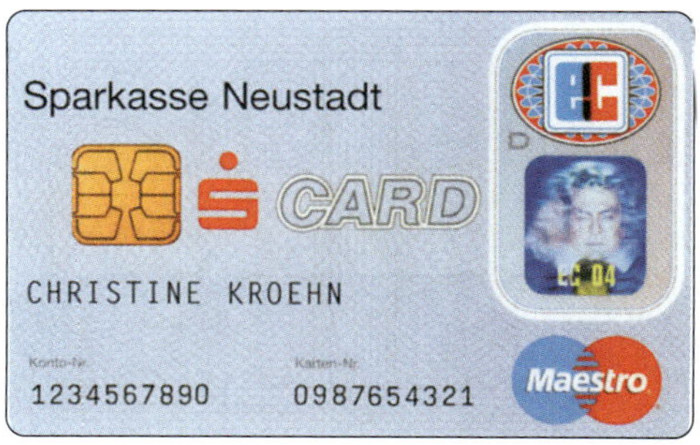

9.5 Die Finanzierung des Betriebes

Bedeutung – In den letzten Jahren hat sich der **Kapitalbedarf** der landwirtschaftlichen Haupterwerbsbetriebe ständig erhöht. Dies hängt einerseits damit zusammen, dass zur Steigerung der Produktivität eine stärkere *Mechanisierung* nötig ist, andererseits *wachsen* viele Betriebe (sog. Strukturwandel) und haben dadurch

Brutto-Investition
− Ersatz-Investition
= Netto-Investition

Abb. 1347 Investitionsarten im Betrieb.

Abb. 1348 Verbindlichkeiten landwirtschaftlicher Haupterwerbsbetriebe nach Betriebsformen (Agrarbericht 2003).

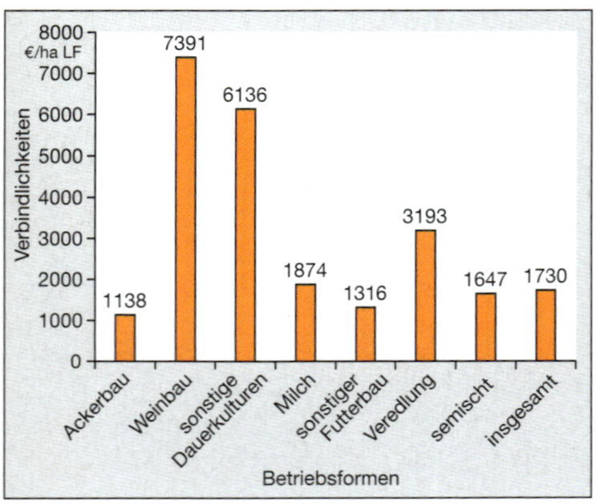

zusätzlichen *Investitionsbedarf* im Bereich Pflanzenbau bzw. in der Tierhaltung. Außerdem wird vielen Betrieben durch die *Ausbildung* der Kinder und die *Abfindung* weichender Erben Kapital entzogen.

Definitionen – Mit der **Finanzierung des laufenden Betriebes** meint man die *regelmäßig wiederkehrenden Ausgaben* (z. B. Zukauf von Düngemitteln, Saatgut, Treibstoff, Kälbern für die Bullenmast; Ausgaben für Strom, Betriebsversicherungen, Pachten, die nötig sind, um die laufende Produktion zu sichern.

Von **Investition** spricht man dagegen, wenn Zahlungsmittel in *Anlagevermögen* (z. B. Gebäude, Maschinen) umgewandelt werden. Dabei gleicht die *Ersatz-Investition* (Re-Investition) die Abschreibungen und Abgänge vom Betrieb aus. Die darüber hinaus gehende Investition ist die *Netto-Investition,* die also echtes betriebliches Wachstum bedeutet. Beides zusammen nennt man die *Brutto-Investition* (siehe Abb. 1347).

9.5.1 Eigenfinanzierung

In stabilen Betrieben werden die **Kosten** für *Ersatzbeschaffungen* durch die getätigten Abschreibungen und die inflationsbedingten Preissteigerungen durch den Gewinn getragen. Auch ein Teil der *Wachstums-Investitionen* sollte durch diese Eigenfinanzierung noch abgedeckt sein.

Wenn **Kapitaleinlagen** oder **Beteiligungen** aus dem Privatbereich in den Betrieb eingebracht werden, so bezeichnet man das als *Außenfinanzierung.* Diese kann den Fremdkapitalanteil im Betrieb und damit die Kapitalkosten senken.

9.5.2 Fremdfinanzierung

Bedeutung – Für notwendige *Investitionen* kann über **Kredite** Geld beschafft werden. Über die *Darlehenstilgung* fließt dieses Geld dann wieder an den Kreditgeber zurück. Als zusätzliche Kosten entstehen natürlich die *Kreditzinsen.*

Die jeweiligen Zinsbelastungen (Kredite) oder Zinsvorteile (Anlagen) sowie die Zahlungsfähigkeit (Liquidität) beeinflussen das Betriebsergebnis sehr wesentlich. Der Zu- oder Verkauf von Betriebsmitteln soll schließlich durch unternehmerische Entscheidung und nicht aus Liquiditätszwängen heraus (z. B. Zahlungsunfähigkeit auf dem Girokonto) erfolgen.

Fremdkapital ist für viele Betriebe notwendig und selbstverständlich. Natürlich soll die damit getätigte Investition mehr einbringen, als die Schulden kosten. Durch die Nutzung von Förderungsprogrammen (z.B. zinsverbilligte Darlehen – siehe Abschnitt 7.4.2) können die Kapitalkosten erheblich gesenkt werden.

Bei den Krediten unterscheidet man zwischen kurz-, mittel- und langfristigen Formen.

Kurzfristige Fremdfinanzierung – Die gebräuchlichsten Arten sind hier der Kontokorrentkredit und der Lieferantenkredit.

Beim **Kontokorrentkredit** wird mit der Bank ein Kreditvertrag abgeschlossen, der das Überziehen des *Girokontos* bis zu einem bestimmten Betrag erlaubt. Die *Zinsen* liegen hier allerdings

höher als bei langfristigen Darlehen. Über die vereinbarte Grenze hinaus sollte das Konto möglichst nicht beansprucht werden, weil dann zusätzliche *Überziehungsprovisionen* in einer Höhe von 3–4 % anfallen.
Beim **Lieferantenkredit** führt ein Geschäftspartner (z. B. ein Landhändler) das Konto, welches den beanspruchten Kredit anzeigt. Da hierbei *meist höhere Zinsen* als beim Kontokorrentkredit anfallen und Rabatt- und Skontomöglichkeiten beim Wareneinkauf oft wegfallen, ist diese Kreditform wesentlich unrentabler und daher seltener.
Mittel- und langfristige Fremdfinanzierung – Je nach Rückzahlungswunsch und -möglichkeit bzw. nach Verwendungszweck des Kapitals kann zwischen Tilgungsdarlehen, Annuitätendarlehen und Festdarlehen gewählt werden.
Tilgungsdarlehen werden über die gesamte Laufzeit in gleichen Tilgungsraten zurückgezahlt. Da der zu verzinsende Kreditbetrag ständig geringer wird, sinken auch die Zinszahlungen und damit die jährliche Belastung.
Annuitätendarlehen weisen einen gleichbleibenden Kapitaldienst pro Jahr auf und sind damit gut kalkulierbar. Das Verhältnis von Zins- und Tilgungszahlung verschiebt sich hier im Laufe der Zeit zugunsten der Tilgung. Die gesamte Zinsbelastung ist allerdings höher als beim Tilgungsdarlehen (siehe Abb. 1349).
Die teuerste Form ist das **Festdarlehen**, bei dem die Schulden am Ende der Laufzeit in einer Summe zurückbezahlt werden. Die Zinskosten bleiben über die gesamte Laufzeit gleich hoch.

! Bei allen Krediten ist es wichtig, dass die Kapitaldienstgrenze durch den tatsächlichen Kapitaldienst nicht überschritten wird. Die Kapitaldienstgrenze ist der Betrag, der maximal für Zins- und Tilgungszahlungen zur Verfügung steht.

Umschuldung – Wenn die erforderlichen Zahlungen aufgrund einer ungünstigen Unternehmensentwicklung aus den laufenden Einnahmen nicht mehr bestritten werden können, sollte rechtzeitig eine *sog. Umschuldung* erfolgen. Dabei wird versucht, durch ein Bündel von Maßnahmen (z. B. Ertragsreserven ausschöpfen, Korrektur von Finanzierungsfehlern, Veräußerung von Vermögensteilen, Einsparung bei den Lebenshaltungskosten) ein rapides Ansteigen von »teuren Schulden« zu verhindern.
Nach der sog. **goldenen Bankregel** sollte die *Bindungsdauer des Kapitals* (z.B. Kreditlaufzeit) mit der Nutzungsdauer des damit beschafften Investitionsobjekts übereinstimmen. Damit soll verhindert werden, dass z. B. Rückzahlungen noch erfolgen müssen, obwohl die seinerzeit gekaufte Maschine längst nicht mehr genutzt wird.
Die sog. **goldene Bilanzregel** besagt, dass langfristig gebundenes Vermögen (Boden, Gebäude) mit Eigenkapital und langfristigem Fremdkapital zu finanzieren ist. Mit kurzfristigem Fremdkapital sollte nur das Umlaufvermögen (z. B. Betriebsmittel) finanziert werden.

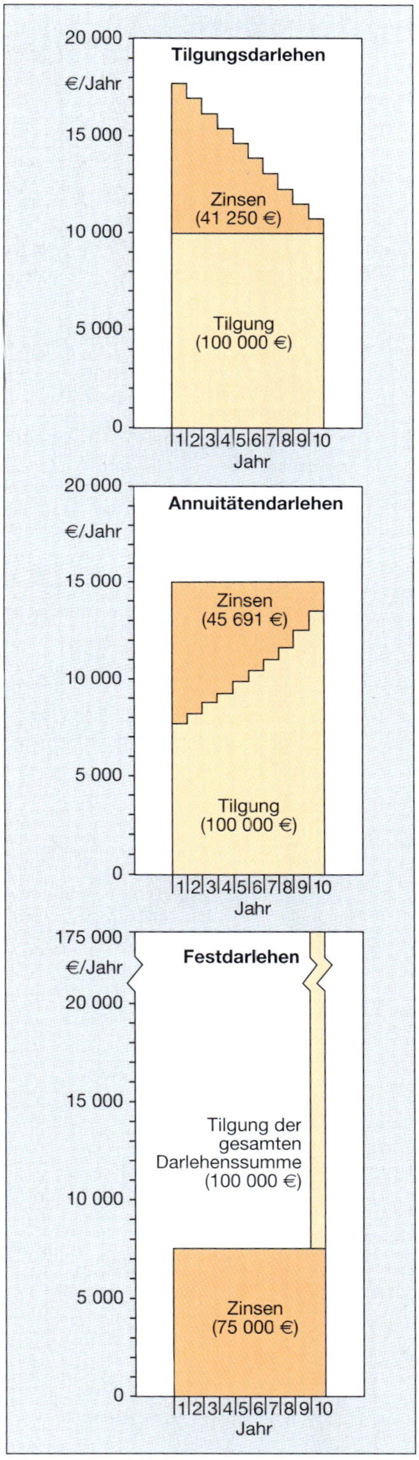

Abb. 1349 Verlauf von Zins- und Tilgungszahlungen bei verschiedenen Darlehensformen (Betrag jeweils: 100 000 €; Zinssatz: 7,5% p.a.; 10 Jahre).

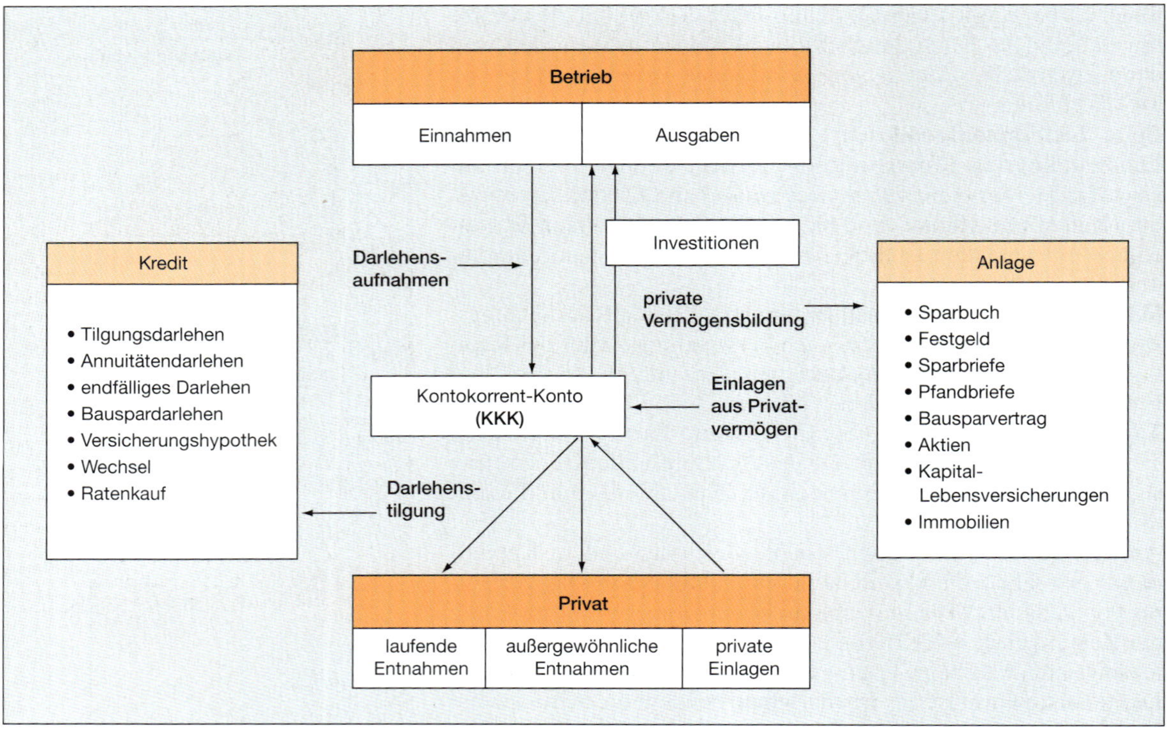

Abb. 1350 Geldströme in einem Betrieb (Schema).

Als weiterer Finanzierungsgrundsatz gilt, dass das gesamte Fremdkapital den Wert des Vieh-, Umlauf- und Maschinenvermögens nicht überschreiten soll, damit im Falle der Betriebsaufgabe eine schuldenfreie Verpachtung möglich ist.

Aufgaben:

1. Nennen Sie die verschiedenen Formen des Zahlungsverkehrs und geben Sie Beispiele an.
2. Erläutern Sie die Vor- und Nachteile von Dauerauftrag und Lastschrift.
3. Beschreiben Sie den Zahlungsvorgang sowie das »Aufladen« der sog. Geldkarte.
4. Warum sollte man einen Scheck möglichst »Nur zur Verrechnung« ausstellen?
5. Beschreiben Sie den Zahlungsvorgang sowie die Abrechnung mit der Kreditkarte.
6. Unterscheiden Sie Brutto-, Ersatz- und Nettoinvestition und erläutern Sie den Unterschied.
7. Nennen und beschreiben Sie die verschiedenen Arten von Krediten und Darlehen.

10 Grundlagen der Buchführung

Jede landwirtschaftliche oder gewerbliche Tätigkeit ist in der Regel auf Gewinnerzielung ausgerichtet.
Um feststellen zu können, ob und wieweit dieses Ziel auch tatsächlich erreicht wird, müssen Aufzeichnungen gemacht werden. Da diese Aufzeichnungen früher in Büchern erfolgten, spricht man auch heute noch von *»Bücher führen«*.

> ! Aufgabe der Buchführung ist es, das betriebliche Geschehen zahlenmäßig zu erfassen.

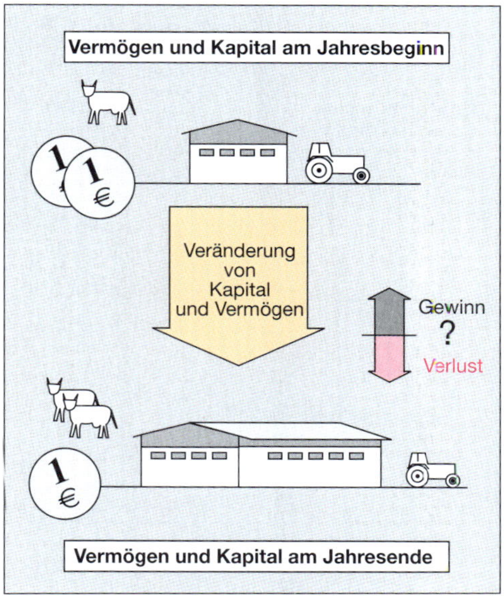

Abb. 1351 Die Buchführung erfasst die Vermögens- und Kapitalveränderungen und deren Ursachen.

10.1 Ziele

Die Buchführung hat den Zweck, Aufschluss zu geben

- über die Höhe und die Veränderung des vorhandenen *Betriebsvermögens,* des *Fremdkapitals* und des *Eigenkapitals* sowie
- über den *Betriebserfolg* (Gewinn oder Verlust) und die privaten *Einlagen* und *Entnahmen*.

Will jemand wissen, wie sich sein Vermögen von Jahr zu Jahr verändert und ob er dabei *reicher* oder *ärmer* wird, so muss er dazu jährlich einmal sein **Vermögen** und seine Verbindlichkeiten (Fremdkapital) erfassen.
Vermögen abzüglich **Fremdkapital** ergibt das **Eigenkapital** (= Eigentumsanteil am Vermögen). Die Zu- oder Abnahme des Eigenkapitals zeigt ihm dann, ob er *reicher* oder *ärmer* geworden ist.
Handelt es sich um einen Betrieb, so interessiert den Betriebsinhaber nicht nur die Vermögens- und Kapitalveränderung, sondern auch die Frage, welchen **Gewinn** oder **Verlust** er im abgelaufenen Jahr erwirtschaftet hat.
Um diese Frage zu beantworten, muss er zusätzlich während des Jahres alle Geschäftsvorfälle aufschreiben und am Jahresende abrechnen. Die Differenz aller Erträge und Aufwendungen ist dann der *Gewinn* oder *Verlust.*
Auch nichtbetriebliche Einnahmen (z. B. Kindergeld) oder nichtbetriebliche Ausgaben (z. B. Haushaltsausgaben für die Familie), die über ein Finanzkonto des Betriebes laufen und damit das betriebliche Vermögen und Eigenkapital verändern, müssen – als **Einlagen** und **Entnahmen** – festgehalten werden.

Abb. 1352 **Beispiel** für die Zunahme des Eigenkapitals. Das Vermögen hat um 40 000 €, das Fremdkapital um 30 000 € und das Eigenkapital um 10 000 € zugenommen. Der Besitzer dieses Vermögens ist also um 10 000 € reicher geworden.

Beispiel	Jahresanfang	Jahresende
Vermögen	420 000 €	460 000 €
Fremdkapital	35 000 €	65 000 €
Eigenkapital	385 000 €	395 000 €

> ! Die Buchführung erfasst
> - die Vermögens- und Kapitalveränderungen,
> - die Ursachen dieser Veränderungen, vor allem den Gewinn oder Verlust

Die Agrarstatistik liefert Daten, die wichtige Unterlagen für die Agrar- und Wirtschaftspolitik sowie für Forschung und Beratung sind.

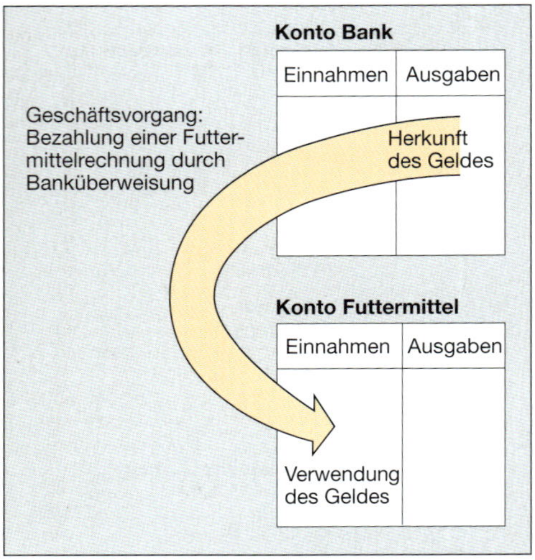

Abb. 1353 Prinzip der doppelten Buchführung: Jeder Geschäftsvorgang wird zweimal (doppelt) gebucht.

Abb. 1354 Die steuerliche Buchführungspflicht tritt ein, wenn bestimmte Grenzen überschritten werden.

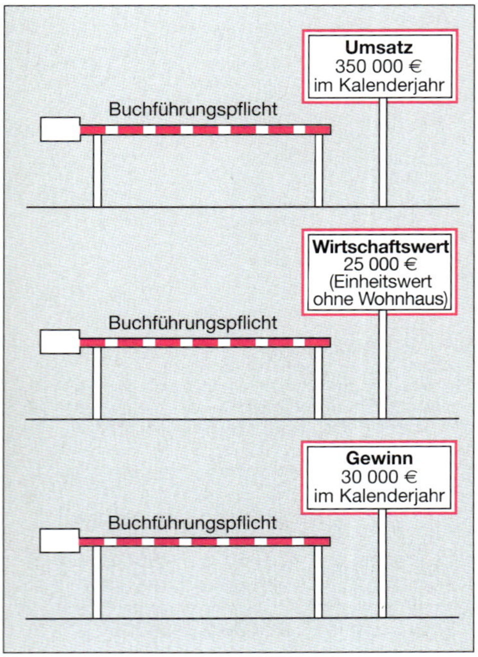

10.2 Buchführungsgrundsätze

Damit die Buchführung korrekte Ergebnisse liefert, müssen allgemeine Grundsätze einer *ordnungsgemäßen* Buchführung beachtet werden. Zu diesen Grundsätzen zählen:

- **Grundsatz der Klarheit:** Alle Aufzeichnungen und Auswertungen sind so *klar* und *übersichtlich* zu erstellen, dass sie jederzeit einen Einblick in die Lage des Betriebes gestatten.
- **Grundsatz der Wahrheit:** Das Buchführungsergebnis soll von seiner Zielsetzung her wahr sein. Das ist nur dann der Fall, wenn *alle* für die Bilanz und die laufende Buchführung wichtigen Zahlen *erfasst* und *ausgewiesen* sind und wenn richtig gebucht und ausgewertet wird. Auch die *Vermögensbewertung* muss der Zielsetzung entsprechend richtig sein.
- **Grundsatz der Vorsicht:** Zum Schutz der Gläubiger darf in der Bilanz *kein Scheinvermögen* ausgewiesen werden. Das Vermögen muss also vorsichtig bewertet werden.
- **Inventur und Bilanz:** Zum *Beginn* und *Ende* eines Wirtschaftsjahres hat eine Inventur (= körperliche Bestandsaufnahme aller Vermögensgegenstände) zu erfolgen, deren Ergebnis in Inventarverzeichnissen festgehalten wird und auf dem die Bilanz aufbaut.
  Inventur und Bilanz müssen sich auf einen bestimmten *Stichtag* beziehen. Die *Schlussbilanz* des abgelaufenen Wirtschaftsjahres ist zugleich die *Anfangsbilanz* des folgenden Wirtschaftsjahres (Grundsatz der Bilanzidentität).
- **Grundsatz der fortlaufenden Aufzeichnung:** Alle Geschäftsvorfälle müssen *fortlaufend* und *zeitnah* festgehalten und daneben nach sachlichen Gesichtspunkten zusammengestellt werden.

10.3 Buchführungssystem

Es wird heute praktisch nur noch nach dem System der **doppelten Buchführung** gebucht.
Bei der doppelten Buchführung wird jeder Geschäftsvorfall zweimal – also doppelt – festgehalten: einmal nach der *Herkunft* und einmal nach der *Verwendung* des Geldes.
Wird zum Beispiel eine Futtermittelrechnung durch Banküberweisung bezahlt, so wird diese Ausgabe einmal im Konto »Bank« (Herkunft des Geldes) und einmal im Konto »Futtermittel« (Verwendung des Geldes) gebucht. Dieses Buchungsprinzip *Herkunft und Verwendung* liegt der gesamten doppelten Buchführung zugrunde.

10.4 Steuerliche Buchführungspflicht – Buchführungsauflage

Ein Teil der Landwirtschafts-, Garten- und Weinbaubetriebe ist aus steuerlichen Gründen verpflichtet, Bücher zu führen. Der in der Buchführung ermittelte Gewinn wird dann der Einkommensbesteuerung zugrunde gelegt.

Die **steuerliche Buchführungspflicht** tritt ein, wenn das Finanzamt feststellt, dass eine der in Abb. 1354 genannten Grenzen überschritten ist und dies zusammen mit der Aufforderung zur Buchführung dem Betriebsinhaber mitteilt.
Kommt der Betriebsinhaber seiner Buchführungspflicht nicht nach, so wird der Gewinn vom Finanzamt geschätzt.
Eine vereinfachte steuerliche Aufzeichnungspflicht, die sog. »Überschussrechnung«, bei der nur der Zu- und Abfluss an Betriebseinnahmen und -ausgaben aufgeschrieben wird, tritt aber bereits ein, wenn die selbstbewirtschafteten Fflächen der landwirtschaftlichen Nutzung 20 ha übersteigen, die Tierbestände insgesamt 50 GV übersteigen und der Vergleichswert (Einheitswert) je selbstbewirtschafter Sondernutzung mehr als 1000 € beträgt.
Bei Betrieben, die weder zur Buchführung noch zur Überschussrechnung verpflichtet sind, wird der steuerliche Gewinn nach *Durchschnittssätzen* (sog. 13 a-Gewinnermittlung) ermittelt.
Eine von der Landwirtschaftsverwaltung ausgesprochene **Buchführungsauflage** bekommt ein Betrieb, der öffentliche Zuschüsse und zinsverbilligte Kredite für Investitionen in Anspruch nimmt. Die gleichzeitige Verpflichtung, den Abschluss jährlich dem Landwirtschaftsamt vorzulegen, soll eine *Kontrolle* darüber ermöglichen, ob die aus öffentlichen Mitteln geförderte Investition wirtschaftlich ist.

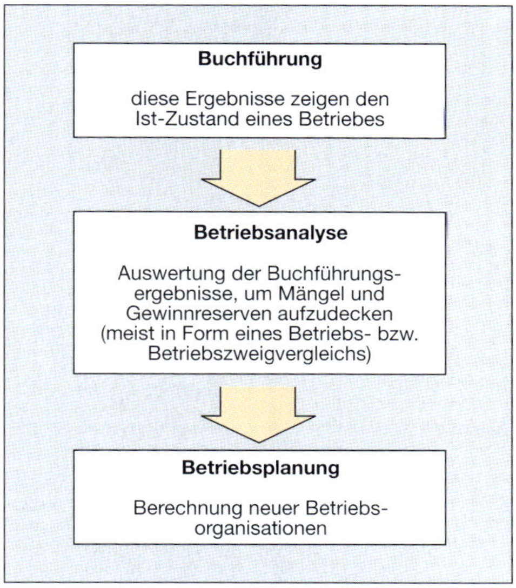

Abb. 1355 Die Buchführung ist der erste Schritt zur Betriebsplanung.

10.5 Prinzip der doppelten Buchführung

Die doppelte Buchführung wurde nachweislich schon vor mehr als 600 Jahren von italienischen Kaufleuten praktiziert. Viele Begriffe und Namen sind daher noch heute italienischen Ursprungs. Das erste deutschsprachige Lehrbuch, das über dieses Aufzeichnungssystem bekannt ist, stammt aus dem 16. Jahrhundert. Die darin niedergelegten Grundregeln haben sich bis heute nicht verändert.
Im Folgenden wird der Rechengang der doppelten Buchführung von der Anfangs- bis zur Schlussbilanz anhand eines einfachen Beispiels näher erläutert.

10.5.1 Bilanz

Die doppelte Buchführung soll die Vermögens- und Kapitalentwicklung und ihre Ursachen aufzeigen. Voraussetzung dafür ist, dass am Anfang der Aufzeichnungen eine **Bilanz** erstellt wird.

> ! **Als Bilanz wird die geordnete Zusammenstellung des Vermögens, der Schulden und des Eigenkapitals zu einem bestimmten Stichtag bezeichnet.**

Der Name (ital. bilancio = Waage) drückt bereits die klassische Form dieser Zusammenstellung aus: Sie zeigt zwei Seiten, deren Werte jeweils die gleiche Summe ergeben, sich also die Waage halten.

Bilanz Aktiva	Bilanz Passiva
Die linke Seite beantwortet die Frage *Welches Vermögen ist da?* oder anders ausgedrückt *In welchen Wirtschaftsgütern ist das Kapital festgelegt?* oder anders ausgedrückt *Wohin ist das Kapital geflossen?*	Die rechte Seite beantwortet die Frage *Woher stammt das im Vermögen festgelegte Kapital?* oder anders ausgedrückt *Woher ist das Kapital gekommen?*

Abb. 1356 Das Prinzip der Bilanz.

Abb. 1357 **Beispiel** für eine Bilanz.

Bilanz – Aktiva		Bilanz – Passiva	
Boden	450 000		
Gebäude	160 000	682 000	Eigenkapital
Maschinen	90 000		
Vieh	50 000		
Vorräte	4 000	77 500	Fremdkapital (Darlehen)
Bankguthaben	5 000		
Kasse	500		
Summe	759 500	759 500	Summe

Beispiel 1: Die Molkerei überweist dem Betrieb 4500 € Milchgeld.

Bilanz – Aktiva		Bilanz – Passiva	
Boden	450 000	682 000	Eigenkapital
Gebäude	160 000	**+4 500**	
Maschinen	90 000		
Vieh	50 000		
Vorräte	4 000	77 500	Fremdkapital
Bankguthaben	5 000		
	+4 500		
Kasse	500		
Summe	764 000	764 000	Summe

Beispiel 2: An eine Landmaschinenwerkstatt wird eine Reparaturrechnung in Höhe von 1000 € durch Überweisung bezahlt.

Bilanz – Aktiva		Bilanz – Passiva	
Boden	450 000	686 500	Eigenkapital
Gebäude	160 000	**−1 000**	
Maschinen	90 000		
Vieh	50 000		
Vorräte	4 000	77 500	Fremdkapital
Bankguthaben	9 500		
	−1 000		
Kasse	500		
Summe	763 000	763 000	Summe

Beispiel 3: Es wird ein Anzug für 300 € gekauft und bar bezahlt.

Bilanz – Aktiva		Bilanz – Passiva	
Boden	450 000	685 500	Eigenkapital
Gebäude	160 000	**− 300**	
Maschinen	90 000		
Vieh	50 000		
Vorräte	4 000	77 500	Fremdkapital
Bankguthaben	8 500		
Kasse	500		
	− 300		
Summe	762 700	762 700	Summe

Die linke Seite zeigt, was an *Vermögen* da ist, die rechte Seite zeigt, woher das *Kapital* stammt, das in diesem Vermögen steckt oder anders ausgedrückt: wie viel eigenfinanziert (Eigenkapital) und wie viel fremdfinanziert (Fremdkapital) ist. Die linke Bilanzseite wird deshalb auch als Vermögensseite und die rechte Bilanzseite als Kapitalseite bezeichnet.

Da es sich auf beiden Seiten um den gleichen Betrieb handelt, müssen beide Summen gleich sein.

Das **Prinzip der doppelten Buchführung** zeigt sich schon in der Bilanz (siehe Abb. 1353).

Nach dem Prinzip **linke Seite = Mittelverwendung** und **rechte Seite = Mittelherkunft** wird nicht nur in der Bilanz, sondern auch in den beiden Spalten der Konten gebucht, wie sich später zeigen wird.

Die allgemein übliche Bezeichnung der beiden Bilanzseiten mit **»Aktiva«** und **»Passiva«** beruht auf der Aussage dieser beiden Seiten: Mit dem Vermögen wird gearbeitet, es ist produktiv oder *aktiv*. Das Eigen- und Fremdkapital weist dagegen nur die Eigentümer (Kapital- oder Geldgeber) dieses Vermögens aus, seine Rolle ist *passiv*.

10.5.2 Bilanzveränderungen

! Eine Bilanz hat nur für den Bilanzstichtag Gültigkeit. Sie wird durch den Zahlungsverkehr, durch Vermögenszu- und abgänge sowie durch innerbetriebliche Vorgänge (Zuwachs und Verbrauch) ständig verändert.

So wie die folgenden fünf Beispiele, so haben letzten Endes alle Geschäftsvorfälle stets eine mindestens zweifache, wenn auch nach Art des Vorgangs unterschiedliche Bilanzveränderung zur Folge.

Beispiel 1: Die Molkerei überweist dem Betrieb 4500 € Milchgeld. Dieser **Betriebsertrag** erhöht sowohl das Vermögen als auch das Eigenkapital. Wäre das Milchgeld auf ein passives Finanzkonto (z. B. ein im Minus befindliches Bankkonto) überwiesen worden, so wäre anstelle der Vermögensmehrung eine Fremdkapitalminderung eingetreten. Das Eigenkapital hätte sich aber genauso erhöht.

Beispiel 2: An eine Landmaschinenwerkstatt wird eine Reparaturrechnung in Höhe von 1000 € durch Überweisung bezahlt. Dieser **Betriebsaufwand** verringert das Vermögen, gleichzeitig auch das Eigenkapital.

Beispiel 3: Es wird ein Anzug für 300 € gekauft und bar bezahlt. Diese **Privatentnahme** verringert das Vermögen und gleichzeitig auch das Eigenkapital.

! Jeder Betriebsertrag und jede Privateinlage erhöht das Eigenkapital, jeder Betriebsaufwand und jede Privatentnahme verringert das Eigenkapital.

Beispiel 4: Für 4000 € wird eine Maschine gekauft. Der Betrag wird überwiesen.
Durch diese **Investition** wird Geld (Finanzvermögen) in Sachvermögen umgewandelt. Das Eigenkapital bleibt gleich.

> **!** **Investitionen (= Ausgaben zur Anschaffung von Sachvermögen und Finanzanlagen) verändern das Eigenkapital nicht. Sie machen die Familie weder ärmer noch reicher.**

Beispiel 4: Für 4000 € wird eine Maschine gekauft, der Betrag wird überwiesen.

Bilanz Aktiva		Passiva	
Boden	450 000	685 200	Eigenkapital
Gebäude	160 000		
Maschinen	90 000		
	+4 000		
Vieh	50 000		
Vorräte	4 000	77 500	Fremdkapital
Bankguthaben	8 500		
	−4 000		
Kasse	200		
Summe	762 700	762 700	Summe

Erst der *Verbrauch* des angeschafften Sachvermögens (Abnutzung der Gebäude und Maschinen, Verbrauch der Vorräte) vermindert das Eigenkapital.
Zur Vereinfachung der Buchführung werden kurzlebigere Sachgüter wie Vieh und Vorräte gleich als Aufwand (= Eigenkapitalminderung) gebucht. Nur die Anschaffung langlebiger Güter (Anlagegüter) wie Boden, Gebäude, Maschinen, Finanzanlagen wird als *Vermögens-* oder *Anlagenzugang* gebucht.
Beispiel 5: Zur Tilgung eines aufgenommenen Darlehens werden 1500 € überwiesen.
Dieser Geldverkehr zwischen zwei betrieblichen Finanzkonten (auch das Darlehenskonto ist ein betriebliches Konto) macht die Familie weder ärmer noch reicher, denn das Eigenkapital bleibt dabei unberührt.

Beispiel 5: Zur Tilgung des aufgenommenen Darlehens werden 1500 € überwiesen.

Bilanz Aktiva		Passiva	
Boden	450 000		
Gebäude	160 000	685 200	Eigenkapital
Maschinen	94 000		
Vieh	50 000		
Vorräte	4 000	77 500	Fremdkapital
Bankguthaben	4 500	**−1 500**	
	−1 500		
Kasse	200		
Summe	761 200	761 200	Summe

> **!** **Überweisungen und Zahlungen innerhalb der Finanzkonten des Betriebes (Barabhebung oder -einzahlung, Kreditaufnahme oder -tilgung) sind weder Aufwand noch Ertrag und verändern das Eigenkapital nicht.**

10.5.3 Auflösung der Bilanz in Konten

Die Buchführung würde ihre Aufgabe nicht erfüllen, wenn sie nur in einer täglichen Bilanzkorrektur bestünde. Erstens wäre das nicht praktikabel und zweitens würde es keinen Aufschluss über die *Ursachen* der eingetretenen Vermögens- und Kapitalveränderungen liefern.
Um am Jahresende feststellen zu können, wie hoch der Gewinn oder Verlust, die Privateinlagen oder Privatentnahmen und wo und wie viel in den Betrieb investiert wurde, muss jeder Zahlungsverkehr nach *Herkunft* und *Verwendung* aufgezeichnet werden. Damit das möglich ist, wird die **Bilanz in Konten aufgelöst** und in den Konten wird gebucht.
Die **aufgelöste Bilanz** zeigt im nebenstehenden **Beispiel** folgende Konten:

- ► Das Konto **Sachvermögen:** Es enthält hier das gesamte Sachvermögen. Aus Vereinfachungsgründen werden beim laufenden Buchen dann in diesem Konto aber nur die Ausgaben für die Anschaffung oder Herstellung von Anlagegütern (z. B. Boden, Gebäude, Maschinen) gebucht.

Abb. 1358 Buchungen im T-Konto einer aufgelösten Bilanz (siehe obige Beispiele 1–5).

Aufgelöste Bilanz

Sachvermögen		
Boden	450 000	
Gebäude	160 000	
Maschinen	90 000	
Vieh	50 000	
Vorräte	4 000	

Bank	
5 000	

Kasse	
500	

Eigenkapital	
	682 000

Darlehen	
	77 500

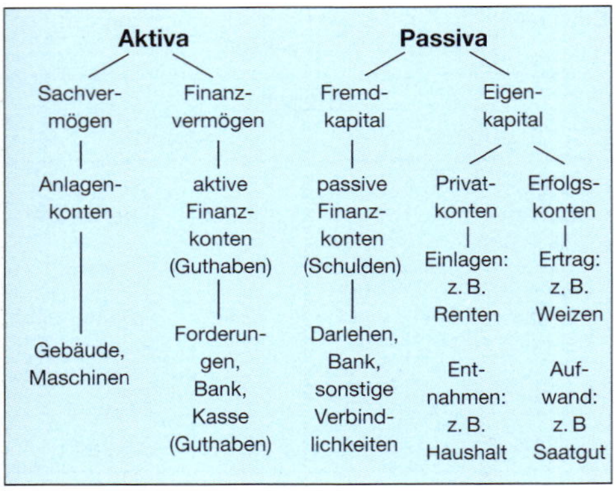

Abb. 1358 Die Auflösung der Bilanz in ihre Einzelkonten.

Tabelle 108: Von der Anfangs- zur Schlussbilanz (siehe Beispiele 1–5, Seite 548–549)

Anfangsbilanz Aktiva		Passiva	
Boden	450 000		
Gebäude	160 000	682 000	Eigenkapital
Maschinen	90 000		
Vieh	50 000		
Vorräte	4 000	77 500	Fremdkapital
Bankguthaben	5 000		(Darlehen)
Kasse	500		
Summe	759 500	759 500	Summe

Mittelverwendung	Mittelherkunft
Beispiel 1: *4500 € Milchgeld*	
Konto »Eigenkapital«	
	682 000 Anfangsbestand
(Unter-)Konto »Ertrag (Milch)«	
	4 500 Milchgeld
Konto »Bank«	
Anfangsbestand 5 000 **Milchgeld 4 500**	
Beispiel 2: *1000 € Reparatur*	
Konto »Bank«	
Anfangsbestand 5 000 *Milchgeld 4 500*	**1 000 Reparatur**
Konto »Eigenkapital«	
	682 000 Anfangsbestand
(Unter-)Konto »Aufwand (Maschinenreparaturen)«	
Reparatur 1 000	

▶ Die Finanzkonten **Bank, Kasse, Darlehen:** Alle Zu- und Verkäufe, Einzahlungen und Abhebungen schlagen sich auf irgendeinem Finanzkonto nieder.

▶ Das Konto **Eigenkapital:** Es nimmt alle Buchungen auf, die das Eigenkapital verändern. Das sind alle Einlagen und Entnahmen und alle Erträge und Aufwendungen.
Da die Buchführung aber nicht nur über die Eigenkapitalveränderungen selbst, sondern auch über deren Ursachen (Privateinlagen und -entnahmen, Betriebserfolg oder -verlust) Auskunft geben soll, wird das Eigenkapitalkonto in die beiden Unterkonten **Privatkonto** und **Erfolgskonto** unterteilt.

! Aus der Bilanzauflösung entstehen also 4 verschiedene Gruppen von Konten:
▶ Sachvermögens- oder Anlagekonten,
▶ Finanzkonten,
▶ Privatkonten,
▶ Erfolgskonten.

10.5.4 Laufende Buchführung in den Konten der aufgelösten Bilanz

Jede der 5 folgenden **Beispiels-Buchungen** (siehe Seite 549) hatte die Bilanz an 2 Stellen verändert. Also verändern sich nun bei der aufgelösten Bilanz jeweils 2 Kontenstände.
Wie die Bilanz, so haben auch die Konten 2 Seiten und 2 Spalten. Rechts wird die Herkunft, links die Verwendung der Mittel festgehalten. Als erstes werden die Anfangsbestände aus der Bilanz in die Konten übernommen und zwar auf die gleiche Seite, auf der sie auch in der Bilanz stehen.
Erhöht der zu buchende Geschäftsvorgang den Anfangsbestand, so wird er auf der Seite gebucht, auf der dieser Anfangsbestand steht. Verringert der Geschäftsvorgang den Anfangsbestand, so wird er auf der entgegengesetzten Seite gebucht. Da *Aktiv-Konten* den Anfangsbestand im Soll haben, ergibt sich für diese Konten, dass Mehrungen links (Soll) und Minderungen rechts (Haben) gebucht werden.
Bei *Passiv-Konten* ist das genau umgekehrt, da diese den Anfangsbestand im Haben aufweisen. Dort werden Mehrungen also im Haben und Minderungen im Soll gebucht. Bei der Buchung in zwei Konten gilt außerdem der Grundsatz, dass zu jeder Soll-Buchung eine Haben-Buchung gehört und umgekehrt.
Der senkrechte Balken des *T-Kontos* ist also aus der Sicht des Anfangsbestandes als Minuszeichen zu betrachten. Anfangsbestand plus Zugänge minus Abgänge ergeben am Schluss den Endbestand.
In Tabelle 108 sind aus Platzgründen nur die Konten dargestellt, die mit den fünf Beispiels-Buchungen angesprochen werden. Bei der Berechnung des Eigenkapitalendbestandes werden Privat- und Erfolgskonto wieder zusammengefasst. Die fettgedruckten Bilanzwerte haben sich durch die 5 Buchungen verändert.
Aus den Beispiels-Buchungen lassen sich folgende **Grundregeln** der doppelten Buchführung ableiten:

1. Die Konten sind nichts anderes als Bilanzteile, die im Rahmen der laufenden Buchführung ständig fortgeschrieben werden. Die Konten-Anfangsbestände werden aus der Bilanz übernommen und stehen auf der gleichen Seite wie in der Bilanz: Aktivbestände links, Passivbestände rechts.
2. Jeder Vorgang ändert die Bilanz an 2 Stellen. Das heißt, dass ein Vorgang immer auch 2 Konten betrifft und deshalb doppelt gebucht werden muss.
3. Bedeutet die Buchung einen Zugang zum Anfangsbestand, so muss sie auf der Seite erfolgen, auf der der Anfangsbestand steht. Bedeutet sie eine Verminderung, so muss sie auf der entgegengesetzten Seite erfolgen.
4. Daraus folgt, dass Einnahmen (Gutschriften) in den Finanzkonten immer links und Ausgaben (Lastschriften) immer rechts zu buchen sind. In allen übrigen Konten (Sachvermögens-, Privat- und Erfolgskonten) ist es umgekehrt. Dort sind die Einnahmen rechts und die Ausgaben links zu buchen.
5. Jeder Betrag wird einmal links und einmal rechts gebucht. Mit der Links-Buchung wird festgehalten, wohin das Geld geflossen ist. Mit der Rechts-Buchung wird festgehalten, woher das Geld gekommen ist.
   Da die linke Seite in der Buchhaltung als »Soll«-Seite bezeichnet wird und die rechte Seite als »Haben«-Seite, heisst es auch: Zu jeder Soll-Buchung gehört eine Haben-Buchung.

10.5.5 Schlussbilanz

Am Ende des Wirtschaftsjahres, wenn der letzte Geschäftsvorfall gebucht ist, werden in den Konten die Endbestände ermittelt und in der **Schlussbilanz** wieder zusammengefasst.
Die Tabelle 108 zeigt den Rechengang der doppelten Buchführung: Die Anfangsbilanz, die laufenden Buchungen in den Konten der aufgelösten Bilanz und erneute Zusammenfassung der Konten in der Schlussbilanz.

Zusammenfassend lässt sich das Prinzip der doppelten Buchführung so formulieren:

- Die Doppelfrage des Betriebsinhabers »Was habe ich und wie viel davon gehört mir?« erzwingt die zweiseitige Bilanzdarstellung.
- Die Doppelfrage »Woher ist das Geld gekommen und wohin ist es geflossen?« erzwingt die doppelte Buchung der Geschäftsvorfälle.

In beiden Fällen handelt es sich um die Frage nach der Mittelherkunft und Mittelverwendung. Danach wird bilanziert und gebucht (Doppik-Prinzip).

Fortsetzung Tabelle 108

Beispiel 3: *300 € für Anzug*	
Konto »Kasse«	
Anfangsbestand 500	**300 Anzugkauf**
Endbestand 200	
Konto »Eigenkapital«	
	682 000 Anfangsbestand
(Unter-)Konto »Privatentnahmen (Lebenshaltung)«	
Anzugkauf 300	
Konto »Eigenkapital«	
	682 000 Anfangsbestand *4 500 Milchgeld*
Reparatur 1 000 **Anzugkauf 300**	
	685 250 Endbestand
Beispiel 4: *4000 € Maschinenkauf*	
Konto »Bank«	
Anfangsbestand 5 000 *Milchgeld 4 500*	*1 000 Reparatur* **4 000 Maschinenkauf**
Konto »Anlagen (Maschinen)«	
Anfangsbestand 90 000 **Maschinenkauf 4 000**	
Endbestand 94 000	
Beispiel 5: *1500 € Darlehenstilgung*	
Konto »Bank«	
Anfangsbestand 5 000 *Milchgeld 4 500*	*1 000 Reparatur* *4 000 Maschinenkauf* **1 500 Tilgung**
Endbestand 3 000	
Konto »Darlehen«	
	77 500 Anfangsbestand
Tilgung 1 500	
	76 000 Endbestand

Fortsetzung Tabelle 108

Schlussbilanz			
Aktiva		Passiva	
Boden	450 000		
Gebäude	160 000	**685 200**	**Eigenkapital**
Maschinen	**94 000**		
Vieh	50 000		
Vorräte	4 000	**76 000**	**Fremdkapital**
Bank	**3 000**		(Darlehen)
Kasse	**200**		
Summe	**761 200**	**761 250**	**Summe**

Tabelle 109: Gesetzlich festgelegte Bilanzstichtage bzw. Wirtschaftsjahre

Ackerbaubetriebe		1. 07.–30. 6.
Weidebetriebe		1. 05.–30. 4.
Forstbetriebe	Kalenderjahr oder	1. 10.–30. 9.
Gartenbaubetriebe	Kalenderjahr oder	1. 07.–30. 6.
Weinbaubetriebe	Kalenderjahr oder	1. 07.–30. 6.

Tabelle 110: Bilanzgliederung für landwirtschaftliche Unternehmen
(Schema des bundeseinheitlichen Jahresabschlusses für Landwirtschafts-, Gartenbau-, Weinbau- und Fischereibetriebe)

Anlagevermögen
immaterielle Vermögensgegenstände
Sachanlagen
Finanzanlagen
Tiervermögen
Rinder
Schweine
...
Umlaufvermögen
Vorräte
Forderungen
Kassenbestand, Bankguthaben
Rechnungsabgrenzungsposten
Aktiva

Eigenkapital
Eigenkapital am Anfang
Einlagen
Entnahmen
Gewinn/Verlust
Eigenkapital am Schluss
Rücklagen
Rückstellungen
Verbindlichkeiten
Verbindlichkeiten gegenüber Kreditinstituten
Verbindlichkeiten aus Lieferungen und Leistungen
sonstige Verbindlichkeiten
Rechnungsabgrenzungsposten
Passiva

10.6 Durchführung der doppelten Buchführung

Die Buchführung kann der Landwirt entweder einer Buchstelle übertragen oder selbst erledigen.
Letzteres hat vor allem den Vorteil, dass er das laufende Betriebsgeschehen besser kontrollieren kann und das Abschlussergebnis auch ohne fremde Hilfe versteht. Der Personalcomputer und das Angebot komfortabler Buchführungsprogramme erleichtern ihm heute die Buchungsarbeit ganz wesentlich.

10.6.1 Eröffnungsbilanz

Mit der **Eröffnungsbilanz** wird die Buchführung eröffnet. Sie besteht im Erfassen, Bewerten und Zusammenstellen des Betriebsvermögens (Inventur) und der Verbindlichkeiten zu einem bestimmten Stichtag.
Dieser *Bilanzstichtag* bestimmt Anfang und Ende des abzurechnenden *Wirtschaftsjahres*.
Für die steuerliche Buchführung in der Landwirtschaft sind Bilanzstichtage bzw. Wirtschaftsjahre gesetzlich festgelegt. Für die übrigen Wirtschaftsbereiche ist das Kalenderjahr gleichzeitig das Wirtschaftsjahr.
Der Grund für die in der Landwirtschaft abweichenden Stichtage liegt darin, dass um diese Zeit die Erntevorräte weitgehend aufgebraucht sind und das Aufstellen der Bilanz dadurch erleichtert wird.
Betriebsvermögen – Privatvermögen – In der Eröffnungsbilanz wird nur das Betriebsvermögen erfasst, da sich die Buchführung als Vermögens- und Erfolgsrechnung ausschließlich auf den Betrieb (Unternehmen) bezieht.
Privatvorgänge werden in der Buchführung nur soweit berücksichtigt, als es sich um Einlagen in die Konten bzw. Entnahmen aus den Konten des Betriebes handelt.
Betriebsvermögen sind alle Güter, die zur Bewirtschaftung *notwendig* sind und sich im Eigentum der Unternehmerfamilie bzw. der Gesellschafter befinden (»notwendiges Betriebsvermögen«).
Bei bestimmten Gütern, z. B. bei einem Sparguthaben, ist diese Notwendigkeit nicht von vornherein gegeben, aber möglich. Bei ihnen kann die Zuordnung nach eigenem Ermessen erfolgen (»gewillkürtes Betriebsvermögen«).
Dient ein Vermögen nur privaten Zwecken, so ist es *notwendiges* Privatvermögen. Es darf nicht bilanziert werden.
Der grundsätzliche Bilanzaufbau wurde schon im Abschnitt 10.5.1 sichtbar. Tabelle 110 zeigt die vom Bundesministerium für Verbraucherschutz, Ernährung und Landwirtschaft (BMVEL) für alle Testbetriebs- und Auflagenbuchführungen vorgeschriebene bundeseinheitliche **Bilanzgliederung.**
Zur Feststellung der gesamten Vermögenswerte des Betriebs, der Verbindlichkeiten und des Eigenkapitals ist eine **Inventur** notwendig. Sie umfasst

- die Bestandsaufnahme (Zählen, Messen, Wiegen) und Bewertung des Sachvermögens,
- die Feststellung des Finanzvermögens,
- die Feststellung der Verbindlichkeiten.

Ihr Ergebnis wird in *Inventarverzeichnissen* (Vermögensverzeichnis) festgehalten und nach Summen in der Bilanz zusammengestellt.
Die Reihenfolge, in der die einzelnen Vermögensteile auf der Aktivseite der Bilanz aufgeführt sind, richtet sich nach ihrem Festlegungsgrad:

- *Anlagevermögen* (Boden, Gebäude, Maschinen usw.): In ihm ist das Kapital für längere Zeit angelegt.
- *Tiervermögen:* Es wird aus Vereinfachungsgründen nicht in Anlage- und Umlaufvermögen aufgeteilt.
- *Umlaufvermögen:* Dazu zählen alle kurzlebigen, sich innerhalb 1 Jahres umsetzenden (umlaufenden) Wirtschaftsgüter wie Vorräte, Forderungen, Bank- und Kassenguthaben.
- *Rechnungsabgrenzungsposten* (geleistete Vorauszahlungen).

Die Bilanzpositionen der Passivseite beginnen mit dem *Eigenkapital*. Es errechnet sich als Differenz aus Gesamtkapital abzüglich Rücklagen und Verbindlichkeiten im weiteren Sinn.
Rücklagen sind außerordentliche Gewinne, die zur Verteilung auf die Folgejahre oder zur Reinvestition zunächst »zurückgelegt« werden. Sie haben Eigenkapitalcharakter.
Zu den *Verbindlichkeiten* im weiteren Sinn zählen auch die *Rückstellungen* (noch ausstehende Ausgabenrechnungen aus dem abgelaufenen Wirtschaftsjahr) und die passiven Rechnungsabgrenzungsposten (erhaltene Vorauszahlungen).
Bewertung des Sachvermögens – Das Sachvermögen wird grundsätzlich nach seinen Anschaffungs- oder Herstellungskosten bewertet. Sind diese nicht mehr bekannt, so werden ersatzweise gesetzlich vorgeschriebene Richtwerte angesetzt.
Boden – Die steuerliche Bewertung der Betriebsfläche (ohne Pachtflächen) erfolgt nach den Werten der Tabelle 111. Die »Ertragsmesszahlen« beruhen auf der Ertragsfähigkeit des Bodens und sind im Liegenschaftskataster für jedes Flurstück festgelegt. Grundstücke, die nach dem 30. 6. 1970 gekauft wurden, werden nach ihrem Kaufpreis bewertet.
Gebäude und bauliche Anlagen – Sie werden nach Herstellungskosten bewertet. Liegt das Baujahr vor 1948 (Währungsreform), so wird der Gebäudewert aus dem Einheitswert abgeleitet.
Im Gegensatz zum Boden unterliegen die Gebäude wie auch die übrigen Sachanlagen einer Wertminderung durch Abnutzung. Diese jährliche Wertminderung (Abschreibung) wird in der steuerlichen Buchführung als *Absetzung für Abnutzung (AfA)* bezeichnet.
Der jährliche AfA-Satz richtet sich nach der voraussichtlichen Nutzungsdauer des Anlagegutes. Ist für neugebautes Wirtschaftsgebäude eine Nutzungsdauer von 25 Jahren anzunehmen, so beträgt der jährliche Abschreibungssatz 4%.

$$\text{AfA in \%} = \frac{100}{\text{Nutzungsdauer in Jahren}}$$

$$\text{AfA in €/Jahr} = \frac{\text{Anschaffungs-/Herstellungskosten}}{\text{Nutzungsdauer in Jahren}}$$

Tabelle 111: Im Einkommensteuergesetz festgelegte Werte für Grundstücke aus der Zeit vor dem 1. 7. 1970

landwirtschaftliche Nutzung	Ertragsmeßzahl × 4,09
Hopfen, Spargel	4,10 €/m²
Blumen, Zierpflanzen, Baumschulen	5,12 €/m²
Hof- und Gebäudeflächen	5,12 €/m²
Wald und sonstige Flächen	1,02 €/m²
Weinbau (nach Lagenvergleichszahl)	2,56–12,78 €/m²
Geringstland	0,26 €/m²
Abbauland	0,52 €/m²
Unland	0,10 €/m²
Wege und Raine sind mit dem durchschnittlichen Wert der angrenzenden Fläche zu bewerten.	

Herstellungskosten	50 000 €
Nutzungsdauer 25 Jahre = 4%	
AfA in € pro Jahr = 2000 €	
AfA in 5 Jahren (1. 7. 98–30. 6. 03)	– 10 000 €
Wert zum 1. 7. 2003	40 000 €

Abb. 1359 **Beispiel:** Bewertung eines Gebäudes zum 1.7.2003 (Fertigstellung im Juli 1998)

- *Keine Buchung ohne Beleg!* Fehlende Belege sind nachzufordern oder notfalls durch Eigenbelege zu ersetzen.
- Die Belege müssen so übersichtlich und systematisch abgelegt werden, dass *jeder Geschäftsvorfall zu jeder Zeit vom Konto bis zum Beleg zurückverfolgt* werden kann.
- Diese Nachprüfbarkeit verlangt, dass die Belege in *zeitlicher Reihenfolge* und möglichst nach Finanzkonten getrennt abgelegt werden.
- Die Nachprüfbarkeit wird zusätzlich sichergestellt, wenn die *Belege laufend nummeriert* und die Nummern mitgebucht werden.

Abb. 1360 Grundsätze für die Belegesammlung.

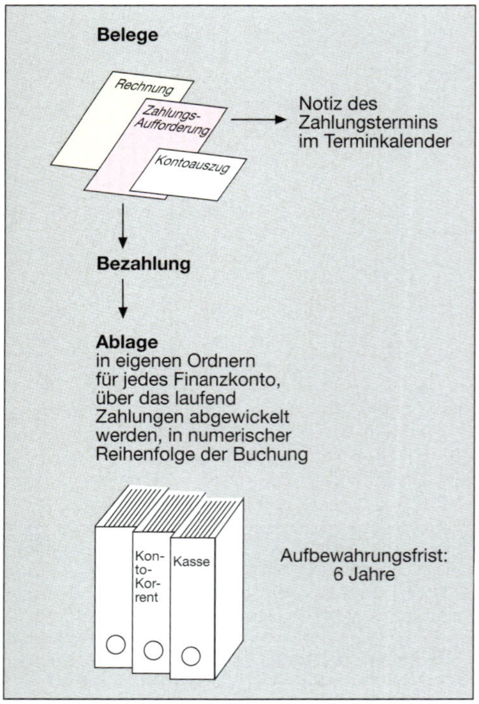

Abb. 1361 Wichtigste Voraussetzung für eine fehlerfreie Buchung ist die ordentliche, lückenlose Belegsammlung.

Abb. 1362 Schema der Buchungseinteilung nach »Soll« und »Haben«.

Konto	
Soll	**Haben**
Wohin ist das Geld geflossen?	Woher ist das Geld gekommen?

Als Rahmenwerte können die landwirtschaftlichen AfA-Richtsätze der Finanzverwaltung (Tabelle 112, Seite 553 enthält einen Auszug davon) verwendet werden.

Wurde ein Gebäude zwischendurch umgebaut, so werden die Umbaukosten ab dem Umbaujahr abgeschrieben.

Maschinen – Maschinen und Geräte mit einem Anschaffungspreis unter 400 € brauchen als sog. »Geringwertige Wirtschaftsgüter« nicht *aktiviert* und abgeschrieben zu werden. Sie können im Jahr der Anschaffung sofort als Aufwand gebucht werden. Für die Höhe der Maschinen-AfA-Sätze gilt prinzipiell das gleiche wie bei Gebäuden. Der Anschaffungswert einer Gebrauchtmaschine wird auf die Restnutzungsdauer abgeschrieben.

Alle Sachanlagegüter bekommen im Anlagenverzeichnis eine *Inventarnummer*.

Vieh – Auch die Viehbewertung orientiert sich an den Anschaffungs- oder »Herstellungskosten«. Da diese für das Einzeltier in der Regel nicht bekannt sind, werden ersatzweise entsprechende *Durchschnittswerte* verwendet (Ausnahme: Wertvolle Zuchttiere sind mit dem Anschaffungspreis zu bewerten und abzuschreiben).

Vorräte – Zugekaufte Vorräte werden nach den gezahlten Zukaufspreisen bewertet, selbsterzeugte Vorräte nach ihren Herstellungskosten, ersatzweise nach dem Verkaufserlös abzüglich geschätzten Gewinnanteil.

10.6.2 Laufende Buchführung

Die Anfangs- und Schlussbilanz gleicht einer Momentaufnahme der Vermögenslage des Betriebes. Sie zeigt den Zustand, lässt aber nicht erkennen, wie es dazu gekommen ist.

Erst die Aufzeichnungen der laufenden Buchführung geben – einem Film vergleichbar – Aufschluss über die Entstehung und Ursachen der eingetretenen Vermögensänderungen.

Richtiges Buchen – Die laufenden Geschäftsvorfälle werden anhand der anfallenden Belege (Kontoauszüge, Rechnungsbelege) gebucht. Es ist deshalb sowohl für die laufende kaufmännische und betriebliche Kontrolle als auch für vollständige buchmäßige Erfassung der Geschäftsvorfälle wichtig, dass für jeden Vorgang ein Beleg vorliegt und diese Belege gesammelt und geordnet abgelegt werden.

Das erstmalige, laufende **Buchen** der Geschäftsvorfälle wird auch als *Grundaufzeichnung* bezeichnet. Früher erfolgte das in einem eigenen »Grundbuch«. Anschließend wurden dann die Buchungen in einem »Hauptbuch« auf die einzelnen Finanz- und Sachkonten (Sachvermögens-, Privat-, Ertrags- und Aufwandskonten) verteilt.

Soweit noch manuell gebucht wird, sind diese Bücher weitgehend ersetzt durch Formulare, die beides – die laufende Aufzeichnung und sachliche Sortierung – gleichzeitig ermöglichen. Es handelt sich dabei um mehrspaltige »Kassenbücher« bzw. »Journale« (ital. = Tagebuch) oder auch um spezielle Durchschreibeformulare.

Erfolgt die Buchführung mit Hilfe eines EDV-Programms am Personalcomputer, so übernimmt dieser das Sortieren der Konten.

Am Bildschirm wird dabei nur die Finanzkontenbuchung als Soll- oder Habenbuchung und dazu die Nummer des *Gegenkontos* eingegeben. Gegenkonto ist entweder ein Sachkonto (z. B. bei einem Futtermittelzukauf) oder ein Finanzkonto (z. B. bei Einzahlungen, Abhebungen, Kredittilgung oder -aufnahme). Der Computer nimmt bei der Verarbeitung der Eingabe dann selbsttätig die Gegenbuchung im angegebenen Sachkonto vor.
Die Kontennummern sind im **Kontenplan** festgelegt. Sein grundsätzlicher Aufbau wurde schon bei der Bilanzauflösung sichtbar. In einem Kontenplan ist jedem Konto eine Nummer zugeteilt. Für die Verarbeitung im Computer muss der Konten- und Buchungstext in Zahlen verschlüsselt werden. Der Kontenplan wird so zum *Textschlüsselplan* erweitert.
Abstimmung der Konten – Um Buchungsfehler rasch aufdecken und beheben zu können, sind regelmäßige **Buchungskontrollen** notwendig. Die wichtigste Kontrolle ist die regelmäßige *Abstimmung der Finanzkontenbuchungen* mit dem Kontostand laut Kontoauszug bzw. mit dem Kassenbestand.
Das **Beispiel** in Tabelle 108 zeigt den Rechengang dieser Kontoabstimmung.
Die *Abstimmung der Finanzkontenbuchungen mit den Sachkontenbuchungen* erfolgt bei der manuellen Buchführung mit Hilfe der **Umsatzbilanz.** Als Umsatzbilanz wird die Gegenüberstellung der Summe aller Soll-Buchungen mit der Summe aller Haben-Buchungen bezeichnet. Da jeder Betrag einmal im Soll und einmal im Haben gebucht ist, müssen bei Fehlerfreiheit beide Summen gleich sein. Dazu als **Beispiel** noch einmal die 5 Beispiels-Buchungen in Tabelle 108.
Beim Buchen am PC wird der Finanzkontenstand nach jeder Buchung am Bildschirm angezeigt. Ist ein Kontoauszug oder sonstiger Geschäftsvorgang gebucht und stimmt der Kontostand am Bildschirm mit dem des Kontoauszugs überein, so sind die Buchungen fehlerfrei eingegeben. Die für die manuelle Buchführung empfohlene Umsatzbilanz zur Überprüfung der Soll- und Haben-Buchungen erübrigt sich bei der PC-Buchführung, da die fehlerfreie Gegenbuchung automatisiert ist.

10.6.3 Jahresabschluss

Die Jahresabschlussarbeiten beginnen mit der **Schlussinventur.** Sie ist gleichzeitig die *Anfangsinventur* für das folgende Wirtschaftsjahr.
Die Schlussbilanzwerte des Anlagevermögens werden anhand der gebuchten Zu- und Abgänge und der Abschreibungen berechnet:

Buchwert am Anfang + Zugang – Abgang – AfA = Buchwert am Schluss

Für das übrige Sachvermögen werden erneut die Endbestände zunächst mengenmäßig erfasst und dann bewertet. Alle aktiven und passiven Finanzbestände werden aus den Konten übernommen.

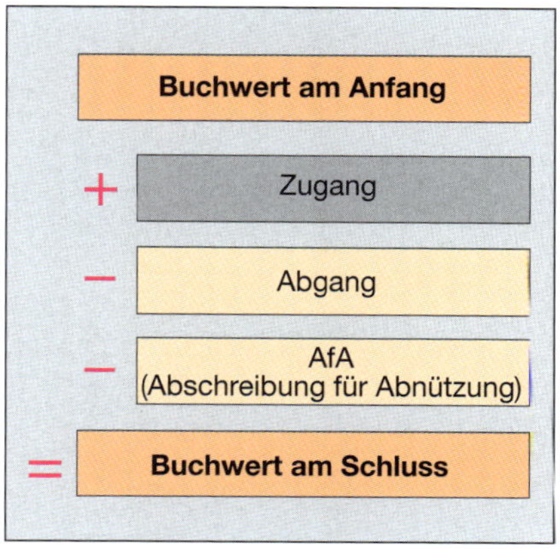

Abb. 1363 Schema der Berechnung für die Werte der Schlussbilanz.

Tabelle 112: Steuerliche AfA-Richtsätze für die Landwirtschaft

Anlagegüter	Nutzungsdauer in Jahren	AfA %
Maschinen und Geräte		
Abladevorrichtungen	12	8
Anhänger, Kipper	12	8
Beregnungsanlagen, beweglich	10	10
Drillmaschinen	12	8
Düngerstreuer	8	12
Eggen, Grubber	8	12
Flachsilo-Entnahmegerät	8	12
Fräsen	8	12
Futtermischer	12	8
Getreidetrockner, stationär	12	8
Güllewagen	10	10
Heu- und Strohpressen	10	10
Heuwender	12	8
Kartoffellegegeräte	10	10
Körnergebläse	12	8
Kreiselmähwerk	10	10
Ladewagen	10	10
Mähdrescher	10	10
Melkmaschinen	12	8
Milchkühler	12	8
Miststreuer	10	10
Pflanzenschutzspritzen	10	10
Pflüge	10	10
Schrotmühlen	10	10
Schwadenrechwender	12	8
Schweißgeräte	8	12
Häcksler	8	12
Traktor	8	12
Hack- und Pflegegeräte	12	8
Vollerntemaschinen	7	14
Vorratsroder	10	10
Walzen	10	10
Gebäude und bauliche Anlagen		
Ställe, Massivbauweise	25	4
Leichtbauweise	17	6
Futtersilos, Stahlbeton	20	5
Holz	10	10
Güllebehälter, Stahlbeton	20	5
Abferkel-, Aufzucht- und Schweinemastboxen	8	12
Futteraufbereitungsanlagen	10	10
Fütterungsanlagen	8	12

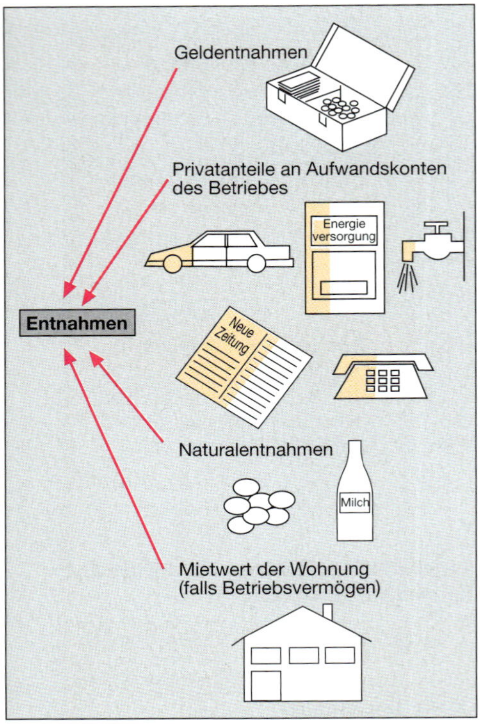

Abb. 1364 Schema: Zusammensetzung der Entnahmen.

Bilanzrechnung – Wie in der Anfangsbilanz werden auch die Schlussbilanzwerte als Summen der einzelnen Vermögensgruppen und Passivbestände in die Bilanz übertragen, um dort die Bilanzsummen, das Eigenkapital am Schluss und die Veränderungen gegenüber der Anfangsbilanz (= Schlussbilanz des Vorjahres) zu berechnen und auszuweisen.

Die im Bilanzjahr eingetretene *Eigenkapitalveränderung* ist das Ergebnis der Einlagen und Entnahmen und des Gewinns oder Verlustes dieses Jahres.

Einlagen und Entnahmen, Gewinn oder Verlust sind auf der Passivseite auszuweisen. Bei den *Einlagen* handelt es sich in der Regel um Geldeinlagen. Sie können direkt aus den gebuchten Einlagekonten übernommen werden. Die *Entnahmen* setzen sich dagegen nicht nur aus den gebuchten Geldentnahmen, sondern auch aus den Privatanteilen an betrieblichen Aufwandskonten (z. B. Pkw-Kosten) und den Naturalentnahmen zusammen.

Sie werden wie folgt berechnet:

\+ Geldentnahmen (Entnahme-Konten)
\+ Privatanteile (Aufwandskonten des Betriebes, z. B. Pkw, Strom, Heizung, Wasser, Telefon, Zeitung)
\+ Naturalentnahmen (z. B. Milch)
\+ Mietwert der Wohnung (falls Betriebsvermögen)

Entnahmen

Sind die Einlagen und Entnahmen ermittelt, so lässt sich ausgehend von der Eigenkapitalveränderung als Restgröße auch der Gewinn oder Verlust berechnen:

\+ Eigenkapital am Schluss
– Eigenkapital am Anfang
\+ Entnahmen
– Einlagen

Gewinn oder Verlust

Man nennt diese Rechnung **»Gewinnermittlung durch Vermögensvergleich«.** Mit »Vermögen« ist hier das Eigenkapital – manchmal auch »Reinvermögen« genannt – gemeint.

Übrigens wendet die gleiche Methode auch der *Kartenspieler* an, wenn er vor und nach dem Spiel sein Geld zählt, um festzustellen, ob und wieviel er gewonnen oder verloren hat. Die Differenz zwischen Anfangs- und Endbestand ist sein Gewinn oder Verlust.

Musste er im Laufe des Spiels noch einmal in die Tasche greifen, um einen weiteren Betrag »einzulegen«, so zieht er diesen Betrag bei der Endabrechnung wieder ab. Hat er zwischendurch etwas in die Tasche zurückgesteckt, also »entnommen«, so zählt er das wieder dazu, denn das Schlusskapital wäre ja ohne diese Entnahme entsprechend höher ausgefallen.

Gewinn- und Verlustrechnung (GuV) – Der Gewinn bzw. Verlust wird nochmal mit der GuV-Rechnung ermittelt. Die Jahresabschlussrechnung beinhaltet also eine *doppelte Gewinnermittlung*.

Die Gewinn- und Verlustrechnung ist eine Ertrags-Aufwandsrechnung. Die Differenz zwischen der Summe der Erträge des Unternehmens und der Summe der Aufwendungen des Unternehmens ist der Gewinn oder Verlust.
Im **bundeseinheitlichen Jahresabschluss** (von 1994) für die Betriebe der Landwirtschaft, des Gartenbaus, des Weinbaus und der Fischerei (BMVEL-Jahresabschluss) wird die Gewinn- und Verlustrechnung in der Staffelform, d. h. mit Zwischenergebnissen, und mit folgender Struktur aufgestellt:
Struktur der GuV (nach BMVEL-Jahresabschluss):
betriebliche Erträge
– betriebliche Aufwendungen

Betriebsergebnis
+ Finanzerträge
– Finanzaufwendungen

Finanzergebnis
Ergebnis der gewöhnlichen Geschäftstätigkeit
(Betriebsergebnis ± Finanzergebnis)
– Steuern

Gewinn/Verlust

Die GuV gliedert sich im landwirtschaftlichen Einzelunternehmen in der Regel in die 3 Ertrags- und Aufwandsarten: betriebliche Erträge und Aufwendungen, Finanzerträge und Finanzaufwendungen und Steuern.
Tabelle 113 zeigt den Rechengang und die einzelnen Positionsgruppen der Gewinn- und Verlustrechnung.
Die im Wirtschaftsjahr erbrachte *Leistung* des Betriebes umfasst also nicht nur die Summe der Geldeinnahmen (Umsatzerlöse, Pachteinnahmen, Zuschüsse, Entschädigungen u.a.), sondern auch noch die in den Inventarverzeichnissen kalkulatorisch ermittelten Wertveränderungen bei Tieren und Vorräten.
Bestandsmehrungen werden zu den Geldeinnahmen dazugezählt (denn es wurde mehr erzeugt als verkauft), Bestandsminderungen werden abgezogen (denn es wurde mehr verkauft als erzeugt).
Dementsprechend werden auch bei der Ermittlung der gesamten Kosten bzw. Aufwendungen des Betriebes nicht nur die Geldausgaben berücksichtigt, sondern auch die im Wirtschaftsjahr eingetretene Wertminderung beim Anlagevermögen (Abschreibungen und Abgänge) und die Bestandsveränderung bei den Zukaufsvorräten. Hier erhöhen Wertminderungen (= Verbrauch) den Aufwand und Wertmehrungen verringern ihn.
Die Einbeziehung der Sachvermögensmehrungen und -minderungen in die Erfolgsrechnung ist also für die richtige zeitliche Zuordnung der Leistung und Kosten und die richtige Ermittlung des im Wirtschaftsjahr erzielten Gewinns oder Verlustes notwendig.
Da dieser Grundsatz auch für die Bilanzrechnung gilt, muss der auf der Passivseite ermittelte Gewinn oder Verlust stets mit dem Ergebnis der GuV übereinstimmen.
Die gesamte Jahresabschlussrechnung ist anhand eines vereinfachten **Beispiels** in Tabelle 114 dargestellt.

Tabelle 113: Gewinn- und Verlustrechnung
(Schema des bundeseinheitlichen Jahresabschlusses für Landwirtschafts-, Gartenbau-, Weinbau- und Fischereibetriebe)

Umsatzerlöse ± Erhöhung oder Verminderung des Bestands an fertigen und unfertigen Erzeugnissen ± Erhöhung oder Verminderung des Bestands an Tieren + sonstige betriebliche Erträge – Materialaufwand – Personalaufwand – Abschreibungen – sonstige betriebliche Aufwendungen
Betriebsergebnis + sonstige Zinsen und ähnliche Erträge – Zinsen und ähnliche Aufwendungen
Finanzergebnis **Ergebnis der gewöhnlichen Geschäftstätigkeit** (Betriebsergebnis ± Finanzergebnis – sonstige Steuern
Gewinn/Verlust

Tabelle 114: Beispiel eines Jahresabschlusses (BMVEL-Schema)

1. Bilanz in €
Aktiva

	Geschäftsjahr		Vorjahr	Veränderung
A. Anlagevermögen				
I. Sachanlagen				
1. Grundstücke, Bauten				
Boden	420 000		420 000	
Wirtschaftsgebäude	110 000		116 000	– 6 000
	530 000		536 000	– 6 000
2. Technische Anlagen und Maschinen				
Betriebsvorrichtungen	38 000		41 000	– 3 000
Maschinen und Geräte	81 000		74 000	7 000
	119 000		115 000	4 000
3. Andere Anlagen				
Pkw		12 000	16 000	– 4 000
Sachanlagen		661 000	667 000	– 6 000
II. Finanzanlagen				
1. Beteiligungen		4 000	4 000	
Anlagevermögen		**665 000**	671 000	– 6 000
B. Tiervermögen				
I. Rinder		**57 000**	54 500	2 500
C. Umlaufvermögen				
I. Vorräte				
1. Roh-, Hilfs- und Betriebsstoffe	2 100		2 550	– 450
2. Selbsterzeugte fertige Erzeugnisse	1 550		1 200	350
Vorräte		3 650	3 750	– 100
II. Forderungen				
1. Forderungen aus Lieferungen und Leistungen		8 300	8 650	– 350
III. Schecks, Kassenbestand, Guthaben bei Kreditinstituten		5 900	7 750	– 1 850
Umlaufvermögen		**17 850**	20 150	– 2 300
Aktiva		**739 850**	**745 650**	**– 5 800**

Passiva

	Geschäftsjahr		Vorjahr	Veränderung
I. Eigenkapital				
1. Anfangskapital	681 200		671 150	10 500
2. Einlagen	10 600		4 750	5 850
3. Entnahmen	–34 050		–32 400	– 1 650
4. Gewinn	39 400		40 350	– 950
Eigenkapital		**697 150**	683 850	13 300
II. Verbindlichkeiten				
1. Verbindlichkeiten gegenüber Kreditinstituten	61 150		74 500	– 15 850
2. Verbindlichkeiten aus Lieferung und Leistungen			3 350	– 850
Verbindlichkeiten		**61 150**	77 850	– 16 700
Passiva		**739 850**	**745 650**	**– 5 800**

Fortsetzung Tabelle 114: Beispiel eines Jahresabschlusses (BMVEL-Schema)

Einlagen und Entnahmen	Neutral und AfA laut GuV	Privatanteile laut GuV	außerhalb der GuV	Summe
Entnahmen				
Entnahmen für die Lebenshaltung	600	2 250	16 350	19 200
Entnahmen für das Altenteil	150	550	5 800	6 500
Entnahmen für private Versicherungen		300	3 600	3 900
Entnahmen für private Steuern			1 450	1 450
Entnahmen für Bildung von Privatvermögen			3 000	3 000
	750	3 100	30 200	**32 050**
Einlagen				
Einlagen aus Privatvermögen			7 850	7 850
Einlagen aus Einkommensübertragungen			2 200	2 200
sonstige Einlagen			550	550
			10 600	**10 600**

2. Gewinn- und Verlustrechnung	Einnahmen/ Ausgaben	Bestandsänderung/ AfA	Neutralentnahme/ Privatanteil	Ertrag/ Aufwand Geschäftsjahr	Ertrag/ Aufwand Vorjahr
1. Umsatzerlöse					
a) Landwirtschalftliche Pflanzenproduktion					
Winterweizen	2 250			2 250	2 550
Sommergerste	3 200			3 200	3 600
	5 450			5 450	6 150
b) Tierproduktion					
Rinder, Milch					
Zuchtfärsen	3 150			3 150	2 450
Milchkühe	8 400		200	8 600	7 200
weibliche Kälber unter 0,5 Jahre	3 200			3 200	1 950
männliche Kälber unter 0,5 Jahre	7 850			7 850	8 550
Kuhmilch	89 300		400	89 700	87 750
Tierproduktion	111 900		600	112 500	107 500
c) Nebenbetriebe und Dienstleisungen					
Lohnarbeit und Maschinenmiete	1 450			1 450	2 200
Umsatzerlös	118 800		600	119 400	116 250
2. Erhöhung oder Verminderung des Bestands an fertigen und unfertigen Erzeugnissen					
bei fertigen Erzeugnissen	350			350	– 250
3. Erhöhung oder Verminderung des Bestands an Tieren	2 500			2 500	3 850
4. sonstige betriebliche Erträge					
a) Zulagen und Zuschüsse					
Gasölbeihilfe	1 450			1 450	1 500
Zinszuschuss	3 600			3 600	3 900
Ausgleichszulage	1 000			1 000	1 000
	6 050			9 300	6 400
b) Zeitraumfremde Erträge					
Erträge aus dem Abgang von Maschinen	4 000	– 750		3 250	
sonstige betriebliche Erträge	10 050	– 750		9 300	6 400

Fortsetzung Tabelle 114: Beispiel eines Jahresabschlusses (BMVEL-Schema)

5. Materialaufwand					
a) Landwirtschaftliche Pflanzenproduktion					
Saat- und Pflanzgut	– 850			– 850	– 1 050
Düngemittel	– 4 250	300		– 3 950	– 4 350
Pflanzenschutz	– 2 050			– 2 050	– 1 900
sonstiges Material für Pflanzenproduktion	– 400			– 400	– 300
	– 7 550	300		– 7 250	– 7 550
b) Tierproduktion					
Kraftfutter für Rinder	– 18 400	– 1 100		– 13 500	– 19 050
Besamung	– 850			– 850	– 950
Tierarzt	– 2 400			– 2 400	– 1 950
sonstiges Material für Tierproduktion	– 3 150			– 3 150	– 2 800
	– 25 800	– 1 100		– 26 900	– 25 750
c) Sonstiger Materialaufwand					
Heizmaterial	– 1 700	400	1 250	– 250	– 350
Strom	– 3 300		700	– 2 600	– 3 050
Treib- und Schmierstoffe	– 3 600	250		– 3 350	– 3 650
Lohnarbeit und Maschinenmiete	– 4 900			– 4 900	– 4 250
	– 13 500	450	1 950	– 11 100	– 11 300
Materialaufwand	– 45 850	– 350	1 950	– 44 250	– 43 600
6. Personalaufwand					
Löhne für nichtständige Arbeitskräfte	– 400			– 400	– 550
betriebliche Unfallversicherung	– 950			– 950	– 900
	– 1 350			– 1 350	– 1 450
7. Abschreibungen					
Abschreibungen auf Sachanlagen		– 18 800	1 200	– 17 600	– 16 550
8. Sonstige betriebliche Aufwendungen					
a) Unterhaltung					
Unterhaltung Wirtschaftsgebäude	– 4 200			– 4 200	– 1 400
Unterhaltung Betriebsvorrichtung	– 1 150			– 1 150	– 750
Unterhaltung Maschinen und Geräte	– 6 850			– 1 850	– 7 200
Unterhaltung Pkw	– 2 400		700	– 1 700	– 1 400
	– 14 550		700	– 13 900	– 10 750
b) Betriebsversicherungen					
Gebäudeversicherungen	– 1 100			– 1 100	– 1 050
Pkw-Versicherungen	– 700		250	– 450	450
Tierversicherungen	– 400			– 400	– 350
sonstige Betriebsversicherungen	– 600			– 600	– 600
	– 2 800		250	– 2 550	– 2 450
c) Sonstiger Betriebsaufwand					
Pachtaufwand für luf-Flächen	– 3 000			– 3 000	– 2 600
Beiträge für Verbände	– 800			– 800	– 700
Steuerberatung, Buchführung	– 1 250			– 1 250	– 1 200
Telekommunikation	– 600		200	– 400	– 450
sonstiger Betriebsaufwand	– 950		150	– 800	– 850
	– 6 600		350	– 6 250	– 5 800
d) Zeitraumfremde Aufwendungen					
Zeitraumfremde Vorsteuer	– 750			– 750	– 250
sonstige betriebliche Aufwendungen	– 24 750		1 300	– 23 450	– 19 250
Betriebsergebnis	**56 900**	– 17 550	5 050	**44 400**	45 400

Fortsetzung Tabelle 114: Beispiel eines Jahresabschlusses (BMVEL-Schema)

9. Sonstige Zinsen und ähnliche Erträge	150			150	250
10. Zinsen und ähnliche Aufwendungen	– 3 900			– 3 900	3 550
Finanzergebnis	**– 3 750**			**– 3 750**	– 3 800
Ergebnis der gewöhnlichen Geschäftstätigkeit	53 150	– 17 550	5 050	**40 650**	41 600
11. Sonstige Steuern					
Grundsteuer	– 1 050			– 1 050	– 1 050
Pkw-Steuer	– 300		100	– 200	– 200
	– 1 350		100	– 1 250	– 1 250
Einnahmeüberschuss/Gewinn	**51 800**	– 17 550	5 150	**39 400**	40 350

Die klassische Bilanzdarstellung in der T-Konten- oder Waage-Form wurde hier zugunsten einer jeweils auf einer Seite zusammengefassten Übersicht der Bilanzbestände und -veränderungen aufgegeben.

! Der dargestellte Jahresabschluss enthält das vollständige Ergebnis der Finanzbuchführung eines Wirtschaftsjahres: Eine Übersicht über die Vermögens- und Kapitalentwicklung, die Einlagen und Entnahmen, den Gewinn oder Verlust und die Aufwendungen und Erträge, die zu diesem Gewinn oder Verlust geführt haben.

Abb. 1365 Ablauf der Buchführung (Schema).

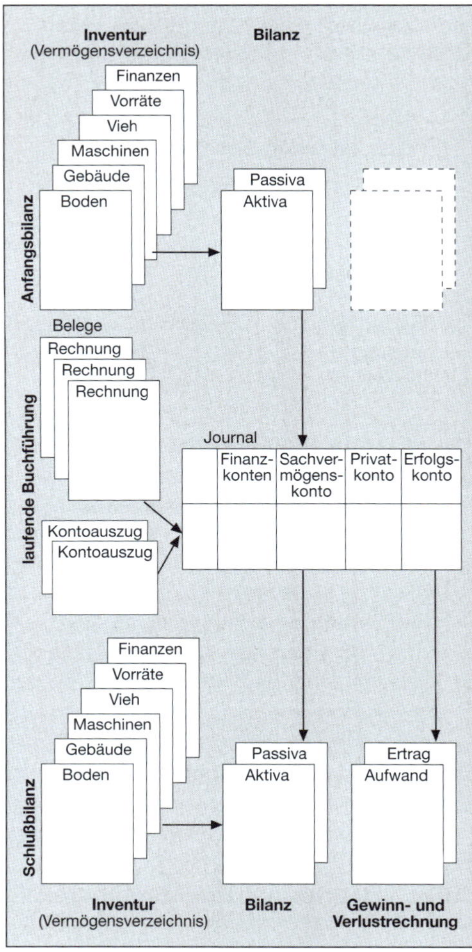

Der **gesamte Buchführungsablauf** eines Jahres ist in Abb. 1365 noch einmal grafisch veranschaulicht:

1. Das Rechnungsjahr beginnt mit der **Anfangsbilanz** und diese mit der Anfangsinventur. Deren Ergebnis wird im Vermögensverzeichnis festgehalten. Die Summenwerte der einzelnen Vermögensgruppen werden in die Bilanzübersicht übernommen.
2. Für die **laufende Buchführung** werden aus der Bilanz bzw. aus dem Vermögensverzeichnis die Anfangsbestände der Finanzkonten in das Journal übertragen. Nun werden das ganze Jahr über die anfallenden Belege gebucht. Nach der letzten Buchung am Jahresende werden die Kontenendbestände ermittelt und in das Vermögensverzeichnis bzw. in die Bilanz übernommen.
3. Die **Schlussbilanz** beginnt mit der Schlussinventur. Vor allem beim Vieh- und Vorrätevermögen besteht die Notwendigkeit einer zeitnahen Feststellung des Bestandes. Grundsätzlich müssen die Anlagenverzeichnisse fortgeschrieben werden. Die Anlagenzugänge werden inventarisiert (aktiviert) und erhalten eine Inventarnummer, außerdem sind die Abschreibungen zu ermitteln bzw. für das abgelaufene Jahr fortzuschreiben.
   Das Ergebnis der Inventur wird zusammengefasst in die Bilanz übertragen. Die Anlagenzu- und -abgänge werden also aus dem Journal übernommen, ebenso die Geldeinlagen und -entnahmen sowie die Erträge und Aufwendungen für die Gewinn- und Verlustrechnung.

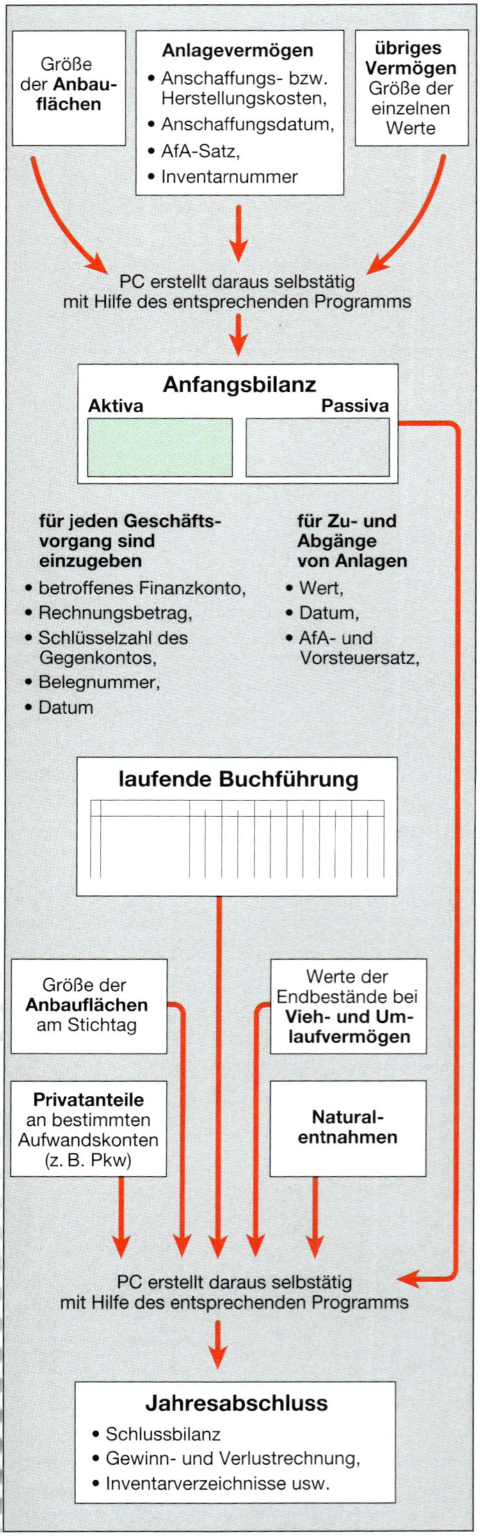

Abb. 1366 Übersicht über die Buchführung mit Hilfe eines Datenverarbeitungs-Programms.

10.7 Buchführung mit Hilfe eines Datenverarbeitungs-Programmes

Mit dem Einzug des Computers in den landwirtschaftlichen Betrieb bzw. in die Büros der Buchstellen wurde zwar das Buchen vereinfacht und die Verarbeitung der Daten automatisiert, aber das System und der Ablauf der doppelten Buchführung sind trotzdem gleichgeblieben.

Auch die EDV-Buchführung verlangt vom Anwender die Kenntnis des Prinzips der doppelten Buchführung (siehe auch Abschnitt 10.5).

Folgende **Vorarbeiten** und **Dateneingaben** sind erforderlich:

Anfangsbilanz:

- ▶ Eingabe der Anbauflächen zum Anfangsbilanzstichtag.
- ▶ Erfassung des Anlagevermögens. Eingabe der Herstellungs- und Anschaffungskosten ohne MwSt., des Anschaffungsdatums, des AfA-Satzes und der Inventarnummer (kann automatisch vergeben werden). Automatische Berechnung des Anfangsbilanzwertes.
- ▶ Erfassung und Bewertung des übrigen Vermögens. Eingabe der Werte. Automatische Berechnung des Eigenkapitals und der Bilanzsummen. Automatische Erstellung der Übersichten.

Laufende Buchführung:

- ▶ Buchen der Geschäftsvorfälle, d. h. Aufruf der Eingabemaske des betroffenen Finanzkontos, seitenrichtige Eingabe des Rechnungsbetrages, Eingabe des Gegenkontos (Schlüsselzahl), der Belegnummer, des Buchungsdatums und – falls der schlüsselzahlabhängige Standardtext nicht befriedigt – des spezifischen Buchungstextes. Gegenbuchung und Kontostandsberechnung erfolgen automatisch.
- ▶ Buchen von Anlagenzu- und abgängen: gleiche Eingaben wie bei der Eröffnungsbilanz (€-Wert, Datum, AfA- und Vorsteuersatz).
- ▶ Laufender Vergleich des am Bildschirm mitgeführten aktuellen Kontostandes laut Buchung mit dem Kontostand laut Bankauszug bzw. laut Kassenbestandsprüfung.

Jahresabschluss:

- ▶ Eingabe der Anbauflächen zum Schlussbilanz-Stichtag.
- ▶ Erfassung und Bewertung der Endbestände des Vieh- und Umlaufvermögens. Eingabe der Werte.
- ▶ Eingabe der Privatanteile an bestimmten Aufwandskonten des Betriebes und der Naturalentnahmen.
- ▶ Aufruf des Abschlussrechen-Programms.
- ▶ Ausdruck der fertigen Abschlussübersichten (z. B. Bilanz, GuV, Inventarverzeichnisse).

Die modernen PC-Buchführungs-Programme sind inzwischen sehr benutzerfreundlich; eine Reihe von Software-Herstellern bietet praxisgerechte Lösungen an. Sie erleichtern die Buchführungsarbeiten enorm und zwar einmal dadurch, dass die Datenverarbeitung in Sekundenschnelle automatisch und fehlerfrei erfolgt, zum zweiten dadurch, dass auch Eingabefehler sofort sichtbar werden und korrigiert werden können.

Der Einstieg in die selbsterstellte Buchführung ist damit wesentlich erleichtert. Der selbsterstellte Abschluss ist auch für den Landwirt viel verständlicher und damit besser verwertbar für die Betriebsführung. Der insbesondere für die steuerliche Buchführung notwendige fachliche Beistand wird von den verschiedenen Buchführungsdiensten und Steuerberatern angeboten.

Aufgaben:

1. Wie sind EDV-Buchführungs-Programme aufgebaut?
2. Führen Sie die komplette Buchung eines Beispielsbetriebes mit Erfassung der Betriebsstammdaten, Erstellen und Ausdrucken der Eröffnungsbilanz, Buchen aller Belege mit Ausdruck, Erfassen der Vieh- und Vorrätebuchungen während des Buchführungsjahres, Vorbereiten, Erstellen und Ausdruck des Jahresabschlusses durch.
3. Nutzen Sie möglichst viele Auswertungsmöglichkeiten Ihres Schulprogramms und vergleichen Sie die Ergebnisse.
4. Überlegen Sie, welche Vorteile die EDV-Buchführung gegenüber der manuellen Buchführung für den Betrieb hat.

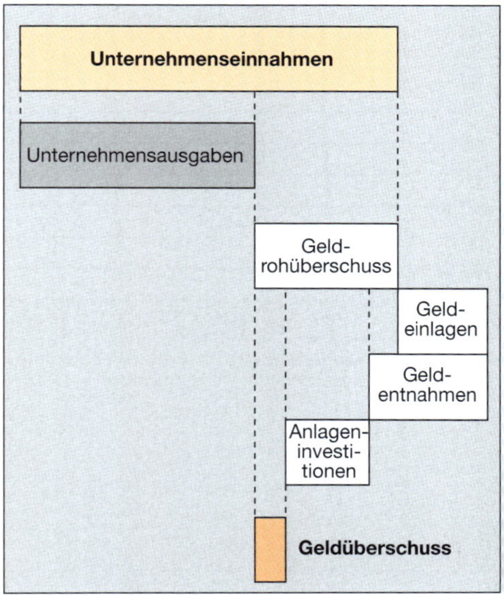

Abb. 1367 Von den Unternehmenseinnahmen zum Geldüberschuss.

11 Datenverarbeitung, Kommunikations- und Informationstechnik

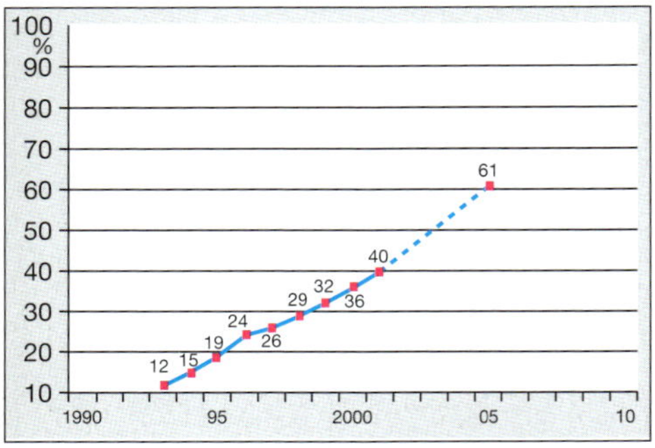

Abb. 1368 Verbreitung von Personalcomputern (in % der Bevölkerung) in Deutschland.

Abb. 1369 Der Prozessor ist der wichtigste Teil einer PC-Hauptplatine. Im **Beispiel** ein Intel®Pentium®4 Prozessor.

Abb. 1370 Unterschiede zwischen Computern zur allgemeinen Betriebsführung und Prozesssteuerungscomputern.

	Betriebs-computer (PC)	Prozesssteue-rungscomputer
Daten-eingabe	von Hand, aus einer Datei, vom Prozesssteue-rungscomputer	Sensoren erfassen Zustand eines Systemteils, z.B. Drehzahl
Datenver-arbeitung	je nach Angabe wechselndes Programm, vom externen Speicher geladen	immer gleich blei-bendes Programm, das die Optimie-rung des Prozesses anstrebt
Daten-ausgabe	Bildschirm, Drucker, Zwischenspeicher	Aktivierung einer Prozeßänderung, z.B. Drosselung der Drehzahl

11.1 Entwicklung allgemein

Mechanische Rechenhilfen – Der erste große Schritt in der Geschichte des Rechnens war die Einführung von Zahlen, bis schließlich um 1000 v. Chr. die Chinesen den sog. Abakus zum Addieren und Subtrahieren benutzten. Gegen 1610 n. Chr. wurde der erste Rechenschieber entwickelt.

Wenige Jahre danach konstruierte der Tübinger Professor WILHELM SCHICKARD eine Rechenmaschine für die vier Grundrechenarten, welche bereits Zehnerstellen automatisch übertragen konnte.

Elektromechanische Rechenhilfen – Im Jahre 1941 stellte KONRAD ZUSE seinen dritten Rechenautomaten, den Z3, mit Programmsteuerung fertig. Der Rechner arbeitete mit Dualzahlen, wurde von einem gelochten Kinofilmstreifen gesteuert und war mit 2000 Relais bestückt *(1. Rechnergeneration)*.

Röhrencomputer – Ab 1945 wurden die elektromechanischen Relais durch Elektronenröhren ersetzt, wodurch die letzten beweglichen Teile im Rechner wegfielen. Der amerikanische Großcomputer ENIAC (**E**lectronic **N**umerical **I**ntegrator **a**nd **C**omputer) hatte damit auch eine 2000fach höhere Rechengeschwindigkeit im Vergleich zu den Relaisrechnern.

Die Leistungsaufnahme dieses 30 t schweren Gerätes betrug 150 kW, seine Betriebssicherheit war allerdings äußerst gering, da im Durchschnitt alle 2 Minuten eine »Röhre« durchbrannte. Nach 7 Jahren wurde das »Ungetüm ENIAC« eingemottet.

Integrierte Schaltungen und Integrationsdichte – Ab 1954 wurden die Elektronenröhren durch serienmäßig produzierte Transistoren abgelöst *(2. Rechnergeneration)*.

Die *3. und heutige Rechnergeneration* entstand ab 1964 mit der Integration der Funktionen von Transistoren, Dioden und Widerständen auf Siliziumkristallen. 1971 entstand der erste Mikroprozessor, d. h. auf einem Siliziumkristall von der Größe eines Pfennigstückes wurde der Kern eines ganzen Computers untergebracht.

Die Integrationsdichte stieg seither sprunghaft an, wobei gleichzeitig die Kosten pro integrierte Transistorfunktion drastisch sanken. Schließlich wurde eine Leistungsdichte erreicht, die es ermöglichte, Computer zu entwickeln, die man auf den Tisch stellen konnte **(Personalcomputer,** abgekürzt PC). Auch in diesem Bereich setzte sich die Entwicklung fort. So vervierfachte sich etwa alle 4 Jahre die Leistung und Speicherkapazität eines PC.

Beim Streben nach immer höherer Leistung bei gleichzeitig immer kleiner werdenden Bauteilen dient immer noch der Mensch als Vorbild. So wird auch versucht, mit der Entwicklung sog. **Bio-**

chips die ungeheure Speicherkapazität genetischer Erbinformationen in der Natur nachzuahmen.
Gleichzeitig wird auch versucht, die Anpassungsfähigkeit *(Lernfähigkeit)* des menschlichen Gehirns nachzuvollziehen. Für die Zukunft sollen Programme entwickelt werden, die sich je nach Anwendung und Nutzung selbständig weiterentwickeln. Man spricht in diesem Zusammenhang von Expertensystemen, Künstlicher Intelligenz und von Neuronalen Netzen.

11.2 Entwicklung in der Landwirtschaft

11.2.1 Prozesssteuerung

Bedeutung – Mikroprozessoren übernehmen zunehmend die Produktionssteuerung in der Innen- und Außenwirtschaft des Betriebes. Meist erfassen dabei *Sensoren* verschiedene Messwerte des Regelprozesses (z. B. Druck, Temperatur, Menge) und leiten diese als elektrische Werte an den Rechner weiter. Sog. *Aktoren* (= Stelleinrichtungen) setzen die daraus entstehenden Befehle in Aktionen um (z. B. über elektromagnetische Schalter, Ventile oder Stellmotoren).
Man unterscheidet bei der **Prozesssteuerung** zwischen *Überwachung* (z. B. Anzeige der Nummern jener Kühe im Laufstall, die ihre Kraftfuttermenge nicht abgerufen haben), *Steuerung* (z. B. Einstellung der Schieberöffnung eines Düngerstreuers je nach Fahrgeschwindigkeit) und *Regelung* (z. B. automatisches Befüllen eines Futtermischbehälters durch ständige Rückkopplung über Wiegestäbe bis zum vorgegebenen Gewicht).
Die Prozessrechner sind also für sehr spezielle Anwendungen gemacht und deshalb, im Unterschied zum Personalcomputer, selten für andere Zwecke einsetzbar.
Prozesssteuerung in der Innenwirtschaft – In der **Rinderhaltung** ist vorwiegend die rechnergestützte *Kraftfutterzuteilung* im Milchviehstall verbreitet. Jede Kuh trägt dabei am Halsband oder unter der Haut (Injektion) einen Responder zur individuellen Tiererkennung (mit codiertem Siliziumbaustein = Chip). Die Tiere werden dadurch im Melkstand und am Kraftfutterautomaten erkannt.
Das Programm wertet z. B. die täglichen Milchmengen (Erfassung mit Melkstand) aus und errechnet in Verbindung mit anderen Daten (z. B. Grundfutterleistung, Laktationsstand) die der Kuh zustehende Kraftfuttermenge, welche dann in kleinen Portionen am Abrufautomaten abgegeben wird. Sollte ein Tier aufgrund einer Erkrankung oder aus anderen Gründen die Kraftfuttermenge nicht abrufen, so wird dies automatisch registriert und dem Landwirt gemeldet, so dass stets eine Kontrolle möglich ist.
Weitere Überwachungsmöglichkeiten bieten sich durch die Erfassung von Tiergewicht, Milchinhaltsstoffen (Hinweise auf Fütterungsfehler), Leitfähigkeit oder Milchtemperatur (Hinweis auf Krankheit oder Abkalbung) im Melkstand.
Bei der **Schweinehaltung** spielt vor allem die computergesteuerte *Flüssigfütterung* von Mastschweinen eine Rolle. Der Prozessrech-

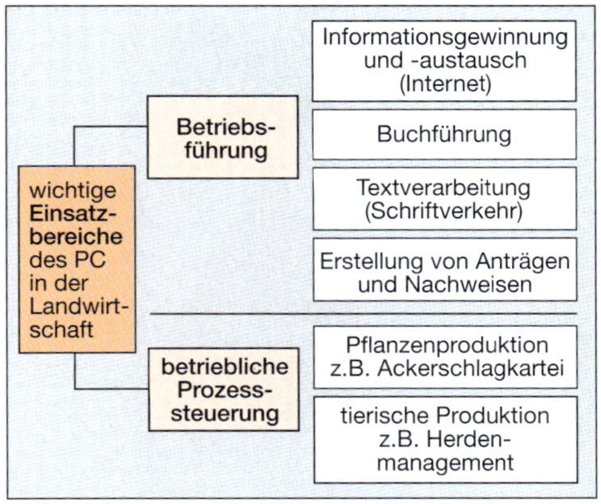

Abb. 1371 Der PC lässt sich im landwirtschaftlichen Betrieb vielfältig einsetzen.

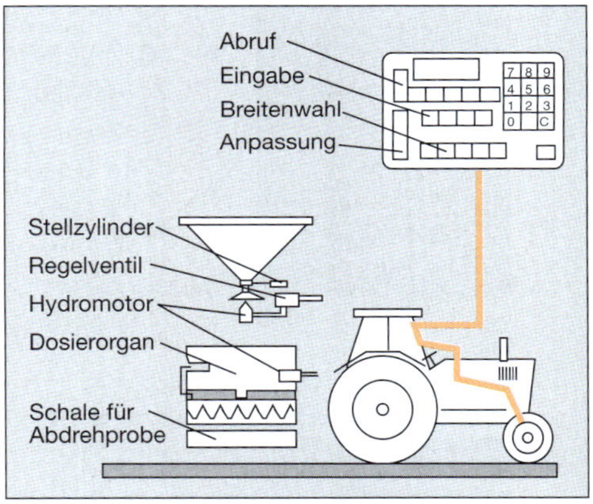

Abb. 1372 Fahrgeschwindigkeitsabhängige Prozessorsteuerung beim Düngersteuen.

Abb. 1373 Aufbau einer computergesteuerten Flüssigfütterungsanlage (Schema).

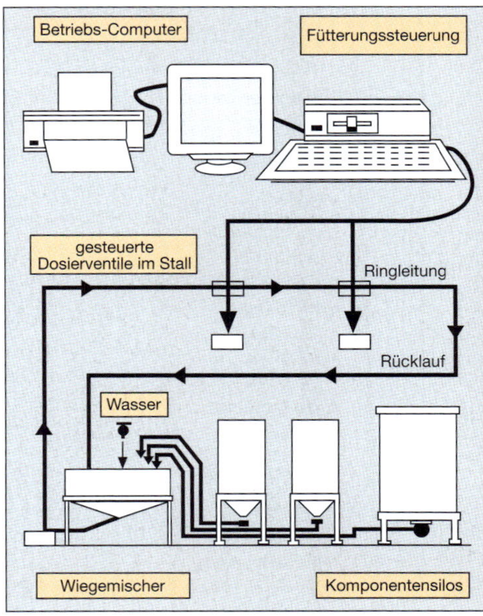

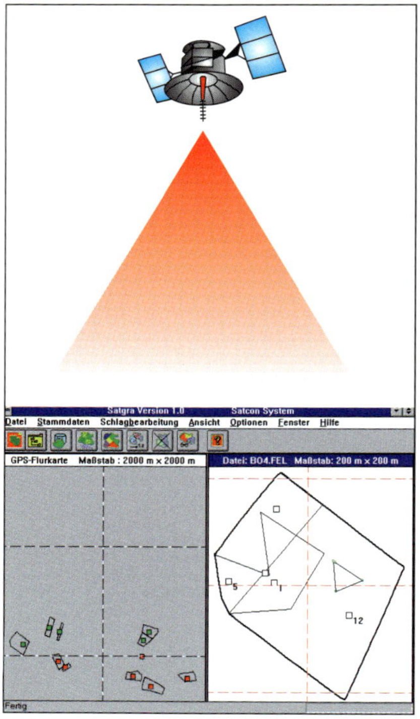

Abb. 1374 Elektronische Flurkarte, die mit GPS erstellt wurde.

ner steuert dabei das Anmischen des Flüssigfutters, indem die einzelnen Komponenten aus Silos abgerufen und im Wiegemischer zudosiert werden. Anschließend wird das Futter zu den einzelnen Buchten gepumpt (Ringleitung) und dort über Dosierventile zugeteilt.

Die Mengen richten sich dabei nach vorgegebenen Werten wie Tierzahl und Alter der Tiere. Die Anpassung der Futtermengen an das zunehmende Alter bzw. Gewicht erfolgt über die eingespeicherten Futterkurven. Da die Fütterung somit vollautomatisch abläuft, kann der Landwirt seine Arbeitszeit für die sehr wichtige Tierbeobachtung verwenden.

Weitere Anwendungen in der Innenwirtschaft wären z. B. die automatische Zuchtsauenfütterung, die Steuerung von Abrufttränken für Kälber, die Steuerung von Futtermisch- oder Trocknungsanlagen sowie die Stallklimatisierung.

Prozesssteuerung in der Außenwirtschaft – Zusammen mit dem Prozessrechner am Traktor können eine Reihe von Maschinen der Außenwirtschaft gesteuert oder geregelt werden. Bei Pflanzenschutzgeräten und Düngerstreuern geht es darum, z. B. bei unterschiedlichen Fahrgeschwindigkeiten trotzdem eine exakte Ausbringung und Flächenverteilung zu erreichen.

Andere Anwendungen finden sich bei der Überwachung von Erntemaschinen (z. B. Verlustanzeige beim Mähdrescher) oder bei der elektronischen Wetterstation (Auswertungen für Düngungs- und Pflanzenschutzmaßnahmen).

Mit Hilfe des **GPS** (**g**lobal **p**ositioning **s**ystem) ist es möglich, Flächen satellitengestützt exakt berechnen und auch graphisch darstellen zu lassen. Aufgrund dieser Datengrundlage kann dann

Abb. 1375 Einsatzmöglichkeiten für GPS (global positioning system) in der Landwirtschaft **(Beispiele)**.

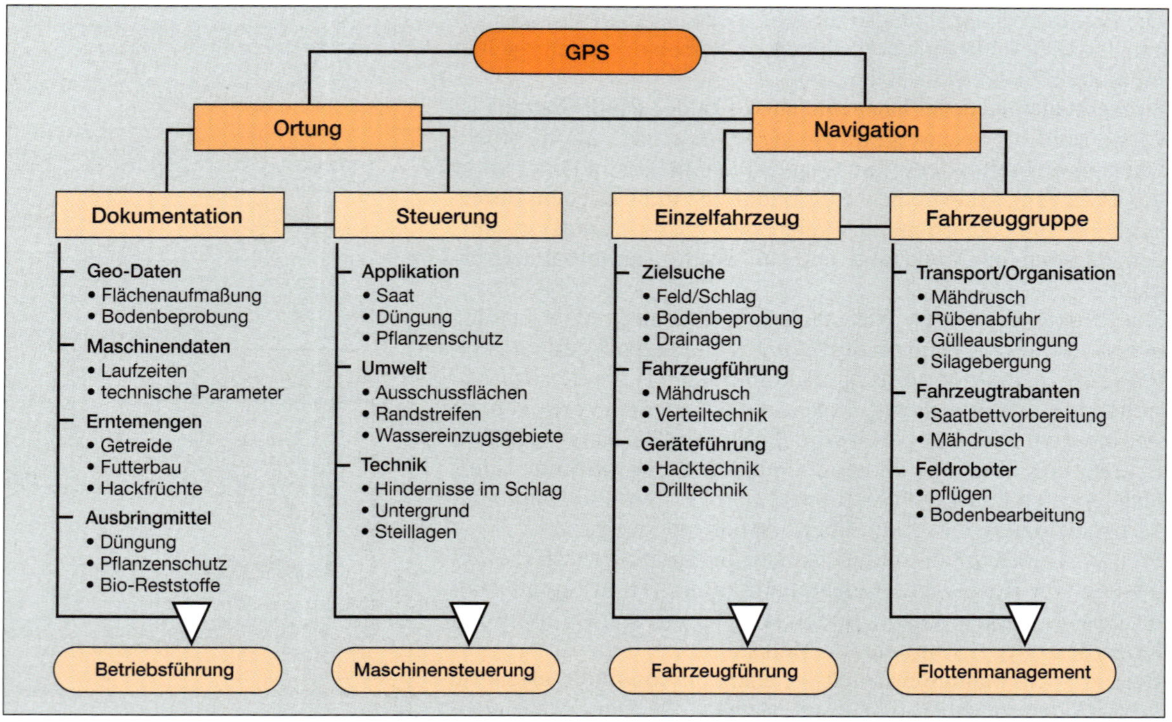

z. B. durch ständige Kommunikation und Satellitenortung der Arbeitsmaschine eine punktgenaue Düngung erfolgen. Dazu vergleicht das System mit den vorher für diese Stelle ermittelten Nährstoffgehalten oder Erntemengen (ebenfalls GPS-gestützt ermittelt) und steuert danach die Düngermengen.

11.2.2 Internet

Um **Internet** nutzen zu können, braucht man einen onlin-tauglichen *Multimedia-PC* und ein leistungsfähiges *Modem* bzw. eine *ISDN-Karte*. Den technischen Zugang zum Netz stellen dann sog. *Internet-Provider* (z. B. t-online, Compuserve, American Online AOL) her. Die *Leistungsfähigkeit* (Datentransferraten) und die *Gebühren* sind dabei recht unterschiedlich.

Wesentliche **Einsatzbereiche:**

- *Internet als Informationsquelle,* z. B. Preis- und Marktberichte; Veranstaltungskalender; Produkt- und Herstellerinformationen; Wetterberichte; Informationen zur Recht, Steuern, Agrarpolitik, Abrufen von Beratungsinformationen (z. B. Pflanzenschutzhinweise) usw.,
- *Nutzung von Suchsystemen* – Einsatz sog. Suchmaschinen (z. B. yahoo, fireball, google, metager ...) zur Gewinnung von Informationen,
- *Nutzung von Dialogprogrammen* – z. B. bei der Futter- oder Düngerberechnung,
- *E-Mail* – Empfang und Versand der elektronischen Post,
- *Übertragung von Dateien* oder *Programmen* (z. B. Bilder), Abrechnungsunterlagen beim Viehkauf, Analyseergebnisse, Updates der landwirtschaftlichen Software,
- *Newsletter, Newsgroups, Diskussionsforen* – Empfang und Verbreitung spezifischer Fachinformationen, Diskussion landwirtschaftlicher Fachfragen im Internet,
- *Online-Banking* – Abwicklung der Bankgeschäfte vom PC aus,
- *E-Commerce* – Kauf und Verkauf von Produkten über sog. Handelsportale (z. B. *farmking.de, farmpartner.com, landtechnik.de, agrenius.de* usw.).

Bundesweit gibt es eine Vielzahl von **Anbietern** für die Landwirtschaft, z. B:

- **A**grar**I**nformations**S**ystem Baden-Württemberg (AIS),
- Agrarinformation Rheinland-Pfalz,
- **BA**yerisches **L**andwirtschaftliches **I**nformations**S**ystem (BALIS),
- **H**essisches **A**grar **I**nfo System (HAI),
- Tele Agrar Schleswig Holstein,
- **Z**entralstelle für **A**grar**D**okumentation und -**I**nformation (ZADI),
- **Z**entrale **M**arkt- und **P**reisberichtsstelle (ZMP).

Der bekannteste **Internet-Dienst** ist wohl das **W**ord **W**ide **W**eb (www). Unter der Adresse *http://www.zadi.de* wird z. B. das **Deutsche Agrarinformationsnetz (DAINet)** aufgerufen. Dieses Agrarinformationssystem wird von der Zentralstelle für Agrardokumentation und -information (ZADI) beim Bundes-Landwirtschaftministerium (BMVEL) organisiert und stellt ein zentrales

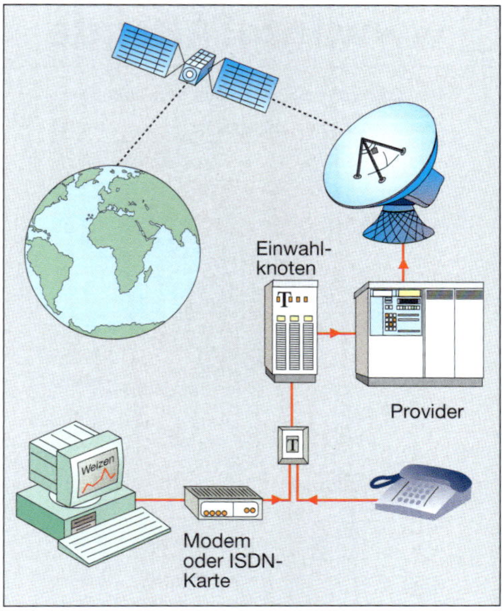

Abb. 1376 Funktionsschema des Internets.

Abb. 1377 Begrüßungsseite (homepage) des **D**eutschen **A**grar**i**nformations**net**zes (DAINet) im Internet *(www.dainet.de)*.

Abb. 1378 Die Homepage der Biologischen Bundesanstalt für Land- und Forstwirtschaft (BBA; *www.bba.de*).

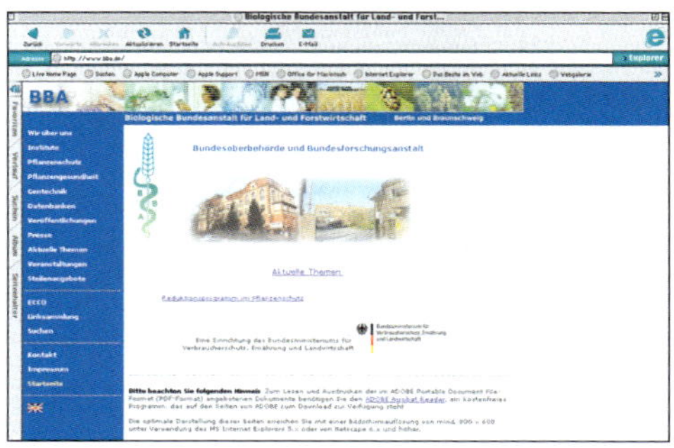

Abb. 1379 InfoFARM-Internetplattform für grüne Berufe (Auszug der Seite).

Abb. 1380 Datenschutz und Datensicherung verfolgen unterschiedliche Ziele.

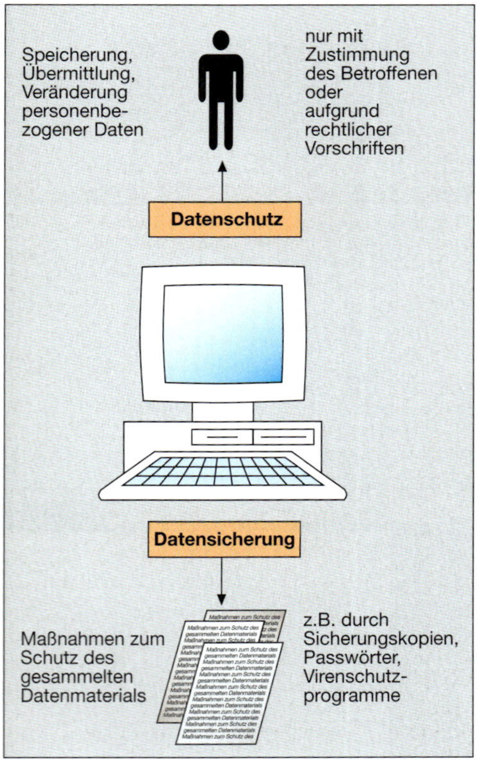

Informationsangebot dar. d.h. Landwirten, Beratern, Wissenschaftlern, Firmen und jedem interessierten Bürger wird über eine einheitliche Bedieneroberfläche (Windows) der Zugriff zu Texten, Datenbanken, Archiven, Programmen usw. der unterschiedlichsten Anbieter ermöglicht.
Im DAINet bieten z.B. BMVEL (z.B. aktuelle Förderkonditionen), AID, ZMP (z.B. aktuelle Agrarmärkte), KTBL, einige Universitäten und auch Fachzeitschriften ihre Informationen an. An einem sog. »Schwarzen Brett« können Erfahrungen zwischen Berufskollegen ausgetauscht oder auch z.B. Maschinen angeboten werden.

11.2.3 Personalcomputer (PC)

In immer mehr landwirtschaftlichen Betrieben hält der Personalcomputer Einzug.
Die wichtigsten **Einsatzbereiche** sind:

- Buchführung (steuerliche und betriebswirtschaftliche Auswertung für Kontrolle und Planung),
- Textverarbeitung zur Erledigung des Schriftverkehrs,
- Steuerung und Überwachung der Produktion (z.B. Ackerschlagkartei, Herdenmanagement, Erfassung und Weiterverarbeitung der Daten aus den Prozessrechnern oder dem Bordcomputer,
- Kundenverwaltung mit Rechnungserstellung und -kontrolle,
- Nutzung des Internet-Angebotes,
- Erstellen der geforderten Aufzeichnungen und Berechnungen nach der Düngemittel-Anwendungsverordnung,
- Erstellen und Kontrollieren der Anträge auf staatliche Fördermaßnahmen usw.

Wie bei allen anderen Investitionen soll sich natürlich auch der Einsatz von Computern für den Betrieb lohnen. Bei einem Kosten-Nutzen-Vergleich ist auf der Kostenseite neben den Anschaffungs- und laufenden Wartungskosten (Reparaturen, neue Programme) auch der Zeitaufwand für die Einarbeitung und Bedienung der Anlage zu berücksichtigen. In der Regel wird dieser Aufwand vom zu erwartenden Nutzen eindeutig übertroffen. Gründe dafür sind die größere Datenmenge im landwirtschaftlichen Betrieb sowie der stärkere Kostendruck in der Produktion.

11.3 Datenschutz und Datensicherung

Über jeden Bürger und zu den verschiedensten Vorgängen werden mittels der vorhandenen Technik immer mehr Daten erfasst und gespeichert. Mit dieser Entwicklung vergrößern sich aber auch die damit verbundenen Gefahren des Missbrauchs.
Datenschutz – Er bezieht sich auf die Privatsphäre des Menschen. Es muss sichergestellt sein, dass persönliche Daten nicht missbraucht oder unerlaubt weitergegeben bzw. veröffentlicht werden.
Das Bundes-Datenschutz-Gesetz (BDSG) regelt den Rahmen für den Datenschutz, die Landes-Datenschutz-Gesetze ergänzen ent-

sprechend und erlauben die Speicherung, Übermittlung, Veränderung oder Löschung personenbezogener Daten nur, wenn der Betroffene ausdrücklich zustimmt oder eine andere Rechtsvorschrift dies erlaubt. Beauftragte für den Datenschutz auf Bundes- und Landesebene überwachen die Einhaltung dieser Vorschriften und geben den Parlamenten regelmäßig Bericht.

Datensicherung – Die meist großen Datenmengen eines Betriebes stellen einen materiellen Wert dar. Deshalb ist es wichtig, dass diese nicht verfälscht werden oder verloren gehen. Alle Maßnahmen zum Schutz in dieser Richtung werden unter dem Begriff **Datensicherung** zusammengefasst. Feuer-, elementarschaden- und sabotagesichere Räume gehören hier ebenso dazu wie die optimale Lagerung der Datenträger, das Anlegen von Sicherungskopien, Zugangsbeschränkungen durch Passwörter oder Personenkontrollen.

Nicht zu vergessen ist der immer wichtiger werdende Schutz vor sog. **Computerviren.** Dies sind meist versteckte Programme, die sich selbst weiterverbreiten und vorhandene Anwendungsprogramme oder Daten verändern oder auch zerstören können. Der Einsatz automatisch prüfender Virenschutz-Programme und sog. »firewalls« ist daher dringend zu empfehlen – regelmäßiges Aktualisieren (up-daten) eingeschlossen.

1 Byte
(Folge von 8 Bits)

L	0	1	0	0	1	1	0	0
A	0	1	0	0	0	0	0	1
N	0	1	0	0	1	1	1	0
D	0	1	0	0	0	1	0	0
W	0	1	0	1	0	1	1	1
I	0	1	0	0	1	0	0	1
R	0	1	0	1	0	0	1	0
T	0	1	0	1	0	1	0	0

1 Bit (engl. **bi**nary digi**t** »Zweierschritt«)

1 Kilobyte (KB) = 1024 Byte ≈ 1000 Byte

1 Megabyte (MB) = 1024 KB ≈ 1 000 000 Byte

1 Gigabyte = 1024 MB ≈ 1 000 000 000 Byte

Abb. 1381 Um 1 Buchstaben oder 1 Zeichen zu speichern oder darzustellen, werden im binären Code die Ziffern 0 und 1 achtmal kombiniert. Dies erfordert 1 Byte (= 8 Bit) Speicherplatz. Das Wort »Landwirt« benötigt also 8 Byte.

Aufgaben:

1. Beschreiben Sie die Entwicklung der Datenverarbeitung. Erläutern Sie dabei auch die verschiedenen »Generationen« von Rechnern.
2. Zeigen Sie an je einem Beispiel aus der Innen- und Außenwirtschaft den Einsatz einer Prozesssteuerung auf.
3. Welche Bedeutung hat die Abkürzung GPS im Zusammenhang mit dem Computereinsatz in der Landwirtschaft? Erläutern Sie dieses System und Möglichkeiten des Einsatzes.
4. Erläutern Sie allgemein Aufbau und Funktion des Internet.
5. Erkunden Sie z. B. am Internet-Computer in Ihrer Schule das aktuelle Angebot für die Landwirtschaft und diskutieren Sie in der Klasse, welche Vorteile der Betrieb durch die Internet-Nutzung (besonders DAINet) haben kann.
6. Welche Probleme sind mit der Internet-Nutzung heute noch verbunden?
7. Nennen Sie die wichtigsten Einsatzbereiche des Personalcomputers in der Landwirtschaft und erläutern Sie den direkten und indirekten Nutzen für den Betrieb.
8. Erläutern Sie den Unterschied zwischen Datenschutz und Datensicherung. Überlegen Sie, wie weit Sie persönlich oder im Betrieb davon betroffen sind.

Abb. 1382 Einteilung einer Diskette in Sektoren und Spuren. Auch eine Festplatte funktioniert nach diesem Schema.

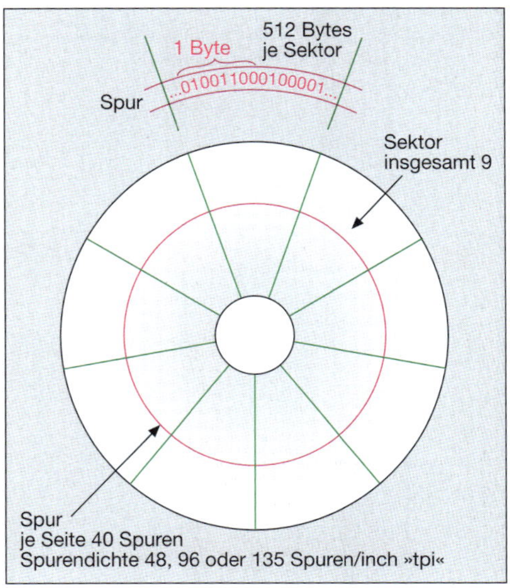

11.4 Aufbau, Funktion und Bedienung einer Datenverarbeitungs-Anlage

11.4.1 Hard- und Software

Abb. 1383 Mögliche Hardware in einem Betrieb.

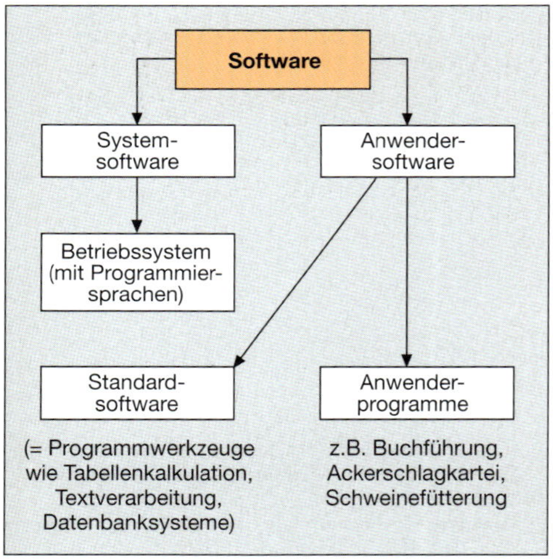

Abb. 1384 Formen der Software.

Abb. 1385 Aufbau der Zentraleinheit (Hardwareteil, Schema).

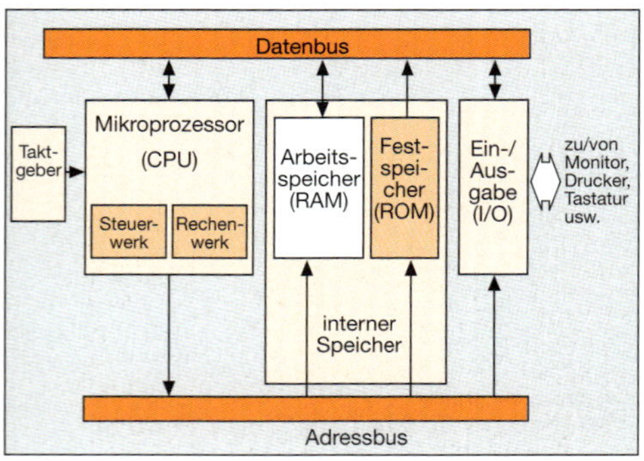

Die elektronische Datenverarbeitung (EDV) erfolgt mittels Hardware, d. h. den Geräten, und Software, d. h. den Programmen.

Hardware – In den Betrieben der Agrarwirtschaft wird als Kernstück der gesamten Ausstattung meist ein Personalcomputer (PC) eingesetzt. Dieser besteht aus den vier Hauptbestandteilen Systemeinheit, Bildschirm, Drucker und Tastatur. Die »Maus«, ein Ballroller zur Bewegung eines Pfeiles auf dem Bildschirm, ist selbstverständlich dabei. Weitere Elemente wie Modem (Anschluss des PC an das Telefonnetz), Plotter (Ausgabegerät für Zeichnungen) oder Scanner (Einlesen von Bild- oder Textvorlagen) ergänzen je nach Bedarf die Anlage.

Bei der Anschaffung eines Computersystems ist in erster Linie auf die vom Anwenderprogramm geforderte Leistungsfähigkeit zu achten. Die Hardware muss diesen Anforderungen mindestens entsprechen.

Selten ist es sinnvoll, den momentan leistungsfähigsten PC in der Hoffnung zu kaufen, dass man dann möglichst lange kein neues Gerät braucht. Die technische Entwicklung und damit einhergehend auch der Preisverfall erfolgen schnell, so dass man eine erweiterte Leistungsfähigkeit und verbessertes Handling später viel billiger erhält.

Als **Mindestanforderung** für die Neuanschaffung eines Hof-PC werden dennoch derzeit folgende Kriterien genannt:

- Pentium-Prozessor (z. B. ab 1,2 Gigahertz),
- 256 Megabyte (MB) Arbeitsspeicher,
- Festplatte mit mind. 20 Gigabyte (GB),
- CD-RW-Brenner und DVD-ROM-Laufwerk,
- Multimedia-Ausstattung mit Ton- und Videowiedergabe (Soundkarte, leistungsfähige Grafikkarte),
- 56 K-Modem
- Farbbildschirm (strahlungsarm, mind. 17 Zoll).

Software – Bei den Betriebssystemen und Programmen muss eine weitere Unterteilung erfolgen:

- ▶ System-Software (Betriebssystem mit Programmiersprachen),
- ▶ Anwendersoftware.

System-Software: Der PC benötigt für den Betrieb in jedem Fall ein so genanntes Betriebssystem. Dieses regelt den Datenverkehr zwischen den einzelnen Bauteilen der Anlage und ermöglicht erst deren Bedienung.

Anwender-Software: Einige Programme sind universell in vielen Branchen einsetzbar und werden deshalb als *Standard-Software* (z. B. Textverarbeitung, Tabellenkalkulation, Datenbank) bezeichnet.

Spezielle Anwendungen wie die Buchführung oder die Führung einer Ackerschlagkartei im landwirtschaftlichen Betrieb werden von sog. *Anwenderprogrammen* erledigt.

11.4.2 Bedienung der Anlage

Eingabegeräte – Die beiden wichtigsten **Eingabegeräte** des Computers sind die Tastatur und die Maus. Standard ist heute die **Multifunktionstastatur** MF2 mit 101 oder 102 Tasten, die in verschiedene Funktionsgruppen (alphanumerischer Schreibmaschinenblock, Zahlenblock, Cursor-Steuerungsblock und Funktionstastenblock) aufgeteilt sind. Die meisten Tasten haben auch Dauerfunktion sowie Doppel- oder Dreifachbelegung.
Andere Eingabegeräte sind der **Trackball,** das **Grafiktablett,** der **Light-Pen** oder auch der **Scanner.**
Jeder Computer braucht neben dem sog. Festwertspeicher BIOS (Basic Input Output System) ein **Betriebssystem.** Dieses steuert den Datenfluss zwischen den einzelnen Bestandteilen des PC und besteht aus einer Fülle von Programmen, welche die Nutzung des PC (z. B. Laufwerkswechsel, Disketten kopieren, Daten speichern, Dateien kopieren oder löschen, Programme starten usw.) erst ermöglichen.
Das klassische Betriebssystem der Rechner war das Disk-Operating-System (DOS). Darauf aufbauend wurden Betriebssysteme entwickelt (z. B. Windows XP), welche sich durch eine grafische Benutzoberfläche (meist Fenstertechnik) und durch die Multi-Tasking-Fähigkeit (gleichzeitiges Verwalten und Steuern mehrerer Anwendungen) auszeichnen.
Speicherung von Daten und Datensicherung – Die bei der täglichen Arbeit am PC erfassten Daten (z. B. Texte, Daten aus Buchführung, Ackerschlagkartei oder Sauenplaner) werden normalerweise fortlaufend auf der Festplatte gespeichert. Da aber diese Daten bei einem Defekt oder Bedienungsfehler der Festplatte verloren gehen könnten, ist eine zusätzliche Datensicherung dringend anzuraten.
Die billigste Möglichkeit bei einer relativ geringen Datenmenge stellen hier die normalen 3 1/2-Zoll-Disketten (meist 1,44 MByte) dar. Das ständige Erstellen von Sicherungskopien auf Diskette kann allerdings recht mühsam sein.
Die automatisierbare Abspeicherung auf einem Bandlaufwerk (Streamer, bis 1000 MByte und darüber) ist dazu im Vergleich wesentlich eleganter. Magneto-optische Wechselplatten (MO-Laufwerke) können auch als Streamerersatz zur Datensicherung dienen, weil hier direkt auf einzelne Daten zugegriffen werden kann und diese verändert werden können.
Neuentwicklungen bei den Disketten (120-MByte-Diskette) und beschreibbare CD's (CD-RW für engl. recordable) stellen ebenfalls Alternativen dar. Eine CD-R hat eine Speicherkapazität von z. B. 700 MByte.
Ein **Drucker** gehört zur DV-Standardausrüstung. *Nadeldrucker* (Matrixdrucker) sind seit langem auf dem Markt und inzwischen sehr preiswert. Sie erzeugen allerdings beim Drucken einen recht hohen Geräuschpegel und nicht immer ein optimales Druckbild. Durchschläge z. B. bei Formularvordrucken können allerdings nur mit Nadeldruckern angefertigt werden.
Bei den heute weit verbreiteten *Tintenstrahldruckern* wird Tinte (schwarz oder farbig) auf das Papier gesprüht. Diese Drucker sind

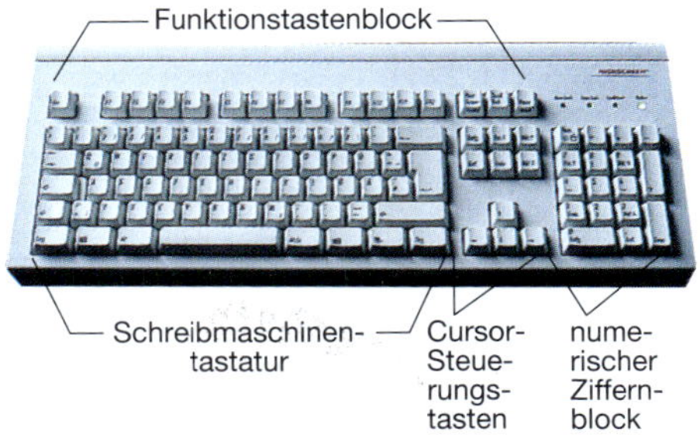

Abb. 1386 **Beispiel** einer Multifunktionstastatur und ihrer Funktionsbereiche.

Abb. 1387 Die Maus ist ein wichtiges Steuerungsinstrument.

Abb. 1388 Neben der Tastatur ist der Scanner heute ein wichtiges Eingabegerät.

Abb. 1389 Das Festplattenlaufwerk ist der interne Speicher eines PC.

Abb. 1390 Die 3,5''-Diskette war lange der verbreitetste Datenträger.

auch relativ preiswert, die laufenden Kosten je Ausdruck dagegen vergleichsweise hoch.

Gestochen scharfe Bilder bei einer hohen Druckerleistung (Seiten je Minute) liefert der *Laserdrucker*. Diese Technik funktioniert ähnlich wie beim Kopiergerät und ist für Schwarz-Weiß-Ausdrucke auch gut erschwinglich (Gerät teurer als Tintenstrahldrucker, einzelne Ausdrucke billiger). Farb-Laserdrucker sind für die normale Nutzung auf dem landwirtschaftlichen Betrieb nicht nötig und noch sehr teuer.

Die Einrichtung eines neuen Druckers erfolgt mit sog. Installationsprogrammen, die z. B. im Betriebssystem Windows bereits enthalten sind. Auch in einigen Anwenderprogrammen (z. B. Textverarbeitung Word) sind die sog. Druckertreiber für die meisten derzeit auf dem Markt befindlichen Drucker gespeichert und jederzeit abrufbereit.

Die **Installation neu zugekaufter Programme** z. B. auf der Festplatte erfolgt heute in aller Regel durch das Programm selbst. Dazu sind, meist im Ausgangsverzeichnis auf der Diskette oder der CD-ROM, die Start- oder Setup-Programme (z. B. start.exe oder setup.exe) aufzurufen und z. B. durch Doppelklick zu starten. Anschließend wird der Anwender durch das Installationsprogramm geführt.

Die modernen Programme reagieren auf Störungen mit sog. **Fehlermeldungen.** Dabei wird dem Benutzer entweder direkt vorgeschlagen, wie er den Fehler beheben kann oder es wird auf das entsprechende Hilfe-Menü hingewiesen.

Aufgaben:

1. Erstellen Sie auf einer Diskette mit dem Dateimanager (oder Explorer) eine Verzeichnisstruktur (mehrere Ebenen) und üben Sie dann darin das Speichern, Kopieren und Verschieben von Dateien sowie das Starten von Programmen.
2. Welche Art von Druckern werden zur Zeit auf dem Markt angeboten? Diskutieren Sie die jeweiligen Vor- und Nachteile.
3. Üben Sie an einem Beispiel das Installieren und Deinstallieren eines Programmes auf der Festplatte.

Abb. 1391 Bespielbare CD-ROMs bieten große Speicherkapazitäten und dienen oft der Archivierung.

11.5 Arbeiten mit Standardsoftware

11.5.1 Textverarbeitung

Zu einem Personalcomputer gehört auch ein gutes **Textverarbeitungsprogramm.** Wer die Vorzüge eines solchen Programmes einmal kennen gelernt hat, wird kaum noch einmal auf die herkömmliche Schreibmaschine zurückgreifen wollen.

Texterfassung und -bearbeitung – Die Texterfassung geschieht meist mittels der *Tastatur,* die im Wesentlichen der herkömmli-

chen Schreibmaschinentastatur entspricht. Alternativ kann auch eine gespeicherte Textdatei (z. B. von einer Diskette) geladen oder ein Text eingescannt und mittels einer *Texterkennungssoftware* aufbereitet werden.
Während oder nach der Eingabe ist das Korrigieren oder Löschen von Teilen, das Kopieren oder Verschieben, das Suchen und Ersetzen von bestimmten Wörtern oder Zeichen jederzeit möglich. Der ganze Text (Datei) oder auch Teile davon (Textbausteine) können abgespeichert und bei Bedarf wieder aufgerufen und weiterverarbeitet werden.
Textgestaltung – Textverarbeitungsprogramme bieten neben einer Fülle verschiedener *Schriftarten* auch unterschiedliche *Schriftgrößen* und andere *Schriftattribute* wie Fettdruck, Kursivdruck oder Unterstreichungen an. Der Text kann links- bzw. rechtsbündig oder im Blocksatz formatiert werden. Zur *Seitengestaltung* gehören schließlich auch die Gestaltung von Spalten (vorher festlegen), Einschüben, Tabellen usw.
Weitere Funktionen – Abhängig vom Textverarbeitungsprogramm können dies sein:
- ▶ Erstellen von Serienbriefen (Zugriff auf eine Adressdatei),
- ▶ Erstellen von Tabellen mit Rechenfunktion im Dokument,
- ▶ Rechtschreibprüfung nach Abruf oder auch schon während der Eingabe des Textes (z. B. Autokorrektur),
- ▶ Vorschlagen von Synonymen (Thesaurus-Bibliothek),
- ▶ Angebot standardisierter Dokumentvorlagen (z. B. Briefe, Lebenslauf) oder anderer Gestaltungshilfen (z. B. Brief-Assistent),
- ▶ Speicherung selbsterstellter Dokumentvorlagen,
- ▶ Einfügen von Tabellen oder Bildern in den Text.

11.5.2 Tabellenkalkulation

Ein **Tabellenkalkulations-Programm** kann man sich wie ein großes Arbeitsblatt (eingeteilt in Spalten und Zeilen) vorstellen, bei dem in die Felder Texte, Zahlen oder Berechnungsformeln eingegeben werden. Je nach Bedarf kann das Programm dann einzelne Spalten oder anderer Bereiche addieren oder mit den ausgewählten Zahlen andere mathematische oder statistische Standardfunktionen ausführen. Veränderungen einzelner Werte werden automatisch in der gesamten Tabelle berücksichtigt und automatisch durchgerechnet.

11.5.3 Datenbank

Mit einer Datenbank (z. B. dbase, Fox Pro, Clipper) werden große Datenbestände erfasst, gespeichert oder auf vielfältige Art und Weise ausgewertet. Die *Sortierung* auch später eingegebener Daten erfolgt durch das Programm. Wenn mehrere Indices (Sortierkriterien) bereitgestellt sind, legt der Anwender selbst die Sortierreihenfolge fest.
Das Setzen bestimmter *Filter* kann die Anzeige und Bearbeitung auf eine gewisse Datenmenge beschränken. So werden z. B. bei einem Sauenplaner alle Sauen herausgesucht, deren Abferkelda-

Abb. 1392 **Beispiel** eines Druckers.

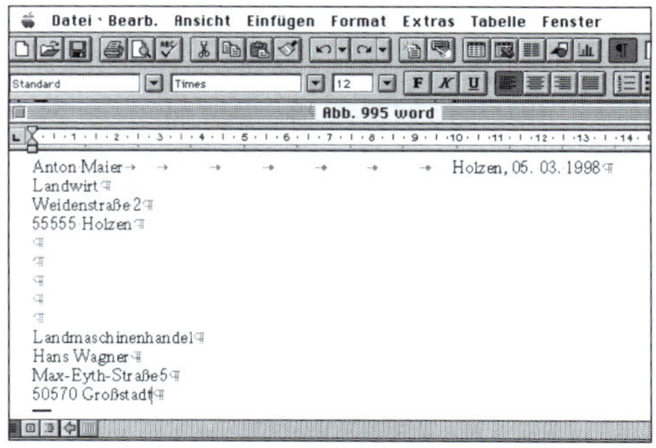

Abb. 1393 Textverarbeitungsprogramme helfen durch bereitgestellte Mustervorlagen, z. B. häufig benötigte Briefe oder Rechnungen schneller zu bearbeiten.

Abb. 1394 Tabellenkalkulationsprogramme führen Berechnungen nach dem Eingeben von Basisdaten und mathematischen Befehlen bzw. Formeln selbsttätig aus.

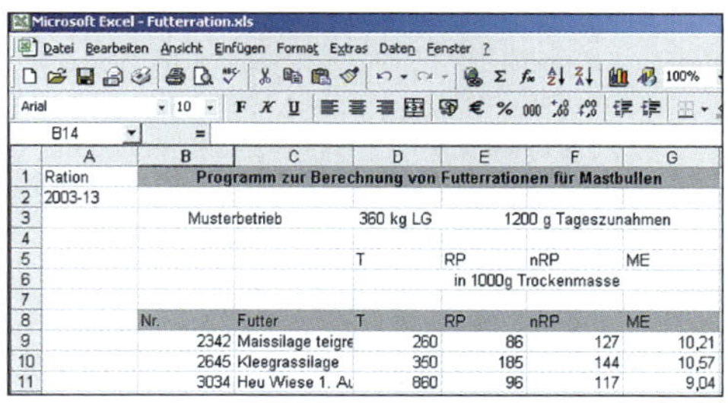

tum innerhalb der nächsten 2 Wochen liegt. Wesentliche Funktionen einer Datenbank sind in vielen landwirtschaftlichen Anwenderprogrammen schon enthalten.

11.5.4 Grafikprogramme

Für anspruchsvolle *grafische Präsentationen* gibt es spezielle **Grafikprogramme** (z. B. Corel Draw, Chart, Freelance Plus, Harvard Graphics). Für den landwirtschaftlichen Betrieb ist die Anschaffung entsprechender Programme und Drucker aber selten sinnvoll.

Aufgaben:
1. Erläutern Sie den Begriff »Standardsoftware«.
2. Welche Funktionen erfüllen ein heute übliches Textverarbeitungsprogramm?
3. Erstellen Sie mit dem Programm an Ihrer Schule einen Text (z. B. Brief) und üben Sie daran die wichtigsten Funktionen der elektronischen Textverarbeitung.

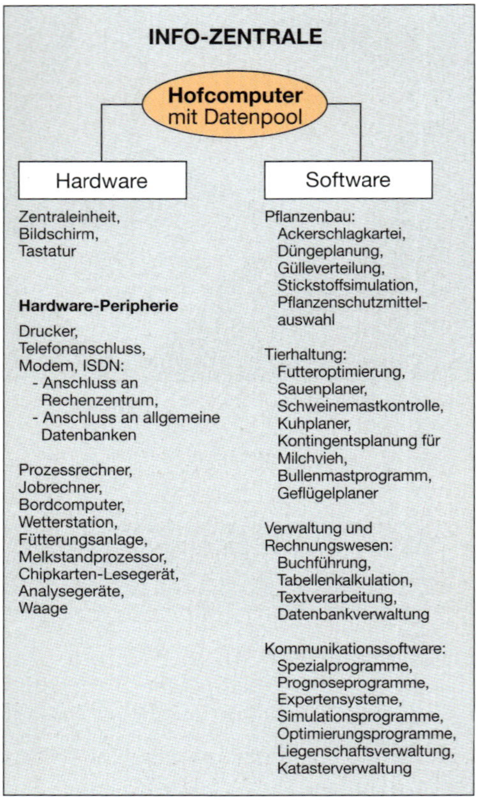

Abb. 1395 Der PC bietet sich auch im landwirtschaftlichen Betrieb als Informationszentrale an.

Abb. 1396 Schematische Übersicht über das Software-Angebot.

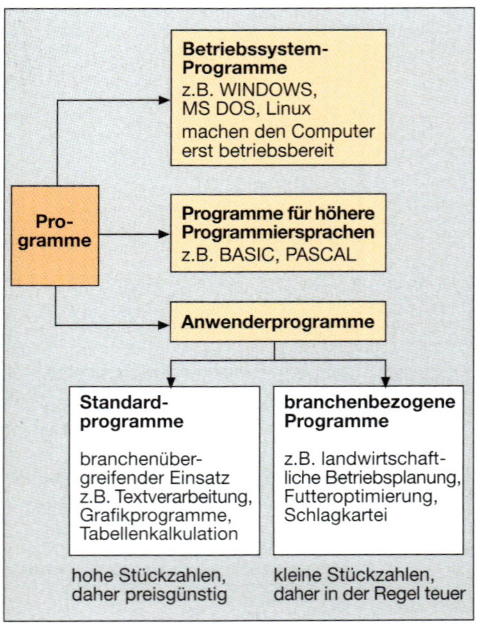

11.6 Arbeiten mit landwirtschaftlichen Anwenderprogrammen

Die wichtigsten **Hofprogramme** für den landwirtschaftlichen Betrieb sind Ackerschlagkartei, Sauenplaner, Kuhplaner, Mastauswertung und Buchführung. Spezielle Beratungsprogramme, z. B. für Futter- oder Düngerberechnung, Betriebsplanung, Betriebszweigauswertung, Unterstützung bei der Stellung von Förderanträgen oder bei der Umsetzung der Düngemittel-Anwendungs-Verordnung (DVO) sind teilweise in die andere Software integriert oder auch einzeln zu haben.

Insgesamt wird eine *Vernetzung* (Integration) möglichst vieler Programme angestrebt, weil dann die Datenerfassung (z. B. Betriebsstammdaten) nur einmal erfolgen muss und die Auswertungen mehrfach nutzbar sein sollen. **Beispielsweise** werden die bei einer Düngungsmaßnahme anfallenden Daten (Fläche, Menge, Zeitpunkt, Nährstoffe, Kosten, Arbeitszeit usw.) z. B. in der Ackerschlagkartei, für die Umsetzung der Düngeverordnung und auch in der betriebswirtschaftlichen Buchführung benötigt.

Expertensysteme – In diesen Systemen wird versucht, die Fähigkeit (nicht nur das Faktenwissen) menschlicher Experten zu integrieren und zur Lösung schwieriger Probleme heranzuziehen. Das Ergebnis solcher Anwendungen sind dann nicht nur Informationen, die vom Benutzer selbst bewertet werden müssen, sondern das System zieht selbständig Schlussfolgerungen.

Anwendungsbeispiele in der Landwirtschaft sind dafür:
- Systeme zur frühzeitigen Schätzung von Erntemengen,

- Diagnose bestimmter Pflanzenkrankheiten (z. B. bei Weizen) und Abschätzen des zu erwartenden Schadens bei Nichtbekämpfung,
- Identifizierung von Unkräutern und Vorschläge zur Bekämpfung,
- Überwachung des Stallklimas und Vorschlagen von Abhilfemaßnahmen bei Abweichungen,
- Auswahl geeigneter Vermarktungssysteme, z. B. bei Getreide,
- Systeme für Betriebsplanungen.

11.6.1 Ackerschlagkartei

Dateneingabe – Mit einem **Schlagkarteiprogramm** werden alle Bearbeitungsvorgänge, Düngungs- und Pflanzenschutzmaßnahmen, die wichtigsten Beobachtungen zur Pflanzenentwicklung und die Ertragswerte aller einzelnen Schläge erfasst und geordnet dargestellt. Die Dateneingabe erfolgt meist (manuell von Hand) über die Tastatur. Es können aber auch Daten direkt z. B. vom Bordcomputer (Schlaggröße, Arbeitszeit, Dieselverbrauch) des Traktors, von Wetterstationen (Niederschläge, Temperatur) oder von anderen Datenträgern (z. B. Aktualisierung der Pflanzenschutzmittel-Informationen) übernommen werden.

Auswertungsmöglichkeiten – Bei der *betrieblichen Standardauswertung* werden vor allem Deckungsbeitrags-Rechnungen (nach Fruchtart, Schlag oder Sorte) und statistische Auswertungen (Informationen über Lagerbestände bei Dünger oder Pflanzenschutzmitteln, Arbeitsspitzen, Auslastung von Maschinen oder Arbeitskräften, Nährstoffbilanzen) erstellt.

In einem sog. *horizontalen Schlag-* oder *Betriebsvergleich* werden einzelne Schläge des eigenen oder mehrere Betriebe gegenübergestellt. Damit kann die Wirtschaftlichkeit einzelner Maßnahmen beurteilt werden (Chancen zur Kosteneinsparung).

Im *vertikalen Vergleich* werden die Ergebnisse eines Schlages über mehrere Jahre verglichen. So ist sogar die Ermittlung des Deckungsbeitrages einer ganzen Fruchtfolge möglich.

Eine **elektronische Ackerschlagkartei** wegen der innerbetrieblichen Auswertungen zu führen ist sicher sinnvoll, die Ausnutzung der Rationalisierungsreserven gelingt wahrscheinlich aber erst mit dem überbetrieblichen Vergleich optimal. Der Zusammenarbeit und dem Erfahrungsaustausch in Arbeits- oder Gesprächskreisen kommt dabei eine besondere Bedeutung zu.

11.6.2 Kuhplaner

Ähnlich wie die Schlagkartei im Ackerbau stellt ein **EDV-Kuhplaner** ein *Dokumentationssystem* für Einzeltiere bzw. ganze Milchviehherden dar, in dem Daten erfasst, gespeichert und ausgewertet werden.

Es sind dies im wesentlichen Informationen aus dem Stallbuch (Abstammungsnachweise), dem Brunstkalender (z. B. Besamungen), aus der Tierkartei bzw. der Stalltafel, aus der Milchkontrolle (z. B. Milchleistung, Inhaltsstoffe), aus der Milchgeldabrechnung und natürlich aus der Tierbeobachtung.

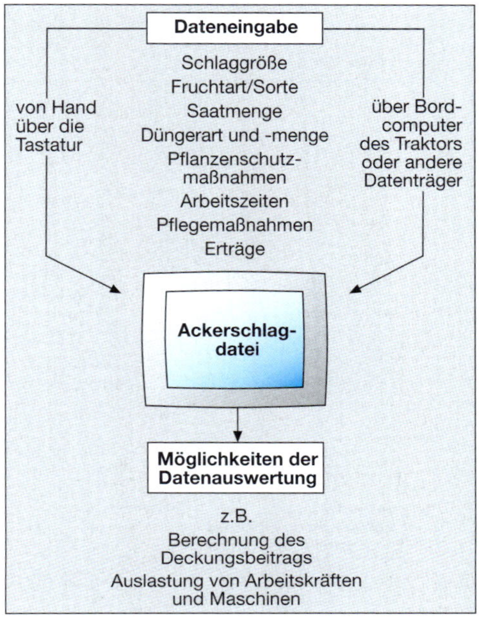

Abb. 1397 Die Ackerschlagkartei liefert die Voraussetzungen zu vielen betriebswirtschaftlichen Berechnungen.

Abb. 1398 Landwirte und Berater können EDV-Informationssysteme nutzen wie das Beratungssystem Pro_Plant für Getreide, Mais, Raps, Zuckerrüben oder Kartoffeln.

Abb. 1399 Im Pflanzenschutz bieten EDV-Beratungssysteme Hilfen an, wobei sie die Kultur, Wetter-, Schlag- und Befallsdaten berücksichtigen.

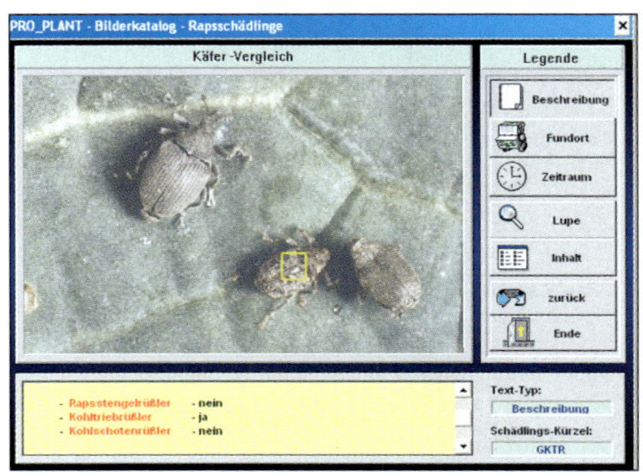

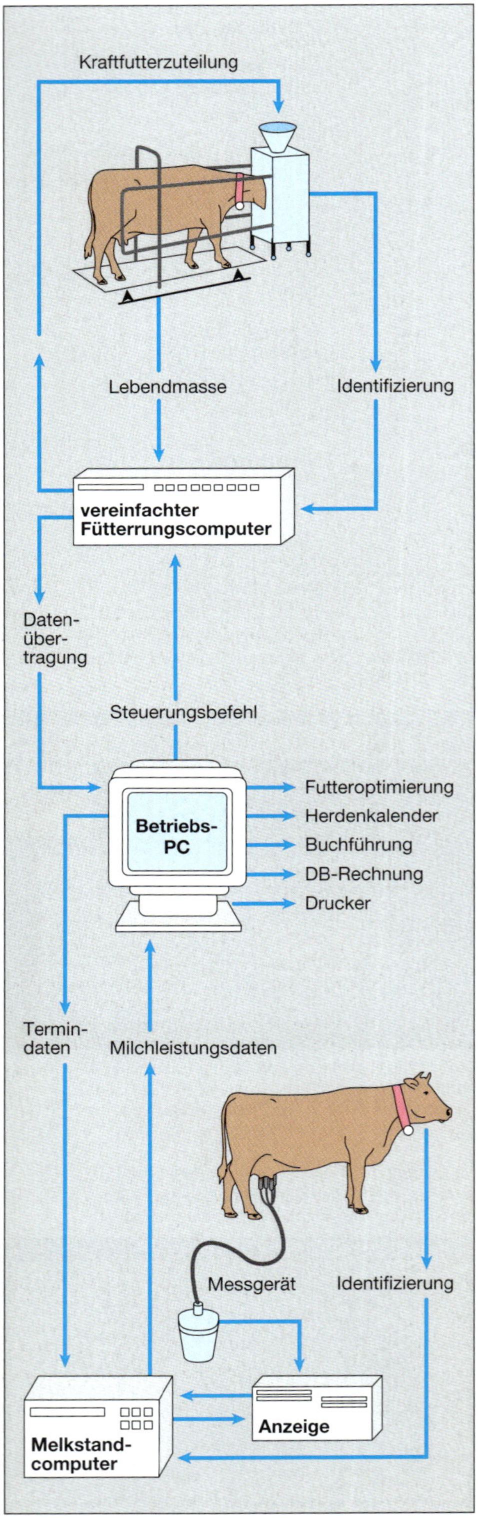

Abb. 1400 Computergesteuerte Milchviehhaltung (Schema).

Der elektronische Kuhplaner hat gegenüber der manuellen Aufzeichnung vor allem den Vorteil, dass er jederzeit die Information übersichtlich und geordnet zur Verfügung stellt und unterschiedlichste Auswertungsmöglichkeiten anbietet.

Wenn auf dem Betrieb Transponderfütterung und automatische Milchmengen- und Milch-Leitfähigkeits-Erfassung (Melkstand mit Tiererkennung) eingerichtet sind, lässt sich der entsprechende Prozessrechner leicht mit dem Kuhplaner verbinden. Dabei werden dann die Tiere laufend überwacht (z. B. Milchmenge, Milchleitfähigkeit, abgerufene Kraftfuttermenge). Gleichzeitig passt der Rechner automatisch die erforderliche Kraftfuttermenge je Tier unter Berücksichtigung der Laktationskurve der individuellen Milchleistung an.

11.6.3 Mastauswertungsprogramm für Schweine

Die sinnvolle Nutzung solcher Programme erfordert Stammdaten, dies sind z. B. Rassen, Herkünfte, Lieferanten oder die Zuordnung von Futterkurven zu best. Rassen und Bewegungsdaten, z. B. Einkaufs- und Verkaufsdaten (Datum, Tierzahl, genaues Gewicht, Handelsklassen, Preise), aktueller Futterverbrauch, eingetretene Krankheiten, Verluste usw.

Die Koppelung des Programms z. B. mit dem Prozessrechner für die automatische Schweinefütterung ermöglicht die automatische Datenübertragung und erspart damit die manuelle Eingabe.

Die **Auswertungsmöglichkeiten** reichen vom Erstellen einer kompletten Bestandsübersicht mit den getätigten Zu- und Abgängen über Berechnung von Futtermischungen, Vergleichsauswertungen nach Rasse, Jahreszeit oder Stallarbeit bis zur Analyse möglicher Verluste und der Sortierung der Leistungen (Zunahmen, Handelsklassen, Verluste usw.) nach Herkunft/Lieferanten.

Buchführung mit Hilfe eines Datenverarbeitungsprogramms siehe Abschnitt 11.5.1.

Aufgaben:

1. Informieren Sie sich, welche Programme im Eltern- oder Ausbildungsbetrieb eingesetzt werden und tauschen Sie Ihre Erfahrungen aus.
2. Erläutern Sie den Begriff »Expertensysteme« und zeigen Sie Beispiele auf.
3. Geben Sie am Schulcomputer (Ackerschlagkartei) die Stammdaten des Betriebes und eine Reihe von schlagbezogenen Bewegungsdaten (alle Maßnahmen und Daten zu mehreren Schlägen) ein und führen Sie möglichst viele Auswertungen durch. Bewerten Sie die Ergebnisse hinsichtlich ihrer Aussagekraft für die Praxis.
4. Üben Sie an einem Kuh- oder Sauenplaner die Datenerfassung, Rationsberechnungen, statistische Auswertungen und den Ausdruck von Arbeitsplänen.

12 Der Mensch als Arbeitskraft im landwirtschaftlichen Betrieb

Nicht jede Arbeit geht einem immer gleich gut von der Hand. Sogar die gleiche Arbeit macht manchmal Spaß und wird ein anderes Mal zur reinsten Plackerei. Mühe und Erfolg der Arbeit hängen sowohl von den *Arbeitsbedingungen* als auch von der *persönlichen Leistungsfähigkeit* ab.

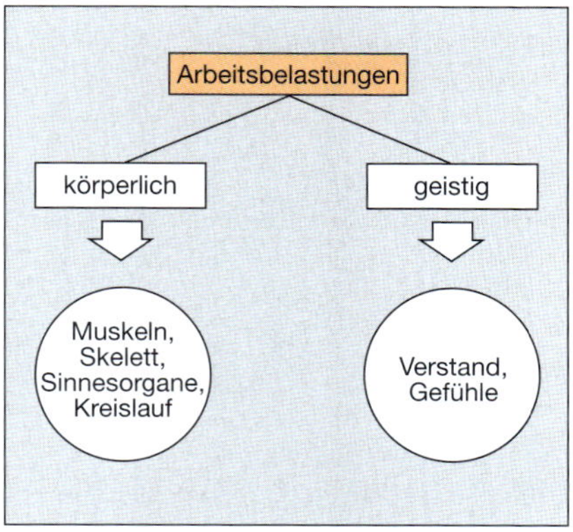

Abb. 1401 Arten der Arbeitsbelastung.

12.1 Arten der Arbeitsbelastung

Traktor fahren, Tiere füttern, Pflanzen setzen oder Bücher führen belasten die einzelnen Organe des Menschen unterschiedlich. Will man seine Arbeit möglichst mühelos und trotzdem ergiebig gestalten, so muss man die in seinem Beruf auftretenden *Arbeitsbelastungen* kennen und die Einflüsse auf die persönliche Leistungsfähigkeit berücksichtigen.

Demnach können folgende **Arten von Arbeitsbelastung** unterschieden werden:

- Körperliche Belastungen,
- geistige Belastungen,
- besondere Belastungen in der Agrarwirtschaft.

Körperliche Belastungen – Die Ausübung eines landwirtschaftlichen Berufes bedeutet auch heute noch manchmal Schwerarbeit. Nicht nur bei der Handarbeit, sondern auch beim Bedienen von Maschinen werden **Muskeln** und **Skelett** stark belastet.

Bei der ärztlichen Untersuchung von Auszubildenden muss deshalb besonders darauf geachtet werden, ob das Knochengerüst des Jugendlichen den Anforderungen gewachsen ist.

Bei der Qualitätsbeurteilung, z. B. von Heu, Silage, Wein oder auch bei der Bewertung von Saatgut, werden das Aussehen und der Geruch berücksichtigt. Die Betreuung von Tieren verlangt die ständige aufmerksame Beobachtung. Die **Sinneswahrnehmungen** spielen deshalb in den agrarischen Berufen eine große Rolle.

Die Organe benötigen für ihre Arbeit Energie und Sauerstoff, die sie über den Blutkreislauf erhalten. Der **Blutkreislauf** stellt auch nach der Muskelarbeit das Nährstoff- und Sauerstoffgleichgewicht wieder her und schafft die Abbaustoffe weg.

An der Höhe des Energieverbrauchs kann man die körperliche Belastung genau messen. Der **Energieverbrauch** wird nach Einheiten der Wärmemenge (Joule, J; früher Kalorien, cal) festgestellt.

Der **Gesamten-Energiebedarf** pro Tag beträgt:

- Beim Handmähen: 21 353 kJ (5100 kcal),
- beim Holzfällen: 18 840 kJ (4500 kcal),
- bei leichten Arbeiten im Stall: 15 072 kJ (3600 kcal).

Die beanspruchten Organe ermüden nach einer gewissen Zeit. Wie schnell **Ermüdungserscheinungen** eintreten, hängt davon ab,

Abb. 1402 Die Arbeitsbelastungen in der Landwirtschaft sind vielfältig.

Abb. 1403 Einfluss der Mechanisierung auf das Verhältnis von körperlicher zu geistiger Arbeit.

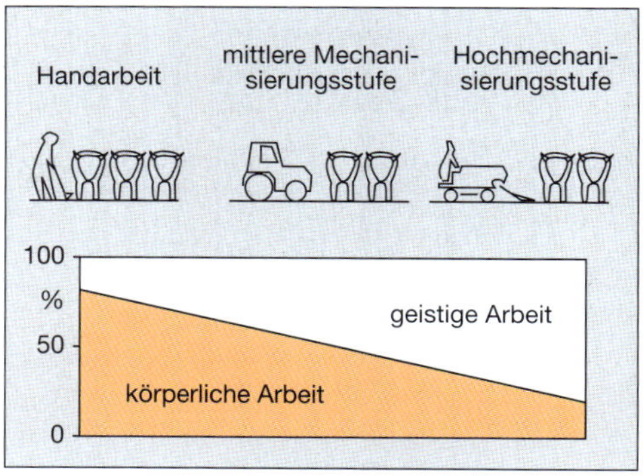

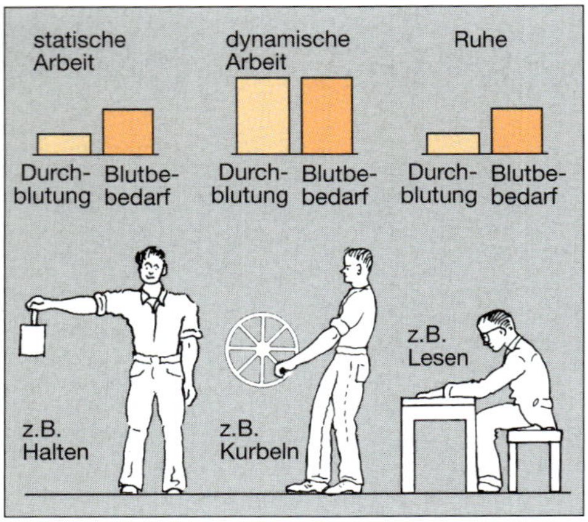

Abb. 1404 Durchblutung und Blutbedarf bei statischer bzw. dynamischer Arbeit und beim Ruhen.

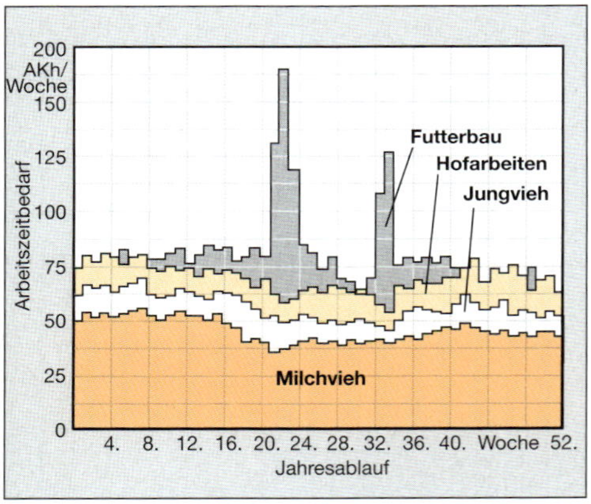

Abb. 1405 Aufriss des Arbeitszeitanfalls am **Beispiel** eines Grünlandbetriebes.

Abb. 1406 Pulsbelastung bei landwirtschaftlichen Arbeiten.

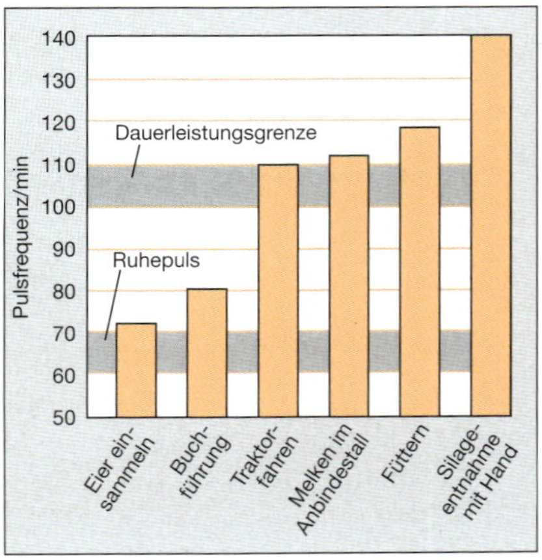

ob das Blut genügend Energie und Sauerstoff zuführt. Die Durchblutung der Organe wird von der Bewegung der Gliedmaßen und Muskeln beeinflusst.

Sie werden bei den meisten Tätigkeiten, wie z. B. beim Füttern, Be- und Entladen eines Wagens oder beim Vereinzeln von Pflanzen, sehr stark bewegt *(dynamische Arbeit)*, bei anderen Tätigkeiten, wie z. B. beim Festhalten eines Brettes oder eines Bedienungshebels, nicht *(statische Arbeit)*. Haltearbeiten ermüden deswegen schneller als Bewegungsarbeiten.

Geistige Belastungen – Ob eine Futterration zusammengestellt oder ein Acker bestellt wird oder Bäume gefällt werden, immer ist damit eine **verstandesmäßige** (geistige) **Arbeit** verbunden. Die Sachverhalte werden wahrgenommen, gedanklich durchgespielt, entschieden und schließlich in eine Handlung umgesetzt.

Oftmals erfordert die Arbeit eine starke innere Anteilnahme. Der Mensch ist auch *gefühlsmäßig* an der Arbeit beteiligt. Sie kann Freude bereiten oder zu Niedergeschlagenheit führen. Die Arbeit beeinflusst das Gefühlsleben so wie umgekehrt das Gefühlsleben die Arbeit beeinflusst.

Besondere Arbeitsbelastungen in der Agrarwirtschaft – Ein Teil der Arbeiten wird in der freien Natur ausgeführt, so dass die Arbeitskraft den **Witterungseinflüssen** ausgesetzt ist. Durch die Abhängigkeit der landwirtschaftlichen Erzeugung von der Vegetationszeit lassen sich auch **Arbeitsspitzen** nicht ganz vermeiden (z. B. Feldbestellung, Heu-, Getreide- oder Gemüseernte).

In der Regel verfügen die Agrarbetriebe nur über wenige Arbeitskräfte. Eine betriebsinterne **Arbeitsteilung** ist deswegen kaum möglich. *Leitende* und *ausführende Arbeiten* werden meistens von der gleichen Person verrichtet.

Aufgaben:

1. Welche Arten der Arbeitsbelastung treten im landwirtschaftlichen Betrieb auf?
2. Weshalb ermüdet Arbeit im Bücken schneller als in anderer Körperhaltung?

12.2 Arbeitsgestaltung

Einflussfaktoren – Der arbeitende Mensch soll unter möglichst menschengerechten Bedingungen hohe Leistungen erbringen. Dies hängt sowohl vom Wissen und Können des Einzelnen *(Leistungsfähigkeit)* und den Antrieben zu deren Entfaltung *(Leistungsbereitschaft)* ab als auch von den äußeren Bedingungen, unter denen gearbeitet wird *(Arbeitssituation)*. Diese Faktoren müssen bei der Arbeitsgestaltung berücksichtigt werden.

Individuelle Leistungsfähigkeit – Die Grundlagen und den Rahmen für die körperliche Entwicklung bilden die **Erbanlagen.** Noch stärker ist die geistige Entwicklung und **Leistungsfähigkeit** im Erbgut verankert, wenngleich auch sie durch Umwelteinflüsse

wie Elternhaus, Freundeskreis, Beruf und Schule erheblich beeinflusst werden können.
Frauen haben durchschnittlich 60 % der Körperkraft gleichaltriger Männer. Generell steigt die Leistungsfähigkeit des Menschen in der Jugendzeit steil an, erreicht ihren *Höhepunkt* zwischen dem 20. und 30. Lebensjahr – bei Frauen etwas früher – und fällt dann allmählich ab.
Die wenigsten Menschen sind in ihrem Beruf *Naturtalente*. Wachsende Anforderungen in der Arbeitswelt machen eine systematische und zielgerichtete *Unterweisung* unumgänglich.
Manche Tätigkeiten lassen sich jedoch nicht oder zumindest nicht allein durch eine **Ausbildung** vermitteln, sondern bedürfen der Erfahrung.
»Übung macht den Meister« heißt ein Sprichwort. Der erforderliche hohe Grad der Fertigkeit ist dann erreicht, wenn einem der Arbeitsvollzug sozusagen in *»Fleisch und Blut«* übergegangen ist. Eine hohe Leistung kann auf Dauer nur dann erreicht werden, wenn sich der arbeitende Mensch den spezifischen Forderungen des Berufs anpasst. Bestimmte verstandesmäßige Anforderungen, Geschicklichkeiten oder auch Lärmbelästigungen und Gerüche werden allmählich nicht mehr als störend empfunden bzw. überhaupt *nicht mehr bewusst wahrgenommen*.
Das darf bei Routinearbeiten aber andererseits nicht dazu führen, dass man völlig »abschaltet« und dann plötzliche Veränderungen der Arbeitssituation nicht schnell genug erfasst.
Individuelle Leistungsbereitschaft – Leistungsfähigkeit ohne Leistungs*bereitschaft* wäre so wertlos wie ein Auto ohne Motor. Zum körperlichen und geistigen Können muss der Wille und Entschluss zur Leistung hinzukommen.
Die Arbeit dient in erster Linie dazu, den Lebensunterhalt zu bestreiten. **Gute Verdienstaussichten** wirken sich deswegen meist leistungssteigernd aus.
Neben dem Lohn spielt für die Leistungsbereitschaft die **finanzielle Sicherheit** bei Wechselfällen des Lebens, wie Arbeitslosigkeit, Krankheit oder Invalidität, eine wichtige Rolle. Dabei kommt es darauf an, inwieweit der Betrieb *ergänzend* zum allgemeinen So-

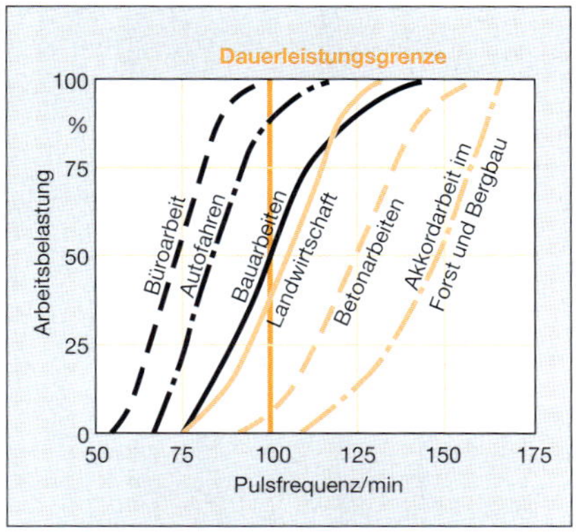

Abb. 1407 Arbeitsbelastung in verschiedenen Berufen als Pulsbelastung.

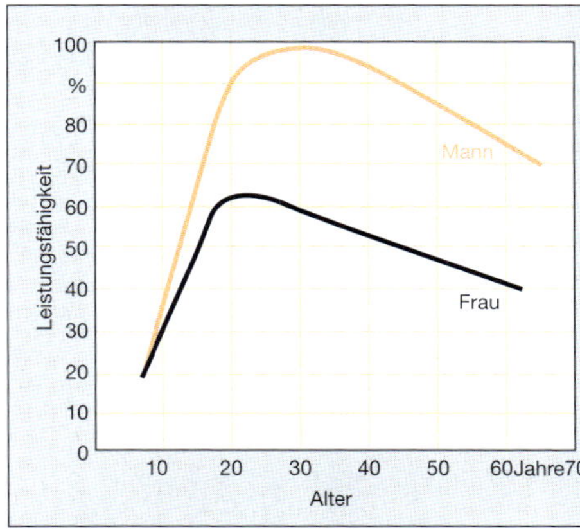

Abb. 1408 Abhängigkeit der menschlichen Muskelkraft von Geschlecht und Alter.

Abb. 1409 Entwicklung der Lebensarbeitsleistung am **Beispiel** eines Forstwirtes.

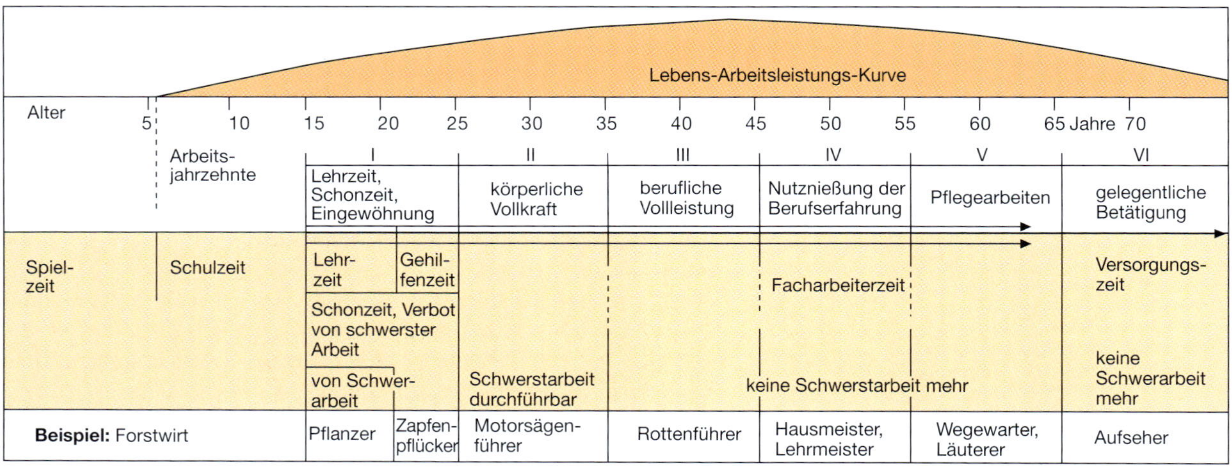

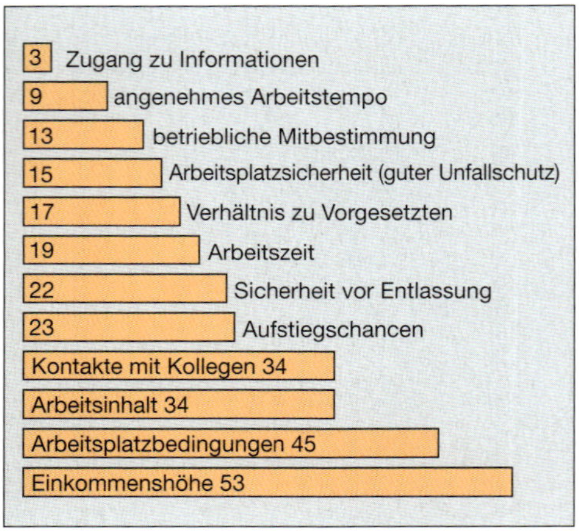

Abb. 1410 Wunschliste für die Wahl des Arbeitsplatzes (Angaben in %, Mehrfachnennungen möglich).

Abb. 1411 Einflüsse auf den Arbeitsplatz des Traktorfahrers.

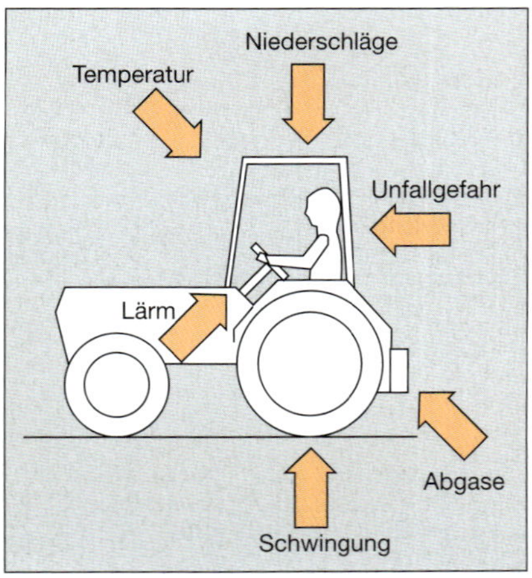

zialversicherungssystem einen sicheren und aussichtsreichen Arbeitsplatz oder finanzielle Unterstützungen (z. B. Betriebsrenten, Gratifikationen) bieten kann.

Das **Betriebsklima** wird wesentlich von den *zwischenmenschlichen Beziehungen* in einem Betrieb bestimmt. Es ergibt sich aus dem Verhältnis der Vorgesetzten und Untergebenen sowie der gleichgestellten Betriebsangehörigen zueinander.

Dabei sind z. B. von Bedeutung:

- ▶ Der persönliche Umgangston,
- ▶ Ehrlichkeit, Gerechtigkeit und Toleranz gegenüber den anderen,
- ▶ Aufgeschlossenheit für persönliche Probleme,
- ▶ Zusammenhalt zwischen den Arbeitskollegen,
- ▶ Gemeinschaftseinrichtungen sowie -veranstaltungen.

Das Betriebsklima hängt eng mit dem **Führungsstil** zusammen. Ein guter Führungsstil zeichnet sich dadurch aus, dass

- ▶ klare Anweisungen mit eindeutigen Aufgaben gemacht werden,
- ▶ die Mitarbeiter zum Mitdenken, zum selbständigen Handeln und zur Übernahme von Verantwortung veranlasst werden,
- ▶ die Mitarbeiter über betriebliche Fragen laufend informiert werden,
- ▶ sorgfältig abgewogene und sachliche Anerkennung und Kritik geübt wird.

Freude und Interesse an der Berufsausübung fördern die Persönlichkeitsentwicklung und tragen enorm zur Leistungssteigerung bei. Die Einstellung zur Arbeit wird entscheidend davon geprägt, ob die Arbeit der *persönlichen Neigung* und *Eignung* entspricht. Sie können mit Hilfe von Eignungstests über die Begabung, das Arbeitsverhalten und die Charaktereigenschaften untersucht werden.

Häufig wird die Einstellung zum Beruf auch von *Mitmenschen* beeinflusst. So stellt die Verpflichtung gegenüber der Familientradition und die Einbindung in die Dorfgemeinschaft auch heute noch einen starken Antrieb dar.

Arbeitssituation – Die äußeren Bedingungen, unter denen gearbeitet wird, ergeben sich aus dem Zusammenwirken vieler Faktoren. Sie beeinflussen die Leistungsfähigkeit und die Leistungsbereitschaft. Je *angenehmer* die **Arbeitssituation** empfunden wird, desto größer ist auch die Leistung.

Bei der Gestaltung der Arbeitssituation sind die Vorschriften und Richtlinien der Arbeitsstätten-Verordnung eine wertvolle Hilfe.

Die Lichtverhältnisse am Arbeitsplatz werden durch die *Art, Stärke* und *Verteilung* des Lichts bestimmt. Im Allgemeinen kann festgestellt werden, dass die Leistung bis zu einer **Beleuchtungsstärke** von 1000 Lux (lx) ansteigt und über diesen Wert wieder sinkt. Wichtig ist es jedoch, die Beleuchtung auf die *jeweilige Arbeit genau abzustimmen.*

Auch sollte ein häufiger Blickwechsel zwischen sehr hell und dunkel vermieden werden, weil das Auge sich sonst ständig an die geänderten Lichtverhältnisse anpassen muss (Pupillenerweiterung bzw. -verengung). Da dies auf Dauer recht belastend sein kann, ist es ratsam, bei einer hohen Lichtstärke am eigentlichen Arbeitsfeld auch für eine gute Allgemeinbeleuchtung im Raum zu sorgen.

Tabelle 115: Ansprüche an die Beleuchtungsstärke

Ansprüche aufgrund der Sehaufgabe	Allgemeinbeleuchtung lx	Arbeitsplatzbeleuchtung lx
gering	30– 120	–
mäßig	120– 250	250– 500
hoch	250– 500	500–1000
sehr hoch	600–1000	1000–2000
außergewöhnlich	–	4000–8000

Bei den landwirtschaftlichen Arbeitsplätzen kann das **Klima** meistens nur sehr bedingt verändert werden. Häufig geht es nur darum, die extremsten Wettereinwirkungen wie Regen, Wind oder Kälte abzuhalten. Soweit wie möglich sollte jedoch versucht werden, in Räumen und Werkstätten wenigstens annähernd die *optimalen Klimaverhältnisse* zu erreichen.

Tabelle 116: Optimale Klimaverhältnisse in Bezug zur Tätigkeit

Art der Tätigkeit	Lufttemperatur °C	rel. Luftfeuchte %	Luftbewegung m/s
Büroarbeit	20–21	50	0,1
leichte Handarbeit im Sitzen	20	50	0,1
leichte Arbeit im Stehen	18	50	0,2
Schwerarbeit	17	50	0,4
Schwerstarbeit	16	50	0,5

Arbeit verursacht in der Regel Schall. Er wird erst dann als **Lärm** bezeichnet, wenn er *stört* oder *gesundheitsschädlich* ist. Die Berufsgenossenschaften schreiben vor, dass bei einer Schallstärke von über 85 dB (A) **Schallschutzmittel** zur Verfügung gestellt und ab 90 dB (A) benutzt werden müssen.

Tabelle 117: Beispiele von Schallstärken

Schallquelle	Schallpegel
Beat- und Rockmusik	105 dB (A)
Traktor	**90 dB (A) Gefährdungsgrenze**
lautes Motorrad	88 dB (A)
lauter Motormäher	**85 dB (A) Warngrenze**
Heu-Lüftungsgebläse	70 dB (A)
Hauptverkehrsstraße	65 dB (A)
gedämpfte Radiomusik	50 dB (A)
beim Spaziergang im Wald	30 dB (A)

Die **Körperhaltung** am Arbeitsplatz hat sich nach der Art der Arbeit und der Beanspruchung des Arbeitenden zu richten.

Vorteile einer **sitzenden Arbeitshaltung:**
- ▶ Gut geeignet für feine und genaue Arbeiten,
- ▶ geringere und langsamere Ermüdung,

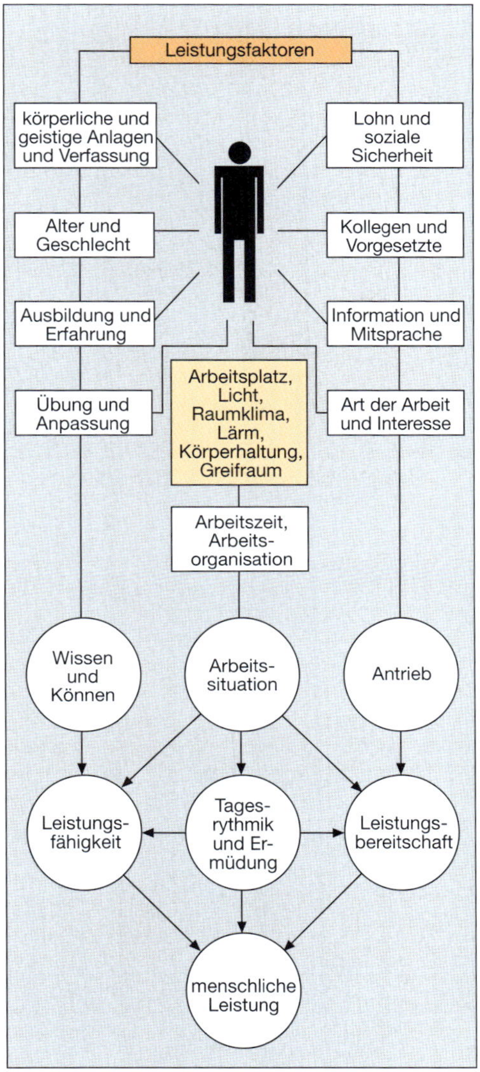

Abb. 1412 Die menschliche Leistung und ihre Beeinflussung.

Abb. 1413 Günstige Höhe des Arbeitsplatzes bei sitzender und stehender Tätigkeit je nach Arbeitsbelastung.

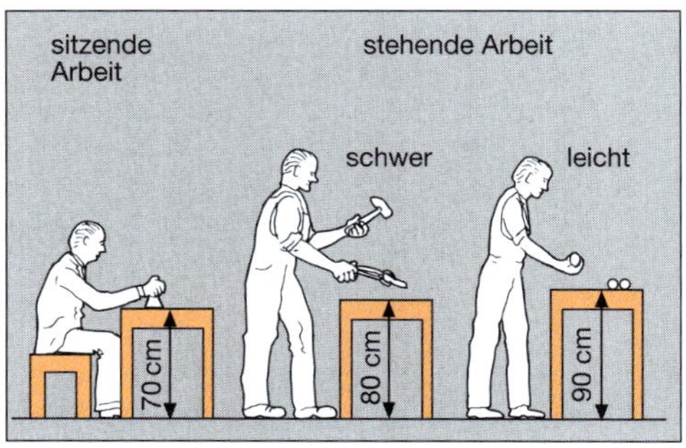

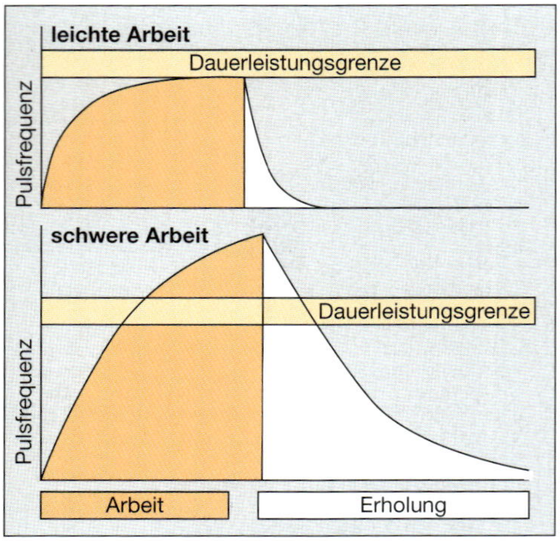

Abb. 1414 Abhängigkeit der Erholungszeit von der Art der Arbeit.

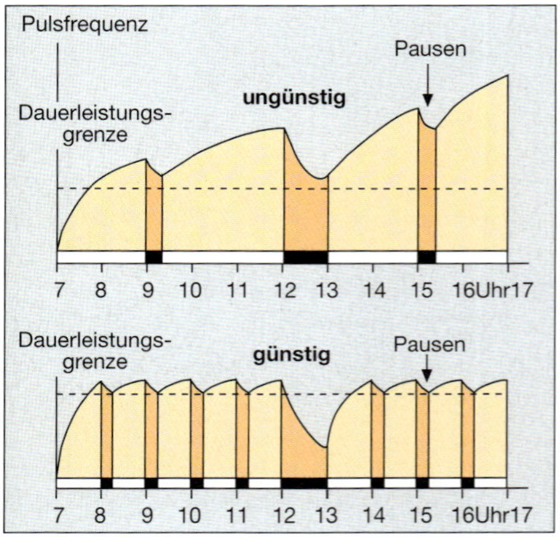

Abb. 1415 Günstige und ungünstige Pauseneinteilung bei Schwerarbeit.

Abb. 1416 Durch eine höhere Leistungsbereitschaft kann die von der Tageszeit abhängige Grenze der natürlichen Leistungsfähigkeit überschritten werden.

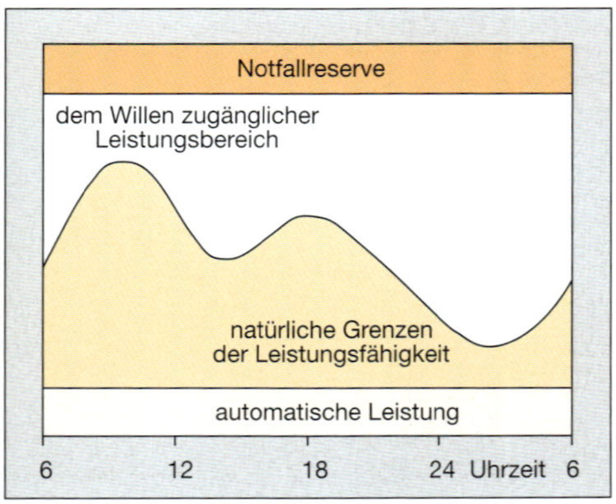

- ► geringerer Energieverbrauch und geringere statische Belastung,
- ► geringere Gesundheitsrisiken für Rückgrat, Beine und Füße; *nachhaltig* für innere Organe und Kreislauf.

Vorteile einer **stehenden Arbeitshaltung:**

- ► Bessere Übersicht,
- ► größerer Greifraum,
- ► bessere Beweglichkeit am Platz und vom Platz weg,
- ► geeigneter für grobe und kraftaufwendige Arbeiten.

Bei der Arbeit in den agrarischen Berufen arbeitet man meist an vielen verschiedenen Arbeitsplätzen und mit vielen Maschinen, Geräten und Werkzeugen. Der große Vorteil ist dabei die Abwechslung.

Die Vielfalt bringt jedoch den Nachteil mit sich, dass man in der Praxis die einzelnen Arbeitsplätze und Maschinen meist nicht genau auf die jeweiligen Körpermaße der einzelnen Arbeitskraft abstimmen kann. Für die Gestaltung vieler Arbeitsplätze und Maschinen, z. B. für den Führerstand des Traktors, gibt es Richtlinien.

Arbeitszeit und Pausen – Jeder Mensch hat aufgrund seiner Erbanlagen eine ihm eigene **Dauerleistungsgrenze.** Dies gilt sowohl für die tägliche Arbeitszeit als auch für längere Zeiträume mit Arbeitsspitzen, z. B. bei der Ernte. **Spitzenleistungen** können wegen der Ermüdung nur für kurze Zeiten erbracht werden.

Da die Arbeiten im landwirtschaftlichen Bereich oft auch schwere Arbeiten sind, ist es deshalb *ein Irrtum zu glauben, dass eine längere Arbeitszeit auch eine größere Leistung zur Folge* hat.

Der menschliche Körper reagiert bei Überschreiten der Dauerleistungsgrenze entweder durch langsameres Arbeitstempo oder mit Krankheit, falls die notwendige längere Erholungszeit dem Körper verweigert wird.

Optimal ist die Arbeitszeit dann, wenn die anschließende **Erholungszeit** ausreicht, die Dauerleistungsfähigkeit bis zum nächsten Arbeitsbeginn wieder herzustellen. Je schwerer eine Arbeit ist, desto länger muss deshalb die Erholungsphase sein.

Kurzpausen sollen nur zwischen 3 und 10 Minuten lang sein, damit man nicht zu sehr aus der Arbeit »raus kommt«. *Essenspausen,* besonders die Mittagspause, müssen länger sein. Bei allen Pausen haben die ersten Minuten den größten Erholungswert. Mehrere kurze Pausen sind deshalb besser als wenige lange.

Es gibt einen biologisch bedingten, engen Zusammenhang zwischen Tageszeit und Leistungsfähigkeit. Dieser **Tagesrhythmus** ist nicht bei allen Menschen gleich. Deshalb sollte jeder versuchen, seinen Tagesrhythmus herauszufinden und seine Arbeit entsprechend organisieren.

Arbeitsorganisation – Für den Arbeitserfolg ist auch von Bedeutung, wie die einzelnen *Arbeitsabläufe* aufeinander abgestimmt sind. Dabei stehen grundsätzlich drei Forderungen im Mittelpunkt der Überlegungen:

- ► Kräfte sparen,
- ► Wege sparen,
- ► Zeit sparen.

Dadurch soll die Arbeit erleichtert und vereinfacht, die *Arbeitsergiebigkeit* (Produktivität) erhöht und damit der Betriebserfolg gesteigert werden.

Aufgaben:

1. Welche Besonderheiten der Arbeitsbelastung treten in der Landwirtschaft auf?
2. Zeigen Sie an Beispielen die Verschiebung von der körperlichen zur geistigen Belastung auf.
3. Von welchen Faktoren hängt die individuelle Leistungsfähigkeit ab?
4. Von welchen Faktoren hängt die individuelle Leistungsbereitschaft ab?
5. Ab welcher Lautstärke muss der Arbeitgeber Lärmschutzmittel zur Verfügung stellen?
6. Von welchen Faktoren wird das Raumklima wesentlich beeinflusst? Geben Sie zusätzlich den Optimalwert für leichte Arbeiten im Sitzen und im Stehen an.
7. Beobachten Sie, inwieweit Sie selbst bei den Arbeiten auf dem Betrieb die optimale Körperhaltung einhalten.
8. Beschreiben Sie den Verlauf der natürlichen Leistungsfähigkeit während eines normalen Tages (Tagesrhythmus).

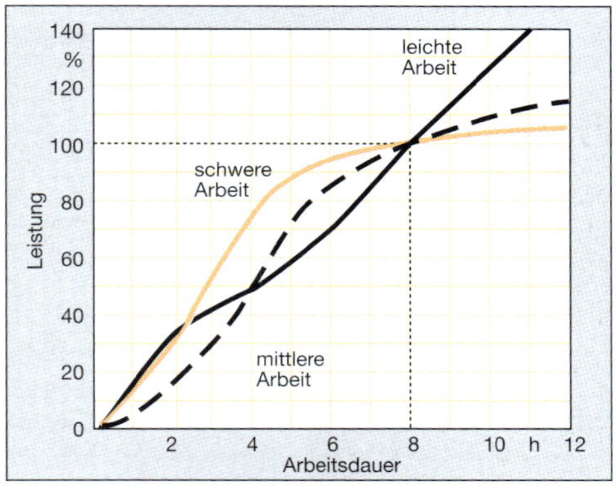

Abb. 1417 Abhängigkeit der Arbeitsleistung von der Zeit und Art der Arbeit.

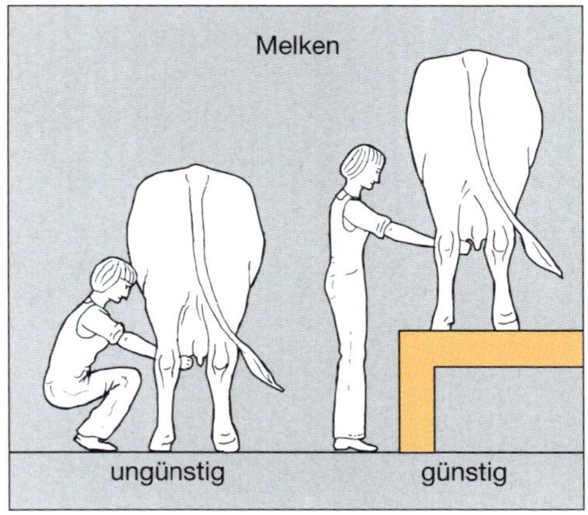

Abb. 1418 Richtige Werkzeuge und richtige Arbeitsplätze vermeiden statische Belastung.

12.3 Unfallverhütung und betrieblicher Gefahrenschutz

Meist wird erst dem Kranken oder Verunglückten bewusst, wie wertvoll und unersetzlich die Gesundheit ist. In der Landwirtschaft verunglückt innerhalb eines Jahres durchschnittlich jeder 8. Erwerbstätige. Bei den **tödlichen Arbeitsunfällen** beträgt der Anteil der Agrarwirtschaft sogar fast 20 %, obwohl in ihr nur rund 3 % der Erwerbstätigen beschäftigt sind.

Das bedeutet, dass in der Landwirtschaft der Unfalltod jedes Jahr die Einwohnerzahl eines Dorfes vernichtet. Die Gesamtkosten der landwirtschaftlichen Unfallversicherung belaufen sich auf ca. 1 Mrd. € jährlich, der *gesamtwirtschaftliche Schaden* wird auf mehr als das Doppelte geschätzt.

Die **materiellen Schäden** verursachen zwar hohe Kosten, können jedoch in der Regel behoben werden, die **gesundheitlichen Schäden** dagegen nur schwer oder überhaupt nicht. Das *menschliche Leid,* die Schmerzen und Sorgen lassen sich nicht in Euro und Cent ausdrücken.

Immer wieder zeigt es sich, dass viele Unfälle vermieden werden könnten. **Gedankenlosigkeit** und **Nachlässigkeit** sind die häufigsten **Unfallursachen.** Jeder Arbeitende muss deshalb die möglichen Unfallquellen kennen und die Unfallverhütungs- und Arbeitsschutzvorschriften beachten.

Abb. 1419 Gesamtausgaben der landwirtschaftlichen Unfallversicherung (seit 1992 Gesamtdeutschland).

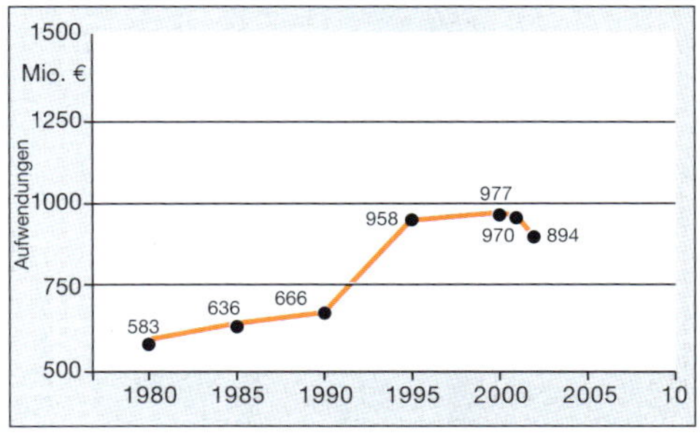

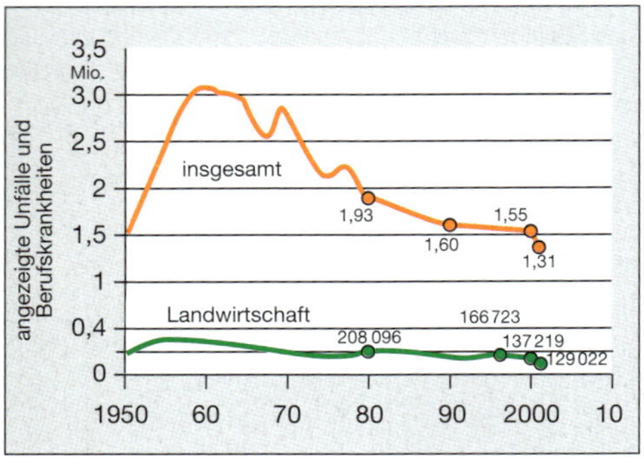

Abb. 1420 Angezeigte Arbeitsunfälle und Berufskrankheiten insgesamt und bei den landwirtschaftlichen Berufsgenossenschaften (seit 1992 Gesamtdeutschland).

12.3.1 Unfallursachen

Ein **Arbeitsunfall** liegt vor, wenn sich der Unfall bei
- der eigentlichen Arbeitstätigkeit *(Betriebsunfall)*,
- der Fahrt von der Wohnung zur Arbeit bzw. der Fahrt zurück *(Wegeunfall)*,
- einer dienstlichen Besorgung *(Dienstwegunfall)*,
- einer vom Betrieb aus durchgeführten sportlichen Veranstaltung *(Betriebssportunfall)* ereignet oder wenn es sich um
- eine Erkrankung aufgrund der Berufsarbeit handelt *(Berufskrankheit)*.

In den Agrarbetrieben bestehen vielfältige und erhebliche **Unfallgefahren**. Die meisten und schwersten Unfälle geschehen in Gebäuden und baulichen Anlagen (z. B. Erstickungsgefahr durch CO_2 in Silos) und im Umgang mit Maschinen und Geräten sowie bei der Teilnahme am Straßenverkehr.

> ! Die drei **Haupt-Unfallursachen** sind:
> - Menschliches Fehlverhalten: z. B. körperliche und geistige Ermüdung nicht beachtet, Unfallverhütungsvorschriften nicht eingehalten,
> - organisatorische Mängel: unzulänglich gegebene Arbeitsanweisungen,
> - technisches Versagen: zu selten geprüfte Abnützungs- und Verschleißteile an Maschinen.

Abb. ●● zeigt für die einzelnen Zweige der **Berufsgenossenschaften,** welche Körperteile häufig durch Arbeitsunfälle verletzt werden. Im landwirtschaftlichen Bereich sind besonders hohe Anteile an Kopf-, Augen-, Brustkorb-, Schulter- und Kniegelenks- bzw. Unterschenkelverletzungen (vergleiche Gefahren durch Waldarbeiten mit Motorsägen) festzustellen. Insgesamt überwiegen in allen Bereichen der Berufsgenossenschaft jedoch die Handverletzungen.

Abb. 1421 Unachtsamkeit am Förderband des Kartoffelvollernters kostete hier einen Arm.

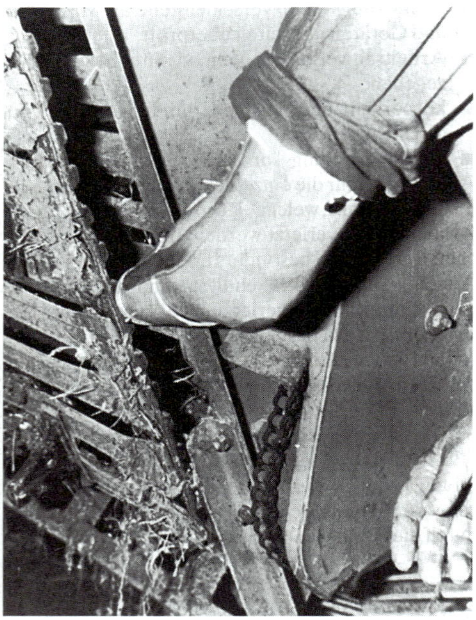

13.3.2 Unfallverhütungs-Vorschriften

»Vorbeugen ist besser als heilen!« Dieses Sprichwort gilt beim **Unfallschutz** ganz besonders. Um Unfälle zu verhüten, gibt es detaillierte und umfangreiche Vorschriften. Sie beziehen sich insbesondere auf
- die *Arbeitssicherheit* von Gebäuden, Anlagen, Maschinen, Geräten, Werkzeugen und Fahrzeugen,
- den *Umgang* mit Tieren, Pflanzenschutz-, Schädlingsbekämpfungsmitteln und Handelsdüngern,
- die *Arbeiten* im Forst, in Imkereien, an und auf Gewässern,
- die *Beschäftigung* von Jugendlichen, Frauen, gebrechlichen und geisteskranken Personen.

Die **Unfallverhütungs-Vorschriften** sind für die Unternehmer und Versicherten *rechtsverbindlich*. Werden sie nicht eingehalten, so droht eine Geldbuße. Wer den Tod oder die Körperverletzung eines anderen verschuldet, kann nicht nur gerichtlich bestraft wer-

den, sondern haftet für den entstandenen Schaden und belastet auch sein Gewissen.
Die **finanziellen Lasten** eines Unfalles trägt über die Beiträge zur Berufsgenossenschaft die Versichertengemeinschaft. Die Kosten für entstandene Sachschäden, für Arbeitsausfall usw. hat aber der Betrieb zu tragen.

> **!** Jeder Unternehmer und Betriebsangehörige sollte deshalb alles tun, um Unfälle zu vermeiden. Denn Unfälle zu verhüten ist besser als Unfälle zu entschädigen!

Im Übrigen ist jedermann verpflichtet, bei einem Unfall **Erste Hilfe** zu leisten.
Unfallverhütung – Beim chemischen Pflanzenschutz gilt es, das im Kapitel 4 Dargestellte zu beachten. An baulichen Anlagen sollen z. B. *Geländer* und *Handläufe* vor Stürzen bewahren. *Gelenkwellen* an Arbeitsmaschinen sind bis über die Kreuzgelenke zu verkleiden und der Schutz ist gegen Umlaufen zu sichern. Der Zapfwellenschutz muss mindestens von oben und von den beiden Seiten bis über die Mitte eines angekoppelten Kreuzgelenkes reichen.
Riemen- oder *Kettentriebe* sind entweder ganz oder zumindest an den Auflaufstellen zu verkleiden.
Für den Aufstieg verwendete Leitern im Innen- und Außenbereich müssen den Sicherheitsvorschriften entsprechen und für den vorgesehenen Zweck geeignet sein (z. B. Stehleitern nicht als Anlegeleitern verwenden). Sie sind vor der Benutzung zu prüfen und gegen Abrutschen und Umstürzen zu sichern (z. B. Anbinden des Leiterkopfes am Baum). Holme dürfen niemals geflickt und Sprossen nicht aufgenagelt werden. Auf einen deckenden Anstrich von Holzleitern muss verzichtet werden, weil Schäden sonst nicht erkennbar sind.
Beim Aufstellen von Leitern ist ein richtiger *Aufstellwinkel* und die Wahl der passenden Leiterfüße (Spitzen auf gewachsenem Boden, Gummifüße auf festen, trockenen und sauberen Flächen) zu beachten.
Sicherheitsvorkehrungen bei der Waldarbeit (Beispiele) – Waldarbeit ist eine schwere und gefährliche Arbeit und sollte deshalb nur von erfahrenen, entsprechend ausgebildeten Fachkräften ausgeführt werden. Bei der Arbeitsorganisation ist zu beachten, dass die Unfallverhütungs-Vorschriften eine *Alleinarbeit* beim Arbeiten mit der Motorsäge, beim Arbeiten mit der Seilwinde und beim Besteigen von Bäumen verbieten, denn niemand könnte dem Verletzten bei einem Unfall helfen oder wenigstens Hilfe holen.
Die Alleinarbeit ist ausnahmsweise gestattet, wenn andere Personen den Arbeitsplatz in kurzen Abständen kontrollieren. Dies bietet für den Ernstfall aber nur einen unzureichenden Schutz. Wesentlich vernünftiger wäre es, sich bei diesen Arbeiten z. B. mit dem Nachbarn zusammen zu tun.
Bei *Baumfällarbeiten* beträgt der Gefahrenbereich die doppelte Baumlänge rundherum, weil durch den fallenden Baum andere

Abb. 1422 Allein, ohne Unterlegkeil und mit unwirksamer Abreißbremse wollte dieser Traktorfahrer auf leicht fallender Straße den linken Hänger an den rechten ankuppeln. Der Fahrer war sofort tot.

Abb. 1423 Durch Arbeitsunfälle verletzte Körperteile.

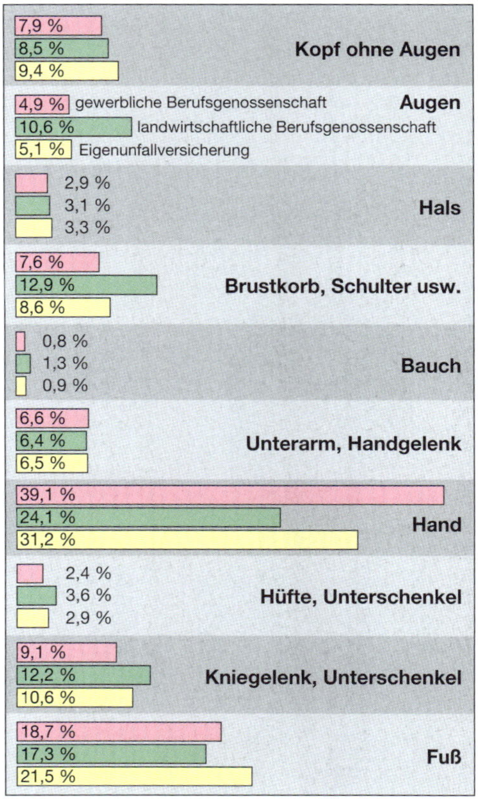

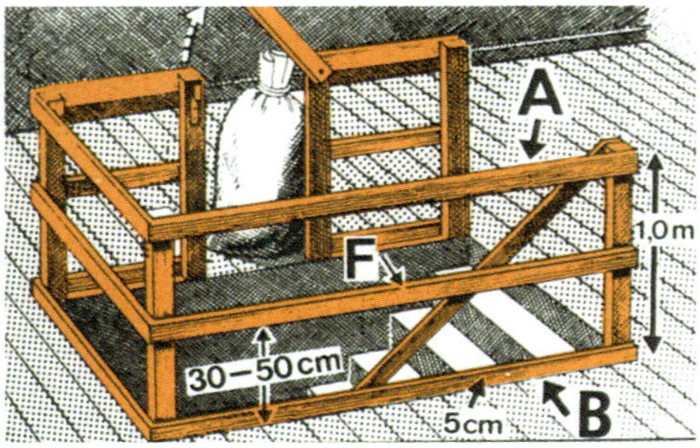

Abb. 1424 Sicherung von Treppen und Treppenöffnungen.

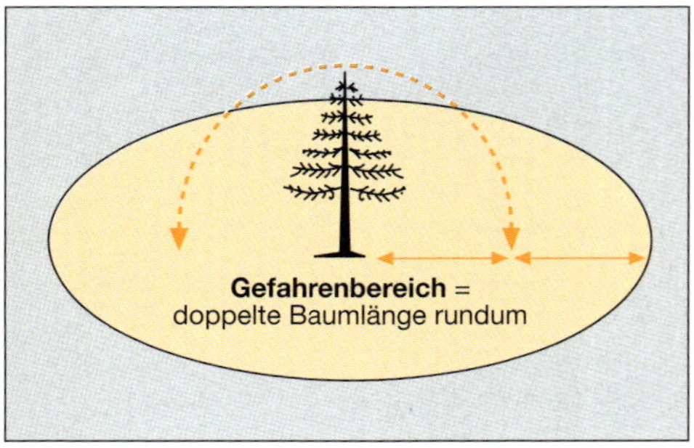

Abb. 1425 Gefahrenbereich bei Baumfällarbeiten.

Abb. 1426 Persönliche Schutzausrüstung »Forst«.

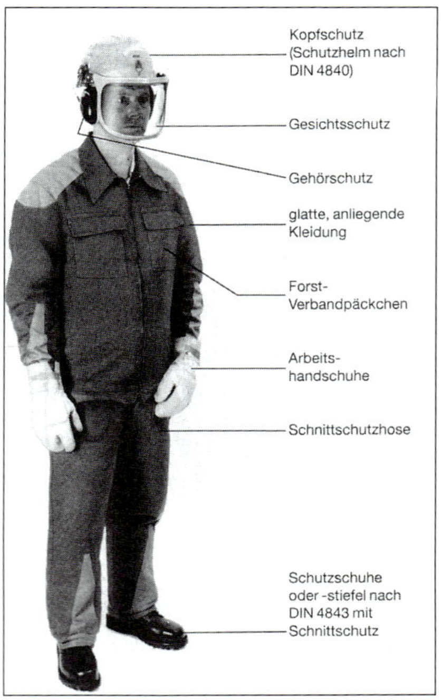

Bäume mitgerissen werden könnten. Im Gefahrenbereich dürfen sich nur die Personen (meist 2) aufhalten, die direkt mit der Fällung des betreffenden Baumes beschäftigt sind.

Sicherer Umgang mit Tieren – Die nachfolgenden **Beispiele** (Abb. 1432, Seite 587) zeigen, wie Unfälle im Umgang mit Tieren vermieden werden können:

- Die sichere Führung von Bullen erfolgt am Nasenring mit einer Leitstange, die mindestens 1,40 m lang ist. Zuchtbullen sind spätestens im Alter von 12 Monaten, kräftige, nicht rostende Nasenringe einzuziehen (Unfallverhütungs-Vorschriften [UVV] 4,1 § 4 [1]).
- Das Decken von Kühen innerhalb von Gehöften muss unter Verwendung eines Sprungstandes erfolgen (UVV 4,1 § 3 [8], § 1 [3]).
- Kälber, bei denen durch ihre Hörner und die Art der Tierhaltung eine Gefahr ausgeht, sind gegen Hörnerbildung zu behandeln (UVV 4.1 § 2 [2]).

12.3.3 Träger und Überwachung der Unfallverhütung

Neben den **Unfallverhütungs-Vorschriften** der Berufsgenossenschaften sollen weitere **Schutzvorschriften** (z. B. Gerätesicherheits-Gesetz, Arbeitssicherheits-Gesetz, Mutterschutz-Gesetz, Jugendarbeitsschutz-Gesetz, Verordnung über gefährliche Arbeitsstoffe, Arbeitsstätten-Verordnung) Unfälle vermeiden helfen.

Besonders durch die Auswertung der Unfälle durch die Berufsgenossenschaft werden die Vorschriften ständig weiterentwickelt.

Tabelle 118: Die Berufsgenossenschaft als Träger der gesetzlichen Unfallversicherung

Aufgaben	Mittel
Verhüten von Unfällen	Erlass von Unfallverhütungsvorschriften, Information und Beratung in Fragen der Arbeitssicherheit, Ausbilden aller Interessierten und Beauftragten in Fragen des Arbeitsschutzes, Überwachen des Einhaltens von Unfallverhütungsvorschriften durch technische Aufsichtsbeamte, Festsetzen von Strafen
Wiederherstellen der Gesundheit und Erwerbsfähigkeit (Rehabilitation)	Anhalten der Betriebe zur Sicherstellung einer Ersten Hilfe, finanzielle Leistungen zur Heilbehandlung und Pflege, finanzielle Leistungen zur Berufshilfe (z. B. Umschulungs- und Fortbildungsmaßnahmen, Eingliederungshilfen)
soziale Absicherung	Übergangsgeld während der Maßnahmen zu Wiederherstellung der Erwerbsfähigkeit, Rente, Sterbegeld, Witwenrente

Mit der **Durchführung** der Unfallverhütungs- und Arbeitsschutzvorschriften sind folgende Einrichtungen beauftragt:

- Die Berufsgenossenschaften,
- die Gewerbeaufsichtsämter,
- Prüfstellen für spezielle Bereiche, die aufgrund des Gerätesicherheits-Gesetzes benannt sind, z. B. berufsgenossenschaftliche Fachausschüsse, TÜV.

Berufsgenossenschaften – Sie sind *Träger der gesetzlichen Unfallversicherung* und erfüllen eine öffentliche Aufgabe. Sie sind deshalb als **öffentlich-rechtliche Körperschaften** errichtet worden. Die wichtigsten *gesetzlichen Grundlagen* bilden die Reichs-Versicherungsordnung von 1911, das Gesetz über Betriebsärzte und Fachkräfte für Arbeitssicherheit von 1973 und die Berufskrankheiten-Verordnung von 1976.

Mitglieder der Berufsgenossenschaften sind alle Unternehmer. Sie bezahlen auch allein alle *Beiträge* für die Unfallversicherung. *Versichert* sind alle auf Grund eines Arbeits-, Dienst- oder Ausbildungsverhältnisses Beschäftigten.

In der landwirtschaftlichen Berufsgenossenschaft sind der Unternehmer, sein Ehegatte und die mithelfenden Familienangehörigen grundsätzlich *pflichtversichert.*

Die Berufsgenossenschaften führen ihre Aufgaben zwar unter *staatlicher Aufsicht,* aber in eigener Verantwortung durch und verwalten sich selbst *(Selbstverwaltungsorgane).*

Die **Selbstverwaltung** wird durch die Vertreterversammlung und den Vorstand ausgeübt. Diese Organe der *Berufsgenossenschaft* sind ehrenamtlich tätig und setzen sich zu je einem Drittel zusammen aus Vertretern

- der versicherten Arbeitnehmer,
- der Selbständigen,
- der Arbeitgeber.

Gewerbeaufsichtsämter – Sie sind für die Durchführung der **Arbeitsschutzbestimmungen** zuständig. Sie führen in allen gewerblichen Betrieben *Kontrollen* über die Einhaltung der Rechtsvorschriften durch und *beraten* die Betriebe beim Durchführen der erforderlichen Maßnahmen nach Betriebsbegehungen zur Ermittlung der Gefahrenquellen und Nachkontrollen.

Verstoßen Betriebe gegen die Bestimmungen, so können *Verfügungen* oder *Verwarnungen* ausgesprochen, *Geldbußen* auferlegt oder in schweren Fällen sogar *Strafanzeigen* erstattet werden. Die Überprüfungen führen jährlich zu fast 1,5 Mio. Beanstandungen im Bundesgebiet.

Organisation – Die Gewerbeaufsichtsämter sind eigenständige Behörden, die jeweils für mehrere Land- und Stadtkreise oder ganze Regierungsbezirke zuständig sind. Sie unterstehen in der Regel direkt den jeweiligen Landesministerien für Arbeit und Sozialordnung.

Organisationen für sicherheitstechnische Prüfungen – Maschinen, Geräte und technische Anlagen stellen besondere Gefahrenquellen dar. Der sichtbare Nachweis (keine Prüfpflicht), dass die Sicherheit den *»anerkannten Regeln der Technik«* entspricht, wird durch ein **Prüfzeichen** geführt. Die *Prüfstelle* ist aus dem Zeichen zu erkennen, das sich jeweils oben links befindet.

Abb. 1427 Einhängevorrichtungen verhindern das Verrutschen von Leitern.

Abb. 1428 Sicherung von Grubenöffnungen, damit Personen nicht hineinstürzen können.

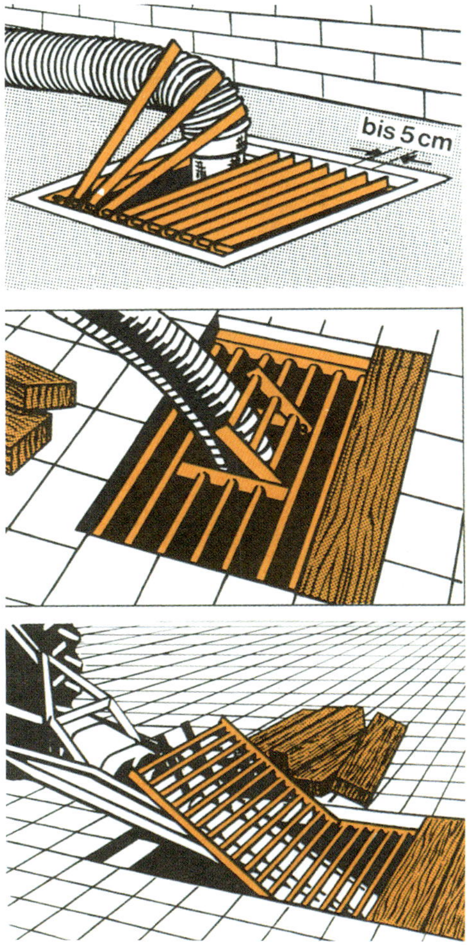

Außerhalb der Dreipunktaufhängung bleiben.

Nicht unter angehobene Heckklappe treten.

Aufenthalt im Gefahrenbereich nur mit Hubzylindersicherung.

Ladefläche nie bei eingeschaltetem Antrieb und laufendem Motor betreten.

Gefahr durch sich drehende Schnecke.

Motor nur vom Fahrersitz aus starten.

Mitfahren von Personen nur mit Beifahrersitz zulässig.

Schutzeinrichtung zum Schleifen in Schutzstellung bringen.

Nicht im Arbeitsbereich der Frontladerschwinge aufhalten.

Rundballen nur mit vorgesehenem Lader handhaben.

Abb. 1429 Sog. Piktogramme sollen an Landmaschinen und Traktoren sowie artverwandten Maschinen vor Gefahrenquellen warnen (Auswahl).

Abb. 1430 Aufgaben der Landwirtschaftlichen Berufsgenossenschaften als Träger der gesetzlichen Unfallversicherung.

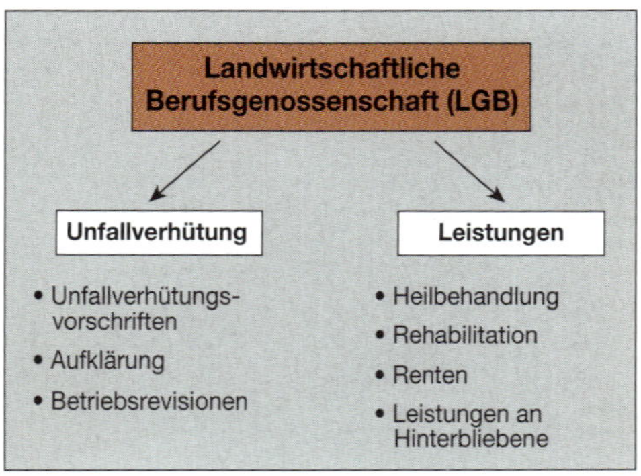

Sicherheitstechnische Prüfungen erfolgen zwar auch durch die *Berufsgenossenschaften*, überwiegend jedoch durch die *Technischen Überwachungsvereine* (TÜV) bzw. Überwachungsämter und durch den *Verband Deutscher Elektrotechniker* (VDE) und andere vom Bundesarbeitsminister benannte Stellen.

! Die Arbeitsschutzvorrichtungen und die Unfallverhütung dienen dazu, den arbeitenden Menschen vor gesundheitlichen Schäden zu bewahren. Doch die Schutzbestimmungen und Einrichtungen allein garantieren noch keinen wirksamen Schutz vor Erkrankungen und Unfällen durch die Arbeit. Jeder Einzelne muss täglich bei seiner Arbeit die Schutzvorschriften beachten und durch das gesamte Verhalten zur Erhaltung seiner Gesundheit beitragen.

Deshalb sind folgende Regeln zu berücksichtigen:
- Ausgeschlafen zur Arbeit erscheinen,
- Ordnung halten am Arbeitsplatz,
- Schutzkleidung bzw. zweckmäßige Kleidung tragen,
- sichere, zugelassene Arbeitsmittel und Maschinen verwenden,
- seine Kräfte und sein Können richtig einschätzen,
- kein unnötiges Sicherheitsrisiko eingehen.

Aufgaben:
1. Treffen Sie einige Aussagen zur Unfallhäufigkeit und zur Verteilung in den Bereichen der Landwirtschaft.
2. Welche Unfälle zählen zu den Arbeitsunfällen?
3. Nennen Sie zu folgenden Bereichen möglichst viele Unfallverhütungsvorschriften:
   Umgang mit Tieren, Leitern, Pflanzenschutzmittel, Gelenkwellen und Keilriemen, Waldarbeit, Silos und Güllegruben.
4. Welche Organisationen überwachen die Unfallverhütung?
5. Wer ist durch die Unfallversicherung geschützt?

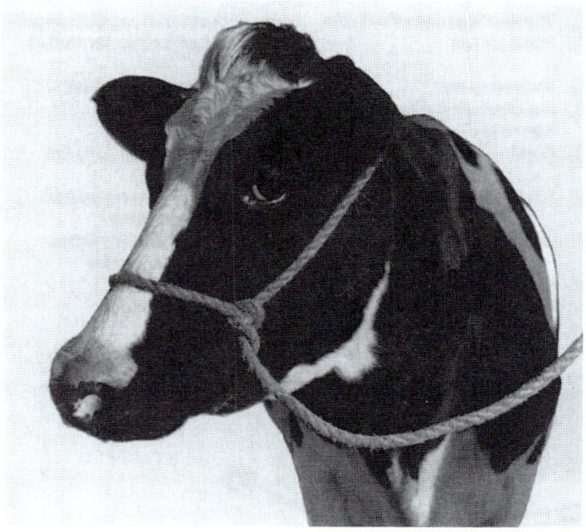

Abb. 1431 Rinder, von denen durch ihre Hörner und die Art der Tierhaltung eine Gefahr ausgeht, sind als Kälber gegen Hörnerbildung zu behandeln (UVV 4.1 § 2 [2]).

Abb. 1432 Sicherheitsvorkehrungen beim Führen von Großvieh **(Beispiel).**

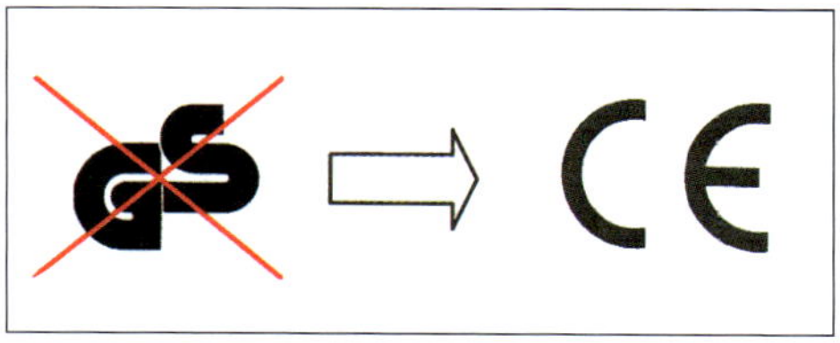

Abb. 1433 Das europäische CE-Zeichen ersetzt das nationale Zeichen »Geprüfte Sicherheit«.

Anhang

8

Aktualität bedeutet für jeden Einzelnen nach wie vor und besonders im Zeitalter der Globalisierung bei gleichzeitig rasanten wissenschaftlichen Weiterentwicklungen betriebswirtschaftlichen und marktwirtschaftlichen Vorteil, zumal das erworbene Wissen zunehmend kurzlebiger wird.

Deshalb sollte man im Lehrbuch enthaltene Zahlen und Aussagen regelmäßig überprüfen und aktualisieren. Dadurch kann der Leser/die Leserin selbst die Veränderungen erkennen und sie gegebenenfalls tabellarisch und graphisch festhalten. Zusammen mit den aktuellen Informationen der Medien können Tendenzen abgeleitet und Entwicklungen prognostiziert werden.

Die angegebenen Internetadressen stellen nur eine Auswahl dar und können mit der Eingabe eines Such-Stichwortes in einem Suchprogramm des Internets über den PC ermittelt werden. Es liegt am Leser selbst, diese Hilfen mit den im Anhang genannten Tabellen und Hinweisen zu nutzen, sie zu ergänzen und mit den für den eigenen Betrieb bedeutsamen Informationen zu erweitern.

1 Tabellen

Abb. 1434: Mischungstafel für Mineraldünger.

■ mischbar,

░ nicht mischbar,

☒ bedingt mischbar, spätestens 3 Tage nach dem Mischen ausstreuen

	1 Kalksalpeter	2 Ammonsulfatsalpeter, NK-Dünger Stickstoffmagnesia mit Kupfer	3 Kalkammonsalpeter	4 Ammonphosphat, Stickstoffphosphat	5 Schwefelsaures Ammoniak	6 Kalkstickstoff (x)	7 Superphosphat (x), Novaphos (x) Enpeka-Phosphatkali (x), Phosphatkali R (x)	8 Thomasphosphat und Th-Mischdünger Konverterkalk mit Phosphat	9 Rhe-Ka-Phos, Rhenania-Phosphat	10 Kalimagnesia grob, Kalisulfat, Kieserit	11 40er- und 50er-Kali grob und Standard Korn-Kali mit MgO, Magnesia-Kainit	12 Hyperphos, Hyperphos-Kali, Nord-Phosphat, Bonaphos	13 N-Lösung	14 NP-Lösung
1 Kalksalpeter	■	☒	☒	☒	☒	☒	░	☒	☒	☒	☒	☒	░	░
2 Ammonsulfatsalpeter, NK-Dünger Stickstoffmagnesia mit Kupfer	☒	■	■	■	■	░	■	░	☒	■	☒	☒	░	░
3 Kalkammonsalpeter	☒	■	■	■	■	░	☒	░	☒	☒	☒	■	░	░
4 Ammonphosphat, Stickstoffphosphat	☒	■	■	■	■	░	■	░	☒	■	■	■	░	░
5 Schwefelsaures Ammoniak	☒	■	■	■	■	░	■	░	☒	■	■	■	░	░
6 Kalkstickstoff (x)	☒	░	░	░	░	■	░	■	■	■	☒	■	░	░
7 Superphosphat (x), Novaphos (x) Enpeka-Phosphatkali (x), Phosphatkali R (x)	░	■	☒	■	■	░	■	░	░	■	■	■	░	░
8 Thomasphosphat und Th-Mischdünger Konverterkalk mit Phosphat	☒	░	░	░	░	■	░	■	■	■	■	■	░	░
9 Rhe-Ka-Phos, Rhenania-Phosphat	☒	☒	☒	☒	☒	■	░	■	■	■	■	■	░	░
10 Kalimagnesia grob, Kalisulfat, Kieserit	☒	☒	☒	■	■	░	■	■	■	■	■	■	░	░
11 40er- und 50er-Kali grob und Standard Korn-Kali mit MgO, Magnesia-Kainit	☒	☒	☒	■	■	☒	■	■	■	■	■	■	░	░
12 Hyperphos, Hyperphos-Kali, Nord-Phosphat, Bonaphos	☒	☒	■	■	■	■	■	■	■	■	■	■	░	░
13 N-Lösung	░	░	░	░	░	░	░	░	░	░	░	░	■	■
14 NP-Lösung	░	░	░	░	░	░	░	░	░	░	░	░	■	■

Das Mischen von Mineraldüngern zum gewerblichen Vertrieb ist nur dann gestattet, wenn es dem Düngemittelgesetz entspricht. Alle Kalkdüngemittel können – bei Einarbeitung in den Boden – vor oder nach sämtlichen Einzel- bzw. Mehrnährstoffdüngern ausgebracht werden.

(x) Perlkalkstickstoff und Kalkstickstoff gekörnt sind mit gekörntem Superphosphat, Novaphos, Enpeka-Phosphatkali und Phosphatkali »R« bedingt mischbar. Bor- und manganhaltige Düngemittel entsprechen in ihrer Mischbarkeit den Ausgangsdüngern.

Anleitung: Will man feststellen, ob zwei Düngemittel miteinander gemischt werden können, so suche man das eine Düngemittel in der senkrechten, das andere in der waagerechten Reihe auf und verfolge beide durch die kleinen Vierecke bis zu dem Feld, in dem die beiden Reihen aufeinanderstoßen. Die Kennzeichnung dieses Feldes gibt dann den gewünschten Aufschluss

Beispiel: Die Düngemittel der senkrechten Reihe 6 und der waagerechten Reihe 8 sind mischbar, da sie in einem Feld ☐ aufeinanderstoßen.

Zusammengemischte Düngemittel mit unterschiedlichen Korngrößenspektren können sich beim Transport, vor allem aber beim Ausstreuen, entmischen. Um gröbere Streufehler zu vermeiden, ist daher auf eine möglichst gleiche Korngrößenstruktur der zu mischenden Dünger zu achten.

NPK-Dünger (Complesal, Enpeka, Kampka, Nitrophoska und Rustica) werden im allgemeinen nicht mit anderen Düngemitteln gemischt. Falls aus besonderen Gründen eine Mischung erforderlich ist, gilt das gleiche wie für Kalkammonsalpeter.

Anmerkung: Das Mischen der Mineraldünger hat nur noch geringe Bedeutung in der Praxis. Die Tabelle kann aber als Grundlage für die Überprüfung des Stoffverständnisses und für die Wiederholung der Lerninhalte dienen.

Tabelle 119: Nährstoffgehalte wichtiger organischer Dünger zum Zeitpunkt der Ausbringung (die anrechenbaren gasförmigen N-Verluste im Stall und im Lager sind berücksichtigt)

organischer Dünger		Nährstoffgehalt in kg			
		N	NH_4-N[1]	P_2O_5	K_2O
Gerstenstroh	t	5,0	–	3,0	17,0
Haferstroh	t	4,0	–	3,0	17,0
Roggenstroh	t	5,0	–	3,0	20,0
Weizenstroh	t	5,0	–	3,0	14,0
Kompost (Grüngut)	t	6,0	–	3,0	5,0
Kompost (Bioabfall)	t	10,0	–	4,3	7,1
Grünguthäcksel	t	3,5	–	1,7	2,7
Klärschlamm (5% TS)	m^3	1,8	0,6	1,6	0,2
Klärschlamm (25% TS)	t	4,5	0,8	6,5	0,8
Klärschlamm (50% TS)	t	7,5	0,8	12,0	1,0
Milchviehgülle (Grünland, 7,5% TS)	m^3	4,0[2]	2,0[2]	1,5	6,0
Milchviehgülle (Acker, 7,5% TS)	m^3	3,7[2]	1,9[2]	1,5	5,1
Mastbullengülle (7,5% TS)	m^3	3,7[2]	1,9[2]	1,7	4,4
Mastschweinegülle (7,5% TS)					
– einphasige Fütterung	m^3	6,5[2]	4,5[2]	3,3	3,3
– zweiphasige, N- und P-reduzierte Fütterung	m^3	5,0[2]	3,5[2]	2,5	2,8
Zuchtsauengülle (mit Ferkel, 7,5% TS)					
– einphasige Fütterung	m^3	6,5[2]	4,5[2]	3,8	3,2
– zweiphasige, N- und P-reduzierte Fütterung	m^3	5,2[2]	3,7[2]	3,0	3,0
Hühnermist (45% TS)	t	20,0[2]	7,0[2]	14,5	14,5
Hühnertrockenkot (70% TS)	t	34,0[2]	6,8[2]	20,0	21,0
flüssiger Geflügelkot (10% TS)	m^3	5,9[2]	4,1[2]	2,8	3,0
Rindermist, Kurz- und Mittellangstand	t	5,0[2]	0,8[2]	4,0	6,0
Rindermist, Tiefstall	t	5,0[2]	0,8[2]	3,0	10,0
Mastschweine-Ferkelaufzuchtmist	t	8,0[2]	1,2[2]	6,0	7,0
Mist von Zuchtsau + Ferkel bis Absetzen					
geringe Einstreu	t	7,0[2]	1,1[2]	12,0	4,0
Rinderjauche	m^3	4,0[2]	4,0[2]	0	8,0
Schweinejauche	m^3	5,0[2]	5,0[2]	0	4,0
Kartoffelfruchtwasser (frisch)	m^3	0,7	0,2	0,2	1,7
Kartoffelfruchtwasser (Konzentrat)	m^3	27,0	–	15,0	100,0

[1]) Fehlende Angaben (–) bedeuten, dass gegebenenfalls nach Abzug der genannten Verluste keine bzw. nur noch unbedeutende NH_4-N-Mengen enthalten sind.
[2]) Gegenüber der N-Ausscheidung wurden bei Gülle und Jauche 10% und bei Stallmist 25% gasförmige N-Verluste im Stall und Lager berücksichtigt.

Tabelle 120: Nährstoffgehalte von Hauptfrüchten (Beispiele)

Hauptfrucht	Nährstoffgehalt in der Frischmasse kg/dt		
	N	P_2O_5	K_2O
Weizen (12% Rp)	1,80	0,80	0,60
Qualitätsweizen (14,5% Rp)	2,20	0,80	0,60
Wintergerste	1,70	0,80	0,60
Sommerfuttergerste	1,70	0,80	0,60
Braugerste	1,40	0,80	0,60
Roggen	1,50	0,80	0,60
Hafer	1,50	0,80	0,60
Triticale	1,80	0,80	0,60
Dinkel (mit Spelzen)	1,60	0,80	0,80
Durum	2,30	0,80	0,60
Raps	3,30	1,80	1,00
Sonnenblumen (91% TS)	2,80	1,60	2,40
Öllein (91% TS)	3,50	1,20	1,00
Ackerbohnen	4,10	1,20	1,40
Körnererbsen	3,60	1,10	1,40
Körnermais	1,50	0,80	0,50
Silomais (28% TS)	0,38	0,16	0,45
CCM (60% TS)	1,01	0,41	0,36
LKS (50% TS)	0,76	0,32	0,36
Kartoffeln	0,35	0,14	0,60
Zuckerrüben ohne Blattbergung	0,18	0,10	0,25
Gehaltsrüben ohne Blattbergung	0,18	0,09	0,50
Massenrüben ohne Blattbergung	0,14	0,07	0,45
Zuckerrüben mit Blattbergung	0,46	0,18	0,75
Gehaltsrüben mit Blattbergung	0,30	0,12	0,75
Massenrüben mit Blattbergung	0,25	0,09	0,60
Weidelgras	0,48	0,16	0,65
Kleegras (Klee:Gras 70:30)	0,53	0,14	0,62
Kleegras (Klee:Gras 50:50)	0,52	0,14	0,62
Luzernegras (Luzerne:Gras 70:30)	0,55	0,15	0,65
Luzernegras (Luzerne:Gras 50:50)	0,54	0,15	0,65
Rotklee	0,55	0,13	0,60
Luzerne	0,60	0,14	0,65
Grassamen	3,40	1,50	8,50

Tabelle 121: Nährstoffgehalte von Zwischenfrüchten (Beispiele)

Zwischenfrucht	Ertrag dt/ha	Nährstoffgehalt in der Frischmasse kg/dt		
		N	P_2O_5	K_2O
Saatzeit bis 5. 8.	(hoher Ertrag)			
Einjähriges Weidelgras	250	0,35	0,11	0,45
Welsches Weidelgras	250	0,35	0,11	0,45
Kleegras	250	0,35	0,11	0,45
Alexandrinerklee	250	0,35	0,11	0,45
Erbsen/Ackerbohnen	250	0,35	0,11	0,45
Sommerwicken	250	0,35	0,11	0,45
Sommerraps	250	0,35	0,11	0,45
Winterraps	250	0,35	0,11	0,45
Winterrübsen	250	0,35	0,11	0,45
Sommerrübsen	250	0,35	0,11	0,45
Ölrettich	250	0,35	0,11	0,45
Senf	250	0,35	0,11	0,45
Phacelia	250	0,35	0,11	0,45
Sonnenblumen	250	0,35	0,11	0,45
Erbsen/Wicken/Sonnenblumen	250	0,35	0,11	0,45
Saatzeit ab 5. 8.	(mittlerer Ertrag)			
Einjähriges Weidelgras	150	0,35	0,11	0,45
Welsches Weidelgras	150	0,35	0,11	0,45
Kleegras	150	0,35	0,11	0,45
Alexandrinerklee	150	0,35	0,11	0,45
Erbsen/Ackerbohnen	150	0,35	0,11	0,45
Sommerwicken	150	0,35	0,11	0,45
Sommerraps	150	0,35	0,11	0,45
Winterraps	150	0,35	0,11	0,45
Winterrübsen	150	0,35	0,11	0,45
Sommerrübsen	150	0,35	0,11	0,45
Ölrettich	150	0,35	0,11	0,45
Senf	150	0,35	0,11	0,45
Phacelia	150	0,35	0,11	0,45
Sonnenblumen	150	0,35	0,11	0,45
Erbsen/Wicken/Sonnenblumen	150	0,35	0,11	0,45

Tabelle 122: Nährstoffentzug des Grünlandes

Nutzung	N kg/ha	P_2O_5 kg/ha	K_2O kg/ha
1 Nutzung	52	24	60
2 Nutzungen	99	39	138
3 Nutzungen	165	71	218
4 Nutzungen	243	90	270
5 Nutzungen	308	110	330

Tabelle 123: N-Bindung durch Leguminosen

Fruchtart	N-Fixierung kg/dt	vorgeschlagener Ertrag[1]) dt/ha	N-Fixierung kg/ha
1	2	3	4 = (2 · 3)
Grünland			30 (pauschal)
Acker			
Hauptfrüchte			
Ackerbohnen	5,00	40	200
Körnererbsen	4,40	40	176
Erbsen (Gemüse)	1,50	80	120
Kleegras (Klee:Gras 50:50)	0,27	500	135
Kleegras (Klee:Gras 70:30)	0,34	500	170
Luzernegras (Luzerne:Gras 50:50)	0,31	500	155
Luzernegras (Luzerne:Gras 70:30)	0,38	500	190
Rotklee	0,47	500	235
Luzerne	0,57	500	285
Zwischenfrüchte			
Saatzeit bis 5. 8. (hoher Ertrag)			
Kleegras			50
Alexandrinerklee			60
Futtererbsen			60
Ackerbohnen			60
Sommerwicken			60
Leguminosengemenge			85
Saatzeit ab 5. 8. (mittlerer Ertrag)			
Kleegras			30
Alexandrinerklee			40
Futtererbsen			40
Ackerbohnen			40
Sommerwicken			40
Leguminosengemenge			55
Rotationsbrache			
Leguminosen 0– 10%			0
Leguminosen 11– 60%			80
Leguminosen 61–100%			120
Dauerbrache			0

[1]) Vorgeschlagener Ertrag, wenn der Ertrag nicht bekannt ist.

Tabelle 124: Nährstoffgehalte der Futtermittel (Auswahl)

Futtermittel	Nährstoffgehalt in der Frischmasse kg/dt		
	N	P_2O_5	K_2O
Alleinfutter Legehennen	2,80	1,26	0,96
Alleinfutter Legehennen N/P-reduziert	2,72	1,03	0,96
Alleinfutter Junghennen	2,40	1,26	0,96
Alleinfutter Masthähnchen	3,52	1,49	0,96
Alleinfutter Masthähnchen N/P-reduziert	3,36	1,26	0,96
Alleinfutter Puten	3,36	1,60	0,96
Alleinfutter Puten N/P-reduziert	3,20	1,26	0,96
Alleinfutter Mastschwein	2,96	1,37	1,08
Alleinfutter MS Anfangsmast N/P-reduziert	2,72	1,26	0,96
Alleinfutter MS Endmast N/P-reduziert	2,40	1,03	0,84
Alleinfutter tragende Sauen	2,56	1,49	1,08
Alleinfutter tragende Sauen N/P-reduziert	2,00	1,03	0,84
Alleinfutter laktierende Sauen	2,96	1,49	1,08
Alleinfutter laktierende Sauen N/P-reduziert	2,64	1,26	0,96
Alleinfutter Saugferkel	3,52	1,83	1,08
Alleinfutter Ferkelaufzucht	3,20	1,60	1,08
Alleinfutter Ferkelaufzucht N/P-reduziert	2,96	1,37	1,08
Altbrot	1,28	0,37	0,39
Backabfälle	1,70	0,06	1,05
Bierhefe abgepresst, gekocht, 25% TS	2,10	0,97	0,72
Bierhefe gekocht, 10% TS	0,84	0,39	0,29
Bierhefe trocken	7,42	3,47	2,56
Biertreber frisch	0,95	0,36	0,03
Biertreber trocken	3,80	1,48	0,11
Buttermilch frisch	0,48	0,16	0,17
Dicalciumphosphat	0,00	40,27	0,00
Eiweißkonzentrat 46% Rohprotein	7,36	4,12	1,57
Eiweißkonzentrat 50% Rohprotein	8,00	5,50	1,57
Eiweißkonzentrat 54% Rohprotein	8,64	5,50	1,57
Eiweißreiches Ergänzungs-Futter 38% Rp	6,08	3,89	1,46
Erdnuss-Extraktionsschrot entschält	8,05	1,36	1,38
Ergänzungs-Futter I MS 22% Rp energiereich	3,60	2,29	1,46
Ergänzungs-Futter II MS 28% Rohprotein	4,48	3,21	1,46
Ergänzungs-Futter Zuchtsauen 20% Rohprotein	3,20	2,29	1,25
Eränzungs-Futter Zuchtsauen 30% Rohprotein	4,80	3,66	1,25
Futterzucker	0,23	0,02	0,12
Grascobs 1. Schnitt im Schossen	2,59	0,86	3,29
Grascobs 2. Schnitt	2,44	0,85	2,96
Grassilage	0,99	0,34	1,44
Haferfuttermehl	2,21	1,19	0,87
Haferschälkleie	1,09	0,35	1,09
Heu Wiese 1. Schnitt Beginn Blüte	1,64	0,66	2,61
Heu Wiese 2. Schnitt	2,01	0,71	2,68
Kälberaufzuchtfutter 18% Rohprotein	2,88	1,15	1,06
Kälberaufzuchtfutter 24% Rohprotein	3,84	1,15	1,06
Kartoffeleiweiß	12,30	1,60	0,22
Kartoffelpresspülpe siliert	0,14	0,00	0,48
Kartoffelpülpe trocken	0,97	0,50	2,32
Kartoffelschälabfälle roh	0,19	0,06	0,29
Kartoffelschlempe frisch	0,41	0,12	0,48
Kartoffelschrot, -schnitzel	1,30	0,53	2,54
Kartoffelstärke	0,04	0,11	0,10
Küchenabfälle	0,59	0,21	0,25
Kükenaufzuchtfutter	2,88	1,60	1,44
Legemehl	4,00	3,44	1,25
Lein-Extraktionsschrot	5,44	1,93	1,28

Fortsetzung Tabelle 124: Nährstoffgehalte der Futtermittel (Auswahl) Fortsetzung

Futtermittel	Nährstoffgehalt in der Frischmasse kg/dt		
	N	P_2O_5	K_2O
Lein-Extraktionsschrot	5,44	1,93	1,28
Leinkuchen, -expeller	5,39	1,69	1,30
Leinsamen	3,61	1,13	0,87
Luzernecobs, -Grünmehl	2,66	0,56	2,48
Lysin-HCL (Monohydrochlorid)	15,33	0,00	0,00
Magermilch frisch	0,50	0,22	0,12
Magermilch trocken	5,50	2,33	1,58
Maisfuttermehl	1,67	1,01	0,21
Maiskeim-Extrakionsschrot Mühlen-Industrie	1,89	1,53	0,86
Maiskeim-Extraktionsschrot Stärke-Industrie	3,68	1,53	0,85
Maiskleber	10,21	0,85	0,11
Maiskleberfutter 23–30% Rp	3,70	1,93	1,49
Maiskleberfutter bis 23% Rp	3,11	1,91	1,48
Maisschlempe flüssig	0,33	0,14	0,08
Malzkeime	4,36	1,71	2,32
Maniokmehl Typ 55	0,37	0,16	0,94
Mastkükenfutter	3,52	1,72	1,44
Melasse (Zuckerrüben) 77% TS	1,59	0,05	4,25
Melasseschnitzel	1,79	0,20	1,40
Methionin	9,38	0,00	0,00
Milchaustauscher Aufzucht 15% Fett	3,52	1,37	2,26
Milchaustauscher Mast 20% Fett	3,52	1,37	2,26
Milchleistungsfutter I 13% Rp	2,08	0,91	1,06
Milchleistungsfutter I 16% Rp	2,56	0,91	1,06
Milchleistungsfutter II 18% RP	2,88	0,91	1,06
Milchleistungsfutter III 24% Rp	3,84	1,37	1,06
Milchleistungsfutter IV 32% RP	5,12	2,06	1,27
Milchzuckermelasse	1,08	1,24	1,44
Mineralfutter Ferkel 21% Ca	0,00	18,32	0,00
Mineralfutter Geflügel	0,00	16,03	0,00
Mineralfutter Mastschwein 24% Ca	0,00	14,89	0,00
Mineralfutter Rind 10% Ca, 10% P	0,00	22,90	0,00
Mineralfutter Rind 12% Ca, 8% P	0,00	18,32	0,00
Mineralfutter Rind 20% Ca, 5% P	0,00	11,45	0,00
Mineralfutter Rindermast	0,00	13,74	0,00
Mineralfutter Schweine (mit Aminosäuren)	0,64	16,03	0,00
Mineralfutter Zuchtsauen	0,00	16,03	0,00
Molke teilentzuckert trocken	3,64	3,36	5,48
Molke-Permeat (Ultrafilter) frisch 5% TS	0,03	0,15	0,15
Molke: Labmolke eingedickt 12% TS	0,26	0,24	0,36
Molke: Labmolke frisch 5,6% TS	0,12	0,11	0,17
Molke: Sauermolke eingedickt 12% TS	0,30	0,44	0,36
Molke: Sauermolke frisch 5,6% TS	0,14	0,21	0,17
Molkepulver (Labmolke)	2,03	1,88	2,88
Nassschnitzel frisch oder siliert	0,23	0,03	0,11
Obsttrester	0,23	0,05	0,19
Pressschnitzel siliert	0,36	0,04	0,19
Raps-Extraktionsschrot	5,75	2,41	1,59
Rapskuchen, -expeller	5,34	2,48	1,64
Rindermastfutter I 20% Rohprotein	3,20	1,15	1,06
Rindermastfutter II 32% Rohprotein	5,12	1,60	1,06
Roggenfuttermehl	2,35	1,84	1,58
Roggengrießkleie	2,30	2,27	1,48
Roggenkleie	2,30	2,28	1,48
Roggennachmehl	2,35	1,05	0,84

Fortsetzung Tabelle 124: Nährstoffgehalte der Futtermittel (Auswahl) Fortsetzung

Futtermittel	Nährstoffgehalt in der Frischmasse kg/dt		
	N	P_2O_5	K_2O
Soja-Extraktionsschrot 42% Rohprotein	6,86	1,47	2,61
Soja-Extraktionsschrot 44% Rohprotein	7,14	1,40	2,30
Sojaöl	0,03	0,00	0,00
Sonnenblumen-Extraktionsschrot entschält	6,54	2,03	1,40
Süßlupinie weiß Körner	5,23	1,02	0,99
Trockenschnitzel	1,45	0,23	0,98
Weizenfuttermehl	2,68	1,64	1,38
Weizengrießkleie	2,47	2,07	1,26
Weizenkeime	4,09	1,98	1,05
Weizenkleie	2,25	2,62	1,27
Weizennachmehl	2,72	1,49	0,95
Weizenschlempe flüssig	0,33	0,07	0,05
Zuckerrübenblatt	0,40	0,11	0,71
Zuckerrüben-Vollschnitzel	0,86	0,21	1,32

Tabelle 125: Nährstoffgehalte tierischer Produkte (Auswahl)

Tierart	kg Nährstoffgehalt je dt Lebendmasse		
	N	P_2O_5	K_2O
Nährstoffgehalte im Tierkörper in Abhängigkeit von der Tierart			
Rinder (ohne Mastbullen)	2,5	1,37	0,24
Mastbullen	2,8	1,37	0,24
Zuchtschweine, Mastschweine, Ferkel	2,56	1,17	0,24
Schafe (mit Nachzucht)	2,64	1,37	0,24
Ziegen	2,5	1,37	0,24
Pferde	2,64	1,37	0,24
Masthähnchen	3,5	1,15	0,24
Hennen	3,5	1,49	0,24
Puten	3,5	1,58	0,24
Nährstoffgehalte in der Milch			
1000 kg Kuhmilch (3,4% Eiweiß)	5,3	2,3	1,7
Die Berechnung des N-Gehaltes der Milch ist auch über den Eiweißgehalt möglich. Rechengang: (Eiweißgehalt : 6,38) · 10			
Nährstoffgehalte in Eiern			
1000 Stück Eier (à 62,5 g)	1,19	0,26	0,09

Tabelle 126: Nährstoffausscheidung verschiedener Tierarten in kg pro mittlerem Jahresbestand (je Stallplatz und Jahr) in Abhängigkeit von Leistung und Fütterung

Tier, Leistung, Fütterung	Nährstoffausscheidung pro mittlerem Jahresbestand kg/Tier bzw. kg/Stallplatz		
	N	P_2O_5	K_2O
Rinder			
Milchkuh (6000 kg Milch, ohne Kalb)[1]			
– Acker-Grünlandbetrieb[2]	102	37	127
– Grünlandbetrieb[2]	115	39	157
Mutterkuh (ohne Kalb)	82	25	111
Zuchtbulle	84	35	95
Kälber (bis 3 Monate, 45–100 kg, 4 Kälber/Stallplatz)	14	5	13
Jungvieh, weiblich (über 3 Monate bis Abkalbung)			
– Acker-Grünlandbetrieb[2]	40	14	54
– Grünlandbetrieb[2]	47	15	66
Fresser, Mastkälber (3–6 Monate, 100–180 kg)	21	8	23
Mastbullen (über 6 Monate, 180–600 kg)	44	19	47
Schweine			
Zuchtsau (mit 18 Ferkeln bis 25 kg)			
– einphasige Fütterung	36	19	16
– zweiphasige, N- und P-reduzierte Fütterung	29	15	15
Mastschweine (200 kg Zuwachs), Jungsauen			
– einphasige Fütterung	13	6	6
– zweiphasige, N- und P-reduzierte Fütterung	10	4,5	5
Eber	26	15	10
Geflügel			
Legehennen (18 kg Eimasse)			
– Standardfütterung	0,74	0,41	0,33
– N- und P-reduzierte Fütterung	0,71	0,31	0,33
Junghennen (3,3 kg Zuwachs)	0,28	0,16	0,15
Masthähnchen (11 kg Zuwachs)			
– Standardfütterung	0,29	0,16	0,16
– N- und P-reduzierte Fütterung	0,26	0,12	0,16
Mastputen (32 kg Zuwachs)			
– Standardfütterung	1,64	0,81	0,71
– N- und P-reduzierte Fütterung	1,50	0,25	0,71
Schafe (mit Nachzucht)	22	8	31
Ziegen	11	3,3	14
Pferde bis 6 Monate, Kleinpferde	28	14	36
ab 6 Monate	49	25	63

[1]) Zwischen 4000 und 8000 kg Milchleistung kann die Nährstoffausscheidung linear korrigiert werden. Die Korrektur je 1000 kg Milch beträgt bei der Milchkuh im Grünlandbetrieb 7 kg N, 4 kg P_2O_5, 6 kg K_2O und bei der Milchkuh im Acker-Grünlandbetrieb 10 kg N, 4 kg P_2O_5, 8 kg K_2O.
[2]) Ein Grünlandanteil von über 75% der LF wird als Grünlandbetrieb, ein Grünlandanteil unter 75% wird als Acker-Grünlandbetrieb bewertet.

2 Grundlagen für landwirtschaftliches Rechnen mit Lösungen der Rechenaufgaben

2.1 Grundlagen für landwirtschaftliches Rechnen

Tabelle 127: Griechisches Alphabet

α	Α	Alpha	ι	Ι	Jota	ρ	Ρ	Rho
β	Β	Beta	κ	Κ	Kappa	σ	Σ	Sigma
γ	Γ	Gamma	λ	Λ	Lambda	τ	Τ	Tau
δ	Δ	Delta	μ	Μ	My	υ	Υ	Ypsilon
ε	Ε	Epsilon	ν	Ν	Ny	φ	Φ	Phi
ζ	Ζ	Zeta	ξ	Ξ	Xi	χ	Χ	Chi
η	Η	Eta	ο	Ο	Omikron	ψ	Ψ	Psi
ϑ	Θ	Theta	π	Π	Pi	ω	Ω	Omega

Tabelle 128: Vorsätze für Einheiten

Zehnerpotenz	Vorsatz	Vorsatzzeichen	Zehnerpotenz	Vorsatz	Vorsatzzeichen
10^{18}	Exa	E	10^{-1}	Dezi	d
10^{15}	Peta	P	10^{-2}	Zenti	c
10^{12}	Tera	T	10^{-3}	Milli	m
10^{9}	Giga	G	10^{-6}	Mikro	μ
10^{6}	Mega	M	10^{-9}	Nano	n
10^{3}	Kilo	k	10^{-12}	Piko	p
10^{2}	Hekto	h	10^{-15}	Femto	f
10^{1}	Deka	da	10^{-18}	Atto	a

Tabelle 129: Basisgrößen und Basiseinheiten im SI-System [1])

Basisgrößen		**Basiseinheiten**		
Name	Formelzeichen	Name	Abkürzung	gebräuchliche Vielfache bzw. Teile
Länge	l			
Breite	b			
Höhe	h	(das) Meter	m	1000 m = 1 Kilometer (km)
Radius	r			
Durchmesser	d			
Wegstrecke	s			
Masse	m	Kilogramm	kg	100 kg = 1 Dezitonne (dt) 1000 kg = 1 Tonne (t)
Zeit	t	Sekunde	s	60 s = 1 Minute (min) 60 min = 1 Stunde (h)
Temperatur	T, ϑ	(das) Kelvin	K	die Temperaturdifferenz 1 K ≙ 1 °C
Stromstärke	I	Ampere	A	0,001 A = 1 Milliampere (mA)

[1]) Systeme International d'Unitès (französisch = Internationales Einheitensystem). Von der Bundesrepublik Deutschland mit »Gesetz über Einheiten im Messwesen« vom 2.7.1969 als »Gesetzliche Einheiten« eingeführt und seit 1.1.1978 verbindlich.

Tabelle 130: Abgeleitete Größen im SI-System

Name	Kurzzeichen	Definition	Einheit Name	Einheit Zeichen	andere zugelassene Einheiten Name	andere zugelassene Einheiten Zeichen	Zusammenhang
Fläche	A	$A = l \cdot b$	Quadratmeter	m^2	Ar Hektar	a ha	1 a = 100 m^2 1 ha = 100 a = 10 000 m^2
Volumen	V	$V = l \cdot b \cdot h$	Kubikmeter	m^3	Liter	l	1 l = 1 dm^3
Dichte	ρ	$\rho = \frac{m}{V}$	Kilogramm je Kubikmeter	$\frac{kg}{m^3}$	Gramm je Kubikzentimeter	$\frac{g}{cm^3}$	$1\,\frac{kg}{m^3} \triangleq \frac{1}{1000}\,\frac{g}{cm^3}$
Geschwindigkeit	v	$v = \frac{\Delta s}{\Delta t}$	Meter je Sekunde	$\frac{m}{s}$	Kilometer je Stunde	$\frac{km}{h}$	$1\,\frac{km}{h} \triangleq \frac{10}{36}\,\frac{m}{s}$
Beschleunigung	a	$a = \frac{\Delta v}{\Delta t}$	Meter je Sekundequadrat	$\frac{m}{s^2}$			
Kraft Gewichtskraft	F F_G	$F = m \cdot a$ $F_G = m \cdot g$	Newton	N			$1\,N = 1\,\frac{kgm}{s^2}$
Druck	p	$p = \frac{F}{A}$	Pascal	Pa	Bar	bar	$1\,Pa = 1\,\frac{N}{m^2} = \frac{1}{100\,000}\,bar$
Arbeit Energie	W	$W = F \cdot s$	Joule	J	Wattsekunde Kilowattstunde	Ws kWh	1 J = 1 Nm = 1 Ws 1 kWh = 3 600 000 Ws
Leistung	P	$P = \frac{W}{t}$	Watt	W			$1\,W = 1\,\frac{J}{s} = 1\,VA$
elektrische Ladung	Q	$Q = I \cdot t$	Coulomb	C	Amperstunde	Ah	1 C = 1As 1 Ah = 3600 As
Drehzahl	n		Umdrehungen je Sekunde	$\frac{1}{s}$			$\frac{1}{s} = \frac{60}{min}$
elektrische Spannung	U	$U = \frac{W}{Q}$	Volt	V			$1\,V = 1\,\frac{Nm}{C}$
elektrischer Widerstand	R	$R = \frac{U}{I}$	Ohm	Ω			$1\,\Omega = 1\,\frac{V}{A}$
Temperaturdifferenz	ΔT $\Delta\vartheta$	$\Delta T = T_2 - T_1$ $\Delta\vartheta = \vartheta_2 - \vartheta_1$	Kelvin	K	Grad Celsius	°C	1° C ≙ 1 K

Tabelle 131: Mittlere Dichten einiger Stoffe (Auswahl)

Stoff	Dichte in kg/m³
Heu lose	70–100
Heu Ballen	100–200
Stroh Ballen	40–200
Körner - Gerste - Hafer - Weizen - Roggen - Mais	 650 500 760 720 750
Kartoffeln - frisch, unsortiert, verschmutzt - sortiert, trocken	 800 680
Futterrüben	680
Zuckerrüben	750
Grassilage	500
Maissilage	650
Erde, Sand/Lehm/Ton	800–1800

Tabelle 132: Formeln für die Berechnung von Flächen

Fläche	Formeln

Quadrat

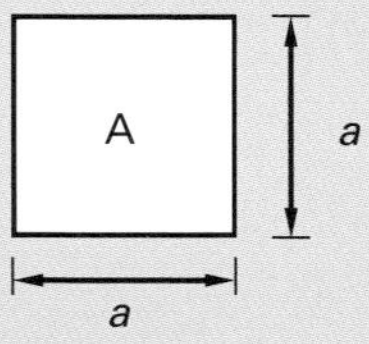

$A = a^2$

$a = \sqrt{A}$

Tapez

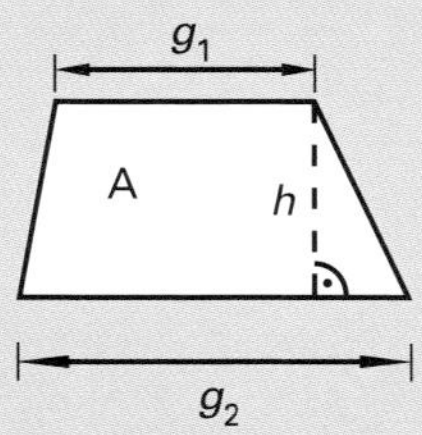

$A = \dfrac{g_1 + g_2}{2} \cdot h$

Dreieck

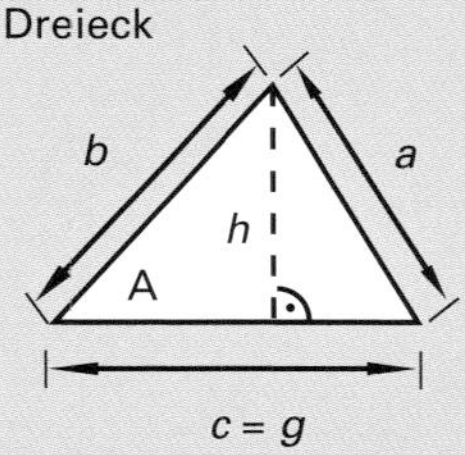

$A = \dfrac{g \cdot h}{2}$ oder

$= \sqrt{s(s-a)(s-b)(s-c)}$

$s = \dfrac{a + b + c}{2}$

Fläche	Formeln

Rechteck

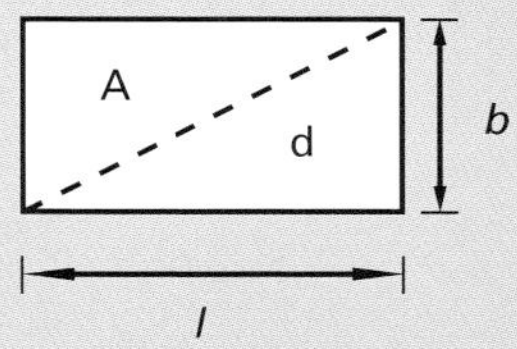

$A = l \cdot b$

$a = \sqrt{b^2 + l^2}$

Kreis

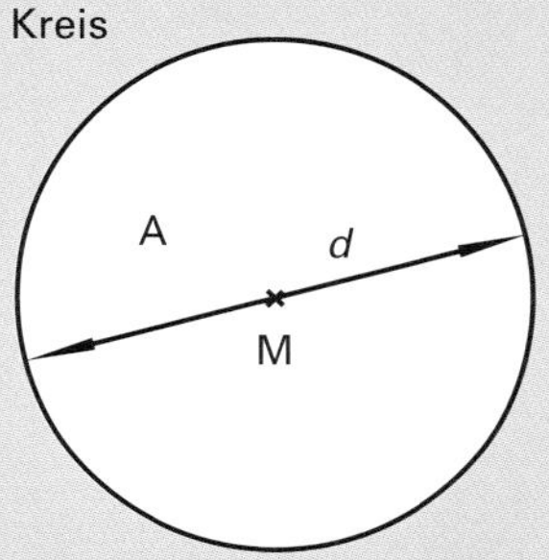

$A = \dfrac{d^2\pi}{4}$ *oder*

$= r^2\pi$

Fläche	Formeln

Quader (Rechtecksäule)

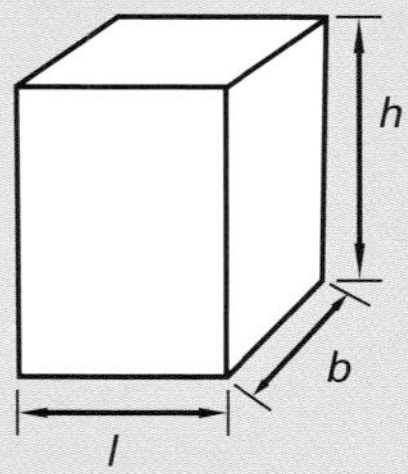

$V = l \cdot b \cdot h$

Pyramide

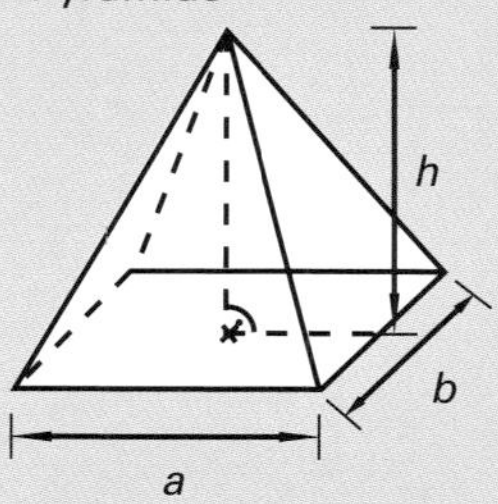

$V = \dfrac{a \cdot b \cdot h}{3}$

Fläche	Formeln

Zylinder (Rundsäule)

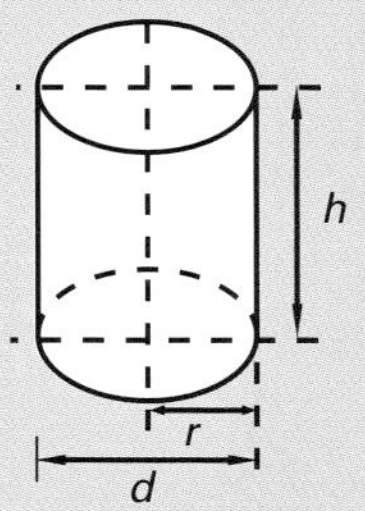

$V = \dfrac{d^2 \cdot \pi \cdot h}{4}$ *oder*

$V = r^2 \cdot \pi \cdot h$

Pyramidenstumpf

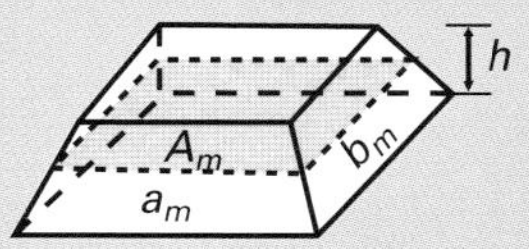

Kegelstumpf

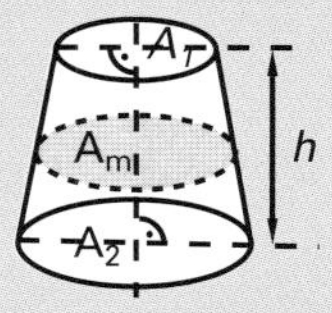

für stumpfe Körper gilt annähernd für das Volumen mittlere Grundfläche • Höhe

$V \approx A_m \cdot h$ genau: $V = \dfrac{h}{3}(A_1 + A_2 + \sqrt{A_1 A_2})$

Tabelle 133: Zusammenstellung von Futtermischungen aus zwei Komponenten

Das Ziel einer Mischung aus zwei Komponenten mit unterschiedlichen Kennwerten kann sein

- ein bestimmtes *Verhältnis* von 2 Komponenten zueinander herzustellen, z. B. NEL : nXP oder Ca : P. In diesen Fällen ist keine Rücksicht auf den TS-Gehalt der Mischungskomponenten nötig;
- ein bestimmter *Gehalt* an einem Kennwert, z. B. nXP oder Preis, bezogen auf 88 % TS. In diesem Fall sind vorher die TS-Gehalte der Mischungskomponenten auf den angegebenen TS-Gehalt umzurechnen.

Bei jeder Mischung muss die stärker konzentrierte Komponente abgeben und die schwächer konzentrierte zugewinnen. Deshalb liegt die Konzentration der Mischung stets zwischen denen der beiden Komponenten.

Die Lösung solcher Aufgaben erfolgt entweder mithilfe des »Mischungskreuzes« oder mit einer algebraischen Gleichung.

Beispiel: Gerstenschrot mit einem Gehalt von 10 % nXP und Eiweißkonzentrat mit einem Gehalt von 50 % nXP sollen so gemischt werden, dass die Mischung 15 % nXP enthält. Der TS-Gehalt ist in beiden Futtermitteln annähernd gleich.

1. Lösung mithilfe des Mischungskreuzes
Komponente 1 Gerste enthält 100 g nXP/kg
Komponente 2 Eiweißkonzentrat enthält 500 g nXP/kg
Zielwert der Mischung 150 g nXP/kg

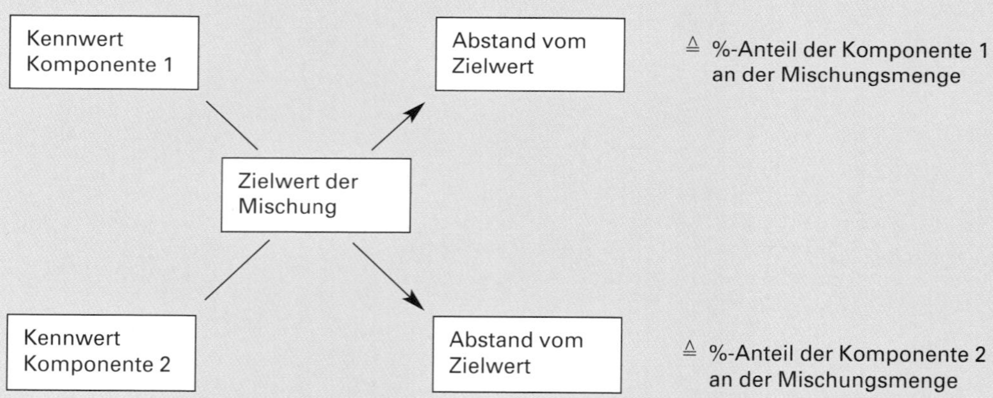

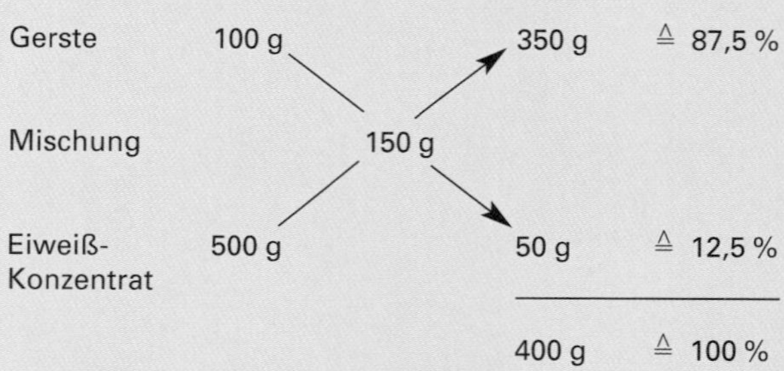

Nebenrechnung: $\frac{100\,\% \cdot 350\text{ g}}{400\text{ g}} = 87{,}5\,\%$

Gerste und Eiweißkonzentrat sind also im Verhältnis 87,5 : 12,5 oder gekürzt im Verhältnis 7 : 1 zu mischen.

Fortsetzung Tabelle 133: Zusammenstellung von Futtermischungen aus zwei Komponenten

2. Algebraische Lösung

a: Lösung mithilfe *einer* Gleichung

1 kg Eiweißkonzentrat enthält 500 g nXP

x kg Gerste enthalten 100 g × nXP

daher gilt: Die nXP-Masse in beiden Komponenten ist gleich der nXP-Masse in der Mischung.

$500 + 100x$	=	$150(x+1)$	Klammer ausmultiplizieren
$500 + 100x$	=	$150x + 150$	$-100x - 150$
350	=	$50x$	Seiten vertauschen und : 50
x	=	7	

Es sind also 7 kg Gerste und 1 kg Eiweißkonzentrat jeweils zu mischen (Verhältnis 7:1).

b: Lösung mithilfe von *zwei* Gleichungen

100 kg Mischung

x kg Gerste enthalten	100 x g nXP
y kg Eiweißkonzentrat enthalten	500 y g nXP
x + y kg Mischung enthalten	150 (x+y) g nXP

Daraus folgt

➤ Die Summe beider Komponenten ist gleich 100 kg

➤ Die Summe der nXP-Massen in den Komponenten ist gleich der nXP-Masse in der Mischung

(1) $x + y = 100 \leftrightarrow x = 100 - y$

(2) $100x + 500y = 150(x + y)$	Klammer ausmultiplizieren und durch 100 dividieren
$x + 5y = 1{,}5x + 1{,}5y$	$-x - 1{,}5y$
$3{,}5y = 0{,}5x$	: 0,5
$7y = x$	

Wert für x in Gleichung (1) einsetzen

$7y = 100 - y$	$+ y$
$8y = 100$	: 8
$y = 12{,}5$	

Es sind also 12.5 kg Eiweißkonzentrat mit 87,5 kg Gerste zu mischen.

2.2 Lösungen der Rechenaufgaben

Seite 17

Atomgewicht des Wasserstoffes: 2 H = 2
Atomgewicht des Sauerstoffes: 1 O = 16

Gewicht 1 Molekül Wasser: 1 H_2O = 18

Seite 29

Nr. 2: 24 dm x 45 dm x 0,0175 dm = 18,9 dm³;
Nr. 3: $F_1 = F_2$ = 800 N
Nr. 4: 39,8 °

Seite 32:

Nr. 1: mittlerer Radius: 0,3625 m
mittlere Grundfläche: 0,4126 m²
Volumen: 0,33 m² = 3,63 kg

Nr. 3: $P = \frac{45\ kg \times 9{,}81\ m \times 1{,}65\ m}{1{,}5\ s \times s^2}$

P = 485,6 W

Nr. 4
a: P = 6216 W
b: η = 0,7

Seite 43:
Nr. 1: 109 A
Nr. 2: 230 V

Seite 58:
Nr. 1: 307 Nm

Seite 185:
Nr. 2: 375 t/ha = 25 mm Bodenhöhe/ha

Seite 230:
Nr. 1: **a**: ca. 2266 €
Nr. 1: **b**: ca. 3713 €

Seite 292:
Nr. 2: 0,47 dt Branntkalk = ca. 1 dt Kohlensaurer Kalk

Seite 343
Nr. 11: **a**: 6 kg
b: 1666,66 l

Nr. 12:
36 Düsen; 14,4 ha/h
4320 l/ha
Düsenausstoß: 2 l/min

Seite 369:
Nr. 2 160 l

3 Literaturhinweise

3.1 Verwendete und weiterführende Literatur

ALSING, I., Lexikon Landwirtschaft, 2002, Verlag Eugen Ulmer, Stuttgart, 4. Auflage.

AUER, ST., KLETZL, W., 2000: Handbuch für Reparaturen an Landmaschinen und Traktoren, Verlag Eugen Ulmer, Stuttgart, 5. Auflage.

BECVAR, W., 1995: Nutztiere natürlich heilen, DLG-Verlag, Frankfurt/M.

BEHRENS, H., DOEHNER, H., SCHEELJE, R., WASSMUTH, R., 1983: Lehrbuch der Schafzucht, Verlag Paul Parey, Berlin und Hamburg, 6. Auflage.

BIEDERMANN, G., GRANZ, E., 1976: Rinderproduktion, Verlag Paul Parey, Berlin und Hamburg.

BOSTETT, H., 2002: Fruchtbarkeitsmanagement beim Rind, DLG-Verlag, Frankfurt/M., 4.Auflage.

BURGKART, M., 1998: Praktische Schafhaltung, Verlag Eugen Ulmer, Stuttgart, 4. Auflage.

BURGSTALLER, G., 1985: Praktische Schweinefütterung, Verlag Eugen Ulmer, Stuttgart, 2. Auflage.

BURGSTALLER, G., BIEDERMANN, G., HUBER, M., PAHMEYER, L., RATSCHOW, J.-P, 1999: Handbuch Schweineerzeugung, DLG-Verlag, Frankfurt/M., 4. Auflage.

DACHLER, PELZMANN, 1999: Arznei-, Heil- und Gewürzpflanzen, Österreichischer Agrarverlag, Klosterneuburg, 2. Auflage.

DEBRUCK, FISCHBECK, KAMPE, 1983: Getreidebau aktuell, DLG-Verlag, Frankfurt/M., 7. Auflage.

DEURINGER, J., DREXEL, P., 1998: Nachbarrecht für Landwirte, Verlag Eugen Ulmer, Stuttgart, 2. Auflage.

DEURINGER, J., FISCHER, R., FAUCH, M., 1999: Verträge in der Landwirtschaft, Verlag Eugen Ulmer, Stuttgart.

DIERCKS, R., HEITEFUSS, R., 1994: Integrierter Landbau, Verlag Eugen Ulmer, Stuttgart, 2. Auflage.

EICH, K.-O., 1991: Handbuch Schweinekrankheiten, Landwirtschaftsverlag Münster-Hiltrup, 3. Auflage.

EIMERN, J. VAN, HÄCKEL, H., 1979: Wetter- und Klimakunde, Eugen Ulmer Verlag, Stuttgart, 3. Auflage.

EISENREICH, W., HANDEL, A., ZIMMER, U. E., 2003: Der Tier- und Pflanzenführer für unterwegs, BLV-Verlag.

ENGELHARDT, W. V., BREVES, G. (Hrsg.), 2000, Physiologie der Haustiere, Enke-Verlag.

ERTL, J., BIRNBECK, ST., 2002: 1000 Fragen für den jungen Landwirt, Verlag Eugen Ulmer, Stuttgart, 14. Auflage.

Faustzahlen für Landwirtschaft und Gartenbau, Landwirtschaftsverlag Münster-Hiltrup.

FIEDLER A., NÜSKE ST., MAIERL J., 2000: Funktionelle Klauenpflege beim Rind, Verlag Eugen Ulmer, Stuttgart.

FRANZ, J. M., KRIEG, A., 1982: Biologische Schädlingsbekämpfung, Verlag Paul Parey, Berlin und Hamburg, 3. Auflage.

FRIESECKE, H., 1984: Handbuch der praktischen Fütterung, BLV-Verlag, München.

GEISLER, G., 1991: Farbatlas landwirtschaftliche Kulturpflanzen, Verlag Eugen Ulmer, Stuttgart.

GOLD, M., 2003: Der Pferdewirt, BLV-Verlag, München, 6. Auflage.

GOLZE, M. und andere, 1997: Extensive Rinderhaltung, Verlag Eugen Ulmer, Stuttgart.

GOTTSCHALK, A., ALPS, H., ROSENBERGER, E., 1992: Praktische Rinderzucht und Rinderhaltung, BLV-Verlag, München, 2. Auflage.

GRANZ, E., 1990: Tierproduktion, Verlag Paul Parey, Berlin und Hamburg, 11. Auflage.

GRAUVOGL, A., PIRKELMANN, H., ROSENBERGER, G., V. ZERBONI DI SPOSETTI, H.-N., 1996: Artgemäße und rentable Nutztierhaltung, Verlag Eugen Ulmer, Stuttgart.

HANF, M., 1999: Ackerunkräuter Europas, Verlag Eugen Ulmer, Stuttgart, 4. Auflage.

HEITEFUSS, R., KÖNIG, K., OBST, A., RESCHKE, M., 1993: Pflanzenkrankheiten und Schädlinge im Ackerbau, DLG-Verlag, Frankfurt/M., 3. Auflage.

HERRMANN, G., PLAKHOLM, G., 1993: Ökologischer Landbau, DLG-Verlag, Frankfurt/M., 2. Auflage.

HEYWANG, F. und andere, 1980: Physik für technische Berufe, Verlag Handwerk und Technik, Hamburg, 26. Auflage.

HOFFMANN, W., MUDRA, A., PLARRE, W., 1970: Lehrbuch der Züchtung landwirtschaftlicher Kulturpflanzen, Band 1 und 2, Verlag Paul Parey, Berlin und Hamburg.

HOFFMANN, NIENHAUS, SCHÖNBECK, WELTZIEN, WILBERT, 1985: Lehrbuch der Phytomedizin, Verlag Paul Parey, Berlin und Hamburg, 2. Auflage.

HOFMEISTER, H., GRAVE, E., 1998: Lebensraum Erde, Verlag Paul Parey, Berlin und Hamburg, 2. Auflage.

HUITH, M., SICHLER, G., 1995: Betriebsmanagement für Landwirte, BLV-Verlag, München.

JEROCH, DROCHNER, SIMON, 1999: Ernährung landwirtschaftlicher Nutztiere, Eugen Ulmer Verlag, Stuttgart.

KAMPLING, 1970: Landwirtschaftliches Fachrechnen, BLV-Verlag München, 2. Auflage.

KIRCHGESSNER, M., 1997: Tierernährung, DLG-Verlag, Frankfurt/M., 10. Auflage.

KLEIN, W., KÖNIG, K., GRABLER, W., 2002: Sachkundig im Pflanzenschutz, Verlag Eugen Ulmer, Stuttgart, 10. Auflage.

KNODEL, 1977: Lindner-Biologie, Metzlersche Verlagsbuchhandlung.

KOLLER, HAMMER, MITTRACH, SÜSS, 1981: Rindviehställe, BLV-Verlag, München, 2. Auflage.

KOLLER, HAMMER, MITTRACH, SÜSS, 1981: Schweineställe, BLV-Verlag, München.

LINDERMAYER, H., PROBSTMEIER, G., STRAUB, K., 1994: Fütterungsberater Schwein, Verlag Eugen Ulmer, Stuttgart.

LISCHER, CHR. (Hrsg.), Handbuch zur Pflege und Behandlung der Klauen beim Rind, Blackwell-Verlag.
LITTMANN, E. und andere, 1997: Praktische Sauenhaltung, Verlag Eugen Ulmer, Stuttgart.
LOEFFLER, K., 1994: Anatomie und Physiologie der Haustiere, Verlag Eugen Ulmer, Stuttgart, 9. Auflage.
LOHNER, J., 1995: Recht für Landwirte in Frage und Antwort, BLV-Verlag, München, 2. Auflage.
MATZKE, P., GRASER, H.-U., PUTZ, M., RÖHRMOSER, G., SCHLICHTING, M., SPANN, B., STOCKINGER, CHR., 1996: Wirtschaftliche Milchviehhaltung und Rindermast, DLG-Verlag, Frankfurt/M., 3. Auflage.
MIRIAM, W., SCHARF, K.-H., 1982: Biologie heute, Schroedel Schulbuchverlag, Hannover.
MÜLLER, E., ZIPPERLEIN, W., 1982: Krankheiten bei Rinder, Schafen und Schweinen, BLV-Verlag, München, 6. Auflage.
NEUERBURG, W., PADEL, S., 1992: Organisch biologischer Landbau, Verlag Eugen Ulmer, Stuttgart.
NÖSBERGER, J., OPITZ VON BOBERFELD, W., 1986: Grundfutterproduktion, Verlag Paul Parey, Berlin und Hamburg.
PICHLMAYR, 2001: Physik – Formeln und Tabellen für Telekolleg II, TR-Verlagsunion.
PICK, M. (Hrsg.), 1988: Neues Handbuch der Pferdekrankheiten, Kosmos Verlag.
POTTEBAUM, P., BULLERDIEK, A., 1994: Handbuch Direktvermarktung, Landwirtschaftsverlag Münster-Hiltrup, 3. Auflage.
OEMICHEN, J., 1986: Pflanzenproduktion, Verlag Paul Parey, Berlin und Hamburg.
OEMICHEN, J., 1986: Chemie für Landwirte, Verlag M & H Schaper, Hannover, 2. Auflage.
RIEDL, H., 2003: Handbuch praktische Traktorentechnik, Verlag Eugen Ulmer, Stuttgart, 4. Auflage.
ROTH, G. D., 2002: Wetterkunde für alle, BLV-Verlag, München, 10. Auflage.
RÜSSE, M. W., 1987: Geburten im Stall, DLG-Verlag, Frankfurt/M., 2. Auflage.
RÜSSE, M. W., 1992: Bessere Fruchtbarkeit beim Rind, DLG-Verlag, Frankfurt/M., 3. Auflage.
SATTLER, V. WISTINGHAUSEN, 1985: Der landwirtschaftliche Betrieb (Biologisch Dynamisch), Eugen Ulmer Verlag, Stuttgart.
SCHAUER, TH., CASPARI, C., 2001: Der große BLV Pflanzenführer, BLV-Verlag, München, 8. Auflage.
SCHEFFER, SCHACHTSCHABEL, 1989: Lehrbuch der Bodenkunde, Verlag Ferdinand Enke, Stuttgart, 12. Auflage.
SCHEUERLEIN, A., 1997: Finanzmanagement für Landwirte, Verlag Eugen Ulmer, Stuttgart.
SCHMAUZ, F., 2003: Buchführung in der Landwirtschaft, Verlag Eugen Ulmer, Stuttgart, 4. Auflage.
SCHÜTT, KOCH, BLASCHKE, LANG, SCHUCK, SUMMERER, 1986: So stirbt der Wald, BLV-Verlag, München, 5. Auflage.
SPANN B., 1993: Fütterungsberater Rind, Verlag Eugen Ulmer, Stuttgart.
STRAITON, E. C., 1982: Schweinekrankheiten, BLV-Verlag, München, 2. Auflage.
STRAITON, E. C., HOLLWICH, W., 2003: Rinder- und Kälberkrankheiten und Geburtshilfe, Verlag Eugen Ulmer, Stuttgart, 6. Auflage.
VOGEL-ANGERMANN, 1968: dtv-Atlas zur Biologie, Deutscher Taschenbuchverlag.
WEIDMANN, ZINS, 1970: Physik für Realschulen, Buchners-Verlag, Bamberg.
Die Landwirtschaft, Lehrbuch für landwirtschaftliche Fachschulen, mit den Teilbänden: Pflanzliche Erzeugung, Tierische Erzeugung, Landtechnik/Bauwesen, Wirtschaftslehre, Märkte und Vermarkten, Berufs- und Arbeitspädagogik, Waldwirtschaft, BLV-Verlag, München, Landwirtschaftsverlag Münster-Hiltrup.

3.2 Fachzeitungen und Fachzeitschriften

Agrartechnik, Deutscher Landwirtschaftsverlag, München;
Bauernzeitung, Deutscher Bauernverlag, Berlin;
Bayerisches Landwirtschaftliches Wochenblatt, Deutscher Landwirtschaftsverlag, München;
DLG-Mitteilungen (mit Pflanzenschutz-Praxis), Max-Eyth-Verlag, Frankfurt/M.;
dlz, Deutscher Landwirtschaftsverlag, München;
Neue Landwirtschaft, Deutscher Landwirtschaftsverlag, Berlin;
Rinderzucht Braunvieh, Deutscher Landwirtschaftsverlag, München;
Rinderzucht Fleckvieh, Deutscher Landwirtschaftsverlag, München;
top agrar, Landwirtschaftsverlag Münster-Hiltrup.

3.3 Öffentliche und industrielle Beratung

Agrarberichte/Ernährungs- und agrarpolitische Berichte der Bundesregierung (verschiedene Jahre);
Broschüren des Auswertungs- und Informationsdienstes (AID), Bonn;
Mitteilungsblätter der Landwirtschaftskammern bzw. Landesämter für Bodenkultur, Tierzucht usw.;
Informationsschriften der Centralen Marketinggesellschaft der Deutschen Agrarwirtschaft (CMA), Bonn;
Veröffentlichungen der Herstellerfirmen von Düngern, Pflanzenbehandlungsmitteln, Saatgut, Maschinen;
Veröffentlichungen der Tiergesundheitsdienste;
Veröffentlichungen/Beratungsunterlagen der Bayerischen Landesanstalt für Landwirtschaft (LfL), verschiedene Institute, Freising.

4 Fachbegriffe

Abdrehen: Einstellen der Ausbringmengen bei Sämaschinen und Mineraldünger-Streuern.
Abschreibung: Aufteilung der Anschaffungskosten abnutzbarer Wirtschaftsgüter auf die Nutzungsjahre, meist nach Normsätzen festgelegt.
Absolutes Grünland: Wegen ungünstiger klimatischer Verhältnisse, Überflutungsgefahr; Staunässe, flacher Krume oder starker Hangneigung nicht zur Ackernutzung geeignete Flächen.
Absorption: Aufnahme von Flüssigkeiten, Gasen oder Energie in den Organismus.
ad libitum-Fütterung: Freie und unbeschränkte Futteraufnahme.
Adhäsion: Aneinanderhaften von Stoffen infolge molekularer Anziehungskräfte; Ursache von Ab- und Adsorption.
Adsorption: Anlagerung von Wasser und Nährionen an die Oberfläche von Bodenteilchen.
Agenda 2000: Bezeichnung für eine seit 2000 gültige Reform der EU, um die Ausgaben für die Landwirtschaft zu senken.
Agenda 21: Richtlinien der UN für verantwortliches wirtschaftliches Handeln (Nachhaltigkeits-Prinzip).
Akarizide: Milben tötende Pflanzenbehandlungsmittel.
Alleinfutter: Mischfutter, dessen Nährstoffverhältnis dem Bedarf der Tiere angepasst ist.
Allergie: Heftige Reaktion auf bestimmte Stoffe bzw. Reize.
Aminosäuren: Bausteine des Eiweißes (der Proteine).
Ammenkuhhaltung: Kühe ziehen neben dem eigenen Kalb noch 1–2 fremde Kälber auf – Extensivform der Rinderhaltung.
Analyse: Zerlegung, Untersuchung.
Anion: Negativ geladenes Teilchen.
Antheren: Staubgefäße, männliche Geschlechtsorgane der Pflanze.
Antigen: Körperfremder Stoff, der nach seinem Eindringen eine Abwehrreaktion auslöst.
Antikörper: Im Körper gebildete spezifische Abwehrstoffe gegen die Antigene.
Art: Gruppe von Lebewesen, die sich untereinander fortpflanzen können.
Assimilation: Stoffwechsel mit aufbauender Wirkung in der Pflanze.
Aufmischweizen: Weizensorten, die zur Mischung mit anderen geeignet sind, weil sie deren Backqualität verbessern.
Aufstallung: Form der Stalleinrichtung und Unterbringung der Tiere.
Austausch-Kapazität: Gesamtmenge an Ionen, die ein Boden austauschbar gebunden hält. Da vorwiegend Kationen gebunden werden, auch Kationen-Austauschkapazität genannt (KAK).
Bagasse: Fester Rückstand beim Auspressen von zuckerhaltigen Pflanzen.
Basen (Laugen): Chemische Verbindungen aus Metalloxiden und Wasser. Sie färben Lackmus blau und haben pH-Werte über 7,0.
Beizung: Umhüllung des Saatgutes mit chemischen Mitteln zur Abtötung bzw. Abschreckung von Krankheitserregern und Schädlingen.
Berufsgenossenschaft: Körperschaft des öffentlichen Rechts, deren Mitglieder die Betriebe einer Berufsgruppe, z. B. Landwirte sind. Die Berufsgenossenschaften sind die Träger der gesetzlichen Unfallversicherung.
Bestandesdichte: Zahl der Einzelpflanzen/m^2 bzw. ha.
Bestandesführung: Sammelbegriff für alle Maßnahmen von der Aussaat bis zur Ernte, die zur Sicherung des Ertrages dienen.
Bestockung: Fähigkeit von Gräsern und damit auch der Getreidearten, aus dem ersten Halmknoten mehrere Seitensprosse zu bilden, die sich zu Ähren tragenden Halmen entwickeln.
Betarüben: Fachsprachlich für Zucker- und Futterrüben.
Betriebseinkommen: In Geld ausgedrückte Summe aller Werte, die den am Produktionsprozess beteiligten Personen eines Betriebes während eines Jahres zufließen.
Betriebssystem: Einteilung der Betriebe nach der Struktur des Standard-Deckungsbeitrages, z. B. in Marktfrucht-, Futterbaubetriebe.
Betriebszweig: Bereich eines Betriebes mit gleichen Produktionsverfahren, z. B. Schweinehaltung, Getreidebau.
Biestmilch (Kolostralmilch): Erste Muttermilch nach der Geburt, reich an Eiweiß, Mineralstoffen, Vitaminen und Schutzstoffen, die z. B. bei Kühen nicht an die Molkerei abgeliefert werden darf.
Bilanz: Geordnete Zusammenstellung des Vermögens und der Schulden. Anfangs- und Schlußbilanz der Buchführung sind Grundlagen für die Gewinn- und Verlustrechnung (GUV).
Biologische Schadensregulierung: Einsatz aller pflanzenbaulichen Maßnahmen und Einsatz von tierischen Nützlingen zur Schädlingsbekämpfung.
Biomasse: Das Gewicht aller Bodenlebewesen, bezogen auf eine bestimmte Fläche.
Biotechnik: Technische Anwendung und Umsetzung biologischer Vorgänge.
Biotop: Ein durch das Zusammenleben bestimmter Pflanzen- und Tiergesellschaften gekennzeichneter Lebensraum.
Biozönose: Lebensgemeinschaft aus Pflanzen und Tieren in einem Biotop.
BLUP (Best Linear Unbiased Prediction): Direkter Vergleich der Leistungsdaten von Zuchttieren (über ein EDV-Programm).
Bodenaktivität: Summe aller Umwandlungsprozesse im Boden, die durch Bodenlebewesen und chemische Reaktionen ausgelöst werden.

Bodenarten: Sie kennzeichnen die Böden nach der vorherrschenden Korngrößenzusammensetzung ihrer Bodenteilchen.

Bodengare: Der für die Pflanzen ideale Bodenzustand (Krümelstruktur).

Bodenprofil: Der Längsschnitt durch den Boden, der die Horizonte (Bodenschichten) erkennen lässt.

Bodenreaktion: Der pH-Wert der Bodenlösung.

Bodenstruktur (Bodengefüge): Anordnung und Zusammenhalt der festen Bodenteilchen.

Bodentyp: Einteilung der Böden nach ihrem Ausgangsmaterial, ihrem Zustand und ihrer Entwicklungsstufe.

Breitband-Herbizid: Auf eine ganze Gruppe von Unkräutern wirkendes Mittel.

Brunstsynchronisation: Auslösung der Brunst weiblicher Tiere durch Hormonbehandlung, um gleichzeitige Trächtigkeits- und Geburtszeiten in einem Bestand (z. B. für Embryotransfer nötig) zu erreichen.

Brunstzyklus: Durch Hormone gesteuerter Geschlechtszyklus weiblicher Tiere.

Cash-flow: Summe aus Eigenkapitalveränderung und Abschreibungen.

Chromosomen (Kernschleifen): Träger der Erbinformationen im Zellkern.

Corn-Cob-Mix (CCM): Gemisch aus Kolbenspindeln und Maiskörnern, das als Silage vorwiegend in der Bullen- und Schweinemast eingesetzt wird.

Datenschutz: Gesetzliche Bestimmungen über die Speicherung und Weitergabe (meist personenbezogener) Daten.

Datensicherung: Technische Möglichkeiten zur Sicherung der gespeicherten Daten gegen Löschen.

Deckungsbeitrag: Mathematisch die Differenz zwischen Marktleistung und variablen Kosten eines Produktionsverfahrens; Beitrag des einzelnen Produktionsverfahrens zur Deckung der Fest- und Gemeinkosten eines Betriebes; betriebsinterner Wettbewerbsmaßstab der Produktionsverfahren eines Betriebes.

Desoxiribonukleinsäure (DNS): Speicher der Erbinformationen in den Chromosomen (engl. DNA).

Destruenten: Luftscheue (anaerobe) Bakterien, die organische Masse in Gewässern zersetzen.

Dickung: Dichter Waldbestand aus mehr als mannshohen Bäumchen.

Diffusion: Konzentrationsausgleich innerhalb einer Lösung infolge der Brownschen Molekularbewegung.

Draufholz: Bei der Heilbronner Sortierung das Aushalten des Stammes bis zur nächstniederen Klasse.

Drehmoment: Das Produkt aus Kraft und Kraftarm an einem Hebel.

Druckrollen: Aggregate an Sägeräten, die die obere Bodenschicht andrücken und so die Kapillarität des Bodens fördern.

Durchforstung: Waldbauliche Pflegemaßnahme im Stangenholzalter, bei der die Förderung der Zukunftsstämme im Vordergrund steht.

Eigenkapitalveränderung: Gesamteinkommen abzüglich privater Entnahmen (ohne private Vermögensbildung).

Einheitswert: Von der Finanzbehörde aufgrund der Bewertung von Boden, Wohn- und Wirtschaftsgebäuden, Pflanzenbeständen, totem und lebendem Inventar festgesetzte Besteuerungsgrundlage eines Betriebes (Einkommen-, Grundsteuer).

Element: Grundstoff, der auch in kleinsten Teilmengen noch gleiche Eigenschaften aufweist.

Embryo: Das neue, aus der Vereinigung von männlicher Samen- und weiblicher Eizelle entstandene Lebewesen.

Embryotransfer (ET): Übertragung von Embryonen aus weiblichen Spendertieren an weibliche Empfängertiere, die diese Embryonen austragen; damit lassen sich von einem wertvollen Muttertier mehr Nachkommen gleichzeitig erreichen.

Emulsion: Feinste Verteilung zweier nicht mischbarer Flüssigkeiten.

Energie: Fähigkeit eines Körpers, Arbeit zu leisten.

Enzyme (Fermente): Stoffe, die biochemische Vorgänge auslösen oder in ihrer Geschwindigkeit beeinflussen; man nennt sie auch Bio-Katalysatoren.

Epithel: Pflanzliches und tierisches Gewebe.

Erhaltungsbedarf: Energie- und Proteinbedarf zur Aufrechterhaltung der Lebensfunktionen eines Tieres (ohne jegliche Leistung).

Erhaltungszucht: Sicherstellung des Saatgutvorrates einer Sorte durch fortwährende Auslese und Vermehrung.

Erosion: Bodenabtrag, der durch Wasser und Wind entsteht.

Ertragspotenzial: Summe der erblich bedingten und durch die Standortfaktoren gegebenen Ertragsvoraussetzungen.

Ethanol (Äthanol): Chemische Bezeichnung für eine Gruppe der Alkohole.

Eutrophierung: Nährstoffanreicherung der Gewässer, die zunächst zur starken Algenvermehrung und nach Sauerstoffmangel zum Umkippen des Gewässers führt.

Evolution: Die Entwicklung der Arten im Laufe der Zeit.

Extensivierung: Verminderung der Produktion zum Abbau von Überschüssen und zum umweltfreundlichen Wirtschaften.

Exterieur: Äußeres Erscheinungsbild (Phänotyp).

Faktoransprüche: Umfang und Zusammensetzung der Ansprüche eines Produktionsverfahrens an die im Betrieb begrenzt verfügbaren Produktionskapazitäten, z. B. AKh/ha insgesamt und in den Zeitspannen, Kapitalbedarf/Mastplatz, Futterfläche/Milchkuh.

FAO-Zahl: Zahlencode für die Kennzeichnung der Reifezeit und Kornfarbe bei Maissorten.

Feldaufgang: In % angegebener Anteil der nach erfolgter Saat aufgelaufenen Pflanzen von den insgesamt ausgesäten keimfähigen Samen.

Feldkapazität: Wasserspeicherfähigkeit des Bodens in mm Niederschlag; die nutzbare Feldkapazität (nFK) bezeichnet den für die Pflanzen nutzbaren Anteil des Speicherwassers.

Feste (fise) Kosten: Summe aller unabhängig von der Produktion anfallenden Kosten, z.B. für Abschreibung, Versicherung.
Fetus: Das ungeborene Lebewesen (Embryo), nachdem sich die Organe entwickelt haben.
Fließfutter: Verarbeitung der Futterkomponenten in der Schweinemast zu einem pumpfähigen Brei (Flüssigfütterung).
Fotosynthese (Assimilation): Fähigkeit der grünen Pflanzen, aus CO_2 und Wasser mit Hilfe der Sonnenenergie und ihrer Farbstoffträger in den Zellen, Zucker und Stärke zu erzeugen, wobei Sauerstoff ausgeschieden wird.
Fotovoltaik: Ausnutzung des lichtelektrischen Effekts zur Stromerzeugung.
Fremdbesatz: Prozentanteil von artfremden Samen in einer Saatgutpartie.
Frequenz: Physikalische Bezeichnung für die Anzahl der Schwingungen innerhalb einer Zeiteinheit.
Fresser: Für die Mast aufgezogene Jungrinder von 150-200 kg Lebendmasse.
Fruchtfolge: Fachlich begründete, periodisch wiederkehrende Aufeinanderfolge von Fruchtarten auf ein und demselben Feld.
Frühentwöhnung: Begrenzung der Tränkdauer z.B. der Kälber mit Vollmilch bzw. der Säugedauer bei Ferkeln auf eine bestimmte Anzahl von Tagen.
Fungizid: Pilz tötendes Pflanzenschutzmittel.
GATT (General **A**greement on **T**ariffs and **T**rade, zu deutsch **Allgemeines Zoll- und Handelsabkommen):** Es besteht zwischen mehr als 90 Staaten der Erde und beabsichtigt den Abbau der Handelsbeschränkungen. Vorläufer der WTO.
Gen ist eine einzelne Erbinformation innerhalb der DNS.
Genzentrum: Heimat der jeweiligen Kulturpflanze.
Gesamt-Deckungsbeitrag: Summe aller Deckungsbeiträge der verschiedenen Produktionsverfahren eines Betriebes.
Gesamteinkommen: Summe aus dem Gewinn und den nichtlandwirtschaftlichen Einkünften.
Geschäftsfähigkeit: Fähigkeit einer Person, rechtswirksame Geschäfte abzuschließen. Beschränkte Geschäftsfähigkeit besteht zwischen dem 7. und 18. Lebensjahr.
Gewinn: Differenz aus Unternehmensaufwand und Unternehmensertrag oder Differenz aus Gesamt-Deckungsbeitrag abzüglich der Festkosten des Betriebes und des Lohnanspruchs des Unternehmers.
Gewinnrate: Quotient aus dem Hundertfachen des Gewinns und dem Unternehmensertrag.
Gezielte Paarung: Zucht mit den besten Tieren einer Rasse.
Göfo-Wert: Der mit dem Göttinger fotoelektrischen Messgerät festgestellte Farbhelligkeitswert bei Schweinefleisch, zunehmend ersetzt durch die Opto-Star-Messung.
GPS: Das Global Positioning System ist ein satellitengestütztes Funksystem, das an jedem Ort der Erde und zu jeder Zeit die Lage und die Bewegung eines Körpers (z. B. Fahrzeug) erfassen kann.
Großvieheinheit (GV): 500 kg Lebendmasse.
Grundbuch: Eigentumsnachweis von Grundstücken und Gebäuden. Führung und Aufbewahrung durch das Grundbuchamt beim jeweiligen Amtsgericht.
Grundfutter: Wirtschaftseigenes Raufutter, z. B. Gras.
Halothan-Test: Verfahren zur Ermittlung stressresistenter Ferkel für die Zucht.
Haploidiezucht: Züchtung von Pflanzen mit einfachem Chromosomensatz aus Staubgefäßen auf Nährböden.
Herbizide: Unkraut vernichtende Pflanzenbehandlungsmittel.
Herdbuchzucht: Zusammenschluss von Züchtern, die sich ein gemeinsames Zuchtziel gesetzt haben. Ihre Vereinigung (Zuchtverband) führt das gemeinsame Herdbuch.
Herdenführung: Übersicht über die sich wiederholenden Arbeiten und Maßnahmen in einem Tierbestand.
Heritabilität: Anteil der Erblichkeit an einem Leistungsmerkmal.
Heterosis: Übertreffen der elterlichen Leistung bei Nachkommen aus Gebrauchskreuzungen.
Heterosiseffekt: Besondere Leistungssteigerung bei Nachkommen aus Hybridzucht (nicht vererbbar).
Hormone: Chemische Botenstoffe, die in Pflanzen und Tieren den Stoffwechsel steuern und bestimmte Reaktionen auslösen, z. B. Wachstumsförderer oder -hemmer.
Humus: Gesamtheit aller abgestorbenen organischen Stoffe auf und im Boden, die sich in allen Stufen der Zersetzung befinden können.
Hybriden: Aus Zuchtlinien entstandene Gebrauchskreuzungen von Pflanzen oder Tieren, die nicht zur Weiterzucht vorgesehen sind.
Hydraulik: Lehre von strömenden Flüssigkeiten. In der Technik Bezeichnung für die Kraftübertragung mittels unter Druck stehendem Öls.
Immunität: Die durch äußere Einwirkung, z. B. Impfung, erworbene Widerstandsfähigkeit gegen Krankheiten und Schädiger.
Index: Zahlenwert, der z. B. die Zusammenfassung aller Leistungsmerkmale eines Tieres unter Berücksichtigung der wirtschaftlichen Bedeutung der Merkmale darstellt und damit den direkten Vergleich der Tiere untereinander ermöglicht.
Insektizide: Insekten tötende Pflanzenschutzmittel.
Integrierter Pflanzenbau: Nutzung aller ökologischen Maßnahmen beim Pflanzenbau.
Ionen: Elektrisch geladene Teilchen (Atome oder Moleküle).
Isolation: Einschränkung oder Unterbindung der Kontakte von Lebewesen mit ihrer Umwelt, z. B. zum Schutz vor Ansteckungen.
Kalibrierung: Herstellung gleicher Samendurchmesser beim Saatgut, in der Regel durch Absieben oder Pillieren.
Kambium: Das teilungsfähige Gewebe im Spross zweikeimblätteriger Pflanzen.
Kapillarität: Wasserbewegung entgegen der Schwerkraft in engen Röhrchen bzw. Bodenporen.

Kapitalbindung: Festlegung von Geldmitteln in Investitionen, z. B. Maschinen, Anlagen, Gebäude.
Kapitaldienstgrenze: Maximal tragbare Zins- und Tilgungsleistung.
Kapitalkosten: Preis für geliehenes Geld (Zinsen, Bearbeitungsgebühr u.a.).
Karenzzeit: Wartezeit (Sperrfrist) zwischen der letzten Pflanzenbehandlungsmaßnahme und der Nutzung der Pflanze.
Kataster: Verzeichnis aller Flächen einer Gemarkung (Flur) mit der Angabe von Eigentümer, Flurplannummer, Größe, Bodenbewertung und Nutzungsart. Erstellt und verwaltet von den Vermessungsämtern.
Kationen: Elektrisch positiv geladene Teilchen.
Kaufkraft: Gütermenge, die für eine bestimmte Geldmenge gekauft werden kann.
Keimfähigkeit: In % angegebener Anteil gekeimter Samen bei einer Probe.
Klassifizierung: Einreihung von Marktprodukten bzw. Tieren in Handelsklassen, z. B. bei Schlachtkörpern.
Kleemüdigkeit: Negative Gesamtwirkung aus der Vermehrung pflanzlicher und tierischer Schädlinge bei ununterbrochenem oder mit zu kurzen Pausen betriebenem Anbau von Leguminosen.
Klimafaktoren: Alle physikalischen Einflussgrößen, die das Klima eines Standorts bestimmen, z. B. die Höhenlage.
Klon: Alle durch (künstliche) ungeschlechtliche Vermehrung entstandenen und dadurch erbgleichen Nachkommen einer Pflanze oder eines Tieres.
Kohäsion: Zusammenhangskraft der Moleküle in einem Stoff.
Kohlenhydrate: Die Nährstoffe Zucker, Stärke und Rohfaser.
Kolloide: Quellfähige, sehr kleine Bodenteilchen (unter einem hundertmillionstel Meter).
Kraftfutter: Futtermittel mit höherer Nährstoffkonzentration als im Grundfutter.
Krume: Oberste, meist bearbeitete Bodenschicht.
Laktation: Zeitabschnitt nach der Geburt bei Säugetieren, in dem Muttertiere Milch geben.
Landwirtschaftlich genutzte Fläche (LF): Landwirtschaftliche Nutzfläche abzüglich der länger als 1 Jahr ungenutzten landwirtschaftlichen Fläche.
Landwirtschaftliche Nutzfläche (LN): Summe aus Ackerfläche, Wechsel- und Dauergrünlandfläche, Gartenfläche und Fläche von Dauerkulturen.
Lebendverbauung: Die Verkittung von Bodenteilchen zu stabilen Krümeln durch Bodenlebewesen oder deren Ausscheidungen.
Leguminosen: Zur Familie der Schmetterlingsblütler gehörende Pflanzen, die in Gemeinschaft mit N-sammelnden Knöllchenbakterien an ihren Wurzeln leben.
Lehm: Bezeichnung für eine Bodenart, die zwischen 20 und 50% abschlämmbare Teilchen besitzt.
Leistungsprüfungen im Feld: Prüfung möglichst vieler Nachkommen eines Zuchttieres in den Betrieben.
Lieschkolbenschrot (LKS): Gemisch aus geschroteten Maiskolben und Lieschen, das siliert in der Rinderfütterung und abgesiebt in der Schweinefütterung eingesetzt wird. **((–1 Z))**
Lineare Beschreibung: Exakte Erfassung des äußeren Erscheinungsbildes eines Tieres durch ziffernmäßige Bewertung der einzelnen Merkmale.
Liquidität: Zahlungsfähigkeit zu einem bestimmten Zeitpunkt.
Löss: Ein lockeres, kalkhaltiges Absatzgestein, das nach der Verwitterung fruchtbare Böden bildet.
Marketing: Summe aller Maßnahmen, die auf die Erhaltung und Steigerung des Absatzes sowie das Erzielen höherer Preise ausgerichtet sind.
Marktleistung: Summe der Einnahmen aus dem Verkauf der marktfähigen Haupt- und Nebenleistungen eines Produktionsverfahrens.
Marktordnung: Maßnahmen zur Steuerung von Angebot und Nachfrage, Wettbewerb und Preisentwicklung, um die Existenz der Betriebe einerseits und die Versorgung der Bevölkerung andererseits mit einem Produkt zu gewährleisten.
Masse: Die Stoffmenge eines Körpers.
Massen-, Volumen-, Stückzahlbedeckung: Masse, Volumen, Stückzahl von Ausbringgütern auf eine Flächeneinheit.
Melasse: Restsirup, aus dem der Zucker nicht mehr herauskristallisiert werden kann (wird als Futtermittel eingesetzt).
Mengenstrom: Menge (Masse, Volumen, Stückzahl), die eine Maschine in einer Zeiteinheit ausstößt.
Meristem: Gewebe mit teilungsfähigen Zellen.
Meristemkultur: Gewinnung neuer Pflanzen aus dem Teilungsgewebe (Meristem) einer Pflanze z. B. zur Resistenzzüchtung.
Milchfluss: Milchmenge in kg, geteilt durch die Melkdauer (in Minuten).
Mineralisierung: Zerlegung der Biomasse über Humus in ihre mineralischen Bestandteile.
Minimalbestelltechnik: Verfahren zur Saatbettbereitung und Saat in einem Arbeitsgang, meist in Verbindung mit pflugloser Bodenbearbeitung.
Moleküle: Kleinste chemische Verbindungen.
Molluskizide sind Schnecken tötende Pflanzenschutzmittel.
Monogerm-Saatgut: Erblich einkeimiges Saatgut (bei Rüben).
Morphose: Gestaltwandel eines Lebewesens, der sich unter dem Einfluss äußerer Bedingungen vollzog.
Mulchsaat: Direktsaat ohne vorherige Saatbettbereitung in die abgestorbenen Reste einer Zwischenfrucht oder die Stoppeln der Vorfrucht.
Mutation: Sprunghafte Änderung einer Erbanlage.
Mutterkuhhaltung: Kühe werden nicht gemolken, sondern säugen ihre Kälber.
Mycel: Pilzgeflecht.
Mykoplasmen: Einzellige Lebewesen ohne feste Zellwand, die als Krankheitserreger auftreten.
Nachgemelk: Restliche Milchmenge in cm^3, die nach dem Nachlassen des normalen Milchflusses und dem Absetzen der Melkmaschine ein Nachmelken erfordert.

Nährstoffvergleich: Gemäß Dünge-Verordnung jährlich vorgeschriebene Bilanz der Nährstoffab- und -zufuhr auf landwirtschaftlich genutzten Flächen.
Nahrungskette: Gefüge der Lebewesen in einer Biozönose (siehe dort), das sich aus dem Fressen und Gefressenwerden ergibt.
Narbe: Pflanzendecke der Grünlandflächen oder Teil des Stempels in der Blüte.
NEL (Nettoenergie-Laktation): Futterbewertungs-System für Milchkühe.
Nematizide: Gegen Nematoden wirkende Pflanzenbehandlungsmittel.
N_{min}-Methode: Bodenuntersuchungsmethode zur Feststellung der Menge des mineralisierten (pflanzenaufnehmbaren) Stickstoffs.
Normtyp: Standardisierte Handelsfuttermittel.
NRR: Non-Return-Rate.
Null-null-Sorten (Doppel-Null-Sorten): Erucasäure-freie und Glucosinolat-arme Rapssorten.
nXP: Nutzbares Protein → Ruminale Stickstoffbilanz.
Ökologie: Die Lehre von den Wechelbeziehungen der Lebewesen mit ihrer Umwelt.
Ökosystem: Die Biozönosen eines Biotops.
Osmose: Konzentrations-Ausgleich zweier verschieden konzentrierter Flüssigkeiten durch eine halbdurchlässige Membran hindurch.
Oxidation: Elektronenabgabe, bedeutet in der Regel Verbindung eines Stoffes mit Sauerstoff.
Parasitismus: Das Zusammenleben verschiedener Organismen, bei der eine Art auf Kosten der anderen lebt.
Periodensystem der Elemente (PSE): Übersicht über die chemischen Elemente in der Reihenfolge ihrer Kernladungszahlen.
Persistenz: Die Dauerwirkung einer chemischen Substanz, z. B. in der Pflanze oder im Boden, bis zum völligen Abbau.
pH-Wert: Zeichen für die Wasserstoffionen-Konzentration in einer Lösung, Maßstab für den Säuregrad.
Phloëm: Der Teil der Leitgefäße im Spross, der die Assimilate nach unten transportiert.
Pick-Up: Trommel mit gesteuerten Zinken zur Aufnahme von Ernteschwaden.
Pillierung: Umhüllung der Samen mit einem Mantel aus nährstoffhaltigen und/oder schützenden Stoffen, dient auch der Kalibrierung.
Population: Die Lebewesen einer Art in einem Biotop.
Produktionsfaktoren: Faktoren, die die Grundlage der landwirtschaftlichen Erzeugung darstellen, wie Boden, Arbeit, Kapital und unternehmerische Leistung.
Produktionsverfahren: Kleinste Produktions-Einheit eines Betriebszweiges, z. B. 1 Tier, 1 ha, 1 Stallplatz. Das Produktionsverfahren ist gekennzeichnet durch die Art des Hauptprodukts, die Leistungen, die zuteilbaren Kosten, z. B. Dünger, Saatgut und die Faktoransprüche an die Produktionsfaktoren Fläche, Arbeit, Kapital usw.
Proteide: Zusammengesetzte Proteine, die aus einem Proteinanteil und einem Nicht-Proteinanteil bestehen.
Protein: Auch als Eiweiß bezeichnet; große Moleküle aus kettenförmig aneinandergereihten Aminosäuren.
Pufferung: Die Fähigkeit von Böden, ihren pH-Wert trotz saurer oder alkalischer Einwirkungen über eine gewisse Zeit konstant zu halten.
Rasse: Gruppe von Tieren derselben Art, die sich durch bestimmte Merkmale von anderen Rassen unterscheiden und diese Merkmale auch weitervererben.
Reaktion: Die saure oder alkalische Eigenschaft einer Lösung, z. B. des Bodenwassers.
Rechtsfähigkeit: Fähigkeit natürlicher oder juristischer Personen zur Übernahme eigener Rechte und Pflichten. Sie beginnt mit der Geburt und endet mit dem Tod.
Reduktion: Elektronenaufnahme, in der Regel durch den Entzug von Sauerstoff.
Reflex: Eine ohne Mitwirkung des Willens ablaufende Reaktion auf einen Reiz.
Regeneration: Wiederherstellung von Teilen eines Organismus, z. B. nach Beschädigungen.
Relative Luftfeuchtigkeit: Gibt in Prozent den Sättigungsgrad der Luft mit Wasser an.
Rentabilität: Erwirtschaftung einer positiven Ertrags-Aufwands-Differenz.
Reparaturkostenfaktor: Verhältniszahl, die man mit dem Neuwert der Maschine multipliziert, um die wirtschaftlich vertretbaren Reparaturkosten für die gesamte Lebensdauer einer Maschine zu berechnen.
Resistenz: Die ererbte Widerstandsfähigkeit eines Organismus gegen Schädiger.
Rhizom: Unterirdische Erdsprosse von Pflanzen, die als Dauer- oder Speicherorgane die Überwindung ungünstiger Vegetationsperioden ermöglichen.
RNB → Ruminale Stickstoffbilanz.
Rodentizid: Ein Pflanzenschutzmittel gegen Nagetiere.
Rohfaser: Futterbestandteil aus unlöslichen Vielfachzuckern, hauptsächlich Cellulose und Lignin. Nur Wiederkäuer können die schwer verdaulichen Kohlenhydrate der Cellulose verwerten.
Rohprotein: Sammelbegriff für alle Futterbestandteile, die sich aus Proteinen, Proteiden sowie nicht eiweißartigen Stoffen zusammensetzen.
Rotte oder **Verrottung:** Der Zersetzungsvorgang organischer Masse.
Rückstellungen: In der Bilanz ausgewiesene Beträge zur Deckung von zu erwartenden Belastungen, um zusätzlichem Aufwand vorzubeugen und steuerlich vorab geltend zu machen.
Ruminale Stickstoffbilanz (RNB): Differenz zwischen dem Gehalt eines Futtermittels an nutzbarem Rohprotein (nXP)

und unabbaubarem Protein (UDP) in einer Futterration für Milchvieh.
Ruminantia: (lateinische) Bezeichnung für Wiederkäuer.
Saatgutkategorien: Vorstufen-, Basis-, Zertifiziertes Saatgut.
Saatstärke: Masse des auszubringenden Saatgutes in kg/ha unter Berücksichtigung der Keimfähigkeit.
Salpeter: Nitratstickstoff.
Salze: Chemische Verbindungen aus Metall- und Säurerest-Ionen. Salze sind Kristalle mit unterschiedlicher Löslichkeit.
Sanktion: Bestätigung; meist als Plural gebraucht: Sanktionen = Zwangsmaßnahmen.
Säuren: Chemische Verbindungen aus Nicht-Metalloxiden und Wasser. Sie färben Lackmus rot und haben pH-Werte unter 7,0.
Schadensschwelle: Grenze, unterhalb der die Bekämpfung von Schädigern teurer ist als der durch sie angerichtete Schaden.
Schossen: Streckungsphase der Getreidehalme.
Sekundär-Rohstoffdünger: Abwässer, Fäkalien, Klärschlamm.
Selbstversorgungsgrad: In % ausgedrückter Anteil der Menge eines im eigenen Land erzeugten Lebensmittels am Gesamtbedarf im eigenen Land.
Selektion: Immer wiederholte Auswahl von Pflanzen und Tieren derselben Art zu züchterischen Zwecken.
Selektive Wirkung: Eigenschaft der Pflanzenbehandlungsmittel, nur auf wenige oder auf eine Pflanzenart zu wirken.
Silomais: Mais für die Silagegewinnung aus den oberirdischen Pflanzenteilen.
Sortenschutz: Gesetzliche Regelung (Sortenschutz-Gesetz) zur Sicherung der finanziellen Rechte des Züchters.
SPE-Verfahren (**s**pecific **p**athogen **f**ree): Geburt und Aufzucht hochwertiger Zuchtferkel unter besonderen hygienischen Bedingungen (keimfrei), um die Infektion mit bestimmten Krankheiten zu verhindern.
Sporen: Ungeschlechtliche Fortpflanzungszellen von Pilzen bzw. Dauerformen von Bakterien.
Spritzenprüfung: (Freiwillige) Überprüfung der Querverteilung (Dosistest), der Druckanzeige (Manotest) und der Pumpenleistung (Quantotest) an einer Feldspritze.
Spurennährstoffe: Nur in kleinsten Mengen für die Pflanzen/Tiere nötig.
Stabilität: Nachhaltige Existenzfähigkeit eines (landwirtschaftlichen) Betriebes.
Standard-Deckungsbeitrag: Aufgrund von Buchführungsergebnissen für bestimmte Regionen und Produktionszweige ermittelte durchschnittliche Deckungsbeiträge als Grundlage für den überbetrieblichen Vergleich.
Standweide: Haltung der Tiere während der ganzen Weideperiode auf derselben Fläche.
Stärkeeinheit (StE): Veraltete Maßeinheit für die Futterbewertung für Masttiere.
Stoppelsaat: Saat von Zwischenfrüchten auf die flach eingegrubberten Stoppeln der Hauptfrucht.
Strip-Grazing: Streifenweise Kurzzeit-Weidenutzung.
Substrat: Umgesetzter Stoff; der Begriff wird für Erdmischungen verwendet.
Symbiose: Zusammenleben verschiedener Organismen zum gegenseitigen Nutzen.
Synthese: Chemische Verbindung von Stoffen.
Tausendkorngewicht (TKG): Masse von 1000 Körnern (Früchten, Samen) einer Pflanze in g.
Testtagsmodell: Verfahren zur Schätzung des Zuchtwertes von Tieren für bestimmte Leistungsmerkmale. Dabei werden die am Testtag (Kontrolltag) erbrachten Leistungen gewertet.
Totalherbizid: Herbizid, das den gesamten Aufwuchs vernichtet.
Transpiration: Wasserverdunstung der Pflanzen.
Trockenmasse (T): Masse (in kg) aller organischen und anorganischen Stoffe, die nach der Trocknung über 3 Stunden bei 105 °C von einer Pflanze übrig bleibt.
Trockensubstanz (TS): Der Prozentanteil einer Probe aus organischem Material, der nach der Trocknung über 3 Stunden bei 105 °C übrigbleibt.
Überlänge: Bei der Heilbronner Sortierung das Aushalten des Stammes über die Mindestlänge hinaus bis zum Erreichen des Klassenzopfes.
UDP: Nicht abgebautes Protein → Ruminale Stickstoffbilanz.
Umlaufvermögen: Geldvermögen, das im Frühjahr in Saatgut, Dünger usw. festgelegt ist, sich später im Pflanzenbestand ausdrückt und schließlich über die Erntevorräte und deren Verkauf wieder zu Geldvermögen wird.
Umsetzbare Energie (ME): Maßstab der Energiebewertung von Futter.
Umtriebsweide: Nutzung der Weidefläche durch Aufteilung in Koppeln.
Untersaat: Zusätzlicher Anbau einer zweiten Frucht in eine schon bestehende Aussaat oder gleichzeitiger Anbau zweier Früchte.
Valenz: Chemische Wertigkeit.
Variable Kosten (auch veränderliche Kosten oder Spezialkosten): Alle einem Produktionsverfahren tatsächlich zuteilbaren Kosten, z. B. Dünger, Pflanzenschutz, Kraftfutter, Tierarzt.
Vegetationsperiode: Die Wachstumszeit der Pflanzen.
Verbindlichkeiten: Schulden.
Verjüngung: 1. Natürliche Begründung eines Waldbestandes durch Verbreitung des Samens aus dem Altbestand über Wind und Tiere (Naturverjüngung). 2. Künstliche Verjüngung durch Saat oder Pflanzen.
Verwitterung: Zerfall von Gesteinen aufgrund natürlicher Einwirkungen wie Temperaturunterschiede, Wasser und Frost.
Viren (Einzahl Virus): Eiweißkörper mit krankmachender Wirkung.
Viskosität: Zähflüssigkeit.
Wachstumsregulatoren: Chemische Mittel, die vor allem der Halmverkürzung und damit der Standfestigkeit bei Getreide dienen.

Waldsterben: Sammelbegriff für Schäden an Waldbäumen, die vorwiegend durch die zunehmende Luftverschmutzung hervorgerufen werden.
Wild- oder Beikräuter: Bezeichnung für Konkurrenzpflanzen im ökologischen Sprachgebrauch.
Xylem: Die Wasser führenden Teile der Leitgefäße im Spross der Pflanzen.
Zeitwert: Anschaffungswert abzüglich der bis zum Stichtag vorgenommenen Abschreibungen.
Zertifiziertes Saatgut: Saatgut einer in der Sortenliste des Bundes-Sortenamtes eingetragenen Sorte, amtlich überprüft (Feldbesichtigung) und vor dem Verkauf anerkannt.
Zopf: Dünneres Ende eines Baumstammes.
Zuchtreife: Zeitpunkt für die erste Paarung von Tieren.
Zwischenfruchtbau: Anbau von Früchten zur Fütterung oder Gründüngung zwischen zwei Hauptfrüchten.

5 Interessante Internetadressen (Auswahl)

Adressat	Internet-Adresse
Agar-europe Pressedienst	*http://www.agra-europe.de*
Agrar- und Forstinformationssystem Sachsen	*http://www.afis.de*
Agrar-Datenbanken	*http://dainet.de/FIZ-AGRAR/*
Agrarwirtschaftliches Internet-Portal	*http://www.infofarm.de*
Arbeitsgemeinschaft für landwirtschaftliches Bauwesen (ALB) in Bayern e.V., Grub	*http://www.alb.bayern.de*
Auswertungs- und Informationsdienst für Ernährung, Landwirtschaft und Forsten (aid)	*http://www.aid.de*
Bayerische Landesanstalt für Landwirtschaft (LfL), Freising	*http://www.lfl.bayern.de*
Bayerisches Staatsministerium für Landwirtschaft und Forsten, München	*http://www.stmlf.bayern.de*
Bayerisches Staatsministerium für Gesundheit, Ernährung, Verbraucherschutz	*http://www.stmgev.bayern.de/blickpunkt*
Biologische Bundesanstalt für Land- und Forstwirtschaft (BBA) Braunschweig	*http://www.bba.de*
Biosiegel	*http://www.bio-siegel.de*
BLV Verlagsgesellschaft mbH, München	*http://www.blv.de*
Bodenkunde	*http://www.uni-karlsruhe.de*
Bundesforschungsanstalt für Landwirtschaft	*http://www.fal.de*
Bundesverband der landw. Sozialversicherungsträger	*http://www.lsv-d.de/verbände*
Centrale Marketinggesellschaft der deutschen Agrarwirtschaft (CMA), Bonn	*http://www.cma.de*
Datenbank der Zeitschrift Gemüse	*http://www.gemuese-online.de*
Deutsche Landwirtschafts-Gesellschaft (DLG), Frankfurt/M.	*http://www.dlg-frankfurt.de*
Deutscher Bauernverband (DBV), Bonn	*http://www.bauernverband.de*
Deutscher Bauernverband	*http://www.situationsberichte.de*
Situationsberichte des DBV	*http://www.dwd.de*
DLG Deutsche Landwirtschafts-Gesellschaft	*http://www.dlg.org*
EU-Kommission, Generaldirektion VI (Landwirtschaft)	*http://europa.eu.int/comm/dg06/index_de.htm*
Europäischer Bauernverband (Copa)	*http://www.copa.be*
Forschungsinstitut für die Biologie landwirtschaftlicher Nutztiere (FBN), Dummerstorf	*http://www.fbn.uni-rostock.de*
Getreidebau	*http://www.getreidetechnik.via.t-online.de/navi/gesund3.html*
Hauptverband landwirtschaftlicher Buchstellen und Sachverständiger (HLBS)	*http://www.hlbs.de*
Haus Düsse (Lehr- und Versuchsanstalt der LK Westfalen-Lippe)	*http:/www.lwk-wl.de/duesse/index.htm*
Inaro – Informationssystem Nachwachsende Rohstoffe	*http://www.inaro.de/deutsch/d_index.htm*
Informationsdienst der Landwirtschaftsverwaltung Baden-Württemberg	*http://www.landwirtschaft-mlr.baden.wuerttemberg.de/*
Informationssystem des Zentralverbandes Deutscher Gartenbau	*http://www.infoauto.de*
Infos zu Pflanzenschutz, Düngung, Biotechnologie	*http://www.iva.de*
Kuratorium für Technik und Bauwesen in der Landwirtschaft (KTBL), Darmstadt	*http://www.ktbl.de*

Landwirtschaftliche Homepages, Diskussionsforen	*http://www.agrarnet.de*
Landwirtschaftskammer für das Saarland	*http://www.lwk-saar.saarland.de*
Landwirtschaftskammer Hannover	*http://www.lwk-hannover.de*
Landwirtschaftskammer Rheinland	*http://www.landwirtschaftskammer.de*
Landwirtschaftskammer Weser-Ems, Oldenburg	*http://www.lwk-we.de*
Landwirtschaftskammer Westfalen-Lippe	*http://www.lwk-wl.de*
Landwirtschaftsverlag Münster-Hiltrup	*http://www.landwirtschaftsverlag.com*
Lehrstuhl für Wirtschaftslehre des Landbaus	*http://wdl.weihenstephan.de*
Maisanbau	*http://www.maiskomitee.de*
Maschinenring	*http://dir.agrar.de/Dienstleistungen/Maschinenringe/*
Ökologische Lebensmittelwirtschaft	*http://www.boelw.de*
Ökologische Produktion	*http://www.soel.de* *http://www.oekoland-Bayern.de*
Schweineproduktion	*http://www.schweine/net/doku/do3.htm*
Statistik für die Landwirtschaft	*http://www.statistik-bund.de/presse/deutsch/pm/p9441142.htm*
Statistisches Bundesamt Wiesbaden	*http://www.statistik-bund.de*
Stichwortverzeichnis zu landwirtschaftlichen Fachbereichen	*http://dir.agrar.de*
Stiftung Ökologie und Landbau (SÖL), Bad Türkheim	*http://www.umwelt.de/stiftung/sol*
Suchmaschinen: Deutsche Meta Suchmaschine	*http://meta.rrnz.uni-hannover.de*
FIREBALL Express Suche	*http://www.fireball.de*
für die praktische Landwirtschaft	*http://www.agripool.de*
mit Stichwortverzeichnis	*http://www.google.de*
Tiergesundheit im Internet:	*http://www.animal-health-online.de*
Tiergesundheit	*http://www.veterinaernetz-hessen.de*
Tierschutz	*http://www.mv-regierung.de/lm/doku/tierschutz_nutztierhaltungs_vo.pdf*
Waldbau	*http://www.zukunftsorientierte-waldwirtschaft.de*
Wetterfax	*http://www.wetterfax.de*
Zentrale Markt- und Preisberichtstelle (ZMP), Bonn	*http://www.zmp.de*
Zentralstelle für Agrardokumentation und -information (ZADI) und DAINet (Deutsches Agrar-Informations-Netz), Bonn	*http://www.zadi.de* *http://www.dainet.de*
Zuchwertdatenbank Rinderzucht, München (Baden-Württemberg, Bayern, Hessen)	*http://www.stmlf.bayern.de/rinddb*
Zuchtwertdatenbank Schweinezucht, München (Bayern)	*http://www.stmlf.bayern.de/eberdb*

6 Stichwortverzeichnis